"十四五"国家重点出版物出版规划项目
生物工程理论与应用前沿丛书

# 系统生物学与发酵工程

刘立明 主 编
徐 楠 刘 佳 副主编

中国轻工业出版社

图书在版编目（CIP）数据

系统生物学与发酵工程 / 刘立明主编；徐楠, 刘佳副主编. -- 北京：中国轻工业出版社, 2024.12.
ISBN 978-7-5184-2318-7

Ⅰ.Q111；TQ92

中国国家版本馆 CIP 数据核字第 202468226C 号

责任编辑：江　娟　　责任终审：唐是雯
文字编辑：郑彩娟　　责任校对：晋　洁　　封面设计：锋尚设计
策划编辑：江　娟　　版式设计：砚祥志远　责任监印：张　可

出版发行：中国轻工业出版社（北京鲁谷东街5号，邮编：100040）
印　　刷：鸿博昊天科技有限公司
经　　销：各地新华书店
版　　次：2024年12月第1版第1次印刷
开　　本：787×1092　1/16　印张：30
字　　数：730千字
书　　号：ISBN 978-7-5184-2318-7　定价：180.00元
邮购电话：010-85119873
发行电话：010-85119832　010-85119912
网　　址：http://www.chlip.com.cn
Email：club@chlip.com.cn
版权所有　侵权必究
如发现图书残缺请与我社邮购联系调换
181095K1X101ZBW

# 前言

作为解决资源、能源和环境问题的重要途径，微生物发酵过程以生物质资源为原料，通过微生物/酶的催化作用生产、加工和制造大宗化学品和精细化学品等工业产品，被《中国制造 2025》发展规划列为重点发展方向。发酵过程优化的核心是微生物菌种，但从自然界中筛选得到的微生物因细胞生长慢、目标产品产量低、副产物多、工业环境适应力差，导致底物转化率低、发酵周期长、生产成本高昂、环境污染严重，显著降低了发酵过程的经济性。因此，如何解析和优化微生物生产性能成为发酵过程优化的关键科学问题。然而，由于对发酵微生物生长与代谢性能的分子调控机制理解不透彻，难以发展理性高效的改造和优化方法，以显著提升发酵过程效率。系统生物学利用组学数据挖掘和网络模型构建与解析技术，能解析细胞生理互作机制、预测细胞调节靶点、指导微生物代谢改造，是提高发酵菌株改造效率的重要指导性工具，也是未来生物技术重点发展的方向之一。为了全面呈现系统生物学在发酵工程中的应用，促进生物技术的进一步提高和培养专业科研人才，本书以系统生物学的研究工具、研究对象和发酵工程应用为主线，介绍了系统生物学在发酵工程应用过程中涉及的多尺度组学挖掘、生物网络模型构建与优化、细胞生理功能解析、代谢调控机制研究等多种关键技术，在此基础上总结了近年来国内外系统生物学在微生物领域中的典型研究进展，从而为相关科研人员提供分析和解决问题的思路和方法。本书共包括九章，第一章对系统生物学的发展及其在发酵工程中的应用进行简要概述；第二章、第三章全面介绍目前国内外最新的系统生物学资源库和研究工具、生物网络的分类、网络模型的构建与评估技术；第四章至第九章详细介绍了系统生物学在发酵工程中的应用，涉及维生素 C、燃料乙醇、丙酮酸、益生菌、白酒和外源蛋白等多种发酵产品。

本书旨在使读者熟悉和了解系统生物学在发酵工程中应用的基本理论和方法、研究进展及工业技术，适合作为相关院校生物工程专业的学生和教师作为参考资料，也可供相关专业的科研人员参考。

本书编写人员：刘立明、徐楠、刘佳。本书在编写过程中，参考引用了国内外已发表的系统生物学文献资料和学位论文，具体作者包括天津大学元英进院士团队的夏金梅、林凤鸣、李炳志、刘莹；内蒙古农业大学张和平教授团队的丁佳、乌日娜、白梅、张文羿；江南大学徐岩教授团队的范文来、王鹏、刘博、胡晓龙、王海燕、陈笔、邵明凯、吴徐建、杜海、吴荣、周庆云、康文怀；郑州轻工业大学何培新教授团队的李芳莉；湖北工业大学张华山教授团队的高传强；湖北工业大学孙江华教授团队的孔萌萌；绵阳师范学院罗英教授团队的李俊刚；四川理工学院黄治国教授团队的邓杰；中国医药工业研究总院谢丽萍教授团队的朱文；华东理工大学黄明志教授团队的叶瑞；华东理工大学林影教授团队的林小琼、梁书利；苏州大学放射医学与公共卫生学院的田小梅；兰州理工大学马建忠教授团队的王永刚；第三军医大学蒋建新教授团队的吴丽娟。在此对上述参考文献的作者一并致以诚挚的感谢。

鉴于该领域国内外发展速度很快，在书稿撰写过程中，相关领域不断有新的成果报道，同时，限于作者的学术功底、研究经验和写作能力，书中定有不少疏漏和不足之处，恳请读者和同行批评指正。

编者

2024 年 4 月

# 目 录

## 第一章　绪　论 —————————————————— 1

### 第一节　系统生物学的发展概况 ………………………………… 1
一、系统生物学的产生和发展 ……………………………… 1
二、系统生物学的研究内容和方法 ………………………… 2
三、系统生物学的实践 ……………………………………… 4

### 第二节　系统生物学在发酵工程中的应用与发展趋势 ………… 5
一、工业系统生物学与系统代谢工程 ……………………… 5
二、工业系统生物学的应用 ………………………………… 6
三、工业系统生物学的发展趋势 …………………………… 8

参考文献 …………………………………………………………… 9

## 第二章　系统生物学资源库和研究工具 —————————— 10

### 第一节　综合性组学数据库 ……………………………………… 10
一、美国国家生物技术信息中心 …………………………… 10
二、欧洲生物信息研究所数据库 …………………………… 15
三、日本 DNA 数据库 ……………………………………… 19
四、中国国家基因库 ………………………………………… 20

### 第二节　生物途径网络数据库 …………………………………… 21
一、综合性代谢途径数据库 ………………………………… 21
二、转录调控途径数据库 …………………………………… 31
三、细胞信号通路数据库 …………………………………… 35

### 第三节　蛋白质结构与相互作用数据库 ………………………… 36
一、蛋白质结构数据库 ……………………………………… 36
二、蛋白与蛋白相互作用数据库 …………………………… 40

### 第四节　生物系统建模和模拟工具 ……………………………… 44
一、系统生物模型标记语言和图注 ………………………… 44
二、系统生物网络模型类型 ………………………………… 47
三、生物网络模拟编辑工具 ………………………………… 49
四、Cytoscape 数据整合及网络显示平台软件 …………… 52

参考文献 ………………………………………………………… 59

# 第三章　重要发酵工业微生物的全基因组规模网络模型的构建与应用 —— 60

## 第一节　基因组规模生物网络概述 ………………………………………………… 60
一、基于组学大数据构建基因组规模生化模型 ………………………… 60
二、基因组规模生物网络模型解析微生物生理特性 …………………… 64
三、基于基因组规模生物网络发展菌种生产性能优化策略 …………… 66

## 第二节　基因组规模代谢网络模型 ………………………………………………… 72
一、基因组规模代谢网络模型的进展 …………………………………… 72
二、基因组规模代谢网络模型的构建 …………………………………… 73
三、基因组规模代谢网络数据库平台 …………………………………… 79

## 第三节　基因组规模辅因子网络模型的构建 ……………………………………… 84
一、基因组规模辅因子网络模型 icmNX6434 的构建 …………………… 84
二、基于模型 icmNX6434 解析辅因子代谢途径 ………………………… 89
三、基于模型 icmNX6434 解析工业微生物生产发酵特性 ……………… 96

## 第四节　基因组规模转录调控网络模型的构建 …………………………………… 101
一、转录调控网络的数学表述 …………………………………………… 102
二、转录调控网络的构建方法 …………………………………………… 106

## 第五节　蛋白质互作网络模型的构建 ……………………………………………… 109
一、蛋白质和蛋白质相互作用 …………………………………………… 109
二、蛋白质和小分子相互作用 …………………………………………… 111

## 第六节　基因组酶约束互作网络模型的构建 ……………………………………… 116
一、基因组规模酶约束模型研究进展 …………………………………… 116
二、大肠杆菌酶约束模型 ec_iML1515 的构建 …………………………… 120

## 第七节　微生物全细胞模型 ………………………………………………………… 125
一、微生物全细胞模型研究进展 ………………………………………… 125
二、酿酒酵母全细胞模型 ………………………………………………… 126

参考文献 ………………………………………………………………………………… 132

# 第四章　系统生物学在维生素 C 发酵中的应用 —— 134

## 第一节　维生素 C 生产菌株基因组学研究 ……………………………………… 135
一、普通生酮基古龙酸菌的全基因组测序和功能基因分析 …………… 135
二、巨大芽孢杆菌的全基因组测序和分析 ……………………………… 140

## 第二节　K. vulgare 基因组规模代谢网络模型的构建与应用 …………………… 144

一、K. vulgare 基因组规模代谢网络模型的构建和基本特征 …… 144
　　二、基于模型 iWZ663 对 K. vulgare 的生理性能分析 ………… 151
　　三、基于模型 iWZ663 解析 K. vulgare 合成 2-酮基-L-古龙酸 … 155
第三节 巨大芽孢杆菌基因组规模代谢网络模型的构建与应用……… 158
　　一、巨大芽孢杆菌基因组规模代谢网络模型的构建和基本特征 … 158
　　二、基于模型 iMZ1055 对巨大芽孢杆菌生理特性的解析 ……… 166
第四节 两菌代谢互作网络模型的构建与应用…………………………… 169
　　一、基于已有组学数据对两菌关系的解析……………………… 169
　　二、两菌代谢互作网络模型 iWZ-KV-663-BM-1055 的构建 … 170
　　三、基于 iWZ-KV-663-BM-1055 解析两菌相互作用 ………… 175
第五节 基于 GSMMs 优化营养供给提高维生素 C 生产效率………… 178
　　一、基于 GSMMs 确定 K. vulgare 的最小合成培养基………… 178
　　二、基于 K. vulgare 生长营养谱优化维生素 C 生产 ………… 185
　　三、基于 GSMMs 评价山梨糖对 B. megaterium 裂解
　　　　形成芽孢的影响……………………………………………… 191
参考文献……………………………………………………………………… 193

# 第五章 系统生物学在燃料乙醇发酵中的应用 —— 194

第一节 单双倍体酵母对乙醇耐受性的组学研究……………………… 194
　　一、单双倍体酵母细胞对乙醇响应的转录组学分析…………… 194
　　二、单双倍体酵母细胞对乙醇响应的代谢物组学分析………… 203
　　三、单双倍体酵母细胞对乙醇响应的蛋白组学分析…………… 207
　　四、单双倍体酵母细胞对乙醇响应的比较脂组学研究………… 212
第二节 酿酒酵母对糠醛和乙酸的响应转录组学研究………………… 219
　　一、酿酒酵母对糠醛的转录组水平响应………………………… 220
　　二、酿酒酵母耐受菌对糠醛的转录组水平响应………………… 221
　　三、酿酒酵母对乙酸的转录组水平响应………………………… 223
　　四、酿酒酵母耐受菌对乙酸的转录组水平响应………………… 227
第三节 糠醛和苯酚对酿酒酵母的作用定量蛋白质组学……………… 230
　　一、酿酒酵母及糠醛耐受菌株的比较蛋白质组学研究………… 230
　　二、酿酒酵母及苯酚耐受菌株的比较蛋白质组学研究………… 240
第四节 乙醇发酵过程中的比较脂组学研究…………………………… 247
　　一、酿酒酵母普通菌株和木糖利用菌在不同培养基中的
　　　　发酵情况……………………………………………………… 247
　　二、膜上磷脂的变化与酵母菌株乙醇发酵的关系……………… 248

参考文献 ………………………………………………………………………… 256

# 第六章　系统代谢工程在丙酮酸发酵生产中的应用 —————— 257

## 第一节　光滑球拟酵母全基因组解析 …………………………………… 258
一、丙酮酸工业菌株光滑球拟酵母全基因组测序 ……………………… 258
二、光滑球拟酵母基因组规模代谢模型的构建和基本特征 …………… 261
三、基于全基因组代谢模型解析光滑球拟酵母高产丙酮酸的
生产性能 …………………………………………………………… 267

## 第二节　光滑球拟酵母生产丙酮酸中 NADH 的生理功能解析 ………… 270
一、基于组学技术解析光滑球拟酵母异源 $NAD^+/H$ 再生系统 … 270
二、异源 $NAD^+/H$ 再生系统对丙酮酸合成途径的影响 ……… 271
三、异源 $NAD^+/H$ 再生系统对丙酮酸分解途径的影响 ……… 276

## 第三节　光滑球拟酵母耐受高渗透压胁迫的生理机制研究 ……………… 279
一、高渗胁迫对光滑球拟酵母生长和发酵性能的影响 ………………… 280
二、高渗胁迫对光滑球拟酵母基因表达的影响 ………………………… 282
三、高渗胁迫对光滑球拟酵母蛋白质表达的影响 ……………………… 292
四、基于组学技术提高 C. glabrata 抵御高盐胁迫能力的策略 ………… 299

## 第四节　光滑球拟酵母应答酸胁迫的生理机制 …………………………… 304
一、转录因子 Asg1p 和 Ha19p 应答酸胁迫的生理机制 ………………… 307
二、转录因子 Crz1p 调控光滑球拟酵母应答酸胁迫的
生理机制 …………………………………………………………… 314
三、中介体亚基 CgMED3 调控光滑球拟酵母适应酸
环境的生理机制 …………………………………………………… 326
四、中介体亚基 CgMED15B 调控光滑球拟酵母适应酸
环境的生理机制 …………………………………………………… 335

参考文献 ………………………………………………………………………… 341

# 第七章　系统生物学在益生菌 *Lactobacillus casei* Zhang 发酵中的应用 ————————————————————— 342

## 第一节　益生菌 *L. casei* Zhang 的基因组学研究 ………………………… 342
一、*L. casei* Zhang 基因组的基本特征 …………………………………… 342
二、*L. casei* Zhang 代谢功能基因分析 …………………………………… 345
三、*L. casei* Zhang 与环境的相互作用 …………………………………… 354

## 第二节　*L. casei* Zhang 比较转录组学研究 ……………………………… 356
一、*L. casei* Zhang 在牛乳发酵过程中的不同基因表达谱 ……………… 356

二、*L. casei* Zhang 在豆乳发酵过程中的不同基因表达谱 ········· 360
第三节　益生菌 *L. casei* Zhang 比较蛋白质组学研究益生菌 ············ 371
一、蛋白质组学分析 *L. casei* Zhang 在牛乳和豆乳中的
生长差异 ············································································· 371
二、不同酸性环境对 *L. casei* Zhang 蛋白质组表达谱的影响 ····· 372
三、胆盐胁迫蛋白质组研究 ····················································· 375
第四节　益生菌 *L. casei* Zhang 连续传代中的基因组稳定性研究 ······ 378
一、微生物遗传稳定性研究 ····················································· 378
二、*L. casei* Zhang 传代期间的基因组稳定性 ························ 379
参考文献 ························································································· 384

# 第八章　系统生物学在白酒酿造中的应用 ——————— 385

第一节　白酒酿造中的微生物群落及其结构演变规律 ················· 385
一、中国白酒微生物菌群结构的分子生态学分析方法的建立 ····· 385
二、浓香型白酒微酒醅中微生物群落的研究 ······························ 390
三、清香型白酒微生物群落结构演变规律的研究 ······················ 394
四、酱香型白酒发酵中微生物群落结构的研究 ························· 406
第二节　基于代谢组学的白酒风味物质研究 ······························· 416
一、风味物质研究的技术方法体系 ········································· 416
二、不同香型白酒风味活性物质 ············································· 416
三、生物活性新物质的发现 ····················································· 421
第三节　基于基因组学的特征风味强化及不良风味消除技术 ········· 423
一、不同香型白酒特征风味活性物质的产生 ······························ 423
二、基于基因组学的白酒微生物发酵风味调控 ························· 426
三、基于分子生物学的不良风味消除技术 ································· 427
参考文献 ························································································· 432

# 第九章　系统生物学在毕赤酵母生产外源蛋白中的应用 ——— 434

第一节　巴斯德毕赤酵母基因组学研究 ······································· 435
一、巴斯德毕赤酵母的全基因组测序 ······································· 435
二、巴斯德毕赤酵母的基因组注释 ········································· 436
第二节　巴斯德毕赤酵母的全基因组规模代谢模型 ····················· 437
一、毕赤酵母模型 *iRY1243* 的构建和基本特征 ······················ 437
二、毕赤酵母代谢网络模型的验证和应用 ································· 440
第三节　毕赤酵母转录组学优化 ·················································· 445

一、基于 RNA-Seq 对毕赤酵母转录结构的分析 …………………… 445
　　二、毕赤酵母不同碳源诱导下基因差异表达分析 ………………… 448
　　三、提高目的基因转录水平增加人胰岛素前体产量 ……………… 450
　第四节　高表达外源蛋白的毕赤酵母细胞的蛋白表达分析 …………… 454
　　一、基于 iTRAQ 技术的毕赤酵母蛋白质组学 ……………………… 454
　　二、不同碳源下毕赤酵母蛋白表达分析 …………………………… 461
　　三、降低目的蛋白降解 ……………………………………………… 462
参考文献 …………………………………………………………………… 466

# 第一章 绪 论

发酵工程技术采用现代工程技术手段,将微生物的特性应用于生物制造过程,是缓解人口、资源、环境等压力,实现可持续发展的重要途径之一。现代发酵工程是工业生物学系统层次的学科,核心内容是结合组学解析,系统研究和认识工业微生物行为基本规律及其在工业环境下的适应机制,从而大规模地提高精细化学品、重大化工产品、大宗发酵产品、天然产物等的生物制造工艺效率。现代发酵工程具体研究内容包括从全细胞水平解析生理和代谢功能的分子基础;设计代谢途径或系统模块,组装成为细胞和多细胞体系的"细胞工厂";利用组学技术控制微生物发酵过程模拟仿真;基于代谢和调控作用机制理解和提升扰动下微生物的适应性。现代发酵工程的目标实现必须建立在对工业微生物多组学、系统性研究的基础上,发酵工程的创新发展离不开系统生物学基础学科的支撑。

## 第一节 系统生物学的发展概况

### 一、系统生物学的产生和发展

生物体(包括植物、动物和微生物)本身是一个多层级、多功能的复杂有机体。生物学是研究生物体的结构、功能、发生和发展规律的科学。早在古代,系统的观念即被用于生物学的探索。例如,我国传统中医研究中的整体观、系统观。在国外,18世纪中晚期,由Claude Bernard、L. J. Henderson、W. B. Cannon三位生理学家建立的"内稳态理论",指出生物体通过各种动态的、平衡的调节机制,来控制体内环境使自身保持相对稳定。1953年,Waston和Crick构建了著名的DNA双螺旋模型,标志着生物学进入了分子生物学时代。以遗传信息在DNA、RNA和蛋白质之间传递为核心的分子生物学,从中心法则的研究延伸至蛋白质体系、蛋白质-核酸体系和蛋白质-脂质体系。分子生物学家倾向于把生物体视为一架精密的机器,根据基因和蛋白的物理、化学性质和规律来工作,促使人们对生物体的认识逐渐从表型深入到分子层次,使得分子生物学一度成为生物学增长点。但是,过度强调单个分子的功能难免陷入"基因决定论"和"还原论"的误区。事实上,单个分子脱离整个生物系统就很难发挥其应有功能,基因行使功能受到生物系统的调控以及基因与基因之间功能交互的影响。而还原论者往往把高等生命分解成单个器官、组织、细胞,把生物学规律还原为分子运动规律和物理-化学过程。显而易见,生物学规律和物理-化学属于不同概念,是不能被物理-化学运动规律所取代的。

随着"基因决定论"和"还原论"的局限性逐渐暴露,生物学家们建议在生物系统的整体、全局的视角下进行生物学的研究。1948年，Nobert Wiener提出了"控制论"，即研究生物系统或机器内部，如何在外界环境扰动下保持平衡、稳定的状态。1970年，奥地利生物学家Ludwig von Bertalanffy创立了"一般系统理论"，假定生物体是一个既复杂又开放的系统，以系统为研究对象，从整体出发研究系统整体和组成系统整体各要素的相互关系，从本质上说明其结构、功能、行为和动态。Bertalanffy指出未来需要借助计算机和工程学等其他分支学科来深入研究生物体的组成和功能，相关的系统生物学模型和理论一直沿用至今，使其成为第一个理论层面上的系统生物学家。随后1989年，在美国召开的生物化学系统论与生物数学国际会议，探讨了生物学的系统论与计算生物学模型研究。1994年，我国中国科学院学者曾杰在"论系统生物工程范畴"中，预言21世纪将进入系统生命科学与生物工程的时代。至1999年，美国科学家莱诺伊·胡德（Leroy Hood）建立了世界上第一个系统生物学研究所，相较于过去30年中生物学家已习惯于以单一基因或单一蛋白为研究对象，系统生物学则强调用综合方法研究系统中所有组成并确定这些组成在系统运行时的行为，这些组成包括基因、mRNA、蛋白质等，利用建立的数学模型定量地分析系统中组成的功能以及相互作用关系，从而描述生物系统的本质和属性。Hood指出系统生物学将是21世纪医学和生物学的核心驱动力。

继Hood等创建了系统生物学研究所后，系统生物学作为新兴学科被广泛关注。2000年，第一届国际系统生物学会议在日本召开，并成立了东京研究所。此后，国际上都会定期举行一届系统生物学会议，其主题包括系统生物建模和仿真，开发用于描述和解决生物学问题的算法，预测单细胞或多细胞系统的行为，设计药物靶点等。系统生物学不同于以往的实验生物学，它涉及系统科学、计算机科学、生物医学、生物工程等领域的交叉，倡导实验生物学家与计算生物学家结合起来。系统生物学的发展，唤起了一大批生物学研究领域以外专家的重视。美国、日本、德国、韩国和中国等国家学者相继建立了系统生物学各领域研究中心。我国主要的系统生物学研究机构包括北京大学系统生物医学研究所、清华大学合成与系统生物学中心、中国科学院系统生物学重点实验室等。

## 二、系统生物学的研究内容和方法

关于系统生物学的概念，杨胜利院士认为："系统生物学是在细胞、组织、器官和生物整体水平上，研究结构和功能各异的各种分子及其相互作用，并通过计算生物学的方法来定量描述和预测生物的功能、表型和行为"。系统生物学将在基因组序列的基础上完成由生命密码到生命过程的研究，这是一个逐步整合的过程，由生物体内各种分子的鉴别及其相互作用的研究到途径、网络、模块，最终完成整个生命活动的路线图。这个过程可能需要一个世纪或更长时间，因此常把系统生物学称为21世纪的生物学。当代系统生物学离不开高通量测序技术的发展，组学大数据可以全面地对生物系统内部进行定性和定量监测。但是它们并不能反映各种分子间的互作及其对于生物系统的影响，因此，需要利用生物学算法来重构生物模型，并基于对模型的计算和预测，指导生物系统改造。系统生物学的研究内容可以分为三个方面：①利用高通量实验技术，对生物系统不同组分进行基因组学、转录组学、蛋白质组学、代谢物组学、流量组学、糖组学、表型组学等多方面研究，在 DNA、mRNA、蛋白质和代谢产物等多个维度，检测和鉴别各种分子在生物系统内部整体的、动态的水平。科学家称这一类研究为湿实验（wet experiment）部分。②将复杂生物系统的内在联系和它与外界的关系抽象为数学模型。利用计算生物学重构生物模型，把通过实验得到的数据和生物模型模拟数据相比较，对模型进行修正和精炼，使得模型能够准确地描述生物系统的层级关系。科学家把计算机模拟和理论分析称为干实验（dry experiment）部分。③开发不同类型的模拟算法和工具，在重构的生物模型中，分析分子间的相互作用、鉴别遗传回路和代谢途径、构建生物学适配性模块，最终利用分子生物学和合成生物学技术，对细胞生理性能和代谢性能进行优化设计。这一部分内容是干湿结合的实验。

系统生物学的研究方法可以分为"自下而上""自上而下"和两者"混合"的方法。经典的"自下而上"的方法要建立在一个基因功能和调控关系相对清楚、实验数据量丰富的生物系统的基础上。"自下而上"的方法从系统功能或机制出发，依赖于独立的实验数据（从文献搜集得到或者特定的实验得到），构建一个精确的仿真生物体的模型，运用计算生物学模拟实际中难以改变的参数来分析生物系统的动态特性，继而研究分子相互作用如何导致生物系统的功能行为。而第二种"自上而下"的系统生物学研究方法，从组学大数据出发，不依赖以往经验和知识进行判断，尽量进行没有偏见的分析。具体过程是利用高通量的芯片技术和测序技术，获取功能基因组的实验数据并基于数据整合提出假说，依据假说预测一些新功能和相互作用，通过湿实验验证后再进行下一轮的分析。"自上而下"的分析策略需要依赖大量数据，对于一些复杂的生物系统，在工作量上是一个巨大的挑战。这些组学大数据如果不是描述某个特定生物系统连续、动态的生理变化，就不具有太多生物学意义。为了解决这些问题，可以采用"混合"的研究策略。基于网络功能及其组分对功能的贡献率分离出子网络，将组学网络分解为易操控的亚系统网络（"模块"），这些亚网络一般利用"自上而下"的方式单独建模，组学范围仍然需要"自上而下"的建模以使这些模块融入细胞过程中。"自上而下"和"自下而上"的两种方法有各自的适用性，它们本身并不互斥且可以相互促进。Hood 坚持这两种方法都要采用，系统生物学家往往把两种方法混合使用。

目前，建模和模拟是系统生物学的重要工具。模型是系统的一种最常用的表示，描述系统各个组成之间的联系及系统与外界的关系。数学模型是用数学方法来描述实际系统的结构和性能的模型。建模的主要理论包括概率图模型（马尔科夫、隐马尔科夫模型、贝叶斯网络等）、Petri 网络和布尔逻辑模型。若模型中不含时间因素，称为静态模型；若模型与时间有关，称为动态模型。使用模型来研究系统的方法称为系统模拟或系统仿真，它通过在计算机上的运行来对模型进行检验和修正，使模型不断趋于实际情况。计算机仿真包括三个要素（系统、模型和计算机）和三个基本活动（系统模型建立、仿真模型建立和仿真实验）。建模活动是通过对实际系统的观测和检测，在忽略次要因素及不可检测变量的基础上，用数学的方法进行描述，从而获得实际系统的简化近似模型。仿真模型反映了系统模型在计算机上运行的过程。系统仿真是通过实验来研究实际系统的一种技术。通过仿真活动可以弄清系统内在结构变量和环境条件的影响。

### 三、系统生物学的实践

系统生物学有赖于生物学、物理学、化学、数学、统计学、计算机等学科的交叉，在学科交叉的过程中得以不断实践和扩展。目前系统生物学主要分支包括计算系统生物学、分子系统生物学和进化系统生物学等。①计算系统生物学，是系统水平上的计算生物学，强调从计算的观点看生物学问题，既包括用计算的方法从实验数据中挖掘隐藏的模式，也包括通过数学建模和计算模拟来对各种假说进行检验。这两类问题构成了计算系统生物学的研究循环。计算系统生物学继承了计算生物学和生物信息学，为处理和分析海量数据准备工具和算法，只有通过计算系统生物学才能从海量数据中提取相关的信息，才能把数据整合成对生命本质的理解。②分子系统生物学，是对以往分子生物学中所设想的单一分子层面的修正，强调在系统水平上理解不同生化分子的相互作用，本质上是研究分子水平上的各种层次网络，并整合这些网络信息为系统信息。其中重要的实践是合成生物学伴随着系统生物学的产生。合成生物学已成为21世纪的新兴生物学领域，将催生下一次生物技术革命。③进化系统生物学。生物学成为一个具有独立性的学科就在于进化论的提出，全序列的组学数据、全系统的生化数据为从系统水平上研究不同物种间的进化关系提供了充分的数据，基于多层次的高通量组学数据，大规模、跨物种的进化，比较高级分类的多个物种，系统整合不同物种遗传因子-发育网络进化-表型适应性三个层面的数据，阐释生物复杂性状的遗传基础和成因，找出关键的遗传调控基因标记和通路。

系统生物学使生命科学由描述式的科学转变为定量描述和预测的科学。随着生物学、数学、计算机等学科的发展以及交叉领域的研究，系统生物学势必发挥其特有的优势，在医疗卫生、农林畜牧、工业等领域有广泛的应用前景，为解决目前人们关心的重大问题，如能源、生存状态、健康等提供新思路。在农业领域，系统性建立基于基因组、转录组和代谢组的评价模型和数据库，从中获得新元器件、新抗逆回路、新基因设计组合等。通过对农作物系统的设计和重构，评估其对农作物生长发育、营养品质和逆境抗性的影响，优化农作物品种。在工业生物技术领域，采用新方法构建高质量工业微生物全基因组代谢网络模型库；针对工业微生物开发系统的代谢流计算分析方法，建立全基因组代谢网络模型与高效准确的代谢流分析软件平台；基于代谢途径的计算设计构建化学品的最佳合成途径；发展胞内能量与物质的调控技术，实现代谢网络模拟理性设计和基因表达的精准调控，实现工业菌株的高效合成。在医药领域，系统生物学可以应用于疾病的诊断、预警和药物应答，并逐步实现预测医学、预防医学和个体化诊断。如用代谢组学的生物指纹预测冠心病的危险程度，进行肿瘤的诊断和治疗过程的监控；用基因多态性图谱预测病人对药物的应答，包括毒副作用和疗效。表型组学的细胞芯片和代谢组学的生物指纹将广泛用于新药的发现和开发，促使新药的发现过程由高通量逐步发展为高内涵，有望改造新药研究的投入产出。

## 第二节　系统生物学在发酵工程中的应用与发展趋势

### 一、工业系统生物学与系统代谢工程

**1. 工业系统生物学**

微生物发酵过程涉及基因分子尺度的网络结构、细胞尺度的代谢网络与生物反应器系统的宏观网络结构，存在着生命所特有的信息流、物质流、能量流、代谢流的变化。系统生物学的发展可以使人们从基因组层面去研究细胞的代谢网络，包括代谢途径中的关键基因、细胞代谢的复杂调节机制以及外界环境的扰动对细胞整体代谢的影响，进而通过建立代谢模型，评价和预测代谢改造靶点，从而改善细胞的生理机能和生产性状。工业系统生物学是系统生物学方法在工业生物技术中的应用。2010年在瑞典的查尔姆斯理工大学举办的系统生物学会议上提出，虽然"工业系统生物学"通常与代谢工程互换使用，但实际上，工业系统生物学需要专门在设计或分析阶段使用系统生物学技术，而代谢工程并未这样做。会议还介绍了一些先进的代谢网络模型及模型的分析方法，以及在生产燃料和化学品中的各种设计策略。工业系统生物学对于发酵过程的研究并不要求完全明了基因变化所引起特定代谢产物水平变化的机理，而是基于发酵过程参数采用多尺度的研究方法，以系统生物学为背景，直接把代谢产物或途径与基因芯片测定的转录谱相关联，并对发酵过程进行差异蛋白质组学分析，建立高通量筛选平台，以快速地确定影响菌种功能的大量基因。对于微生物发酵过程的不良现象和异常现象，往往已经是细胞代谢状态长期积累的结果，因此调控手段需要经历漫长的"基因-转录-蛋白-代谢"多水平的相互作用才能解决。这需要对生物进行系统的全局分析，才能够及时发现细胞的代谢异常，基于模型有效预测细胞的代谢状态，并找到关键科学问题，实施有效的工程学手段，将生物过程中可能遇到的问题防患于未然。

**2. 系统代谢工程**

系统代谢工程是工业系统生物学的重要组成和研究范畴，是通过整合系统生物学、合成生物学及进化工程的概念与技术手段，总结出了一套概念性的技术框架，用于创造新酶与代谢途径或者修饰优化已存在的代谢路径提高目标代谢物的生产。因此，系统代谢工程能够在充分考虑细胞自身代谢特点的基础上，创造新的代谢产物及其代谢路径，精细化控制细胞代谢回路及其生理功能，通常采用的组学技术手段有转录组、蛋白组、代谢组，计算机技术手段有以化学结构为基础的计算方法和理性设计计算方法。目前，系统代谢工程策略的实施可分为4个步骤：①构建起始工程菌株。可采用传统代谢工程或进化工程策略获得生理性能相对优良的菌株；②借助系统生物学和计算机模拟代谢分析，从全局代谢网络水平上鉴定出能有效地提高细胞性能的新目标靶点基因和途径；③基于模拟结果，可借助合成生物学和传统代谢工程对工程菌株实行进一步改造；④菌株发酵性能的适应性进化

及其过程的优化。系统代谢工程能够在充分考虑细胞自身代谢特点的基础上，有效地设计宿主菌；结合模型技术与组学技术的系统生物学方法，促进代谢工程研究策略系统化、整体化和精细化，加深对微生物生理特性的认识理解，进一步提高和拓宽微生物生理及代谢性能。图1-1为系统代谢工程示意图。

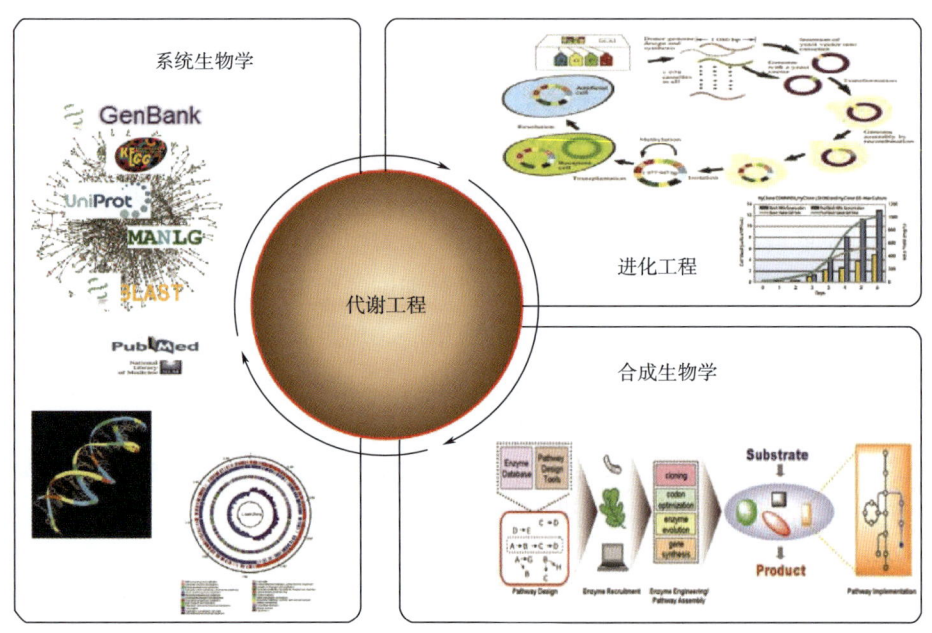

图1-1　系统代谢工程示意图

## 二、工业系统生物学的应用

### 1. 工业菌种设计改造

在发酵过程中，高效细胞工厂的构建是制约工业生物技术进一步发展的瓶颈之一。微生物发酵工业的一个核心问题是如何有效地调控细胞代谢，从而改善细胞性能，提高细胞发酵生产能力、扩大底物利用范围。微生物自身调控系统十分复杂，对微生物的改造设计要在整个基因组的水平上进行才能发挥有效的作用。工业系统生物学的发展已经可以使人们从基因组层面去研究细胞的代谢网络，包括代谢途径中的关键基因、细胞代谢的复杂调节机制以及外界环境的扰动对细胞整体代谢的影响，进而通过建立代谢模型，评价和预测可能的代谢工程操作，从而改善细胞的生理机能和生产性状。将系统生物学和合成生物学结合起来，通过转录组分析菌株的表达情况、蛋白组分析代谢所需的酶系状态、代谢物组和代谢流组数据分析菌株的生理代谢状态，为定向改造微生物细胞生产目标化合物提供了有力的分析手段和工具。通过理性设计创建生物零件、模块和系统甚至新细胞，将减少工业微生物生产菌株的开发时间和成本。工业系统生物学有可能产生跳跃式而不是递增式改良，可以把菌种改良与发酵过程开发统一起来，实现对现有的天然生物系统进行改造和优化，或者构建新的生物途径或网络，并且相关研究还可以用于其他工业生产菌株。

**2. 生物过程全局监测**

高通量基因组、转录组、蛋白质组及代谢组学分析技术已经比较成熟，随着技术的标准化和分析成本的降低，可以将其应用于发酵过程检测和控制。结合传统对发酵参数的监控手段，系统生物学可以全面地对发酵过程中微生物生理代谢性能进行监测。从系统水平上认识微生物内在的生理、代谢过程，能够从基因表达、蛋白质翻译、代谢物积累、代谢流通量等多个层次深入分析微生物代谢机理，从而优化发酵微生物的代谢网络，以实现提高目标产品合成、提高发酵产率、降低生产成本的目的。随着越来越多微生物基因组序列的公布，基于序列信息可以将转录组学和蛋白组学用于生物过程中。例如，在野生型和突变株的基因 mRNA 水平上的菌株差异，可以让人们确定菌株特性及其遗传变化。不同培养条件下胞内蛋白质组学比较，可以预测存在显著差异的代谢通路，确定培养条件和胞内代谢的一些联系。转录组学可以了解细胞内几乎所有 mRNA 实时水平，然而单纯的转录组学所提供的数据不能反映在细胞后续响应上，细胞内大多数的产物合成及代谢直接或间接受到蛋白质的调控。DNA 从转录到翻译最终形成功能性的蛋白质往往又是较为复杂的过程，因此，从转录和翻译水平上共同评价细胞的状态，并与发酵过程参数建立联系进而精准地调控发酵过程。对于生物过程的监测，代谢组学是更加直接的手段。代谢组学分析通常被分类为靶向（特异性）或非靶向性（非选择性或整体性）分析。靶向分析更专注于一组特定代谢物的鉴定和定量，对于评估某些条件下样品中特定化合物组的作用非常重要；非靶向性分析专注于检测尽可能多的代谢物组。工业微生物在发酵过程中可能会有糖类、氨基酸、有机酸、脂肪酸等各种代谢物生成，监测发酵过程中的代谢物组分变化可以为发酵的指导调控提出指导意见，以实现原料尽可能地用于目标化合物的合成。

**3. 环境胁迫的耐受性研究**

工业微生物的生产过程会经历各种胁迫因素的压力，首先，一些副产物如醇类、酸类的积累可能对细胞产生一定的胁迫和毒性；其次，发酵过程环境中可能遇到高温和低 pH 等条件，原料水解物也可能存在抑制性化合物。提高工业微生物对这些环境条件的耐受性，有助于提高发酵终点的产物浓度，同时降低生产的能耗，对于生产的经济性具有重要意义。微生物的耐受性是由多基因控制的复杂表型，改变菌株耐受性往往涉及对细胞内多个基因进行系统性修饰。通过这个复杂而又高效的转录调控网络，微生物会调整代谢行为以快速响应和适应环境变化。在胁迫条件和正常条件下进行基因组和功能基因组的比较，可以深入了解生产宿主在环境胁迫下的基因表达和蛋白谱的变化，以及直观的代谢物水平的差异；通过组学数据分析得到关键代谢基因，为进行代谢工程改造奠定了基础。进一步借助系统生物学搭建的全基因组规模生物模型，在原核微生物和真核微生物的金字塔式的基因表达等级调控网络中，寻找关键调控蛋白，结合转录组和 Chip-seq 方法，定位抵抗高渗胁迫的关键功能模块；采用基于基因组的全局扰动技术，提出并阐明微生物抵御高渗胁迫的策略和机制。

**4. 混菌发酵系统优化**

混菌发酵是纯种发酵技术的新发展，是采用两种或多种微生物的协同作用共同完成某发酵过程的一种新型发酵技术。例如传统白酒酿造、由我国发明的维生素 C 生产都是由微生物群落的共同作用实现。在混菌发酵中，无论是自然发酵还是在人工环境中，微生物相互作用是微生物生化过程至关重要的实现方式。理解不同微生物间在生长过程中产生的物质流和能量流，可协助研究者理解不同菌种间的竞争和合作关系，有助于发现构建合理的微生物群落所需的关键因子，开发复合微生物群落的性能，提高微生物间的协作实现产品的高效合成。然而，揭示复杂微生物群落中菌间互作具有一定难度，因识别在复杂的群落中不同代谢过程中起代谢作用的微生物以及个体的生理特性、代谢能力和活性状态严重依赖于微生物的分离技术，且分离微生物往往难以得到理想效果，使细菌相互作用的研究难以进行。多种宏组学的联用有可能应用于快速对复杂微生物群落中的菌间关系进行预测，例如，宏基因组学可以分析菌群中主要微生物的功能潜能以预测其参与的生理过程；宏转录组学可以分析特定时期主要细菌的表达谱并推测其在不同阶段激活的代谢通路；目标性代谢组学可以以菌群整体为目标检测在特定时期的代谢产物。综合上述三种宏组学数据，构建微生物基因组规模代谢互作模型，可以预测不同阶段菌间的物质交换以推测相互关系，找到关键菌种和关键代谢物，分离培养主要菌种并以此进行单独培养及共培养，以验证所预测的菌间相互关系，提高菌群合成效率。

## 三、工业系统生物学的发展趋势

**1. 建立精准电子细胞**

工业系统生物学的核心内容的细胞工厂设计，必须将细胞的代谢与调控两方面结合起来，才能更为客观和准确地预测细胞的行为。目前大部分工业微生物在全基因组规模上的不同形式的网络模型已经建立，其中以代谢网络模型为主，其他关于代谢物-蛋白质相互作用网络、蛋白质-蛋白质相互作用网络、信号网络、调控网络等方面的研究也相对成熟。要全面地解读生命的本质，除了对细胞各种组分进行全面、定量地测量之外，还要特别重视研究各种组分之间的相互作用及其时空动态关系。在各组学研究的生物网络相对成熟的基础上，集成各组学网络的细胞整合型网络或全细胞网络开始出现，整合细胞中的各种组分，共同构成一个超大规模的相互作用网络。其核心是代谢和调控的结合，细胞整合网络（代谢和调控）可以包含基因转录调控、酶活性的抑制和激活、动力学数据、代谢反应等各种信息，能够精准反映细胞内各种组分和相互作用关系，大大提高对生物表型的预测能力和改进代谢工程策略。

**2. 开发新生产宿主**

工业系统生物学现阶段主要集中于微生物领域，随着系统生物学研究方法越来越广泛的应用，会发展更多的复杂植物细胞用于发酵过程中。如蓝藻细菌能够以二氧化碳和光能合成细胞碳骨架和代谢能量，同时释放氧气，具有发展成为生产生物燃料的绿色细胞工厂的潜力。基于集胞藻（*Synechocystis* sp. PCC 6803）基因组序列构建的 *i*Syn669，包含了表示集胞藻光合作用的反应过程，被用于分析集胞藻在光自养、异养和混养三种不同生长条件下的代谢过程。而在光合真菌莱茵衣藻（*Chlamydomonas reinhardtii*）GSMM *i*RC1080 中，光对细胞的作用被进一步定量表示为光子流量的函数，使得定量研究不同波长光源（阳光、灯光和 LED 光）对细胞代谢活动的影响成为可能。如在拟南芥代谢网络模型基础上构建的表征玉米、甘蔗和高粱等 C4 植物代谢过程的通用模型 C4GEM，包含了 C4 植物叶肉和维管束鞘两个不同细胞类型的代谢反应。

### 3. 加速人工智能发展

随着测序工作的深入研究和普及，组学数据越来越快地获得，使本来就具有大量数据的生物过程，将拥有越来越多的数据难以快速分析。因此，如何有效挖掘这些数据，如何获得可靠的生物学信息和真实的菌体生理代谢情况，成为生物大数据时代的关键。目前已经出现的方法中，数学模型对组学数据的整合，无疑是当下最行之有效的方法。然而，由于数学模型往往缺乏信息的时序性，不能将过程信息很好地分析和挖掘。随着人工智能的不断发展，利用计算机对生物过程信息的粗提取和粗加工逐渐成为可能，可以缩短过程问题分析的时间并提高处理的有效性。另一方面，利用系统生物学将生物过程大数据整合，不仅可以激发高产菌株的代谢潜能，高效准确指导生物过程优化策略的建立，同时也能够深化对生物体本身的了解。随着深度学习系统的逐步发展，人类将逐渐对生物过程有更加清晰和明朗的认知，工业发酵过程也将从半经验式的调控迈入理性调控、智能调控的新时代。

# 参考文献

［1］张志勇. 系统生物学的两个课题研究［D］. 上海：上海大学，2013.

［2］陈垒，邱强，潘香羽，等. 进化系统生物学与反刍动物的进化研究［J］. 中国科学：生命科学，2019，49（04）：509-518.

［3］José Manuel Otero, Jens Nielsen. Industrial systems biology［J］. Biotechnol Bioeng, 2010, 105（3）: 439-460.

［4］李树波. 系统代谢工程改造光滑球拟酵母生产 3-羟基丁酮［D］. 无锡：江南大学，2014.

# 第二章 系统生物学资源库和研究工具

系统生物学是以系统论、整体性为特征的生物学交叉学科。对于一个复杂生物体,从系统角度来进行研究逐步成为现代生物学研究方法的主流。通过整合实验、基因组学和功能基因组学中的高通量方法,为系统生物学发展提供大量的数据,计算生物学通过对 DNA、RNA、蛋白质等生物大分子数据的处理、模型构建和理论分析,成为系统生物学发展的一个必不可缺的、强有力的工具。这些研究方法的一个核心问题是数据库的开发,即收集、存储、管理生物信息;以及计算工具的开发,即如何对生物信息数据进行分类、分析、加工从而得到能够真实反映生命活动规律的系统性模型。

## 第一节 综合性组学数据库

### 一、美国国家生物技术信息中心

作为美国国立卫生研究院(National Institutes of Health,NIH)分支下的国立医学图书馆,于 1988 年 11 月 4 日建立美国国家生物技术信息中心(National Center of Biotechnology Information,NCBI)。NCBI 的整套数据资源包括数据库检索系统,相似序列比对程序,基因、染色体和基因组序列分析数据库,基因表达与表型分析数据库,蛋白质结构和建模数据库等。此外,NCBI 还有文献数据库 Pubmed 和 OMIM。NCBI 为储存和分析分子生物学、生物化学、遗传学知识创建自动化系统;从事研究基于计算机的信息处理过程的高级方法,用于分析生物学上重要的分子和化合物的结构与功能;促进生物学研究人员和医护人员应用数据库和软件;努力协作以获取世界范围内的生物技术信息。

**1. NCBI 分子生物学数据库**

在 NCBI 中用于生物学研究的数据资源中,最重要的是分子生物学数据库,包括核酸序列、蛋白、基因、分子结构和基因表达的信息等,其中最常用数据库包括基因序列数据库(GenBank)、参考序列数据库(RefSeq)、Unigene 数据库和 Entrez 基因数据库。GenBank 包含了所有已知的核苷酸序列和蛋白质序列,以及相关的文献著作和生物学注释。该数据库每两个月发布一次更新,含有 26 万种物种的核苷酸序列。数据涉及 7 万多个物种,其中 56% 是人类的基因组序列。数据来源于测序工作者递交的序列和同国际其他核酸序列数据库的数据交换。每条 GenBank 数据记录都包含了对序列的简要描述、科学命名、物种分类名称、参考文献、序列特征表以及序列本身。序列特征表里包含对序列的生物学特征注释,如编码区、转录单元、重复区域、突变位点和修饰位点等。所有数据记录被划分在若干个文件夹内,如细菌类、病毒类、基因组测序数据等16类。在文献中如果有该基因的 GenBank ID 号,在 NCBI 网站上 Search 后的下拉框中选择 Nucleotide,把 GenBank ID 号输入即可检索所需序列。

参考序列数据库(RefSeq)提供了具有生物意义上的非冗余的基因、转录本和蛋白质序列,经过 NCBI 科研人员与一些机构合作校正。该数据库使用人类基因命名委员会定义的术语,包括了官方的基因符号和可选的符号,为表 2-1 中的分子类型和基因组提供记录。RefSeq 记录可以获得三种状态,预测的、临时的和检查过的。预测的 RefSeq 记录是来自那些未知功能的 cDNA 序列,它们有一个预测的蛋白编码区;临时的 RefSeq 记录由自动的程序所产生尚未经过人工检查;检查过的 RefSeq 记录代表了一个基因和它的转录子。

表 2-1　　　　　　　　　　RefSeq 记录的分子类型和基因组

| 分子 | 登录格式 | 基因组 |
| --- | --- | --- |
| 完整基因组 | NC_###### | 原核生物、细菌、细胞器、病毒、疫苗 |
| 完整染色体 | NC_###### | 真核生物 |
| 完整序列 | NC_###### | 质粒 |
| 基因组 Contig | NT_###### | 人类 |
| mRNA | NM_###### | 有限的脊椎动物、人类、小鼠、大鼠 |
| 蛋白 | NP_###### | 所有以上的 |

NCBI 的 Unigene 数据库是把表达序列标签 EST 和全长 mRNA 序列组织成簇,把基因组中能够编码蛋白质的部分集中起来。EST 是指通过对 cDNA 文库中随机挑取的单克隆进行大规模测序获得 cDNA 的 5′或 3′端序列,长度一般为 150~500bp,代表在一定的发育时期或特定的环境条件下,特定的组织或细胞基因表达的序列。每一簇代表一个特殊生物个体的一个独特的已知或推断的基因。Unigene 参考了转录组、基因组的信息,通过多次循环聚类,统计了基因的表达谱,整合尽可能多的数据;通过 EST 所附带的信息,很容易了解 EST、mRNA 等转录组数据与基因的关系。

Entrez 基因数据库以每个基因的信息作为一条记录,包括该基因官方名、全称、别名、染色体定位、注释以及 Gene ID 等基本信息。在"full report"方式下还可显示特定基因的相关信息:①包括用图像来显示基因在基因组中的位置,包括外显子和内含子的结构以及邻近基因;②提供 mRNA 序列的图像显示,并且这些 mRNA 序列可以显示其他生物特征,如编码区、单核苷酸多态性等;③提供蛋白序列的连接、其保守区域的功能信息以及同源基因等信息;④提供与其他数据库的连接,如突变数据库、PubMed 文献链接。

## 2. NCBI 基因表达数据库

随着 Illumina/Solexa 技术、Roche/LS454 技术、ABI/SOLID 技术及 HELICOS 单分子测序技术产生了大量高通量测序数据,单次运行产生的数据以吉字节(Gb)乃至数十吉字节计。在 NCBI 中,传统测序数据(如毛细管电泳产生的测序数据)存储在 Trace Archives

数据库中，但该数据库不适合存储高通量测序数据。基因表达数据库（Gene Expression Omnibus，GEO）作为第一个基因表达数据的公共贮存库，2000年7月在NCBI上首次公布于众。高通量测序的原始数据可以在NCBI的SRA（Sequence Read Archive）数据库中下载，需要先安装SRA Toolkit软件包。GEO数据库的创建是提供了一个高通量定量实验数据存储网址，它具有强大的数据收录功能，同时极具灵活性和与时俱进的设计风格，不需设立严格的登录要求和标准。用户提交给GEO的数据分为三种不同的实体，分别是平台、样本和系列。平台记录描述阵列上的成分（例如cDNAs、寡聚核苷酸探针、开放阅读框和抗体）或在实验中可检测和定量的成分（例如SAGE标签、肽）。每个平台记录被分配一个唯一且固定的登录号GPL×××，阵列内容以文本描述，阵列模板用文本选项卡分隔表示。样本记录描述个体样品信息、处理方式和每个元素的丰度测定，即关于被检测的mRNA样本，实验条件和实验产生的基因表达测量数据信息。每个样本记录被分配一个唯一且固定的登录号GSM×××，生物样品的文本及相关协议以文本描述，处理的杂交结果用文本选项卡分隔表示，还有原始数据文件或处理序列数据文件。系列记录定义一组样品间如何相关、是否有序和怎样排序，提供了整个研究的焦点和描述，系列记录还可以包含描述提取数据、总结结论或分析的表格。每一个系列记录都分配有唯一固定GEO登录号（GSE×××），整个实验的文本描述、原始数据文件和处理序列数据都存档在tar文件中。

GEO数据库支持符合MIAME（minimum information about a microarray experiment）数据提交的基因表达分子丰度库，可作为高通量试验数据的公共贮存库，这些数据包括单通道和双通道的微阵列实验资源、mRNA表达水平、基因组DNA分子（Chip-Chip）和蛋白质分子（质谱的多肽表达谱）的实验数据，以及非阵列技术，如基因表达系列（SAGE）和质谱分析蛋白组学数据。

截至2024年8月，GEO公共数据中已有26625个GPL平台，8046269个GSM样本，261707个GSE研究系列。GDS是当前GEO样品数据库的数据集。GDS记录代表生物学和统计学上有可比性的GEO样品集合及数据显示和分析工具的基础形式。GDS内样品是指相同平台内共享同一组探针，每一个样品值测定假定是通过等值计算方法。相关的两个数据库Entrez GEO表达谱和Entrez GEO数据集已被创建用于查询这些数据，显示每一组数据的个体基因表达/分子丰度图谱。GEO数据可以使用Entrez GEO数据集和Entrez GEO表达谱进行查询。Entrez GEO表达谱查询预处理的基因表达分子丰度图谱，即样品和系列记录，而Entrez GEO数据集查询所有的实验注解，正如其他的NCBI Entrez数据库，支持布尔短语搜索，并限定在支持的特征字段，进行有效的查询和挖掘。以已知序列号进行检索：平台"GPL339"、系列"GSE9567"、样本"GSM241927"，搜索结果见图2-1。也可以利用关键词、物种甚至作者姓名进行搜索，会搜索到大量条目结果。对搜索结果可以用Limits和Advanced Search进行筛选。可以通过Entrez GEO表达谱中的"Profile neighbors""Sequence neighbors""Homolog neighbors""Link"等工具找到感兴趣的相关数据。Profile neighbors图谱邻居通过输入基因名称或符号直接定位到"profiles"中的相关基因，显示为相似类型数据组的其他基因/分子，由此可以推断某些普通功能元件或调控元件。

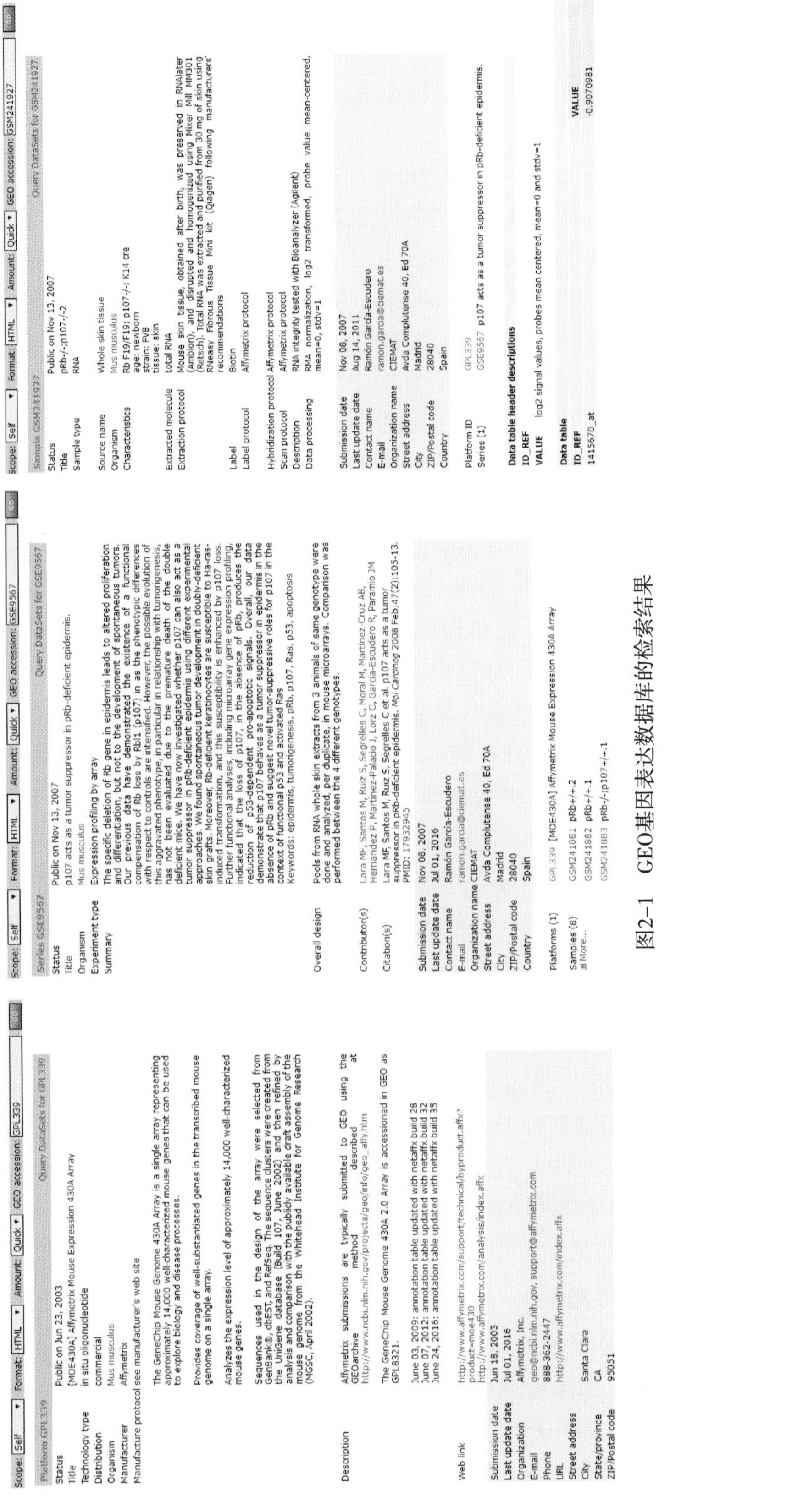

## 第二章
系统生物学资源库和研究工具

图2-1 GEO基因表达数据库的检索结果

序列邻居（Sequence neighbors）基于核苷酸序列相似性在所有 GEO 数据库寻找相关基因，因此可以用于鉴别同源序列如相关基因家族或用于物种间对照。Homolog neighbors 用于检索属于相同同源基因组的基因图谱。Links 链接可以通过 GEO 数据库链接到其他 Entrez 数据库的相关记录。

除了 Entrez 查询系统以外，GEO2R 是一种交互式的 Web 工具，允许用户比较 GEO 系列中的两个或多个样本组，以便识别在实验条件下差异表达的基因，结果显示为一个根据重要性排序的基因列表。GEO2R 对原始提交者提供的已加工的数据表进行比较，使用基于 R 编程语言的开源软件项目 Bioconductor 的 GEO query 和 limma R 包。Bioconductor 是生物数据开放源工具，为高通量基因组数据的分析提供工具。GEO query 可以将 GEO 数据解析成 R 语言数据结构，以方便在其他 R 包中使用。limma 已经成为用于鉴定差异表达基因的最广泛使用的统计学实验之一。它处理大量的实验设计和数据类型，并且基于 $P$ 值的多次测试校正，以帮助纠正假阳性的发生。因此，GEO2R 提供了一个简单的接口，允许用户在没有命令行输入能力的情况下执行 R 统计分析。GEO 还提供了几个辅助工具来协助增强数据的挖掘和可视化。"compare 2 sets of samples" 可以通过计算一个数据集内、不同实验子集间的平均秩次或值的差别，用以区别存在显著表达差异的两组样本，特别是比较属于不同实验的样本，从而来鉴别感兴趣的基因表达谱。GEO 数据库的 "cluster heatmaps" 工具提供 9 种预处理的分层聚类类型和 K-means 聚类，用户可以选择浏览样本和基因等级聚类图，并选择感兴趣的多聚类部分，然后进行放大、下载、制成线性图表或直接链接到 Entrez GEO 图谱。GEO BLAST 是通过 BLAST 来搜索感兴趣的核苷酸序列相似的 GEO 基因表达谱。GEO BLAST 数据库包含了所有 GenBank 中的序列，而且是用 NCBI 的 BLAST 界面输出标准的 BLAST 比对结果，并且可直接链接到 GEO Profiles 数据。"experiment design and value distribution" 用柱状图表示每一样本的表达量。"Value distribution" 一个数据集中的每个样本均会有对应的箱线图，可以大概了解一个数据集的数值分布状态。

关于 GEO 的数据下载和格式：GEO 记录在 Accession Display 栏有几种可供原始 GEO 记录的检索和显示的选择。"Scope" 是一个登录号或关于登录的任何记录（平台、样品或序列）或所有家族记录。"Amount" 是指显示数据的数量，选项包括元数据和数据表的前 20 行。"Format" 是记录是否以 HTML 或以 SOFT 格式显示，SOFT 是设计为数据检索或提交给 GEO 的可机读的 ASC11 文本格式。每个 GDS 记录对数据组的下载有 3 种选择。完整的 SOFT 文档包含整个数据组的所有信息，包括对数据组的描述、类型、组织、亚群的定位等。另外，数据表包括标记物和数值。

### 3. NCBI 其他子数据库

除了一些重要的分子数据库，NCBI 还包括结构数据库、分类学数据库、文献数据库等。Structure（结构）数据库或称分子模型数据库（MMDB），包含来自 X 射线晶体学和三维结构的实验数据。MMDB 的数据来源于 Brookhaven 蛋白数据库 PDB 获得，经过重新组织和验证，将结构数据交叉链接到书目信息、序列数据库。利用将化学、序列和结构信息整合在一起，MMDB 计划成为基于结构的同源模型化和蛋白结构预测的资源服务器。MMDB 的记录以 ASN.1 格式存储，可以用 3D 结构浏览器、Cn3D、Rasmol 或 Kinemage 来显示，很容易地从 Entrez 获得分子结构间相互作用的图像。Taxonomy 数据库包括大约 7 万余个物种的名字和种系，提供一致性的种系发生分类学平台，可以按生物学门类进行检索或浏览其核苷酸序列、蛋白质序列、蛋白结构等，从而了解该物种在分类学上的地位。如果新物种的序列数据被上传到 NCBI 中，这个物种会被加到分类数据库中。分类数据库以每月增加 2200 个新分类单位的速度在增长，共收录有将近 30 万种物种信息，这些信息为"属（genus）"级别，或者虽然未达到"属"级别，但至少有一条该物种的核酸序列或蛋白质序列信息收录。PubMed 系统是由生物医学文献的引用和摘要组成的数据库，由 NLM 的 NCBI 开发用于检索 MEDLINE、PreMEDLINE 数据库中 20 世纪 60 年代中期至今的文献及相关资源。PMC Center 是 NLM 的生命科学期刊文献的数字化存储数据库，用户可以免费获取大部分期刊的 PMC 文章全文。

## 二、欧洲生物信息研究所数据库

欧洲生物信息学研究所（European Bioinformatics Institute，EBI）建立于 1994 年，隶属于欧洲分子生物学实验室（European Molecular Biology Laboratory，EMBL）。EBI 提供了多个大型生物信息公共数据库，拥有全面类型的分子生物数据库，如图 2-2 所示。其主要包括常用的基因和蛋白质数据库，跨基因组学、转录组学、蛋白组学、生物化学、系统生物学等学科和相关的文献、专利资源库以及一些新型数据库，例如大分子结构 PDBe、小分子 ChEBI、反应途径 Reactome、生物模型 BioModels 等，能帮助研究人员了解构建一个有机体的分子部分，以及这些部件如何结合起来建立系统。除了丰富的生物信息资源，EBI 发展了多种用于浏览、检索、分析处理生物数据的工具服务。例如，基于网页的查询系统 SRS（Sequence Retrieval System）可以快速搜索超过 400 个局域和公众数据库中的大量生命科学数据；TrEMBL（Translation from EMBL）利用自动注释工具将蛋白编码序列翻译后得到注释信息，同时具有同源序列比对、进化树分析、大分子结构多维显示等功能。

图 2-2　EBI 数据库数据资源类型

**1. EBI 核酸数据库**

在核酸序列方面，EBI 有常见的 ENA 数据库和基因组数据库 Ensembl。ENA 数据库整合、组织、分配公共资源中的核酸序列，ENA 数据库是在 EMBL-Bank、EBI 的核酸序列数据库的基础上发展起来的一级序列数据库，并且与日本 DNA 数据库 DDBJ、GenBank 组成全球最重要的三大核酸序列数据库，如图 2-3 所示。Ensembl 数据库是用于管理基因组序列和真核生物基因组的注释系统，存储了组装的基因组序列和由 Ensembl 自动注释系统产生的基因组。基于组装好的基因组序列描述基因组的特征，如重复序列、保守区域或单核苷酸多态性；并对结构基因进行预测，得到如内含子和外显子等结构元件。注释信息还包括基因编码的蛋白功能区域和基因产物在生物体中的作用。基因组的特性和注释信息均可通过 Ensemble ContigView 进行查看。

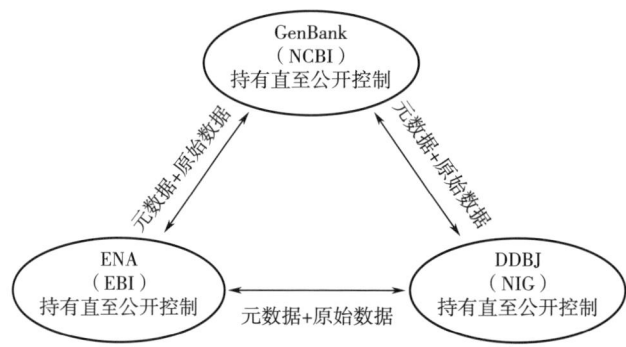

图 2-3　GenBank、ENA 与 DDBJ 核酸序列数据交换模式

注：NIG，日本国立遗传学研究所。

**2. EBI 蛋白序列数据库**

在蛋白序列方面，EBI 数据库有各类层次的蛋白数据库，从简单的序列数据库到通用的次级数据库。

（1）InterPro　InterPro 是一个记录蛋白家族、结构域和蛋白指纹等信息的数据库。InterPro 的意图是建立一站式的蛋白质分类平台，已知蛋白质的可识别特征分析可应用于新的蛋白质序列的功能性表征，预测其结构域和重要位点。其中由不同成员数据库产生的所有签名被放置在 InterPro 数据库中的条目中。每个条目关联其他附加信息，包括描述、一致性名称和基因本体术语。签名包括模型可用于描述蛋白质家族、结构域或位点等信息。模型可分为简单类型（如正则表达式）或更复杂模型（如 Hidden Markov 模型），由已知家族或结构域的氨基酸序列所构建，可用于搜索未知序列（例如来自新基因组测序序列）并对它们进行分类。InterPro 在整合多个数据库的同时，去掉了冗余、利用统一接口，而且提供了 interproscan 脚本以方便地对大规模的蛋白序列进行自动或手动注释。

（2）SWISS-PROT　SWISS-PROT 创建于 1986 年，由瑞士生物信息学研究所（Swiss Institute for Bioinformatics，SIB）和欧洲生物信息学研究所（EBI）共同协作维护，现被整

合到 UniProt 数据库中。截至 2021 年 10 月，该数据库共收录 565254 个序列数据。每个条目由分子生物学家和蛋白质化学家通过计算机工具、查阅有关文献资料仔细核实，可提供蛋白质序列的详细注释信息，包括功能位点、跨膜区域、二硫键位置、翻译后修饰、突变体、结构域和结合位点、蛋白质缺陷相关疾病等详细信息。此外，SWISS-PROT 提供与外部数据库的链接，与其他数据库交叉参考，通过一次检索可同时获得蛋白质的各方面资料。例如核酸数据库（GeneBank/EMBL/DDBJ）、蛋白结构数据库、蛋白功能和家族数据库、疾病相关数据库等。TrEMBL 是瑞士生物信息学研究所的蛋白质序列数据库 SWISS-PROT 的一个增补版本，由核酸序列通过计算机程序翻译生成蛋白质序列，这两个数据库中的序列错误率较大，有较大的冗余度。网页提供了分析蛋白质序列和结构的工具和软件包，还提供了与其他分子生物学的资源和主要服务器的链接。TrEMBL 数据量大，且随核酸序列数据库更新，但它们均未经实验证实，也没有详细的注释。

（3）UniProt　UniProt（Universal Protein）是由欧洲生物信息学研究所（EBI）、美国蛋白质信息资源（Protein Information Resource，PIR）以及瑞士生物信息学研究所（SIB）等机构共同组成的 UniProt 协会（UniProt Consortium）编辑、制作的一个信息资源。它是由 UniProt 知识库（UniProtKB）、UniProt 档案（UniParc）、UniProt 参考资料库（UniRef）以及 UniProt 元基因组学与环境微生物序列数据库（UniMES）构成，旨在提供一个有关蛋白质序列及其相关功能的广泛的、高质量的并可免费使用的共享数据库。UniProt 数据库整合了 SWISS-PROT、TrEMBL 和 PIR-PSD 数据，是目前信息最全面、资源最丰富的非冗余蛋白序列数据库。

UniProtKB 是一个专家级的数据库，它可以通过与其他资源进行交互查找的方式为用户提供一个有关目的蛋白质的全面的综合信息。此数据库分为两部分：UniProtKB/Swiss-Prot 与 UniProtKB/TrEMBL。UniProtKB/SWISS-PROT 主要收录人工注释的序列及其相关文献信息和经过计算机辅助分析的序列。在 UniProtKB 中，注释包括对蛋白质功能、酶学特性、具有生物学意义的相关结构域位点、翻译后修饰情况、亚细胞定位、组织特异性、发育阶段特异性、结构、相互作用、剪接异构体、相关疾病信息的注释等。注释的另一个重要工作就是对同一蛋白的所有相关报道进行归纳、总结。注释人员将相关参考序列、剪接变异体、基因变异体和疾病相关信息全都整合起来，将蛋白质数据与其他核酸数据库、物种特异性数据库、结构域数据库、家族遗传史或疾病资料数据库进行交叉参考。UniProtKB/TrEMBL 收录的是高质量的经计算机分析后进行自动注释和分类的序列，还收录 EMBL-Bank/GenBank/DDBJ 核酸序列数据库中的编码序列的翻译后蛋白质序列，和来自拟南芥信息资源库（TAIR）、酿酒酵母基因库（SGD）和人类 Ensembl 数据库中序列的翻译后蛋白质序列。

UniParc 能够全面反映所有蛋白质序列历史，UniParc 收录了不同数据库来源的所有的最新蛋白质序列和修订过的蛋白质序列，可以保证数据收录的全面性。为了避免出现冗余数据，UniParc 将所有完全一样的序列都合并成了一条记录，而不论这些数据是否来自同一物种。UniParc 还会收录每天最新的数据和修改过的数据，并交叉参考这些数据，及时对 UniParc 中的数据做出修订。UniParc 中每一条记录包含的基本信息包括标识符、序列、循环冗余校验码、来源数据库中的检索号（如 NCBI GI 号、Tax ID 号）、版本号、时间、在来源数据库中的状态（如仍然存在或已经被删除）。如果 UniParc 中的记录没有收录在 UniProtKB 中，那么这个基因可能是假基因。UniParc 中的记录都是没有注释的，因为蛋白质只有在指定的条件下才能够进行注释。例如，序列完全相同的蛋白质如果属于不同的物种、组织或不同的发育阶段，其功能都有可能完全不同。

UniRef 根据序列同一性对最相近的序列进行归并，加快搜索速度。UniRef 对来自 UniProtKB 的各类数据进行了分类汇总，从 UniParc 中选取了一些数据，以便完整地、没有冗余、不断更新地收录所有数据。UniRef 数据库的同一性分为三个级别：100%、90% 和 50%。UniRef 里的数据是按照级别来分类的，在 UniRef 数据库的每一个同一性级别中，每一条序列只会属于其中的一个聚类，这条序列在其他的同一性级别中也只会有一条父集序列和子集序列。UniRef100 数据库将相同的序列数据和亚片段数据整合在一起，使用一个检索入口进行检索。UniRef90 数据库建立在 UniRef100 数据库的基础之上，而 UniRef50 数据库又是以 UniRef90 为基础。UniRef100、UniRef90 和 UniRef50 这三个数据库的数据量分别减少 10%、40% 和 70%。每一个聚类记录都包含下列信息：数据来源、蛋白质名称、分类学信息（但只会举一个蛋白质为代表）、聚类下条目数等。UniRef100 是目前最全面的非冗余蛋白质序列数据库。UniRef90 和 UniRef50 数据量有所减少是为了能更快地进行序列相似性搜索以减少结果的误差。UniRef 现在已广泛用于自动基因组注释、蛋白质家族分类、系统生物学、结构基因组学、系统发生分析、质谱分析等各个研究领域。

UniProt 元基因组学与环境微生物序列数据库（UniMES）是为不断发展壮大的元基因组学研究领域服务的。UniMES 收录了来自全球海洋取样考察计划（Global Ocean Sampling Expedition，GOS）得来的数据，而 GOS 以前则将数据上传至国际核酸序列数据库协作体（International Nucleotide Sequence Database Collaboration，INSDC）。GOS 的数据包含有大约 2500 万条 DNA 序列，估计可以编码大约 600 万种蛋白质，这些序列都是来自海洋微生物。UniMES 将这些可能的蛋白质序列和 InterPro 数据库自动分类、整理后的序列资源结合起来，提供了目前唯一能获得 GOS 基因组信息的数据库，且免费使用。UniMES 中的数据没有收录在 UniProtKB 和 UniRef 中，但 UniParc 中有收录。UniMES 中的数据以 FASTA 形式储存，可以从 FTP 服务器上免费下载。

**3. EBI 基因表达数据库**

ArrayExpress 是 EBI 用来保存微阵列基因表达数据的公共数据库，EBI 用其保存所有微阵列平台的数据，是基因表达数据库，设计用来保存来自所有微阵列平台的数据。至 2021 年 10 月，ArrayExpress 数据库共收集了 74785 个基因芯片实验，包括 254580 个杂交芯片的 61.19 TB 归档数据。这些数据来自全球 100 多个不同的实验室，包括各种双通道和 Affymetrix 等不同的基因芯片类型，不仅包括基因表达谱分析，也包括了一些 chip-chip 数据和比较基因组学（aCGH）数据。ArrayExpress 包含两个子数据库：实验数据集（Experiments Archive）和基因表达图谱（Gene Expression Atlas）。实验数据集包含了基因表达的功能基因组学实验数据库，并提供查询和下载功能，遵守 MIAME（Minimum Information About a Microarray Experiment，有关微阵列实验的最小化信息）和 MINSEQE（Minimum Information about a high-throughput Sequencing Experiment，高通量测序实验的最小信息集）规则的数据，用于注释标准及相关的 XML 数据格式交换 MAGE-ML（Microarray Gene Expression Markup Language，微阵列基因表达标记语言）。基因表达图谱数据库包含重新注释的实验数据集，允许通过实验查询不同生物条件下的个体基因表达结果。ArrayExpress 包含原始数据和由原始数据生成的数据集或图谱两大部分，原始数据放置在 Archive 中。科研工作者可以将测序结果和基因芯片数据，利用 MAGE-TAB 工具上传，该种上传数据方式上传文件大小不受限制。

对 ArrayExpress 数据库可以在 "experiment"（实验）页面和 "Array"（平台）页面进行检索，在实验页面的检索可以用序列号（例如 E-MEXP-568）、关键词（例如 RNAi）、筛选条件包括物种、分子、技术等；在平台页面的检索也可以用序列号（形式为 A-MEXP-1234）、物种（例如 *Saccharomyces cerevisiae*）、序列名（例如 SurePrint G3 Rat CGH Microarray）、芯片厂商（例如 Agilent 或 Illumina）、序列提供者。Experiments Archive 检索结果包含数据上传及更新情况、物种、样本、平台、描述、实验类型、提供者联系方式等。所有检索界面均提供下载，下载内容经解压缩后为 ".tab" 格式文件，通过网页即可打开。ArrayExpress 不仅提供一个简单的基于网页的数据查询界面，还将结果直接与 Expression Profiler 在线分析工具或与 Bioconductor 统计学软件包相连，进行表达数据聚类挖掘，实现多个实验和数据库间的交叉查询。

### 三、日本 DNA 数据库

日本 DNA 数据库（DDBJ）由日本国立遗传学研究所（NIG）于 1984 年建立，从地域而言，DDBJ 负责亚洲地区 DNA 实验数据；同时与 NCBI 的 GenBank、EMBL 的 EBI 数据库交互，同步更新，每年四版。DDBJ 与 GenBank、EBI 数据库共同组成世界三大 DNA 数据库。DDBJ 数据库主页上包括提交、数据检索和分析等功能。用户可以通过 SAKURA、MSS 和 Sequin 途径向 DDBJ 数据库提交数据，利用 getentry、SRS（Sequence Retrieval System）、TXSearch（Taxonomy Retrieval）方式完成数据检索。SRS 工具是 DDBJ 版权所有的分子生物学数据库核酸序列检索系统，属于关键词检索。它共有快速检索和高级检索两种检索途径，高级检索共有标准检索和扩展检索两种方式，可一次输入 4 个来自不同的字段的检索词进行组合检索。DDBJ 检索系统得到的数据结果，系统提供 Link（链接）、Save（存储）、View（浏览）及 Launch（序列分析）等处理方式。DDBJ 数据库中数据分析软件主要包括 ClustalW 用于多片段分析及系统树图制作，VecScreen 用于筛选核苷酸中的污染序列，DDBJ Read Annotation Pipeline 用于高通量测序数据分析流程。

在 DDBJ 的生物组学数据库中，二代高通量基因组测序数据存储在 Sequence Read Archive（DRA）数据库，包括罗氏 454 测序系统、Illumina 测序技术和 ABSOLiD 仪器等产生的基因组数据；功能基因组数据存储在 DDBJ Omics Archive（DOR）数据库，包括各种双通道和 Affymetrix 等不同的基因芯片和基因表达谱、Chip-Chip 和 Chip-Seq 数据以及比较基因组学（aCGH）数据等；个性化的 Genotype-phenotype Archive（JGA）数据库，提供了大量个人基因组分析基因型和表型关系的分析平台。这些子功能数据库都在 DDBJ 的主页上有链接，如图 2-4 所示。此外，DDBJ 主页可以链接多个有关生物信息学方面的其他相关数据库，包括由 NIG 维护的 CIB/DDBJ Human Genomic Studio、SQmatch、GIB、CAMUS database、HCV database 等 15 个专业数据网站；同时还与几十个日本国内及国外的常用生物信息学数据库链接，方便用户了解和使用。

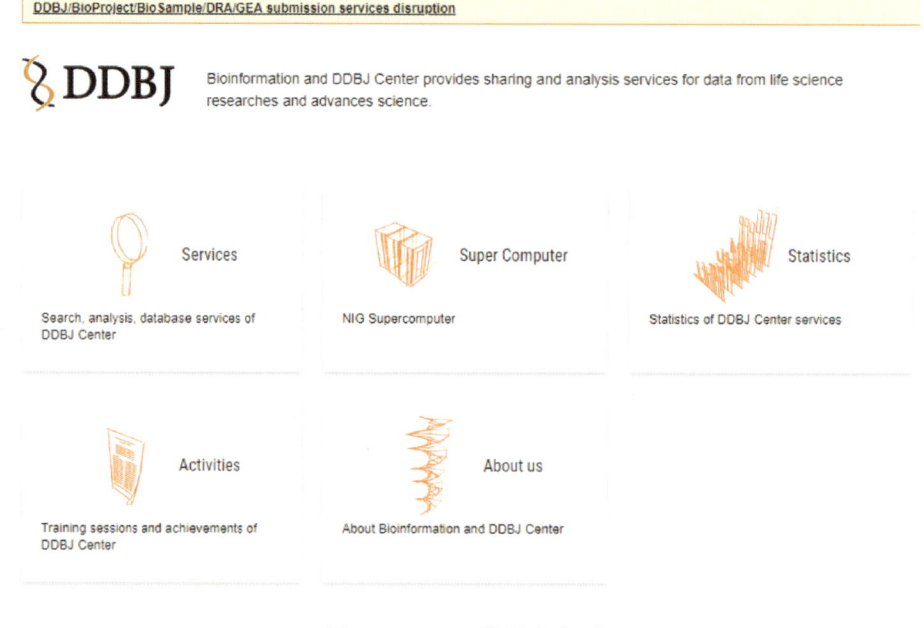

图 2-4　DDBJ 数据库主页

## 四、中国国家基因库

美国的 NCBI 数据库与欧洲的 EBI-EMBL 和日本的 DDBJ 组成国际核酸序列数据库合作联盟。这三大数据库各自收录了世界上所报道的所有序列数据的一部分，并且每天实时更新交换各自的序列信息，努力协作以获取世界范围内的生物技术信息，以保证数据的全面性和世界覆盖率。我国经过 5 年的漫长建设，2016 年 9 月，位于深圳大鹏新区的中国国家基因库（China National Gene Bank，CNGB）正式运营，该基因库是中国首个，也是全球继 NCBI、EBI、DDBJ 之后建成的全球第四个国家级基因库。CNGB 的运行架构和功能属性是基于"三库两平台"而建设的。"三库"指的是："干库"，即数字信息库，包括基因、蛋白、分子、影像等多种形态的生物信息数据库；"湿库"，即生物样本及遗传资源库；"活库"，即活体生物库；"两平台"是指基因信息读取平台和基因编辑合成平台。与DDBJ、NCBI、EBI 三大数据库相比，中国国家基因库的特色在于重点关注人类健康、生物多样性、农业育种平台、生物进化机制等科学问题。三大数据库并没有样品保存功能，而 CNGB 已包含众多生物资源样本在样品库和活体库，目前存储总量已达 1000 万份。在这些数据中，除了基本的生物资源样本和信息之外，还储存了人类疾病和物种多样性的相关数据。

## 第二节　生物途径网络数据库

### 一、综合性代谢途径数据库

**1. KEGG**

日本京都基因与基因组百科全书（Kyoto Encyclopedia of Genes and Genomes，KEGG）以"理解生物系统的高级功能和实用程序资源库"著称，特色在于把从已经完整测序的基因组中得到的基因目录与更高级别的细胞、物种和生态系统水平的系统功能关联起来。KEGG 数据库是分析各种生物信息的在线数据库，不仅从基因水平，而且从更高层次将基因、化学物质和各种网络信息相结合。其整合了基因组测序、功能基因组和蛋白质组实验所获得的基因和蛋白质信息，由计算机处理得到的细胞内分子间相互作用的信息（PATHWAY 数据库）以及化学物质和反应信息的数据库（LIGAND 数据库）。KEGG 具有描述代谢途径、预测基因功能、获取基因组信息、同源性识别以及解析蛋白质和其他大分子相互作用等诸多功能。截至 2024 年 8 月，KEGG 已扩充到 22 个数据库，如图 2-5 所示，不仅包括基因和蛋白质数据，还包括化合物（compound）、聚糖（glycan）、反应（reaction）、药物（drug）等信息。这些数据库不仅提供了文本说明，更具有强大的图形功能，使用户对代谢途径有一个直观全面的了解。其中四个主要数据库为 PATHWAY、BRITE、GENES、LIGAND，其他子数据库是在这四个数据库基础上衍生而来的。PATHWAY 数据库提供发生在细胞内各种反应的人工绘制途径图，以网络形式呈现。BRITE 数据库是将生物信息按等级层次分类归纳的数据库，其中所包含的 KEGG ORTHOLOGY（KO）是用于基因同源性识别的系统。GENES 数据库储存 KEGG 中注册的已测序的基因组信息。LIGAND 数据库可用于查询化合物、多糖及酶促反应等信息。

（1）KEGG PATHWAY　KEGG PATHWAY 数据库是手工绘制的代谢通路的集合，包括新陈代谢、遗传信息加工、环境信息加工、细胞过程、生物体系统、人类疾病、药物开发七个方面的分子间相互作用和反应网络。KEGG PATHWAY 是一个分类组织收录的图谱数据库，提供已知途径所对应的网络功能信息。如图 2-6 中显示了细菌的趋化系统，途径图中的矩形代表基因产物，通常是蛋白质，有时为 RNA 分子；小圆圈代表其他类型分子（如化合物）。基因产物间的关系用箭头的方向来表示，可能带有+p、-p、+g、+m 的标签，分别代表磷酸化作用、去磷酸化作用、糖基化、甲基化。这些特定形状的图形均含有超链接，便于用户获取更多信息。

（2）KEGG BRITE　KEGG BRITE 是层次等级分类的集合，将生物学各方面信息多种不同层次的关系系统地呈现出来，包括代谢途径、物种、蛋白质家族、其他化合物和药物

图 2-5　KEGG 数据库概览

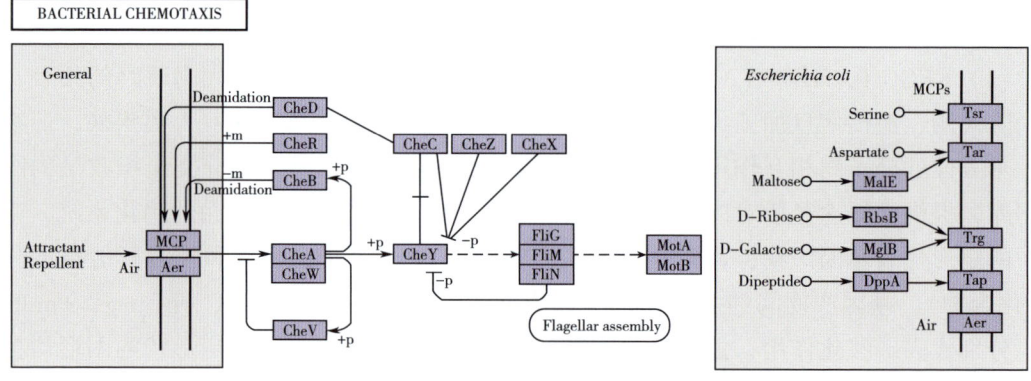

图 2-6　KEGG PATHWAY 细菌的趋化系统示例

疾病等。KEGG BRITE 还能查询核苷酸、氨基酸等代码,以及不同类型酶和化学元素的缩写。其中"binary relationships"(二元关系)可以把不同的 BRITE 分类等级联系起来,将一种属性加到 BRITE 分类等级中,或与其他 KEGG 数据库连接。在主页中点击"KEGG Organisms"可查看数据库中全部物种分类及物种代码。由于总目录过于冗长,可在 BRITE 数据库中分目录查看。点击特定物种进入可获取全名、定义、生物分类学代码、世系、数据来源与主要参考文献等信息。目录栏中还能查看该物种基因组信息及相关途径图等。针对 PATHWAY 和 BRITE 数据库系统信息,KEGG Atlas 是一种新创建的图形界面数据库,由一张全局图和一个相关指示器构成,其中包含大约 120 张 KEGG 代谢途径图和 10 个 BRITE 等级分类。Atlas 最显著的功能是能将大量试验数据绘制到全局图上,并且可对其进行导航和缩放。

当用户需要去了解某个生物学途径时,以三羧酸循环为例,可以直接在 KEGG 主页输入"Citrate cycle"搜索得到 map00020;也可以在 KEGG PATHWAY 数据库中 Metabolism 模块下 Carbohydrate metabolism 找到 Citrate cycle,结果如图 2-7 所示。在 Reference Pathway 下拉菜单,可以显示代谢途径的 KO、EC、Reaction 信息,以及哪些物种包含该途径。KO 信息:KEGG 直系同源基因的分类系统(KEGG Orthology System),是一种广泛的可用

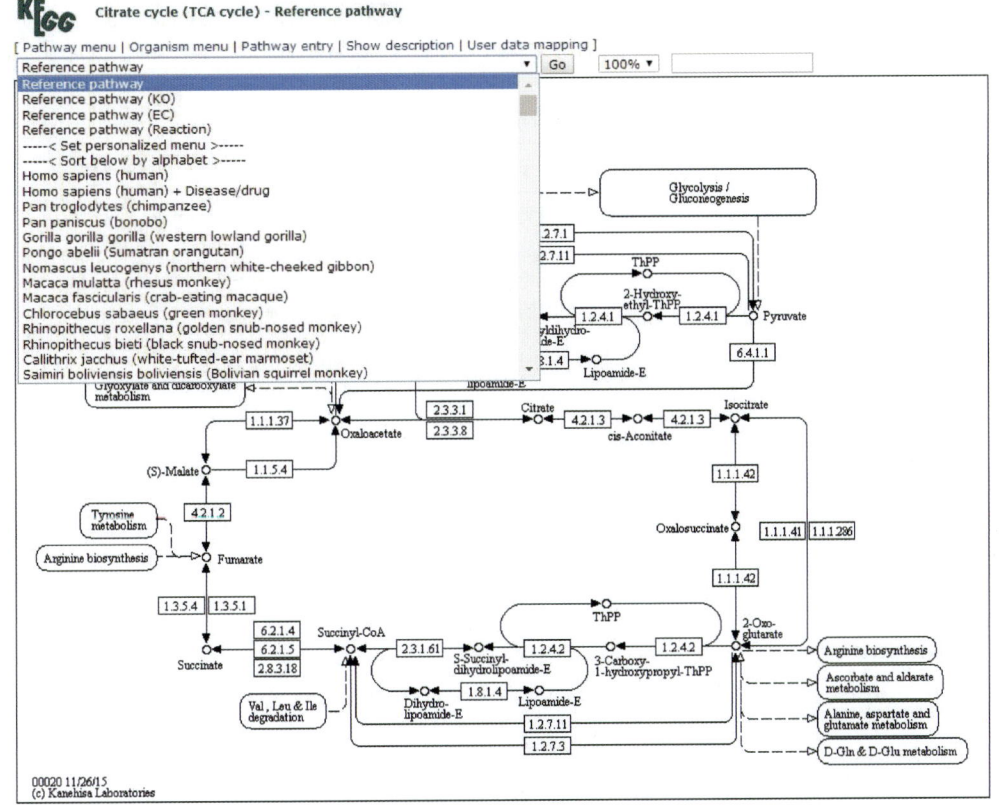

图 2-7 三羧酸循环代谢途径

于所有物种的注释系统,即不同物种间功能相同基因的集合。KO 系统中化合物节点代表同一种化合物,而基因或蛋白质节点有可能代表不同序列,用 KO 标识符进行分组,将 GENES 中的基因组信息与 PATHWAY 中的网络信息相结合可用来划分基因功能并探究未知途径。途径网络标识符通常由 1 位大写字母和 5 位数字组成,如 K01647。EC 信息:EC 编号是酶学委员会对催化反应的分类基础,是一套通用的编号分类法。例如,柠檬酸合成酶的酶号为 2.3.3.1。Reaction 信息:Reaction 是代谢反应在 KEGG 数据中的编号,这里是 R00351,反应为柠檬酸+辅酶 A $\rightleftharpoons$ 乙酰辅酶 A+水+草酰乙酸。物种信息:在 KEGG Reference Pathway 下拉菜单中可以看到很多物种的拉丁名,选择 *Escherichia coli* K-12MG1655,点击相应的绿色框,可得在大肠杆菌中 b0720 基因编码柠檬酸合成酶。同理,对 KEGG Pathway 数据库进行途径检索也可以依据 KO 号、基因名称(citrate synthase)、EC 号、物种具体的基因号(b0720)。

(3)KEGG GENES KEGG GENES 是一个基因组数据库,收录完整测序和部分测序基因组的目录信息,包含各条目基因、可获取基因的多种信息(见表 2-2),其中大部分出自 NCBI 并符合 SSDB 计算模式和 KEGG Onthology 注释。KEGG DGENES 是一些真核生物的基因组草案,KEGG EGENES 中大多是植物的表达序列标签(expression sequence tag,EST),作为 KEGG organisms 的补充。VGENES 是已完成的病毒基因组数据库,OGENES 收录的是线粒体、质粒与类核体的基因组。在基因名称转换(Gene Name Conversion)中,使用其他数据库的标识符也可检索 KEGG GENES。

表 2-2 基因条目中所含的信息

| 信息种类 | 具体内容 |
| --- | --- |
| Entry | 条目 ID,条目类型(CDS、RNA、Contig 等),物种名称 |
| Gene name | 基因和蛋白质的名称和同义词 |
| Defination | 原始基因组计划指定的功能注释 |
| Orthology | KEGG 直系同源注释系统 |
| Pathway | 链接到含有该基因的路径图 |
| Class | 链接到 BRIFE 功能类别 |
| SSDB | 链接到 SSDB 以获得直系、平行和保守的基因簇 |
| Motif | 蛋白质序列中的结构域和基序 |
| Other DBs | 到其他公共数据库的链接 |
| Link DB | 链接到所有可用的数据库 |
| Structure | 蛋白结构 |
| Position | 从 KEGG 基因组数据库中定位一个基因 |
| AA seq | FASTA 格式的氨基酸序列,并链接到 GenomeNet 的 BLAST 搜索 |
| NT seq | FASTA 格式的核苷酸序列,并链接到 GenomeNet 的 BLAST 搜索 |

（4）KEGG LIGAND　KEGG LIGAND 数据库最初由 COMPOUND、GLYCAN、REAC-TION、ENZYME 四个子数据库组成，之后又添加了两个新的子数据库 DRUG 和 RPAIR。COMPOUND 是化合物结构的集合，大多数是代谢化合物或药物，所有化学结构都是人工输入，经过电脑修改并不断更新。GLYCAN 是多糖结构的数据库，大多来源于 CarbBank 数据库，这些多糖条目可以链接到复杂碳水化合物和脂类代谢的途径图。REACTION 数据库收录酶促反应与其他化学反应式。DRUG 则是 COMPOUND 的补充，收集可作为药物的化合物的结构，大多是根据治疗应用进行分类，其中的结构也可链接到 PATHWAY 中药物发展类别的药物结构图。RPAIR 中储存着可能发生在一个单独反应的两个反应物间的转化模式 ENZYME 为酶的相关信息数据库。

（5）KEGG 相关途径预测工具　KEGG 除了提供各个数据库便于检索查询信息，还具备相关工具便于用户进行生物途径预测和分析。PathComp 是一种反应预测工具，输入两种化学物质，一种作为底物，另一种作为产物，通过运用已知酶促反应中底物与产物间的二元关系，预测可能发生的一系列反应，获得的结果可在 KEGG 途径图上查看。PathComp 还可设置特定物种查询反应路径。

FMM（From Metabolite to Metabolite）主要从 KEGG 获取信息，构建将一种代谢物转化为另一代谢物的代谢途径。其显著特点是能将代谢物在不同 KEGG 图谱中联系起来。在 FMM 主页直接输入起始代谢物和终止代谢物（关键字或 KEGG COMPOUND 代码），例如从 C00079 到 C03582，可以搜索到所有可能的从 L-苯丙氨酸到 3，4′，5-三羟基苯甲酸的途径，部分路径结果显示在图 2-8 中。可以用 Vertical Map（垂直视图）和 KEGG Map 两种方式显示代谢图，例如从 L-苯丙氨酸到 3，4′，5-三羟基苯甲酸途径中的第一条，由 5 个代谢物组成，见图 2-9（1）。垂直视图显示了从底物到产物的一步一步反应过程，以及催化反应的各个酶类。KEGG Map 则是把芳香族氨基酸合成代谢和苯丙素生物合成的过程印刻在 KEGG Pathway 代谢图上，中间代谢物参与的其他代谢反应也体现在 KEGG Pathway 代谢图上［图 2-9（2）］。还可以在四个分类（动物、植物、真菌和原核生物）中选择一些物种，在具体的物种间设计出代谢途径，输出图表中的 EC 号与星号符均含有超链接，以便用户获取参与反应酶的更多信息。当途径跨越一个以上 KEGG 图谱时，FMM 将图全

 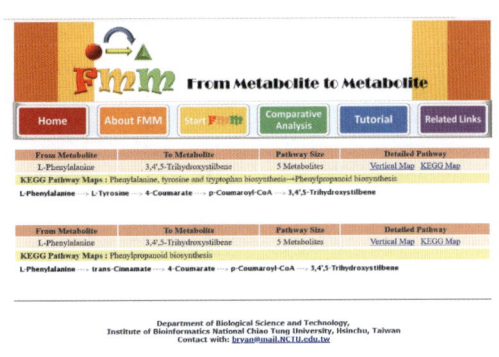

图 2-8　在 FMM 数据库中从 C00079 到 C03582 的部分路径检索结果

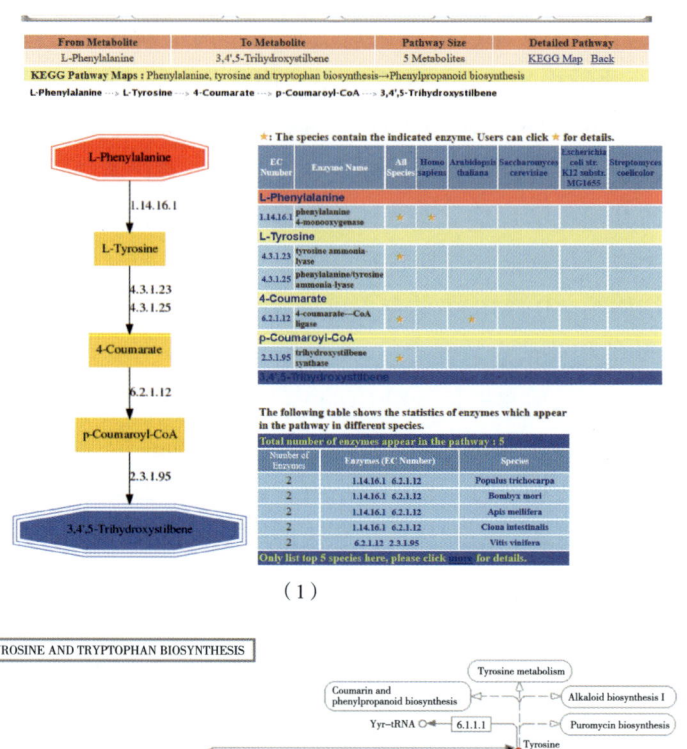

(1)

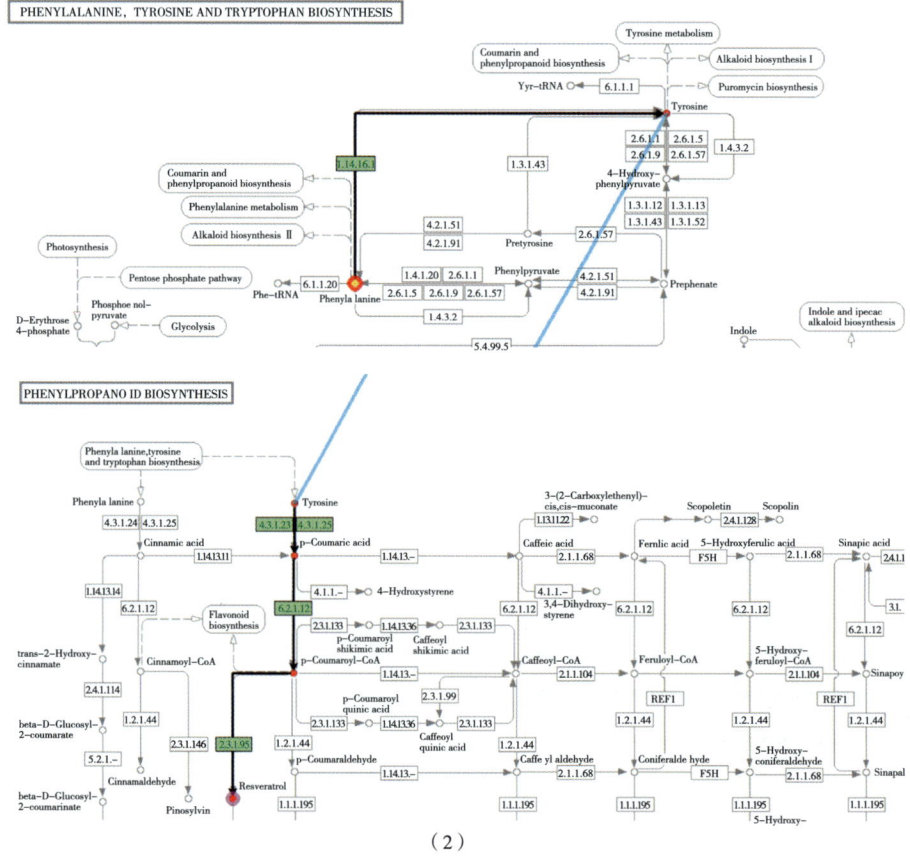

(2)

图 2-9　在 FMM 数据库中从 C00079 到 C03582 的部分检索结果
(1) Vertical Map 显示代谢图；(2) KEGG Map 显示代谢图

都连接起来。FMM 的 "Comparative Analysis" 中列出了容易获取基因的物种（如拟南芥），Major Species 中列出了一些生产次级代谢物、抗体、药物和生物燃料等的常用微生物（如大肠杆菌 Escherichia coli）。在构建途径的同时，从主要物种（Major Species）中选择一种微生物并从比较物种（Comparative Species）选出几个与之比较的物种，通过 FMM 检索即能容易获取物种的哪些基因应该克隆到生产菌中，这个工具对于系统代谢途径设计非常有意义。

（6）KegArray　KegArray 是分析转录组数据（基因表达图谱）与代谢组数据（化合物图谱）并能将分析结果绘制到 KEGG 数据库的软件。用户可以本地上传数据或直接从 KEGG EXPRESSION 数据库中加载。EXPRESSION 数据库储存一些已分析物种（如枯草芽孢杆菌、大肠杆菌等）的微阵列表达数据，每个条目含有试验概述、DNA 微阵列等信息。KegArray 界面顶部有 "Gene/Compound" 与 "Clustering" 两个标签。在 "Gene/Compound" 窗格中用户可以载入一个转录组或代谢组实验的数据文件和参数设置，其中 "Compound data" 默认选中以载入代谢组数据。而在 "Clustering" 窗格则可载入几个转录组试验的数据文件和设置强度域。加载完一组数据文件后，信息以 4 种方式显示：统计信息（Statistics）、阵列图（Array Image）、散点图（Scatter plot）和 MA 图（MA plot）。图谱中绿色表示下调，红色表示上调，黄色表示无明显差异，灰色代表没有调控基因。在 "Tools" 中可将表达图谱数据绘制到 Pathway、BRITE 与 Genome map 中。绘制阵列数据必须使用 KEGG GENES 数据库代码，KEGG 外其他数据库的开放阅读框代码可通过使用 GenomeNet 提供的 ID 转化器转化为 KEGG GENES 代码。

（7）KAAS　对于生物功能未知的核酸和蛋白序列，可以通过 KEGG 自动化注释服务器 KAAS（KEGG Automatic Annotation Server）进行多重序列比对和批量注释，从而实现基因功能的自动化注释和代谢途径的重构。KAAS 是注释未知基因功能信息的软件。用户输入一组序列通过 KAAS 与 GENES 数据库中的基因相比较，快速自动地指定待查询序列的 KO 编号并构建 KEGG 途径和 BRITE 等级。KAAS 可以处理全基因组或框架图、部分基因组和宏基因组。KAAS 注释提交页面信息如图 2-10 所示。通常待查询序列是编码蛋白质基因的氨基酸序列，注释结果从 BLASTP 获得。当要查询的是一组表达序列标签或与表达序列标签邻接片段的核苷酸序列，需选中 KAAS 界面中 "Nucleotide" 复选框，注释结果则从 BLASTX 和 TBLASTN 中获得。KO 注释方法有双向最佳匹配（Bi-directional Best Hit, BBH）和单向最佳匹配（Single-directional Best Hit, SBH），前者是两个基因组互为模板进行双向比较，后者是单向性比较，通常 BBH 分析所需时间是 SBH 的两倍，但 BBH 比 SBH 更为精确，具体选用哪种方法可根据待查询序列数目而定。如果是数量有限的开放阅读框或表达序列标签，则应选用 SBH 方法。其结果可以通过邮件形式告知，包括 KO 注释和途径作图。

## 2. BioCyc

BioCyc 是由 SRI 国际组织（SRI International，斯坦福国际研究所）提供的代谢通路数据库，其来源于 10980 个途径和基因数据库的集合，并提供了一套用于数据库搜索和可视化的软件工具用于组学数据分析。BioCyc 中的每一个数据库描述了单个有机体的基因组和

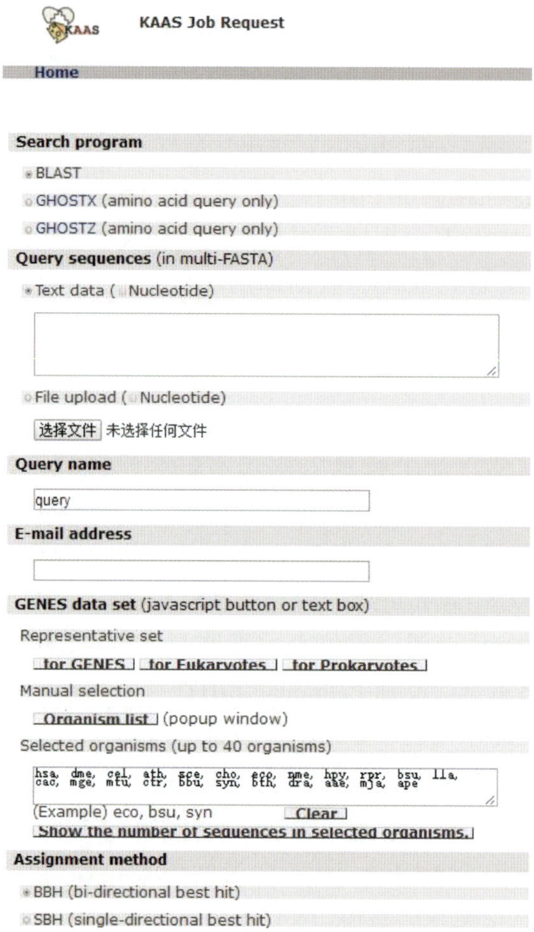

图 2-10　KAAS 注释提交页面信息

代谢通路。根据用户留下的操作预览和数据更新信息，这些 BioCyc 中的数据库会建立起不同的层级。BioCyc 数据层次可以分为三种，第一层次的数据是最准确的，通过大量的手动创建，每年至少由一个人对其进行文献修正。第一层次数据包含了 EcoCyc、MetaCyc 和 BioCyc Open Compounds Database（BOCD）。BOCD 里面又包含了来自数百个有机体的代谢酶激活剂、抑制剂和辅因子。第二、三层次是由软件预测完全测序的生物体的代谢途径，预测哪些基因编码代谢途径中的缺失酶，并预测操纵子。

与 BioCyc 相关的重要数据库包括 EcoCyc、HumanCyc、MetaCyc。EcoCyc 是一个以 E. coli K-12 MG1655 代谢通路为主的数据库，以化学反应形式表示，同时也包含了少量信号通路。EcoCyc 项目中基因组、转录调控、转运和代谢途径等信息均由专业管理人从文献中提取，每年需要超过 20 人修正数据，并以专用格式描述。EcoCyc 包含用于高通量组学数据的导航、可视化以及潜在数据的分析工具，包括基因组浏览器，个体代谢通路和完整代谢图的显示，将数据绘制到通路图和代谢图上的多组学数据库，代谢途径搜索工具，运行代谢模型，把基因和通路组以 SmartTables 的形式存放到个人账户，然后可以共享、分析、转移账户存储的信息。HumanCyc 定位是人类基因和代谢的百科全书，主要用于描述人类基因和代谢途径的数据库。它提供了一个可缩放的人体代谢图，并已被用于产生人体新陈代谢的稳态定量模型。HumanCyc 数据库版本在 31 个人类基因组基础上建成，该数据库包含 28783 个基因、28583 个蛋白以及相关的代谢反应和催化通路等信息。除了基础的查询、可视化工具，HumanCyc 还提供组学和多组学数据库的多通路分析方法，包括把数据添加到通路图表和代谢图上；把基因和通路数据储存到个人账户中，然后实现分享、分析。MetaCyc 是通过实验数据阐明的生命科学领域的代谢途径数据库，包含来自 2914 种不同生物体的 2609 个途径。MetaCyc 的数据来源于科学实验文献，含有初级代谢和次级代谢通路，以及相关的化合物、酶和基因。和 BioCyc 中收录的其他数据库不同，MetaCyc 为代谢通路和酶提供了大量的参考信息。对于通路、蛋白质、反应和化合物，MetaCyc 提供网站支持、文本搜索、使用本体进行浏览、直接查询功能。MetaCyc 还可以提供一些额外数据浏览方式，如对于跨物种比较而言，可以比较两种或两种以上生物的特定通路，或比较两种或两种以上生物的基因组图谱。基于 MetaCyc 的 PathwayTools 工具可用来预测已测序基因组的代谢途径，但 MetaCyc 不会为特定有机体系建立完成的代谢模型。PathwayTools 的分析结果是由点和线组成的细胞代谢图，不同表达变化趋势用不同的颜色标注。细胞代谢图上不同形状的点表示不同的化学组分，如三角形表示氨基酸、方块表示碳水化合物、菱形表示蛋白质等，点是否中空表示生化分子是否被磷酸化修饰。点与点之间的连线代表生化反应或细胞转运过程。代谢途径按照其生物学功能分布在图的不同位置，如生物合成途径位于图的左侧部分，分解途径位于右侧，中部是能量代谢途径。未归类的代谢反应呈线条状排列于细胞代谢图的最右边。代谢途径的详细信息可以通过鼠标点击查看，包括基因组定位、相关反应及文献等。MetaCyc 主要应用为在线代谢百科全书、预测基因组测序中的代谢通路、通过酶数据库支持代谢工程、代谢数据库辅助代谢组学研究。

### 3. Reactome

Reactome 是一个汇集了由专家撰写、经同行审核的关于细胞代谢和信号转导路径的通路数据库。Reactome 由冷泉港实验室（The Cold Spring Harbor Laboratory，CSHL）、欧洲生物信息学研究所和 Gene Ontology 联盟共同管理，为人们提供了从整体水平上对生物学途径进行检索和研究的工具。Reactome 中数据模型由三种基本数据类型组成，物理实体、反应和代谢途径。物理实体可以是参与生物过程的任何一种分子或复合物。反应以一个或多个物理实体作为输入，以产生一个或多个物理实体作为输出。代谢途径由多个反应组成，因此，一个生物网络的拓扑结构可以通过这三种数据类型进行描述。人类是 Reactome 编目的主要生物对象，该库目前发布了共计 10762 个人类蛋白、11754 个反应和 2216 个代谢途径。它还有关于其他 19 个物种的数据，比如大鼠、斑马鱼。Reactome 数据库被分为一些基本的生物过程模块，可以通过网页浏览器点击 Pathway Browser 查看这些通路和反应，如图 2-11 所示，由不同的生物反应按照模块划分组成的烟花状的有向无循环图。按照不同的生物功能来检索感兴趣的通路，可以选择特定物种，同时可以通过特定关键词，比如基因、小分子、代谢物等检索相关通路。检索得到的代谢图可以放大并运用网页上拍照工具

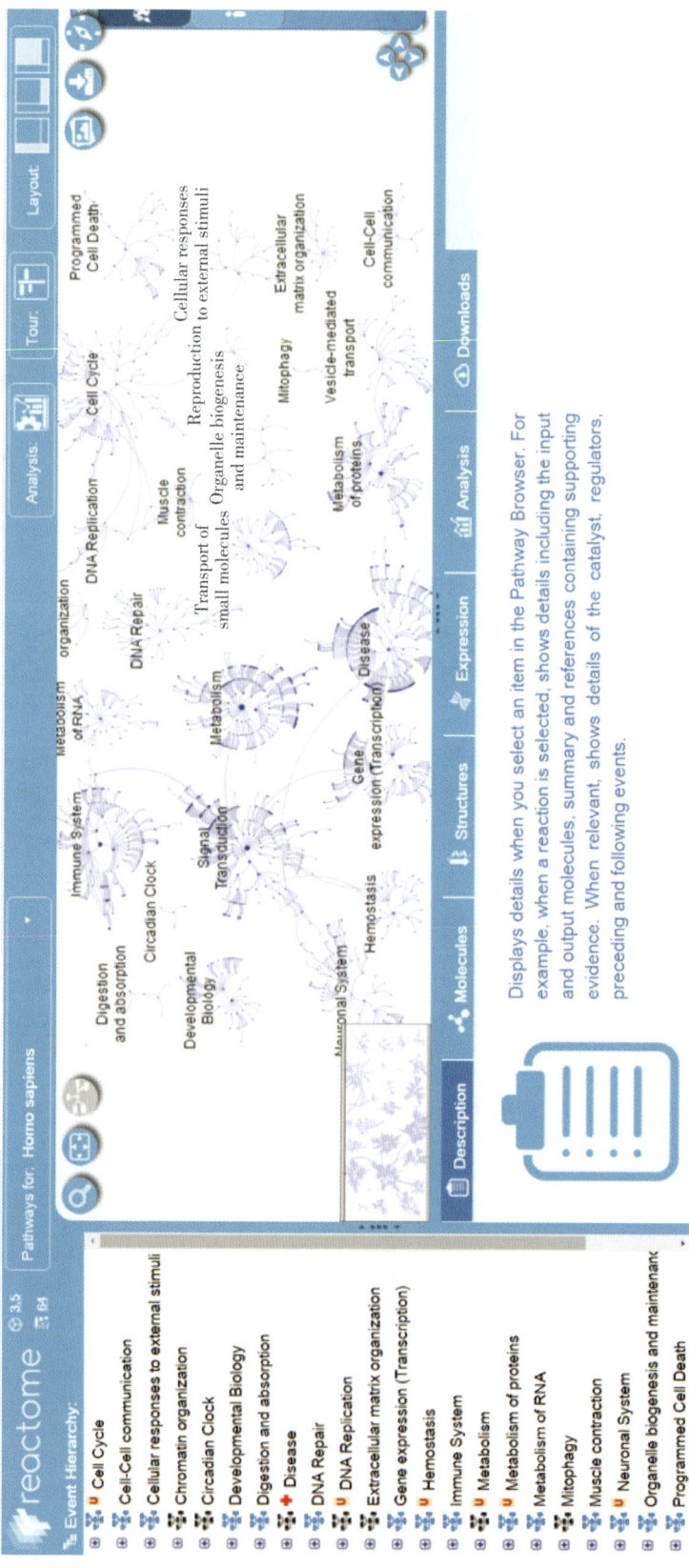

图2-11 Reactome数据库Pathway Browser界面简介

保存图片。科研工作者可以获得大量各种格式的通路数据，如有关人类的反应是通过 SBML 格式来归类的，人类蛋白质关系是以 TSV 格式归类，细胞信息是以 BioPAX 格式归类。因此，所有数据可以很容易被下载和再编辑。

Reactome 也可以被生物学家用来进行大量数据挖掘，以期能从中得出某种生物学意义的结论。新开发投入使用的 Reactome BioMart 工具进一步简化了研究人员进行数据挖掘、交叉数据库分析以及大规模基因功能分析等工作。用户可以在不同的数据组（如生物学反应途径、生物学反应、参加反应的复合体等）之间进行选择，设定关键字，对要查找的数据特性进行限制，以便进行数据过滤，缩小查找范围。例如，对 Reactome database 进行搜索，用户便可以找到所有某种蛋白质的复合体参与的信号通路。而且用户还可以将 Reactome 数据组中的"复合体"信息与 SwissProt、Ensembl 和 RefSeq 等相连，从而找到这些复合体所有组分的序列。

## 二、转录调控途径数据库

转录水平的调控是基因调控的重要环节，其中转录因子（transcription factor，TF）和转录因子结合位点（transcription factor binding site，TFBS）是转录调控的重要组成部分。转录因子包括基础转录因子（basic TF）和调控性转录因子（regulatory TF）两类，其中基础转录因子与 RNA 聚合酶一起构成转录机器，通过与转录起点（transcription start site，TSS）临近的 DNA 上的启动子区结合实现基因的转录。为了解析基因转录调控过程中 TF 与其 TFBS 相互作用的分子机理，鉴定 TFBS 及构建基因转录调控网络，需要对已发现的 TF 及其 TFBS 信息进行系统的收集、整理和分析。常用的转录因子数据库包括 TRANSFAC、JASPAR、EPD、TRRD 等。

### 1. TRANSFAC

TRANSFAC 数据库是基于真核生物转录调控所建立的数据库，其中收集了大量与基因转录水平有关的数据，如转录因子及其 DNA 结合位点和相应的靶基因等信息。TRANSFAC 数据库分为公开版本和专业版本两个部分，相对于公开版本，专业版本还增加了小 RNA (miRNA) 及其靶序列、chip-chip 实验序列片段，以及所有收录数据的相关参考文献、启动子序列等信息。TRANSFAC 数据库的公开版本中主要包括 6 个工作表文件：①位点工作表（site table）：主要包括每个（推定的）调控蛋白各自的结合位点信息。其中既包括真核生物基因调控中转录因子的结合位点，也包括经诱变实验、体内随机选择所得到的人工序列信息。收录的所有序列经证实都与蛋白结合并且有着特定的功能，每一条序列条目都有相应的唯一序号。②因子工作表（factor table）：储存相关的转录因子数据信息。在位点工作表中所涉及的转录因子在此表中都有储存。同时还包括一些不与 DNA 直接结合或者需要与其他转录因子形成复合物才能与 DNA 结合的转录因子。此外 TRANSFAC 还对所收集的转录因子根据其 DNA 结合结构域类型进行分类，方便用户根据需要进行查找。③基因工作表（gene table）：包括与转录调控相关的基因信息。该工作表最初建立的目的是与其他数据库如 TRRD、TRANSCompel 的数据相连接；现在其已经成为与其他主流数据库如

EMBL、NCBI 联系的重要组成部分。④细胞工作表（cell table）：主要包括了与结合位点相互作用的蛋白的细胞相关信息。利用这些信息可以确定所涉及的细胞、组织、器官甚至生物体。⑤分类工作表（class table）：主要存放了以不同的 DNA 结合结构域类型分类的转录因子的家族信息。⑥矩阵工作表（matrix table）：利用在 site 工作表和 factor 工作表中储存的转录因子位点信息以及 EMBL 数据库和 NCBI 提供的参考序列数据库（Reference Sequence database，RefSeq）中的基因组序列信息，对转录因子建立了相应的位点特异性权重矩阵，储存在表 2-3 中。

表 2-3　　　　　　　　　　SITE 表中的字段名字及简短描述

| 字段 | 字段描述 | 字段 | 字段描述 |
| --- | --- | --- | --- |
| AC | 登录号 | BF | 转录因子信息 |
| ID | 标识符 | MX | 矩阵号 |
| DT | 数据与作者 | OS | 物种 |
| TY | 序列类型 | OC | 物种分类 |
| DE | 基因描述 | SO | 转录因子来源 |
| RE | 基因区域 | MM | 方法 |
| SQ | 调控元件序列 | CC | 注释 |
| EL | 调控元件名称 | DR | 外部数据库链接 |
| SF | 转录因子结合位点起始位点 | RX | Medline ID |
| ST | 转录因子结合位点终止位点 | RN | 参考文献号码 |
| S1 | 转录因子结合位点外的结合起始位置 | RA | 参考文献作者 |
| RL | 参考文献数据 | RT | 参考文献标题 |

在 TRANSFAC 数据库中，用户可以通过转录因子名称、结合位点序列等对上述 6 个主要工作表中的条目进行搜索、查询。同时，BIOBASE 公司还提供了与 TRANSFAC 主数据库相关联的其他数据库，如 TRANSCompel、TRANSPATH。TRANSCompel 数据库主要是关于真核生物中影响转录的复合调控元件的数据库。复合调控元件由两个不同的转录因子紧密契合的 DNA 结合位点构成，从而提供了不同信号交叉耦联的机制。TRANSPATH 数据库是基因调控和信号通路的数据库，完整的网络和通路由分子及其之间的反应和相关的基因构成。TRANSPATH 至今已收录 458000 多条人工总结的反应。每个反应采用严格的机制方式，记录了所有实验细节，包括参与发表的实验反应的所有物质与每个分子的分类来源；积累指定通路每个步骤的所有证据，提供更全面、更完整的通路图。反应途径与基因关联性内容包括，特定基因的所有产物、不同蛋白家族之间的关系，不同基因组间的关联性，蛋白复合物和蛋白翻译后修饰状态等。应用 TRANSPATH 数据库中 geneXplain 高级网络视图技术，用户可以对 TRANSPATH 的通路反应进行层级分析，建立自定义调控和代谢网

络，搜寻感兴趣基因参与的可能性通路。

## 2. JASPAR

JASPAR 是完全公开的收集有关转录因子与 DNA 结合位点模体（motif）的最全面的数据库，该数据库是由哥本哈根大学负责日常数据更新维护工作。JASPAR 数据库中所包含的数据都经过严格筛选，有确切的实验依据，通过计算机辅助软件进行整合识别匹配并用生物学手段进行注释。用户可以根据序列号（ID）、物种等信息进行搜索，直接浏览数据库的内容，同时，通过主页可以下载 JASPAR 中的数据。与同领域相似数据库相比，JASPAR 是一个非冗余的转录途径数据库，并且对所有数据提供免费下载，并有相应软件配套使用。但是相对于 TRANSFAC 等其他数据库，JASPAR 所包含的数据量较少。

JASPAR 核心数据库（JASPAR_CORE）根据物种分成 6 类，即脊椎动物门（Vertebrata）、线虫纲（Nematoda）、昆虫纲（Insecta）、植物界（Plantae）、尾索动物（Urochordata）和真菌界（Fungi），以及根据结构归类，如图 2-12 所示。JASPAR_CORE 基本覆盖了所有酵母、果蝇和线虫等真核顶端生物群（eukaryote crown group）；JASPAR_CORE 中所包含的非冗余的条目可达 457 个。JASPAR 增加了关于蛋白结合微阵列技术（protein binding microarray，PBM）相关子数据库，PBM 子数据库包含 104 个小鼠转录因子信息。PBM_HOMEO 子数据库包含 176 个小鼠同源域（mouse homeodomain）信息。PBM_HLH 子数据库包含线虫 bHLH 转录因子二聚体信息。

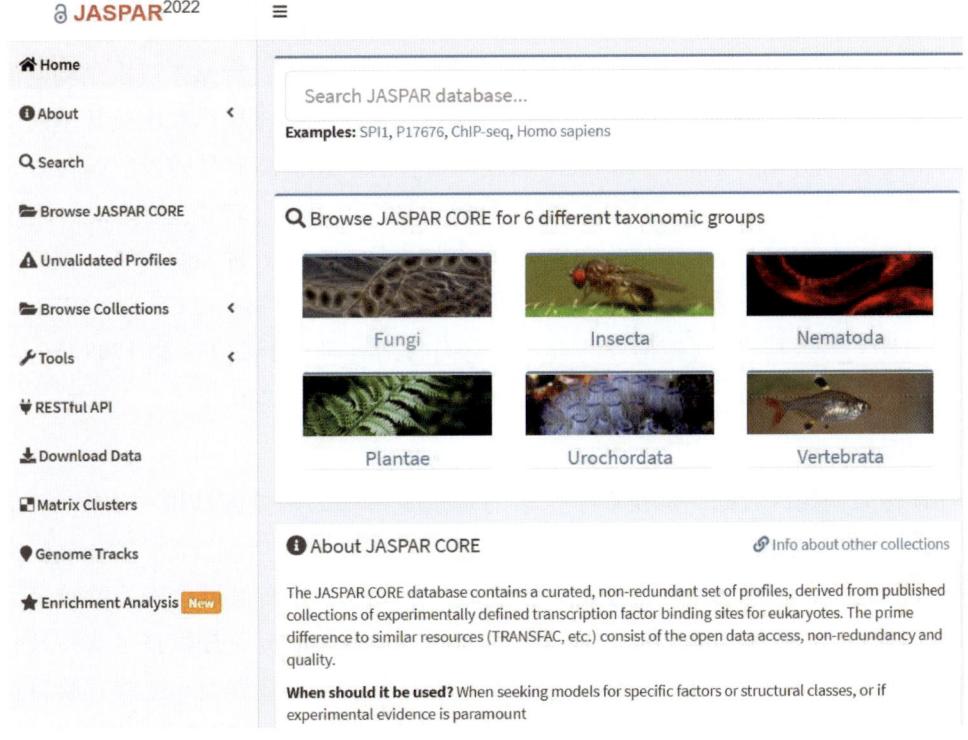

图 2-12　JASPAR 核心数据库

JASPAR 目前在核心数据库之外已经拥有 840 个转录因子结合谱，除核心数据库之外，JASPAR 还包含其他几个子数据库：①JASPAR_FARM 数据库：由具有相似结合特性的转录因子的模型所构成，包含有 11 个转录因子家族图谱信息，这些模型也可以为新数据提供分类依据。②JASPAR_phyloFACTs 数据库：包含 174 个图谱，提取于系统发生上高度保守的基因上游元件。其主要作为 JASPAR_CORE 的补充，可以和 JASPAR_CORE 中的数据共同使用。③JASPAR_POLⅡ：包含 13 个已知的与 RNA 聚合酶Ⅱ核心启动子相关的 DNA 序列。这些序列与 JASPAR_CORE 中数据的区别是这些序列不一定有与之作用的特异蛋白。④JASPAR_CNE：该数据库由 233 个后生动物基因组中高度保守的非编码 DNA 元件所组成。这些序列被发现行使长距离增强子作用，参与调控基因表达、调控生物发育和分化。⑤JASPAR_SPLICE：目前仅包括了人类的 6 个拼接位点，以后会增加其他真核生物的拼接位点信息，以及新的外显子拼接的增强子和衰减子信息。

### 3. EPD

真核生物启动子数据库（EPD）由瑞士生物信息学研究所维护，包含了大量的真核生物聚合酶Ⅱ的启动子，这些启动子均已被注释，转录的起始位点也是由实验验证的，且序列可以通过 EMBL 数据库得到。EPD 主要收集了真核 POLⅡ启动子的相关数据，用户可以通过输入核苷酸序列查找到启动子所在的位置和转录起始点扫描数据。EPD 是基于 ASCⅡ的文本文件，它包含不同字段，可由前两列字段标识符进行唯一标识；查询功能可以对所有字段或字段子集进行查询。例如，在所有字段中查"超氧化物歧化酶"，能得到三条记录。对于每一条记录的更多信息，可以通过文本文件内容链接或通过 FASTA 或 EMBL 格式保存的启动子序列（加上下游核酸序列）得到；也可以在这种基于层次结构的酚类模式中选取一组启动子，并可以下载得到启动子序列。这样可以容易获取小鼠甚至所有脊椎动物的启动子序列。EPD 新增的 EPDnew 数据库，包含了新的高通量转录起始位点定位方法得到的数据，如 CAGE（基因表达的帽端分析）和 TSS-seq（转录起始位点-测序）分析得到的数据。EPDnew 数据库目前支持 10 种真核生物，包括 6 种动物（人、鼠、黑腹果蝇、墨西哥蜜蜂、线虫、秀丽隐杆线虫，它们分别有启动子 27233、21239、16972、6493、10728 和 7120）；两种植物（拟南芥和玉米，它们分别有启动子 21233 和 17081）；两种微生物（酿酒酵母和粟酒裂殖酵母，它们分别有启动子 5117 和 3440）。

### 4. TRRD

TRRD 转录调控区数据库是在不断积累的真核生物基因调控区结构-功能特性信息基础上构建的，主要收集经过实验验证的基因转录调控区域注释信息资源。TRRD 数据库包含 7609 篇相关科学文献，以及与内分泌调节、脂质代谢以及细胞凋亡相关的转录因子信息。该数据库由俄罗斯科学院西伯利亚部的细胞学与遗传学研究所提供技术支持及日常维护。TRRD 数据库积累了大量实验数据，这些数据来自不同实验类型。这些实验目标在于分析基因的扩展区域，检测转录因子结合位点，确认位点的重要功能，鉴定 DNA 结合蛋白。每一条目里包含特定基因的各种结构-功能特性：转录因子结合位点、启动子、增强子、静默子以及基因表达调控模式等。最新版 TRRD 数据库主要由 8 个子数据库所构成：TRRDGENES（包含所有 TRRD 数据库基因的基本信息和调控单元信息）；TRRDSTARTS（转录起始位点相关信息）；TRRD SITES（包括调控因子结合位点的具体信息）；TRRDLCR（调控区定位信息）；TRRD FACTORS（包括 TRRD 中与各个位点结合的调控因子的具体信息）；TRRDEXP（包括对基因表达模式的具体描述）；TRRDUNITS（调控区的启动子、增强子、沉默子等具体信息）；TRRDBIB（包括数据库涉及的实验出版物信息）。TRRD 主页提供了对这几个数据表的检索服务，以及几个子数据库的链接、搜索按钮。用户不需注册可以直接在网站上选择浏览或者对特定的条目进行搜索。

### 三、细胞信号通路数据库

细胞信号通路是指能将细胞外的刺激经细胞膜传入细胞内并引发特异效应（如基因表达、细胞分裂、细胞凋亡等）的一系列酶促反应通路，如 Wnt 通路、NF-κB 通路、p53 通路等。这种刺激包括来自其他细胞以及细胞本身存在的细胞外基质的各种信号，如生长因子、激素、神经递质、细胞因子、环境胁迫等。信号分子结合到细胞膜上的受体后，通过信号的级联放大、信号通路之间的相互作用等将信号最终传递至转录因子调控基因的表达。细胞正是通过信号通路调控细胞内各种生物过程和生命活动。

细胞信号数据库作为 Signal Transduction Knowledge Environment（STKE）的重要组成，是由 Science 提供的在线服务。这是一个由专业人员创建和管理的高质量的有关信号传导路径的数据库，具体包括细胞生物学（46 个通路），发育与生殖生物学（32 个通路），免疫、炎症和防御信号（17 个通路），微生物学（6 个通路），神经生物学（5 个通路），植物生物学（15 个通路），压力、死亡和生存信号（9 个通路），与人类疾病相关的通路（11 个通路）。用户通过订阅 Science 的在线服务可以进入 STRE 数据库，进行通路浏览，格式是 GIF 和 SVG。与 KEGG 以及 BioCyc 一样，在浏览器上使用 STRE 时通路信息不可编辑。用户不能详细列出一系列基因（或者蛋白质）并在此基础上创建一个对应网络。该数据库中标签"+"表示激活、"-"代表抑制、"0"表示中性关系、"?"说明未定义关系。STRE 数据库的重要特征是将通路划分为"特殊"途径（指的是独一无二存在的通路）和"标准"（canonical）途径（普遍存在的途径）。

ResNet 是由 Ariadene Genomics 创建的通路数据库，ResNet 内容主要由基因调控网络和信号通路组成。ResNet 数据库的通路和网络是通过自然语言处理相关文献而创建的，由计算机分析构成。数据库创建主要来源于 PubMed 摘要，部分项目来自整篇文章，某些项目是由专业管理人创建。MedScan 被用来处理 ResNet 数据库的自然语言加工过程，MedScan 有专用格式，这些由 MedScan 构建的通路数据能通过浏览工具 Pathway Studio 进行观察。ResNet 通过使用不同复合来表示分子间的不同关系，"+"表示激活，"-"表示抑制，无法决定相互关系用"?"来表示。此外重要的生物信息以评论形式附加在分子关系上，用户对所有这类数据都可编辑。ResNet 数据的学术和商业许可证都需要支付费用。

# 第三节　蛋白质结构与相互作用数据库

## 一、蛋白质结构数据库

生物大分子三维空间结构是生物信息学研究热点之一，其中蛋白质是生命活动的基本功能单元，蛋白质具有柔性，存在不同构象，蛋白质很多生理功能的发挥是通过结构转换实现的。蛋白质结构测定可以通过 X 射线晶体学、核磁共振技术以及冷冻电镜三维重构技术，常用的预测方法是基于蛋白质序列和空间结构相似度的分类算法。对于某一蛋白质，找到与其具有相似性结构的蛋白质，挖掘具有共同的进化原始结构对于了解蛋白质的进化和功能是非常关键的。为了分析蛋白质序列与结构的关系，认识不同折叠结构的进化过程，需要研究蛋白质结构分类的方法，并建立结构分类数据库。

**1. PDB 数据库**

蛋白质结构数据库（PDB）旨在成为全世界大分子结构的存储、数据处理和分发中心，是由美国纽约 Brookhaven 国家实验室于 1971 年创建的。为适应结构基因组和生物信息学研究的需要，1998 年 10 月由美国国家科学基金委员会（National Science Foundation，NSF）、能源部（Department of Energy，DOE）和国立卫生研究院（National Institutes of Health，NIH）资助，成立了结构生物学合作研究协会（Research Collaboratory for Structural Bioinformatics，RCSB）。PDB 数据库改由 RCSB 管理，主要成员为拉特格斯大学（Rutgers University）、圣地亚哥超级计算中心（San Diego Supercomputer Center，SDSC）和美国国家标准与技术研究院（National Institutes of Standards and Technology，NIST）。

PDB 目前包含各类生物大分子（蛋白质、核酸和糖）的三维结构，是最主要的收集蛋白质三维结构的数据库。蛋白质通过折叠成特殊三维结构来执行功能，可以用 X 射线单晶衍射、核磁共振、电子衍射等实验手段来确定其三维结构。随着晶体衍射技术的不断改进，结构测定的速度和精度也逐步提高。随着多维核磁共振溶液构象测定方法的成熟，使那些难以结晶的蛋白质分子的结构测定成为可能。蛋白质分子结构数据库的数据量迅速上升，至 2024 年 8 月，PDB 数据库存储了超过 22 万种分子结构，其中大部分为蛋白质，包括多肽和病毒，还有核酸、蛋白和核酸复合物以及少量多糖分子。和核酸序列数据库一样，用户可以通过网络直接向 PDB 数据库递交数据。PDB 数据库存储结构数据的文件是 PDB 文件，每一个蛋白质或核酸都对应着一个编号，即 PDB ID，文件的扩展名为 .pdb。PDB 文件中各行数据，如标识、原子名、原子序号、残基名称、残基序号等，各行位置、书写顺序且各项所占的空符串长度，都有严格规定，具体见表 2-4。RCSB PDB 的主服务器和世界各地的镜像服务器可提供数据的下载和检索服务。用户可通过 FTP 下载 PDB 数据，所有的 PDB 文件均有压缩和非压缩版以适应用户传输需要。PDB 数据库以文本文件的方式存放数据，每个分子各用一个独立的文件，可以用文字编辑软件查看。但是用文字编辑软件查看注释信息无法直观了解分子的空间结构。RCSB 开发的基于 Web 的 PDB 数据库概要显示系统,可以列出主要信息,除了原子坐标外,还包括物种来源、化合物名称等相关文献等基本注释信息和分辨率、结构因子、温度系数、蛋白质主链数目、配体分子式、金属离子、二级结构信息、二硫键位置等和结构有关的数据。需要说明的是,PDB数据库是一次数据库,包括许多冗余的、错误的数据。PDBCheck合作研究组对PDB数据库进行了全面的检验,并把结果存放在PDBReport数据库中供用户查阅。

表2-4　　　　　　　　　　　PDB文件格式说明

| 标题部分 |
| --- |
| 1. HEADER:分子类,公布日期,ID号;2. OBSLTE:注明此ID号已改为新号;3. TITLE:说明实验方法类型;4. CAVEAT:可能的错误提示;5. COMPND:化合物分子组成(比如蛋白质以及配体);6. SOURCE:化合物来源;7. KEYWORDS:关键词;8. EXPDTA:测定结构所用的实验方法;9. AUTHOR:结构测定者;10. REVDAT:修订日期及相关内容;11. SPRSDE:已撤销或更改的相关记录;12. JRNL:发表坐标集的文献;13. REMARK1:有关文献;14. REMARK2:最大分辨率;15. REMARK3:用到的程序和统计方法 |
| 一级结构 |
| 1. DBREF:其他数据库的有关记录;2. SEQADV:PDB与其他数据库内记录的出入;3. SEQRES:残基序列;4. MODRES:对标准残基的修饰 |
| 杂因子 |
| 1. HET:非标准残基;2. HETNAM:非标准残基的名称;3. HETSNY:非标准残基的同义字;4. FORMOL:非标准残基的化学式 |
| 二级结构 |
| 1. HELIX:螺旋;2. SHEET:折叠片;3. TURN:转角 |
| 连接注释 |
| 1. SSBOND:二硫键;2. LINK:残基间化学键;3. HYDBND:氢键;4. SLTBRG:盐桥;5. CISPEP:顺式残基 |
| 晶胞特征及坐标变换 |
| 1. CRYST1:晶胞参数(NMR除外),该记录用来记述晶胞结构参数($a$, $b$, $c$, $\alpha$, $\beta$, $\gamma$, 空间群)以及$Z$值(单位结构中的聚合链数);2. ORIGXn:直角-PDB坐标;3. SCALEn:直角-分数结晶学坐标($n$=1, 2, 3, NMR除外),该记录介绍数据中直角坐标向部分晶体学坐标的转换;4. MTRIXn:非晶相对称;5. TVECT:转换因子 |
| 坐标部分 |
| 1. MODEL:多亚基时表示亚基号;2. ATOM:标准基团的原子坐标,记述了标准氨基酸以及核酸的原子名、残基名、直角坐标、占有率、温度因子等信息;3. SIGATM:标准差;4. ANISOU:温度因子;5. SIGUIJ:各种温度因素导致的标准差;6. TER:链末端,该记录表示链的末端,在每个聚合链的末端都必须有TER记录,但是由于无序序列而造成的链的中断处不需要该记录;7. HETATM:非标准基团原子坐标,记述了标准氨基酸以及核酸以外的化合物的原子名、残基名、直角坐标、占有率、温度因子等信息;8. ENDMDL:亚基结束 |
| 连通性部分 |
| CONECT:原子间的连通性有关记录 |
| 簿记 |
| 1. MASTER:版权拥有者;2. END:文件结束 |

PDB 数据库允许用户以不同字段及用各种方式以及布尔逻辑组合（AND、OR 和 NOT）进行检索。可检索的字段包括功能类别、PDB 代码、名称、作者、分辨率、来源、入库时间、分子式、参考文献、生物来源等条目。为了进一步了解详细信息或查询其他蛋白质结构信息资源，英国伦敦大学开发的 PDBsum 数据库是基于网络的 PDB 注释信息综合数据库，可用于检索 PDB 数据库。其使用方便，可以用蛋白质 PDB 代码、关键词或者蛋白序列、其他蛋白数据库 ID 进行检索（图 2-13）。它将 RasMol、CN3D 等分子图形软件综合在一起，同时具有分析和图形显示功能。对于分子结构互动，也可以通过不下载插件的方式显示，如用 KiNG、JMol、WebMol 等软件。此外，PDB 文件还可以由各种 3D 结构显示软件打开，比如 pymol、Swiss-PDBviewer、VMD 等。对 PDB 数据库的检索结果也链接到其他有关数据库，包括 SCOP、CATH、Medline、ENZYME、SWISS-3DIMAGE 等。

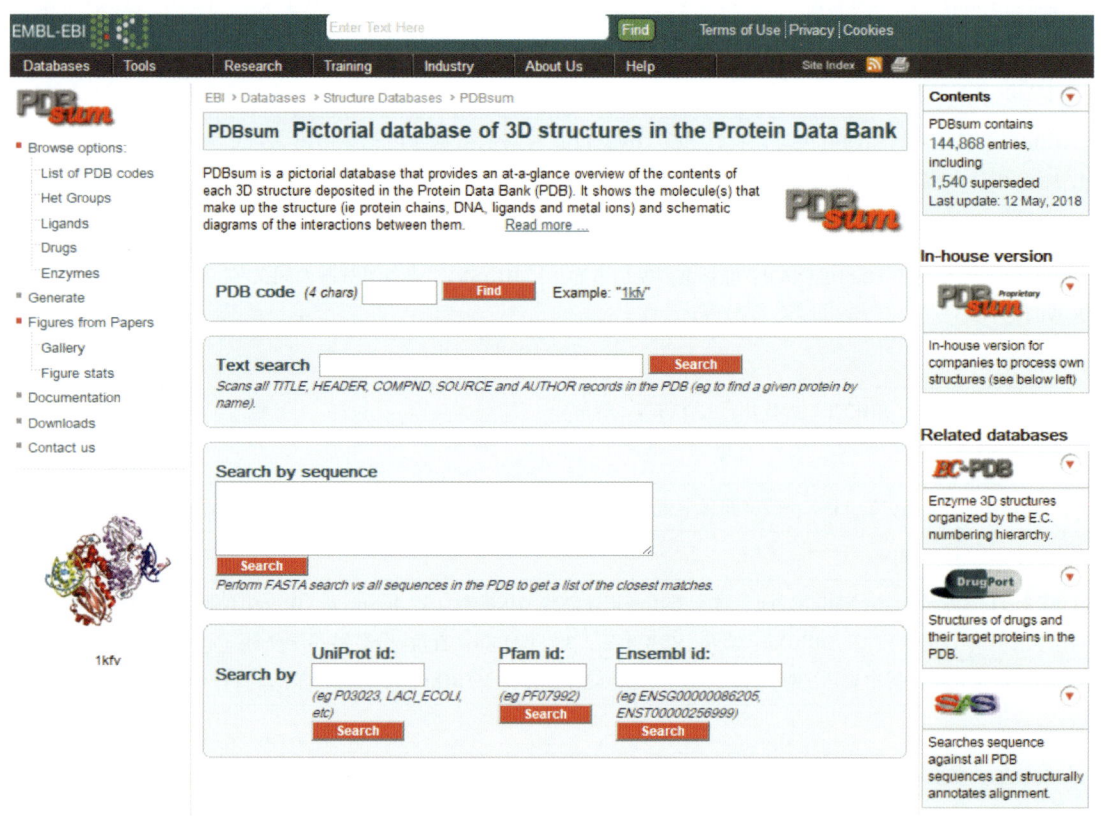

图 2-13　PDBsum 数据库检索方式

## 2. SCOP 数据库

蛋白质结构分类是蛋白质结构研究的一个重要方向，蛋白质结构分类数据库是三维结构数据库的重要组成部分。蛋白质结构分类包括不同层次，如折叠类型、拓扑结构、家族、超家族、结构域、二级结构、超二级结构等。SCOP 数据库（Structural Classification of Proteins）是应用最广泛的结构分类数据库，由英国医学研究委员会（Medical Research

Council，MRC）的分子生物学实验室和蛋白质工程研究中心于 1994 年开发，基于 Web 的蛋白质结构数据库分类、检索和分析系统。该数据库是对所有已知三维结构的蛋白质进行分类的数据库，根据不同蛋白质的氨基酸组成、三维折叠模式的相似性，详细描述已知结构蛋白间的功能及进化关系。SCOP 数据库的构建除了使用计算机程序自动检测外，主要依赖于人工验证，数据库中信息主要由 Alexdi G Murzin 和其同事每年更新。截止到 2022 年 6 月，SCOP 数据库共含有 861631 个已知的蛋白质结构。

SCOP 数据库将 PDB 中的蛋白质按传统分类方法分成全 α 螺旋型、全 β 折叠型、αβ 型（α 螺旋和 β 折叠交替出现）、α+β 型（α 螺旋和 β 折叠连续出现），并将多结构域蛋白、膜蛋白和细胞表面蛋白、小蛋白单独分类，一共分成 7 大类型，并在此基础上，按家族、超家族和折叠类型三个层次逐级分类，如表 2-5 所示。对于具有不同种属来源的同源蛋白家族，SCOP 数据库按种属名称将它们分成若干子类，一直到蛋白质分子的亚基。SCOP 数据库的第一个分类层次为家族，其依据为序列相似性程度。相似度在 30% 以上的蛋白质归入同一家族，即它们之间有比较明确的进化关系。当然这一标准也非绝对，某些情况下，尽管序列相似性低于该标准，如某些球蛋白家族的序列相似性只有 15%，也可以从结构和功能相似性方面推断它们来自共同祖先。超家族用来描述远源的进化关系，如果序列相似性较低，但其结构和功能特性表明它们有共同的进化起源，则将其视作超家族。折叠类型用来描述空间的几何关系，无论有无共同的进化起源，只要二级结构单元具有相同的排列和拓扑连接，即认为这些蛋白质具有相同的折叠方式，由人工完成折叠类型鉴定。

表 2-5　　　　　　　　　　　　SCOP 数据库分类统计

| 种类 | 折叠类型 | 超家族 | 家族 |
| --- | --- | --- | --- |
| α 型 | 127 | 186 | 278 |
| β 型 | 87 | 154 | 243 |
| αβ 型 | 92 | 147 | 300 |
| α+β 型 | 159 | 224 | 330 |
| 多结构域蛋白 | 23 | 23 | 30 |
| 膜蛋白、细胞表面蛋白 | 10 | 16 | 18 |
| 小蛋白 | 50 | 70 | 97 |
| 总数 | 548 | 820 | 1296 |

SCOP 数据库通常可以按照分级结构导航进行浏览，按结构分类树进行搜索或用关键字、PDB 标志码查询。此外，可以将一个蛋白质序列与 SCOP 的 PDB-ISL 中介序列库的序列两两比对，通过蛋白质序列的同源比对可找到与未知结构序列远源的已知结构序列。除了显示蛋白质结构与进化的信息外，SCOP 数据库通常可以链接到 PDB、SP3D 和 NCBI Entrez 等数据库来显示原子坐标、蛋白质序列及同源蛋白信息。探究所研究蛋白质相近的

结构空间区域时，SCOP 数据库的蛋白质分类层次有助于对蛋白质进行定位，而且数据库提供的交叉链接方便对预测结构进行生物学解释。

### 3. CATH 数据库

CATH 是另一个著名的蛋白质结构分类数据库，其含义为类型（class）、构架（architecture）、拓扑结构（topology）和同源性（homology），它由英国伦敦大学 UCL 开发和维护。CATH 数据库的构建同时使用计算机程序和人工检查。如果一个蛋白质结构与一个 CATH 数据库中已经归类的蛋白质结构在序列和结构上有很明显的相似性，它的分类就自动采用这个蛋白质的分类规则；否则需要通过人工经验对其进行分类。CATH 数据库的分类基础是蛋白质结构域。类型这一层次分类取决于二级结构成分，分类是完全自动进行的，CATH 在这一层次上把蛋白质分为 4 类，即 α 主类、β 主类、αβ 类和低二级结构类，其中，αβ 类包含 α/β 型和 α+β 型，分别表示 α 螺旋和 β 折叠交替排列的 2 种形式。CATH 数据库的第二个分类层次为由 α 螺旋和 β 折叠形成的超二级结构排列方式，即二级结构单元相对排列位置，而不考虑它们之间的连接关系，描述的是蛋白质分子结构域的整体形状，它的分类是靠人工方法。第三个层次为拓扑结构，即二级结构的形状和二级结构间的联系。如果蛋白质二级结构的形状以及二级结构之间的联系相同，即可划分为同一拓扑结构。CATH 的第四个分类层次是通过一级序列相似性比较同源性，再通过结构比较来确定。以上 4 个层次的分类是 CATH 的主要分类层次；另外还有一个关于序列的分类，是基于以上 4 层的再分类。这一层次上只要结构域中的序列同源性大于 35%，就被认为具有高度的结构和功能的相似性；对于较大的结构域，则至少有 60% 与较小的结构域相同。

## 二、蛋白与蛋白相互作用数据库

细胞进行生命活动过程的实质就是蛋白质在一定时空下的相互作用，催化生化代谢反应的功能酶类和信号传导中起调节作用的酶，大多以整个大分子复合物形式实现。这是因为大分子复合物里包含有许多位置上接近相互作用的亚单位，蛋白质正是通过相互作用在生物过程中发挥作用。因此，研究蛋白质间如何发生相互作用是理解细胞活动的基础。高通量组学技术的发展中，蛋白质组学研究中的热点是揭示蛋白质之间的相互作用关系，构建模式细胞系统中所有蛋白质相互作用的网络关系图。目前，研究蛋白质相互作用的生物实验手段有很多，例如等温滴定分析技术、核磁共振等离体实验方法；酵母双杂交系统、免疫共沉淀等在异种系统中检测蛋白质相互作用的方法；以荧光共振能量转移显微技术为代表的活细胞中蛋白质相互作用检测方法。此外，从基因组信息、蛋白质家族进化相关信息、蛋白质的一级结构或三维空间结构信息等不同生物背景出发，对蛋白质相互作用进行多方面研究，促进蛋白质相互作用算法的不断发展。由此发展了一些常用的蛋白相互作用数据库，如 BIND、DIP、STRING 等。蛋白质相互作用数据库的内容不仅是相互作用的蛋白质对的列表，还包括一些相关的注释信息和鉴定证据等。

### 1. DIP 数据库

DIP 数据库（Database of Interacting Protein）是专门用来存放和查询蛋白质相互作用的

系统,既有来源于小规模实验的数据,也有高通量实验数据。"相互作用"是指如果两条多聚氨基酸链之间经实验证实发生了直接结合,就认为这两个蛋白质之间发生了相互作用。通常,小规模实验数据具有较高的可信度,可以看做高可信度的核心数据应用于研究蛋白质相互作用;而高通量数据则会有较高的假阳性。截止到2021年10月,DIP数据库共包含28850种蛋白、834类物种、81932种相互作用,这些相互作用总共来自8234篇文献中81923个独立实验验证,包括蛋白质的信息、相互作用信息和检测相互作用的实验技术三部分内容。DIP数据库必须经过人工审核和采用计算方法自动验证,数据的计算机自动验证有3种指标,分别是DPVScore、PVMScore和EPRIndex。

DIP数据库由结点(Node)和边(Edge)组成。DIP中的结点就是蛋白质,每个蛋白质有唯一的标识符,采用以下编号系统:<DIP:nN>,N代表结点。所有蛋白质至少需要出现在一个其他蛋白质数据库中,并有这个蛋白质的一些基本描述信息,如蛋白质名称、功能、胞内定位,和其他数据库链接。DIP中的边即为蛋白质与蛋白质之间的相互作用关系,采用以下的形式<DIP:nE>编号,E代表边,附加有参与相互作用的蛋白质结构域的信息、解离常数以及确定此相互作用所采用的实验手段等。

在DIP数据中进行检索首先要找到一个起始蛋白质,以这个起始蛋白质为起点,通过DIP提供的丰富的链接找到它所参与的相互作用以及与之发生相互作用的蛋白质。DIP提供了多种途径可供检索起始蛋白质或某一类蛋白质,检索结果是返回一个蛋白质的列表,每个蛋白的记录都有详细信息的链接,以及这个蛋白所参与的相互作用,并附有证据(实验的方法)和参考文献。用户常用基因、蛋白质、生物物种、实验技术、相互作用信息或引用文献等关键词进行检索,查询结果列出节点(node)与连结(link)两项,节点用来叙述所查询的蛋白质的特性,包括蛋白质的功能域(domain)、指纹(fingerprint)等,若有酶号或细胞定位,也会一并批注。除了常用的NodeSearch结点检索方式,DIP还可以用序列相似性(Blast)、模式(pattern)等查询。例如,BLASTSearch根据蛋白质的序列进行BLAST比对,所有与输入蛋白质在序列上相似的蛋白质($p$值小于$10^{-5}$,$p$值表示Blast比对结果得到的分数值的可信度)都会被返回。Motif Search模体检索可以寻找包含某种模体的蛋白质。如果该模体已经收录在Prosite中,可以由一个PrositeID指定;如果是一个未知的模式,可以采用Perl语言中子字符串的正则表达式匹配语法,去自定义模体的表达式。

**2. BIND数据库**

BIND(Biomolecular Interaction Network Database)是BOND(Biomolecular Object Network Databank)的子数据库,由加拿大多伦多大学C. W. Hogue教授领导的研究团队开发,于2001年正式对外公布,可以与GeneBank数据库对接,面向研究者完全开发获取。BIND数据库全面收录了各类分子间相互作用,包括蛋白质、DNA、RNA、复合体等生物分子之间相互联系和复杂的通路信息,包括人、果蝇、酵母、线虫等蛋白质相互作用,并整合了Gene Ontology注释信息。数据来源由用户上载提交,通过其他蛋白质相互作用数据库交互导入,以及基于酵母双杂交、质谱、遗传实验和噬菌体展示等大规模交互和复杂映射实验。在2002年年底BIND曾一度成为最大的蛋白质间作用数据库,容量扩大到6168对相互作用、851个复合体和8条代谢途径。

BIND相互作用可以分为三类,分别是二元分子相互作用、分子复合体和生物通路,它们从不同层次体现了分子间的相互作用关系。BIND数据库采用了JAVA、ASN、XML等技术,提供了浏览、查询、下载、上传、搜索等服务,支持多种数据格式,可用第三方软件,如Cytoscape、Bioperl等。从BIND内容和数据形成方式上看,它具有如下特点:①内容全面:2003年《核酸研究》列举BIND是唯一全面收集各种分子间相互作用信息的数据库,该记录至今未被打破。②数据质量高:经过同行评议的文献和全球重要生物信息机构发表物,经过人工处理才能入库。一个BIND记录的生成需要由两个管理员配合完成,一个先阅读文献、提取信息入库,另一个对录入信息审读、校验。③与其他数据库良好的关联性:BIND开发初期就使用了NCBI提供软件编写工具,上线后与GeneBank等数据库实现交互检索;又与*Nature*、*Science*等杂志建立合作关系,可以提取文献中相互作用,并赋予数据库编号(BINDid),甚至文章发表会附上BINDid。④注重生物学家研究需求:BIND数据库界面友好,始终保持数据生成标准的一致性,以及与其他数据库间良好的兼容性。

### 3. InAct数据库

InAct数据库是EBI建立的一个综合性的蛋白质相互作用的数据库,提供了一个免费的、公开的数据库系统和分子相互作用数据分析工具。所有数据都来自文献挖掘或直接用户提交,并且是免费的。InAct数据库中蛋白质相互作用数据格式及相互作用的描述采用国际蛋白质数据标准,数据下载的格式是PSIMIXML,使得数据下载后的处理变得非常方便,也很容易利用相关的注释信息连接到其他主要的数据库。用户可以利用多种不同的关键词,如基因的名称、GO号、InterPro的编号等进行查询,点击InterPro的编号,则在新的窗口中显示相关说明,包括采用实验的平台、实验的条件、检测的方法、相关文章PubMed的编号等,以及GO功能注释。以PDH1为例,相互作用的蛋白质的查询结果如图2-14(1)所示,点击网页上面的"Graph"按钮,则会搜寻系统中所有与选择的蛋白质相关的相互作用信息动态生成蛋白质相互作用的网络图,如图2-14(2)所示。在相互作用的网络中,所选择的蛋白质会以黑体标出。要想包含更多相互作用的网络,可以通过点击网页左边的Graph Expand按钮得到。

### 4. STRING数据库

STRING(Protein-Protein Interaction Networks Functional Enrichment Analysis)是由欧洲生物分子中心开发的一种基因、蛋白质相互作用关系检索工具,包括蛋白质之间的直接物理相互作用、蛋白质之间的间接功能相关性,以及其他附属信息,比如提供蛋白质域和3D结构。截止到2023年1月,STRING数据库收录了12535个物种的超过5630万个蛋白质间的近200亿种相互作用关系。STRING数据来源主要有高通量实验技术生成的蛋白质相互作用数据;从庞大的科学论文的文本中挖掘;综合其他物理相互作用数据库和生物通路的信息数据库中的数据。STRING数据库还存储部分计算预测的相互作用关系,所应用

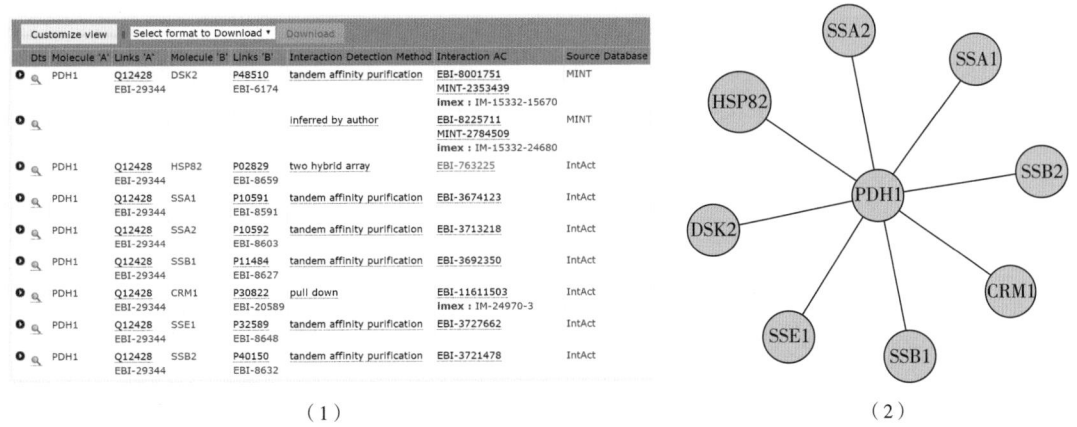

图 2-14　InAct 数据库中与 PDH1 蛋白的相互作用

的生物信息学方法有染色体临近、基因融合、系统进化谱、基于芯片数据基因共表达等。不同物种之间，相似的基因组信息预示着相似的蛋白质功能，这种关系称为 neighborhood；某些基因组中蛋白质的融合，很大可能性是其具有功能性相关性，这种关系称为 gene fusion；如果蛋白质有相似的功能，或者出现在同一个代谢通路中，它们可能会具有相似的表达模式以及系统发生谱，这种关系称为 co-occurrence。STRING 数据库会定期导入完整测序的基因组序列（多细胞基因组：Ensembl；其他：SWISSPROT/UniProt），并从中搜索这三种类型的相互作用关系，目的是识别在进化过程中具有一定功能关联性的基因对。STRING 系统对所有的蛋白质相互作用关系数据都进行加权、整合，并且计算得到 confidence score 可靠值。而对各种预测结果的准确性，STRING 数据库给出了相应的权重，都能通过特定视图来查看。该打分机制具有更高的可靠性并映射和传输相互作用关系到大量的生物体中，有利于进化的研究。

　　STRING 数据库主要用于构建蛋白质相互作用网络，并可以提供跨物种预测，结果在网页界面能用来访问数据，且能通过特定的视图展示。STRING 数据库的优势在于：①无论是在高层次的网络中，还是单个相互作用关系记录，存储的信息是预先计算好的，因而可以被迅速获取。②支持单独选择各种证据类型，在运行时能定制搜索，有专用查看器来对关联证据进行查看。③STRING 数据库包含了更大的关联数据，是一项探索性的资源。④能快速用于蛋白质功能复合体的初步鉴定，尤其是不能很好表达的蛋白质。在 STRING 网页界面进行蛋白质搜索，能够快速获取蛋白质及它们之间的相互作用关系的概览。在"protein name"输入需要检索的蛋白质名称或者登录号，在"organism"框进行物种选择，如选择 auto-detect，则在查询过程中如果相关的蛋白质名称出现在几个不同物种中，则数据库系统会将这些物种全部显示出来。以 PDH1 为例，共在 32 个物种中搜索到该蛋白；点击"CONTINUE"得到与 PDH1 相互作用的蛋白以及它们之间存在何种关系（图 2-15）。STRING 数据库可以同时检索多个蛋白质名称或氨基酸序列，以便分析它们间的相互作用。在检索结果中，圆圈（node）表示蛋白质，圆圈内有填充物表示该蛋白质结构被测定或预测，圆圈内无填充表示该蛋白结构未被解析，点击可查看蛋白质的相关信息；直线（edge）表示蛋白间的相互作用关系，点击可查看具体蛋白质相互作用；Confidence view 表示蛋白质间相互作用关系，线越粗表示两者之间互作更强；Evidence view 不同颜色的线表示不同证据；Actions view 不同颜色和形状表示不同的作用模式。视图进行放大或缩小，可以保存为 png 格式。

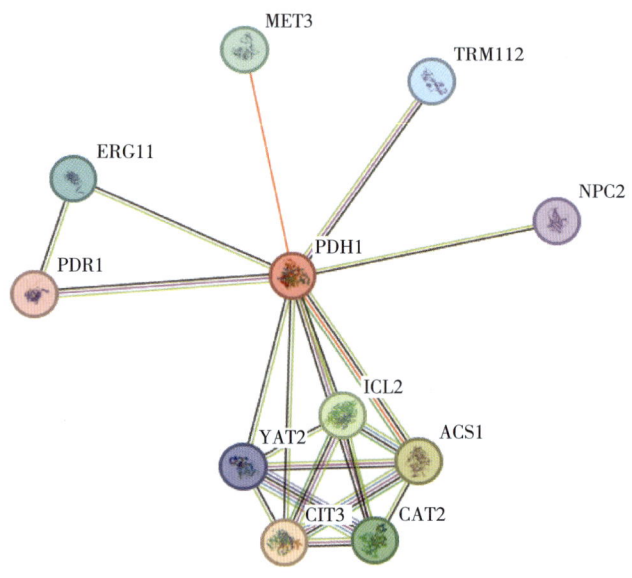

图 2-15　STRING 数据库中 PDH1 蛋白相互作用检索结果

## 第四节　生物系统建模和模拟工具

随着各类系统生物学的数据库和软件数量的不断递增，特别是已有数据库和软件各自研究的对象极具针对性，它们都有其自己规定的表述和建模语言；即使对于同一生物学问题，在不同数据平台下，定义方法也不相同，因而相互关联信息的兼容和共享显得十分重要。1999 年 12 月在美国加州理工大学 Erato 资助的一个学习班上，探讨期望建立系统生物学仿真与分析工具间共享资源的软件环境。因而开发独立于仿真器形式描述模型的通用交换语言，有利于充分利用整套系统生物学工作流程，以建立一个用于生成集成模块的通用平台。

### 一、系统生物模型标记语言和图注

**1. 系统生物学标记语言 SBML**

系统生物学标记语言（Systems Biology Markup Language，SBML）是由美国加州理工学院教授 Erato Kitano 课题组所提出的一种基于 XML 与 UML 来描述和分析系统生物学的模拟软件，于 2000 年 8 月将 SBML 的草稿公布给所有软件作者。同年 12 月，Erato 小组发布了 SBML 修正版。经过持续不断修订，2003 年 8 月发布 SBML 基本概念（base-level definition）的最终版。SBML 项目有助于开发各种使用 SBML 语言的软件包，许多第三方软件也支持 SBML，如图 2-16 所示用户可以在网站上下载 SBML 和 SBML 模型验证和可视化软件。其目标就是在系统生物学仿真与分析工具之间提供共享模型和资源的软件基础结构，构成统一的软件环境，从而促使基础结构与软件组件接口并允许它们间信息交互。这里组件可以是仿真代码、分析工具、用户界面、数据库接口、脚本语言解释器或符合一定接口的软件片段。该平台通过开放源代码供合作者使用与共享计算资源，以便系统生物学软件的开发者与用户之间的合作；在这个层面上，"平台"不仅是指软件架构的平台，更是一个系统生物学软件开发领域学术交流的平台。SBML 格式可用于描述生化反应等计算网络模型，包括代谢网络、细胞信号通路、调节网络以及在系统生物学研究范畴中的其他系统。该模型可被分解成明确标记的组成元素，而且元素的集合可以看作对反应方程式的再加工，从而将模型映射为一组（微分）反应方程式的集合。SBML 的优势在于不需要依赖特殊工具和软件就能进行生物学模型描述，且模型可以在不同用户和平台间相互转化，即用 SBML 描述的细胞生物网络模型是可以被携带的（model transportability）。SBML 模型的互通性（model interoperability）使得不同用户可以共享模型，并且只要用户使用支持 SBML 的软件包，即使是不同模拟软件也可对模型进行读取、编辑和模拟，从而比较整合各软件结果。因此，使用 SBML 模型有利于模型的发表和测试，以往发表的模型有用微分

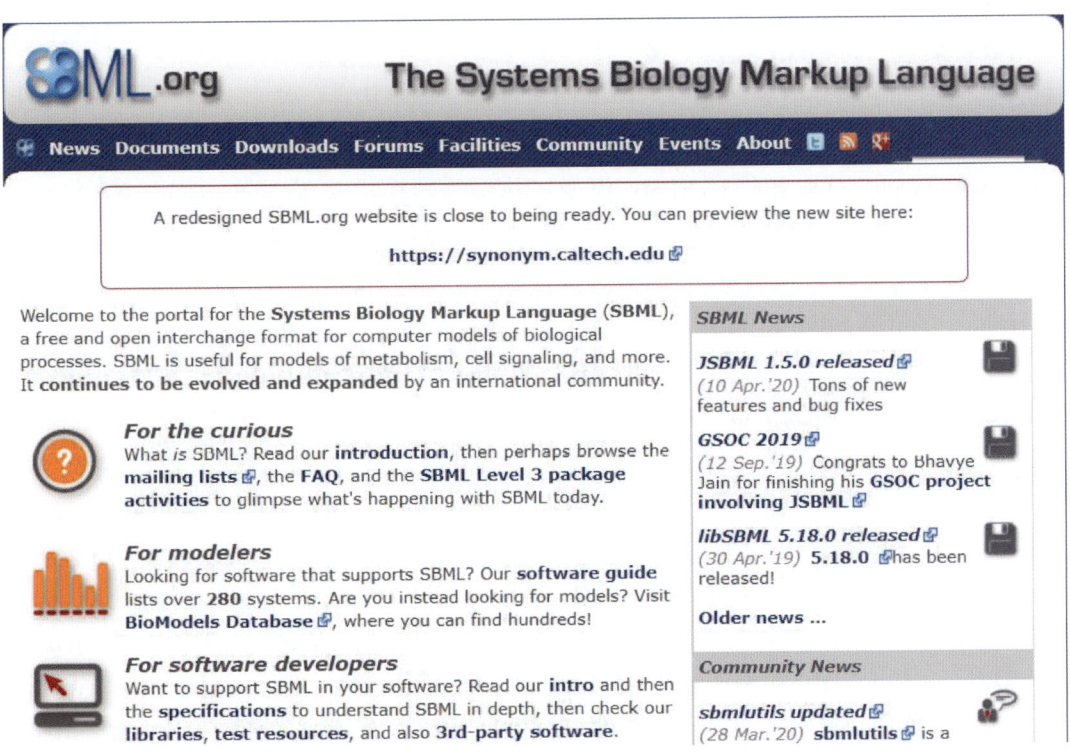

图 2-16　系统生物学标记语言支持的软件

方程、代数方程、网络图谱等来描述，目前系统生物学研究的一些杂志已经要求作者必须提供 SBML 格式的模型数据。SBML 格式描述模型可供同行评议人和读者下载使用 SBML 格式作为生物网络模型描述的标准，不会因为一些机构的内部特定软件而限制了模型的使用，也不会因为一些商业软件的更新而不支持原有软件的输入格式。如此一来，将延长生物模型的使用期限，大大推进生物网络的研究。

LibSBML 是用来读取、写入、操控及验证 SBML 中表示的文件和数据的一个应用程序界面库。LibSBML 的源码、二进制文件，可以在开源下免费获得。它是用 ISOC 和 C++所写，提供了对 CommonLisp、Java、Python、Perl、MATLAB 和 Octave 的语言绑定，基本上兼容了常用的计算机语言，可以在 Linux、Windows、Cygwin 和苹果等不同系统使用。开发者可以将 libSBML 嵌入到他们的程序中，节省了他们自身的 SBML 分析、操控和确认软件的执行工作。

两种常用 SBML 格式的工具箱（SMBL Toolbox 和 MathSBML）分别是面向 Matlab 和 Mathematica 计算环境。SMBL Toolbox 是将 SBML 模型转化成 Matlab 可读的格式，然后利用标准的 Matlab 求解器 Solvers 和模拟器对模型进行模拟的软件工具包，用户可以从 SBML 网站上下载 SMBL Toolbox，在 Linux、Windows、Cygwin 和苹果系统上都能运行。该工具箱包括将 SBML 模型转换成 Matlab 数据结构的函数，以及读取和操作这些结构的函数等。Matlab 的 Symbolic 格式可以用于 Matlab 的常微分方程求解（ODE solver）进行模拟，针对 SMBL Toolbox 还开发了 SBPD 扩展包，为 SBML 提供更多功能支持。SBML 工具箱还开发了 SBPD 扩展包，为 SBML 提供更多支持，包括高速模拟、整合项目中模型、试验和方法数据，同时增加了新功能支持完整的模型构建过程（模型构建、模型分析、模型缩减以及参数估计、验证等）。MathSBML 是一种基于 Mathematica 数据模拟平台开发的软件工具包，可以使 Mathematica 读取和处理 SBML 模型，并将其转换成基于 Mathematica 的模拟及绘图等回归方程式，从而用 Mathematica 计算并显示，也可以在 HTML 网页显示结果，便于用户容易和直观理解。MathSBML 拥有各类应用程序编程接口 API，SBML 模型的读取到 Mathematica 多依靠 SBMLRead 指令。

SBML 格式转化工具主要是利用 KEGG2SML 和 CELLML2SBML 程序，分别将 KEGG 生物代谢途径数据库文件和 CELLML 格式模型转换成 SBML 格式文件。KEGG 代谢途径数据库拥有完整的数据库和应用软件，包括蛋白相互作用数据库、生物代谢途径数据库、化学反应数据库（LIGAND）、序列相似性数据库（SSDB）、基因功能分层分类数据库（BRITE）等。KEGG2SML 是基于 LIGAND 数据库完成此转换功能，兼容 SBML 所有版本，FreeBSD、Linux 以及微软 windows 的 Cygwin 平台，同时支持 CellDesign 软件。CELLML 也是一种基于 XML 的模拟语言，用来储存和模拟生物学模型，主要针对解剖学和细胞成分进行模拟，它有 AnatML 和 FieldML 等语言分类。辅以 XSLT 处理器，CELLML2SBML 可以在 Linux 和 Windows 系统平台运行。此外，程序员也在开发 SBML2CELLML 工具，用以将 SBML 格式转换成 CELLML 格式模型。

**2. 系统生物学标记语言 SBGN**

由于人类大脑对图形有更直观的感受，使用图形表示生物学模型更加直观有效。虽然 SBML 是一种机器可读的软件模型，且能在不同软件间转换生物学模型，但对于非专业人士，它是不可读的，需要对生物学模型进行可视化处理，并建立一个可视化标准。在计算机科学及工科领域，都已有各种图形化标注标准。因此，提出生物学模型图形化标注标准，将对系统生物学的发展起到促进作用，能够让更多用户使用图形化标注软件构建生物学网络模型，并对其进行模拟分析。针对这一需求，日本 Kitano 实验室最先提出系统生物学图形化标注（Systems Biology Graphical Notation，SBGN），是系统生物学中用来描述生命活动过程的图形标准。欧洲系统生物学研究中心（European Molecular Biology Laboratory，EMBL）和遍布世界各地的 30 个实验室联合开发了可应用的系统生物学模型的标准，能够支持 SBML 格式的图形化，是一个可用于生物化学和细胞过程可视化表征的标准。为了用一种标准化的形式来描述生物系统中的复杂关系过程，SBGN 定义了三种不同类型的图释：过程图（process diagram）、实体关系图（entity relationship diagram）和活动图（activity flow diagram）以相互补充。这三种图示对生物系统描述的详尽程度依次减弱，各有侧重的图形表述适合不同生物系统，增强了系统生物学表达能力。

系统生物学图形化标注的功能主要有：①用图形标注来代表不同种类的生物分子及其它们的相互作用；②使图形标注在语意和图形上明确而不模糊；③可以附加其他注释；④可以用其他模拟软件工具将图形表示的模型转换成数学公式，从而对它进行分析和模拟；⑤可以用软件来支持和帮助图形化过程；⑥其注释和标示可以灵活变化。Kitano 实验室提出的系统生物学图形的流程图标示，蛋白由非直角长方形表示，蛋白质有两种状态，即非激活状态和激活状态。同时，在该长方形图标角落还可以用圆圈来注释该蛋白的修饰状态，如磷酸化、甲基化、酰基化等。相比于传统方法，Kitano 提出的系统生物学图形化标注能更精确地描述生物学模型（图 2-17）。

## 二、系统生物网络模型类型

系统生物学的重要研究内容就是如何在了解和解析生命现象的基础上，整合生物数据建立合适的生物模型。生物模型是对传统理论和实验生物学研究的补充，可以用来预测基因型到表型、预测代谢过程、了解细胞的反应网络、细胞通信等机理，将实验生物学变为可预测的科学。生物模型从大的角度上可以分为以下四大类型：①文本概念型：即通过自然语言描述的模型。②物理型：即事物的物理仿真模型，如教学实验室中的 DNA 三维双螺旋结构模型。③图表型：即通过绘图形式表示事物及其关系的模型，如 KEGG 数据库中的代谢途径图。④数学型：即利用数学语言（通常用代数或微分方程）来表示的正规模型，如酶促反应的米氏方程。数学模型因为其简明、可判断性、操作成本低等优势而最被广泛应用成为最重要的类型。系统生物学的主要模型是图表和数学模型。根据模型简约程度和所需知识程度，将系统生物学模型归类为：网络拓扑学分析、动力学模型和化学当量系数模型。

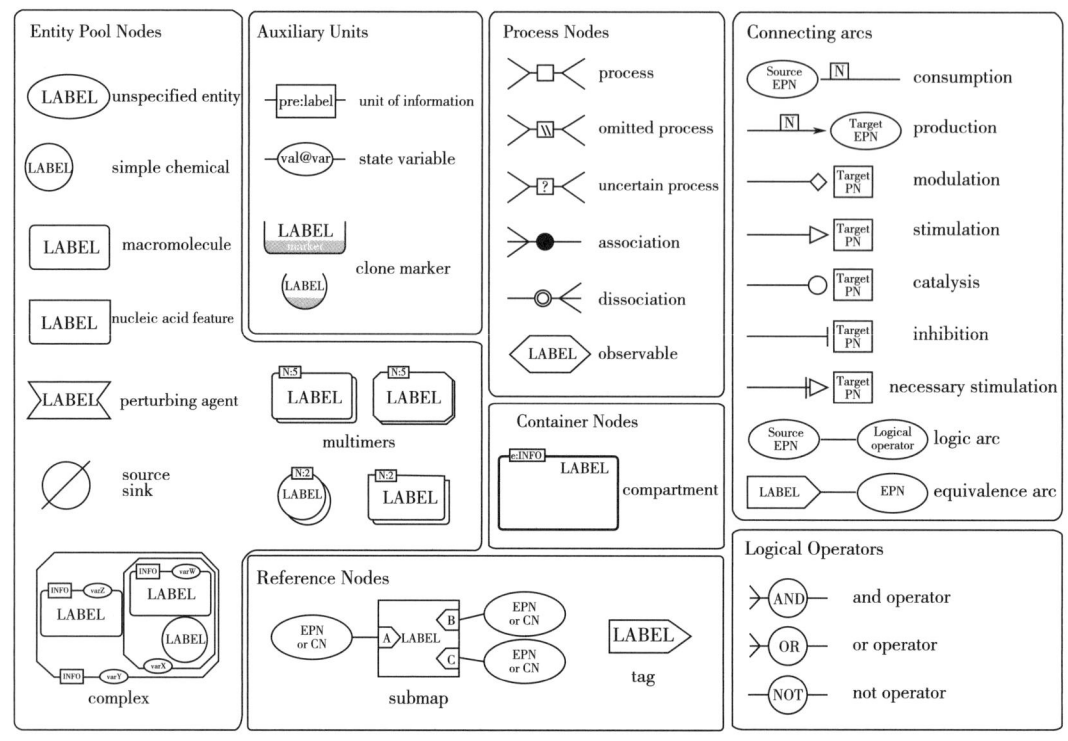

图 2-17 系统生物学图形标注的标准

网络拓扑学分析：系统生物学的建模分析是对生化反应途径、基因调控、信号转导过程（包括蛋白质间的作用）等生物反应的"网络生物学"研究。对于大规模生物网络，根据相互关联的拓扑数据结构建立网络关系，对网络图各方面属性（小世界、无尺度、鲁棒性、模块化等）进行分析，同时开发专门软件工具来自动分析大规模网络系统的其他物理属性，提供路径导航、模式搜索、距离分析、图形简化等。

动力学模型：是一种对每一个单一反应空间、时间行为状态的定量模型。一个动力学模型必须同时描述系统的相互关系（定性结构）和作用过程（定量变化）。动力学模型，是对反应机理的综合描述，可用来优化反应过程。通常是由一系列描述稳态条件下的微分方程来表示代谢通量。一般来说，代谢途径中的所有反应步骤了解不够或缺乏具体的反应速率常数或相应的数学模型的微分计算计算要求较高，在这些情况下，往往先采用离散模型。

化学当量系数模型：化学当量系数模型是目前广泛应用于生物系统反应过程的一种模型，属于对生物反应的离散建模方法。可以利用定量和定性的数据，结合数学计算，构建半定量模型。化学当量系数模型分析方法有多种，如极端途径 EPs、基本通量模式 EFMs、代谢通量分析 MFA、通量平衡分析 FBA。EPs 和 EFMs 旨在给定代谢网络中可容许稳态通量分布的所有空间，它们的途径结构单元是给定代谢网络中最小而唯一的功能单位。用 MFA 进行定量的分析，对细胞内不同状态下各代谢路径的通量分布做出描述，从而采取一些改进措施调节其分布以得到更多的目的产物。用 FBA 在准稳定状态条件下使用化学计量矩阵，可优化得到稳态下的代谢流量分布，以获得最大生物量生产或最少营养消耗。

### 三、生物网络模拟编辑工具

通常我们习惯于将生物网络分成代谢网络、基因调控网络、信号转导网络。代谢网络主要反映了质量和能量的传递；基因调控着重于基因到编码蛋白的表达转变过程；信号网络主要的目的是调控作用，也包括一些能量和质量相关的元素。针对不同类别生物网络可以运用相应的模型模拟编辑工具，这里主要介绍几种常用的工具。

#### 1. COBRA 工具箱

COBRA（Constraint-Based Reconstruction and Analysis）基于物理化学、数据驱动和生物约束来列举给定条件下已构建生物网络的表型状态。约束条件可以是分区、质量守恒、分子拥挤、热力学方向等，此外组学数据也可用来减少解空间。虽然 COBRA 方法无法提供唯一解，但它们提供了一组简化的解决方法用于指导生物假说发展，已成功应用于微生物代谢工程改造，扩展到转录调控和信号转导网络模拟。COBRA 方法分析的生物网络模型，往往采用自下而上方法，从文献和实验中提取数据而构建模型。2007 年公布的第一个 COBRA 工具箱提供多种方法如流量平衡分析、必需基因分析、最小化代谢调整分析等。COBRA 工具箱中常用程序如表 2-6 所示。在 COBRA 工具箱 2.0 版本中添加了额外分析工具，如几何学 FBA、循环法则、创建特定于上下文的子网络、蒙特卡罗抽样、$C^{13}$ 通量组学、填补 gap、代谢改造以及代谢计算模型的可视化。与初始版本一样，COBRA 工具箱读取和写入系统生物学标记语言格式化模型。此外，COBRA 工具箱为研究人员提供了各种方法和资源的高级接口，可以作为核心 COBRA 工具箱的附加组件或提供其他输入。例如，PROM（Probabilistic Regulation of Metabolism）可以将来源于转录组数据、Chip-Chip 或文献数据中的调控信息整合到代谢网络模型中。

表 2-6　　　　　　　　　　COBRA 工具箱中常用程序

| 程序 | 功能 |
| --- | --- |
| xls2model | 将存储在 Excel 文件中的模型信息读入 MATLAB |
| readCbModel | 将存储在 SBML 文件中的模型信息读入 MATLAB |
| writeCbModel | 将存储在 SBML 文件中的模型信息读入 MATLAB |
| checkMassChargeBalance | 检查模型反应的质量平衡状态，主要依靠参与反应的代谢物在特定 pH 条件下的化学式 |
| biomassPrecursorCheck | 检查模型反应的质量平衡状态，主要依靠参与反应的代谢物在特定 pH 条件下的化学式 |
| GapFind | 查找代谢网络的漏洞，即不能被合成或不能被消耗的代谢物参与的反应 |
| changeCobraSolver | 选择线性规划器，如 GLPK、Gurobi 等 |

续表

| 程序 | 功能 |
|---|---|
| changeObjective | 选择目标方程，可以选择模型中的任何反应为目标方程，根据分析的需要一般选择生物量方程为目标方程，也可以选择表示产物分泌的交换反应为目标方程 |
| changeRxnBounds | 改变指定反应的上下流量限值，设置约束条件，一般针对表示底物吸收、产物产出的交换反应 |
| optimizeCbModel | 在约束条件下，最大化或最小化求解目标方程，得到目标方程的流量值，同时计算出模型的代谢流分布，以及各反应流量变化对目标方程值影响的指标 |
| singleGeneDeletion | 在约束条件下，分析单个基因缺失（以 0 流量值约束该基因编码的全部反应）对目标方程的影响 |
| singleRxnDeletion | 在约束条件下，分析单个反应缺失（以 0 流量值约束该反应）对目标方程的影响 |
| robustnessAnalysis | 在约束条件下，分析目标反应连续流量变化对目标方程的影响 |

　　COBRA 工具箱支持系统生物学标记语言 SBML 格式，将模型导入 Matlab 需要 libSBML 和 SBML 工具箱。对于一些 COBRA 关键参数，SBML 还没有提供完整支持；COBRA 工具箱可以支持 SBML 格式，使得模型可以在不同的软件和平台上进行交换和使用。用户可以从官网下载 COBRA 工具箱，将文件复制到 Matlab 安装目录下的 toolbox 中。COBRA 工具箱可以在 Windows、Linux、苹果系统上使用，还需要安装 libSBML、SBML 工具箱、线性规划器 GLPK 和 glpkmex。COBRA 工具箱的示例模型可以从 BiGG 知识库和 SEED 数据库下载。模型文件必须包括所有以下信息以用于计算：每个反应的化学计量、上下界和目标函数系数。基因反应关系对于代谢反应与基因组功能关联是必需的；代谢物的分子式和电荷，对于维持反应的质量电荷平衡、保证模型内部物理一致性是必要的。

**2. RAVEN 工具箱**

　　RAVEN（Reconstruction，Analysis，and Visualization of Metabolic Networks）工具箱为代谢模型的构建、分析、模拟和可视化等过程提供了在 MATLAB 平台下的运算环境。RAVEN 软件、教程和对所支持文件格式的详细描述可以在 BioMet Toolbox 下载。RAVEN 软件分别有 SBML 和 EXCEL 两种输入和输出格式，且均可对模型进行扩展注释，如代谢物相关的国际化合物标识串（InChI），基因和反应在数据库中的标识。用户可以直接在 EXCEL 表格中直接修改目标反应和反应的上、下界。RAVEN 模拟过程无需在脚本运算环境中进行，而是提供了一个简化的、不太严格的模型格式。该软件有三个主要功能：①基于蛋白质同源性的粗模型重构；②网络分析、建模和解释模拟结果；③利用绘制的代谢网络图对模型进行可视化。

　　RAVEN 工具箱主要包括两种自动化模型构建方法，针对目标物种的蛋白序列通过双向 Blastp 分别与已发表亲缘较近的模型比对，以及对基因组进行 KEGG Orthology（KO）IDs 注释，从已发表模型中进行代谢功能推测能够弥补依赖 KEGG 草图模型自动生成的不足。与 KEGG 和 Brenda 等数据库相比，已发表的微生物代谢模型可成为新生物代谢重建的坚实基础，其具有自动化构建不具备的优势，例如在反应方向确定、反应亚细胞定位等方面。除了能够自动化构建模型，RAVEN 工具箱也用于代谢模型的模拟和分析。上述从物种蛋白质序列出发，运用自上而下方法搭建的粗模型存在一些代谢断点，即有些代谢物的合成或分解途径不完整。此外，代谢模型因自由度较大而存在一些内循环，体现在代谢流量上即反应流量的绝对值很大，但没有净消耗或净生成。RAVEN 工具箱能够识别代谢漏洞和无效循环，同时可以自发从 KEGG Pathway 数据库中提取反应以填补代谢漏洞，保障代谢网络正常运行，从而能对代谢模型进行模拟分析。RAVEN 工具箱利用 MOSEK 数学优化软件包进行线性规划的流量平衡分析、二次规划的最小代谢调整、混合整数线性规划应用和随机抽样等各类计算，可在详细教程中查看。RAVEN 工具箱和教程可在 Nielsen Lab 中下载。RAVEN 在线使用说明见图 2-18。

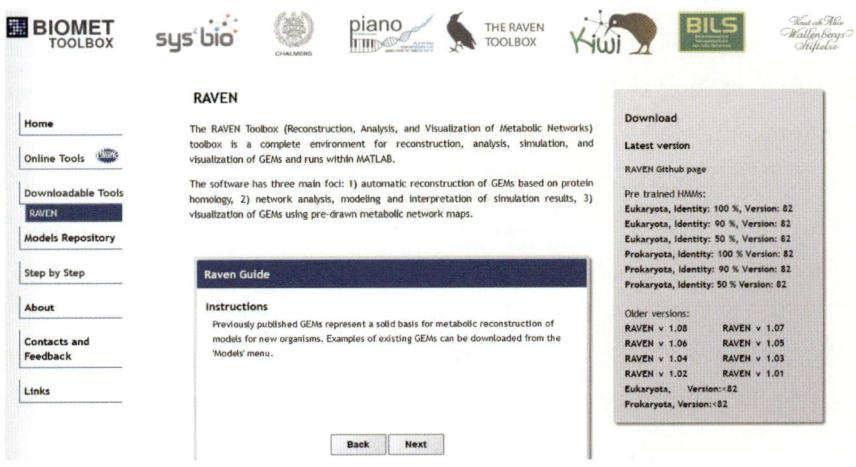

图 2-18　RAVEN 在线使用说明

### 3. CellDesigner 工具

代谢模型、基因调控模型等很多生物网络模型，都可以用图形来可视化处理。CellDesigner 是绘制基因调控和生化网络的过程图编辑器，依据 Kitano 提出的图论系统，根据流程图绘制网络。它基于系统生物学图形标注 SBGN，并与 SBML 兼容，可以利用常微分方程求解器 SMBL OEDsolver 对生物模型求解。为更有效地对生物学模型进行构建及输出分析，CellDesigner 可以直接链接数据库进行数据交流，如 SGD（酵母基因组数据库）、Biomodels（生物学模型数据库）、IHOP（蛋白质互作关系数据库）等。CellDesigner 的主要特征包括：①容易理解且与 SBGN 兼容的图形符号；②与 SBML 相兼容（包括 SBML1 和 SBML2）；③内置模拟器（SBML ODE 求解器、Copasi）；④与基于系统生物学工作台（SBW）的模拟分析软件相兼容；⑤能够直接与数据库链接而进行数据交流；⑥直观的用户界面；⑦对区间、物种、反应和蛋白质等信息扩展性的描述；⑧可以以 PNG、SVG、JPG 和 PDF 格式输出；⑨支持方框图；⑩具有完善的插件开发框架。CellDesigner 的最终目标是发展成一个标准化的生物网络途径、图形编辑器。其标准化主要归结为图形标注（graphical notation）、模型描述（model description）、应用软件的整合环境（application integration environment）这三个方面，使得celldesigner编辑的模型可以用系统生物学工作台（systems biology workbench，SBW）的软件工具进行模拟和分析。

**4. Cell Illustrator 工具**

Cell Illustrator 是一款供生物学家绘制、模拟、列举和模拟复杂的生物过程和系统的软件，由东京大学人类基因组中心开发，目前在线版本为 Cell Illustrator 5.0。不同于系统生物学工作台（SBW），Cell Illustrator 只通过一个软件工具来实现对通路的构建和仿真。它具有出色的绘图能力，可以模拟代谢途径、信号转导元件、基因调控途径，以及各种生物实体的动态相互作用，如基因组 DNA、mRNA 和蛋白质。Cell Illustrator 模型能够实现生物路径的可视化，解释实验数据和测试假设，其各个功能模块如图 2-19 所示。此外，它还为研究者提供了出版物标准的模型图和仿真结果图表。Cell Illustrator 是基于一个叫 Petri 网（Petri net）的框架对通路进行建模和仿真的。Cell Illustrator 使用其在系统生物学领域的概念延伸，即扩展混合函数 Petri 网（Hybrid Functional Petri Net with extension，HFPNe）。Cell Illustrator 的体系结构 HFPNe 是一个强有力的引擎，建立在 HFPNe 作为基本架构的基础上，更易于理解通路的生物学特征。Cell Illustrator 具有如下优势：如绘图一般地进行通路建模，可以立即简单完成仿真，从简单模型到复杂模型都可以用同样方式进行建模。Cell Illustrator 所构建的模型是以细胞系统标记语言（Cell System Markup Language，CSML）格式保存，也可以输入 CELLML 和 SBML 格式的模型。CSML 是一种旨在定义与系统动力学相关的基因调控、代谢和信号通路的 XML 格式，由东京大学人类基因组中心开发，可在 CSML 官网获取。CSML 可广泛扩展，可以导入 CELLML 和 SBML 格式中。

**四、Cytoscape 数据整合及网络显示平台软件**

Cytoscape 是由美国系统生物学研究所（Institute for Systems Biology，ISB）、加州大学圣地亚哥分校（University of California，San Diego）、纪念斯隆-凯特琳癌症中心（Memorial Sloan Kettering Cancer Center，MSKCC）等单位合作开发的一个开源网络可视化和分析的软件系统。Cytoscape 系统以构建生物模型为目标，并对模型进行基本网络特征和多维度网络数据分析，以期帮助人们理解网络中抽象结构中的生物学意义。它能够将高通量转录组学数据、分子状态信息与生物分子相互作用网络有机整合起来，主要应用在可视化大规模蛋白质-蛋白质相互作用、蛋白质-DNA 和遗传相互作用等复杂生物网络分析方面，并能将这些网络跟功能注释等数据库连接起来。

Cytoscape 包括一个灵活的插件架构，支持插件开发，具有较好的通用性和兼容性。它提供了 200 多种类型的插件，主要分为分析插件、网络属性插件、网络推理插件、功能增强插件、通讯/脚本插件等，可在官网下载。Cytoscape 软件支持网络远程地址（Remote）或本地硬盘地址（Local）输入文件，包括多种储存格式：相互作用文件（SIF）、图形标记语言（GML）、可扩展图形标记和建模语言（XGMML）、SBML、BioPAX 和 PSIMI，其

# 第二章
系统生物学资源库和研究工具

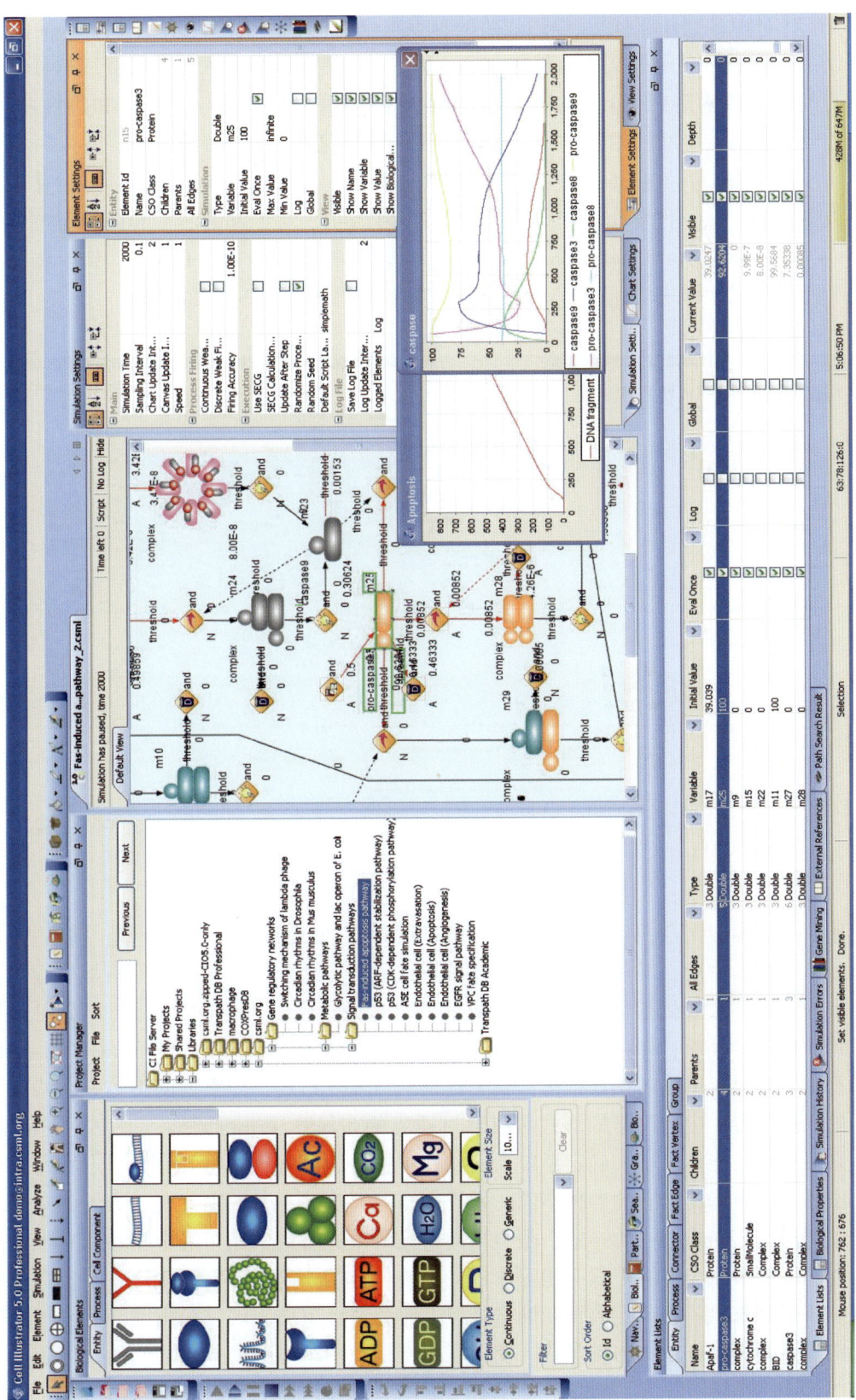

图2-19 Cell Illustrator主要功能模块界面

53

中 GML 和 XGMML 是形成图形（以边连接的顶点集合）的标准 XML 格式。Cytoscape 也可以利用以 Tab 制表符分隔的文本文档或 Microsoft Excel 文件作为输入，或者利用软件本身的编辑器模块直接构建网络。Cytoscape 中的生物网络由不同节点（node）和边（edge）组成，边即表示节点之间的相互作用；在可视化作图浏览器（Visual Mapping Browser）选择颜色（Node）、边界（Border）、字体（Font）、标记（Lable）、线条（Line）对其进行修改和设置。Cytoscape 网络布局和编辑器如图 2-20 所示。对于基因芯片和高通量测序数据，Cytoscape 可通过 Attribute/Expression Matrix 文件选择将其导入（Import）到生物网络中，之后打开可视化样式（Open VizMapper），用不同颜色表示基因表达量。

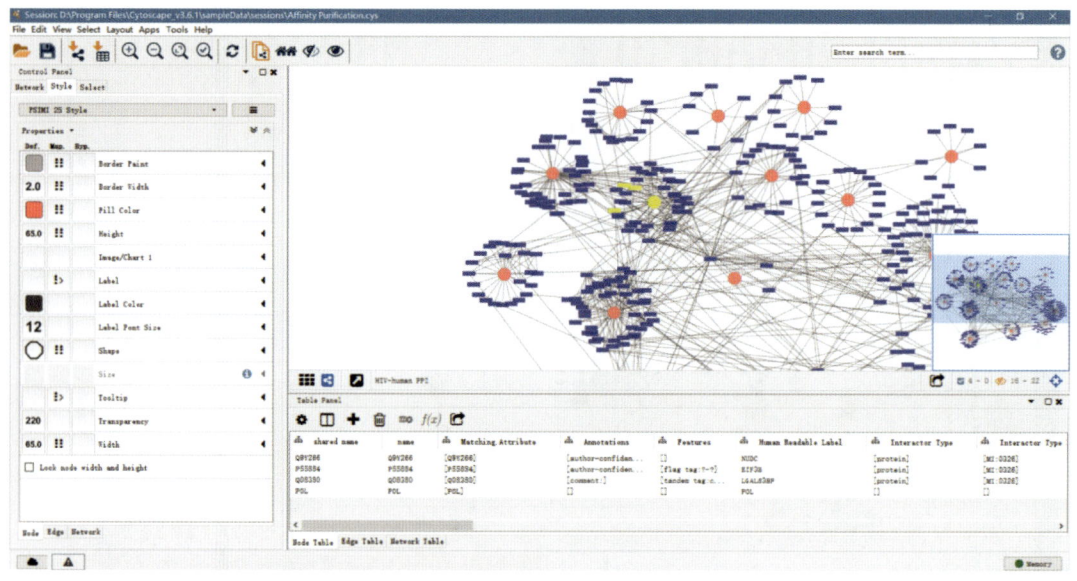

图 2-20　Cytoscape 网络布局和编辑器

使用 Cytoscape 对生物网络进行分析，可以得到包含聚集系数、连通分量、网络直径、网络半径、网络集中度、最短路径、平均邻节点数、节点数、网络密度、网络异质性、孤立节点数、自循环数等的基本网络性质。这些特性的总体情况可见图 2-21（1），可以分别查看每个拓扑学性质，如各节点间的最短路径分布，如图 2-21（2）所示。Cytoscape 使用图形符号直观显示网络的拓扑结构，其关键是网络节点布局，即根据网络拓扑结构计算各节点的几何位置。生物网络的形式可以通过适当的布局算法进行调整：①力导向布局：通过搜寻系统给的能量极小来确定系统平衡状态中粒子的位置，并将其作为节点在布局视图空间中的几何坐标，已有的各种不同的力导向布局算法的主要区别就在于力场函数的选择不同。②Spring Embedded Layout：是力导向布局的改进布局，在布局中删除和其他节点没有相互作用的节点，即图中只有相互作用的节点（包括其自身相互作用），不包含单独的节点。③网格布局：将节点放置在网格格点上避免节点重叠，同时根据网络的全局拓扑关系确定节点间相互作用的力场参数，使得联系密切、图距离小的节点之间的几何距离也尽可能小。

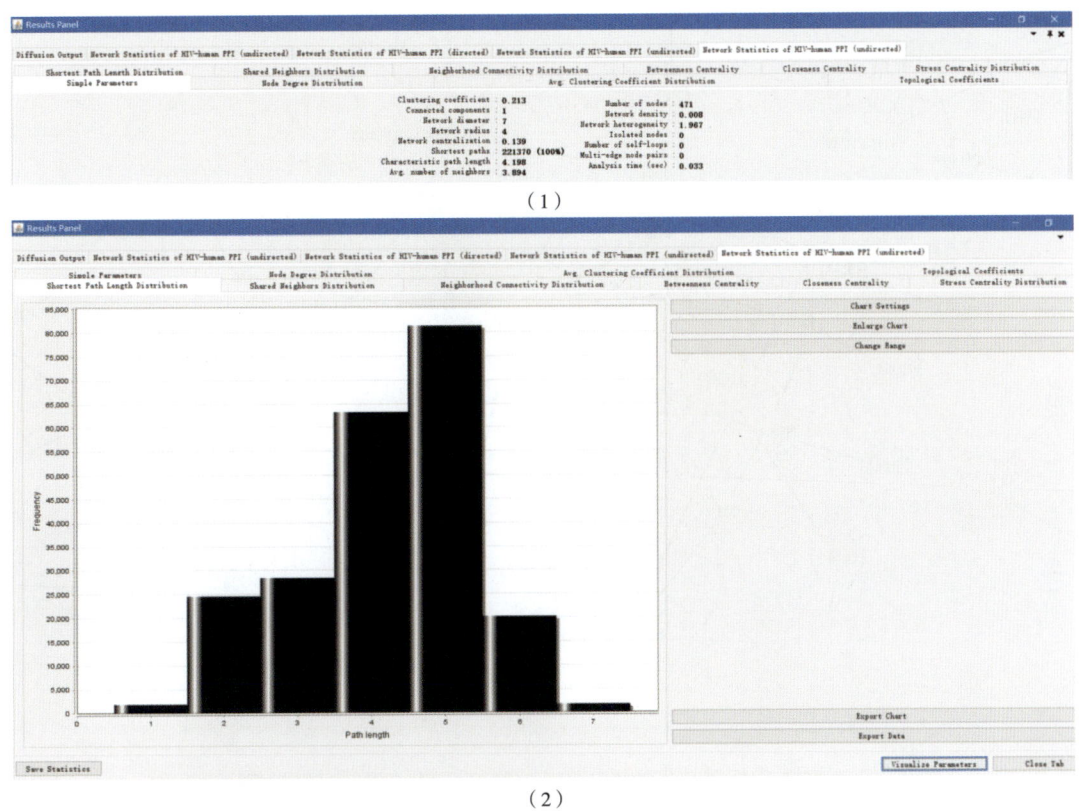

图 2-21　Cytoscape 对生物网络的拓扑结构分析

利用 Cytoscape 的插件对生物网络进行分析，通过现有数据的过滤来选择子集和相互作用，找出关键的子集、信号通路、节点聚集簇，从而对生物网络中基因及相互作用进行再注释。常用的插件主要包括：①使用 BiNGO 插件可以链接 Gene Ontology（GO）数据，构建基因功能的结构图。需要准备的文件：GO 分析的基因，数量宜多不宜少；GO 注释文件和 GO 分类文件。可以从 Cytoscape 示例网络 galFiltered.cys 中选取子基因集合（图 2-22）。BiNGO 设置参数包括对统计学测验、相关性、图像类别、GO 数据库（分为分子功能、生物过程、细胞组分三类）及物种进行选择［图 2-23（1）］。得到的结果图 2-23（2）表示显著变化的生化过程。注释信息包括：GO 登录号（GO-ID）、基因（genes）、特性描述（description）、$P$ 值（$P$-val）、$P$ 值相关性（corrp-val）、簇频率（cluster freq）和总频率（total freq）（图 2-24）。②Cerebral 是一个轻量级 JavaScript 插件，它扩展了 Cytoscape 使得能够快速且交互式地可视化分子相互作用网络。使用 Cerebral 插件可以对生物网络中分子进行亚细胞定位，将数以百计的分子节点做网络自动排列，分配到细胞结构的不同部位，展示它们的功能及相互作用关系。在建立的新的网络图中，Location 是信号分子位置的细胞结构排列顺序，由外至内分为细胞外、质膜、胞质、核。对于 unknown 类型，通常不在图中显示，或者把这些分子放在最底层。③Agilent Literature Search 文献检索插件，利用最新 PubMed 文献信息检索建立目标基因的网络相互作用模型，为在网络环

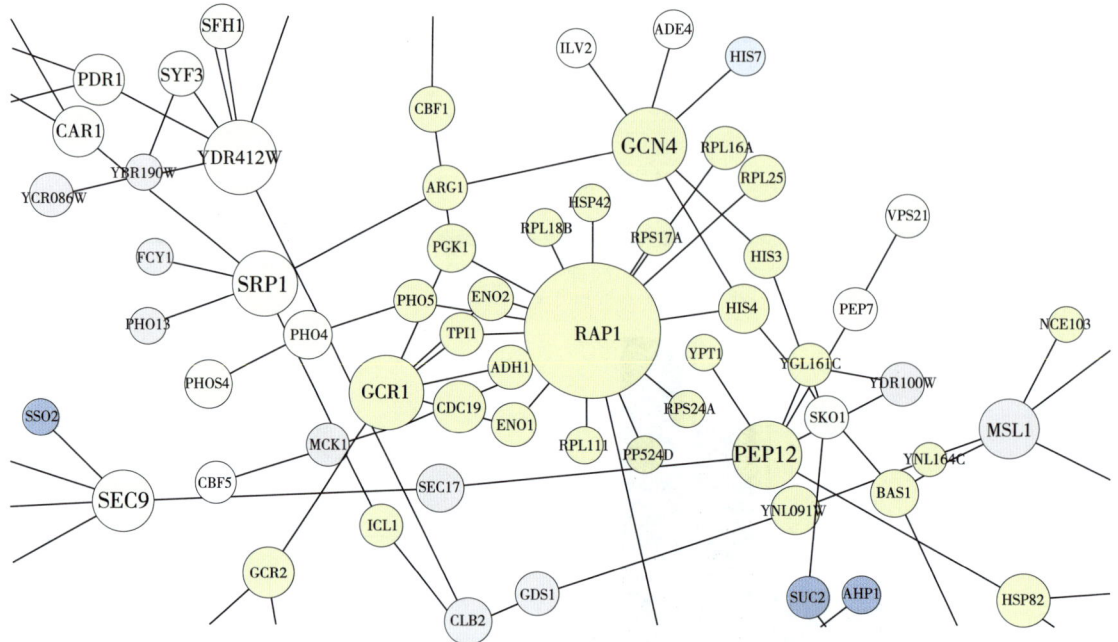

图 2-22　子基因集合

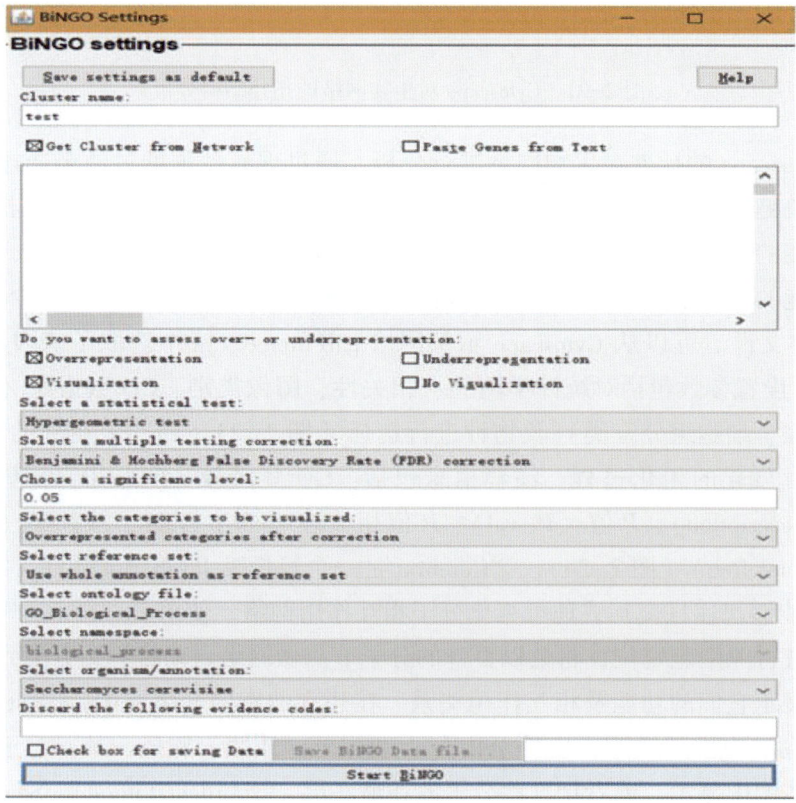

（1）

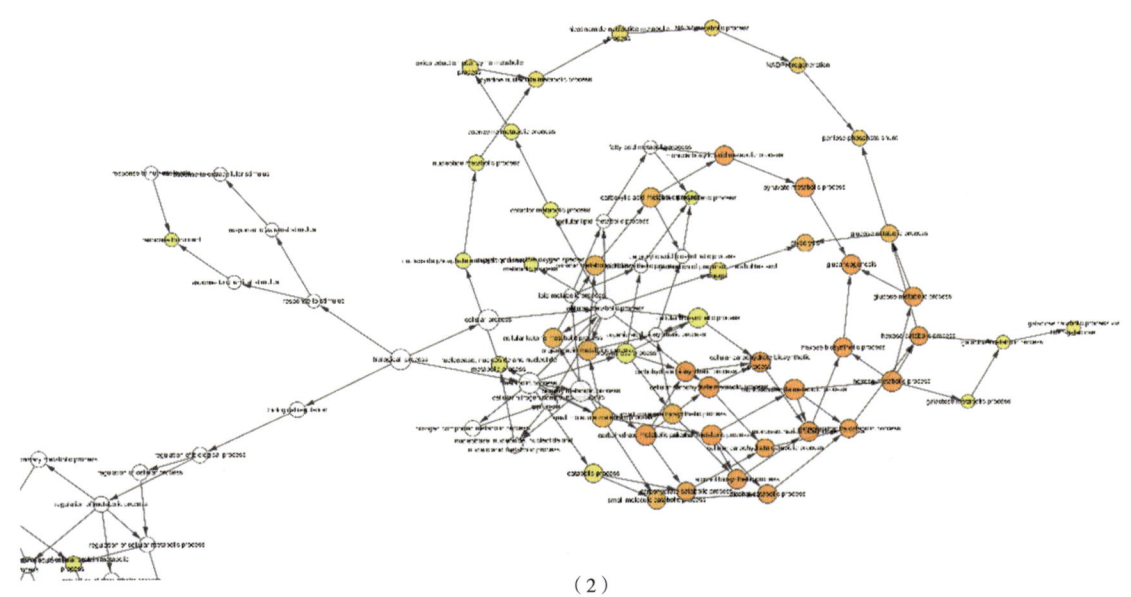

（2）

图 2-23　BiNGO 设置参数和显著性变化

图 2-24　BINGO 插件对生物网络的 GO 富集分析

的文本挖掘和评估结果提供了一种灵活的、交互的平台。运行前在 Terms 框输入基因名；在 Context 框输入 Use Aliases 基因的别名；在 Use Context 框中使用文本进行检索，还可以选择种属以提高检索特异性。如图 2-25（1）所示，完成上述参数设置，程序会在 Query Editor 中生成检索条件语句，运行后找到与输入内容相关的 12 篇相关文献，同时会自动生成所检索结果的网络结构图，如图 2-25（2）所示，黄色节点代表检索关键词，可检索到 Cytoscape 软件创建网络中基因相互作用图以及所基于的文献和专利语句。④Cytoprophet 插件可用来预测潜在蛋白和结构域的相互作用，通过和积算法、最大特异性集合覆盖法和最大似然估计法这三种算法，搜索、计算网络全局中或某些蛋白质间相互作用关系。对于 Cytoprophet 预测的蛋白和结构的相互作用，可以从三个方面进一步解释：DDINetwork 在预测蛋白质相互作用关系的同时，还显示蛋白质结构域之间的相互作用；GO Distance 将用 GeneOntology 距离增强相互关系的属性；Self Interactions 则能在预测网络中显示自身相互作用。⑤MiMI 插件从密歇根分子相互作用（Michigan Molecular Interactions，MiMI）数据库中检索分子相互作用，并在 CytoScape 中显示相互作用网络。MiMI 数据库收集、合并

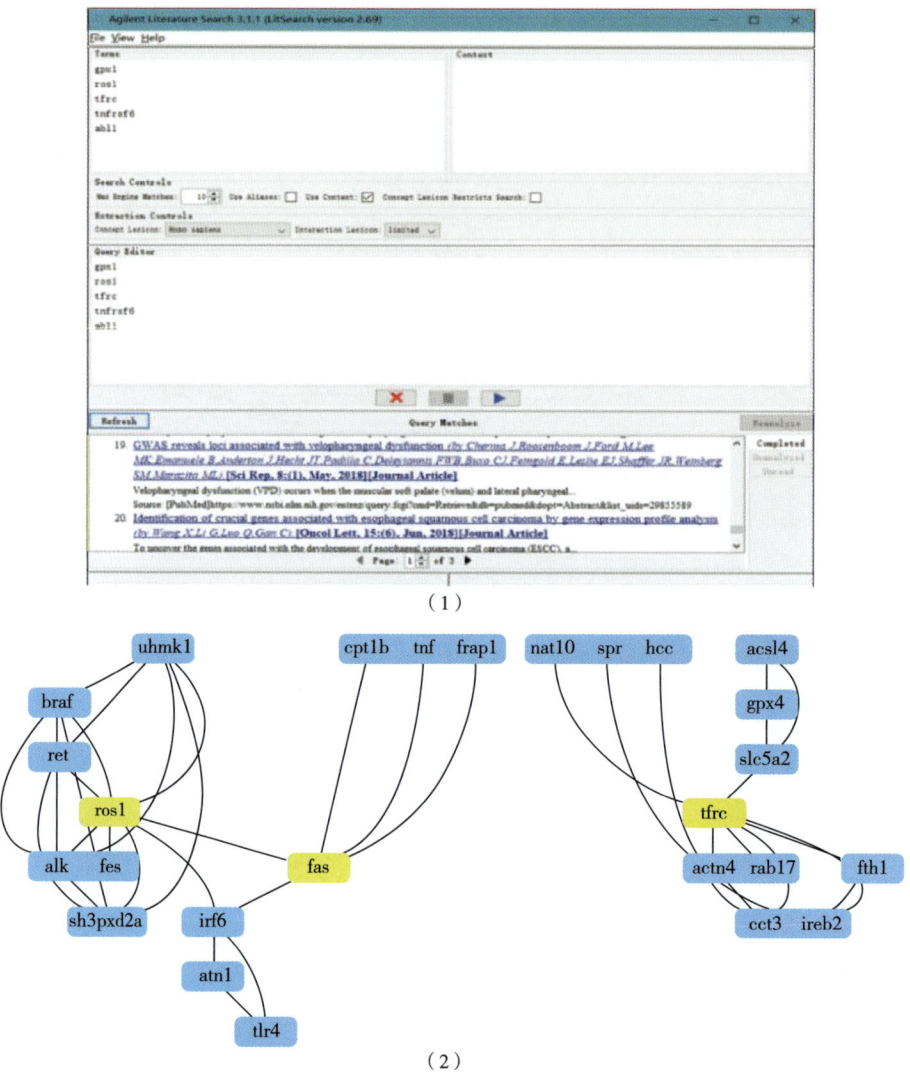

图 2-25　Agilent Literature Search 插件检索界面（1）和检索结果（2）

来自已知的蛋白质的相互作用数据库，如 BIND、DIP、HPRD、RefSeq、SwissProt、IPI 和 CCSB-HI1 等，而不同数据库有特定数据格式、分子命名及附加信息。MiMI 插件深度整合（排除冗余）多个蛋白相互作用和信号通路数据库，用户能够一次得到多个数据库结果；同时 MiMI 是 NIH 的 NCIBI（National Center for Integrative Biomedical Informatics）的组成部分之一，具有文献检索、文档总结和路径匹配等功能；插件通过整合 BioNLP（Biology Nature Language Processing）数据库和多文档摘要系统，为用户提供整理好的、与相互作用相关的文献信息。MiMI 插件还集成了一个图形匹配工具 SAGA，可以选择与生物路径匹配的网络图形，用于提供交互式分子和相互作用注释编辑器，从而对节点和线进行注释。

# 参考文献

[1] 林标扬. 系统生物学 [M]. 杭州：浙江大学出版社, 2012.

[2] （美）伯恩哈德·Φ.帕尔森. 系统生物学：重构网络的性质 [M]. 章乐, 等译. 重庆：重庆出版社, 2018.

[3] （日）土井淳, 等. 系统生物学基础：如何使用 Cell Illustrator 和通路数据库 [M]. 李晨译. 杭州：浙江大学出版社, 2016.

[4] 邹权, 陈启安, 曾湘祥, 等. 系统生物学的网络分析方法 [M]. 西安：西安电子科技大学出版社, 2015.

[5] 饶冬梅. NCBI 数据库及其资源的获取 [J]. 科技视界, 2013, （07）：53-54.

[6] 刘华, 马文丽, 郑文岭. GEO（Gene Expression Omnibus）：高通量基因表达数据库 [J]. 中国生物化学与分子生物学报, 2007, （03）：236-244.

[7] 周大琼, 曹继华, 任力锋, 等. 基因芯片数据库 GEO 与 ArrayExpress 的使用及比较分析 [J]. 中国现代医学杂志, 2014, 24（12）：38-42.

[8] 杨林, 李姣, 钱庆. 跨机构科学数据的共享技术 [J]. 中华医学图书情报杂志, 2014, 23（11）：29-35.

[9] 邢美园, 苏开颜. 生物信息学数据库——日本 DDBJ 数据库及其检索应用 [J]. 情报杂志, 2003, （05）：59-61.

[10] 李敏, 武学鸿, 王建新, 等. 蛋白质相互作用网络分析的图聚类方法研究进展 [J]. 计算机工程与科学, 2012, 34（01）：124-136.

[11] 我国国家基因库正式运营 [J]. 生物学教学, 2017, 42（02）：77-78.

[12] 陈鸿飞, 王进科. 转录因子相关数据库 [J]. 遗传, 2010, 32（10）：1009-1017.

[13] 江珊, 蒋勃, 徐桂珍, 等. 使用 Cytoscape 对生物网络数据的建模和分析 [J]. 农业网络信息, 2017, （06）：32-37.

[14] 韩增叶, 田平芳. KEGG 数据库在生物合成研究中的应用 [J]. 生物技术通报, 2011, （01）：76-82.

[15] 刘树春. 利用 SWISS-PROT 网获取生物信息学资源 [J]. 生命的化学, 2002, （01）：81-83.

[16] 李稚锋, 李玉鉴, 赵东升, 等. 基于 RefSeq 数据库的人类标准转录数据集的构建 [J]. 遗传, 2006, （03）：329-333.

[17] 黄春燕, 韦成礼, 樊妙姬. 美国 NCBI 网站 Entrez 资源整合系统的检索与利用 [J]. 情报杂志, 2003, （04）：78-82.

[18] 李美满, 许中华, 刘柯. 生物信息学中数据库的应用及整合 [J]. 智能计算机与应用, 2012, 2（05）：55-57.

[19] 于晓丽. 蛋白质结构分类数据库 [J]. 重庆理工大学学报（自然科学版）, 2010, 24（11）：61-65.

[20] 李斌, 郭燕华, 徐辉, 等. MicroRNA 与细胞信号通路的相互作用 [J]. 生物化学与生物物理进展, 2013, 40（07）：593-602.

[21] Schellenberger J, Que R, Fleming R M, et al. Quantitative prediction of cellular metabolism with constraint-based models: the COBRA Toolbox v2.0 [J]. Nat Protoc, 2011, 6（9）：1290-1307.

[22] Agren R, Liu L M, Shoaie S, et al. The RAVEN toolbox and its use for generating a genome-scale metabolic model for *Penicillium chrysogenum* [J]. PLoS Comp Biol, 2013, 9（3）：e1002980.

# 第三章 重要发酵工业微生物的全基因组规模网络模型的构建与应用

传统的微生物生理代谢的研究侧重于单个基因、蛋白、酶或途径等局部性的方法。以此发展的代谢改造靶向性不强，可能会带来胞内微环境（如还原力水平）和酶活性的变化，甚至导致微生物生理代谢不适应。因此，有必要从细胞全局角度理解微生物生理特性。系统生物学是在全局水平上整合不同分子水平信息以理解生物系统如何运作的研究。通过研究某生物系统各不同组成成分之间的相互关系和相互作用，例如，与细胞信号转导、代谢通路、细胞器、细胞、生理系统与生物等相关的基因和蛋白网络，系统生物学希望最终能够建立整个系统的模型。随着基因组测序计划和后基因组学的发展，借助高通量组学分析方法、生物信息学算法、生物计算软件设计技术，系统生物学研究已经在不断趋近这一最终目标。通过大规模、高通量的基因组和后基因组研究，检测在不同时空的所有基因的转录表达、所有蛋白质的表达谱和功能谱，有助于深入了解遗传信息的本质，建立与生物表观性状的联系。基因组规模生化模型即从基因组序列出发，结合基因、蛋白质、代谢数据库和实验数据，从系统的角度定量研究生命体的代谢过程，了解各个组分之间的相互作用关系。通过模拟特定物种的细胞过程以及物种和环境间相互作用，从而能够真实地反映生物系统的复杂性和全面性。

## 第一节 基因组规模生物网络概述

### 一、基于组学大数据构建基因组规模生化模型

基因组规模生化模型需要依赖基因组、转录组、蛋白组、代谢物组和流量组等大量高通量组学数据，以及对这些数据的系统性解析方法。基因组数据是基因组规模网络模型构建的基础和核心。基因组学指运用重组 DNA、DNA 测序和生物信息学手段，测序、组装、分析微生物或细胞结构中所有 DNA 片段的结构和功能。自 1995 年，流感嗜血杆菌（*Haemophilus influenzae*）和生殖支原体（*Mycoplasma genitalium*）两种微生物全基因组测序完成至今，DNA 测序技术经历了鸟枪法测序、二代高通量测序、单分子长片段测序三个阶段的发展，如图 3-1 所示。随着各种微生物基因组测序工作的不断完成和序列信息的积累，微生物基因组学研究的重点已由结构基因组学转向功能基因组学、比较基因组学、表观基因组学和宏基因组学。微生物的基因组序列测定完成后，仍有许多开放阅读框（open reading frame，ORF）功能不明确。对这些未知功能基因进行功能注释主要有两种方法，

一类是高通量的初步鉴定技术，另一类是系统分析技术；在此基础上，结合克隆、突变体构建及表型分析等是鉴定基因功能的有效方法。高通量功能鉴定方法主要是依靠生物信息学技术、基因芯片技术和蛋白质组学技术等。利用生物信息学技术研究未知功能的基因，主要依靠两个途径：一是在 DNA 层面上进行比较分析，根据该基因与已知功能基因的同源性，初步明确基因的功能；二是比较该基因编码产物（蛋白质）的序列和结构，对基因进行功能分类。对这些未知功能基因进行功能鉴定，是深入开展微生物功能基因组学研究的基础。生物体是由成千上万个分子组成的复杂系统。基因组序列的解析，能够从整体上研究生物分子的作用和功能，从而为全面揭示微生物生物学功能图谱奠定基础。

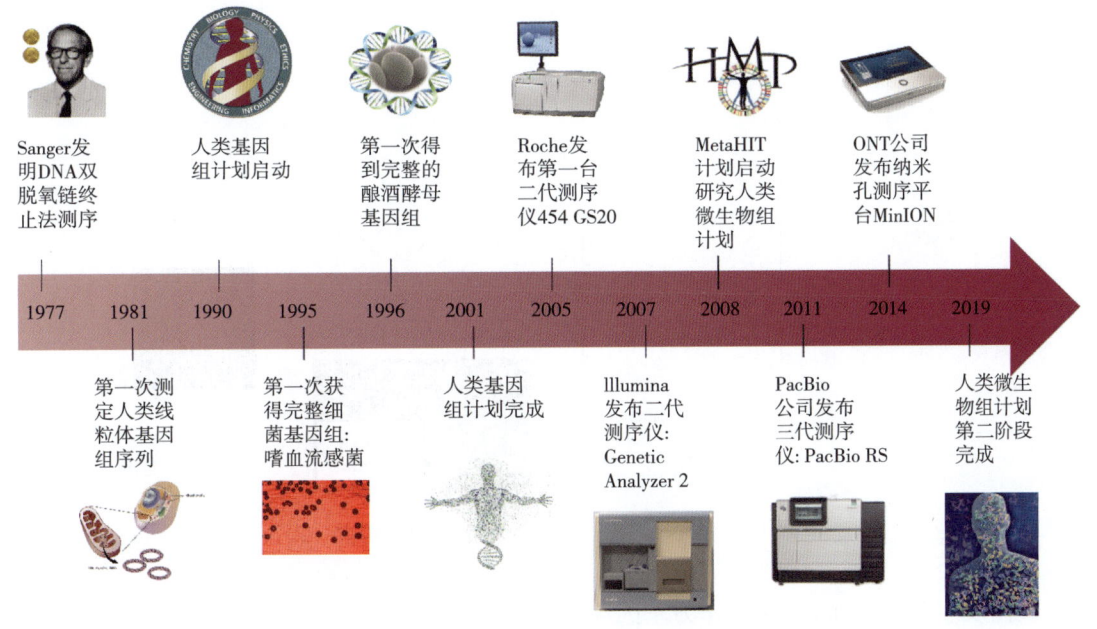

图 3-1 DNA 测序技术发展史

基因组学告诉我们微生物基因具有哪些功能，而转录组学（transcriptomics）则用于描述在特定时空条件下，微生物胞内所有基因转录产生的 RNA 表达情况，通过转录组学研究可以了解微生物在特定阶段、特定组织或细胞、特定条件下基因的转录情况和转录调控规律，可以发掘功能基因，是基因功能及结构研究的基础和出发点。以转录组学数据作为生物模型的约束条件，通过各种算法整合到模型模拟过程中，如图 3-2 所示，不仅可以提高网络模型预测的准确性，也可以解析一些生化过程的调控机制。传统的转录组学研究早期利用 Sanger 测序法对全长 cDNA 文库和 EST 序列进行测序，接着人们又开发了基于表达序列标签技术的测序手段，如基于测序的基因表达序列分析和大规模平行信号测序。1991年 Affymetrix 公司开发出世界上第一块寡核苷酸基因芯片，促使基因芯片（gene-chip）应用于微生物转录组研究，其原理是通过与一组已知序列的核酸探针杂交，在一块基片表面固定了序列已知的靶核苷酸的探针，当溶液中带有荧光标记的核酸序列与基因芯片上对应位置的核酸探针产生互补匹配时，确定荧光强度最强的探针位置。由于该技术需要基因探针，可能导致一些重要基因的丢失。随着二代测序技术的发展，RNA 测序（RNA-Seq）应运而生，成为大规模研究基因表达和转录组分析的一种新的重要手段。RNA-Seq 技术能够从单核苷酸水平对特定物种的整体转录活动进行检测，能够准确而快速地反映某一物种在特定状态下的全长转录本信息（mRNA、microRNA、tRNA、非编码 RNA 等），并以数字化信号的形式表达出来，可以弥补基因芯片的缺陷。RNA-Seq 技术与其他方法相比具有高通量、低成本、高灵敏度的特点，能够检测到细胞中低丰度的表达基因，不局限于已知基因组序列信息的物种，也适用于未知基因组序列的物种，不需要克隆的步骤，操作简单，这使得 RNA-Seq 在微生物研究中得到极广泛的应用。

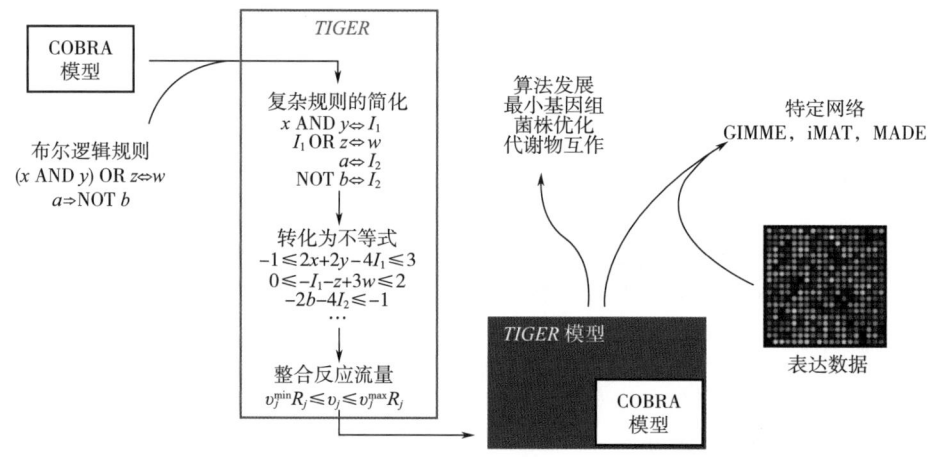

图 3-2　基因表达数据对生物模型的约束

蛋白质组学（proteomics）作为基因组和转录组的补充，研究在特定条件下细胞产生全套蛋白质的种类和丰度。微生物的基因组是特定的，却有不同的功能蛋白质组。这些蛋白质组有细胞器特异性、生长阶段特异性和生理特异性。一般认为同一类型的细胞具有相同或近似的蛋白质组。基因的产物是蛋白质，对于某些基因，由于转录后加工和翻译后加工，一个基因有着一个以上的蛋白质产物，蛋白质的结构、功能、定位或表达发生了变化导致不同生物表型。蛋白质组学主要研究蛋白质的特性，包括蛋白质表达水平、氨基酸序列、翻译后加工和蛋白质相互作用。蛋白组学相关技术主要包括双向凝胶电泳、等电聚焦、差异凝胶电泳、生物质谱分析、高通量的蛋白质芯片和基于生物信息学的比较蛋白质组等。蛋白质双向电泳（two-dimensional electrophoresis，2-DE）是一种方便、灵敏的蛋白质分离方法。第一向电泳根据蛋白质的不同等电点分离各种蛋白质，即等电聚焦法。第二向电泳根据蛋白质的不同相对分子质量进一步分离等电点相同的蛋白质，即 SDS-聚丙烯酰胺凝胶电泳。电泳完成后的染色方法主要有考马斯亮蓝染色、银染和荧光染色等，经染色得到的电泳图是个二维分布的蛋白质图。生物质谱技术是蛋白质组学核心技术，其基本原理是样品分子离子化后，根据不同离子之间的质荷比（$m/z$）的差异来分离并确定相对分子质量。目前常用的质谱包括，串联质谱（tendam-MS）、基质辅助激光解吸电离-飞行时间质谱（MALDI-TOF-MS）和电喷雾质谱（ESI-MS）。蛋白质芯片是一种高通量的蛋白功能分析技术，可用于蛋白质表达谱分析，根据定位于固体表面物质的性质不同，可将芯片分为化学型和生物型两种类型。化学型芯片，是通过疏水力、静电力、共价键等结合样品中的蛋白质。生物型芯片则是把生物活性分子（如抗体、受体、酶、DNA等）结合到芯片表面，利用抗原-抗体、受体-配体、酶-底物等生物类型的相互作用来捕获样品中的靶蛋白。蛋白质组学数据目前已经广泛用于研究各种扰动（细胞周期、分化、癌变、生物物理等）条件对微生物胞内蛋白质浓度、状态和活性变化的影响。

代谢组学是对某一生物或生物系统内所有代谢物进行定性和定量分析的一门科学，分为代谢物组学（metabolomics）和流量组学（fluxomics），可用来表征细胞表型对基因型变化的响应，具体解析细胞代谢状态及代谢流变化过程。微生物代谢组学的研究路线如图3-3所示。代谢物组学是指一个生物或细胞在特定生理时期内所有低分子质量代谢物的集合（包括中间代谢产物、激素、信号分子和次生代谢产物），它是细胞变化和表型间相互联系的核心，直接反映了细胞的生理状态。代谢物组学可以利用红外光谱法、核磁共振、质谱、高效液相色谱和气相色谱以及各种技术的耦联，提高对样品的分辨率、敏感性及选择度，从而对某一细胞或物种在特定生理阶段所有低分子质量代谢产物进行定性和定量研究。代谢物组学可以看作对微生物细胞生理的瞬时快照，主要关注的是细胞内小分子代谢物在某一时间点上的含量，其数据缺乏对生物体内代谢动力学参数的描述，而这些参数又是预测体内酶催化效率必不可少的数据。流量组学会定量测定或估算微生物体内所有

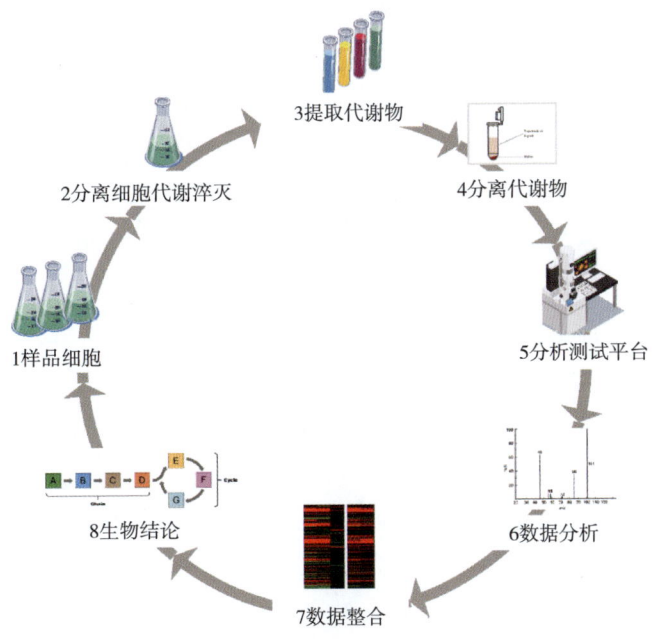

图3-3 微生物代谢组学研究路线

生物过程中代谢反应的流向和流速,即基质在各个反应节点或代谢通路中的流通量。目前通过对 $^2H$、$^{13}C$、$^{14}C$、$^{15}N$ 等同位素示踪,是流量组学最常用的实验方法,可以利用两种模型进行流量组学分析,一种是稳态模型(steady-state models),如流量平衡分析(FBA)和 $^{13}C$ 标记代谢流量分析($^{13}C$-MFA);另一种是动态流量平衡分析(dynamic FBA),是将动力学模型与 FBA 相结合的一种方法。

## 二、基因组规模生物网络模型解析微生物生理特性

生物系统是一个复杂的体系,任何一个外界或内在因素的改变都会引起一系列的连锁效应,包括基因的转录、信号的转导、蛋白的表达以及代谢响应等,这种影响不仅发生在单个微生物体内,还会波及整个微生态系统,进而影响发酵的效率。随着微生物全基因组序列等高通量数据的不断积聚和生物信息学策略的集成分析,可建立系统生物学水平基因组规模生物模型。模型模拟不同遗传背景和环境扰动下菌株的生化反应的变化,有助于理解菌株的转录机制、调节回路以及压力响应元件,识别基因操作靶点,甚至对相应的遗传操作结果进行预测和评价。基于基因组序列注释和详细生化信息整合的基因组规模代谢网络模型构建,能够全局性、系统化地解析、设计、调控微生物生理特征,如图 3-4 所示,主要体现在识别目标微生物底物谱和营养缺陷型、预测微生物细胞生长能力、鉴定微生物生长相关的必需代谢和非代谢生化过程方面。

**1. 鉴定目标微生物底物谱和营养缺陷型**

在微生物生理特性方面,对营养物质的利用是微生物最基本的生理特性之一,也是鉴定微生物的常用指标。基因组规模代谢模型包含微生物所有代谢和转运反应,可以通过模拟添加营养物质的交换反应测试细胞生长情况,表明模型能够真实反映微生物的底物利用情况。例如,运用模型 iYL1228 评价肺炎克雷伯菌(*Klebsiella pneumoniae*)对 171 种底物条件下,88 种碳源、50 种氮源、21 种磷源、12 种硫源的利用情况,模拟结果和实验数据一致性高达 83.3%。既然基因组规模生物模型能够准确预测微生物可利用的营养物质,那么对丰富培养基做"减法"可以获得细胞生长所必需、最简单的营养成分,即确定微生物最小合成培养基。例如,对产酮古洛糖酸菌(*Ketogulonicigenium vulgare*)模型 iWZ663 进行流量平衡分析和单反应敲除模拟,结合单因子缺失和添加实验,最终确定了 L-山梨糖、尿素、L-甲硫氨酸、L-半胱氨酸、L-甘氨酸、L-色氨酸、硫胺素、泛酸、腺嘌呤、胸腺嘧啶和一些金属无机盐维持 *K. vulgare* 生长的必需营养成分。从另一方面来看,微生物最小合成培养基,对应到微生物生理特征即为营养缺陷型。根据模型中代谢途径的反应组成,可以清楚看出哪些步骤缺失导致相应合成途径受阻。例如模型 iNX804 鉴定四种辅因子维生素 $B_1$、维生素 $B_6$、烟酸、生物素为光滑念珠菌(*Candida glabrata*)生长必需因子,并清晰地展示了这四种维生素在 *C. glabrata* 中的合成途径。

**2. 预测微生物细胞生长能力**

除了定性模拟,基因组规模代谢模型对微生物生长的定量模拟,是以营养物质吸收和

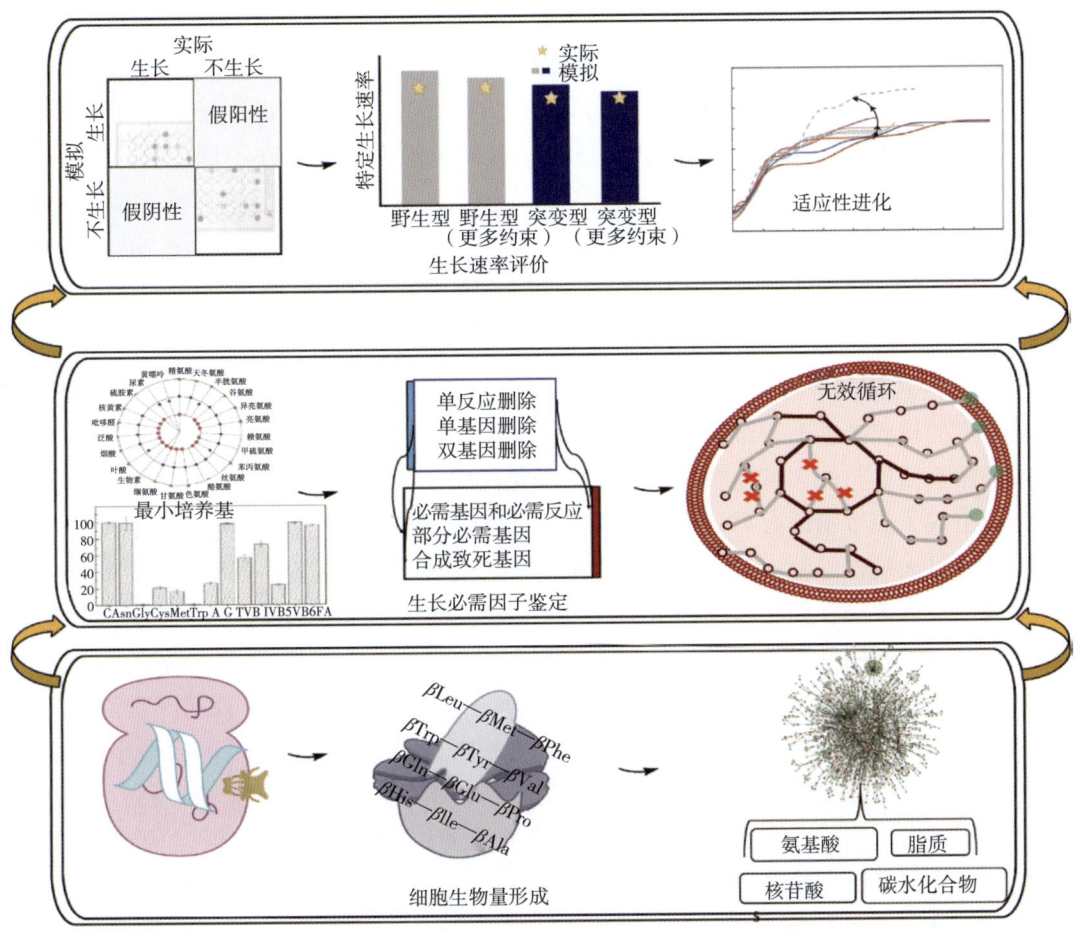

图 3-4 基因组规模生物模型对微生物生长相关生理特性的解析

代谢产物生成的速率为限制条件，通过流量平衡分析对生物量方程求解。模型构建过程中发现微生物具有各异的生物量方程，例如产油脂微生物的脂质含量一般在 40% 以上，生物大分子的组分和含量不同也反映了微生物的生理特异性。基因组规模代谢模型可用于模拟在不同培养条件下细胞生长速率，具体是以营养物质吸收和代谢产物的生成速率为限制条件，例如运用模型 $iYL1228$ 定量模拟 $K. pneumoniae$ 在 10 种碳源下细胞生长速率，错误率在 0.4%~26.3%。GSMMs 也可以模拟微生物细胞在基因工程改造后的生长表型，例如模型 $iCac802$ 模拟敲除磷酸丁酰转移酶的基因后，丙酮丁醇梭菌（*Clostridium acetobutylicum*）在丙酮酸为碳源下的生长速率，其与实验值误差为 27.8%。进一步，通过整合多组学数据及各种类型的生物模型，能够提高 GSMMs 预测细胞生长的准确率。而对于 GSMMs 生长模拟不一致的情况，一般是 GSMMs 模拟的生长速率高于实验值，可以通过适应性进化来减少两者之间的差距，以达到微生物最佳生长状态。

生物胞内能量和还原力作为重要的生理状态指标，与细胞生长密切相关。胞内 ATP、

NADH、NADPH 等物质在微生物细胞内含量低且处于动态变化状态下，同时这些物质又参与到上千个生化反应中，因此，难以在湿实验水平上阐明其变化规律和作用模式。GSMMs 的构建在稳态假设下，胞内代谢物均处于动态平衡中，与辅因子在微生物胞内的实际状态十分吻合，因此，以能量最大化和还原力最小化的 GSMMs 模拟可以用于解析辅因子代谢规律，反映胞内辅因子的变化。例如，GSMMs 有助于确定微生物在不同生长条件下用于能量维持的 ATP 消耗。Schomburg 等以代谢物为中心，运用分支点分析计算 ATP、NADH、NADPH 在 *E. coli* 的 *GSMM iJO*1366 中的产生和消耗方式；Gill 等基于 *E. coli* 的 *GSMM iAF1260* 分析表明琥珀酸积累的关键在于 ATP 的再生能力，并利用热力学 FBA 分析确定过量表达磷酸烯醇式丙酮酸羧化激酶可显著提高琥珀酸产量。

**3. 鉴定微生物必需基因与必需反应**

在特定的培养条件下，维持微生物生存的基因称为必需基因。由必需基因单独编码的酶类或必需基因参与的多酶复合体所催化的生化反应一般称为必需反应，必需基因和必需反应共同组成了微生物的必需代谢。必需基因的鉴定在理解微生物必需代谢中至关重要，其主要是通过大规模敲除实验，如全基因组 RNA 干扰筛选、转座子插入失活突变体库等，和一些理论计算方法，如比较基因组学（如 DEG 数据库）、基因序列特征、整合实验数据预测等来实现。利用基因组规模生物模型可以较准确地预测不同生长条件下的必需基因，这些必需基因往往参与生物质组分的合成。此外，运用单基因敲除、双基因敲除等程序，也可以模拟敲除后降低细胞生长速率的部分必需基因、同时敲除两个基因后微生物死亡的合成致死基因等。微生物必需代谢可广泛应用于基因工程定向改造工业微生物、比较微生物保守代谢和进化关系、筛选病原微生物的药物靶点、删除冗余基因区以构建底盘微生物、理性设计合成最小基因组等方面。

**4. 解析微生物非代谢生化过程**

微生物生长维持不仅依赖于以胞内代谢物为中心的生物质组分合成，还与 DNA、RNA、蛋白质的一些非代谢过程密切相关。总体来看，DNA 复制模型包括：DNA 复制起始、超螺旋、损伤和修复；RNA 转录模型包括：RNA 加工、修饰、氨酰化和核糖体组装；蛋白质翻译模型包括：蛋白质加工、转位、折叠、修饰，以及细胞周期过程模拟。这些遗传物质的传递过程可以通过基因组规模生物模型进行定性分析和定量模拟。上述不同类别分子间作用会影响遗传物质传递，例如模拟 RNA-DNA 相互作用复合体可以在全基因组范围内查找 RNA 转录中的 R-loop 结构，对染色体重排、选择性剪接、DNA 编辑等相关研究很有意义；模拟 DNA-protein 相互作用能够在全基因组范围内查找转录因子调控靶基因的结合域，直接影响转录和转录调控过程；模拟基因组规模蛋白-蛋白相互作用可从复杂网络中鉴定出高度模块化的核心结构；模拟基因组规模细菌蛋白质翻译网络，可以发现 mRNAs 的核糖体竞争关系，有效保证核糖体占用率和密度，提高蛋白质翻译效率。

### 三、基于基因组规模生物网络发展菌种生产性能优化策略

基因组规模生物模型除了用于解析工业微生物细胞生长生理特性，也可用于发展微生

物发酵性能优化策略。随着石油资源的日益枯竭，以石油为基础的化工产业面临严重的挑战。微生物发酵法能够以廉价可再生碳源为底物生产多种化学品，具有可持续、绿色环保等优点。因此，微生物发酵法成为替代传统石油化工方法的重要技术手段。目前，微生物发酵法已经用于多种同源及异源代谢产物的生产，包括生物柴油、大宗化学品、精细化学品、药物和食品等。通过对底盘宿主微生物进行遗传改造，重塑微生物的生化代谢网络，理性设计和优化生物合成路径，可以形成将可再生原料转化为高附加值化合物的微生物细胞工厂，有效地实现了微生物生产的高产量、高得率和高生产强度的目标。在微生物菌种生产性能优化方面主要包括预测产物合成途径、发展促进产物高效合成的策略，以及确保微生物生产性能的鲁棒性。

**1. 鉴定产物合成模块**

微生物细胞生长和产物形成之间的关系可分为生长耦联型、半耦联型和非耦联型。对于后面两种类型，代谢物的积累往往伴随着微生物代谢阶段的转变。基因组规模生物模型可以准确地预测和描述代谢转变过程，例如厌氧到好氧环境的转变、溢流代谢现象、产酸阶段向溶剂化阶段转变等。在用于模拟产物合成时，对于生长耦联型，通常以生物量方程为目标方程，伴随产物的生成。而对于半耦联型和非耦联型，则是以产物合成为目标方程。基因组规模代谢模型在产物合成途径上的解析体现在：①微生物原有产物合成途径的计算：一方面，可以运用流量平衡分析鉴定从底物（如葡萄糖）到产物有代谢流量的反应通路，可作为产物合成模块；另一方面，运用单反应敲除模拟敲除后导致产物生成速率为零的反应，构成产物合成必需模块。②优化设计微生物产物合成模块：首先，微生物需要响应外界环境中营养物质信号，将底物转运到胞内后按照合成途径转化为产物，最终分泌产物到胞外。整个产物形成系统涉及信号转导、转录和代谢各级过程，并分散在各细胞区间，可能造成胞内碳源和能源的无效浪费，因此，尽量集中产物形成系统的空间分布十分重要，能够在空间上缩短路径酶的底物传输距离，理论上有利于产物的高效形成。③对于微生物本身不能合成的产物，需要选择异源产物合成模块：一些生物信息学算法如 OptStrain、GEM-Path 等，可以用于计算非本源产物的异源合成途径。另外，还可仿照工业微生物群落中互利共生的相互作用建立人工产物合成模块，在表达宿主中人工构建多菌代谢反应，实现多菌合成一菌。基于基因组规模生物模型鉴定产物合成模块如图 3-5 所示。

**2. 促进产物高效合成**

在基因组规模上解析微生物目标产物合成途径基础上，借助代谢工程策略，设计改造关键酶、敲除竞争途径、引入外源途径等是最直接的提升产物高效合成的方式，如图 3-6 所示。例如，基于模型 *i*JR904 改造 *E. coli* 生产缬氨酸研究中，敲除编码丙酮酸脱氢酶的基因使丙酮酸代谢被部分阻断，缬氨酸产量增加了 2 倍。代谢工程改造是目前获得高产菌株的较有效手段，但由于微生物代谢网络固有的复杂性，局部单个基因敲除可能很难达到改造目的，而多重缺陷株的构建在实际操作过程中难度较大。随着大量算法和软件的开发，见表 3-1，促使在全基因组范围内预测基因工程的代谢改造靶点。例如，OptKnock 将目标

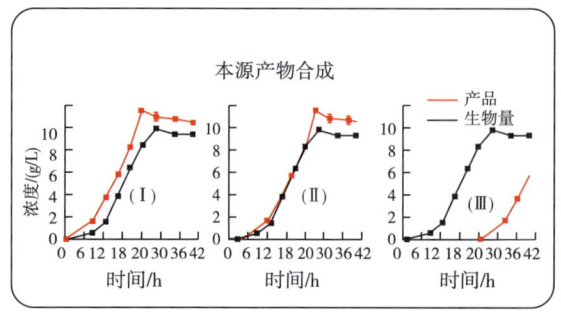
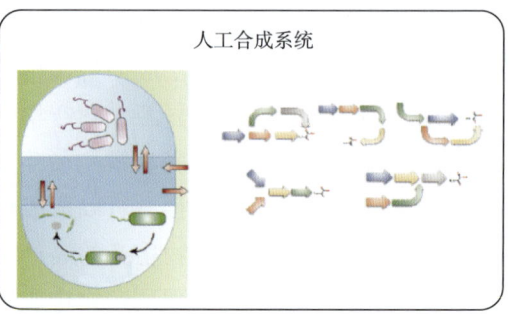

图 3-5　基于基因组规模生物模型鉴定产物合成模块

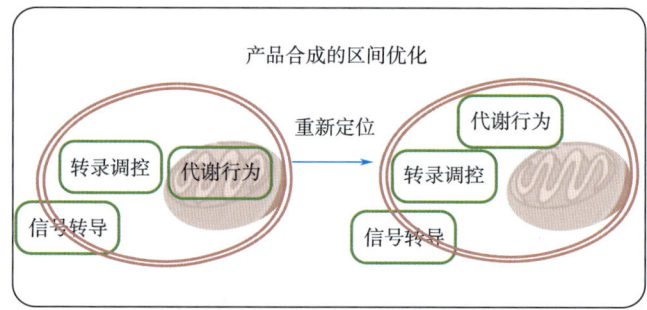

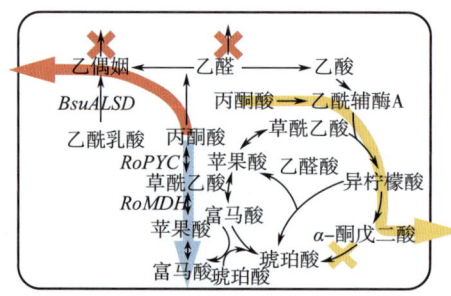

图 3-6　基于基因组规模生物模型提高产物合成效率

代谢产物生成和细胞生长偶联为两个目标函数,采用双水平优化算法获得能使二者均得到提高的基因敲除策略,可以提高代谢工程改造的效率。OptKnock 已成功应用于 E. coli 生产乳酸、琥珀酸、1,3-丙二醇、丙氨酸、丝氨酸、天冬氨酸和谷氨酸的代谢工程改造中。在 OptKnock 基础上发展了一系列从不同角度理性改造工业菌株的模拟算法。OptGene 应用遗传算法减少计算机对数据的处理时间;OptForce 用于预测达到目标生长表型时进行调整的最小反应集合;genetic design through local search(GDLS)采用一种迭加的循环算法来鉴定在指定基因敲除数目和最优解数目的条件下代谢改造的方法。由于大多数工业产品没有高效的生物合成途径,导致目前微生物制造的产品种类较少。借助代谢工程策略将外源基因或代谢途径导入宿主菌中,不仅可以扩展其底物谱,还可增加其生产目标代谢产物的种类。OptStrain 从系统水平预测新插入的外源代谢反应、途径对目标代谢产品生产的影响。为了预测基因表达水平对代谢流量变化的影响,OptReg 通过比较缺陷型菌株和野生型菌株不同代谢途径上流量值的变化,鉴别出代谢调控的限速酶。在全基因组规模选择代谢改造靶点,还可以从转录层面进行考虑,同一功能代谢途径上的基因可能被同一种转录因子调控。根据宿主菌的转录调控网络,很容易获得产物合成模块中的一些关键转录因子,通过调节转录因子活性靶向性地调控一致性变化的基因的表达。此外,可以利用基因组规模代谢模型优化培养条件,提升目标产物的积累,如图 3-6 所示。通过比较不同培养基对目标产物合成的影响,选择适合的基础培养基;通过模拟营养成分的添加对目标产物合成的影响,以优化培养基组分;也可以优化微生物的培养环境如 pH、搅拌转速等。

表 3-1　　代谢工程常用软件

| 程序名称 | 功能 | 许可 | 系统要求 |
| --- | --- | --- | --- |
| A Plasmid Editor | DNA 可视化,核苷酸设计 | 免费 | 多系统 |
| Arcadia | 反应可视化 | GPL | 多系统 |
| BiGG | 代谢模型构建 | 非商业 | 在线 |
| BioMet Toolbox | 限制性模拟 | 免费 | 在线,Windows |
| BioModelsDB | 代谢模型构建 | 免费 | 在线 |
| BioTapestry | 基因网络构建与分析 | 免费 | 多系统 |
| BLAST | 序列比较分析 | 免费 | 在线,多系统 |
| Cell Illustrator | 反应网络可视化和设计 | 免费,封闭源码 | 在线 |
| CellDesigner | 反应网络可视化和设计 | 免费,封闭源码 | 多系统 |
| COBRA | 限制性模拟,MFA,网络分析 | GNU GPLv3 | 多系统 |
| COPASI | 数学分析 | Artistic License 2.0 | 多系统 |
| Cytoscape | 网络的相互作用和可视化 | GNU LGPL | 多系统 |
| DNA 2.0 Gene Designer | 密码子优化 | 免费,封闭源码 | 多系统 |

续表

| 程序名称 | 功能 | 许可 | 系统要求 |
| --- | --- | --- | --- |
| DNAStar Lasergene | DNA 可视化，核苷酸设计 | 学术免费，商业 | 多系统 |
| FASIMU | 限制性模拟 | GNU GPL | 多系统 |
| FiatFlux | MFA | 学术免费，Matlab | 多系统 |
| Geneious | DNA 可视化，核苷酸设计 | 学术免费，商业 | 多系统 |
| GrowMatch | 优化培养条件 | 学术免费且开源 | 多系统 |
| HelixWeb DNA Works | 基因合成 | 免费，封闭源码 | 在线，Windows |
| IMG | 序列比较分析和注释 | 免费，封闭源码 | 在线 |
| KAAS | 代谢网络构建 | 免费 | 在线 |
| MetaCyc | 代谢网络构建 | 学术免费 | 在线 |
| MetRxn | 代谢网络构建 | 免费 | 在线 |
| ModelSEED | 代谢网络构建 | 免费 | 在线 |
| NuPack | 核酸结构分析 | 免费，开源 | 在线 |
| Omix | 反应网络可视化 | 非商业，封闭源码 | 多系统 |
| OptFlux | 限制性模拟，MFA，网络分析 | GNU GPLv3 | 多系统 |
| OptKnock | 限制性敲除模拟 | 免费，Matlab | COBRA 工具箱 |
| OptStrain | 途径设计 | 免费 | 多系统 |
| PathwayTools | 代谢网络分析 | 非商业 | 多系统 |
| PySCeS | 动态模拟 | BSD 2 | 多系统 |
| RBS Calculator | 核酸设计，表达优化 | 非商业 | 在线 |
| Reactome | 代谢模型构建 | 免费 | 在线 |
| SBW | 动态模拟 | BSD 2 | 多系统 |
| SL Finder | 优化培养条件 | 开源 | 多系统 |
| Systrip | 网络相互作用和可视化 | GNU LGPL | 多系统 |
| TinkerCell | 模型可视化和分析 | BSD 2 | 多系统 |
| Vanted | 反应网络可视化 | GNU GPLv2 | 多系统 |
| VectorNTI | DNA 可视化，核酸设计 | 学术免费 | 多系统 |
| Vienna RNA Websuite | 核酸结构分析 | 免费，开源 | 在线 |
| yEd | 网络相互作用和可视化 | 免费，封闭源码 | 多系统 |

### 3. 确保产物合成中鲁棒性

生物鲁棒性是指在内部和外部扰动下，微生物系统维持原有功能的性质。在产物合成模块被高效强化后，可能会对宿主微生物生长和代谢产生一定程度的内部和外部的扰动，应当对改造后模型的鲁棒性进行评价，在此基础上，设计最佳的遗传或流量布局确保生物鲁棒性。面对内部扰动，微生物常常通过系统性多位点修改、非必需的冗余代谢路径、酶类进化的不同饱和状态，动态控制生物合成系统、维持生物原有功能。例如，在轻微的扰动下（胞内酶学参数的扰动幅度在5%范围），*C. acetobutylicum* 代谢不受干扰或发生转变，细胞处于最优状态；扰动参数达到中度时，*C. acetobutylicum* 以较小的改变维持正常功能，此时细胞追求的是次优状态，该调节过程即微生物对自身系统鲁棒性的维持。面对外部环境压力，微生物通常从以下三个方面维持鲁棒性（图3-7）：①基于信号转导网络人工设计信号通路感应环境压力；②基于转录调控网络表达压力调节转录因子；③基于压力耐受性菌株的基因组规模代谢模型，鉴定其压力响应相关的代谢模块，并过量表达关键基因。在产物合成模块被高效强化后，除了要确保生物鲁棒性，还应该降低模块改造对其他代谢模块、微生物性能以及对环境产生的副作用。关于产物合成模块与其他代谢模块竞争碳源和能源的问题，辅因子可以作为各个模块间最常见的连接物，承载着微生物碳流、能量和还原力的分配。因此，可以通过协调辅因子平衡来调节代谢模块间的兼容性。对于异源表达的产物合成模块，除了考虑辅因子平衡问题，还应该从转录调控和基因表达相关模型

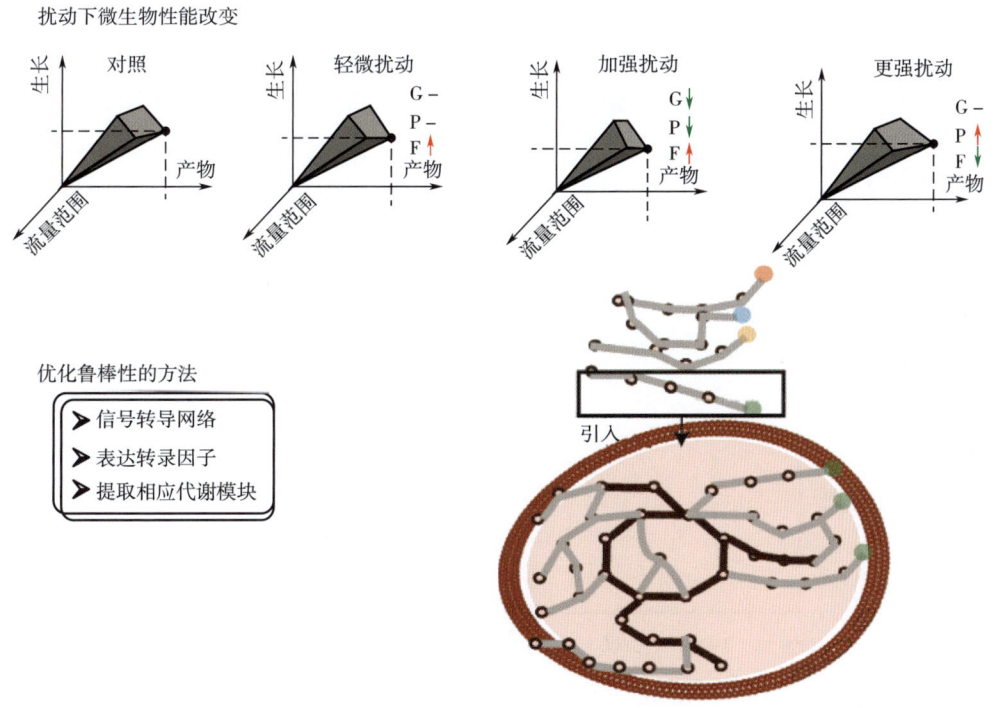

图 3-7 基于基因组规模生物模型保证产物合成中鲁棒性

出发，选择与宿主微生物适配型的调控模块和具有共表达行为的相关模块。协调目标产物合成能力和微生物其他性能的兼容性，例如可利用基因组改组技术协调酿酒酵母（*S. cerevisiae*）乙醇生产效率、乙醇耐受性和耐热性能的关系。利用生物模型强化产物合成，目标产物在胞外大量积累，可能会造成产物胁迫。通过全局转录机制工程改造TATA盒子可以提高 *S. cerevisiae* 对乙醇的耐受性。

## 第二节　基因组规模代谢网络模型

### 一、基因组规模代谢网络模型的进展

基因组规模代谢网络模型（genome scale metabolic model，GSMM）通过整合基因组学、文献组学、蛋白组学等组学数据，建立用于描述微生物所有与代谢相关的生化反应、催化这些反应的酶类和编码酶的基因三者相互间关系的特定微生物代谢网络，且能转化为矩阵的数学模型。在此基础上，借助基于约束的分析算法（constraint-based modeling，CBM）在计算机上模拟该生物代谢系统是从全局规模上深刻认识和高效、定向调控工业微生物生理功能的重要平台。自1999年完成流感嗜血杆菌（*H. influenzae*）GSMM构建以来，GSMM经历了20年的发展，截止到2024年1月，已有超过1068种微生物、2007个GSMMs完成了构建（图3-8）。其中一些模式菌株的GSMMs，如大肠杆菌 *E. coli* K12和酿酒酵母 *S. cerevisiae* S288c，经过不断地修正和完善，分别构建了6个和12个GSMMs。此外，对微生物的深度解析也在不断进步，随着生物学知识在不断更新和积聚中，任何一个特定微生物GSMM的构建都是不断整合和精炼的过程，如 *E. coli* 的GSMM经历了7次修正和扩展，模型规模已由最初的660个基因、627个反应扩增到现在的1366个基因、2251个反应，最新 *E. coli* 模型 *i*ML1515预测基因敲除表型的准确率为93.4%，相较 *i*JO1366准确率89.8%提高了3.6%。

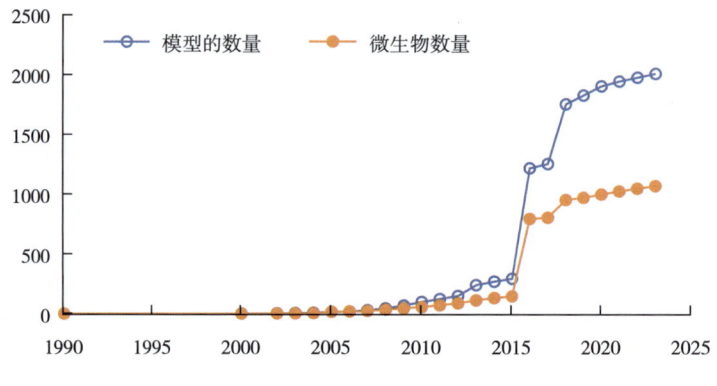

图3-8　已发表代谢网络模型的统计

## 二、基因组规模代谢网络模型的构建

标准 GSMMs 构建过程可以大致地分为具有迭代关系的三个部分，包括：初模型构建、初模型精炼和模型功能评估（图 3-9）。建模过程常用的各种数据库如表 3-2 所示。

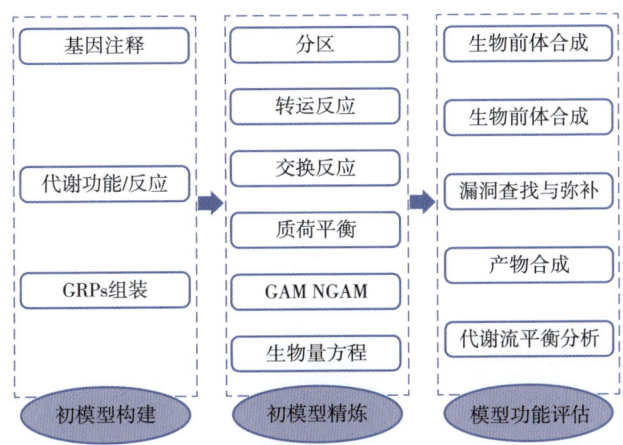

图 3-9　典型的 GSMM 构建过程

表 3-2　GSMM 构建的常用数据库

| 数据库名称 | 备注 |
| --- | --- |
| 基因数据库 | |
| CMR | Prokaryotic genomes |
| DDBJ | Nucleotide sequence database |
| EMBL | Nucleotide sequence database |
| GenBank | Nucleotide sequence database |
| JGI | Genomes and annotation |
| Integr8 | Complete genomes |
| SEED | Annotation |
| GOLD | Completegenomes |
| 代谢数据库 | |
| ChEBI | Metabolites |
| PubChem | Metabolites |
| KEGG | Metabolites、reactions、pathways genes and proteins |
| BioCyc | Pathways |
| MetaCyc | Pathways |
| UniPathway | Pathways |
| Reactome | Reactions and pathways |

续表

| 数据库名称 | 备注 |
| --- | --- |
| 蛋白质数据库 | |
| UniProt | Protein sequence and function |
| BRENDA | Literature-based collections of enzyme function |
| ENZYME | Enzyme nomenclature database |
| PSORT | Protein localization |
| CELLO | Protein localization |
| SherLoc2 | Protein localization |
| TransportDB | Transpoters |
| TCDB | Transpoters |
| 模型数据库 | |
| BiGG | GSMMscollection |
| BioMet | GSMMscollection |
| GSMNDB | GSMMscollection |
| 文献数据库 | |
| PubMed | |
| Web of knowledge | |

GSMM 的核心是目标生物基因、蛋白质（或酶）和生化反应之间的关联，因此获取并注释目标生物基因组序列或蛋白质序列是构建 GSMM 的起点。UniProt 是获取蛋白质序列的优质数据库，由欧洲生物信息学中心（European Bioinformatics Institute，EBI）、瑞士生物信息研究所（Swiss Institute of Bioinformatics，SIB）和蛋白质信息资源库（The Protein information resource，PIR）于 2002 年共同建立，包含了几乎所有已公布的蛋白质序列及相应的功能注释信息，同时也搜集了来自文献的蛋白质功能信息。GenBank 是获取核苷酸序列的优质数据库，包含了已经测序完成的全部 DNA 序列。基因组注释一般可以通过网络服务器和本地安装的注释软件完成，如图 3-10 所示。网络注释基因组的服务器常见的有 RAST、KAAS、PRIAM 等，其中 RAST 和 KAAS 可以将基因分配给特定的酶催化代谢反应，以及代谢途径。RAST 注释是基因组规模代谢网络模型自动构建程序 Model SEED 的第一步，KAAS 能够提供目标生物 KEGG 直系同源图谱，其中包含了基因、蛋白/酶、酶编号间的对应关系，相应的代谢反应也可以通过酶编号链接找到。不同自动注释服务器注释结果的准确性存在一定差异，发现每个方法均得到了一些特有的基因，提出有效的注释方式是比较多个服务器的注释结果。本地注释一般通过 BLAST、FASTA、HMMER 程序检索本地的相关数据库完成，如 BLAST 根据同源比对的原理，常用的数据库有 UniProtKB/Swiss-Prot、GenBank NR、UniProtKB/TrEMBL、KEGG 等。将通过网络服务器自动注释和本地比对得到的代谢控制基因、蛋白质、代谢反应和代谢亚系统等进行整理，即完成了初

模型的构建。而与代谢无关的基因，如转录调控基因、编码细胞组分基因、rRNA、tRNA 等，都将从代谢网络中排除掉。

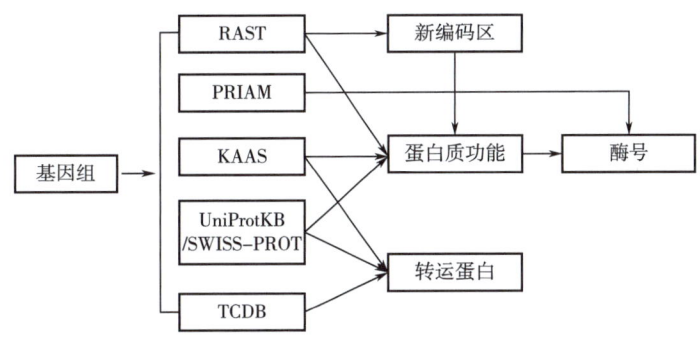

图 3-10　全基因组功能注释流程概览

初模型还不能被用于分析细胞代谢过程，需要对其进行进一步的精细化处理。精细化过程主要包括添加细胞分区、添加跨膜转运反应、添加交换反应、进行代谢反应的质量电荷平衡、计算生长关联和不关联能量维持系数（GAM 和 NGAM）、构建生物量方程以及对上述信息的整合和修正。细胞分区信息来源于蛋白质亚细胞定位的预测，如图 3-11 所示；转运反应主要通过目标生物蛋白质序列与转运蛋白数据库，如 TCDB、TransportDB 搜集的转运蛋白序列的比对确定；交换反应信息来源于文献或实验明确的细胞底物需求与产物。生物量方程包含了组成细胞结构的大分子及其代谢物前体，如 DNA（dATP、dCTP、dGTP、dTTP）、RNA（ATP、CTP、GTP、UTP）、蛋白质（Ala、His、Val……）、脂质和碳水化合物等。

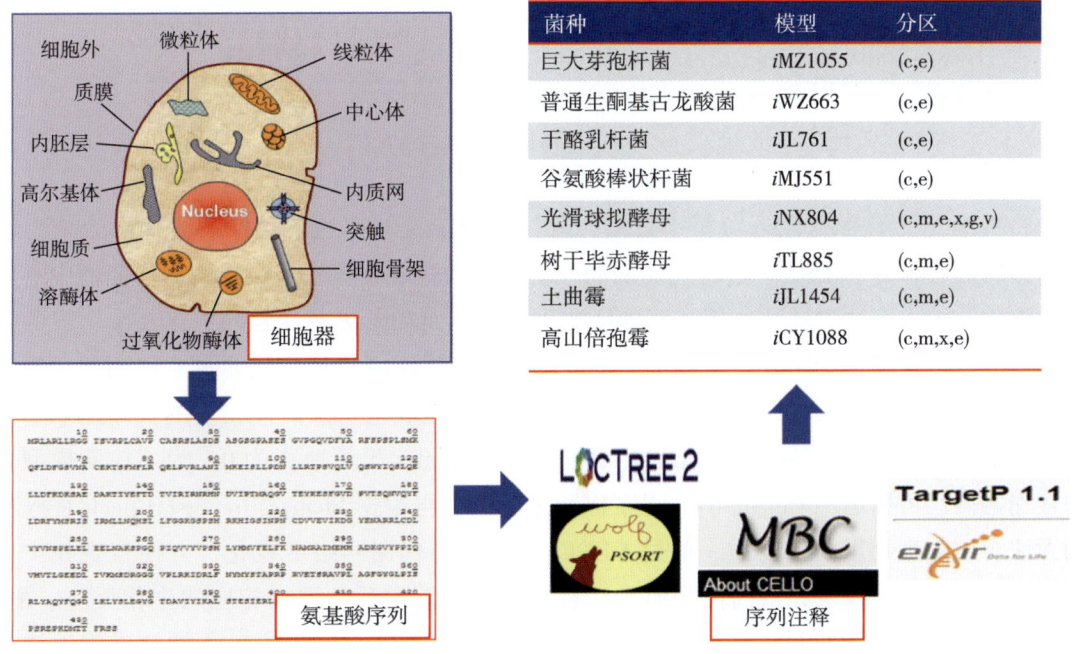

图 3-11　模型中蛋白质定位方法

模型修正是提高整个代谢网络模型质量较为关键的步骤，也是代谢网络模型最为耗时耗力的一个过程。模型的修正过程主要包括对错误信息的修正、对形式不同信息的一致化处理、对遗漏信息的填补和对重复信息的删除。例如，不同来源或模型中的代谢物表示存在种类繁多、形式不统一等问题，如图3-12所示，因此需要建立本地的代谢物库，并找到代谢物在公共数据库中的标识，如INCHI、SMILE等。在这个过程修正过程中，为了使代谢网络模型真实地体现细胞的生理表型，需要根据目标生物的特异信息来修正代谢模型中多种参数，这些信息包括目标生物的特异性辅因子和代谢底物的确定。此外，代谢物质量电荷状态由一定pH（如7.0）下代谢物解离形式确定，能量维持系数可由恒化培养参数推导得到。

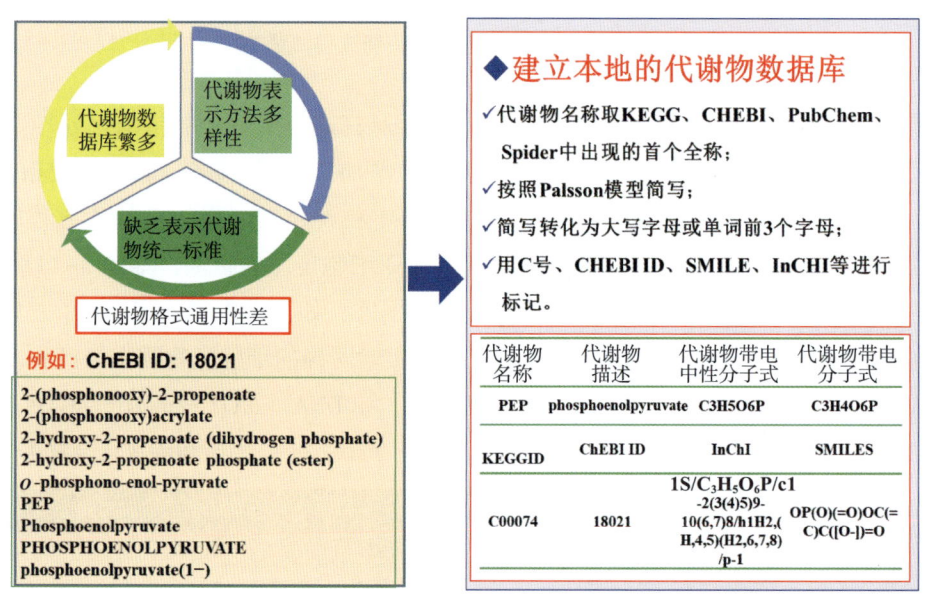

图3-12 模型构建中代谢物格式统一

将精细化的GSMM读入分析平台后，利用相应工具考察约束条件下GSMM合成生物量组分的能力，并对GSMM进行代谢漏洞分析、产物合成分析等。在代谢网络模型中有两种代谢物：①没有通过转运反应从胞外摄取到胞内，而且无法通过胞内生化反应生成的代谢物；②没有运输到细胞外，也无法通过细胞内的生化反应消耗的代谢物。这两种代谢物导致了代谢网络模型的代谢漏洞。在生长模拟时，若生成生物量前体物质的代谢途径中存在代谢漏洞，生物量前体物质则无法合成，那么计算的比生长速率为0。为了检测模型中的代谢漏洞，可以运用gapAnalysis程序检测出漏洞，再根据biomassPrecursorCheck程序检测无法合成的生物量前体物质，通过KEGG Mapper将代谢网络可视化，方便直观找出代谢漏洞。在查找导致生物量前体物质无法合成的代谢漏洞后，添加相应的生化反应、酶、基因等信息填补代谢漏洞，以维持细胞生长和产物的合成。若GSMMs不能够准确地描述目标生物的普遍生理特征，则要重复模型精细化的操作，有时甚至需要重新注释基因组，添加新的代谢反应。

在 Matlab 平台下将代谢网络模型转换成化学计量矩阵有利于计算机进行数据处理，是模拟计算解析基因组规模代谢网络模型的前提。由于 GSMM 是由几百个基因、近千条代谢反应和代谢物组成的庞大网络，规模大、变量多，通常采用由控制变量、约束条件和目标函数三个要素组成的基于约束的模型分析算法（Constraint-based modeling，CBM）用于 GSMM 分析。控制变量为设置的初始模拟条件，一般指培养基营养成分（碳源、氮源、磷源等）和氧气吸收速率等。约束条件则分为：基本的理化约束、空间或拓扑学约束、环境条件约束和代谢/调控约束。而目标函数是需解决的优化问题，包括：生物量合成反应、产物合成速率、ATP 或 NADH 合成速率等。要实现对 GSMMs 后续的模拟分析，首先需要将反应网络的生物形式转化成有利于计算机进行数据处理的数学矩阵 $S$。在特定生理状态时，质量平衡、电荷平衡的反应式能够表示为 $S \cdot v = b$。$S$（$m \times n$）为胞内代谢反应和转运反应中代谢物的系数所构成的化学计量矩阵，$m$ 表示代谢物的数目，$n$ 表示反应的数量，$v$ 是包含所有反应速率 $v_i$ 的向量，$b$ 则表示与外界环境交换的物质流（例如，底物的吸收速率和分泌物的生成速率）。对于所有不跨膜的胞内代谢物，物质交换流量为零。假定胞内的代谢物浓度不变，即处于假稳态时，模型可表示为 $S \cdot v = 0$。流量平衡分析 FBA 是模拟分析细胞生长表型的主要工具。FBA 主要解决线性方程组的线性规划问题，寻求最大化目标方程 $Z = c^T \cdot v$ 在 $S \cdot v = 0$ 和 $v_{min} \leq v \leq v_{max}$ 约束下的最优解空间，最优解空间表现在模型中就是代谢反应的流量分布。$c$ 是表征 GSMM 各代谢反应对目标方程贡献值大小的向量，$S$ 是表征模型结构的系数矩阵（图 3-13）。$v$ 表示模型反应的流量值，大小在 $v_{min}$（反应流量的下限）和 $v_{max}$（反应流量的上限）之间。$Z$ 为目标方程，根据模型分析的需要可以选择不同的目标方程，如在生长预测中选择生物量方程为目标方程，而在能量合成中选择 ATP 合成反应为目标方程。

除了质量平衡与电荷平衡的限制，每个代谢流的限制性条件还可表示为 $\alpha_i \leq v_i \leq \beta_i$，$\alpha_i$ 和 $\beta_i$ 分别是 $v_i$ 的下限和上限。对于不可逆反应，$0 \leq v_i \leq \infty$；对于可逆反应，$-\infty \leq v_i \leq \infty$。一般情况下，如果化合物不在培养基中，将该种化合物（分泌物）转运到细胞外的反应的限制性条件为 $0 \leq v_i \leq \infty$。一般情况下，矩阵 $S$ 中的 $n$ 大于 $m$，所以 $v$ 的解不是单一的。为了获得 $v$ 的最优值，需要在各种限制性条件中设定目标函数，一般用线性规划的方法来解计量矩阵，从而对代谢网络模型中的代谢流量定量。对于基于线性规划的方法不能确定的模型特性，逐渐有其他方法得到应用：二次规划算法、混合整数规划算法和进化算法。构建好的模型需要进行一些模拟与湿实验结果相互验证。通过限制某些氨基酸、维生素或核苷酸通量，预测目标菌株的营养缺陷型，再通过湿实验过程中的缺失实验来验证预测的准确性。还可将恒化实验中各个底物消耗速率/产物生成速率作为限制条件，进行比生长速率拟合。还可以通过基因手段，验证某些基因靶点的准确性。

基于 CBM 算法的基因组规模代谢网络模型为系统水平解析工业微生物生理功能、改造生产性能、优化生产表型提供了一个有效的平台。GSMMs 常见的模拟分析方法可以分为三个方面，细胞生长表型的预测、代谢网络拓扑结构分析和代谢工程靶点的预测。具体

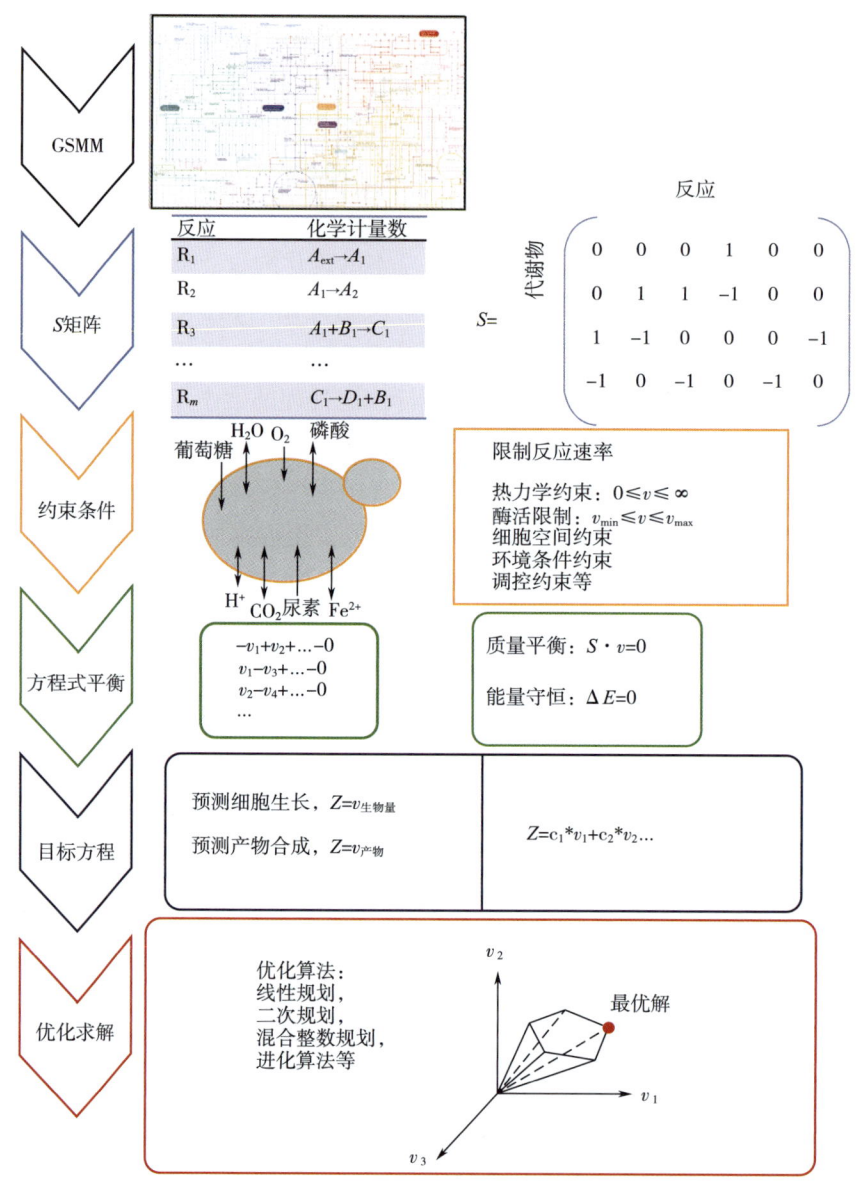

图3-13 基于约束的分析算法的原理

来看,细胞生长表型的预测,如不同培养基条件下生物量的定性和定量合成、代谢流扰动等。生物量的定性合成主要可考察模型对不同碳氮源的利用能力,不需要为表示模型与培养基物质交换的交换反应设定与实验相符的输入流量值[mmol/(L·gDCW[1]·h)]。生物量的定量合成主要是考察在实验测定的物质吸收(如葡萄糖)值约束下,以生物量方程为目标函数时,GSMM能够获得的最优目标函数值(即细胞比生长速率,1/h)。代谢流扰

---

[1] DCW:Dry Cell Weight,细胞干重。

动包括基因扰动和培养条件扰动。基因扰动，即通过关闭基因控制的全部反应的代谢流，分析基因或反应在细胞生长中的重要性。基因扰动分析的准确性或科学性一方面依赖于生物量前体的种类，另一方面依赖于基因与反应的对应关系。在处理催化反应的同工酶和酶亚基时一般遵照布尔规则，即将同工酶的编码基因以"or"的关系并列，将编码酶亚基的基因以"and"的关系组合。对单一同工酶编码基因进行的扰动并不会影响反应的流量分布，而对任一酶亚基编码基因的扰动都将导致对应反应失去代谢功能。基因扰动的分析工具有 FBA、MoMA 和 ROOM。其中 MoMA 通过最小化基因敲除后"突变菌株"与"野生菌种"之间的代谢流变动进行分析，ROOM 则是通过最小化基因敲除前后调控策略的变动进行分析。培养条件的扰动一般通过 FBA 进行分析，主要考察目标方程受底物（如葡萄糖、氧气等）输入值变化的影响。代谢网络拓扑结构分析，如通过枚举不同代谢状态下的代谢流分布寻找活性节点，通过流量可变分析考察模型反应在最优解下的流量变化范围，通过流量耦联分析发现模型解空间中直接偶联、部分耦联和完全耦联的代谢反应和闭塞反应，以及基元模式途径分析和极端途径分析等。代谢工程靶点的预测，如使用二次优化工具 OptKnock 分析大肠杆菌 GSMM，寻找可以促进谷氨酸过量生产的敲除位点（丙酮酸激酶、磷酸转乙酰酶、ATP 酶和 $\alpha$-酮戊二酸脱氢酶），使用 OptStrain 分析大肠杆菌等细菌模型，寻找可以促进氢气生产的敲除位点，以及寻找可以促进香草醛生产的扩增或插入位点等。为方便 GSMM 的模拟和分析，Becker 等建立了基于 MATLAB 的综合性模型分析工具 COBRA Toolbox，其中包含了对细胞生长表型和网络结构的分析工具。之后，Schellenberger 等又在 COBRA Toolbox 中添加了网络漏洞填补、$^{13}C$ 分析、OptKnock、OptGene、组学分析和可视化等工具，极大方便了 GSMM 的分析。

### 三、基因组规模代谢网络数据库平台

从基因组规模代谢网络模型构建流程上来看，GSMM 的构建虽然大体上只有三步，但是由于控制细胞代谢的基因众多，尤其真核生物基因组更加庞大，需要在 GSMM 中尽可能地体现每一个基因控制的代谢过程，导致模型的构建过程相当繁琐。理论上来说，有多少物种的全基因组测序完成，就应该存在多少个对应的基因组规模代谢模型。然而，已构建的 GSMM 远小于已测序物种的数量，这主要是受基因组注释详尽程度、数据库数据格式、菌株特异性生理信息（如生物量组分）等差异化元素的影响。为了加速 GSMMs 的发展，模型的构建开始由传统的手工操作转向自动化处理。

GSMMs 构建过程一般分为初模型构建、初模型精炼和模型功能评估三个部分。其中初模型的规模和可靠性决定了模型精炼过程所需要消耗的时间和精力，如果在保证初模型较高质量的同时进一步提高初模型的构建速度，无疑能够促进完整 GSMMs 的开发和应用。同属菌株间的同源关系，使得菌株间的同源基因功能具有较高的保守性，且菌株的代谢活动也具有较高的相似性。因此基于已构建完成并发表的高质量同源菌株 GSMM 构建目标菌株代谢网络初模型能够保证目标初模型具有较高的质量。GSMM 实质上是由基因-蛋白-生化反应构成的、具有既定格式的信息列表（如存储于 EXCEL 中），因此可以利用 MATLAB

提供的多种接口程序，编程自动化处理信息列表，解决逐个手工处理费时费力的问题，自动化初模型构建程序流程如图3-14所示。随着自动化建模技术的发展，如ModelSEED、MetaMerge等构建算法，适量地压缩了构建步骤，减少了构建过程中的人工成本。

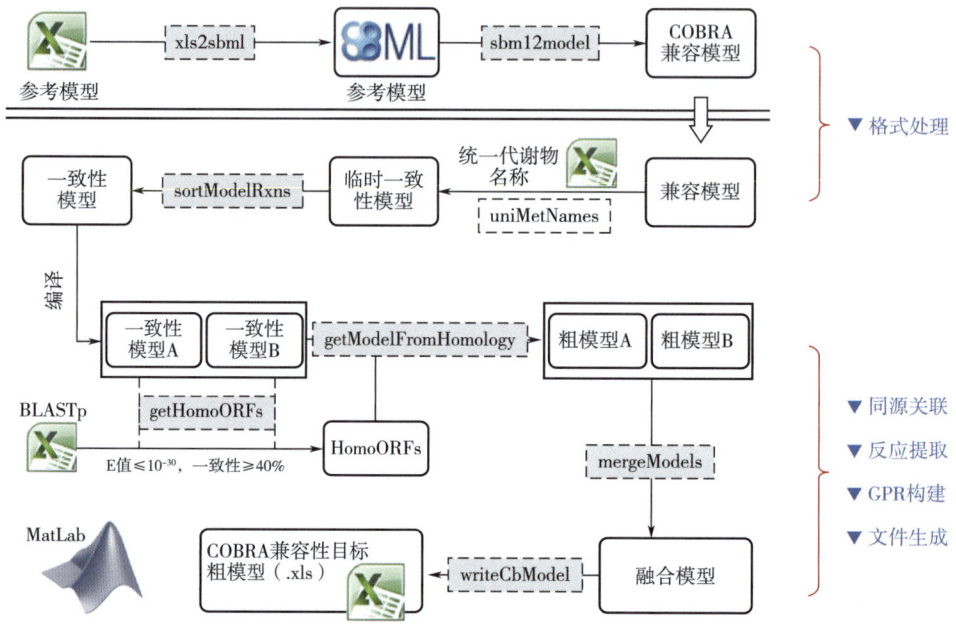

图3-14 自动化初模型构建程序流程

另一方面，为了加快构建的过程，GSMMs的一致性、标准化数据平台也逐渐出现，如BIGG、MetaNetX、IMGMD能够将模型中内容链接到相关数据库，大大减轻了GSMMs构建的工作量，极大地推动了GSMMs的发展和利用。

**1. BIGG 模型**

BIGG模型（biochemical, genetic and genomic knowledge base）是一个完全重设计的生化、遗传、基因组信息库，包含75个高质量、人工注释的GSMMs。在BIGG网站上，用户可以浏览、搜索并对模型进行可视化，同时BIGG把GSMMs与外部数据库相链接，可以得到模型中基因信息、反应和代谢物的标准化标识，以便模型间快速比较。此外，BIGG模型提供了一个用于获取、建模和分析GSMMs的综合应用编程接口。BIGG模型资源均是经过精确修正、标准化且容易获取，将促进多样的系统生物学研究和支持基于知识的多样化实验数据分析。

BIGG模型拥有用户友好界面服务于模型浏览、搜索、可视化和下载等功能，BIGG对模型、反应、代谢物、区间和基因均有独特的标识符（表3-3），用户可以在BIGG主页上的搜索条中输入模型、反应、代谢物和基因信息。BIGG模型提供了模型概览和以标准格式下载模型的选项，还有相应基因组注释的链接，反应和代谢物信息可以在模型特定页面和通用页面上查看。模型特定的反应页面包括化学计量式、反应的上下界和"基因-蛋白-反应"的规则；模型特定的代谢物界面展示了分子式和代谢物的外部数据库链接；基因的页面提供了基因在染色体上的位置和包含基因组和染色体的页面链接。BIGG 模型网站上包括途径可视化、高级搜索和 WebAPI 文档。与途径可视化相关的模型、反应、代谢物页面都有嵌入的、交互的路径图查看器。高级搜索允许用户通过外部标识符搜索代谢物的选项，以查找特定模型的 BIGG 页面。WebAPI 页面提供信息和示例去使用 WebAPI。

表 3-3　　　　　　　　　　　BIGG 模型中特有的标识符类型

| 类型 | 示例 | BIGG ID |
| --- | --- | --- |
| 模型 | 最新 E. coli 模型 | iJO1366 |
| 反应 | 3-磷酸甘油醛脱氢酶 | GAPD |
| 代谢物 | 3-磷酸甘油醛 | g3p |
| 区间 | 细胞质 | c |
| 基因 | E. coli gapA | b1779 |

BIGG 模型中的 GSMMs 可以用于模拟代谢、组学数据解析、代谢表型的可视化等。下载合适格式的模型是模拟分析的第一步，最常用且高度注释的是 SBML 格式，包括所有模型内容、外部数据库信息、分区名称和许可证。SBML 是首选格式，可以在多种基于约束的重构与分析软件以及 280 多种能够读取 SBML 格式的软件上进行再次读取和分析。其他一些格式有基于 Matlab 的 MAT 格式、基于 JAVA 的 JSON 格式等。利用 BIGG 模型 API 服务，各类软件工具可以程序性地访问这些模型的所有内容，并可以直接访问 BIGG 数据库提供的标准化的标识符和代谢组件以用于开发新模型。利用 BIGG 数据库构建 GSMMs 可以方便与已存在模型间比较，同时 BIGG 模型与其他模拟工具兼容性强，可用于各类分析。

### 2. MetaNetX

MetaNetX.org 功能架构如图 3-15 所示，能够动态地处理所有用户请求，可以访问、分析和操作 GSMMs 和生化途径的专用网站，集成来自各种公共资源的数据，并使数据以标准的格式展示以便公共命名空间访问。特别是对于编程能力有限的用户，可以作为独立验证和测试的资源。目前，MetaNetX.org 提供了数以百计的 GSMMs 和途径，以严格格式要求来标准化定义和交换模型，并且允许为未来方法开发项目提供一个有效和高效的标准。

MetaNetX.org 允许用户访问数百个已发布模型的集合，用户可以浏览、交互比较并选择用于比较和分析的子集，上传或修改新模型并结合其结果导出模型。对于任何可用的网络或途径用户可以使用代谢物、反应、酶、路径或分区水平进行访问，例如，使用交互式图形用户界面（对比于静态 KEGG 图）或 UniProt/SWISSPROT 数据库中提供的信息。此外，可以比较两个或多个 GSMMs 或途径（甚至来自不同资源库，如 BIGG、MetRxn 或 UniPathway）以确定共同和不同部分。用户还可以上传他们自己的代谢模型，选择自动将它们映射到公共命名空间再充分利用 MetaNetX 的功能。

MetaNetX/MNXref 也允许访问、分析和操纵基因组规模代谢网络模型以及相关的生化

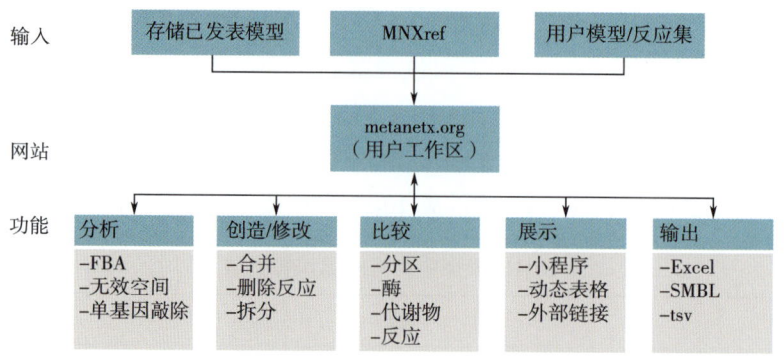

图 3-15 MetaNetX.org 功能架构

途径。通过整合来自各种公共资源的数据，并使用标准化的格式处理数据，使得模型可以进行交互式比较、分析、操作和导出。例如，检测末端代谢物及其下游反应和代谢物、流量平衡分析或模拟反应及基因敲除。MetaNetX.org 提供了研究反应流量的模拟工具，特别是关于正常条件下，单反应或单基因敲除后生物量合成，这也常用于模型验证。在模型发展方面，MetaNetX.org 可以提供专用性的 GSMMs 结合来源于先前执行结果得到的特定反应或蛋白质集合。例如，可以创建最小功能模型，其中每个反应均携带通量，即没有零通量反应的模型。所有可用的和新生成的网络以及它们的分析、预测的结果都可以导出为 SBML 或 FlatFile 用于记录和在外部工具箱中进一步分析、修改。

### 3. IMGMD 数据库

IMGMD（In silico Microbial Genome-scale Metabolic Models）是一个具有一致性、完整性、准确性和格式化的已发表微生物 GSMMs 数据库平台，集成了 139 种微生物的 328 个 GSMMs，基于 LAMP（Linux+Apache+MySQL+PHP）系统构建。IMGMD 数据库可以帮助微生物研究人员手动下载 GSMMs、快速重构标准化的 GSMMs，设计路径以及确定代谢改造靶点。此外，IMGMD 数据库结合了湿实验数据和模拟结果以挖掘更多微生物生理特征。IMGMD 数据库可用于：①下载标准化 GSMMs，整合模型相关信息，如基因-蛋白质-反应关系、基因组信息和参考文献；②实现了 GSMMS 的自动重构，这是基于同源性比对，只有满足阈值的序列才可用于模型构建。此外，转运蛋白和亚细胞定位用于进一步的模型细化；③可用于探索潜在途径。使用这个功能，用户可以在特定 GSMMs 中挖掘从一个代谢物到另一个代谢产物中所有可能途径；④指导代谢改造，突变体库包括实验值（in vivo）和模拟值（in silico）间的差别，可以为目标搜索提供指导。

使用 IMGMD 模型浏览功能，用户可以浏览、搜索和下载几乎所有公布的微生物 GSMMs。在模型浏览的主页可以直观显示模型基本信息包括基因、反应和代谢物数量，用户可以使用物种名称、模型名称、出版年份在搜索栏查询模型。基因组信息链接到 NCBI 数据库，其中包含该微生物基因组组装和注释报告；开放阅读框（ORF）链接到 UniProt 数据库下载的蛋白质序列；模拟培养基链接到微生物生长条件 MediaDB 数据库，可以作为微生物生长的约束条件。这些在 IMGMD 数据库中经标准化处理的 GSMMS 可以进一步应用于 COBRA 工具箱模拟分析。"模型浏览"模块试图将分散的数据整合到生物、模型和参考文献中，并促进搭建 GSMMs 标准化平台。使用 IMGMD 构建 GSMMs 大体包括五个步骤（图 3-16）：①选择三个模型供参考；②上传基因组序列；③选择合适的阈值（真核：相似度≥40%，$E$ 值≤$10^{-30}$；原核：相似度≥30%，$E$ 值≤$10^{-7}$）；④可以选择输入邮箱以获取结果；⑤把结果提交到 IMGMD 数据库。一旦任务完成，结果在 1d 内返回，包括模型、转运蛋白和蛋白质亚细胞预测三个部分。由 IMGMD 数据构建的是粗模型，它仍然需要进一步处理以获得 GSMMs。

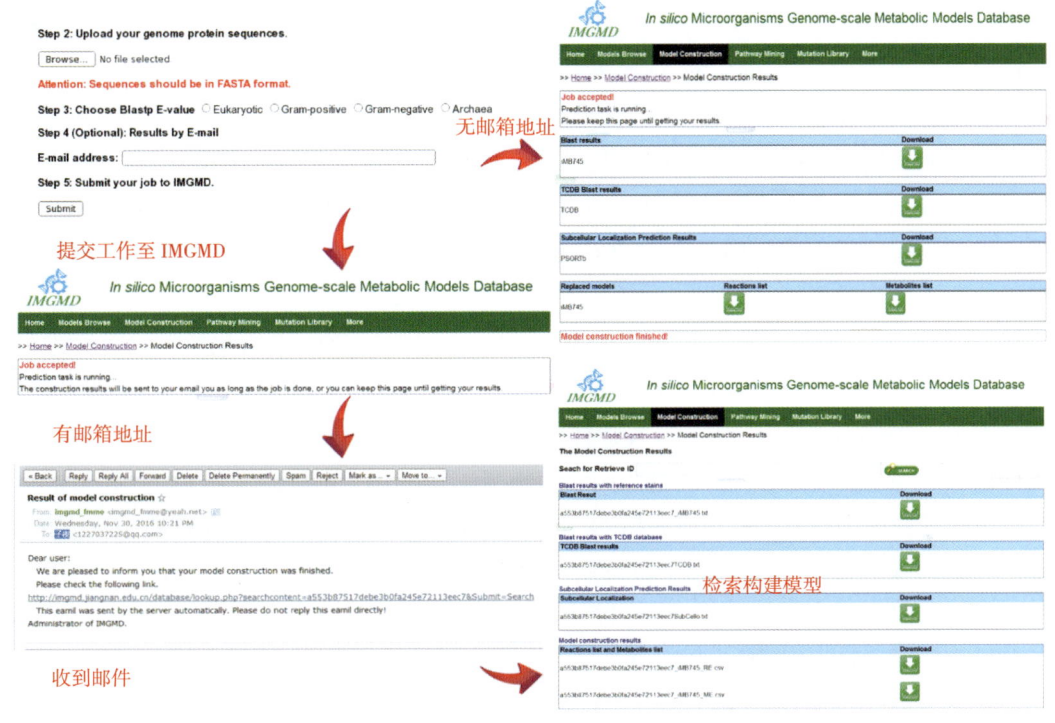

图 3-16  使用 IMGMD 构建 GSMMs 流程

使用 IMGMD 挖掘代谢途径主要在三个层次上：①根据输入的代谢物作为底物和产物，所有 GSMMs 包含的从底物到产品的途径均被输出；②比较两个或多个 GSMMs 有助于了解表型相关的代谢途径差异；③关注产生高价值产品、存在于特定微生物中的代谢途径。挖掘这些潜在的途径，用户可以选择所有模型进行搜索，然后选择其中的反应和相应基因，可作为指导目标菌株设计的参考。考虑到这三个层次，IMGMD 数据库的途径挖掘功能对合成生物学和系统代谢改造有重要作用。此外，IMGMD 数据库的突变体库也可以用于优化宿主菌株。突变体库重点关注细胞生长耦联的产物合成模式，相关的改造靶点包括基因上调、下调和敲除改造等。通过文献挖掘 IMGMD 数据库共收集了 950 个突变体结果。其中 885 个结果（93.2%）与敲除策略相关，涉及不同的算法如 OptKnock、GDLS、ReacKnock 等；剩余结果与基因上调、下调有关。结合 IMGMD 数据库的路径挖掘和突变体库模块，可以指导微生物系统代谢工程用以挖掘通路和靶点识别。

## 第三节 基因组规模辅因子网络模型的构建

### 一、基因组规模辅因子网络模型 icmNX6434 的构建

辅因子为生物合成与分解反应提供氧化还原、酰基转移的载体，是细胞内能量传递的重要原料因子，辅因子在生物化学反应中具有重要的作用，合理控制辅因子水平有利于实现目标代谢物的高效生产。ATP、NADH、NADPH 和辅酶 A 等是微生物细胞内重要的辅因子，作为底物或产物参与微生物细胞生化反应。根据 KEGG 数据库的统计结果，ATP/ADP 参与了 484 种酶催化的 503 个生化反应；NADH/NAD$^+$ 辅因子对参加了 433 种酶催化的 740 个生化反应；NADPH/NADP$^+$ 参与了 462 种酶催化的 887 个生化反应；乙酰辅酶 A/辅酶 A 参与了 118 种酶催化的 171 个生化反应。这些生化反应通过辅因子的再生和竞争性利用而影响代谢网络、信号转导和物质转运，进而影响微生物细胞的生理功能，辅因子对发酵工业微生物有重要意义。

从 14 种典型工业微生物的高质量 GSMMs 出发，其中原核微生物包括：枯草芽孢杆菌（*B. subtilis*）、丙酮丁醇梭菌（*C. acetobutylicum*）、拜氏梭菌（*Clostridium beijerinckii*）、运动发酵单胞菌（*Zymomonas mobilis*）、大肠杆菌（*E. coli*）、酮基古龙酸杆菌（*K. vulgare*）、干酪乳杆菌（*L. casei*）；真核微生物包括：黑曲霉（*A. niger*）、光滑假丝酵母（*C. glabrata*）、酿酒酵母（*S. cerevisiae*）、树干毕赤酵母（*Scheffersomyces stipitis*）、产红青霉（*Penicillium rubens*）、高山被孢霉（*Mortierella alpina*）、解脂耶氏酵母（*Yarrowia lipolytica*）。辅因子代谢模型 icmNX6434 的构建过程如图 3-17 所示，主要包括：①辅因子功能注释：从 14 种典型工业微生物的 GSMMs ［图 3-17（1）］中提取辅因子代谢相关的 3892 个基因、5923 个反应和 7120 个代谢物［图 3-17（2）］；由于建模目的的不同，发表的 GSMMs 的辅因子代谢往往是不全面的，在此基础上进一步运用 KAAS 和 BLASTP 两种方法进行基因的辅因子功能再注释，将上述基因、反应和代谢物进行合并，得到辅因子代谢模型的基本骨架［图 3-17（3）］。②模型内容的一致化：由于不同 GSMMs 具有自己的编排形式且有重复信息，必须对模型内容进行标准化处理。对于代谢物，所有的代谢物均用简写形式表示，其中 91.7% 的代谢物出现在公共数据库中［图 3-17（4）］。对于生化反应，根据代谢物简写统一反应方程式，其中 83.9% 的反应出现在公共数据库中。将原有 GSMMs 中分布在高尔基体、液泡、内质网和细胞核内的反应全部分配到细胞质中，同时对再注释得到的新反应进行亚细胞定位。③模型的精细化：主要包括对反应方向的修正、对辅因子反应酶号的文献依据的补充［图 3-17（5）］，以及对各个 GSMMs 中混乱的代谢亚系统重新分配。④模型功能的连通性：在经过一致化和精细化处理后，辅因子模型仍然存在代谢漏洞，导致不能模拟细胞"生长"。针对不同类型微生物（真核微生物、革兰氏阳性菌、革兰氏阴性菌）的细胞组分，通过填补代谢漏洞，保证三大类模型的生物量方程有解

[图3-17（6）（7）]。

### 用于构建辅因子模型的14种微生物基因组和GSMM

| 微生物 | 基因组 | GSMM | 微生物 | 基因组 | GSMM |
|---|---|---|---|---|---|
| B. subtilis | AL009126 | iBsu1103(Henry et al.2009) | A. niger | GCF_000001045.3 | iMA871(Andersen.et al. 2008) |
| C. acetobutylicum | AE001437 | (Senger & Panonisakis 2008) | C. glabrata | GCF_000000725.3 | iNX804(Xu et al.2013) |
| C. beijerinckii | CP000721 | iCM925(Milne et al.2011) | S. cerevisiae | CF_00014_6045.2 | iMM904(Mo et al.2009) |
| L. casei | CP002617 | (Chen et al, 2011) | S. stipitis | GCF_000209165.1 | iTL885(Liu et al,2012) |
| E. coli | U00096 | iAF1260(Orth et al., 2011) | P. chrysogenum | GCF_000226395.1 | (Agren et al, 2012) |
| K. vulgare | CP002018 | iWZ663(Zou,et.al, 2012) | M. alpina | GCA_000240685.2 | iCY1066(Ye et al,2015) |
| Z. mobilis | AE008692 | iZM363(Widiastuti et al,2011) | Y. lipolytica | GCF_000002525.2 | iYL619(Pan & Hua,2012) |

（1）

### 从14种GSMMs中提取的辅因子代谢反应

| 微生物 | 基因 | 反应 | 代谢物 |
|---|---|---|---|
| B. subtilis | 388 | 404 | 569 |
| C. acetobutylicum | 217 | 212 | 316 |
| C. beijerinckii | 395 | 370 | 495 |
| L. casei | 72 | 256 | 321 |
| E. coli | 138 | 536 | 320 |
| K. vulgare | 138 | 299 | 321 |
| Z. mobilis | 138 | 293 | 323 |
| A. niger | 211 | 534 | 632 |
| C. glabrata | 211 | 444 | 607 |
| S. cerevisiae | 387 | 524 | 588 |
| S. stipitis | 388 | 497 | 436 |
| P. chrysogenum | 401 | 450 | 712 |
| M. alpina | 523 | 707 | 992 |
| Y. lipolytica | 285 | 397 | 488 |

（2）

### KAAS和BLASTp对辅因子功能的补充注释

| 微生物 | KAAS 基因 | KAAS 反应 | Local BLASTp 基因 | Local BLASTp 反应 |
|---|---|---|---|---|
| B. subtilis | 59 | 41 | 91 | 113 |
| C. acetobutylicum | 33 | 20 | 233 | 340 |
| C. beijerinckii | 60 | 34 | 78 | 124 |
| L. casei | 19 | 14 | 45 | 63 |
| E. coli | 34 | 8 | 74 | 181 |
| K. vulgare | 24 | 17 | 77 | 135 |
| Z. mobilis | 15 | 10 | 43 | 110 |
| A. niger | 87 | 89 | 177 | 302 |
| C. glabrata | 31 | 22 | 51 | 96 |
| S. cerevisiae | 19 | 5 | 53 | 96 |
| S. stipitis | 60 | 29 | 140 | 271 |
| P. chrysogenum | 32 | 30 | 75 | 93 |
| M. alpina | 77 | 66 | 164 | 275 |
| Y. lipolytica | 44 | 43 | 138 | 261 |

（3）

### 代谢物和反应信息的统一

| 代谢物 | | 反应 | |
|---|---|---|---|
| KEGG 化合物 | 978 | KEGG 反应 | 751 |
| CHEBI | 14 | 其他 | 144 |
| ChemSpider | 1 | | |
| 其他 | 90 | | |

（4）

### 辅因子酶学信息的文献证据

| B. subtilis | C. acetobutylicum | C. beijerinckii | E. coli | L. casei | K. vulgare | Z. mobilis |
|---|---|---|---|---|---|---|
| 101 | 11 | 4 | 525 | 18 | 0 | 29 |
| A. niger | P. chrysogenum | S. cerevisiae | S. stipitis | C. glabrata | Y. lipolytica | M. alpina |
| 38 | 14 | 286 | 31 | 4 | 11 | 0 |

（5）

### 补充注释的亚细胞定位结果

| 细胞分区 | 反应 |
|---|---|
| 周质空间 | 206 |
| 线粒体 | 146 |
| 过氧化物酶体 | 64 |

（6）

### 整合后的辅因子模型概况

| | 基因 | 反应 | 代谢物 | EC | 代谢途径 |
|---|---|---|---|---|---|
| B. subtilis | 527 | 528 | 782 | 402 | 78 |
| C. acetobutylicum | 491 | 521 | 705 | 395 | 64 |
| C. beijerinckii | 557 | 488 | 686 | 392 | 66 |
| L. casei | 381 | 311 | 489 | 295 | 51 |
| E. coli | 584 | 847 | 797 | 363 | 68 |
| K. vulgare | 462 | 432 | 642 | 337 | 55 |
| Z. mobilis | 231 | 318 | 501 | 271 | 51 |
| A. niger | 657 | 766 | 1017 | 480 | 75 |
| C. glabrata | 397 | 530 | 773 | 334 | 65 |
| S. cerevisiae | 345 | 362 | 520 | 295 | 59 |
| S. stipitis | 312 | 536 | 731 | 341 | 60 |
| P. chrysogenum | 483 | 448 | 663 | 345 | 60 |
| M. alpina | 554 | 914 | 1037 | 423 | 86 |
| Y. lipolytica | 468 | 619 | 870 | 418 | 63 |
| 总计 | 6434 | 6887 | 1782 | 823 | 95 |

（7）

图3-17 辅因子代谢模型 $icmNX6434$ 的构建过程

14株常见工业微生物的辅因子代谢模型 $icmNX6434$ 共包括6434个基因、1782种代谢物和6877个反应。其中7种原核微生物辅因子代谢模型（3098个基因、1200个代谢物和2971个反应）和7种真核微生物辅因子代谢模型（3334个基因、1295个代谢物和3906个反应）的基因覆盖率分别为12.9%和4.8%，表明辅因子在微生物代谢中的必要性和保守性。两者共有的 533 个反应分布于 63 个代谢系统中，表征原核和真核微生物有相似的代谢骨架，主要参与的代谢为碳水化合物（23.97%）、氨基酸（18.7%）、脂质（16.2%）、维生素（12.1%）、核苷酸（9.8%）、能量代谢（4.3%）、氨酰 tRNA 合成（4.1%）、转运反应（2.5%）等。原核和真核微生物中特有的辅因子代谢分别包括 34 个途径中的 152 个反应和 20 个途径中的 77 个反应，均已通过相关文献验证。其中通用代谢途径中，两者特有的辅因子代谢分别包括 76 个代谢反应、52 个转运反应和 31 个代谢反应、10 个转运反应。原核/真核微生物通用代谢途径中特有辅因子代谢见表 3-4。原核微生物特有辅因子参与的代谢途径为脂多糖和肽聚糖的合成，由其特殊的细胞壁组成决定。真核微生物特有辅因子参与的代谢途径包括类胡萝卜素的生物合成中玉米黄质环氧酶、肉碱穿梭体系、类固醇生物合成和鞘脂代谢等。

表 3-4　　原核/真核微生物通用代谢途径中特有辅因子代谢

| | 代谢途径 | 原核微生物 | 真核微生物 |
|---|---|---|---|
| 碳代谢 | 氨基糖和核苷酸 | 葡萄糖胺-1-磷酸乙酰转移酶 | $N$-乙酰基转移酶、细胞色素 $b_5$ 还原酶 |
| | 磷酸肌醇 | 5-脱氢-2-脱氧葡萄糖酸激酶 | 多磷酸肌醇激酶、1-磷脂肌醇-4-磷酸-5-激酶、1-磷脂酰-肌醇-3-磷酸-5-激酶、磷脂酰肌醇-3-激酶 |
| | 戊糖和葡萄糖醛酸转化 | 塔格糖酮酸还原酶、3-去氢-L-葡萄糖脱氢酶、L-木酮糖激酶、鼠李糖激酶、核醇-5-脱氢酶 | L-阿拉伯糖激酶 |
| | 半乳糖 | D-半乳糖-1-脱氢酶、2-脱氢-3-脱氧半乳糖酸激酶 | — |
| | 磷酸戊糖 | 葡萄糖脱氢酶、2-脱氢-3-脱氧葡萄糖酸激酶、核糖二磷酸激酶 | — |
| | 果糖和甘露糖 | 甲基丙二酸单酰辅酶 A 脱羧酶、磷酸丙酰转移酶、丙酸激酶、L-墨角藻糖激酶、阿洛糖激酶 | — |
| | 丁酸 | 苹果酸脱氢酶、丁酸激酶、氯酸盐还原酶、乙偶姻脱氢酶 | — |
| 氨基酸代谢 | 赖氨酸 | UDP-$N$-乙酰胞壁酸-L-丙氨酰-D-谷氨酸-2,6-二氨基庚二酸连接酶 | 5-脱氢-2-脱氧葡萄糖酸激酶、酵母氨酸脱氢酶 |
| | 支链氨基酸 | 亮氨酸脱氢酶 | 2-甲基酰基辅酶 A 脱氢酶 |
| | 精氨酸 | 精氨酸-$N$-琥珀酰转移酶、琥珀酰谷氨酸-半醛脱氢酶、谷氨酸腐胺连接酶 | — |
| | 苯丙氨酸 | 苯基丙酰双加氧酶 | — |
| | 酪氨酸 | 4-羟基苯乙酸-3-单加氧酶、3-单加氧酶、2-羟基黏糠酸半醛脱氢酶、对缩醛脱氢酶 | — |
| 脂质 | 甘油磷脂 | 甘油磷酸脱氢酶 | 甘油酮磷酸酰基转移酶、1-酰基甘油磷酸胆碱酰基转移酶 |

续表

| | 代谢途径 | 原核微生物 | 真核微生物 |
|---|---|---|---|
| 维生素 | 烟酸和烟酰胺 | 天冬氨酸脱氢酶 | 烟酸酯核苷激酶 |
| | 萜类和聚酮 | α-蒎烯的单加氧酶 | 玉米黄质环氧化酶 |
| | 硫胺素 | 硫载体蛋白 ThiS 腺苷转移酶 | — |
| | 卟啉和叶绿素 | 钴-前钴啉-6a 还原酶、前钴啉-6a 还原酶、腺苷钴啉醇酰胺激酶、腺苷钴啉胺酸：(R)-1-氨基丙烷磷酸盐连接酶、腺苷钴啉胺酸：(R)-1-氨基丙烷-2-ol 连接酶、腺苷钴啉胺酸合成酶、钴啉胺酸 c-二酰氨合成酶、啉酸 a, c-二酰胺合成酶 | — |
| 转运 | 糖类 | 24 种糖类和糖醇 | — |
| | 含氮化合物 | 氨基酸、二肽、精胺、腐胺、其他含氮有机化合物 | — |
| | 离子 | 铁和含铁类化合物铁色素、铁肠菌素 | — |
| | 含硫化合物 | 谷胱甘肽、硫酸钠、硫代硫酸钠、L-蛋氨酸-S-氧化物 | — |
| | 碳酸 | 钼酸盐、磺酸、牛磺酸、羟乙磺酸 | — |
| | 碱性物质 | 甜菜碱、脯氨酸甜菜碱、硫酸胆碱 | — |
| | 脂类 | 甘油磷脂代谢中间体 | 磷脂、长链脂肪酰辅酶 A、乙酰辅酶 A |
| | 其他 | 四氢嘧啶、kdo2 脂质Ⅳ(A)、杆菌素、血红素、维生素 $B_{12}$ | — |

模型 $icm$NX6434 中辅因子反应的酶的特征如图 3-18 所示，主要包括氧化还原酶（487 个反应）、转移酶（292）、连接酶（130）、水解酶（59）、裂解酶（13）催化的反应以及 202 个转运反应，无异构酶。ATP/ADP 相关反应涉及以上所有酶类，NADH/$NAD^+$ 和乙酰辅酶 A/辅酶 A 相关反应涉及 5 种酶但不涉及转运反应；NADPH/$NADP^+$ 相关反应仅涉及氧化还原酶和转移酶。此外，辅因子反应的酶学特征具有物种特异性，例如，对于乙酰辅酶 A/辅酶 A 代谢，4 种微生物缺乏水解酶，而 *S. stipitis* 缺乏裂解酶。不考虑基因特征，模型 $icm$NX6434 中 940 个辅因子代谢反应分布在细胞质中，涉及 90 个代谢途径，几乎覆盖了辅因子代谢的各个方面。线粒体中 207 个辅因子代谢反应中，主要参与脂肪酸降解、精氨酸和脯氨酸代谢、TCA 循环、泛酸和辅酶 A 的生物合成。过氧化物酶体的 55 个辅因子反应主要参与了脂肪酸降解，其余的分布在 10 个代谢途径中。辅因子在胞外和周质空间中的转运反应属于 5 个转运超家族。

每种微生物的辅因子模型中代谢物、反应、酶号和代谢途径各具特点，辅因子代谢的多样性体现了 14 种微生物的物种特异性。对于中心碳代谢，糖酵解、TCA 循环、磷酸戊糖途径的辅因子代谢反应的覆盖率分别为 30.2%、53.6%、31.4%，代谢物的覆盖率分别

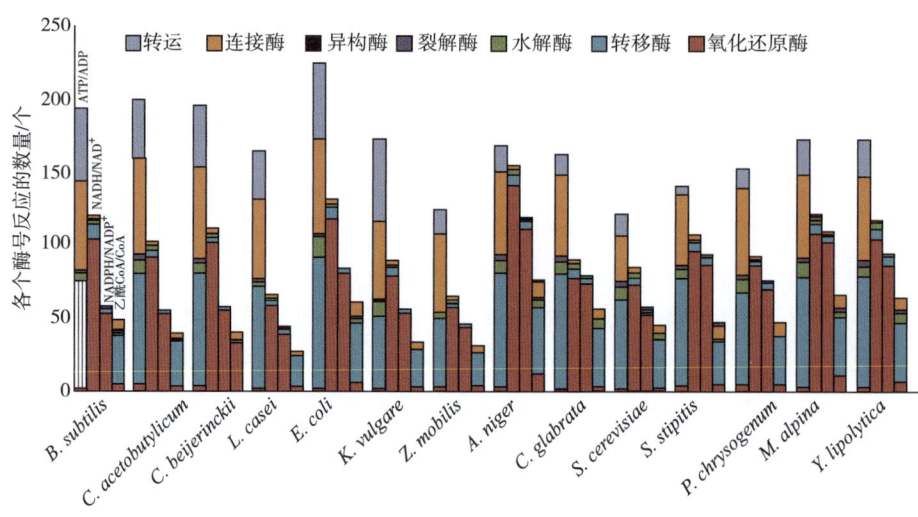

图 3-18 物种特异性辅因子模型的 EC 号分布

为 80.7%、85%、35.7%。如图 3-19 所示,各个微生物糖酵解中辅因子代谢相对集中,说明糖酵解中辅因子代谢具有较强的鲁棒性。对于 PPP 中辅因子代谢所占比例,总模型 icmNX6434 要高于物种特异性的辅因子模型,在一定程度上体现了各种微生物 PPP 中辅因子代谢的丰富性。此外,其他途径中辅因子反应的多样性也体现了辅因子代谢的物种特异性。例如,对于碳代谢,C. beijerinckii 的氨基丁酸降解途径可用于丁醇生产;对于核苷酸代谢,PRPP 生物合成 II 是 E. coli 特有代谢;对于蛋白质氨基酸代谢,B. subtilis 中 S-甲基-5-硫代核糖激酶参与蛋氨酸回补途径;对于其他氨基酸代谢,γ-谷胱甘肽代谢可能与 K. vulgare 中特殊的硫代谢有关;对于脂质代谢,α-亚麻酸代谢和胆固醇生物合成 II 能够体现 M. alpina 丰富的脂类生物合成;对于维生素代谢,8-氨基-7-氧代壬酸甲酯的生物合成 III 是 P. chrysogenum 青霉素合成重要步骤。

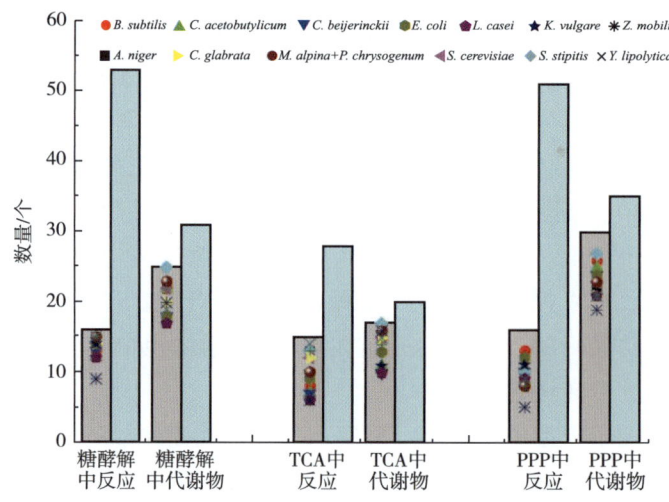

图 3-19 中心碳代谢途径中辅因子分布特征

## 二、基于模型 *i*cmNX6434 解析辅因子代谢途径

### 1. ATP 的合成和消耗

根据模型 *i*cmNX6434 的热力学反应方向和流量平衡分析，ATP 的合成主要通过 3 个热力学反应和 11 个基于流量的反应。热力学反应由 ATP 合酶、丙酮酸激酶和六磷酸水解酶催化，基于流量的 ATP 合成反应主要由中心碳代谢中一些激酶和合成酶和核苷酸代谢中磷酸转移酶类催化。ATP 理论上可以被 464 个热力学反应和 116 个基于流量的反应消耗，两类交集反应分布于维生素代谢（22 个反应）、碳水化合物代谢（19）、核苷酸代谢（17）、氨基酸合成（13）、转运系统（12）、脂质代谢（10）和细胞壁合成（8）。其中，30 个属于常见的 ATP 消耗反应（表 3-5），包括戊糖和己糖磷酸化作用、碳代谢和脂质代谢节点的乙酰辅酶 A 羧化酶、连接 EMP 和 TCA 循环回补反应的丙酮酸羧化酶、无机氮和有机氮间转化反应中的氨甲酰磷酸合成酶和一些氨基酸和维生素的生物合成。

表 3-5　　　　　　　　　　　常见 ATP 合成和消耗反应

| 类型 | *i*cmNX6434 | KEGG 号 | 反应 |
|---|---|---|---|
| ATP 合成 | CoR0371 | R00086 | ATP + $H_2O$ ⇌ ADP + Pi |
| | CoR0406 | R00200 | ATP + 丙酮酸 ⇌ ADP + 磷酸烯醇式丙酮酸 |
| | CoR0446 | R00405 | ATP + 琥珀酸 + 辅酶 A ⇌ ADP + 磷酸 + 琥珀酰辅酶 A |
| | CoR0615 | R01512 | ATP + 3-磷酸-D-甘油酯 ⇌ ADP + 3-磷酸-D-甘油酯 |
| | CoR0401 | R00184 | ATP + 3-磷酸-D-甘油酯 ⇌ ADP + 3-磷酸-D-甘油酯 |
| | CoR0434 | R00315 | ATP + 乙酸 ⇌ ADP + 乙酰磷酸 |
| | CoR0447 | R00429 | ATP + GTP ⇌ AMP + 鸟苷-3′-二磷酸-5′-三磷酸 |
| | CoR0457 | R00513 | ATP + 胞苷 ⇌ ADP + CMP |
| | CoR0489 | R00722 | ATP + IDP ⇌ ADP + ITP |
| | CoR0638 | R01665 | ATP + dCMP ⇌ ADP + dCDP |
| | CoR0690 | R01967 | ATP + 脱氧鸟苷 ⇌ ADP + dGMP |
| | CoR0844 | R03530 | ATP + dIDP ⇌ ADP + dITP |
| ATP 消耗 | CoR0629 | R01600 | ATP + $\beta$-D-葡萄糖 ⇌ ADP + $\beta$-D-葡萄糖-6-磷酸 |
| | CoR0548 | R01049 | ATP + D-核糖-5-磷酸 ⇌ AMP + 5-磷酸-$\alpha$-D-核糖-1-二磷酸 |
| | CoR0493 | R00742 | ATP + 乙酰辅酶 A + $HCO_3^-$ ⇌ ADP + 正磷酸 + 丙酰基辅酶 A |
| | CoR0440 | R00344 | ATP + 丙酮酸 + $HCO_3^-$ ⇌ ADP + 正磷酸 + 卤乙酸 |
| | CoR0496 | R00756 | ATP + D-果糖-6-磷酸 ⇌ ADP + D-果糖-1,6-二磷酸 |
| | CoR0394 | R00150 | ATP + $NH_3$ + $CO_2$ ⇌ ADP + 磷酸氨基甲酸 |
| | CoR0760 | R02649 | ATP + *N*-乙酰-L-谷氨酸 ⇌ ADP + 5-磷酸-*N*-乙酰-L-谷氨酸 |
| | CoR0687 | R01954 | ATP + L-瓜氨酸 + L-天冬氨酸 ⇌ AMP + 双磷酸 + *N*-（L-精氨酸）琥珀酸 |

续表

| 类型 | icmNX6434 | KEGG 号 | 反应 |
|---|---|---|---|
| ATP消耗 | CoR0657 | R01771 | ATP + L-高丝氨酸 ⇌ ADP + O-磷酸-L-高丝氨酸 |
| | CoR0452 | R00482 | ATP + L-天冬氨酸 + NH$_3$ ⇌ ADP + 正磷酸 + L-天冬氨酸 |
| | CoR0735 | R02412 | ATP + 莽草酸 ⇌ ADP + 3-磷酸莽草酸 |
| | CoR0400 | R00177 | 磷酸 + 双磷酸 + S-腺苷-L-甲硫氨酸 ⇌ ATP + L-蛋氨酸 + H$_2$O |
| | CoR0420 | R00239 | ATP + L-谷氨酸 ⇌ ADP + L-谷氨酰-5-酸 |
| | CoR0425 | R00253 | ATP + L-谷氨酸 + NH$_3$ ⇌ ADP + 磷酸 + L-谷氨酰胺 |
| | CoR0552 | R01071 | 1-（5-磷酸-D-核糖基）-ATP + 双磷酸 ⇌ ATP + 5-磷酸-α-D-核糖-1-双磷酸 |
| | CoR0451 | R00480 | ATP + L-天冬氨酸 ⇌ ADP + 4-磷酸-L-天冬氨酸 |
| | CoR0404 | R00189 | ATP + 脱氨基 NAD$^+$ + NH$_3$ ⇌ AMP + 二磷酸 + NAD$^+$ |
| | CoR0559 | R01121 | ATP +（R）-5-二磷酸甲戊酸 ⇌ ADP + 磷酸 + 二磷酸异戊烯酯 + CO$_2$ |
| | CoR0552 | R01071 | 1-（5-磷酸-D-核糖基）-ATP + 二磷酸 ⇌ ATP + 5-磷酸-α-D-核糖-1-二磷酸 |
| | CoR0793 | R03018 | ATP + 泛酸 ⇌ ADP + D-4′-磷酸泛酸 |
| | CoR0741 | R02473 | ATP +（R）-泛酸 +β-丙氨酸 ⇌ AMP + 双磷酸 + 泛酸 |
| | CoR0794 | R03035 | ATP + 4′-磷酸泛酸 ⇌ 二磷酸 + 脱磷酸辅酶 A |
| | CoR0404 | R00189 | ATP + 脱氨基 NAD$^+$ + NH$_3$ ⇌ AMP + 二磷酸 + NAD$^+$ |
| | CoR0902 | R04230 | ATP + D-4′-磷酸泛酸 + L-半胱氨酸 ⇌ AMP + 二磷酸 +（R）-4′-磷酸泛酰-L-半胱氨酸 |
| | CoR0391 | R00130 | ATP + 脱磷酸辅酶 A ⇌ ADP + CoA |
| | CoR0730 | R02324 | ATP + N-核糖基烟酰胺 ⇌ ADP + 烟酰胺-D-核糖核苷酸 |
| | CoR0380 | R00104 | ATP + NAD$^+$ ⇌ ADP + NADP$^+$ |
| | CoR0459 | R00529 | ATP + 硫酸 ⇌ 二磷酸 + 腺苷酸硫酸 |
| | CoR0398 | R00161 | ATP + 黄素单核苷酸 ⇌ 二磷酸 + 黄素腺嘌呤二核苷酸 |
| | CoR0790 | R03005 | ATP + 烟酸-D-核糖核苷酸 ⇌ 二磷酸 + 脱氨基 NAD$^+$ |

## 2. NADH 和 NADPH 的合成和消耗

NADH 和 NADPH 不能穿过线粒体膜，胞质 NADH 可以由 95 个热力学反应和 26 个基于流量的反应合成。常见的 10 个反应由中心碳代谢中的 3-磷酸甘油醛脱氢酶、丙酮酸脱氢酶、甲酸脱氢酶、乙二醇醛脱氢酶，氨基酸代谢中的酵母氨酸脱氢酶、磷酸甘油酸脱氢酶、3-异丙基苹果酸脱氢酶、组氨醇脱氢酶和组氨酸脱氢酶和嘌呤代谢中的 IMP 脱氢酶催化。胞质 NADH 可以被 53 个热力学反应和 26 个基于流量的反应消耗。其中，3-磷酸甘油脱氢酶、高丝氨酸脱氢酶、C-22 固醇脱氢酶和 5，10-甲基四氢叶酸还原酶催化四种常见的 NADH 消耗反应。线粒体 NADH 合成涉及 13 个热力学反应和 7 个基于流量的反应，通常发生在中心碳、氮代谢反应中（表3-6），而线粒体 NADH 常常通过丁酰辅酶 A 脱氢酶、NADH：泛醌氧化还原酶和 NADH 激酶被消耗。

表 3-6　　　　　　　　　　　常见 NADH 合成和消耗反应

| 类型 | icmNX6434 | KEGG 号 | 反应 |
|---|---|---|---|
| NADH 合成 | CoR0551 | R01061 | 3-磷酸甘油醛+磷酸+NAD$^+$ $\rightleftharpoons$ 3-磷酸甘油酸+NADH+H$^+$ |
| | CoR0408 | R00209 | 丙酮酸+CoA+NAD$^+$ $\rightleftharpoons$ 乙酰辅酶 A+CO$_2$+NADH+H$^+$ |
| | CoR0458 | R00519 | 甲酸+NAD$^+$ $\rightleftharpoons$ H$^+$+CO$_2$+NADH |
| | CoR0597 | R01333 | 乙醇醛+NAD$^+$+H$_2$O $\rightleftharpoons$ 乙醇酸+NADH+H$^+$ |
| | CoR0487 | R00715 | N6-（L-1，3-二羧丙基）-L-赖氨酸+NAD$^+$+H$_2$O $\rightleftharpoons$ L-赖氨酸+2-氧化葡萄糖酸+ NADH + H$^+$ |
| | CoR0616 | R01513 | 3-磷酸-D-甘油酸+NAD$^+$ $\rightleftharpoons$ 3-膦酰氧基丙酮酸+NADH+H$^+$ |
| | CoR0909 | R04426 | (2R，3S)-3-异丙基苹果酸 + NAD$^+$ $\rightleftharpoons$ (2S)-2-异丙基-3-氧代琥珀酸 + NADH + H$^+$ |
| | CoR0566 | R01158 | L-组氨酸 + 2 NAD$^+$ + H$_2$O $\rightleftharpoons$ L-组氨酸 + 2 NADH + 2 H$^+$ |
| | CoR0567 | R01163 | L-组氨酸 + H$_2$O + NAD$^+$ $\rightleftharpoons$ L-组氨酸 + NADH + H$^+$ |
| | CoR0560 | R01130 | IMP + NAD$^+$ + H$_2$O $\rightleftharpoons$ 5′-磷酸黄苷 + NADH + H$^+$ |
| NADH 消耗 | CoR0510 | R00842 | 3-磷酸甘油 + NAD$^+$ $\rightleftharpoons$ 甘油磷酸 + NADH + H$^+$ |
| | CoR0658 | R01773 | L-高丝氨酸 + NAD$^+$ $\rightleftharpoons$ L-天冬氨酸-4-半醛 + NADH + H$^+$ |
| | CoR1074 | R07168 | 5-甲基四氢叶酸 + NAD$^+$ $\rightleftharpoons$ 5，10-亚甲基四氢叶酸 + NADH + H$^+$ |
| | CoR0033 | R07506 | 5，7，24（28）-麦角固三烯醇 + H$^+$ + NADH + O$_2$ $\rightleftharpoons$ 5，7，22，24（28）-四烯-3-麦角固二醇 + 2 H$_2$O + NAD$^+$ |
| NADH [m] 合成 | CoR0994 | R05604 | D-阿糖醇 + NAD$^+$ $\rightleftharpoons$ D-木果糖 + NADH + H$^+$ |
| | CoR0582 | R01221 | 甘氨酸 + 四氢叶酸 + NAD$^+$ $\rightleftharpoons$ 5，10-亚甲基四氢叶酸 + NH$_3$ + CO$_2$ + NADH + H$^+$ |
| | CoR0408 | R00209 | 丙酮酸 + CoA + NAD$^+$ $\rightleftharpoons$ 乙酰辅酶 A + CO$_2$ + NADH + H$^+$ |
| | CoR0482 | R00709 | 异柠檬酸 + NAD$^+$ $\rightleftharpoons$ 2-氧戊二酸 + CO$_2$ + NADH + H$^+$ |
| | CoR0422 | R00245 | L-谷氨酸-5-半醛 + NAD$^+$ + H$_2$O $\rightleftharpoons$ L-谷氨酸 + NADH + H$^+$ |
| | CoR0972 | R05051 | 4-羟基谷氨酸 + NADH + H$^+$ $\rightleftharpoons$ L-4-羟基谷氨酸半醛 + NAD$^+$ + H$_2$O |

续表

| 类型 | *icm*NX6434 | KEGG 号 | 反应 |
|---|---|---|---|
| NADH[m]合成 | CoR0578 | R01210 | 3-甲基-2-氧代丁酸 + CoA + NAD$^+$ $\rightleftharpoons$ 2-甲基丙酰基-CoA + $CO_2$ + NADH + H$^+$ |
|  | CoR0529 | R00935 | (S)-甲基丙二酸半醛 + CoA + NAD$^+$ $\rightleftharpoons$ 丙酰基 CoA + $CO_2$ + NADH + H$^+$ |
|  | CoR0950 | R04862 | 高异柠檬酸 + NAD$^+$ $\rightleftharpoons$ 草酸 + NADH + H$^+$ |
|  | CoR0914 | R04444 | L-1-吡咯啉-3-羟基-5-羧酸 + NAD$^+$ + 2 $H_2O$ $\rightleftharpoons$ 4-羟基谷氨酸 + NADH + H$^+$ |
|  | CoR0762 | R02678 | 吲哚-3-乙醛 + NAD$^+$ + $H_2O$ $\rightleftharpoons$ 吲哚-3-乙酸 + NADH + H$^+$ |
| NADH[m]消耗 | CoR0568 | R01171 | 丁酰 CoA + NAD$^+$ $\rightleftharpoons$ 丁酰 CoA + NADH + H$^+$ |
|  | CoR0381 | R00105 | ATP + NADH $\rightleftharpoons$ ADP + NADPH |
|  | CoR0711 | R02163 | 泛醇 + NAD$^+$ $\rightleftharpoons$ 泛醌 + NADH + H$^+$ |

注：[m] 表示在线粒体中。

36 个热力学反应和 17 个基于流量的反应参与胞质 NADPH 合成，主要产生在碳水化合物代谢（异柠檬酸脱氢酶、α-酮戊二酸脱氢酶、6-磷酸葡萄糖酸脱氢酶、L-艾杜糖脱氢酶和 6-磷酸葡萄糖脱氢酶参与）、氨基酸生物合成 [预苯酸脱氢酶、(S)-1-吡咯啉-5-羧酸甲酯脱氢酶和天冬氨酸脱氢酶参与]、脂质代谢（β-羟类固醇脱氢酶、烯胆固烷醇氧化酶和二羟丙酮还原酶参与）、维生素代谢（亚甲基四氢叶酸脱氢酶和二氢叶酸还原酶参与）和核苷酸代谢（二氢嘧啶脱氢酶参与）中。胞质 NADPH 可能被 109 个热力学反应和 66 个基于流量的反应消耗，最常见的 NADPH 消耗反应包括氨基酸代谢中 10 个反应、维生素代谢中 4 个反应，以及嘧啶代谢中硫氧还蛋白还原酶、硫代谢中亚硫酸盐还原酶和氨基糖代谢中 UDP-*N*-乙酰烯醇式丙酮酰氨基葡萄糖还原酶催化的反应（表 3-7）。线粒体的 NADPH 代谢由 9 个合成反应和 9 个消耗反应组成，主要产生于中心碳、氮代谢 [异柠檬酸脱氢酶、苹果酸脱氢酶、乙醛脱氢酶、(S)-1-吡咯啉-5-羧酸甲酯脱氢酶和 NADH 激酶参与] 中，通过 *N*-乙酰谷氨酰磷酸还原酶、(R)-2,3-二羟基-3-甲基戊酸氧化还原酶、2-脱氢泛酸-D-葡萄糖酸-2-还原酶和 2,3-二羟基-3-甲基丁酸氧化还原酶被消耗。

表 3-7　　　　　　　　　　　常见 NADPH 合成和消耗反应

| 类型 | *icm*NX6434 | KEGG 号 | 反应 |
|---|---|---|---|
| NADPH 合成 | CoR0538 | R00978 | 5,6-二氢尿嘧啶 + NADP$^+$ $\rightleftharpoons$ 尿嘧啶 + NADPH + H$^+$ |
|  | CoR0429 | R00267 | 异柠檬酸 + NADP$^+$ $\rightleftharpoons$ 2-氧戊二酸 + $CO_2$ + NADPH + H$^+$ |
|  | CoR1129 | R00265 | 2-氧戊二酸 + CoA + NADP$^+$ $\rightleftharpoons$ 琥珀酰 CoA + $CO_2$ + NADPH + H$^+$ |

续表

| 类型 | icmNX6434 | KEGG 号 | 反应 |
|---|---|---|---|
| NADPH 合成 | CoR0770 | R02736 | $\beta$-D-葡萄糖-6-磷酸 + $NADP^+$ $\rightleftharpoons$ D-葡萄糖-1,5-内酯-6-磷酸 + NADPH + $H^+$ |
| | CoR0621 | R01528 | 6-磷酸-D-葡萄糖酸 + $NADP^+$ $\rightleftharpoons$ D-核糖-5-磷酸 + $CO_2$ + NADPH + $H^+$ |
| | CoR1008 | R05684 | L-戊酸 + $NADP^+$ $\rightleftharpoons$ 5-脱氢-D-葡萄糖酸 + NADPH + $H^+$ |
| | CoR1091 | R07494 | 4-$\alpha$-甲基发酵固醇-4-羧酸 + $NADP^+$ $\rightleftharpoons$ 3-酮-4-甲基发酵固醇 + NADPH + $H^+$ + $CO_2$ |
| | CoR1094 | R07505 | 麦角固醇 + $NADP^+$ $\rightleftharpoons$ 5,7,24(28)-麦角固三烯醇 + NADPH + $H^+$ |
| | CoR0546 | R01039 | 甘油 + $NADP^+$ $\rightleftharpoons$ 甘油 + NADPH + $H^+$ |
| | CoR0481 | R00708 | (S)-1-吡咯啉-5-羧酸 + $NADP^+$ + 2$H_2O$ $\rightleftharpoons$ L-谷氨酸 + NADPH + $H^+$ |
| | CoR0645 | R01730 | 预苯甲酸 + $NADP^+$ $\rightleftharpoons$ 3-(4-羟基苯基)丙酮酸 + $CO_2$ + NADPH + $H^+$ |
| | CoR1086 | R07407 | L-天冬氨酸 + $NADP^+$ $\rightleftharpoons$ 亚氨基天冬氨酸 + NADPH + $H^+$ |
| | CoR0581 | R01220 | 5,10-亚甲基四氢叶酸 + $NADP^+$ $\rightleftharpoons$ 5,10-甲基四氢叶酸酯 + NADPH |
| | CoR0717 | R02236 | 二氢叶酸 + $NADP^+$ $\rightleftharpoons$ 叶酸 + NADPH + $H^+$ |
| NADPH 消耗 | CoR0827 | R03313 | L-谷氨酸-5-半醛 + 磷酸 + $NADP^+$ $\rightleftharpoons$ L-谷氨酰-5-磷酸 + NADPH + $H^+$ |
| | CoR0659 | R01775 | L-高丝氨酸 + $NADP^+$ $\rightleftharpoons$ L-天冬氨酸-4-半醛 + NADPH + $H^+$ |
| | CoR0838 | R03443 | N-乙酰基-L-谷氨酸-5-半醛 + 磷酸 + $NADP^+$ $\rightleftharpoons$ N-乙酰基-L-谷氨酸-5-磷酸 + NADPH + $H^+$ |
| | CoR0976 | R05068 | (R)-2,3-二羟基-3-甲基戊酸 + $NADP^+$ $\rightleftharpoons$ (R)-3-羟基-3-甲基-2-氧代戊酸 + NADPH + $H^+$ |
| | CoR0729 | R02315 | N6-(L-1,3-二羧丙基)-L-赖氨酸 + $NADP^+$ + $H_2O$ $\rightleftharpoons$ L-谷氨酸 + L-2-氨基己二酸-6-半醛 + NADPH + $H^+$ |
| | CoR0897 | R04199 | 2,3,4,5-四氢二吡啶酸 + $NADP^+$ $\rightleftharpoons$ L-2,3-二氢二吡啶甲酸 + NADPH + $H^+$ |
| | CoR0384 | R00114 | L-谷氨酸 + $NADP^+$ $\rightleftharpoons$ L-谷氨酰胺 + 2-氧戊二酸 + NADPH + $H^+$ |
| | CoR0736 | R02413 | 莽草酸 + $NADP^+$ $\rightleftharpoons$ 3-脱氢莽草酸 + NADPH + $H^+$ |
| | CoR0726 | R02291 | L-天冬氨酸-4-半醛 + 正磷酸 + $NADP^+$ $\rightleftharpoons$ 4-磷酸-L-天冬氨酸 + NADPH + $H^+$ |
| | CoR0588 | R01251 | L-脯氨酸 + $NADP^+$ $\rightleftharpoons$ (S)-1-吡咯啉-5-羧酸 + NADPH + $H^+$ |
| | CoR0840 | R03458 | 5-氨基-6-(5'-磷酸核糖基氨基)尿嘧啶 + $NADP^+$ $\rightleftharpoons$ 5-氨基-6-(5'-磷酸核糖基氨基)尿嘧啶 + NADPH + $H^+$ |

续表

| 类型 | icmNX6434 | KEGG 号 | 反应 |
| --- | --- | --- | --- |
| NADPH 消耗 | CoR0583 | R01224 | 5-甲基四氢叶酸 + NADP$^+$ $\rightleftharpoons$ 5,10-亚甲基四氢叶酸 + NADPH + H$^+$ |
| | CoR0740 | R02472 | (R)-泛酸 + NADP$^+$ $\rightleftharpoons$ 2-脱氢泛酸 + NADPH + H$^+$ |
| | CoR0532 | R00939 | 四氢叶酸 + NADP$^+$ $\rightleftharpoons$ 二氢叶酸 + NADPH + H$^+$ |
| | CoR0514 | R00858 | 硫化氢 + 3 NADP$^+$ + 3 H$_2$O $\rightleftharpoons$ 亚硫酸 + 3 NADPH + 3 H$^+$ |
| | CoR0702 | R02082 | (R)-甲羟戊酸 + 辅酶 A + 2 NADP$^+$ $\rightleftharpoons$ (S)-3-羟基-3-甲基戊二酰辅酶 A + 2 NADPH + 2 H$^+$ |
| | CoR0696 | R02016 | 硫氧还蛋白 + NADP$^+$ $\rightleftharpoons$ 硫氧还素二硫化物 + NADPH + H$^+$ |

### 3. 乙酰辅酶 A 的合成和消耗

乙酰辅酶 A 作为辅酶 A 的乙酰化形式，通常由 5 个碳代谢反应（丙酮酸脱氢酶、丙酮酸甲酸裂解酶、ATP-柠檬酸裂解酶、甲基丙二酸半醛脱氢酶和乙酰辅酶 A 合成酶参与）和 3 个氨基酸代谢反应（酮脂酰辅酶 A 硫解酶、2-甲基乙酰辅酶 A 硫解酶和 3-羟基-3-甲基戊二酰辅酶 A 乙酰乙酸裂解酶）合成（表 3-8）。胞质乙酰辅酶 A 可以被热力学反应和基于流量的反应消耗。细胞质中辅酶 A 形成于泛酸和辅酶 A 从头合成途径，被转运到线粒体后主要被丙酮酸脱氢酶系转化为乙酰辅酶 A。线粒体中常见的乙酰辅酶 A 消耗反应为高柠檬酸合酶、2-异丙基苹果酸合酶、柠檬酸合酶、乙酰辅酶 A 硫解酶、乙酰辅酶 A 羧化酶、乙酰辅酶 A 水解酶、羟甲基戊二酰辅酶 A 合成酶，N-乙酰谷氨酸合成酶和脂肪酸代谢中酰基转移酶所催化的反应。

表 3-8　　常见乙酰辅酶 A 合成和消耗反应

| 类型 | icmNX6434 | KEGG 号 | 反应 |
| --- | --- | --- | --- |
| 乙酰辅酶 A 合成 | CoR0442 | R00352 | ATP + 柠檬酸 + 辅酶 A $\rightleftharpoons$ ADP + 磷酸 + 乙酰辅酶 A + 草酰乙酸 |
| | CoR0478 | R00705 | 3-氧丙酸 + 辅酶 A + NAD$^+$ $\rightleftharpoons$ 乙酰辅酶 A + CO$_2$ + NADH + H$^+$ |
| | CoR0408 | R00209 | 丙酮酸 + 辅酶 A + NAD$^+$ $\rightleftharpoons$ 乙酰辅酶 A + CO$_2$ + NADH + H$^+$ |
| | CoR0409 | R00212 | 乙酰辅酶 A + 甲酸 $\rightleftharpoons$ 辅酶 A + 丙酮酸 |
| | CoR0417 | R00235 | ATP + 乙酸 + 辅酶 A $\rightleftharpoons$ AMP + 二磷酸 + 乙酰辅酶 A |
| | CoR0506 | R00829 | 琥珀酰辅酶 A + 乙酰辅酶 A $\rightleftharpoons$ 3-O-乙酰辅酶 A + 辅酶 A |
| | CoR0527 | R00927 | 丙酰辅酶 A + 乙酰辅酶 A $\rightleftharpoons$ 辅酶 A + 2-甲基乙酰辅酶 A |
| | CoR0601 | R01360 | (S)-3-羟基-3-甲基戊二酰辅酶 A $\rightleftharpoons$ 乙酰辅酶 A + 乙酸乙酯 |

续表

| 类型 | *i*cmNX6434 | KEGG 号 | 反应 |
|---|---|---|---|
| 乙酰辅酶A消耗 | CoR0493 | R00742 | ATP + 乙酰辅酶 A + $HCO_3^-$ ⇌ ADP + 正磷酸 + 丙酰辅酶 A |
| | CoR0415 | R00230 | 乙酰辅酶 A + 正磷酸 ⇌ 辅酶 A + 乙酰磷酸 |
| | CoR0441 | R00351 | 柠檬酸 + 辅酶 A ⇌ 乙酰辅酶 A + $H_2O$ + 氧代乙酸 |
| | CoR0986 | R05332 | 乙酰辅酶 A + α-D-葡萄糖胺-1-磷酸 ⇌ 辅酶 A + N-乙酰-α-D-葡萄糖胺 1-磷酸 |
| | CoR0469 | R00586 | L-丝氨酸 + 乙酰辅酶 A ⇌ O-乙酰-L-丝氨酸 + 辅酶 A |
| | CoR0660 | R01776 | 乙酰辅酶 A + L-高丝氨酸 ⇌ 辅酶 A + O-乙酰-L-高丝氨酸 |
| | CoR0579 | R01213 | (2S)-2-异丙基苹果酸 + 辅酶 A ⇌ 乙酰辅酶 A + 3-甲基-2-氧代丁酸 + $H_2O$ |
| 乙酰辅酶A[m]合成 | CoR0442 | R00352 | ATP + 柠檬酸 + 辅酶 A ⇌ ADP + 磷酸 + 乙酰辅酶 A + 草酰乙酸 |
| | CoR0408 | R00209 | 丙酮酸 + 辅酶 A + $NAD^+$ ⇌ 乙酰辅酶 A + $CO_2$ + NADH + $H^+$ |
| | CoR0479 | R00210 | 丙酮酸 + 辅酶 A + $NADP^+$ ⇌ 乙酰辅酶 A + $CO_2$ + NADPH + $H^+$ |
| | CoR0479 | R00706 | 3-氧丙酸 + 辅酶 A + $NADP^+$ ⇌ 乙酰辅酶 A + $CO_2$ + NADPH + $H^+$ |
| | CoR0506 | R00829 | 琥珀酰辅酶 A + 乙酰辅酶 A ⇌ 3-O-乙酰辅酶 A + 辅酶 A |
| | CoR0601 | R01360 | (S)-3-羟基-3-甲基戊二酰辅酶 A ⇌ 乙酰辅酶 A + 乙酸乙酯 |
| | CoR0416 | R00233 | 丙酰辅酶 A ⇌ 乙酰辅酶 A + $CO_2$ |
| 乙酰辅酶A[m]消耗 | CoR0419 | R00238 | 2 乙酰辅酶 A ⇌ 辅酶 A + 乙酰辅酶 A |
| | CoR0441 | R00351 | 柠檬酸 + 辅酶 A ⇌ 乙酰辅酶 A + $H_2O$ + 氧代乙酸 |
| | CoR0579 | R01213 | (2S)-2-异丙基苹果酸 + 辅酶 A ⇌ 乙酰辅酶 A + 3-甲基-2-氧代丁酸 + $H_2O$ |
| | CoR0430 | R00271 | 乙酰辅酶 A + $H_2O$ + 2-氧戊二酸 ⇌ (R)-2-羟基丁烷-1,2,4-三羧酸 + 辅酶 A |
| | CoR0413 | R00227 | 乙酰辅酶 A + $H_2O$ ⇌ 辅酶 A + 乙酸 |
| | CoR0693 | R01978 | (S)-3-羟基-3-甲基戊二酰辅酶 A + 辅酶 A ⇌ 辅酶 A + $H_2O$ + 乙酰辅酶 A |
| | CoR0493 | R00742 | ATP + 乙酰辅酶 A + $HCO_3^-$ ⇌ ADP + 磷酸 + 丙酰基辅酶 A |
| | CoR0427 | R00259 | 乙酰辅酶 A + L-谷氨酸 ⇌ 辅酶 A + N-乙酰-L-谷氨酸 |
| | CoR0910 | R04429 | 丁酰基-[acp] + $NAD^+$ ⇌ 丁-2-烯酰基-[acp] + NADH + $H^+$ |
| | CoR0933 | R04724 | 十二碳酰基-[acp] + $NAD^+$ ⇌ 反十二碳-2-烯酰基-[acp] + NADH + $H^+$ |

续表

| 类型 | *i*cmNX6434 | KEGG 号 | 反应 |
|---|---|---|---|
| 乙酰辅酶 A [m] 消耗 | CoR0955 | R04955 | 己酰基-［acp］+NAD$^+$ ⇌ (2E)-己烯酰基-［acp］+NADH+H$^+$ |
| | CoR0957 | R04958 | 辛酰基-［acp］+NAD$^+$ ⇌ 反式-2-辛烯酰基-［acp］+NADH+H$^+$ |
| | CoR0959 | R04961 | 癸酰基-［acp］+NAD$^+$ ⇌ 反式-2-癸烯酰基-［acp］+NADH+H$^+$ |
| | CoR0962 | R04966 | 十四烷酰-［acp］+NAD$^+$ ⇌ 反式十四烷-2-烯酰基-［acp］+NADH+H$^+$ |
| | CoR0964 | R04969 | 十六烷酰-［acp］+NAD$^+$ ⇌ 反式十六烷-2-烯酰基-［acp］+NADH+H$^+$ |

注：［acp］为酰基载体蛋白。

### 4. 四组辅因子相互转化

在模型 *i*cmNX6434 中，64 个反应至少涉及两组辅因子，其中 36 个反应（以 ATP 和辅酶 A 为反应物通过辅酶 A 连接酶形成 AMP 或 ADP）并不属于辅因子对之间的相互转化。如图 3-20 所示，剩余 28 个反应可分为：①ATP 转化为其他辅因子：ATP 生成 NAD$^+$ 可通过烟酰胺单核苷酸磷酸转移酶和依赖于 NH$_3$、谷氨酸的 NAD$^+$ 合成酶，ATP 生成乙酰辅酶 A 可通过乙酰辅酶 A 合成酶和 ATP 柠檬酸裂解酶，ATP 生成 NADP$^+$/H 可通过 NAD$^+$/H 激酶；②辅酶 A 和 11 个 NADH 脱氢酶相互作用，辅酶 A 与 NADPH 通过一些脂肪酸合成酶、丙二酸半醛脱氢酶、丙二酸单酰辅酶 A 还原酶和 HMG-辅酶 A 还原酶相互作用；③NAD$^+$ 与 NADP$^+$ 的相互转化通过 NAD(P)$^+$ 转氢酶和 NADP 磷酸酶。值得注意的是，由 4 种辅因子参与的 5 个反应，分别由丙酮酸脱氢酶催化作为糖酵解与 TCA 循环最关键的连接点，对胞内辅因子变化 ATP/ADP、NADH/NAD$^+$ 和乙酰辅酶 A/辅酶 A 敏感，NAD$^+$/H 激酶用作本源或异源的 NADP$^+$/H 再生反应和 NAD(P)$^+$ 转氢酶可以调节胞内氧化还原系统。由此可见，这些多种辅因子相互作用的反应，往往对胞内辅因子的浓度和状态具有全局调控作用。

## 三、基于模型 *i*cmNX6434 解析工业微生物生产发酵特性

辅因子通过相互转化而影响工业微生物的生理代谢和生产性能，辅因子工程作为代谢工程的重要分支，通过改变辅因子在特定代谢途径中的形式和浓度，提高目标产物合成或代谢网络效率，其策略包括：①向培养基中添加不同还原态底物，辅因子的活化剂、抑制剂、竞争剂等，辅因子的合成前体物质以及辅因子的结构类似物；②基因工程改造目标产物合成或降解途径；③改变辅因子的选择性和辅因子间不同状态；④异源表达辅因子再生途径。然而，这些局部改造往往无法达到预期效果，这是因为辅因子对细胞代谢的影响是复杂、综合的，同时缺乏从全基因组规模对工业微生物发酵过程中多种辅因子行为和作用的规律总结。在基因组规模辅因子模型 *i*cmNX6434 的基础上，结合合适的约束条件，可用

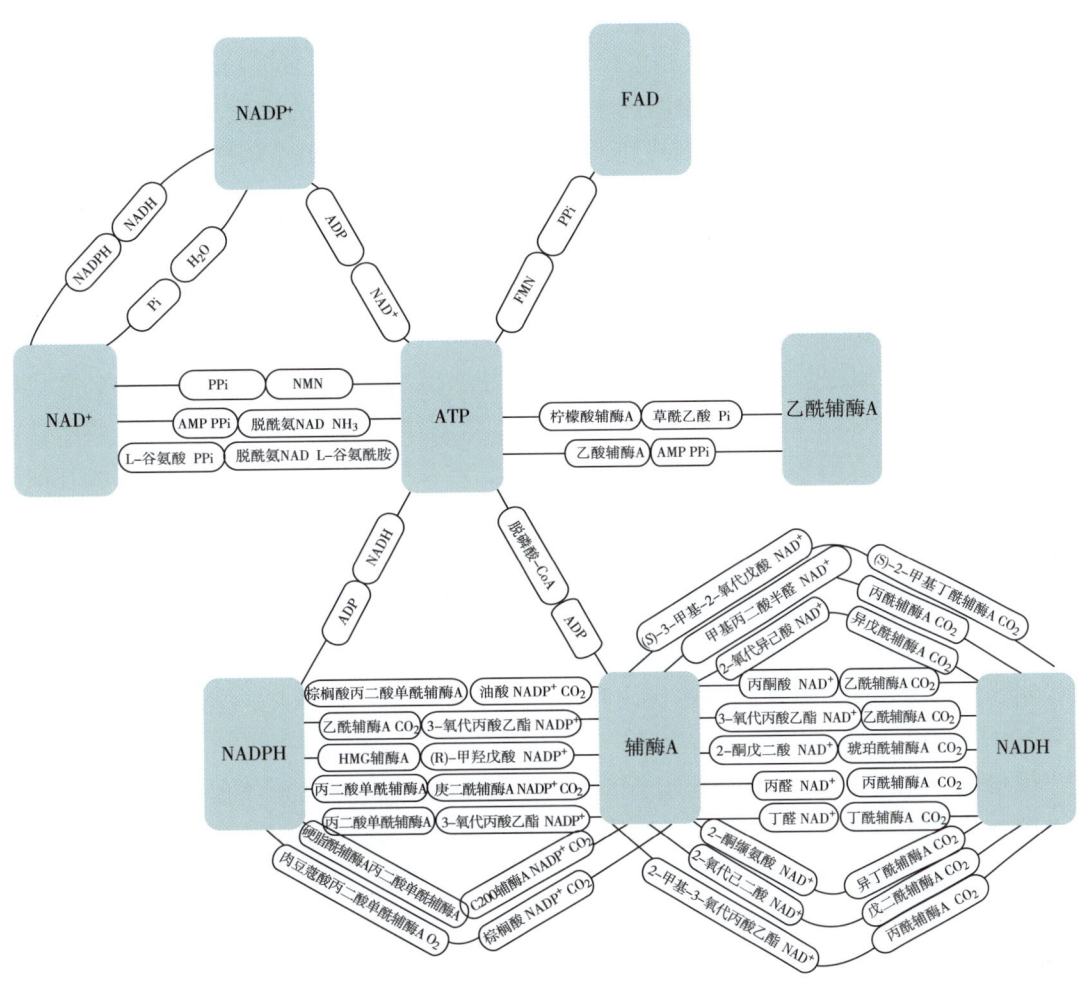

图 3-20 辅因子间相互作用

于解析辅因子调控细胞生长和代谢产物合成的作用方式，在此基础上从辅因子可用性、平衡性和选择性三个方面发展了优化工业微生物生产性能的方法和策略。

**1. 辅因子与细胞生长之间的关系**

ATP 与细胞生长的关系：模型 icmNX6434 中 ATP 相关的生长必需代谢模块包括 1569 个必需反应和 1423 个必需基因，不考虑反应的基因特征，399 个必需反应分布在碳水化合物（24.3%）、核苷酸（20.2%）、维生素（17%）、氨酰-tRNA（10.6%）、细胞壁的生物合成（8.3%）、氨基酸代谢（6.9%）和脂质代谢（6.4%）等中。其中，45 个 ATP 保守型必需反应涉及氨酰 tRNA 生物合成；核苷酸代谢中的 24 个反应所涉及的酶如 GMP 合成酶、磷酸水解酶等；中心碳代谢途径的 6 个反应所涉及的酶如 ATP 合成酶、磷酸甘油酸激酶等；维生素代谢的 5 个反应涉及的酶如硫酸腺苷转移酶、泛酸激酶等；氨基酸代谢 3 个反应涉及的酶如精氨琥珀酸合成酶等。ATP 主要通过激酶（35.6%）、合成酶（19.7%）、连接酶（17.9%）、转移酶（16.7%）、羧化酶（3.4%）、ATP 酶（2.6%）、磷酸酶（1.7%）和还原酶（1.7%）等参与细胞组分的合成。基于此，运用 MOMA 算法预测了 11 个能促进细胞生长的 ATP 相关靶点，包括：①强化 ATP 合成酶、多磷酸激酶、乙酸激酶、丙酮酸激酶、尿苷酸激酶以及 ADP/ATP 线粒体向胞质的转运，增加胞质 ATP 含量；②减少用于非生长相关能量维持和不必要的 ATP 消耗；③调节磷酸果糖激酶、核糖-1,5 二磷酸激酶和 γ-谷氨酰激酶。

NADPH 与细胞生长的关系：模型 icmNX6434 中 NADH 相关的生长必需代谢模块包括 648 个反应和 525 个基因，不考虑反应的基因特征，162 个必需反应分布在 42 个代谢途径：碳水化合物（35.8%）、氨基酸（28.4%）、脂肪（20.4%）、维生素（8%）、核苷酸代谢（1.9%）和细胞壁的生物合成（1.2%）等中。其中，14 个 NADH 保守型必需代谢包括催化脂肪酸合成的反式-2-氧化还原酶，中心代谢途径的丙酮酸脱氢酶、3-磷酸甘油醛脱氢酶、乙醛脱氢酶和苹果酸脱氢酶，甘氨酸、丝氨酸和苏氨酸途径的 3-磷酸甘油酸脱氢酶，嘌呤代谢的 IMP 脱氢酶和烟酸代谢中的 $NAD^+$ 合成酶。NADH 通过氧化还原酶作用于生物量合成，其中 NADH 还原和氧化反应的比率约为 1.57，表明生物量合成对 $NAD^+$ 的需求比 NADH 更大。基于此，模拟得到了 12 个能促进细胞生长的 NADH 相关反应，包括过量表达 NADH 脱氢酶和 $NAD^+$ 转氢酶直接强化 $NAD^+$ 生产，以及降低 $NAD^+$ 在一些非必需代谢（替代碳代谢、氨基酸降解代谢和发酵产品代谢）中的消耗，表明高效 NADH 氧化和 $NAD^+$ 利用方式能够促进细胞生长。

模型 icmNX6434 中 $NADP^+$/H 相关的生长必需代谢模块包括 534 个反应和 447 个基因，不考虑反应的基因特征，129 个必需辅因子反应分布在 43 个代谢途径中，分别是脂质（31.7%）、氨基酸（20.5%）、碳水化合物（20.9%）、维生素（14.7%）、核苷酸代谢（1.6%）、细胞壁的生物合成（3.1%）等。15 个 NADPH 保守型必需代谢反应由脂肪酸合成途径中的氧化还原酶如（R）-3-羟基丁酰基载体蛋白氧化还原酶，氨基酸代谢的谷氨酸合成酶、谷氨酸半醛脱氢酶和天冬氨酸半醛脱氢酶，谷胱甘肽代谢途径的谷胱甘肽还原酶和异柠檬酸脱氢酶，嘧啶代谢途径的硫氧蛋白还原酶，叶酸合成途径的亚甲基四氢叶酸脱氢酶等催化完成。除了 $NAD^+$ 激酶和鲨烯合酶，NADPH 主要通过氧化还原酶作用于细胞组分的合成。NADPH 氧化和还原反应的比例约为 6∶1，表明生物大分子合成需要更多的 NADPH。MOMA 预测了 10 个能够提高细胞生长的反应，均集中在增加胞内 NADPH 含量方面：①提升 NADPH 合成能力通过增强中心碳、氮代谢途径的异柠檬酸脱氢酶、铁氧还蛋白氧化还原酶、$NAD^+$ 激酶和谷氨酸合成酶，叶酸代谢途径的二氢叶酸还原酶和亚甲基四氢叶酸脱氢酶，或抑制 $NAD^+$/P 转氢酶实现；②减少 NADPH 的消耗主要通过降低硬脂酰辅酶 A 脱氢酶、六癸烯酰盐合成酶、硬脂酰辅酶 A∶丙二酸单酰辅酶 A 酰基转移酶还原酶和硫氧还蛋白还原酶的活性实现。

乙酰辅酶 A 与细胞生长的关系：模型 icmNX6434 中乙酰辅酶 A 必需代谢模块包括 366 个基因和 362 个反应，不考虑反应的基因特征，92 个必需辅因子反应分布在 30 个途径：碳水化合物（33.4%）、脂质（31.5%）、氨基酸（19.6%）、维生素代谢（4.3%）、细胞壁的生物合成（7.6%）等。其中，8 个乙酰辅酶 A 保守型必需反应涉及的酶分别为脂肪酸代谢中的乙酰辅酶 A 羧化酶、乙酰辅酶 A 转移酶和乙酰辅酶 A：ACP 酰基转移酶，中心碳代谢途径的乙酰辅酶 A 合成酶、丙酮酸脱氢酶和柠檬酸合成酶，泛酸和辅酶 A 合成中的脱磷酸辅酶 A 激酶和支链氨基酸代谢中的 2-异丙基苹果酸合成酶。乙酰辅酶 A 代谢中必需的酶类包括转移酶（41.7%）、合成酶（16.5%）、连接酶（9.9%）、氧化还原酶（9.9%）、硫解酶（7.7%）、水解酶（4.4%）等。此外，考虑到乙酰辅酶 A 可作为生物质前体，预测得乙酰辅酶 A 酰基转移酶、甲酸裂解酶和磷酸转乙酰酶可作为增加胞内乙酰辅酶 A 的改造靶点。

### 2. 辅因子对工业微生物合成目标代谢产物的影响

如表 3-9 所示，通过对 25 种常见工业发酵产品的辅因子进行偏好性分析发现，辅因子在不同强度上增强或抑制 25 种发酵产品的合成。其中 24 种产品均与 ATP 有关，其类别广泛涉及酸、醇、脂类、维生素和抗生素等，其中 C4 二羧酸和固醇属于最依赖 ATP 的类型。ATP 能够促进大多数产品的合成，例如丙酮酸生产中胞质 $\gamma_{ATP-ADP}$ 值为正、线粒体 $\gamma_{ATP-ADP}$ 值为负。NAD$^+$/H 与 19 种发酵产品合成相关，尤其是醇类和酸类，这是由于 NAD$^+$/H 是胞内氧化还原状态的重要标志。除了乙酸、乳酸、丙酮酸和乙偶姻，其余更倾向于还原态的 NADH。NADP$^+$/H 可影响 19 种发酵产品的合成，NADP$^+$/H 对代谢的调节作用一方面在于 NADP$^+$/H 被转化为 ATP，另一方面 NADP$^+$/H 与胞内动态的氧化还原状态相关。NADP$^+$/H 对 19 种发酵产品合成均有促进作用，尤其是对糖醇、古龙酸、谷氨酸、$\gamma$-氨基丁酸、乙偶姻和二十碳五烯酸（EPA）的合成具有明显的促进作用。乙酰辅酶 A 与 16 种发酵产品合成相关，其中，对酮体中间体、氨基酸、青霉素 G 和核黄素的合成具有显著的促进作用。高比例的乙酰辅酶 A 和辅酶 A 有利于大多数产品的合成，但高比例的乙酰辅酶 A 和辅酶 A 不利于乙酸和氢气的生成。

表 3-9　　　　　　　　　常见工业发酵产品生产的辅因子需求分析

| 工业发酵产品 | ATP | NAD$^+$/H | NADP$^+$/H | 乙酰辅酶 A |
|---|---|---|---|---|
| 丙酮酸 | △（Ⅱ） | □（Ⅲ） | ◇（Ⅳ） | — |
| 乳酸 | ◇（Ⅱ） | □（Ⅲ） | — | — |
| 柠檬酸 | □（Ⅱ） | — | — | △（Ⅰ） |
| 衣康酸 | □（Ⅱ） | — | — | △（Ⅱ） |
| 富马酸 | □（Ⅱ） | — | — | — |
| 2-酮基-L-古龙酸 | ∨（Ⅱ） | △（Ⅳ） | □（Ⅰ） | ◇（Ⅳ） |
| 苹果酸 | □（Ⅱ） | — | — | — |
| 乙酸 | □（Ⅲ） | ∨（Ⅱ） | ◇（Ⅳ） | △（Ⅱ） |
| 丁酸 | ◇（Ⅲ） | □（Ⅲ） | ◇（Ⅳ） | ∨（Ⅱ） |

续表

| 工业发酵产品 | ATP | NAD$^+$/H | NADP$^+$/H | 乙酰辅酶A |
|---|---|---|---|---|
| 谷氨酸 | △（Ⅱ） | □（Ⅲ） | □（Ⅰ） | ◇（Ⅱ） |
| 酪氨酸 | √（Ⅱ） | ◇（Ⅱ） | △（Ⅱ） | □（Ⅱ） |
| 苏氨酸 | √（Ⅱ） | ◇（Ⅳ） | △（Ⅱ） | □（Ⅳ） |
| γ-氨基丁酸 | △（Ⅱ） | ◇（Ⅱ） | □（Ⅱ） | √（Ⅱ） |
| 丁醇 | √（Ⅱ） | □（Ⅲ） | △（Ⅰ） | ◇（Ⅲ） |
| 乙醇 | ◇（Ⅱ） | □（Ⅲ） | △（Ⅰ） | — |
| 木糖醇 | ◇（Ⅳ） | △（Ⅲ） | □（Ⅲ） | — |
| 酵母固醇 | □（Ⅱ） | — | — | — |
| 山梨醇 | — | □（Ⅰ） | □（Ⅳ） | — |
| 阿拉伯醇 | △（Ⅳ） | □（Ⅲ） | ◇（Ⅲ） | — |
| 丙酮 | √（Ⅱ） | ◇（Ⅱ） | △（Ⅳ） | □（Ⅱ） |
| 乙偶姻 | √（Ⅱ） | △（Ⅱ） | △（Ⅳ） | ◇（Ⅱ） |
| 核黄素 | ◇（Ⅱ） | △（Ⅳ） | △（Ⅱ） | □（Ⅳ） |
| 氢气 | √（Ⅳ） | □（Ⅱ） | ◇（Ⅳ） | △（Ⅱ） |
| 二十碳五烯酸 | △（Ⅳ） | — | □（Ⅲ） | △（Ⅱ） |
| 青霉素 | √（Ⅱ） | ◇（Ⅳ） | △（Ⅱ） | □（Ⅲ） |

注：□、△、◇、√代表辅因子对产物合成影响程度依次下降。

以25种发酵产品合成的辅因子需求分析为模型，总结出四种辅因子影响目标代谢产物高效合成的作用机制。如图3-21所示，包括：（Ⅰ）型：辅因子直接影响酶活性，如NAD$^+$/H对山梨醇、NADP$^+$/H对谷氨酸和乙酰辅酶A对柠檬酸的影响；（Ⅱ）型：辅因子作为酶的底物的前体，如ATP对乙醇、NADH对丁酸、NADPH对酪氨酸和乙酰辅酶A对丙酮的影响；（Ⅲ）型：辅因子同时影响酶的活性和底物水平，如ATP对乙酸、NADH对乙醇、NADPH对EPA及乙酰辅酶A对青霉素G的影响；（Ⅳ）型：与目标代谢产物的生物合成途径中其他辅因子对相互作用，如ATP对氢气、NADH对2-酮基-L-古龙酸、NADPH对丙酮酸和乙酰辅酶A对L-苏氨酸的影响。在四种作用模式中，目标代谢产物高效合成辅因子需求与细胞生长辅因子需求可能一致或相反。相同的辅因子需求加剧了辅因子的不平衡性，微生物细胞可能会积累一些具有不同的氧化还原电位的副产物，或者目标产物生产的同时耦合其他辅因子对的形成。

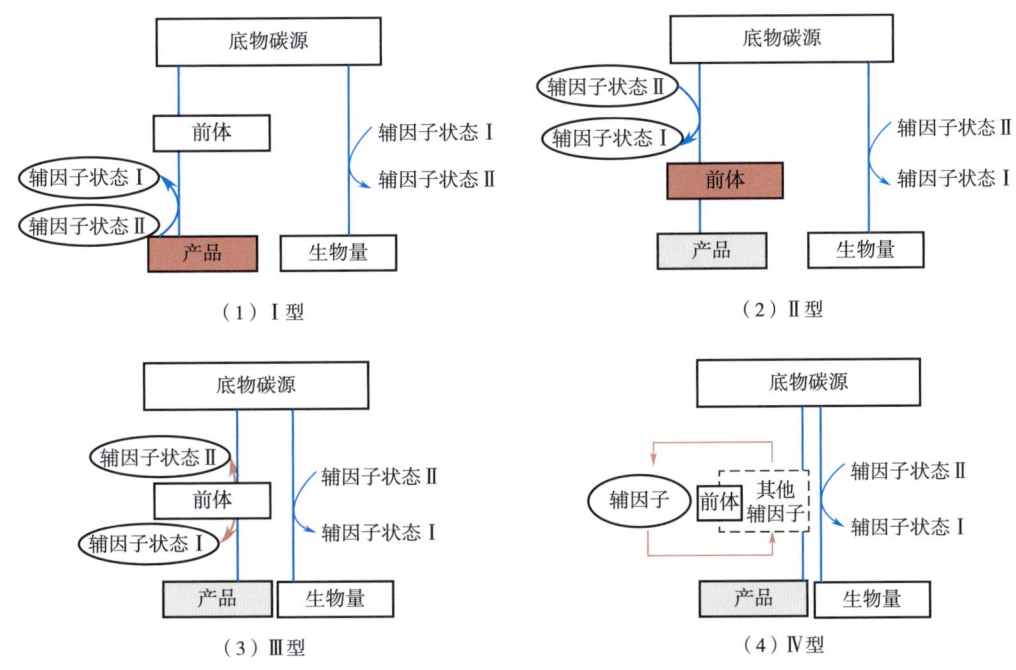

图 3-21 辅因子对代谢产物合成的四种作用模式

## 第四节 基因组规模转录调控网络模型的构建

细胞的生命与功能是由其内部复杂的生物网络控制，基因调控网络则相当于细胞的神经中枢，指挥、控制着细胞的繁殖、分化、细胞周期和刺激应答等一切生理活动。基因调控网络是一组调控因子如何调控另一套基因表达的过程，参与该过程的主要生物大分子包括 DNA、mRNA、蛋白质、其他小分子等。基因调控网络具有基因数量大、分子种类多、基因表达具有时空性（基因表达数据的测量是在某一特定条件下进行的）等特点，同时大多数基因不只受到一个调节基因的调控，它们之间的相互作用具有非线性特性。根据调控事件在基因表达过程中发生的先后次序，可将其分为染色质水平上的调控、转录调控、转录后调控、翻译调控及蛋白质修饰五个层次。在基因表达调控的五个阶段中，无论是原核还是真核微生物，最重要的调控环节是转录水平上的表达调控，这也是最经济的方式。在转录过程中，转录因子作用于另一个基因的 DNA 结合位点，控制了另一个基因的转录（图 3-22）。该基因可能是功能基因，或者其表达产物是转录因子，后面这种情况形成了基因调控关系。细胞各类代谢活动均受到转录水平调控，转录调控作为代谢表型响应胞内和胞外环境变化的一种重要机制，主要强化或抑制转录因子（transcriptional factors，TFs）或调控子（regulators）表达影响其对转录因子结合位点（TF binding sites，TFBSs）的作用。转录因子通过基因上游调控区域的转录因子结合位点而调控靶基因（target genes，TGs）的表达。绝大部分真核生物基因在无 TFs 时处于不表达状态，聚合酶自身无法启动基因转录，只有当其与 TGs 启动子区域上的靶位点结合时，RNA 聚合酶才能起始转录。TFs 会调控其 TGs 的表达，而编码 TFs 的基因本身又受到其他 TFs 的调控，如此便形成了一个 TFs-TFs、TFs-TGs 的转录调控网络（transcription regulatory network，TRN）。通过构建基因调控网络可以全面分析和了解基因之间的相互作用关系，认识并掌握细胞生命活动的运作机制，这已成为生物信息学和系统生物学的一个研究热点。

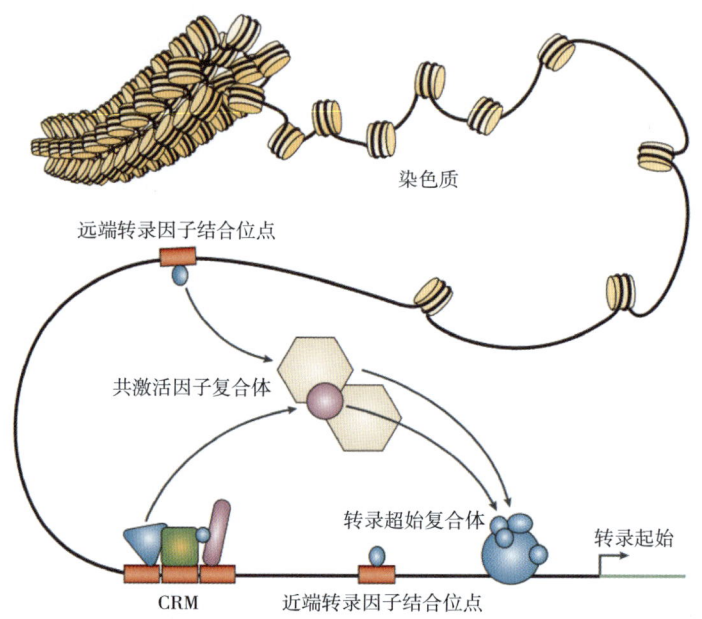

图 3-22 转录因子结合靶基因上的结合位点调控基因转录

## 一、转录调控网络的数学表述

目前许多实验室和研究者将高通量实验技术和生物信息方法结合起来探索基因表达的调控过程，利用数学模型表述转录调控网络，对其进行抽象化、简单化，并取得了一些有效的结果。要建立基因调控网络模型，需要全面系统地测量细胞内的各种分子，而目前使用的实验手段尚不能达到目的。在很大程度上，基因的表达信息反映了生物体的功能阶段和状态，研究这种复杂的动态系统，理想数据是时序数据。目前大部分的时序数据是在特定条件下的稳定状态数据，数量很少，且大多数情况下与真实生物过程存在一定差异。而各种传统方法或高通量手段都存在一定的局限性和不确定性，这些因素增减了建模的难度。在实际操作过程中采取折中策略，根据数据类型、研究目标来选择不同类型的模型。多参数的精细模型（如微分方程模型）能够给出系统详细状况，如蛋白质浓度、生化反应动力学。为了防止模型的过拟合，对数据的精度及数量要求比较高。相反，粗粒度的模型（如各种聚类算法）能够揭示系统的一些宏观行为或现象，如哪些基因的表达具有一定相关性或执行相同的功能，对数据的精度及数量要求较低。因此，精细模型适用于相对较小的独立系统，而粗粒度模型则适于整个基因组范围。转录调控网络通常用节点代表基因、边代表相互作用的图来表示,目前的建模方法主要有线性模型、微分方程、布尔网络模型、高斯模型、贝叶斯网络、模块网络及其他随机模型等。

**1. 加权矩阵模型**

加权矩阵模型是最早应用于基因调控网络建模的方法。该模型模拟环境条件对调控转录的影响,观察在对环境输入做出响应时各基因模式中发生的变化,并利用模拟输入、输出数据集推导预测基因调控网络。即便有噪声的数据也能很准确地预测出模型的各元件。加权矩阵模型考虑了连续表达水平,其系数和拓扑结构从 GA 算法获得,用一个加权矩阵表示基因间的相互作用影响,它包含了 $N*N$ 个权重值。$W_{ij}$ 表示基因 $i$ 对基因 $j$ 的影响,对基因 $j$ 的最终影响应由所有输入基因 $i$ 乘以相应的权重后求和,而输出经标准化后其值应在 0 和 1 之间。用该方法建立基因调控网络时,首先对权重矩阵进行初始化。基本步骤如下:在网络重建时,根据表达数据的特点进行大约的推算。这些值的推演和迭代过程通常可以借用一些典型的学习方法(主要有模拟淬火算法、神经网络算法或遗传算法)。简单来讲,权重矩阵模型就是根据所有基因两两之间的相互影响建立整个网络。由于基因数目的庞大,权重矩阵也很大,并且由于初始化选择会影响该方法的收敛性,很明显该方法往往具有很大的计算量和稳定性问题。在实际应用中,Weaver 等人在环境的相关因素研究中,将 $P$ 个环境因素作为权重加入至加权矩阵中,成功找到了与环境相关的和不相关的两类基因;Reinitz 和 Sharp 利用加权矩阵模型构造了果蝇基因调控网络,找到了在果蝇基因中形成果蝇条纹的重要因素;此外加权矩阵模型还被成功应用于小型生化通路的模拟中。不过鉴于加权矩阵模型是一种参数精细化的模型,在数据误差较大的情况下不建议使用该模型建立基因调控网络。

**2. 布尔网络模型**

布尔网络模型(Boolean Network,BN)是一种以有向图为基础的离散系统,把基因的表达水平抽象为开、关两个状态,状态开表示一个基因转录表达,形成基因产物;而状态关则代表一个基因未转录。用布尔规则来描述基因之间的相互作用。通常假设布尔网络包含 $p$ 个节点代表基因,分别处于抑制(0)或表达(1)的状态。网络的动态过程由 $p$ 个状态布尔函数 $F = \{f_1, f_2, \cdots, f_p\}$ 来描述,每个节点对应一个布尔函数。其中 $x_i(t)$ 表示每个基因点在 $t$ 时刻的状态,基因 $i$ 在 $(t+1)$ 时刻的表达状态是由 $k_i$ 个相关基因在前一时刻 $t$ 的表达状态所决定的,即公式(3-1):

$$\begin{cases} x_1(t+1) = f_1[x_1(t), x_2(t), \cdots, x_n(t)] \\ x_2(t+1) = f_2[x_1(t), x_2(t), \cdots, x_n(t)] \\ \cdots \\ x_n(t+1) = f_n[x_1(t), x_2(t), \cdots, x_n(t)] \end{cases} \quad (3-1)$$

因此,给定网络的初始状态和状态布尔函数,便可计算出每个基因在任意时刻的表达状态。

布尔网络对实际的基因调控网络进行了简化,因为基因表达水平的变化是一个连续的过程,与每个转录因子的浓度的变化和结合强度相关,不是简单地由 $p$ 个布尔输入变量决定的。为了在布尔网络模型中引入不确定的因素，提出了概率布尔网络（Probabilistic Boolean Networks，PBN），该模型中每个基因对应一个或多个布尔函数，每个迭代步骤中以一定概率选取其中一个函数预测其下一步的状态。概率布尔网络保留了布尔网络的部分特性并且可以描述基因调控网络中的随机现象。它用 $l(i)$ 个布尔函数代替了传统布尔网络中的单个布尔函数 $f_i$，即 $f_i = \{f_1^{(i)}, f_2^{(i)}, \cdots, f_{l(i)}^{(i)}\}$。相应地，基因 $i$ 在 $(t+1)$ 时刻的表达状态是由从 $k_i$ 个输入和从 $f_i$ 中随机选取的一个布尔函数决定，任意时刻 $p$ 个基因的表达状态对应于 $f_1 \times f_2 \times \cdots f_p$ 空间的一种取值。其中，布尔函数 $f_j^{(i)}$ 被选择用于更新基因 $i$ 的状态的概率如式（3-2）所示：

$$C_j^{(i)} = \Pr(f_i = f_j^{(i)}) = \sum_{f: f_i = f_j^{(i)}} \Pr(F = f) \tag{3-2}$$

概率布尔网络用随机选取概率布尔函数的方法来描述基因表达调控随时间的变化过程，但布尔函数的个数总是有限的，所以还是无法精确地描述基因复杂的表达模式。

**3. 微分方程模型**

微分方程模型是一种连续的网络模型，它假定当前实验条件（或当前时刻）下各基因表达水平决定了下一实验条件（或下一时刻）各基因表达水平的变化，即基因 $i$ 的表达水平随时间 $t$ 的变化表示为所有基因表达水平的函数 $f_i$ 加上一个误差项 $b_i$。

$$\frac{\mathrm{d}x_i(t)}{\mathrm{d}t} = f_i(x_1, \cdots, x_p) - \gamma x_i(t) + b_i \tag{3-3}$$

式（3-3）实际上假设在任一特定的时间内基因的转录与降解都达到平衡状态，其中 $x_i$ 表示基因在时刻 $t$ 的表达水平即 mRNA 丰度，$\gamma$ 是 mRNA 的降解率（$\gamma$ 不随时间变化），$b_i$ 是误差项，表示当没有调控子对其进行调控时，基因 $i$ 的自我表达量（基准表达水平），函数 $f_i$ 描述其他基因对基因 $i$ 的调控和调控的强度。若函数 $f_i$（$i=1, \cdots, p$）是线性函数，即 $f_i = \sum_{j}^{p} w_{ij} x_j(t)$，其中 $w_{ij}$ 是基因 $j$ 对基因 $i$ 的影响权重，此时有：

$$\frac{\mathrm{d}x_i}{\mathrm{d}t} = \sum_{j}^{p} w_{ij} x_j(t) - \gamma x_i(t) + b_i \tag{3-4}$$

式（3-4）定义了一个线性微分方程模型，给定一个基因表达水平的时间序列，可通过求解线性代数方程组的方法来确定方程中的所有参数，其中 $w_{ij}$ 描述了基因 $i$ 的表达行为受哪些基因的影响，由此构建基因调控网络。然而，基因的表达并非线性的而是具有饱和特性，上述微分方程模型的缺点是不能解决 mRNA 到蛋白质形成之间的时间延迟问题。

**4. 贝叶斯网络模型**

贝叶斯网络（Bayesian Network）是一种概率图模型，它是基于概率推理的图形化网络。所谓概率推理就是通过一些变量的信息来获取其他的概率信息的过程，基于概率推理的贝叶斯网络是为了解决不定性和不完整性问题而提出的，它对于解决复杂设备不确定性和关联性引起的故障有很大的优势。

贝叶斯网络由一个有向无环图 G（Directed Acyclic Graph，DAG）和一个联合概率分布 P 组成，G 中的结点对应一组随机变量 $X_1, \cdots, X_P$，而 P 描述了这组随机变量服从的联合概率分布。在 Markov 假设下，贝叶斯网络间接描述了这些随机变量间的条件独立关系，即当每个变量 $X_i$ 给定 G 中的父结点 $P_a(X_i)$ 前提下，独立于它的非子结点。相应地，联合概率分布 P 可以表示为式（3-5）：

$$P(X_1, \cdots, X_P) = \prod_{i=1}^{p} P(X_i \mid P_a(X_i)) \tag{3-5}$$

贝叶斯网络的学习包括结构学习与参数学习，结构学习是确定有向有环图的结构，参数学习是确定每一个条件的概率分布 $P(X_i \mid P_a(X_i))$。学习过程可以描述为：给定观察样本 D，找到一个网络结构 $G^*$ 以及其上的一个概率分布 $P^*$，使得产生数据 D 的概率最大。贝叶斯网络具有丰富的表达能力，它描述了不确定性事件之间的因果关系，而且可以网络结构和参数的先验信息进行学习，因而广泛应用于人工智能、机器学习等不确定性推理领域。

若将 p 个随机变量视为 p 个基因的表达水平，有向无环图 G 视为基因表达之间的因果关系，则贝叶斯网络恰好描述了基因之间的调控关系，因而也被广泛用于基因调控网络的学习。贝叶斯网络的不足之处是它不允许有向环的存在，而基因调控网络中确实存在许多调控环路。

**5. 动态贝叶斯网络**

动态贝叶斯网络（Dynamic Bayesian Network，DBN）就是针对这个问题提出来的，它是一个无环有向图，而在很多实际生物系统特别是基因调控网络中，反馈回路是其中一种重要的调控机制。动态贝叶斯网络是贝叶斯网络在时间变轴上的扩展，反映了一系列变量随时间变化的情况。将一组随机变量的所有可能的取值情况视为状态空间，一个随机变量在当前时刻的取值由前一时刻所有随机变量的状态决定，动态贝叶斯网络描述了这组随机变量在离散时间点上的状态转换过程。动态贝叶斯网络解决了普通贝叶斯网络不允许有向环存在的问题，比普通贝叶斯网络具有更强大的表达能力，也被广泛地用于基因调控网络的学习，且被证明比其他模型如概率布尔网络具有相当或更好的性能。

动态贝叶斯网络包括两部分，初始贝叶斯网络 $B_0 = (G_0, \theta_1)$ 和转移贝叶斯网络 $B_1 = (G_1, \theta_1)$。为了处理方便，动态贝叶斯网络通常满足以下两个假设条件：①网络拓扑结构不随时间发生变化，当 $t=0$ 时，变量间的相关关系为 $P_a(X_i(0)) \subseteq X(0)$；当 $t>0$ 时，变量间的相关关系为 $P_a(X_i(t)) \subseteq X(t-1)$。②满足 Markov 条件，$P(X(t) \mid X(0), \cdots, X(t-1)) = P[X(t) \mid X(t-1)]$。满足上述条件的动态贝叶斯网络是贝叶斯网络在时间序列上的展开，反映了变量 X 在所有可能时间域上的状态的联合概率分布，如式（3-6）：

$$P[X(0), X(1), \cdots, X(t)] = P(X(0)) \prod_{t=1}^{T} P[X(t) \mid X(t-1)] \tag{3-6}$$

**6. 模块网络模型**

模块网络模型是在贝叶斯网络的基础上，将随机变量进行分块，一个块内的所有随机变量拥有共同的父变量和服从相同的条件概率分布，这样就形成了一个以块为单位的贝叶斯网络。与贝叶斯网络相比，模块网络模型的优点是，同一个块内的变量服从相同的条件分布，使得参数学习可以在更大的样本上进行，因而可以学习非常微弱的依赖关系，而在以单个变量为学习单位的贝叶斯网络中，这些依赖关系会因样本不足而被认为是非显著的。此外，将变量进行分块，降低了网络的搜索空间，在相同的样本量的情况下，能学习出比贝叶斯网络更健壮的模型。基因表达恰好具有类似的特征如受同一个转录因子调控的基因具有相同的表达模式，参与同一生物过程或在同一个代谢通路上的基因也具有相似的表达模式。因此，利用模块网络模型对基因进行分块并学习块之间的调控关系，也是学习基因调控网络的有力方法。然而，模块网络模型也有明显的缺点。实际情况中随机变量本质上并不能组织成块且服从不同的概率分布，如一个转录因子可以调控许多靶基因。其次，模块网络模型对变量的划分是硬性的，即一个变量只允许属于一个块，而实际情况中一个变量可以属于多个块，如一个基因可以参与多个生物过程。

**7. 相关系数模型**

用相关系数模型研究生物学因果关系是一种经典的方法。根据基因调控原则，如果基因 A 和基因 B 之间具有一个很高的相关性则意味着：基因 A 调控基因 B；基因 B 调控基因 A；基因 A 与基因 B 共同被第三个基因 C 调控——随机调控关系。斯坦福大学的 McAdam 教授一直致力于一种相关矩阵研究，以便从基因表达中来重建调控网络。该方法的基本原理建立在电子电路理论、系统论和多元统计分析的基础之上。相关系数方法通过计算基因向量 $gene_i = (g_{i1}, g_{i2} \cdots g_{in})$ 和向量 $gene_j = (g_{j1}, g_{j2} \cdots g_{jn})$ 之间的相关系数，找到相似趋势、相反趋势以及具有对应变化关系的基因。虽然相关分析不能提供一个因果关系的实际依据，但它能给我们提供一种假设，而这种假设可以被其他方法检验。在该模型中，所有的调控关系都是间接的。在表达模式之间，正相关同欧几里得距离原理是类似的，但对平移变换不敏感；负相关在欧几里得距离的分析中根本不显示出来，但它可能暗示两个基因间有一个强烈的联系。对相关系数方法的应用，目前主要是药物的筛选方面，但是对于大规模的基因组建模，该方法并不适合。

## 二、转录调控网络的构建方法

对于细胞基因表达调控过程可以通过建立基因调控网络模型进行研究，全基因组规模转录调控平台的构建，可以从更高层级发现微生物调控信息和调控结构，了解细胞生命过程的运作机制，对解析细胞生长、发育、遗传、代谢、凋亡、病变、环境响应等生物过程的分子机理十分重要。目前微生物转录调控关系的确定主要依据湿实验、从头反向工程推测和数学计算模型三种方法。

传统生物学湿实验中，比较重要和被广泛使用的研究基因调控和蛋白质/DNA 相互作用的方法分别有电泳迁移实验（Electrophoretic Mobility Shift Assay，EMSA），随后出现了DNA 足印法（DNA footprinting）和酵母单杂交系统。如图 3-23 所示，电泳迁移实验是基于蛋白质/DNA 复合体在非变性聚丙烯酰胺或者琼脂糖凝胶电泳中的移动速度慢于游离线性 DNA 片段的原理设计的。当 DNA 片段与蛋白质结合后其在凝胶中的泳动速率被阻滞，这种实验也被称为凝胶阻滞实验。DNA 足迹法的样品处理方法与电泳迁移实验不同，可以用于研究细胞体内和体外蛋白质/DNA 的结合。DNA 和蛋白质结合以后便不会被 DNAase 分解，在测序时便出现空白区（即蛋白质结合区），从而了解与蛋白质结合部位的核苷酸对数目。在用酶移除与蛋白质结合的 DNA 后，又可测出被结合处 DNA 的序列。实际上这种方法可以精确地判断蛋白对 DNA 片段的结合位点，精确到单碱基水平。酵母单杂交系统中使用的 Gal4 蛋白的结合域被感兴趣的蛋白替代并直接与激活域融合，当感兴趣的蛋白与报告基因上游的激活位点发生相互作用后，报告基因的表达才会发生。报告基因上游的激活位点可以被改造，或者是一段启动子序列，或者是一段串联的 DNA 结合位点。通过构建 cDNA 文库，将大量的蛋白表达基因与 Gal4 的激活域融合，酵母单杂交系统可以用于高通量筛选蛋白质和 DNA 相互作用。

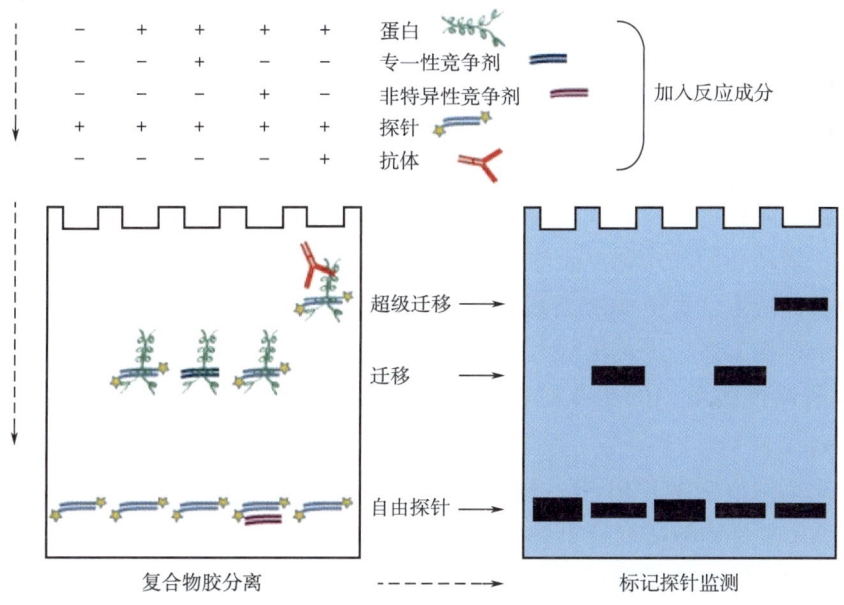

图 3-23　电泳迁移实验原理

传统的生物实验方法可以针对特定的蛋白和感兴趣的 DNA 片段进行分析，但是这种小范围的、特定目标的研究只能帮助我们了解局部的细胞活动。在很多物种，包括一些细菌、真菌的基因组序列被公布后，针对细胞在全基因组范围进行研究的需求就更加迫切。微阵列与染色体免疫共沉淀（chromatin immunoprecipitation，Chip）技术就是为了满足这种需求产生的。目前，最成功的生物芯片形式是以基因序列为分析对象的"微阵列"技术，以玻璃片或硅片为载体，采用原位合成和微矩阵的方法将寡核苷酸片段置于探针上并按顺序排列在载体上，可以自动化快速、准确地将探针放置到芯片上的指定位置；此外，为了提高检测的灵敏度和使用者的安全性，还需将样品进行提取、扩增，获取其中的 DNA 或 RNA，然后用荧光标记。之后将芯片与样品进行杂交反应，杂交反应后的芯片上各个反应点的荧光位置、荧光强弱经过芯片扫描仪和相关软件分析图像，将荧光转换成数据，即可以获得基因表达水平的信息。染色体免疫共沉淀是一种基于免疫共沉淀技术用来研究细胞内蛋白质和 DNA 相互作用的实验方法。这种方法可以检测目标蛋白与一些特定基因组区域比如启动子上游或者蛋白质结合位点的关联性。基本原理是在生理状态下把细胞内的蛋白质和 DNA 交联在一起，用超声波将其打碎为一定长度范围内的染色质小片段，然后通过所要研究的目的蛋白质特异性抗体沉淀此复合体，特异性地富集目的蛋白结合的片段，通过对目的片段的纯化与检测，从而获得蛋白质与 DNA 相互作用的信息。湿实验为转录调控关系提供直接证据，但高成本和对材料要求高是限制其应用的主要因素。目前染色质免疫共沉淀技术与芯片结合法（chip-chip）和结合位点分析法（chip-seq）是学习基因调控网络的高通量方法。

从头反向工程是利用基因表达的数据反向推断未知的或隐含的基因调控网络拓扑结构的技术。基于对基因组规模基因表达数据的筛选和分析，鉴定出相同转录因子调控下的上调或下调的靶基因。RNA-seq 和 DNA 芯片技术的广泛应用提供了丰富的基因表达数据，即细胞内成千上万的 mRNA 的相对或绝对表达值，这为在分子水平研究基因间相互作用关系及作用提供了数据基础。除了通过实验测定基因表达，多种模式生物基因组以及表达谱数据已经测定，可通过公共数据库下载，如 GEO 等数据库收集了很多的基因表达数据，为研究基因的功能和重建基因调控网络奠定了重要的基础。对这些数据进行基因共表达或共调控分析，借助利用顺式调控元件的预测软件在共表达基因的转录起始位点上游调控区域反复进行模体搜索，直至没有新模体出现。最后，将所有模体汇总后，与已知模体比较、验证转录调控关系。该方法从大量实验数据出发，运用成熟的模体计算方法快速而准确地获得转录调控关系，虽然存在较高的假阳性，但预测结果能够反映大量生化调控规律。

在蛋白质结构数据库 PDB 中，目前已有超过 6 万个实验测定的蛋白质结构，其中有关蛋白质-DNA 复合物的结构还不到 1000 个。计算生物学家期望根据已有的蛋白质序列信息和结构信息来建立数学模型，开发出高效准确的计算机预测蛋白质-DNA 结合区域方法。第三类确定蛋白质和 DNA 相互作用的方法完全依赖于生物信息分析，主要包括：①基于高质量参考模型的比较基因组学方法，该方法必须保证参考模型的准确性，同时参考基因组高度的同源关系。②根据已知的转录因子结合位点搜索基因的上游调控区域，该方法存在很高的冗余性和假阳性，但有利于转录调控网络构建方法的开发。③基于序列信息的 DNA 结合位点的预测服务器有 DISIS、DNABindR、BindN、BindN-rf、DP-Bind 和 DBS-PRED 等。这些预测算法使用了多种多样的特征属性，如序列保守型、进化信息、氨基酸的频率、溶剂可溶性、静电势、疏水性、BLOSUM62 矩阵、位点特异性打分矩阵等。这些方法使用了常见的机器学习算法：支持向量机、贝叶斯网络、人工神经元网络、随机森林等。由于目前基因获取技术和本身生物系统存在各种不确定性，不能得到所有生物大分子和相关物质的数据，且对细胞特定条件下实时数据的获取存在一定障碍，这些因素都增加了建模的难度。多参数的精细模型（如微分方程动力模型）能够给出系统详细状况，如蛋白质浓度、生化反应动力学等，对数据的精确度和数据量要求较高，适用于相对较小的独立系统。粗粒度模型（如各种聚类算法）能揭示系统的宏观行为或现象，如哪些基因表达具有一定相关性或执行相同功能，对数据精度及数量要求低，粗粒度模型适于整个基因组范围。

## 第五节 蛋白质互作网络模型的构建

蛋白质是构成细胞的基本有机物，是生命活动的主要承担者，没有蛋白质就没有生命。随着生命科学进入后基因组合蛋白组时代，蛋白质相互作用研究显得越来越重要，生命活动过程与蛋白质的相互作用是密不可分的，如激素-受体结合、核酸抑制、抗体-抗原反应、信号转导以及酶的变构效应等许多生物学进程。蛋白质互作网络一方面是由单独蛋白质通过彼此之间的相互作用构成，另一方面是指蛋白质与其他生命大分子或细胞内小分子间相互作用，通过彼此互作来参与生物信号传递、基因表达调节、能量和物质代谢及细胞周期调控等生命过程的各个环节。蛋白质相互作用通常可以分为物理互作和遗传互作。物理互作是指蛋白质间通过空间构象或化学键彼此发生的结合或化学反应，是蛋白质互作的主要研究对象。而遗传互作则是指在特殊环境下，蛋白质或编码基因受到其他蛋白质或基因的影响，常常表现为表型变化之间的相互关系。本章介绍的蛋白质互作网络主要包括蛋白质与蛋白质、小分子化合物及 DNA 相互作用。

### 一、蛋白质和蛋白质相互作用

蛋白质和蛋白质相互作用包括三个方面：多亚基蛋白质的形成（分离纯化后可形成两种以上蛋白质，如血红素、色氨酸合成酶、DNA 合成复合酶等）、多成分的蛋白质相互作用（如核孔复合体、剪接体、纺锤体等）、瞬时蛋白质相互作用（蛋白质修饰、蛋白质跨膜运输、新生肽链的折叠等需要这类相互作用）。基因组规模蛋白质-蛋白质相互作用（protein-protein interaction，PPI）网络作为一种无标度网络描述了两种和更多蛋白质之间的生化和物理连接作用。在 20 世纪末和 21 世纪初期，运用计算和湿实验方法分别构建了 *E. coli* 和 *S. cerevisiae* 的基因组规模 PPI 网络。到 2024 年 8 月，已有 3843 种微生物的 PPI 被收录于 STRING 数据库中。分析蛋白质相互作用的实验方法分为存在性方法和描述性方法，前者在于判断蛋白质是否能相互作用，后者是描述蛋白质相互作用细节。基因组规模 PPI 网络的构建方法包括，确定蛋白质两两相互作用和蛋白复合体关系。前者可以运用酵母双杂交、断裂泛素重组实验，后者通过串联亲和纯化耦联质谱来确定，这些高通量实验方法均具有互补性。除了实验方法的发展，也出现了很多预测蛋白质相互作用的生物信息分析算法和软件，可以根据基因组上下文和结构信息（如近距离基因、亲缘关系、基因融合关系和蛋白质的三维结构）确定蛋白质-蛋白质相互作用；利用支持向量机、人工神经网络、贝叶斯网络、*K*-近邻法、决策树、随机森林等算法，机器学习异源微生物的蛋白质组等数据；以及从文献、公开数据库中挖掘数据。

在蛋白质相互作用的研究中，蛋白质-蛋白质作用结合位点预测，及蛋白质-蛋白质对接模拟是重要组成内容。蛋白质-蛋白质作用位点的预测主要依据对蛋白质复合体形成规则的总结，并根据这些规则进行经验学习和机器学习。经验学习一般通过对已知的蛋白质-蛋白质复合体做序列和结构上的相关属性分析，从中找出规则并推导出评分函数，进而应用评分函数进行蛋白质-蛋白质结合位点预测。机器学习也是通过计算蛋白质-蛋白质作用界面与其他表面的序列、物理化学属性的不同之处，通过神经网络与支持向量等人工智能及其学习的方法来预测作用位点。用于蛋白质-蛋白质结合位点预测的特征属性包括进化保守型、氨基酸在作用界面倾向性、几何的平面凹凸性、物理化学属性（如静电性、亲水性、疏水性及蛋白质亲水表面积等）。一般来说，预测的流程是首先根据已知的蛋白质-蛋白质复合物构建一个训练集，该训练集通常来源于蛋白质结构 PDB 数据库，对训练集中所有蛋白质-蛋白质复合体进行特征分析，将这些特征属性参数输入机器学习算法进行训练，再与复合体的结合位点情况进行比对。相关的一些工作有：基于膜和蛋白质表面片段检测方法，通过分析蛋白质序列的疏水性进而识别出蛋白质-蛋白质相互作用位点；依靠多序列比对检测保守残基或者关联突变的方法预测蛋白质-蛋白质相互作用位点；基于支持向量机和贝叶斯等分类算法，利用相邻残基序列轮廓信息成功地预测了蛋白质-蛋白质相互作用位点上的接触面残基；基于支持向量机分类算法，将空间结构上相邻残基序列轮廓信息和线性序列相邻残基轮廓信息应用于蛋白质-蛋白质相互作用位点的预测。

人们可以利用蛋白质-蛋白质对接（protein docking）方法模拟构建出可能的蛋白质复合物结构。随着分子生物学和 X 射线衍射晶体学、多维核磁共振（mD-NMR）等结构测定技术的不断发展，许多蛋白质复合物的三维结构被测定。这些结构为蛋白质-蛋白质对接模拟提供了必要的数据。蛋白质-蛋白质对接的一般流程：第一步尽可能构建大量蛋白质 A 与蛋白质 B 相互作用的复合物构象（1000~10000 个）；第二步用一种评分函数对这些构象进行打分排序，以期从中找出与天然复合物相近的构象；最后一步是对找出的少量构象进行能量优化，使之更加接近天然复合物的结构。目前蛋白质-蛋白质对接程序大多能够提供大量待选构象，但其中仅含有少量正确构象，对接工作的难点在于如何从大量构象中挑选出与天然结构尽可能相近的构象。这有赖于合适的打分函数对这些构象进行排序。理论上的自由结合能计算量太大，通常先使用基于蛋白质表面集合互补方法构建出很多复合物构象，再对排在前面的构象计算自由结合能挑选正确构象。

从大方向上蛋白质对接可以分为刚性对接和柔性对接。刚性对接的大致步骤是，首先，假定整个对接过程蛋白质结构不变，从已知两个蛋白质结构数据出发，将两个蛋白质分子处理为刚体。通过旋转和移动蛋白质三维结构对其表面进行几何匹配，使用打分函数对每次匹配结果打分，去除不能匹配的构象后，用精细的能量打分对匹配的构象进一步评价并排序。对排序较靠前的结构进行能量优化，允许氨基酸侧链和骨架的运动，使用参数优化匹配构象。如果在分子对接前能够获得任何关于结合位点的信息，那么可以在尽可能早的阶段利用它来缩小构象搜索的范围，提高结构的成功预测率。快速傅立叶变换是刚性对接的常用算法之一，原理是将蛋白质的三维结构投影到一个三维栅格中，很大限度提高了对接速度和准确率。

柔性对接是指研究体系的构象是可以自由变化的，数目庞大的原子数和自由度数使包括柔性在内的整个构象空间的搜索变得不切实际。目前蛋白质分子柔性处理的方法归纳起来有三种。常用的一种柔性处理方法是通过在分子表面定义一个柔软壳层来允许分子的表面原子可以发生一定程度的交叠。分子表面软的程度是一个常数，与分子表面位点无关。而在真实溶液状态下，分子表面原子基团的运动是与位点有关的，且基团的运动程度也各不相同。该方法对接很大程度上是依赖于复合物形成过程中受体和配体分子构象的变化程度。第二种蛋白质分子柔性处理的方法是采用分子走向模型。在对接过程中仅使用钙原子。这种低分辨率的对接考虑到表面原子的运动，但只考虑了氨基酸侧链的运动，没有考虑骨架的运动，预测的准确率偏低。第三种方法基于分子铰链弯曲的运动。该方法将配体分子分为几个部分，各部分间由预先定义的铰链相连接，并可以绕铰链发生相对运动。优点是运行速度较快而且考虑了蛋白质分子骨架的运动。缺点是需要预先设定配体上铰链的位置，同时配体的各部分仍然是刚体模型。

## 二、蛋白质和小分子相互作用

蛋白质与小分子的相互作用是细胞各种基本功能的主要完成者，参与几乎所有的主要生命活动，比如小分子与蛋白质的特异性结合、底物与特定酶蛋白的相互作用、蛋白质的折叠等。研究蛋白质尤其是酶与小分子的相互作用过程对于阐明酶与底物的作用机理有重要的理论意义，可以为新药设计与开发以及蛋白质分子改造提供目标。利用不同实验方法和技术（如等温滴定量热法、表面离子体共振技术等）可以评价蛋白质和小分子间相互作用，相关指标如结合常数、结合位点数、作用力类型、反应体系的热力学参数及小分子对蛋白质构象和功能的影响等。小分子在靶标蛋白质表面的作用结合位点往往位于蛋白质表面的凹处或口袋处。计算机模拟通过分析蛋白质结构的几何、物理化学属性，分析、统计已知蛋白质和小分子复合物的结合体，通过机器学习的方法对结合位点进行预测。

### 1. 蛋白质-小分子结合位点预测

基于几何特征的蛋白质-小分子结合位点预测算法，是对蛋白质表面的纯几何计算，不需要知道小分子和分子间作用关系，可分为三类：三维网格、空间球体和α-形状。基于网格的方法是将蛋白质映射到一个三维网格中，对每一个节点进行操作运算，如果一个节点满足一定的几何或能量条件，可以判定它位于结合位点。在基于三维网格的预测算法中，结合位点的定义是一系列的网格节点，这些网格节点通过取舍和聚类分析，最终组成了一个个独立的点簇，就是蛋白质小分子结合位点。常用的有 POCKET、LIGSITE、PocketPicker、VICE、ConCavity 和 CHECOM 等算法。在基于球体的算法中，结合位点的定义是一系列球体的中心点，在蛋白质的表面或里面初始化球体用来填充空白区域，满足一定几何或能量条件的球体所在区域为结合位点。常用的有 SURFNET、PASS、PHECOM、Fpocket 和 POCASA 等算法。基于α-形状是一种新型的计算几何理论，用来解决一些复杂的空间几何问题，这类算法是使用理论对结合位点的模型进行定义，然后按照此定义搜寻。常用算法有 CAST（Computational Atlas of Surface Topography）和 Fpocket。

基于能量的计算方法的一般原理是计算蛋白质表面结合能量最低即小分子和蛋白质可以形成稳定的超分子结构的区域，这些位置可能就是配体结合的位置。一般是计算蛋白质表面结合能量最高即分子间相互作用力最大的位置，这些位置可能是小分子结合位置。比如 Q-SiteFinder 就是一种基于能量的计算方法，它只是简单地计算了蛋白质表面结合位点的范德华作用力。另一类基于能量的计算方法考虑了与配体分子相关的理化属性，考察了它们与不同的分子或者基团以及与溶剂的相互作用情况，是真正的基于能量的计算方法，这类方法的代表有 GIRD（Grid-based Identification of Receptor-Ligand by Docking）。

基于序列保守性的预测算法一般不单独作为预测蛋白质小分子结合位点的依据，通常和蛋白质的三维结构特征一起来进行结合位点的预测。例如在基于几何特性的算法中引入它用来修正基于几何特征的预测结果（如 ConCavity 等）。由于蛋白质的序列保守性和小分子的结合位点有一定的联系，因此引入了这种特性的预测算法通常都会达到不错的预测效果。但是如何准确计算每个氨基酸的序列保守性分值其实是一个不易解决的问题，一般的计算方式都是在一个具有多条序列的数据库中做多序列比对从而确定蛋白质序列中的保守性区域，并根据某些条件进行打分。部分蛋白质-小分子结合位点预测算法列于表 3-10 中，这些算法对结合位点特征点的描述有着不同的侧重点，因此在算法执行的效率和小分子结合位点预测的准确率上面都有着很大的不同。

表 3-10　　　　　　　　　部分蛋白质-小分子结合位点预测算法

| 方法 | 几何特征 | | | 生化物理特征 | |
| --- | --- | --- | --- | --- | --- |
| | 三维网格 | 空间球体 | α-形状 | 结合能 | 序列保守性 |
| CAST | | | √ | | |
| ConCavity | √ | | | | √ |
| Fpocket | | √ | √ | | |
| FLAPsite | | | | √ | |
| GHECOM | √ | | | | |
| GRID | | | | √ | |
| LIGSITE | √ | | | | √ |
| POCASA | √ | √ | | | |
| POCKET | √ | | | | |
| PocketPicker | √ | | | | |
| Pocket-Finder | √ | | | | |
| PHECOM | | √ | | | |
| Q-SiteFinder | | | | √ | |
| SURFNET | | √ | | | |
| SURFNET-ConSurf | | √ | | | √ |
| VICE | √ | | | | |

注："√"表示对应方法可以预测的特征指标。

## 2. 蛋白质-小分子对接

生物信息学分析的分子对接技术是一种有效的分析蛋白质与小分子相互作用的方法。近年来，随着分子生物学以及制药工业的迅速发展，通过分子对接方法模拟蛋白质与小分子相互作用情况的研究逐步成为人们关注的热点问题。在确定药物小分子与靶标蛋白质精确的结合位点之后，再利用分子对接算法和软件，能够在计算机上设计和筛选已知三维结构的蛋白的抑制剂分子。针对药物靶标蛋白质三维结构或定量构效关系模型，从现有小分子数据库中，搜寻与靶标蛋白质结合或符合定量构效关系模型的化合物。蛋白质与小分子之间的相互作用的模拟可以从几十到上百万个分子中发现有潜力的化合物，集中目标降低实验筛选化合物数量。

蛋白质与小分子之间的相互作用分为成键相互作用和非键相互作用两种，其中非键相互作用对于生物过程有着极其重要的意义，非键相互作用主要有范德华力、氢键相互作用、疏水相互作用、静电相互作用等。而这些力的计算也正是分子对接方法所需要重点关注的问题。蛋白质-小分子对接最初思想起源于"锁钥原理"，它指的是配体和受体之间通过几何匹配和能量匹配而相互识别的过程，也就是说分子之间的相互作用不仅是指参与对接两个分子在空间构象上的相互匹配，还要满足能量的匹配。即要求配体和受体间需要存在空间结构、氢键作用、静电作用、疏水作用等方面的互补匹配。蛋白质-小分子对接首先在蛋白质表面产生一个填充小分子表面的口袋或凹槽的球集，然后生成一系列假定的结合位点（由位点预测算法或实验数据得到）。依据蛋白质表面的这些结合点与小分子的距离匹配原则，将小分子投映到蛋白质分子表面，来计算、预测两者间的结合模式及亲和力，并对计算结果进行打分，评判小分子与蛋白质的结合程度，从而进行分子的大规模虚拟筛选。计算机模拟分子对接技术是对已知三维结构的受体和配体，通过不断优化受体的位置、构象、分子内部可旋转键的二面角及其氨基酸残基侧链和骨架，找到配体与受体在其活性区域相结合时能量最低的构象。分子对接要求参与对接的分子在空间结构和能量上均相互匹配。常用的分子对接程序包括 DOCK、AutoDock、FlexX、Surflex、ZDOCK、LigandFit 和 GOLD 等程序和软件（表 3-11），根据不同受体、配体可选择不同的对接模型和对接程序。

表 3-11　　部分蛋白质-小分子对接软件简介

| 名称 | 优化方法 | 评价函数 | 速度 | 蛋白质-蛋白质对接 | 蛋白质-配体对接 |
| --- | --- | --- | --- | --- | --- |
| DOCK | 片段生长 | 分子力场、表面匹配得分、化学环境匹配得分 | 快 | — | 是 |
| AutoDock | 遗传算法 | 半经验自由能评价函数 | 一般 | — | 是 |
| ICM-Docking | 随机全局优化 | 半经验自由能评价函数 | 快 | — | 是 |
| GOLD | 遗传算法 | 半经验自由能评价函数 | 快 | — | 是 |

续表

| 名称 | 优化方法 | 评价函数 | 速度 | 蛋白质-蛋白质对接 | 蛋白质-配体对接 |
| --- | --- | --- | --- | --- | --- |
| FlexX | 片段生长 | 半经验自由能评价函数 | 快 | — | 是 |
| Affinity | 分子力学/分子动力学 | 分子力场 | 慢 | — | 是 |
| ZDock&RDock | 几何匹配/分子动力学 | CAPRI/分子力场 | 慢 | 是 | — |
| FlexiDock | 遗传算法 | 分子力场 | 慢 | — | 是 |
| eHiTS | 系统搜索 | 半经验自由能评价函数 | 快 | — | 是 |
| Hex | 几何匹配 | CAPRI | 快 | 是 | — |

（1）AutoDock　AutoDock 是一种分子对接软件包，采用模拟退火和遗传算法用于预测小分子与已知 3D 结构的蛋白质受体的最佳结合方式。AutoDock 主要包含 AutoGrid4（负责格点中相关能量的计算）和 AutoDock4（负责构象搜索及评价）两个程序。在 1.0 和 2.0 版本中能量匹配得分采用简单的基于 AMBER 立场的非键相互作用能主要包括范德华力、氢键及静电力。在 3.0 版本之后，AutoDock 提供了半经验自由能计算方法来评价受体和配体之间的能量匹配。在 4.0 版本中又做了一些改进，更加精确与可信的对接结果，可指定靶标蛋白质的柔性，可用于蛋白质-蛋白质相互作用的评估。AutoDock 进行分子对接的基本流程：首先，用围绕受体活性位点的氨基酸残基形成一个范围更大的盒子，然后用不同类型的原子作为探针进行扫描，计算格点能量，此部分由 AutoGrid 程序计算。AutoDock 格点对接示意图如图 3-24 所示。AutoDock 程序对配体在盒子范围内进行构象搜索，根据配体的不同构象、方向、位置及能量进行打分，最后对结果进行排序。

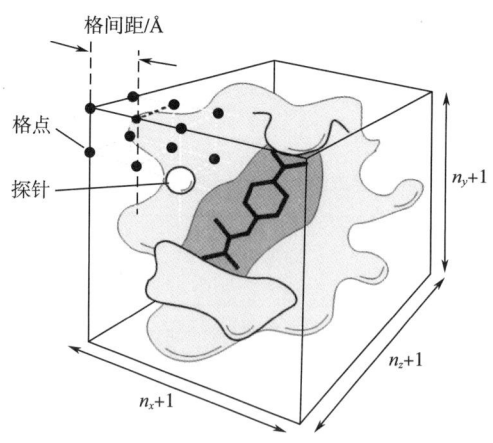

图 3-24　AutoDock 格点对接示意图

AutoDock 能够实现单个配体和受体分子间的对接，程序不具有虚拟筛选功能，但是可以使用 Shell 以及 Python 语言实现此功能。AutoGrid 和 AutoDock 程序没有图形界面，可以使用 AutoDock Tools 程序在图形化的界面中完成分子对接以及结果可视化、分析。Olson 实验室还开发了一个图形用户接口 AutoDock Tools（简称 ADT），可以在 Python Molecular Viewer（PMV，Python 语言）基础上针对 AutoGrid 和 AutoDock 程序开发的图形化分子可视化及对接辅助软件。AutoDock Tools 主界面和窗口部件如图 3-25 所示。

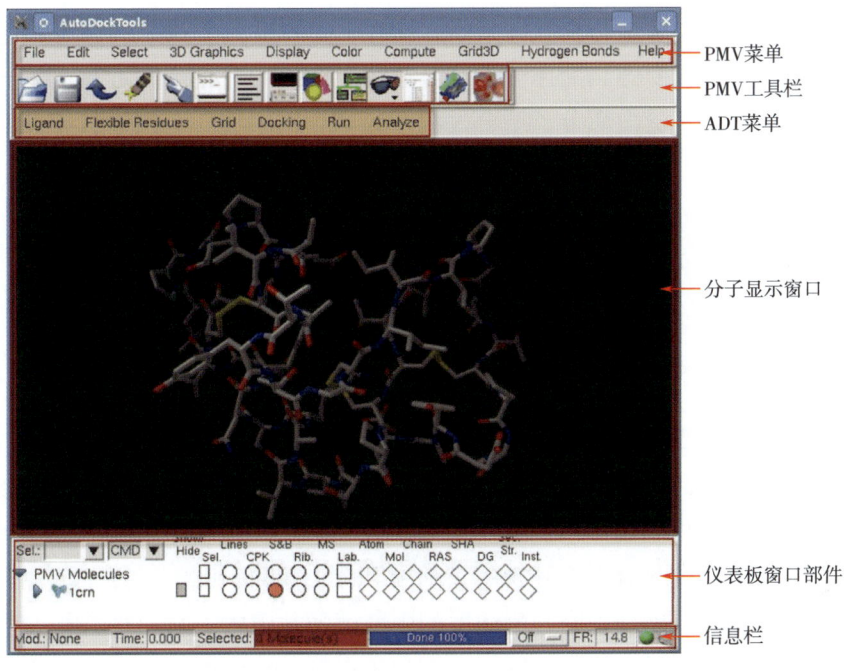

图 3-25　AutoDock Tools 主界面和窗口部件

（2）FTDock　FTDock 的思想最早是由 Katehalski-Katzir 在 1992 年提出的，该方法首次将快速傅立叶变换应用于分子对接算法中，大大地加快了配体和受体分子表面和静电互补性的计算，使分子对接的全空间搜索成为可能。FTDock 程序分三步进行，首先将受体和配体分子投影到三维空间网格中，盒子的边长要达到配体和受体分子最大长度之和；然后对受体和配体分子的几何及静电信息进行离散化，表示成格点位置的函数；最后利用快速傅立叶变换加速平动和转动空间的全局搜索。考虑到分子转动后需要进行重新离散化，所以为了减少程序运行的时间，在分子对接中，固定较大的分子（通常是受体）不动，而使较小的分子（配体）发生转动和平动。最初的 FTDock 方法仅使用几何互补性打分，改进后的 FTDock 2.0 版本考虑了受体和配体分子表面几何互补性和静电互补性的打分，将受体与配体分子间静电相互作用能表示为受体分子在周围格点产生的静电势与配体原子所带电荷的相关性。静电互补性的引入在一定程度上提高了 FTDock 对复合物结合模式成功预测的能力。

（3）ZDOCK　ZDOCK 是 Weng 研究小组开发的分子对接程序，是目前预测成功率较高的方法之一，该算法用于 DISCOVERY STUDIO 的蛋白质对接模块。ZDOCK 是在快速傅立叶变换基础上建立起来的，可以进行全局搜索。对接中，不仅考虑了受体和配体分子表面的几何互补性，而且还考虑了去水化、自由能和静电相互作用能的贡献。ZDOCK 属于软对接算法，在较大程度上考虑了受体和配体分子结合过程中发生的构象变化。该程序主要用于对接的初始阶段，在不知道任何结合位点信息并且没有任何人为干预的情况下，在打分排在前面的近 2000 个结构中获得尽可能多的近天然构象。至于后续的结构优化和精细的能量打分，ZDOCK 可以灵活地与其他程序接合。ZDOCK 对接方法的特点是：①采用了快速傅立叶变换，能够进行全空间搜索，这在一定程度上解决了在未知信息情况下的结构预测问题；②考虑了受体与配体分子结合过程中构象的变化，贴近真实情况的对接模拟问题；③全面地考虑了蛋白质分子结合过程中起主导作用的三个因素，即几何互补、疏水性互补和静电互补。

# 第六节　基因组酶约束互作网络模型的构建

## 一、基因组规模酶约束模型研究进展

传统的基因组规模代谢模型仅考虑化学计量学和反应方向约束，模拟得到的是理论最优结果，而其他的因素，如酶浓度和动力学，作为代谢流量的约束条件，没有被考虑。但在很多情况下菌体生长时都处于一种非最优代谢状态，因此模拟结果和实际结果可能有偏差，对一些生理现象如代谢溢流、底物层级利用等无法准确预测。在复杂的生物体内，细胞代谢受到很多因素的调控与限制，酶浓度的限制就是其中的一种，即在细胞内催化代谢反应的酶的总量是有限的，在每克细胞干重中总蛋白的量一般不超过 60%，而催化反应的酶又只占总蛋白的一定比例。因此当存在酶活性很低的酶时，细胞代谢转化的速率就会受到限速酶能达到的最高浓度限制。有研究表明代谢溢流以及底物层级利用现象的发生与微生物体内的酶浓度限制有关。基于此，科学家试图从不同的方法从不同角度，将细胞内酶的约束整合到代谢网络模型中，以期实现对与酶浓度限制相关的代谢现象进行更准确的模拟和预测。如酶在细胞内的空间拥挤度、酶的催化活性、代谢反应热力学等，对细胞内的酶量约束进行数学表征，进而通过适当的约束条件或优化目标求出满足酶总量约束或者最小化酶成本的代谢通量分布及相应酶量分布。这种基因组规模酶约束模型能够更精确模拟和预测细胞在环境和基因扰动下的代谢行为，为代谢工程菌种改造提供更准确可靠的指导。

目前，酶约束模型的构建主要依据整合动力学信息对酶浓度水平进行限制和整合动力学与热力学信息对酶浓度水平进行限制两类原理。FBAwMC（flux balance analysis withmolecular crowding）是第一个在酶浓度水平上对代谢网络模型进行约束的方法，考虑到细胞的总体积是有限的，在有限的细胞质体积内大分子（催化各种反应的酶）的浓度受到物理和空间上的一个限制，即在细胞质中酶的摩尔体积（$V_i$）与摩尔数（$n_i$）满足式（3-7）：

$$\sum_{i}^{n} v_i n_i \leqslant V' \tag{3-7}$$

$V'$ 表示细胞质的总体积。然后根据细胞质密度 $C = \dfrac{M}{V'} \approx 0.34 (\text{g/mL})$，以及酶浓度 $E_i = \dfrac{n_i}{M}(\text{mol/g})$，反应速度 $v_i = x_i \cdot k_{\text{cat}i} \cdot E_i$，摩尔体积 $V_i = MW_i \cdot v_i^{(\text{specific})}$（其中 $M$ 表示细胞质的质量，$v_i^{(\text{specific})} \approx 0.73 \text{mL/g}$，表示酶的质量体积；$MW_i$ 表示酶的相对分子质量），得到式（3-8）：

$$\sum_{i}^{n} \dfrac{CMW_i v_i^{(\text{specific})} V_i}{x_i k_{\text{cat}i}} \leqslant 1 \tag{3-8}$$

引入一个拥挤系数 $a_i$，其中

$$a_i = \dfrac{CMW_i v_i^{(\text{specific})} V_i}{x_i k_{\text{cat}i}} \tag{3-9}$$

$$x_i = \dfrac{S}{S + K_\text{m}} \tag{3-10}$$

对于每一个酶都可以根据底物浓度 $S$、反应常数 $K_\text{m}$ 值、$k_\text{cat}$ 值、酶的相对分子质量、酶的质量体积和细胞质密度这 6 个参数求解出拥挤系数 $a_i$，它反映了第 $i$ 个酶对总体积拥挤程度的贡献。但是由于底物浓度和 $K_\text{m}$ 值等实验数据量有限，因此 FBAwMC 方法在进行模拟计算时通过使实验测量值与模拟值之间的方差最小，选取了一个统一的拥挤系数值（0.004±0.0005）L·h·g/mmol。这种在物理空间水平上对酶浓度进行限制的方法能够通过求解得到催化每个反应的酶所占的空间体积以及每一个酶的浓度信息。

在 FBAwMC 方法的基础上，科学家又提出了更多相似的模型扩展方法，如 Shlomi 和 MOMENT 算法。与 FBAwMC 不同的是这两种方法没有在空间体积上对酶的浓度进行限制，而是直接为细胞内酶的总量施加了浓度上限，使细胞代谢时的总酶需求量不超过该设定值（epool，g/g DCW）。根据反应的最大速率 $v$ 与催化反应的酶浓度之间的关系得到约束方程：

$$v_i = k_{\text{cat}i} \cdot E_i \tag{3-11}$$

$$\sum_{i}^{n} MW_i E_i \leqslant \text{epool} \tag{3-12}$$

$$\sum_{i}^{n} \dfrac{V_i MW_i}{k_{\text{cat}i}} \leqslant \text{epool} \tag{3-13}$$

两种方法在酶约束原理上基本一致，不同的是在计算酶的总浓度时，MOMENT 直接将细胞内蛋白质的质量分数 ptot 作为酶浓度上限，而实际上因为细胞内的蛋白不仅包括催化反应的酶还包括一些结构蛋白、转运蛋白等。而 Shlomi 算法主要应用于类癌细胞内的 Warburg effect 现象研究，基于蛋白质组学限定酶占细胞内总蛋白质的质量比为 0.1 g 酶/g 蛋白。两种方法的共同问题是假定酶均处于底物饱和状态，但实际细胞内很多酶的底物浓度都未达到饱和浓度，因此这些方法计算得到的酶浓度值都偏低。

2017 年，Sánchez 等提出 GECKO 方法成功地构建了带有酶约束的酿酒酵母 *S. cerevisiae* 基因组规模酶约束模型，在计算总酶量时考虑到了酶的平均饱和度 $\sigma$ 的影响。2019 年 Massaiu 等利用 GECKO 的方法对枯草芽孢杆菌 *Bacillus subtilis* 的 17 个中心代谢反应进行

$k_{cat}$ 值限定，相对于普通模型 B. subtilis iYO844 的预测结果有了显著提高。

除了对 FBAwMC 扩展的方法之外，人们还开发了一些其他将动力学的相关信息引入模型来增加酶约束的方法。例如 2010 年 Yizhak 等开发的 IOMA 算法整合了代谢组学和蛋白质组学数据，使实验测量值与预测值之间的误差平方和最小来求得代谢通量分布。但这种方法依赖大量的实验数据，包括代谢物浓度、酶浓度和 $K_m$ 值等，对基因组规模模型应用时会因为大量数据缺失而无法模拟。

首先从经典的米氏方程出发推导出反应通量与代谢物浓度和酶浓度之间的关系，得到：

$$V = \frac{e}{e^{ref}}(a^+ v_{max}^+ - a^- v_{max}^-) \tag{3-14}$$

$$a^+ = \prod\left(\frac{S_i}{K_{m,\ S_i} + S_i}\right), \quad a^- = \prod\left(\frac{P_i}{K_{m,\ P_i} + P_i}\right) \tag{3-15}$$

其中 $e^{ref}$ 表示参考状态下的酶浓度，$e$ 表示实验测量的酶浓度；$V$ 表示代谢流量；$a^+$ 表示正向反应酶的零级饱和系数；$a^-$ 表示反向反应酶的零级饱和系数；$v_{max}$ 表示酶的最大活性；$S_i$ 和 $P_i$ 表示第 $i$ 个底物和第 $i$ 个产物的浓度，$(K_m,\ S_i)$ 和 $(K_m,\ P_i)$ 分别表示第 $i$ 个底物和第 $i$ 个产物的离解常数。使核心反应（可以得到代谢物组学和蛋白质组学数据的反应）的模拟通量尽可能与通过式（3-16）计算出来的通量一致，引入一个可变参数 $\varepsilon$，约束方程变为：

$$V_i = \frac{e_i}{e_i^{ref}}(a_i^+ v_{max,\ i}^+ - a_i^- v_{max,\ i}^- + \varepsilon_i) \tag{3-16}$$

$V_i$ 表示模拟得到的通量，优化目标使 $\varepsilon$ 的误差平方和最小。

$$\min\left(\sum_i^n var(\varepsilon_i)\right) \tag{3-17}$$

另外一种被称为 CAFBA（constrained allocation flux balance analysis）的方法将总蛋白量分为 4 个部分，分别为：①核糖体相关蛋白 $\phi_R$，实验发现当仅受到糖速率限制时，$\phi_R$ 与生长速率 $\lambda$ 呈线性关系，即 $\phi_R = \phi_{R,0} + w_R \lambda$；②用于碳摄入和转运的蛋白 $\phi_C$，基于实验结果假定 $\phi_C$ 与碳摄入速率 $v_C$ 呈线性关系，$\phi_C = \phi_{C,0} + w_C v_C$；③生物合成酶 $\phi_E$，$\phi_E = \phi_{E,0} + \sum w_i |v_i|$；④核心管家蛋白 $\phi_Q$，它的表达与微生物生长速率无关。四部分蛋白之和为 1，约束方程为：

$$w_R \lambda + w_C v_C + \sum w_i |v_i| = \phi_{max} \tag{3-18}$$

$$\phi_{max} = 1 - \phi_{R,0} - \phi_{C,0} - \phi_Q \tag{3-19}$$

$w_R$ 表示单位生长速率下分配给核糖体蛋白的蛋白质组分数，表示该核糖体的翻译效率；$w_C$ 表征单位碳流下分配给 C 区的蛋白质组分数；$v_C$ 表示碳摄取量；$w_i$ 表示单位反应通量下分配到酶 $E_i$ 的蛋白质组分数；$v_i$ 表示第 $i$ 个反应流量；$\phi$ 表示蛋白质组约束条件，用于生长的蛋白质组分。随着生长速率 $\lambda$ 的变化，另外 3 个部分的蛋白成本会相应调整以满足式（3-18）的约束，进而引起碳源摄入的再调整。

前面提到的方法都是从动力学角度出发经过公式推导得出酶限制的方程，另一类酶约束模型的构建是结合热力学和动力学经典公式来对 GEM 添加酶约束的方法。最早将热力学信息引入 GEM 的思想是 2004 年 Holzhütter 提出的，将热力学平衡常数 $K_{eq}$ 作为可逆反应通量的权重因子来求出通量和最小的解。2013 年开发的 mTOW（metabolic tug-of-war）能够求解出稳态时酶效率最高、总代谢物负载最小的途径。在估计酶成本时，引入了一个惩罚项，假定需要维持一定反应通量的细胞必须通过更高的酶成本来补偿较小的热力学驱动力，热力学驱动力越小酶成本就会越高。由可逆速率定律 $v = E(w^+ - w^-)$（$E$ 表示催化反应的酶浓度，$w^+$ 和 $w^-$ 分别表示正向和逆向的反应速率）出发，得到酶成本的函数关系［式（3-20）］。当反应的热力学驱动力小于下限的阈值时，酶成本无穷大；当大于一定阈值时，酶成本可以忽略不计；在阈值范围内酶成本是反应速率与代谢物浓度的函数。

$$\widetilde{E}(c, v_j) = \begin{cases} \infty & -\dfrac{\Delta G'_j}{RT} < \beta \\ v_j\left(\alpha + \dfrac{\Delta G'_j}{RT}\right)^2 & \beta < -\dfrac{\Delta G'_j}{RT} < \alpha \\ 0 & \alpha < -\dfrac{\Delta G'_j}{RT} \end{cases} \quad (3\text{-}20)$$

$\Delta G'_j$ 表示热力学驱动力；$c$ 表示代谢物浓度；$R$ 为气体常数，$T$ 为温度（单位为 K）；$\alpha$ 代表热力学驱动力，超过该驱动力，任何增加对催化单位通量所需的酶水平的影响都可以忽略不计；$\beta$ 代表反应可以进行的最小值。

代谢物浓度通过以下约束求出，其在满足经验式（3-23）约束的同时还需使反应的吉布斯自由能变化大于阈值 $\beta$。

$$Sv = 0 \quad (3\text{-}21)$$

$$v \geq 0 \quad (3\text{-}22)$$

$$\ln(c^L) \leq \ln(c) \leq \ln(c^U) \quad (3\text{-}23)$$

$$-\dfrac{\Delta G'^0_i}{RT} - S'_i \ln(c) \geq \beta \quad (3\text{-}24)$$

$\Delta G'^0_i$ 表示反应 $i$ 的标准吉布斯自由能，$v$ 表示反应流量，$c^L$ 和 $c^U$ 表示浓度的上下界。$S'_i \ln(c)$ 表示化学计量矩阵中第 $i$ 列与代谢物浓度 ln 的内积。

mTOW 可以求解出反应的吉布斯自由能变化、代谢物浓度以及酶浓度信息，是第一个不需要利用动力学模型就可以得到代谢物浓度的方法。在求解上，得到的是代谢物浓度与酶浓度之间的一个折中，它没有考虑动力学参数对酶浓度的影响，因此不需要动力学参数的输入。虽然对酶浓度的估计是一个近似值，但模拟 E. coli 生长在以葡萄糖为碳源的基本盐培养基上的酶浓度时，预测结果与实验结果之间仍有比较好的相关性。

与 mTOW 同期，Flamholz 等提出的方法可以求出反应在满足热力学驱动力为正值下的最小酶成本。类似于 mTOW，在求解最小酶成本时，Flamholz 的方法限制了热力学驱动力必须为正值，以保证反应可以正向进行。在对酶成本进行表征时，首先从米氏方程出发结合 Haldane 关系推导出一个简化的适合于任意反应的速率方程。在推导时假设了酶全部与底物结合，对产物饱和度的影响忽略不计，因此计算得到的酶浓度值偏低。对这个方法进行完善和优化以后的 ECM 方法将 $k_{cat}$、代谢物浓度、吉布斯自由能变化、饱和度相关因素以及与调控有关的因素等作为反应通量的权重因子来对酶成本进行评估，这个方法可以自由地选择将哪些因素考虑到酶成本的计算当中。同样，考察的因素越多需要的实验参数就会越多，但结果就会更加接近于真实情况。

corsoFBA 是求解的 FBA 解空间中酶成本最小的途径，通过热力学驱动力来对酶成本进行罚分，驱动力越大酶成本越小。这种方法可以将热力学的限制整合入模型中，计算出途径的酶成本大小。但它在表征酶成本时，仅定性地考虑了相对分子质量和热力学驱动力这两个因素的影响，因此计算结果仅能用于途径之间酶成本的评价排序，数值本身并不代表真实的酶用量。

## 二、大肠杆菌酶约束模型 ec_iML1515 的构建

大肠杆菌酶约束模型的构建流程包括三个步骤：大肠杆菌代谢网络模型的修正、BRENDA 数据库中酶学性质的获取、酶约束条件与大肠杆菌代谢模型 iML1515 的整合（图 3-26）。首先，在已发表大肠杆菌代谢模型 iML1515 的基础上做了一系列的修正：①生物量方程由初始的一个反应替换成九个反应，并且这些生物量相关的反应可以分成三类，包括生物量前体的合成（DNA、RNA、脂质、糖类、金属离子和辅因子），生物量前体的聚合，以及生物量的交换反应；②生长相关系数（GAM）的修正，通过结合修正后的生物量方程和大肠杆菌恒化培养数据，GAM 值由 75.38mmol/（L·gDCW）更改为 44.55mmol/（L·gDCW）。

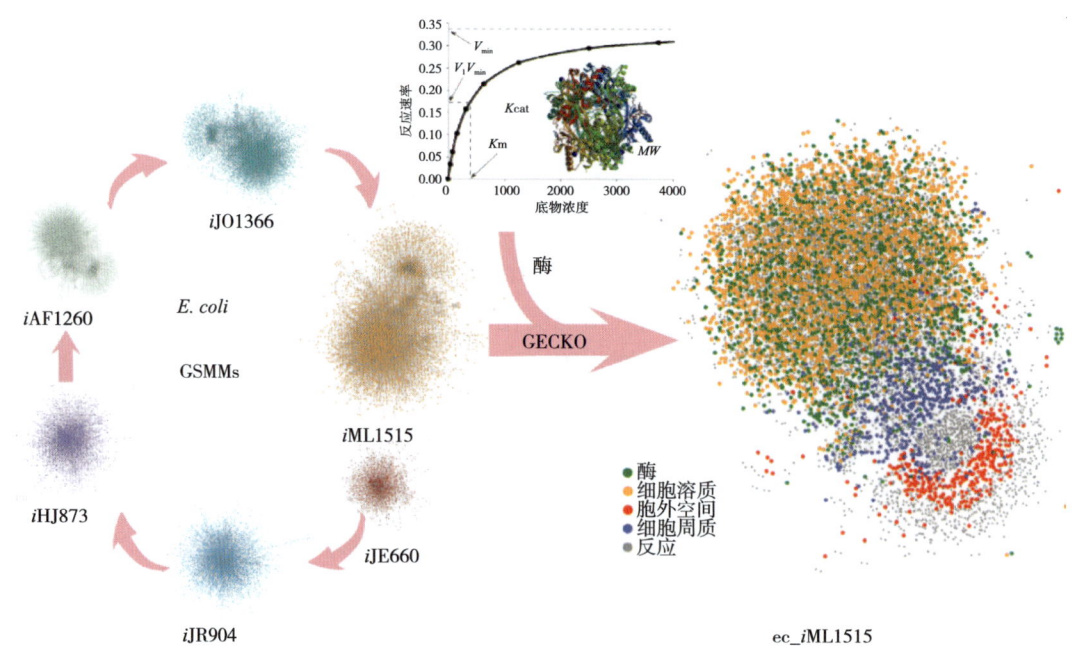

图 3-26 将酶作为代谢物引入代谢网络模型

接着，利用 GECKO 方法，提取出 BRENDA 数据库中的 21541 个 EC 相关的数据，包括 3098 个 $k_{cat}$ 值（KCAT），4053 个比酶活（SA），4626 个路径（PATH），4915 个分子质量（$M_W$）和 4849 个 $K_m$ 值（KM）。对于所有的微生物，2102 个（30.0%）EC 编号是氧化还原酶类，水解酶类包含最多的 KCAT（41.9%）、$M_W$（34.0%）和 SA（32.5%）；对于大肠杆菌，285 个（37.0%）EC 编号是转移酶类，水解酶类依然包含最多的 KCAT（34.5%），但是转移酶包含最多的 $M_W$（32.3%）和 SA（32.3%）。

最后将通过 BRENDA 数据库获取的大肠杆菌 $k_{cat}$ 值和修正后的 $i$ML1515 进行匹配，得到大肠杆菌酶约束模型 ec_$i$ML1515，包含 6101 个反应和 3610 个代谢物，涉及 1268 个酶和 456 个伪代谢物（表 3-12）。进一步与其他已发表的大肠杆菌模型比较，ec_$i$ML1515 具有更丰富的反应和代谢物数目［图 3-27（1）（2）（3）（4）］以及较少的阻断反应（26.1%）和末端代谢物（3.7%）［图 3-27（5）（6）］。

表 3-12　　　　　　　　　　　ec_$i$ML1515 模型特征描述

| 模型特征 | | 代谢物分类 | |
|---|---|---|---|
| 反应数量 | 6101 | 原始代谢物 | 1887 |
| 代谢物数量 | 3610 | 酶 | 1268 |
| 区室数量 | 3 | 同工酶引入的伪代谢物 | 456 |
| 反应分类 | | 酶-反应关系 | |
| 与酶匹配的代谢反应 | 5246 | 复合物 | 415 |
| 与酶不匹配的代谢反应 | 854 | 同工酶反应 | 1025 |
| 转运反应 | 1126 | 单酶反应 | 3710 |
| 代谢交换反应 | 662 | 混杂酶 | 96 |
| 同工酶反应 | 456 | | |
| 酶作为反应的数量 | 1268 | | |

在完成 ec_$i$ML1515 的构建后，对其涉及的 1268 个蛋白的特性进行分析。这些蛋白的分子质量（$M_W$）分布涵盖了三个数量级，中间值是 44.16 ku［图 3-28（1）］。这些酶参与的代谢途径可以分为：CE（糖代谢和能量初级代谢）、AFN（氨基酸、脂肪酸和核苷酸初级代谢）、IS（中间代谢物和次级代谢物）。CE、AFN 和 IS 相关的酶分子质量中间值分别为 46.71ku，49.74ku 和 42.97ku［图 3-28（2）（3）（4）］。结果表明参与核心代谢途径（CE、AFN）的酶通常具有较大的分子质量。对于 $k_{cat}$ 值的分析，得到了类似的结果，$k_{cat}$ 值的分布涵盖了 14 个数量级。

此外，在 ec_$i$ML1515 模型中，酶通常被表示为单体和复合体的形式，因此总共有 90.6% 的 $M_W$ 在 20~160ku 范围内［图 3-29（1）］，而 98.0% 的 $k_{cat}$ 值则属于 $10^1$~$10^7$ $\frac{1}{s}$，跨越 7 个数量级［图 3-29（2）］。进一步分析 $M_W$ 和 $k_{cat}$ 值之间的关系，表明二者之间存在线性关系，即 $k_{cat}$=4.94539 + 0.0037×$M_W$［图 3-29（3）］。

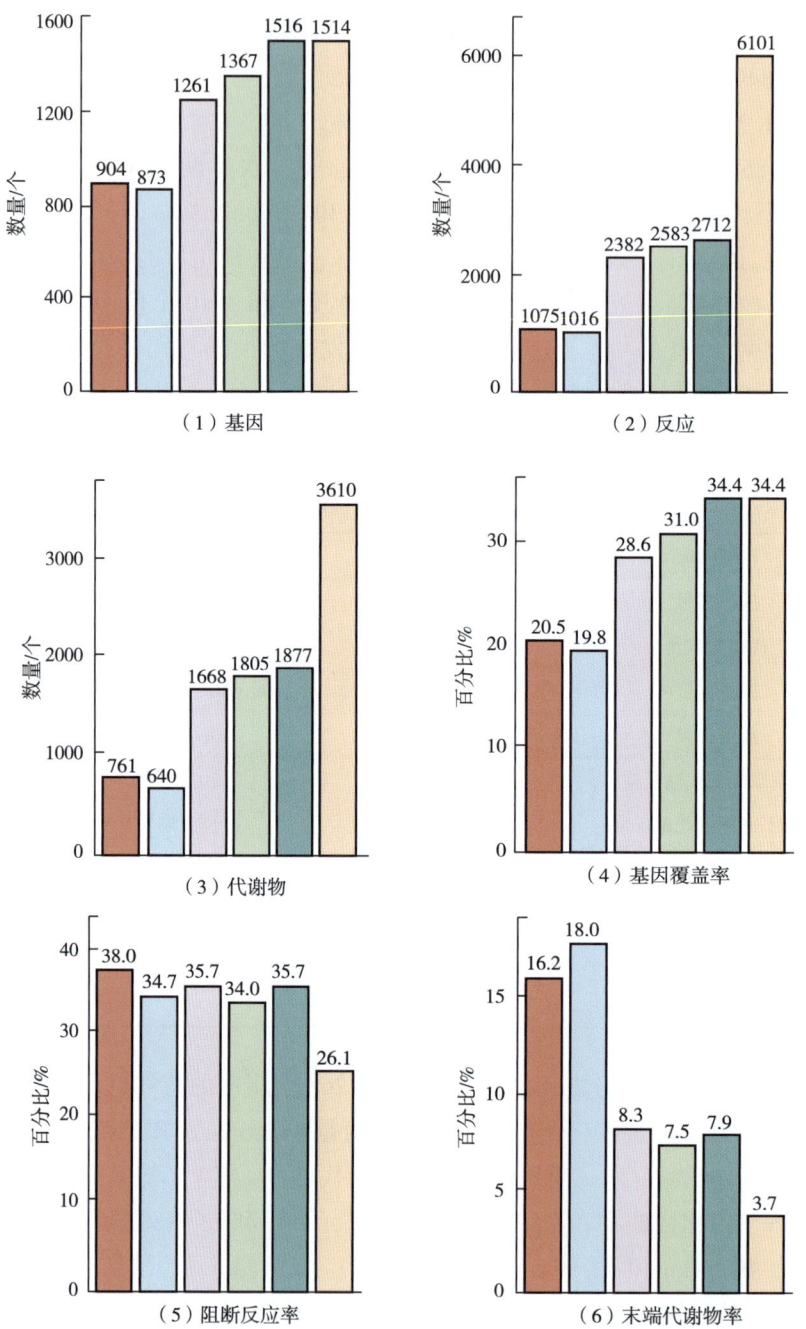

图 3-27　比较 ec_$i$ML1515 模型和 $i$ML1515 模型

(1)~(3) 涉及不同模型的基因、反应和代谢物;(4) 不同模型的基因覆盖率,由基因除以大肠杆菌 K12 的总基因数(4409)计算;(5) blocked 反应由 COBRA 工具箱中的 findBlockedReaction 函数确定; (6) dead-end 代谢物由 COBRA 工具箱中的 detectDeadEnds 函数确定

■ $i$JR904;　□ $i$HJ873;　□ $i$AF1260;　□ $i$JO1366;　□ $i$ML1515;　□ ec_$i$ML1515

# 第三章
## 重要发酵工业微生物的全基因组规模网络模型的构建与应用

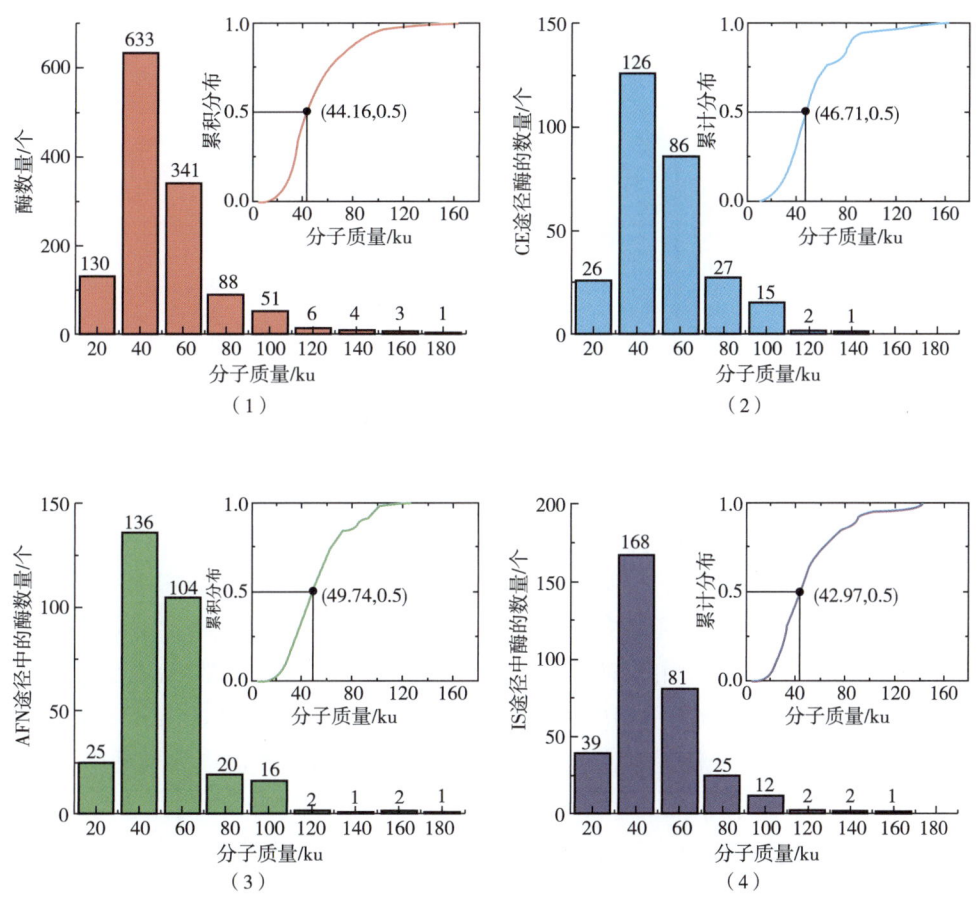

图 3-28 ec_$i$ML1515 模型中的分子质量分布

（1）1268 种酶的分子质量分布；（2）~（4）根据其路径的 $M_W$ 分布

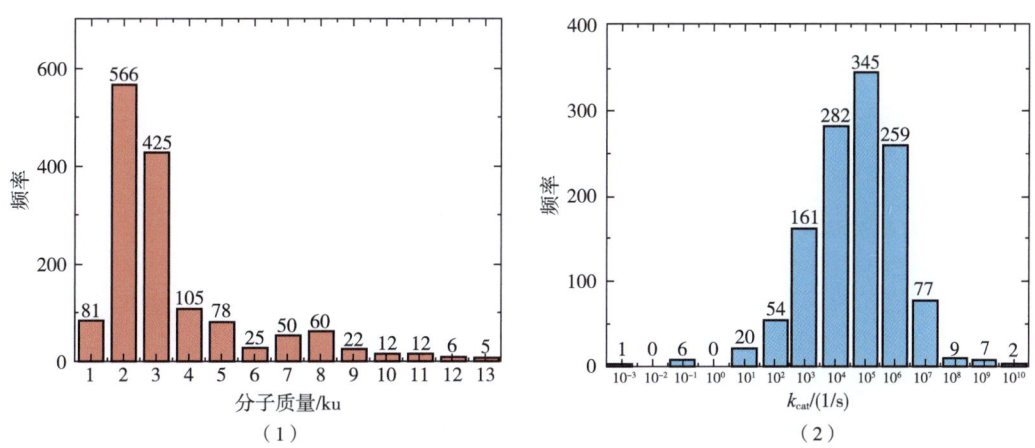

图 3-29 模型 ec_$i$ML1515 中的 $k_{cat}$ 值分布

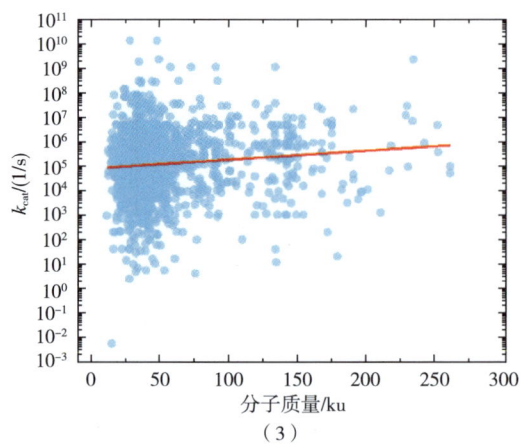

（3）

图 3-29　模型 ec_$i$ML1515 中的 $k_{cat}$ 值分布（续）

（1）单体和配合物的分子质量分布；（2）$k_{cat}$ 在模型中的分布；（3）分子质量与 $k_{cat}$ 的线性关系

网络连通度作为生物网络特性的重要指标，通过比较 $i$ML1515 和 ec_$i$ML1515 在包含和不包含通用代谢物情况下的网络连通度进行分析。在两种情况下，观察到相似的结果，表明 ec_$i$ML1515 和 $i$ML1515 有着相似的拓扑学结构（表 3-13）。观察到主要的区别在于 ec_$i$ML1515 的全局聚类系数和平均中间中心度低于 $i$ML1515，表明 ec_$i$ML1515 是较少聚集的，这主要是由于 456 个伪代谢物作为同工酶反应的中间步骤被引入模型中。相反，ec_$i$ML1515 的平均局部聚类系数高于 $i$ML1515，这表明局部聚类的增加，这与观察到的节点度增加一致，无论是平均分布还是总体分布，造成这种现象的原因主要是由于添加了 1268 种酶，导致了与网络中大多数代谢物之间产生了新的连接（图 3-30）。

表 3-13　　传统代谢模型 $i$ML1515 与酶约束模型 ec_$i$ML1515 连通度指标

| 度量指标 | 全矩阵 | | 无连通代谢物 | |
| --- | --- | --- | --- | --- |
| | $i$ML1515 | ec_$i$ML1515 | $i$ML1515 | ec_$i$ML1515 |
| 全局聚类系数 | 0.18 | 0.09 | 0.41 | 0.14 |
| 平均局部聚类系数 | 0.55 | 0.553 | 0.263 | 0.413 |
| 平均节点度 | 11.59 | 12.99 | 5.15 | 7.87 |
| 特征路径长度 | 2.66 | 2.622 | 5.163 | 3.523 |
| 直径 | 7 | 8 | 16 | 10 |
| 平均社区连接 | 41.66 | 50.26 | 32.0 | 32.73 |
| 点介数 | $1.94 \times 10^{-3}$ | $1.0 \times 10^{-3}$ | $6.75 \times 10^{-3}$ | $1.26 \times 10^{-3}$ |

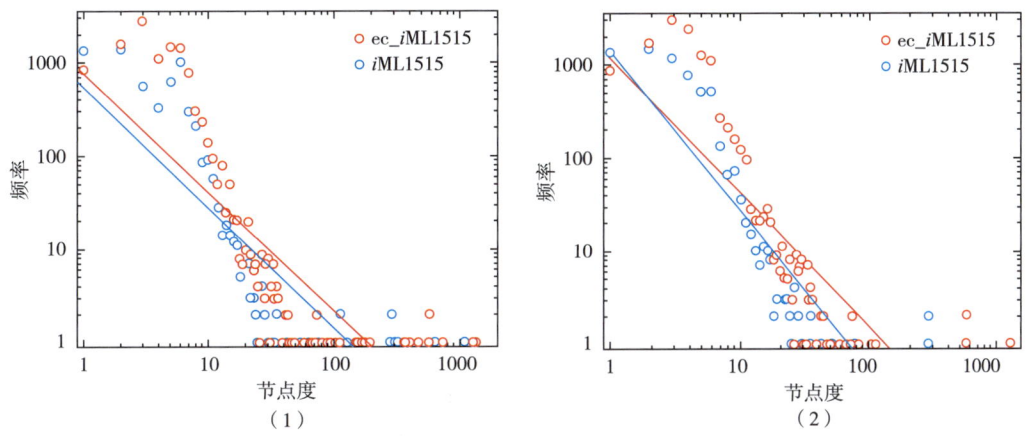

图 3-30 传统代谢模型 *i*ML1515 和酶约束模型 ec_*i*ML1515 的节点度分布
(1) 包含通用代谢物；(2) 没有通用代谢物
(通用代谢物包括水、质子、二氧化碳、氧、磷酸盐、二磷酸铵、ATP、ADP、AMP、
$NAD^+$、NADH、$NADP^+$、NADPH 和乙酰辅酶 A)

# 第七节　微生物全细胞模型

## 一、微生物全细胞模型研究进展

微生物全细胞网络（whole-cell model）是各种类型基因组规模生化网络的集成，用于描述细胞内 DNA、RNA、蛋白质和代谢物等所有分子的形成过程及其相互作用机制。通过将微生物体内的所有生命活动模块化（包括代谢），系统地研究各个模块之间的作用关系，实现细胞生命活动的数字化，在系统角度分析复杂的生物系统，可以为生物实验提供指导和预测。2012 年，Covert 等基于常微分方程构建了第一个 *M. genitalium* 全细胞模型。该模型中 408 个基因分布于 28 个亚模块，其中 DNA 水平涉及 8 个子过程、41 个基因，RNA 水平涉及 5 个子过程、55 个基因，蛋白质水平涉及 11 个子过程、149 个基因，代谢水平涉及 140 个基因，另外包括胞质分裂（1 个基因）和宿主相互作用（16 个基因）。*M. genitalium* 全细胞模型通过综合的建模方法，利用多种数学算法来模拟不同的细胞过程和实验测量数据，能够定量、动态、准确地再现所有细胞表型。全细胞模型包含了所有有功能注释的基因，应用广泛的数据进行验证。该模型能够模拟许多以前未观察到的细胞行为，包括在体内蛋白质-DNA 关联率和 DNA 复制起始和复制的持续时间之间的反比关系等。此外，通过模型预测指导的实验分析确定了难以检测的动力学参数和一些不易观察的生物学功能。虽然能够动态模拟微生物胞内生命活动，精确地预测表型，但是构建微生物全细胞模型在实验数据的获取、数据精炼、模型构建和整合、快速计算、模型分析和可视化、模型验证、合作和社区发展等七个方面还存在挑战，从而限制了全细胞模型的发展。

同年，姜金国等结合公共数据库、文献数据库资源，首次构建了谷氨酸棒状杆菌的全细胞网络，包含1384个反应、1276个代谢物、88个调节子、999对转录调控关系。集成方法是以基因→酶的关系为接口将转录调控网络（调节子→靶基因）和代谢网络（底物→反应→产物，酶→反应）整合起来，形成调节子→靶基因→酶→反应和底物→反应→产物的集成细胞网络模型。以基因、酶、反应和代谢物为节点，相互作用关系为弧（边），去除通用代谢物参与的特殊反应对以及文献和数据库之间的冗余部分，最终构建了谷氨酸棒状杆菌集成细胞网络。该集成网络的优点在于发现了一些细胞内的转录与代谢双层次复合调控关系，但是该网络不能用于动态定量模拟。

2014年，Tagkopoulos等通过整合代谢模型 iJO1366、RegulonDB 中 3704 种转录调控关系、151个信号转导实例和2198组基因表达数据构建了第一个 $E.\ coli$ 全细胞网络 EcoMAC。然而，该模型对细胞过程的模拟和基因覆盖率远低于 $M.\ genitalium$ 的全细胞模型。应用模型 EcoMAC 进行转录因子扰动实验分析，结果显示与其他单基因干扰相比，转录调控关系的重排会对整个细胞网络产生更大的涟漪效应。进一步可以预测在特定实验条件下（包括环境或基因扰动下）$E.\ coli$ 胞内整体基因表达情况和一些新的调控关系。整合的 EcoMAC 模型可以准确模拟细胞生长速率，预测准确率高于 $E.\ coli$ 代谢模型 iJO1366（91.2%）、$E.\ coli$ 的 ME 模型（88.8%）和 $M.\ genitalium$ 的全细胞模型（79%）。此外，EcoMAC 模型可以模拟在不利条件下的细胞生长速率，并能够预测补充有效成分以提升细胞生长速率。EcoMAC 模型可用于模拟在各种环境条件和基因条件下显著变化的生化代谢过程。在大肠杆菌中共有1361个 GO（Gene Ontology）术语与生化代谢相关，在特定扰动下23%GO 术语被富集，进一步可计算得到促使发生 GO 变化的最小集基因敲除集合，从而分析影响细胞表型的关键基因型。

## 二、酿酒酵母全细胞模型

### 1. WM_S288C 模型的构建

酿酒酵母（$S.\ cerevisiae$）是真核模式微生物，2019年首次报道了酿酒酵母全细胞模型 WM_S288C。在这项研究中，通过对酿酒酵母的文献挖掘、数据库检索并结合软件预测，收集了酿酒酵母的大量生理、生化知识。WM_S288C 的构建分为代谢模块、DNA 模块、RNA 模块、蛋白质模块和其他模块等5个亚模块，涉及26个细胞过程（图3-31）。分别采用合适的数学模型构建这些细胞过程亚模型，例如用流量平衡分析构建代谢模块、布尔逻辑构建染色体分离模块、皮尔森系数构建 RNA 降解模块。接着用15个细胞状态将这些亚模型进行整合，最终得到酿酒酵母全细胞模型 WM_S288C。

在 DNA 水平上，包括染色体的基因分布以及复制起始位点，得到17条染色体、6447个基因、349个自主复制序列等信息。RNA 水平上，收集了6447个转录单元数据，包含转录单元起始位点、转录单元长度、启动子结合区域等信息。此外还通过 RMBase 和 Modomics 数据库收录了3110条 RNA 修饰结果，包含修饰类型以及修饰位点的信息。在蛋白质水平上，通过 UniProt 和 CYC2008 数据库，分别收集了6201条蛋白质单体数据和626条

# 第三章
## 重要发酵工业微生物的全基因组规模网络模型的构建与应用

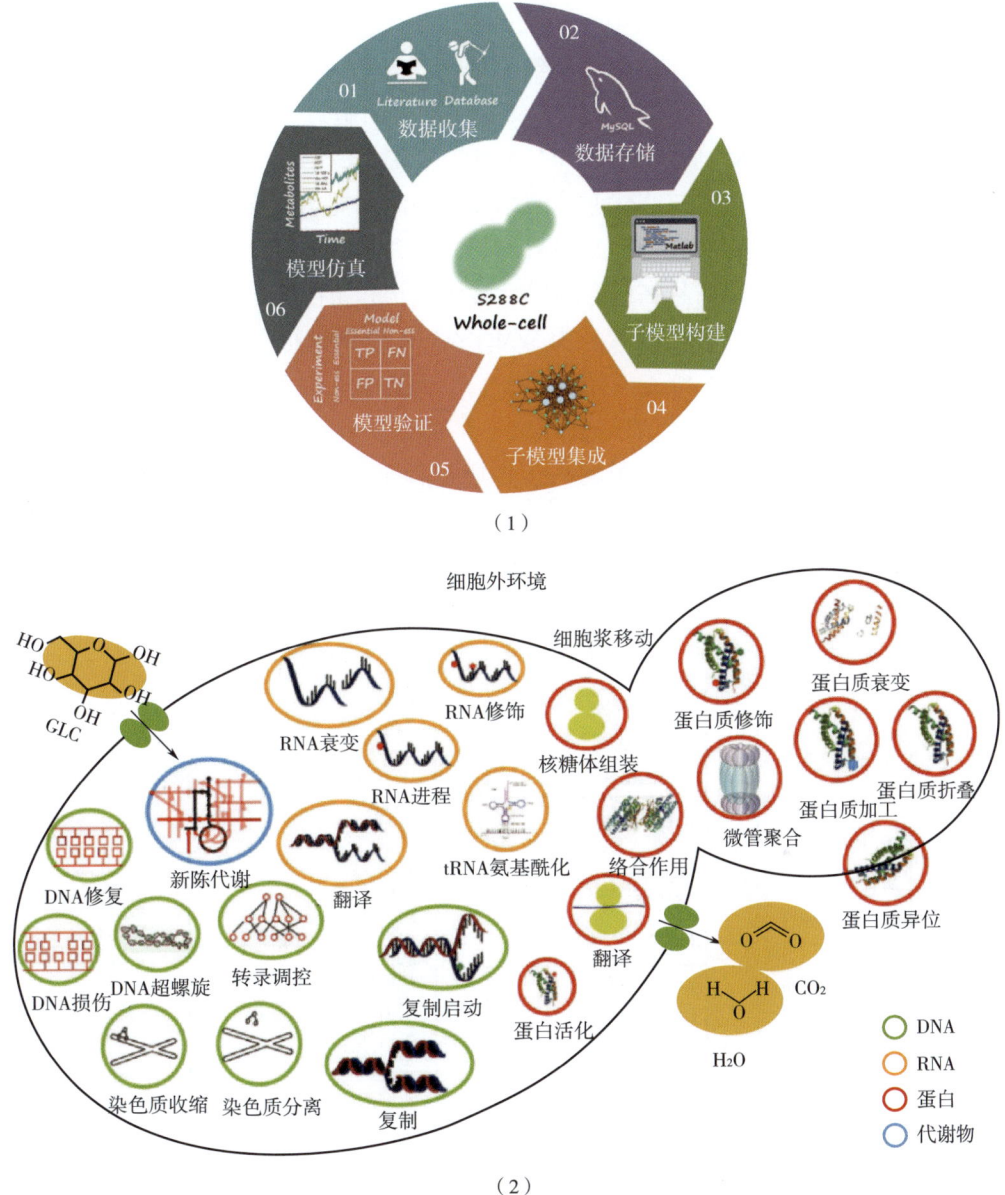

图 3-31 酿酒酵母全细胞模型的构建流程
（1）酵母全细胞模型的构建过程；（2）酿酒酵母全细胞 26 个不同细胞过程的子模型

蛋白质复合物数据。这些数据主要包括蛋白质的序列、分子质量、亚细胞定位、结合位点等信息。此外还根据 BioNumbers 等数据库收集了 *S. cerevisiae* 细胞周期、细胞质量、体积、细胞组分等生理生化数据（图 3-32）。

在此基础上，将酿酒酵母的生命活动用 15 个细胞状态和 26 个细胞过程进行表征，将这些模块进行整合，得到了酿酒酵母的全细胞模型 WM_S288C。WM_S288C 模型的 26 个亚模型涵盖了细胞生理的 5 个方面，即转运与代谢、DNA 复制和维持、RNA 合成和加工、蛋白质合成和加工、细胞分裂。其中 5 个细胞状态（代谢、细胞形态、RNA、蛋白单体、蛋白复合体）是整个全细胞模型的核心枢纽。代谢状态作为核心枢纽之一，涵盖了 975 种代谢物的动态变化过程，这些代谢物参与很多重要的细胞过程，并且参与 6156 个反应。对一些核心代谢物，如 NXP（ATP、ADP、AMP、GTP、GDP）、PPi、Pi、$H_2O$、$H^+$ 和 20 种氨基酸进行分析，发现这些核心代谢物使用最多的涉及能量代谢，证实细胞代谢过程是能量驱动的。WM_S288C 模型不仅仅能够在酿酒酵母细胞生长速率、细胞质量和细胞体积方面与实验结果吻合度高，而且在代谢组学、转录组学和蛋白质组学多个生物学功能和尺度上能实现对实验数据的准确模拟。利用 WM_S288C 模型模拟了细胞生长和胞内大分子浓度的动态变化过程。在一个细胞周期内，细胞生长速率、细胞质量、胞内代谢物、RNA 和蛋白质的量都持续增加。26 个细胞过程有一半都需要辅因子的参与，大量的辅因子被用来满足细胞生长要求，因此辅因子的从头合成过程至关重要。将 WM_S288C 模型用于预测细胞周期内的资源分配和细胞行为，WM_S288C 模型可以定量计算细胞内核苷酸组成，并模拟出 128 个转录因子和 cAMP 信号通路能够调节胞内核苷酸浓度。

图 3-32　酿酒酵母全细胞模型的模块特征

### 2. WM_S288C 模型的验证

为了验证 WM_S288C 模型预测结果的准确性，运用模型 WM_S288C 模拟酿酒酵母细胞生长速率、细胞质量和细胞体积分别为 $1.94×10^{-5}$ 个细胞/s、$4.3×10^{-11}$ g 和 $4.0×10^{-14}$ L，与实验结果相比仅降低了 0.46%、4.7% 和 4.7%，表明模拟结果能够与实验结果吻合。接着在大范围内验证 WM_S288C 对代谢组学、转录组学和蛋白质组学数据的预测效果。对于代谢组学，选取了 20 种氨基酸的浓度进行模拟，模拟值与实验值是线性相关的（0.76 PCC[1]，$P = 9.7×10^{-5}$）[图 3-33（1）]；在 30°C 条件下，模拟得到的 mRNA（0.99 PCC，$P = 4.5×10^{-18}$）和蛋白质浓度（0.32 PCC，$P = 0.085$）也与实验值线性相关[图 3-33（2）（3）]。因此，WM_S288C 模型可以在多个生物学功能和尺度上实现对实验数据的准确模拟。

由于在模型的模拟过程中，采用的是随机分布的算法，为了验证模型预测结果的可重复性，在相同的条件下进行了 100 次模拟分析。选取细胞质量倍增时间和细胞生长作为指标进行分析，模拟得到的细胞倍增平均时间为 94min，而实验测得的平均倍增时间为 92min [图 3-33（4）]，细胞生长的模拟结果也在实验测定的数据范围内，即（1.6~2.7）×$10^{-5}$个细胞/s [图 3-33（5）]，表明全细胞模拟结果稳定且具有可重复性。

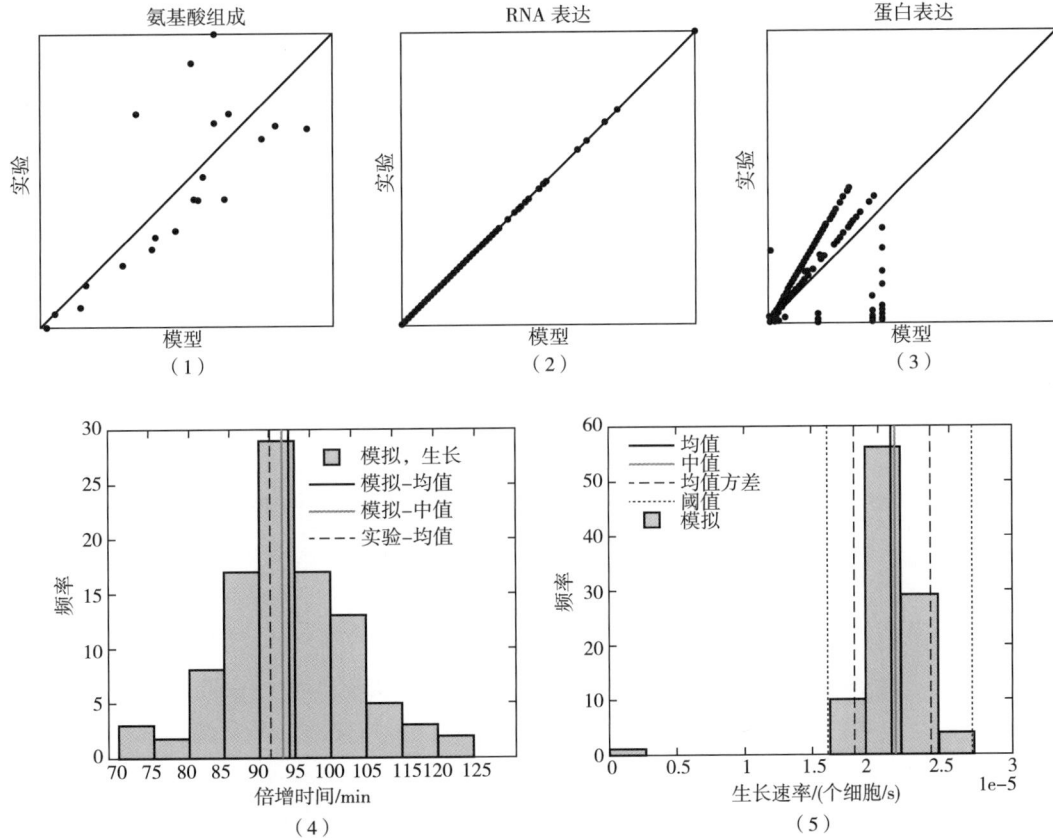

图 3-33 酿酒酵母全细胞模型计算结果与实验结果的比较

(1) 氨基酸组成；(2) 基因表达；(3) 蛋白质表达；(4) 质量倍增时间；(5) 细胞生长

---

1) PCC 通常指的是皮尔逊相关系数（Pearson Correlation Coefficient），这是一种度量两个变量之间线性关系强度和方向的统计指标。

### 3. WM_S288C 模型在预测细胞周期和核苷酸代谢中的应用

利用 WM_S288C 模型模拟细胞生长和胞内大分子浓度的动态变化过程。在一个细胞周期内，细胞生长速率、细胞质量、胞内代谢物、RNA 和蛋白质的量都持续增加。为了进一步分析代谢物的变化过程，对辅因子 [ATP、GTP、$NAD^+$/H、$NADP^+$/H、FAD（$H_2$）和乙酰辅酶 A] 的动态合成过程进行分析。所有的辅因子都随着时间动态变化 [图 3-34（1）]，表明虽然辅因子之间可以相互转换，但是仍然需要大量的辅因子来满足细胞生长要求，因此辅因子的从头合成过程至关重要。对不同细胞过程的辅因子进行使用分析，26 个细胞过程有一半都需要辅因子的参与 [图 3-34（2）]。ATP 和 GTP 是最为普遍的辅因子，因此二者的合成速率是其他辅因子合成速率的 1000 倍 [图 3-34（1）]。其他细胞过程，蛋白质降解、蛋白质易位、RNA 加工和转录过程需要两种辅因子的协作。此外，只有代谢过程同时消耗 $NAD^+$/H、$NADP^+$/H、FAD（$H_2$）和乙酰辅酶 A。这些结果表明，WM_S288C 模型可用于动态模拟细胞周期中细胞分子的分配过程。

核苷酸是核酸的组成部分，参与 RNA 和 DNA 合成单体分子。基于 WM_S288C 模型，分析了酿酒酵母中核苷酸类化合物的特征。根据模拟结果，核苷酸类主要参与组成细胞生物量组分和自由有机小分子。在野生型酿酒酵母胞内 dNMPs，如 dAMP 和 dTMP 的含量最高，这是因为酿酒酵母的 GC 含量 [（G+C）mol%，余同] 为 38.4%，因此这两种 dNMPs 被广泛用于 DNA 的合成。相反地，NMPs 主要用于 RNA 的合成 [图 3-34（3）]。对于自由核苷酸，dATP 和 dTTP 的浓度为 6.4mmol/L，而 dCTP 和 dGTP 的浓度为 3.2mmol/L。而 ATP 和 GTP 的浓度分别为 5.9mmol/L 和 6.2mmol/L，从而保证酿酒酵母的能量供给 [图 3-34（3）]。这些结果表明，WM_S288C 模型可用于定量计算细胞内核苷酸组成。

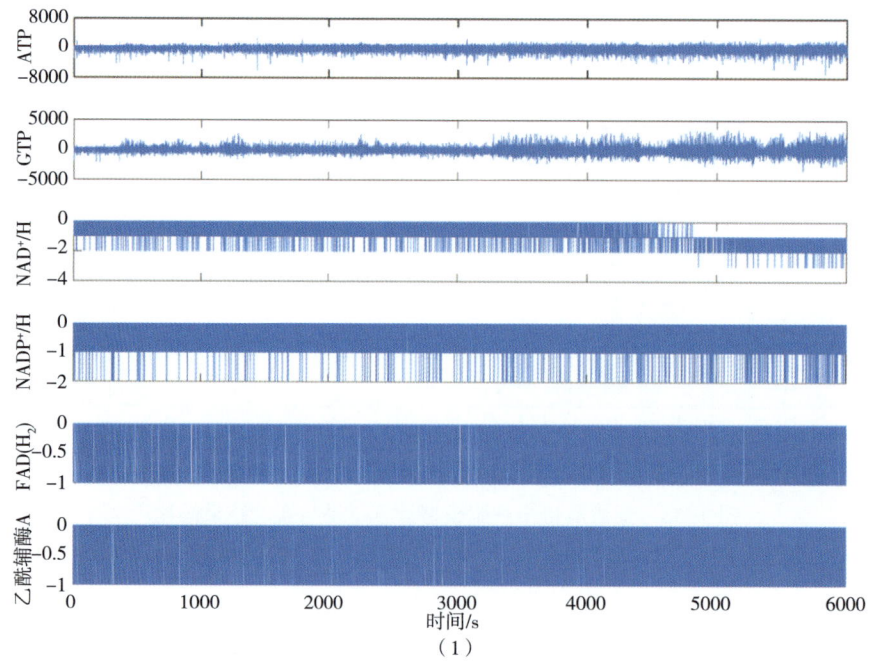

图 3-34 不同细胞过程的能量分布

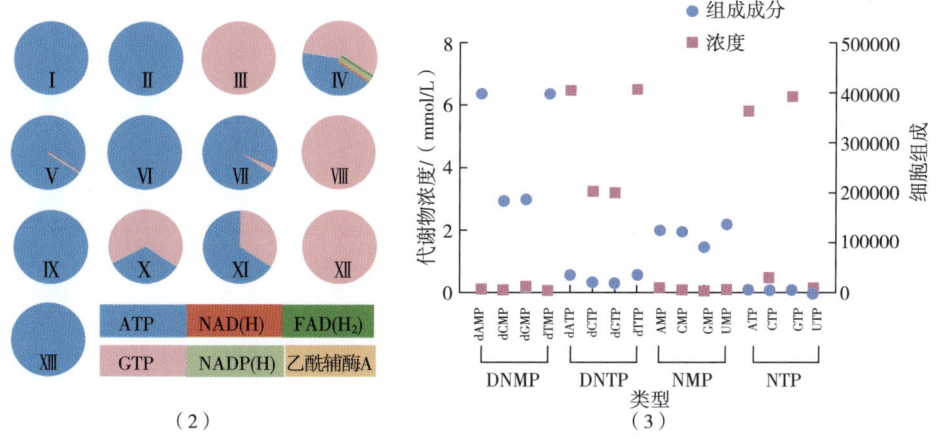

图 3-34 不同细胞过程的能量分布（续）

（1）细胞周期内辅因子的总使用量；（2）细胞过程中辅因子的使用比例（Ⅰ：染色体缩合；Ⅱ：DNA 超链；Ⅲ：肌动蛋白聚合；Ⅳ：代谢；Ⅴ：蛋白质衰变；Ⅵ：蛋白质修饰；Ⅶ：蛋白质移位；Ⅷ：核糖体组装；Ⅸ：RNA 修饰；Ⅹ：RNA 处理；Ⅺ：转录；Ⅻ：翻译；ⅩⅢ：tRNA 氨基酰化）；（3）用于测定细胞生物量组成的游离核苷酸浓度

为了进一步探究 16 种核苷酸（dNTPs、dNMPs、NTPs 和 NMPs）和细胞生长直接的关系，利用 WM_S288C 模型模拟酿酒酵母大规模遗传扰动。1140 个必需基因中，有 62 个与细胞核苷酸浓度有关，并且大多数的基因涉及氨基酸代谢（30.6%）、嘌呤和嘧啶代谢（29.0%）、能量代谢（11.3%）。当不考虑这些必需基因时，1/3 的非必需基因（1760 个）敲除能够影响酿酒酵母核苷酸代谢以及细胞生长。对这些非必需基因进行 GO 注释分析，这些影响核苷酸浓度变化的非必需基因的功能主要涉及催化活性（34.1%）、蛋白质转运（18.0%）、转录调控（17.6%）和信号相关（13.5%）[图 3-35（1）]。

作为特异性的极端例子，一些参与催化的基因缺失导致了独特的全基因组核苷酸积累。如敲除腺嘌呤磷酸核糖基转移酶基因 *APT2*、腺苷激酶基因 *ADO1* 以及 AMP 脱氨酶基因 *AMD1* 分别使 ATP 含量增加了 116.0%（$Z$-score[1] 10.92）、124.3%（$Z$-score 11.62）和 120.6%（$Z$-score 11.31）[图 3-35（2）]；而肌苷焦磷酸酶基因 *HAM1* 和嘌呤核苷磷酸化酶基因 *PNP1* 的敲除则会导致 GTP 含量分别增加 192.0%（$Z$-score 14.19）和 215.5%（$Z$-score 15.94）[图 3-35（3）]。进一步对涉及催化活性的相关基因进行分析，发现有 236 个基因是激酶相关的基因。*TPK1*、*TPK2* 和 *TPK3* 是编码 cAMP 依赖性蛋白激酶复合物的催化亚基的基因，敲除这三个基因会导致细胞生长速率从 $1.94 \times 10^{-5}$ 个细胞/s 下降至 $1.1 \times 10^{-5}$ 个细胞/s，降低 43.3%。与氨基酸相关的转运蛋白对胞内核苷酸含量变化敏感，这是由于氨基酸可作为核苷酸生物合成的前体。对于转录调控相关的基因，128 个

---

1）$Z$-score（标准分数）：统计学上的概念，用于衡量一个数据点与数据集平均值的距离，以标准差为单位。

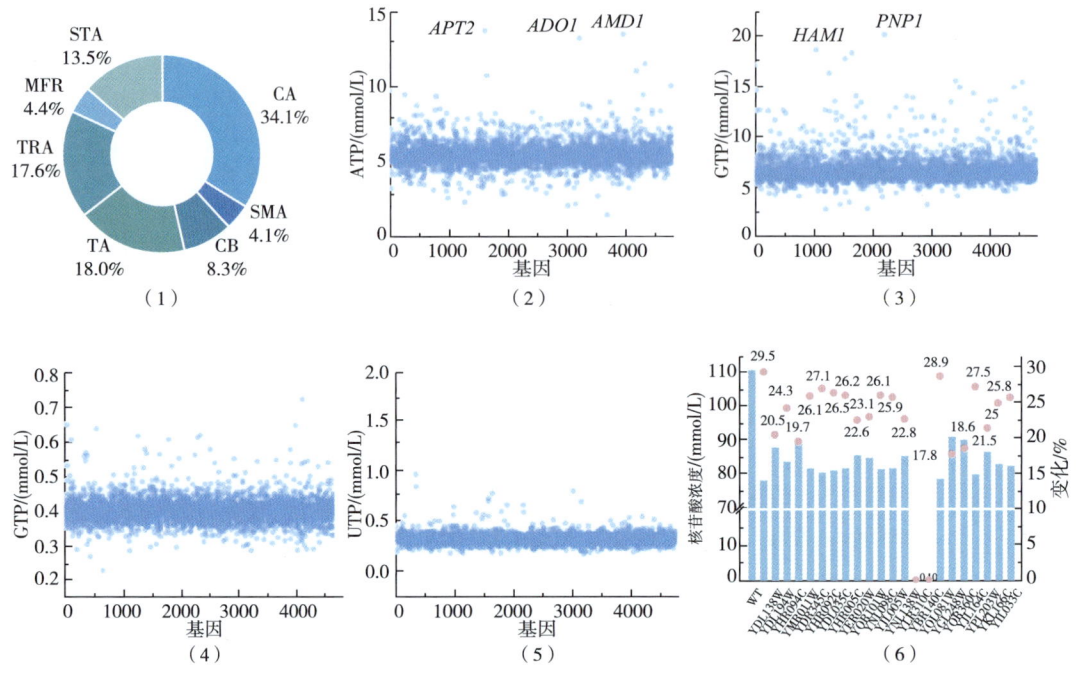

图 3-35 基因敲除对酿酒酵母胞内核苷酸浓度的影响

(1) 与胞内核苷酸有关的基因功能（CA：催化分析；SMA：结构分子活性；CB：染色质结合；TA：转运活性；MFR：分子功能调节器；TRA：转录调节活性；STA：信号传感器活性）；(2) 基因缺失对 ATP 浓度的影响（*ADO1*：腺苷激酶基因；*APT2*：腺嘌呤磷酸核糖转移酶基因；*AMD1*：AMP 脱氨酶）；(3) 基因缺失对 GTP 浓度的影响（*HAM1*：核苷三磷酸焦磷酸水解酶基因；*PNP1*：嘌呤核苷磷酸化酶基因）；(4) 基因缺失对 CTP 浓度的影响；(5) 基因缺失对 UTP 浓度的影响；(6) 参与 cAMP 途径的基因缺失对总核苷酸浓度的影响

转录因子与细胞核苷酸的调节有关 [图 3-35（4）（5）]。

此外，94 个蛋白质涉及信号转导途径，这些蛋白质中腺苷酸环化酶 Cyr1 是 cAMP 依赖性蛋白激酶信号通路所必需的。敲除 *CYR1* 后，细胞生长和胞内 cAMP 的浓度分别降低了 76.2% 和 61.4%。这是由于 cAMP 信号通路控制着很多细胞过程，包括代谢、细胞周期、压力响应、静止期和孢子形成等。利用 WM_S288C 模型模拟基因敲除 cAMP 信号通路，除了必需基因 *CDC25* 和 *IRA1*，其他基因的敲除能够同时影响细胞生长和胞内核苷酸含量，其中核苷酸含量下降的范围为 17.8%~29.5% [图 3-35（6）]。这些结果表明，cAMP 信号通路对细胞内核苷酸调节至关重要。

# 参考文献

[1] 李春华. 蛋白质-蛋白质对接方法的研究 [D]. 北京：北京工业大学，2003.
[2] 徐楠. 光滑球拟酵母基因组规模生物模型的构建与应用 [D]. 无锡：江南大学，2017.
[3] 叶超. 新一代工业微生物生物网络模型的构建及应用 [D]. 无锡：江南大学，2019.

[4] 姜金国，宋理富，郑平，等. 谷氨酸棒状杆菌集成细胞网络的构建与结构分析［J］. 生物工程学报，2012，28（05）：577-591.

[5] Karr J R, Sanghvi J C, Macklin D N, et al. A whole-cell computational model predicts phenotype from genotype［J］. Cell, 2012, 150（2）：389-401.

[6] King Z A, Lu J, Drager A, et al. BiGG Models：A platform for integrating, standardizing and sharing genome-scale models［J］. Nucleic Acids Res, 2016, 44（D1）：D515-D522.

[7] Moretti S, Martin O, Tran T V, et al. MetaNetX/MNXref - reconciliation of metabolites and biochemical reactions to bring together genome-scale metabolic networks［J］. Nucleic Acids Res, 2016, 44（D1）：D523-D526.

[8] 徐红林. 基因调控网络的建模及其结构分解方法研究［D］. 无锡：江南大学，2010.

[9] 张自立，王振英. 系统生物学［M］. 北京：科学出版社，2009.

[10] 张增明. 蛋白质-小分子结合位点预测新算法研究开发［D］. 杭州：浙江大学，2012.

[11] 吴健，朱海霞，赵志荀，等. 蛋白质互作研究技术［J］. 动物医学进展，2016，37（02）：109-115.

[12] 赵欣，杨雪，毛志涛，等. 基于酶约束的代谢网络模型研究进展及其应用［J］. 生物工程学报，2019，35（10）：1914-1924.

[13] 刘杰. 典型工业微生物基因组规模代谢网络模型的构建与解析［D］. 无锡：江南大学，2013.

[14] Raúl Méndez, Raphaël Leplae, Leonardo De Maria, et al. Assessment of blind predictions of protein-protein interactions：current status of docking methods［J］. Proteins, 2003, 52（1）：51-67.

# 第四章　系统生物学在维生素 C 发酵中的应用

维生素 C，别名抗坏血酸，是一种含有六个碳原子的酸性多羟基化合物，分子式为 $C_6H_8O_6$，结构如图 4-1 所示。维生素 C 作为人体必需的一种维生素，广泛应用于制药、食品、饮料、化妆品和饲料等行业中，如表 4-1 所示。

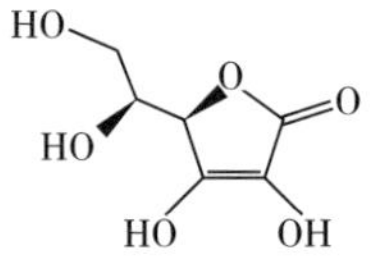

图 4-1　维生素 C 结构式

表 4-1　　　　　　　　　　　　维生素 C 及其衍生物的主要用途

| 用　途 | 示　例 |
| --- | --- |
| 制药工业 | 用于治疗乙型脑炎惊厥、特发性血小板减少性紫癜、动脉硬化、病毒性心肌炎、癌症、继发性红皮病、抗皮肤过敏等，还用于治疗亚硝酸盐中毒、支气管哮喘和急性病毒性肝炎 |
| 食品工业 | 防止氧化褐变，改变食品风味，食品护色，防止罐壁腐蚀，防止油脂氧化 |
| 饮料工业 | 作为添加剂具有防腐保鲜功能 |
| 化妆品工业 | 用于治疗黄褐斑；清除自由基，延缓衰老 |
| 饲料工业 | 用于提高动物抗应激能力，增强免疫功能，促进骨骼发育，提高繁殖率 |
| 生化试剂 | 用于磷的测定 |

"莱氏法"是最早实现维生素 C 工业化生产的工艺。"莱氏法"通过六步化学反应将葡萄糖转化为 2-酮基-L-古龙酸（2-keto-L-gulonic acid，2-KLG），再经酯化生成维生素 C；但是该法存在能耗高、消耗大量有机溶剂、环境污染严重等缺点。生物技术法生产维生素 C 工艺流程简单、生产周期短、成本低廉，更具有竞争力。我国是首个实现维生素 C 工业化生产的国家，以 D-山梨醇为底物的二步发酵法被研究得最早、应用最广泛，目前世界维生素 C 产量的 80% 均通过此法生产。该法首先利用醋酸菌（*Acetobacteria*）转化 D-山梨醇为 L-山梨糖，再由巨大芽孢杆菌（*Bacillus megaterium*，俗称大菌）和普通生酮基古龙酸菌（*Ketogulonicigenium vulgare*，俗称小菌）共同完成由 L-山梨糖到 2-KLG 的转化。优势在于用一个混菌发酵步骤替代莱氏法中的化学步骤转化山梨糖生产维生素 C 前体 2-KLG，该步骤主要依靠小菌和大菌组成的人工微生物生态系统完成。其中 *K. vulgare* 为

产酸菌，单独培养时生长微弱，产酸较少；*K. vulgare* 能够利用自身酶系转化 L-山梨糖生成 2-KLG。*B. megaterium* 为伴生菌，不产酸，但能促进 *K. vulgare* 生长和产酸。维生素 C 混菌发酵过程中 *K. vulgare* 和 *B. megaterium* 的状态和比例，对维生素 C 生产有重要影响。虽然已在传统诱变、发酵优化、酶学性质等方面开展了大量研究，但复杂的两菌关系是制约维生素 C 工业发展的关键瓶颈之一。

近年来随着基因组测序技术和其他组学技术的发展，对维生素 C 发酵菌株特性及其相互作用关系的认识也上升到了系统生物学水平。基因组学、转录组学和蛋白质组学分别从 DNA、mRNA 和蛋白质三个水平对生命活动进行研究。将分散的、各个层次的组学数据整合在一个网络平台，构建从组学数据到生理特性的联系，能够更全面、深入地分析和预测相应的生理、生产表型和两菌相互作用机制。基因组规模代谢网络模型是一种整合特定生物已有的基因组学和后基因组学数据，以生化代谢途径为核心，具有特定结构的数学模型，可以成为研究维生素 C 发酵菌株内在生理、分子机制的全局性模型，可用于深度分析生物。通过研究维生素 C 发酵菌株基因组信息，整合已有的生物化学、遗传学与功能基因组学数据，从分子水平上对维生素 C 发酵菌株进行系统生物学研究，在此基础上发展一系列相关的生化工程和代谢工程改造策略，促进新型菌株的构建和传统菌株的改造，为探索 *K. vulgare* 与 *B. megaterium* 的伴生机制提供新的线索和思路。

# 第一节 维生素 C 生产菌株基因组学研究

## 一、普通生酮基古龙酸菌的全基因组测序和功能基因分析

### 1. 普通生酮基古龙酸菌全基因组测序

普通生酮基古龙酸菌（*K. vulgare*）的分类学位置位于变形菌门（Proteobacteria）、α-亚纲（Alpha proteobacteria）、红细菌目（Rhodobacterales）、红细菌科（Rhodobacteraceae）。红细菌科中已有 34 株微生物完成基因组测序，包括 8 株红细菌属、8 株 *Rueqeria* 属、8 株玫瑰杆菌属，这些已测序结果将会在 *K. vulgare* 进化关系构建中发挥重要作用。利用 Sanger 测序法与 454 高通量测序（GS FLX titanium system）相结合，可得到 *K. vulgare* WSH-001 基因组序列，全长 3.28Mb，包括一条染色体和两条质粒，其中两个环形质粒全长分别为 267986bp 和 242715bp，详见表 4-2 和图 4-2。

表 4-2　　　　　　　　　　　　*K. vulgare* WSH-001 的基因组特征

| 参数 | 染色体 | 质粒 pKVU_100 | 质粒 pKVU_200 |
| --- | --- | --- | --- |
| 基因组长度/bp | 2766400 | 267986 | 242715 |
| GC 含量[1]/% | 61.69 | 61.33 | 62.58 |
| 开放阅读框（ORF）数目 | 2604 | 246 | 215 |

---

[1] GC 含量表示（G+C）mol%，全书同。

续表

| 参数 | 染色体 | 质粒 pKVU_100 | 质粒 pKVU_200 |
| --- | --- | --- | --- |
| ORF 长度/bp | 920 | 989 | 1049 |
| 编码百分比/% | 86.6 | 90.8 | 92.9 |
| 与已知蛋白相似的蛋白数目 | 2181 | 199 | 192 |
| 未知功能蛋白数目 | 423 | 47 | 23 |
| tRNA | 51 | — | — |
| rRNA 操纵子（23S，16S，5S） | 3 个类别 | — | — |

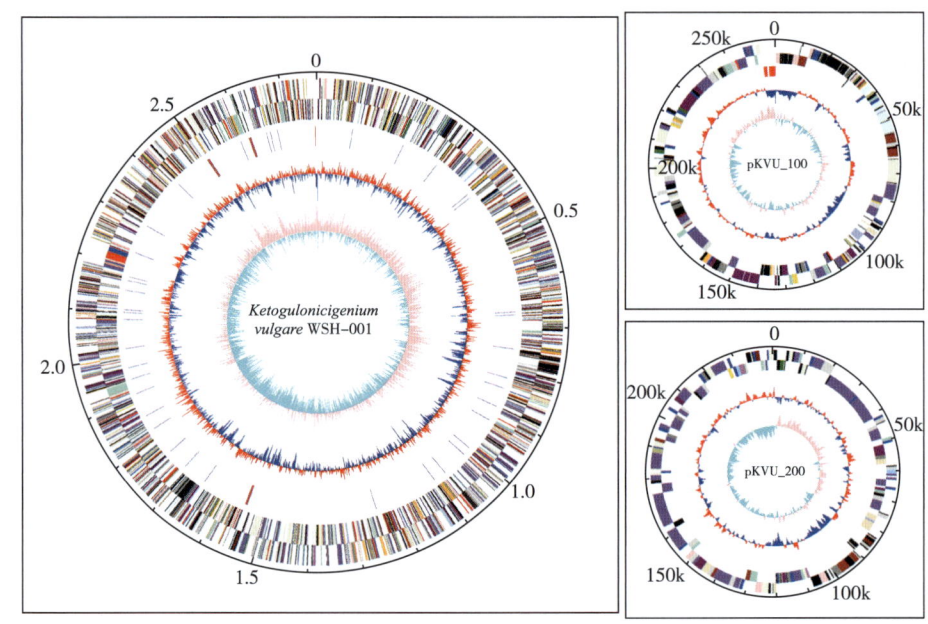

图 4-2　*K. vulgare* WSH-001 基因组环状图谱

*K. vulgare* WSH-001 染色体 GC 含量为 61.69%，共编码 2604 个开放阅读框（ORF），其中 83.8% 的开放阅读框有明确的生物学功能注释。而质粒 1 的 GC 含量为 61.33%，包含 246 个 ORF，其中 80.9% 的开放阅读框有明确的生物学功能注释；质粒 2 的 GC 含量为 62.58%，包含 215 个开放阅读框，其中 89.3% 基因有明确的生物学功能注释。根据同源基因组群（clusters of orthologous groups of protein，COGs）分类，*K. vulgare* WSH-001 开放阅读框可以分为 19 个已知功能类别和 1 个未知功能分类。其中氨基酸转运与代谢、无机离子转运与代谢、碳水化合物的转运与代谢在所有 20 类蛋白质家族中所占比率分别为 14%、9% 和 7%，表明有这三类功能的蛋白质家族在 *K. vulgare* WSH-001 细胞生长中发挥重要作用。

基因组注释一般可以通过网络服务器和本地安装的注释软件完成。网络服务器注释一般速度快、自动化程度高，不同自动注释服务器结果可能存在一定差异，每个方法均得到一些特有的基因功能。本地注释一般通过 BLAST、HMMER 程序检索用户建立的本地数据

# 第四章
## 系统生物学在维生素 C 发酵中的应用

库。K. vulgare WSH-001 全基因组序列再注释采用网络服务器和本地注释相结合的策略，详细结果见表 4-3。RAST 注释出 2531 个功能蛋白，占总基因组的 82.57%，其中有酶号标注的有 757 个。KAAS 注释发现 1618 个蛋白被分配了 KO 号，占总基因组的 52.8%，其中有 781 个蛋白有酶号标注。无 EC 号的蛋白则参与其他的细胞生命活动如跨膜转运、信号转导、核糖体合成、细胞运动等。UniProtKB/Swiss-Prot 数据库是目前用于酶家族注释最为准确的数据库之一，可作为 BLASTp 的本地库。以 UniProtKB/Swiss-Prot 为 BLASTp 程序的本地库，在 K. vulgare WSH-001 基因组中共注释出 2131 个功能蛋白，占总蛋白质的 74.6%，其中有酶号标注的蛋白质 959 个。本地 BLASTp 注释结果远多于其他方法，将氨基酸相似度阈值提高到 35% 时，注释出酶号的蛋白质降低到 718 个，数量上与 KAAS 和 RAST 接近。结合两种在线服务器注释和两种本地库注释结果为：四种方法共得到 347 个共有基因和酶号的关联，480 个蛋白被三种方法注释出相同酶号，718 个蛋白被两种方法注释出相同 EC 号（图 4-3），1035 个基因和酶号的关联仅仅由一种方法得到。不同方法的注释结果可能存在差异，如 KVU_0281 在 RAST 中注释为 D-Lactate dehydrogenase（EC 1.1.2.5），但在 KAAS 中注释为 D-lactate dehydrogenase（EC 1.1.1.28），二者之间的差异在于前者以细胞色素 c-553 为辅因子，后者以 $NAD^+$ 为辅因子，最后参考本地 BLASTp 注释结果确定其 EC 号为 1.1.1.28。比较四种方法得到的基因和酶号的关联，可以减小单个注释方法的局限性。

表 4-3　不同注释方法对 K. vulgare WSH-001 基因组的注释结果

| 注释方法 | 功能蛋白 | 具 EC 号蛋白 | 假定蛋白或未注释出功能蛋白 |
| --- | --- | --- | --- |
| 原注释 | 2485 | — | 569 |
| RAST | 2531 | 757 | 652 |
| KAAS | 1589 | 723 | 1436 |
| 本地 BLASTp | 2131 | 959（718）[①] | 923 |

① 将氨基酸相似度阈值提高到 35% 时注释的具 EC 号蛋白。

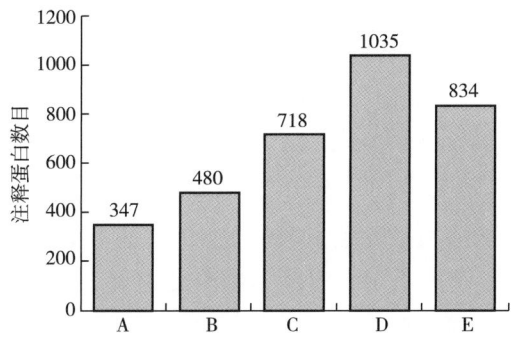

图 4-3　不同注释方法注释出具 EC 号的蛋白数

A—四种注释方法均注释出；B—至少三种注释方法注释出；C—至少两种方法注释出；D—至少一种方法注释出；
E—至少两种方法或本地 BLASTp 在较高阈值（氨基酸相似度大于 35%）注释出

以 UniProtKB/Swiss-Prot 数据库作为 BLASTp 的本地库，设定氨基酸相似度阈值大于35%，本地 BLASTp 结果可以作为衡量其他注释结果的参考标准。此外，即使某些 BLASTp 注释时没有匹配和相似度较低的蛋白质，但能够由其他任意两种方法注释，也可以作为 K. vulgare WSH-001 全基因组序列再注释结果。

**2. K. vulgare WSH-001 代谢亚系统的功能注释**

在 K. vulgare WSH-001 DNA 复制与修复系统中，存在不完整的 DNA 复制系统。在染色体基因组中发现了三种 DNA 聚合酶，包括 DNA 聚合酶 Ⅰ、DNA 聚合酶 Ⅲ（包括 α、β、γ、δ、δ′、ε、τ、χ 等亚基）、DNA 聚合酶 Ⅳ 的编码基因，但缺失 DNA 聚合酶 Ⅲ 中负责组建核心酶的 θ 亚基的编码基因和负责形成 γ 复合物的 ψ 亚基的编码基因。同时，还发现了与起点及复制起始有关的酶与辅因子：dnaB、dnaG、单链 DNA 结合蛋白基因 ssb 以及 DNA 旋转酶（A、B 亚单位）和类组蛋白 HU，但未发现 dnaA 和 dnaC、Dam 甲基化酶编码基因。相对于 DNA 复制系统，K. vulgare WSH-001 的 DNA 修复系统较为完整，基因组包括错配修复、切除修复、重组修复和 SOS 修复系统的各类基因。其中 mutL 和 mutS 参与错配修复，但核酸酶基因 mutH 却没有找到。参与切除修复的基因为 uvrA、uvrB、uvrC、uvrD 基因和 Ruv 系统的 ruvA、ruvB、ruvC 基因。另外，还含有参与重组修复的 recF、recG、recJ、recN、recO、recQ、recR 和参与 SOS 修复的 recA 和 lexA 基因。从 K. vulgare WSH-001 DNA 复制与修复系统的基因组注释结果可以推测，K. vulgare WSH-001 生长微弱可能与 DNA 复制系统不够完善有一定关系。基因组中未发现 dnaA（识别复制起始位点）和 dnaC（帮助 dnaB 结合于起始位点）的编码基因，可能会降低 DNA 复制的效率，从而使 K. vulgare WSH-001 细胞生长受到影响。

K. vulgare WSH-001 拥有较为完善的转录系统和翻译系统。基因组包含 202 个与转录相关的基因，可以找到 RNA 聚合酶全酶所有亚基（αββ′σω）的编码基因。转录调节主要包括起始位点识别和延伸因子调节两个方面。与转录起始位点识别相关的 RNA 聚合酶 σ 亚基中仅发现了 $σ^{70}$ 和与热休克相关的 $σ^{32}$ 和 $σ^E$ 的编码基因，未找到与氮源利用相关的 $σ^{54}$ 和与鞭毛合成相关的 $σ^F$ 的编码基因。与转录延伸相关的包括编码转录延伸因子 AsnC 亚家族和编码转录终止子的 Rho 因子和 nusA 基因。同时在 K. vulgare WSH-001 基因组中还发现了大量具有转录调节功能的转录调节蛋白，包括 CytR、MerR、TetR、AraC、LysR、GntR、LacI、IclR、GntR、GlpRb、HxlR、ArsR、PhoB、RpiR、ROK、MetR、OxyR、LuxR、CopG、PetP、HxlR、UbiC、PcaR 等 23 种亚家族成员的编码基因。K. vulgare WSH-001 拥有 162 个与翻译、核糖体结构与生物合成相关的基因，包括 20 种常见氨基酸的氨基酰-tRNA 合成酶，还发现能够携带除酪氨酸外的 19 种基本氨基酸的 51 个 tRNA 基因。此外，在 K. vulgare WSH-001 基因组中，启动肽链合成[甲酰甲硫氨酸-tRNA-甲酰转移酶及三种起始因子 T（IF-1、IF-2、IF-3）]、肽链延伸[发挥进位作用的延长因子 T（EF-Tu）及发挥移位作用的延长因子 G（EF-G）及延长因子 P（EF-P）]及肽链释放（肽链释放因子 RF-1、RF-2、RF-3）的相关蛋白和调节因子，参与到 K. vulgare WSH-001 蛋白质生物合成中。

和其他细菌一样，K. vulgare WSH-001 的信号传导调节系统也是由供体组氨酸激酶（histidine kinase）和受体应答因子（response regulator）两类蛋白质组成。在 K. vulgare WSH-001 基因组中已确定了 13 个应答调节因子编码基因，这些基因大多数毗邻于组氨酸激酶基因。应答调节因子蛋白拥有一个相当保守的 N-端磷酸化受体区域，C-端则为 DNA 结合区。首蓿根瘤菌、根癌土壤杆菌、新月柄杆菌及假单胞铜绿菌的应答调节因子均具有极高的同源性。

转运系统是生物系统联系外界环境的主要渠道之一，是生物代谢网络的重要组成部分。根据 KAAS 注释结果可以提取 KO 号和 KEGG 单元，从而确定某些转运复合物及其底物，该种方法得到的转运复合物是腺苷三磷酸结合转运蛋白（ATP-binding cassette transporters，ABC 转运蛋白）和磷酸葡萄糖转移酶系统（phosphotransferase system，PTS）。K. vulgare WSH-001 基因组 KAAS 注释结果中共有 274 个 ABC 转运蛋白，3 个蛋白注释为细菌磷酸转移酶系统。同时，本地 BLASTp 比对转运数据库 TCDB，得到 K. vulgare WSH-001 的 381 个转运蛋白，这些转运蛋白被分配在所属的转运系统中（transporter classification system，TC），根据 TC 号可以在 TCDB 网站上查找对应的转运反应。基于 KAAS 注释和 TCDB 比对的两种方法共有 179 个转运蛋白，转运系统在不同的注释方法中存在一定差异，特别是对存在跨膜螺旋和信号肽结构的蛋白，更为详细的注释需要生物信息分析工具与实验结果相互支持。

K. vulgare WSH-001 单独生长非常缓慢，可能是由于缺乏一些基本的碳水化合物代谢途径。K. vulgare WSH-001 基因组中涉及碳水化合物代谢途径与转运的基因约 200 个，包含三羧酸循环和戊糖磷酸途径所有酶的编码基因，而其他糖代谢途径中或多或少有一种或几种关键蛋白质的编码基因缺失，例如糖酵解途径中未发现关键酶 6-磷酸果糖激酶的编码基因，半乳糖代谢中多个基因未有注释。虽然碳水化合物代谢途径缺乏多种关键酶的基因，但 K. vulgare WSH-001 基因组中却含有非常丰富的碳水化合物转运蛋白，其中包括负责转运多种糖的 MsmE 和 MsmK 的编码基因、转运麦芽糖/麦芽糖糊精的 MalK 的编码基因、转运 3-磷酸甘油的 UgpA、UgpB、UgpC 和 UgpE 的编码基因、转运葡萄糖苷的 AglE、AglF、AglG 和 AglK 的编码基因，以及负责转运核糖的 RbsA 和 RbsC 的编码基因。这些蛋白质主要负责各种类型碳水化合物的转运，以弥补 K. vulgare WSH-001 自身碳水化合物合成和代谢能力的不足。结合对 K. vulgare WSH-001 碳代谢和转运系统的注释，K. vulgare WSH-001 可以通过碳水化合物的转运，获得多种代谢中间产物，满足自身生长需求。尤其是 3-磷酸甘油的 UgpA、UgpB、UgpC 和 UgpE 的转运基因，表明 K. vulgare WSH-001 可以从外界摄取 3-磷酸甘油，以供给细胞在未注释出糖酵解途径关键酶 6-磷酸果糖激酶的情况下仍然可以生长，而 B. megaterium WSH-002 很可能是 3-磷酸甘油的提供者。

氨基酸是合成微生物细胞蛋白质的物质基础，其代谢途径不完全可能会导致细胞内部分蛋白质的合成受阻，可能会导致 K. vulgare WSH-001 单独生长非常缓慢。K. vulgare WSH-001 基因组中虽然含有与 421 个氨基酸转运与代谢相关的编码基因，但对应到各自的代谢途径中，大部分氨基酸合成都有一个或几个关键酶的基因没有注释。其中，丙氨酸和亮氨酸代谢途径中多个酶的基因未在基因组中找到。赖氨酸和组氨酸合成途径分别因未找到 2,3-二氢吡啶二羧酸还原酶（dihydrodipicolinate reductase，EC 1.3.1.26）基因和磷酸丝氨酸磷酸酶（phosphoserine phosphatase，EC 3.3.3.15）基因而使整个合成途径不能正常进行。

## 二、巨大芽孢杆菌的全基因组测序和分析

### 1. 巨大芽孢杆菌的全基因组测序

巨大芽孢杆菌（*B. megaterium*）在生物学分类上属于厚壁菌门（Phylum Firmicutes）、芽孢杆菌纲（Bacilli）、非褶菌目（Aphyllophorales）、多孔菌科（Polyporaceae）、芽孢杆菌属（Bacillus），是一种好氧的革兰氏阳性菌。该菌为杆状，其末端为弧形。细胞壁上的多糖会使两个细胞相连接，因此多个 *B. megaterium* 一般会以链状形式存在。在工业中，*B. megaterium* 主要用来生产胞外蛋白酶和维生素，或作为表达外源基因的宿主菌。在混菌发酵体系中，*B. megaterium* 本身不具有合成 2-KLG 的酶系，也不参与产酸过程，但 *B. megaterium* 在代谢过程中能够释放多种活性物质（如 *B. megaterium* 中分子质量在 30~50 ku 及大于 100 ku 的蛋白质组分），而作为伴生菌促进 *K. vulgare* 的生长和产酸过程。*B. megaterium* 的基因组信息是解析两菌生理关系的基础。利用 Sanger 测序与 454 高通量基因组测序相结合的方法，对 *B. megaterium* WSH-002 进行全基因组测序，得到全长为 4.14Mb 的染色体和质粒序列，包括一条长度为 4047912bp 的染色体和三个长度分别为 74613bp、9699bp 和 7006bp 的质粒。*B. megaterium* 染色体的 GC 含量为 39.09%，共有 5186 个 ORF，其平均长度为 780bp，其中编码基因序列占整个染色体序列的 81.2%。在预测的 ORF 中，75.7%ORF 编码的基因具有明确的生物学功能，而 24.3% ORF 在已知数据库里没有找到同源蛋白，详见表 4-4。*B. megaterium* WSH-002 的三个环形质粒中质粒 1 的 GC 含量为 36.0%，有 69 个 ORF，占质粒 1 长度的 70.7%，其中 34 个 ORF 具有明确的生物学功能；质粒 2 的 GC 含量为 32.22%，包含 11 个 ORF，占质粒 2 全长的 73.4%，其中 5 个 ORF 具有明确的生物学功能；质粒 3 的 GC 含量为 33.21%，包含 14 个 ORF，占质粒 3 全长的 69.3%，其中 3 个 ORF 有明确的生物学功能。

表 4-4　　*B. megaterium* WSH-002 的基因组特征

| 参数 | *B. megaterium* WSH-002 | 质粒 pBME_100 | 质粒 pBME_200 | 质粒 pBME_300 |
| --- | --- | --- | --- | --- |
| 基因组长度/bp | 4047912 | 74613 | 9699 | 7006 |
| GC 含量/% | 39.09 | 36.00 | 32.22 | 33.21 |
| ORF 数目 | 5186 | 69 | 11 | 14 |
| ORF 长度/bp | 780 | 765 | 647 | 347 |
| 编码百分比/% | 81.2 | 70.7 | 73.4 | 69.3 |
| 与已知蛋白相似的蛋白数 | 3926 | 34 | 5 | 3 |
| 未知功能蛋白数目 | 1260 | 35 | 6 | 11 |

续表

| 参数 | *B. megaterium* WSH-002 | 质粒 pBME_100 | 质粒 pBME_200 | 质粒 pBME_300 |
|---|---|---|---|---|
| tRNA | 99 | — | — | — |
| rRNA 操纵子 | 10 | 1 | — | — |

将 *B. megaterium* WSH-002 的全基因组与已测序的巨大芽孢杆菌菌株 *B. megaterium* QM B1551 和 *B. megaterium* DSM 319 相比较，其基因组特征如表 4-5 所示。这三个菌染色体基因组序列相似度很高，其中 QM B1551 与 DSM 319 的核酸序列相似性超过 95%。这两个基因组序列差异的主要原因是，染色体上单基因或连续几个基因的插入和缺失突变；QM B1551 和 DSM 319 染色体上的特异性基因对细胞与外界环境的交流，如细胞壁的形成、细胞转运、信号转导以及基因调控有重要影响。很多巨大芽孢杆菌菌株本身有多个质粒，菌株 QM B1551、WSH-002 分别有 7 个、3 个环形质粒，且质粒上 GC 含量低于染色体 GC 含量。其中 *B. megaterium* QM B1551 质粒的长度占染色体的 11%。按表 4-5 中的编号顺序，QM B1551 的质粒拷贝数依次为 3、14、18、10、5、2、1，并且其复制方式分别为滚环复制、滚环复制、θ 复制。这些质粒上的基因能够编码淀粉酶、羧化酶、通透酶和细胞色素 P450 酶等，还有与转运重金属（如铜、镉）有关的蛋白，部分基因还与芽孢的生成、萌发相关。此外，质粒上一部分基因敲除后不影响 *B. megaterium* 在培养基上的生长表型，说明这些基因不是 *B. megaterium* 的必需基因，可能与其适应不同生存环境相关。

表 4-5　　三种巨大芽孢杆菌菌株的基因组特征

| 类型 | 基因组长度/bp | GC 含量/% | 基因 | 蛋白 | rRNA | tRNA | tRNA 操纵子 |
|---|---|---|---|---|---|---|---|
| QM B1551 | 5097129 | 38.2 | 5284 | 5116 | 34 | 120 | 11 |
| pBM100 | 5428 | 34.8 | 8 | 8 | — | 0 | 0 |
| pBM200 | 9098 | 34.5 | 13 | 13 | — | 0 | 0 |
| pBM300 | 26587 | 35.5 | 38 | 38 | — | 0 | 0 |
| pBM400 | 53865 | 36.5 | 60 | 60 | 3 | 18 | 1 |
| pBM500 | 66985 | 33.9 | 94 | 94 | — | 0 | 0 |
| pBM600 | 99694 | 33.0 | 111 | 109 | — | 0 | 0 |
| pBM700 | 164406 | 33.5 | 175 | 174 | 1 | 0 | 0 |
| DSM 319 | 5097447 | 38.2 | 5272 | 5100 | 33 | 115 | 11 |
| WSH-002 | 4047912 | 39.09 | 5186 | 5180 | 30 | 99 | 10 |
| pBME_100 | 74613 | 36 | 89 | 69 | 3 | 17 | 1 |
| pBME_200 | 9699 | 32.22 | 11 | 11 | — | — | — |
| pBME_300 | 7006 | 33.21 | 14 | 14 | — | — | — |

注：前缀 pBM 为 *B. megaterium* QM B1551 的质粒，前缀 pBME 为 *B. megaterium* WSH-002 的质粒。

### 2. *B. megaterium* WSH-002 代谢亚系统的功能注释

与 *K. vulgare* WSH-001 相比，*B. megaterium* WSH-002 的 DNA 复制系统相对完整。在基因组中发现了编码 DNA 聚合酶基因，包括 DNA 聚合酶Ⅰ、DNA 聚合酶Ⅲ（α、β、γ、δ、δ'、ε、τ）和 DNA 聚合酶 X。但与 *K. vulgare* WSH-001 类似也未发现 DNA 聚合酶Ⅲ的部分亚基的编码基因，如负责组建核心酶的 θ 亚基和负责形成 γ 复合物的 χ 和 ψ 亚基。在 *B. megaterium* WSH-002 基因组中，与复制起始相关的基因包括引物合成酶基因 *dnaG*、参与复制起始复合体的基因 *dnaA*、*dnaB*、*dnaC*、*dnaD*，以及单链 DNA 结合蛋白编码基因 *ssb*，没有发现 Dam 甲基化酶编码基因。*B. megaterium* WSH-002 DNA 修复系统的完整程度低于 *K. vulgare* WSH-001，主要体现在未找到切除修复相关的 *ruvB* 和 *ruvC* 基因。*B. megaterium* WSH-002 的错配修复系统和 SOS 修复系统与 *K. vulgare* WSH-001 基本相同。同时，*B. megaterium* WSH-002 基因组中含有大量重组修复相关的基因（*recF*、*recG*、*recJ*、*recN*、*recO*、*recQ*、*recR*、*recU* 和 *recX*）。

在转录和翻译系统中，*B. megaterium* WSH-002 共有 409 个与转录相关的基因，包括：RNA 聚合酶全酶（αββ'σω 亚基），一些转录因子如 RNA 聚合酶 σ 亚基中识别不同共有序列的启动子 $\sigma^{70}$、$\sigma^{E}$、$\sigma^{54}$ 和 $\sigma^{F}$，转录延伸因子 AsnC 亚家族基因，转录终止子的 Rho 因子基因和 *nusA*、*nusB*、*nusG* 基因，大量调控转录的蛋白（包括 AnsR、AraC、ArsR、BsbR、CueR、CysR、CzcR、DeoR、HxlR、GntR、GltR、LrpR、LrpC、TnrA、IclR、LacI、LuxR、LysR、MarR、DtxR、OhrR 等 21 种亚家族成员）。*B. megaterium* WSH-002 的翻译系统中有 172 个与翻译、核糖体结构相关的基因。*B. megaterium* WSH-002 基因组包含全部 20 种基本氨基酸的氨基酰-tRNA 合成酶，它们参与相应的氨基酸-tRNA 合成。*B. megaterium* WSH-002 中含有 99 个 tRNA，是 *K. vulgare* WSH-001 的 1.9 倍，且能够携带全部 20 种基本氨基酸。*B. megaterium* WSH-002 中相应的翻译相关蛋白和调节因子，包括启动肽链合成的起始因子 T、负责肽链延伸的延长因子 T、负责催化 EF-Tu-GTP 复合物再形成的 EF-Ts 及发挥移位作用的延长因子 G 和与肽链释放相关的肽链释放因子及与多肽链翻译后加工相关的肽脱甲酰基酶、乙酰基转移酶等。但是未发现编码延长因子 P 的基因和启动肽链合成的甲酰甲硫氨酸-tRNA-甲酰转移酶基因。*B. megaterium* WSH-002 的信号传导调节系统由供体组氨酸激酶和受体应答因子两种蛋白组成。*B. megaterium* WSH-002 基因组含有 21 个应答调节因子编码基因，比 *K. vulgare* WSH-001 高出 62%，这些应答调节因子与组氨酸激酶基因毗邻。

在 *B. megaterium* WSH-002 基因组共有 299 个基因参与碳水化合物代谢与转运，其拥有比较完整的中心代谢途径，如糖酵解途径、三羧酸循环、戊糖磷酸途径、果糖代谢和丙酮酸代谢途径等，而甘露糖、半乳糖、丙酸、乙醛酸等代谢途径中一些基因未能被注释出来。与糖转运相关蛋白的编码基因包括：编码麦芽糖/麦芽糊精转运蛋白（MalK）、棉籽糖/水苏糖/蜜二糖转运蛋白（MsmE、MsmF、MsmG 和 MsmK）、3-磷酸甘油转运蛋白（UgpA、UgpB、UgpC 和 UgpE）、乳糖/阿拉伯糖转运蛋白（LacE、LacF 和 LacG）、核糖转运蛋白（RbsA、RbsB、RbsC 和 RbsD）的基因。上述基因注释表明，*B. megaterium* WSH-

002 具有广泛的底物谱，不仅能够运输多种碳水化合物，同时具有高效利用多种碳源的遗传基础，因而 B. megaterium WSH-002 生长代谢速度快。B. megaterium WSH-002 基因组中共有 440 个基因与氨基酸代谢与转运相关。与 K. vulgare WSH-001 相比，B. megaterium WSH-002 拥有基本完整的氨基酸代谢途径，除色氨酸分解途径中少数基因未有注释。同时，B. megaterium WSH-002 的氨基酸转运系统也非常丰富，含有 38 个编码氨基酸 ABC 转运蛋白的基因和 17 个氨基酸透性酶。

在维生素 C 混菌发酵过程中，B. megaterium WSH-002 营养细胞会形成芽孢，促进细胞裂解释放胞内活性物质，对 2-KLG 生产有重要作用。但是过多芽孢的萌发和形成会使部分胞内活性物质滞留于芽孢中，同时会消耗一定量的碳源和其他营养物质，影响 K. vulgare 的生长和 2-KLG 生产。B. megaterium WSH-002 基因组中包含 59 个与芽孢形成和 39 个与芽孢萌发相关的基因。对芽孢形成和萌发相关基因进行分析发现：B. megaterium WSH-002 基因组包含芽孢萌发阶段 Ⅱ、Ⅲ、Ⅳ、Ⅴ 和 Ⅵ 的编码基因、促进芽孢形成的组氨酸激酶活化蛋白以及导致细胞进行不对称分裂的 Spo0A 和 Spo0B 编码基因；B. megaterium WSH-002 基因组中与芽孢萌发相关的基因主要有 L-丙氨酸响应蛋白和水解酶基因等。

B. megaterium WSH-002 具有强大的蛋白分泌能力，与大菌对小菌的伴生作用有直接关系，从而会直接影响维生素 C 发酵过程。B. megaterium WSH-002 在代谢过程中释放的分子质量为 30~50ku 和 >100ku 的生物活性物质，初步证实为蛋白质，可以促进 K. vulgare 生长和产酸。B. megaterium WSH-002 基因组与蛋白质分泌相关的基因包括：Sec 普通分泌途径中驱动蛋白转移的 SecA、蛋白转移通道 SecYEG 中的 SecY 和 SecG，和蛋白转移酶辅助组分 SecDF 的基因。其中当编码 SecE 的基因缺失时，会使 SecY 很快被降解。Sec 分泌蛋白途径通常分为两类信号肽：Ⅰ 型普通信号肽和 Ⅱ 型脂蛋白信号肽。B. megaterium WSH-002 基因组中含有编码 Ⅰ 型信号肽主要蛋白的基因 sipS 和 sipT 以及 Ⅱ 型脂蛋白信号肽的编码基因 lspA，但未发现 Ⅰ 型信号肽的编码基因 sipU、sipV 和 sipW。

### 3. B. megaterium 与 K. vulgare 基因组比较

B. megaterium WSH-002 作为伴生菌可以促进 K. vulgare WSH-001 的生长和产酸，对两菌染色体进行比较，B. megaterium WSH-002 基因组长度和 ORF 数目分别是 K. vulgare WSH-001 的 1.3 倍和 1.7 倍，但 B. megaterium WSH-002 中 ORF 的平均长度仅为 K. vulgare WSH-001 的 83%（表 4-6）。B. megaterium WSH-002 和 K. vulgare WSH-001 中分别存在 25% 和 16% 的未知功能蛋白。对两菌的 COG[1] 分类进行比较发现，B. megaterium WSH-002 可分为 22 个组，分别为 20 个已知功能家族、未知功能类别和未分类组。其中氨基酸转运与代谢，转录，碳水化合物转运与代谢这三类蛋白家族，所占的比重较大，分别为 7%、7% 和 6%。而 K. vulgare WSH-001 染色体中氨基酸、无机离子和核苷的转运与

---

[1] COG（Clusters of Orthologous Groups of proteins）是一个数据库，它将来自不同物种的蛋白质根据它们之间的同源性进行聚类，以推测它们的功能和进化关系。它包含原核生物和真核生物的同源蛋白簇。

代谢和蛋白翻译相关基因更占优势。两菌中比重较大的共有 COG 类别是氨基酸转运与代谢，暗示两菌的氨基酸转运与代谢相对丰富，在细胞生长中占有重要地位（图 4-4）。

表 4-6　*B. megaterium* WSH-002 与 *K. vulgare* WSH-001 染色体比较

| 参数 | *K. vulgare* WSH-001 | *B. megaterium* WSH-002 |
| --- | --- | --- |
| 染色体长度/bp | 3277101 | 4139230 |
| GC 含量/% | 61.7 | 39.0 |
| ORF 数目 | 3065 | 5280 |
| ORF 长度/bp | 935 | 778 |
| 编码百分比/% | 87.4 | 81.0 |
| 与已知蛋白相似的蛋白数目 | 2572 | 3968 |
| 未知功能蛋白数目 | 493 | 52 |
| tRNA 数目 | 51 | 99 |
| rRNA 操纵子（23S，16S，5S） | 3 | 11 |

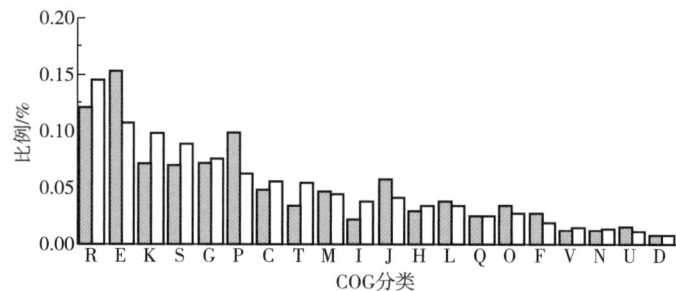

图 4-4　COG 分类比较

□ *B. megaterium* WSH-002；■ *K. vulgare* WSH-001

R：预测的主要功能；E：氨基酸转运代谢；K：转录；S：未知功能；G：碳水化合物转运和代谢；P：无机离子转运；C：能量生产和转化；T：信号转导机制；M：细胞壁膜生物合成；I：脂质转运代谢；J：翻译、核糖体结构和合成；H：辅酶转运和代谢；L：复制、重组和修复；Q：次级代谢合成、转运和分解；O：翻译后修饰、蛋白质折叠、伴侣蛋白；F：核苷酸转运和代谢；V：防御机制；N：细胞运动；U：胞内转运、分泌和小泡运输；D：细胞周期控制、细胞分裂和染色体分离。

## 第二节　*K. vulgare* 基因组规模代谢网络模型的构建与应用

### 一、*K. vulgare* 基因组规模代谢网络模型的构建和基本特征

#### 1. 模型 *i*WZ663 的构建

从 *K. vulgare* WSH-001 全基因组序列出发，利用代谢网络自动构建服务器（KAAS 和 Model SEED）、蛋白质序列同源比对（BLASTp）、*K. vulgare* 相关文献和公共数据库信息，

构建其首个基因组规模代谢网络模型 iWZ663。借助于 COBRA 工具箱中基于约束的模拟算法，从代谢网络结构、关键代谢途径、反应鲁棒性、必需基因和必需反应、代谢流量分布等方面模拟和分析代谢网络模型，从全局代谢水平解析 K. vulgare 的生理特性。

代谢网络模型构建流程分为粗网络的构建、粗网络的精炼、代谢漏洞的填补与数学模型调试（图 4-5）。粗网络的构建主要是通过整合基于 KAAS 注释而得的代谢网络、Model-SEED 构建的代谢网络和文献中关于 K. vulgare 生理、生化、代谢信息，最终得到的粗网络包括 816 个基因和 1339 个反应。在 Model SEED 自动化构建过程中，经 RAST 注释添加了 41 个新基因，见表 4-7。这些基因一方面符合 K. vulgare 的生理代谢特性，另一方面是经过本地 BLASTp 搜索 UniProtKB/Swiss-Prot 数据库得到验证的同源性较高的基因。其中很多是生物质合成过程的必需基因。RAST 新注释基因的收录不仅使得代谢模型内容更全面，也扩展了对 K. vulgare 代谢能力的认识。

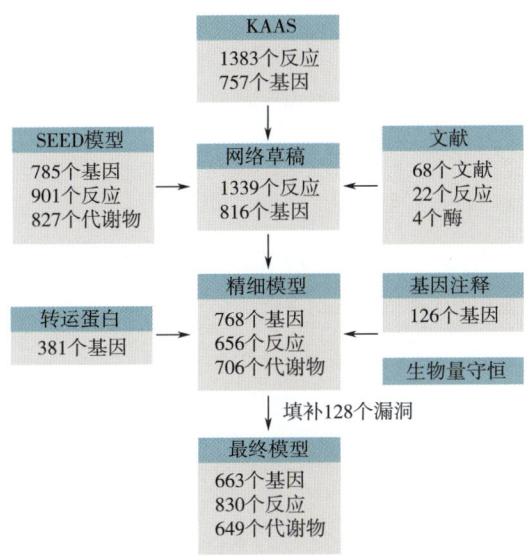

图 4-5　K. vulgare 代谢网络模型构建主要流程

表 4-7　模型构建过程收录的新注释功能基因

| 基因名 | 功能 |
| --- | --- |
| 质粒 2 | |
| peg. 205 | 乙酰辅酶 A 乙酰基转移酶（EC 2.3.1.9），β-酮己二酰辅酶 A 硫解酶（EC 2.3.1.-） |
| peg. 206 | 3-氧己二酸辅酶 A 转移酶亚基 B（EC 2.8.3.6） |
| peg. 207 | 3-氧己二酸辅酶 A 转移酶亚基 A（EC 2.8.3.6） |
| 染色体 | |
| peg. 302 | 葡萄糖酸-2-脱氢酶（EC 1.1.99.3），膜结合黄素蛋白 |
| peg. 303 | 葡萄糖酸-2-脱氢酶（EC 1.1.99.3），膜绑定 γ 亚基 |
| peg. 367 | 乙酰辅酶 A 羧基转移酶链（EC 6.4.1.2） |

续表

| 基因名 | 功能 |
|---|---|
| peg. 368 | UDP-*N*-乙酰氨基葡萄糖-1-羧基乙烯基转移酶（EC 2.5.1.7） |
| peg. 369 | UDP-*N*-乙酰氨基葡萄糖-1-羧基乙烯基转移酶（EC 2.5.1.7） |
| peg. 409 | 3-异丙基苹果酸脱水酶大亚基（EC 4.2.1.33） |
| peg. 410 | 3-异丙基苹果酸脱水酶小亚基（EC 4.2.1.33） |
| peg. 498 | 氨基甲酰-磷酸合酶链（EC 6.3.5.5） |
| peg. 659 | UDP-葡萄糖-4-差向异构酶（EC 5.1.3.2） |
| peg. 682 | 尿卟啉原Ⅲ脱羧酶（EC 4.1.1.37） |
| peg. 701 | 核糖-磷酸焦磷酸激酶（EC 2.7.6.1） |
| peg. 702 | 低特异性 L-苏氨酸醛缩酶（EC 4.1.2.5） |
| peg. 713 | 磷酸氨基咪唑羧化酶 ATPase 亚基（EC 4.1.1.21） |
| peg. 714 | 磷酸核糖基氨基咪唑羧化酶催化亚基（EC 4.1.1.21） |
| peg. 843 | 莽草酸激酶Ⅰ（EC 2.7.1.71） |
| peg. 844 | 3-脱氢奎尼酸合成酶（EC 4.2.3.4） |
| peg. 864 | 邻氨基苯甲酸合酶，氨基转移酶（EC 4.1.3.27），氨基苯甲酸酯合酶，酰胺转移酶（EC 2.6.1.85） |
| peg. 1036 | 磷酸核糖甲酰基甘胱环连接酶（EC 6.3.3.1） |
| peg. 1037 | 磷酸核糖甘氨酸酰胺甲酰基转移酶（EC 2.1.2.2） |
| peg. 1743 | UDP-*N*-乙酰基胞壁酰-L-丙氨酸酰胺连接酶（EC 6.3.2.10） |
| peg. 1744 | UDP-*N*-乙酰基胞壁酰-D-谷氨酸-2，6-二氨基庚二酸连接酶（EC 6.3.2.13） |
| peg. 1764 | D-丙氨酸-D-丙氨酸连接酶 B（EC 6.3.2.4） |
| peg. 1765 | UDP-*N*-乙酰烯醇丙酮基葡萄糖胺还原酶（EC 1.1.1.158） |
| peg. 2010 | 胸苷磷酸化酶（EC 2.4.2.4） |
| peg. 2011 | 胞嘧啶脱氨酶（EC 3.5.4.5） |
| peg. 2015 | 丝氨酸羟甲基转移酶（EC 2.1.2.1） |
| peg. 2046 | 肌醇-1-单磷酸酶（EC 3.1.3.25） |
| peg. 2596 | 腺苷高半胱氨酸酶（EC 3.3.1.1） |
| peg. 2646 | 辅酶 Q-细胞色素 c 还原酶（EC 1.10.2.2），细胞色素 B 亚基 |
| peg. 2647 | 泛素细胞色素 C 氧化还原酶（EC 7.1.1.8），细胞色素 C 亚基 |
| peg. 2651 | 分支酸合酶（EC 4.2.3.5） |
| peg. 2658 | 二氢甲基吡啶酸还原酶（EC 1.3.1.26） |
| peg. 2749 | 海藻糖-6-磷酸磷酸酶（EC 3.1.3.12） |

续表

| 基因名 | 功能 |
|---|---|
| peg. 2750 | $\alpha$-海藻糖磷酸合酶（EC 2.4.1.15） |
| peg. 2800 | 琥珀酸脱氢酶（EC 1.3.99.1），铁硫蛋白 |
| peg. 2937 | 磷酸泛酸泛酰半胱氨酸脱羧酶（EC 4.1.1.36），磷酸泛酸泛酰半胱氨酸合酶（EC 6.3.2.5） |
| peg. 2950 | 黄嘌呤脱氢酶（EC 1.17.1.4），钼绑定亚基 |
| peg. 2951 | 黄嘌呤脱氢酶（EC 1.17.1.4），铁硫簇，FAD-结合亚基A |

粗网络的精炼过程包括去除重复的和非代谢相关的基因和反应，同时整合蛋白的亚细胞定位结果、转运蛋白注释、生物量方程等信息，统一反应和代谢物格式，最终得到的精炼网络包括656个基因、649个代谢物和768个反应。利用CELLO工具对蛋白的亚细胞定位进行在线注释，K. vulgare WSH001的亚细胞定位结果见表4-8。K. vulgare 基因组规模代谢网络模型包括细胞质和胞外两个区间，因此在实际构建过程中细胞内膜、细胞外膜、周质空间均归类于细胞质。CELLO注释结果中共有9个基因编码的蛋白定位预测在胞外，其中6个基因参与编码山梨糖代谢途径的关键酶，分别是山梨糖/山梨酮脱氢酶（KVU_0203，KVU_1366，KVU_2142，KVU_2159，KVU_PA0245）和山梨酮脱氢酶（KVU_PB0115）。但是文献报道这两种酶分别存在于细胞内和周质空间，因此在代谢网络模型中将这6个基因关联的反应区间设定在胞内。剩余3个基因中有2个编码ABC转运蛋白（KVU_1059和KVU_2165），分别负责碳酸盐和甘油三磷酸ABC转运反应关联；另一个基因（KVU_0853）编码超氧化物歧化酶催化胞外超氧化物的降解，是K. vulgare 代谢网络模型中唯一的胞外反应。

表4-8　K. vulgare 蛋白质亚细胞定位

| 亚细胞区间 | 蛋白数目/个 | |
|---|---|---|
| | 基因组 | 代谢网络模型 |
| 细胞质 | 2418 | 420 |
| 细胞内膜 | 488 | 143 |
| 周质空间 | 88 | 84 |
| 细胞外膜 | 38 | 7 |
| 胞外 | 22 | 9 |

K. vulgare 的生物量组成主要参考文献报道、K. vulgare 基因组信息，并参考大肠杆菌的生物量信息得到 K. vulgare 的生物量组分，其详细组成见表4-9。该生物量方程在流量平衡分析（Flux Balance Analysis，FBA）模拟细胞生长时被设为模型的目标方程。

表 4-9　　K. vulgare 生物量组成

| 生物量组分 | 含量/[mmol/(L·gDCW)] | 生物量组分 | 含量/[mmol/(L·gDCW)] |
|---|---|---|---|
| 蛋白质 | | | |
| 　丙氨酸 | 0.6750 | 　谷氨酰胺 | 0.1858 |
| 　精氨酸 | 0.3497 | 　甘氨酸 | 0.4416 |
| 　天冬酰胺 | 0.1367 | 　组氨酸 | 0.1061 |
| 　天冬氨酸 | 0.3065 | 　异亮氨酸 | 0.2855 |
| 　半胱氨酸 | 0.0365 | 　亮氨酸 | 0.5319 |
| 　谷氨酸 | 0.2548 | 　赖氨酸 | 0.1294 |
| 　甲硫氨酸 | 0.1439 | 　色氨酸 | 0.0696 |
| 　苯丙氨酸 | 0.1893 | 　酪氨酸 | 0.1153 |
| 　脯氨酸 | 0.2693 | 　缬氨酸 | 0.3692 |
| 　丝氨酸 | 0.2604 | 　苏氨酸 | 0.2855 |
| DNA | | | |
| 　dATP | 0.0195 | 　dGTP | 0.0314 |
| 　dCTP | 0.0314 | 　dTTP | 0.0195 |
| RNA | | | |
| 　ATP | 0.1565 | 　GTP | 0.1970 |
| 　CTP | 0.1578 | 　UTP | 0.1307 |
| 脂质 | | | |
| 　磷脂酰甘油 | 0.0203 | 　LPS | 0.0089 |
| 　磷脂酰乙醇胺 | 0.0876 | 　肽聚糖 | 0.0255 |
| 　心磷脂 | 0.0030 | 　糖原 | 0.1557 |
| 可溶性分子 | | | |
| 　生物素 | 0.0119 | 　辅酶 A | 0.0038 |
| 　吡咯喹啉醌 | 0.0088 | 　FAD | 0.0037 |
| 　四氢叶酸 | 0.0065 | 　乙酰辅酶 A | 0.0036 |
| 　$NAD^+$ | 0.0044 | 　硫胺素焦磷酸 | 0.0069 |
| 　$NADP^+$ | 0.0039 | 　泛醌 8 | 0.0040 |
| 生长相关的能量维持 | 59.5704 | 非生长相关的能量维持 | 8.39 |

利用 COBRA 工具箱检测模型中存在的代谢漏洞,依据 K. vulgare 的生理特性进行代谢漏洞的填补,在此过程添加了许多没有基因关联的反应,这些反应的添加是对基因组功能注释的补充,也使模型更加完整。例如,文献报道 K. vulgare 能够利用 17 种碳源作为底物,初始模型只能预测其中 10 种底物能被 K. vulgare 利用,通过添加 KEGG 或 MetaCyc 中与同化这些底物相关的反应,使更新的模型预测结果与文献报道相符。初模型不能合成革兰氏阴性细菌典型结构脂多糖(LPS),基因组注释显示 LPS 合成途径中部分基因未被注释出来,如 ADP-L-甘油-D-甘露庚糖-6-差向异构酶(EC 5.1.3.20),为使模型能够反映 K. vulgare 实际的生理表型,手动添加该酶催化的相关反应(R05176,ADP-D-甘油-$\beta$-D-甘露庚糖$\rightleftharpoons$ADP-L-甘油-$\beta$-D-甘露庚糖)到模型中。此外,基因组注释出辅因子 PQQ 的合成基因簇 pqqB-E,但由于其具体的合成代谢途径尚未确定,所以模型没有包含其相关合成反应,而是加入一个相应的 Sinkeldam 反应表示其能自身合成。经过代谢漏洞和模型调试过程共填补了 128 个代谢漏洞。

**2. 模型 iWZ663 的基本特征**

经过上述构建流程,最终得到 K. vulgare WSH001 的 GSMM,命名为 iWZ663,该模型包含 663 个基因、649 个代谢物和 830 个反应,详细信息见表 4-10。模型中基因占 K. vulgare 整个基因组的 21.4%;与基因关联的反应有 621 个,209 个没有基因关联的反应的添加主要依据实验证据和网络连通性。模型共有 830 个反应可以分为生化反应、转运反应和交换反应,分别为 576 个、137 和 117 个。按催化反应酶号分类,发现转移酶、氧化还原酶和水解酶三类催化的反应占所有生化反应总数的 68.4%;而裂解酶、异构酶和连接酶三类催化的反应只占总反应的 20.6%;另有 11% 的生化反应没有明确的 EC 号,它们多属于累加反应、自发反应和生物量相关的反应,见图 4-6。按照 KEGG 途径中的代谢亚系统分类,将模型中反应分为 14 大类,如图 4-7 所示,其中转运系统反应占 16.5%,其他较为丰富的代谢亚系统包括:碳水化合物代谢(15.3%)、氨基酸代谢(15.2%)、交换反应(14.1%)、核酸代谢(13.1%)。其中,氨基酸代谢特性如表 4-11 所示。

表 4-10　　　　　　　　　　　模型 iWZ663 的基本特性

| 特征 | 数目/个 | 特征 | 数目/个 |
| --- | --- | --- | --- |
| 基因组特征 | | 转运反应 | 137 |
| 　基因组大小/bp | 3288404 | 交换反应 | 117 |
| 　总基因数[①] | 3096 | 代谢物 | 649 |
| 代谢模型 | | 基因 | 663 |
| 　反应 | 830 | 基因覆盖率[②]/% | 21.4 |
| 　生化反应 | 576 | | |

①基因组包括 41 个 RAST 新注释的基因;
②模型中的基因数除以总基因数。

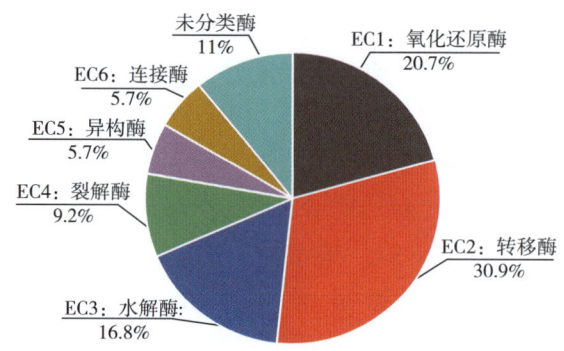

图 4-6  iWZ663 生化反应按 EC 号分类

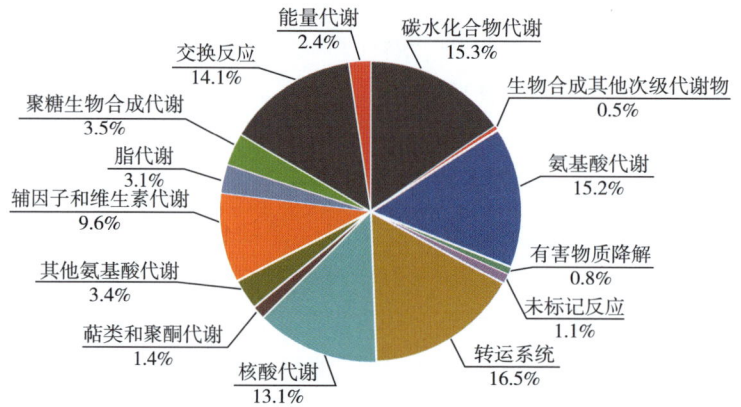

图 4-7  iWZ663 反应代谢亚系统分布

表 4-11　　　　　　　　模型 iWZ663 的氨基酸代谢特性

| 氨基酸① | 反应数② | TCA③ | 嘌呤合成④ | 氨基酸① | 反应数② | TCA③ | 嘌呤合成④ |
| --- | --- | --- | --- | --- | --- | --- | --- |
| **异亮氨酸** | 3 | − | − | 半胱氨酸 | 8 | − | − |
| **缬氨酸** | 3 | − | − | 脯氨酸 | 8 | + | − |
| 精氨酸 | 3 | − | − | **甲硫氨酸** | 10 | − | − |
| **赖氨酸** | 3 | − | − | 丝氨酸 | 11 | + | + |
| 天冬酰胺 | 4 | + | − | 丙氨酸 | 13 | + | − |
| **色氨酸** | 4 | − | − | 天冬氨酸 | 13 | + | + |
| **组氨酸** | 4 | − | − | 谷氨酰胺 | 15 | + | − |
| **苏氨酸** | 5 | + | + | 甘氨酸 | 24 | + | + |
| **亮氨酸** | 5 | − | − | 谷氨酸 | 40 | + | + |
| 酪氨酸 | 5 | − | − | **苯丙氨酸** | 5 | − | − |

①K.vulgare 必需氨基酸的字体加粗且斜体；
②每种氨基酸在代谢网络中参加的反应数；
③能被代谢为 TCA 循环中间代谢物的氨基酸用"+"表示，不能的用"−"表示；
④参与嘌呤合成的氨基酸用"+"表示，其他的用"−"表示。

网络连通性可以用代谢网络中代谢物连接的反应数来衡量，绝对连通度的高低反映了该代谢物在网络模型中的活跃程度（表4-12）。排除质子和水，网络代谢物连通度结果显示与能量相关的辅因子（ATP、ADP、$NADP^+$、NADPH、$NAD^+$、NADH）和氮代谢（谷氨酸、胺离子、甘氨酸）相关的代谢物在网络中具有最大的连通度，表明这些代谢物在代谢网络中的重要地位，如表4-12所示。通过基因组注释发现 K. vulgare 具有强大的氨基酸转运系统，模型 iWZ663 中共有48个基因编码外源氨基酸的转运。此外，在 K. vulgare 基因组中有103个基因负责转运外源的多肽，58个基因编码肽酶，参与多肽水解生成种类丰富的氨基酸。为了评价氨基酸在代谢网络中的作用，统计了每个氨基酸在模型 iWZ663 中的绝对连通度。谷氨酸和甘氨酸的绝对连通度最高；谷氨酰胺、天冬氨酸、丙氨酸、丝氨酸、甲硫氨酸、脯氨酸、半胱氨酸连通度相对较高；另外的11种氨基酸在模型 iWZ663 中连通度很低。

表4-12　　　　　　　　　　　模型 iWZ663 的代谢物连通度

| 代谢物 | 绝对连通度[①] | 相对连通度[②] | 代谢物 | 绝对连通度[①] | 相对连通度[②] |
|---|---|---|---|---|---|
| H | 371 | 11.2% | 丙酮酸 | 25 | 0.8% |
| $H_2O$ | 296 | 9.0% | 甘氨酸 | 24 | 0.7% |
| ATP | 172 | 5.2% | 氧气 | 22 | 0.7% |
| 磷酸 | 166 | 5.0% | 辅酶A | 20 | 0.6% |
| ADP | 156 | 4.7% | AMP | 19 | 0.6% |
| 焦磷酸 | 55 | 1.7% | ACP | 18 | 0.5% |
| $NADP^+$ | 53 | 1.6% | α-酮戊二酸 | 18 | 0.5% |
| NADPH | 52 | 1.6% | NADH | 44 | 1.3% |
| $NAD^+$ | 50 | 1.5% | 谷氨酸 | 40 | 1.2% |
| 二氧化碳 | 47 | 1.4% | 铵离子 | 31 | 0.9% |

①一个代谢物在代谢网络中所参与的所有反应数目；
②绝对连通度的值除以代谢网络中所有代谢物参与反应的总频率。

## 二、基于模型 iWZ663 对 K. vulgare 的生理性能分析

### 1. 基于模型 iWZ663 定量预测 K. vulgare 的生长速率

基因组规模代谢网络模型几乎包含了该生物所有的代谢活动，应用约束条件对模型 iWZ663 的定量预测能力进行评价，可以用来解析微生物的基本生理特性。在山梨糖消耗速率设为19.7mmol/（g DCW·h）、氨基酸消耗速率均设为0.1mmol/（g DCW·h）的条件下，K. vulgare 的生长速率预测为 $0.695\frac{1}{h}$，相比于实验数据（$0.507\frac{1}{h}$）偏高了

37.1%。通过鲁棒性分析预测 K. vulgare 的生长速率相对于山梨糖消耗速率的变化发现当山梨糖吸收速率小于 6.6mmol/（g DCW·h）时，细胞生长是受山梨糖吸收速率限制的。当山梨糖吸收速率高于此值时，生长速率并不随之增大，暗示在该条件下存在其他的限制性因素影响 K. vulgare 的生长（图 4-8）。

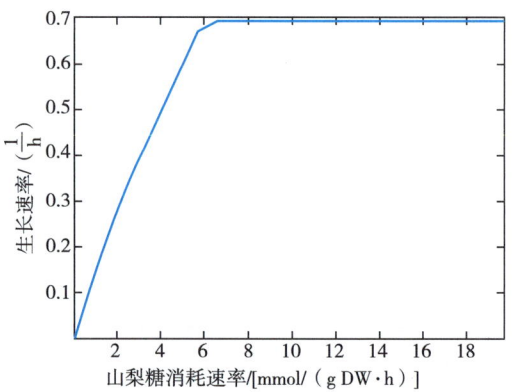

图 4-8　山梨糖消耗速率的鲁棒性分析

氧气消耗速率的鲁棒性分析表明氧气是 K. vulgare 生长的一种重要的限制因素。鲁棒性分析氧气消耗速率发现当该值低于 15.2mmol/（g DCW·h）时，K. vulgare 的生长受到氧气的限制；同时当氧气消耗速率高于 91mmol/（g DCW·h）时，K. vulgare 的生长也会受到抑制；氧气消耗速率在 15.2~91mmol/（g DCW·h）时，K. vulgare 的生长速率并无变化（图 4-9）。当限制氧气消耗速率为 9.9mmol/（g DCW·h）时，预测的生长值为 $0.492\frac{1}{h}$，仅比实验值低 3%，说明在合适的限制条件下模型 iWZ663 可以准确地预测 K. vulgare 的生长。

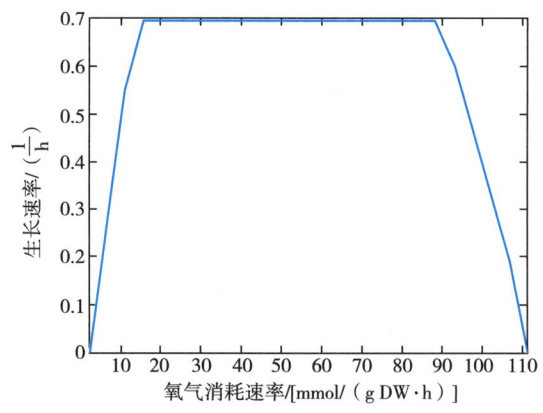

图 4-9　氧气消耗速率的鲁棒性分析

## 2. 基于模型 *i*WZ663 分析 *K. vulgare* 生长必需代谢和生长限制因素

通过单基因敲除预测发现 116 个基因为生长必需基因，即敲除这些基因使模拟的生长速率值为零，约占模型 *i*WZ663 基因总数的 17.5%（图 4-10）。这些必需基因分布在 10 个代谢亚系统中，其中核酸代谢和氨基酸代谢的必需基因比重最大分别为 27.6% 和 16.4%，说明这两个代谢亚系统对 *K. vulgare* 生长有重要作用（图 4-11）。山梨糖转化为 2-酮基-L-古龙酸（2-KLG）途径中的基因均为非必需基因，一方面，因为考察必需基因是以生物量形成为目标方程，另一方面，该途径的关键基因多存在多拷贝和同工酶。山梨糖/山梨酮脱氢酶有 5 个重复基因，且在催化山梨酮转化为 2-KLG 功能上与山梨酮脱氢酶是同工酶。模型 *i*WZ663 中除了 116 个必需基因，单独敲除 15 个基因（约占模型总基因数量的 2.3%）会使生长速率的预测值下降，这 15 个基因被称为部分必需基因。

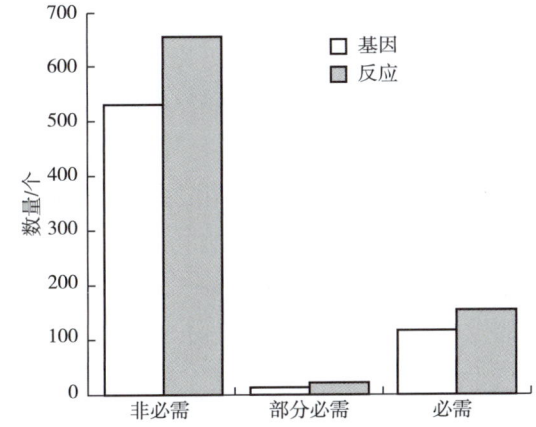

图 4-10　模型 *i*WZ663 中生长必需基因与反应的分布

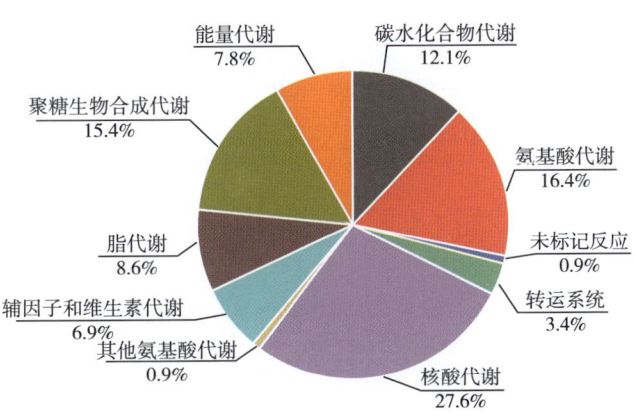

图 4-11　生长必需基因在代谢亚系统中的分布

单反应敲除分析预测发现 153 个反应（约占模型总反应数量的 18.4%）为生长必需反应，22 个反应（约占模型总反应数量的 2.7%）为部分必需反应。生长必需反应中的交换反应表明，3 种氨基酸和 5 种维生素或辅酶是 K. vulgare 生长的必需营养成分。单反应敲除实验结果表明天冬酰胺、半胱氨酸和甲硫氨酸是 K. vulgare 生长的必需氨基酸；而 5 种必需的维生素或辅酶分别是叶酸、泛酸、硫胺素、生物素和烟酸。已有实验表明 K. vulgare 生长需要添加叶酸衍生物，模型中的二氢叶酸只是作为叶酸衍生物的一种代表（模型营养成分中无其他叶酸衍生物）。泛酸的缺失会抑制 K. vulgare 的生长也已经被证实，泛酸的缺失阻碍了细胞合成辅酶 A，进而影响其他多种生理活动。实验分析谷胱甘肽添加前后 K. vulgare 胞内蛋白表达变化，发现 K. vulgare 的生长需要大量转运硫胺素，硫胺素在 K. vulgare 中可以转化为焦磷酸硫胺素，而参与很多脱羧反应。分析玉米浆成分对维生素 C 混菌发酵影响时，已证实生物素和烟酸均是影响混菌生长和 2-KLG 生产的关键因子，而比较基因组显示 B. megaterium 具有完整的烟酸和生物素合成途径，推测是由于 K. vulgare 中生物素和烟酸合成途径缺失相应反应而引起的。

除此之外，模型 iWZ663 也可用于分析 K. vulgare 的生长限制因素。外源添加嘌呤类核苷酸（如腺嘌呤、鸟嘌呤、黄嘌呤、次黄嘌呤）可以明显促进 K. vulgare 的单独生长，说明这些核苷酸均是 K. vulgare 的生长限制因素。运用 COBRA 工具箱中 TestPathway.m 程序测试发现山梨糖到腺嘌呤、鸟嘌呤、黄嘌呤、次黄嘌呤的合成途径是完整的。重构 K. vulgare 嘌呤合成途径发现其中部分的关键基因在原 NCBI 基因组注释中不存在，但在 RAST 新注释中得到了补充，详见图 4-12。嘌呤生物合成的前体物质包括核糖-5-磷酸、谷氨酰胺、甘氨酸、$N^{10}$-甲酰四氢叶酸、天冬氨酸。K. vulgare 单独生长对核苷酸的需求可能源于其嘌呤合成前体的供应不足导致其不能充分合成，体现在：①K. vulgare 生长需要

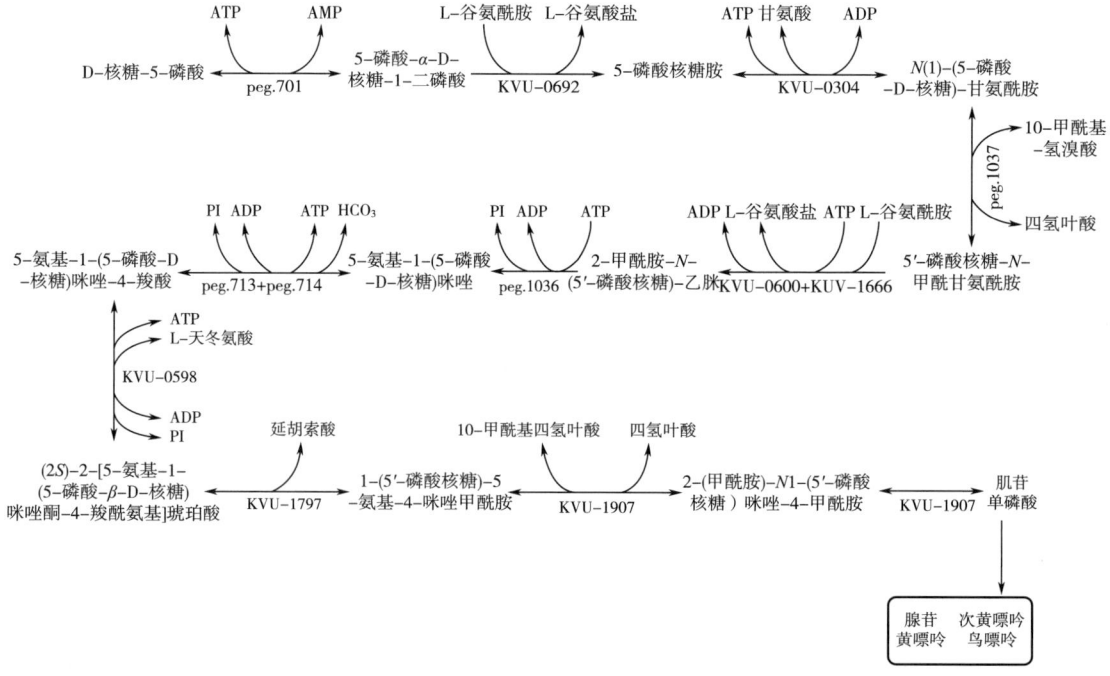

图 4-12 K. vulgare 嘌呤合成途径

添加叶酸衍生物从而推测 K. vulgare 缺失叶酸合成的关键基因。模型预测也显示从山梨糖到叶酸的合成途径不完整。在 K. vulgare 中异源表达了来源于 L. lactis MG1363 的叶酸合成基因簇（包含5个基因），发现重组菌单独生长的细胞密度提高了25%；②中心代谢途经分析显示 K. vulgare 的 PPP 流量偏低，限制了核糖-5-磷酸的供应。

不同批次的玉米浆成分会影响 K. vulgare 的生长和 2-KLG 的生产，其中关键因素是氨基酸的种类和浓度可以极大地影响 K. vulgare 的细胞生长和 2-KLG 的生产。为了研究 K. vulgare 氨基酸的代谢能力，假定一个仅氨基酸作为唯一碳源和氮源的环境，FBA（flux balance analysis，通量平衡分析）显示模型 iWZ663 可以完全利用天冬酰胺、天冬氨酸、谷氨酸、谷氨酰胺、甘氨酸、丙氨酸、脯氨酸、丝氨酸、苏氨酸（图4-13）。这9种氨基酸可以被转化为丙酮酸或 TCA 循环中间产物延胡索酸、富马酸、α-酮戊二酸，进一步参与能量产生和其他的生物量组分的合成。同时，甘氨酸、丝氨酸和苏氨酸可以作为一碳单位的供体用于嘌呤合成，天冬氨酸和谷氨酰胺也是嘌呤合成的重要前体物质。因此 K. vulgare 对氨基酸的需求主要用于蛋白质合成、补充 TCA 循环、核苷酸合成三部分。

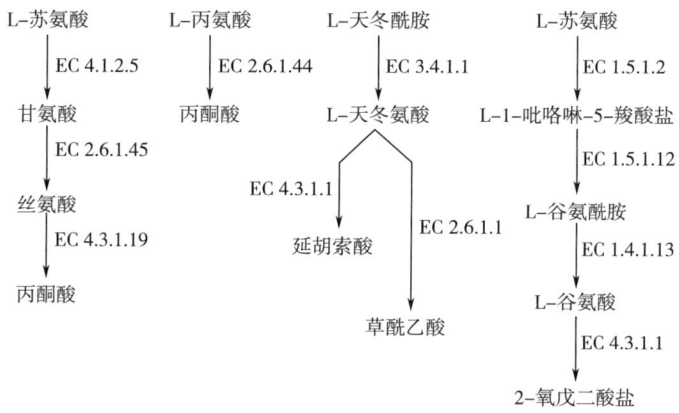

图 4-13  K. vulgare 关键氨基酸降解途径

## 三、基于模型 iWZ663 解析 K. vulgare 合成 2-酮基-L-古龙酸

基于模型 iWZ663 分析山梨糖代谢途径，如图 4-14 所示。K. vulgare 将山梨糖转化为 2-KLG 进一步形成维生素 C 的同时部分碳流进入中心碳代谢，如 Entner-Doudoroff（ED）途径和磷酸戊糖途径（PPP）。负责将山梨糖转化为 2-KLG 的酶主要包括山梨糖/山梨酮脱氢酶（KVU_0203，KVU_1366，KVU_2142，KVU_2159，KVU_PA0245）和山梨酮脱氢酶（KVU_0095，KVU_PB0115）。前者可以催化由山梨糖到山梨酮以及山梨酮到 2-KLG 这两步反应，而后者可以转化山梨酮生成 2-KLG 和少量的维生素 C。PQQ（吡咯喹啉醌）是两者共同的辅酶。此外，D-山梨醇脱氢酶（KVU_2522）可以将 D-山梨醇催化生成 L-山梨糖，表明 K. vulgare 也能够实现从 D-山梨醇到 2-KLG 的转化。2-KLG 除了用于合成维生素 C，另一部分可以被葡萄糖酸-2-脱氢酶（KVU_PB_0008）转化为艾杜糖。

艾杜糖再被艾杜糖-5-脱氢酶（KVU_1353）和葡萄糖酸-5-脱氢酶（KVU_1351）转化为6-磷酸-葡萄糖酸进入ED途径和PPP合成生物量组分或产生能量，为细胞生长提供能量和骨架。为了提高2-KLG的生产效率，可以通过敲除葡萄糖酸-2-脱氢酶（KVU_PB_0008）阻断其向艾杜糖的转化。另外，有报道称 E. coli 和运动发酵单胞菌 Z. mobilis 内酯酶（EC 3.1.1.X）可以转化2-KLG生成维生素C。注释发现 K. vulgare WSH001含有3个基因编码内酯酶：KVU_1414、KVU_2383（EC 3.1.1.17）和KVU_PB0206（EC 3.1.1.24），进一步改造这些基因有望省略目前二步发酵法生产维生素C工业过程中的化学法内酯化步骤，从而提高维生素C的生产效率。

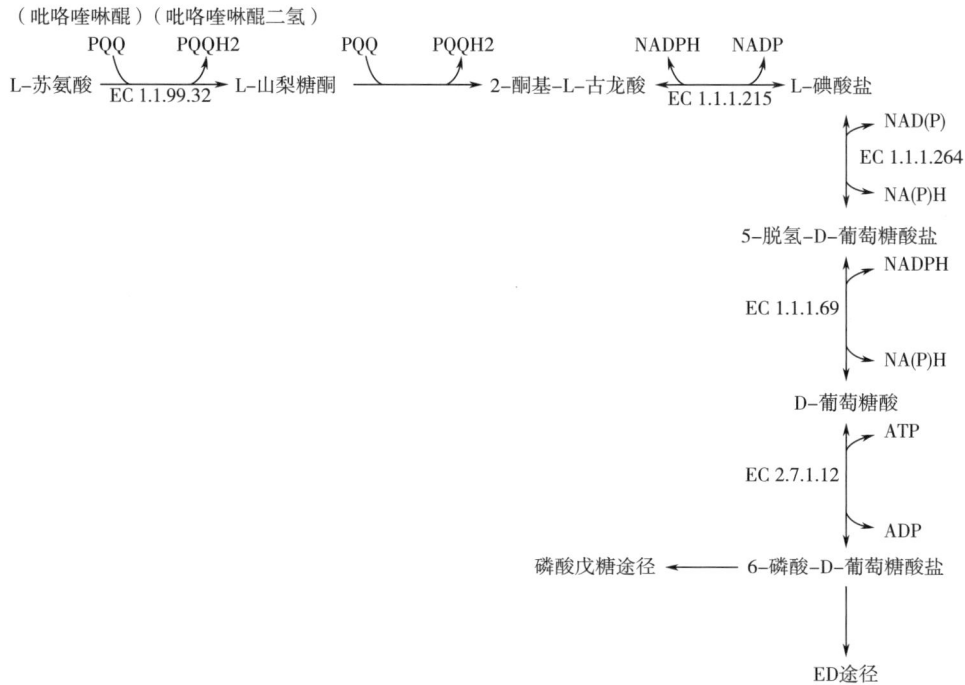

图4-14　K. vulgare 山梨糖代谢途径

基于模型 iWZ663 应用流量平衡分析模拟 K. vulgare 在山梨糖培养基中生长，来全面考察 K. vulgare 利用山梨糖生成维生素C的过程，结果显示 K. vulgare 代谢山梨糖主要通过ED和戊糖磷酸途径而不是酵解途径。其中通过PPP的碳流量仅占山梨糖碳流量的5.7%，其余碳流量均通过ED途径进入中心代谢。PPP流量水平偏低会影响细胞体内还原力（NADPH）的供给，影响了细胞戊糖合成进而限制了核苷酸和组氨酸的合成。蛋白质组学分析发现 K. vulgare 中 PPP、抗胞内 ROS、TCA 循环中的蛋白质表达量在 B. megaterium 伴生时比单独生长时高，此外，外源添加嘌呤类核苷酸（如腺嘌呤、鸟嘌呤、黄嘌呤、次黄嘌呤）可以明显促进 K. vulgare 的单独生长。这些研究表明 K. vulgare 胞内低水平的PPP会影响细胞抗氧化能力和核苷酸的生物合成，从而影响 K. vulgare 的单独生长情况。代谢组学实验证实 K. vulgare 胞内积累大量丙酮酸和少量的TCA循环中间代谢物。但是基于模型 iWZ66 的 FBA 分析发现在氧气吸收速率不做约束的条件下，K. vulgare 没有丙酮酸积累，同时，此时与辅酶 A 合成相关的泛酸和半胱氨酸并未受限。但当限制氧气消耗速率模拟时发现，丙酮酸开始积累。

必需反应预测了天冬酰胺、半胱氨酸和甲硫氨酸是 K. vulgare 生长的必需氨基酸，其中半胱氨酸和甲硫氨酸均为含硫的氨基酸，合成途径均与硫代谢相关。而将初始模拟条件中的硫酸盐换为亚硫酸盐，模型 iWZ663 此时能够合成半胱氨酸和甲硫氨酸，推测 K. vulgare 硫酸盐代谢可能存在缺陷。如图 4-15 所示，借助模型 iWZ663 中代谢途径发现 K. vulgare 缺失硫代谢的关键基因（EC 1.8.4.8），不能还原硫酸盐生成亚硫酸盐，进而影响了半胱氨酸和甲硫氨酸的合成。

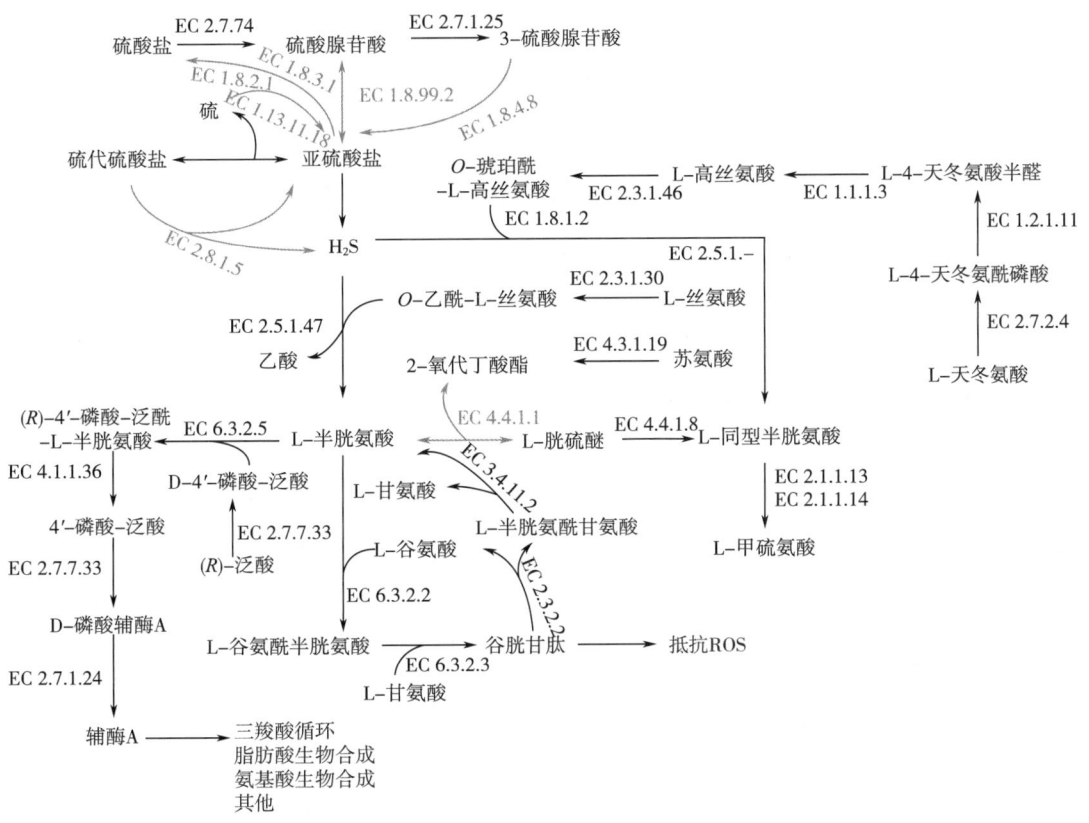

图 4-15　K. vulgare 硫代谢及其相关途径

黑色的箭头和 EC 号：已注释的反应和酶；灰色的箭头和 EC 号：未注释出的反应和酶

半胱氨酸是合成辅酶 A 的前体物质之一，辅酶 A 作为一种重要的辅因子参与细胞多个生命过程，辅酶 A 合成途径不完整可能导致 K. vulgare 胞内辅酶 A 含量水平偏低，低水平的辅酶 A 可以限制乙酰辅酶 A 的合成从而阻碍丙酮酸进入 TCA 循环。代谢组学显示单独培养时 K. vulgare 胞内积累了高浓度的丙酮酸，该现象可能由于乙酰辅酶 A 的短缺使丙酮酸不能进入 TCA 循环。同时低水平的 TCA 循环会影响细胞能量供应以及氨基酸等生物成分的合成，如天冬氨酸家族、谷氨酸家族和亮氨酸的合成。因此 K. vulgare 单独生长需要从外界摄取大量氨基酸的原因，不仅源于其部分氨基酸合成途径的缺失，如半胱氨酸、甲硫氨酸，也可能是其辅酶 A 合成途径的缺陷影响了 TCA 循环，造成细胞自身合成氨基酸效率偏低。另外，半胱氨酸也是谷胱甘肽合成的前体物质，谷胱甘肽是一种重要的代谢物，具有多种功能，包括：抗氧化作用和整合解毒作用，保护蛋白质和酶分子处于活性状态；易与某些药物、毒素等结合，而具有整合解毒作用；具有抵抗外界低 pH、氧化、高渗胁迫的作用。添加谷胱甘肽会改善 K. vulgare 单独生长状态，分析添加谷胱甘肽后 K. vulgare 胞内蛋白质组学变化，发现硫胺素/焦磷酸硫胺素（TPP）转运蛋白、膜结合的脱氢酶、戊糖磷酸途径、TCA 循环中的部分蛋白、抗胞内 ROS 相关蛋白相比于对照组均明显上调。表明谷胱甘肽在 K. vulgare 中具有多种重要生理作用。

# 第三节　巨大芽孢杆菌基因组规模代谢网络模型的构建与应用

## 一、巨大芽孢杆菌基因组规模代谢网络模型的构建和基本特征

### 1. 基于比较基因组学构建代谢网络粗模型

*B. megaterium* WSH-002 基因组规模代谢网络的构建，依赖于比较基因组学与文献挖掘的代谢网络模型的整合。基于比较基因组学的构建方法有 SEED 注释、KAAS 注释和本地蛋白序列同源比对注释。基于 SEED 注释的构建方法：首先，将 *B. megaterium* WSH-002 基因组序列（以 fasta 格式存储）上传到 SEED 服务器上，经过处理后生成代谢反应列表，登录网站后可查看、下载。经过 SEED 注释出 5530 个具有生理功能的基因序列，编号为 fig|1404.24.peg.1 到 fig|1404.24.peg.5345。通过比较基因编码序列的起始与终止位置，匹配基因组测序时注释的基因（NCBI 中 5280 个蛋白编码基因）与 SEED 注释的基因；将粗模型中的基因名称替换成相匹配的 NCBI 基因名称，没有匹配的则不予替换。SEED 注释与基因组测序时注释的基因序列匹配分为如图 4-16 所示的 4 种：①部分匹配：匹配的序列长度占 NCBI 注释或 SEED 注释序列长度的比例小于 50%；②完全匹配：两种注释序列的基因组起始位置与终止位置都一致；③基本匹配：匹配的序列长度占两种注释序列长度的比例均不小于 50%；④独有：两种注释的序列无匹配。将这四种匹配的可信度分别设为 2、4、3、1，分数越高可信度越高。如图 4-16 所示，大部分 SEED 注释的序列与 NCBI 中的注释序列能够完全匹配，分别占这两个

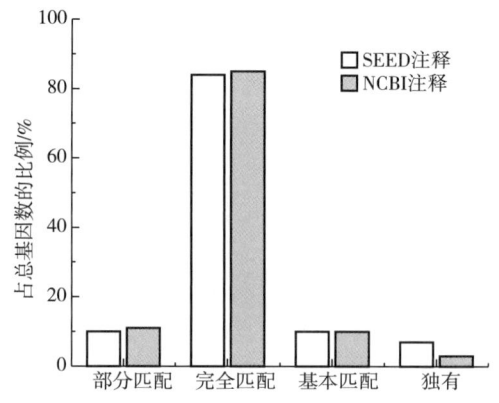

图 4-16　SEED 注释与 NCBI 注释的序列匹配结果

注释的 84.6% 和 85.4%。在这 4 种匹配类型中，两种注释中不能够匹配的基因序列比重最小，分别占总基因数的 6.8% 和 3.3%。经过 SEED 注释自动化构建的代谢模型，包含酶催化的反应并形成生化反应网络，可用于检测反应网络的完整性与连贯性，并通过流量平衡分析等算法检查代谢网络的正确性。

根据 KAAS 注释可以得到基因的 KO 编号，部分 KO 编号也有相应的 EC 编号，通过在 KEGG 数据库中查询 EC 编号可找出该蛋白质所参与的生化反应（即 Reaction Number，R 号），从而可以确定基因-酶-反应的关联，由此构建出代谢网络模型。将 B. megaterium WSH-002 的蛋白序列提交到 KAAS 进行注释，结果共有 2130 个蛋白序列被分配了 KO 号。根据 KEGG 中的 KO 号、EC 号以及 R 号之间的对应关系，构建的代谢网络模型的特性如表 4-13 所示。KEGG 的每个反应都没有标记出代谢物的亚细胞定位，所以这个代谢网络模型无亚细胞定位信息，需要后续进行反应分区的确定。不过也可以根据部分反应的功能确定反应分区，如模型中有磷酸转移酶（EC 2.7.1.69）催化的 26 个反应，这些反应可以将胞外物质转运到细胞内，从而可以判断这些反应中化合物的亚细胞定位信息。

表 4-13　　　　　　　　　　基于 KAAS 注释的代谢网络模型的特性

| 参数 | 数量/个 | 参数 | 数量/个 |
| --- | --- | --- | --- |
| 基因 | 803 | 反应 | 1754 |
| 酶 | 569 | 代谢物 | 1665 |

基于本地蛋白序列同源比对注释代谢网络是一种常见的网络构建方法。首先需要确定近源菌种，然后进行本地蛋白同源性分析，最后对匹配基因进行替换。从 BIGG 数据库中查找具有全基因组规模代谢网络模型的菌株名称，同时将 B. megaterium WSH-002 的名称也输入其中，提交到 Taxonomy Common Tree，与巨大芽孢杆菌亲缘关系最近的三株菌分别是枯草芽孢杆菌（B. subtilis）、金黄色葡萄球菌（Staphylococcus aureus）和植物乳杆菌 WCFS1（Lactobacillus plantarum WCFS1），其中 L. plantarum WCFS1 的代谢网络模型的基因信息缺失，故不采用，而采用丙酮丁醇梭杆菌 C. acetobutylicum ATCC 824 的代谢网络模型。近菌种的基因组规模代谢模型的选择应当保证与 B. megaterium 亲缘关系近且基因组及模型信息完整，将 B. subtilis 168、C. acetobutylicum ATCC 824 和 S. aureus N315 的蛋白质序列与 B. megaterium WSH-002 进行本地双向 BLASTp。期望值设为 $10^{-10}$，要求有 40% 以上序列相似度，匹配的氨基酸序列长度均大于两个序列长度的 70%。根据本地蛋白质序列比对的结果，将近源模型中的基因、蛋白质替换为 B. megaterium WSH-002 的基因和蛋白质，从而可确定 B. megaterium WSH-002 的基因-酶-反应的关联。

将基于比较基因组学（SEED 注释、KAAS 注释和本地蛋白序列同源比对注释）构建的粗模型整合，得到代谢网络粗模型。由于蛋白质序列比核酸序列更能反映菌体的亲缘关系，即蛋白质序列同源比对获取的信息更准确，加之蛋白质同源比对构建的模型均参考已经验证的其他模型，因此，基于本地蛋白质序列同源的构建可信度最高。而 KAAS 注释的反应与代谢物数量虽然比其他两种方法多，但是关于转运、亚细胞定位的信息要少。因此，基于比较基因组学的模型构建的三种方法中，可信度由高到低依次为分别基于蛋白质序列同源比对注释、SEED 注释、KAAS 注释。在整合过程中，对于同一个生化反应，如果三个模型中的反应式、酶或基因等信息不同，则选择可信度最高的模型的相应信息。整合后的代谢网络模型还需要删除以下反应：含有多聚物，如 DNA、淀粉；含有非具体物质，如受体、蛋白质；含有代谢物数据库没有的小分子化合物。因为这些化合物没有明确的分子式和电荷值，若在模型中添加难以保证反应方程式的质量与电荷平衡，整合并删减后的代谢网络粗模型规模如表 4-14 所示。

表 4-14　　　　　　　　　整合后的代谢网络粗模型规模

| 参数 | 数量/个 | 参数 | 数量/个 |
| --- | --- | --- | --- |
| 基因 | 1063 | 反应 | 1448 |
| 酶 | 810 | 跨膜转运 | 174 |
| 催化胞内代谢 | 767 | 胞内代谢 | 1274 |
| 催化跨膜转运 | 43 | 代谢物 | 1261 |

**2. 基于文献挖掘的代谢网络粗模型构建**

虽然通过基于比较基因组学的方法能够快速、高通量地获取巨大芽孢杆菌的生化信息，但是缺少对于 B. megaterium 特有的一些生理特性的描述，致使所构建的代谢网络模型出现假阳性或假阴性的结果，与 B. megaterium 真实的生理功能有些偏差。同时，基于比较基因组学的方法也无法获取 B. megaterium 生物量组分及其相关比例信息。文献或专利数据库中存储了大量与 B. megaterium 有关的研究性论文、专利，可提供生化、代谢信息来构建真实反映 B. megaterium 特有代谢的网络模型。通常通过构建本地文献数据库，挖掘获取与 B. megaterium 有关的基因、酶、生化反应等信息，整理并补充注释出基因-酶-反应三者之间的关系，从而得到 B. megaterium 的代谢网络模型。基于文献挖掘的 B. megaterium 代谢网络模型构建流程如图 4-17 所示。首先，以"巨大芽孢杆菌""Bacillus megaterium""B. megaterium"等为检索词从中国知网、PubMed、Web of Science 等公共文献和专利数据库中批量下载相关

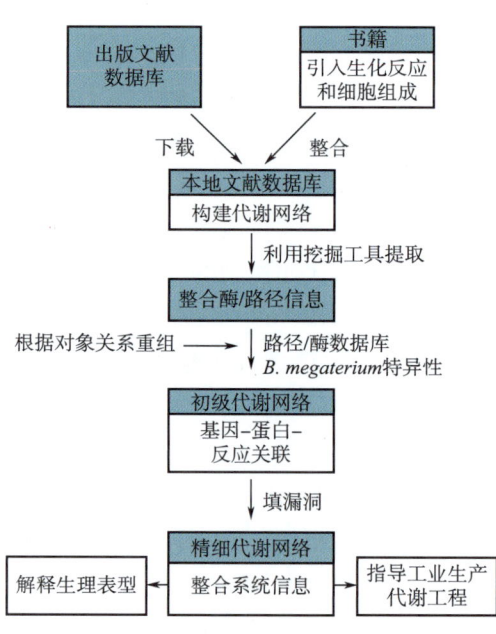

图 4-17　基于文献挖掘的 B. megaterium 代谢网络模型构建流程

的研究性论文约 4300 篇，建立本地文献数据库。在此基础上，应用文献挖掘和文献组学工具从本地数据中挖掘与 *B. megaterium* 代谢相关的生理生化信息。同时从代谢途径和酶学数据库中人工查询并提取出对应的基因、酶、代谢物、反应及其之间的相互关系，并进行整合，最终获得了如表 4-15 所示的 203 个代谢相关基因、201 个有 EC 号的酶、354 个代谢物和 241 个生化反应。

表 4-15　　　　　　　　　基于本地数据库所挖掘的相关文献信息统计数据

| 参数 | 数量/个 | 参数 | 数量/个 |
| --- | --- | --- | --- |
| 基因 | 203 | 反应 | 241 |
| 　　来自数据库 | 186 | 　　胞内代谢反应 | 235 |
| 　　文献挖掘工具获取 | 17 | 　　跨膜转运 | 6 |
| 酶 | 201 | 　　酶催化 | 3 |
| 　　细胞内 | 193 | 　　无酶催化 | 3 |
| 　　细胞膜 | 7 | 代谢物 | 354 |
| 　　细胞外 | 1 | 　　细胞内 | 344 |
|  |  | 　　细胞外 | 10 |

基于文献挖掘获得的代谢模型中，代谢基因集中在中心碳源代谢、脂肪酸代谢、维生素 $B_{12}$ 合成和氨基酸代谢途径中。依照基因-酶-生化反应的关联所构建的代谢网络粗模型，在 241 个生化反应中，约有 50 个生化反应的酶由多个基因编码，113 个生化反应的酶只由单个基因编码。借助 KEGG Mapper 对代谢网络粗模型进行可视化筛查，并通过在 Brenda、MetaCyc、UniProt 数据库以及本地文献数据库中进行二次挖掘，添加相应的编码基因、酶、生化反应、代谢物等信息。至此，如表 4-16 所示，基于文献挖掘的代谢网络模型中包括 274 个生化反应。催化反应的酶类可分为六类，如图 4-18 所示，氧化还原酶、转移酶所催化的生化反应最多，分别占总反应的 28%（76 个）、29%（80 个），其次是裂合酶（34 个）、水解酶（34 个）、连接酶（22 个）、异构酶（17 个）。模型中 86% 的代谢物信息由文献挖掘获得，从这些代谢物信息也可看出大部分参与中心代谢途径、脂质代谢、氨基酸代谢和维生素 $B_{12}$ 合成等的生理活动。

表 4-16　　　　　　　　　　　各信息来源挖掘到的反应数

| 来源 | 反应数/个 | 比例/% | 来源 | 反应数/个 | 比例/% |
| --- | --- | --- | --- | --- | --- |
| 文献 | 180 | 66 | MetaCyc | 64 | 23 |
| 数据库 | 162 | 60 | 补充 | 33 | 12 |
| Brenda | 107 | 39 | 共计 | 274 | 100 |
| UniProt | 34 | 12 |  |  |  |

*B. megaterium* 的生物量主要由蛋白质、DNA、RNA、脂质、细胞壁和细胞溶质组成。但是 *B. megaterium* WSH-002 菌株并未测得具体的生物量组成数据，这里采用了其他巨大芽孢杆菌菌株已报道的数据，见表 4-17。对于生物量方程中，与 *B. megaterium* WSH-002 生长维持相关的 ATP 消耗量，由于尚无实验测量数据，采用 *B. megaterium* MS941 以 $0.11\frac{1}{h}$ 的稀释率进行恒化培养时的有关数值，计算可得用于生长维持的 ATP 消耗量为 56.82mmol/（L·g 细胞·h），非生长维持的 ATP 消耗量为 3.96mmol/（L·g 细胞·h）。根据生物量组成及其含量以及能量维持相关的数据，设置 *B. megaterium* WSH-002 生物量合成反应式。

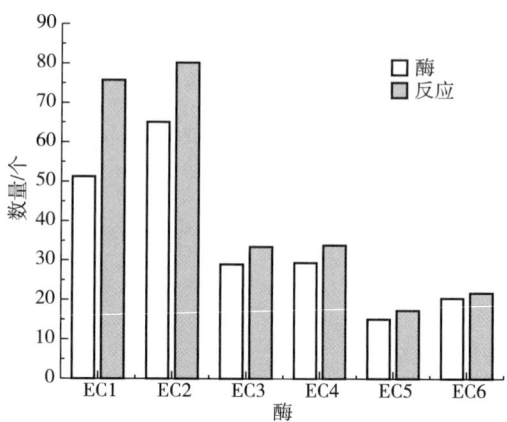

图 4-18　酶的分类及其所催化的反应

EC1—氧化还原酶；EC2—转移酶；EC3—裂合酶；
EC4—水解酶；EC5—异构酶；EC6—连接酶

表 4-17　　　　　　巨大芽孢杆菌 WSH-002 生物量组分及其含量

| 生物量组分 | 含量/[mmol/（L·g DCW）] | 生物量组分 | 含量/[mmol/（L·g DCW）] |
|---|---|---|---|
| 蛋白质 | | 天冬氨酸 | 0.1438 |
| 　甘氨酸 | 0.3966 | 谷氨酸 | 0.2531 |
| 　丙氨酸 | 0.2594 | 天冬酰胺 | 0.1438 |
| 　缬氨酸 | 0.2982 | 谷氨酰胺 | 0.2531 |
| 　亮氨酸 | 0.3367 | 脯氨酸 | 0.1561 |
| 　异亮氨酸 | 0.2623 | 脂质 | |
| 　丝氨酸 | 0.2101 | 磷脂酰甘油 | 0.0002 |
| 　苏氨酸 | 0.1811 | 磷脂酰乙醇胺 | $9.1227\times10^{-5}$ |
| 　苯丙氨酸 | 0.1709 | 磷脂酰丝氨酸 | $8.1604\times10^{-6}$ |
| 　酪氨酸 | 0.1077 | 甘油二酯 | 0.0001 |
| 　色氨酸 | 0.0528 | 卵磷脂 | $1.1105\times10^{-6}$ |
| 　半胱氨酸 | 0.0551 | 脂磷壁酸① | |
| 　甲硫氨酸 | 0.1101 | 侧链连葡萄糖的脂磷壁酸 | $6.6518\times10^{-6}$ |
| 　赖氨酸 | 0.3140 | 侧链连乙酰葡萄糖胺的脂磷壁酸 | $5.9573\times10^{-6}$ |
| 　精氨酸 | 0.1876 | 侧链连丙氨酸的脂磷壁酸 | $1.7672\times10^{-5}$ |
| 　组氨酸 | 0.0794 | 侧链无连接的脂磷壁酸 | $1.4281\times10^{-5}$ |

续表

| 生物量组分 | 含量/[mmol/(L·g DCW)] | 生物量组分 | 含量/[mmol/(L·g DCW)] |
|---|---|---|---|
| DNA② | | ADP | 0.0029 |
| dAMP | 0.0139 | ATP | 0.0025 |
| dGMP | 0.0086 | CMP | 0.0010 |
| dCMP | 0.0086 | CTP | 0.0009 |
| dTMP | 0.0139 | GMP | 0.0005 |
| RNA | | GDP | 0.0005 |
| AMP | 0.0599 | GTP | 0.0004 |
| GMP | 0.0738 | NADP$^+$ | 0.0003 |
| CMP | 0.0455 | NADPH | 0.0002 |
| UMP | 0.0492 | 细胞壁 | |
| 细胞溶质 | | 肽聚糖 | 0.1237 |
| 磷酸 | 0.0141 | 磷壁酸③ | |
| 焦磷酸 | 0.0009 | 侧链无连接的甘油磷壁酸 | 0.0043 |
| 还原型甲基萘醌 | 0.0002 | 侧链连丙氨酸的甘油磷壁酸 | 0.0028 |
| 10-甲酰四氢叶酸 | 0.0003 | 侧链连葡萄糖的甘油磷壁酸 | 0.0022 |
| NAD$^+$ | 0.0158 | 氨基半乳糖葡萄糖磷酸（$n=30$） | 0.0037 |
| AMP | 0.0046 | | |

①脂磷壁酸的平均链长设为24个单体；
②统计于基因组核酸序列；
③细胞壁由肽聚糖和磷壁酸组成，除了氨基半乳糖葡萄糖磷壁酸，磷壁酸的平均链长为45个单体。

### 3. 代谢粗模型的整合和精细化

将基于比较基因组学注释与基于文献挖掘注释进行比较，其特点如表4-18所示，可见这两种注释方法具有互补性。结合这两种注释方法所构建的代谢网络粗模型，可以在一定程度上弥补由于一种构建方法导致的局限性。在整合过程中，是将基于文献挖掘的代谢网络模型信息添加到基于比较基因组学注释的代谢网络模型中，对于同一反应在两个模型中信息有差异，一般按照文献挖掘的信息为准。然而，文献挖掘也有可能会出现假阳性的现象，即挖掘出的信息反映了巨大芽孢杆菌其他菌株的生理特性，但在 B. megaterium WSH-002 中并不存在这种特性，因此整合时需要人工甄选信息。

表4-18　　比较基因组学注释和文献挖掘注释的特点

| 特点 | 基于比较基因组学注释 | 基于文献挖掘注释 |
|---|---|---|
| 信息量 | 大 | 小 |

续表

| 特点 | 基于比较基因组学注释 | 基于文献挖掘注释 |
| --- | --- | --- |
| 生物量组分 | 无 | 有 |
| （非）能量维持 | 无 | 有 |
| 菌株特异性 | 低 | 高 |
| 可信度 | 低 | 高 |

关于两种构建方法整合粗模型的精细化，主要包括对代谢物信息的查找、补全，生化反应的质量电荷平衡，代谢漏洞的填补以保证生物量前体能够合成。在整合的模型中代谢物通常以不带电荷的分子式表示，实际上，在培养基与细胞内许多代谢物通常处于质子化的状态，也即分子式的电荷状态依赖于环境的 pH。因此，需要查找整合模型中代谢物在生理条件下的带电荷情况，可以在 CHEBI、PubChem 等一些代谢物数据库中查询，并用软件 marvinbeans 5.4 查看 pH 7.2 时的电荷与分子式。通过 COBRA 工具箱中的 checkMassChargeBalance.m 程序检测代谢网络模型，可发现共有 239 个反应的质量、电荷不平衡。一般电荷不平衡的反应质量也不平衡，结果表明造成反应质量电荷不平衡的原因有：质子的缺失或多余，可以通过添加或删除多余的质子来平衡；$H_2O$ 的缺失或多余，可以通过添加或删除多余的水分子来平衡；化合物分子式的错误，重新在反应数据库中确认该反应的底物和产物。代谢漏洞的存在可能会致使模型在一定的培养基条件下无法模拟生长、合成目标产物，与实际的生理代谢状况不符。整合后的代谢模型存在很多代谢漏洞，可以通过以下途径检测代谢漏洞。利用 COBRA 工具箱中的 gapAnalysis.m 检测到 295 个导致代谢漏洞的化合物，通过 findOrphanRxns.m 查找到 193 个孤儿反应。进一步运用 KEGGMapper 将代谢网络可视化，同时也可以对每个代谢途径进行可视化筛查。根据查找到的代谢漏洞，向代谢网络粗模型添加相应的编码基因、酶、生化反应、代谢物等信息。对 Brenda、MetaCyc、UniProt、KEGG、本地文献数据库再次进行文献挖掘，共计添加 33 个反应以及相关信息来填补代谢漏洞。对于生物量方程前体的合成可以利用 biomassPrecursorCheck.m 程序来检测，发现 menaquinol 8（甲基萘醌的一种还原态）、部分氨基酸（如甲硫氨酸、半胱氨酸）无法合成。上述检测表明：①孤儿反应导致了大量的代谢漏洞，其中 191 个反应不在生物量前体物质的合成路径上；②由于注释不完全，模型中部分次级代谢、不常见物质（如苯酚类等有毒物质）的降解代谢途径中也存在大量漏洞。在没有基因注释和文献支持的情况下填补这些代谢漏洞会导致整个模型的可信度降低，所以将与生物量合成无关的孤儿反应、次级代谢反应与不常见物质的降解代谢反应删除来减少代谢漏洞，共计 287 个。对于不能合成的生物量前体物质，查看其合成途径，寻找到代谢漏洞。根据合成途径上的漏洞，向模型中添加 16 个生化反应，主要集中在氨基酸和辅因子代谢途径方面。

在经过不断整合和精细化处理后，最终得到巨大芽孢杆菌基因组规模代谢网络模型，包括 1055 个基因、1011 个代谢物和 1137 个反应（不包括交换反应），命名为 $iMZ1055$。

模型 *i*MZ1055 中 984 个反应有基因关联，153 个反应没有基因关联，添加的主要依据是文献和已知生理特性支持（图 4-19）。模型 *i*MZ1055 中可以分为 9 大类代谢亚系统，其中氨基酸代谢、碳水化合物代谢和转运系统所占比例最大［图 4-19（1）］。比较模型 *i*MZ1055 与 *B. subtilis* 已发表的 GSMMs（*i*Bsu1103 和 O*h et al.* model）显示：除了基因覆盖率和转运反应个数，模型 *i*MZ1055 参数介于两个 *B. subtilis* 模型之间（表 4-19）。模型 *i*MZ1055 的基因覆盖率为 19.8%，略低于 O*h et al.* model 的 20.5%，而模型 *i*Bsu1103 中较高的基因覆盖率（26.8%）主要因为其包含大分子合成过程相关基因。*B. subtilis* 的两个模型中转运反应个数多于模型 *i*MZ1055，是因为其整合了 *B. subtilis* 高通量表型实验数据。模型 *i*MZ1055 反应数低于 *i*Bsu1103 的主要原因是其脂肪酸与脂质代谢的途径比模型 *i*Bsu1103 少了 242 个反应，在模型 *i*MZ1055 中相应途径的反应是以累积反应的形式表示，而后者相关的反应是以独立反应的形式表示。

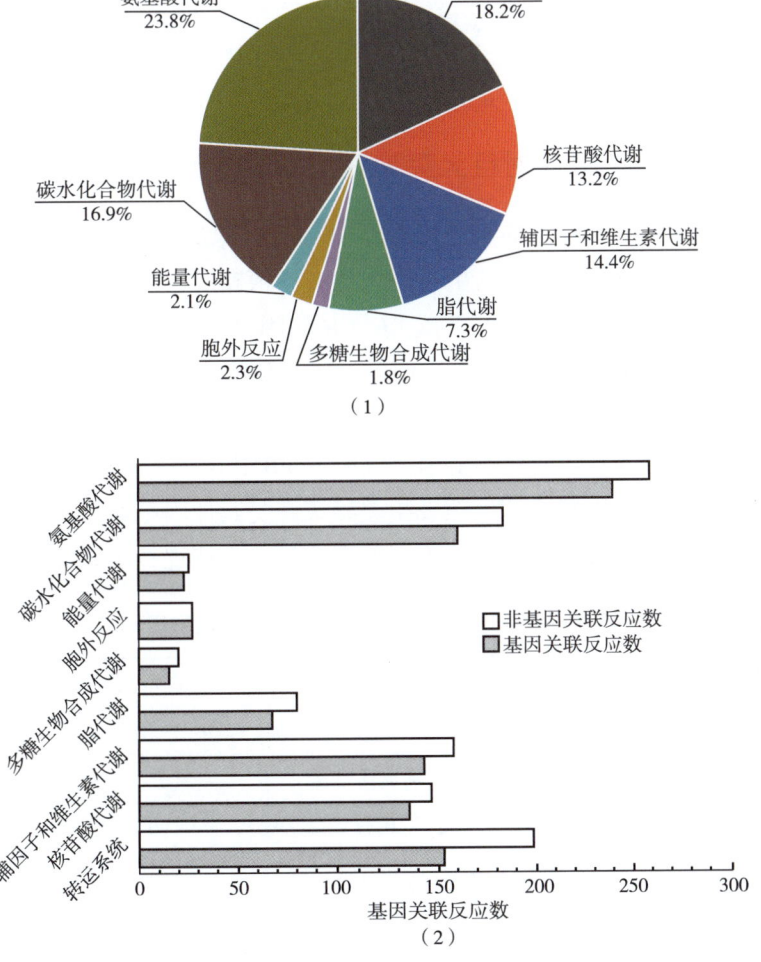

图 4-19 *i*MZ1055 相关特性

（1）反应在代谢亚系统中的分布；（2）代谢亚系统中与基因关联和非基因关联的反应数

表 4-19　　模型 *i*MZ1055、Oh*etal.* model 和 *i*Bsu1103 的比较

| 模型 | *i*MZ1055 | Oh*etal.* model | *i*Bsu1103 |
| --- | --- | --- | --- |
| 基因组基因总数① | 5317 | 4114 | 4114 |
| 模型中基因 | 1055 | 844 | 1103 |
| 基因覆盖率②/% | 19.8 | 20.5 | 26.8 |
| 反应③ | 1137 | 1020 | 1443 |
| 生化反应 | 940 | 776 | 1164 |
| 转运反应 | 197 | 244 | 279 |
| 基因关联反应 | 984 | 904 | 1258 |
| 代谢物 | 1011 | 988 | 1145 |

①包括 43 个 RAST 注释的新基因；
②模型中的基因数除以整个基因组的基因数；
③不包含交换反应。

## 二、基于模型 *i*MZ1055 对巨大芽孢杆菌生理特性的解析

在以葡萄糖或丙酮酸为碳源的最小培养基中定量预测 *B. megaterium* 的生长速率，与实验结果相比，在 MG 培养基中预测的生长值均比实验值略高。FBA（通量平衡分析）发现 NADH-细胞色素 c 还原酶催化的反应（RxnBME0445）有流量通过，但报道称 *B. megaterium* 在 KM 培养基中于对数生长期并没检测到胞内细胞色素 c，且 NADH-细胞色素 c 还原酶活性十分低。当限制反应 RxnBME0445 流量为 0 时，模拟的生长值与实验值基本吻合（表 4-20）。然而在 MP 培养基中，反应 RxnBME0445 流量未做限制时预测效果更为准确。这暗示了不同碳源环境的生理表型差异或许受其他因素如调节机制和反馈抑制的影响，该类机制目前用系数矩阵模型还不能模拟分析，尚待进一步研究。

表 4-20　　不同碳源条件下 *B. megaterium* 的生长速率预测

| 生长条件①/[mmol/(L·g DCW·h)] | 生长速率/(1/h) | | 文献报道 |
| --- | --- | --- | --- |
| | *In silico* | | |
| | 流量调控前 | 流量调控后② | |
| $v_{glc}=1.31$; $v_{ac}=0.17$ | 0.113 | 0.093 | 0.096 |
| $v_{glc}=1.47$; $v_{ac}=0.13$ | 0.13 | 0.108 | 0.108③ |
| $v_{glc}=1.52$; $v_{ac}=0.15$ | 0.135 | 0.113 | 0.103 |
| $v_{glc}=1.53$; $v_{ac}=0.16$ | 0.136 | 0.113 | 0.107 |
| $v_{glc}=1.62$; $v_{ac}=0.17$ | 0.145 | 0.121 | 0.11 |

续表

| 生长条件[①]/ [mmol/(L·gDCW·h)] | 生长速率/(1/h) | | 文献报道 |
|---|---|---|---|
| | In silico | | |
| | 流量调控前 | 流量调控后[②] | |
| $v_{glc}=5.17$；$v_{ac}=0.60$ | 0.504 | 0.44 | 0.426 |
| $v_{pyr}=3.4$；$v_{ac}=0.16$ | 0.108 | 0.084 | 0.103 |

① $v_{glc}$ 和 $v_{pyr}$ 代表葡萄糖和丙酮酸的消耗速率，$v_{ac}$ 代表乙酸的生成速率；
② 流量调控即限制模型中反应 RxnBME0445 的流量为 0；
③ 该实验值在氮源限制条件下获得。

微生物必需基因会受到菌株培养环境的影响，相应地利用单基因（反应）敲除程序对必需基因（反应）模拟结果也会随培养基的改变而改变。根据如下三种培养基设置模拟条件来研究 B. megaterium WSH-002 生长必需基因：①葡萄糖基本培养基：以葡萄糖作为唯一碳源的基本培养基；②丙酮酸基本培养基：以丙酮酸作为唯一碳源的基本培养基；③LB 培养基。如图 4-20 所示，由上述培养基确定的必需基因的集合分别为 MG（110 个基因）、MP（115 个基因）、LB（47 个基因）。在上述三种培养基上，菌株生长的必需反应分别有 195 个、202 个、93 个。通过比较发现，葡萄糖基本培养基和 LB 培养基上的必需基因是丙酮酸基本培养基上必需基因的子集，而在丙酮酸基本培养基上，细胞生长所必需的反应也分别多于在葡萄糖基本培养基、LB 培养基上检测出的生长必需反应。这一结果表明，与葡萄糖基本培养基和 LB 培养基相比，在丙酮酸培养基上生长对菌株的代谢要求更高，丙酮酸似乎不是 B. megaterium WSH-002 生长的理想碳源。

必需基因在上述三种培养基上有 43 个共同基因。可以看做核心必需基因，其他的必需基因则称为条件必需基因。如图 4-20 所示，将核心必需基因所参与的生化反应分为 6 类代谢途径：大部分反应属于辅因子代谢途径，例如生成 menaquinol 8（甲基萘醌的还原态），可作为细胞溶质中的小分子构成生物量方程组分。虽然细胞壁代谢途径的反应数量少于辅因子代谢、核苷酸代谢，但其中生长必需反应数量仅次于辅因子代谢，而且细胞壁合成相关的反应都为生长必需反应。比较可发现条件性必需基因大致可以分为三大类：丙酮酸基本培养基上独有的基因，例如 BMWSH_4334 编码的转运蛋白（TC-2.A.21.7.3）通过质子协同运输来跨膜转运丙酮酸。67 个葡萄糖和丙酮酸基本培养基上共有的条件性必需基因，主要参与大部分为氨基酸代谢途径和核苷酸代谢途径上的反应。4 个 LB 和丙酮酸基本培养基上共同的条件性必需基因，编码的酶全部催化碳水化合物代谢途径，合成果糖-6-磷酸。当以丙酮酸基本培养基和 LB 培养基为条件模拟时，B. megaterium WSH-002 没有葡萄糖摄取也不能生成葡萄糖-6-磷酸，此时模型中通向磷酸戊糖途径的代谢流会经过果糖-6-磷酸。在葡萄糖基本培养基中，条件必需基因参与的氨基酸代谢反应数量约是核心必需基因参与的氨基酸代谢反应数量的 7 倍，这表明菌株生长时从丰富培养基中吸收了一系列化合物（如甘氨酸、缬氨酸等氨基酸），因而大大降低了对氨基酸代谢的需求。

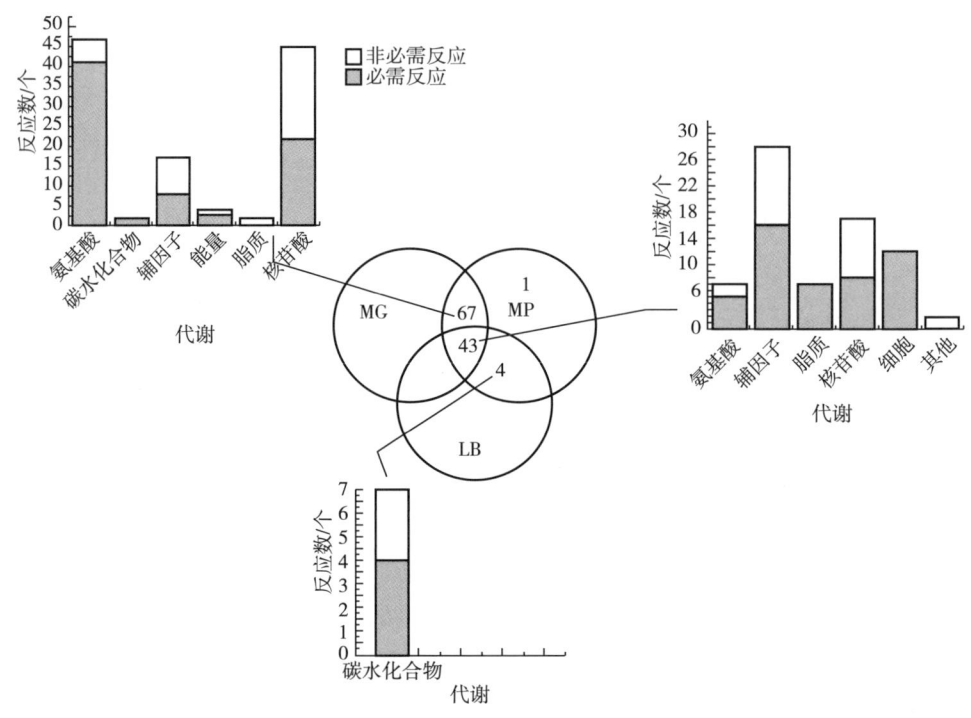

图 4-20　必需基因在各代谢途径中的分布

作为维生素 C 工业中的生产菌株，*K. vulgare* WSH-001 单独培养时，生长微弱，2-KLG 产量很低。当混菌培养到一定阶段时添加溶菌酶，溶菌酶只裂解 *B. megate-rium* 的细胞壁，*B. megaterium* 会裂解并释放胞内物质，*K. vulgare* WSH-001 的生长和产酸都明显增强。为了解析混菌培养过程中，*B. megaterium* 与 *K. vulgare* 的相互作用机制，利用模型 *iMZ1055* 模拟 *B. megaterium* WSH-002 在以葡萄糖为碳源的基本培养基上生长时，在菌体内能够合成且转运到细胞外的物质可分为 8 类（图 4-21），共计 58 个转运反应，其中转运氨基酸的反应最

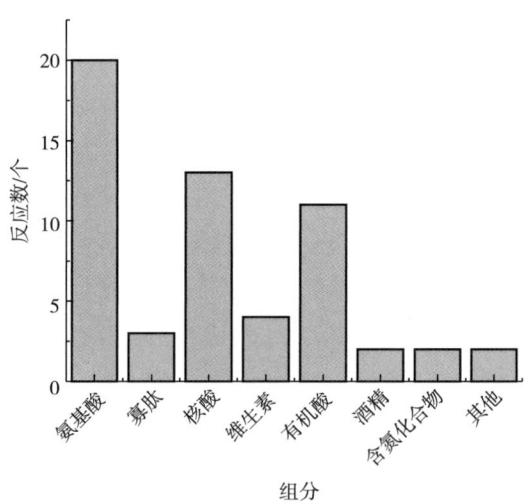

图 4-21　模型中合成并可转运到胞外的代谢产物

多。已有研究表明，在这些物质中多种化合物能够被 *K. vulgare* WSH-001 吸收，并且对该菌的生长和 2-KLG 的生产具有促进作用。这些化合物可分为：①氨基酸（表 4-21）；②核酸或核苷：鸟嘌呤、黄嘌呤、次黄嘌呤；③维生素：烟酸、叶酸；④醇类：肌醇。模型 *iMZ1055* 中还存在三个跨膜转运反应，通过 ABC 转运蛋白可向外运送三种寡肽 Gly-

Cys、Gly-Try、Gly-Leu，这三种寡肽水解后均能够生成甘氨酸，如表 4-21 所示，该氨基酸对 K. vulgare 的生长与 2-KLG 具有促进作用。此外，代谢网络模型显示 B. megaterium 也能够向外转运泛酸。而辅酶 A 是泛酸的主要活性形式，在糖代谢、脂质代谢、氨基酸代谢等中具有重要作用。由此可见，B. megaterium 在伴生过程中，分泌的寡肽、泛酸可能被 K. vulgare 吸收，从而能够促进其生长和产酸。

表 4-21　模型中能够合成、转运到胞外且促进普通生酮古龙酸菌生长与产酸的氨基酸

| 氨基酸 | 转运反应* | 转运方式 | 基因 |
|---|---|---|---|
| 组氨酸 | His [e] + H [e] ⇌ H + His | 组氨酸-质子同向运输 | BMWSH_3224 |
| 苏氨酸 | Thr [e] + H [e] ⇌ H + Thr | 苏氨酸-质子同向运输 | — |
| 天冬氨酸 | Asp [e] + H [e] ⇌ H + Asp | 天冬氨酸-质子同向运输 | BMWSH_1876 |
| 丝氨酸 | Ser [e] + H [e] ⇌ H + Ser | 丝氨酸-质子同向运输 | BMWSH_4837/BMWSH_1276 |
| 谷氨酸 | Glu [e] + H [e] ⇌ H + Glu | 谷氨酸-质子同向运输 | BMWSH_4793/BMWSH_1876 |
| 甘氨酸 | Gly [e] + H [e] ⇌ H + Gly | 甘氨酸-质子同向运输 | BMWSH_4837/BMWSH_1276 |
| 脯氨酸 | Pro [e] + H [e] ⇌ H + Pro | 脯氨酸-质子同向运输 | BMWSH_1776 |
| 异亮氨酸 | Ile [e] + H [e] ⇌ H + Ile | 异亮氨酸-质子同向运输 | BMWSH_0444/BMWSH_2593 |

＊［e］表示细胞外，无［e］则表示在细胞内。

## 第四节　两菌代谢互作网络模型的构建与应用

### 一、基于已有组学数据对两菌关系的解析

系统生物学技术的快速发展，为深入解析 K. vulgare 与 B. megaterium 的生理关系提供了新的契机，已开展的研究包括两菌全基因组序列的测定与分析，两菌在不同条件下蛋白质组学、代谢组学的测定和分析，这些基因组学和后基因组学方面的研究均为进一步理解两菌特性与相互作用机制提供了参考（表 4-22）。

表 4-22　基于组学技术的两菌生理关系解析

| 技术 | 主要发现 |
|---|---|
| 基因组学 | K. vulgare 缺失中心代谢、氨基酸和脂质代谢、辅因子合成等途径中部分关键基因；B. megaterium 具有相对完整的代谢途径；两菌均含有丰富的氨基酸转运和代谢系统 |
| 蛋白质组学 | 在 B. megaterium 伴生时，K. vulgare 胞内蛋白质表达水平上升了 30%；上调蛋白质中 41% 属于氨基酸转运与代谢、能量产生与转换、翻译、核糖体结构与再生；抗活性氧压力相关蛋白质表达上调；转运系统特别是硫胺素的转运加强 |

续表

| 技术 | 主要发现 |
|---|---|
| 代谢组学 | 两菌关系既有互利共生也有拮抗作用；两菌相互作用通过大量代谢物交换实现；B. megaterium 为 K. vulgare 提供了赤藓糖、赤藓醇、鸟嘌呤、肌醇等营养物质，B. megaterium 通过柠檬酸循环、核苷酸和氨基酸代谢促进 K. vulgare 生长；K. vulgare 既可以通过氨基酸代谢促进 B. megaterium 生长，也可以通过 2-KLG 抑制其生长；K. vulgare 中胞内氨基酸和戊糖磷酸途径中间代谢物含量随硫醇物质添加而上升，推测细胞生长需要高浓度硫醇支持 |
| 蛋白质组学结合代谢组学 | B. megaterium 芽孢形成过程在两菌关系中有重要地位；上调了 K. vulgare 抵抗活性氧压力的相关蛋白的表达；菌体裂解时释放大量嘌呤类营养物质供 K. vulgare 生长 |

已有 3 株 K. vulgare 和 3 株 B. megaterium 完成全基因组测序（表 4-23）。其中 K. vulgare WSH-001 和 B. megaterium WSH-002 是用于维生素 C 工业生产的一对菌株。通过基因功能注释与比较基因组学分析两菌发现：基因组 K. vulgare WSH-001 的糖酵解、氨基酸、脂肪酸、维生素与辅因子合成途径中部分基因缺失；基因组中大约 13.1% 的基因（401 ORFs）负责转运功能，其中负责氨基酸和肽转运的基因约有 96 个，占转运基因的 25%。丰富的转运途径将在吸收外源营养物质与代谢物交换中起重要作用，是一种对合成途径缺失的适应机制。B. megaterium WSH-002 的相关途径相对比较完整，有大约 9.3% 的基因（508 ORFs）负责蛋白质的合成与转运。从这些差异可以推测两菌在 2-KLG 生产中的类似代谢互补关系，即降解菌的生长需要依靠另一种细菌提供特定的生长因子或营养物质。

表 4-23　　　　　　　　　　　维生素 C 工业生产菌株基因组特征

| 种类 | 菌株 | NCBI 序列号 | 大小/Mb | GC 含量/% | 蛋白质数目/个 | rRNA 数目/个 | tRNAs 数目/个 |
|---|---|---|---|---|---|---|---|
| K. vulgare | WB0104 | 未公布 | 3.28 | 61.7 | 3196 | 5 | 58 |
| K. vulgare | Y25 | CP002224.1 | 3.29 | 61.8 | 3290 | 5 | 59 |
| K. vulgare | WSH001 | CP002018 | 3.28 | 61.7 | 3054 | 5 | 56 |
| B. megaterium | WSH002 | CP003017 | 5.08 | 39.0 | 5274 | 10 | 99 |
| B. megaterium | QM B1551 | CP001983.1 | 5.52 | 38.2 | 5629 | 12 | 139 |
| B. megaterium | DSM319 | CP001982.1 | 5.10 | 38.2 | 5124 | 11 | 115 |

## 二、两菌代谢互作网络模型 iWZ-KV-663-BM-1055 的构建

目前多数基因组规模代谢模型的分析仅用于单个微生物，而现代生物技术中很多化学品、生物燃料的生产依靠多菌组成的人工微生物混合系统。系统理解微生物混合系统不仅包括认识其各个组成微生物的组成和代谢特征，也包括解析它们之间的相互作用。目前对不同基因组规模代谢模型间的比较，已被用来在网络水平研究两个或多个微生物的代谢差

# 第四章
## 系统生物学在维生素 C 发酵中的应用

异和相互作用关系。2007 年 Stolyar 等人构建了第一个多菌系统（*Desulfovibrio vulgaris* 与 *Methanococcus maripaludis*）的代谢网络模型，该模型虽然仅涉及两菌的核心代谢途径没有达到基因组规模，但其成功地分析和预测了两菌之间的代谢流量分布以及两菌间电子和能量的转换，表明系数矩阵模型和基于约束的算法可以用于分析混菌系统。2011 年，Zhuang 等利用基因组规模的动态代谢网络模型来研究 *Geobacter sulfurreducens* 与 *Rhodoferax ferrireducens* 之间在不同环境下的竞争关系。微生物系统代谢模型已用在分析种间共生、竞争、寄生与进化等相互关系方面。基于已构建维生素 C 工业生产菌株 *K. vulgare* WSH-001 和 *B. megaterium* WSH-002 的 GSMMs，整合两菌相关的高通量组学数据，构建维生素 C 二步发酵两菌生态系统规模的代谢互作网络模型，即两菌代谢互作网络模型。结合基于约束的算法和培养条件限制因素，从代谢物交换、单菌与两菌系统中代谢特征的差异等方面，来解析两菌相互作用关系。

混菌模型构建的前提是系统性地比较两个 GSMMs。首先，需将模型中代谢反应与代谢物的格式统一。根据已有的代谢组学数据和实验结果精炼模型 *i*WZ663。实验证实泛酸是 *K. vulgare* 生长的必需营养物质，删除掉泛酸合成途径中由 3-甲基-2-酮丁酸羟甲基转移酶 hydroxymethyltransferase（EC 2.1.2.11）催化的反应，其他反应的添加则根据 *K. vulgare* 胞内物质代谢组学分析数据。经过模型精炼去除两菌 GSMMs 中由于构建过程引起的差异（如代谢物格式、反应方向等），得到了 *K. vulgare* 与 *B. megaterium* 新的 GSMMs，分别命名为 *i*WZ663a 和 *i*MZ1055a。模型的基本内容见表 4-24。

表 4-24　　　　　　　　　　*i*WZ663a 和 *i*MZ1055a 的基本特征　　　　　　　　　　单位：个

| 特征 | *i*WZ663a | *i*MZ1055a |
| --- | --- | --- |
| 基因 | 663 | 1055 |
| 代谢物 | 673 | 996 |
| 反应① | 740 | 1147 |
| 基因关联反应 | 620 | 965 |
| 非基因关联反应 | 120 | 182 |
| 代谢亚系统 | 52 | 66 |
| 转运反应 | 158 | 226 |

①不包含交换反应。

两菌 GSMMs 差异比较主要从三个方面进行，两菌代谢途径差异、必需反应差异、代谢物合成与分泌差异。模型 *i*WZ663a 与 *i*MZ1055a 两者共有 453 个反应和 548 个代谢物。为进一步揭示两者之间代谢途径的差异，需要将 *i*WZ663a 与 *i*MZ1055a 中反应所属的代谢亚系统统一为 KEGG 途径分类。代谢亚系统中反应可以分为共有反应和特有反应，*B. megaterium* 有 15 个特有的代谢亚系统（不包括胞外反应）而 *K. vulgare* 只有一个特有代谢途径即脂多糖生物合成，这些差异表明 *B. megaterium* 代谢功能比 *K. vulgare* 更具多样性，特别体现在碳源代谢、氨基酸代谢、脂肪酸代谢和维生素与辅因子代谢方面。在果糖与甘露糖代谢、泛醌与其他类萜醌生物合成、硫代谢和苯甲酸降解这些途径中，两菌共有反应占相应代谢亚系统中反应的比例均低于20%，说明这些途径在 $i$WZ663a 与 $i$MZ1055a 中可能存在不同的代谢机制［图4-22（1）］。另外，在两菌GSMMs中转运系统均包含最多反应数：$K.\ vulgare$ 159个转运反应（占 $i$WZ663a 总反应数的21.5%），$B.\ megaterium$ 227个转运反应（占 $i$MZ1055a 总反应数的20.2%）；而两者间仅有65个共有反应，说明两菌转运胞外物质机制大不相同，其中 $K.\ vulgare$ 转运体系主要依靠ABC转运蛋白，而 $B.\ megaterium$ 转运体系主要依靠质子通道和PTS系统。图4-22（2）显示的16个代谢亚系统，两菌共有反应至少占其中一个模型该类代谢亚系统反应数的80%以上。其中，两菌中心碳代谢系统（包括糖酵解与糖异生、柠檬酸循环和磷酸戊糖途径）基本相同，主要的

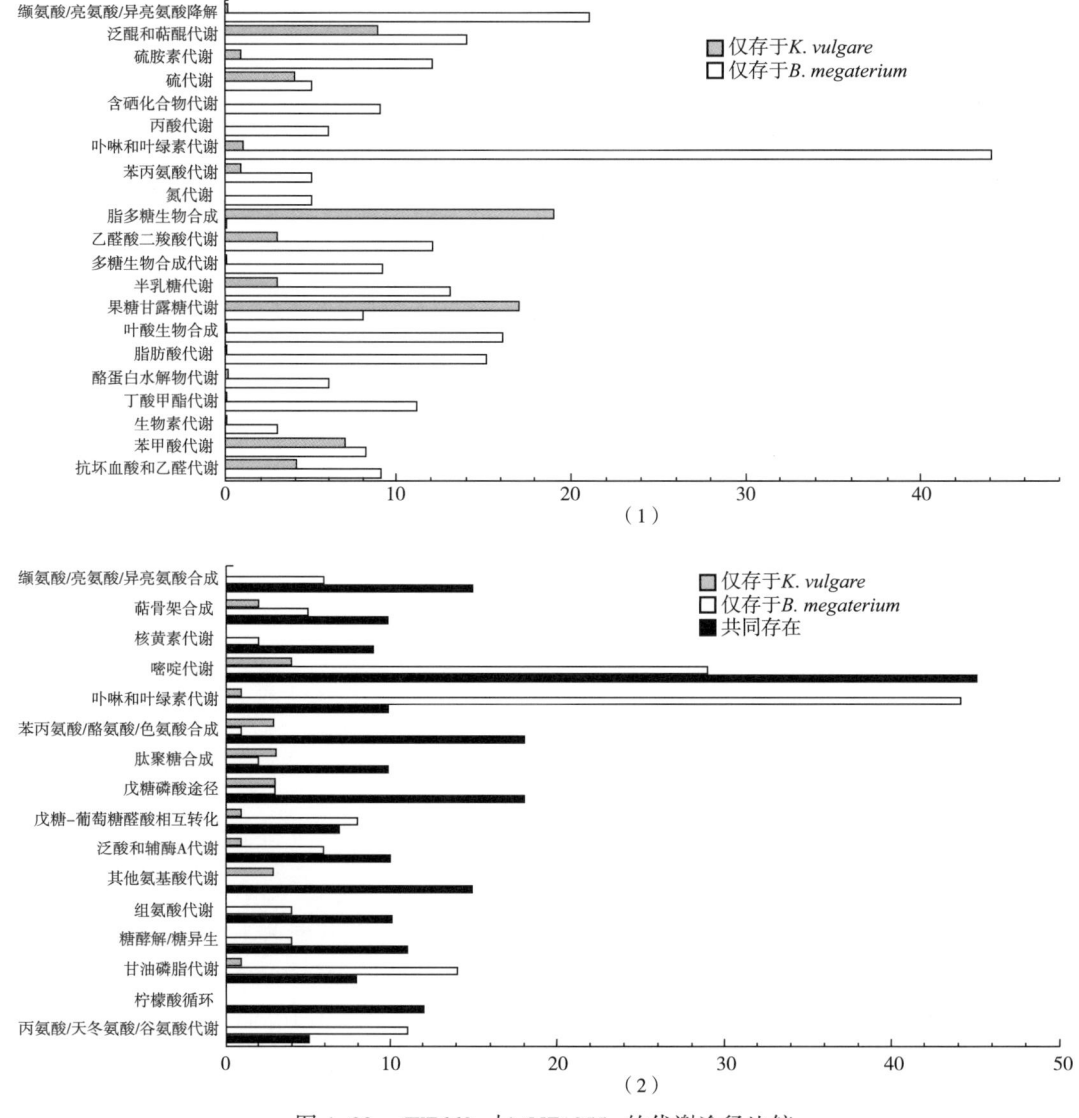

图4-22 $i$WZ663a 与 $i$MZ1055a 的代谢途径比较

（1）共有反应数占两菌各自代谢亚系统中反应比例不足20%的代谢亚系统；（2）共有反应数占两菌之一代谢亚系统中反应数80%以上的代谢亚系统。反应数低于5的代谢亚系统中不计入统计

差异在 *K. vulgare* 缺失 6-磷酸果糖激酶，阻断了其糖酵解过程，可能会影响 *K. vulgare* 的能量生产。而在剩下的 13 个代谢亚系统中有 10 个途径，在 *B. megaterium* 中的特有反应均比 *K. vulgare* 多，特别是组氨酸代谢，缬氨酸、亮氨酸和异亮氨酸生物合成，丙氨酸、天冬氨酸和谷氨酸代谢，核黄素代谢这四个途径，*K. vulgare* 没有特有反应；*B. megaterium* 的另一个特有代谢亚系统是卟啉与叶绿素代谢，里面含有 *B. megaterium* 的维生素 $B_{12}$ 生物合成途径。

在必需反应差异方面，在山梨糖-玉米浆培养条件下，*i*WZ663a 的必需反应数为 152 个，占模型中反应总数的 20.3%，其中有 99 个反应为两菌共有，占所有共有反应数的 21.9%；而 *i*MZ1055a 的必需反应数为 104 个，占模型总反应数的 9.1%，其中有 60 个反应为两菌共有，占所有共有反应数的 13.2%。较多的必需反应显示 *K. vulgare* 代谢更加单一、对环境干扰更敏感。两菌必需反应的共有反应集合中有 48 个反应相同，且与两菌细胞结构组分合成相关，如肽聚糖合成、类萜骨架生物合成、氨基酸合成、脂质合成等（图 4-23）。有 12 个反应对于 *B. megaterium* 是必需的，但在 *K. vulgare* 中是非必需的，除 4 个参与苯丙氨酸、酪氨酸和色氨酸生物合成的反应，其他的较为零散地分布在氨基酸代谢、核苷酸代谢、辅因子代谢、转运系统中。51 个 *K. vulgare* 必需反应在 *B. megaterium* 中是非必需的，说明在 *K. vulgare* 中这些代谢途径单一，缺乏相应的替代途径，而 *B. megaterium* 中这些途径则较为丰富。因此，这些反应所代表的生理功能可能是 *B. megaterium* 促进 *K. vulgare* 生长的潜在方式。这类途径主要包括嘌呤代谢、嘧啶代谢、核黄素代谢、泛酸与辅酶 A 生物合成等，其中嘌呤代谢、泛酸与辅酶 A 合成中的部分代谢物已被证实对 *K. vulgare* 单独生长有促进作用。

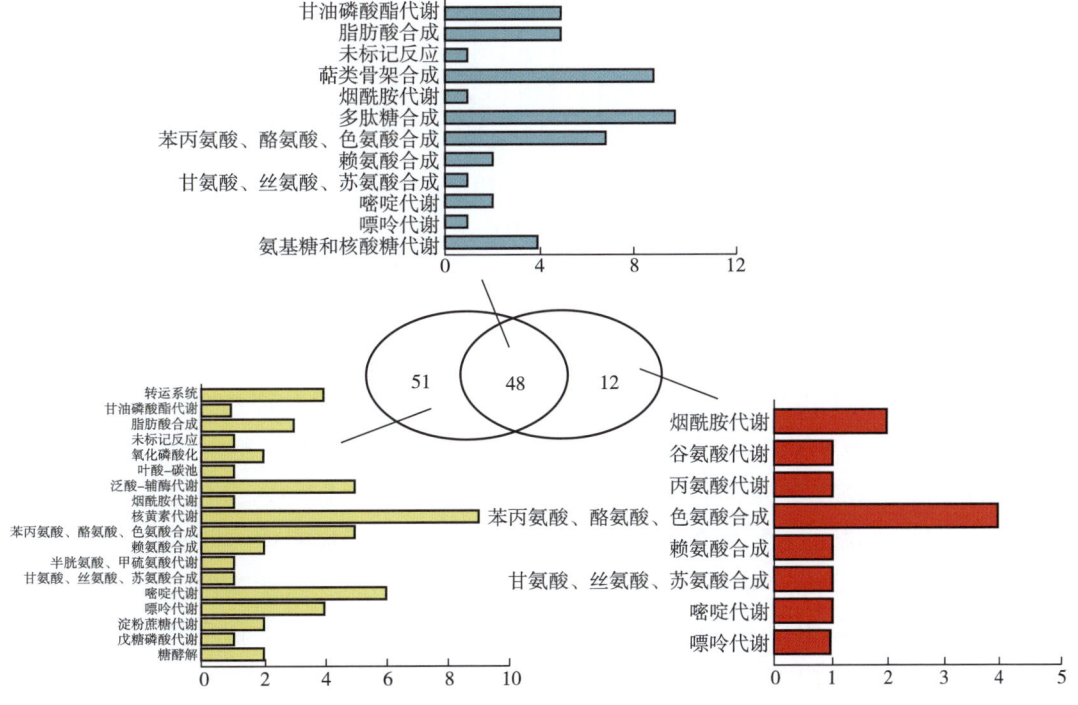

图 4-23　模型 *i*WZ663a 与 *i*MZ1055a 必需反应的共有反应集比较

在代谢物的合成和分泌方面，K. vulgare 缺失部分氨基酸和维生素的合成途径，在葡萄糖基本培养基中不能单独生长，但是 B. megaterium 却能够在其中生长。在 L-山梨糖玉米浆培养基中，模型 iWZ663a 预测 K. vulgare 生长速率为 $0.084\frac{1}{h}$，模型 iMZ1055a 预测 B. megaterium 的生长速率为 $0.275\frac{1}{h}$。虽然 B. megaterium 不能代谢山梨糖，但其多样的代谢能力能使其充分利用玉米浆中的营养物质生长，而 K. vuglare 生长受多种限制条件影响。FBA 分析在该培养条件下 iMZ1055a 可以合成 78 种代谢物并转运到胞外，这些代谢物可以分为 6 类，其中氨基酸、核苷酸和有机酸共有 57 种，占总数的 73.1%（图 4-24）。这 78 种代谢物中，17 种已被代谢组学研究证实，其中嘌呤类物质（腺嘌呤、鸟嘌呤、次黄嘌呤）已被证实促进 K. vulgare 生长和 2-KLG 生产；而泛酸和半胱氨酸，作为辅酶 A 合成的前体物质也能促进 K. vulgare 生长等。此外，也有报道 K. vulgare 能分泌部分代谢物影响 B. megaterium 生长，FBA 分析显示模型 iWZ663a 可以合成和分泌 22 种代谢物。

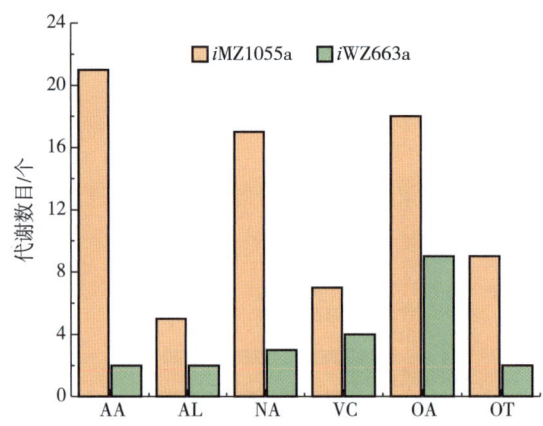

图 4-24　iWZ663a 与 iMZ1055a 能合成并分泌的代谢物
AA—氨基酸；NA—核苷酸；VC—维生素 C；OA—有机酸；AL—醇类；OT—其他物质

两菌代谢互作模型的构建是从模型 iWZ663a 和 iMZ1055a 出发，在新的两菌代谢互作模型中，K. vulgare 和 B. megaterium 分别作为一个独立的区间（类似于高等生物的细胞器），分别以"k"和"b"表示，环境区间为第三个区间，两菌代谢物交换均需通过该区间，用"e"代表。iWZ663a 胞内反应均位于"k"区间；iMZ1055a 胞内反应均位于"b"区间；iWZ663a 与 iMZ1055a 的胞外反应均位于"e"区间。"k"或"b"区间与"e"区间的代谢物交换主要通过原 iWZ663a 或 iMZ1055a 中的转运反应实现。另外，两菌 GSMMs 中 RAST 新注释基因均以"peg."为前缀，为避免混淆，在两菌代谢互作模型中 K. vulgare RAST 新注释的基因前缀改为"Kpeg."，相应的 B. megaterium RAST 新注释的基因前缀改为"Bpeg."。两菌互作代谢模型命名为 iWZ-KV-663-BM-1055，该模型包含 1718 个基因、1583 个代谢物和 1910 个反应（不包括交换反应），详见表 4-25。两菌代谢互作模型中共分 3 个区间，K. vulgare 和 B. megaterium 作为一个独立的区间分别含 747 和 1138 个反应，环境作为另一个区间，含 25 个反应。

表 4-25　　　　　　　　　　　两菌代谢互作模型特征

| 模型特征 | iWZ-KV-663-BM-1055 |
| --- | --- |
| 基因 | 1718 |
| 代谢物 | 1583 |
| 反应① | 1910 |
| 基因关联反应 | 1582 |
| 非基因关联反应 | 329 |
| 代谢亚系统 | 67 |
| 转运反应 | 403 |

①不包括交换反应。

## 三、基于 iWZ-KV-663-BM-1055 解析两菌相互作用

在山梨糖-玉米浆培养基中预测模型 iMZ1055a 最大生长速率为 $0.275\frac{1}{h}$，而在 iWZ-KV-663-BM-1055 中以 B. megaterium 生物量方程为目标函数预测的最大生长速率为 $2.098\frac{1}{h}$；同时，预测模型 iWZ663a 最大生长速率为 $0.084\frac{1}{h}$，而在 iWZ-KV-663-BM-1055 中以 K. vulgare 生物量方程为目标函数预测的最大生长速率为 $0.171\frac{1}{h}$。两菌在代谢互作网络模型中预测的生长速率均大于在各自单菌 GSMM 时的预测值，暗示了 K. vulgare 和 B. megaterium 之间存在互利关系。而鲁棒性分析 B. megaterium 生长速率变化对 K. vulgare 生长速率的影响，发现两者呈负相关（图 4-25），表明在特定环境下两菌也存在竞争关系。同时，两菌间存在某些相同的代谢能力，在部分代谢途径中存在竞争关系。因此，通过 GSMM 预测两菌生理关系显示二者既互利共生，也存在相互竞争。

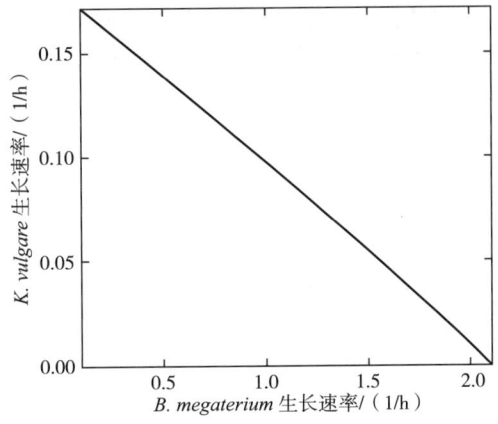

图 4-25　鲁棒性分析 B. megaterium 生长速率变化对 K. vulgare 生长速率的影响

自然界微生物间相互协助、相互竞争的关系主要通过它们之间代谢物和能量的交换实现。K. vulgare 与 B. megaterium 在固体培养基和液体培养基中的代谢组学实验已经证实两菌之间存在大量代谢物交换。比较两菌 GSMMs 在山梨糖-玉米浆培养基中合成和分泌代谢物的差异，表明 B. megaterium 可以提供特定的营养成分支持 K. vulgare 生长，特别是一些 K. vulgare 由于缺失特定的功能酶而不能合成的生物量成分。利用 Cytoscape 程序可视化 iWZ-KV-663-BM-1055 显示 K. vulgare 与 B. megaterium 之间的相互作用主要通过胞外代谢物和反应相联系（图4-26）。为全面了解两菌之间的相互作用，以葡萄糖基础培养基作为底物，葡萄糖吸收速率设为 10mmol/（L·g DCW·h），借助模型 iWZ-KV-663-BM-1055 模拟 K. vulgare 和 B. megaterium 之间的代谢物交换。FBA 预测显示 B. megaterium 提供 23 种代谢物到 K. vulgare：4 种二肽、4 种氨基酸、3 种核苷酸、6 种维生素与辅因子、4 种有机酸和 2 种其他物质，详见表4-26。其中甘氨酰天冬酰胺、半胱氨酸和 5 种维生素和辅因子是 K. vulgare 生长必需营养物质；剩下 16 种代谢物除亚硫酸外它们的合成途径在 K. vulgare 中均是完整的，说明 B. megaterium 促进 K. vulgare 生长不仅在于提供其生长必需物质，同时也包括一些其他的重要营养物质，多为氨基酸、核苷酸和有机酸。其中腺嘌呤、鸟嘌呤、二肽水解得到的甘氨酸已被实验证实可以促进 K. vulgare 生长。FBA 分析也显示 K. vulgare 能利用 B. megaterium 提供的分支酸合成苯丙氨酸和色氨酸，同时分支酸也用于 K. vulgare 胞内泛醌的合成；甲酸的供给主要用于形成一碳单位进而用于合成丝氨酸；而乙醇将被代谢为乙醛参与苏氨酸合成，或者乙醛也可合成 2-脱氧核糖-5-磷酸参与尿嘧啶合成；剩余的代谢物均能被 K. vulgare 代谢利用或是作为生物量组成成分。分析得出 K. vulgare 因为缺失 6-磷酸果糖激酶，其碳流主要通过 ED 途径和 PPP，且 PPP 水平偏低，

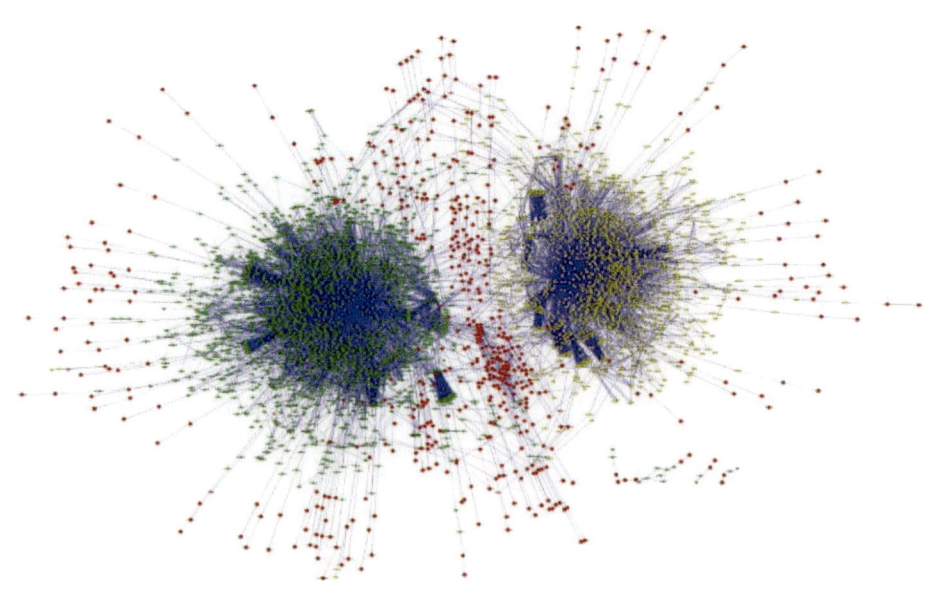

图4-26 iWZ-KV-663-BM-1055 可视化

黄色、绿色、红色分别代表在两菌代谢互作网络模型中"k""b""e"区间中所有的代谢物、基因和反应

造成细胞体内还原力 NADPH 不足会影响生物分子的合成能力。再加上辅酶 A、硫胺素合成途径的不完整限制了丙酮酸进入 TCA 循环，导致很低的能量产生效率。这些从 B. megaterium 运输的非必需营养物质可以减轻 K. vulgare 自身代谢的负担；阻断这些非必需代谢物在两菌之间的交换，发现预测生长值从 $0.0774\frac{1}{h}$ 下降到 $0.0735\frac{1}{h}$。此外，模拟发现 K. vulgare 也能分泌少量代谢物（富马酸和苯丙氨酸）到 B. megaterium。

表 4-26　　　　　　　　　　K. vulgare 和 B. megaterium 之间交换的代谢物

| 代谢物 | 从 "b" 到 "k" | 从 "k" 到 "b" |
| --- | --- | --- |
| 二肽 | **甘氨酰天冬氨酸**、**丙氨酰组氨酸**、甘氨酰天冬酰胺、**甘氨酰谷氨酰胺** | — |
| 氨基酸 | **赖氨酸**、**精氨酸**、半胱氨酸、**色氨酸** | 苯丙氨酸 |
| 核苷酸 | 腺嘌呤、鸟嘌呤、尿嘧啶 | — |
| 维生素与辅因子 | 生物素、烟酸、泛酸、**核黄素**、焦磷酸硫胺素、二氢叶酸 | — |
| 有机酸 | **丙酮酸**、**琥珀酸**、**分支酸**、**甲酸** | 富马酸 |
| 其他 | 亚硫酸、乙醇 | — |

注："b" 为模型中 B. megaterium 区间，"k" 为模型中 K. vulgare 区间，加粗代谢物表示其合成途径在 K. vulgare 是完整的。

通过 FBA 分析模型 iWZ-KV-663-BM-1055 的代谢流分布发现 K. vulgare 区间中 K. vulgare 自身多数氨基酸、维生素和辅酶的合成途径无流量通过，需要依靠 B. megaterium 的合成与转运系统提供相应营养物质。K. vulgare 的核苷酸从头合成途径也无流量通过，但在部分不同核苷酸之间的回补合成途径中有流量通过。与之相反，模拟发现亮氨酸、异亮氨酸、缬氨酸、脯氨酸的合成在混菌时有流量通过，但单菌时却没有流量通过。转录组学数据显示在混菌培养条件下，亮氨酸、异亮氨酸与缬氨酸合成途径关键酶，如酮酸还原异构酶（KVU_0509，EC 1.1.1.86）和二羟基酸脱水酶（KVU_0046，EC 4.2.1.9）相比于单菌发酵表达量分别上调了 4.96 倍和 2.97 倍，对应的蛋白质表达量分别上升了 10 倍和 3 倍，证实 B. megaterium 确实增强了 K. vulgare 的亮氨酸、异亮氨酸与缬氨酸合成能力。

目前模型 iWZ-KV-663-BM-1055 的 "e" 区间共包含 270 个代谢物，可将其分为三类：第 1 类，可转运到 K. vulgare 和 B. megaterium 胞内的，共 122 种；第 2 类，仅能转运到 K. vulgare 胞内的，共 35 种；第 3 类，仅能转运到 B. megaterium 胞内的，共 113 种。其中第 3 类远多于第二类可能是因为 B. megaterium 具有丰富的碳水化合物转运系统。FBA 分析显示两菌相互交流的代谢物仅 31 种，远低于 122 种，其原因可能是两菌部分代谢物的合成和分泌途径缺失，或者这些代谢物的转运系统缺失。通过人为模拟添加特定的转运反应研究其对 iWZ-KV-663-BM-1055 生长的影响：添加 "e" 区间第 2 类代谢物转运到 B. megaterium 中转运反应；添加 "e" 区间第 3 类代谢物转运到 K. vulgare 中转运反应；前两种转运反应一起添加到两菌代谢互作网络。结果如图 4-27 所示，K. vulgare 或 B. megaterium 转运能力的加强均能提高 iWZ-KV-663-BM-1055 中 K. vulgare 的生长速率，且前者提升较大［在 MG 和山梨糖玉米浆培养基（GSLP）中分别为 18.5%和 17.5%］，后者略微提升（在 MG 和山梨糖玉米浆培养基中分别为 0.5%和 1.2%）。说明两菌转运系统是连接两菌代谢互作网络的纽带，其完整性能够影响两菌系统代谢相互作用的预测。

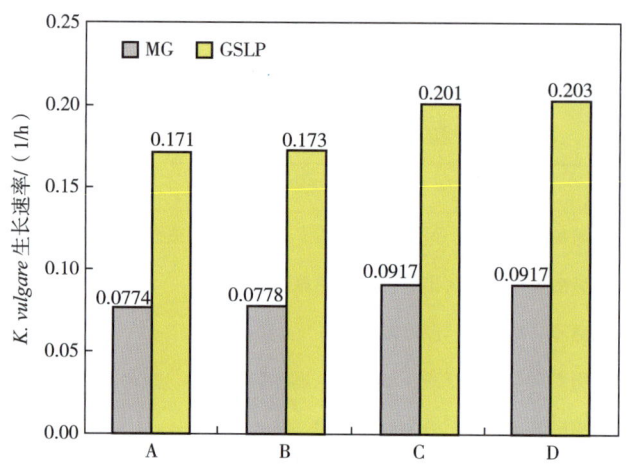

图 4-27　iWZ-KV-663-BM-1055 转运系统对 K. vulgare 生长的影响

A—模型 iWZ-KV-663-BM-1055；B—模型 iWZ-KV-663-BM-1055 加入"e"区间第 2 类代谢物到"b"区间的转运反应；C—模型 iWZ-KV-663-BM-1055 加入"e"区间第 3 类代谢物到"k"区间的转运反应；D—模型 iWZ-KV-663-BM-1055 加入第 2 类和第 3 类反应

## 第五节　基于 GSMMs 优化营养供给提高维生素 C 生产效率

### 一、基于 GSMMs 确定 K. vulgare 的最小合成培养基

**1. 基因组规模代谢模型分析 K. vulgare 营养缺陷型**

利用流量平衡分析分别对两菌基因组规模代谢网络模型 iWZ663 与 iMZ1055 进行模拟分析，结果如表 4-27 所示。模型 iWZ663 不能合成 5 种氨基酸（L-天冬酰胺、L-甘氨酸、L-半胱氨酸、L-甲硫氨酸与 L-色氨酸）、3 种碱基（腺嘌呤、鸟嘌呤与胸腺嘧啶）与 4 种维生素（硫胺素、泛酸盐、吡哆醇与叶酸）。这些成分在玉米浆中的含量较低，K. vulgare 不能从外界摄取，因此推测 K. vulgare 生物量组分存在合成缺陷，是其在玉米浆发酵培养基中单独生长微弱的原因之一。此外，模型 iMZ1055 能够合成 B. megaterium 的所有生物量组分，因而推测在混菌培养时 B. megaterium 通过合成并分泌相应的物质促进 K. vulgare 生长。深入分析相关代谢途径与模块后发现，引起模型 iWZ663 生物量组分合成缺陷的原因是：①L-天冬酰胺、硫胺素、泛酸盐、吡哆醇与叶酸代谢模块中的本地合成途径不完整。例如，在 L-天冬酰胺合成模块中，催化 L-天冬氨酸转化为 L-天冬酰胺的酶是天冬酰胺合酶（EC 6.3.5.4 与 EC 6.3.1.1），但这两种酶在模型 iWZ663 中并不存在，因

此 K. vulgare 不能合成 L-天冬酰胺。硫胺素合成模块中的羟乙基噻唑激酶（EC 2.7.1.50）、磷酸甲基嘧啶激酶（EC 2.7.4.7）与羟甲基嘧啶激酶（EC 2.7.1.49）在模型 iWZ663 中不存在，因此 K. vulgare 不能合成硫胺素。泛酸盐合成模块中的酮泛解酸羟甲基转移酶（EC 2.1.2.11）、天冬氨酸-α-脱羧酶（EC 4.1.1.11）与泛酸合成酶（EC 6.3.2.1）在模型 iWZ663 中不存在，因此 K. vulgare 不能合成泛酸盐。吡哆醇合成模块中的 4-磷酸-赤藓糖脱氢酶（EC 1.2.1.72）与 4-磷酸-赤藓糖酸脱氢酶（EC 1.1.1.290）在模型 iWZ663 中不存在，因此 K. vulgare 不能合成吡哆醇。叶酸合成模块中的三磷酸鸟苷环化水解酶（EC 3.5.4.16）、二氢新蝶呤醛缩酶（EC 4.1.2.25）、二氢叶酸合成酶（EC 2.5.1.15）与二氢叶酸还原酶（EC 1.5.1.3）在模型 iWZ663 中不存在，因此 K. vulgare 不能合成叶酸。②即使代谢模块内的本地合成途径完整，代谢途径中间物质的缺失仍然会造成合成缺陷。由于代谢模块间的中间物质缺失而不能合成的生物量组分为：L-甘氨酸、L-半胱氨酸、L-甲硫氨酸、腺嘌呤、鸟嘌呤与胸腺嘧啶。

表 4-27　模型 iMZ1055 与 iWZ663 生物量组分合成能力的分析与比较

| 生物量组分 | iMZ1055 | iWZ663 | 生物量组分 | iMZ1055 | iWZ663 |
|---|---|---|---|---|---|
| 丙氨酸 | + | + | 苯丙氨酸 | + | + |
| 天冬氨酸 | + | + | 酪氨酸 | + | + |
| 天冬酰胺 | + | − | 色氨酸 | + | + |
| 谷氨酸 | + | + | 腺嘌呤 | + | − |
| 谷氨酰胺 | + | + | 鸟嘌呤 | + | − |
| 甘氨酸 | + | − | 胞嘧啶 | + | + |
| 丝氨酸 | + | + | 胸腺嘧啶 | + | − |
| 苏氨酸 | + | + | 尿嘧啶 | + | + |
| 半胱氨酸 | + | − | 硫胺素（维生素 $B_1$） | + | − |
| 甲硫氨酸 | + | − | 核黄素（维生素 $B_2$） | + | + |
| 缬氨酸 | + | + | 烟酸（维生素 $B_3$） | + | + |
| 亮氨酸 | + | + | 泛酸盐（维生素 $B_5$） | + | − |
| 异亮氨酸 | + | + | 吡哆醇（维生素 $B_6$） | + | − |
| 赖氨酸 | + | + | 叶酸（维生素 $B_9$） | + | − |
| 精氨酸 | + | + | 组氨酸 | + | + |
| 脯氨酸 | + | + | | | |

注："+"表示菌体能合成，"−"表示菌体不能合成。

如图 4-28（1）所示，在 L-甘氨酸代谢模块中，由于乙醛酸循环中缺失异柠檬酸裂解酶（EC 4.1.3.1），导致参与 L-甘氨酸合成反应的乙醛酸缺失，所以 K. vulgare WSH-001 不能合成 L-甘氨酸。如图 4-28（2）所示，由于叶酸代谢途径不完整带来 10-甲酰基四氢叶酸缺失，而不能参与到腺嘌呤与鸟嘌呤合成的转甲酰基作用中，导致 K. vulgare WSH-001 不能合成腺嘌呤与鸟嘌呤。如图 4-28（3）所示，参与 L-半胱氨酸与 L-甲硫氨酸合成的硫化氢由于硫代谢途径不完整而缺失，导致 K. vulgare WSH-001 不能合成 L-半胱氨酸与 L-甲硫氨酸。

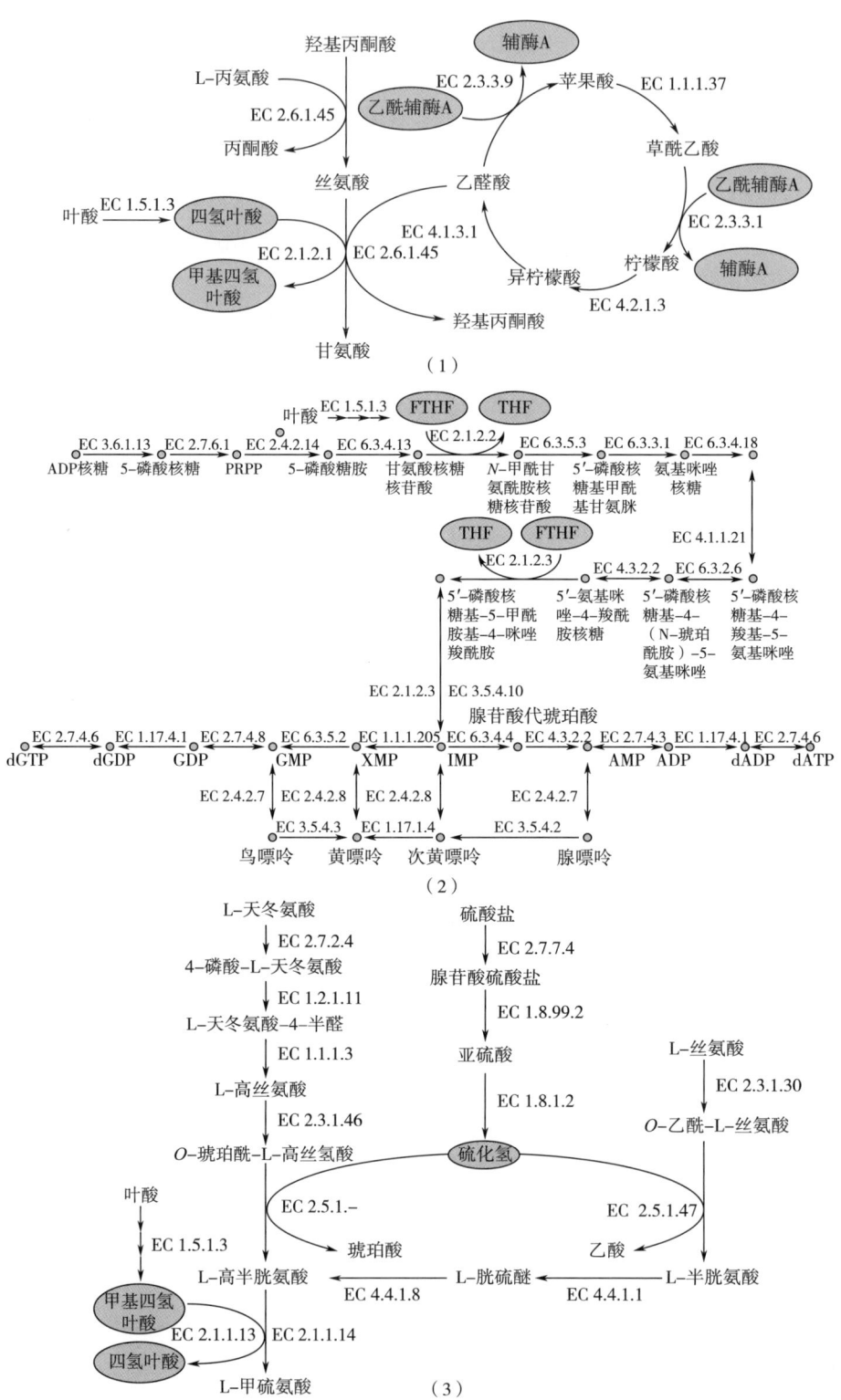

图4-28 模型 iWZ663 中由代谢模块间中间代谢物质缺失引起的合成缺陷

（1）乙醛酸循环与甘氨酸合成缺陷；（2）叶酸代谢途径与嘌呤合成缺陷；（3）硫代谢途径与半胱氨酸、甲硫氨酸合成缺陷。模型 iWZ663 缺少的酶号是 EC 1.5.1.3、EC 4.1.3.1、EC 1.8.99.2 和 EC 4.4.1.1

这些生物量组分的缺失会通过妨碍大分子（如蛋白质、核酸与生物膜）的合成，影响能量代谢与氧胁迫抵抗等来影响细胞生长。例如，天冬酰胺、甘氨酸、甲硫氨酸、半胱氨酸与色氨酸直接参与蛋白质合成，其合成缺陷会影响蛋白质合成。此外，在模型 iWZ663 中，吡哆醇作为 26 种酶的辅因子参与多种氨基酸合成、转化与分解反应，因此其合成缺陷也会妨碍蛋白质合成。相似地，ATP、GTP 与 TTP 直接参与核酸合成，其合成缺陷会阻断核酸合成。此外，叶酸是参与核苷酸合成的四氢叶酸及其衍生物的前体，因此叶酸合成缺陷也会妨碍核酸合成。泛酸盐是辅酶 A 的前体，而辅酶 A 是一种重要的辅酶与酰基载体。在模型 iWZ663 中，辅酶 A 主要参与 18 个与脂质和碳氢化合物代谢相关的反应。因此，泛酸盐合成缺陷会间接妨碍生物膜合成与能量代谢。硫胺素是 TPP 的前体，而 TPP 是 TCA 循环中的顺乌头酸水合酶与磷酸戊糖途径中的转酮醇酶的辅因子。因此，硫胺素合成缺陷会间接妨碍 K. vulgare 的能量代谢。除直接参与蛋白质合成外，半胱氨酸还参与具有抵抗氧胁迫作用的谷胱甘肽和硫氧还蛋白的合成。综上所述，K. vulgare 不能合成一些重要的生物量组分，导致胞内大分子合成受阻、能量代谢与氧胁迫抵抗能力微弱，进而影响菌体生长。

**2. K. vulgare 合成缺陷的验证**

为了验证模型 iWZ663 预测的 K. vulgare WSH-001 不能合成的生物量组分，利用能够维持 K. vulgare 生长的全合成培养基（chemically defined medium，CDM）进行单因子缺失实验，结果如图 4-29 所示。从全合成培养基中分别减去 L-甘氨酸、L-半胱氨酸、L-甲硫氨酸、L-色氨酸、腺嘌呤、胸腺嘧啶、硫胺素与泛酸盐后，K. vulgare 生长量分别减少为对照组的 1%、21%、16%、1%、26%、57%、73% 与 24%，证实 K. vulgare 在以上 8 种物质的合成上存在缺陷。但基于合成培养基的湿实验结果与基于代谢网络模型的模拟结果并不完全一致。如图 4-29 所示，从全合成培养基中分别减去天冬酰胺、鸟嘌呤、吡哆醇与叶酸后，K. vulgare WSH-001 生长量并未降低。对于天冬酰胺，推测 K. vulgare 中催化 L-天冬氨酸到 L-天冬酰胺的酶是一种尚未发现的天冬酰胺合酶的同工酶。对于鸟嘌呤，原因是 K. vulgare 中存在腺嘌呤到鸟嘌呤的回补途径，即腺嘌呤依次经过腺嘌呤脱氨酶（EC 3.5.4.2）、黄嘌呤脱氢酶（EC 1.17.1.4）、肌苷酸焦磷酸化酶（EC 2.4.2.8）与鸟嘌呤核苷酸合酶（EC 6.3.5.2）的催化转化为鸟嘌呤，但该回补途径不

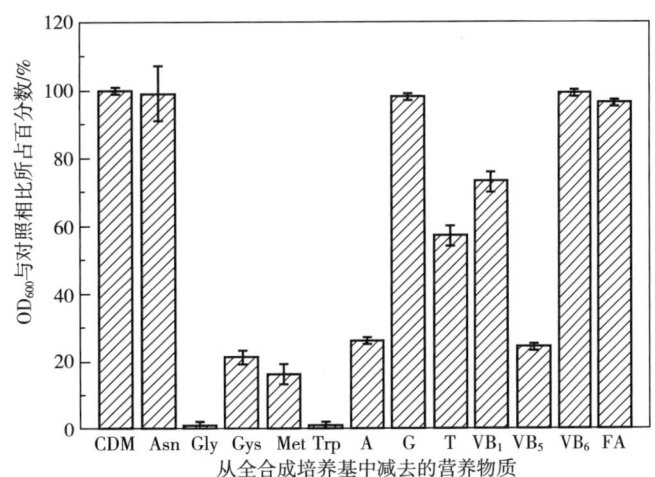

图 4-29 基于全合成培养基的单因子缺失实验
CDM—全合成培养基（对照）；Asn—天冬酰胺；
Gly—甘氨酸；Cys—半胱氨酸；Met—甲硫氨酸；
Trp—色氨酸；A—腺嘌呤；G—鸟嘌呤；T—胸腺嘧啶；
$VB_1$—硫胺素；$VB_5$—泛酸盐；$VB_6$—吡哆醇；FA—叶酸

能反向。对于吡哆醇与叶酸,推测原因是:①因为细胞对维生素类物质的需要量很少,培养基中存在微量吡哆醇与叶酸可能干扰了单因子缺失实验;②单因子缺失培养基中的氨基酸和碱基种类充足,不需要额外的吡哆醇依赖酶催化氨基酸合成与转化,也不需要利用叶酸衍生物进行碱基合成与转化;③吡哆醇与叶酸所参与的生化反应可能被其他生化反应替代;④这些物质的合成反应可能由尚未发现或阐明的同工酶催化完成。

针对上述8种营养物质,利用基于全合成培养基的单因子缺失-添加实验进一步验证其必需性,以建立 K. vulgare WSH-001 的营养谱。如图4-30所示,将L-甘氨酸、L-半胱氨酸、L-甲硫氨酸、L-色氨酸、腺嘌呤、胸腺嘧啶、硫胺素与泛酸盐分别添加至相应的单因子缺失培养基后,K. vulgare 生长量恢复到全合成培养基的41.9%、107.1%、82.3%、99.4%、81.3%、94.5%、102.9%与112.9%。这说明单因子缺失培养基中 K. vulgare 生长微弱的原因是营养不足,而这8种物质是 K. vulgare 生长所必需的营养物质。

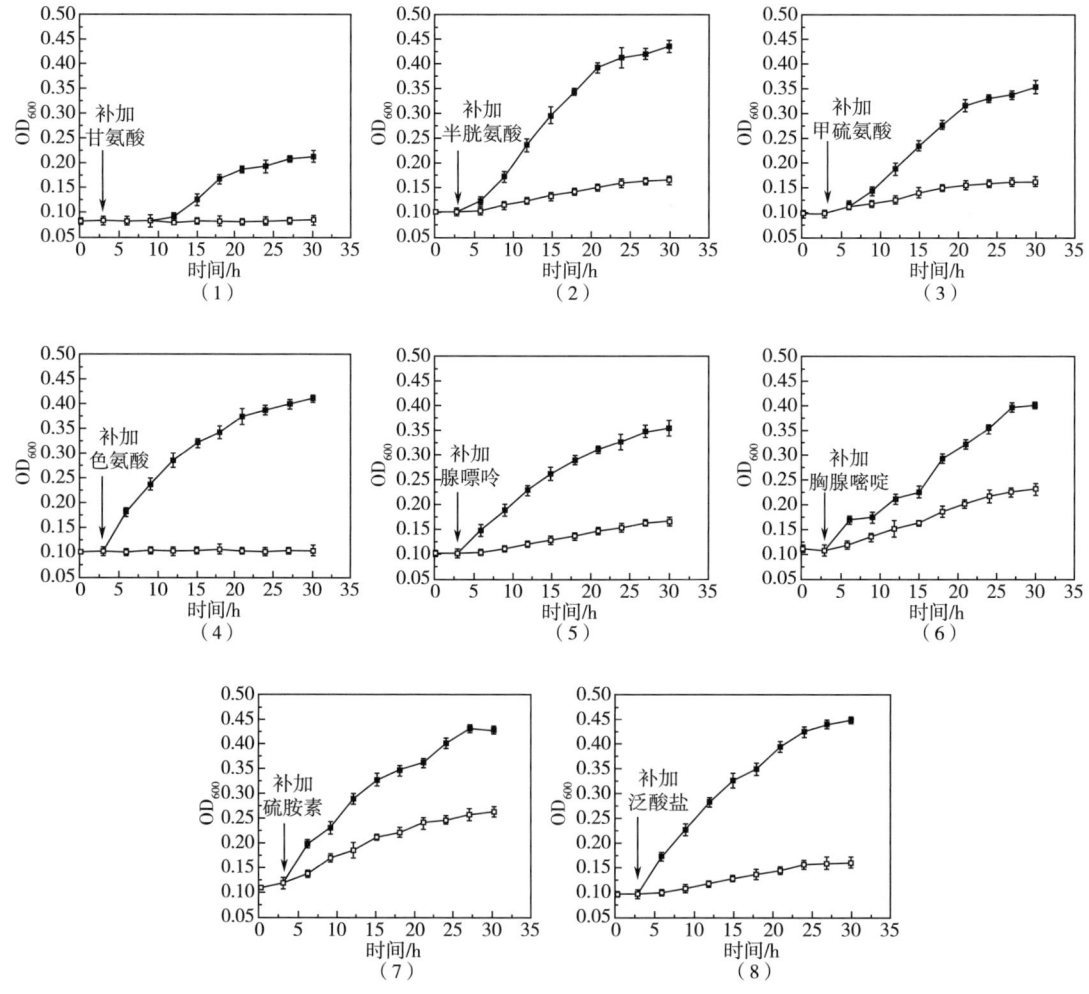

图4-30 基于全合成培养基的单因子缺失-添加实验
(1)甘氨酸;(2)半胱氨酸;(3)甲硫氨酸;(4)色氨酸;(5)腺嘌呤;(6)胸腺嘧啶;(7)硫胺素;(8)泛酸盐。
□:单因子缺失培养基;■:单因子缺失培养基中补加所缺物质

## 第四章 系统生物学在维生素 C 发酵中的应用

### 3. K. vulgare 最小合成培养基的构建及发酵性能检测

基于上述实验结果与 FBA 分析，建立了支持 K. vulgare WSH-001 生长的最小合成培养基（minimal chemically defined medium，MCDM）。该培养基包括 L-甘氨酸、L-半胱氨酸、L-甲硫氨酸、L-色氨酸、腺嘌呤、胸腺嘧啶、盐酸硫胺素、泛酸盐、L-山梨糖、尿素、$MgSO_4$、$KH_2PO_4$、$CaCO_3$、$ZnCl_2$、$FeCl_3$、$MnCl_2$、$CuCl_2$、KCl、NaCl、$MgCl_2$ 与 $CaCl_2$，各物质浓度详见表 4-28 与表 4-29（合成培养基所用金属离子母液组分）。K. vulgare 在最小合成培养基（MCDM）、全合成培养基（CDM）与玉米浆发酵培养基（CSLP）中的生长与产酸情况如图 4-31 所示。K. vulgare 在 MCDM 中的生长量达 0.28，与 CDM 和 CSLP 中的生长量相近；产酸量达 3.59g/L，分别是 CDM 与 CSLP 中产酸量的 96.5% 与 70.4%。这表明 K. vulgare 在 MCDM 中生长良好，产酸正常。这一研究的意义在于为进一步研究 K. vulgare 的代谢与调控及重组菌的构建等奠定了基础。

表 4-28　　最小合成培养基组分　　单位：mol/L

| 全合成培养基成分 | 混菌 | K. vulgare |
|---|---|---|
| 甘氨酸 | 0.5 | 0.5 |
| 半胱氨酸 | 0.5 | 0.5 |
| 甲硫氨酸 | 0.5 | 0.5 |
| 色氨酸 | 0.5 | 0.5 |
| 腺嘌呤 | 0.05 | 0.05 |
| 胸腺嘧啶 | 0.05 | 0.05 |
| 盐酸硫胺素 | 0.005 | 0.005 |
| D-泛酸钙 | 0.005 | 0.005 |
| 山梨糖 | 80 | 20 |
| 尿素 | 12 | 6 |
| $MgSO_4$ | 0.1 | 0.1 |
| $KH_2PO_4$ | 1 | 1 |
| $CaCO_3$ | 5 | 3 |

表 4-29　　金属离子母液组分

| 金属离子母液组分 | 含量/（g/L） | 金属离子母液组分 | 含量/（g/L） |
|---|---|---|---|
| $ZnCl_2$ | 0.35 | KCl | 88.5 |
| $FeCl_3$ | 0.92 | NaCl | 8.94 |
| $MnCl_2$ | 0.17 | $MgCl_2$ | 60.23 |
| $CuCl_2$ | 0.012 | $CaCl_2$ | 3.48 |

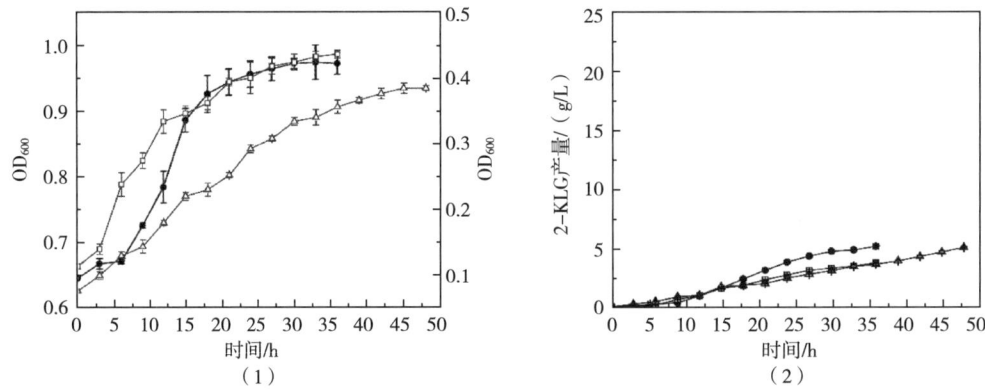

图 4-31 K. vulgare WSH-001 在 CSLP、CDM 与 MCDM 中的发酵过程

(1) 生长量（$OD_{600}$）；(2) 2-KLG 产量

●：CSLP（玉米浆发酵培养基）；□：CDM（全合成培养基）；△：MCDM（最小合成培养基）

上述研究表明 K. vulgare WSH-001 在 8 种营养物质（L-甘氨酸、L-半胱氨酸、L-甲硫氨酸、L-色氨酸、腺嘌呤、胸腺嘧啶、硫胺素、泛酸盐）的合成方面存在缺陷。玉米浆的来源和批次会影响 K. vulgare 的营养源，测定了 18 种来源不同的玉米浆的组成，发现这 8 种必需营养物质在玉米浆中的含量较低。因此提出向玉米浆培养基中添加必需营养物质促进 K. vulgare 生长与产酸的优化策略，实验结果如图 4-32 所示。外源添加 L-甘氨酸、L-半胱氨酸、L-甲硫氨酸、L-色氨酸、腺嘌呤、胸腺嘧啶、硫胺素与泛酸盐使得 K. vulgare WSH-001 单独培养 36h 的生长量相比对照组分别提高了 24.6%、26.1%、13.1%、35.2%、5.2%、14.1%、28.6% 与 8.5%，产酸量相比对照组分别提高了 16.1%、36.2%、9.4%、18.9%、0.8%、19.9%、34.7% 与 12.1%。这表明 K. vulgare 的必需营养物质合成缺陷与玉米浆必需营养物质含量不足，是其在玉米浆发酵培养基中生长微弱的根本原因，此实验为进一步优化发酵营养条件提供了方向。

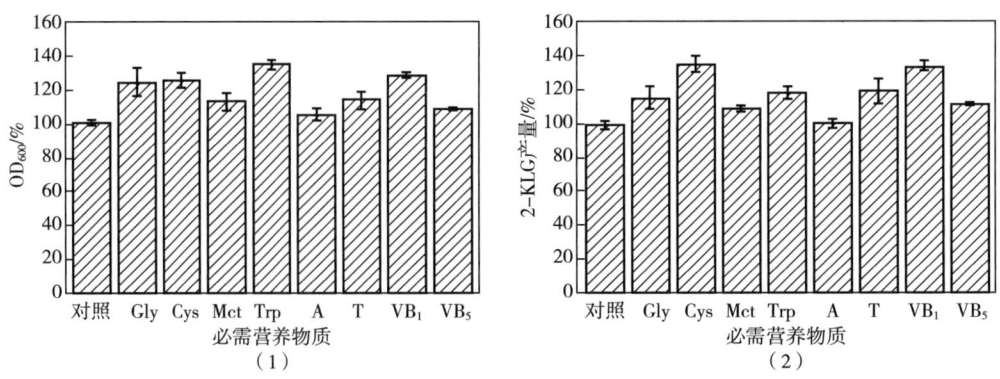

图 4-32 玉米浆培养基外源添加必需营养物质对 K. vulgare 单独生长与产酸的影响

Gly—甘氨酸；Cys—半胱氨酸；Met—甲硫氨酸；Trp—色氨酸；
A—腺嘌呤；T—胸腺嘧啶；$VB_1$—硫胺素；$VB_5$—泛酸盐

## 第四章
系统生物学在维生素 C 发酵中的应用

## 二、基于 *K. vulgare* 生长营养谱优化维生素 C 生产

**1. 根据模型 *i*WZ663 对影响 *K. vulgare* 的关键营养物质的分析**

根据模型 *i*WZ663 绘制了 *K. vulgare* WSH-001 代谢途径中与硫元素代谢相关的主要反应。*K. vulgare* 硫代谢途径中缺少腺苷酰硫酸还原酶（EC 1.8.99.2）和磷酸腺苷酰硫酸还原酶（EC 1.8.4.8）。前者的缺失无法将腺苷酰硫酸盐还原成亚硫酸盐，后者的缺失无法将 3-磷酸腺苷酰硫酸盐还原成亚硫酸盐，造成 *K. vulgare* 无法直接利用硫酸盐中的硫元素合成 L-半胱氨酸等关键含硫化合物。而培养基中 L-半胱氨酸和亚硫酸盐等含硫化合物的含量十分有限，造成 *K. vulgare* WSH-001 无法正常合成一些重要的含硫中间代谢物，如辅酶 A 及其衍生物乙酰辅酶 A。这两种辅因子参与微生物细胞内 100 多条合成和分解代谢途径，是合成和产能途径上重要的中间物质，也是许多关键代谢反应的调控因子，特别是柠檬酸循环和脂肪酸合成中的关键物质。其合成的不足会直接影响到柠檬酸循环等反应的正常进行，致使胞内能量代谢和脂质合成受阻，导致细胞生长缓慢。在模型 *i*WZ663 里，分析发现辅酶 A 作为底物参与 18 个重要的代谢反应，这些代谢反应大多与碳水化合物、脂类和氨基酸代谢有关。结合单反应敲除和代谢流平衡分析后发现，在 18 个代谢反应中有 5 个反应是 *K. vulgare* 生长必需反应（模拟敲除反应后细胞生长速率低于最大生长速率的 $10^{-3}$），有 2 个是部分必需反应（模拟敲除反应后细胞生长速率降低但大于最大生长速率的 $10^{-3}$）。进一步表明辅酶 A 的合成代谢是否正常直接影响着细胞的正常生理代谢活动。由于硫代谢途径上的缺失导致辅酶 A 合成上的障碍，推测这种缺失可能和 *K. vulgare* 单独生长微弱有一定的联系（图 4-33）。

基于模型 *i*WZ663 分析发现硫代谢的缺陷与 *K. vulgare* 生长微弱相关，可以向玉米浆培养基中外源添加 L-半胱氨酸和谷胱甘肽（GSH）来考察其对 *K. vulgare* 生长和产酸的影响。如图 4-34 所示，发酵 48h 结束，添加 0.4g/L 的 L-半胱氨酸和 1g/L 的谷胱甘肽，*K. vulgare* 细胞生长（$OD_{600}$）分别提高 25.6% 和 38.7%；2-KLG 产量分别提高了 35.8% 和 45.5%。实验结果表明，两种巯基化合物在玉米浆培养基上对 *K. vulgare* 生长和产酸促进效果明显。在添加相同摩尔数的谷胱甘肽（1g/L）和 L-半胱氨酸（0.4g/L）时，谷胱甘肽比 L-半胱氨酸对 *K. vulgare* 生长和产酸的促进效果更加明显（图 4-34）。谷胱甘肽是由 L-半胱氨酸（Cys）、L-甘氨酸（Gly）和 L-谷氨酸（Glu）构成的三肽，是不是因为谷胱甘肽的其他氨基酸组分，对 *K. vulgare* 的生长和产酸有促进作用呢？如图 4-34 所示，向玉米浆发酵培养基中分别添加相同摩尔数的谷胱甘肽和相应氨基酸，观察对 *K. vulgare* 生长和产酸的影响。在发酵 48h 结束时，添加 L-甘氨酸（0.25g/L）、L-半胱氨酸（0.4g/L）和谷胱甘肽（1g/L）时菌体浓度（$OD_{600}$）分别比不添加时提高了 14.4%、25.6% 和 38.6%；2-KLG 产量分别提高了 11.6%、36.8% 和 45.5%；而添加 L-谷氨酸（0.48g/L）对 *K. vulgare* 生长和产酸无明显促进作用。另一方面，根据 *K. vulgare* 基因组注释结果可知，细胞负责谷胱甘肽分解合成代谢的途径是完全的，谷胱甘肽在胞内由 γ-谷氨酰转移酶分解成 L-谷氨酸和 L-半胱氨酰甘氨酸，之后 L-半胱氨酰甘氨酸在 L-半胱氨

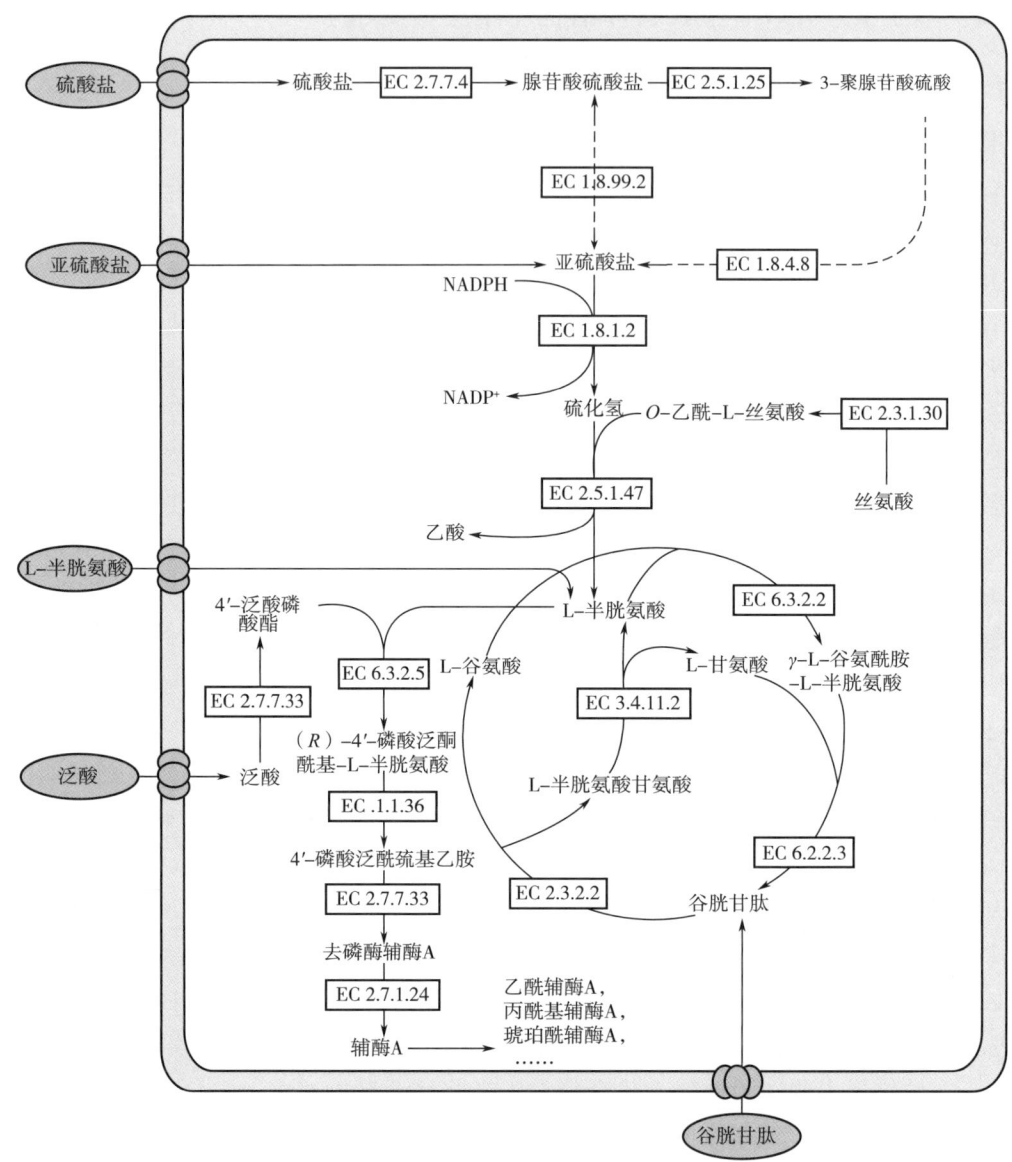

图 4-33　基因组注释 K.vulgare 硫代谢及其相关途径

酰二肽酶的作用下分解为 L-半胱氨酸和 L-甘氨酸。有报道称 L-甘氨酸作为一碳单位供体参与一碳代谢。综合上述结果表明，谷胱甘肽分解所产生的 L-甘氨酸，可能是导致 GSH 与 L-半胱氨酸促进效果差异的一个重要原因。

L-甘氨酸是一种高效的一碳单位供体，参与嘌呤核苷酸从头合成、脱氧尿苷酸 5 位甲基化合成胸苷酸以及同型半胱氨酸甲基化再生甲硫氨酸等生化过程。L-甘氨酸不足会阻碍核酸和蛋白质的合成。前期实验表明 K.vulgare WSH-001 不能合成 L-甘氨酸，而在 L-甘氨酸单因子缺失培养基培养 K.vulgare 3h 后再补加 L-甘氨酸后，K.vulgare WSH-001 生长量只能恢复到全合成培养基的 41.9%，表明培养基中 L-甘氨酸不足会对 K.vulgare 生长造

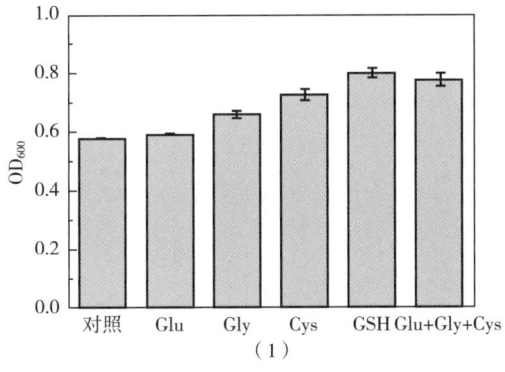 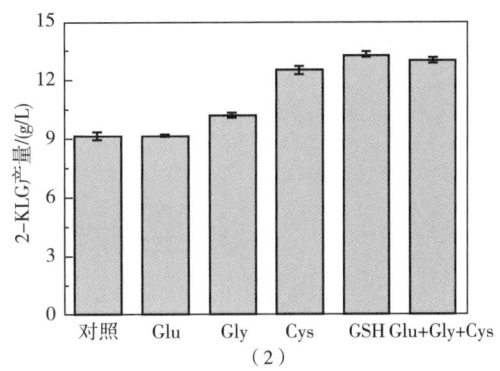

图 4-34　分别添加还原型谷胱甘肽和相关氨基酸对 *K. vulgare* 单独发酵的影响

成一种可持续的伤害。基于模型 *i*WZ663 对代谢网络的解析，*K. vulgare* 不能合成 L-甘氨酸的原因是乙醛酸循环不完整导致乙醛酸合成缺陷。将乙醛酸添加至 L-甘氨酸单因子缺失培养基后，*K. vulgare* WSH-001 生长量与产酸量分别恢复至全合成培养基的 126.1% 与 111.2%。此外，等摩尔的乙醛酸添加至 L-甘氨酸单因子缺失培养基后，*K. vulgare* WSH-001 的生长量与产酸量，分别比全合成培养基提高了 26.1% 与 11.2%，这说明乙醛酸对 L-甘氨酸具有回补作用（图 4-35）。

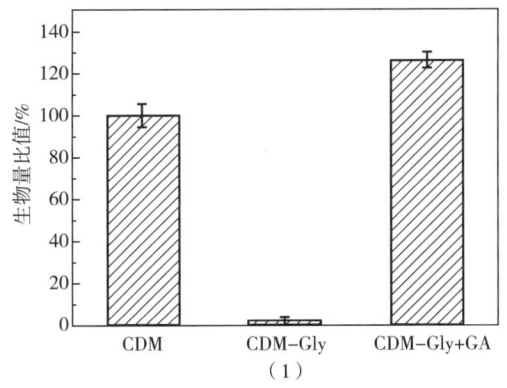 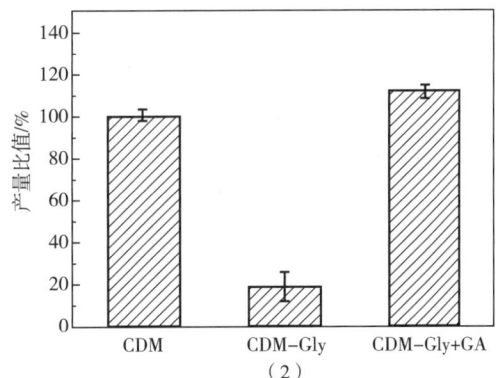

图 4-35　乙醛酸对 L-甘氨酸的回补作用
（1）其他培养基下生物量和 CDM 培养基上生物量比值；（2）其他培养基下 2-KLG 产量和 CDM 培养基上 2-KLG 产量比值
CDM—全合成培养基（对照）；CDM-Gly—全合成培养基中减去甘氨酸；
CDM-Gly+GA—全合成培养基中减去甘氨酸后添加乙醛酸

在玉米浆发酵培养基中考察添加乙醛酸对 *K. vulgare* 单菌生长与产酸的影响，结果如图 4-36 与表 4-30 所示，乙醛酸添加量为 0.1、0.2、0.3、0.4 与 0.5g/L 时，*K. vulgare* 生长量（$OD_{600}$）分别比对照组提高了 25.0%、22.4%、30.8%、45.5% 与 46.8%；产酸量分别为 6.19、6.37、6.65、6.86 与 6.90g/L，比对照组（5.52g/L）分别提高了 12.1%、15.4%、20.4%、24.3% 与 25.0%。当乙醛酸添加量为 0.4g/L 时，糖酸摩尔转化率最高（0.709），比对照组（0.614）提高了 15.5%；乙醛酸添加量为 0.5g/L 时，2-KLG 生产强

度最大［0.197g/（L·h）］，比对照组［0.158g/（L·h）］提高了24.7%。这表明乙醛酸对 K. vulgare 生长与产酸具有促进作用，可以作为促进 K. vulgare 生长与产酸的策略，为混菌发酵的营养条件优化提供了方向。

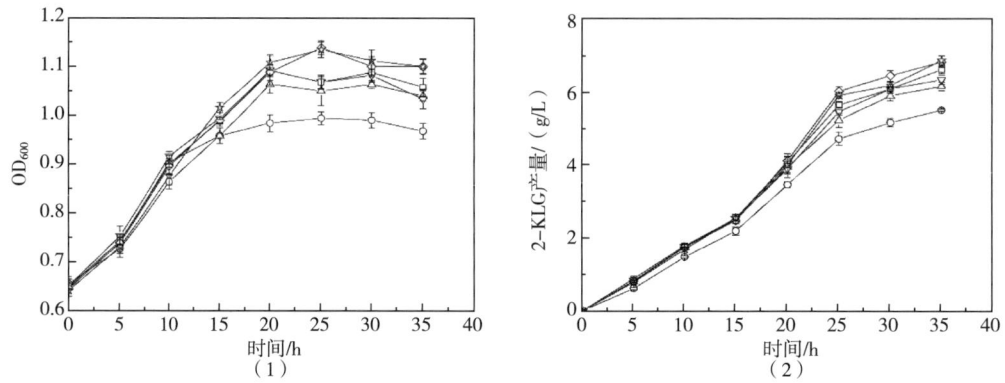

图 4-36 添加乙醛酸对 K. vulgare 单菌生长与产 2-KLG 的影响
（1）菌体生物量；（2）2-KLG 产量
○—对照（不添加）；△—添加 0.1g/L 乙醛酸；▽—添加 0.2g/L 乙醛酸；
□—0.3g/L 乙醛酸；◇—添加 0.4g/L 乙醛酸；☆—添加 0.5g/L 乙醛酸

表 4-30　　添加乙醛酸对 K. vulgare 单菌发酵产 2-KLG 的影响

| 添加物质 | 细胞生长量 $OD_{600}$ | 生长量增量/% | 产量/（g/L） | 产量增量/% | 转化率/（mol/mol） | 生产强度/［g/（L·h）］ |
| --- | --- | --- | --- | --- | --- | --- |
| 对照（0g/L） | 0.31 | — | 5.52 | — | 0.61 | 0.16 |
| 0.1g/L 乙醛酸 | 0.39 | 25.0 | 6.19 | 12.1 | 0.68 | 0.18 |
| 0.2g/L 乙醛酸 | 0.38 | 22.4 | 6.37 | 15.4 | 0.67 | 0.18 |
| 0.3g/L 乙醛酸 | 0.41 | 30.8 | 6.65 | 20.4 | 0.69 | 0.19 |
| 0.4g/L 乙醛酸 | 0.45 | 45.5 | 6.86 | 24.3 | 0.71 | 0.20 |
| 0.5g/L 乙醛酸 | 0.46 | 46.8 | 6.90 | 25.0 | 0.71 | 0.20 |

**2. 添加关键营养物质对混菌发酵的影响**

现代维生素 C 发酵的工业生产均使用混菌系统，尝试向混菌中添加巯基化合物以提升 2-KLG 生产强度。如图 4-37 所示，摇瓶中添加 0.4g/L L-半胱氨酸和 1g/L 谷胱甘肽对 2-KLG 产量没有太大影响，但与未添加物质的对照组相比，平稳期（48h）混菌菌体浓度分别提高了 20.9% 和 36.3%；2-KLG 生产强度［0.92g/（L·h）］分别提高了 16.3% 和 30.4%。

将摇瓶实验中对混菌发酵促进效果明显的谷胱甘肽在 5L 发酵罐上做放大实验，结果如图 4-38 和表 4-31 所示，添加 1g/L 谷胱甘肽时 2-KLG 产量相比未添加的对照组没有太大变化，但发酵周期由 48h 缩短到 40h，缩短了 20.0%；相应的 2-KLG 生产强度由 1.39g/

# 第四章
## 系统生物学在维生素 C 发酵中的应用

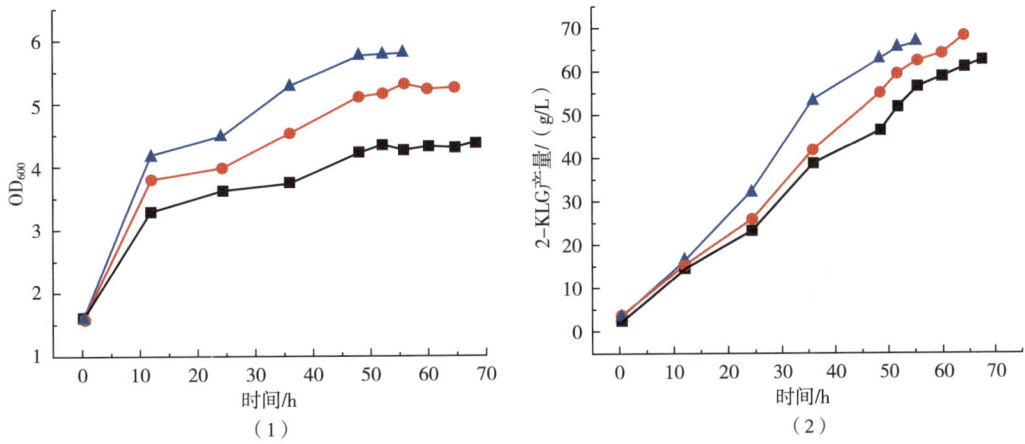

图 4-37 摇瓶分批发酵添加巯基化合物对混菌生长与产 2-KLG 的影响
■ 对照； ● 添加 L-半胱氨酸； ▲ 添加谷胱甘肽

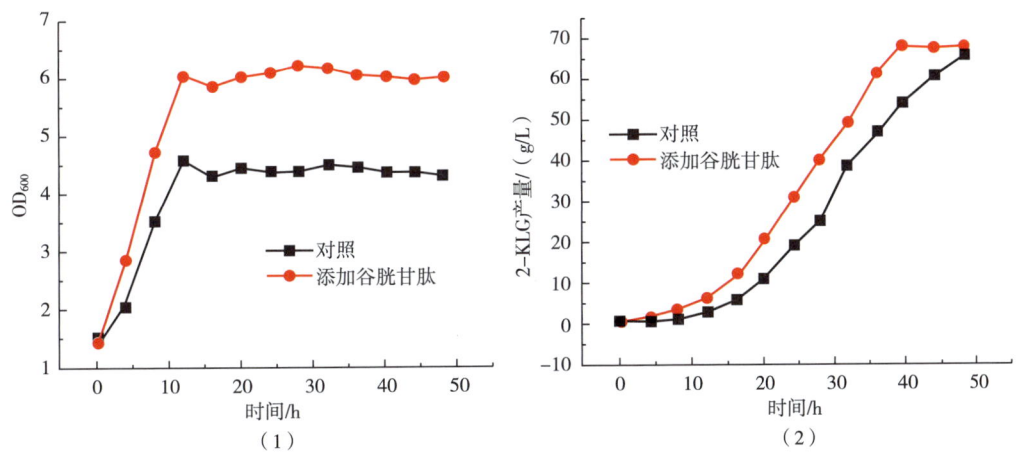

图 4-38 发酵罐上添加还原型谷胱甘肽对 2-KLG 发酵的影响

表 4-31 发酵罐（5L）中添加还原型谷胱甘肽对 2-KLG 发酵参数的影响

| 发酵参数 | 分批培养 | |
| --- | --- | --- |
| | 对照 | GSH |
| 发酵周期/h | 48 | 40 |
| 发酵最终 $OD_{660}$ | 4.49±0.25 | 6.15±0.23 |
| L-山梨糖总消耗/（g/L） | 69.30±2.5 | 69.43±3.0 |
| 2-KLG 产量/（g/L） | 66.80±2.0 | 67.33±2.1 |
| 2-KLG 生产强度/［g/（L·h）］ | 1.39±0.04 | 1.68±0.05 |
| L-山梨糖消耗速率/［g/（L·h）］ | 1.44±0.05 | 1.73±0.07 |
| 糖酸转化率/（g/g） | 0.96±0.01 | 0.97±0.02 |

(L·h) 提高到 1.68g/ (L·h)，提高了 20.9%。由于 2-KLG 合成速率与发酵中的底物浓度无关，而与菌体浓度成正比，所以添加 L-半胱氨酸和 GSH 对混菌发酵的促进作用相似，主要都是通过提高菌体浓度而提升 2-KLG 合成速率。另一方面，谷胱甘肽具有保护细胞抵抗氧胁迫、酸胁迫和渗透压胁迫的能力，而这些因素对混菌 2-KLG 发酵有着极其重要的影响。所以，谷胱甘肽对混菌的作用是全方面的，其他具体的作用机制还需要将来更深入地研究。

进一步考察了在玉米浆发酵培养基中添加乙醛酸对混菌生长与产酸的影响，结果如图 4-39 所示。乙醛酸添加量为 0.1、0.2、0.3、0.4 与 0.5g/L 时，混菌生长量（$OD_{600}$）分别为 3.76、4.17、4.37、4.31 与 4.44，比对照组（3.33）分别提高了 12.9%、25.2%、31.2%、29.4% 与 33.3%；产酸量分别为 68.8、70.2、70.8、71.2 与 70.7g/L，比对照组（67.3g/L）分别提高了 2.2%、4.3%、5.2%、5.8% 与 5.1%；乙醛酸添加量为 0.4g/L 或 0.5g/L 时，2-KLG 生产强度最大 [1.11g/ (L·h)]，比对照组 [1.05g/ (L·h)] 提高了 5.7%，表明乙醛酸对混菌生长与产酸也具有促进作用（表 4-32）。

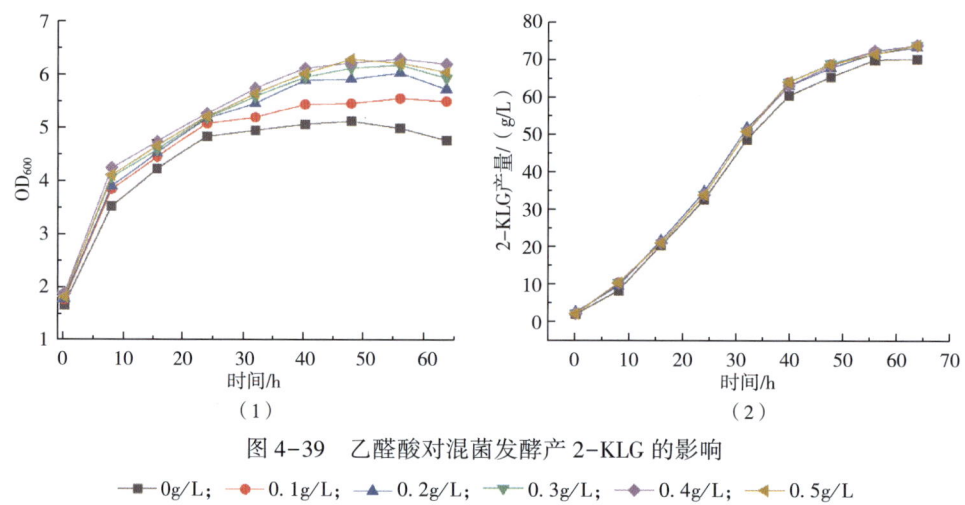

图 4-39 乙醛酸对混菌发酵产 2-KLG 的影响
—■— 0g/L； —●— 0.1g/L； —▲— 0.2g/L； —▼— 0.3g/L； —◆— 0.4g/L； —◀— 0.5g/L

表 4-32　　　　　　　　添加乙醛酸对混菌发酵产 2-KLG 的影响

| 添加乙醛酸 | $OD_{600}$ | 产量/ (g/L) | 转化率/ (mol/mol) | 生产强度/ [g/ (L·h)] |
| --- | --- | --- | --- | --- |
| 0g/L（对照） | 3.33 | 67.3 | 0.946 | 1.05 |
| 0.1g/L | 3.76 | 68.8 | 0.956 | 1.08 |
| 0.2g/L | 4.17 | 70.2 | 0.953 | 1.10 |
| 0.3g/L | 4.37 | 70.8 | 0.974 | 1.11 |
| 0.4g/L | 4.31 | 71.2 | 0.931 | 1.11 |
| 0.5g/L | 4.44 | 70.7 | 0.965 | 1.11 |

## 三、基于 GSMMs 评价山梨糖对 *B. megaterium* 裂解形成芽孢的影响

*B. megaterium* WSH-002 基因组中含有许多与芽孢形成和萌发相关的基因,其中与芽孢形成相关的基因 59 个,与芽孢萌发相关的基因 39 个。在芽孢形成相关基因中含有芽孢萌发阶段 Ⅱ、Ⅲ、Ⅳ、Ⅴ 和 Ⅵ 的编码基因、促进芽孢形成的组氨酸激酶活化蛋白和导致细胞进行不对称分裂的 Spo0A 和 Spo0B 编码基因。其中,与芽孢萌发相关的基因主要有:L-丙氨酸响应蛋白和水解酶基因的编码基因及其他与 29 个芽孢萌发相关的基因。

*B. megaterium* WSH-002 的代谢网络模型 *i*MZ1055 显示 *B. megaterium* 中缺乏 L-山梨糖分解代谢途径,即 *B. megaterium* 不能利用山梨糖作为碳源。如图 4-40 所示,用含有山梨糖的种子培养基单独培养 *B. megaterium* 时,培养 42h 还有大量菌体尚未裂解;用不含山梨糖的种子培养基培养 *B. megaterium* 时,培养 15h 即形成芽孢,21h 几乎完全裂解,释放大

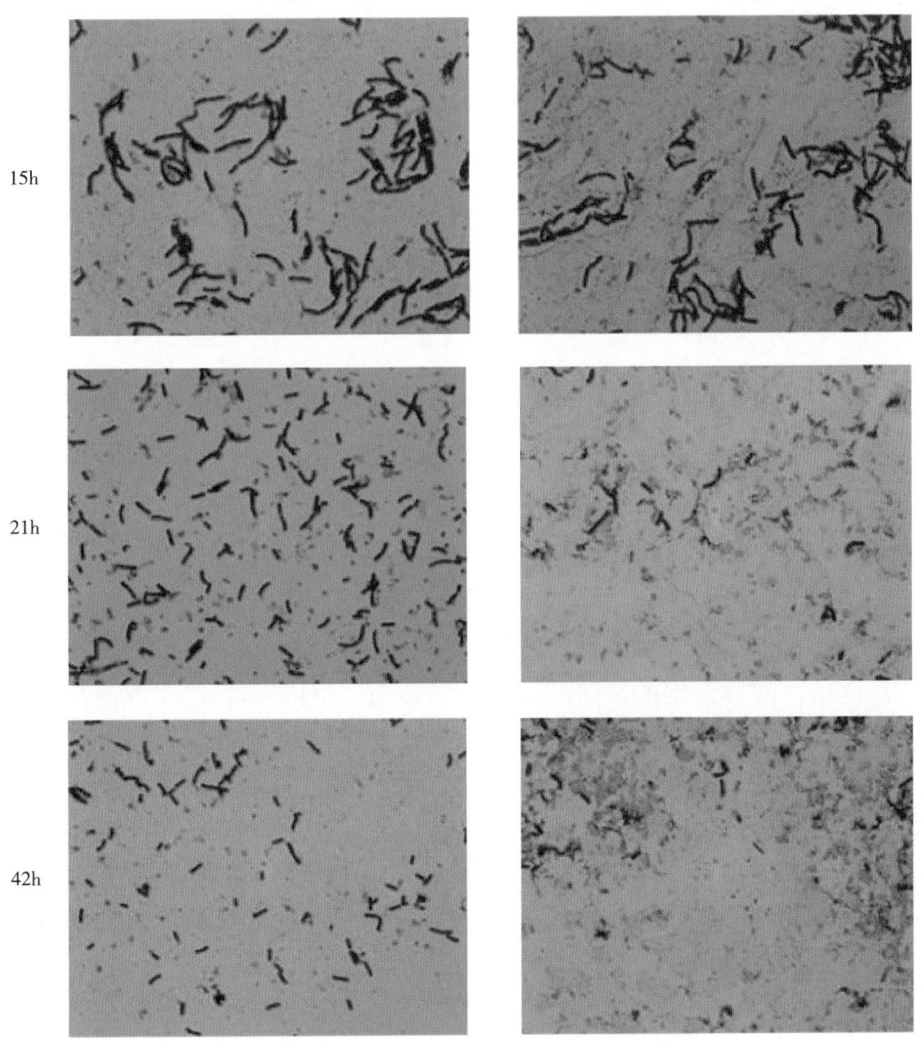

图 4-40 山梨糖对 *B. megaterium* 芽孢形成的影响

量芽孢。这表明山梨糖能够影响 B. megaterium 的芽孢形成过程。

进一步测定了山梨糖浓度对 B. megaterium 生长与芽孢形成率的影响，结果如图 4-41 所示。培养基中山梨糖含量为 0、5、10、15 与 20g/L 时，最大生长量（$OD_{600}$）分别为 12.0、11.3、10.8、10.7 与 10.7，即山梨糖不能促进 B. megaterium 的生长。这与模型 iMZ1055 所预测的 B. megaterium 不能代谢山梨糖相符。培养基中山梨糖含量为 0、5、10、15 与 20g/L 时，42h 芽孢形成率分别为 96.0%、52.4%、7.0%、7.6% 与 7.0%，即随着山梨糖浓度的增大，芽孢形成率有减小的趋势。因此推测山梨糖影响 B. megaterium 芽孢形成的机理可能是 B. megaterium 能够感应到胞外含有大量碳源，抑制了芽孢的形成。

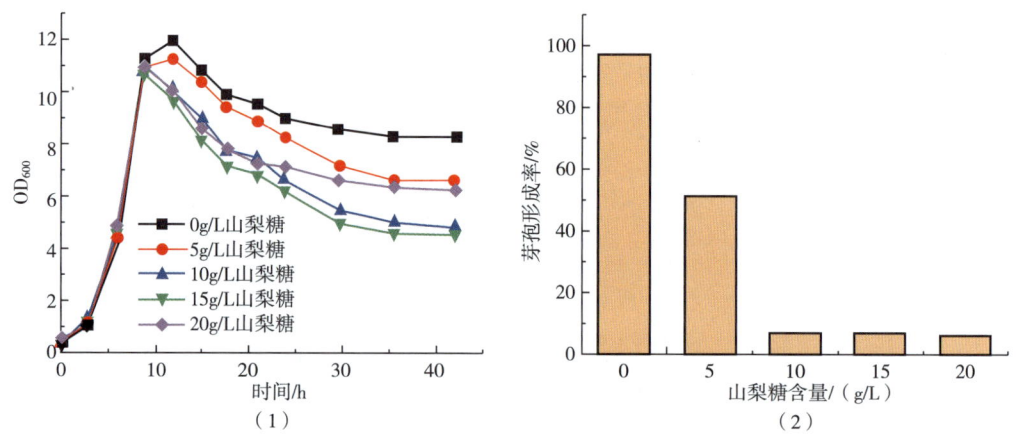

图 4-41　山梨糖对 B. megaterium 生长与芽孢形成率的影响

为了验证以上推测，根据模型 iMZ1055 预测 B. megaterium 可以利用葡萄糖作为碳源，进一步研究了葡萄糖对 B. megaterium 生长与芽孢形成的影响。培养基中起始葡萄糖质量浓度为 0、5、10、15 与 20g/L 时，B. megaterium 最大生长量（$OD_{600}$）分别为 11.7、21.4、34.3、40.1 与 52.7 [图 4-42（1）]，与不加葡萄糖相比分别增加了 82.9%、193%、243% 与 350%，证实葡萄糖可以被 B. megaterium 代谢释放能量以维持其生长与增殖。随着细胞的增殖，葡萄糖被消耗 [图 4-42（2）]，营养物质的匮乏导致芽孢快速形成。随着葡萄糖浓度的增大，芽孢形成时间推后，表明胞外碳源的存在会延缓 B. megaterium 芽孢形成。这与 B. megaterium 芽孢形成机理研究结果相符。但实验组都在葡萄糖消耗殆尽时快速形成芽孢，且芽孢形成率与不含糖的对照组一致 [图 4-42（3）]。这表明山梨糖延缓 B. megaterium 形成芽孢的原因在于山梨糖的不可代谢性，即山梨糖不能被 B. megaterium 代谢，抑制芽孢形成的压力持续存在，最终延缓芽孢的形成。

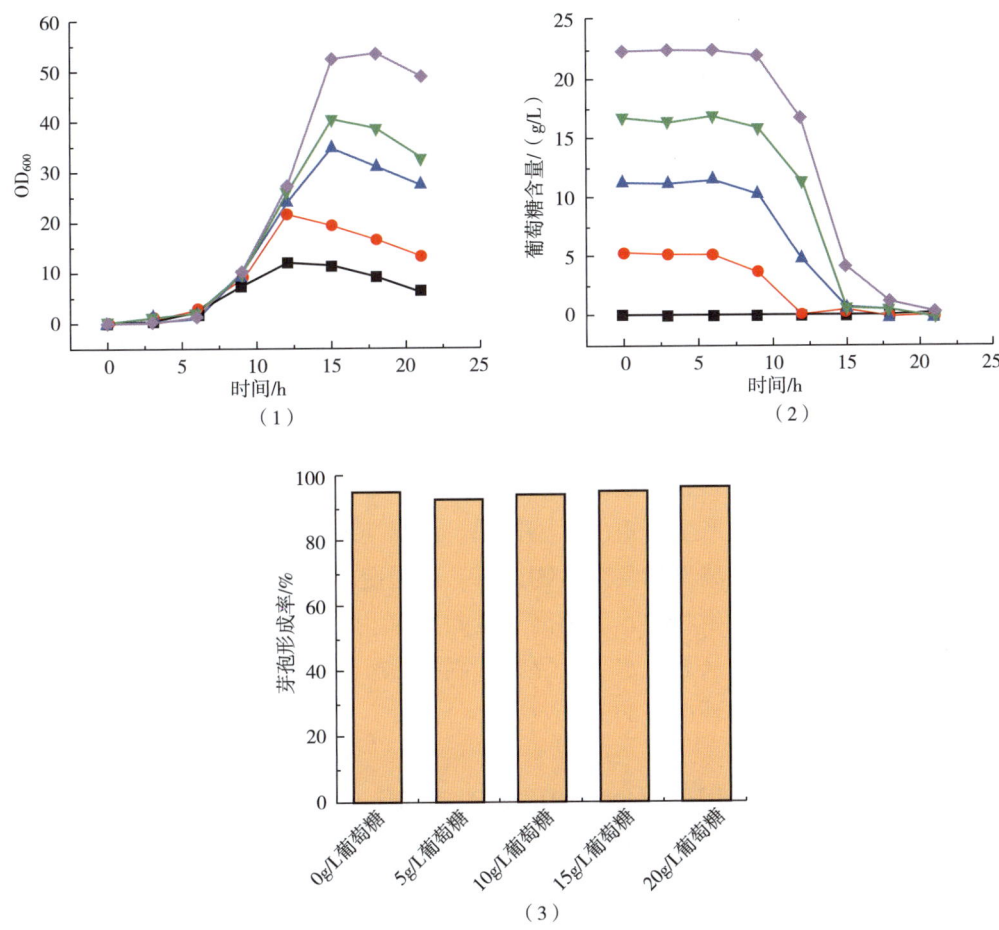

图 4-42　葡萄糖对 *B. megaterium* 生长与芽孢形成率的影响
── 0g/L 葡萄糖；── 5g/L 葡萄糖；── 10g/L 葡萄糖；── 15g/L 葡萄糖；── 20g/L 葡萄糖

# 参考文献

[1] 陈克杰. 基于生理特性解析的 2-酮基-L-古龙酸发酵工艺研究 [D]. 无锡：江南大学，2010.

[2] 周冒达. 巨大芽孢杆菌 WSH-002 全基因组规模代谢网络模型的构建与分析 [D]. 无锡：江南大学，2012.

[3] 樊世存. 维生素 C 生产菌株生理功能解析与发酵优化 [D]. 无锡：江南大学，2014.

[4] 邹伟. 系统生物学水平解析维生素 C 生产菌株生理特性与相互作用关系 [D]. 无锡：江南大学，2013.

[5] 张静. 基于生化策略与组学技术的维生素 C 生产菌株间生理关系解析 [D]. 无锡：江南大学，2010.

# 第五章 系统生物学在燃料乙醇发酵中的应用

伴随着化石能源带来的环境污染和能源短缺问题，纤维素乙醇成为最有潜力的化石能源的替代品。利用酿酒酵母发酵生产燃料乙醇，能缓解原油短缺矛盾，是制造可再生能源的一项重要战略。纤维素乙醇的生产工艺复杂，纤维素预处理是纤维素乙醇生产流程中的必需步骤。但是预处理过程中会不可避免产生一些副产物（如呋喃类、弱酸类、酚类等），其中糠醛和乙酸是抑制剂中呋喃类和弱酸类的最典型代表。这些副产物对后续的酿酒酵母细胞生长以及乙醇发酵都有非常严重的抑制作用。另一方面，乙醇作为终产物在发酵过程中的逐渐积累对酿酒酵母也产生严重的毒害作用。由于抑制剂和乙醇对酵母的影响都具有多靶点、多水平的特点，是典型的复杂生物体系，这为使用从整体上进行全面分析的系统生物技术提供了契机。系统生物技术利用高通量的技术手段，可以定量从多个水平分析抑制剂和乙醇对酵母的影响，从系统水平上寻找抑制酿酒酵母发酵的关键靶点，增加发酵微生物的抗逆性和在这些胁迫环境下的生产效率。

## 第一节 单双倍体酵母对乙醇耐受性的组学研究

乙醇是酵母发酵的终产物，对酵母细胞有多方面的抑制作用，随着发酵的进行乙醇浓度逐渐增加，对细胞的毒害作用也越来越大，这是降低乙醇生产速率的主要原因。乙醇对细胞的氨基酸和葡萄糖等物质的运输系统有负面作用，对糖酵解等碳代谢途径中的关键酶有抑制作用；可以改变细胞膜对离子的选择性通过性，增加细胞膜的通透性，还会导致细胞内产生氧化损伤等。酿酒酵母对乙醇耐受性的研究有助于揭示乙醇耐受相关的基因及其耐受机理，最终实现提高乙醇生产速率的目的。乙醇对细胞的毒害作用是多方面多位点的，且缺少分子水平的阐释，增加了理性设计构建乙醇耐受菌株的难度。通过驯化可得到一株乙醇耐受菌株（CGMCC 2758），对减数分裂后的该菌株进行微分操作，得到了两株来自同一酵母细胞的孢子。这三个菌株间的乙醇耐受性有明显差异，二倍体（2758）对乙醇耐受性明显高于两株单倍体（2758-1 和 2758-2）。研究具有相似遗传背景和不同乙醇耐受性的单倍体和二倍体酵母的差异表现和差异基因，可以从系统水平上为乙醇耐受机理的揭示提供新的数据和依据。

### 一、单双倍体酵母细胞对乙醇响应的转录组学分析

利用酵母全基因组表达谱芯片对二倍体（2758）和两株单倍体（2758-1 和 2758-2）在不同乙醇浓度下的指数生长期的全基因组表达进行了检测，以表达倍数变化范围大于 2

倍为标准，挑选出 1077 个差异基因。根据这些差异基因在 3 个菌株中不同乙醇浓度下的表达型差异，将这些差异基因分为 3 类，如图 5-1 所示，在 A 组里的所有基因表达量呈上调的趋势，尤其是在高乙醇浓度下，其上调趋势更为显著；而在低浓度的乙醇存在下，单倍体基因的转录水平的变化明显要比二倍体菌株强，这与单倍体菌株比二倍体菌株对乙醇敏感相一致。根据两个单倍体菌株对低浓度乙醇的响应可以分为两个亚组：A1 组的基因的转录水平在 α 型单倍体中高于在 a 型单倍体中的水平；而 A2 组的基因转录水平的变化趋势则和 A1 组相反。在 B 组里所有基因在乙醇存在条件下三株菌均表现出表达下调趋势。在 C 组中，所有基因在三个菌株中的表达有差异，但与乙醇的存在与否以及浓度高低没有明显的关系。C 组内的基因根据其基因表达型的差异又可以分为 3 小类。C1 组基因的转录在二倍体菌株中被显著抑制，功能聚类分析表明这个亚组的基因主要参与外激素的响应和配子配对功能。C2 组的基因在单倍体 2758-2 菌株中的转录水平明显高于其他两菌。功能聚类分析发现，胁迫响应和能量代谢是这组基因参与的主要功能。C3 组里的基因在二倍体中的转录水平明显高于两个单倍体，这些基因主要参与的功能有：电子传递、金属离子的转运和代谢以及细胞壁合成等（表 5-1）。与金属离子转运相关的基因主要参与铜离子转运（*CCC2* 和 *CTR3*）和砷离子转运（*ARR3*）。另外，*ARR2* 编码与砷酸盐耐受密切相关的砷酸盐还原酶，在单倍体中有若干个与细胞壁相关的基因的转录明显低于二倍体，如 *CTS1*、*DSE1*、*DSE2*、*MTL1* 和 *SCW11*。

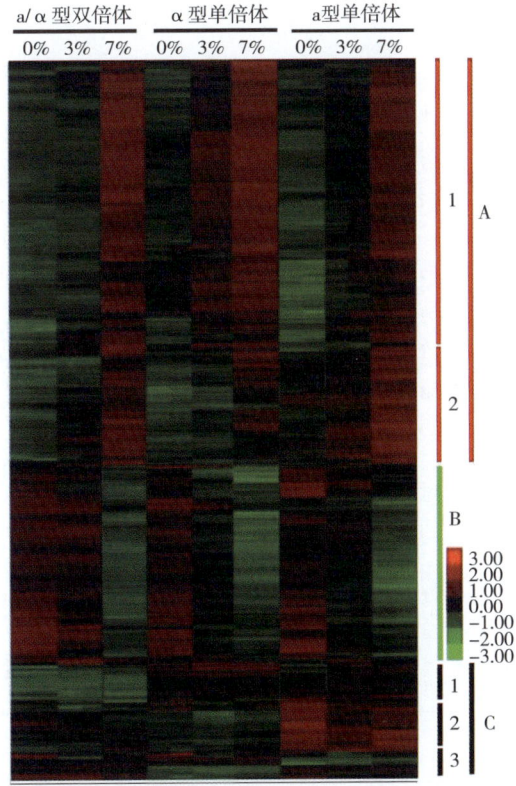

图 5-1　单双倍体酵母在乙醇存在下的差异表达基因聚类

表 5-1　　　　　　　　　　　　单倍体中低表达基因列表

| ID | 符号 | 基因名称 |
|---|---|---|
| 细胞壁 | | |
| YLR286C | CTS1 | 内切几丁质酶 |
| YER124C | DSE1 | 子细胞特异性蛋白 |
| YHR143W | DSE2 | 子细胞特异性分泌蛋白（类葡聚糖酶） |
| YGR023W | MTL1 | 类 Mid2p 蛋白 |
| YGL028C | SCW11 | 细胞壁蛋白（类葡聚糖酶） |
| 完整膜蛋白 | | |
| YAR033W | MST28 | 假定完整膜蛋白 |
| YAR027W | UIP3 | 假定完整膜蛋白 |
| YGL051W | MST27 | 假定完整膜蛋白 |
| YAR028W | — | 假定完整膜蛋白 |
| YHL044W | — | 假定完整膜蛋白 |
| 金属离子转运和代谢 | | |
| YPR200C | ARR2 | 用于抵抗砷酸的还原蛋白 |
| YPR201W | ARR3 | 砷酸转运蛋白 |
| YDR270W | CCC2 | 铜转运 ATPase |
| YLR411W | CTR3 | 高亲和性铜转运质膜蛋白 |
| 电子传递 | | |
| YJR048W | CYC1 | 细胞色素 c |
| YEL039C | CYC7 | 细胞色素 c |
| TGR008C | STF2 | 调节线粒体 F1F0-ATP 合成酶 |
| 尿囊素降解 | | |
| YIR031C | DAL7 | 苹果酸合成酶 |
| YIR027C | DAL1 | 尿囊素酶 |
| YIR030C | DCG1 | 未知功能蛋白 |

在乙醇存在下，603 个基因的转录水平在三个菌株中均明显上调，其中转录功能和翻译功能都是非常显著的功能，$P$ 值分别达到 $3.78 \times 10^{-8}$ 和 $1.13 \times 10^{-52}$；尽管和翻译相关的

基因的转录水平上调，但细胞的生长却没有被促进。有 73 个与核糖体生物合成相关基因的表达被显著上调，核糖体合成功能的 $P$ 值达到 $2.35\times10^{-13}$。此外，与脂类和脂肪酸合成相关的功能基因也在显著上调的基因中，例如，*FAA1* 和 *FAA3* 编码长链脂肪酸乙酰辅酶 A 合成酶，说明在乙醇存在下，脂类中长链脂肪酸的含量提高了。*DAN1* 和 *SUT1* 分别编码固醇摄取的潜在因子和转录因子，在基因转录水平上都表现为被乙醇所诱导，从而增加酿酒酵母对麦角固醇的摄取，与提高酿酒酵母耐受性有重要意义。在二倍体 2758 菌株和单倍体 2758-2 菌株中 *DAN1* 和 *SUT1* 表达的上调显著，而在单倍体 2758-1 菌株中的表达上调不明显，与该菌株的乙醇耐受性较差相一致。*INO2* 和 *INO4* 基因编码的蛋白质形成二聚体形式的 Ino2p/Ino4p，该二聚体是一个转录激活子，参与到上调磷脂合成相关基因的表达方面。另外，*INO1* 和 *ONM1* 两个基因编码肌醇合成相关的酶，肌醇合成上调可以明显增加菌株的乙醇耐受性。从上调的转录组分析可得，为了更好地适应乙醇胁迫环境，酵母细胞对磷脂合成系统调控相关的基因的转录进行了调控，主要包括：肌醇合成相关基因、固醇摄取相关基因和与长链脂肪酸的磷脂合成相关的基因，这些结果表明细胞膜在细胞应对乙醇胁迫中有重要的作用。

在乙醇存在下，参与三种芳香族氨基酸（酪氨酸、色氨酸和苯丙氨酸）合成的基因的转录被显著抑制，见图 5-2，这三种氨基酸共享一个合成途径，该途径中多数基因（*TRP2/3*、*TRP4*、*TRP5*、*ARO2*、*ARO3*、*ARO9* 等）的转录都显著下调。甲硫氨酸生物合成途径中涉及很多与硫同化相关的基因，以及一些甲硫氨酸其他合成途径的基因的转录也受到了抑制，如 *STR3*、*HOM3*、*SAM4* 和 *MET2*（图 5-3）。此外，丝氨酸和碱性氨基酸合成相关的基因也被显著抑制（图 5-4）。细胞内氨基酸的生物合成需要大量的能量，尤其是甲硫氨酸和芳香族氨基酸合成更是高能耗过程。酵母对同一个代谢途径的多个步骤进行严格调控，这可以帮助细胞节约不必要的能量消耗。另外，磷脂的合成也是一个非常耗能的过程，而酵母为了应对乙醇胁迫需要增加磷脂的合成。因此，氨基酸合成下调和磷脂合成上调（尤其是含长链脂肪酸的磷脂合成）应该是酵母细胞应对乙醇胁迫的一种有效的协同调节。

在乙醇的存在下，除了氨基酸合成相关基因的表达下调，嘌呤合成途径中的每一步所需的酶对应的基因的转录都被明显抑制（图 5-5）。对嘌呤合成途径的显著抑制可能是乙醇抑制细胞生长的原因之一。嘌呤的合成和氨基酸合成联系密切，而且该途径和组氨酸合成有相同的中间代谢物（5-氨基咪唑-4-羧酰胺核糖苷，AICAR），组氨酸合成的下调和嘌呤合成的下调体现出细胞转录水平调控的协调性。

在乙醇存在下，叶酸和生物素的合成被显著下调，如图 5-6 所示，*BIO3* 和 *BIO4* 编码生物素合成中的合成酶，*BIO5* 则编码一个负责生物素合成前体摄取的跨膜蛋白。生物素是一些催化 $CO_2$ 转移的酶的辅因子，主要参与脂肪酸和糖类代谢中的羧化作用、脱羧作用和转羧基作用等。参与四氢叶酸转化的基因的转录也被显著抑制，见图 5-7。四氢叶酸是叶酸在生物体内的活性形式，参与一碳单位的转移。酵母细胞在合成多种必需组分时都需要四氢叶酸的参与，比如嘌呤合成、甲硫氨酸合成和胸腺嘧啶合成等。

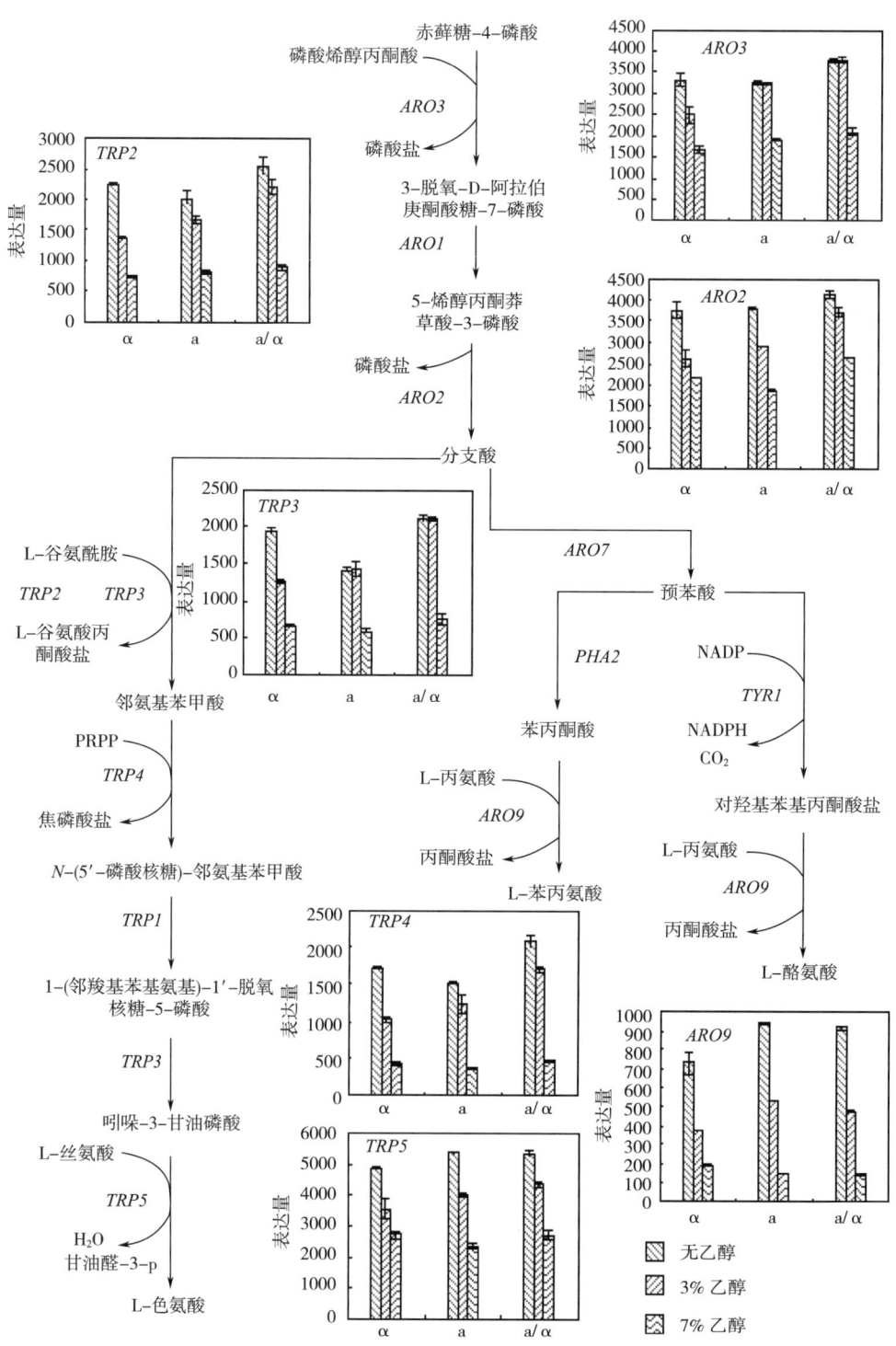

图 5-2 单双倍体酵母在乙醇存在下三种芳香族氨基酸合成途径相关基因的转录变化

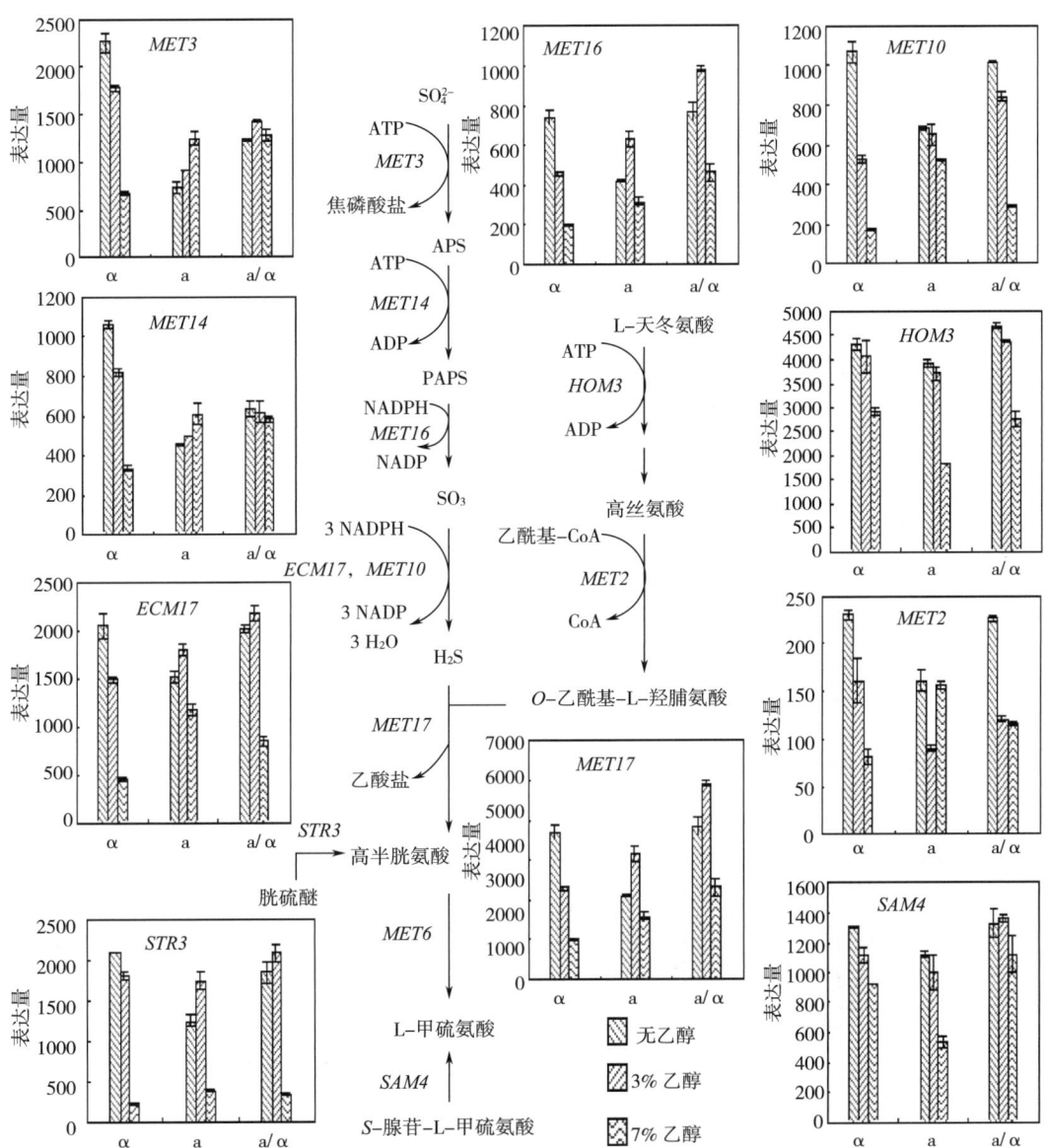

图 5-3 单双倍体酵母在乙醇存在下甲硫氨酸合成途径相关基因的转录变化

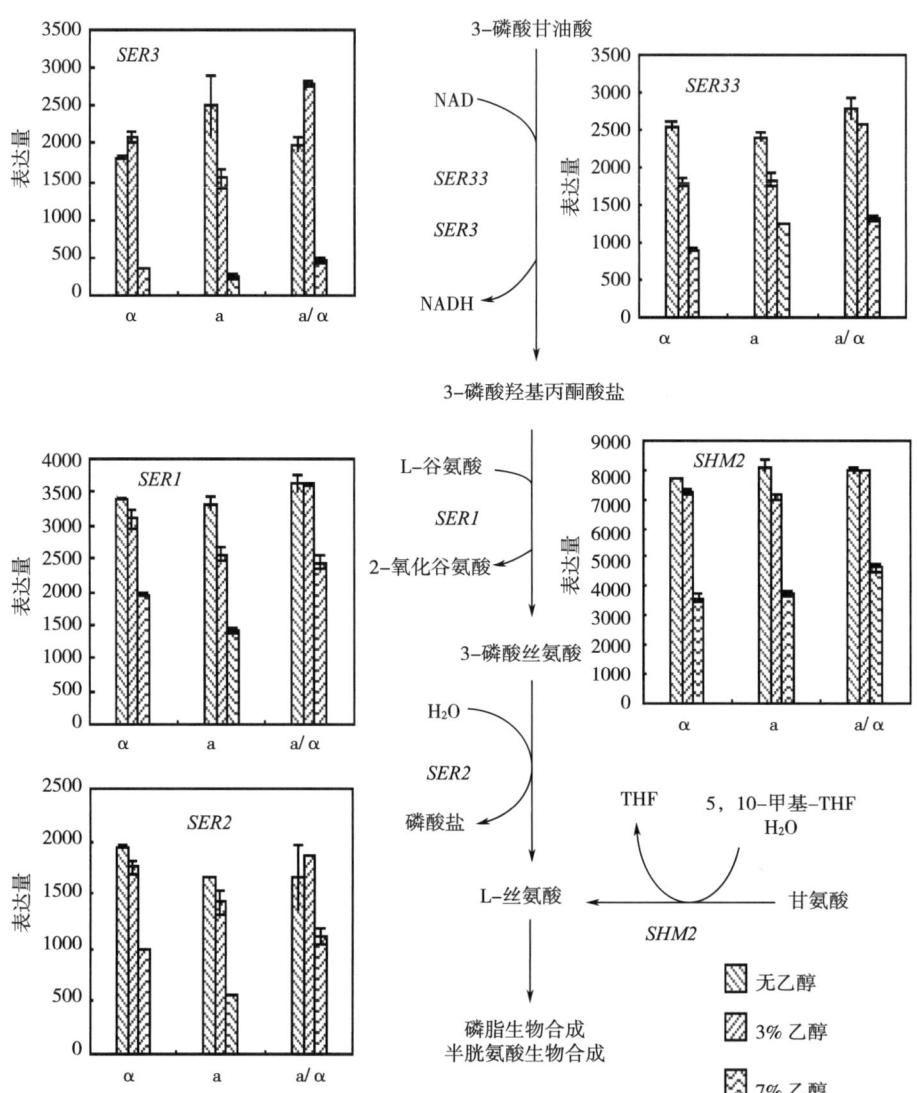

图 5-4 单双倍体酵母在乙醇存在下丝氨酸合成途径相关基因的转录变化

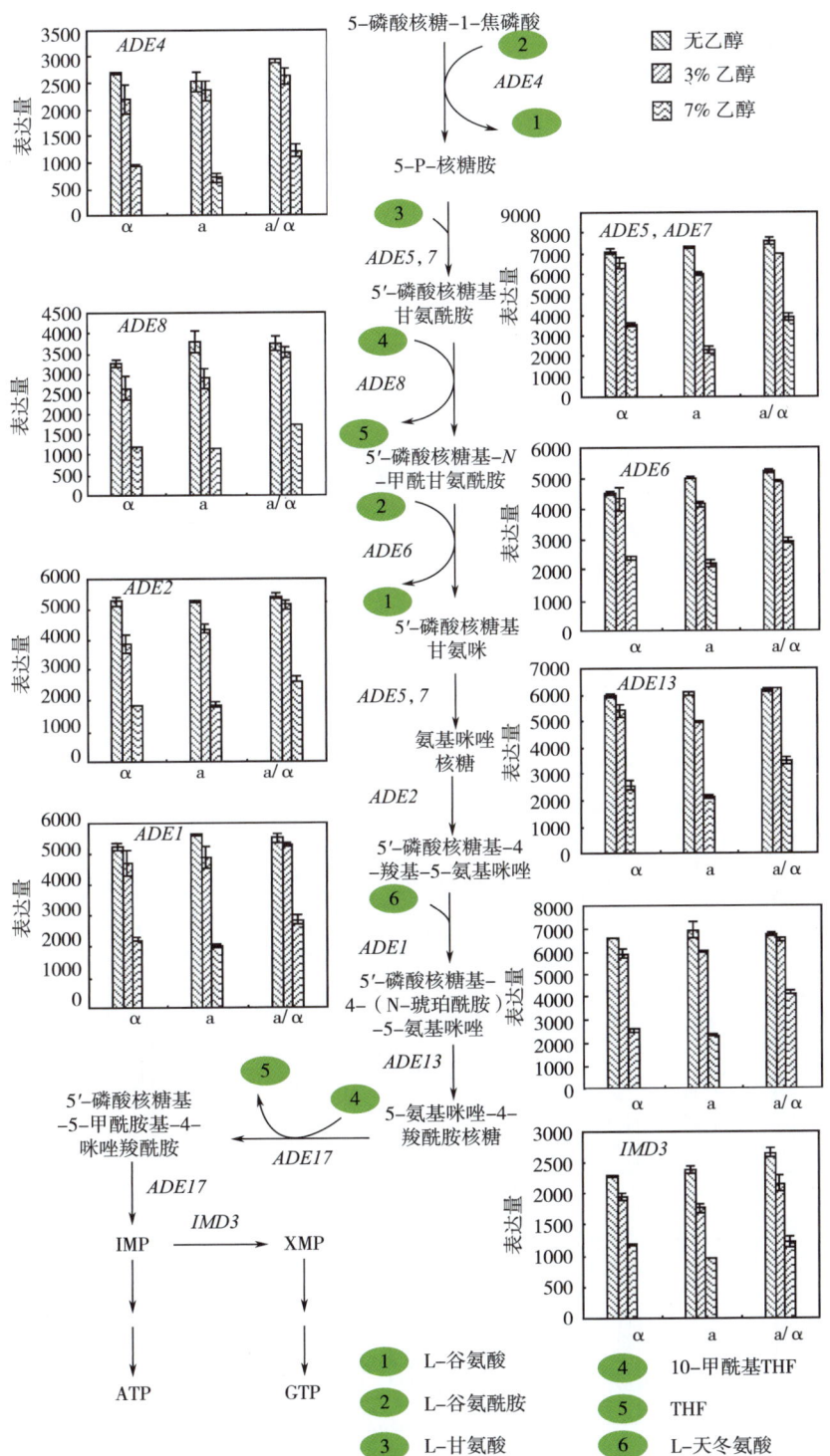

图 5-5 单双倍体酵母在乙醇存在下嘌呤合成途径相关基因的转录变化

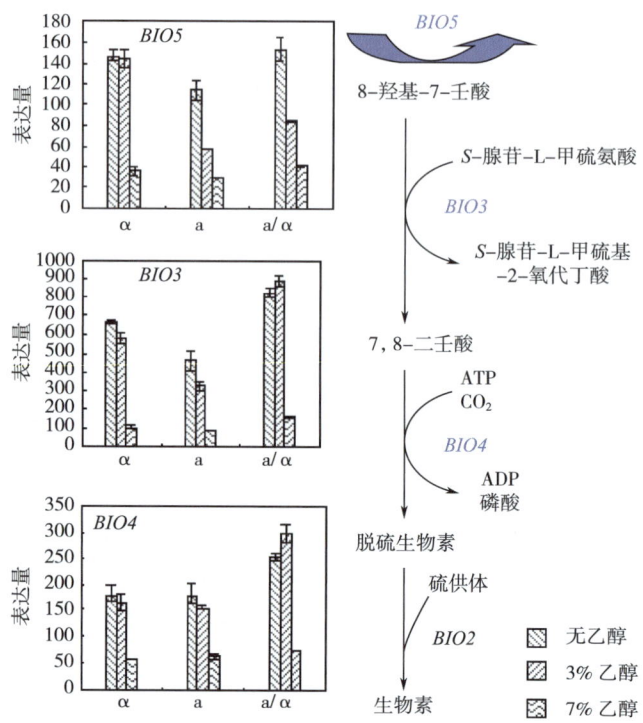

图 5-6 单双倍体酵母在乙醇存在下生物素合成途径相关基因的转录变化

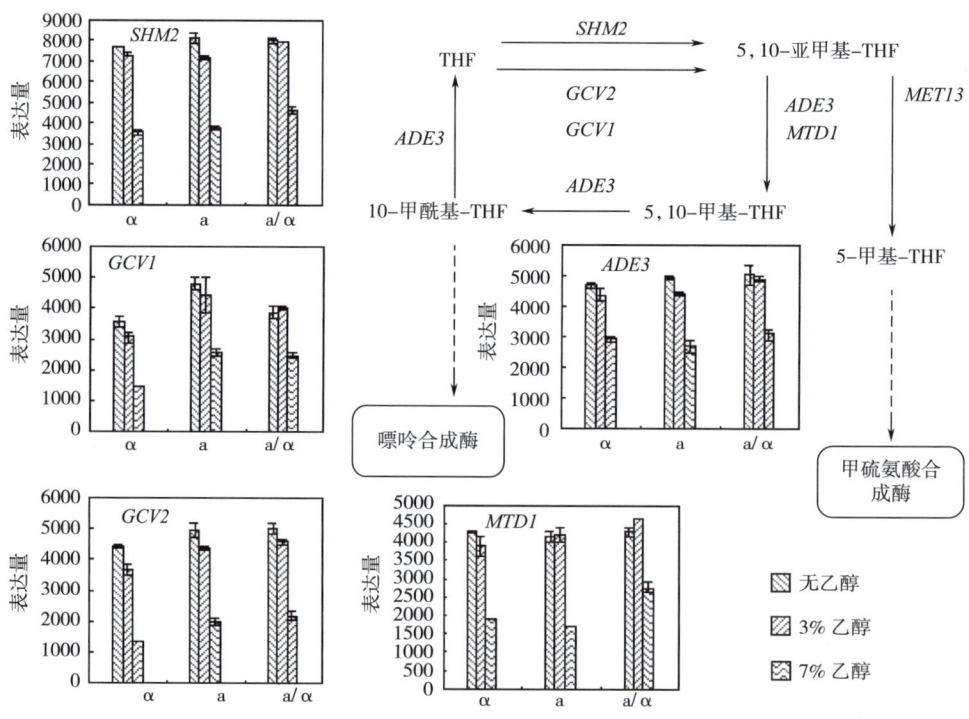

图 5-7 单双倍体酵母在乙醇存在下叶酸代谢途径相关基因的转录变化

## 二、单双倍体酵母细胞对乙醇响应的代谢物组学分析

气相色谱-飞行时间质谱（GC-TOF/MS）技术是一种高通量的手段，图 5-8 所示的单双倍体总离子流色谱的结果显示，检测了 130 多种胞内代谢产物。检测到的代谢物主要包括氨基酸、有机酸、多羟基化合物、磷酸化产物和糖类等，其中有些代谢物的变化很大，这显示了单双倍体菌株在代谢物组水平上的显著差异。

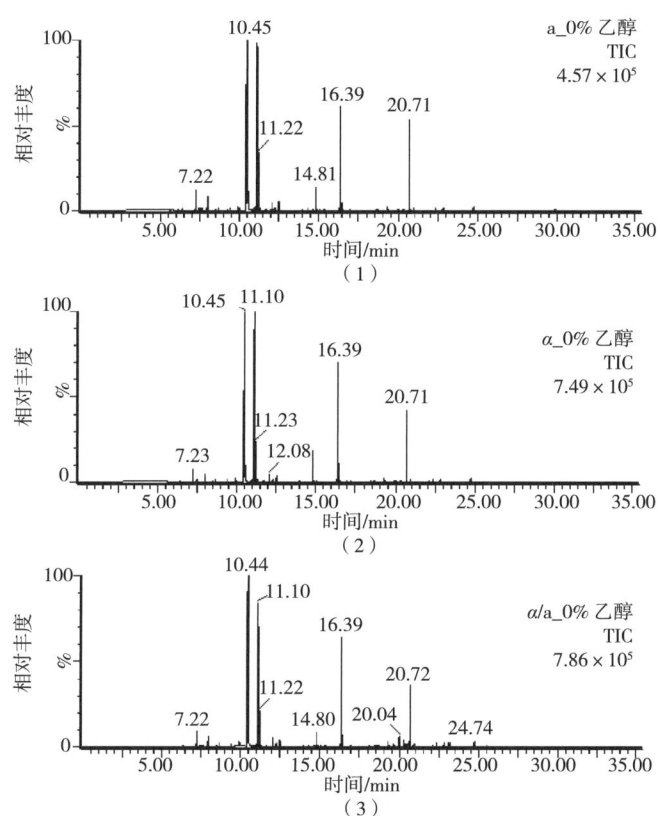

图 5-8　a 型单倍体（1）、α 型单倍体（2）和二倍体（3）酵母的总离子流色谱图

代谢组分析可以从代谢物延伸到特定代谢路径分析，定量研究三个菌株在特定代谢路径中的差异，发现乙醇对酵母的中心碳氮代谢的影响主要依赖于染色体倍数，单双倍体可能有不同的响应机制来应对乙醇胁迫。与单倍体相比，二倍体酵母的生长速度和糖消耗速度受乙醇影响较小［图 5-9（1）］，在乙醇存在下表现出较好的代谢活性，这表明二倍体酵母有较高的乙醇耐受性。在二倍体菌株中，糖酵解途径和 TCA 循环中代谢中间物的变化更为显著，表明二倍体中心碳代谢途径对乙醇有更大响应。这种响应在低乙醇含量[1]（3%）时并不明显，而当乙醇浓度为 7% 的情况下，中心碳代谢中间物（例如 6-磷酸葡萄糖、丙酮酸、琥珀酸）的差异显著，7% 的乙醇浓度给酿酒酵母的初级代谢形成了明显胁迫。与此同时乙醇的存在会导致细胞提高能量消耗，二倍体细胞在乙醇存在时糖代谢中间物

---

[1] 以百分数表示的乙醇含量，均指乙醇的体积分数，全书同。

及柠檬酸含量较高,表明二倍体细胞在乙醇存在时对能量的需求低于单倍体细胞(图5-9)。

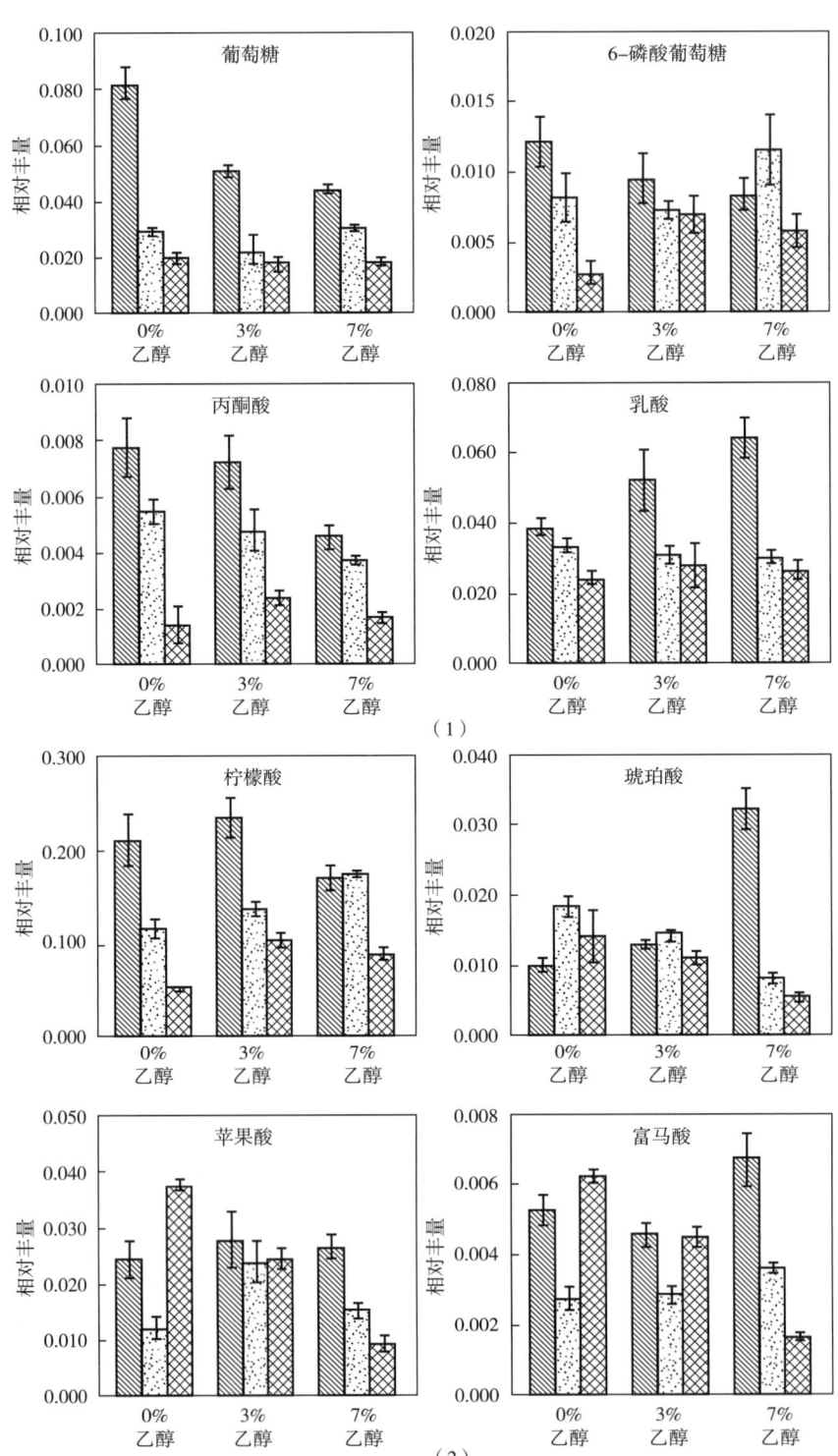

图5-9 单双倍体酵母在不同乙醇浓度下的糖酵解途径(相对含量是指用标准品标准化后的各个代谢物的峰面积)
(1)和三羧酸途径;(2)中间代谢物的差异
α/a;α;a

对于氨基酸代谢，二倍体酵母中较高的总氨基酸含量和单一氨基酸含量变化，显示二倍体酵母的氮代谢比单倍体酵母活跃（图5-10）。其中a型单倍体（2758-2）的代谢活性最低，这与其最低的生长和发酵速率相吻合。具体来看，缬氨酸和丙氨酸主要由丙酮酸衍生产生，二倍体酵母中缬氨酸和丙氨酸含量较高，表明其胞内以丙酮酸为分支点的代谢通路的活性较高。5-氧脯氨酸可用来检测谷胱甘肽代谢通路的活性，二倍体酵母中较高的5-氧脯氨酸含量表明，二倍体内谷胱甘肽代谢活性高于单倍体。单倍体酵母中较高的天冬酰胺含量，则说明单倍体更需要通过氮的转运和贮藏来提高乙醇的耐受性。

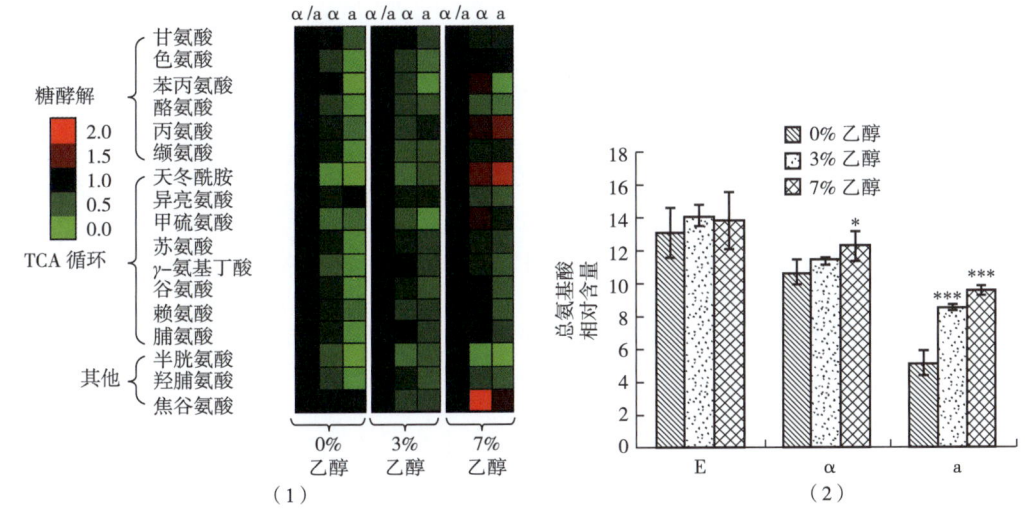

图5-10 不同菌株在乙醇存在下的各种氨基酸含量的热图（1）和不同菌株在乙醇存在下的氨基酸总量的差异（2）

\* $P$ 值小于 0.05；\*\*\* $P$ 值小于 0.001

与乙醇胁迫的保护机制相关的代谢物也有显著差异，如图5-11所示，酵母体内多元醇（肌醇和山梨醇）含量的上升，表明酿酒酵母通过提高多元醇含量来适应渗透压，维持细胞内氧化还原平衡，降低乙醇损伤。在7%乙醇存在下，a型单倍体内肌醇含量的大幅度上升说明其更易受到乙醇的影响，与转录组中和肌醇合成相关的基因 *INO1* 和 *INM1* 受乙醇诱导而大量表达结果相似，进一步证明了二倍体的乙醇耐受性高于单倍体。脯氨酸是酵母体内十分重要的氨基酸，参与多种胁迫条件下细胞响应。乙醇胁迫导致脯氨酸含量上升，均是为了降低乙醇的损伤。而且a型单倍体中脯氨酸变化倍数最多而在二倍体酵母中变化最小，这也表明单倍体细胞更易受到乙醇的影响。而当乙醇浓度相同时，单倍体酵母中较二倍体酵母更低的脯氨酸含量可能是由单倍体酵母中原本就较低的代谢活性引起的，而与乙醇胁迫的关系不大。酵母细胞通过高甘油渗透压通路而实现的胞内甘油积累能够保持细胞的渗透平衡。在乙醇存在下，二倍体酵母胞内甘油量有所升高，而单倍体酵母体内甘油量却降低，这表明单双倍体酵母对乙醇胁迫所表现出的不同响应。对于单倍体而言，在乙醇胁迫下，胞内甘油量降低，而其分泌的甘油量有所上升。这表明单倍体细胞膜受到

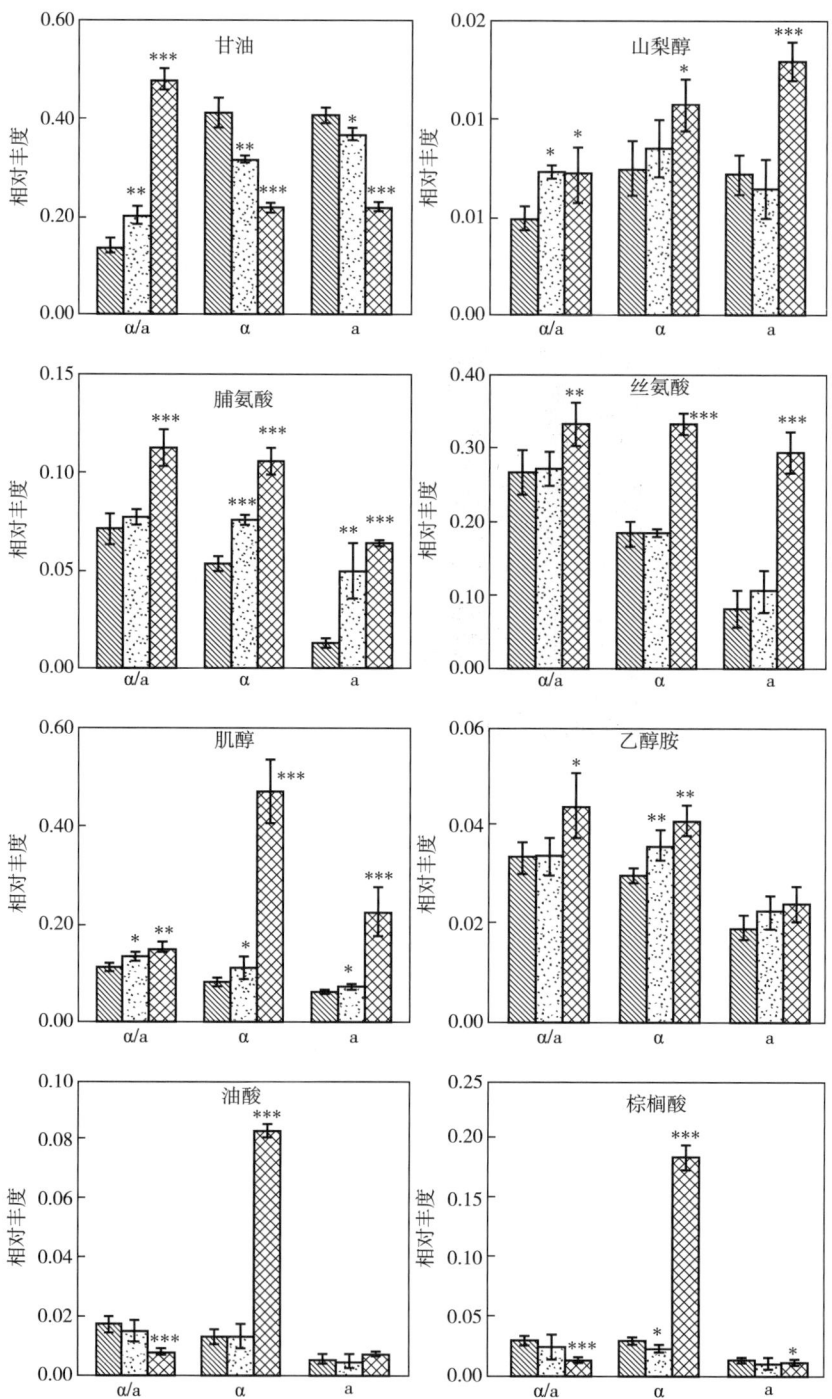

图 5-11 单双倍体中与乙醇胁迫相关代谢物的变化

0%乙醇；3%乙醇；7%乙醇

*$P$ 值小于 0.05；**$P$ 值小于 0.01；***$P$ 值小于 0.001

了更为严重的破坏，其通透性增高。乙醇的存在影响 $NAD^+$ 的水平，细胞为了 $NAD^+$ 能够再生，会增加甘油的生产以保持氧化还原平衡，二倍体细胞内的甘油积累是保持氧化还原平衡的有效途径，可以使其在较高的乙醇胁迫下存活。

磷脂和不饱和脂肪酸能够影响细胞的功能、膜的稳定性和流动性，因而它们在保证膜的完整性和保持细胞在不良环境中的生存能力方面发挥着重要的作用。乙醇存在时，不饱和脂肪酸（UFAs）和磷脂前体物（乙醇胺、肌醇和丝氨酸）含量的升高表明细胞膜的成分和流动性均受到乙醇胁迫的影响，酵母细胞通过改变膜成分和功能来实现响应乙醇胁迫。三菌株中代谢物变化不同表明单双倍体酵母对乙醇的耐受性有很大差异：a 型单倍体内油酸和软脂酸含量的大幅升高，会引起细胞膜流动性的降低，从而抵消乙醇对细胞流动性的影响。a 型单倍体中由 7% 乙醇引起的不饱和脂肪酸含量的激增表明其更易受到胁迫条件的影响。单倍体细胞内不饱和脂肪酸含量的升高可能是为了合成更多的膜脂，从而更好地适应胁迫环境。

### 三、单双倍体酵母细胞对乙醇响应的蛋白组学分析

三个菌株在不同乙醇浓度下的二维凝胶电泳图谱如图 5-12 所示，经过定性和定量分析，与对照组（乙醇浓度 0%）相比，基质辅助激光解析电离飞行时间质谱（MALDI-TOF-MS）鉴定了与 66 种蛋白质相应的 97 个表达差异点。应用 GO（gene ontology）聚类分析，这些可辨识的 66 种蛋白质涉及 15 个不同的功能，主要包括单糖代谢（12 个蛋白质，18.18%）、乙醇代谢（17 个蛋白质，25.75%）、乙醇生物合成（9 个蛋白质，13.63%）、丙酮酸代谢（8 个蛋白，12.12%）、碳水化合物生成（10 个蛋白质，15.15%）、氧化还原酶活性（16 个蛋白质，24.24%）、核苷酸代谢（11 个蛋白质，16.66%）、胁迫响应（19 个蛋白质，28.78%）、氧化胁迫响应（8 个蛋白质，12.12%）、有机酸代谢（15 个蛋白质，22.72%）、蛋白质折叠（9 个蛋白质，13.63%）（图 5-13）等功能。

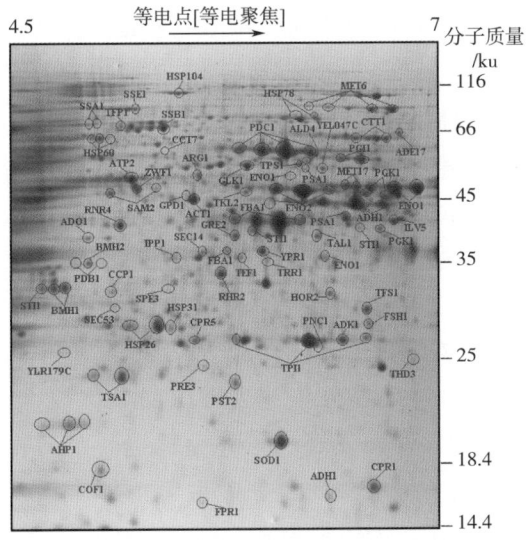

图 5-12 酿酒酵母在乙醇存在条件下的二维凝胶电泳图谱

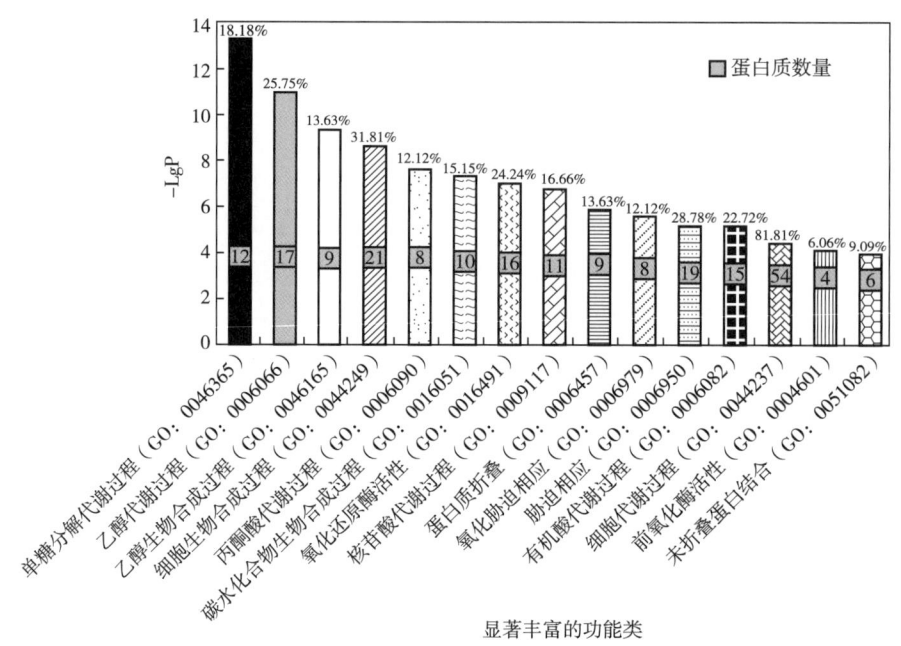

图 5-13　差异表达蛋白的 GO 功能聚类

如图 5-14 所示，差异表达蛋白中，有 13 个蛋白点对应 9 个蛋白质折叠相关蛋白 (HSP60、STI1、HSP104、SSE1、SSA1、SSB1、HSP78、CCT7 和 HSP26)，有 20 个蛋白点对应 15 个氧化还原酶活性和氧化胁迫响应相关蛋白 (YPR1、ILV5、ZWF1、TRR1、AHP1、ADH1、PDB1、CTT1、SOD1、RNR4、CCP1、GPD1、GRF2、TSA1、TDH3 和 ALD4)。即使在没有乙醇胁迫条件下，与二倍体酵母相比，在单倍体中某些蛋白质（比如 HSP60、SSA1 和 BMH2）的水平显著上升，而另一些蛋白质（如 STI1、CCT7 和 CCP1）的水平则显著下降，表明单双倍体酵母之间存在很大差异。在乙醇（3%，7%）存在条件下，如图 5-14（2）所示，乙醇的胁迫使单倍体细胞中与蛋白质折叠过程相关蛋白的表达上调，而二倍体酵母中与蛋白质折叠、氧化还原酶和氧化胁迫响应相关的蛋白的表达下调。在 α 型单倍体中与 19 种蛋白质相应的 23 个蛋白点和 a 型单倍体中与 20 蛋白质相应的 22 个蛋白点在乙醇（3%，7%）存在时，都有明显变深。其中的 15 种蛋白质 (STI1、HSP26、HSP104、TPS1、BMH1、PRE3、AHP1、CCP1、TSA1、SOD1、ZWF1、GPD1、GRE2、YPR1 和 ADH1) 的表达在两个单倍体菌株中都表现出上调。另一方面，α 型单倍体中的蛋白质（CCT7、HSP78、CTT1 和 RNR4）和 a 型单倍体中的蛋白质 (SSB1、SSA1、ILV5 和 PDB1) 只是分别地表现出明显增长。在对氧化还原酶活性和氧化胁迫响应的蛋白质进行考察时，发现二倍体菌株更容易对由高乙醇浓度（7%）产生的活性氧发生响应。乙醇浓度为 3% 时，在 a 型单倍体中，HSP78、CTT1、ADH1 和 RNR4 的表达发生了上调，而在二倍体细胞和 a 型单倍体中，这些蛋白质的表达发生了下调，表明 α 型单倍体对乙醇胁迫更为敏感。

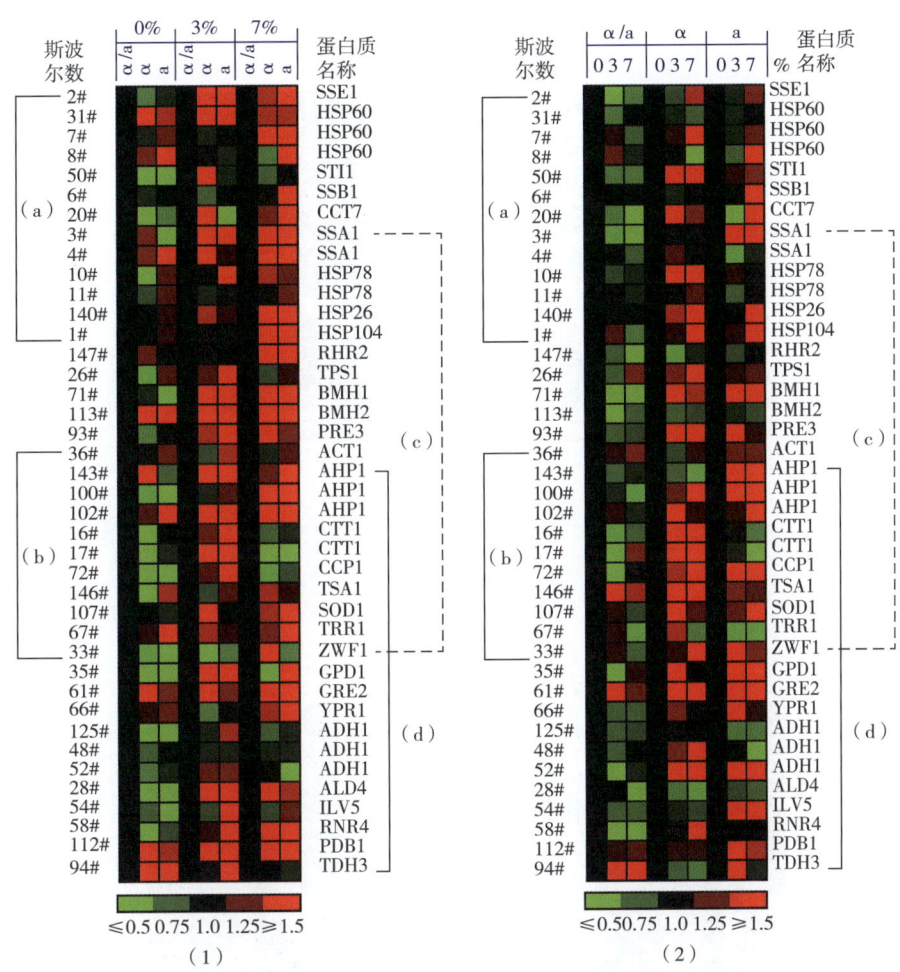

图 5-14 不同菌株在相同乙醇浓度下（1）和相同菌株在不同乙醇浓度下（2）的蛋白质的表达水平
（a）组为蛋白折叠相关蛋白；（b）组为氧化胁迫响应蛋白；（c）组为胁迫响应蛋白；（d）组为氧化还原活性相关蛋白

如图 5-15 所示，有与 11 种蛋白质（TAL1、ADH1、ATP2、HIS7、TKL2、PGI1、GPD1、PNC1、ADE17、ZWF1 和 ADK1）相对应的 14 个蛋白点与核苷酸代谢相关。在相同乙醇浓度下，大多数蛋白质在单倍体细胞中的水平均低于其在二倍体细胞中的水平[图 5-15（1）]，表明二倍体和单倍体在核苷酸代谢上存在较大差异。乙醇胁迫（3%和 7%）极大地增加了单倍体细胞中核苷酸代谢蛋白的水平，却抑制了二倍体细胞中与核苷酸代谢相关的大多数蛋白[图 5-15（2）]。当乙醇浓度为 7%时，a 型单倍体中的 PGI1（点 128）、TKL2、GPD1、HIS7 和 ATP2 的量分别是二倍体中的 2.1、1.7、1.8、3.4 和 3.4 倍[图 5-15（1）]。尽管当乙醇浓度为 3%时，PGI1（点 128）和 GPD1（点 35）在单倍体中的水平分别是二倍体中的 2.9、2.7 和 3.9、3.7 倍。

根据 GO 分析结果，与 17 种蛋白相对应的 36 个蛋白点与乙醇的代谢和生物合成相关，16 种蛋白相对应的 30 个蛋白点与单糖代谢和碳水化合物的生物合成相关（图 5-16）。其中，蛋白质（TAL1、TKL2、YPR1、GLK1、TPI1、ZWF1、ENO2、TDH3、FBA1、PGK1、PGI1、

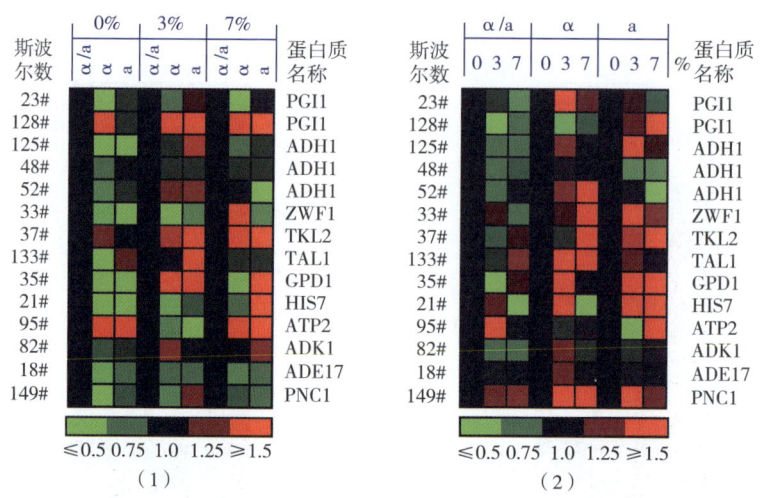

图 5-15 不同菌株在相同乙醇浓度下（1）和相同菌株在不同乙醇浓度下
（2）的与核苷酸代谢相关的蛋白质的表达水平比较

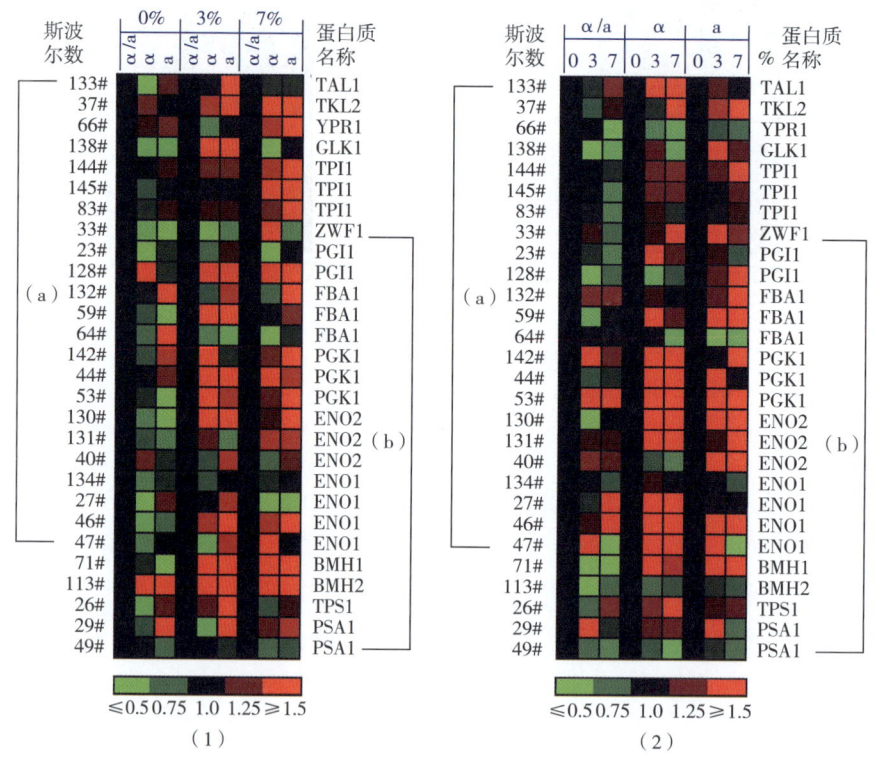

图 5-16 不同菌株在相同乙醇浓度下（1）和相同菌株在不同乙醇浓度下（2）
的与单糖分解（a）和碳水化合物的生物合成（b）相关的蛋白质的表达水平比较

PSA1 和 ENO1）参与到单糖分解、乙醇代谢和乙醇及碳水化合物的生物合成过程中。同时，还发现蛋白质（BMH1、BMH2 和 TPS1）和（PDC1、RHR2 和 ALD4）与碳水化合物生物合成过程及乙醇代谢过程相关。在不含乙醇情况下，单倍体中大多数与乙醇代谢和碳水化合物生物合成密切相关的蛋白质都比二倍体中含量低，而乙醇胁迫能够促使一些蛋白质水平（ALD4、TPI1、TKL2、PDC1、PGK1、FBA1 和 ENO2）的提高。例如，乙醇浓度为 3%时，单倍体（α 型和 a 型）中 Ald4 的含量分别是二倍体的 3.1 倍和 3.9 倍。有趣的是 Bmh1 的含量有明显上调，α 型和 a 型单倍体中其含量分别为二倍体的 4.7 和 4.8 倍（乙醇浓度为 3%）和 4.0 和 10.5 倍（乙醇浓度为 7%）。

在乙醇胁迫（3%和 7%）下，糖代谢蛋白水平的变化如图 5-17 所示。二倍体中单糖代谢、乙醇代谢、乙醇和碳水化合物生物合成中大多数蛋白质的表达下调［图 5-16（2）和 5-17（2）］。然而，对于单倍体而言，乙醇胁迫却使 ALD4、ENO2、PGK1 和 FBA1（点 59 和 132）等大多数蛋白质的表达水平显著提高。在 α 型单倍体中，在乙醇胁迫（3%和 7%）条件下，ALD4 的水平有显著升高，分别升高 3.4 倍和 8.0 倍。对 a 型单倍体中的 ENO2（点 130）、ENO1（点 27 和 46）、PGK（点 142 和 53）和 BMH1 的考察也得到了相似的结果。在乙醇胁迫存在的条件下，PSA1（点 49）、BMH2、YPR1、ADH1（点 48）和 RHR2 在单倍体和二倍体中的含量均出现了降低。

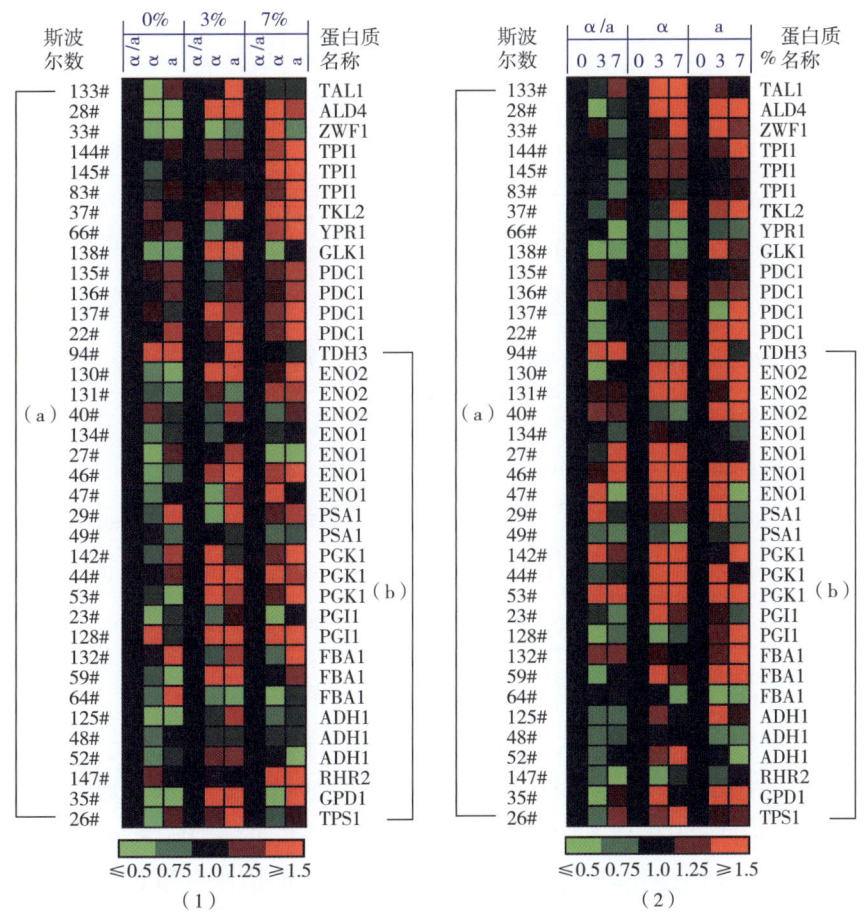

图 5-17 不同菌株在相同乙醇浓度下（1）和相同菌株在不同乙醇浓度下（2）的与乙醇代谢（a）和生物合成过程（b）相关的蛋白质的表达水平比较

## 四、单双倍体酵母细胞对乙醇响应的比较脂组学研究

不同乙醇浓度的酵母发酵中六大类磷脂：磷脂酰甘油（PG）、磷脂酰乙醇胺（PE）、磷脂酰胆碱（PC）、磷脂酰肌醇（PI）、磷脂酰丝氨酸（PS）和磷脂酸（PA）的相对含量从表5-2中可以看出，PE和PI是酵母中含量最多的磷脂，其次是PC、PS和PA、PG的含量最少。α型酵母发酵中，随着乙醇浓度的增加，PG、PS、PI和PA的含量都下降，其中PS下降最为明显；PE的含量先增加后减少；而PC的含量增加，尤其当乙醇浓度达到7%时，PC含量显著增高。a型酵母同α型酵母发酵的磷脂变化趋势相同。α/a型酵母发酵与单倍体发酵不同的是，随着乙醇浓度增加，PE的含量一直下降，PI含量变化不大，PS和PG的含量都是先减后增。从图5-18中可以看出，随着乙醇浓度的增大，含有两个双键的不饱和磷脂增加明显。这表明酵母对乙醇的耐受机制，可能是通过合成更多的不饱和磷脂来提高细胞对乙醇的耐受性和适应性。从总磷脂的变化来看，二倍体α/a型酵母的饱和磷脂的含量随乙醇浓度的增大先减少后增加，相应的不饱和磷脂含量先增加后减少，表明二倍体α/a型酵母细胞比单倍体酵母细胞能更快地驯化出对乙醇的适应性和耐受性。

表5-2　　　　　　　　　不同乙醇浓度的酵母中主要磷脂的相对丰度

| 酵母（乙醇浓度） | 相对丰度 | | | | | |
|---|---|---|---|---|---|---|
| | PG | PE | PC | PI | PS | PA |
| α（0%） | 0.56±0.08 | 30.11±4.76 | 19.01±2.15 | 29.92±5.14 | 17.82±1.17 | 2.57±0.31 |
| α（3%） | 0.48±0.07 | 33.62±4.31① | 19.70±2.16 | 29.25±5.52 | 14.37±1.34 | 2.57±0.36① |
| α（7%） | 0.40±0.03 | 30.32±2.18 | 29.22±4.66① | 26.94±2.39 | 10.67±1.44① | 2.46±0.35 |
| a（0%） | 0.66±0.08 | 29.86±2.90 | 13.24±1.91 | 39.89±5.40 | 13.23±0.78 | 3.12±0.27 |
| a（3%） | 0.54±0.04 | 33.13±1.78 | 15.75±1.59 | 36.25±3.06① | 11.69±0.16① | 2.65±0.26 |
| a（7%） | 0.52±0.09① | 31.81±5.65① | 31.32±3.68① | 24.76±3.59① | 9.28±1.05① | 2.34±0.50 |
| α/a（0%） | 0.90±0.04 | 42.00±3.47 | 13.95±1.05 | 27.97±3.35 | 10.75±0.52 | 4.43±0.84 |
| α/a（3%） | 0.76±0.05 | 40.86±1.12 | 17.33±0.91 | 29.37±1.55 | 9.03±0.26 | 2.67±0.36 |
| α/a（7%） | 1.15±0.17 | 33.83±3.04 | 23.26±1.19 | 28.81±4.19 | 10.27±1.28 | 2.68±0.49 |

①表示磷脂含量有显著性差异（$P<0.05$）。

从图5-19可以看出，单倍体α型酵母细胞，除了PC的含量随乙醇浓度升高而增大，其他五类中长碳链的磷脂含量（含有C16和C18脂肪酸链）随乙醇浓度的增加先升高后下降。图5-20表示的是单倍体a型酵母细胞的不同碳链长度的磷脂含量变化。除了PC和含有C18脂肪酸链的PI含量随乙醇浓度增大，中长碳链的磷脂含量均呈现与单倍体α型酵母相反的变化趋势。图5-21表示二倍体α/a型酵母细胞的不同碳链长度的磷脂含量变化。中长碳链的PG、PE、PS、PC和PI含量均呈现随乙醇浓度的升高先增大后减少，只

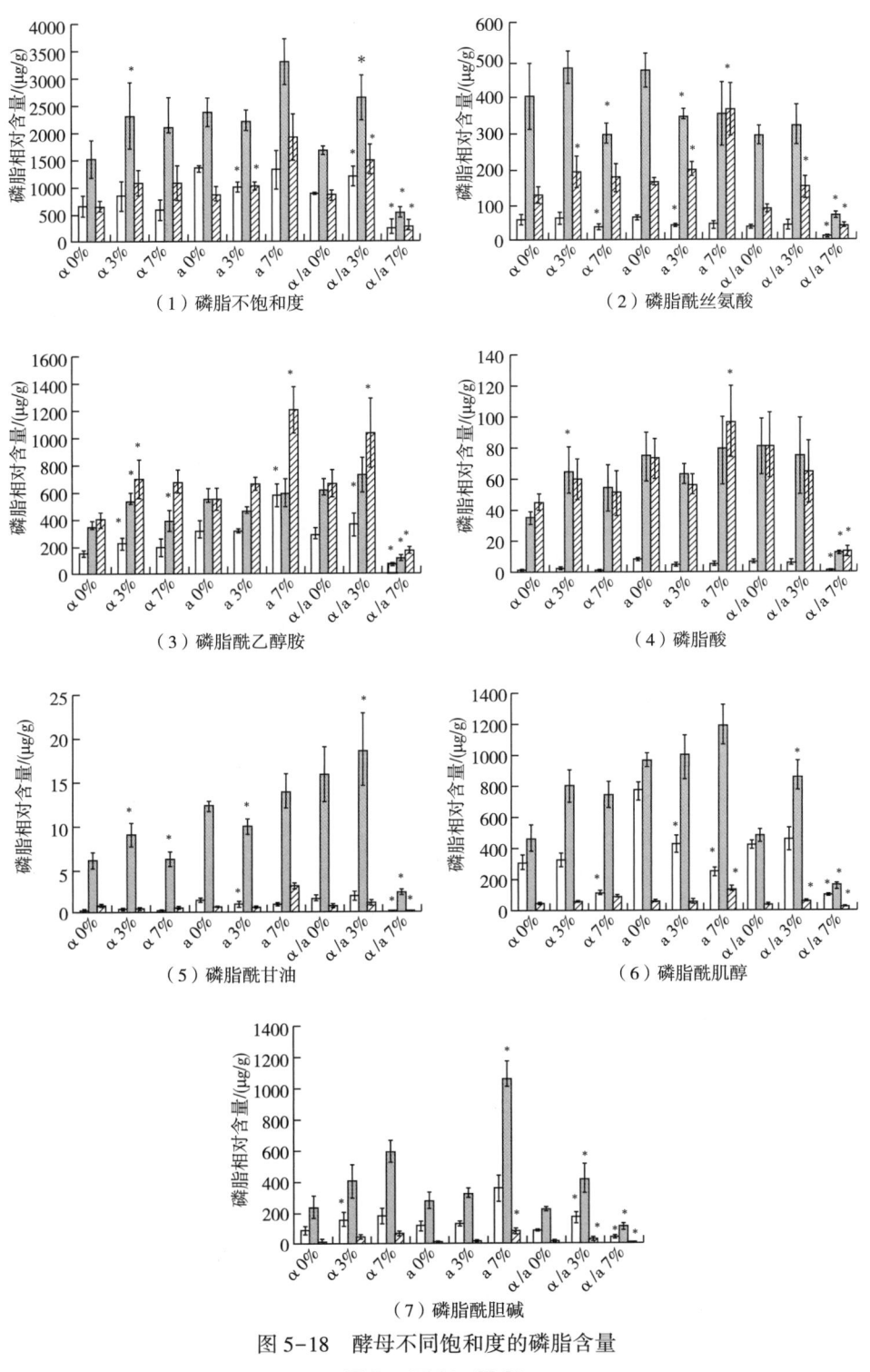

图 5-18 酵母不同饱和度的磷脂含量

□ Ω0；▨ Ω1；▨ Ω2

Ω 表示有机物不饱和度；Ω0 表示分子是饱和链状结构；Ω1 表示分子中
有一个双键或一个环；Ω2 表示分子中有两个双键或一个三元环

* 表示磷脂含量有显著性差异（$P<0.05$）

有 PA 含量一直下降。上述结果表明，乙醇存在的条件下酵母细胞中含有 C18 和 C16 的中长碳链磷脂比例升高，是酵母对于乙醇存在的响应应答，可能细胞通过增加长链脂肪酸、减少短链脂肪酸的合成量来增加对乙醇的耐受性和适应性。

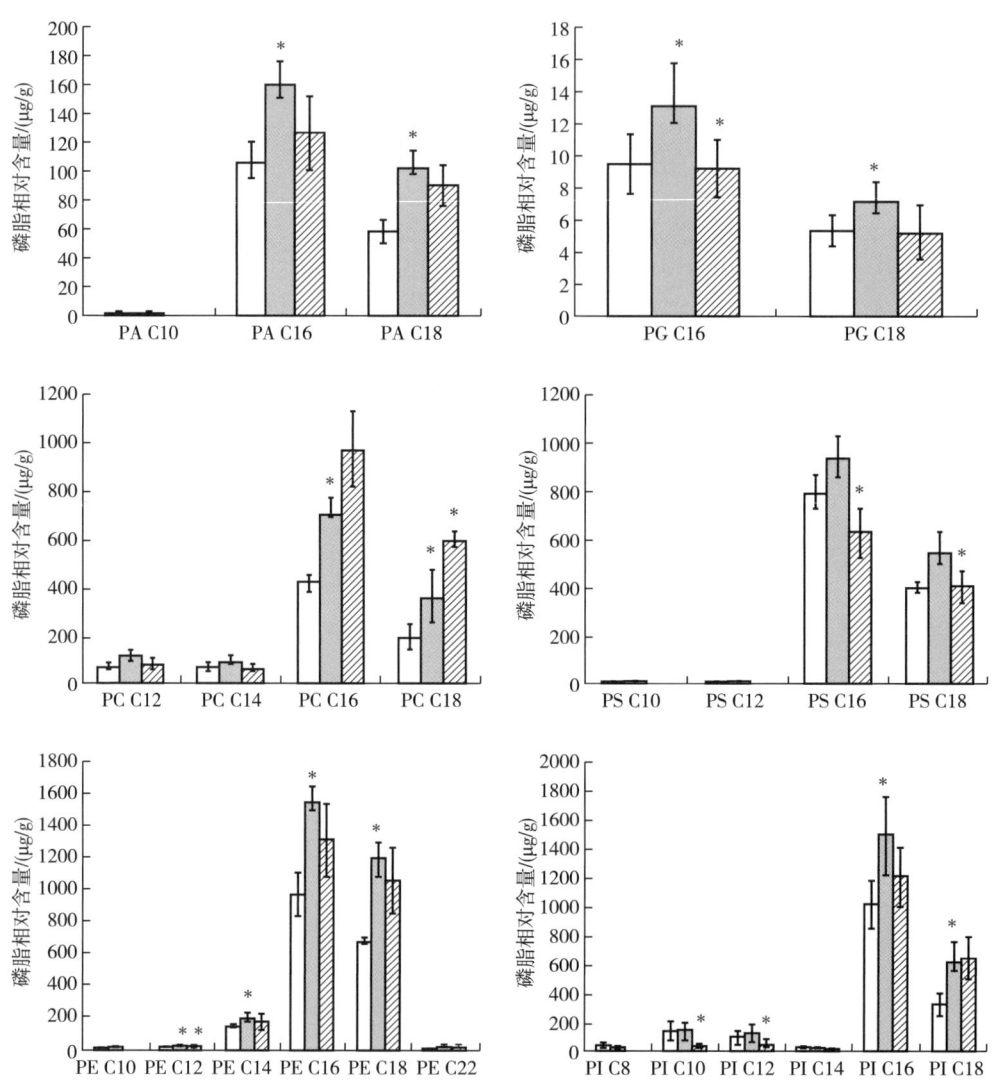

图 5-19　单倍体 α 型酵母细胞的不同碳链长度的磷脂含量变化
□ 0%；▨ 3%；▨ 7%
＊表示磷脂含量有显著性差异（$P<0.05$）

　　检测到的酿酒酵母中的固醇主要有四种：鲨烯（squalene）、酵母固醇（zymosterol）、麦角固醇（ergosterol）和羊毛固醇（lanosterol）。图 5-22 表示了上述四种固醇在不同酵母细胞类型和乙醇浓度下的含量变化。单倍体 α 型酵母发酵中，随着乙醇浓度的增加，麦角固醇含量增加，酵母固醇和鲨烯的含量先减少后增多，而羊毛固醇的含量先减少后增多；单倍体 a 型酵母的麦角固醇和酵母固醇含量的变化趋势同 α 型酵母相同，不同的是，乙醇

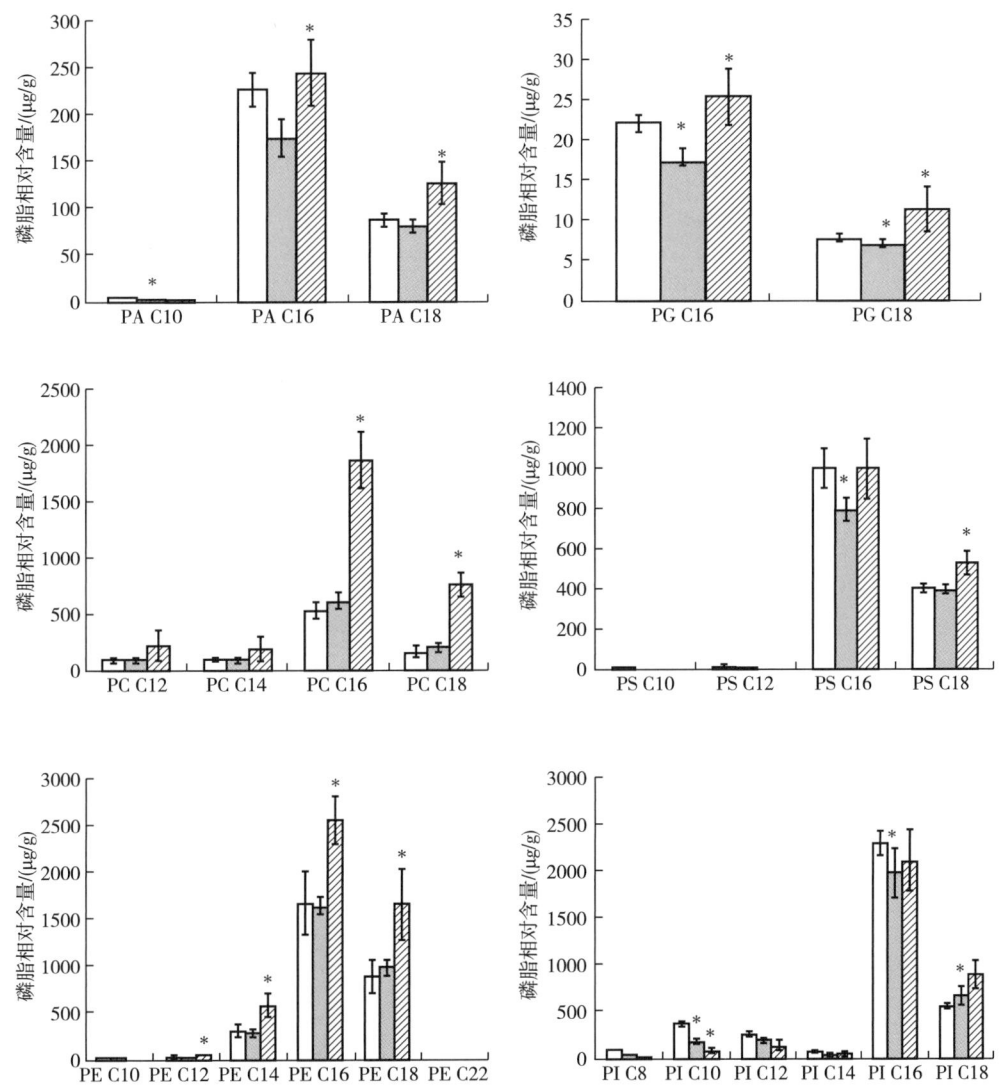

图 5-20 单倍体 a 型酵母细胞的不同碳链长度的磷脂含量变化
□ 0%；▨ 3%；▧ 7%
＊表示磷脂含量有显著性差异（$P<0.05$）

浓度逐渐增大，鲨烯和羊毛固醇的含量一直升高。二倍体 α/a 型酵母中的麦角固醇和羊毛固醇受乙醇浓度影响不明显，含量变化不大；当乙醇浓度升高，鲨烯含量升高，酵母固醇含量下降。酵母固醇中麦角固醇的含量最高，在对高浓度乙醇胁迫下，首先反映在麦角固醇含量的升高上，中间代谢产物鲨烯水平的增加暗示麦角固醇生物合成的活性大大加强。上述结果表明，二倍体 α/a 型酵母比单倍体 α 型和 a 型酵母具有更好的乙醇耐受性。

对单倍体 α 型酵母、单倍体 a 型酵母和二倍体 α/a 型酵母在乙醇浓度为 0%、3%、7% 时进行 PCA 统计分析。图 5-23（1）表示的是单倍体 α 型酵母在不同浓度乙醇存在下的脂生物标志物：PS34：1、PS34：2、PC32：1、PC32：0、PC32：2、PC34：1、PC34：

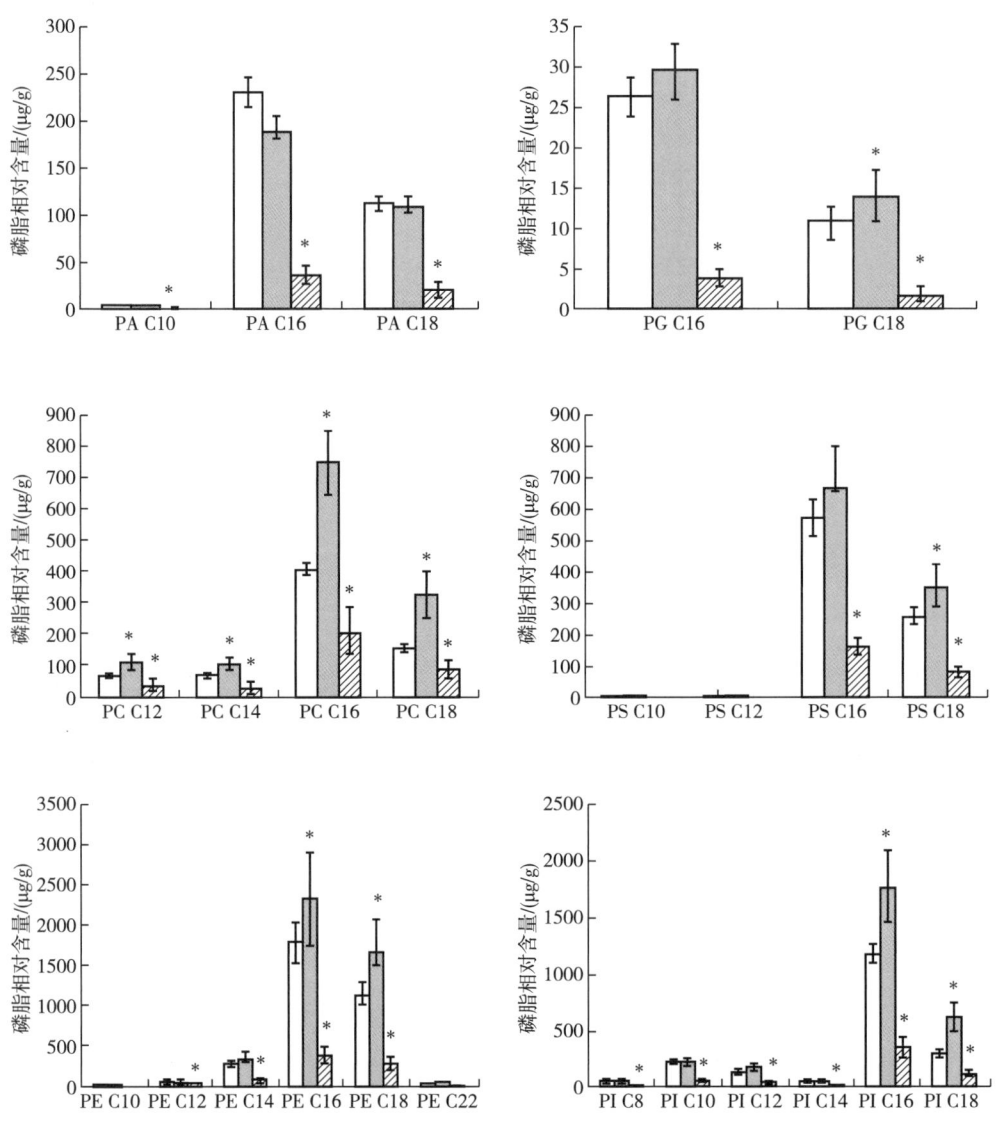

图 5-21 二倍体 α/a 型酵母细胞的不同碳链长度的磷脂含量变化

□ 0%；▨ 3%；▧ 7%

＊表示磷脂含量有显著性差异（$P<0.05$）

2、PE32:1、PE32:2、PE34:3、PE34:1、PE34:2、PI26:0、PI26:1、PI32:1、PI32:2、PI34:0、PI34:1、PI34:2、PI36:0。图 5-23（2）为单倍体 a 型酵母在不同浓度乙醇存在下的脂生物标志物：与单倍体 α 型酵母相比，多了 PS34:0 和 PC31:0，缺少 PI26:0 和 PI26:1。图 5-23（3）为二倍体 α/a 型酵母在不同浓度乙醇存在下的脂生物标志物：二倍体 α/a 型酵母的脂生物标志物与上述单倍体的最大区别是缺少 PS。图 5-23（4）为不添加乙醇时三种类型酵母的脂生物标志物，反映了酵母细胞类型的真实差异，单倍体和二倍体酵母细胞的主要差异集中在 PS34:1、PS34:2、PE32:1、PE32:2、PE34:3、PE34:1、PE34:2、PI26:0、PI26:1、PI32:1、PI32:2、PI34:0、PI34:

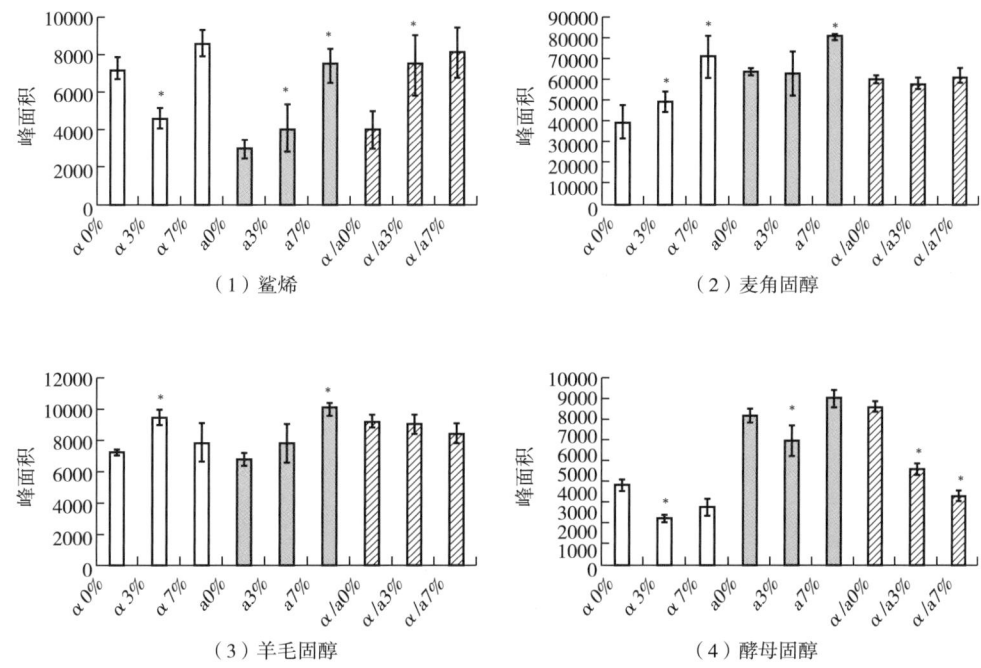

图 5-22 四种不同固醇在不同酵母细胞类型和乙醇浓度下的含量变化
*表示磷脂含量有显著性差异（$P<0.05$）

1、PI34∶2、PI28∶0、PI28∶1。当乙醇浓度达到 3% 时，图 5-23（5）表示的三种类型酵母的脂生物标志物比不添加乙醇时多出了 PC34∶1 和 PE36∶2；而当乙醇浓度达到 7% 时，图 5-23（6）表示的三种类型酵母的脂生物标志物比 3% 乙醇浓度的脂生物标志物多出了 PC34∶2、PC32∶0、PC32∶1、PC32∶2 和 PC31∶0。不同乙醇浓度和酵母细胞类型影响酵母磷脂代谢并表现出明显的代谢差异。六大类磷脂中 PS、PC、PE、PI 的变化尤为明显，推断 PS34∶1、PS34∶2、PC32∶1、PC32∶0、PC32∶2、PC34∶1、PC34∶2、PE32∶1、PE32∶2、PE34∶3、PE34∶1、PE34∶2、PI26∶0、PI26∶1、PI32∶1、PI32∶2、PI34∶0、PI34∶1、PI34∶2、PI36∶0，可能是四类重要的脂生物标志物（群），在对乙醇的耐受机制上起关键作用。

随着乙醇浓度的增大，首先做出反应的是 PI。高浓度的 PI 可能对质膜蛋白质，特别是质膜 ATP 酶和质膜完整性起保护作用。如图 5-24（1）所示，含有短链脂肪酸的 PI 生物标志物分子含量下降，含有长链不饱和脂肪酸的 PI 生物标志物分子含量升高。而二倍体 α/a 型酵母细胞与单倍体酵母细胞的区别是它的长链不饱和脂肪酸的 PI 生物标志分子含量表现出先升高后下降，这表明二倍体 α/a 型酵母细胞更耐受乙醇。其次，如图 5-24（2）（3）所示，生物标志物分子 PC 和 PS 含量在三种类型的酵母细胞中也表现出与 PI 相同的变化趋势。细胞膜上的酶具有较强的磷脂依赖性，很多信号转导关键蛋白需要 PS 作酶的辅助因子，而脂肪酰辅酶 A 合成酶则依赖 PC。图 5-24（4）中的 PE 生物标志物分子含量在二倍体 α/a 型酵母细胞和单倍体 α 型酵母细胞中均随乙醇浓度增大先增多后减少，

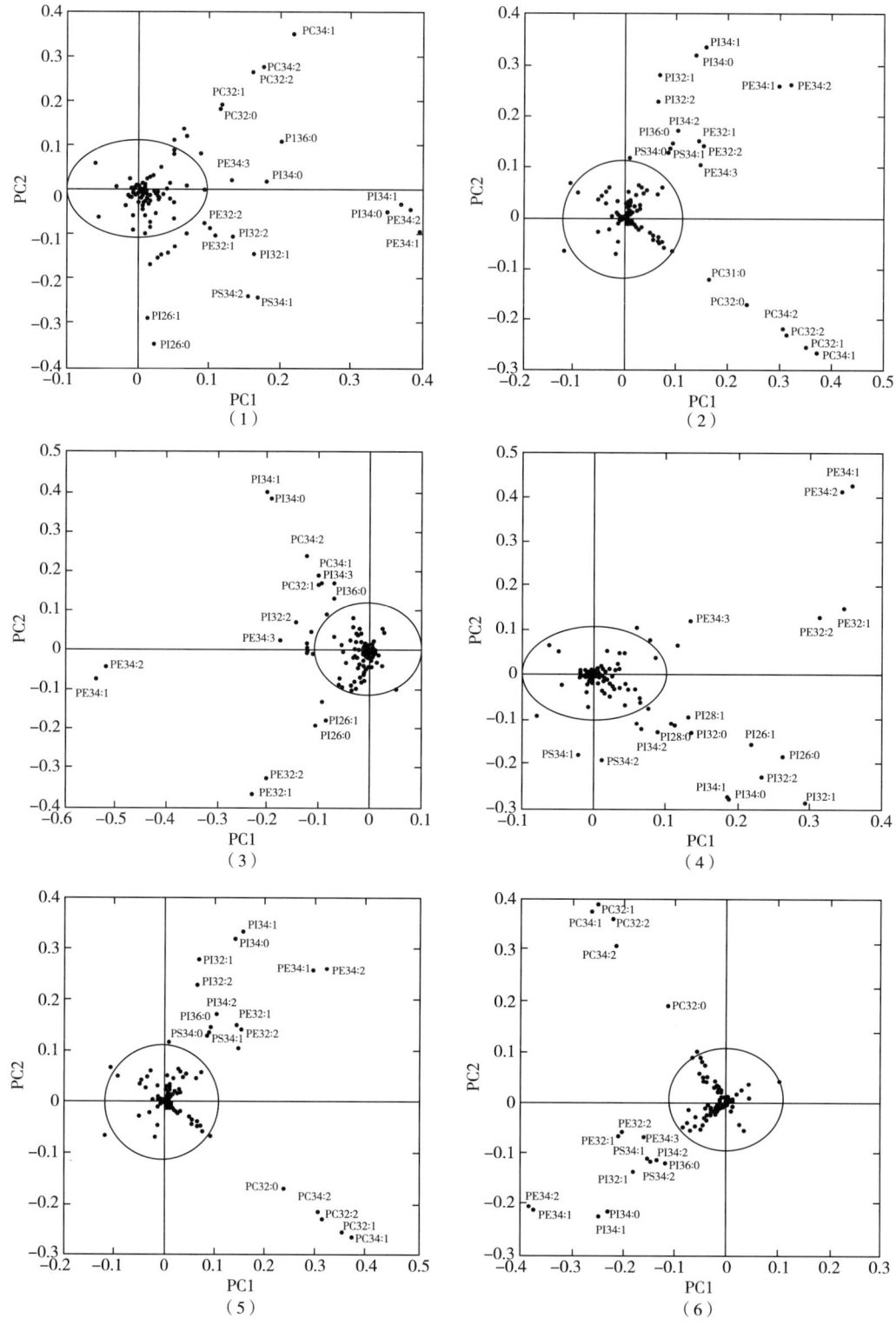

图 5-23 二维 PCA 载荷图

PC1—第一主成分；PC2—第二主成分

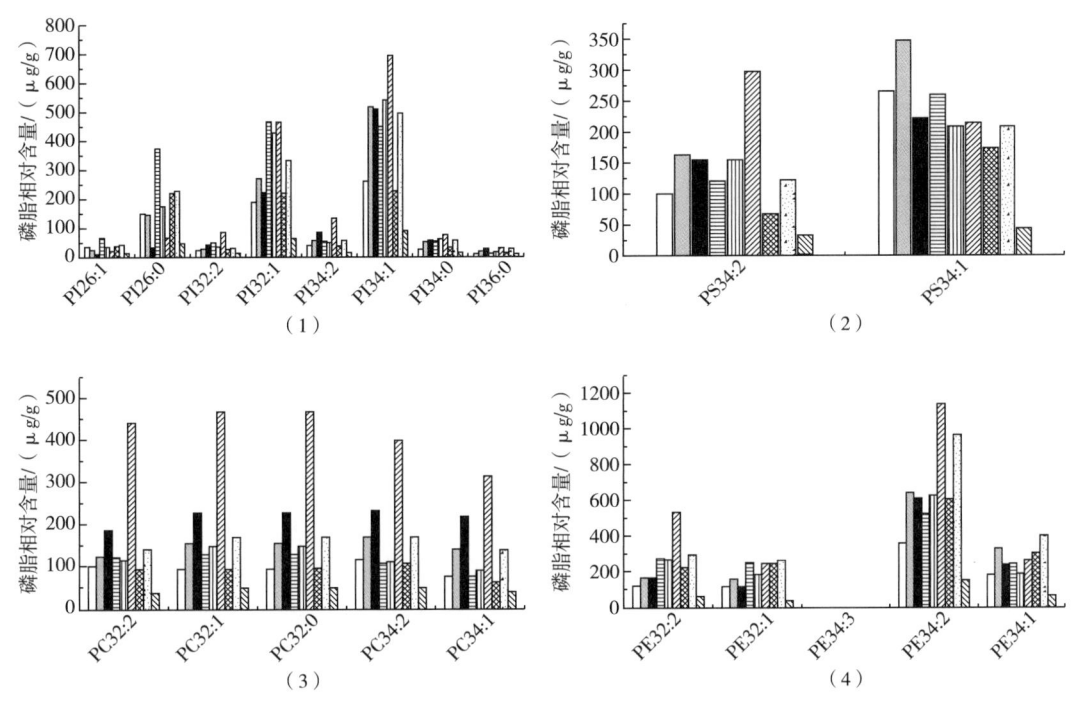

图 5-24 脂生物标志物含量变化

□ α 0%；▨ α 3%；■ α 7%；▤ a 0%；▦ a 3%；▨ a 7%；▨ α/a 0%；▨ α/a 3%；▨ α/a 7%

\* 表示磷脂含量有显著性差异（$P<0.05$）

这说明二倍体 α/a 型酵母细胞与单倍体 α 型酵母细胞对乙醇的响应行为更为接近，在发展对乙醇的耐受性和适应性上都优于单倍体 a 型酵母细胞。

## 第二节 酿酒酵母对糠醛和乙酸的响应转录组学研究

糠醛会抑制微生物的发酵效率，包括菌体生长速率、葡萄糖的消耗速率和乙醇的产生速率等。乙酸会降低菌体的比生长速率，延长微生物的发酵延滞期。为了克服纤维素乙醇发酵过程中的抑制作用，最有效的方法是针对糠醛和乙酸的抑制机理，理性地设计基因调控通路，增强菌株的耐受性，提高菌株在胁迫环境下的生产特性。然而，由于当前对糠醛和乙酸抑制微生物生产特性的机制还了解不多，加之糠醛和乙酸对微生物菌体代谢的多个方面均有显著影响，难以做到理性的设计并构建耐受菌株。可以通过一些非理性的方法来得到一些具有耐受性的菌株，驯化是在对机理知识理解不足的情况下获得具有目的特性菌株的有效方法。以工业酿酒酵母为原始菌株进行了对糠醛和乙酸耐受的长期的循环定向驯化，逐步驯化得到耐受性好的两株菌。基于糠醛和乙酸对微生物的作用是一个多基因参与的共同作用，对菌体代谢的多个方面均有显著影响，可以利用转录组学的方法从整体上考察酿酒酵母对糠醛和乙酸的响应，从差异基因的功能方面考察差异产生的原因和作用。进一步通过与对特异的抑制剂有耐受性的菌株进行转录组分析的比较，为研究抑制剂耐受机理提供了很好的研究素材,为理性定向地设计和构建用于纤维素乙醇生产的优良菌株提供了分子水平上的信息和基础。

## 一、酿酒酵母对糠醛的转录组水平响应

在酿酒酵母乙醇发酵培养过程中指数生长期加入 0.15mol/L 的糠醛,培养液中的酵母最终细胞浓度降低了 20%,在加入抑制剂 20min 后进行 RNA 提取,应用 Yeast2.0 基因组表达谱芯片检测了酿酒酵母在加入糠醛后的转录组水平响应。以不加抑制剂的培养液为对照,糠醛加入引起的酵母显著差异表达的基因有 103 个,其中表达显著下调的基因有 60 个,表达显著上调的基因有 43 个。

下调基因主要与转录控制和翻译控制相关:13 个与转录调控相关的基因亚细胞定位在核仁内,11 个与 RNA 处理相关(表 5-3),这 24 个基因均参与 mRNA 的合成。与翻译控制相关的基因中,有 5 个基因与线粒体有关,包括 *ECM32*、*MSS1*、*PET127*、*SUV3* 和 ET309。在糠醛胁迫下基因表达显著下调的代谢基因,包括 *PUS2*、*SPE2*、*MIS1* 和 *RHR2*。*PUS2* 编码假尿嘧啶合成酶,该酶是线粒体内 tRNA 修饰的专一性酶。*MIS1* 编码核糖体内的 C1-四氢叶酸合成酶,该酶催化四氢叶酸在不同氧化态之间的转换。*SPE2* 编码 S-腺苷甲硫氨酸脱羧酶,是酵母细胞合成精胺和亚精胺的关键酶,是细胞正常生长和分裂所必需。*RHR2* 编码甘油磷酸酶,该酶参与细胞内甘油的合成。糠醛的加入导致一些对细胞有重要作用的化合物的与代谢相关的基因在转录水平上受到抑制,如四氢叶酸、精胺、亚精胺等,酵母细胞内一些重要的必需化合物代谢发生了偏移。

表 5-3　　　　　　　　　　糠醛响应中表达下调基因的显著性功能

| 功能分类① | 基因数量② | 百分比③ | $P$ 值④ |
|---|---|---|---|
| 11 转录 | 27 | 45 | $6.9×10^{-7}$ |
| 11.02 RNA 合成 | 15 | 25 | $8.8×10^{-4}$ |
| 11.02.03 mRNA 合成 | 14 | 23.3 | $1.1×10^{-3}$ |
| 11.02.03.04 转录调控 | 13 | 21.6 | $8.0×10^{-4}$ |
| 11.04 RNA 处理 | 11 | 18.3 | $3.0×10^{-3}$ |
| 12.07 翻译控制 | 5 | 8.33 | $1.8×10^{-4}$ |

①包括 MIPS 功能类别编号和描述;
②涉及相应功能类别的基因数量;
③百分比是指从基因列表中匹配功能类别的基因的百分比;
④根据超几何分布计算获得 $P$ 值。

在酵母对糠醛的响应中,一些和胁迫响应相关的基因的表达被显著上调。3 个与氧化胁迫相关的基因分别是 *SRX1*、*CTA1* 和 *GRX5*。*SRX1* 编码硫氧还蛋白,该蛋白可以还原过氧化还原酶中的半胱氨酸-亚磺酸基团提高细胞对氧化胁迫的耐受性。*CAT1* 编码过氧化氢酶,该酶可以降解过氧化物酶体内的过氧化氢,缓解细胞内的氧化胁迫。*GRX5* 编码过氧

化物和超氧化物自由基响应的氧化还原酶,该酶对谷胱甘肽具有依赖性,定位于线粒体基质中。另外还有 3 个编码线粒体蛋白的基因随糠醛的加入而表达上调,即 *HSP78*、*DIN7* 和 *CYC7*。*HSP78* 编码低聚的线粒体基质分子伴侣,该分子伴侣可以提高线粒体的热稳定性,阻止错误折叠的线粒体基质蛋白的凝聚。*DIN7* 编码线粒体核酸酶,该酶调控线粒体基因组的稳定性,而其可以被突变剂诱导。*CYC7* 编码 Ⅱ 型细胞色素 *C*,该蛋白是线粒体膜间质空间的电子载体,将电子从泛醌-细胞色素 *C* 氧化还原酶转移到细胞色素 *C* 氧化酶。在对糠醛响应而表达上调基因中,多数胁迫响应相关基因编码的蛋白质都与线粒体相关,这暗示线粒体可能在糠醛的耐受中有重要的作用。在应对糠醛胁迫时部分代谢基因的表达上调,包括 *EPT1* 编码甘油乙醇胺和胆碱磷酸转移酶,该酶参与磷酸乙醇胺的生物合成。*ALG3* 编码 UDP-GlcNAc 转移酶的催化组分,该酶参与和长链醇连接的寡糖的合成。*FMN1* 编码核黄素激酶,催化核黄素的磷酸化,形成定位于线粒体内膜的核黄素单磷酸。*IDH1* 编码线粒体异柠檬酸脱氢酶,催化三羧酸循环中的异柠檬酸氧化形成 α-酮戊二酸。*ECM38* 编码 γ-谷氨酰转肽酶,该酶参与细胞对亲电子胞外入侵物的脱毒。这些表达上调的基因表明糠醛的加入导致了酵母细胞在代谢的多个方面的重排。

## 二、酿酒酵母耐受菌对糠醛的转录组水平响应

基因芯片分析结果显示,与原始菌株的基因表达量相比,在糠醛耐受菌株中,高表达的基因有 43 个,低表达的基因有 97 个。运用功能聚类分析糠醛耐受菌株表达下调的 97 个基因,这些基因主要参与包括细胞壁、能量代谢和有氧呼吸等功能类别。11 个与细胞壁相关基因的表达显著下调,包括有直接和细胞壁合成相关的基因(*EXG1* 和 *GSC2*)、细胞壁相关的转录因子(*SWI6* 和 *MSN1*)。*EXG1* 编码细胞壁葡聚糖酶,参与细胞壁葡聚糖的组装。*GSC2* 编码葡聚糖合成酶的催化亚基,参与细胞壁的合成和维持。另外,本研究还发现与细胞壁相关的 MAPK 信号通路内的多个基因在糠醛耐受菌株中表达量明显低于原始菌株 Sca,这些基因包括 *STE2*、*GSC2*、*STE12*、*MSG5*、*SWI6* 和 *WSC2*。*STE2* 编码 α 因子信息素受体,是不同交配型酵母细胞配对所必需的。*STE12* 编码一个可以在 MAPK 级联放大中激活的转录因子,可以调控一些与配对、菌丝生长和侵袭性生长相关的基因。*MSG5* 编码具有双特异性的蛋白磷酸酶,参与至少两条 MAPK 介导的信号通路,即配对响应的 MAPK 通路和细胞壁完整性的 MAPK 通路。*SWI6* 编码转录辅因子,参与调控多种基因的转录,如 G1/S 转换、减数分裂等。*WSC2* 编码一个 MAPK 信号通路的感受转导蛋白,参与细胞壁完整性的维持和热激后细胞的恢复。耐受菌株中与细胞壁合成及细胞完整性相关基因的表达下调,可能会导致细胞壁变薄。糠醛耐受性的一个重要方面是糠醛的转化能力,而糠醛转化的可能的基因都是定位于胞内,据此推测,薄的细胞壁可能利于糠醛和酶的接触进而有利于糠醛的转化。所以,细胞壁和细胞完整性相关基因的表达下调导致的细胞壁的变薄可能是耐受菌株耐受性提高的原因之一。在耐受菌株中与能量代谢相关的一些基因的表达也明显低于原始菌株,其中 5 个基因(*KNH1*、*EXG1*、*GSC2*、*TSL1* 和 *ATH1*)编码与储能物质代谢相关的蛋白,涉及葡聚糖和海藻糖的合成和降解过程;2 个基因

(*ATP5* 和 *PPA2*) 编码氧化磷酸化相关的酶；另外还发现一个编码脂肪酸代谢酶的基因 (*POX1*)。*ATP5* 编码线粒体上 ATP 合成酶的第五个亚基，是 ATP 生物合成所必需的；*PPA2* 编码线粒体无机焦磷酸酶，参与从无机焦磷酸生成能量。*POX1* 编码脂肪酰基辅酶 A 氧化酶，参与脂肪酸的 $\beta$-氧化途径。这些与储能物质代谢和能量生成有关基因的低表达表明耐受菌株的能量消耗比原始菌株要低。曾有单基因敲除实验表明，*ATP5* 和 *PPA2* 的相似基因 *PPA1* 在应对糠醛的负面作用中是非常重要的，而在本株糠醛耐受菌中的低表达说明，这两个基因在耐受糠醛过程中的重要性至少是可以替代的。另外三个与 NADPH 相关的基因（*GDH3*、*OYE2* 和 *GRE2*）在耐受菌株中的表达量比原始菌株明显降低。*GDH3* 编码 NADPH 依赖的谷氨酸脱氢酶；*OYE2* 编码 NADPH 氧化还原酶，具有 NADPH 脱氢酶活性；*GRE2* 编码 NADPH 依赖的丙酮醛还原酶。这三个在耐受菌株中显著性低表达的基因编码的酶都是依赖于 NADPH 的，低表达 NADPH 依赖的酶相关的基因可能是耐受菌株为了降低 NADPH 消耗以维持细胞生长的策略。在耐受菌株中低表达的基因中，还有一些基因与细胞的有氧呼吸相关，包括 *POR1*、*RSM24*、*PPA2*、*COQ5* 和 *PET309*。

在糠醛耐受菌株高表达基因中，有 10 个与氨基酸代谢相关。其中，与赖氨酸合成相关的基因有 *LYS12*、*LYS5* 和 *LYS2*，和芳香族氨基酸代谢相关的基因有 *ARO9* 和 *ARO3*，和精氨酸合成相关的基因有 *ARG5*、*ARG6*、*ARG4* 和 *ORT1*，另外还有与丝氨酸合成和组氨酸合成相关的基因（*SER3* 和 *HIS7*）。*LYS12* 编码异柠檬酸脱氢酶，是赖氨酸合成中第四步反应必需的一个 $NAD^+$ 耦联的线粒体内的酶，该酶在氧化异柠檬酸的同时可以生成 NADH；*LYS2* 编码氨基己二酸还原酶，催化赖氨酸合成途径的第五步反应，该酶是 NADPH 特异性的；*LYS5* 编码磷酸泛酰巯基乙胺基转移酶，参与 Lys2p 的翻译后激活。*LYS2* 和 *LYS5* 在耐受菌株中同时高表达，暗示 Lys2p 的酶活性在耐受菌株中会明显高于其在原始菌株中的酶活性。*ARO3* 编码 DAHP 合成酶，该酶催化芳香族氨基酸（酪氨酸、苯丙氨酸和色氨酸）共用的合成途径中的第一步反应，该酶的表达受三种芳香族氨基酸的反馈抑制，该酶的高表达会直接导致芳香族氨基酸合成途径的通量增加。*ARO9* 编码芳香氨基转移酶，催化三种芳香族氨基酸降解的第一步反应。*ARG5*、*ARG6* 编码乙酰谷氨酸激酶和 N-乙酰基-$\gamma$-谷氨酰磷酸还原酶，该酶在线粒体内催化精氨酸合成途径中的第二步和第三步反应，催化合成鸟氨酸；*ORT1* 编码线粒体内膜上的鸟氨酸转运酶，负责将线粒体内合成的鸟氨酸转运到细胞质内参与精氨酸的生物合成；*ARG4* 编码精氨琥珀酸裂解酶，催化精氨酸生物合成途径中的最后一步反应。显著高表达的精氨酸合成相关的三个基因表明，耐受菌株中，精氨酸合成的线粒体内的部分，转运部分和线粒体外部分的相关步骤都要高于原始菌株。*SER3* 编码 3-磷酸甘油酸脱氢酶，催化丝氨酸和甘氨酸生物合成的第一步反应；*HIS7* 编码咪唑甘油磷酸合成酶，催化组氨酸合成的第五步和第六步反应，该酶直接催化合成的产物 AICAR（5-氨基咪唑-4-甲酰胺核糖核苷酸）也是嘌呤重新合成途径的一个前体物。嘌呤合成的另一个相关基因 *AAH1* 在耐受菌株中的转录表达量也明显高于原始菌株。*AAH1* 编码腺嘌呤氨基水解酶，参与嘌呤合成的替代途径，因此 *HIS7* 的高表达和 *AAH1* 的高表达体现了微生物代谢调控的一致性。另外，部分氨基酸（如精氨酸、丝氨酸、芳香族氨基酸和组氨酸等）外部添加可以部分地提高菌体的糠醛耐受性，与耐受菌株中多个氨基酸合成增强相一致。这说明氨基酸在糠醛的耐受或脱毒中有重要的作用。另外，在耐受菌株中高表达的基因中，有3个是参与嘧啶合成途径的。*FUR1* 编码尿嘧啶磷酸核糖转移酶，在嘧啶合成的替代途径中催化尿嘧啶生成 UMP 的合成反应，尿嘧啶诱导该基因的表达。*URA4* 编码二氢乳清酸酶，催化嘧啶重新合成途径的第三步反应；*URA1* 编码二氢乳清酸脱氢酶，催化嘧啶重新合成途径的第四步反应。由此结果可知，在糠醛耐受菌株中，两条嘧啶合成途径相关基因的高表达保证了细胞生长中嘧啶的高效供应。除此之外，*HMG1* 在耐受菌株中的表达也明显高于原始菌株。*HMG1* 编码 HMG-CoA 还原酶，催化 HMG-CoA 转化为甲羟戊酸，这是固醇合成途径中的限速步骤。即该基因的高表达会导致耐受菌株的固醇合成能力显著增强。另外，*HMG1* 的高表达会导致细胞膜出现叠层结构，这会增加细胞膜上生物反应的速率，可能是增加糠醛代谢的原因。

### 三、酿酒酵母对乙酸的转录组水平响应

在酿酒酵母乙醇发酵培养过程的指数生长期加入 0.30mol/L 的乙酸，培养液中的酵母最终细胞浓度相较于未加入乙酸时低 20%，在加入抑制剂 20min 后进行 RNA 提取，应用 Yeast 2.0 基因组表达谱芯片检测了酿酒酵母在加入乙酸后的转录组水平响应。以不加抑制剂的培养液为对照，乙酸加入引起的酵母显著差异表达的基因有 227 个，其中表达显著下调的基因有 177 个，表达显著上调的基因有 40 个。

对表达下调基因进行功能聚类，其中显著分布的功能如表 5-4 所示。核糖体蛋白是其中一个显著的类别，21 个编码核糖体蛋白的基因的表达显著下调，包括核糖体的大亚基和小亚基，但是这些核糖体蛋白都是线粒体特异性的（表 5-5）。另外，3 个编码氨酰 tRNA 合成酶的基因，*MSR1*、*NAM2* 和 *MSD1* 也在对乙酸的响应中表达显著下调，而且这三个基因编码的合成酶也是线粒体特异性的。这些结果表明，乙酸特异性抑制线粒体里的核糖体蛋白相关的基因的转录，但是对细胞质内的核糖体蛋白相关基因几乎没有任何的抑制作用。乙酸的加入导致 24 个能量代谢相关的基因的转录显著下调（表 5-6）。在这些基因中，有 8 个基因与能量储存物的代谢有关，包括糖原代谢相关的基因（*GSY1*、*GAC1* 和 *SHP1*）、海藻糖代谢相关的基因（*TPS2*、*TSL1* 和 *ATH1*）和葡聚糖代谢相关的基因（*GSC2* 和 *KNH1*）。另外，有 10 个参与呼吸作用基因的表达被下调，5 个基因编码的蛋白参与细胞色素 c 的氧化还原反应，包括 *COR1*、*COX11*、*PET309*、*COX20* 和 *CBP4*。另外两个能量代谢相关的基因 *ATP4* 和 *PPA2* 也在对乙酸的响应中表达显著下调。*ATP4* 编码线粒体 F1F0ATP 合成酶的一个亚基；*PPA2* 则编码线粒体内参与能量生成的焦磷酸酶。以上结果表明，乙酸的加入抑制了酵母细胞内一些重要的代谢，如能量储存物的代谢、电子传递链和 ATP 生成等。在乙酸加入后，酵母还下调了很多与碳水化合物或糖代谢的调控相关基因的表达（表 5-7）。其中，有 7 个基因（*SNF2*、*GAC1*、*STD1*、*HAP4*、*SSN8*、*MSN1* 和 *HAP3*）编码的蛋白质与转录控制有关，5 个基因（*SNF2*、*GAC1*、*STD1*、*SHR5* 和 *CHS5*）编码的蛋白质参与细胞感知和对外界刺激的响应。在这 12 个调控基因中，多数基因编码

的蛋白质参与葡萄糖的感知和葡萄糖抑制效应。另外，3个参与糖酵解和糖异生代谢调控的基因（*VID28*、*FBP26*和*GID7*）的转录也在乙酸加入后显著下调，这表明乙酸的加入也对酵母的中心碳代谢产生了影响。

表5-4　乙酸响应中表达下调基因主要参与的功能

| 功能分类① | 基因数量② | $P$值③ |
|---|---|---|
| 01.05 含碳化合物及碳水化合物代谢 | 26 | $2.52\times10^{-3}$ |
| 01.05.25 含碳化合物及碳水化合物代谢调节 | 12 | $2.76\times10^{-4}$ |
| 02 能量 | 24 | $1.24\times10^{-4}$ |
| 02.13 呼吸作用 | 10 | $6.35\times10^{-3}$ |
| 02.13.03 好氧呼吸 | 8 | $1.59\times10^{-3}$ |
| 02.19 能量储备代谢 | 8 | $1.79\times10^{-4}$ |
| 11.02.03.04.01 转录激活 | 5 | $6.79\times10^{-3}$ |
| 12 蛋白合成 | 29 | $9.61\times10^{-5}$ |
| 12.01 核糖体合成 | 21 | $2.09\times10^{-4}$ |
| 12.01.01 核糖体蛋白 | 21 | $6.79\times10^{-6}$ |
| 20.01.01.01.01.01 含铁蛋白-铁运输 | 3 | $4.30\times10^{-3}$ |
| 42 细胞组分合成 | 45 | $3.44\times10^{-5}$ |
| 42.16 线粒体 | 24 | $7.22\times10^{-11}$ |

①包括MIPS功能类别编号和描述；
②涉及相应功能类别的基因数量；
③根据超几何分布计算获得$P$值。

表5-5　乙酸响应中表达下调的编码核糖体蛋白的基因

| 转录ID | 基因功能 | 倍数① |
|---|---|---|
| YBR282W | 大亚基的线粒体核糖体蛋白 | 0.59 |
| YCR071C | 小亚基的线粒体核糖体蛋白 | 0.48 |
| YDL202W | 大亚基的线粒体核糖体蛋白 | 0.57 |
| YDR116C | 大亚基的线粒体核糖体蛋白 | 0.56 |
| YDR175C | 小亚基的线粒体核糖体蛋白 | 0.44 |
| YDR337W | 小亚基的线粒体核糖体蛋白 | 0.37 |
| YDR347W | 小亚基的线粒体核糖体蛋白 | 0.62 |
| YDR405W | 大亚基的线粒体核糖体蛋白 | 0.55 |
| YDR462W | 大亚基的线粒体核糖体蛋白 | 0.61 |

续表

| 转录 ID | 基因功能 | 倍数[①] |
|---|---|---|
| YGR076C | 大亚基的线粒体核糖体蛋白 | 0.37 |
| YGR165W | 小亚基的线粒体核糖体蛋白 | 0.54 |
| YGR215W | 小亚基的线粒体核糖体蛋白 | 0.42 |
| YGR220C | 小亚基的线粒体核糖体蛋白 | 0.53 |
| YKL003C | 小亚基的线粒体核糖体蛋白 | 0.68 |
| YMR158W | 小亚基的线粒体核糖体蛋白 | 0.63 |
| YMR286W | 小亚基的线粒体核糖体蛋白 | 0.56 |
| YNR022C | 小亚基的线粒体核糖体蛋白 | 0.51 |
| YNR036C | 假定小亚基的线粒体核糖体蛋白 | 0.69 |
| YOR158W | 小亚基的线粒体核糖体蛋白 | 0.49 |
| YPL013C | 小亚基的线粒体核糖体蛋白 | 0.33 |
| YPL173W | 大亚基的线粒体核糖体蛋白 | 0.47 |

①倍数是指乙酸培养的酵母与对照培养的酵母的转录丰度之比，表 5-6~表 5-9 同。

表 5-6　　乙酸响应中表达下调的与能量代谢相关的基因

| 转录 ID | 基因符号 | 倍数 | 转录 ID | 基因符号 | 倍数 |
|---|---|---|---|---|---|
| 能量存储代谢 | | | 呼吸作用 | | |
| YFR015C | GSY1 | 0.18 | YBL045C | COR1 | 0.50 |
| YOR178C | GAC1 | 0.36 | YPL132W | COX11 | 0.61 |
| YBL058W | SHP1 | 0.51 | YLR067C | PET309 | 0.65 |
| YDR074W | TPS2 | 0.39 | YDR231C | COX20 | 0.41 |
| YML100W | TSL1 | 0.15 | YGR174C | CBP4 | 0.43 |
| YPR026W | ATH1 | 0.54 | YPL078C | ATP4 | 0.74 |
| YGR032W | GSC2 | 0.51 | YMR267W | PPA2 | 0.44 |
| YDL049C | KNH1 | 0.20 | YGR165W | MRPS35 | 0.54 |
| 糖代谢和糖异生调控 | | | YDR116C | MRPL1 | 0.56 |
| YIL017C | VID28 | 0.61 | YDR175C | RSM24 | 0.44 |
| YJL155C | FBP26 | 0.53 | 其他基因 | | |
| YCL039W | GID7 | 0.49 | YAL062W | GDH3 | 0.48 |
| | | | YGL205W | POX1 | 0.36 |
| | | | YNL037C | IDH1 | 0.50 |

表 5-7　乙酸响应中表达下调的与碳水化合物代谢调控相关的基因

| 转录 ID | 基因符号 | 倍数 | 转录 ID | 基因符号 | 倍数 |
| --- | --- | --- | --- | --- | --- |
| YBL021C | HAP3 | 0.44 | YNL025C | SSN8 | 0.46 |
| YDR054C | CDC34 | 0.50 | YOL110W | SHR5 | 0.64 |
| YDR277C | MTH1 | 0.62 | YOL116W | MSN1 | 0.56 |
| YJL155C | FBP26 | 0.53 | YOR047C | STD1 | 0.51 |
| YKL109W | HAP4 | 0.61 | YOR178C | GAC1 | 0.36 |
| YLR330W | CHS5 | 0.71 | YOR290C | SNF2 | 0.68 |

对 50 个在乙酸胁迫下显著上调基因进行功能聚类，发现氨基酸代谢是其中一个显著的功能，尤其是精氨酸合成途径和色氨酸代谢途径。如图 5-25 所示，ARG3、ARG4 和 CPA1 编码从鸟氨酸和谷氨酰胺合成精氨酸途径中的主要的酶，这些基因的转录都因乙酸的加入显著上调。另外，ORT1 编码鸟氨酸转运酶，该酶定位在线粒体内膜，转运线粒体内的鸟氨酸到细胞质内参与精氨酸的合成。ORT1 基因的转录在乙酸加入后也出现了显著的上调。有 5 个参与色氨酸代谢的基因（TRP3、TRP4、ARO9、ARO10 和 BNA4）的转录在乙酸加入后显著上调。TRP3 和 TRP4 编码色氨酸合成代谢途径中的两个重要的酶，而 ARO9 和 ARO10 编码的蛋白则在色氨酸分解代谢中有重要的作用，BNA4 编码另外一条色氨酸降解途径的重要的酶。除此之外，编码丝氨酸合成代谢相关酶的 SER3 基因（编码 3-磷酸甘油酸脱氢酶，催化丝氨酸和甘氨酸合成的第一步反应）的表达在乙酸加入后上调至原来表达量的 8.75 倍。另外，两个与组氨酸合成相关的基因（HIS1 和 HIS3）的转录也在酵母对乙酸的响应中显著上调。由上述结果可知，乙酸的加入使酵母细胞对氨基酸代谢进行了非常重要的调控。

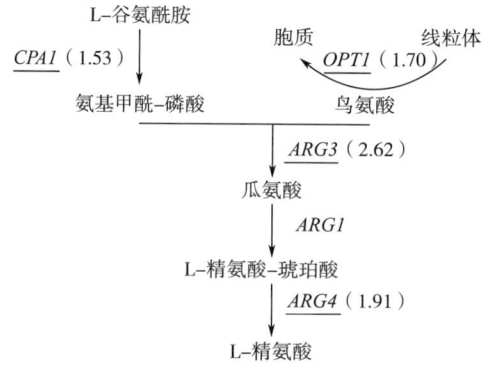

图 5-25　由谷氨酰胺和鸟氨酸合成精氨酸途径示意图

注：有下划线的基因表示在乙酸响应中表达上调的基因，圆括号内的数字表示基因转录变化的倍数。

## 四、酿酒酵母耐受菌对乙酸的转录组水平响应

与原始菌株相比,在乙酸耐受菌株中高表达的基因有263个,低表达的基因有221个。根据低表达基因的功能聚类分析,在乙酸耐受菌株中转录水平表达较低的功能主要是细胞组分的合成、能量代谢和铁的转运等。在耐受菌株中,有25个与线粒体相关的基因是处于低表达状态(表5-8)。这些基因中,有一些是线粒体核糖体蛋白的编码基因,包括核糖体的大亚基和小亚基蛋白;另外,也包括线粒体的一些功能相关的基因,如电子传递链、物质的氧化反应等。这些线粒体相关基因表达水平的调控表明乙酸耐受菌株对线粒体功能进行了重编程。另外,在原始菌株对乙酸的响应中也发现线粒体相关的一些基因的表达显著下调,这表明这些线粒体相关基因的低表达可能是耐受菌株耐受乙酸的原因之一。15个与细胞壁相关的基因在耐受菌株中处于低表达状态,这些基因包括:编码直接与细胞壁合成相关酶的基因,如 *EXG1* 和 *GSC2*;与细胞形态相关的基因,如 *DSE2*、*DFG16* 和 *MSN1*;与细胞壁相关的其他功能蛋白,如 PKH1、COX11、SNF3、LAG2 和 INP53 等。基因 *PKH1* 编码丝氨酸/苏氨酸蛋白激酶,参与鞘脂介导的信号转导进而调控细胞内吞作用,也是保持细胞壁完整性信号级联放大通路的必需蛋白。*COX11* 编码一个定位在线粒体内膜的蛋白,该蛋白参与为细胞色素c氧化酶的Cox1p亚基运送铜离子。*SNF3* 编码一个细胞膜上的低浓度的葡萄糖感受蛋白,该蛋白还具有调控葡萄糖转运的功能。*LAG2* 编码一个决定细胞寿命长短的蛋白,该蛋白的低表达暗示细胞的生命周期较短。*INP53* 编码磷脂酰肌醇磷酸酶,对多种磷脂酰肌醇具有脱磷酸的作用,参与反式高尔基体到早期内涵体的转运途径。这些细胞壁相关基因的变化表明耐受菌株在转录水平上发生了广泛的调控。细胞形态观察发现耐受菌株有细胞聚集现象,这可能与细胞壁相关蛋白的下降有关。

表 5-8　　乙酸耐受菌株中表达下调的与线粒体相关的基因

| 转录 ID | 基因符号 | 倍数 | 转录 ID | 基因符号 | 倍数 |
|---|---|---|---|---|---|
| YOR037W | *CYC2* | 0.59 | YMR024W | *MRPL3* | 0.72 |
| YDR231C | *COX20* | 0.52 | YDRU6C | *MRPL1* | 0.51 |
| YDR375C | *BCS1* | 0.59 | YKR006C | *MRPL13* | 0.61 |
| YDR405W | *MRP20* | 0.67 | YIL093C | *RSM25* | 0.51 |
| YNL306W | *MRPS18* | 0.70 | YCR071C | *IMG2* | 0.53 |
| YPL173W | *MRPL40* | 0.53 | YPL013C | *MRPS16* | 0.71 |
| YBR282W | *MRPL27* | 0.66 | YDR462W | *MRPL28* | 0.69 |
| YBR146W | *MRPS9* | 0.68 | YKL148C | *SDH1* | 0.29 |
| YGR076C | *MRPL25* | 0.42 | YOL060C | *MAM3* | 0.39 |

续表

| 转录 ID | 基因符号 | 倍数 | 转录 ID | 基因符号 | 倍数 |
|---|---|---|---|---|---|
| YOR158W | PET123 | 0.51 | YDR194C | MSS116 | 0.58 |
| YDR175C | RSM24 | 0.51 | YDL174C | DLD1 | 0.37 |
| YMR225C | MRPL44 | 0.65 | YNR001IC | CIT1 | 0.27 |
| YGR084C | MRP13 | 0.74 | | | |

在乙酸耐受菌株中，细胞的有氧呼吸和 TCA 途径的相关基因是低表达的（表 5-9）。在有氧呼吸相关的基因中，有编码线粒体内核糖体的基因（MRPL1 和 RSM24），有与电子传递链中的功能蛋白合成和组装有关的基因（COX11、COX20、BCS1 和 COQ5），有编码直接催化氧化还原反应蛋白的基因（DLD1、OAR1、SDH1 和 PPA2），另外还包括一个转录因子（HAP1）。MRPL1 和 RSM24 分别编码线粒体内核糖体的大亚基和小亚基蛋白。COX11 编码的蛋白参与为细胞色素 c 氧化酶的 Cox1p 亚基运送铜离子。COX20 编码一个线粒体内膜蛋白，参与细胞色素 c 氧化酶中 Cox2p 亚基的水解和组装过程。BCS1 编码线粒体内膜上一个 ATP 依赖的分子伴侣，是细胞色素 bc 复合物的组装过程所必需的。COQ5 编码定位于线粒体内膜的甲基转移酶，参与泛醌即辅酶 Q 的生物合成。DLD1 编码线粒体内膜的乳酸脱氢酶，氧化乳酸生成丙酮酸。OAR1 编码一个氧酰基酰基载体蛋白还原酶，参与线粒体的脂肪酸合成。SDH1 编码参与三羧酸途径的琥珀酸脱氢酶的黄素蛋白亚基，该酶通过偶联琥珀酸的氧化和电子向辅酶 Q 传递而同时参与 TCA 途径和线粒体的呼吸链。PPA2 编码线粒体无机焦磷酸酶，参与线粒体内无机焦磷酸的能量生成反应。HAP1 编码一个具有锌指结构的转录因子，该转录因子参与氧胁迫相关基因的复杂调控。

表 5-9　　乙酸耐受菌株中表达下调的与有氧呼吸相关的基因

| 转录 ID | 基因符号 | 倍数 | 转录 ID | 基因符号 | 倍数 |
|---|---|---|---|---|---|
| YKL055C | OAR1 | 0.38 | YKL148C | SDH1 | 0.29 |
| YDR231C | COX20 | 0.52 | YDR116C | MRPL1 | 0.51 |
| YLR256W | HAP1 | 0.50 | YMR267W | PPA2 | 0.38 |
| YDR175C | RSM24 | 0.51 | YML110C | COQ5 | 0.58 |
| YDR375C | BCS1 | 0.59 | YDLI74C | DLD1 | 0.37 |
| YPL132W | COX11 | 0.74 | | | |

在乙酸耐受菌株中 263 个基因的表达水平明显高于其在原始菌株中的表达。对这些高表达的基因进行了功能聚类，这些基因主要参与的功能有：细胞转录过程、蛋白合成过程、细胞跨膜信号转导、细胞信息素响应和配对过程等。在这些耐受菌株中高表达的基因参与的功能中，转录过程是其中最显著的（96 个基因，$P$ 值为 $6.68\times10^{-14}$）。这些基因涉

及转录过程的各个方面，即 RNA 的合成、处理和修饰。RNA 合成的基因主要涉及核糖体 RNA 的合成（15 个基因，$P$ 值为 $1.91×10^{-6}$），这些基因涉及核糖体 RNA 合成的 RNA 聚合酶Ⅰ和 RNA 聚合酶Ⅲ的多个亚基。RNA 处理的基因也是主要涉及核糖体 RNA 处理的基因（34 个基因，$P$ 值为 $5.05×10^{-12}$）。在 RNA 修饰的基因中，最为集中的是转运 RNA 修饰的功能（9 个基因，$P$ 值为 $6.91×10^{-5}$），包括转运 RNA 特异性的核苷酸转移酶、甲基转移酶、二氢尿嘧啶合成酶、假尿嘧啶合成酶和腺苷酸脱氨酶等。蛋白合成过程也是乙酸耐受菌株中高表达基因主要参与的一个功能，而且主要在核糖体蛋白方面（23 个基因，$P$ 值为 $7.26×10^{-3}$）。

在醋酸耐受菌株高表达的基因中，信息素响应是另一个非常显著的功能类别（21 个基因，$P$ 值为 $1.73×10^{-5}$），如图 5-26 所示。*AGA2* 编码的是 a 型酵母细胞的 a 因子凝集素的黏着亚基，其 C 端序列在不同配型细胞凝集时可以作为 α 因子凝集素的一个配体。*FAR1* 编码一个依赖细胞周期蛋白的抑制蛋白，介导信息素引起的细胞周期停滞。*GPA1* 编码异源三聚体 G 蛋白的 α 亚基，该蛋白质可以通过阻隔 G 蛋白的 γ 亚基或者启动适应性响应来负调控细胞的配对通路。*KAR1* 编码在同性配子融合过程中一个必需的蛋白，参与同性配子融合过程的细胞核的中板集结。*KAR3* 编码一个负端导向的微管马达，是细胞配对过程中的细胞核融合必需的蛋白。

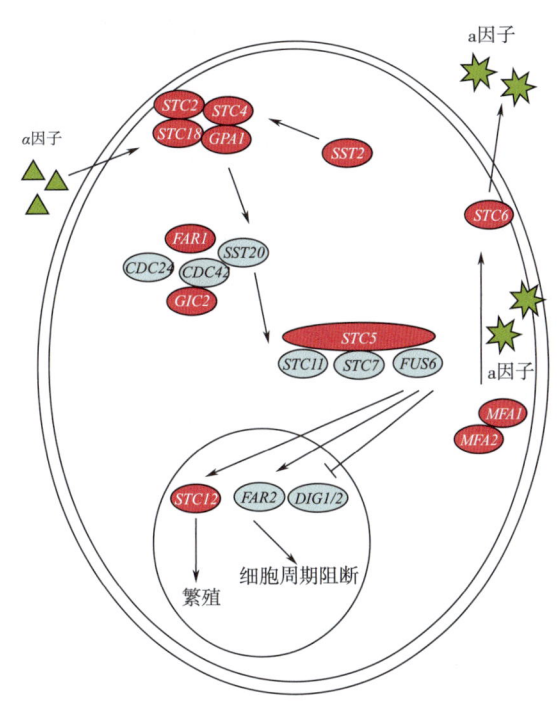

图 5-26 酵母信息素响应信号转导通路示意图

*KAR4* 编码一个调控 *KAR3* 表达的转录因子，参与细胞配对和减数分裂过程。*MFA1* 和 *MFA2* 编码酵母 a 型细胞的信息素——a 因子，该因子与 α 型细胞相互作用导致细胞周期停滞和细胞配对。*MID1* 编码一个 N 端糖基化蛋白，该蛋白定位于内质网膜和原生质膜，是酵母细胞应对信息素刺激后钙离子内流所必需的。*SST2* 编码 *GPA1* 的激活蛋白，调控细胞对 α 因子的去敏感性，参与阻止配对过程的非受体依赖的信号通路。*STE12* 编码一个可以被 MAPK 级联放大激活的转录因子，可以激活与配对相关基因的转录。*STE18* 编码 G 蛋白的 γ 亚基，可以与 Ste4p 形成二聚体激活配对信号通路，也可以与 Gpa1p 和 Ste4p 形成聚合物阻碍该信号通路。*STE2* 编码的 α 因子受体是一个有 7 个跨膜结构域的 G 蛋白偶联受体，与 α 因子一同起始细胞有性的配对。*STE4* 编码 G 蛋白的 β 亚基，与 Ste18p 形成聚合物而启动配对信号通路。*STE5* 编码一个支架蛋白，在细胞响应信息素时将多个蛋白

(Ste11p、Ste7p 和 Fus3p）组装成特异的信号转导复合物。*STE6* 编码一个 ATP 结合框转运蛋白，是 a 因子的外排所必需的。这些信息素响应相关基因的表达明显上调表明该乙酸耐受菌株可能是一株单倍体，而且 *STE2*、*STE6*、*MFA1* 和 *MFA2* 等 a 型酵母特异性基因的高表达表明，该单倍体是 a 型单倍体。另外，还发现 *KAR1*、*KAR3* 和 *KAR4* 的高表达，表明该耐受菌株可能进行同性配子的融合。

## 第三节　糠醛和苯酚对酿酒酵母的作用定量蛋白质组学

### 一、酿酒酵母及糠醛耐受菌株的比较蛋白质组学研究

#### 1. 酿酒酵母对糠醛响应的定量蛋白组学研究

为了研究酿酒酵母在蛋白质水平上对糠醛的响应机制，利用鸟枪法进行酵母比较蛋白质组学分析，取样时间分别为糠醛处理过的 20min 和 2h，将来自于同一个时间点的对照组和糠醛处理组的等量酿酒酵母全蛋白质提取物分别在 $^{16}O$ 和 $^{18}O$ 水中进行酶解成肽段。然后等量混合上样，用 2D-LC-MS/MS 进行检测，搜索蛋白质数据库 Saccharomyces Genome Database 进行蛋白质鉴定。蛋白质的相对定量则通过质谱的峰面积来计算 $^{18}O/^{16}O$ 的肽段比值，对应 20min 和 2h 样品，分别有 2037 和 3655 个肽段（分别对应 205 个和 309 个蛋白质）被定量，用于计算蛋白的相对表达水平。在这些蛋白中，有 175 个蛋白为共同蛋白。在所鉴定的蛋白质中，若拥有两个定量肽段且满足以下三个条件之一，就认为是发生显著变化的蛋白：①蛋白质表达量变化不小于 1.5 倍，且相对标准差小于 40%；② $^{18}O/^{16}O$ 比值大于 3 或小于 0.33，且相对标准差小于 50%；③蛋白所属的所有肽段的表达量变化不小于±1.5 倍。参照以上条件，在 20min 时，有 70 个蛋白上调和 6 个蛋白下调。在 2h 时，有 31 个蛋白上调和 35 个蛋白下调。如图 5-27 所示，差异蛋白以不同的比例分布在各个亚细胞器中，20min 的差异蛋白的亚细胞定位比 2h 的差异蛋白的亚细胞定位的不同性更为显著。20min 时，有更多的差异蛋白位于细胞壁、细胞质膜和细胞核。另一方面，随着糠醛作用时间的推移，受到影响的酿酒酵母亚细胞器越来越多，所以 2h 的差异蛋白比 20min 的差异蛋白分布更多的亚细胞器，包括芽体、高尔基体和过氧化物体。功能分类结果如图 5-27（2）所示，在各个功能群中（除了代谢和蛋白质功能的调控，未分类蛋白和发育功能），20min 差异蛋白的数量都多于 2h 差异蛋白的数量，有可能因为糠醛在 20min 浓度更高（15.9g/L）对酿酒酵母的影响比在 2h（10.5g/L）的时候更为严重，导致 20min 时有更多的酿酒酵母蛋白的表达发生变化。

当向有氧批发酵的对数生长期酿酒酵母中加入糠醛，20min 时，糖酵解途径中有 16 个蛋白被定量到，其中有 12 个蛋白的表达水平显著性上调。2h 时，有 17 个糖酵解途径的蛋白被定量，其中只有 1 个蛋白的表达水平上调和 3 个蛋白的表达水平下调（图 5-28）。显然，酿酒酵母的糖酵解途径在糠醛刚加入时被迅速诱导激活，到 2h 时又恢复到与未处理菌株的相同代谢水平。这一现象进一步证明了酿酒酵母对糠醛的响应过程是一个持续的动

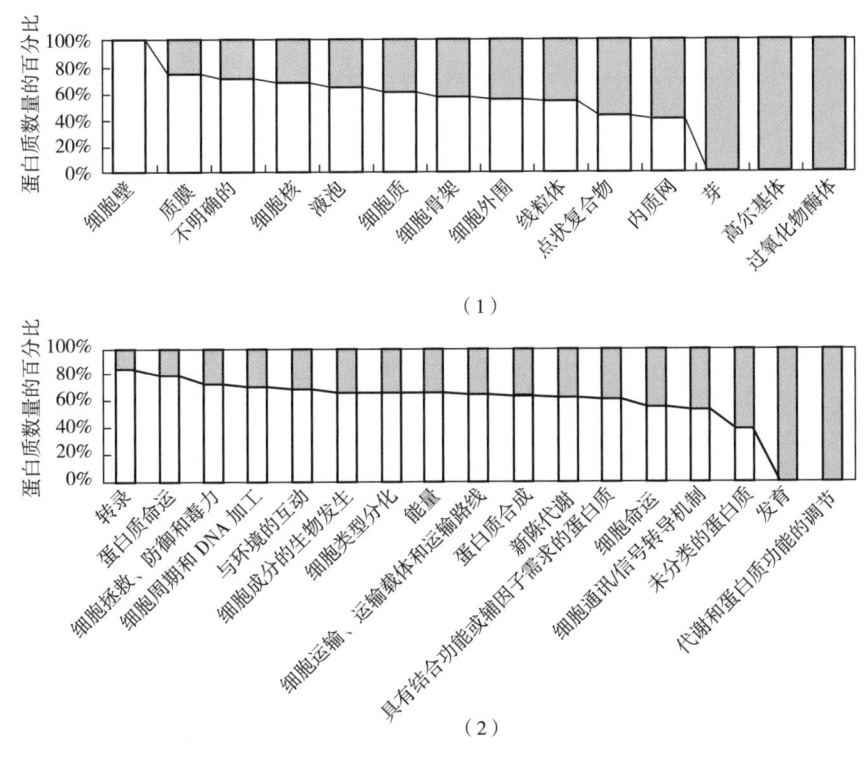

图 5-27 差异蛋白的亚细胞定位（1）和功能分类（2）
▨ 20min；☐ 2h

态过程。在整个糠醛作用过程中，糖酵解途径先被激活后逐渐降低活性。2h 时，三羧酸循环途径中的 Citlp、Acolp、Ac02p、Ldhlp 和 Mahlp 都表现为上升趋势，三羧酸循环被激活以提供更多的 NADH，用于糠醛的还原反应。磷酸戊糖途径相关的蛋白 Gndlp（1.46，1.08）、Tkllp（0.91，0.98）和 Tallp（1.23，1.30）表达量水平在糠醛作用 20min 和 2h 时都没有变化，暗示磷酸戊糖途径可能与糠醛的转化没有直接的联系。甘油合成途径中 Gpdlp、Rhr2p 和 Hor2p 的表达量在糠醛作用下表现为下调，甘油浓度完全没有变化，表明糠醛的加入严重抑制了甘油的产生。添加糠醛的还原转化需要大量的 NADH，该反应除了与乙醛生成乙醇的反应竞争 NADH，也需要与甘油生成途径竞争 NADH。所以，在高浓度糠醛作用下，酿酒酵母减少甚至停止甘油的生成以满足糠醛脱毒，以试图优先保证自己的存活。

有 23 个差异蛋白与酿酒酵母胁迫响应有关，功能分类发现这些蛋白主要参与酿酒酵母细胞对蛋白折叠、氧化胁迫、渗透压和盐胁迫、DNA 损坏和营养胁迫响应。①有 8 个蛋白与未折叠蛋白响应相关，在加入糠醛 20min 时，与新合成多肽链的折叠、分选和定向转运相关的蛋白如 Egd2p、Hsplp 和 Ssblp 的相对表达量上调。在加入糠醛 2h 时，Egd2p 和 Ssblp 的表达量相对于对照组没有变化，而 Hsplp 轻微上调（基于一个肽段的定量）。但在 2h 时，有另外一组与新合成多肽链的折叠、分选和定向转运相关的蛋白（Ssb2p、Ssclp 和

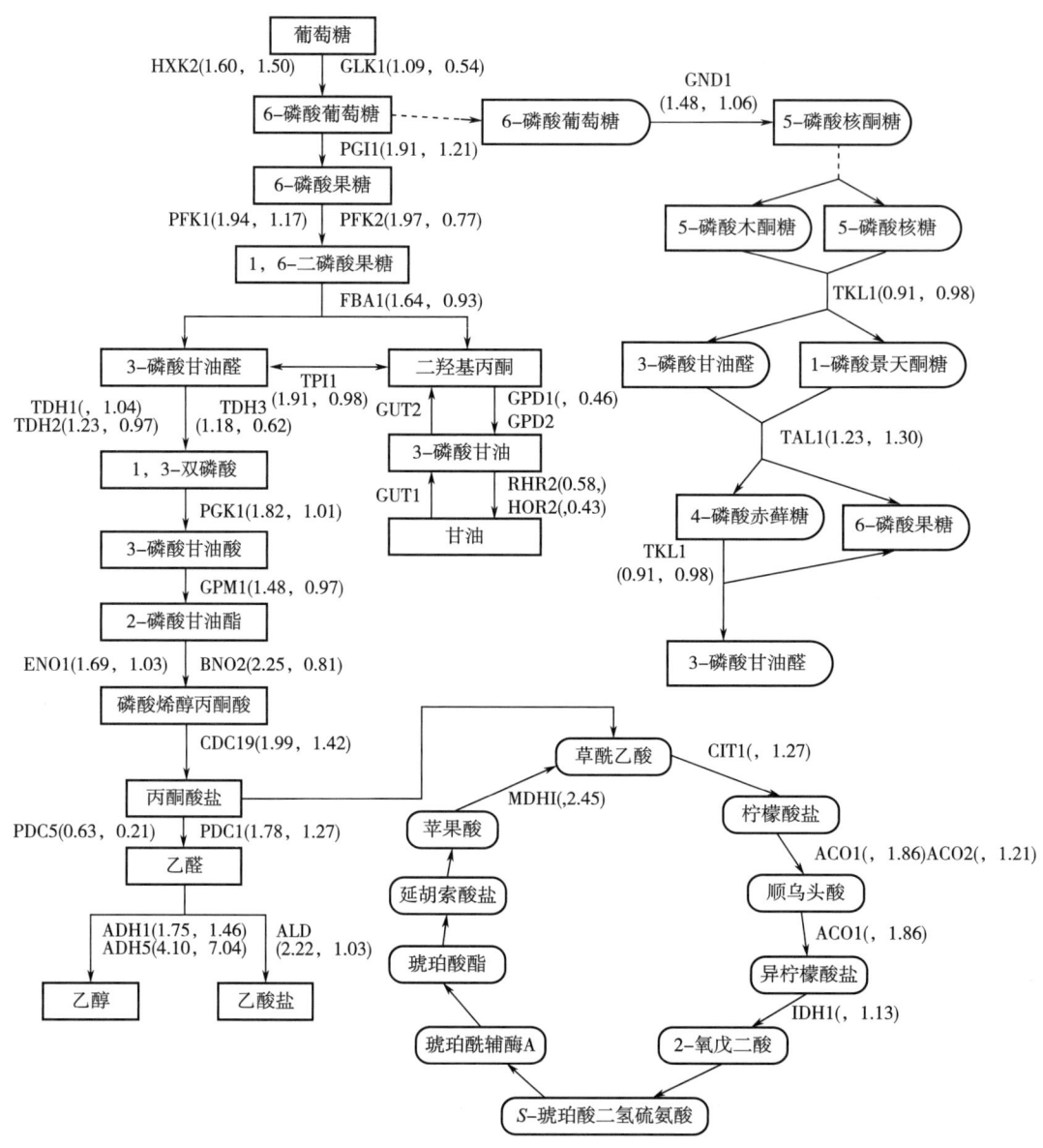

图 5-28 碳中心代谢相关差异蛋白

注：此图包括糖酵解途径、三羧酸循环途径（TCA cycle）、甘油合成途径和戊糖磷酸途径（PPP）。括号中的第一个数值为 20min 的蛋白相对表达量，第二个数值为 2h 的蛋白相对表达量。

Sszlp）表现出了上升的表达量。值得注意的是，蛋白 Kar2p 的相对表达量在 2h 时上调，因为蛋白 Kar2p 不仅能被未折叠蛋白胁迫诱导，也可通过与 lrelp 相互作用参与未折叠蛋白胁迫的调节。在 20min 时，共定量到 32 个核糖体蛋白，相对表达量显示上调的趋势，其中 17 个蛋白显著上调。在 2h 时，定量到 34 个核糖体蛋白，其中有 16 个蛋白显著上调，一个蛋白的相对表达量减少。在 20min 和 2h 的样品中，共有 27 个核糖体蛋白被定量到，其中 11 个相对表达量增加。核糖体蛋白相对表达量的上升表明在有氧发酵过程中，糠醛作用下的酿酒酵母细胞中的蛋白质合成速度加快，造成未折叠蛋白在内质网内的积累，从而激活酿酒酵母细胞的未折叠蛋白胁迫响应以恢复细胞的蛋白质折叠功能并适应由糠醛引起的各种新状况。②压力胁迫相关差异蛋白中第二大类是与氧化胁迫相关。硫氧还原蛋白 Trx1p 和 Trx2p、热激蛋白 Hsp12p 和超氧化物歧化酶 Sod1p 的相对表达量在 20min 时显著上调，但在 2h 没有任何变化。持家蛋白硫氧还原蛋白还原酶 Tsa1p 的相对表达量在 20min 时显著上调，而在 2h 时有轻微的下调。Ahp1p 是与硫醇相关的过氧化物蛋白，通过还原过氧化氢以保护细胞免受氧化伤害，其表达量在 20min 和 2h 时都下降了。Yhb1p 为一氧化氮—氮氧化还原酶，用于对一氧化氮进行脱毒，只有在 2h 时被定量到，其相对表达量上升。③与 DNA 损坏相关的蛋白 Rps3p 和 Stm1p 在 20min 和 2h 时的相对表达量均上调。基因水平上的研究表明，Stm1p 参与核糖体和次端粒 Y DNA 的相互作用，通过与 Cdc13p 的相互作用进行端粒维持和细胞凋亡。与未折叠蛋白胁迫一起，Stm1p 上调和积累可能最终导致酿酒酵母在糠醛作用 8h 后全部死亡。相反地，Rps3p 是细胞生长所必需的基因，参与了 DNA 损坏处理过程，具有核酸内切酶的活性，其相对表达量的上调表明糠醛的加入对酿酒酵母细胞的 DNA 造成了破坏。④Pkc1p-MAP 激酶通路调节酿酒酵母的细胞壁维持和完整性，而细胞壁的维持和完整性是酿酒酵母细胞生长和增殖所必需的，Zeo1p 和 Lsp1p 负调控 Pkc1p-MAP 激酶通路。Zeo1p（2.3，1.3）的相对表达量在 20min 的上调和 Lsp1p（没有定量到，2.83）的相对表达量在 2h 的上调，表明在糠醛存在下，该 Pkc1p-MAP 激酶通路可能被抑制，导致细胞壁完整性的缺失和细胞生长的缺陷。这一假设通过 Rho1p 显著下调的相对表达量得到进一步的证实。Rho1p 参与 Pkc1p 的定位，调节细胞壁葡聚糖合成酶。除此之外，Act1p 为细胞骨架的结构蛋白，其相对表达量在 20min 时显著上升，而在 2h 时则没有变化，也暗示了糠醛的存在引起了酿酒酵母细胞结构的重整，并对酿酒酵母细胞的细胞完整性、生长和生存造成了破坏。⑤参与营养饥饿的蛋白 Pho2p 在 20min 时大幅度上调。Pho2 是很多基因表达的转录激活子，包括 Pho5 和 Pho8l（磷酸盐的利用）、His4（组氨酸的生物合成）、CYCl、TRP4 和 HO；它还激活嘌呤核苷酸生物合成途径的基因。

糠醛使得有氧批发酵中的酿酒酵母的细胞生长、葡萄糖消耗、乙醇生成和甘油生成受到了严重的抑制。如图 5-29 所示，Adh5p 和 Adh1p 的上调，糖酵解途径和三羧酸循环的激活，甘油合成途径的抑制，表明以 NADH 作为辅因子，由 Adh5p 和 Adh1p 催化的糠醛到糠醇的还原反应有可能是酿酒酵母将糠醛转化为低毒性物质所采用的路径之一。此外糠醛的作用使得酿酒酵母体内形成一个复杂的压力环境，进而导致各种压力胁迫相关蛋白的变化。更多的酿酒酵母资源用于糠醛的转化和压力防御抑制了酿酒酵母细胞的生长和发酵。更多的细胞资源转向压力的防御，会导致原本通过代谢为细胞生长提供的可利用能量的缺乏，和没有足够的 ATP 用于葡萄糖的磷酸化。因此，细胞生长和葡萄糖消耗都受到糠醛的抑制。随着时间的推移，酿酒酵母首先表现出延滞生长并最终死亡。

**2. 糠醛耐受酿酒酵母的定量蛋白质组学研究**

在糠醛耐受酿酒酵母中，如表 5-10 所示，在 20min 时，共鉴定到 277 个蛋白（219 个

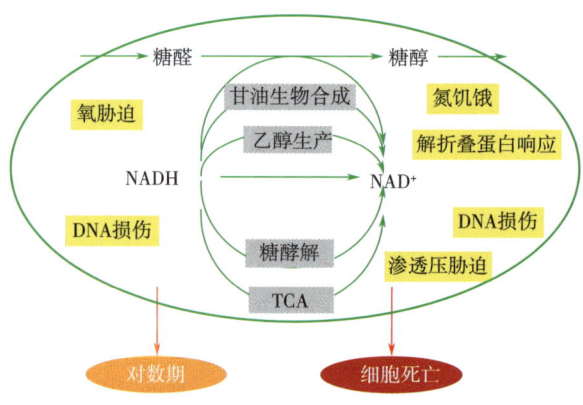

图 5-29 有氧批发酵时酿酒酵母对糠醛的响应模型

定量蛋白），有 45 个蛋白上调和 8 个蛋白下调。在 2h 时，共鉴定到 246 个蛋白（188 个定量蛋白），有 31 个蛋白上调和 17 个蛋白下调。对这些定量的蛋白和表达差异蛋白进行亚细胞定位和功能分析，它们主要分布在细胞质、细胞核和线粒体中，个别变化的蛋白还位于其他细胞器如芽体、细胞壁、过氧化物体、液泡等中。从功能聚类来看，在 20min 时，糠醛耐受菌株在糠醛响应中的代表功能是能量和蛋白质合成，而 2h 时，除了能量和蛋白质合成，更多与代谢相关的途径明显受到影响。这与糠醛加入后，耐受菌株的生长被抑制，次级代谢物产生的发酵行为一致。

表 5-10　　糠醛耐受菌株的相对定量蛋白组学的鉴定和定量情况

| 描述 | 蛋白数量 | |
| --- | --- | --- |
| | 20min | 2h |
| 已鉴定蛋白 | 277 | 246 |
| 定量蛋白 | 219 | 188 |
| 2 个或多个肽为基础的定量蛋白 | 141 | 147 |
| 下调蛋白 | 8 | 17 |
| 上调蛋白 | 45 | 31 |

糠醛作用于酿酒酵母耐受菌株 20min 时，有 13 个差异蛋白与细胞的代谢相关。糖酵解途径中蛋白 Pfl1p、Pdclp 和 Adhlp 表达上调，而糖异生途径的两个蛋白 Acs2p 和 Adh2p 的相对表达量都显著下调。脂肪酸合成酶 Fas2p 相对表达量上调。Sahlp、Asn2p 和 Ilv3p 是与氨基酸代谢相关的蛋白。Sahlp 参与 $S$-腺苷基甲硫氨酸循环，其相对表达量上调；Asn2p 和 Ilv3p 分别参与天冬酰胺合成，酶表达量下调；Ilv3p（二羟酸脱水酶）参与了异亮氨酸和支链氨基酸的生物合成，相对表达量下降。Bio2p（生物素合成酶）相对表达量显著上调。糠醛胁迫 20min 时，与压力响应相关的蛋白，如 Cprlp、Hsc82p、Sselp、Ssblp、Rps3p 和 Ze01p 表达量上调。Cprlp、Hsc82p、Ssblp 和 Sse1p 参与细胞的未折叠蛋白的压力

胁迫响应。Cprlp（亲环素蛋白）是蛋白质折叠的限速酶，亦是蛋白质折叠、运输、装配以及细胞周期调节的关键点。与细胞运输途径相关的差异蛋白分别是 Tfp1p 和 Pet9p，相对表达量都上调。Tfp1p 为液泡 ATP 酶 Vl 部分的亚单位 A。液泡 ATP 酶为 ATP 依赖性质子泵，用于酸化液泡。Pet9p 是线粒体内膜主要的 ADP/ATP 载体，将 ADP 运送到线粒体以生成 ATP。

糠醛作用于酿酒酵母耐受菌株 2h 时，有 18 个差异蛋白与细胞的代谢相关。糖酵解途径中 Glklp 和 Pdc5p 的相对表达量显著下调，醇脱氢酶 Adhlp 的表达量上调而 Adh4p 显著下调。与嘌呤核苷酸从头合成途径相关的三个蛋白 Adel3p、Ade3p 和 Ade4p 的相对表达量都下调，推测嘌呤核苷酸可能供应不足，这也会影响到 ATP、GTP、cAMP、NADH 和辅酶 A 的形成。与含硫氨基酸合成相关的差异蛋白有 Cys3p、Ecml7p、Met6p、Sahlp 和 Sam2p，细胞为了维持足够的甲硫氨酸和半胱氨酸，上调了与其合成相关的蛋白 Met6p 和 Sahlp，下调了与其降解相关的途径，即半胱氨酸到胱氨酸（cys3p）。糠醛胁迫 2h 时，与压力胁迫相关的蛋白有 Lsplp 和 Zeolp 负调控 Pkclp-MAP 激酶通路，Rps3p 和 Stmlp 与 DNA 损坏相关，表达量均上调。Ahplp 是一个硫醇相关的过氧化物蛋白，通过还原过氧化氢以保护细胞免受氧化伤害；Gpdlp 是与渗透胁迫相关的蛋白，相对表达量也下调了。糠醛胁迫 2h 时，与细胞运输相关的差异蛋白 Atp2p 和 Uso1p 相对表达量下调，Mir1p 的相对表达量上调。Atp2p 为线粒体 $F_1F_0$ATP 合成酶的 F1 部分的亚单位，Usolp 是内质网分泌过程中小泡辅助的内质网到高尔基运输所需的蛋白，Mirlp 为线粒体磷酸盐转运蛋白。

**3. 酿酒酵母对非致死浓度糠醛的响应机制的时间序列定量蛋白质组学研究**

为了研究酿酒酵母蛋白表达水平的动态变化，分别在 0h、20min、2h 和 3h 这四个时间点取蛋白样品对 iTRAQ 相对定量蛋白质组学进行分析。基于 95% 可信度的唯一肽段，共鉴定到 472 个蛋白，其中定量到 217 个蛋白。糠醛作用 20min 时，在两个生物重复中都鉴定到 214 个蛋白，只有 5 个蛋白的相对表达量发生变化，包括 1 个上调蛋白和 4 个下调蛋白，如表 5-11 所示；而 2h 时，有 226 个蛋白在两个生物重复中都被鉴定到，22 个蛋白的相对表达量下调和 28 个蛋白的相对表达量上调。表明非致死浓度的糠醛对酿酒酵母蛋白表达量的影响具有一定累积效应，在 2h 时比在 20min 时更为显著。

表 5-11　　　　　　　　　糠醛作用时发生变化的差异蛋白

| 基因名 | 描述 | 20min | | | 2h | | |
| --- | --- | --- | --- | --- | --- | --- | --- |
| | | 糠醛处理组/对照组 | 标准差 | $P$ 值 | 糠醛处理组/对照组 | 标准差 | $P$ 值 |
| 下调 | | | | | | | |
| MET3 | ATP 硫酸化酶 | 0.74 | 0.01 | 0.00 | 0.60 | 0.03 | 0.00 |
| MET17 | 甲硫氨酸，半胱氨酸合酶 | 0.78 | 0.05 | 0.00 | 0.60 | 0.02 | 0.00 |
| MET6 | 甲硫氨酸合酶 | 0.8 | 0.02 | 0.00 | 0.44 | 0.01 | 0.00 |
| SSA1 | ATPase | 0.8 | 0.03 | 0.00 | 0.92 | 0.25 | 0.49 |

续表

| 基因名 | 描述 | 20min ||| 2h |||
|---|---|---|---|---|---|---|---|
| | | 糠醛处理组/对照组 | 标准差 | P值 | 糠醛处理组/对照组 | 标准差 | P值 |
| 上调 | | | | | | | |
| THS1 | 苏氨酰 tRNA 合成酶 | 1.22 | 0.17 | 0.03 | 0.99 | 0.21 | 0.92 |

利用 TANGO 和 PRIMA 对 217 个定量蛋白分别进行启动子分析和功能聚类分析，发现这些蛋白主要分布于：蛋白质合成、含硫氨基酸生物合成、碳中心代谢、压力胁迫响应。用 CLICK 对 107 个与蛋白质合成相关定量蛋白进行聚类分析，发现对照组和糠醛处理组的蛋白质随时间变化趋势完全不同，如图 5-30 所示，在对照组，55 个与蛋白质合成相关的蛋白从 20min 到 2h 相对下调，但从 2h 到 3h 表达量则几乎不变；另外有 23 个蛋白相对

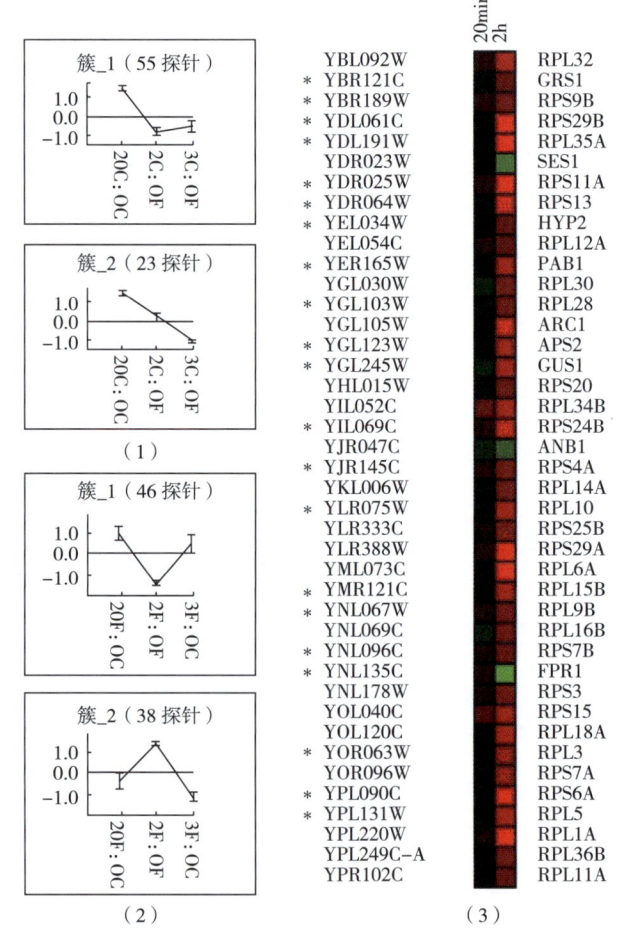

图 5-30 与蛋白质合成相关的蛋白

对照组（1）和糠醛处理组（2）的蛋白质时间序列数据聚类分析；

（3）在 20min 和 2h 时，相比于对照组，糠醛处理的酿酒酵母中蛋白质相对表达水平≥1.2 倍的蛋白。

红色代表上调，绿色代表下调，颜色越亮表明变化越大。* 表明 $P<0.05$。

表达量随着时间持续减少。总体而言，酿酒酵母中蛋白质合成相关的蛋白表达量有逐渐下降的趋势。而在糠醛处理组，46个蛋白表现为先下调后上调，而有38个蛋白表现为先上调后下调。糠醛的加入使得与蛋白质合成相关蛋白相对表达量的下降出现了时间上的延迟。蛋白质合成可能从翻译水平上辅助酿酒酵母细胞适应糠醛，以保护细胞免受大量未折叠蛋白和有毒蛋白的伤害，并导致一些特定基因的表达用以减轻糠醛对细胞的毒性和将糠醛转化为低毒性物质。

在对照组中，如图5-31所示，从20min到3h，含硫氨基酸生物合成途径中的酶Met3p、Met14p、Met17p、Met6p、Sam2p、Cys3p和Hom6p的表达量相对于0h时显著上

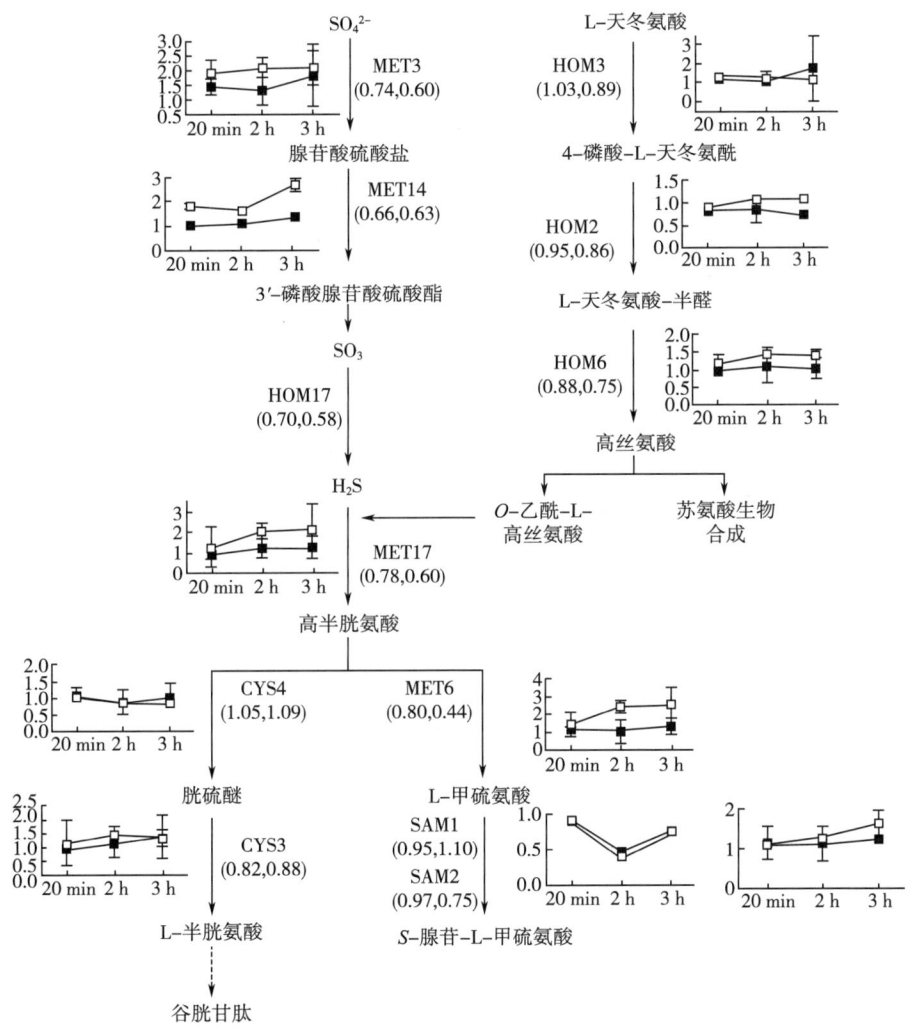

图5-31 与含硫氨基酸合成相关的蛋白

各坐标图表示的是相比于0h，对照组（□）和糠醛处理组（■）在20min、2h和3h各自蛋白质的相对表达情况，坐标轴中纵坐标表示蛋白相对表达量。图中同时还在括号内列出了与对照组相比，20min（第一个数值）和2h（第二个数值）糠醛作用下酿酒酵母的相对表达量。数值用黑体字表示，表明该蛋白显著变化；若用黑体字加下划线，表明该蛋白有变化趋势。

升。当有糠醛存在时，这种上升趋势受到了抑制，20min 时只有 Hom3p 和 Met3p 上调；2h 时只有 Met3p 和 Met17p 上调；直到 3h 时，糠醛完全转化，这些蛋白（Cys3p、Sam2p、Hom3p、Met6p、Met3p、Met14p 和 Met17p）才表现出了重新上升的趋势。糠醛处理过的酿酒酵母的 L-甲硫氨酸可能低于未处理组，L-甲硫氨酸的降低可能与糠醛加入所引起的细胞生长缓慢和发酵时间延长 4 个小时有关系。这表明含硫氨基酸合成途径在酿酒酵母对糠醛进行脱毒的整个过程中发挥着非常重要的作用。

有 27 个被定量蛋白参与了碳中心代谢，其中 20 个蛋白参与糖酵解途径、5 个蛋白参与三羧酸循环、2 个蛋白参与甘油的生物合成途径。如图 5-32 所示，在对照组中，GLK1、

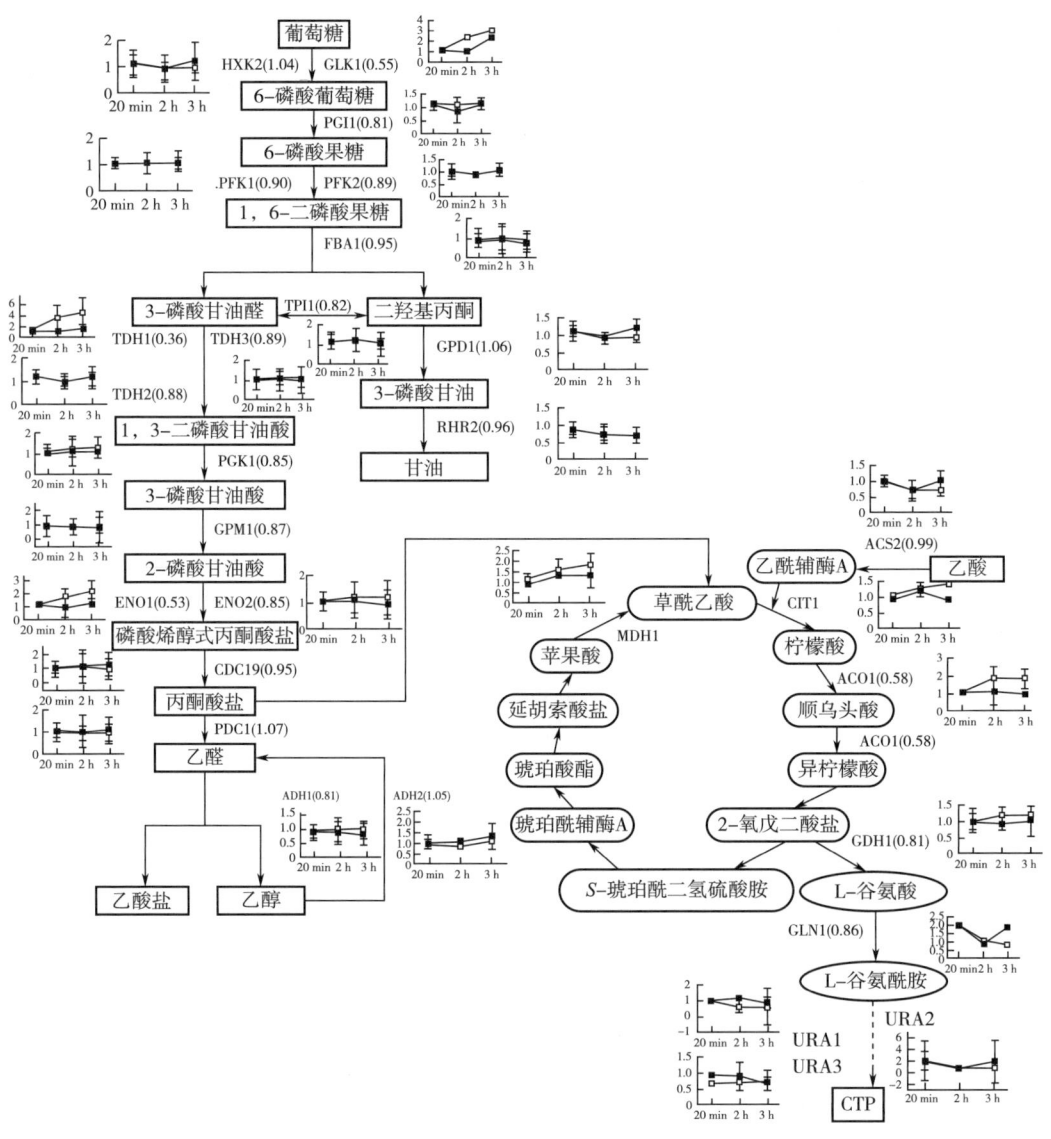

图 5-32　参与碳中心代谢（糖酵解途径、三羧酸循环和甘油合成途径）蛋白的相对表达量

注：坐标轴中纵坐标表示蛋白相对表达量。

ENO1、TDH1 和 PGK1 在 20min、2h 和 3h 的表达量均上调。但在糠醛作用下，这些蛋白在 20min 和 2h 时表达量不变，直到 3h 时，糠醛消耗完，这些蛋白才表现出上升趋势。GLK1 催化葡萄糖磷酸化，即体内细胞葡萄糖代谢不可逆的第一步。糠醛抑制了 GLK1 表达量的上调，进而抑制细胞对葡萄糖的吸收，与糠醛转化过程中葡萄糖消耗速率下降相一致。此外，ADH1 是负责催化乙醛到乙醇的主要酶，在对照组中该蛋白的表达量并不随着时间发生变化，而糠醛作用下该蛋白随着时间有略微下降趋势。在糠醛的转化过程中，Adh1 可用于催化乙醛到乙醇的减少。糠醛的加入导致参与碳中心代谢蛋白表达量上调的延滞，这可能是细胞生长和发酵受到糠醛抑制的原因之一。此外，所有与碳中心代谢相关的蛋白的相对表达量的变化都小于 2 倍，显示出 8g/L 的糠醛并没有对碳中心代谢造成巨大的影响，使得酿酒酵母在将糠醛转化为低毒性物质后，还能恢复并完成乙醇发酵。

如图 5-33 所示，定量的蛋白中有 24 个蛋白与细胞胁迫响应有关，其中有 16 个蛋白至少在一个时间点有变化，功能聚类分析表明这些发生变化的蛋白参与了未折叠蛋白胁迫（EGD2、HSC82、HSP31、KAR2、SSA1、SSB1 和 SSZ1）、渗透压和盐胁迫（AHP1、GRE2、GRX4 和 TSA1）、DNA 破坏胁迫（STM1 和 RPS3）和 pH 压力胁迫（GRE2），如图 5-33（1）所示。在这些差异蛋白中，有 4 个蛋白与细胞的信号途径有关，如图 5-33（2）所示。BMH1 和 FPR1 在 2h 时的相对表达量低于 20min 和 3h 时的。STM1、GRE2 和 ZEO1 在 2h 时的表达量则高于其他几个时间点，且相比于对照组，糠醛作用组的表达量也高于对照组。GRE2 受高渗透压甘油信号转导途径的调控，在渗透压、离子、氧化压力、热激和重金属等胁迫压力作用时，表达量会上升，这表明高渗透压甘油信号转导途径可能参与了酿酒酵母细胞对糠醛的响应。STM1 参与 TOR 信号途径，ZEO1 则负调控 PKC1-MPK1 细胞完整性途径，BMH1 则为假菌丝生长时的 Ras/MAPK 信号途径所需，3 个蛋白在糠醛作用下的相对表达量比对照组显著上调，说明三个细胞途径可能参与了酿酒酵母对糠醛的响应，但是参与者三个细胞途径的蛋白都是低丰度蛋白，并未被定量到。另外有 4 个是热激蛋白，如图 5-33（3）所示。相比于 0h 时，热激蛋白 HSP104 在 20min、2h 和 3h 时都表现出了上调，但对照组的上调幅度没有糠醛处理组高。另一个热激蛋白 HSP31 在 3h 时，蛋白质的相对表达量在糠醛对照组里比对照组高。HSP104 是常见的抗胁迫伴侣分子，与 SSA1 一起合作使已变性、发生聚凝的蛋白质重新折叠和恢复活性。SSA4 和 SSA1 都是 HSP70 家族成员，在信号识别颗粒依赖型共翻译的蛋白到细胞膜的识别和定位中扮演着重要的角色。相比于 0h 时，SSA1 在 2h 和 3h 时的相对表达量也显著上升了。2h 时，SSA4 的相对表达量在糠醛的作用下至少增加了 5 倍。HSC82，HSP90 的异构体，在 2h 时的相对表达量高于 20min 和 3h，用于一小部分不易折叠蛋白（激酶和转录因子 SWE1、GCN2 和 HAP1）的折叠起始。这四种热激蛋白参与了细胞未折叠蛋白的胁迫响应，糠醛胁迫可能会提高细胞内部分未折叠蛋白的数量，从而需要更多的伴侣分子（热激蛋白）进行响应，表明未折叠蛋白胁迫响应与酿酒酵母对糠醛的耐受和适应有关系。

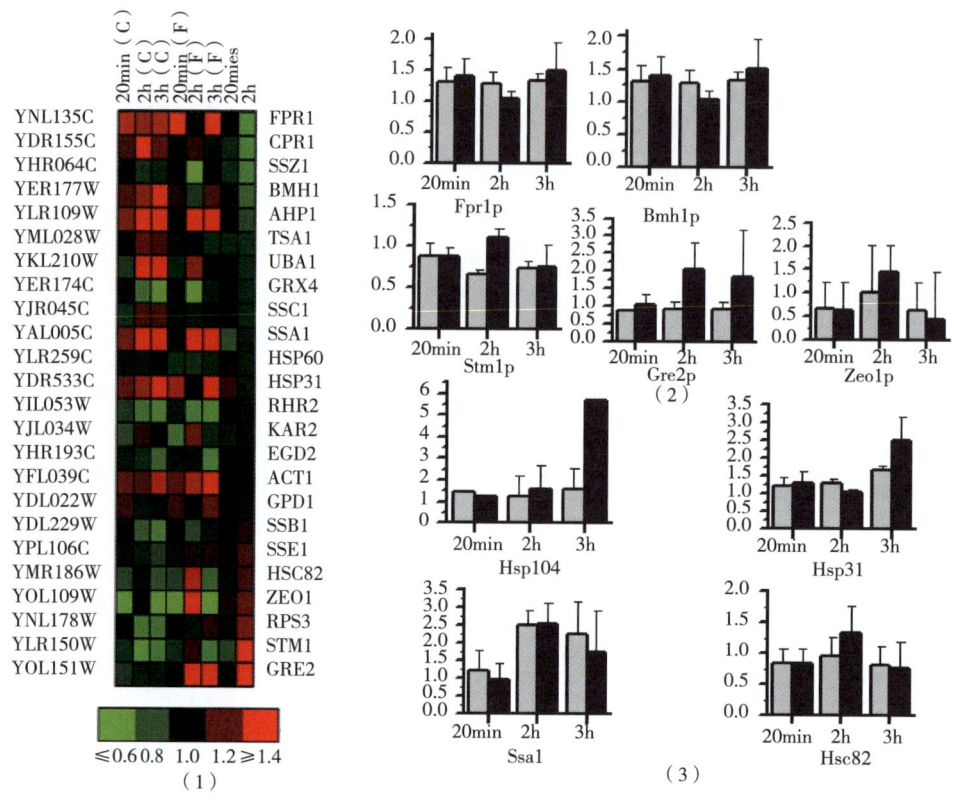

图 5-33 与压力胁迫响应相关的蛋白

(1) 对照组和实验组的时间序列相对定量蛋白质组学数据（C 代表对照组，F 代表糠醛作用组）；
(2) 与信号转导途径相关的蛋白；(3) 热激蛋白

## 二、酿酒酵母及苯酚耐受菌株的比较蛋白质组学研究

### 1. 酿酒酵母普通菌株对苯酚在蛋白质水平上的响应情况

利用鸟枪法对酿酒酵母在苯酚胁迫下进行比较蛋白质组学研究，取样时间分别为苯酚处理过的 20min 和 40min，对照组（无苯酚处理）和苯酚处理组的等量酿酒酵母全蛋白提取物分别在 $^{16}O$ 和 $^{18}O$ 水中酶解成肽段，然后等量混合上样，用 2D-LC-MS/MS 进行检测。酿酒酵母普通菌株在苯酚处理 20min 时，共有 144 个蛋白鉴定到，定量到其中的 90 个蛋白。以未加苯酚为对照组，所得差异蛋白如表 5-12 所示，分别有 4 个蛋白的相对表达量下降，有 11 个蛋白的相对表达量上升。用 FunCatDB 软件对这些差异蛋白进行细胞定位和功能分析，如表 5-12 所示，它们主要参与蛋白质合成、压力胁迫响应、细胞代谢和细胞转运系统。有 14 个差异蛋白位于细胞质。有 5 个蛋白位于细胞核，有 2 个蛋白位于核糖体，而位于氧化物体和细胞液泡的蛋白各有一个。

共有 8 个差异蛋白参与了蛋白质合成过程，包括 RPL32、RPP28、HYP2、RPS20、

RPL10、ASC1、RPS7A 和 RPL33A。其中除了 HYP2 的相对表达量下调，其他全部表现为上调。HYP2 为翻译延伸因子 eIF-5A，用于辅助核糖体中蛋白质合成，其相对表达量的下降可能是其他核糖体蛋白表达量上升的原因。ASC1 是保守的真核生物的 40S 核糖体核心元件，过表达会抑制基因的表达。RPL32、RPL10 和 RPL33A 为 60S 核糖体的蛋白质组成，RPL32 的过表达会解除端粒沉默；RPL10 用于连接 40S 核糖体和 60S 核糖体的各个亚单位，用于调节转录起始。RPS20 和 RPS7A 是 40S 核糖体的蛋白质组成。RPS7A 的过表达与细胞形态、细胞周期和细胞发芽的不正常有关系。与蛋白质合成相关的差异蛋白发生变化，说明苯酚的加入严重干扰了核糖体生成、基因表达、细胞周期、形体和发芽的正常进行。

表 5-12　　苯酚作用于酿酒酵母普通菌株 20min 时的差异蛋白

| 系统名称 | 基因名 | 描述 | $^{18}O/^{16}O$ 比例 (20min) | 标准差 (20min) |
| --- | --- | --- | --- | --- |
| 蛋白质合成 | | | | |
| YBL092W | RPL32 | 核糖蛋白 | 1.92 | 0.4 |
| YDR382W | RPP28 | 核糖蛋白 | 2.55 | 0.92 |
| YEL034W | HYP2 | 核糖蛋白 | 0.6 | 0.23 |
| YHL015W | RPS20 | 核糖蛋白 | 1.65 | 0.59 |
| YLR075W | RPL10 | 核糖蛋白 | 2.07 | 0.60 |
| WMR116C | ASC1 | 核糖蛋白 | 1.59 | 0.57 |
| YOR096W | RPS7A | 核糖蛋白 | 1.76 | 0.30 |
| YPL143W | RPL33A | 核糖蛋白 | 1.77 | 0.64 |
| 压力胁迫响应 | | | | |
| YLR109W | AHP1 | 硫醇特异性过氧化物酶 | 0.53 | 0.20 |
| YPL028W | ERG10 | 乙酰辅酶 A 乙酰转移酶 | 1.70 | 0.54 |
| YJR009C | PHO2 | 同源转录因子 | 2.09 | 0.30 |
| 细胞代谢 | | | | |
| YPL231W | FAS2 | 脂肪酸合酶 α 亚基 | 0.40 | 0.16 |
| YDL055C | PSA1 | GDP 甘露糖焦磷酸化酶 | 2.19 | 0.86 |
| YJR009C | TDH2 | 3-磷酸甘油醛脱氢酶 | 0.58 | 0.15 |
| 胞内转运、转运促进蛋白 | | | | |
| YDL185W | TFP1 | — | 1.99 | 0.61 |

有 3 个差异蛋白（FAS1、PSA1 和 TDH2）参与了细胞的代谢过程。FAS2 和 TDH2 的相对表达量在苯酚作用下下调，而 PSA1 的相对表达量则是上调。FAS2 为酿酒酵母催化长链饱和脂肪酸的合成，有研究表明在短链正烃醇（C2~C4）的作用下，大肠杆菌的不饱和脂肪酸和饱和脂肪酸比例会增加。PSA1 为 GDP-甘露糖焦磷酸化酶，催化以 GTP 和 1-磷酸甘露糖为底物生成 GDP-甘露糖，是正常细胞结构所必需。有 3 个与细胞胁迫相关的差异蛋白（AHP1、PHO2 和 ERG10）。AHP1 的相对表达量下调，而 PHO2 和 ERG10 的相对表达量上调，与糠醛胁迫下的变化趋势一致。ERG10 为甲戊二羟酸途径的第一个酶，甲戊二羟酸为固醇类和非固醇类异戊二烯烃的合成所需。固醇类对于酵母的细胞膜完整性和膜流动性有重要作用。此外，在所有差异蛋白中，有一个蛋白 TFP1 参与细胞运输，运输细胞器和运输途径。TFP1 的相对表达量在苯酚作用下上调。TFP1 为液泡 ATP 酶 V1 部分的亚单位 A。液泡 ATP 酶为 ATP 依赖性质子泵，用于酸化液泡。

**2. 酿酒酵母耐受菌株对苯酚在蛋白质水平上的响应情况**

在苯酚对酿酒酵母苯酚耐受菌株作用 20min 和 40min 时，以未加苯酚为对照组，所得差异蛋白如表 5-13 和表 5-14 所示，分别有 46 个和 23 个蛋白的相对表达量受到了苯酚的影响。用 FunCatDB 软件对 46 个差异蛋白进行功能分类。这些功能分类包括蛋白质合成、细胞代谢、压力胁迫响应、胞内转运系统、细胞周期和 DNA 处理和未分类蛋白。①与蛋白质合成相关的差异蛋白：在 20min 时，参与蛋白质合成过程的有 14 个蛋白，除了蛋白 TUF1 和 RPL22A 的相对表达量下调，其余都表现为上调。TUF1 为线粒体翻译延伸因子 Tu，同时具有 GTP 酶和鸟嘌呤核苷酸交换因子的活性，TUF1 失活也会使细胞变小并使线粒体形态出现不正常。RPL22A 的失活会使细胞形态和出芽方式不正常，降低发酵速率。RPL17B、RPL21A、RPL22A、RPL32p、RPL38P 和 RPL39p 为 60S 核糖体的蛋白质组成。RPL32 的过表达有助于解除端粒沉默。RPL39 为核糖体生成所必需，在基因水平上与 PAB1 相互作用，PAB1 为 POLYA 结合蛋白。RPS7A 和 RPS2 相对表达量均表现出上调，是翻译准确性控制所必需。Tma19a 是与核糖体相连接的蛋白，SSB1 为细胞质 ATP 酶与核糖体相连接的分子伴侣，TMA19A 和 SSB1 过表达可以提高酿酒酵母的耐受性。在 40min 时，与蛋白质合成相关的差异蛋白有 10 个，相对表达量都是上调。RPL16B、RPL17B、RPL32、RPL33A 和 RPL6B 为 60S 核糖体的蛋白质组成。RPS20 和 RPS3 为 40S 核糖体的蛋白质组成。②与细胞代谢过程相关的差异蛋白：有 19 个差异蛋白与酿酒酵母代谢相关，有 7 个参与了氨基酸代谢过程。METL7、CYS3 和 CYS4 参与了含硫氮基酸的合成，METL7 和 CYS4 的相对表达量是上调，但 CYS3 的相对表达量是下降的。ARO4 是催化芳香族氨基酸合成的第一步，ASNL 是天冬酰胺合成酶，两者相对表达量在苯酚作用下上调。Gly1p 催化 L-苏氨酸和苏氨酸断裂生成甘氨酸的过程，LPDL 参与甘氨酸裂解系统，两者相对表达量在苯酚作用下上调。麦角固醇生物合成途径中的两个酶 ERG3 和 ERG11 的相对表达量上调，酵母通过甲戊二羟酸来合成固醇类和非固醇类异戊二烯烃。而 ERG10 和 ERG13 分别是催化甲戊二氢酸合成途径的第一步和第二步的酶，两者的表达量在苯酚作用下都下降。碳代谢过程中，参与糖酵解途径和糖异生途径的 TDH2 的相对表达量在苯酚作用下下降，另外糖异生途径的蛋白 ADH2 的表达量也下调。只参与糖酵解途径的蛋白 PFK1 的相对表达量上调。PSA1 和 SEC53 是参与多萜醇-磷酸甘露糖合成途径的酶，GDP-甘露糖用于细胞壁碳水化合物的合成和蛋白糖基化，为正常细胞结构所需，其相对表达量上调。③与细胞胁迫压力响应相关的差异蛋白：20min 时，有 5 个蛋白与细胞的胁迫压力响应相关：SSB1、MCX1、RAD1、ERG11 和 ZEO1。ERG11、SSB1 和 ZEO1 的相对表达量上调，其中 ERG11 为麦角固醇生成途径的酶。MCX1 为线粒体基质蛋白，可能参与蛋白质的重折叠过程，相对表达量下降。RAD1 单链 DNA 核酸内切酶与 DNA 损坏相关，相对表达量下调。40min 时，有 5 个蛋白参与了细胞的胁迫响应：RPS3、SSZ1、ZEO1、HSP12 和 ECM10。除了热激蛋白 ECM10，其他蛋白相对表达量上调。HSP12 和 SSZ1 参与蛋白质未折叠响应；RPS3 与 DNA 损坏相关。④与胞内转运系统相关的差异蛋白：20min 时，有 7 个差异蛋白与细胞运输、运输细胞器和运输途径相关。其中，VMA2、SSH1、SEC61 和 TFP1（VMA1）为吞噬体。SSH1 和 SEC61 两个蛋白的相对表达量都下调。SSH1 为 SEC61 的同源蛋白，是 SEC61 复合物的必需亚单位。SEC61 复合物在内质网膜内形成信号识别颗粒依赖型通道，辅助膜蛋白和分泌蛋白转运到内质网，也辅助错误折叠蛋白逆行转运到细胞质内以进行降解。TFP1 和 VMA2 分别是液泡 ATP 酶 V1 部分的亚单位 A 和 B，液泡 ATP 酶为 ATP 依赖性质子泵，用于酸化液泡。液泡酸化在多个细胞代谢过程中扮演着重要的角色，包括内吞作用、新合成溶酶体酶的定位和其他分子定位过程。此外，TFP1 通过自身催化的蛋白剪接生成位置特异性核酸内切酶 PI-Sce I。这可能解释了 TFP1 和 VMA2 虽然同为一个复合体蛋白的亚单位，但相对表达量在苯酚作用下，一个表现出上调，一个表现出下调。NPL3 相对表达量在苯酚的作用下上调，其参与多个生物过程。YLR301W 相对表达量在苯酚作用下上调，为未分类蛋白，但因为与 SEC72 相互作用，被认为可能与共翻译蛋白到膜定位有关。40min 时，有 3 个差异蛋白与细胞运输、运输细胞器和运输途径相关。ECM10、SSH1 和 SUO1 的相对表达量都下调。SSH1 在 20min 时，表达量也下调。ECM10 与蛋白质转运相关，并参与细胞胁迫响应机制。⑤与细胞周期和 DNA 处理相关的差异蛋白：TAF14 和 WTM1 都是与细胞周期和 DNA 处理相关的蛋白，在苯酚作用下，TAF14 的相对表达量下调。WTM1 相对表达量上调。TAF14 是一系列蛋白复合物的组成成分，参与 RNA 聚合酶 II 转录的起始和染色体的修饰；WTM1 为转录调节元件，参与有丝分裂、沉默和 RNR 基因表达，核糖核苷酸还原酶小亚单位 RNR2 和 RNR4 的细胞核定位需要 Wtm1p。

表 5-13    苯酚作用于酿酒酵母耐受菌株 20min 时的差异蛋白

| 系统名称 | 基因名 | 描述 | 20min | |
| --- | --- | --- | --- | --- |
| | | | $^{18}O/^{16}O$ 比例 | 标准差 |
| 蛋白质合成 | | | | |
| YJL177W | RPL17B | 核糖体蛋白 | 2.38 | 0.34 |
| YBR191W | RPL21A | 核糖体蛋白 | 1.76 | 0.10 |

续表

| 系统名称 | 基因名 | 描述 | 20min | |
|---|---|---|---|---|
| | | | $^{18}O/^{16}O$ 比例 | 标准差 |
| YLR061W | RPL22A | 核糖体蛋白 | 0.24 | 0.12 |
| YBL092W | RPL32 | 核糖体蛋白 | 1.57 | 0.32 |
| YLR325C | RPL38 | 核糖体蛋白 | 2.39 | 0.57 |
| YJL189W | RPL39 | 核糖体蛋白 | 1.99 | 0.53 |
| YOR369C | RPS12 | 核糖体蛋白 | 2.29 | 0.22 |
| YGL123W | RPS2 | 核糖体蛋白 | 2.52 | 0.39 |
| YOR096W | RPS7A | 核糖体蛋白 | 2.11 | 0.67 |
| YDR037W | KRS1 | 赖氨酰-tRNA 合成酶 | 1.57 | 0.32 |
| YER165W | PAS1 | 部分 3′末端 RNA 加工复合体 | 1.95 | 0.10 |
| YDL229W | SSB1 | 胞质 ATPase | 2.16 | 0.52 |
| YKL056C | TMA19 | 核糖体结合蛋白 | 2.40 | 0.70 |
| YOR187W | TUF1 | 线粒体翻译延伸因子 Tu | 0.28 | 0.11 |
| 细胞代谢 | | | | |
| YDR232W | HEM1 | 5-氨基乙酰丙酸合成酶 | 0.17 | 0.17 |
| YBR249C | ARO4 | 3-脱氧-7-磷酸-D-阿拉伯庚糖酮酸合酶 | 0.29 | 0.01 |
| YML126C | ERG13 | 3-羟基-3-甲基戊二酰辅酶 A 裂解酶 | 0.30 | 0.00 |
| YMR303C | ADH2 | 葡萄糖抑制醇脱氢酶Ⅱ | 0.30 | 0.03 |
| YFL018C | LPD1 | 二氢硫辛酰胺脱氢酶 | 0.31 | 0.16 |
| YOR061C | ADE6 | 甲酰甘氨酰胺核苷酸合酶 | 0.32 | 0.09 |
| YEL046C | GLY1 | 苏氨酸醛缩酶 | 0.37 | 0.02 |
| YAL012W | CYS3 | 胱硫醚-γ-裂解酶 | 0.48 | 0.02 |
| YJR009C | TDH2 | 3-磷酸甘油醛脱氢酶 | 0.61 | 0.18 |
| YPL028W | ERG10 | 乙酰辅酶 A 酰基转移酶 | 0.62 | 0.20 |
| YLR303W | MET17 | O-乙酰高丝氨酸-O-乙酰丝氨酸硫基化酶 | 1.50 | 0.01 |
| YGR240C | PFK1 | 异型磷酸果糖激酶 α 亚基 | 1.51 | 0.42 |
| YPR145W | ASN1 | 天冬酰胺合成酶 | 1.53 | 0.54 |
| YFL045C | SEC53 | 磷酸甘露糖变位酶 | 1.65 | 0.63 |
| YDL055C | PSA1 | GDP-甘露糖焦磷酸化酶 | 1.76 | 0.04 |

续表

| 系统名称 | 基因名 | 描述 | 20min $^{18}O/^{16}O$ 比例 | 标准差 |
|---|---|---|---|---|
| YHR007C | ERG11 | 羊毛固醇-1，4-α-去甲基化酶 | 1.81 | 0.58 |
| YGR155W | CYS4 | 胱硫醚β合酶 | 1.84 | 0.59 |
| YMR202W | ERG2 | C-8 固醇异构酶 | 1.90 | 0.01 |
| YJL026W | RNR2 | 核糖核苷酸还原酶 | 2.51 | 0.68 |
| 胞内转运系统 | | | | |
| YDR432W | NPL3 | RNA 结合蛋白 | 0.42 | 0.11 |
| YBR127C | VMA2 | V-ATPase 亚基 B | 0.46 | 0.18 |
| YBR283C | SSH1 | Ssh4 异位子复合物亚基 | 0.47 | 0.04 |
| YLR378C | SEC61 | Sec61 复合物必需亚基 | 0.60 | 0.07 |
| YDL185W | TFP1 | 液泡 ATPase V1 结构域亚基 A | 1.68 | 0.41 |
| YLL050C | COF1 | 肌动蛋白 | 1.77 | 0.09 |
| YLR301W | YLR301W | 未知功能的 Sec72p 互动蛋白 | 2.51 | 1.06 |
| 压力胁迫响应 | | | | |
| YBR227C | MCX1 | 线粒体 ATP 结合蛋白 | 0.22 | 0.07 |
| YPL022W | RAD1 | 单链 DNA 内切酶 | 0.44 | 0.21 |
| YOL109W | ZEO1 | 质膜外周膜蛋白 | 2.76 | 0.73 |
| 细胞周期和 DNA 加工 | | | | |
| YPL129W | TAF14 | TFIID，TFIIF，SWIISNF 复合物亚基 | 0.40 | 0.11 |
| YOR230W | WTM1 | 转录抑制子 | 2.37 | 0.64 |
| 未分类蛋白 | | | | |
| YBR025C | YBR025C | 未知蛋白 | 1.93 | 0.07 |

注：$^{18}O$ 和 $^{16}O$ 分别表示全蛋白提取物在 $^{18}O$ 和 $^{16}O$ 水中酶解成肽段，等量混合上样得到的蛋白表达数据。

表 5-14　　　　苯酚作用于酿酒酵母耐受菌株 40min 时的差异蛋白

| 系统名称 | 基因名 | 描述 | 40min $^{18}O/^{16}O$ 比例 | 标准差 |
|---|---|---|---|---|
| 蛋白质合成 | | | | |
| YNL069C | RPL16B | 核糖体蛋白 | 3.30 | 1.01 |

续表

| 系统名称 | 基因名 | 描述 | 40min $^{18}O/^{16}O$ 比例 | 标准差 |
|---|---|---|---|---|
| YJL177W | RPL17B | 核糖体蛋白 | 2.32 | 0.89 |
| YBL092W | RPL32 | 核糖体蛋白 | 2.60 | 0.90 |
| YPL143W | RPL33A | 核糖体蛋白 | 2.69 | 0.88 |
| YLR448W | RPL6B | 核糖体蛋白 | 1.52 | 0.50 |
| YHL016W | RPS20 | 核糖体蛋白 | 1.96 | 0.76 |
| YNL178W | RPS3 | 核糖体蛋白 | 1.77 | 0.45 |
| YDR037W | KRS1 | 赖氨酰-tRNA 合成酶 | 2.76 | 1.06 |
| YHR064C | SSZ1 | Hsp70 蛋白 | 3.20 | 1.09 |
| YLR249M | YEF3 | 翻译延伸因子 | 1.50 | 0.46 |
| 细胞代谢 | | | | |
| *YGR061C | ADE6 | 甲酰甘氨酰胺核苷酸合酶 | 1.76 | 0.49 |
| YJR105W | ADO1 | 腺苷酸激酶 | 0.61 | 0.15 |
| YJR016C | ILV3 | 二羟基酸脱水酶 | 0.57 | 0.22 |
| YFL045C | SEC53 | 磷酸甘露糖变位酶 | 3.00 | 0.50 |
| YMR149W | SWP1 | 寡糖转移酶糖蛋白复合物 Delta 亚基 | 1.50 | 0.00 |
| 胞内转运系统 | | | | |
| YEL030W | ECM10 | Hsp70 家族热激响应蛋白 | 0.38 | 0.01 |
| YBR283C | SSH1 | Ssh1 异位子复合物亚基 | 0.48 | 0.09 |
| YDL084W | SUB2 | TREX 复合物组分 | 0.46 | 0.05 |
| 压力胁迫响应 | | | | |
| YFL014W | HSP12 | 质膜定位蛋白 | 1.53 | 0.13 |
| YHR064C | SSZ1 | Hsp70 蛋白 | 3.20 | 1.09 |
| YOL109W | ZEO1 | 质膜外周膜蛋白 | 1.63 | 0.25 |
| 细胞周期和 DNA 加工 | | | | |
| YOR230W | WTM1 | 转录抑制子 | 1.54 | 0.58 |
| 未分类蛋白 | | | | |
| YOL154W | ZPS1 | 假定 GPI-锚定蛋白 | 1.87 | 0.62 |

# 第四节　乙醇发酵过程中的比较脂组学研究

燃料乙醇生产过程中除了抑制剂问题，纤维素会分解成五碳糖和六碳糖作为酿酒酵母的碳源，能够同时发酵木糖和葡萄糖的菌株对于整个生产过程更经济。普渡大学构建的重组菌株424A（LNH-ST）是一株可以共发酵纤维素水解液中的葡萄糖和木糖的优良菌株。以能利用木糖的基因工程菌424A（LNH-ST）和其出发菌株4124为研究对象，考察两株菌在不同培养基中的生长代谢特征，并运用高通量的磷脂分析策略试图对酵母细胞的耐受抑制剂能力和木糖利用能力给出更好的理解。

## 一、酿酒酵母普通菌株和木糖利用菌在不同培养基中的发酵情况

四种培养基分别是丰富培养基YEP、有限培养基YNB、经AFEX预处理的玉米秸秆水解液（Hyl）以及经AFEX预处理的玉米秸秆水洗液（WS），四种培养基中糖质量浓度都调节为葡萄糖60g/L而木糖30g/L。图5-34（1）是酵母菌株4124和木糖利用菌株424A（LNH-ST）在不同培养基中的生长曲线，两种菌株在不同的培养基中生长能力不同，即使在同一种培养基中，两种菌株也有不同的生长曲线。YEP培养基是最适宜细胞生长的培养基，基因工程菌424A（LNH-ST）稳定期$OD_{600}$达到了16，出发菌株4124稳定期细胞密度则接近14。AFEX预处理的玉米秸秆的水洗液（WS）和水解液（Hyl）中有大量的营养物质，但是同时都存在预处理的过程中产生的抑制性的降解产物。由于抑制性化合物和营养物质的双重影响，两种菌株在WS和Hyl培养基中的生长都优于YNB培养基但是逊于YEP培养基。值得注意的是，424A（LNH-ST）菌株在除YNB以外的所有培养基中都有高于4124菌株的稳定期细胞密度，可见营养物质的缺乏对菌株424A（LNH-ST）的影响要比4124更为明显。

图5-34（2）是两种菌株在不同培养基中的葡萄糖利用曲线。两种菌株在所研究的四种培养基中，几乎所有的葡萄糖（60g/L）都在发酵10h内消耗完毕。在YEP和YNB培养基中，两种菌株之间的葡萄糖利用并没有明显差异。但是两种菌株在WS和Hyl培养基中的葡萄糖代谢曲线之间显示了很大差异。普通4124菌株在含抑制剂培养基（WS和Hyl培养基）中的葡萄糖消耗速率是比在YEP培养基中高的，而424A（LNH-ST）菌株在含抑制剂培养基中的葡萄糖消耗速率是比在YEP培养基中低的。

图5-34（3）显示了两种菌株的木糖利用情况，普通菌株4124并不能利用木糖。菌株424A（LNH-ST）的木糖代谢受到培养基的影响，YEP培养基最适于木糖代谢，木糖都在发酵30h内耗尽。YNB培养基中菌株木糖代谢速率最低，发酵48h后仍有20g/L的残留木糖，说明营养物质的缺乏对木糖利用产生了极为不利的影响。培养基中的抑制性物质同样不利于木糖代谢，WS与Hyl培养基发酵48h后培养基中仍有约10g/L的木糖。乙醇的生成与糖的代谢密切相关。糖利用得越多，生成的乙醇量也越高。

图5-34（4）是两种菌株在不同培养基中的乙醇生成曲线。在发酵培养的前10个小

时，细胞主要是处于利用葡萄糖的阶段，因此菌株 4124 发酵产生了比 424A（LNH-ST）菌株更高浓度的乙醇，并且其在 Hyl 培养基中的乙醇浓度最高。但是 10h 之后能继续利用木糖的 424A（LNH-ST）菌株发酵产生了更高浓度的乙醇。对 424A（LNH-ST）菌株来说，YEP 培养基是四种培养基中最适于乙醇生产的培养基，其在 YEP 培养基中的最终乙醇浓度达到了 40g/L，在 Hyl 培养基中次之，最终乙醇浓度为 31g/L。

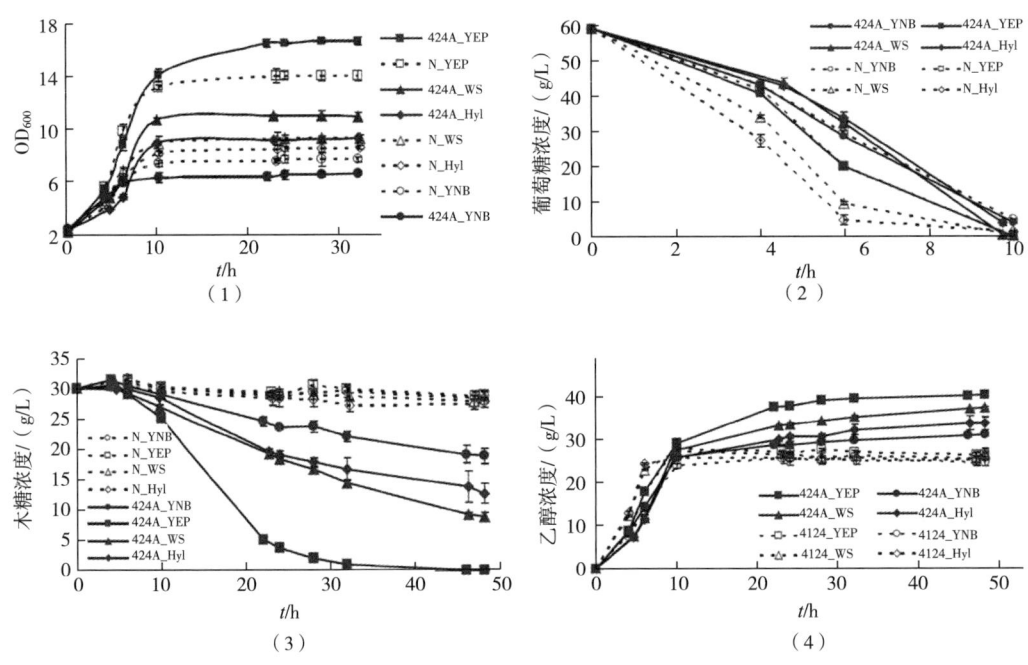

图 5-34 酵母菌株 424A（LNH-ST）及其出发菌株 4124 在不同培养基中的发酵曲线
(1) 在不同培养基中的生长曲线；(2) 葡萄糖利用曲线；(3) 木糖利用曲线；
(4) 乙醇生成曲线。误差线代表标准偏差（$n \geq 3$）。

## 二、膜上磷脂的变化与酵母菌株乙醇发酵的关系

### 1. 发酵 6h 后比较脂质组学分析

图 5-35 表示了 4124 和 424A（LNH-ST）两种菌株在不同培养基中发酵培养 6h 的磷脂组成。培养基的变化会影响磷脂样品的组成，两种菌株的磷脂酰肌醇（PI）水平在 YNB 培养基中都是四种培养基中最低的。两种菌株在 YEP 培养基中的不同种类磷脂中的含量分布并没有太大的区别，但是在 Hyl 培养基中的磷脂组成显示了较大的区别。普通菌株 4124 在 Hyl 培养基中的磷脂样品具有比 YEP 培养基中的样品更高的 PC 和 PS 含量，而 PE 分子的含量在两种培养基之间并未有太大差别。对菌株 424A（LNH-ST）来说，Hyl 培养基中抑制性降解产物的存在引起了木糖利用菌株 424A（LNH-ST）的膜上磷脂组成的变化，PC、PE 和 PI 是主要的磷脂种类，而 PS、PA、PG、Lyso PC 和 Lyso PE 含量较低。

此外，对菌株 424A（LNH-ST）而言，其磷脂样品的 PS 水平在不同培养基中并无较大变化。尽管 PS 只占总磷脂含量的 1%~6.5%，但作为 PC 和 PE 分子从头合成的重要中间代谢产物，PS 分子在维持正常的膜功能方面发挥着不容忽视的作用。

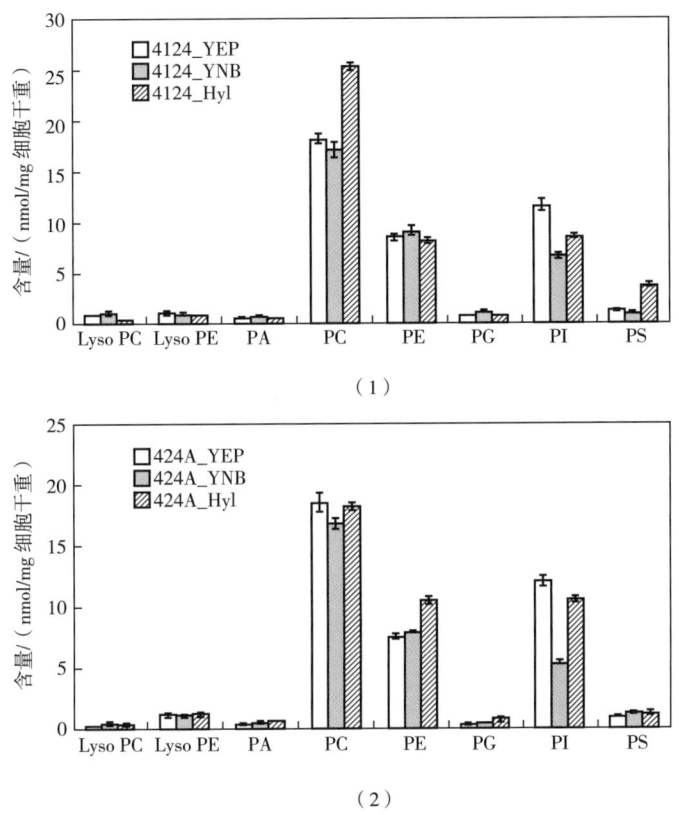

图 5-35 两种菌株在不同培养基中发酵培养 6h 后磷脂样品中各类磷脂的含量
注：误差线表示标准偏差。

图 5-36 是发酵培养 6h 后，菌株 424A（LNH-ST）在 YEP 和 Hyl 培养基中每类磷脂的脂肪酸碳链的组成。饱和脂肪酸中的 16：0（PL 32：0、PL 34：0、PL 32：1、PL34：1）与 18：0（PL 34：0、PL34：1）和单不饱和脂肪酸中的 16：1（PL 32：1、PL 32：2、PL 34：1、PL34：2）与 18：1（PL 34：1、PL 34：2）是每类磷脂分子的主要的脂肪酸碳链。对菌株 424A（LNH-ST）而言，与来自 YEP 培养基的样品相比，其在 Hyl 培养基中的磷脂样品比在 YEP 培养基中的磷脂样品有更高的碳链不饱和度。Hyl 培养基中磷脂样品的饱和度的变化可能标志着 424A（LNH-ST）菌株通过改变其膜流动性来适应培养环境中的抑制性物质的胁迫。对于 PC 分子，来自 Hyl 培养基中的样品有较高含量的 PC32：2 与 PC 34：2 和较低含量的 PC 32：0 与 PC 34：0。对 PE 分子，来自 Hyl 培养基中的磷脂样品的 PE 32：2 含量高而 PE 30：0 和 PE 28：0 含量低。对于 PI 分子，来自 Hyl 的磷脂样品有更高含量的 PI 34：2、PI 34：1 和 PI 32：2，而 PI 28：0 和 PI 26：0 含量低。

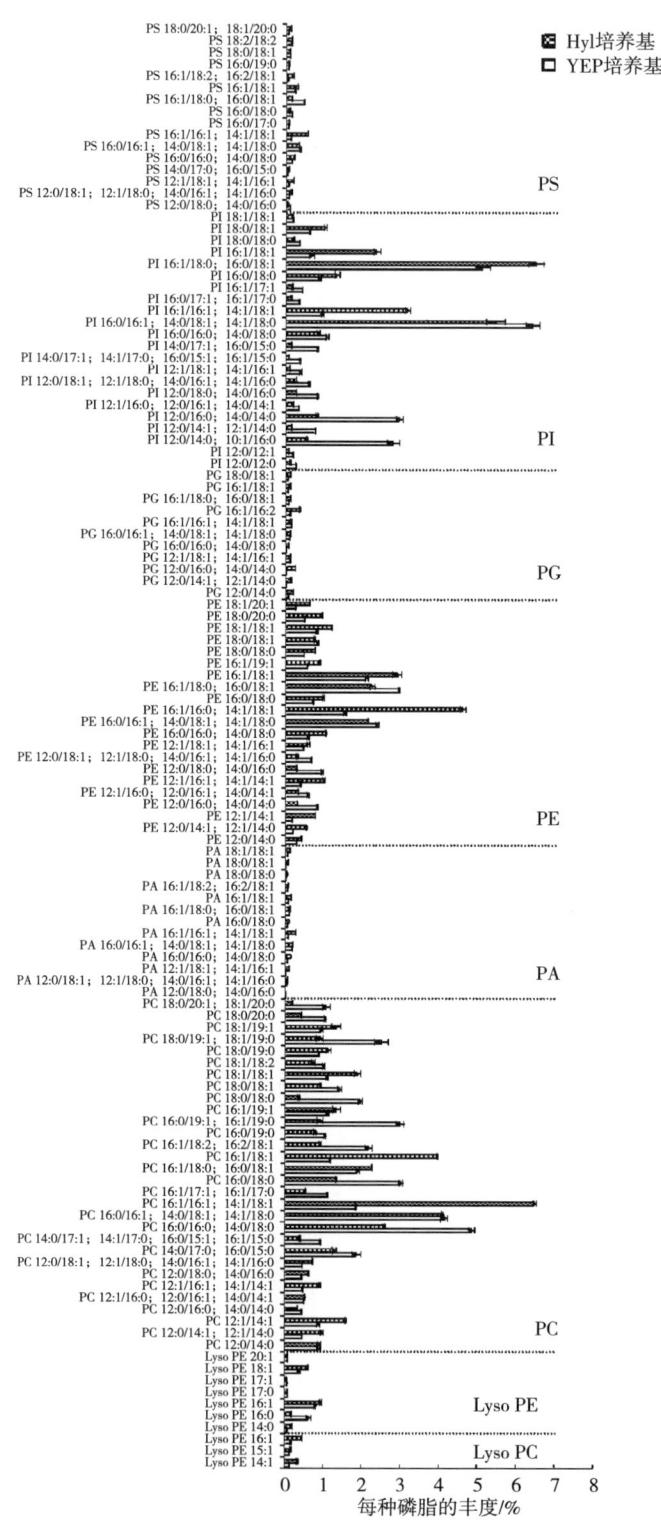

图 5-36 菌株 424A（LNH-ST）在 YEP 和 Hyl 培养基中各类磷脂脂肪酸碳链的组成（6h）

注：各种磷脂分子的含量以其占总磷脂的百分比来表示。误差线表示标准偏差。

从图 5-37（1）中可以看出，两种菌株在不同培养基中的样品都能彼此区分开，这说明培养基的不同所造成的磷脂组的差异在发酵培养 6h 时就发生了。值得注意的是，对两种菌株而言，从 YEP 和 YNB 培养基中取到的样品都相距很近，无法彼此区分开。对于普通菌株而言，含抑制剂培养基（WS 与 Hyl）与不含抑制剂培养基（YEP 与 YNB）中的磷脂样品之间的区分是在第一主成分上实现的；而对木糖利用菌株 424A（LNH-ST）而言，这种区分是在第二主成分上实现的。由于第一主成分比第二主成分的贡献率大，因此，抑制性物质带来的磷脂组的变化在普通菌株 4124 中更大。主成分分析得到的载荷图 [图 5-37（2）] 显示 PS 与 PI 是造成发酵 6h 的磷脂样品间的区分的生物标志物。这说明 PI 与 PS 合成的调控早在指数生长期就发生了。

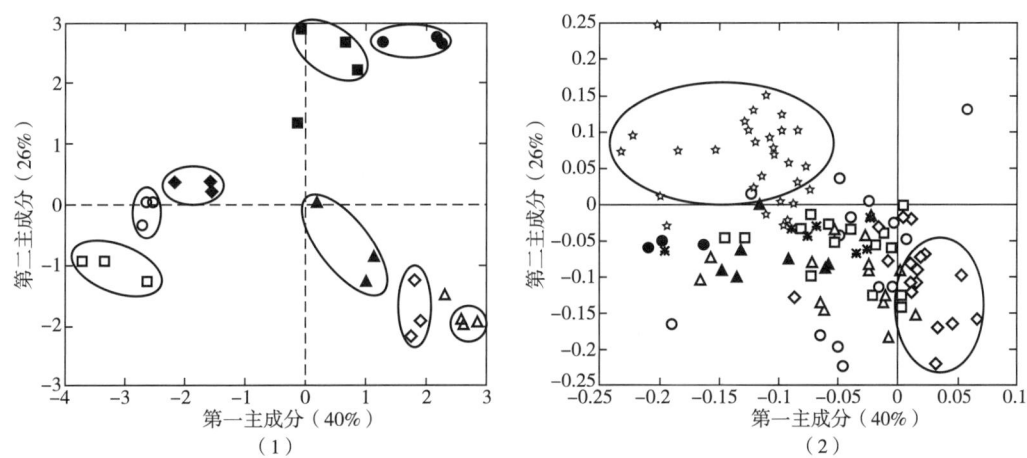

图 5-37 菌株 4124 和 424A（LNH-ST）发酵磷脂组数据经小波变换后的主成分分析（6h）
（1）前两个主成分的得分图，其中，○、□、△、◇分别代表取自 YNB、YEP、WS 和 Hyl
培养基的样品，空白图例表示来自菌株 4124 的样品，实心图例表示来自基因工程菌 424A（LNH-ST）的样品；
（2）前两个主成分的载荷图，其中，□、△、○、☆、◇、*分别
表示 PG、PE、PC、PI、PS 和 PA 分子，▲和●分别表示 Lyso PE 和 Lyso PC

图 5-38 显示了两种菌株在不同的培养基中发酵培养 6h 的磷脂样品的 PI/PS 值与其稳定期细胞密度，两者密切相关。PI/PS 值越高，细胞在相应的培养基中所能达到的稳定期细胞密度越大，PI/PS 值的变化可能预示着 PI 与 PS 的合成之间的调控。两种菌株在 YEP 培养基中有最高的稳定期细胞密度，也都拥有最高的 PI/PS 值。424A（LNH-ST）菌株在 YEP、WS 和 Hyl 培养基中的 PI/PS 值都比 4124 菌株高，但是其在 YNB 培养基中的 PI/PS 值却低于菌株 4124。424A（LNH-ST）菌株在 YEP 培养基中有较高的 PI 含量和较低的 PS 含量，且其在 YEP 培养基中的稳定期细胞密度也较高。在 Hyl 培养基中的较高的 PI 水平可能是较低的 PS 合成水平带来的后果。在酵母细胞中，PS 可以在 PS 合成酶的催化作用下由胞苷二磷酸二酰基甘油（CDP-DAG）和丝氨酸合成。PS 合成酶的活性在细胞生长的指数期的末期达到最高，在细胞的生长进入稳定期后 PS 合成酶的活性下降。菌

株 424A（LNH-ST）在 YEP 培养基中的指数生长期比其在 Hyl 培养基中的指数生长期要长。相应地，PS 合成酶的活性在 Hyl 培养基中达到其峰值的时间比在 YEP 培养基中短，因此 424A（LNH-ST）菌株来自 Hyl 培养基的磷脂样品的 PS 含量就相对较高，这进一步引起较低的 PI 含量和较低的 PI/PS 值。

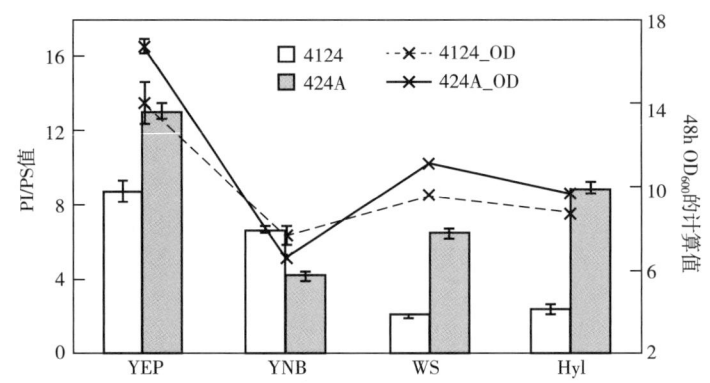

图 5-38　酵母菌株 4124 与 424A（LNH-ST）在不同培养基中发酵培养 6h 的
PI/PS 值（柱形）与相应的稳定期细胞密度（折线）

注：误差线代表标准偏差

**2. 发酵 24h 后比较脂质组学分析**

图 5-39（1）是普通菌株和木糖利用菌株发酵 24h 的磷脂组数据主成分分析后在前两个主成分上的得分图。从图中可以看出，两种菌种在四种培养基中取得的磷脂样品之间的区分都是在第一主成分上实现的，但是对普通菌株 4124 来讲，两类样品间的距离比菌株 424A（LNH-ST）的两类样品间的距离大。因此，在发酵 24h 时，菌株 4124 因抑制剂的存在而引起的膜上磷脂的变化比菌株 424A（LNH-ST）的变化要大。

普通菌株 4124 与木糖利用菌株 424A（LNH-ST）从含抑制剂培养基（WS 与 Hyl）与不含抑制剂培养基（YEP 与 YNB）中取得的磷脂样品之间的区分都是在第一主成分上实现的。但是对普通菌株 4124 来讲，两类样品间的距离比菌株 424A（LNH-ST）的两类样品间的距离大。因此，在发酵 24h 时，菌株 4124 因抑制剂的存在而引起的膜上磷脂的变化比菌株 424A（LNH-ST）的变化要大。图 5-39（2）是相应的载荷图，两种菌株的来自 YEP 培养基与来自 YNB 培养基的磷脂样品间的区分都是在第二主成分上实现的。但两类样品间的距离在 4124 菌株中更大一些。无论是在 YEP 培养基还是在 YNB 培养基中，两种菌株之间的磷脂组的差异在发酵 24h 时都不是很大。从图中可以看出 PI、PE 和一些 PC 分子是造成样品间的这种区分的生物标志物。相对地，PE 分子不是双分子层磷脂，它们会在双分子膜上引起非泄漏性的缝隙。PE 分子还有形成六角形态的潜力，这种形态的变化会进一步引起膜的融合和分裂行为的变化，如液泡介导的蛋白的转运和伴随着细胞分裂的膜液泡的形成。PE 可以通过 PS 的去碳酸反应得到，而 PC 则可以由 PE 经三步连续的甲基化反应得到。此外，PE 和 PC 还可以由 PA 出发经由 DAG 分别与乙醇氨和胆碱反应而得到，这是 PE 与 PC 合成的 Kennedy 途径。但是酿酒酵母细胞更倾向于通过从头合成途径来合成 PE 与 PC，酿酒酵母通过 CDP-DAG 来合成 PE 和 PC 的反应在酵母细胞膜上磷脂合成中起着不可替代的作用。这也就进一步使得 PE 与 PC 的相对量的分布在维持膜的正常的生理功能方面起着举足轻重的作用。

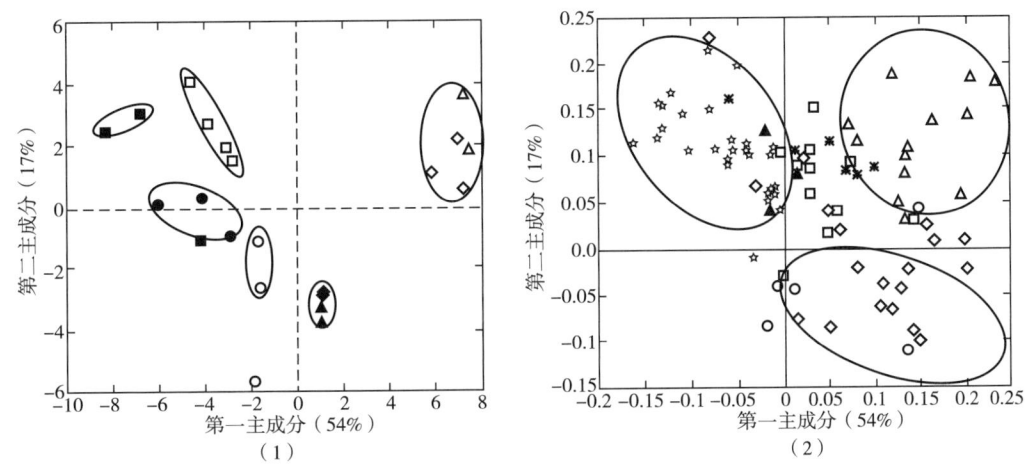

图 5-39　菌株 4124 和 424A（LNH-ST）发酵磷脂组数据经小波变换后的主成分分析（24h）

（1）前两个主成分的得分图，●、○、□、△、◇分别代表取自 YNB、YEP、WS 和 Hyl 培养基的样品，空白图例表示来自菌株 4124 的样品，实心图例表示来自基因工程菌 424A（LNH-ST）的样品；（2）前两个主成分的载荷图

菌株 424A（LNH-ST）和菌株 4124 之间在不同培养基中葡萄糖代谢能力的差异可能是由其在不同培养基中葡萄糖运输能力的差别引起的，而这种差别很可能与膜上磷脂中 PC 与 PE 的相对含量有关。图 5-40 是酵母菌株 4124 与 424A（LNH-ST）在不同培养基中发酵培养 6h 和 24h 的 PC/PE 值与 6h 的葡萄糖利用速率。对两种菌株来说，在任一培养基中，发酵 24h 的磷脂样品的 PC/PE 值比发酵 6h 的磷脂样品的 PC/PE 值高。也就是说，伴随着进入稳定期其 PC/PE 值是增高的。两种菌株的 PC/PE 值在不同培养基之间的差异与葡萄糖利用速率的差异是一致的。在 YEP 和 YNB 培养基中，菌株 4124 和 424A（LNH-ST）的葡萄糖利用速率以及 PC/PE 值之间都不存在太大差异。菌株 4124 在 Hyl 培养基中的葡萄糖利用速率大于其在 YEP 培养基中的葡萄糖利用速率，同样 Hyl 培养基的磷脂样品的 PC/PE 值比来自 YEP 培养基的磷脂样品要高。而对菌株 424A（LNH-ST），来自 Hyl 培养基的磷脂样品的 PC/PE 值比来自 YEP 培养基的磷脂样品要低，同样在 Hyl 培养基中的葡萄糖利用速率小于其在 YEP 培养基中的葡萄糖利用速率。基因工程酵母菌株 424A（LNH-ST）比菌株 4124 的磷脂样品的 PC/PE 值低，这可能使得其应对环境中抑制性物质的能力下降，从而进一步导致其葡萄糖利用速率下降。而菌株 424A（LNH-ST）在含抑制性降解产物的 Hyl 培养基中的发酵表现不及 4124 菌株的原因，可能就是其不能很好地调控 PC 与 PE 的合适的比例。菌株 4124 能在含抑制性降解产物的 Hyl 培养基中保持一个很高的葡萄糖利用速率也可能是菌株 4124 具有更高的细胞活力的一个证据。通过增强甲基

转移酶的活性来增强 PE 向 PC 的甲基化反应，或者增加 Kennedy 途径中胞苷酰转移酶的活性，都可以增强 PC 的合成并提高 PC/PE 值，最终有望帮助细胞更好地应对环境胁迫。

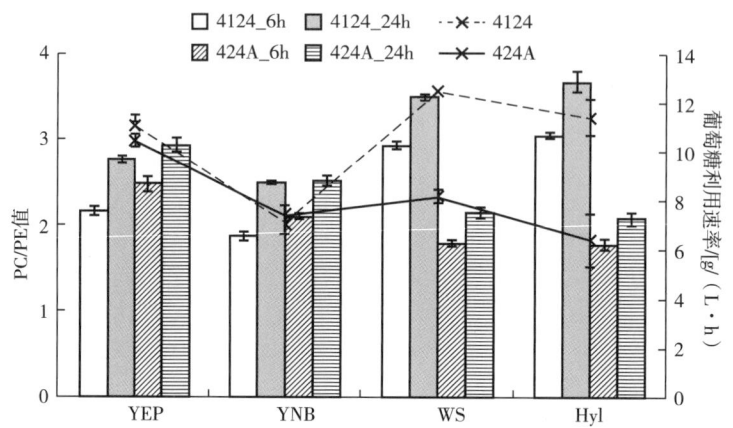

图 5-40　酵母菌株 4124 与 424A（LNH-ST）在不同培养基中发酵培养 6h 和 24h 的 PC/PE 值（柱形）与 6h 的葡萄糖利用速率（折线）

注：误差线代表标准偏差。

### 3. 发酵 48h 后比较脂质组学分析

图 5-41（1）是普通菌株和木糖利用菌株发酵 48h 的磷脂组数据主成分分析得到的前两个主成分的得分图。从图中可以看出，菌株 424A（LNH-ST）从含抑制剂培养基（WS 与 Hyl）与不含抑制剂培养基（YEP 与 YNB）中取得的磷脂样品之间的区分都是在第二主成分上实现的。但是对普通菌株 4124 来讲，两类样品间的距离比菌株 424A（LNH-ST）的两类样品间的距离大，表明在发酵 48h 时，菌株 4124 因抑制剂的存在而引起的膜上磷脂的变化比菌株 424A（LNH-ST）的变化要大。值得注意的是，两种菌株在各种培养基中的样品都可以区分开，而且所有的区分都是在第一主成分上实现的。图 5-41（2）是相应的载荷图，显示 PI 和一些 PC 分子是造成样品间的这种区分的生物标志物。PI 是酵母中另一类重要的磷脂分子，其含量可以占到磷脂总量的约 20%。PI 分子的极性头部结构在六类磷脂分子中是很有特点的，其肌醇环上的三个氢氧根基团都可以发生可逆的磷酸化共价反应。这种结构特点使得 PI 分子是许多磷脂酶的理想底物，也使 PI 分子可以形成许多有生物活性的衍生物。较低的 PI 水平可能标志着较低的细胞活力。此外，恰当的 PI 与 PC 分子的相对含量对于维持膜的正常的生理功能也是至关重要的。

图 5-42 是酵母菌株 4124 与 424A（LNH-ST）在不同培养基中发酵培养 48h 的 PI 的相对含量与相应的 20h 的木糖利用速率。菌株 424A（LNH-ST）在不同培养基中的磷脂样品的 PI 含量与其木糖利用速率之间存在着一致性。两种菌株在 YNB 培养基中的磷脂样品的 PI 含量最低而在 YEP 培养基中的磷脂样品的 PI 含量最高，其木糖利用速率也以 YNB 培养基中为最低而在 YEP 培养基中最高。脂类的代谢与盐类有关，与培养基中的有机营养物质也有关系。一定浓度的营养物质对于 PI 的合成是必需的，对于维持细胞活力也是

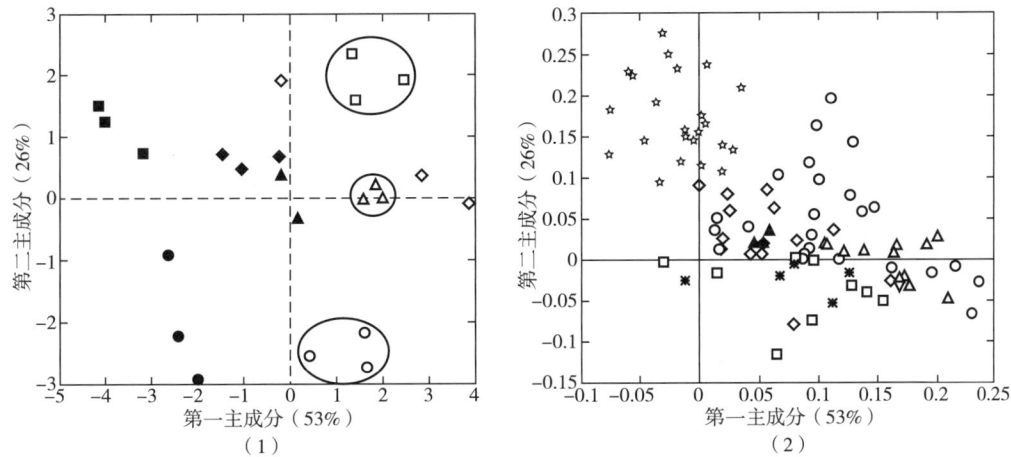

图 5-41 菌株 4124 和 424A（LNH-ST）发酵 48h 的磷脂组数据经小波变换后的主成分分析

（1）前两个主成分的得分图，○、□、△和◇分别代表取自 YNB、YEP、WS 和 Hyl 培养基的样品，空白图例表示来自菌株 4124 的样品，实心图例表示来自基因工程菌 424A（LNH-ST）的样品；（2）前两个主成分的载荷图，□、△、○、☆、◇、✱分别表示 PG、PE、PC、PI、PS 和 PA 分子，▲和●分别表示 Lyso PE 和 Lyso PC

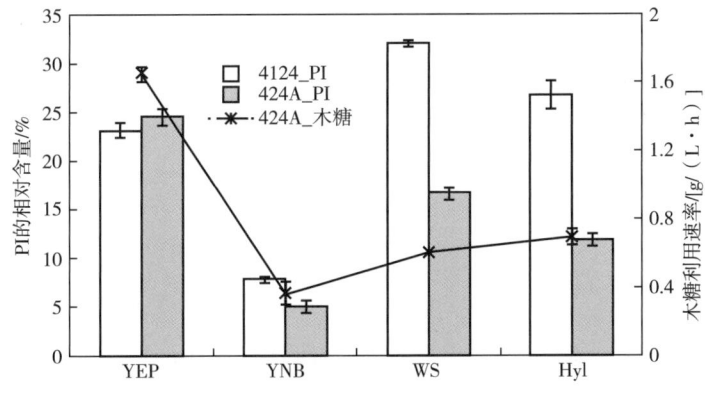

图 5-42 酵母菌株 4124 与 424A（LNH-ST）在不同培养基中发酵培养 48h 的 PI 的相对含量与 424A（LNH-ST）的 20h 的木糖利用速率

必不可少的。菌株 4124 的来自 Hyl 的磷脂样品的 PI 含量高于其来自 YEP 培养基的磷脂样品。同时菌株 4124 在 Hyl 培养基中的葡萄糖利用速率高于其在 YEP 培养基中的葡萄糖利用速率，这说明较高的 PI 含量对于酵母菌株应对环境中的抑制性物质也是有益的。而菌株 424A（LNH-ST）在 Hyl 比在 YEP 培养基的磷脂样品的 PI 含量和葡萄糖利用速率要低，这说明 PI 的合成会受到培养基中抑制性降解产物的抑制，同时 PI 含量似乎也与葡萄糖的代谢密切相关。

对菌株 424A（LNH-ST）来说，葡萄糖和木糖的利用都受到营养物质不足和抑制性物质存在这两方面因素的不利影响，而木糖的利用所受到的影响更大一些。而且，对于木糖代谢来说，营养成分的不足比抑制性物质的影响更为严重。木糖的还原反应需要 NADPH 的参与，而从木糖醇到木酮糖的氧化反应过程则需要 $NAD^+$ 的参与。$NAD^+$ 可以在甘油产生的过程中产生。PI 的从头合成需要 CDP-DAG 而 CDP-DAG 可以从 PA 产生，甘油通过 3-磷酸-甘油可以进一步生成 PA。因此 PI 的生产与木糖的代谢就通过甘油联系起来。木糖的代谢还与醇化酶如丙酮酸脱羧酶和乙醇脱氢酶密切相关，因此木糖代谢与 PI 合成的共调控可能是在转录水平上实现的。

# 参考文献

［1］夏金梅. 纤维素乙醇发酵过程中不同酵母菌株的比较脂组学研究［D］. 天津：天津大学，2010.

［2］林凤鸣. 糠醛和苯酚对酵母作用定量蛋白质组学及脂肪酸模块构建［D］. 天津：天津大学，2011.

［3］李炳志. 酵母对纤维素乙醇生产中的抑制剂响应的系统生物学研究［D］. 天津：天津大学，2010.

［4］刘莹. 单双倍体酵母细胞对乙醇响应的比较脂组学研究［D］. 天津：天津大学，2010.

# 第六章 系统代谢工程在丙酮酸发酵生产中的应用

丙酮酸（pyruvic acid），为无色至淡黄色液体，呈乙酸香气和愉快酸味，是重要的α-氧代羧酸之一。丙酮酸不仅在生物能量代谢中具有十分重要的作用，而且是多种有机化合物的前体，因此，它在食品、制药和农用化学品等工业及科学研究中都有广泛的用途，如表 6-1 所示。丙酮酸生产方法主要为化学合成、酶转化和生物发酵。目前，工业上生产丙酮酸的方法主要是化学合成法和生物发酵法。相比于化学合成法，生物发酵法具有原料成本低、产物纯度高、反应条件温和、对环境友好的优势，更为人们所青睐。

表 6-1　　丙酮酸的主要用途

| 用途 | 实例 | 用途 | 实例 |
| --- | --- | --- | --- |
| 制药工业 | 酶法合成 L-色氨酸、L-酪氨酸、L-多巴，合成 L-半胱氨酸、L-亮氨酸、维生素 $B_6$ 和维生素 $B_{12}$ 等 | 生化研究 | 用于伯醇及仲醇的检定、转氨酶的测定，是脂肪族胺的显色剂等 |
| 农用化学品 | 是合成乙烯系聚合物、氢化阿托酸、谷物保护剂等多种农药的起始原料 | 细胞培养 | 与乳酸组成抗氧化剂，降低对细胞的伤害；是动物细胞培养的重要底物 |
| 食品工业 | GB 2760—2024 规定为酸味添加剂。丙酮酸可以用于生产香料和调味料，为食品提供特定的风味 | 传感器 | 与乳酸、锂构成人工胰脏，作为体外传感器测定葡萄糖的含量 |

可发酵产丙酮酸的微生物包括：①酵母菌：*Debaryomyces*（德巴利酵母属）、*Candida*（假丝酵母属）、*Saccharomyces*（酵母属）和 *Torulopsis*（球拟酵母属）等；②细菌和放线菌：*Acinetobacter*（不动杆菌属）、*Schizophyllum*（裂褶属）、*Enterobacter*（肠杆菌属）、*Enterococcus*（肠球菌属）、*Escherichia*（埃希氏菌属）、*Pseudomonas*（假单胞菌属）。另外，还有一些担子菌和霉菌。江南大学刘立明等利用光滑球拟酵母 *C. glabrata* CCTCC M202019 在 30 L 发酵罐中通过优化氮源、维生素及溶氧水平对丙酮酸生产产生影响，最终使得丙酮酸产量、得率和生产强度分别为 84.2g/L，0.72g/g 与 1.40g/(L·h)，该项成果达到发酵法生产丙酮酸的国际最高水平。*C. glabrata* CCTCC M202019，是目前用于丙酮酸生产中能力最强的菌种，但由于缺乏对其高效生产丙酮酸相关生理机制的认识，限制了其在发酵生产丙酮酸方面的应用。

# 第一节　光滑球拟酵母全基因组解析

## 一、丙酮酸工业菌株光滑球拟酵母全基因组测序

基因组测序和比较基因组分析是对微生物分子遗传特征最基础、最本质的解析方法。*C. glabrata* CBS138 是第一株被测序的光滑球拟酵母，遗传背景清晰；*C. glabrata* CCTCC M202019 菌株与 CBS138 的生长环境和进化过程均不相同，希望通过对两菌的生长表型和基因组信息的比较，以获得 *C. glabrata* 的一些典型生理、代谢特征的内在分子机理，例如 M202019 菌株高效的丙酮酸生产能力。

考察比较了 *C. glabrata* CCTCC M202019 和 CBS138 在全合成培养基（SC）、酵母浸出粉胨葡萄糖培养基（YPD）、基础发酵培养基（BF）和优化发酵培养基（OF）上的丙酮酸生产能力。四种培养基的成分见表 6-2。在通用培养基 SC、YPD 和 BF 上，菌株 CBS138 的细胞最终浓度比菌株 M202019 分别高出 18.8%、10.8% 和 0.5%；而在优化发酵培养基 OF 上，两菌生长差异显著，48h 时菌株 M202019 的干重为 8.09g/L，刚刚进入稳定期，如图 6-1 所示；而菌株 CBS138 干重为 3.44g/L，且在 30h 左右已进入稳定期。在通用培养基 SC、YPD 和 BF 上，两菌葡萄糖消耗趋势与细胞生长对应，菌株 CBS138 的糖耗略快于菌株 M202019。而在优化的 OF 上，菌株 M202019 和 CBS138 葡萄糖消耗速率分别为 2.08g/(L·h) 和 1.75g/(L·h)。在 SC、YPD、BF、OF 四种培养基上，菌株 M202019 丙酮酸合成能力均优于菌株 CBS138，丙酮酸产量和生产强度分别提高了 26.5%、35.1%、21.4% 和 126.2%，丙酮酸得率分别提高了 30.8%、35.3%、21.4% 和 90.9%。上述结果表明，虽然两菌都能积累丙酮酸，但无论是在优化的还是未优化的培养基上，菌株 M202019 的丙酮酸产量、产率、生产强度均高于 CBS138，这可能与菌株 M202019 取样地区以及长期实验室诱变进化有关。为了深入解析这种表型差异的内在分子机制，对菌株 M202019 进行全基因组测序，并与 CBS138 基因组进行比较基因组分析。

表 6-2　四种培养基的成分

| 培养基 | 成分 |
| --- | --- |
| SC | 葡萄糖 100g/L、酵母基本氮源 6.7g/L |
| YPD | 葡萄糖 100g/L、蛋白胨 20g/L、酵母提取物 10g/L |
| BF | 葡萄糖 100g/L、大豆蛋白胨 30g/L、$KH_2PO_4$ 1g/L、$MgSO_4 \cdot 7H_2O$ 0.5g/L、生物素 4mg/L、硫胺素 2mg/L、吡哆醇 40mg/L、烟酸 0.8g/L |
| OF | 葡萄糖 100g/L、尿素 7g/L、$MgSO_4 \cdot 7H_2O$ 0.8g/L、$KH_2PO_4$ 3g/L、无水乙酸钠 3g/L、生物素 4mg/L、硫胺素 2mg/L、吡哆醇 40mg/L、烟酸 0.8g/L、$MnCl_2 \cdot 4H_2O$ 0.2g/L、$FeSO_4 \cdot 7H_2O$ 2g/L、$CaCl_2 \cdot 2H_2O$ 2g/L、$CuSO_4 \cdot 5H_2O$ 0.05g/L、$ZnCl_2$ 0.5g/L |

# 第六章
## 系统代谢工程在丙酮酸发酵生产中的应用

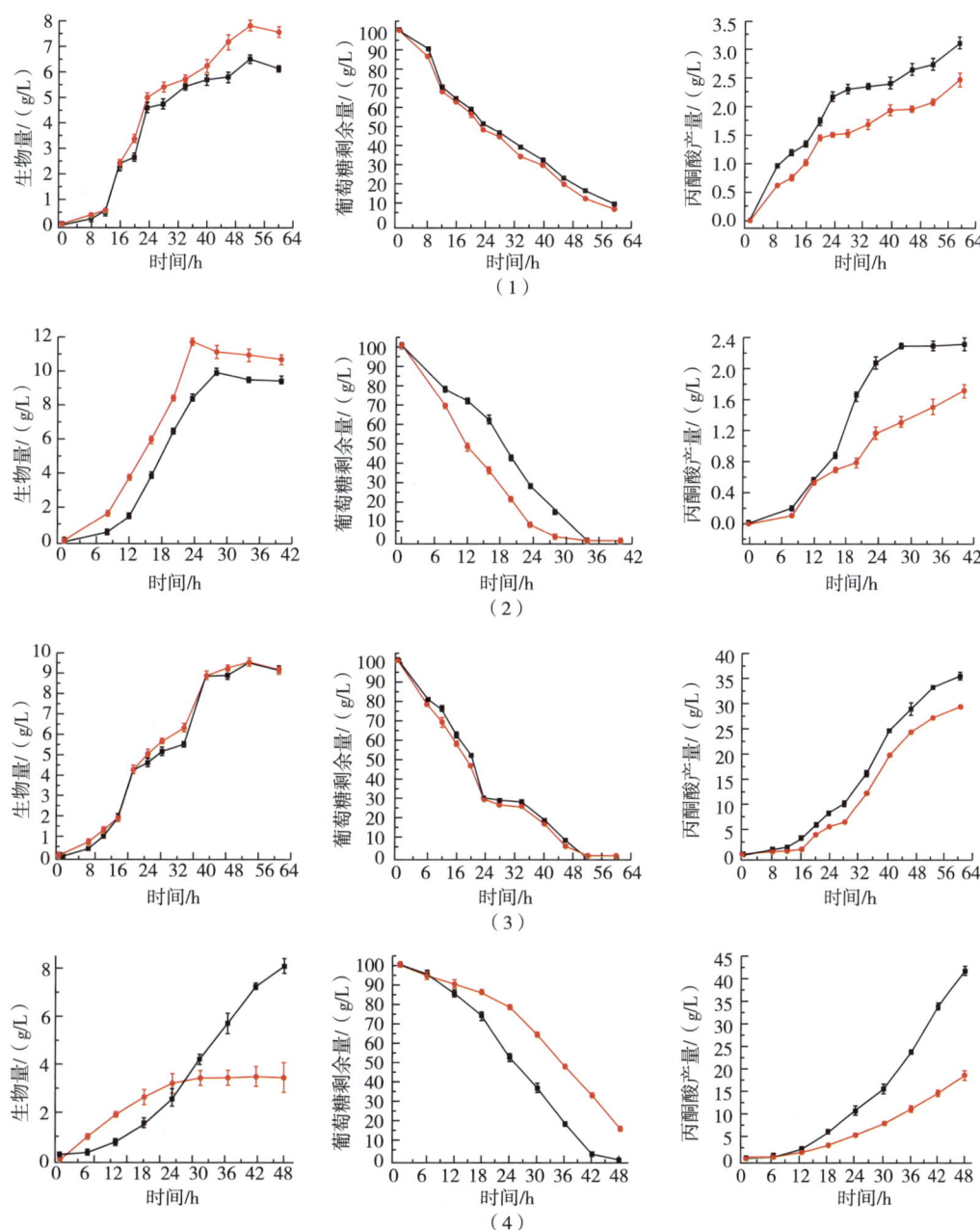

图 6-1 *C. glabrata* CCTCC M202019 和 CBS138 发酵过程曲线
（1）全合成培养基；（2）酵母浸出粉胨葡萄糖培养基；（3）基础发酵培养基；（4）优化发酵培养基
—■— CCTCC M202019； —●— CBS138

*C. glabrata* CCTCC M202019 全基因组测序在二代测序平台 Illumina Solexa HiSeq 2000 上完成，通过构建 2 个 PE 文库包含 22645461 个片段和 1 个 MP 文库包含 6492803 个片段，产生 5.8 Gb 的数据量。其中 150 bp 和 300 bp 的 PE 文库和 6Kb 的 MP 文库的基因组覆盖率分别为 208、165 和 106 倍。经检测 *C. glabrata* CCTCC M202019 的基因组大小约为

12.1Mb，平均（G+C）mol%为38.47%。高质量片段被组装成111个重叠群（contigs）和74个骨架序列（scaffolds），contigs N50和scaffolds N50大小分别为659495和775409 bp。如表6-3中，预测的5345个基因中，3088个基因有KOG分类、4788个基因有GO注释、961个基因有EC号。此外，还注释出191个tRNA和6个rRNA。重复序列占基因组的1.15%，包括16个短散布元件（SINE，1673 bp）、11个未分类的散布元件（11449 bp）、2644个简单重复序列（121642 bp）、365个低复杂度元件（17220 bp）和2个长末端重复序列（LTR，776 bp）。

表6-3　　　　C. glabrata CCTCC M202019基因组基本特征

| 总体特征 | | 基因注释特征 | |
| --- | --- | --- | --- |
| 基因组大小/Mb | 12.1 | 编码蛋白 | 5345 |
| （G+C）mol/% | 38.47 | tRNA | 191 |
| Contigs 数目 | 111 | rRNA | 6 |
| Contigs N50 | 659495 | 有EC号基因 | 961 |
| Scaffolds 数目 | 74 | 有GO分类基因 | 4788 |
| Scaffolds N50/bp | 775409 | 有KOG分类基因 | 3088 |
| 重复序列占基因组的比例/% | 1.15 | | |

从GO和KOG的功能基因组、基因同源性比较和单核苷酸多态性分析三个方面对C. glabrata CCTCC M202019和CBS138进行比较基因组学分析。GO注释发现，2792个GO分类共存于两菌中，独有的GO类别分别为37和24个。KOG注释发现，2301个KOG分类共存于两菌中，独有的KOG类别分别为188和63个。以菌株M202019和CBS138互为参考基因组，一致性基因分别占两菌基因总数的94.6%和95.6%。不一致的基因大致分为三种情况：①与参考基因组相似性大于90%：M202019中275个基因和CBS138中159个基因。②与参考基因组相似性低于90%：M202019中16个基因和CBS138中43个基因，该类型中74.3%的基因具有黏附性功能。③12个C. glabrata CBS138的独有基因属于黏附家族或具有基因信息处理功能。C. glabrata CCTCC M202019相对于CBS138基因组，有205个单核苷酸多肽性（SNPs）突变位点，分布在13条染色体上。其中，144个SNPs位点位于51个基因的编码区，其余SNPs位于25个基因的调控区。在51个有SNPs位点的基因中，①与细胞代谢相关的主要包括细胞黏附（41.2%）和中心碳代谢（17.6%）。②35个编码蛋白中31个蛋白因SNPs现象发生氨基酸序列的有义突变。③16个假基因中13个与细胞黏附性相关。通过上述三方面的比较基因组学分析发现，两种C. glabrata菌株具有很高的相似性，而有限数量的遗传突变很可能与特定表型差异相关。

上述C. glabrata CCTCC M202019和CBS138的比较基因组分析结果中，分布在中心碳代谢的差异基因包括（表6-4）：①营养物质和代谢产物的转运蛋白：包括葡萄糖转运子；与丙酮酸代谢直接相关的辅因子、烟酸的转运子；其他代谢副产物如乙酸转运子；二元羧酸的线粒体与胞质间的转运子。②丙酮酸合成途径之一的丙酮醛降解途径中依赖于 NADPH 的丙酮醛还原酶。③参与氧化磷酸化的酶包括细胞色素 c 氧化酶、细胞色素 c 还原酶等。这些酶参与电子传递链复合体Ⅳ组装和生物合成的基因突变，也可能会影响到还原力的传递和能量的产生。④丙酮酸下游代谢的生物素蛋白连接酶、乙酸形成中乙酰辅酶 A 水解酶和氮代谢中谷氨酸合成酶。两菌中心碳代谢的基因差异，均涉及丙酮酸代谢，这些基因突变可能与菌株 M202019 更高效的丙酮酸生产能力相关。

表 6-4　与 C. glabrata 丙酮酸生产相关的基因变化

| 代谢亚系统 | 功能 | 基因 |
| --- | --- | --- |
| 转运 | 葡萄糖 | $hxt3$ 和 $hxt\ 4/6/7$ |
| | 烟酸 | $trn1$ 和 $trn2$ |
| | 乙酸 | $CAGL0M03465g$ |
| | 二元羧酸 | $CAGL0J04114g$ |
| 丙酮酸合成 | 丙酮醛降解 | $CAGL0E05170g$ |
| 氧化磷酸化 | 细胞色素 c 氧化酶 | $cox1$、$cox2$、$cox7a$、$cox7c$ 和 $cox\ 17$ |
| | 细胞色素 c 还原酶 | $cytb$ 和 $ocr10$ |
| | F-类型 ATP 酶 | $atp8$、$j$ 和 $k$ |
| | ETC 复合体 Ⅳ | $pet309$ 和 $CAGL0A04389g$ |
| 下游代谢 | 乙酰 CoA 水解 | $ach1$ 和 $gln1$ |
| | 谷氨酸合成 | $glt1$ |
| | 生物素蛋白连接 | $CAGL0I03806g$ |

## 二、光滑球拟酵母基因组规模代谢模型的构建和基本特征

### 1. 模型 iNX804 的构建

通过丙酮酸高产菌株 C. glabrata CCTCC M202019 的全基因组测序和比较基因组分析，可以从中比较出与丙酮酸合成相关的基因特征，但依然无法获知 C. glabrata 丙酮酸发酵过程中胞内生理代谢的变化情况。近年来，随着大量微生物全基因组测序的完成和高通量组学数据的积聚，促使 GSMMs（Geneome-scale metabolic network models，基因组规模代谢网络模型）作为一种综合分析微生物生理功能的模型框架，逐渐成为定量、系统地解析微生物生理、代谢的重要工具。GSMMs 技术已成熟地运用于 S. cerevisiae 和 E. coli 等模式微生物的研究中，例如成功预测 S. cerevisiae 的 83% 大规模敲除实验数据、成功改造 E. coli 生产缬氨酸等。C. glabrata 是非模式微生物，与之相关的生理和生化方面的文献较少。因此，其基因组规模代谢模型的构建，将有助于系统地理解 C. glabrata 的生理代谢功能。

C. glabrata 的 GSMM 构建大致包括三个步骤（图 6-2）：①粗模型的搭建：利用 KEGG converter 自动化建模，得到与 C. glabrata 代谢相关的 1146 个反应；利用 KAAS 工具获得

2036 个基因催化的 1802 个反应；利用与 S. cerevisiae iMM904、A. niger iMA871 和 P. pastoris PpaMBEL1254 同源比对得到包含 704 个基因、1118 个反应和 1344 个代谢物的模型。整合这三种来源，得到 C. glabrata 的粗模型包括 784 个基因、1265 个反应和 1544 个代谢物。②模型的修正和精细化：通过对模型中的基因、反应、代谢物、酶号、代谢途径等内容逐一修正、补充，同时对 C. glabrata 生理和代谢相关文献进行挖掘，共获得 83 个有酶号的生化反应，其中 40 个反应已存在于粗模型中，在一定程度上说明粗模型的准确性；另外 43 个反应被添加到模型中，包括海藻糖和葡萄糖等碳源转运、NADH 的合成和麦角固醇的合成等。③填补代谢漏洞以调试模拟"生长"：综合文献报道和实验结果，确定 C. glabrata 生物量组分为 0.4%DNA、6.3%RNA、47%蛋白质、5.4%脂质、40%碳水化合物和 0.9%小分子（具体组分见表 6-5），并运用 Matlab 平台 COBRA 工具箱，进行模型调试和模拟。首先，运用 gapFind 程序查找代谢漏洞 gaps，再参照 KEGG Pathway 数据库的代谢图手动填补 gaps，用于补 gaps 的反应原则上是 C. glabrata 的本源反应。由于模型本身存在代谢断点，因此在 gaps 数目减少到 100 个左右时，初步完成 gaps 填补工作。接着，运用 biomassPrecursorCheck 程序检查生物量组分是否能被合成，对于不能合成的生物量组分（missingMets），需针对性查找 gaps，至生物量前体检测没有 missingMets 出现。最后，按照 C. glabrata 的全合成培养条件，初步约束模型营养物质和产物的交换反应，运用 FBA 求解生物量方程。

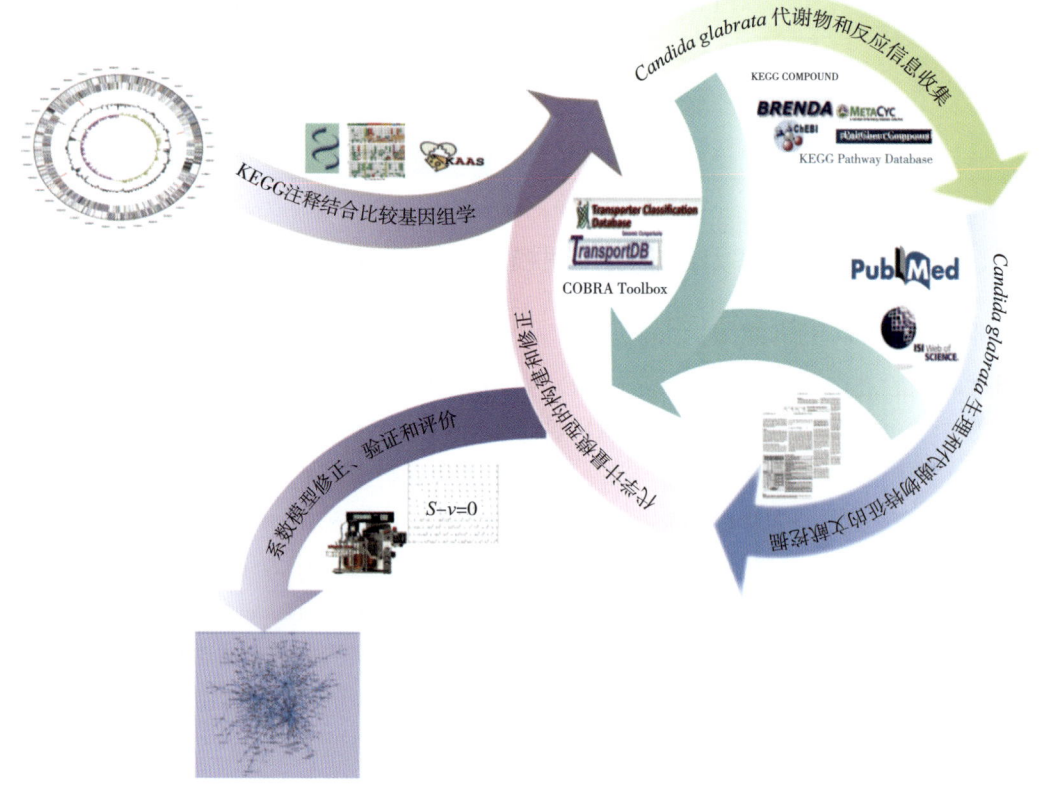

图 6-2　光滑球拟酵母基因组规模代谢模型的构建过程

表 6-5　　光滑球拟酵母生物量组成

| 生物量组分 | 含量/[mmol/(L·g DCW)] | 生物量组分 | 含量/[mmol/(L·g DCW)] |
|---|---|---|---|
| **蛋白质** | | **脂质** | |
| 　天冬氨酸 | 0.2374 | 　磷脂酰乙醇胺 | 0.0050 |
| 　谷氨酸 | 0.2385 | 　磷脂酰肌醇 | 0.0083 |
| 　丝氨酸 | 0.3227 | 　磷脂酰丝氨酸 | 0.0017 |
| 　组氨酸 | 0.1119 | 　心磷脂 | 0.0008 |
| 　甘氨酸 | 0.3351 | 　磷脂酸 | 0.0014 |
| 　苏氨酸 | 0.2378 | 　磷脂酰甘油 | 0.0002 |
| 　精氨酸 | 0.1622 | **碳水化合物** | |
| 　丙氨酸 | 0.3994 | 　甘露糖 | 0.6840 |
| 　酪氨酸 | 0.1118 | 　葡萄糖 | 1.2790 |
| 　半胱氨酸 | 0.0107 | 　半乳糖 | 0.5062 |
| 　缬氨酸 | 0.2805 | 　1,3-葡聚糖 | 1.9729 |
| 　甲硫氨酸 | 0.0729 | 　1,6-葡聚糖 | 0.4962 |
| 　苯丙氨酸 | 0.1712 | 　几丁质 | 0.1417 |
| 　异亮氨酸 | 0.2329 | **可溶性小分子** | |
| 　亮氨酸 | 0.3533 | 　生物素 | 0.0038 |
| 　赖氨酸 | 0.3341 | 　5′-磷酸吡哆醇 | 0.0037 |
| 　脯氨酸 | 0.1879 | 　FAD | 0.0012 |
| 　谷氨酰胺 | 0.2367 | 　焦磷酸硫胺素 | 0.0022 |
| 　天冬酰胺 | 0.2374 | 　$NAD^+$ | 0.0014 |
| 　色氨酸 | 0.1712 | 　辅酶 Q6 | 0.0016 |
| **DNA** | | 　$NADP^+$ | 0.0012 |
| 　dATP | 0.0040 | 　CoA | 0.0012 |
| 　dCTP | 0.0025 | 　FMN | 0.0020 |
| 　dGTP | 0.0025 | 　5-甲基四氢叶酸 | 0.0020 |
| 　dTTP | 0.0040 | **脂质** | |
| **RNA** | | 　三酰甘油 | 0.0122 |
| 　ATP | 0.0696 | 　羊毛固醇 | $2\times10^{-5}$ |
| 　CTP | 0.0273 | 　角鲨烯 | $6\times10^{-6}$ |
| 　GTP | 0.0224 | 　麦角固醇 | $2\times10^{-4}$ |
| 　UTP | 0.0791 | 　磷脂酰胆碱 | 0.0159 |

模型 *i*NX804 包含 804 个基因、1287 个反应和 1025 个代谢物,分布在 6 个细胞区间:细胞质、线粒体、过氧化物酶体、细胞外、高尔基体和液泡。模型 *i*NX804 共包括 630 种独立代谢物,其中 92%在细胞质中,细胞质和其他区间的物质交换依靠 214 个转运反应完成,见表 6-6。细胞质、线粒体、过氧化物酶体和胞外这四个区间占总模型中反应的 96%,虽然只有 4%的反应在高尔基体和液泡中,但其在细胞生长和代谢中作用不可忽视。例如,在高尔基体中以 GDP-α-D-甘露糖为底物的细胞壁甘露糖蛋白的形成,与 *C. glabrata* 抗菌性能有关;液泡中合成的精氨酸在高渗胁迫下会释放到胞质中以抵抗压力。

表 6-6　　　　　　模型 *i*NX804 中各个区间的反应、代谢物和基因分布

| 细胞器 | 反应 | 代谢物 | 基因 |
|---|---|---|---|
| 细胞质 | 645 | 579 | 523 |
| 线粒体 | 165 | 238 | 154 |
| 胞外区间 | 216 | 108 | 82 |
| 过氧化物酶体 | 39 | 62 | 32 |
| 高尔基体 | 2 | 12 | 2 |
| 液泡 | 3 | 25 | 3 |
| 交换空间 | 217 | — | 121 |

**2. 模型 *i*NX804 的准确性评价**

根据 *C. glabrata* 利用 60 种唯一碳源、氮源的生长实验和丙酮酸发酵实验,分别对模型 *i*NX804 预测能力进行定性和定量评估,在细胞表型和流量分配上,FBA 结果与实验数据基本一致(表 6-7),表明模型 *i*NX804 能够反映 *C. glabrata* 的生理、代谢功能。

基于模型 *i*NX804 模拟 *C. glabrata* 在 60 种唯一碳源上的生长情况,如表 6-7 所示,在消除模型调试过程中不一致情况后,模拟结果与实验结果一致性高达 95%。以苏氨酸和天冬酰胺为唯一碳源时 *C. glabrata* 不能生长,但模拟结果为"细胞生长",可能与化学计量模型 *i*NX804 缺少调控机制有关。模型 *i*NX804 能够预测各种碳源的代谢路径,包括常用糖类、氨基酸、醇类、羧酸等。在 15 种糖类测试结果中,11 种糖类由于缺失相关转运蛋白或代谢酶,而不能作为唯一碳源支持细胞生长,只有葡萄糖、海藻糖、甘露糖、果糖可以维持细胞生长,由此可见 *C. glabrata* 的碳源利用谱相对较窄。此外,基于模型 *i*NX804 模拟 *C. glabrata* 在 20 种唯一氮源(18 种氨基酸、铵盐、尿素)的合成培养基上的生长情况(表 6-7),主要结果如下:①模型模拟和实验值完全一致;②发酵实验证实 *C. glabrata* 能够利用组氨酸生长,而 *C. glabrata* 基因组未注释出相关代谢的功能基因,因此模型 *i*NX804 中组氨酸代谢反应提取自 *B. subtilis* 的 GSMM;③20 种氮源中仅赖氨酸和半胱氨酸不能支持 *C. glabrata* 生长。

表 6-7　光滑球拟酵母在 60 种底物下生长表型验证（实验结果对比模拟结果）

| | 底物 | 实验结果 | 模拟结果 | | 底物 | 实验结果 | 模拟结果 |
|---|---|---|---|---|---|---|---|
| 碳源-糖类 | 葡萄糖 | + | + | 碳源-氨基酸 | 丙氨酸 | + | + |
| | 乳糖 | − | − | | 谷氨酸 | + | + |
| | 半乳糖 | − | − | | 天冬氨酸 | + | + |
| | 蜜二糖 | − | − | | 天冬酰胺 | − | + |
| | 棉籽糖 | − | − | | 苯丙氨酸 | − | − |
| | 海藻糖 | + | + | | 苏氨酸 | − | + |
| | 果糖 | + | + | | 精氨酸 | + | + |
| | 甘露糖 | + | + | | 脯氨酸 | + | + |
| | 山梨糖 | − | − | 碳源-有机酸 | 苹果酸 | − | − |
| | 木糖 | − | − | | 琥珀酸 | − | − |
| | 蔗糖 | − | − | | 丙酮酸 | + | + |
| | 麦芽糖 | − | − | | 乳酸 | + | + |
| | 鼠李糖 | − | − | | 水杨酸 | − | − |
| | 淀粉 | − | − | | 柠檬酸 | − | − |
| | 纤维二糖 | − | − | | 乙酸 | + | + |
| 碳源-醇类 | 甘露醇 | − | − | 碳源-醇类 | 阿拉伯糖醇 | − | − |
| | 半乳糖醇 | − | − | | 肌醇 | − | − |
| | 甲醇 | + | + | | 甘油 | + | + |
| | 乙醇 | + | + | | | | |
| 碳源-其他氮源 | 油酸 | + | + | 碳源-其他氮源 | 2-酮基-L-古龙酸 | − | − |
| | 羟基苯 | − | − | | 赖氨酸 | − | − |
| | 尿素 | + | + | | 苏氨酸 | + | + |
| | 氯化铵 | + | + | | 亮氨酸 | + | + |
| | 谷氨酸 | + | + | | 异亮氨酸 | + | + |
| | 谷氨酰胺 | + | + | | 丝氨酸 | + | + |
| | 天冬氨酸 | + | + | | 缬氨酸 | + | + |
| | 酪氨酸 | + | + | | 半胱氨酸 | − | − |
| | 苯丙氨酸 | + | + | | 酪氨酸 | + | + |
| | 精氨酸 | + | + | | 甘氨酸 | + | + |
| | 脯氨酸 | + | + | | 组氨酸 | + | + |
| | 丙氨酸 | + | + | | | | |

注："+"代表生长、"−"代表不生长。

为了定量评价模型 *i*NX804 的准确性，以文献中 *C. glabrata* 对数生长中期发酵参数为计算数据，在葡萄糖摄取率（GUR）、氧摄取率（OUR）、二氧化碳释放率（CER）、丙酮酸生产率（PPR）、乙醇生产率（EPR）和甘油生产率（GPR）为可行性解空间的约束条件下，模拟细胞生长。生长速率的模拟与实验中生长速率具有高度一致性，再次表明模型 iNX804 能够模拟 C. glabrata 的生理代谢（表6-8）。

表6-8　不同实验条件下光滑球拟酵母模拟值和发酵数据比较

| 约束条件/[mmol/(L·g DCW·h)] | | | | | | 生长速率/h⁻¹ | |
|---|---|---|---|---|---|---|---|
| GUR | OUR | CER | PPR | EPR | GPR | 实验值 | 模拟值 |
| 4.15 | 13.61 | 10.02 | 0.74 | 0.36 | — | 0.31 | 0.32 |
| 6.43 | 21.77 | 9.37 | 0.54 | 5.15 | — | 0.44 | 0.44 |
| 8.71 | 14.31 | 10.04 | 2.84 | 6.81 | — | 0.40 | 0.42 |
| 11.02 | 6.31 | 18.93 | 0.007 | 18.33 | 1.62 | 0.12 | 0.13 |

注："—"表示没有检测甘油。

### 3. 光滑球拟酵母生长必需基因分析

运用单基因敲除程序，对 C. glabrata 在全合成培养基（M1）和类血清培养基（M2）上的必需基因进行预测。结果发现：①在不同培养基上生长必需基因数量不同，如 M1 上为 130 个、M2 上为 74 个，分别占 iNX804 基因数的 16.1% 和 9.2%。②进一步分析发现，M2 上的必需基因是 M1 上的子集，这是因为 M2 具有更为丰富的营养成分。③根据 KEGG 代谢亚系统分类，发现大多数必需基因参与氨基酸、辅因子、核苷酸和脂类代谢，而能量代谢中必需基因较少，因此调节细胞能量代谢是一种常见的菌株改造手段。④单基因敲除模拟实验结果与文献报道的 C. glabrata 的药物靶点一致性高，表明模型 iNX804 能够准确地预测杀菌、抑菌的药物靶点（表6-9）。例如，固醇生物合成途径中的法尼基二磷酸法尼基转移酶（CAGL0M07095g）和 14-α-甲基固醇脱甲基酶（CAGL0E04334g）是唑类抗真菌药物的靶酶，模拟结果显示这两个基因在 M1 是必需的而在 M2 中是非必需的，这是因为 M2 中包含固醇类物质。

表6-9　光滑球拟酵母毒性代谢和药物靶点分析

| 代谢途径 | 药物靶点 | 基因 | M1 | M2 | 药物 |
|---|---|---|---|---|---|
| 细胞壁合成 | 几丁质合成酶 | CAGL0B04389g<br>CAGL0I04840g<br>CAGL0A02904g | NE | NE | — |
| | 1,3-葡聚糖合成酶 FKS1 组分 | CAGL0G01034g | NE | NE | 米卡芬净、卡泊芬净、阿尼芬净 |
| | 1,6-葡聚糖合成酶 | CAGL0C00363g，CAGL0H07997g | — | — | — |

续表

| 代谢途径 | 药物靶点 | 基因 | M1 | M2 | 药物 |
|---|---|---|---|---|---|
| 叶酸代谢 | 二氢叶酸还原酶 | CAGL0J00385g<br>CAGL0J03894g<br>CAGL0L11044g | NE | NE | 联苯的抗叶酸剂 |
| | 二氢叶酸合成酶 | CAGL0J07920g | E | E | 磺胺 |
| 类固醇合成 | 麦角固醇代谢 | CAGL0F01793g | NE | NE | |
| | | CAGL0E04334g | E | NE | 硝酸布康唑 |
| | | CAGL0M07656g | NE | NE | 杀念菌素 |
| | | CAGL0M07095g | E | NE | 两性霉素B |
| | | CAGL0D05940g | NE | NE | 纳他霉素 |
| | | CAGL0H04653g | NE | NE | 制霉菌素 |
| | | CAGL0L00319g | E | E | |
| | 细胞色素 P450 51 | CAGL0E04334g<br>CAGL0D04114g | E | NE | 泊沙康唑<br>噻康唑<br>舍他康唑<br>伊曲康唑<br>肾上腺素 |
| | 角鲨烯单加氧酶 | CAGL0D05940g | NE | NE | 萘替芬、盐酸布替萘芬 |
| 核苷酸代谢 | 胸苷酸合成酶 | CAGL0K05467g | E | E | 氟胞嘧啶 |
| 艾利希途径 | 色氨酸上调芳香氨基转移酶 | CAGL0G01254g | NE | NE | |
| 其他 | 胞质和线粒体辅酶A合成酶 | CAGL0L00649g<br>CAGL0B02717g | NE | NE | 腺苷一磷酸 |
| | 过氧化氢酶 | CAGL0K10868g | NE | NE | |

注:"NE"代表非必需基因、"E"代表必需基因。

## 三、基于全基因组代谢模型解析光滑球拟酵母高产丙酮酸的生产性能

根据模型 *i*NX804 解析 *C. glabrata* 高产丙酮酸的机制,发现主要由于其存在高效的葡萄糖吸收和利用能力,多种丙酮酸合成途径,以及被"弱化"的丙酮酸代谢(图6-3)。具体包括:①*C. glabrata* 细胞膜上具有16个葡萄糖转运蛋白[图6-3(3)],其中 CAGL0C01771g、CAGL0M01672g 和 CAGL0K12716g 被基因表达数据证实;此外,*C. glabrata* 对葡萄糖的亲和力是 *S. cerevisiae* 葡萄糖吸收速率的2~10倍。②*C. glabrata* 包含3条由葡萄糖到丙酮酸的代谢途径:(i)糖酵解途径(EMP):如图6-3(2)所示,由约40个基因组成,将葡萄糖催化为磷酸烯醇丙酮酸,最终转化为丙酮酸;(ii)磷酸戊糖途径(PPP):如图6-3(1)所示,由近30个基因组成,催化葡萄糖-6-磷酸转

化为丙酮酸；(iii) 丙酮醛降解途径 [图 6-3 (4)]：由约 15 个基因组成，催化甘油酮-磷酸转化为丙酮酸，包括 I 和 IV 两个分支，该途径的注释打破了以往认为丙酮酸合成仅与 EMP 和 PPP 有关的限制。③进一步负责丙酮酸降解的辅酶（维生素 $B_6$、维生素 $B_1$、烟酸、生物素）的合成途径受阻（图 6-4），C. glabrata 不能利用中心碳代谢中的 D-甘油醛-3-磷酸和 D-核酮糖-5-磷酸合成 5-磷酸-吡哆醛；不能从嘧啶代谢和半胱氨酸代谢合成二磷酸硫胺素；不能利用喹啉酸合成烟酸 D-核糖核苷酸；C. glabrata 完全缺失生物素合成途径。

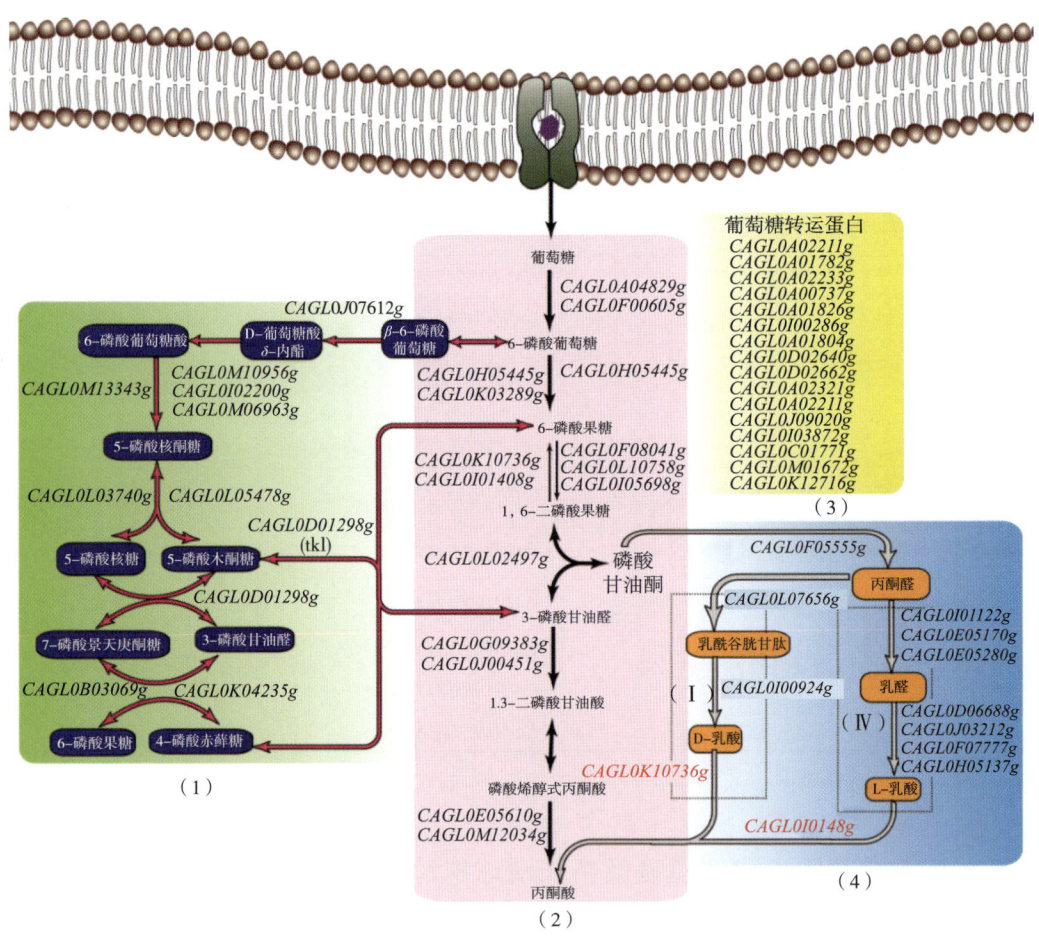

图 6-3 光滑球拟酵母丙酮酸合成途径
(1) 磷酸戊糖途径；(2) 糖酵解途径；(3) 葡萄糖转运蛋白；(4) 丙酮醛降解途径

基于模型 iNX804 分析 C. glabrata 在细胞生长阶段 [图 6-5 (1)] 和丙酮酸形成阶段 [图 6-5 (2)]，三条丙酮酸合成途径的碳流分布情况。流量分布的模拟值与文献值高度吻合，再次证明了模型 iNX804 的准确性。在生长阶段，33.3%的碳流量通过 EMP 途径流向乙醇，10%流向丙酮酸；在丙酮酸形成阶段，92.5%的碳流量从葡萄糖经过 EMP 途径合成丙酮酸，不产生乙醇。

# 第六章 系统代谢工程在丙酮酸发酵生产中的应用

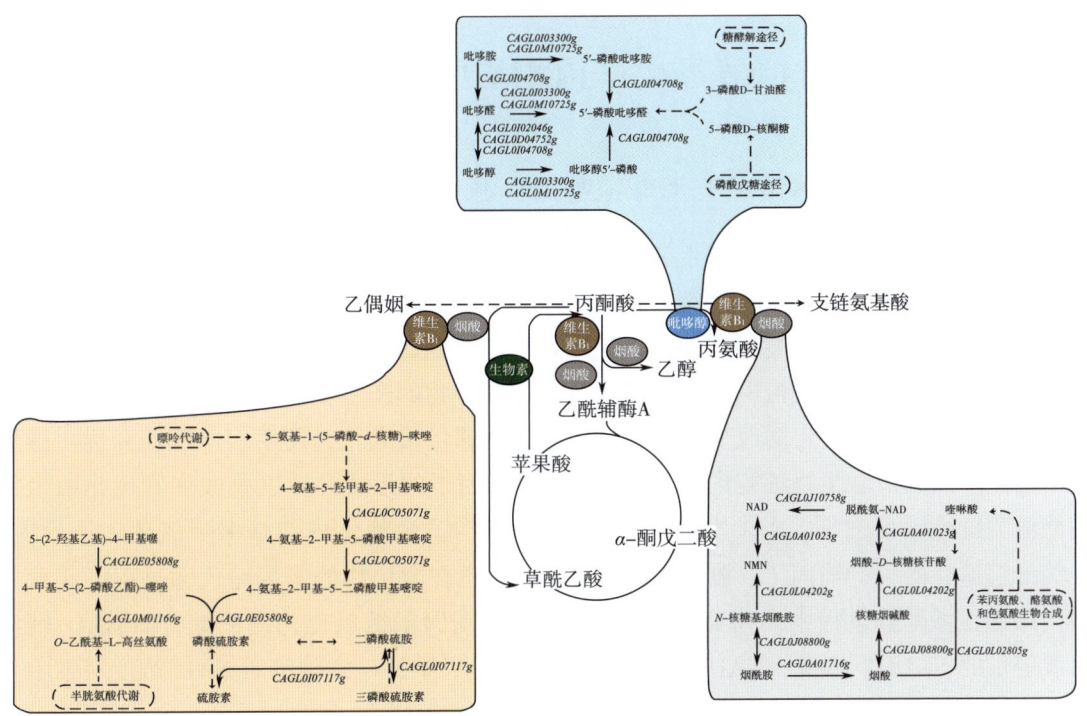

图 6-4 参与丙酮酸代谢的辅因子合成途径

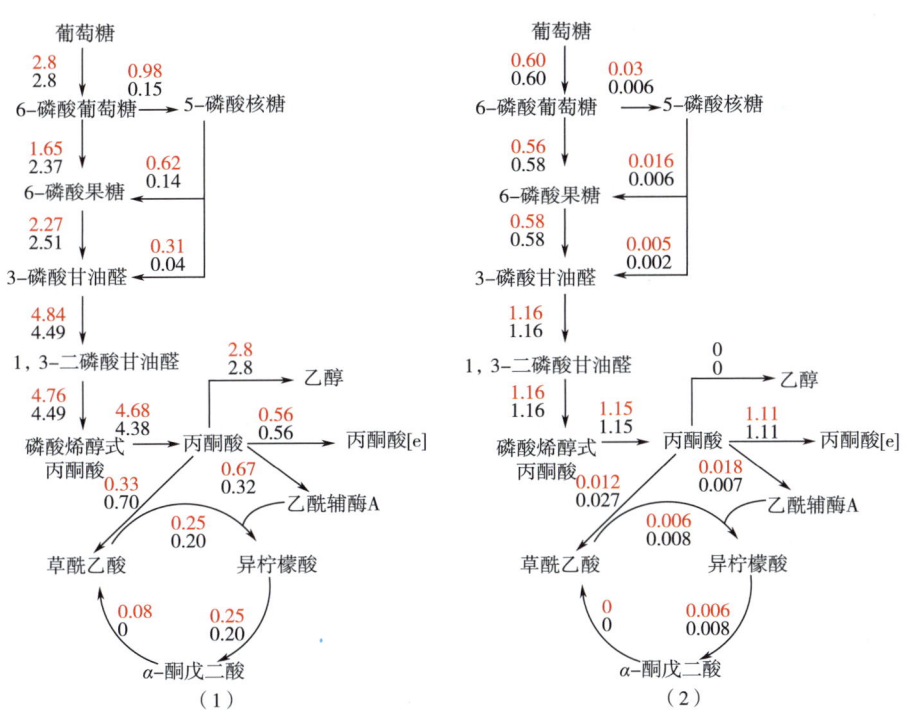

图 6-5 中心碳代谢模型预测和文献报道中代谢流分布比较

(1) 生长阶段；(2) 丙酮酸形成阶段

注：红色和黑色的值分别表示来自文献或 $i$NX804 模型的通量。单位为 mmol/（L·gDCW·h）。

# 第二节　光滑球拟酵母生产丙酮酸中 NADH 的生理功能解析

## 一、基于组学技术解析光滑球拟酵母异源 NAD$^+$/H 再生系统

在光滑球拟酵母利用葡萄糖生产丙酮酸过程中，提高糖酵解速度是提高发酵经济性的关键。但单独或者共同过量表达糖酵解途径的限速酶的基因，并不能显著提高酵解速度。除了对工业微生物重构代谢网络外，还应当重视细胞表达调控网络的研究，优化或改变微生物的代谢网络和表达调控网络，以提高目标代谢产物的产量和积累速度或合成新的代谢物。也就是说，不仅要定向改变代谢流的方向并使通量最大化，还要定向改变和优化微生物的功能。而调节微生物细胞内 NADH/NAD$^+$ 等辅因子的形式和浓度是改变和优化微生物功能的关键性因素之一。NAD$^+$ 作为重要辅因子参与了生物体内 300 多个氧化还原反应，是糖酵解途径的关键辅因子。胞内 NADH/NAD$^+$ 比率在微生物的葡萄糖代谢过程中起着关键作用，在糖酵解过程中，葡萄糖利用 NAD$^+$ 作为辅因子被氧化为丙酮酸，而 NAD$^+$ 则还原成等量的 NADH。因此，NADH 快速氧化成 NAD$^+$ 且维持一定的胞质 NAD$^+$ 浓度对细胞生长和物质代谢有着至关重要的作用。将肺炎链球菌（*Streptococcus pneumoniae*）编码 NADH 氧化酶基因 *nox*、荚膜组织胞浆菌（*Histoplasma capsulatum*）的选择性氧化酶基因 *AOX*1 和施氏假单胞菌（*Pseudomonas stutzeri*）的亚磷酸脱氢酶基因 *PtxD* 分别过量表达于 *C. glabrata* 中，成功构建了定位于不同亚细胞结构中的 NAD$^+$ 再生途径。过量表达 NADH 氧化酶和选择性氧化酶导致胞内 NADH 浓度分别下降 55% 和 45%，而亚磷酸脱氢酶的过量表达导致 NADH 浓度增加 11%。*C. glabrata* NOX 和 *C. glabrata* AOX 的丙酮酸产量分别增加了 13%、19%，而 *C. glabrata* PtxD 的丙酮酸产量降低了 20%。为了深入阐释 NADH 对丙酮酸发酵的作用机制，以及此过程中 *C. glabrata* 基因转录/蛋白质（酶）表达水平、碳代谢流特性和对外界环境的适应性，可以从组学技术水平解析 *C. glabrata* 异源 NAD$^+$/H 再生系统。

基因转录和蛋白质合成水平的调节一般比代谢物的调节更节约能量。因此，代谢控制机制主要体现在微生物常通过快速启动或关闭基因的转录和诱导或阻遏蛋白（酶）合成，NADH 除作为代谢反应底物外，更为重要的是参与了众多基因的表达调控。*C. glabrata* 胞内 NADH 主要来源于中心碳代谢途径（糖酵解途径和三羧酸循环途径），但由于真核细胞 NAD$^+$/H 不能自由穿过线粒体膜，NADH 必须分别在不同的亚细胞内完成氧化与还原。利用表达谱芯片、qPCR、同位素标记相对和绝对定量技术（iTRAQ）、关键酶活性测定等手段，对 *C. glabrata* NOX、*C. glabrata* AOX、*C. glabrata* PtxD 菌株，从基因转录和蛋白（酶）水平上，系统阐释不同水平和空间的 NAD$^+$/H 对丙酮酸代谢的调控，为深入理解和改造 *C. glabrata* 丙酮酸合成特征提供理论依据。

利用表达谱芯片检测了处于对数生长中期的 *C. glabrata* CON、*C. glabrata* NOX、*C. glabrata* AOX 和 *C. glabrata* PtxD 四株菌的基因表达。在表达谱芯片上设计了 5280 个寡

核苷酸探针，但是在实验中实际检出 5037 个基因。通常，基因表达水平发生 2 倍及以上变化，可认为该基因发生了差异表达。与对照菌株 C. glabrata CON 相比较：①C. glabrata NOX 有 1004 个基因差异表达，其中 620 个表达上调，384 个表达下调；②C. glabrata AOX 有 780 个基因差异表达，其中 318 个表达上调，462 个表达下调；③C. glabrata PtxD 有 258 个基因差异表达，其中 74 个表达上调，184 个表达下调。对于丙酮酸合成代谢相关途径：①C. glabrata NOX 有 16 个基因差异表达，其中 14 个表达上调，2 个表达下调；②C. glabrata AOX 有 7 个基因表达上调；③C. glabrata PtxD 有 19 个基因表达下调。

利用 iTRAQ 技术，检测处于对数生长中期的 C. glabrata CON、C. glabrata NOX、C. glabrata AOX 和 C. glabrata PtxD 四株菌胞内蛋白种类和含量。通常认为，可信度在 80% 以上的蛋白是可以接受的。而蛋白含量发生大于 1.1 倍或者小于 0.9 倍的变化，可认为该蛋白在两样本之间存在差异表达。分析所检出的 599 个蛋白点，其中 208 个蛋白的可信度大于 80%。在可信度大于 80% 的蛋白中，①C. glabrata NOX 有 52 个蛋白上调表达，49 个蛋白下调表达；②C. glabrata AOX 有 33 个蛋白上调表达，而 30 个蛋白下调表达；③C. glabrata PtxD 有 27 个上调表达，而 34 个蛋白下调表达。另外，在所检出的 599 个蛋白点中，17 个蛋白和丙酮酸合成代谢途径相关。其中，过量表达 NADH 氧化酶、选择性氧化酶和亚磷酸脱氢酶分别引起 5 个、4 个和 1 个蛋白上调表达，但是，仅过量表达亚磷酸脱氢酶导致其中的 5 个蛋白下调表达。

## 二、异源 $NAD^+/H$ 再生系统对丙酮酸合成途径的影响

### 1. 葡萄糖转运系统

利用表达谱芯片，检出 15 个和葡萄糖转运相关的基因（表 6-10），其中 13 个基因的功能分别和 S. cerevisiae HXT1~3/5~7/10/14、RGT2 和 SNF3 相似。C. glabrata NOX 中的 CAGL0A01782g、CAGL0A02211g 和 CAGL0A02233g 表达上调 19.1、6.1 和 5.5 倍，而 CAGL0A01804g 表达下调 6.9 倍。C. glabrata AOX 中的 CAGL0A01782g 表达上调 14.2 倍。C. glabrata PtxD 中没有葡萄糖转运相关基因差异表达（表 6-10）。利用定量 PCR 技术，验证表达谱芯片所检出的葡萄糖转运蛋白基因表达水平，结果表明表达谱芯片所得数据可靠（表 6-10）。遗憾的是，本研究所使用的 iTRAQ 技术仅检出 CAGL0A01782g 编码的蛋白 Q6FY17。与对照菌株 C. glabrata CON 相比较，C. glabrata NOX 中 Q6FY17 上调表达 1.80 倍，而在 C. glabrata AOX 和 C. glabrata PtxD 中没有差异表达（表 6-10）。然而，敲除 CAGL0A01782g 并没有降低 C. glabrata CON、C. glabrata NOX、C. glabrata AOX 和 C. glabrata PtxD 的糖酵解速率，说明 CAGL0A01782g 编码的葡萄糖转运蛋白具有可替代性，不是控制 C. glabrata 糖酵解速率进一步提高的关键因素。

### 2. 糖酵解途径

为进一步阐释引入 $NAD^+/H$ 再生系统影响丙酮酸合成代谢的原因，不同菌株的所有糖酵解基因的表达水平（图 6-6）显示，过量表达 NADH 氧化酶和选择性氧化酶都诱导己糖

表 6-10　异源 $NAD^+/H$ 再生系统在基因转录和蛋白表达水平上对葡萄糖转运系统的影响

| 基因 | UniProt 检索号 | 葡萄糖转运蛋白 | 基因转录水平（表达谱芯片） | | | 基因转录水平（定量 PCR） | | | 蛋白表达水平/倍 | | |
|---|---|---|---|---|---|---|---|---|---|---|---|
| | | | NOX | AOX | PtxD | NOX | AOX | PtxD | NOX | AOX | PtxD |
| CAGL0M04103g | Q6FJR9 | HXT1 | -1.1±0.2 | -1.1±0.3 | 1.0±0.0 | -1.4±0.1 | 1.0±0.0 | +1.6±0.0 | — | — | — |
| CAGL0I00286g | Q6FR79 | HXT2/6/7 | -1.7±0.1 | +1.5±0.3 | +1.7±0.1 | -1.2±0.0 | +2.1±0.2 | +1.5±0.1 | — | — | — |
| CAGL0D02640g | Q6FW63 | HXT2/10/6 | +1.3±0.3 | +1.2±0.1 | +1.6±0.1 | -1.2±0.2 | +1.7±0.2 | +1.1±0.2 | — | — | — |
| CAGL0A01804g | Q6FY16 | HXT3/1 | -6.9±0.5 | +1.2±0.3 | -1.1±0.2 | -3.3±0.2 | +1.6±0.2 | 1.0±0.0 | — | — | — |
| CAGL0A02321g | Q6FY37 | HXT3/14 | +1.2±0.0 | +1.1±0.0 | +1.7±0.3 | +1.1±0.1 | +1.1±0.0 | +1.2±0.2 | — | — | — |
| CAGL0A01826g | Q6FY15 | HXT5/3 | -1.3±0.2 | -1.1±0.0 | +1.9±0.3 | -1.3±0.2 | -1.9±0.1 | +1.8±0.1 | — | — | — |
| CAGL0A01782g | Q6FY17 | HXT6/7 | +19.1±1.1 | +14.2±0.2 | -1.7±0.6 | +16.7±0.5 | +15.5±0.3 | -1.2±0.4 | 1.80±0.04 | 1.05±0.10 | 0.93±0.05 |
| CAGL0A02211g | Q6FY42 | HXT6/7 | +6.1±0.5 | 1.0±0.2 | +1.9±0.1 | +3.5±0.2 | +1.4±0.1 | +1.2±0.1 | — | — | — |
| CAGL0A02233g | Q6FY41 | HXT6/7 | +5.5±0.4 | 1.0±0.3 | +1.9±0.1 | 4.2±0.1 | 1.0±0.0 | +1.9±0.1 | — | — | — |
| CAGL0A00737g | Q6FXX9 | HXT6/7 | +1.8±0.3 | 1.0±0.0 | +1.9±0.3 | +1.8±0.1 | +1.2±0.1 | -1.2±0.1 | — | — | — |
| CAGL0J09020g | Q6FNU3 | SNF3/RGT2 | +1.9±0.3 | +1.1±0.1 | -1.2±0.1 | +2.2±0.2 | 1.0±0.1 | -1.6±0.1 | — | — | — |
| CAGL0I03872g | Q6FQS7 | RGT2/SNF3 | +1.4±0.5 | -1.7±0.5 | +1.6±0.2 | +1.3±0.2 | -1.9±0.1 | +1.5±0.2 | — | — | — |
| CAGL0C01771g | Q6FWZ2 | 未知 | -1.6±0.2 | +1.2±0.2 | +1.1±0.0 | 1.0±0.1 | +1.2±0.2 | +1.3±0.1 | — | — | — |
| CAGL0M01672g | Q6FK27 | 未知 | +2.7±0.3 | +1.1±0.1 | 1.0±0.1 | +1.7±0.1 | 1.0±0.0 | +1.3±0.0 | — | — | — |
| CAGL0K12716g | Q6FLX5 | 未知 | -1.8±0.1 | -1.7±0.4 | -1.9±0.3 | -1.2±0.0 | -1.9±0.2 | -1.3±0.1 | — | — | — |

激酶、6-磷酸果糖激酶和丙酮酸激酶基因表达上调，与异源 NADH 氧化酶相比，线粒体选择性氧化酶更为显著地影响糖酵解途径基因转录和蛋白（酶）表达水平。与对照菌株相比较：*C. glabrata* NOX 中编码己糖激酶（EC 2.7.1.1）的 *CAGL0H07579g* 上调表达 3.7 倍，编码 6-磷酸果糖激酶（EC 2.7.1.11）的 *CAGL0F08041g*、*CAGL0I05698g* 和 *CAGL0L10758g* 分别上调表达 7.2、11.5 和 3.3 倍，编码丙酮酸激酶（EC 2.7.1.40）的 *CAGL0M12034g* 上调表达 2.0 倍；*C. glabrata* AOX 中，虽然己糖激酶基因上调表达，但是与 *C. glabrata* NOX 不同的是，编码己糖激酶的 *CAGL0F00605g* 上调表达 4.3 倍。此外，*C. glabrata* AOX 中编码 6-磷酸果糖激酶的 *CAGL0F08041g*（12.0 倍）、*CAGL0I05698g*（18.6 倍）和 *CAGL0L10758g*（7.2 倍）以及编码丙酮酸激酶的 *CAGL0M12034g*（6.3 倍）表达水平显著高于 *C. glabrata* NOX；过量表达亚磷酸脱氢酶，导致 3 个糖酵解酶编码基因表达下调，其中编码 6-磷酸果糖激酶的 *CAGL0I05698g* 表达下调 14.3 倍，编码磷酸甘油酸变位酶的 *CAGL0K01705g* 表达下调 3.7 倍，编码丙酮酸激酶的 *CAGL0E05610g* 和 *CAGL0M12034g* 分别表达下调 2.0 和 3.6 倍。这些糖酵解途径的关键酶基因的表达均经过定量 PCR 验证（表 6-11）。

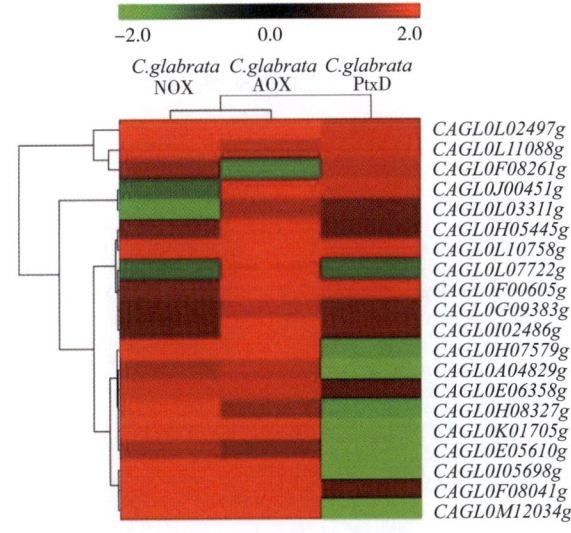

图 6-6　异源 $NAD^+/H$ 再生系统对糖酵解基因转录水平的影响

表 6-11　　　　　　　　　定量 PCR 验证糖酵解关键酶基因转录水平

| 基因 | *C. glabrata* NOX | *C. glabrata* AOX | *C. glabrata* PtxD |
| --- | --- | --- | --- |
| *CAGL0A04829g* | +1.8±0.2 | +1.1±0.1 | −2.4±0.2 |
| *CAGL0F00605g* | +1.7±0.1 | +5.5±0.3 | 1.4±0.3 |
| *CAGL0H07579g* | +2.8±0.3 | +1.2±0.0 | −1.7±0.1 |
| *CAGL0F08041g* | +8.8±0.5 | +13.1±0.4 | 1.2±0.0 |

续表

| 基因 | *C. glabrata* NOX | *C. glabrata* AOX | *C. glabrata* PtxD |
|---|---|---|---|
| CAGL0I05698g | +10.8±0.6 | +20.6±0.6 | −12.9±0.4 |
| CAGL0L10758g | +2.3±0.3 | +5.8±0.3 | +1.5±0.1 |
| CAGL0E05610g | +1.7±0.1 | +1.3±0.0 | −2.9±0.2 |
| CAGL0M12034g | +2.4±0.3 | +7.9±0.3 | −2.8±0.2 |

利用 iTRAQ 技术，检出 20 个糖酵解蛋白，其中 11 个蛋白的可信度大于 80%（图 6-7）。与对照菌株相比较：①*C. glabrata* NOX 中 Q6FQJ7（6-磷酸果糖激酶）、Q6FKY1（磷酸甘油酸激酶）和 Q6FV12（丙酮酸激酶 2）的表达分别上调 3、1.13 和 1.99 倍；②*C. glabrata* AOX 中 Q6FTX6 和 Q6FQJ7（6-磷酸果糖激酶）的表达分别上调 4.03 和 2.16 倍，此外，Q6FUX8（磷酸甘油酸变位酶）和 Q6FV12（丙酮酸激酶 2）的表达分别上调 1.05 和 2.29 倍；③*C. glabrata* PtxD 中除 Q6FLL5（Ⅱ型果糖二磷酸醛缩酶）的表达上调 1.11 倍之外，Q6FQJ7（6-磷酸果糖激酶）和 Q6FIS9（丙酮酸激酶 1）的表达下调 0.35 和 0.78 倍。

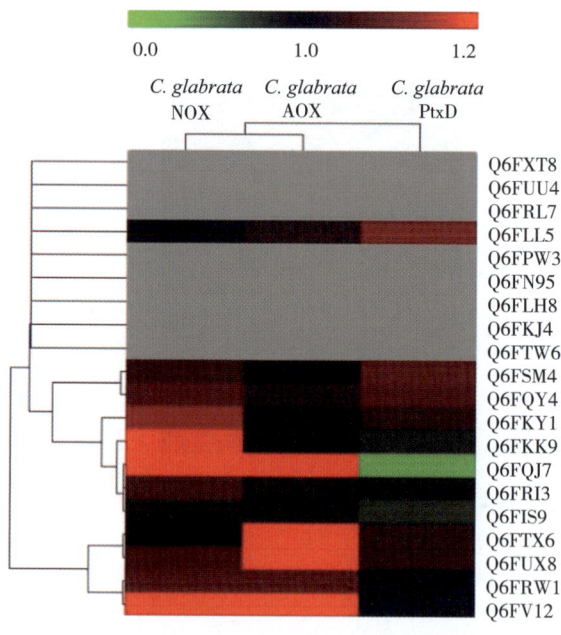

图 6-7　异源 $NAD^+/H$ 再生系统对糖酵解途径蛋白表达水平的影响

对糖酵解关键酶活性进行分析，结果如图 6-8 所示。虽然没有检出己糖激酶的蛋白含量，但是，过量表达 *nox* 和 *AOX*1 分别导致己糖激酶活性提高 79% 和 49%，而过量表达 *PtxD* 却降低 12%。与己糖激酶类似，过量表达 *nox* 和 *AOX*1 导致 6-磷酸果糖激酶活性分别提高 166% 和 181%，丙酮酸激酶活性分别提高 44% 和 91%，而过量表达 *PtxD* 却导致 6-磷酸果糖激酶和丙酮酸激酶活性分别降低76%和21%。过量表达 nox、AOX1 和 PtxD 没有明显改变糖酵解中唯一一个和 NADH 代谢直接相关的酶——3-磷酸甘油醛脱氢酶活性，这也与 C. glabrata NOX、C. glabrata AOX 和 C. glabrata PtxD 中 3-磷酸甘油醛脱氢酶蛋白表达量没有显著变化相符合。

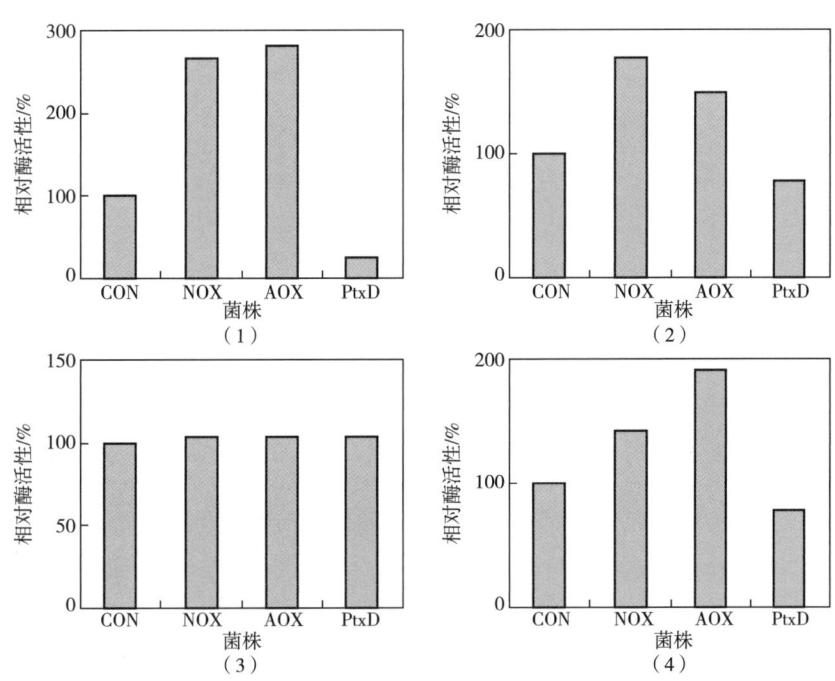

图 6-8　异源 $NAD^+/H$ 再生系统对糖酵解关键酶活性的影响
(1) 6-磷酸果糖激酶；(2) 己糖激酶；(3) 3-磷酸甘油醛脱氢酶；(4) 丙酮酸激酶

C. glabrata NOX 中 CAGL0K01683g 和 CAGL0C05137g（编码 3-磷酸甘油脱氢酶）的表达分别下调 62.9% 和 73.7%，与之相反，这两个基因在 C. glabrata PtxD 中的表达分别上调 4.7 和 2.3 倍，但是，过量表达选择性氧化酶却没有影响甘油合成途径的基因转录。尽管没有检出甘油合成途径的相关蛋白，但是酶活性分析表明，过量表达 NADH 氧化酶和选择性氧化酶分别导致 3-磷酸甘油脱氢酶活性降低 75% 和 20%，但是，亚磷酸脱氢酶却导致其酶活性增加 122%。

### 3. 甘油合成途径

NADH 氧化酶显著影响了 C. glabrata 的甘油合成途径，如表 6-12 所示，C. glabrata NOX 中 CAGL0K01683g（编码 3-磷酸甘油脱氢酶Ⅰ）和 CAGL0C05137g（编码 3-磷酸甘油脱氢酶Ⅱ）分别下调表达 62.9% 和 73.7%，与之相反，这两个基因在 C. glabrata PtxD 中分别上调表达 4.7 和 2.3 倍，但是，过量表达选择性氧化酶却没有影响甘油合成途径的基因转录。尽管没有检出甘油合成途径的相关蛋白，但是酶活性分析表明，过量表达 NADH 氧化酶和选择性氧化酶分别导致 3-磷酸甘油脱氢酶活性降低 75% 和 20%，但是，亚磷酸脱氢酶却导致其酶活性增加 122%。在 S. cerevisiae 中，存在极为相似的现象，过量表达 NADH 氧化酶同样会下调位于胞质内的、依赖 NADH 的酶基因表达水平，如甘油合成途径基因显著下调表达。细胞通过 NADH 氧化酶途径氧化胞质 NADH 维持氧化还原平衡，降低了对 3-磷酸甘油途径的依赖，减少碳流流向甘油。

表 6-12　异源 $NAD^+/H$ 再生系统对甘油合成途径基因转录水平和酶活性的影响

| 基因 | UniProt 检索号 | 基因转录水平 | | | 酶活性/% | | |
| --- | --- | --- | --- | --- | --- | --- | --- |
| | | NOX | AOX | PtxD | NOX | AOX | PtxD |
| CAGL0K01683g | Q6FN96 | -2.7 ±0.6 | +1.1 ±0.0 | +4.7 ±0.3 | -75 | -20 | +122 |
| CAGL0C05137g | Q6FWJ7 | -3.8 ±0.3 | -1.6 ±0.0 | +2.3 ±0.5 | | | |

## 三、异源 $NAD^+/H$ 再生系统对丙酮酸分解途径的影响

**1. 异源 $NAD^+/H$ 再生系统对丙酮酸分解代谢途径基因表达的影响**

C. glabrata 丙酮酸节点碳流，主要从丙酮酸脱氢酶系所控制的丙酮酸氧化脱羧途径和丙酮酸脱氢酶代谢旁路进入 TCA 循环，并进行有氧分解。因此，TCA 循环的活性强弱成为影响丙酮酸积累的重要因素。$NAD^+/H$ 再生系统对 TCA 循环途径基因表达的影响比较小。其中，过量表达 NADH 氧化酶仅导致编码异柠檬酸脱氢酶的 CAGL0H03663g 表达上调 2.1 倍。过量表达选择性氧化酶导致编码异柠檬酸脱氢酶的 CAGL0G02673g 和 CAGL0I07227g 表达上调 3.0 和 2.1 倍。而过量表达亚磷酸脱氢酶对编码 TCA 循环途径酶的基因表达没有影响。

过量表达 NADH 氧化酶、选择性氧化酶和亚磷酸脱氢酶显著影响丙酮酸脱氢酶代谢旁路相关基因的表达水平：①C. glabrata NOX 中 CAGL0M07920g（PDC1，丙酮酸脱羧酶）和 CAGL0I07843g（ADH1，乙醇脱氢酶 1）表达分别下调了 41.7% 和 35.7%，而 CAGL0B02717g（ACS2，乙酰辅酶 A 合成酶 2）表达上调 3.2 倍；②C. glabrata AOX 中 CAGL0I07843g（ADH1，乙醇脱氢酶 1）和 CAGL0J01441g（ADH3，乙醇脱氢酶 3）表达分别下调 23.8% 和 10%，而 CAGL0H05137g（乙醛脱氢酶）和 CAGL0B02717g（ACS2，乙酰辅酶 A 合成酶 2）表达分别上调 5.4 和 6.9 倍；③C. glabrata PtxD 中 CAGL0I07843g（ADH2，乙醇脱氢酶 1）和 CAGL0H06853g（ADH6，乙醇脱氢酶 6）表达分别上调 3.4 和 2.2 倍（图 6-9）。

**2. 异源 $NAD^+/H$ 再生系统对丙酮酸分解代谢途径蛋白表达量和酶活性的影响**

如表 6-13 所示，在所检出的 9 个蛋白中，过量表达选择性氧化酶导致丙酮酸脱氢酶代谢旁路中的 Q6FRX5 和 TCA 循环途径中的 Q6FQD0 的表达量上调了 1.25 和 1.27 倍，而

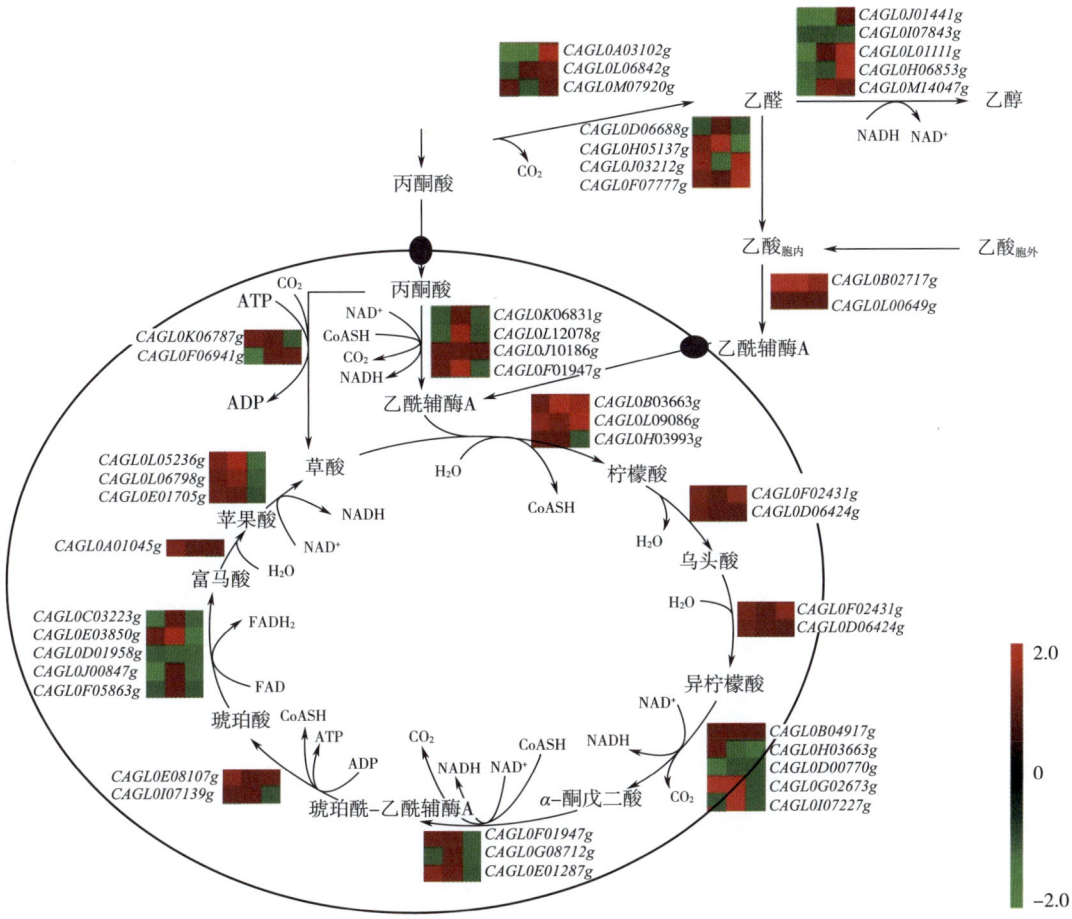

图 6-9 异源 $NAD^+/H$ 再生系统对 TCA 循环途径基因转录水平的影响

过量表达 NADH 氧化酶和亚磷酸脱氢酶对其没有显著影响。

表 6-13 丙酮酸分解代谢途径蛋白表达和关键酶活性分析

| | 酶名称 | 蛋白表达倍数 | | | 比酶活 | | | |
|---|---|---|---|---|---|---|---|---|
| | | NOX | AOX | PtxD | CON | NOX | AOX | PtxD |
| 丙酮酸脱氢酶代谢旁路 | 丙酮酸脱羧酶 | 0.92 | 1.03 | 0.97 | 0.30 | 0.32 | 0.30 | 0.34① |
| | 乙醇脱氢酶 | 1.02 | 1.05 | 1.04 | 4.11 | 2.06① | 1.04② | 6.32② |
| | 乙醛脱氢酶 | 1.03 | 1.25 | 0.96 | N.D. | N.D. | N.D. | N.D. |
| | 乙酰辅酶 A 合成酶 | N.D.③ | N.D. | N.D. | 0.12 | 0.13 | 0.20② | 0.12 |

续表

| 酶名称 | | 蛋白表达倍数 | | | 比酶活 | | | |
|---|---|---|---|---|---|---|---|---|
| | | NOX | AOX | PtxD | CON | NOX | AOX | PtxD |
| TCA 循环途径 | 丙酮酸脱氢酶 | N.D. | N.D. | N.D. | 0.29 | 0.30 | 0.32 | 0.28 |
| | 柠檬酸合成酶 | 1.04 | 0.97 | 0.82 | 1.42 | 1.68 | 1.55 | 1.37 |
| | 乌头酸水合酶 | 1.14 | 1.04 | 1.04 | N.D. | N.D. | N.D. | N.D. |
| | 异柠檬酸脱氢酶 | 1.07 | 1.03 | 1.01 | 5.58 | 5.85 | 6.01 | 5.10 |
| | α-酮戊二酸脱氢酶 | N.D. | N.D. | N.D. | 2.22 | 2.31 | 2.43 | 2.05 |
| | 苹果酸脱氢酶 | 1.01 | 1.02 | 0.92 | 2.09 | 2.00 | 2.11 | 1.95 |

① $P<0.05$;
② $P<0.01$;
③ N.D. 表示未检出。

异源 $NAD^+/H$ 再生系统对丙酮酸脱氢酶代谢旁路中的酶活性影响比较明显（表 6-13），与对照菌株相比较：①*C. glabrata* NOX 中乙醇脱氢酶酶活性降低 50%，乙酰辅酶 A 合成酶酶活性增加 17%，而丙酮酸脱羧酶酶活性没有显著变化；②*C. glabrata* AOX 中乙醇脱氢酶酶活性降低 75%，而乙酰辅酶 A 合成酶酶活性增加 67%，与 *C. glabrata* NOX 相似，丙酮酸脱羧酶酶活性没有显著变化；③与 *C. glabrata* NOX 和 *C. glabrata* AOX 中不同的是，*C. glabrata* PtxD 中丙酮酸脱羧酶和乙醇脱氢酶酶活性分别增加 13% 和 50%，而乙酰辅酶 A 合成酶酶活性没有显著改变。异源 $NAD^+/H$ 再生系统的导入没有显著地影响丙酮酸脱氢酶、柠檬酸合成酶、异柠檬酸脱氢酶、α-酮戊二酸脱氢酶和苹果酸脱氢酶的活性。

**3. 异源 $NAD^+/H$ 再生系统对 TCA 中间代谢物的影响**

如图 6-10 所示，过量表达 NADH 氧化酶仅导致胞内乙酰辅酶 A 含量增加 6%（$P>0.5$），而对 TCA 中间代谢物的含量没有影响；选择性氧化酶直接作用于线粒体中，但是选择性氧化酶的过量表达除了导致乙酰辅酶 A 增加 31% 之外，同样对 TCA 中间代谢物的含量没有显著影响；虽然亚磷酸脱氢酶的过量表达降低了乙酰辅酶 A、柠檬酸、α-酮戊二酸、琥珀酸和富马酸的含量，但是都没有达到显著水平（$P>0.05$）。由于异源 $NAD^+/H$ 再生系统没有显著改变 TCA 循环途径通量，与其相关联的谷氨酸族氨基酸和天冬氨酸族氨基酸产量也没有显著改变。

调控 NADH 对 *C. glabrata* TCA 循环活性影响不显著，但是却显著调节了丙酮酸的另外一个重要代谢物——乙醇的合成。乙醇是 *C. glabrata* 发酵过程中的重要副产物之一。乙醇合成途径由丙酮酸脱羧酶和乙醇脱氢酶构成，是一条依赖 NADH 的代谢途径。过量表达 NADH 氧化酶和选择性氧化酶，没有显著影响丙酮酸脱氢酶旁路代谢途径中的丙酮酸脱羧酶活性，但是乙醇脱氢酶基因表达水平、酶活性以及乙醇产量的降低，说明降低细胞内 NADH 可利用性，是减少乙醇合成的有效手段。

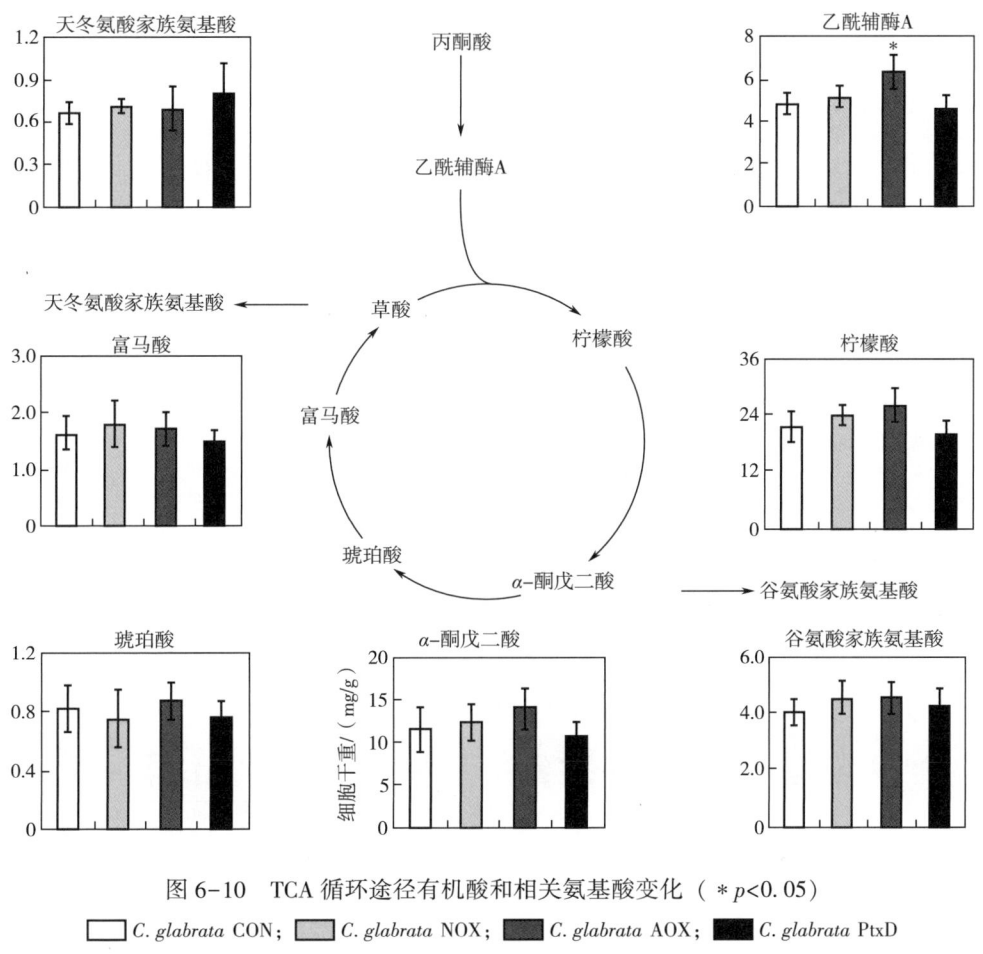

图 6-10　TCA 循环途径有机酸和相关氨基酸变化（*$p<0.05$）

□ *C. glabrata* CON；　▨ *C. glabrata* NOX；　▥ *C. glabrata* AOX；　■ *C. glabrata* PtxD

## 第三节　光滑球拟酵母耐受高渗透压胁迫的生理机制研究

光滑球拟酵母发酵生产丙酮酸的过程中，当发酵液中丙酮酸浓度大于 45g/L 时，丙酮酸合成能力受到显著抑制，高渗透压成为限制丙酮酸发酵的关键因素之一。在深入理解微生物耐受高渗透压胁迫生理机制的基础上，对微生物进行理性改造可以使其耐受更高的渗透压，从长远来看，这是解决由于发酵过程渗透压升高导致的发酵过程效能低下的最终解决途径。

微生物对渗透压的耐受和响应的过程，涉及细胞膜脂肪酸的变化、中心代谢途径的改变、相容性溶质的合成、关键信号转导途径的激活等过程，而这一过程实际上是微生物胞内的一个全局性的变化。在后基因组时代，采用系统生物学和高通量微生物生理学分析方法，定量研究高渗胁迫下蛋白表达/转录水平和信号转导调控途径的变化，阐明微生物细胞信号转导调控网络与代谢网络之间的关系，在分析微生物耐受高渗胁迫的基本生理现象及其变化规律的基础上，揭示高渗胁迫调控微生物生理功能及对目标产物合成与积累过程的作用机制,是微生物生理学和发酵过程研究的一个必然选择。

## 一、高渗胁迫对光滑球拟酵母生长和发酵性能的影响

利用平板点样法考察不同 NaCl 浓度对酵母细胞生长的影响,结果如图 6-11(1)所示。低浓度 NaCl (18g/L) 胁迫对细胞毒害作用较小,且对细胞正常生理功能影响较小,导致其细胞生长情况与对照组(0g/L)相近。随着 NaCl 浓度(0~70g/L)的增加,其对细胞生长抑制作用明显增强,当 NaCl 浓度增至 70g/L 时,细胞正常生长繁殖能力明显下降。此外,借助摇瓶培养进一步考察不同 NaCl 浓度(0~70g/L)对酵母生长的影响,结果如图 6-11(2)所示。与平板点样法结果相似:与对照组(0g/L)相比,低浓度 NaCl (18g/L) 对细胞生长影响较小,使其生物量仅降低了 16%;但当 NaCl 浓度提高至 70g/L 时,可有效地抑制细胞生长,使其生物量降低了 79%,仅为 3.2g/L。

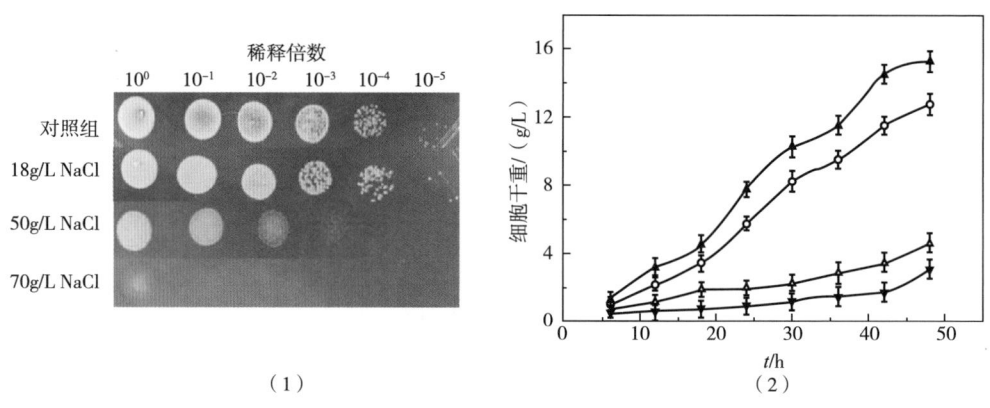

图 6-11 NaCl 浓度对细胞生长的影响

(1) 光滑球拟酵母对不同 NaCl 浓度平板耐受性;(2) 光滑球拟酵母在不同 NaCl 浓度摇瓶生长评价

▲:0g/L NaCl;○:18g/L NaCl;△:50g/L NaCl;▼:70g/L NaCl

### 1. 高盐胁迫对 *C. glabrata* 发酵性能的影响

*C. glabrata* 摇瓶发酵生产丙酮酸过程中,以不添加 NaCl 为对照组。当细胞渗透压从 987mOsmol/kg 上升到 2518mOsmol/kg 时,活细胞数下降了 16.5%,而坏死性细胞数增加了近两倍,为 25.71%,如图 6-12 所示。与对照组(0g/L NaCl)相比,细胞干重 (3.1g/L)、丙酮酸产量(2.5g/L)和葡萄糖消耗量(17.9g/L)分别降低了 79.7%、93.1% 和 77.6%。当没有高盐胁迫时,坏死性细胞随着发酵时间的延长增加了近 23 倍(从 0.52% 到 12.51%),而且丙酮酸比合成速率和葡萄糖比耗糖速率分别从 $0.25\frac{1}{h}$ 降至 $0.08\frac{1}{h}$ 和 $0.87\frac{1}{h}$ 降至 $0.07\frac{1}{h}$,说明随着丙酮酸浓度的升高,可能造成的产物浓度胁迫使坏死性细胞数增加,最终导致发酵效率降低。

然而,在高盐胁迫下,当发酵至 24h 时,坏死性细胞数增加了近三倍(从 4.02% 到

15.22%），但是丙酮酸比合成速率和葡萄糖比耗糖速率竟然分别从 0.003 $\frac{1}{h}$ 上升至 0.05 $\frac{1}{h}$ 和 0.2 $\frac{1}{h}$ 上升至 0.46 $\frac{1}{h}$，但是总体而言丙酮酸比合成速率明显低于对照组，而葡萄糖比耗糖速率在发酵中后期时却高于对照组，很大可能是因为部分 *C. glabrata* 细胞仍会对高盐胁迫有一定的抵抗力，而且高盐胁迫下 *C. glabrata* 所消耗的葡萄糖主要用于维持细胞生长，从而使高盐胁迫下 *C. glabrata* 存活率降低并不明显，但是由于发酵一开始就存在高盐胁迫，从而使细胞生长繁殖能力下降或者直接导致细胞死亡，因此高盐胁迫下细胞发酵效率明显低于对照组。

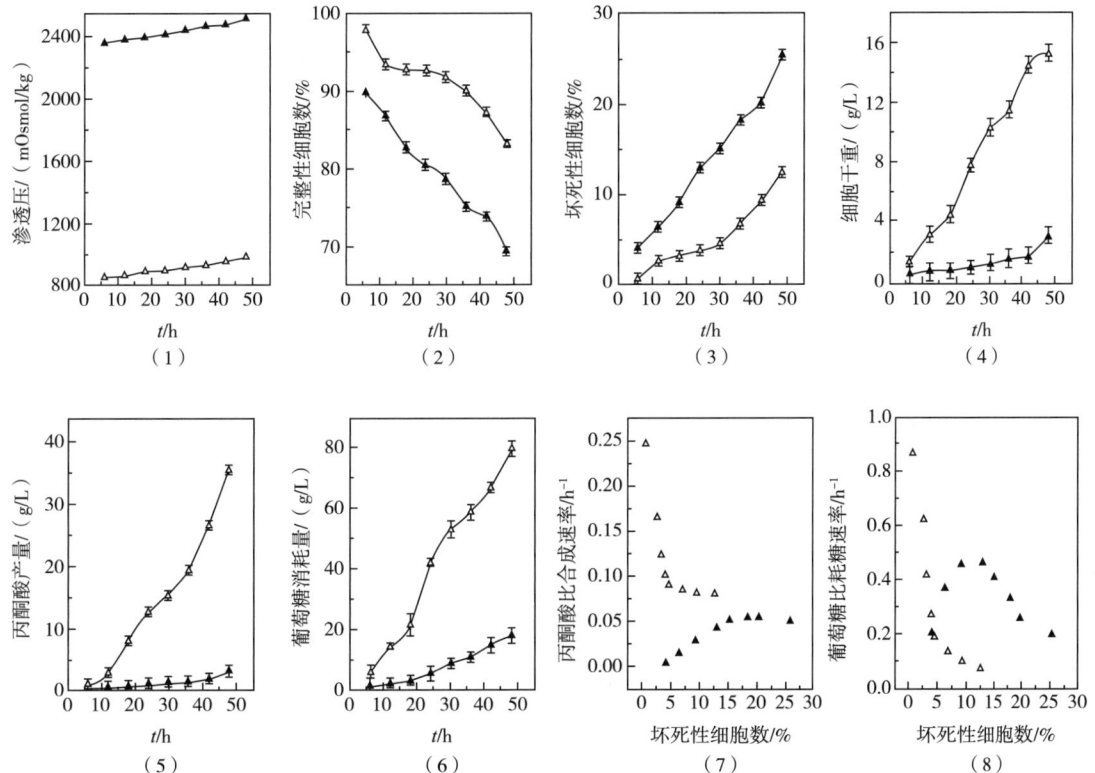

图 6-12　高渗对完整性细胞、坏死性细胞、细胞生长、丙酮酸产量和葡萄糖消耗的影响
△对照；▲70g/L NaCl

### 2. 高盐胁迫对 *C. glabrata* 的 ATP 水平的影响

如图 6-13 所示，高盐胁迫下，胞内 ATP 水平降低了 59%，ATP/ADP 比率则降低了 60.5%，而胞内 ADP 水平几乎保持不变。这些结果表明：高盐胁迫使胞内合成 ATP 水平的能力下降，从而可能使细胞正常生长能力下降，最终导致细胞活性下降。

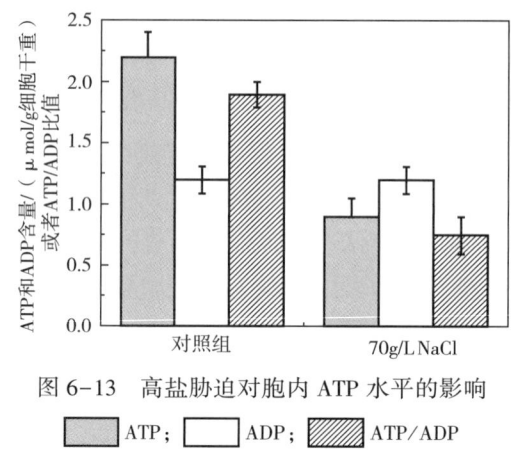

图 6-13 高盐胁迫对胞内 ATP 水平的影响
☐ ATP；☐ ADP；▨ ATP/ADP

## 二、高渗胁迫对光滑球拟酵母基因表达的影响

**1. 高渗条件下转录组概况**

*C. glabrata* 细胞在不同的渗透压条件下（860mOsmol/kg、1765mOsmol/kg、2603mOsmol/kg 和 3324mOsmol/kg）培养到对数生长中期，收集细胞，采用全基因组芯片检测进行全基因组基因表达水平分析。根据 NCBI 数据库中的 *C. glabrata* CBS138 基因信息，在芯片上设计了 5280 个寡核苷酸探针，其中有 5009 个基因的表达被检测出来。利用 GenBank、KEGG、UniProt 等公共数据库对未知基因进行高精度注释，结果有 3500 个以上的基因可以通过基因注释初步确定其功能。认为基因表达水平发生 2 倍及以上变化的基因发生了差异表达。在渗透压为 1765、2603 和 3324mOsmol/kg 的条件下，相对于对照条件（860mOsmol/kg），分别有 1335、1155 和 1630 个基因转录水平上调，818、789 和 770 个基因转录水平下调。

对上述差异基因进行 GO 功能富集分析，结果见图 6-14。在高渗胁迫条件下（1765mOsmol/kg、3324mOsmol/kg），与正常条件（860mOsmol/kg）相比，发生转录水平上调变化的基因主要集中于以下功能类群[图 6-14（1）]：结合、DNA 结合、核酸结合、镁离子结合、激酶活性、催化活性、核苷酸结合、水解活性、蛋白结合、肽酶活性、氧化还原酶活性、ATP 结合、GTP 结合、锌离子结合、金属离子结合、转运活性、转移酶活性、水解酶活性。这些功能类群主要参与蛋白质翻译及修饰、能量代谢、核酸复制和物质转运等过程。转录发生下调的基因主要功能类群见图 6-14（2）。

进一步分析在较低高渗条件（1765mOsmol/kg）和极端高渗条件下（3324mOsmol/kg）转录水平提高 10 倍以上的基因。其中已知功能的分别有 90 和 96 个（图 6-15，只选取提高前 50 的基因作图）。其中细胞壁甘露糖蛋白（CAGL0I06204g）、脂肪酸延伸蛋白（CAGL0L08184g）的转录水平在较低的高渗条件下提高了 60 倍以上；另外，产孢调节蛋白（CAGL0E04840g）、磷脂酶（CAGL0J11748g）、信息素调节膜蛋白 4（CAGL0M02167g）和 10（CAGL0G04433g）等的转录水平也都有不同程度的大幅提高。在极端高渗条件下

第六章 系统代谢工程在丙酮酸发酵生产中的应用

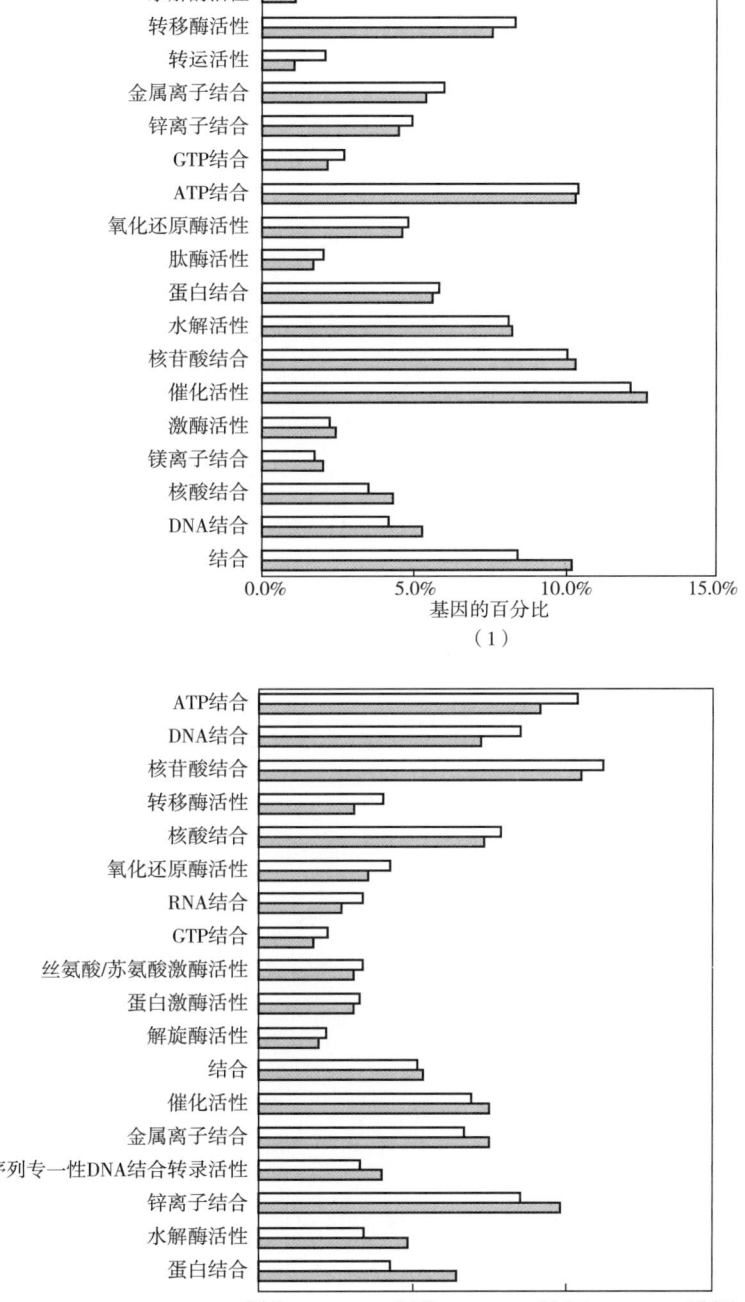

图 6-14 高渗培养条件下差异表达基因的 GO 功能富集分析
（1）上调基因；（2）下调基因；▨ 1765/860mOsmol/kg；□ 3324/860mOsmol/kg

（3324mOsmol/kg），信息素调节膜蛋白 10 甚至提高了 88.6 倍，而脂肪酸延伸蛋白和细胞壁甘露糖蛋白的上调水平相比较低的高渗条件略有下降，分别提高了 54.9 倍和 34.8 倍。

除此之外，液泡碱性氨基酸转运蛋白（CAGL0J01375g）的转录在极端高渗条件下（3324mOsmol/kg）增加了11.70倍，高于渗透压较低情况下（1765mOsmol/kg）的2.70倍。

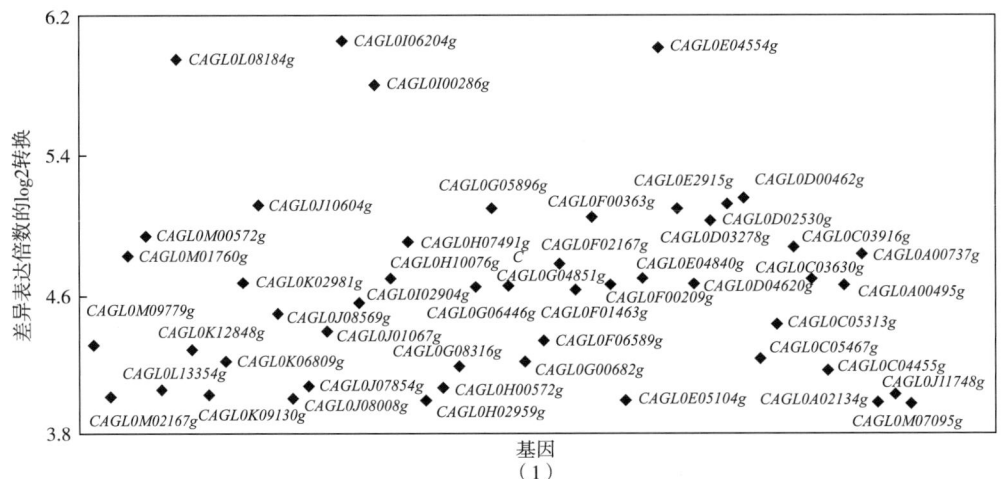

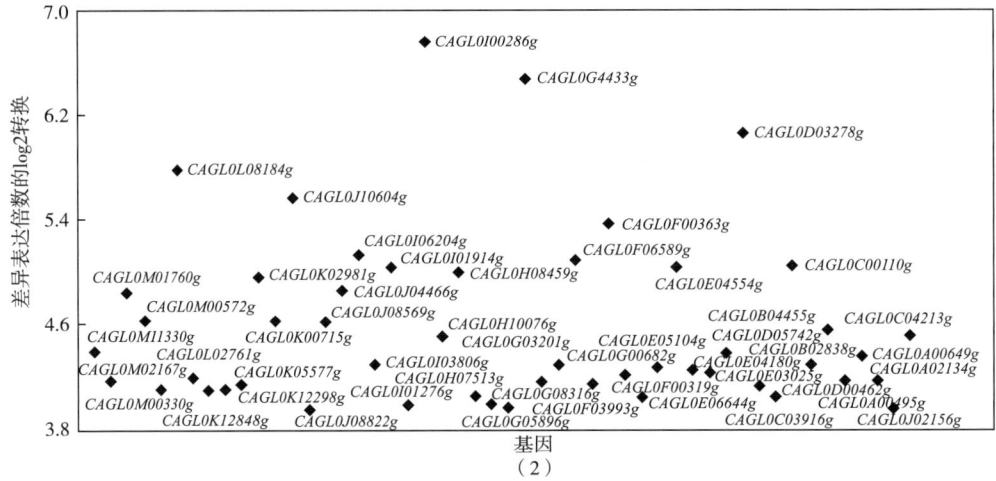

图 6-15 在高渗条件下表达水平上调10倍以上的基因（表达量提高倍数前50）
(1) 1765mOsmol/kg；(2) 3324mOsmol/kg

在两种高渗条件下（1765mOsmol/kg 和 3324mOsmol/kg）转录水平都提高10倍以上的基因共58个。这表明在这两种情况下，*C. glabrata* 细胞调控表达的机制可能有所不同。但是仍然可以发现，这些表达量大幅度提高的基因主要是细胞壁、细胞膜相关的和一些膜上的信息素蛋白基因。因为细胞外环境的改变直接作用于微生物的细胞壁和细胞膜，胞外渗透压提高，胞内水分外流，随后胞内溶液浓度升高，从而导致细胞体积减小，肽聚糖层被破坏，并最终质壁分离。细胞壁和细胞膜最先感应到外界环境的改变，其受影响的程度可能是最为剧烈的。

## 2. 中心碳代谢途径的基因表达谱分析

糖酵解是将葡萄糖降解为丙酮酸并伴随着 ATP 生成的一系列反应。如表 6-14 所示在高渗环境下，EMP 途径中有 7 个基因的转录水平发生了上调，这 7 个基因分别涉及 6 种酶，即己糖激酶（*CAGL0H07579g*）、6-磷酸葡萄糖变构酶（*CAGL0K03289g*）、6-磷酸葡萄糖异构酶（*CAGL0H05445g*）、6-磷酸果糖激酶（*CAGL0F08041g* 和 *CAGL0L10758g*）、3-磷酸甘油酸脱氢酶（*CAGL0J00451g*）和丙酮酸激酶 2（*CAGL0E05610g*）。EMP 途径中有三个酶参与不可逆反应，分别是：磷酸果糖激酶、己糖激酶和丙酮酸激酶，这三种酶调节着糖酵解的速度。研究结果发现，非极端高渗环境对己糖激酶、磷酸果糖激酶和丙酮酸激酶的基因转录有一定的诱导作用，但在极端高渗条件下诱导作用不明显。总体而言，相比正常条件高渗环境下的酵母细胞 EMP 途径略有上调，但幅度不大，而且多数基因的表达水平只在渗透压相对较低的条件下（1765mOsmol/kg）有所提高，极端高渗条件下，没有基因发生明显上调，说明 EMP 途径的转录水平和渗透压的影响关系不大。

表 6-14　　　　　　　　　　　糖酵解途径中的基因表达分析

| 基因 | A/CK | B/CK | C/CK | 基因注释 |
| --- | --- | --- | --- | --- |
| *CAGL0A04829g* | 1.23 | 1.10 | 1.09 | 己糖激酶 |
| *CAGL0F00605g* | 1.19 | 1.04 | 1.01 | 己糖激酶 |
| *CAGL0H07579g* | 1.21 | 1.31 | 4.45↑ | 己糖激酶 |
| *CAGL0K03289g* | 1.70 | 2.10↑ | -1.04 | 6-磷酸葡萄糖变构酶 |
| *CAGL0H05445g* | 2.82↑ | 1.03 | 1.07 | 6-磷酸葡萄糖变构酶 |
| *CAGL0H04939g* | -2.05↓ | 1.72 | -1.63 | 1,6-二磷酸果糖酶 I |
| *CAGL0I04048g* | -1.17 | -1.24 | 1.92 | 1,6-二磷酸酶果糖 I |
| *CAGL0F08041g* | 2.35↑ | 1.10 | -1.21 | 6-磷酸果糖激酶 |
| *CAGL0I05698g* | 1.41 | -1.27 | -1.13 | 6-磷酸果糖激酶 |
| *CAGL0L10758g* | 2.08↑ | 1.16 | 1.43 | 6-磷酸果糖激酶 |
| *CAGL0L02497g* | 1.22 | 1.01 | 1.07 | 2-磷酸果糖醛缩酶 |
| *CAGL0H08327g* | 1.93 | 1.50 | 1.52 | 磷酸丙糖异构酶 |
| *CAGL0J00451g* | 2.00↑ | 1.21 | -1.12 | 3-磷酸甘油醛脱氢酶 1 |
| *CAGL0G09383g* | 1.24 | -1.01 | 1.00 | 3-磷酸甘油醛脱氢酶 2 |
| *CAGL0L07722g* | 1.48 | 1.06 | 1.11 | 磷酸甘油激酶 |
| *CAGL0E06358g* | 1.87 | 1.25 | 1.45 | 磷酸甘油酸变位酶 |
| *CAGL0F08261g* | -1.28 | 1.02 | -1.51 | 烯醇酶 1 |
| *CAGL0I02486g* | 1.25 | 1.07 | 1.04 | 烯醇酶 2 |

续表

| 基因 | A/CK | B/CK | C/CK | 基因注释 |
| --- | --- | --- | --- | --- |
| CAGL0M12034g | 1.47 | 1.17 | 1.25 | 丙酮酸激酶 1 |
| CAGL0E05610g | 2.91↑ | 2.61↑ | 1.73 | 丙酮酸激酶 2 |

注：A，1765mOsmol/kg；B，2603mOsmol/kg；C，3324mOsmol/kg；CK，860mOsmol/kg；上箭头，上调；下箭头，下调。

C. glabrata 在高渗条件下，TCA 循环途径相关基因转录水平整体上调（表 6-15）。α-酮戊二酸脱氢酶 E1 组分（CAGL0G08712g）、柠檬酸合酶（CAGL0B03663g 和 CAGL0L09086g）、异柠檬酸脱氢酶（CAGL0I07227g 和 CAGL0B04917g）、苹果酸脱氢酶（CAGL0L05236g）、丙酮酸脱氢酶 E1 组分 β 亚基（CAGL0K06831g）和丙酮酸脱氢酶 E2 组分（CAGL0J10186g）等 TCA 循环中的关键酶基因，均在高渗条件下表达被诱导。只有延胡索酸水合酶（CAGL0A01045g）、丙酮酸羧化酶（CAGL0F06941g）和琥珀酸脱氢酶铁硫亚基（CAGL0C03223g）在极端高渗条件下基因表达水平受到抑制。TCA 循环的多个反应都是可逆的，但是柠檬酸的合成及 α-酮戊二酸的氧化脱羧二步反应是不可逆的。因此三羧酸循环的调节部位有三个，即柠檬酸合酶、异柠檬酸脱氢酶和 α-酮戊二酸脱氢酶催化的反应，这三个酶的催化反应都伴随着 ATP 的形成或 NADH 的产生（进入氧化磷酸化途径最终形成 ATP）。在高渗条件下，这三个酶有部分基因的转录发生了上调。可能的原因是：环境渗透压过高，导致胞内 $Na^+$ 含量增加，并且对细胞具有毒害作用，触发 $Na^+/H^+$ 反向输送，引入质子，需要消耗一定的能量。另外，细胞需要合成一些特定的相容性溶质来抵御渗透压胁迫，这些物质的合成也需要消耗能量。因此，细胞需要加快产能途径的代谢来满足微生物抵御胁迫的需要。

表 6-15　　三羧酸循环途径基因转录水平分析

| 基因 | A/CK | B/CK | C/CK | 基因注释 |
| --- | --- | --- | --- | --- |
| CAGL0G08712g | 3.38↑ | 2.87↑ | 1.64 | α-酮戊二酸脱氢酶 E1 |
| CAGL0E01287g | 1.70 | 1.54 | -1.34 | α-酮戊二酸脱氢酶 E2 |
| CAGL0D06424g | 1.78 | 1.73 | 1.18 | 乌头酸水合酶 1 |
| CAGL0B03663g | 2.74↑ | 3.64↑ | 5.12↑ | 柠檬酸合酶 |
| CAGL0H03993g | 1.14 | -1.12 | 1.00 | 柠檬酸合酶 |
| CAGL0L09086g | 1.07 | 2.09↑ | 1.07 | 柠檬酸合酶 |
| CAGL0F01947g | 1.63 | 1.39 | -1.38 | 二氢硫辛酸脱氢酶 |
| CAGL0A01045g | -1.37 | -2.39↓ | -2.16↓ | 延胡索酸水合酶，Ⅱ型 |
| CAGL0G02673g | 1.19 | 1.12 | -1.07 | 异柠檬酸脱氢酶 [$NAD^+$] |
| CAGL0I07227g | 1.53 | -1.17 | 2.09↑ | 异柠檬酸脱氢酶 [$NAD^+$] |
| CAGL0B04917g | 2.57↑ | 4.23↑ | 2.07↑ | 异柠檬酸脱氢酶 [$NADP$] |

续表

| 基因 | A/CK | B/CK | C/CK | 基因注释 |
|---|---|---|---|---|
| CAGL0E01705g | -1.23 | -1.25 | -1.99 | 苹果酸脱氢酶 |
| CAGL0L05236g | 3.91↑ | 3.13↑ | 5.02↑ | 苹果酸脱氢酶 |
| CAGL0L06798g | 1.05 | -1.14 | -1.16 | 苹果酸脱氢酶 |
| CAGL0F06941g | -1.20 | -1.27 | -2.61↓ | 丙酮酸羧化酶 |
| CAGL0K06831g | 4.80↑ | 4.81↑ | 2.17↑ | 丙酮酸脱氢酶 E1 β 亚基 |
| CAGL0L12078g | 1.76 | -1.06 | 1.21 | 丙酮酸脱氢酶 E1 α 亚基 |
| CAGL0J10186g | 3.65↑ | 3.31↑ | 1.87 | 丙酮酸脱氢酶 E2 |
| CAGL0C03223g | -1.56 | -1.73 | -3.83↓ | 琥珀酸脱氢酶铁硫亚基 |
| CAGL0F08107g | 1.60 | 1.91 | -1.16 | 琥珀酰辅酶 A 合酶 β 亚基 |
| CAGL0I07139g | 1.17 | -1.67 | 1.34 | 琥珀酰辅酶 A 合酶 α 亚基 |

注：A, 1765mOsmol/kg; B, 2603mOsmol/kg; C, 3324mOsmol/kg; CK, 860mOsmol/kg; 上箭头, 上调; 下箭头, 下调。

磷酸戊糖途径的主要作用是：①产生 NADPH，为细胞的各种合成反应提供还原力；②生成磷酸核糖，为核酸代谢做物质准备；③分解戊糖，为许多化合物的合成提供原料。如表 6-16 所示，磷酸戊糖途径在高渗条件下有 13 个基因 8 种酶转录水平上调，其中 RBK1 核糖激酶（CAGL0L08228g）上调幅度较大。另外，有 5 个基因 4 个酶发生下调。在磷酸戊糖途径的氧化脱羧阶段，6-磷酸葡萄糖脱氢酶（CAGL0J07612g）的活力最低，是整个途径的限速酶。该酶的基因表达在高渗条件下没有明显变化，在极端高渗条件下转录水平甚至受到了抑制。而其他一些基因转录水平的提高可能与合成特定相容性溶质需要某些中间产物有关。

表 6-16　　　　　　　　　磷酸戊糖途径基因表达

| 基因 | A/CK | B/CK | C/CK | 基因注释 |
|---|---|---|---|---|
| CAGL0K11297g | 2.36↑ | 2.73↑ | 1.48 | 葡萄糖酸激酶 |
| CAGL0H05445g | 2.82↑ | 1.03 | 1.07 | 6-磷酸葡萄糖异构酶 |
| CAGL0J07612g | -1.78 | -1.31 | -2.92↓ | 6-磷葡萄糖酸脱氢酶 |
| CAGL0I02200g | 2.61↑ | 2.51↑ | 1.51 | 6-磷酸葡萄糖酸内酯酶 |
| CAGL0M06963g | -1.20 | -1.56 | 1.62 | 6-磷酸葡萄糖酸内酯酶 |
| CAGL0M10956g | 1.01 | -1.86 | 1.25 | 6-磷酸葡萄糖酸内酯酶 |
| CAGL0M13343g | 1.46 | 1.29 | -1.02 | 6-磷酸葡萄糖脱氢酶 |
| CAGL0L05478g | 1.07 | 2.20↑ | -1.16 | 核酮糖-磷酸-3-差向异构酶 |
| CAGL0H04939g | -2.05↓ | 1.72 | -1.63 | 果糖-1,6-二磷酸酶 |

续表

| 基因 | A/CK | B/CK | C/CK | 基因注释 |
| --- | --- | --- | --- | --- |
| CAGL0F08041g | 2.35↑ | 1.10 | -1.21 | 6-磷酸果糖激酶 |
| CAGL0I05698g | 1.41 | -1.27 | -1.13 | 6-磷酸果糖激酶 |
| CAGL0L10758g | 2.08↑ | 1.16 | 1.43 | 6-磷酸果糖激酶 |
| CAGL0L03740g | 4.72↑ | 1.89 | 1.70 | 核糖-5-磷酸异构酶 |
| CAGL0B03069g | -1.07 | -1.24 | -2.22↓ | 转醛醇酶 |
| CAGL0K04235g | -1.86 | -1.25 | -3.37↓ | 转醛醇酶 |
| CAGL0D01298g | 1.81 | 1.56 | 1.13 | 转醛醇酶 |
| CAGL0L08228g | 6.33↑ | 3.78↑ | 3.20↑ | RBK1 核糖激酶 |
| CAGL0L02497g | 1.22 | 1.01 | 1.07 | 果糖二磷酸醛缩酶 |
| CAGL0C05181g | 3.77↑ | 1.89 | 1.42 | 磷酸核糖焦磷酸激酶 |
| CAGL0D00550g | 2.53↑ | 1.20 | -1.23 | 磷酸核糖焦磷酸激酶 |
| CAGL0I05500g | 3.98↑ | 1.71 | 1.16 | 磷酸核糖焦磷酸激酶 |
| CAGL0K02541g | 2.46↑ | 2.55↑ | -1.01 | 磷酸核糖焦磷酸激酶 |
| CAGL0K03421g | -1.05 | -1.27 | -1.99 | 葡萄糖磷酸变位酶 |
| CAGL0K07480g | -1.65 | -4.20↓ | -3.20↓ | 葡萄糖磷酸变位酶 |
| CAGL0M02981g | 2.32↑ | 1.37 | 3.48↑ | 葡萄糖磷酸变位酶 |

注：A，1765mOsmol/kg；B，2603mOsmol/kg；C，3324mOsmol/kg；CK，860mOsmol/kg；上箭头，上调；下箭头，下调。

氧化磷酸化途径是将营养物质最终氧化分解，生成 $CO_2$ 和水并释放出能量的过程，称为生物氧化，是好氧条件下细胞能量的主要来源。如表 6-17 所示，氧化磷酸化途径转录水平整体呈现上调，有 26 个基因在高渗条件下转录水平提高。其中，$H^+$ 转运 ATP 酶的转录水平增加 10 倍以上，变化极为显著。此外，值得注意的是，多数差异表达的蛋白，在较低渗透压条件（1765mOsmol/kg）相比极端高渗条件（3324mOsmol/kg）转录上调幅度更大；而转录水平下调的 8 个基因 NADH 脱氢酶、琥珀酸脱氢酶铁硫蛋白、辅酶 Q-细胞色素 c 还原酶细胞色素 c1、液泡 $H^+$-ATP 酶亚基Ⅰ、线粒体 $H^+$-ATP 酶亚基 δ、液泡 $H^+$-ATP 酶亚基 E、线粒体 $H^+$-ATP 酶寡霉素敏感蛋白和线粒体 $H^+$-ATP 酶亚基 h，在极端高渗条件下，转录水平下降幅度更大。上述结果表明高渗胁迫总体上促进了氧化磷酸化途径基因转录水平的提高，但部分基因在极端高渗条件下，转录水平反而下降。

表 6-17　　氧化磷酸化途径的基因表达

| 复合物 | 基因注释 | A/CK | B/CK | C/CK |
| --- | --- | --- | --- | --- |
| Ⅰ | NADH 脱氢酶 1 α/β 复合物 1 | 1.06 | 2.42↑ | -1.08 |
| | NADH 脱氢酶 | 1.57 | -2.28↓ | -3.77↓ |

续表

| 复合物 | 基因注释 | A/CK | B/CK | C/CK |
|---|---|---|---|---|
| II | 琥珀酸脱氢酶铁硫蛋白 | -1.56 | -1.73 | -3.83↓ |
| | 琥珀酸脱氢酶细胞色素 b 亚基 | 1.59 | 1.43 | 1.19 |
| | 琥珀酸脱氢酶铁硫蛋白 | 2.03↑ | 1.56 | 1.18 |
| | 琥珀酸脱氢酶膜锚定亚基 | 1.66 | 1.71 | 1.13 |
| | 琥珀酸脱氢酶黄素蛋白亚基 | -1.89 | -2.81↓ | -2.91↓ |
| III | 辅酶 Q-细胞色素 c 还原酶亚基 6 | 1.47 | 1.96 | -1.05 |
| | 辅酶 Q-细胞色素 c 还原酶核心亚基 1 | 1.98 | 2.21↑ | 1.16 |
| | 辅酶 Q-细胞色素 c 还原酶核心亚基 2 | 2.25↑ | 3.31↑ | 1.48 |
| | 辅酶 Q-细胞色素 c 还原酶亚基 7 | 3.66↑ | 4.56↑ | 2.58↑ |
| | 辅酶 Q-细胞色素 c 还原酶亚基 9 | 2.45↑ | 1.66 | 1.69 |
| | 辅酶 Q-细胞色素 c 还原酶铁-硫亚基 | 2.23↑ | 1.56 | -1.05 |
| | 辅酶 Q-细胞色素 c 还原酶亚基 8 | 2.41↑ | 1.37 | 1.35 |
| | 辅酶 Q-细胞色素 c 还原酶亚基 10 | 2.36↑ | 2.56↑ | 3.28↑ |
| | 辅酶 Q-细胞色素 c 还原酶 细胞色素 c1 | -1.12 | -1.37 | -2.82↓ |
| IV | 细胞色素 c 氧化酶亚基 Vib | 2.08↑ | 2.00↑ | 1.61 |
| | 细胞色素 c 氧化酶亚基 Ⅶ | 2.09↑ | 2.41↑ | 1.86 |
| | 细胞色素 c 氧化酶亚基 Ⅳ | 3.94↑ | 5.74↑ | 2.57↑ |
| | 细胞色素 c 氧化酶亚基 Va | 1.70 | 1.43 | -1.20 |
| | 细胞色素 c 氧化酶亚基 Vb | 1.42 | 1.19 | -1.39 |
| | 细胞色素 c 氧化酶亚基 Via | 1.52 | 1.40 | 1.14 |
| V | 线粒体 $H^+$-ATP 酶亚基 ε | 2.13↑ | 2.22↑ | 2.63↑ |
| | 线粒体 $H^+$-ATP 酶亚基 f | 2.11↑ | 1.79 | 1.34 |
| | 液泡 $H^+$-ATP 酶亚基 B | 2.36↑ | 1.65 | -1.22 |
| | 液泡 $H^+$-ATP 酶亚基 I | -2.75↓ | -2.28↓ | -4.46↓ |
| | 线粒体 $H^+$-ATP 酶亚基 δ | -1.11 | -1.02 | -2.02↓ |
| | 液泡 $H^+$-ATP 酶亚基 F | 1.75 | 2.33↑ | 3.96↑ |
| | 液泡 $H^+$-ATP 酶亚基 E | 1.12 | -1.07 | -1.24 |
| | 液泡 $H^+$-ATP 酶 16ku 亚基 | 2.04↑ | 2.54↑ | -1.02 |
| | 液泡 $H^+$-ATP 酶亚基 I | 2.00↑ | 2.91↑ | 1.99 |
| | 液泡 $H^+$-ATP 酶亚基 G | 1.38 | 1.17 | 1.42 |
| | 线粒体 $H^+$-ATP 酶亚基 β | 1.94 | 1.46 | -1.03 |
| | 线粒体 $H^+$-ATP 酶寡霉素敏感蛋白 | -1.10 | -1.29 | -2.78↓ |

续表

| 复合物 | 基因注释 | A/CK | B/CK | C/CK |
|---|---|---|---|---|
| V | 线粒体 $H^+$-ATP 酶 亚基 b | 1.72 | 2.03↑ | -1.06 |
| | 线粒体 $H^+$-ATP 酶 亚基 h | -1.16 | -1.52 | -2.17↓ |
| | 液泡 $H^+$-ATP 酶 16ku 蛋白脂质亚基 | 1.60 | 1.85 | 1.02 |
| | 液泡 $H^+$-ATP 酶 亚基 A | 1.67 | 1.21 | -1.34 |
| | 线粒体 $H^+$-ATP 酶 亚基 γ | 1.90 | 2.07↑ | 1.05 |
| | 液泡 $H^+$-ATP 酶 21ku 蛋白脂质亚基 | 1.18 | 2.25↑ | -1.20 |
| | 液泡 $H^+$-ATP 酶 亚基 D | 1.41 | 2.18↑ | 1.11 |
| | 线粒体 $H^+$-ATP 酶 亚基 g | 3.78↑ | 3.52↑ | 2.16↑ |
| | 液泡 $H^+$-ATP 酶 54 ku 亚基 | -1.45 | -1.37 | 1.51 |
| | 液泡 $H^+$-ATP 酶 亚基 C | 1.34 | 1.88 | -1.27 |
| | 线粒体 $H^+$-ATP 酶 亚基 d | 2.63↑ | 1.94 | 1.27 |
| | 液泡 $H^+$-ATP 酶 亚基 AC39 | 1.04 | 1.22 | -1.52 |
| | 线粒体 $H^+$-ATP 酶 亚基 α | 2.23↑ | 1.53 | -1.10 |
| | $H^+$-转运 ATP 酶 | 25.25↑ | 30.19↑ | 17.80↑ |

注：A，1765mOsmol/kg；B，2603mOsmol/kg；C，3324mOsmol/kg；CK，860mOsmol/kg；上箭头，上调；下箭头，下调。

### 3. 氨基酸合成与代谢途径的基因表达谱分析

谷氨酸、脯氨酸和精氨酸都是非常重要的相容性溶质，除精氨酸外，谷氨酸和脯氨酸都被证实可以在特定的微生物中积累，作为相容性溶质，抵御环境胁迫的影响。这三种氨基酸的合成与分解代谢途径中相关基因的表达分析结果如表6-18所示，处于精氨酸分解途径中的尿素羧化酶（*CAGL0M05533g*）转录水平明显下调，下降到原来的1/100以上，表明在高渗胁迫的条件下精氨酸分解能力下降。另外，脯氨酸和谷氨酸合成途径中的酶转录水平都有一定程度的提高。

表 6-18　　三种氨基酸合成与代谢途径的基因表达

| 基因 | A/CK | B/CK | C/CK | 基因注释 |
|---|---|---|---|---|
| *CAGL0J07062g* | -1.27 | 1.10 | 1.26 | 精氨酸酶 |
| *CAGL0M05533g* | 406.98↓ | 112.66↓ | 344.26↓ | 尿素羧化酶 |
| *CAGL0M04499g* | 5.54↑ | 6.45↑ | 1.66 | 脯氨酸脱氢酶 |
| *CAGL0K05357g* | -2.25↓ | -2.66↓ | -1.68 | 谷氨酰胺合成酶 |
| *CAGL0I10791g* | 3.24↑ | -1.72 | -1.25 | 鸟氨酸转氨甲酰酶 |

续表

| 基因 | A/CK | B/CK | C/CK | 基因注释 |
|---|---|---|---|---|
| *CAGL0J03124g* | 2.41↑ | 3.78↑ | 1.62 | N-乙酰基-γ-谷氨酰-磷酸还原酶 |
| *CAGL0B01507g* | 2.07↑ | -1.06 | 1.84 | 乙酰鸟氨酸转氨酶 |
| *CAGL0D03982g* | -1.51 | 1.48 | -1.14 | 1-吡咯啉-5-羧酸酯脱氢酶 |
| *CAGL0L01089g* | 1.01 | -1.36 | -1.43 | GLT1 谷氨酸合成酶 |
| *CAGL0G05698g* | 2.59↑ | 2.52↑ | 1.20 | $NAD^+$-依赖型谷氨酸脱氢酶 |
| *CAGL0D00176g* | -1.95 | -1.12 | -1.26 | 谷氨酸脱氢酶 |
| *CAGL0I08283g* | 1.10 | -1.66 | 1.54 | 吡咯羧酸还原酶 |

注：A，1765mOsmol/kg；B，2603mOsmol/kg；C，3324mOsmol/kg；CK，860mOsmol/kg；上箭头，上调；下箭头，下调。

氨基酸的积累与具有氨基酸跨膜转运活性（GO：0015171）的蛋白的表达量紧密相关。对这些蛋白在高渗胁迫条件下的基因转录进行分析，结果如表6-19所示。共检测到16个氨基酸跨膜转运蛋白，有6个蛋白基因转录水平上调，其中高亲和性甲硫氨酸透性酶（CAGL0B02838g）上调幅度最大（绝对定量PCR结果表明，该基因的绝对表达量较低），而通用氨基酸透性酶（CAGL0C00539g）在各个高渗梯度下转录水平也都发生了上调。另外有4个蛋白的基因表达受到抑制，但是下调幅度不大。总体而言，高渗胁迫诱导氨基酸跨膜转运蛋白基因的转录表达。

表6-19　　　　　　　　　　氨基酸转运蛋白基因表达

| 基因 | A/CK | B/CK | C/CK | 基因注释 |
|---|---|---|---|---|
| *CAGL0B01012g* | 1.35 | 2.26↑ | 2.99↑ | 氨基酸跨膜转运体 |
| *CAGL0B02838g* | 15.39↑ | 7.79↑ | 19.47↑ | 高亲和性甲硫氨酸透性酶 |
| *CAGL0B03773g* | -1.62 | -2.40↓ | 1.28 | 组氨酸透性酶 |
| *CAGL0C00539g* | 3.12↑ | 2.47↑ | 2.78↑ | AGP2 氨基酸透性酶 |
| *CAGL0D02178g* | 2.03↑ | 1.10 | 1.93 | 氨基酸跨膜转运体 |
| *CAGL0E01089g* | -1.24 | 2.39↑ | 2.32↑ | 氨基酸通透酶 |
| *CAGL0E04004g* | 1.28 | 1.67 | -1.86 | 氨基酸跨膜转运体 |
| *CAGL0E05632g* | 2.22↑ | 2.63↑ | 2.93↑ | AAT家族氨基酸转运蛋白 |
| *CAGL0H08393g* | -1.31 | -3.57↓ | -1.83 | 缬氨酸氨基酸透性酶 |
| *CAGL0J08162g* | 1.04 | -2.96↓ | -1.69 | 氨基酸跨膜转运体 |
| *CAGL0J08184g* | 1.33 | -1.08 | -1.13 | 氨基酸转运蛋白 |
| *CAGL0K04367g* | -1.22 | -1.48 | 1.88 | 氨基酸跨膜转运体 |

续表

| 基因 | A/CK | B/CK | C/CK | 基因注释 |
| --- | --- | --- | --- | --- |
| CAGL0K05753g | -1.91 | -2.08↓ | 1.35 | 高亲和性谷氨酰胺透性酶 |
| CAGL0L07546g | 1.63 | 1.17 | 3.01 | 氨基酸跨膜转运体 |
| CAGL0M00154g | -1.45 | -1.45 | -1.01 | 氨基酸转运蛋白 |
| CAGL0M08272g | 1.18 | -1.31 | 1.91 | 多胺转运蛋白 |

注：A，1765mOsmol/kg；B，2603mOsmol/kg；C，3324mOsmol/kg；CK，860mOsmol/kg；上箭头，上调；下箭头，下调。

### 三、高渗胁迫对光滑球拟酵母蛋白质表达的影响

**1. 高渗条件下蛋白质组概况**

为了对 C. glabrata 盐胁迫前后蛋白表达具有更加全面的认识，进行了针对细胞内全蛋白分布的蛋白质组学分析。在 pI 为 4~7 的胶条上，C. glabrata 的蛋白质点主要分布在 pI 为 5~7 的区域，分子质量主要分布在 30~100ku 的范围内（图 6-16），说明 C. glabrata 的蛋白多偏碱性，小分子质量的蛋白质含量较少。在接下来的研究中分别对不同盐胁迫条件下的 C. glabrata 全蛋白进行了进一步研究。

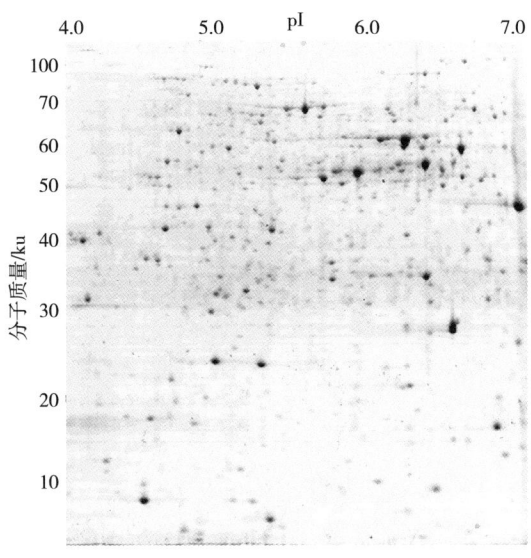

图 6-16　pI 4~7 的胶条上光滑球拟酵母全蛋白分布

不同渗透压胁迫条件下 C. glabrata 蛋白质组差异比较如图 6-17 所示。采用 PDQuest 8.0 软件进行图像分析和数据采集，在培养基渗透压分别为 860、1765、2603 和 3324mOsmol/kg 时，C. glabrata 的蛋白点分别鉴定出 891、869、822 和 805 个，匹配率分别为 98%、98%、100% 和 96%，说明蛋白质种类随渗透压变化影响不大。比较渗透压为 3324mOsmol/kg 的条件与正常条件（860mOsmol/kg）时蛋白质组差异表明，含量提高 2 倍

的蛋白点有 37 个，其中含量提高 3 倍的蛋白点 20 个，另外含量下降了 50% 以上的点为 35 个。

同位素标记相对和绝对定量（iTRAQ）技术是一种新的蛋白质组学定量研究技术。在不同渗透压胁迫条件下，C. glabrata 的相对蛋白含量（即高渗胁迫与正常培养条件下蛋白含量之比），两样本的比值如果在 0.9~1.1，可以认为两样本的含量是一样的，即比值为 1∶1；而小于 0.9 或大于 1.1 均可认为两样本之间的比值是有差异的。iTRAQ 技术检测到 589 个蛋白，绝大多数功能都是已知的。在渗透压为 1765、2603 和 3324mOsmol/kg 时，相对于对照条件（860mOsmol/kg），分别有 125、91 和 109 个蛋白表达水平上调；94、89 和 78 个蛋白表达水平下调。

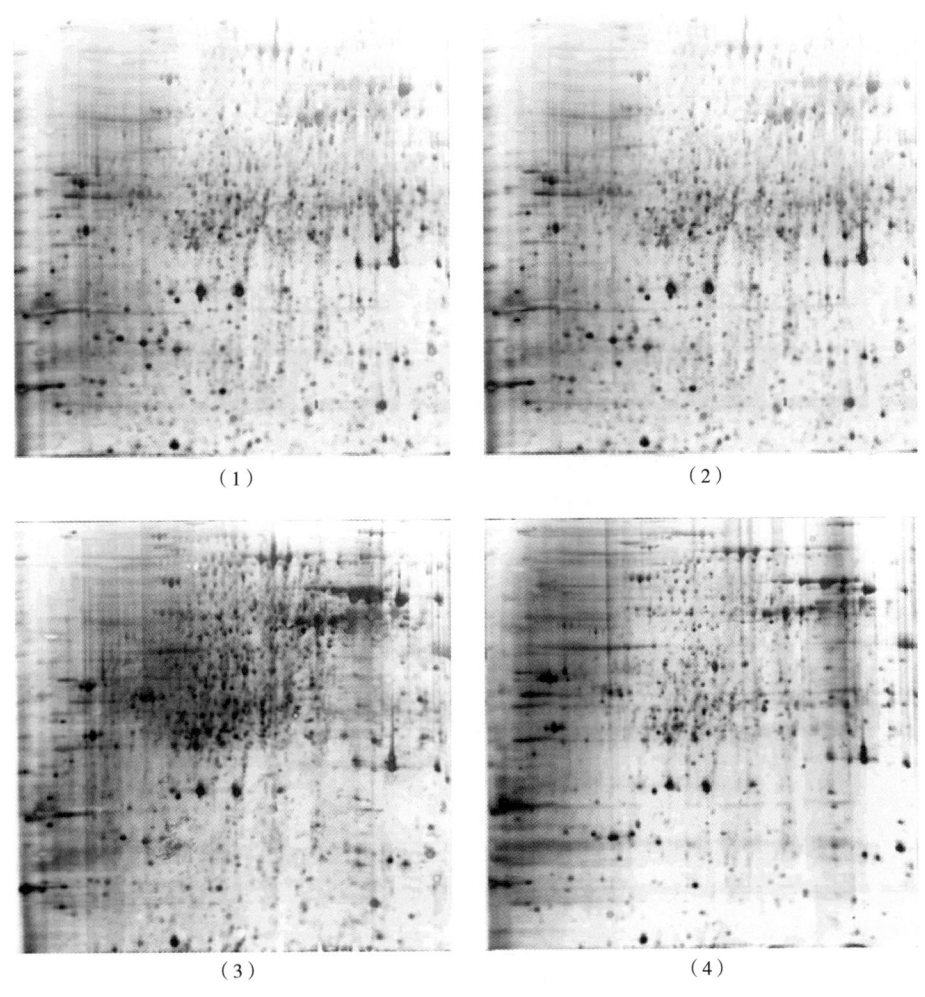

图 6-17　不同渗透压条件下光滑球拟酵母蛋白质组的变化

（1）860mOsmol/kg；（2）1765mOsmol/kg；（3）2603mOsmol/kg；（4）3324mOsmol/kg

对同位素标记相对和绝对定量（iTRAQ）技术得到的差异表达的蛋白进行 GO 功能富集分析表明（图 6-18），在高渗胁迫条件下表达水平上调的蛋白主要集中于金属离子结合、

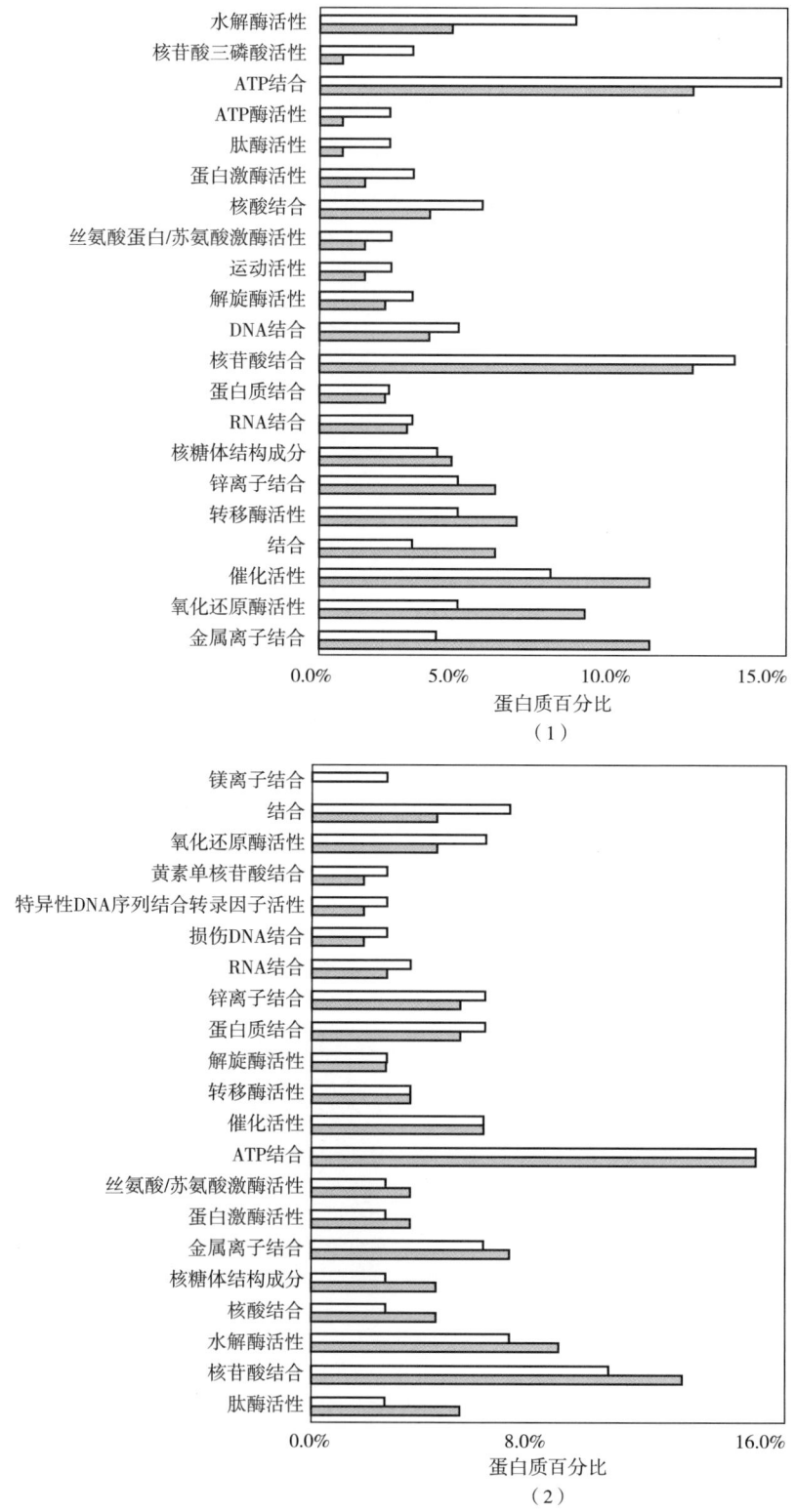

图 6-18 高渗胁迫条件下差异表达基因的 GO 功能富集分析

（1）上调蛋白；（2）下调蛋白；■ 1765/860mOsmol/kg；□ 3324/860mOsmol/kg

# 第六章
## 系统代谢工程在丙酮酸发酵生产中的应用

氧化还原酶活性、催化活性、结合、转移酶活性、锌离子结合、核糖体结构成分、RNA结合、蛋白质结合、核苷酸结合、DNA结合、解旋酶活性、运动活性、丝氨酸/苏氨酸激酶活性、核酸结合、蛋白激酶活性、肽酶活性、ATP酶活性、ATP结合、核苷三磷酸活性和水解酶活性等功能类群,其中以核苷酸结合和ATP结合两个类群的蛋白数量最多。高渗胁迫条件下被抑制表达的蛋白主要功能类群如图6-18(2)所示。这些差异表达的蛋白质主要参与DNA复制、转录和修复、蛋白的翻译及修饰和能量代谢等过程。

在渗透压为1765、2603和3324mOsmol/kg条件下相对于正常条件(860mOsmol/kg)表达水平都发生上调的蛋白共30个,其中已知功能的有25个蛋白,如表6-20所示。这些蛋白主要是一些核糖体亚基蛋白、控制细胞分裂蛋白、DNA拓扑异构酶和一些转运蛋白等。其中超氧化物歧化酶(CAGL0C04741g)和富含脯氨酸蛋白(CAGL0G00968g)的表达水平也有明显提高。在前期研究中发现,高NaCl浓度会增加胞内的活性氧(ROS)浓度,超氧化物歧化酶的表达量提高可以减轻ROS对细胞的损伤作用。而富含脯氨酸蛋白是一种含磷蛋白,其主要特点是氨基酸组成中脯氨酸含量特高,占25%~40%。高渗环境下,富含脯氨酸蛋白表达量提高可能与 *C. glabrata* 胞内的脯氨酸的积累有一定关系。

表6-20　　　　　　　　　　　　　高渗条件下表达水平上调的蛋白

| 蛋白名称 | A/CK | B/CK | C/CK | 注释 |
|---|---|---|---|---|
| CAGL0G00968g | 1.12 | 1.13 | 1.13 | 富含脯氨酸蛋白 |
| CAGL0L11000g | 1.19 | 1.19 | 1.27 | 尿卟啉原Ⅲ合酶 |
| CAGL0C04741g | 1.23 | 1.14 | 1.25 | 超氧化物歧化酶 |
| CAGL0K05269g | 1.23 | 1.15 | 1.24 | 组蛋白乙酰转移酶复合物成分 |
| CAGL0K05643g | 1.76 | 1.64 | 1.52 | G1转录抑制因子 |
| CAGL0C04543g | 1.16 | 1.14 | 1.16 | 木糖-阿拉伯糖还原酶 |
| CAGL0M00616g | 1.31 | 1.27 | 1.24 | 液泡分拣蛋白 |
| CAGL0M13277g | 1.19 | 1.25 | 1.12 | 核苷二磷酸激酶 |
| CAGL0H02739g | 1.16 | 1.14 | 1.16 | 线粒体加工肽酶 |
| CAGL0E02431g | 1.38 | 1.48 | 1.24 | DNA拓扑异构酶 |
| CAGL0B04257g | 1.16 | 1.37 | 1.23 | 大亚基核糖体蛋白L4e |
| CAGL0G02475g | 1.12 | 1.19 | 1.19 | 大亚基核糖体蛋白L40e |
| CAGL0C05005g | 1.61 | 1.32 | 1.25 | 细胞分裂控制蛋白CDC15 |
| CAGL0K02739g | 1.13 | 1.12 | 1.15 | 酰基辅酶A依赖型神经酰胺合成酶 |
| CAGL0A00495g | 1.34 | 1.43 | 1.27 | 质子转运ATPase |
| CAGL0L01925g | 1.22 | 1.16 | 1.13 | UTP-葡萄糖-1-磷酸尿苷基转移酶 |
| CAGL0D01298g | 1.18 | 1.11 | 1.12 | 转酮醇酶 |

续表

| 蛋白名称 | A/CK | B/CK | C/CK | 注释 |
| --- | --- | --- | --- | --- |
| CAGL0I07227g | 1.34 | 1.14 | 1.16 | 异柠檬酸脱氢酶（NAD$^+$） |
| CAGL0H06039g | 1.13 | 1.12 | 1.15 | MFS 转运蛋白 |
| CAGL0I01408g | 1.33 | 1.20 | 1.32 | 细胞色素 c |
| CAGL0L07106g | 1.14 | 1.20 | 1.13 | 法尼基转移酶 $\beta$ 亚基 |
| CAGL0F09009g | 1.24 | 1.34 | 1.15 | Bcd1p |
| CAGL0D06556g | 1.12 | 1.34 | 1.34 | 天冬氨酰-tRNA 合酶 |
| CAGL0J04268g | 1.19 | 1.28 | 1.19 | 乙酰辅酶 A 水解酶 |
| CAGL0L06886g | 1.28 | 1.22 | 1.13 | 60S 核糖体蛋白 L13 |

注：A，1765mOsmol/kg；B，2603mOsmol/kg；C，3324mOsmol/kg；CK，860mOsmol/kg。

### 2. 中心碳代谢的差异蛋白分析

从表 6-21 可以看到，中心代谢途径中表达量发生上调的蛋白有 8 个，即 6-磷酸葡萄糖异构酶（CAGL0H05445g）、6-磷酸果糖激酶（CAGL0F08041g）、果糖-二磷酸醛缩酶 class Ⅱ（CAGL0L02497g）、丙酮酸激酶 2（CAGL0E05610g）、柠檬酸合酶（CAGL0H03993g）、异柠檬酸脱氢酶 [NAD$^+$]（CAGL0I07227g）、6-磷酸葡萄糖酸脱氢酶（CAGL0M13343g）和转酮醇酶（CAGL0D01298g）。其中 6-磷酸葡萄糖异构酶（CAGL0H05445g）、果糖-二磷酸醛缩酶 class Ⅱ（CAGL0L02497g）、柠檬酸合酶（CAGL0H03993g）和 6-磷酸葡萄糖酸脱氢酶（CAGL0M13343g）只在较低的高渗条件下蛋白质表达量提高；而异柠檬酸脱氢酶（CAGL0I07227g）和转酮醇酶（CAGL0D01298g）在 3 个不同的高渗条件下表达水平均有提高。

表 6-21　　　　高渗条件对中心代谢途径蛋白质表达的影响

| 蛋白名称 | A/CK | B/CK | C/CK | 注释 |
| --- | --- | --- | --- | --- |
| CAGL0F00605g | 0.84↓ | 0.88↓ | 0.9 | 己糖激酶 |
| CAGL0H05445g | 1.15↑ | 1.00 | 1.09 | 6-磷酸葡萄糖异构酶 |
| CAGL0F08041g | 1.31↑ | 1.24↑ | 1.05 | 6-磷酸果糖激酶 |
| CAGL0I05698g | 1.05 | 0.99 | 1.06 | 6-磷酸果糖激酶 |
| CAGL0L10758g | 1.04 | 0.93 | 0.91 | 6-磷酸果糖激酶 |
| CAGL0L02497g | 1.18↑ | 1.09 | 1.06 | 果糖-二磷酸醛缩酶，class Ⅱ |
| CAGL0H08327g | 0.94 | 0.96 | 1.02 | 磷酸丙糖异构酶 |
| CAGL0G09383g | 0.95 | 0.94 | 1.03 | 甘油醛-3-磷酸脱氢酶 2 |
| CAGL0L07722g | 0.94 | 0.91 | 0.92 | 磷酸甘油酸激酶 |
| CAGL0E06358g | 0.94 | 1.00 | 0.99 | 磷酸甘油酸变位酶 |
| CAGL0I02486g | 0.93 | 0.96 | 1.00 | 烯醇酶 2 |

续表

| 蛋白名称 | A/CK | B/CK | C/CK | 注释 |
|---|---|---|---|---|
| CAGL0M12034g | 1.01 | 0.92 | 0.95 | 丙酮酸激酶1 |
| CAGL0E05610g | 1.16↑ | 1.15↑ | 0.91 | 丙酮酸激酶2 |
| CAGL0D06424g | 0.97 | 1.10 | 1.00 | 顺乌头酸酶1 |
| CAGL0H03993g | 1.15↑ | 1.07 | 1.03 | 柠檬酸合酶 |
| CAGL0G02673g | 1.01 | 1.08 | 1.10 | 异柠檬酸脱氢酶[NAD$^+$] |
| CAGL0I07227g | 1.34↑ | 1.14↑ | 1.16↑ | 异柠檬酸脱氢酶[NAD$^+$] |
| CAGL0L05236g | 0.90 | 0.98 | 1.01 | 苹果酸脱氢酶 |
| CAGL0J07612g | 0.94 | 0.95 | 1.03 | 6-磷酸葡萄糖脱氢酶 |
| CAGL0M10956g | 1.08 | 0.90 | 1.02 | 6-磷酸葡萄糖酸内酯酶 |
| CAGL0M13343g | 1.20↑ | 0.96 | 1.04 | 6-磷酸葡萄糖酸脱氢酶 |
| CAGL0D01298g | 1.18↑ | 1.11↑ | 1.12↑ | 转酮醇酶 |
| CAGL0B03069g | 0.99 | 1.02 | 1.08 | 转醛醇酶 |

注：A，1765mOsmol/kg；B，2603mOsmol/kg；C，3324mOsmol/kg；CK，860mOsmol/kg；上箭头，上调；下箭头，下调。

整体而言，蛋白质表达水平的变化与基因转录的变化有一定的相关性，如6-磷酸葡萄糖异构酶（CAGL0H05445g）、6-磷酸果糖激酶（CAGL0F08041g）和丙酮酸激酶2（CAGL0E05610g）等蛋白的基因转录也发生了上调。但是，果糖二磷酸醛缩酶（CAGL0L02497g）、异柠檬酸脱氢酶（CAGL0I07227g）、6-磷酸葡萄糖酸脱氢酶（CAGL0M13343g）和转酮醇酶（CAGL0D01298g）等转录水平几乎没有发生变化或发生下调，而蛋白表达水平有所提高；相反已糖激酶（CAGL0F00605g）的转录水平几乎没有发生变化，蛋白表达却有所下降。检测到的中心代谢途径中与能量代谢相关的差异表达蛋白有6-磷酸果糖激酶（CAGL0F08041g）、丙酮酸激酶（CAGL0E05610g）、异柠檬酸脱氢酶（CAGL0I07227g）和已糖激酶（CAGL0F00605g），前三者蛋白表达水平上调，而后者的表达受到一定程度的抑制。

氧化磷酸化途径中的蛋白表达如表6-22所示，共检测到8个蛋白或亚基。与转录变化的情况类似，除复合物Ⅱ以外（未检测到相关蛋白或亚基），复合体Ⅲ、Ⅴ的表达水平特别是复合体Ⅴ有明显上调，而复合体Ⅰ的表达可能略有下调。其中质子转运ATPase（*CAGL0A00495g*）的转录水平增加10倍以上，相对应的其蛋白表达水平上调幅度也在1.2倍以上。

表6-22　　　　高渗条件对氧化磷酸化途径蛋白质表达的影响

| 复合物 | 蛋白名称 | A/CK | B/CK | C/CK | 注释 |
|---|---|---|---|---|---|
| Ⅰ | CAGL0B02431g | 0.88↓ | 0.88↓ | 0.94 | NADH脱氢酶 |

续表

| 复合物 | 蛋白名称 | A/CK | B/CK | C/CK | 注释 |
|---|---|---|---|---|---|
| Ⅲ | CAGL0F04565g | 1.18↑ | 1.12↑ | 1.06 | 辅酶细胞色素 c 还原酶核蛋白 1 |
| | CAGL0I03190g | 1.14↑ | 1.01 | 1.04 | 辅酶细胞色素 c 还原酶铁硫亚基 |
| Ⅵ | CAGL0J00429g | 0.9 | 0.98 | 0.96 | 细胞色素 c 氧化酶亚基 Va |
| | CAGL0L06204g | 0.96 | 1.02 | 0.9 | 细胞色素 c 氧化酶亚基 Via |
| Ⅴ | CAGL0H00506g | 1.06 | 0.90 | 0.91 | F-型 $H^+$-ATPase 亚基 β |
| | CAGL0M09581g | 1.13↑ | 1.14↑ | 0.97 | F-型 $H^+$-ATPase 亚基 α |
| | CAGL0A00495g | 1.34↑ | 1.43↑ | 1.27↑ | 质子转运 ATPase |

注：A，1765mOsmol/kg；B，2603mOsmol/kg；C，3324mOsmol/kg；CK，860mOsmol/kg；上箭头，上调；下箭头，下调。

尽管有部分蛋白未检出，但通过对中心代谢途径、能量代谢途径、氨基酸代谢途径等的分析仍然得到了一些有用的结果。对能量代谢途径的研究发现，在高渗条件下，与能量相关的蛋白表达量会有一定程度的提高，尤其是那些参与产生 ATP 或形成 NADH 的基因。葡萄糖的分解能力提高说明细胞产生了更多的能量，可以用于合成相容性溶质或激活其他抗胁迫机制，抵抗高渗胁迫对细胞的负面作用。

**3. 其他代谢途径的差异蛋白分析**

如表 6-23 所示，在渗透压为 1765、2603 和 3324mOsmol/kg 的条件下尿素羧化酶（CAGL0M05533g）的蛋白表达水平分别为正常条件下（860mOsmol/kg）的 0.72、0.74 和 0.74 倍。与尿素羧化酶（CAGL0M05533g）基因的转录水平下降相对应，尿素羧化酶的蛋白表达水平也有明显下降。

表 6-23　　　　　　　　　　高渗条件对其他蛋白质表达的影响

| 蛋白名称 | A/CK | B/CK | C/CK | 注释 |
|---|---|---|---|---|
| CAGL0M05533g | 0.72↓ | 0.74↓ | 0.74↓ | 尿素羧化酶 |
| CAGL0H02255g | 0.99 | 0.83↓ | 1.00 | 通过恢复质膜上的钠泵（Ena1p）定位，抑制 sro7 突变体细胞对 NaCl 的敏感性 |
| CAGL0M00352g | 1.10 | 1.18↑ | 1.10 | 液泡膜相关蛋白 IML1 |
| CAGL0J08613g | 0.94 | 1.05 | 0.98 | 液泡阳离子通道 |
| CAGL0G01342g | 1.18↑ | 1.09 | 1.15↑ | 完整液泡膜蛋白 |
| CAGL0K04807g | 1.11↑ | 0.99 | 1.09 | 可能与液泡蛋白降解有关 |
| CAGL0I05632g | 0.92 | 1.03 | 0.98 | 液泡膜的低亲和力磷酸盐转运蛋白 |
| CAGL0M00616g | 1.31↑ | 1.27↑ | 1.24↑ | 参与液泡蛋白分选 |

注：A，1765mOsmol/kg；B，2603mOsmol/kg；C，3324mOsmol/kg；CK，860mOsmol/kg；上箭头，上调；下箭头，下调。

另外与液泡相关的蛋白如 CAGL0M00352g、CAGL0G01342g、CAGL0K04807g 和 CAGL0M00616g 等表达水平有一定程度的提高，可能与高渗条件下相容性溶质在胞质和液泡中的分布情况有关。与盐胁迫相关的蛋白如 CAGL0H02255g 和液泡 $Ca^{2+}$ 通道蛋白（CAGL0J08613g），在高渗条件下变化不明显，说明这些蛋白可能并不依靠浓度的增加而是提高蛋白活性，来降低高渗胁迫对细胞的影响。液泡 $Ca^{2+}$ 通道蛋白（CAGL0J08613g）介导高渗胁迫下的液泡 $Ca^{2+}$ 释放，但研究表明该蛋白的表达水平没有发生变化。

### 四、基于组学技术提高 *C. glabrata* 抵御高盐胁迫能力的策略

**1. 外源策略提高 *C. glabrata* 抵御高盐胁迫的能力**

当发酵液渗透压分别为 860、2603 和 3324mOsmol/kg 时，通过分批发酵研究添加精氨酸对出发菌株细胞生长的影响（图 6-19）。在正常培养条件下（860mOsmol/kg），细胞培养到稳定期干重为 10.5g/L。在高渗培养条件下细胞干重分别下降至 1.9g/L（2603mOsmol/kg）和 0.14g/L（3324mOsmol/kg）。0.2～1.0g/L 的外源精氨酸被添加至上述培养基，用于研究其对细胞生长的影响。如图 6-19（1）所示，在正常条件下（860mOsmol/kg）添加较低浓度的精氨酸并不会影响细胞生长，而添加 1g/L 精氨酸后稳定期细胞干重显著下降。但是，在高渗条件下细胞生长量随着精氨酸的添加而提高。当发酵液中存在 0.5g/L 精氨酸时，稳定期菌体干重分别比不添加精氨酸的情况提高 173.7%（2603mOsmol/kg）和 121.4%（3324mOsmol/kg）。

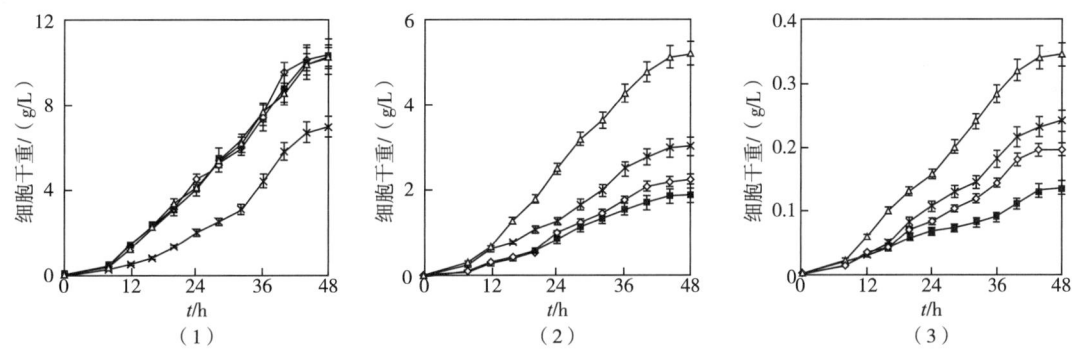

图 6-19 在不同渗透压条件下精氨酸对 *C. glabrata* 细胞生长的影响
(1) 860mOsmoL/kg 渗透压对细胞生长的影响；(2) 2603mOsmoL/kg 渗透压对细胞生长的影响；
(3) 3324mOsmoL/kg 对细胞生长的影响
■精氨酸 0g/L；◇精氨酸 0.2g/L；△精氨酸 0.5g/L；×精氨酸 1g/L

在不同渗透压条件下（860、1765 和 2603mOsmol/kg），*C. glabrata* 在 7L 发酵罐中培养至稳态（稀释率 $D=0.05\dfrac{1}{h}$），胞内 12 种氨基酸的浓度变化如表 6-24 所示。随着发酵液渗透压的升高，非极性氨基酸和极性氨基酸的总含量都有一定程度的提高。当渗透压达

到 2603mOsmol/kg，与对照条件（860mOsmol/kg）相比较，非极性氨基酸和极性氨基酸含量分别提高 44.7%和 12.4%。在所检测的氨基酸中，脯氨酸含量变化最为明显，当发酵液渗透压分别为 1765 和 2603mOsmol/kg 时，脯氨酸的浓度与对照组（860mOsmol/kg，1.41g/L）相比分别增加了 170.2%和 222.8%。其次是丙氨酸和半胱氨酸，分别增加了 32.8%、32.0%（1765mOsmol/kg）和 26.3%、33.3%（2603mOsmol/kg）。这一结果表明，C. glabrata 细胞可以过量合成氨基酸等相容性溶质，尤其是非极性氨基酸（如脯氨酸等）以抵御高渗透压的毒害作用。

表 6-24　　　　不同渗透压条件对光滑球拟酵母细胞氨基酸组成的影响

| 氨基酸 | | 氨基酸浓度/（mg/g） | | |
|---|---|---|---|---|
| | | 860mOsmol/kg | 1765mOsmol/kg | 2603mOsmol/kg |
| 非极性氨基酸 | 脯氨酸 | 1.14 ±0.03 | 3.08 ±0.05 | 3.68 ±0.06 |
| | 甘氨酸 | 1.35 ±0.03 | 1.49 ±0.03 | 1.53 ±0.02 |
| | 丙氨酸 | 2.01 ±0.02 | 2.67 ±0.02 | 2.54 ±0.03 |
| | 苯丙氨酸 | 1.26 ±0.02 | 1.42 ±0.03 | 1.48 ±0.03 |
| | 异亮氨酸 | 1.40 ±0.04 | 1.65 ±0.05 | 1.73 ±0.05 |
| | 亮氨酸 | 2.08 ±0.04 | 2.30 ±0.04 | 2.41 ±0.04 |
| 极性氨基酸 | 天冬氨酸 | 2.77 ±0.03 | 3.07 ±0.03 | 3.17 ±0.04 |
| | 丝氨酸 | 1.53 ±0.03 | 1.64 ±0.03 | 1.63 ±0.04 |
| | 苏氨酸 | 1.29 ±0.04 | 1.42 ±0.03 | 1.41 ±0.03 |
| | 胱氨酸 | 0.30 ±0.03 | 0.396 ±0.03 | 0.40 ±0.02 |
| 碱性氨基酸 | 赖氨酸 | 2.33 ±0.03 | 2.42 ±0.04 | 2.59 ±0.04 |
| | 精氨酸 | 1.51 ±0.04 | 1.58 ±0.05 | 1.69 ±0.03 |

脯氨酸对不同渗透压条件下（860mOsmol/kg、1765mOsmol/kg、2603mOsmol/kg）细胞生长的影响如图 6-20 所示。在非高渗条件下（860mOsmol/kg）细胞干重为 9.2g/L。在高渗条件下，细胞量分别下降到 5.7g/L（1765mOsmol/kg）和 2.2g/L（2603mOsmol/kg）。在高渗胁迫下（1765mOsmol/kg、2603mOsmol/kg），随着培养基中脯氨酸浓度的增加（0.2～1.2g/L），细胞浓度不断增加。如图 6-20（1）所示，在非高渗条件下（860mOsmol/kg）添加脯氨酸并不会提高细胞生长量。当脯氨酸浓度为 1.0g/L，比对照组（未添加脯氨酸）分别提高了 31.6%（细胞干重 = 7.5g/L，1765mOsmol/kg）[图 6-20（2）] 和 59.0%（细胞干重 = 3.5g/L，2603mOsmol/kg）[图 6-20（3）]，表明加入脯氨酸后，高渗胁迫对细胞的生长抑制被部分缓解了。但是，当 1.2g/L 脯氨酸被添加到发酵液中，细胞干重没有明显增加，可能是因为脯氨酸透过酶的运输能力在特定的渗透压条件下已经达到了极限。上述结果表明，细胞为了抵御不断增长的渗透压所造成的伤害而吸收更多脯氨酸，脯氨酸作为相容性溶质对于高渗胁迫下的 C. glabrata 细胞生长具有良好的保护作用。

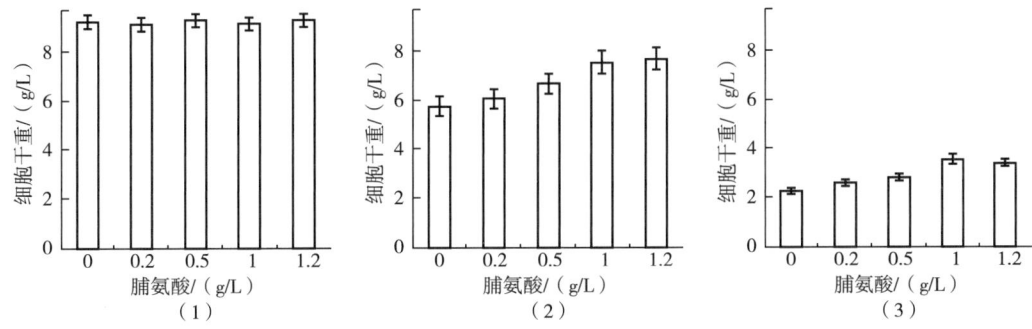

图 6-20 不同渗透压下脯氨酸浓度对细胞生长的影响

（1）860mOsmol/kg；（2）1765mOsmol/kg；（3）2603mOsmol/kg

进一步考察添加脯氨酸对丙酮酸生产的影响，在 7L 发酵罐中发酵 28h 时添加 1.0g/L 脯氨酸，结果如图 6-21 和表 6-25 所示。与未添加的对照组比较：细胞生长得到显著改善，最终菌体浓度提高了 9.7%；发酵时间从 48h 缩短到 40h，这在降低有机酸工业生产的成本方面有一定的作用。添加 1g/L 脯氨酸使葡萄糖的消耗率提高 22.2%，丙酮酸产量、生产强度和产率分别提高了 22.1%、38.4% 和 14.3%。由此可得，1g/L 的脯氨酸的添加可以显著改善 C. glabrata 的丙酮酸发酵动力学参数。

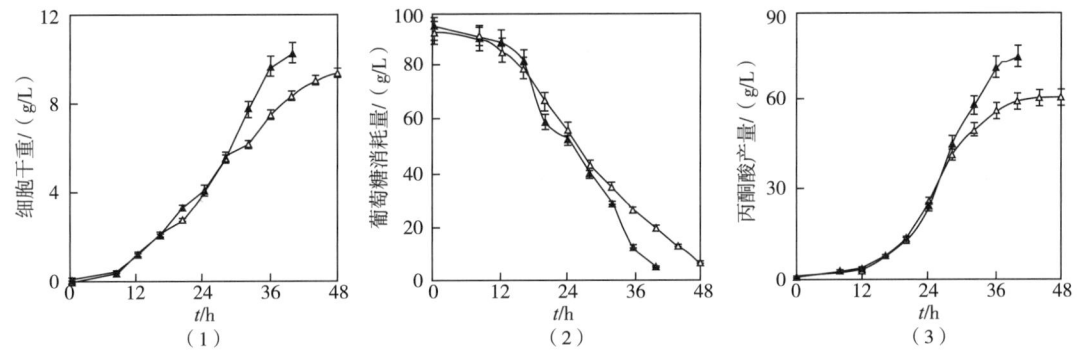

图 6-21 发酵 28h 时添加脯氨酸与未添加情况比较

（1）添加脯氨酸和未添加脯氨酸对细胞生长影响；（2）添加脯氨酸和未添加脯氨酸发酵时葡萄糖消耗；
（3）添加脯氨酸和未添加脯氨酸下丙酮酸的产量

△ 对照；▲ 在 28h 时添加脯氨酸的实验组

表 6-25　　　　　添加脯氨酸与未添加发酵参数的比较（28h 时添加）

| 发酵参数 | 对照（$A$） | 添加 1g/L 脯氨酸（$B$） | [（B/A）−1]×100% |
| --- | --- | --- | --- |
| 发酵周期/h | 48 | 40 | — |
| 最大生物量/（g/L） | 9.3±0.2 | 10.2±0.4 | 9.7% |
| 总葡萄糖消耗/（g/L） | 84.8±3.2 | 87.7±4.7 | 3.4% |
| 28h 前葡萄糖消耗速率/[g/（h·L）] | 1.7 | 1.9 | — |

续表

| 发酵参数 | 对照（A） | 添加1g/L脯氨酸（B） | [（B/A）−1]×100% |
|---|---|---|---|
| 28h后葡萄糖消耗速率/[g/（h·L）] | 1.8 | 2.8 | 55.6% |
| 平均葡萄糖消耗速率/[g/（h·L）] | 1.8 | 2.2 | 22.2% |
| 丙酮酸浓度/（g/L） | 60.3±2.7 | 73.6±4.1 | 22.1% |
| 28h前丙酮酸生产强度/[g/（h·L）] | 1.5 | 1.6 | — |
| 28h后丙酮酸生产强度/[g/（h·L）] | 1.0 | 2.4 | 140.0% |
| 平均丙酮酸生产强度/[g/（h·L）] | 1.3 | 1.8 | 38.4% |
| 得率/（g/g） | 0.7 | 0.8 | 14.3% |

**2. 内源策略提高 *C. glabrata* 抵御高盐胁迫的能力**

为了提高精氨酸合成能力，在 *C. glabrata* 中过量表达 *ARG2* 和 *ARG5* 基因，得到的新菌株命名为 ARG++（*C. glabrata* Δura3 pY26TEF-ARG2/5）。精氨酸合成途径中的两个限制性酶-$N$-乙酰谷氨酸合成酶（NAGS，Arg2p）和 $N$-乙酰谷氨酸激酶（NAGK，Arg5p）活性在细胞进入稳定期后达到最大值，分别为 $1.7×10^{-2}$ 和 1.3U/mg。相比而言，出发菌株 ARG+（*C. glabrata* Δura3 pY26TEF-GPD）中 NAGS 和 NAGK 的活性较低，分别为 $0.5×10^{-2}$ 和 0.27U/mg。在 7L 发酵罐上研究 ARG+ 和 ARG++ 的丙酮酸发酵生产情况，如图 6-22 所示，发酵初始阶段由于发酵液渗透压比较低，ARG++ 生长速率略低于出发菌株 ARG+，可能的原因是 ARG++ 消耗了部分碳源用于合成精氨酸。36h 以后 ARG++ 的细胞浓度逐渐超过 ARG+，最终细胞干重分别为 11.4 和 9.3g/L；ARG+ 和 ARG++ 最终丙酮酸产量分别为 64.5 和 70.7g/L。在发酵末期 48h 时，发酵液渗透压达到最高为 2603mOsmol/kg，而重组菌 ARG++ 在渗透压为 2603mOsmol/kg 的条件下细胞生长和丙酮酸的积累能力明显高于出发菌株。

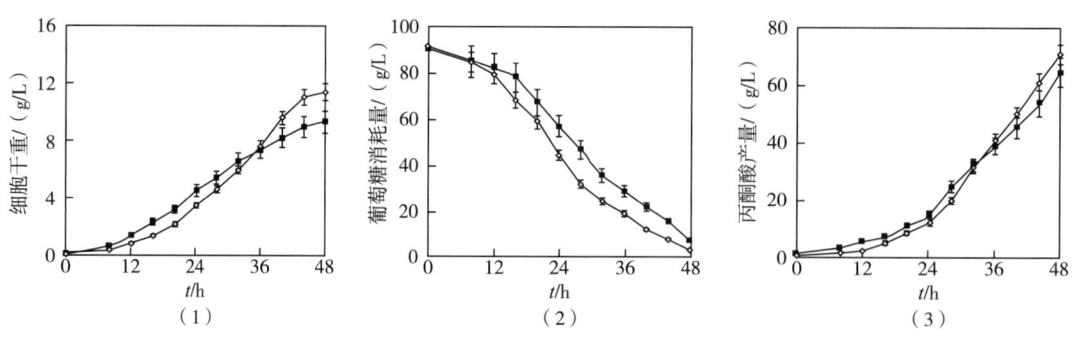

图 6-22　重组菌 ARG++ 与出发菌株 ARG+ 细胞生长和发酵生产丙酮酸的比较

（1）重组菌 ARG++ 和出发菌株 ARG+ 生物量变化；（2）重组菌 ARG++ 和出发菌株 ARG+ 的葡萄糖消耗情况；

（3）重组菌 ARG++ 和出发菌株 ARG+ 发酵丙酮酸情况

◇ ARG++；■ ARG+

*FIS1* 的作用能够抑制线粒体断裂和细胞死亡；*HOG1* 牵涉高盐胁迫的信号途径；*GPD2* 有利于甘油的合成，而且甘油的积累有利于保持细胞膜的完整性；*YCA1* 编码特异性天冬氨酸的半胱氨酸蛋白酶，而且大部分细胞的凋亡作用依赖这种蛋白酶。过表达 *FIS1*、*HOG1*、*GPD2* 和 *YCA1* 基因，研究它们对高盐胁迫下 *C. glabrata* 的发酵参数的影响，如图 6-23 所示。与对照菌株相比，过表达 *FIS1* 使活细胞、细胞干重和耗糖量分别增加了

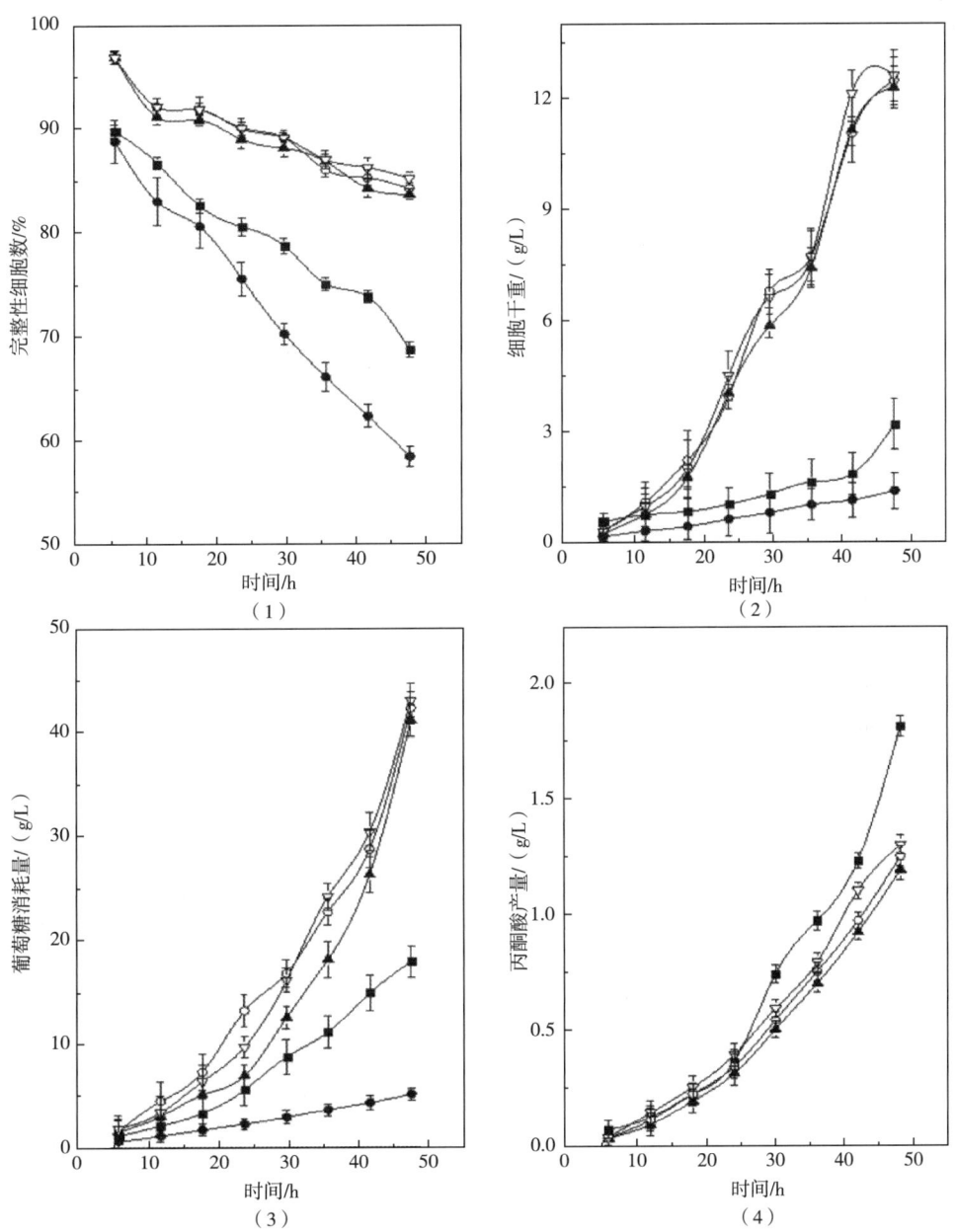

图 6-23 内源改造对 *C. glabrata* 发酵参数的影响

(1) 内源改造对 *C. glabrata* 细胞完整性的影响；(2) 内源改造 *C. glabrata* 细胞生长变化；
(3) 葡萄糖消耗；(4) 丙酮酸的产量

○*FIS1*；▲*HOG1*；▽*GPD2*；●*YCA1*；■对照菌株

22.57%、2.93 倍和 1.37 倍，却使丙酮酸产量降低了 31%；过表达 *HOG1* 使活细胞、细胞干重和耗葡萄糖量分别增加了 21.78%、2.88 倍和 1.31 倍，却使丙酮酸产量降低了 34.2%；过表达 *GPD2* 使活细胞、细胞干重和耗葡萄糖量分别增加了 23.97%、2.98 倍和 1.41 倍，却使丙酮酸产量降低了 28%。但是，过表达 *YCA1* 却使活细胞、细胞干重和耗糖量分别下降了 15%、57% 和 71.7%，却几乎不产丙酮酸。还发现，对照菌株、*FIS1*、*HOG1*、*GPD2* 和 *YCA1* 的单位耗糖量的细胞干重分别为 0.16、0.31、0.3、0.32 和 0.28g/L；单位耗糖量的丙酮酸产量分别为 0.11、0.03、0.03、0.03 和 0g/L；单位细胞合成丙酮酸能力分别为 0.65、0.1、0.1、0.1 和 0g/L。上述结果表明，过表达 *FIS1*、*HOG1* 和 *GPD2* 提高了 *C. glabrata* 抵御高盐胁迫所引起的细胞凋亡的能力，尤其过表达 *GPD2* 作用最明显，然而菌株 *FIS1*、*HOG1*、*GPD2* 和 *YCA1* 不利于提高胞内合成丙酮酸的能力，而且它们所消耗的葡萄糖主要用于维持细胞生长，提高了高盐胁迫下细胞存活率。

## 第四节 光滑球拟酵母应答酸胁迫的生理机制

光滑球拟酵母是重要的丙酮酸发酵工业微生物，也用于生产其他有机酸例如苹果酸，富马酸和 α-酮戊二酸，在有机酸发酵生产过程中面临着两个普遍问题：酸胁迫和高盐胁迫。随着有机酸产量的提高，发酵液 pH 降低，造成的酸胁迫环境限制了细胞的生长和丙酮酸的进一步合成。为了解决这一问题，传统方法是在培养液中流加一定的中和剂，如 NaOH、$CaCO_3$ 等维持培养液的最适 pH 范围，但这不仅引入了盐离子增加了后续提取的成本，也带来了微生物的高渗胁迫。此外，可以通过添加外源辅助底物，如添加柠檬酸等能源物质到培养基中，通过提高酸性条件下胞内 ATP 的含量增加 TCA 循环的通量，以此提高细胞的耐酸能力、促进丙酮酸的合成。适应性进化也可用于提高微生物酸胁迫抗性，通过渐进性地增加培养基中的丙酮酸浓度，对光滑球拟酵母菌株进行适应性进化，筛选得到一株既能抵御酸胁迫，又能高产丙酮酸的菌株。然而，要想从根本上解决有机酸发酵生产中的酸胁迫的问题，需要清楚研究光滑球拟酵母的耐酸机制，从而定向改造菌株的耐酸性能。近年来，越来越多的研究者通过从基因转录层面研究菌株的酸耐受性，有望从根本上有效地解决光滑球拟酵母丙酮酸发酵过程的酸胁迫问题。

与酿酒酵母相比，转录因子对光滑球拟酵母的酸胁迫相关研究较少。转录因子 Haa1p 是酿酒酵母迅速适应酸性条件并进行大量繁殖所必需的，可调控 9 个靶基因，包括编码质膜多药物转运蛋白的 *TPO2* 和 *TPO3* 以及编码细胞壁糖蛋白的基因 *YGP1*。此外，RIM101 途径是真菌应答环境胁迫的一条较为保守的信号转导通路，且主要通过含有锌指结构的转录因子 Rim101p 结合一系列靶基因进行细胞对 pH 的应答反应。转录因子 Msn2p/Msn4p 通过控制海藻糖合成和水解的蛋白酶来维持胁迫条件下胞内合适的海藻糖浓度。通过对酿酒酵母中胁迫相关的转录因子进行同源比对，找出其在光滑球拟酵母中的同源蛋白，部分结果如表 6-26 所示。

表 6-26　部分胁迫相关转录因子的功能比对

| 基因 | 开放阅读框（氨基酸数量） | | 功能 |
| --- | --- | --- | --- |
| | S. cerevisiae | C. glabrata | |
| MSN2 | YMR037C<br>（704） | CAGL0F05995g<br>（597） | 应激反应系统的正调控转录因子 |
| MSN4 | YKL062W<br>（630） | CAGL0M13189g<br>（541） | 应激反应系统的正调控转录因子 |
| RIM101 | YHL027W<br>（625） | CAGL0E03762g<br>（584） | 调控酸碱相关基因表达响应环境 pH |
| ASG1 | YIL130W<br>（964） | CAGL0G08844g<br>（847） | 可能参与压力应激反应中的转录因子 |
| HAL9 | YOL089C<br>（1030） | CAGL0I07755g<br>（1053） | 可能参与高盐胁迫的转录因子 |
| KCS1 | YDR017C<br>（1050） | CAGL0D04378g<br>（1053） | 参与高盐胁迫应激反应，维持细胞壁完整性、液泡和端粒形态 |
| YAP1 | YML007W<br>（650） | CAGL0H04631g<br>（588） | 参与氧化应激反应和氧化还原平衡 |
| YAP3 | YHL009C<br>（330） | CAGL0K02585g<br>（368）<br>CAGL0M10087g<br>（368） | 调控相关基因表达以应对环境变化，其过量表达可激活 ABC 转运蛋白 PDR5，提高对多种药物的抗性 |
| YAP5 | YIR018W<br>（245） | CAGL0K08756g<br>（349） | 调控相关基因表达应对环境变化 |
| YAP6 | YDR259C<br>（383） | CAGL0M08800g<br>（263） | 应对环境变化和代谢要求调控核糖体生物合成、蛋白质合成、碳水化合物代谢和碳水化合物运输等相关基因 |
| YAP7 | YOL028C<br>（245） | CAGL0F01265g<br>（623） | 调控应激反应和代谢途径相关基因 |
| CAD1 | YDR423C<br>（409） | CAGL0F03069g<br>（486） | 与 YAP1 密切相关，其过表达可提高细胞对多种药物、铁螯合剂的耐受性 |
| CRZ1 | YNL027W<br>（619） | | 可能参与压力应激反应中的转录因子 |
| CIN5 | YOR028C<br>（295） | CAGL0H08173g<br>（263） | 调控相关基因表达应对环境变化 |
| USV1 | YPL230W<br>（391） | CAGL0E06116g<br>（613） | 非发酵性碳源中对数期时调控葡萄糖抑制基因的表达，参与高盐应激反应 |

续表

| 基因 | 开放阅读框（氨基酸数量） | | 功能 |
| --- | --- | --- | --- |
| | S. cerevisiae | C. glabrata | |
| GTS1 | YGL181W (396) | CAGL0L06028g (505) | 转录因子，参与耐热性和絮凝反应 |
| YRR1 | YOR162C (810) | CAGL0L04400g (987) | 调控多药物抗性基因 |
| YRM1 | YOR172W (786) | CAGL0L04576g (865) | 调控多药物抗性基因的转录因子 |
| SMP1 | YBR182C (452) | CAGL0M06325g (659) | 控制部分 HOG 介导的高渗应激反应 |
| SKN7 | YHR206W (622) | CAGL0F09097g (630) | 调控基因表达响应环境渗透压变化 |
| MAC1 | YMR021C (417) | CAGL0M07590g (456) | 参与铜和铁的利用及抗逆性调节蛋白 |
| AFT2 | YPL202C (416) | CAGL0G09042g (437) | 维持铁平衡和抗氧化应激 |
| PDR8 | YLR266C (701) | CAGL0A00583g (646) | 调控 ABC 转运蛋白和抗药基因表达 |
| RPN4 | YDL020C (531) | CAGL0K01727g (499) | 刺激蛋白酶基因的表达，可被 26S 蛋白酶体负反馈调节 |

除了转录因子直接调控酵母耐受酸胁迫，中介体复合物（mediator complex）也参与环境胁迫的响应。中介体复合物（图 6-24）是由 20~30 个高度保守的亚基组成，RNA 聚合酶Ⅱ（Pol Ⅱ）全酶组分中的重要辅助因子，在转录因子与起始复合物之间发挥着重要的桥梁作用，与 RNA 聚合酶一起构成 Pol Ⅱ 全酶起始复合物。中介体复合物不仅参与转录过程，还可以与各种转录因子相互作用，使中介体复合物可以整合接收各种信息并输出激活或沉默下游基因。

酵母中的中介体复合物主要由 21 个蛋白亚基（核心模块：头部、中部和尾部）和与其动态交互的 Cdk8p-CycC-Med12p-Med13p 激酶模块共同组成。头部模块包含：Med6p、Med8p、Med11p、Med17p、Med18p、Med19p、Med20p、Med22p；中间模块包含：Med1p、Med4p、Med5p、Med7p、Med9p、Med10p、Med21p、Med31p；尾部模块包含：Med2p、Med3p、Med14p、Med15p、Med16p。中介体对菌株响应环境胁迫的影响主要涉及尾部模块，在环境胁迫诱导下，相应的转录因子结合到目标基因的上游激活区，招募中介体复合物且与其发生相互作用，刺激靶基因转录，抵御环境胁迫。

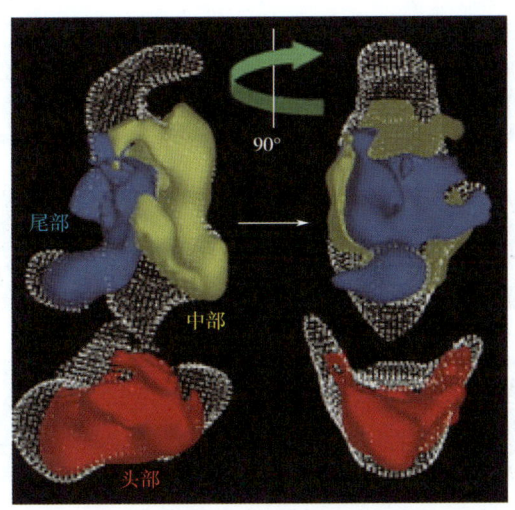

图 6-24　三维重构中介体复合物结构模式图

## 一、转录因子 Asg1p 和 Ha19p 应答酸胁迫的生理机制

**1. CgASG1 基因对光滑球拟酵母酸耐受性的影响**

考察突变菌株 $Cgasg1\Delta$ 在以乙酸和乙酸钠为唯一碳源时的生长情况，发现在乙酸为碳源时生长微弱的原因在于乙酸引起的 pH 下降。进一步改变 YNB 培养基的 pH，菌株的生长情况如图 6-25 所示，发现突变菌株 $Cgasg1\Delta$ 在 pH3.0 时生长受到抑制，在 pH 2.0 时则无法生长；而回补菌株 $Cgasg1\Delta/CgASG1$ 在任何培养基上均表现出与野生型菌株 wt 相同的生长表型。上述结果表明，转录因子 CgAsg1p 在 C. glabrata 抵御酸胁迫中发挥重要作用。

pH 2.0 时菌株 wt、$Cgasg1\Delta$ 和 $Cgasg1\Delta/CgASG1$ 的 $H^+$-ATPase 活性如图 6-26 所示。野生型菌株 wt 通过提高 8% 的 $H^+$-ATPase 活性，增加胞内质子转运出胞外的能力以维持胞内 pH 稳态，而突变菌株 $Cgasg1\Delta$ 的 $H^+$-ATPase 活性则降低了 10%（图 6-26），回补菌株 $Cgasg1\Delta/CgASG1$ 与野生型菌株 wt 的 $H^+$-ATPase 活性相同。上述结果表明，突变菌株 $Cgasg1\Delta$ 在 pH 2.0 条件下细胞生长减弱的原因在于 $H^+$-ATPase 活性降低引起的胞内质子堆积。

在光滑球拟酵母中，$H^+$-ATPase 由基因 CgPMA1 编码。测定基因 CgPMA1 在菌株 wt、$Cgasg1\Delta$ 和 $Cgasg1\Delta/CgASG1$ 中的转录水平，如图 6-27 所示，野生型菌株 wt 中 CgPMA1 的 mRNA 水平在 pH 2.0 时增加了 0.5 倍；突变菌株 $Cgasg1\Delta$ 中 CgPMA1 的转录水平在 pH 5.2 时与野生型菌株 wt 相同，但在 pH 2.0 时增加了 13 倍，表明基因 CgASG1 和 CgPMA1 在酸胁迫应答反应中具有协同作用，且酸胁迫下 $H^+$-ATPase 活性降低则归因于 CgPMA1 的翻译水平或翻译后调节过程。

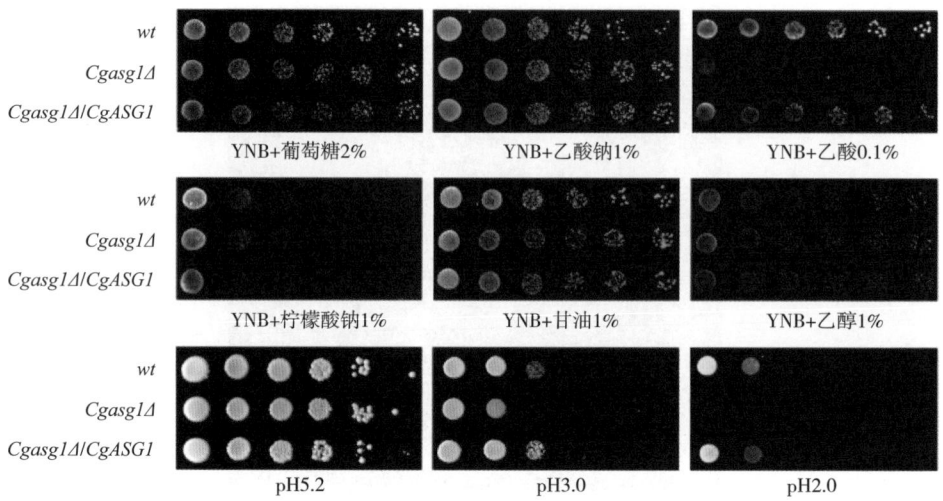

图 6-25 不同碳源和不同 pH 对突变菌株 $Cgasg1\Delta$ 生长的影响

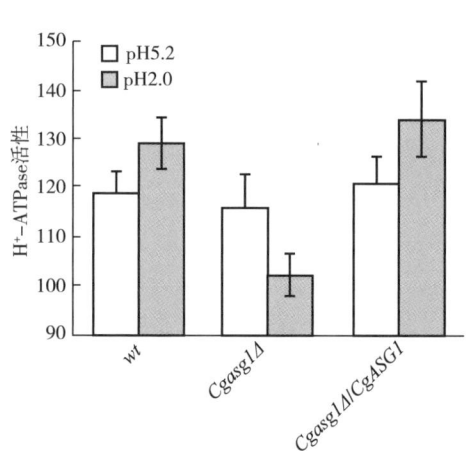

图 6-26 菌株 wt 和 $Cgasg1\Delta$ 在
pH 5.2 和 pH 2.0 条件下的 $H^+$-ATPase 活性

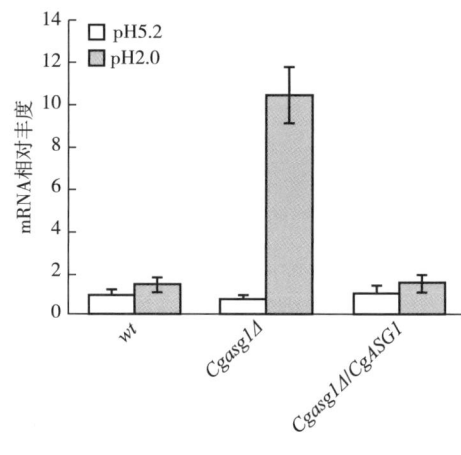

图 6-27 菌株 wt、$Cgasg1\Delta$ 和 $Cgasg1\Delta/CgASG1$
在不同 pH 下的 CgPMA1 的 mRNA 相对丰度

$H^+$-ATPase 活性的降低影响细胞将质子转运至胞外的能力,进而改变胞内 pH ($pH_{in}$)。使用荧光探针 CFDA-SE 考察菌株 wt、$Cgasg1\Delta$ 和 $Cgasg1\Delta/CgASG1$ 在不同胞外 pH ($pH_{ex}$) 条件下的 $pH_{in}$,测定结果如图 6-28 (1) 所示。野生型菌株 wt 在 pH 5.2 和 pH 2.0 条件下的 $pH_{in}$ 均可维持在 6.0~6.2;突变菌株 $Cgasg1\Delta$ 在 pH 5.2 时的 $pH_{in}$ 与野生型菌株 wt 相同,但当 $pH_{ex}$ 降低至 2.0 后,$pH_{in}$ 从 6.0 降低至 5.2;回补菌株 $Cgasg1\Delta/CgASG1$ 的 $pH_{in}$ 均与野生型菌株 wt 相同。上述结果表明,转录因子 CgAsg1p 通过维持胞内 pH 稳态在酸胁迫应答反应中发挥作用。

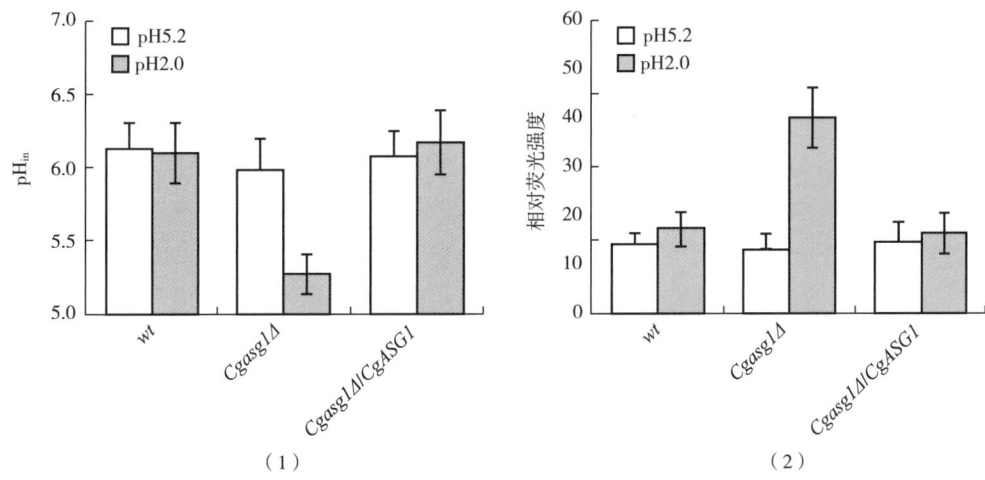

图 6-28 菌株 wt、Cgasg1Δ 和 Cgasg1Δ/CgASG1 在 pH 5.2 和 pH 2.0 时的 $pH_{in}$ 和相对荧光强度

(1) pH 5.2 和 pH 2.0 条件下 wt、Cgasg1 和 Cgasg1Δ/Cgasg1 的胞内 pH；

(2) pH 5.2 和 pH 2 条件下 wt、Cgasg1 和 Cgasg1Δ/Cgasg1 的胞内相对荧光强度

在酵母细胞中，胞内 pH 降低会引起胞内 ROS 含量的升高。使用非标记性的氧化敏感荧光探针 DCFH-DA 考察菌株 wt、Cgasg1Δ 和 Cgasg1Δ/CgASG1 在 pH 5.2 和 pH 2.0 条件下的 ROS 含量。DCFH-DA 本身无荧光，可自由扩散至胞内，被酯酶水解成无法穿过细胞膜的 DCFH，经胞内 ROS 氧化生成有荧光的 DCF。荧光强度越强说明 ROS 含量越高。检测结果如图 6-28（2）所示。突变菌株 Cgasg1Δ 的 ROS 含量在 pH 5.2 时与野生型菌株 wt 相同，说明缺失 CgASG1 基因对正常条件下的 ROS 积累无显著影响；突变菌株 Cgasg1Δ 在 pH 2.0 时的 ROS 相对含量比野生型菌株 wt 高 2 倍以上，表明缺失 CgASG1 基因能显著影响酸胁迫条件下胞内 ROS 的积累。

**2. CgHAL9 基因对光滑球拟酵母酸耐受性影响**

考察突变菌株 Cghal9Δ 的酸耐受性，如图 6-29 所示。突变菌株 Cghal9Δ 在 pH 3.0 时的生长受到抑制，而在 pH 2.0 时则无法生长；回补菌株 Cghal9Δ/CgHAL9 在任何培养基上均表现出与野生型菌株 wt 相同的生长表型。上述结果表明，转录因子 CgHal9p 也在 C. glabrata 的酸胁迫应答反应中发挥重要作用。

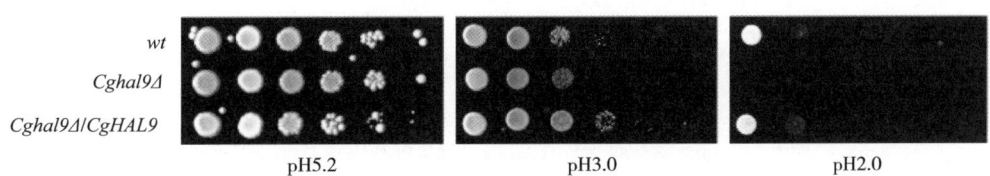

图 6-29 不同 pH 对突变菌株 Cghal9Δ 生长的影响

对菌株 $wt$、$Cghal9\Delta$ 和 $Cghal9\Delta/CgHAL9$ 进行酸胁迫下胞内微环境的测定,包括 $H^+$-ATPase 活性、$CgPMA1$ 转录水平、胞内 pH($pH_{in}$)和胞内活性氧(ROS)含量,结果如图 6-30 所示。发现:①突变菌株 $Cghal9\Delta$ 的 $H^+$-ATPase 活性在 pH 5.2 和 pH 2.0 时与野生型菌株 $wt$ 相同,而 $CgPMA1$ 转录水平在 pH 5.2 时降低 40%,在 pH 2.0 时与野生型菌株 $wt$ 相同[图 6-30(2)],表明缺失 $CgHAL9$ 基因的组成型可降低 $CgPMA1$ 的转录水平;②与野生型菌株 $wt$ 维持在 6.0~6.2 的 $pH_{in}$ 相比,突变菌株 $Cghal9\Delta$ 的 $pH_{in}$ 在 2.0 时从 6.0 降低至 5.3[图 6-30(3)];③pH 2.0 时,野生型菌株 $wt$ 的胞内 ROS 含量不变,而突变菌株 $Cghal9\Delta$ 的 ROS 含量增加了 2 倍[图 6-30(4)];④回补菌株 $Cghal9\Delta/CgHAL9$ 表现出与野生型菌株 $wt$ 相同的 $H^+$-ATPase 活性、$CgPMA1$ 转录水平、$pH_{in}$ 和 ROS 水平。上述结果表明,突变菌株 $Cghal9\Delta$ 在 pH 2.0 条件下细胞生长减弱的原因在于 $CgPMA1$ 的转录水平降低,胞内酸化,进而引起胞内 ROS 含量升高。

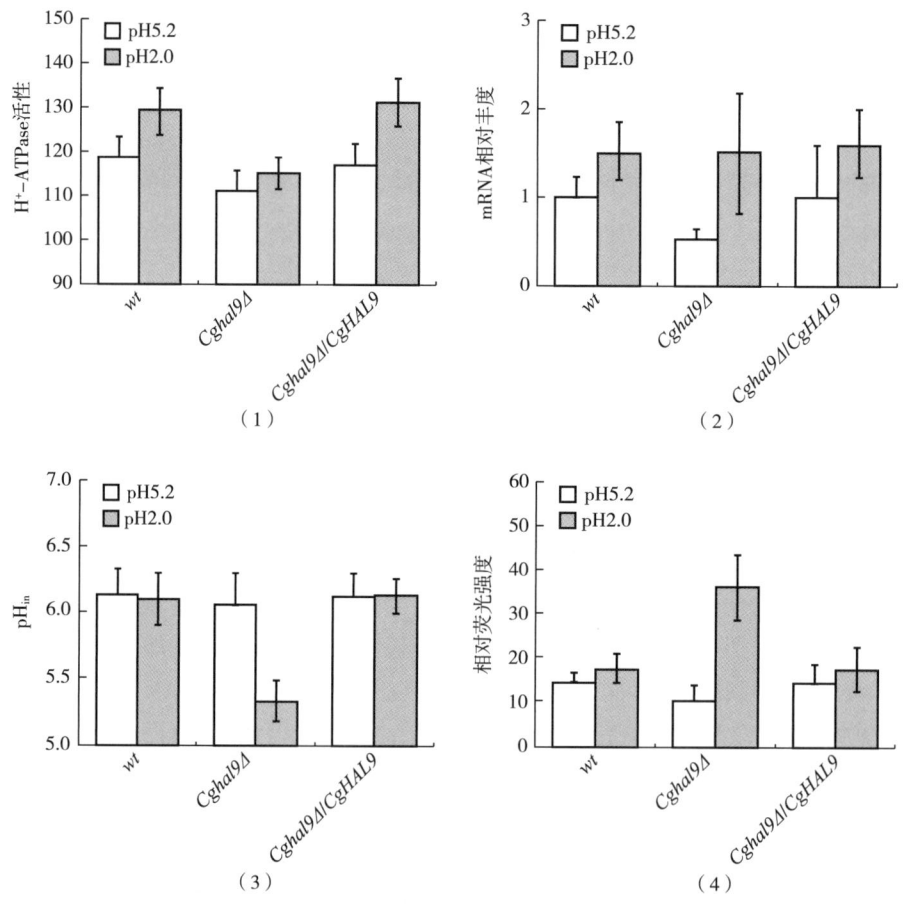

图 6-30 pH 2.0 时缺失基因 $CgHAL9$ 对胞内微环境的影响

(1)$H^+$-ATP 酶活性测定;(2)$CgPMA1$ 的 mRNA 水平;(3)细胞内 pH 测定;(4)ROS 含量测定

# 第六章
系统代谢工程在丙酮酸发酵生产中的应用

## 3. 转录组和蛋白组分析 *CgASG1* 和 *CgHAL9* 之间相互关系

*CgAsg1p* 和 *CgHal9p* 均是光滑球拟酵母进行酸胁迫转录应答反应必不可少的转录因子。为了考察这两个转录因子间是否存在相互作用关系,首先通过 qRT-PCR 从转录水平上分别考察 pH 5.2 和 pH 2.0 条件下菌株 *wt* 和 *Cgasg1Δ* 中基因 *CgHAL9* 的 mRNA 水平,菌株 *wt* 和 *Cghal9Δ* 中基因 *CgASG1* 的 mRNA 水平。如图 6-31 所示,pH 2.0 时野生型菌株 *wt* 中基因 *CgASG1* 和 *CgHAL9* 的 mRNA 水平分别提高 47% 和 12%,表明 *CgASG1* 和 *CgHAL9* 的表达量增加有助于提高对酸胁迫的耐受能力;pH 5.2 和 pH 2.0 时突变菌株 *Cghal9Δ* 中 *CgASG1* 的 mRNA 水平与野生型菌株 *wt* 相同,表明基因 *CgHAL9* 的缺失对 *CgASG1* 的表达无影响;pH 5.2 时 *Cgasg1Δ* 中 *CgHAL9* 的 mRNA 水平与野生型菌株 *wt* 相同,但 pH 2.0 时降低了 38%,说明 *CgASG1* 的缺失在正常情况下不影响 *CgHAL9* 的表达,但在酸胁迫条件下降低了其转录水平。

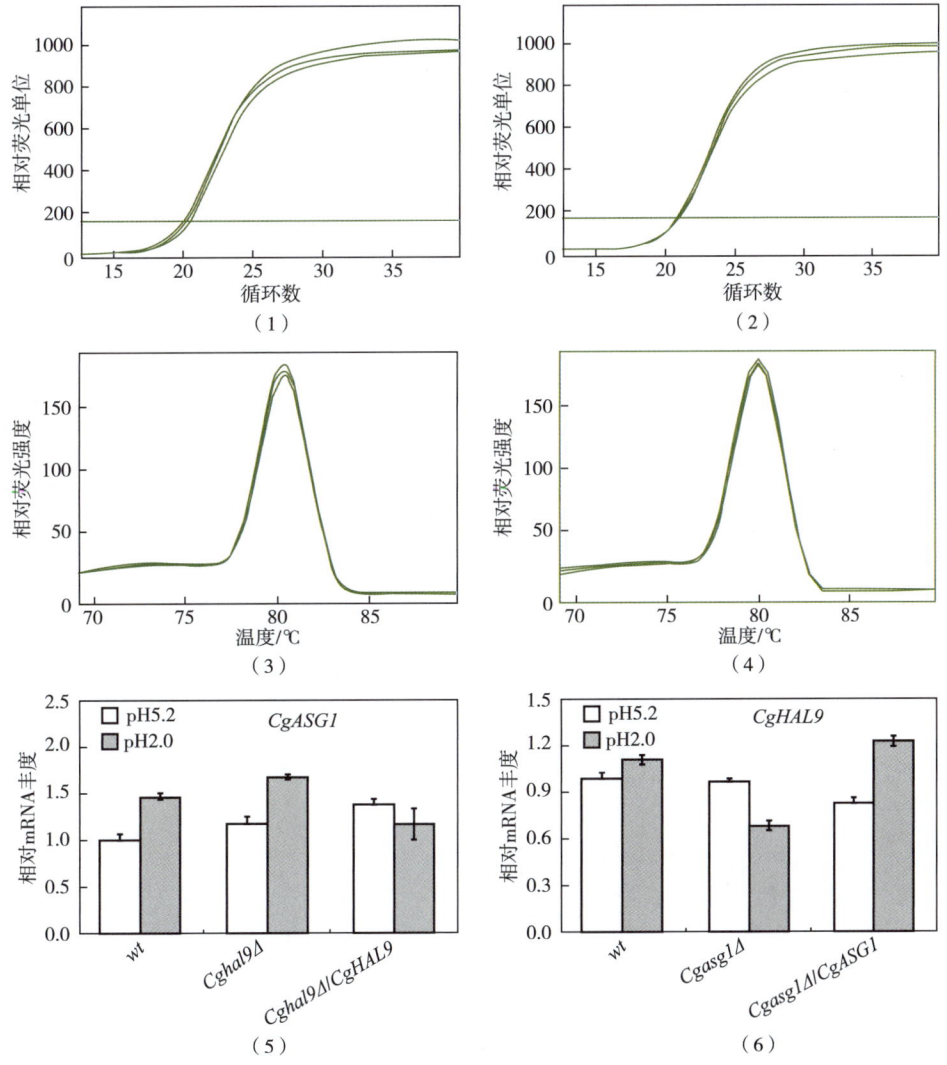

图 6-31　qRT-PCR 验证 *CgASG1* 和 *CgHAL9* 的关系

(1) *CgASG1* 的扩增曲线;(2) *CgHAL9* 扩增曲线;(3) *CgASG1* 熔解曲线;(4) *CgHAL9* 的熔解曲线;
(5) 不同样本中 *CgASG1* mRNA 水平;(6) 不同样本中 *CgHAL9* mRNA 水平

为进一步对 pH 5.2 和 pH 2.0 处理后的光滑球拟酵母菌株 wt、Cgasg1Δ 和 Cghal9Δ 进行 RNA 测序（RNA-sequencing，RNAseq），首先，对 pH 5.2 时突变菌株 Cgasg1Δ 和 Cghal9Δ 的转录谱与野生型菌株 wt 进行比较，发现分别有 305 和 554 个基因的转录水平发生不同程度的变化［图 6-32（1）（2）］。其中，有 51 个基因共同上调，94 个基因共同下调。共同上调的基因中包含参与翻译的基因（SSB1）、参与氧化还原反应的基因（FET3）、影响转录因子特异性结合 DNA 活性的基因（CAGL0G07249g 和 CAGL0I04246g）以及细胞黏附相关基因（CAGL0J11968g、CAGL0K13024g 和 CAGL0J11968g）。信号转导活性相关基因（ERT1 和 CAGL0I08195g）只在突变菌株 Cgasg1Δ 中表达水平上调，细胞生长繁殖相关基因（CAGL0K06039g 和 CAGL0K03905g）只在突变菌株 Cghal9Δ 中表达上调。共同下调的基因中包含参与蛋白质运输的基因（SOP4、PAM17、CAGL0D04246g 等）、核糖体结构成分相关基因（CAGL0B03267g、CAGL0H02673g、CAGL0L04224g 等）和信号转导活性相关基因（CAGL0K04961g）。生物黏附相关基因（CAGL0K13002g、CAGL0C00110g、CAGL0M00132g）的表达下调只发生在突变菌株 Cghal9Δ 中。这些结果表明，CgAsg1p 和 CgHal9p 在正常生长过程中发挥相似的作用。

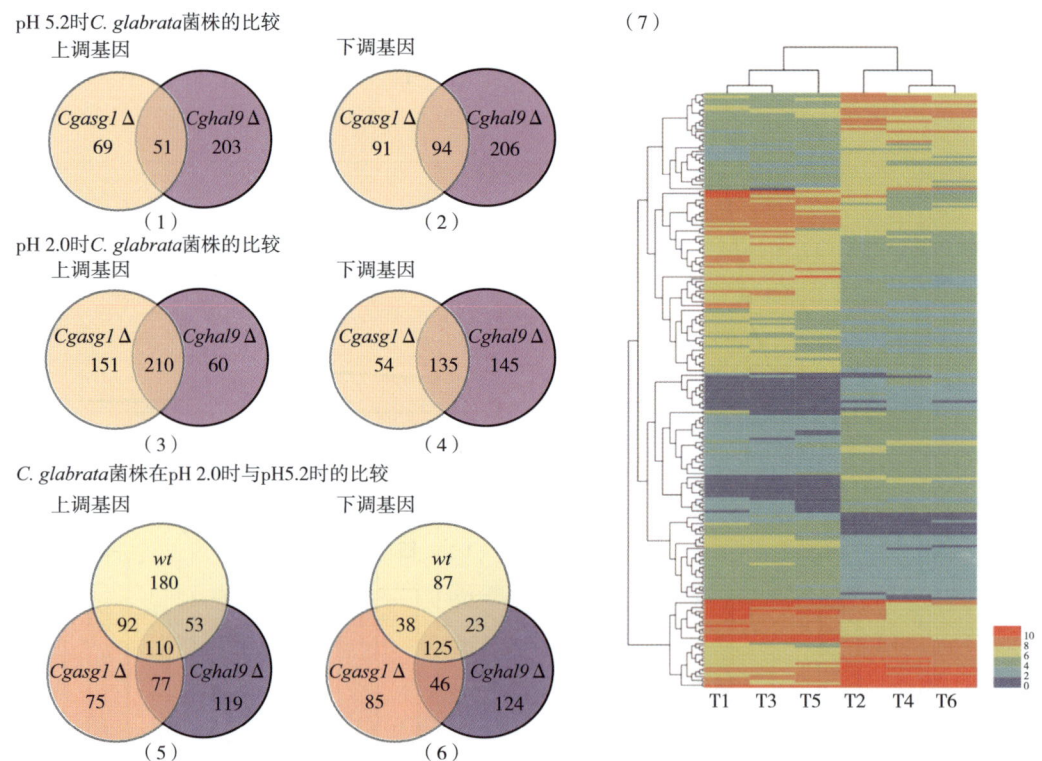

图 6-32 响应于酸胁迫的全基因组表达水平比较

（1）~（6）描述上调和下调基因重叠的维恩图；（7）描述差异表达基因层次聚类的树形图；T1-T3 分别为野生型、Cgasg1Δ 和 Cghal9Δ 菌株在 pH 5.2 培养基中的转录水平；T4-T6，野生型、Cgasg1Δ 和 Cghal9Δ 菌株在 pH 为 2.0 培养基中的转录水平

# 第六章
## 系统代谢工程在丙酮酸发酵生产中的应用

然后，对 pH 2.0 时突变菌株 $Cgasg1\Delta$ 和 $Cghal9\Delta$ 的转录谱与野生型菌株 $wt$ 进行比较，发现分别有 210 和 135 个基因的转录水平发生不同程度的变化［图 6-32（3）（4）］。一些 DNA 修复相关基因（HHT1、CSM3、HAT2 等）和转录调控相关基因（SWC5、SFH1、ASF1 等）在 $Cgasg1\Delta$ 和 $Cghal9\Delta$ 中共同表达上调，核糖体合成相关基因（SNU13、RSA3、MRT4 等）和氧化还原反应相关基因（LIA1、URA9、TRR1 等）在 $Cgasg1\Delta$ 和 $Cghal9\Delta$ 中共同表达下调。染色质修饰相关基因（EAF5）和细胞自噬相关基因（SEC16 和 ATG10）只在 $Cgasg1\Delta$ 中表达上调，碳水化合物代谢相关基因（CAGL0K03421g）和磷酸吡哆醛生物合成相关基因（CAGL0I06424g）只在 $Cgasg1\Delta$ 中表达下调。磷脂代谢相关基因（CAGL0F00363g）和葡萄糖代谢相关基因（GPD1）只在 $Cghal9\Delta$ 中分别表达上调和下调。

此外，以 pH 5.2 时菌株 $wt$、$Cgasg1\Delta$ 和 $Cghal9\Delta$ 的转录水平为对照，考察相应的菌株在 pH 2.0 时的转录水平，发现分别有 708、648 和 677 个基因的转录水平发生不同程度的变化［图 6-32（5）（6）］。其中，分别有 435、354 和 359 个基因表达上调，273、294 和 318 个基因表达下调。在野生型菌株 $wt$ 中，表达上调的基因包括糖异生途径相关基因（ERT1 和 CAGL0H04939g）、核酸结合相关基因（MRD1、PXR1、DBP8 等）以及海藻糖代谢相关基因（CAGL0C04323g），表达下调的基因包括细胞分裂相关基因（SPC19、SPC34、DUO1 等）、翻译终止相关基因（CAGL0E02123g 和 CAGL0F05027g）以及电子载体活性相关基因（CAGL0M04741g）［图 6-32（7）］。与野生型菌株 $wt$ 相似的是，pH 2.0 时 $Cgasg1\Delta$ 和 $Cghal9\Delta$ 中表达上调的基因包括三羧酸循环相关基因（CAGL0D00770g）、氧传送相关基因（CAGL0L06666g）以及蛋白水解相关基因（ARX1、CAGL0M04191g 和 CAGL0J00671g），表达下调的基因包括胞内蛋白运输相关基因（CAGL0G08932g、CAGL0D00704g 和 CAGL0M13255g）、跨膜转运相关基因（CAGL0A01826g、CAGL0A02233g 和 CAGL0C01771g）以及细胞壁结构相关基因（CAGL0I06204g）［图 6-32（7）］。突变菌株 $Cgasg1\Delta$ 和 $Cghal9\Delta$ 与野生型菌株 $wt$ 的不同在于，在总的上调基因中，$Cgasg1\Delta$ 和 $Cghal9\Delta$ 分别只有 8% 和 10% 的基因与细胞结合相关，而 $wt$ 中有 17%［图 6-33（1）］；在总的下调基因中，分别有 2% 和 1.5% 的基因参与细胞结构和成分合成，而 $wt$ 中有 6%［图 6-33（2）］。还有一点与 $wt$ 不同的是，pH 2.0 时 $Cgasg1\Delta$ 和 $Cghal9\Delta$ 中表达上调的一些基因参与鞘脂的生物合成过程（CAGL0G04851g 和 CAGL0G05071g）以及 ATP 水解耦合质子运输过程（CAGL0M09581g）。

MAPK（mitogen-activated protein kinase）级联激活是多种信号通路的中心，细胞受到外界环境的刺激后，MAPK 被激活，接收膜受体转换的信号并将其传递至细胞核内。在无环境刺激的条件下，胞内 MAPK 处于静止状态；而存在生长因子或其他因素刺激的条件下，胞内 MAPK 接收 MKK 和 MKKK 的活化信号而被激活，表现为逐级磷酸化。对 MAPK 信号转导通路中的信息素应答反应和 HOG（high osmolarity glycerol）信号通路涉及的基因进行进一步分析。结果如图 6-34 所示，在信息素应答反应中，缺失 CgASG1 或 CgHAL9 基因会引起一些基因表达水平的上升，如上游基因（GPA1、STE18 和 CDC24），编码最后一个激酶的基因 FUS3，以及配合生长调控终止的基因 FUS1；而此通路中的另一基因 STE20

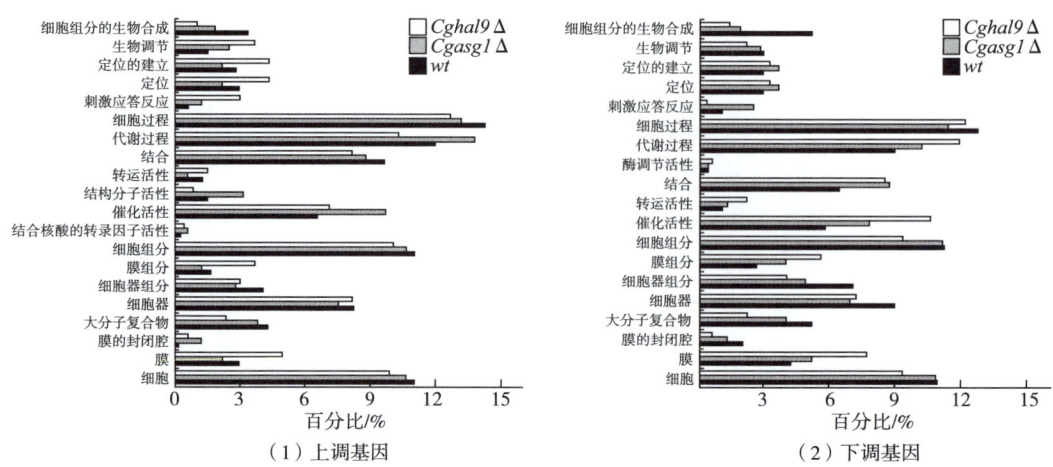

(1) 上调基因　　　　　　　　　　(2) 下调基因

图 6-33　菌株 *wt*、*Cgasg1*Δ 和 *Cghal9*Δ 响应酸胁迫的差异表达基因分析

的表达下调，该基因也在 HOG 途径中发挥作用。在 HOG 途径中，作为调节该途径活性的 *SLN1-YPD1-SKN7/SSK1* 双组分调控系统中的支链组分基因 *YPD1*，其表达水平降低；另一个可通过应力反应元件（stress response element，STRE）控制靶基因转录调控的基因 *HOG1*，其表达水平也降低了。表明 MAPK 信号转导通路中基因表达的变化是 *Cgasg1*Δ 和 *Cghal9*Δ 酸耐受性降低的原因之一。

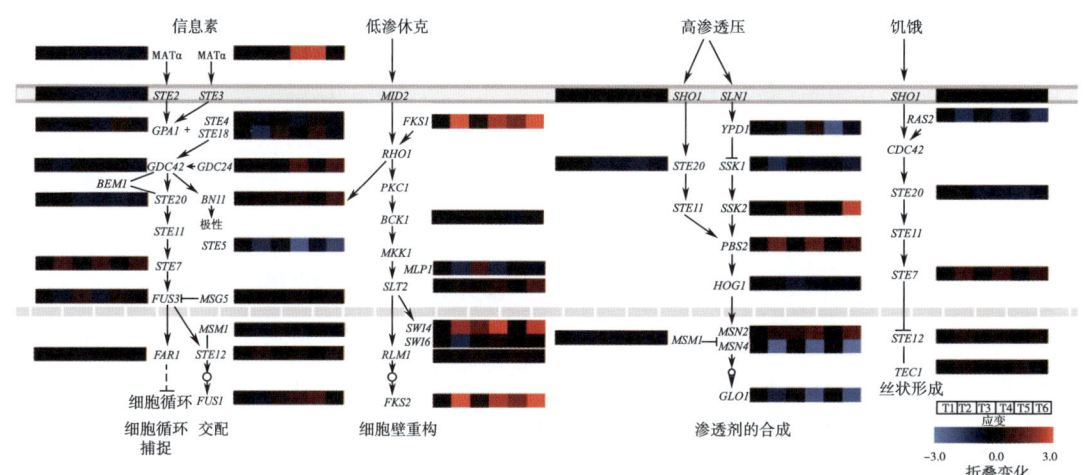

图 6-34　MAPK 信号转导通路中基因表达水平的差异分析

T1~T3 分别为野生型、*Cgasg1*Δ 和 *Cghal9*Δ 菌株在 pH 5.2 培养基中的转录水平；T4~T6 分别为野生型、*Cgasg1*Δ 和 *Cghal9*Δ 菌株在 pH 为 2.0 培养基中的转录水平

## 二、转录因子 Crz1p 调控光滑球拟酵母应答酸胁迫的生理机制

### 1. 转录因子 Crz1p 对光滑球拟酵母酸胁迫下的转录组学分析

乙酸和乙酸根对突变菌株 *Cgcrz1*Δ 生长的影响，如图 6-35（1）所示：突变菌株 *Cgcrz1*Δ 对 0.20% 乙酸钠胁迫不敏感，而对 $H^+$ 敏感。因而测定了其在不同 pH 范围内的生

长表型,如图6-35(2)(3)所示:在pH 4.0~8.0时,其生长表型与出发菌株一致,在pH 3.0时开始出现生长抑制,在pH 2.0时生长减弱,而回补菌株在pH 2.0时,与出发菌株 *wt* 相比,生长加快。

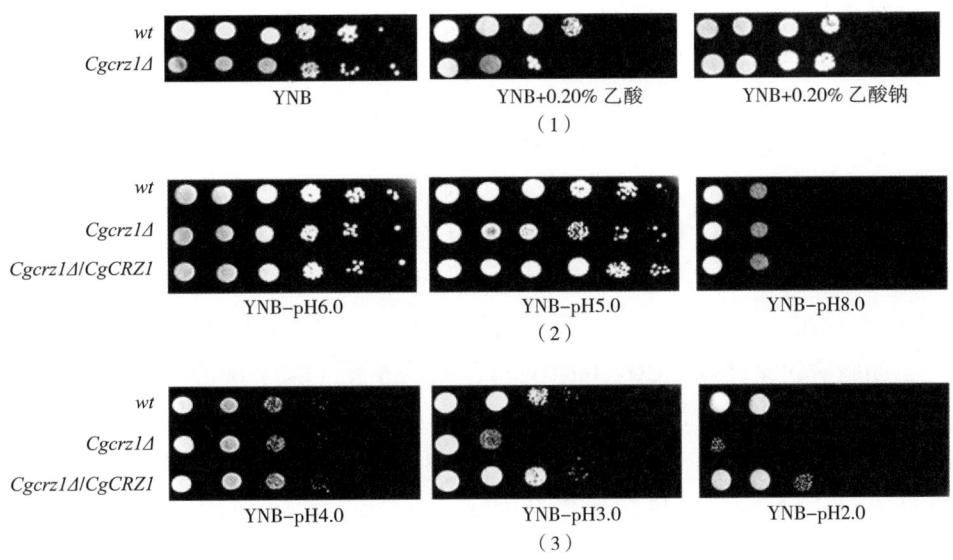

图6-35 不同pH对突变菌株 *Cgcrz1Δ* 的影响

(1) *Cgcrz1Δ* 在乙酸和乙酸钠上生长情况;(2) 和 (3) *Cgcrz1Δ* 在不同pH条件下生长情况

菌株 *wt*、*Cgcrz1Δ* 和 *Cgcrz1Δ/CgCRZ1* 的细胞膜质子泵 $H^+$-ATPase 活性如图6-36所示。①在pH6.0时,与出发菌株 *wt* 相比,突变菌株 *Cgcrz1Δ* 的质子泵 $H^+$-ATPase 活性下降了9.4%,回补菌株的质子泵 $H^+$-ATPase 活性提高了10%;②在pH2.0时,与出发菌株 *wt* 相比,突变菌株 *Cgcrz1Δ* 的质子泵 $H^+$-ATPase 活性下降了52%,回补菌株的质子泵 $H^+$-ATPase 活性提高了17%。上述结果表明转录因子 CgCrz1p 影响了酸胁迫下的质子泵 $H^+$-ATPase 活性。

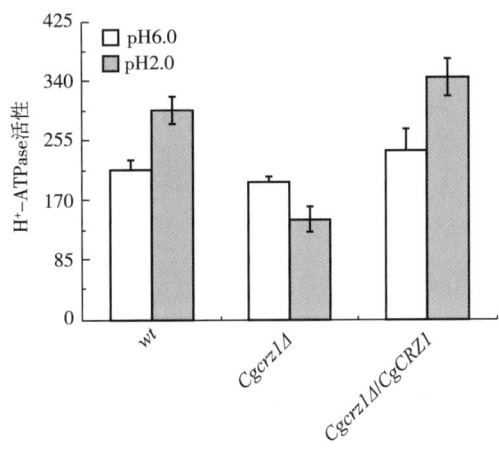

图6-36 菌株 *wt*、*Cgcrz1Δ* 和 *Cgcrz1Δ/CgCRZ1* 的 $H^+$-ATPase 活性

为了研究转录因子 *Crz1p* 调控光滑球拟酵母应答酸胁迫的生理机制，分别对在 pH6.0 和 pH2.0 条件下培养 6h 的出发菌株 *wt* 和突变菌株 *Cgcrz1Δ* 进行全基因组范围的转录分析，即 RNA 测序（RNA-sequencing）。对不同表达的基因［≥3 倍，FDR（False Discovery Rate，错误发现率）<0.01］进行 GO 功能注释和 KEGG 代谢途径分析。在 pH6.0 时，相对于出发菌株 *wt*，在突变菌株 *Cgcrz1Δ* 的转录谱中，共 1837 个基因转录改变，其中 139 个基因转录上调，1698 个基因转录下调；而在 pH2.0 时，共有 607 个基因转录改变，166 个基因转录上调，441 个基因转录下调。在 pH6.0 和 pH2.0 时，36 个基因共同转录上调，375 个基因共同转录下调［图 6-37（1）（2）］，被共同转录上调的基因参与了各种代谢过程，涉及核糖体合成（GO：0005840）和翻译过程（GO：0006412）的基因较多，而参与糖酵解过程（GO：0006096）的基因仅在 pH6.0 时转录上调，参与赖氨酸生物合成（GO：0009085）基因仅在 pH2.0 时转录上调。被共同转录下调的基因涉及了代谢过程（GO：0006644）、膜脂质代谢过程（GO：0046467）、减数分裂（GO：0007067）、细胞壁合成过程（GO：0071940）和 MAPK 信号传导过程（GO：0007165）。当 pH 6.0 降至 pH 2.0 时，出发菌株 *wt* 转录谱中共 429 个基因转录改变，193 个基因转录上调，236 个基因转录下调；而突变菌株 *Cgcrz1Δ* 转录谱中共 1466 个基因转录改变，1411 个基因转录上调，55 个基因转录下调。在出发菌株 *wt* 和突变菌株 *Cgcrz1Δ* 中，98 个基因共同转录上调，22 个基因共同转录下调［图 6-37（3）（4）］。被共同转录上调的基因参与了脂肪酸合成（GO：0005835）、精氨酸代谢（GO：0006525）、肌醇磷酸代谢（GO：0043647）和甘油磷脂代谢（GO：0006650）；被共同转录下调的基因涉及了各种代谢过程，大部分编码膜蛋白、压力蛋白和细胞壁蛋白。上述结果说明，缺失 *CgCRZ1* 基因影响了光滑球拟酵母基因组的转录表达。

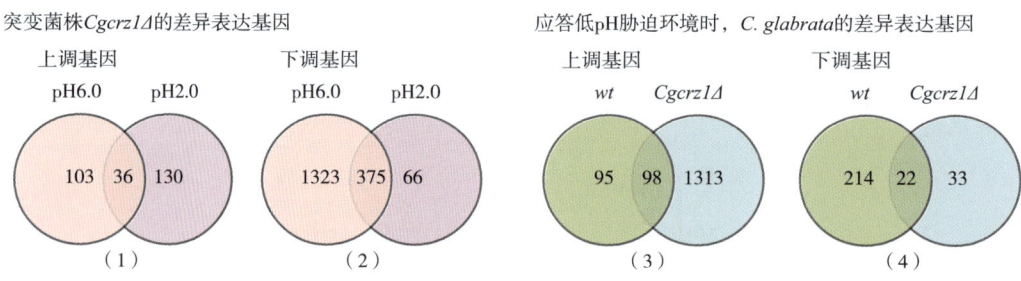

图 6-37　响应于酸胁迫的全基因组表达水平比较

在 pH 6.0 和 pH 2.0 时，与亲本菌株（*wt*）相比，*Cgcrz1Δ* 菌株中上调（≥3 倍变化）［图 6-37（1）］和下调［图 6-37（2）］基因之间的维恩图；在 pH 2.0 时，*Cgcrz1Δ* 菌株在亲本（*wt*）中上调［图 6-37（3）］和下调［图 6-37（4）］基因，而在 pH 6.0 时对应的菌株则相反。

为了研究突变菌株 *Cgcrz1Δ* 对环境低 pH 敏感的原因，在 pH 2.0 时，相对于出发菌株 *wt*，突变菌株 *Cgcrz1Δ* 的转录谱进行 KEGG 代谢途径分析（仅具有 KEGG 途径的代谢过程), 结果如图 6-38 (1) 所示: 通过 KEGG 代谢途径统计分析发现, 膜脂质代谢、减数分裂和翻译三个途径的基因转录变化最为明显, 分别占了 18.81%、10.06% 和 9.56%; 参与细胞壁合成过程、细胞周期、碳水化合物和氨基酸代谢过程的基因转录变化明显。接下来, 对参与膜脂质代谢、减数分裂和翻译途径的基因进行热图分析, 许多涉及这些途径的基因转录下调, 这些途径被抑制 [图 6-38 (2) ~ (4)]。对膜脂质代谢进一步分析发现: 涉及脂肪酸的合成、代谢以及长链脂肪酸的延长, 萜类物质的合成及磷脂合成与代谢途径的基因被不同程度地转录表达, 这些转录数据表明转录因子 Crz1p 可能通过调节细胞膜脂质代谢过程应答光滑球拟酵母酸胁迫。而且很多研究显示, 微生物膜脂质成分在耐受酸胁迫环境方面发挥重要作用。微生物中的膜脂肪酸链长度越长, 不饱和度比例越高, 酸耐受性能力越强; 酵母固醇的种类和含量也参与酸耐受性; 在酸性环境中, 磷脂酸可以介导胞内 pH 平衡, 心磷脂含量增多应对酸胁迫, 某些肌醇磷酸盐也可以感应酸胁迫刺激。因此, 在 pH 2.0 时, 突变菌株 $Cgcrz1\Delta$ 的膜脂质合成与代谢途径基因的差异表达是其生长缓慢的重要原因。

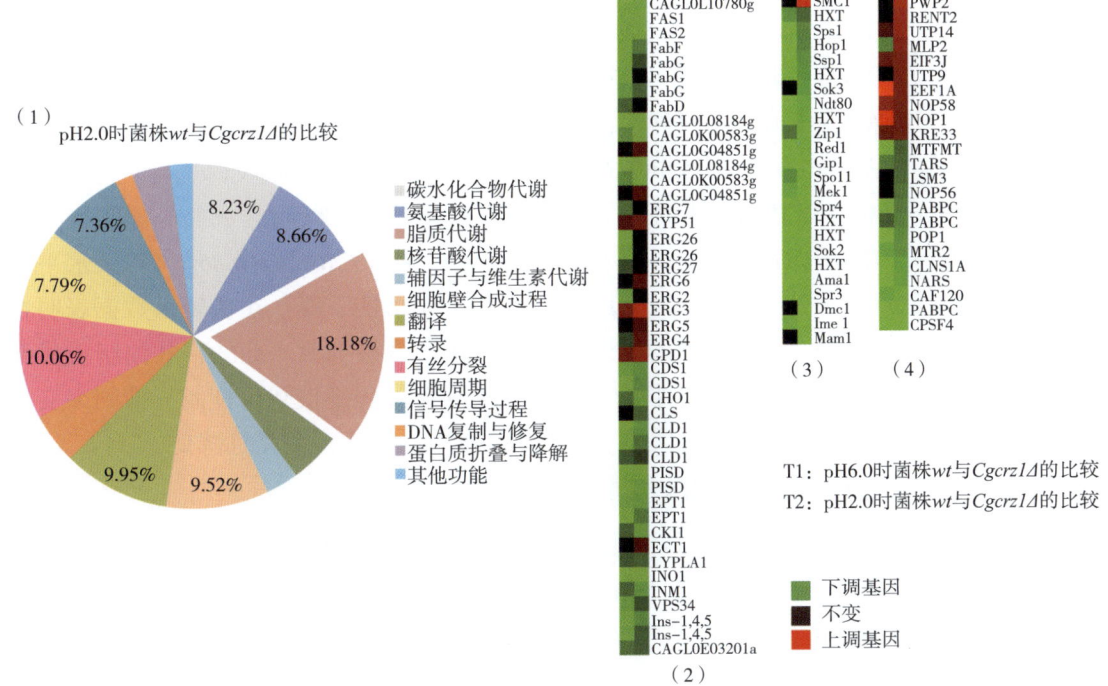

图 6-38 突变菌株 $Cgcrz1\Delta$ 在 pH2.0 时的转录谱代谢途径的统计分析
(1) 基于 KEGG 数据库的代谢通路统计分析 (KEGG 数据库中没有图的通路除外);
(2) 脂质代谢; (3) 减数分裂; (4) 翻译

在细胞膜脂肪酸的合成过程中, 脂肪酸合成限速酶——丙酰辅酶 A 羧化酶 (ACC1) 的转录水平下调了 2.8 倍, 脂肪酸合酶亚基编码基因 *FAS1*、*FAS2*、*FabF* 和 *FabG* 的转录水平分别下调了 3.3、3.6、1.8 和 1.5 倍，此外，长链脂肪酸延伸蛋白 Elo2p 和 Elo3p 编码基因的转录水平分别下调了 4 和 3.2 倍 [图 6-39（2）（b）]。这些转录数据表明在低 pH 环境下，突变菌株 $Cgcrz1\Delta$ 合成自由脂肪酸的能力下降。在麦角固醇生物合成过程中，羊毛固醇 14-去甲基化酶（CYP5）的转录水平上调了 1.6 倍，固醇-24-甲基转移酶（ERG6）的转录水平上调了 1.5 倍，合成麦角固醇的关键酶：Δ-7-固醇-5-脱氢酶、C-22 固醇脱氢酶和固醇 Δ-24（28）-脱氢酶的编码基因 ERG3、ERG5 和 ERG4 的转录水平分别上升 2.6、1.5 和 1.5 倍。与之对比，在 pH 6.0 时，突变菌株 $Cgcrz1\Delta$ 中涉及萜类和固醇类生物合成的许多基因被转录下调 [图 6-39（2）（a）]。这些转录数据表明基因 CgCRZ1 的敲除可能引起了酵母固醇类物质的改变。在细胞膜磷脂代谢过程中，磷脂酸胞苷酰转移酶的编码基因 CDS1 与 CDS2 转录水平下调了 45% 和 47.6%，表明磷脂酸（PtdOH）转化为胞苷二磷酸甘油二酯（CDP-DAG）的过程被抑制。CDP 二酰基甘油-丝氨酸 O-磷脂酰基转移酶编码基因 CHO1 转录水平下调了 40%，表明胞苷二磷酸甘油二酯（CDP-DAG）转化为磷脂酰丝氨酸（PtdSer）的过程被抑制。磷脂酰丝氨酸（PtdSer）转化为磷脂酰乙醇胺（PtdEtn）的关键酶编码基因 PSD1 和 PSD2 的转录水平下调了 30.3% 和 38.5%，此外，1,2-二酰基-sn-甘油转化为磷脂酰乙醇胺（PtdEtn）的关键酶编码基因的转录水平也下降了 41.7% 和 55.6%，表明 $Cgcrz1\Delta$ 的 PtdEtn 含量可能下降。磷脂酰胆碱（PtdCho）前体物质合成的限速酶——胆碱激酶编码基因 CKI1 转录水平下调了 41.7%，1,2-二酰基-sn-甘油转化为磷脂酰胆碱（PtdCho）的关键酶的编码基因的转录水平下降了 41.7% 和 55.6%，表明 $Cgcrz1\Delta$ 的 PtdCho 含量可能下降。磷脂酰甘油（PtdGro）转化为心磷脂的合成酶 A/B 的编码基因也下调了 62.5%，而且单溶血心磷脂合成的心磷脂特异性磷脂酶编码基因（CAGL0M11462g）、（CAGL0B01969g）和（CAGL0L04686g）转录水平下调了 45%、55.8% 和 66.7%，表明 $Cgcrz1\Delta$ 的心磷脂含量可能下降。这些转录数据表明在低 pH 环境下，突变菌株 $Cgcrz1\Delta$ 中的磷脂合成与代谢过程被抑制。此外，甘油脂质代谢过程，糖基磷脂酰肌醇（GPI）锚生物合成和醚脂类代谢过程都被转录抑制。推测突变菌株 $Cgcrz1\Delta$ 的细胞膜脂质成分可能发生了改变，而导致 $Cgcrz1\Delta$ 酸耐受性降低。

**2. 转录因子 Crz1p 对光滑球拟酵母酸胁迫的调控机制**

胞壁阻碍外界环境的毒性物质与细胞膜接触，是细胞应答环境胁迫的保护屏障之一，细胞壁多糖在细胞壁通透性和细胞形态保持方面起着重要作用，而且细胞壁多糖含量和比例会发生改变应对酸胁迫条件。葡聚糖、甘露聚糖及几丁质是细胞壁多糖的主要成分。在 pH 6.0 和 pH 2.0 时，菌株 wt 和 $Cgcrz1\Delta$ 的细胞壁多糖含量变化情况如图 6-40 所示。①在 pH 6.0 时，与出发菌株 wt 相比，$Cgcrz1\Delta$ 的总多糖、β-葡聚糖和甘露糖含量分别下降了 35%、39% 和 28%；②在 pH 2.0 时，与出发菌株 wt 相比，$Cgcrz1\Delta$ 的总多糖和 β-葡聚糖含量分别下降了 12.8% 和 23%，而甘露糖含量却提高了 10%，这可能是细胞壁多糖组分失衡的现象。上述结果表明，酸胁迫条件下缺失 CgCRZ1 基因导致了细胞壁多糖含量的改变。

菌株 wt、$Cgcrz1\Delta$ 和 $Cgcrz1\Delta/CgCRZ1$ 的自由脂肪酸成分的变化情况如图 6-41 所示。①在 pH 6.0 时，与出发菌株 wt 相比，突变菌株 $Cgcrz1\Delta$ 的脂肪酸 C16:0、C18:0、C16:1

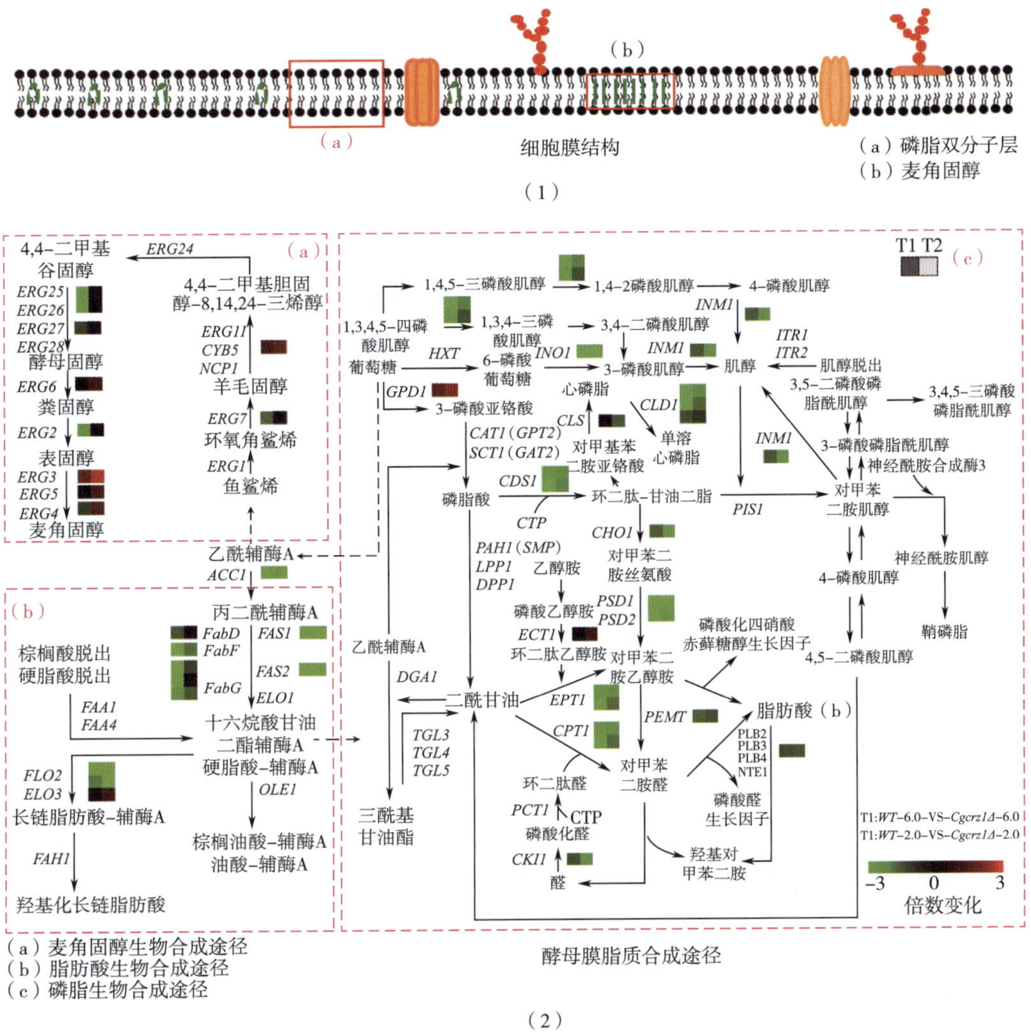

图 6-39 低 pH 对质膜的影响

（1）质膜的结构；（2）测定了 $Cgcrz1\Delta$ 与亲本菌株（wt）在 pH 6.0（左方）和 pH 2.0（右方）时参与膜磷脂生物合成的基因的表达变化。基因的表达率按比例用颜色编码表示，未变化的比例用黑箱表示。

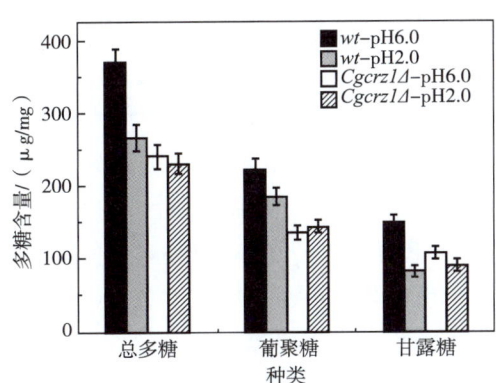

图 6-40 菌株 wt 和 $Cgcrz1\Delta$ 的细胞壁甘露聚糖、$\beta$-葡聚糖及总多糖的含量

和C18∶1百分含量分别下降了70%、0%、3%和20%，不饱和脂肪酸/饱和脂肪酸（UFA/SFA）比例降低了1.81个单位；②在pH 6.0时，与出发菌株 wt 相比，回补菌株 Cgcrz1Δ/CgCRZ1 的脂肪酸C16∶0、C18∶0、C16∶1和C18∶1百分含量分别上升了48%、0%、10%和18%，UFA/SFA比例上升了2.7个单位；③在pH 2.0时，与出发菌株 wt 相比，突变菌株 Cgcrz1Δ 的饱和脂肪酸C16∶0和C18∶0分别上升了80%和30%，不饱和脂肪酸C16∶1和C18∶1分别下降了10%和30%，UFA/SFA比例降低了4.47个单位；④在pH 2.0时，与出发菌株 wt 相比，回补菌株 Cgcrz1Δ/CgCRZ1 的饱和脂肪酸C16∶0和C18∶0百分含量分别下降了30%和0%，不饱和脂肪酸C16∶1百分含量下降了15%，而C18∶1百分含量上升了16%，UFA/SFA比例上升了2.07个单位。不饱和脂肪酸C18∶1含量和UFA/SFA比例越高，菌株的酸耐受能力越强。上述结果表明，转录因子Cgcrz1p影响了脂肪酸的成分，进而影响了细胞膜应答酸胁迫的能力。

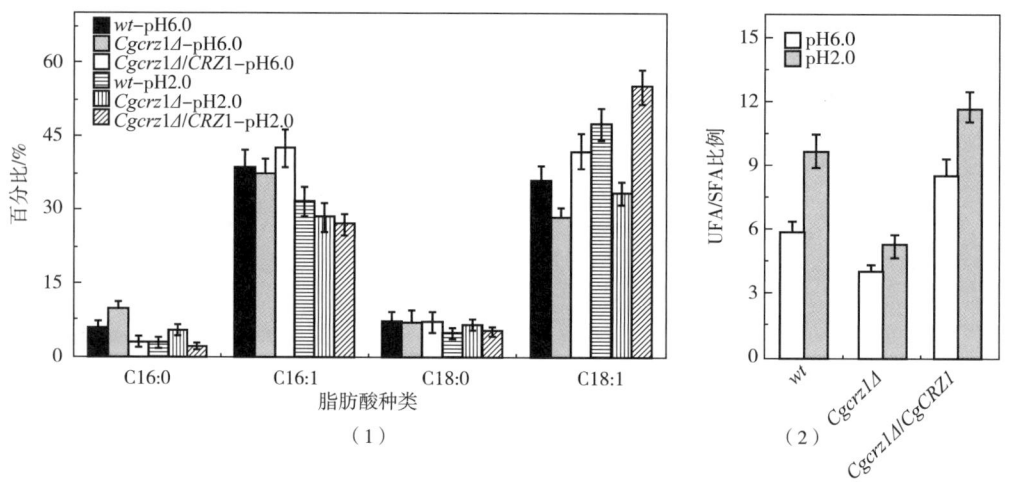

图6-41 菌株 wt、Cgcrz1Δ 和 Cgcrz1Δ/CgCRZ1 的细胞膜脂肪酸含量
(1) pH 6.0和pH 2.0条件下亲本（wt）、Cgcrz1Δ 和 Cgcrz1Δ/CgCRZ1 菌株的脂肪酸含量；
(2) 不饱和脂肪酸与饱和脂肪酸的比例

酵母固醇类物质主要包括角鲨烯、羊毛固醇、酵母固醇和麦角固醇等，麦角固醇在维持细胞膜性能方面发挥着重要作用。菌株 wt、Cgcrz1Δ 和 Cgcrz1Δ/CgCRZ1 的固醇成分的变化情况如图6-42所示。①在pH 6.0时，与出发菌株 wt 相比，突变菌株 Cgcrz1Δ 的羊毛固醇、4,4-对甲基酵母固醇、酵母固醇和粪固醇含量分别下降了68%、63%、40%和70%，角鲨烯含量却上升了74%；②在pH 6.0时，与出发菌株 wt 相比，回补菌株 Cgcrz1Δ/CgCRZ1 的角鲨烯、羊毛固醇、4,4-对甲基酵母固醇、酵母固醇含量分别下降了13%、12.7%、23%和17%，粪固醇含量却上升了44%；③在pH 2.0时，与出发菌株 wt 相比，突变菌株 Cgcrz1Δ 的角鲨烯、羊毛固醇、4,4-对甲基酵母固醇、酵母固醇和粪固醇含量分别下降了70%、68%、92%、40%和84%；④在pH 2.0时，与出发菌株 wt 相比，回补菌株 Cgcrz1Δ/CgCRZ1 的角鲨烯、毛固醇、4,4-对甲基酵母固醇、酵母固醇含量分别下降了 29.7%、40%、14% 和 10%，粪固醇含量上升了 50%；这些麦角固醇合成途径中的中间物的变化造成麦角固醇含量的变化。⑤与出发菌株 wt 相比，在 pH6.0 时，菌株 Cgcrz1Δ 和 Cgcrz1Δ/CgCRZ1 的麦角固醇含量分别下降了 36% 和 7%；⑥在 pH2.0 时，菌株 Cgcrz1Δ 的麦角固醇含量下降了 30%，而回补菌株 Cgcrz1Δ/CgCRZ1 上升了 40%；酵母麦角固醇含量的下降使菌株对环境低 pH 较为敏感，无法保持胞内 pH 平衡。上述结果表明，转录因子 Cgcrz1p 影响了麦角固醇的合成，进而影响了细胞膜应答酸胁迫的能力。

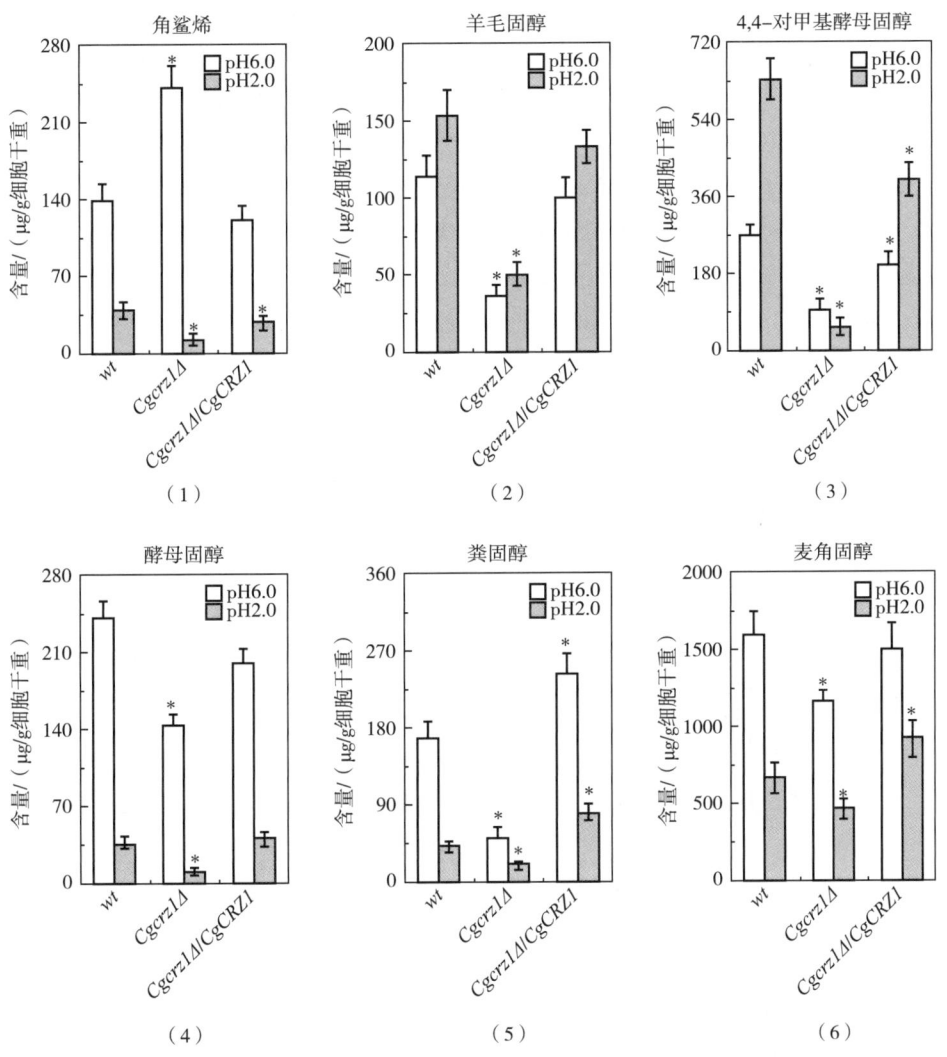

图 6-42　菌株 wt、Cgcrz1Δ 和 Cgcrz1Δ/CgCRZ1 的细胞膜固醇含量

甘油磷脂主要分为磷脂酸（PA）、磷脂酰甘油（PG）、磷脂酰胆碱（PC）、磷脂酰乙醇胺（PE）、磷脂酰肌醇（PI）和磷脂酰丝氨酸（PS）六类物质。菌株 wt、Cgcrz1Δ 和 Cgcrz1Δ/CgCRZ1 的主要磷脂含量如图 6-43 所示。①在 wt 中，PC、PE、PI、PS、PG 和 PA 含量分别占总磷脂含量的 79.4%、15.8%、3.6%、1.6%、0.7% 和 0.37%，PC 和 PE 的含量最多；②当 pH 由 6.0 降至 2.0 时，出发菌株 wt 的磷脂总量增加了 51%，其中 PA、

PE、PC、PI、PG 和 PS 分别增加了 280%、290%、4%、22%、24% 和 23%；③当 pH 由 6.0 降至 2.0 时，突变菌株 *Cgcrz1Δ* 的磷脂总量增加了 24%，其中 PA、PE、PC、PI、PG 和 PS 含量分别增加了 47.6%、180%、0%、0%、0% 和 47%；④当 pH 由 6.0 降至 2.0 时，回补菌株 *Cgcrz1Δ/CgCRZ1* 的磷脂总量增加了 300%，其中 PA、PE、PC、PG 和 PS 含量分别增加了 480%、290%、200%、235% 和 180%，而 PI 含量下降了 20%。上述结果表明光滑球拟酵母合成较多的磷脂应对酸胁迫环境，其中 PA 的含量对提高菌株酸耐受性具有重要作用。①在 pH 6.0 时，与出发菌株 *wt* 相比，突变菌株 *Cgcrz1Δ* 的 PA、PC、PE 和 PI 含量分别下降了 33.5%、9%、11.5% 和 7.6%，PG 和 PS 含量分别增加了 36% 和 34%；②在 pH 6.0 时，与出发菌株 *wt* 相比，回补菌株 *Cgcrz1Δ/CgCRZ1* 的 PC 和 PE 含量分别下降了 63% 和 10.8%，PA、PI、PG 和 PS 含量分别增加了 410%、330%、34% 和 47%；③在 pH 2.0 时，与出发菌株 *wt* 相比，突变菌株 *Cgcrz1Δ* 的 PA、PC、PE 和 PI 含量分别下降了 25%、8.5%、37% 和 23%，PG 和 PS 含量分别增加了 67% 和 11%；④在 pH 2.0 时，与出发菌株 *wt* 相比，回补菌株 *Cgcrz1Δ/CgCRZ1* 的 PA、PC、PG、PI 和 PS 含量分别增加了 4800%、8%、240%、180% 和 200%，PE 含量下降了 6%。上述结果表明，转录因子 Cgcrz1p 影响了细胞膜的磷脂成分。

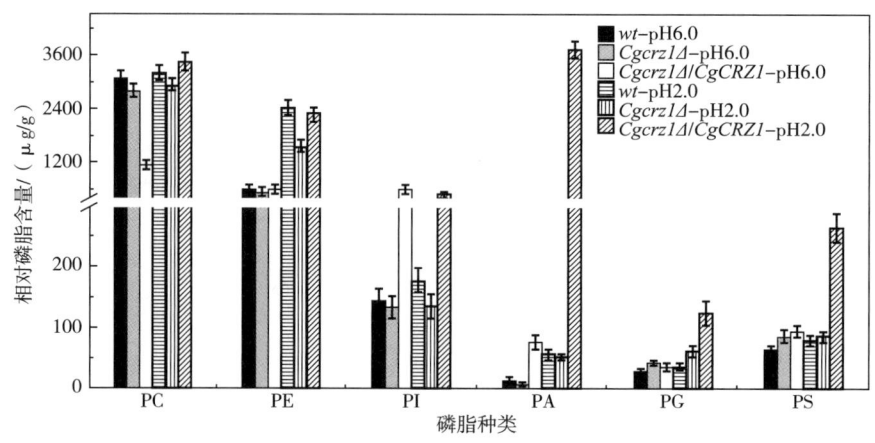

图 6-43　光滑球拟酵母主要磷脂含量

菌株 *wt*、*Cgcrz1Δ* 和 *Cgcrz1Δ/CgCRZ1* 的六大类磷脂按不饱和度分类的相对含量变化情况如图 6-44 所示。①总体上，在 pH6.0 和 pH2.0 时，与出发菌株 *wt* 相比，菌株 *Cgcrz1Δ* 的磷脂的不饱和度减小，回补菌株 *Cgcrz1Δ/CgCRZ1* 的磷脂的不饱和度增大；②菌株 *wt*、*Cgcrz1Δ* 和 *Cgcrz1Δ/CgCRZ1* 的磷脂主要含有 2 个不饱和度；③与出发菌株 *wt* 相比，回补菌株 *Cgcrz1Δ/CgCRZ1* 有一部分磷脂含有更高的不饱和度；④随着 pH 的下降，除 PC 之外，菌株 *wt*、*Cgcrz1Δ* 和 *Cgcrz1Δ/CgCRZ1* 的其他磷脂的不饱和度增加。

菌株 *wt*、*Cgcrz1Δ* 和 *Cgcrz1Δ/CgCRZ1* 的六大类磷脂按碳链长度分类的相对含量变化如图 6-45 所示。①总体上，在 pH6.0 和 pH2.0 时，与出发菌株 *wt* 相比，菌株 *Cgcrz1Δ* 的磷脂碳链长度减小，而回补菌株 *Cgcrz1Δ/CgCRZ1* 的碳链长度增大；②随着 pH 的下降，

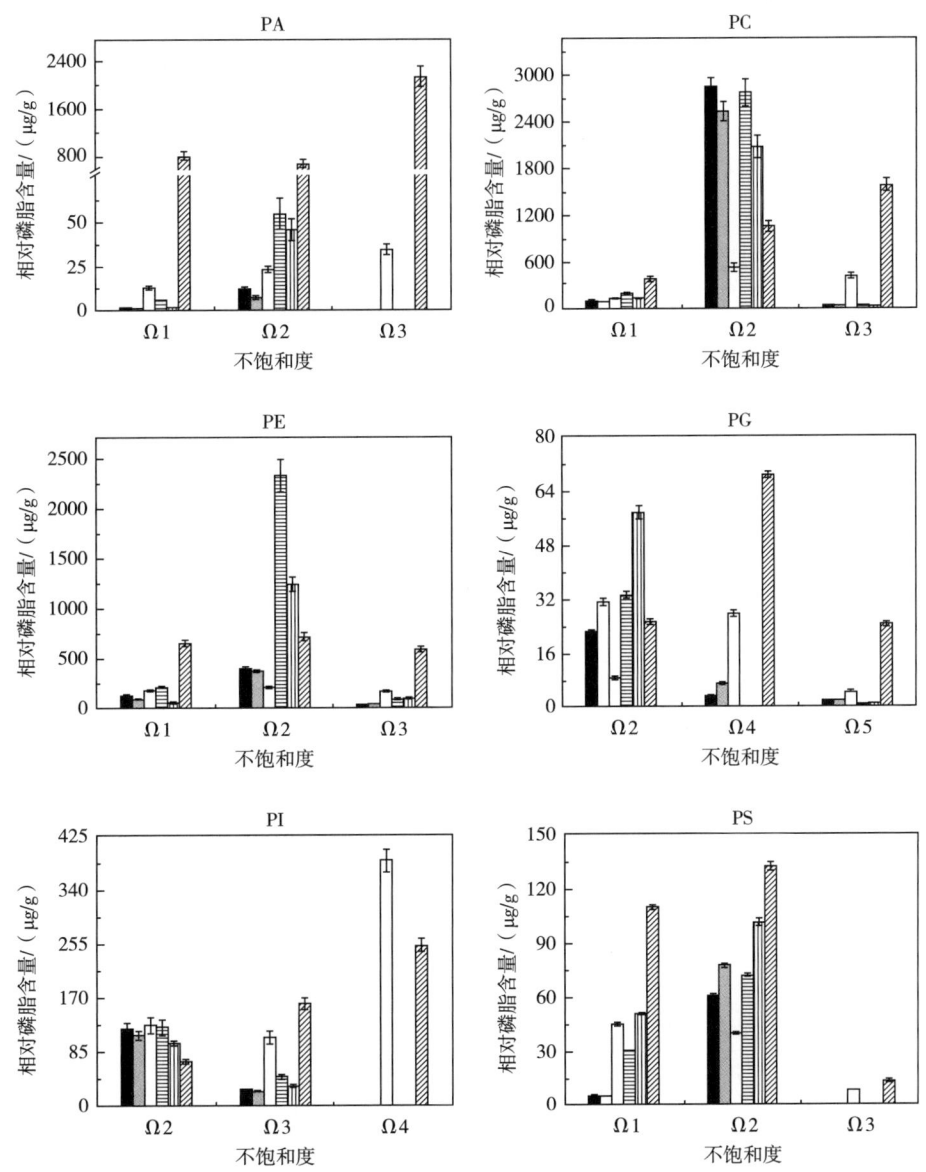

图 6-44 酵母不同不饱和度的磷脂含量

■ a-pH6.0; ▨ b-pH6.0; □ c-pH6.0; ☰ a-pH2.0; ⫼ b-pH2.0; ▨ c-pH2.0

a—野生型菌株 wt；b—Cgcrz1Δ 菌株；c—Cgcrz1Δ/CgCRZ1 菌株

注：PA、PC、PE 和 PS 的不饱和度 Ω3 包括 3 个及 3 个以上的不饱和键；PG 的不饱和度 Ω5 包括 5 个及 5 个以上的不饱和键；PI 的不饱和度 Ω4 包括 4 个及 4 个以上的不饱和键。

除 PC 与 PI 之外，菌株 wt、Cgcrz1Δ 和 Cgcrz1Δ/CgCRZ1 的其他磷脂的碳链长度增加。酵母可能通过提高磷脂的不饱和度和碳链长度来应答酸环境胁迫，增强细胞酸耐受能力。细胞膜脂肪酸链的长度、饱和度及酵母固醇的组分和含量决定着细胞膜的完整性、流动性和膜蛋白的活性，这些性质在细胞膜正常的保护屏障功能方面发挥着重要作用，以上的数据表明转录因子 Cgcrz1p 直接或间接影响了酸胁迫环境下的细胞膜性质。

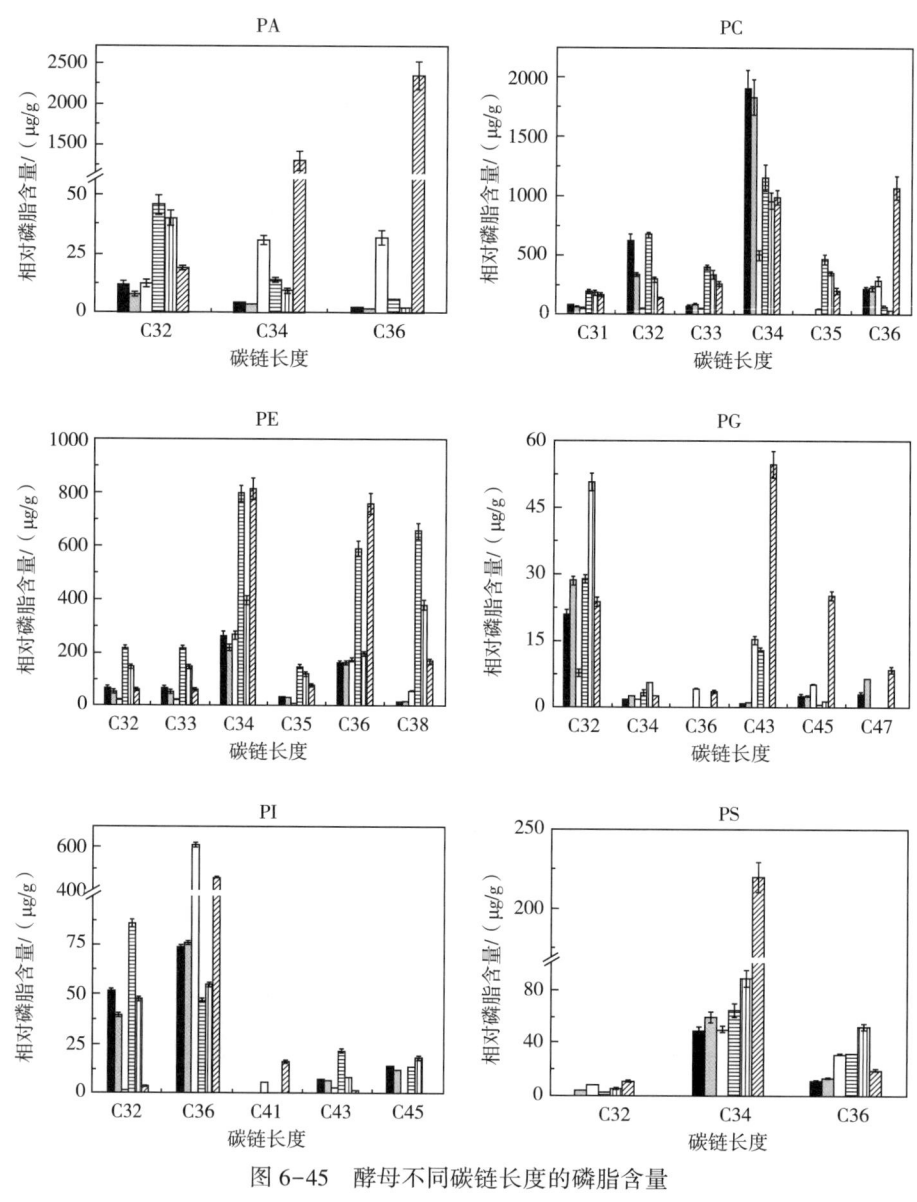

图 6-45 酵母不同碳链长度的磷脂含量

■ a-pH6.0；▦ b-pH6.0；□ c-pH6.0；▤ a-pH2.0；▥ b-pH2.0；▧ c-pH2.0

a—出发菌种 *wt*；b—*Cgcrz1Δ* 菌株；c—*Cgcrz1Δ/CgCRZ1* 菌株

菌株 *wt*、*Cgcrz1Δ* 和 *Cgcrz1Δ/CgCRZ1* 的细胞膜完整性如图 6-46 所示。①在 pH 6.0 时，出发菌株 *wt*、突变菌株 *Cgcrz1Δ* 和回补菌株 *Cgcrz1Δ/CgCRZ1* 的完整细胞分别为 95.2%、91.8%和 97.8%［图 6-46（1）~（3）］，说明菌株 *wt*，*Cgcrz1Δ* 和 *Cgcrz1Δ/CgCRZ1* 的细胞膜完整性没有被破坏；②在 pH 2.0 时，出发菌株 *wt*、突变菌株 *Cgcrz1Δ* 和回补菌株 *Cgcrz1Δ/CgCRZ1* 的完整细胞占比分别为 53.7%、29.8%和 69.3%［图 6-46（3）~（6）］，说明酸胁迫破坏了细胞膜的完整性；③在 pH 2.0 时，与出发菌株 *wt* 相比，突变菌株 *Cgcrz1Δ* 的完整细胞减少了 45%，回补菌株 *Cgcrz1Δ/CgCRZ1* 的完整细胞提

高了30%[图6-46(7)~(8)]。上述结果表明转录因子CgCrz1p影响了酸胁迫下细胞膜的完整性。

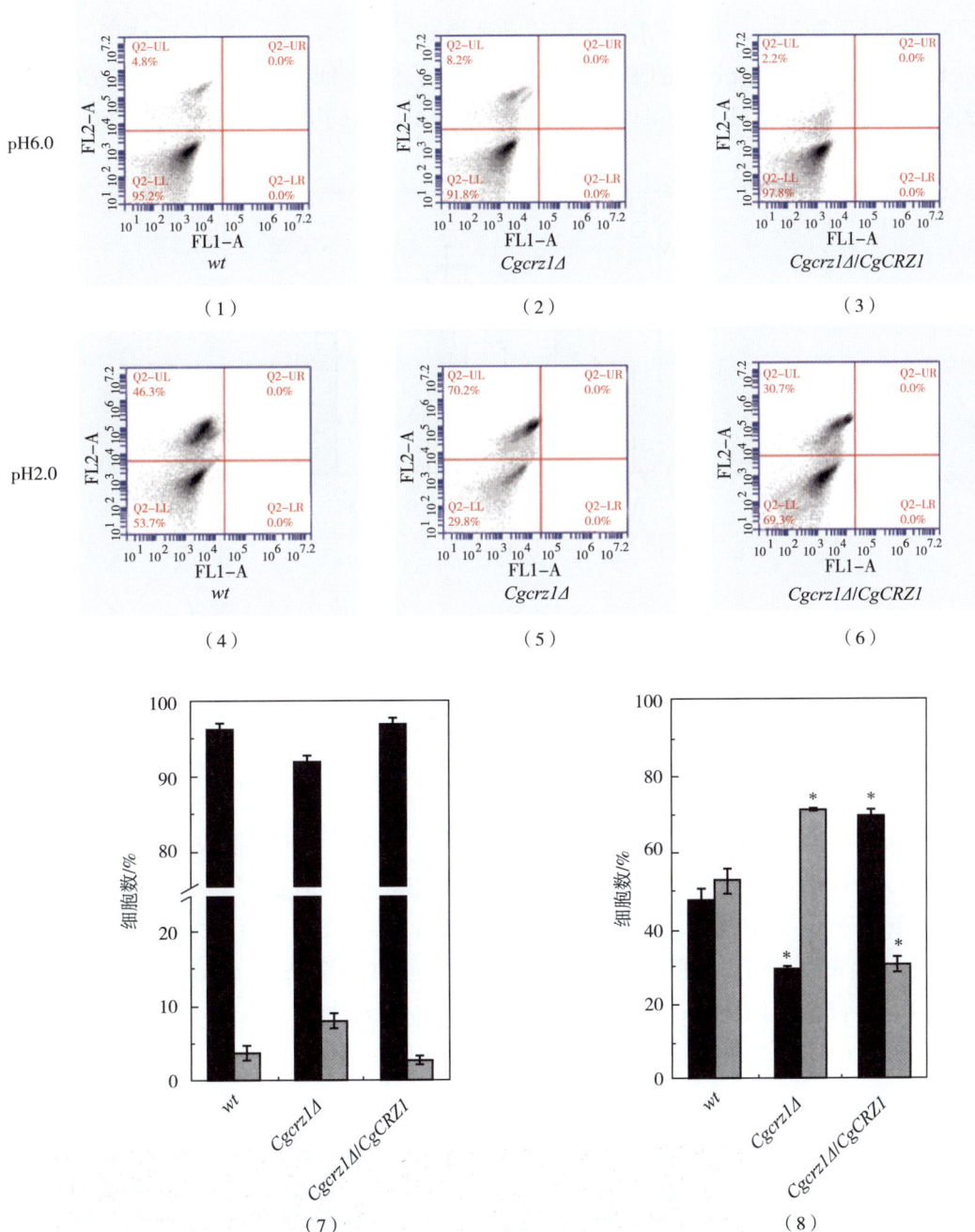

图6-46 流式细胞仪检测菌株 wt、Cgcrz1Δ 和 Cgcrz1Δ/CgCRZ1 的细胞膜完整性

(1) 亲本菌株 wt;(2) 突变株 Cgcrz1Δ;(3) Cgcrz1Δ/CgCRZ1 菌株;(4) 亲本菌株 wt;(5) 突变株 Cgcrz1Δ;
(6) Cgcrz1Δ/CgCRZ1 菌株;(7) pH 6.0 条件下光滑乳杆菌细胞的流式细胞仪轮廓图;(8) pH 2.0 条件下光滑乳杆菌细胞的流式细胞术轮廓图

黑色矩形区域—完整细胞百分比;灰色矩形区—坏死细胞百分比;*代表显著差异 $p<0.05$

菌株 $wt$、$Cgcrz1\Delta$ 和 $Cgcrz1\Delta/CgCRZ1$ 的细胞膜流动性如图 6-47 所示。①当 pH 6.0 降至 pH 2.0 时，菌株 $wt$、$Cgcrz1\Delta$ 和 $Cgcrz1\Delta/CgCRZ1$ 的细胞膜流动性分别降低了 10%、17% 和 20%；②在 pH 6.0 时，与出发菌株 $wt$ 相比，突变菌株 $Cgcrz1\Delta$ 的细胞膜流动性变化不大，回补菌株 $Cgcrz1\Delta/CgCRZ1$ 的膜流动性提高了 10.6%；③在 pH 2.0 时，与出发菌株 $wt$ 相比，突变菌株 $Cgcrz1\Delta$ 的细胞膜流动性下降了 9%，回补菌株 $Cgcrz1\Delta/CgCRZ1$ 的细胞膜流动性提高了 6%。上述结果说明转录因子 Cgcrz1p 影响了酸胁迫下细胞膜的流动性。

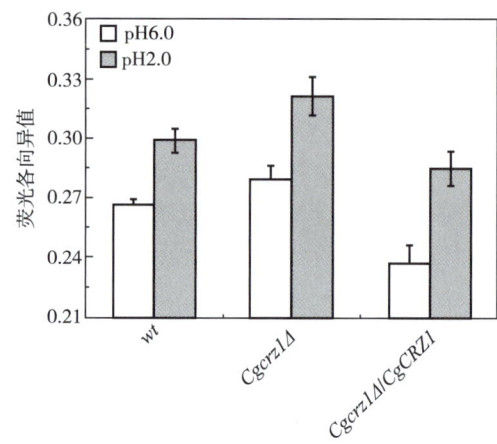

图 6-47　菌株 $wt$、$Cgcrz1\Delta$ 和 $Cgcrz1\Delta/CgCRZ1$ 细胞膜流动性的测定

## 三、中介体亚基 *CgMED3* 调控光滑球拟酵母适应酸环境的生理机制

### 1. 突变菌株 *Cgmed3AB*Δ 的转录组分析

*ScMED3* 的同源基因 *CgMED3*，在光滑球拟酵母中由两个亚基组成，基因分别为 *CgMED3A*（*CAGL0A01408g*）与 *CgMED3B*（*CAGL0A01325g*）。通过平板生长实验研究 pH 2.0~6.0 条件下不同菌株生长情况，发现当 pH 为 4.0~6.0 时，突变菌株 *Cgmed3AB*Δ 与出发菌株 $wt$ 生长性状相同（图 6-48）；pH 2.0 时，仅突变株 *Cgmed3AB*Δ 的生长情况比出发菌株 $wt$ 显著降低，回补菌株 *Cgmed3AB*Δ/*CgMED3AB* 与出发菌株 $wt$ 生长表型相同。结果表明，基因 *CgMED3AB* 在 *C. glabrata* 抵御酸胁迫中发挥重要作用。

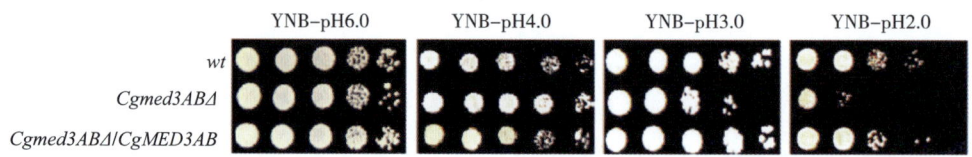

图 6-48　不同胁迫条件与不同 pH 条件下对突变菌株 *Cgmed3AB*Δ 生长的影响

将每种条件下处于对数期的 *C. glabrata* 细胞调整为 $2\times10^7$ 个细胞/mL，然后将连续 10 倍稀释的 4μL 标记到相应的 YNB 培养基上。

为解析 pH 2.0 条件下 Cgmed3ABΔ 菌株生存能力降低的原因，利用 RNA 测序分析 pH 6.0 和 pH 2.0 条件下出发菌株 wt 与 Cgmed3ABΔ 菌株的基因表达差异，通过 GO 功能注释和层次聚类对不同表达水平的基因（≥2 倍，且 FDR<0.01）进行分析，结果如图 6-49 所示。在 pH 6.0 时，通过对突变菌株 Cgmed3ABΔ 和出发菌株 wt 的转录谱比较发现共有 1829 个基因表达发生不同程度的变化，其中 1182 个基因上调，647 个基因下调；在 pH 2.0 时对突变菌株 Cgmed3ABΔ 和出发菌株 wt 的转录谱比较发现共有 1538 个基因表达发生不同程度的变化，其中 1042 个基因上调，496 个基因下调［图 6-49（2）（3）］；对比分析出发菌株 wt 和 Cgmed3ABΔ 在 pH 2.0 和 pH 6.0 条件下的基因表达变化程度，发现出发菌株 wt 在 pH 2.0 时与 pH 6.0 相比，有 908 个基因表达发生变化，其中 421 个基因上调，486 个基因下调；突变菌株 Cgmed3ABΔ 在 pH 2.0 时较 pH 6.0 时共有 711 个基因表达发生变化，其中 377 个基因上调，334 个基因下调［图 6-49（4）（5）］。

通过 GO 注释与 KEGG 分析出发菌株 wt 与 Cgmed3ABΔ 菌株的基因表达差异。相对于出发菌株 wt，在 pH 6.0 时 Cgmed3ABΔ 菌株的上调基因主要包括磷酸戊糖途径相关基因（PGI1、FBP1、SOL3 等）、嘌呤代谢途径相关基因（PPX1、PRS1、RPA43 和 PUR5 等）、嘧啶核苷酸代谢途径相关基因（URA2、FUR1、RPA1 等）；在 pH 2.0 时，Cgmed3ABΔ 菌株的上调基因主要包括叶酸合成相关基因（CAGL0M09713g、FOL1、CAGL0F03553g 等）和萜类物质合成路径相关基因（ERG10、HMG1、ERG8 等）；在 pH 6.0 时，Cgmed3ABΔ 菌株的下调基因主要包括氨基酸合成相关基因（CAGL0J04554g、ARO7、PHA2 等）、酪氨酸代谢途径相关基因（AAT2、ARO8、CAGL0I06578g 等）、糖酵解途径相关基因（PFK2、TDH3、ENO1 等）；在 pH 2.0 时，Cgmed3ABΔ 菌株中下调基因主要包括糖酵解途径相关基因（PGM2、TDH3、GPM2、CDC19 等）、磷脂合成代谢途径相关基因（DGK1、TGL2、CHO1 等）、脂肪酸代谢相关基因（FAS1、CAGL0H10450g、POX1 等）和固醇代谢相关基因（ERG1、ERG7）。

在酸胁迫的条件下，出发菌株 wt 中上调的基因主要包括脂肪酸代谢途径相关基因（ACC1、FAS1、FAS2 等）、肌醇代谢途径相关基因（FIG4、STT4、INO1 等）、核糖体合成途径相关基因（RPS20、RPS15、RPL17B 等）；Cgmed3ABΔ 菌株中上调的基因主要包括细胞周期相关基因（CDC20、CLB4、CKS1 等）、叶酸合成途径基因（FOL2、FOL3、FSH1 等）；出发菌株 wt 中下调的基因主要包括氨基酸代谢途径相关基因（ADE13、GLT1、ADE4 等）、三羧酸循环代谢基因（CAGL0J09944g、ACO2、SDH2 等）、核苷酸修复基因（POL30、DPB2、RAD27 等）；Cgmed3ABΔ 菌株中下调的基因主要包括肌醇代谢途径相关基因（INP54、INO1）、糖酵解途径相关基因（PGM2、GLK1、TDH3 等）、磷酸戊糖代谢途径基因（ZWF1、TAL1、TKL1 等）。Cgmed3ABΔ 菌株的萜类合成基因显著上调（如 ERG10、ERG13、ERG12、ERG8、ERG19 和 ERG20 等）。

当 pH 2.0 时 Cgmed3ABΔ 菌株与出发菌株 wt 相比，脂肪酸合成基因（FAS1，FABD）、延伸基因 ELO2、乙酰辅酶 A、水解酶 TES1 都发生显著下调，分别下调 76.9%、83.3%、23.3% 和 50%。其中 FAS1、FABD 与 ELO2 基因参与脂肪酸的合成与碳链延伸，TES1 基因

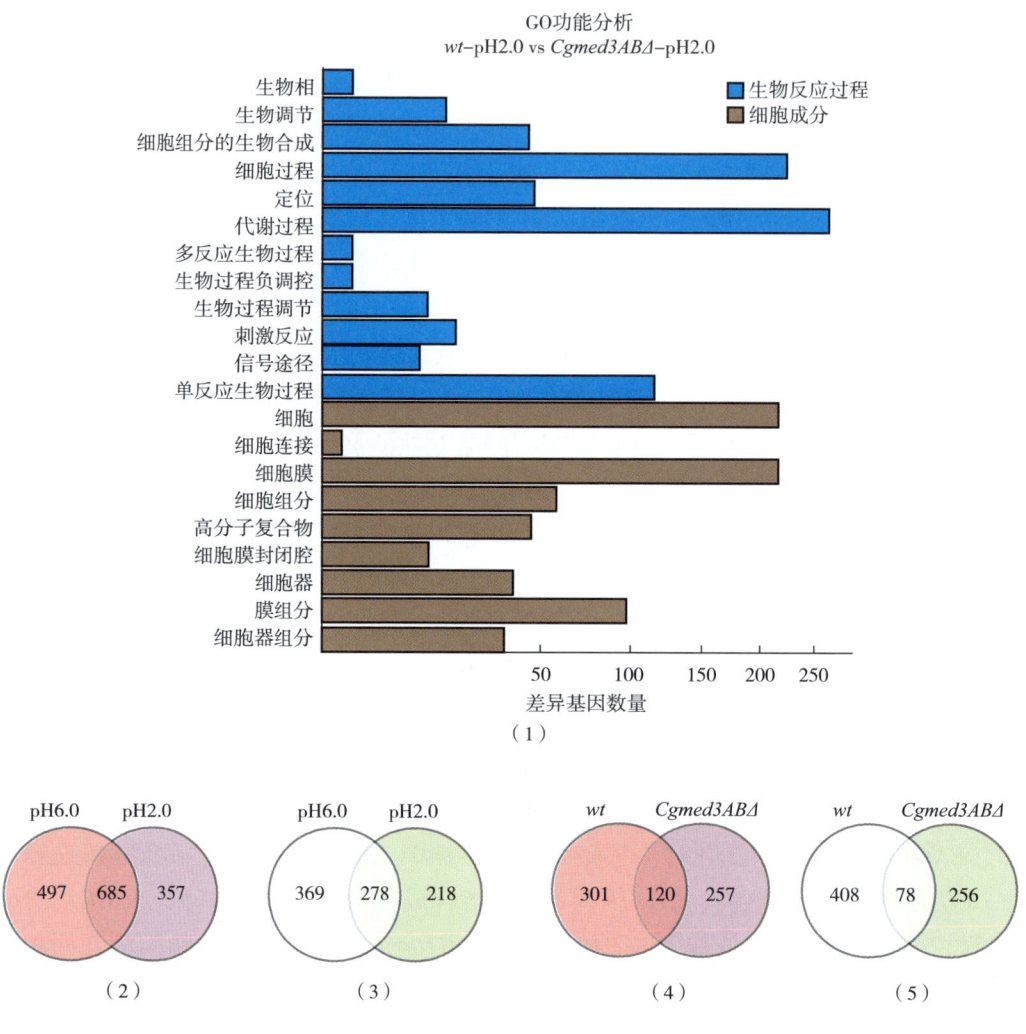

图 6-49 出发菌株 wt 与突变菌株 Cgmed3ABΔ 响应于酸胁迫的差异表达基因分析
(1) GO 富集差异基因分析;(2) 在 pH 6.0 或 pH 2.0 时,Cgmed3ABΔ 菌株相对于原始菌株 wt 的上调基因的维恩图;(3) 在 pH 6.0 或 pH 2.0 时,Cgmed3ABΔ 菌株相对于原始菌株 wt 的下调基因的维恩图;在 pH 为 2.0 时,野生型 wt 和 Cgmed3ABΔ 品系中上调 (4) 和下调 (5) 基因相对于野生型的重叠情况

是将饱和脂肪酸转换为不饱和脂肪酸的关键基因,脂肪酸合成途径关键基因的下调可能导致细胞中脂肪酸链合成受阻,长链脂肪酸与不饱和脂肪酸含量降低,据报道,膜脂肪酸链越长,不饱和程度越高则酸耐受力越强;另外,脂肪酸是合成细胞膜磷脂的重要组分,脂肪酸含量下降可能导致磷脂合成受到抑制,进而影响细胞在酸环境下的适应能力(图 6-50)。

*C. glabrata* 中不同的甘油磷脂是可以相互转化的。通过对比分析 Cgmed3ABΔ 与出发菌株 wt 在 pH 2.0 时的转录数据,甘油磷脂合成过程中关键基因 *CHO1*、*INO1*、*INM2*、*CPT1*、*CHO2*、*CKI1* 等均发生下调,表达水平分别下调 2.7%、23.8%、37%、25.6%、

# 第六章
系统代谢工程在丙酮酸发酵生产中的应用

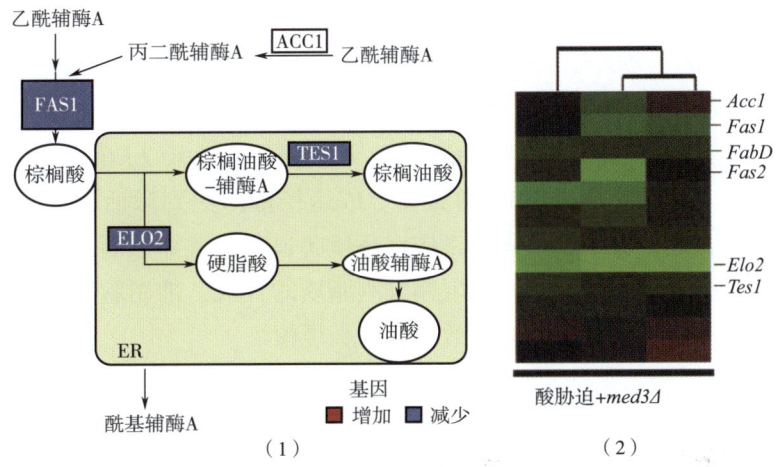

图 6-50 脂肪酸合成途径差异分析

(1) 在低 pH 下 Cgmed3ABΔ 与 wt 相比脂肪酸的变化,颜色表示基因表达水平增加(红色)或减少(蓝色);
(2) 集群图,在 pH 2.0 条件下,Cgmed3AΔ、Cgmed3BΔ、Cgmed3ABΔ 从左到右分别与 wt 进行比较

62.5%、58.8%和55.6%。*INO1*、*INM2* 主要参与磷脂酰肌醇(PI)合成,*CHO1*、*CHO2*、*CPT1* 和 *CKI1* 主要参与磷脂酰胆碱(PC)和磷脂酰乙醇胺(PE)合成(图 6-51),作为细胞膜最主要的膜脂质,磷脂酰胆碱的含量下降会导致脂肪酸链变短同时饱和链增多,均不利于细胞在酸胁迫环境下生长。另外,磷脂含量的减少将可能导致细胞生长缓慢,胞内脂质代谢不平衡,内质网与线粒体形态缺陷。

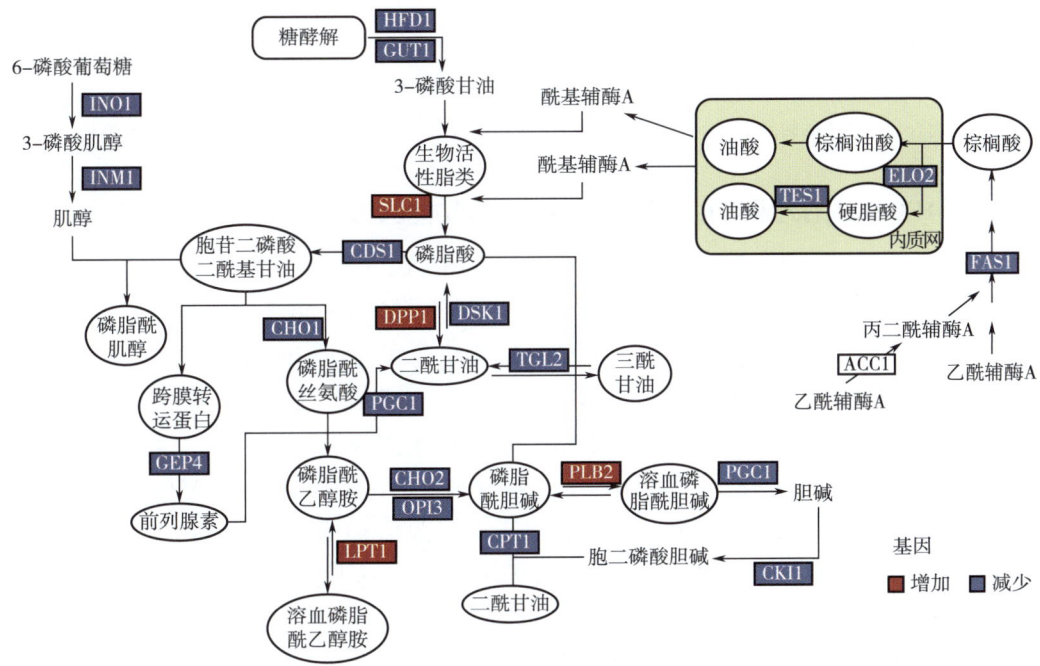

图 6-51 甘油磷脂合成途径差异分析

在 pH 2.0 时，菌株 Cgmed3ABΔ 中固醇途径关键基因 ERG9、ERG1、ERG27 表达水平是出发菌株 wt 的 170%、50%、45%（图 6-52）。上述萜类合成途径基因主要参与角鲨烯前体法呢基焦磷酸的合成，固醇合成途径基因可将固醇前体角鲨烯转化为麦角固醇。考察角鲨烯的合成与代谢途径基因 ERG10、ERG12、HMG1、ERG20、ERG1 和 ERG27 等的转录水平变化，发现突变菌株 Cgmed3ABΔ 角鲨烯合成途径基因受到激活，分解途径基因受到抑制发生下调不能合成足够的麦角固醇来应对环境胁迫，角鲨烯可能发生积累，据文献报道，角鲨烯的积累会对细胞产生毒性，限制细胞脂质的合成，抑制胞内脂质颗粒形成，另外在酸性条件下，角鲨烯的积累也会导致细胞生长缓慢。

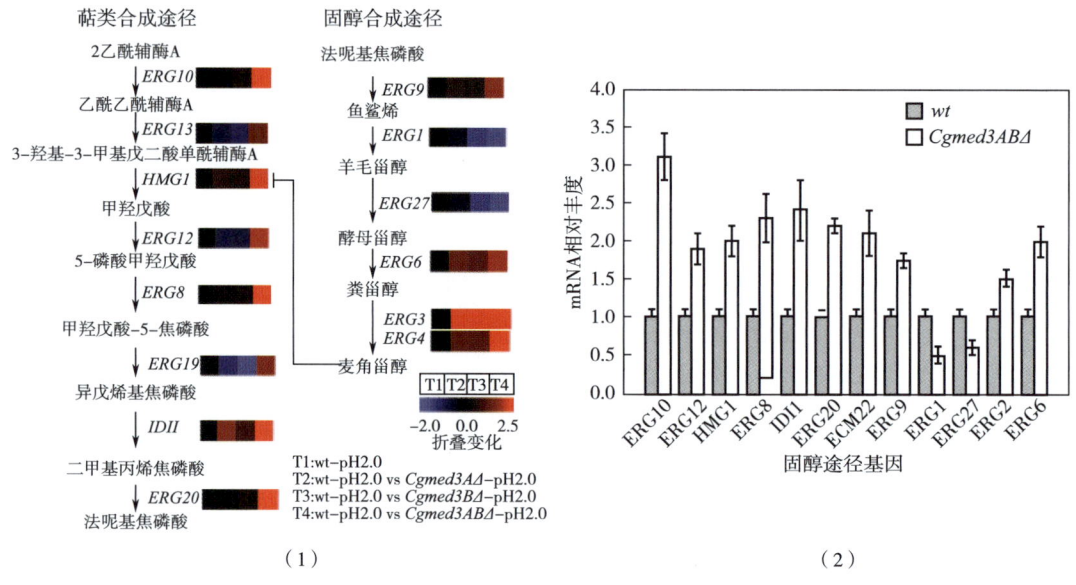

图 6-52　萜类与固醇合成途径差异分析
（1）固醇生物合成途径中的转录水平；（2）Cgmed3ABΔ 和原始菌株 wt 固醇生物合成途径中选定基因的相对表达量

**2. CgMED3AB 对光滑球拟酵母细胞膜成分及功能的影响**

C. glabrata 中主要的脂肪酸成分是 C16：1，C16：0，C18：1 和 C18：0。通过气质联用测定细胞膜脂肪酸，发现在 pH 6.0 条件下，突变菌株 Cgmed3ABΔ 的脂肪酸 C15：0、C15：1、C18：0、C18：1 和 C18：2 含量分别是出发菌株 wt 的 2.6、2.3、3.4、1.2 和 1.1 倍，而 C16：0 和 C16：1 仅为出发菌株 wt 的 43% 和 89%［图 6-53（1）］；在 pH 2.0 条件下，突变菌株 Cgmed3ABΔ 的脂肪酸较出发菌株 wt 大幅度下降，其中主要脂肪酸 C16：0、C16：1、C18：0、C18：1 和 C18：2 含量分别仅为出发菌株 wt 的 55%、54%、29%、39% 和 41%［图 6-53（2）］。另一方面，对于出发菌株 wt 而言，在 pH 2.0 条件下，长链脂肪酸增多，如 C17：0、C18：1、C19：1 和 C20：1 分别是 pH 6.0 时的 11、1.5、7 和 30 倍；菌株 Cgmed3ABΔ 的脂肪酸含量减少，C16：1、C18：1、C19：1 和 C20：1 仅为 pH 6.0 时 46%、50%、45% 和 15%。由此可见，缺失 CgMED3AB 基因导致细胞膜脂肪酸组分含量降低，可能导致甘油磷脂合成受阻。

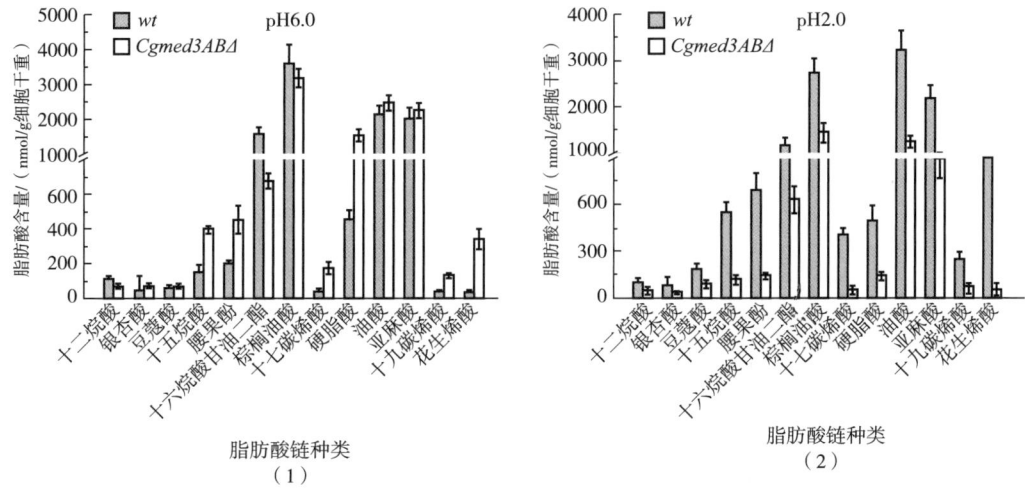

图 6-53 不同 pH 条件对菌株脂肪酸含量的影响
(1) pH 为 6.0 时原始菌株 wt 和 Cgmed3ABΔ 的脂肪酸含量；
(2) 原始菌株 wt 和 Cgmed3ABΔ 菌株在 pH 2.0 时脂肪酸含量

在 pH 6.0 条件下，突变菌株 Cgmed3ABΔ 的角鲨烯含量是出发菌株 wt 的 2.8 倍，羊毛固醇是 wt 菌株的 4.7 倍，而酵母固醇含量基本一致，粪固醇与麦角固醇分别比 wt 菌株降低 71% 和 47%（图 6-54）。在 pH 2.0 条件下，突变菌株 Cgmed3ABΔ 的固醇含量较出发菌株 wt 大幅度下降，其中羊毛固醇、酵母固醇、粪固醇、麦角固醇分别较出发菌株 wt 降低 88%、88%、93% 和 82%，角鲨烯含量积累至野生型的 30 倍（图 6-54）。另一方面，对于出发菌株 wt 而言，在 pH 2.0 条件下，固醇的含量相对于 pH 6.0 时基本不变，而菌株 Cgmed3ABΔ 相比于 pH 6.0 时角鲨烯含量提高了 4.2 倍，羊毛固醇含量下降了 92%，酵母固醇与粪固醇几乎检测不到，麦角固醇含量降低了 57%。由此可见，缺失 Cgmed3AB 基因会导致角鲨烯大量积累，抑制麦角固醇生成，影响细胞膜固醇组成。

在 pH 6.0 条件下，突变菌株 Cgmed3ABΔ 的磷脂酸（PA）、磷脂酰胆碱（PC）、磷脂酰乙醇胺（PE）和磷脂酰丝氨酸（PS）分别是 wt 菌株的 2、1.1、1.5、2.7 倍，其中 PC 与 PE 含量最多，两者共占总磷脂含量的 90%，而磷脂酰甘油（PG）、磷脂酰肌醇（PI）分别较 wt 菌株降低 35% 和 54%［图 6-55（1）］。在 pH 2.0 条件下，突变菌株 Cgmed3ABΔ 的 PA、PC、PE、PI 和 PG 分别比出发菌株 wt 降低了 80%、60%、73%、30% 和 38%，而 PS 较 wt 菌株提高了 1 倍［图 6-55（2）］。另一方面，对于野生型 wt 菌株而言，在 pH 2.0 条件下，PA 和 PE 的含量分别较 pH 6.0 时提高了 3 和 2.8 倍，PI、PG、PS 含量基本不变，而 PC 含量降低了 28%；菌株 Cgmed3ABΔ 的 PI 和 PG 的含量分别较 pH 6.0 时提高了 69% 和 14%，PS 的含量基本不变，但 PA、PC 和 PE 含量分别较 pH 6.0 时降低了 57%、73% 和 31%。结论表明，在 pH 2.0 环境下 CgMED3AB 基因参与调节磷脂合成，缺失 CgMED3AB 能降低膜磷脂含量，导致细胞脂质失衡，影响细胞生长。

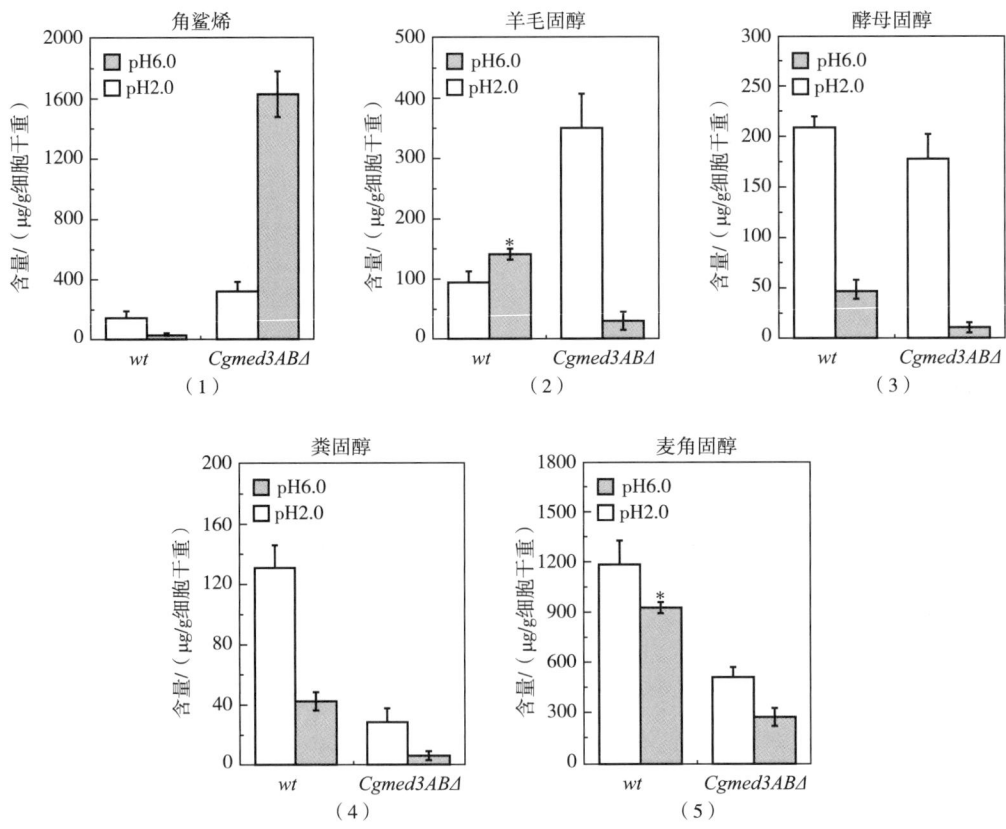

图 6-54 不同 pH 条件对菌株固醇含量的影响

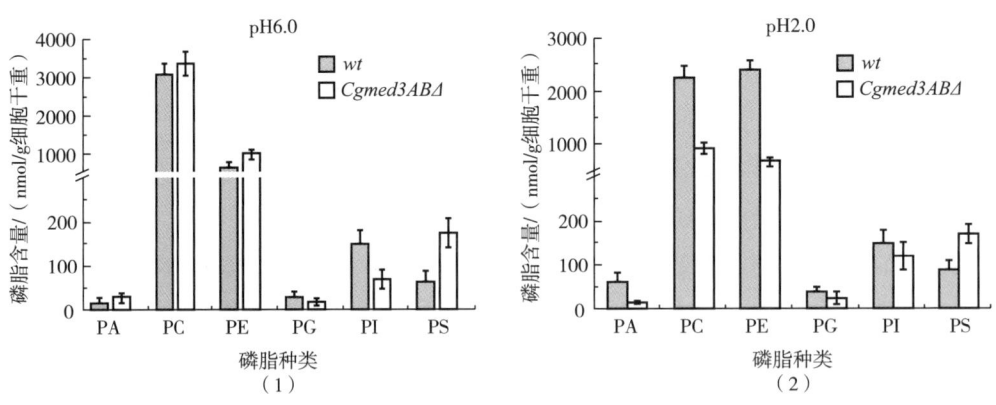

图 6-55 不同 pH 条件对菌株磷脂含量的影响

（1）pH 6.0 时 wt 和 Cgmed3ABΔ 菌株的磷脂含量；（2）pH 2.0 时 wt 和 Cgmed3ABΔ 菌株的磷脂含量

随后，对 pH 2.0 条件下的出发菌株 wt 与突变菌株 Cgmed3ABΔ 的磷脂组成类型进一步分析。在出发菌株 wt 中，PA 的主要类型是 PA（16：1/16：1），含量占 PA 总量的 70%

左右；PG 的主要类型是 PG（16∶1/16∶1），每克干酵母细胞约含 28μg 的 PG；PC 的种类最多，其中 PC（16∶0/18∶2）、PC（16∶1/16∶1）和 PC（16∶1/18∶1）所占含量最多，分别占总 PC 的 17%、10% 和 16%；PI 的主要组成种类是 PI（16∶1/16∶1）和 PI（18∶1/18∶1），分别占总 PI 含量的 51% 和 27.6%；PS 的主要类型是 PS（16∶0/18∶2）和 PS（16∶1/18∶1），分别占总 PS 含量的 30.8% 和 29.6%；PE 的主要种类是 PE（16∶0/18∶2）、PE（16∶1/18∶1）、PE（18∶0/18∶2）、PE（18∶1/18∶1）和 PE（20∶1/18∶1），分别占总 PE 含量的 16.3%、16.2%、10.2%、11.6% 和 28.3%。在突变菌株 Cgmed3ABΔ 中，PA（16∶1/16∶1）含量比 wt 降低了 82%；PG（16∶1/16∶1）比 wt 降低了 43%；PC 含量大幅度降低，主要成分 PC（16∶0/18∶2）、PC（16∶1/16∶1）和 PC（16∶1/18∶1）含量分别比出发菌株 wt 降低了 35%、43% 和 12%，另外 PC（15∶0/18∶2）、PC（16∶1/19∶1）、PC（17∶1/18∶1）、PC（20∶1/15∶1）含量较出发菌株 wt 分别降低 84%、91%、91% 和 92%；PI 的组分 PI（16∶1/16∶1）含量较出发菌株 wt 降低了 77%，但 PI（16∶1/16∶1）、PI（18∶1/18∶1）和 PI（19∶1/24∶2）含量分别较 wt 菌株增加了 49% 和 45%；PS 含量较出发菌株 wt 有所提高，其中 PS（16∶0/18∶1）、PS（16∶0/18∶2）、PS（16∶1/18∶1）、PS（18∶1/18∶1）和 PS（16∶1/16∶1）含量分别是出发菌株 wt 的 4.9、1.7、1.6、2 和 2.5 倍；PE 的主要类别 PE（16∶0/18∶2）、PE（16∶1/18∶1）、PE（18∶0/18∶2）、PE（18∶1/18∶1）和 PE（20∶1/18∶1）含量均大幅度下降，分别较出发菌株 wt 降低了 57%、57%、64% 和 95%。由此可见，pH 2.0 条件下缺失 CgMED3AB 基因影响细胞膜磷脂组分的类型，主要涉及 PA（16∶1/16∶1）、PG（16∶1/16∶1）、PC（15∶0/18∶2）、PC（16∶0/18∶2）、PC（20∶1/15∶1）、PI（16∶1/16∶1）、PE（16∶0/18∶2）、PE（16∶1/18∶2）和 PE（20∶1/18∶1）的合成（图 6-56）。

为了进一步研究 CgMED3AB 基因对细胞膜功能的影响，通过荧光各向异性检测细胞膜刚性，发现在 pH 6.0 条件下，突变菌株 Cgmed3ABΔ 的细胞膜刚性比出发菌株 wt 降低了 7%；在 pH 2.0 条件下，突变菌株 Cgmed3ABΔ 的细胞膜刚性较出发菌株 wt 降低了 12% [图 6-57（1）]。另一方面，对于出发菌株 wt 而言，在 pH 2.0 条件下，细胞膜刚性相比于 pH 6.0 时增强了 15%。但菌株 Cgmed3ABΔ 在 pH 2.0 条件下，细胞膜刚性相比于 pH 6.0 时增强了 13%。结论表明：细胞膜的刚性增强，但缺失 CgMED3AB 基因会降低酸胁迫下细胞膜的刚性。

通过对质子泵 H$^+$-ATPase 的活性检测，发现 CgMED3AB 基因参与调控细胞膜质子泵 H$^+$-ATPase 的活性。在 pH 6.0 条件下，突变菌株 Cgmed3ABΔ 的质子泵活性比出发菌株 wt 降低了 18%。在 pH 2.0 条件下，突变菌株 Cgmed3ABΔ 的质子泵活性较出发菌株 wt 降低了 75% [图 6-57（2）]。对于出发菌株 wt 而言，在 pH 2.0 条件下，质子泵活性相比于 pH 6.0 时增强了 20%。但菌株 Cgmed3ABΔ 在 pH 2.0 条件下，质子泵活性相比于 pH 6.0 时降低了 67%。由此可见，酸性条件下质子泵活性会增强，但缺失 CgMED3AB 基因会导致质子泵活性降低。

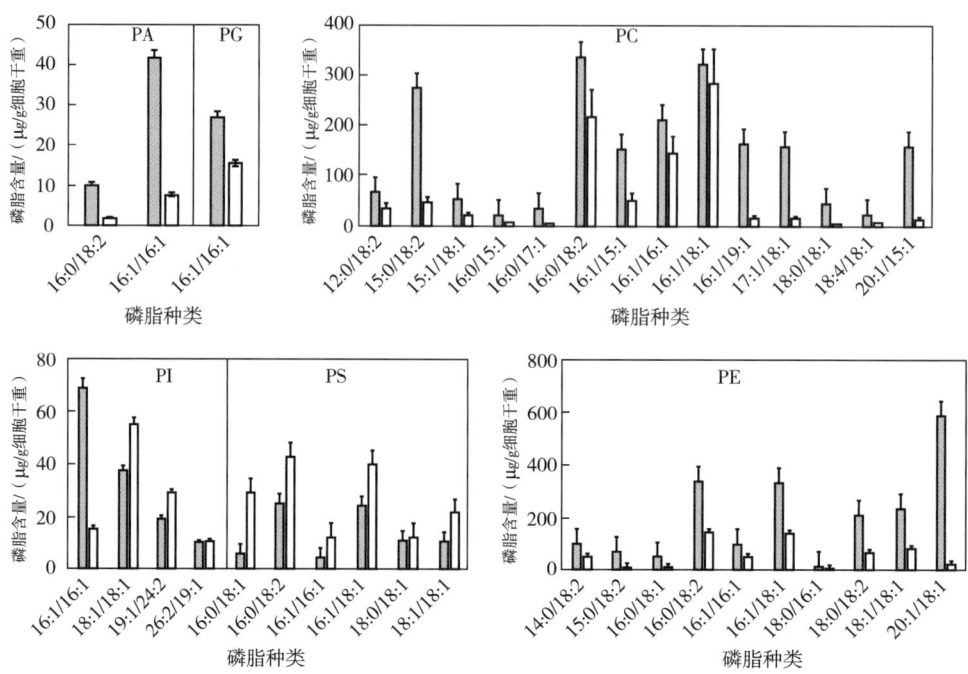

图 6-56 不同菌株在 pH 2.0 条件下的磷脂含量

▨ $wt$;  ☐ $Cgmed3AB\Delta$

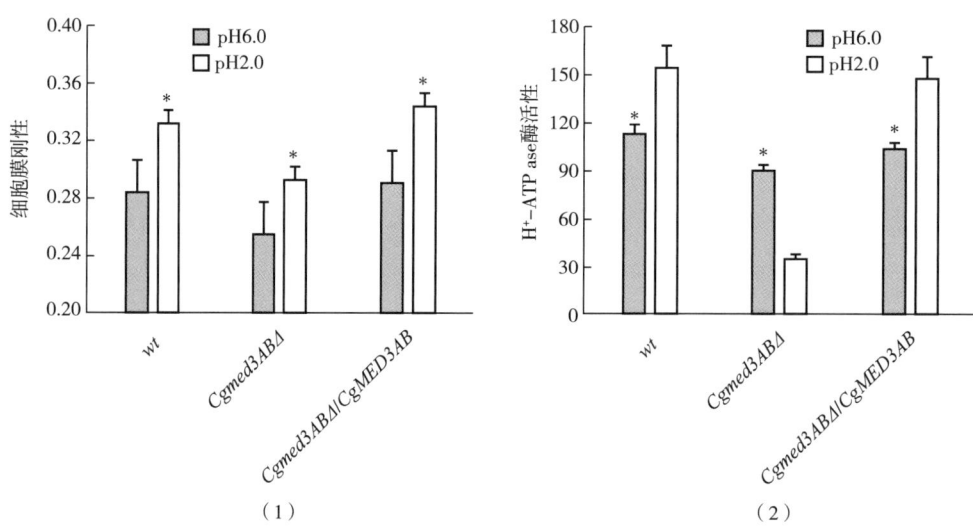

（1） （2）

图 6-57 不同 pH 条件下缺失菌株的细胞膜刚性和 $H^+$-ATPase 活性

（1）pH 6.0 和 pH 2.0 条件下原始菌株 $wt$ 和 $Cgmed3AB\Delta$ 的细胞膜刚性；（2）pH 6.0 和 pH 2.0 条件下原始菌株 $wt$ 和 $Cgmed3AB\Delta$ 的 $H^+$-ATP 酶活性。* 表示显著差异 $P$ 值 $\leq 0.05$。

# 四、中介体亚基 *Cg*MED15B 调控光滑球拟酵母适应酸环境的生理机制

**1. 突变菌株 *Cgmed15B*Δ 的转录组分析**

*C. glabrata MED15B*（*CAGL0H06215g*）与酿酒酵母中介体 MED15 的核苷酸序列相似性为 90%。在平板上观察出发菌株 *HTU*Δ、突变菌株 *Cgmed15B*Δ、回补菌株 *HTU*Δ/*CgMED15B* 在不同 pH（2.0、3.0、4.0、6.0、7.0、8.0）条件下的生长情况。*C. glabrata* 缺失 *MED15B* 基因几乎不能在 pH 2.0 环境下生存，而出发菌株和回补株生长差异不大，说明 *MED15B* 在 *C. glabrata* 对酸胁迫的耐受性上有影响。进一步考察出发菌株与突变菌株 *Cgmed15B*Δ、回补菌株 *HTU*Δ/*Cgmed15B* 在 pH 2.0 与 pH 6.0 条件下的生长能力和细胞活性如图 6-58 所示。当 pH 6.0 时，突变菌株 *Cgmed15B*Δ 生长与野生型类似，而回补菌株 *HTU*Δ/*Cgmed15B* 的最终生物量和葡萄糖消耗速率分别比对照菌株高 28.6% 和 20.1%。当 pH 6.0 时，突变菌株 *Cgmed15B*Δ 的最终生物量和葡萄糖消耗速率分别比对照菌株低 28.3% 和 31.7%。出发菌株 *HTU*Δ、突变菌株 *Cgmed15B*Δ、回补菌株 *HTU*Δ/*CgMED15B* 在 pH2.0 时的细胞活性如图 6-58（3）所示：在 12h 时，突变菌株 *CgMED15B*Δ 的细胞活性相对于出发菌株减少了 26.5%，而回补菌株 *HTU*Δ/*CgMED15B* 的细胞活性是出发菌株 *wt* 的 2.3 倍。这些结果表明 *CgMED15B* 在维持细胞在 pH 2.0 酸性环境下的生长有重要作用。

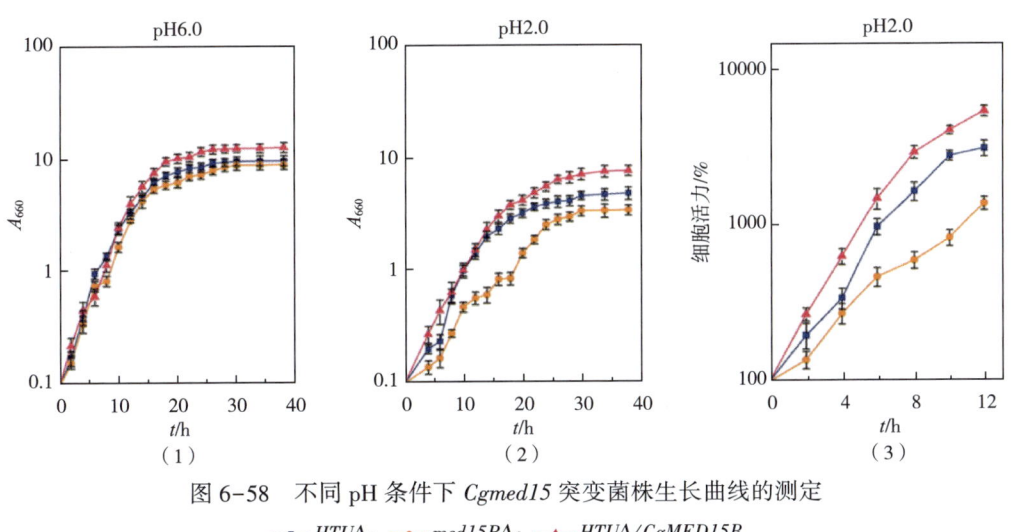

图 6-58 不同 pH 条件下 *Cgmed15* 突变菌株生长曲线的测定
— ■— *HTU*Δ；— ●— *med15B*Δ；— ▲— *HTU*Δ/*CgMED15B*

为解析 pH 2.0 条件下 *Cgmed15B*Δ 菌株生存能力降低的原因，利用 RNA 测序分析 pH 6.0 和 pH 2.0 条件下出发菌株与 *Cgmed15B*Δ 菌株的基因表达差异（≥1.5 倍，且 FDR<0.01）进行分析，结果如图 6-59 所示。在 pH 6.0 时，通过对突变菌株 *Cgmed15B*Δ 和出发菌株 *wt* 的转录谱比较发现共有 880 个基因表达发生不同程度的变化，其中 232 个基因上调，648 个基因下调；在 pH 2.0 时对突变菌株 *Cgmed15B*Δ 和出发菌株 *HTU*Δ 的转录谱比较发现共有 838 个基因表达发生不同程度的变化，其中 215 个基因上调，623 个基因下调；对比分析出发菌株 *HTU*Δ 和 *Cgmed15B*Δ 在 pH 2.0 和 pH 6.0 条件下基因表达的变化程度，

发现有 121 个上调基因和 282 个下调基因也存在于 pH 2.0 时。通过 GO 注释发现两个菌株中共同上调的基因参与细胞过程，如固醇生物合成（0006694）、脂肪酸代谢（0006631）、鞘脂代谢（0006631），基因表达（0010467）、核糖体生物合成（0042254）、应激反应（0050896）和糖代谢（0006007）。而下调的基因参与细胞周期（0000087）、DNA 修复（0006281）、葡萄糖代谢（0006007）、细胞蛋白修饰（0006464）、脂肪酸代谢（0006631）、磷脂代谢（0006644）、ATP 生物合成（0006754）、细胞内稳态（0019725）、转运（0006810）和信号转导（0007165）。同时将差异表达的基因匹配到 KEGG 途径上，膜类脂代谢、翻译、细胞生长和死亡、碳水化合物代谢是四个最显著的差异调节通路。相关基因分别占 pH 2.0 时所有差异表达基因的 15.49%、14.44%、10.24% 和 9.45%。其次是转录、氨基酸代谢、氧化磷酸化和核苷酸代谢。信号转导、DNA 复制和修复、压力相关的蛋白质折叠和降解途径也受到影响。这些结果表明 *MED15B* 基因的缺失对膜脂生物合成和代谢与酸胁迫响应有关。

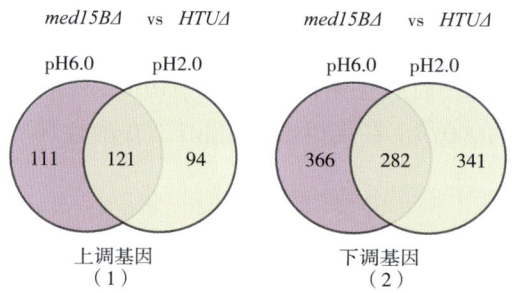

图 6-59　*MED15B* 对菌株在低 pH 胁迫下基因转录的影响的维恩图

比较突变株 *Cgmed15B*Δ 和出发菌株膜类脂的基因表达水平，如图 6-60 所示：①脂肪酸生物合成，如编码乙酰辅酶 A/丙酰辅酶 A 脱羧酶（ACC）、脂肪酸合成酶（FAS1），脂肪酸合成酶 α 亚基（FAS2）、3-氧酰基-ACP 合成酶（FABF）、3-氧酰基 ACP 还原酶（FABG）的基因，分别下调了 37%、28.6%、25.6%、58.8% 和 41.7%；②脂肪酸延伸，如编码脂肪酸延长酶 2（ELO2）的基因和长链 3-氧酰基辅酶 A-还原酶（KAR）的基因，分别下调了 14.9% 和 66.7%；③脂肪酸不饱和，如编码脂肪酸去饱和酶（DESC）的基因下调了 66.7%；④脂肪酸代谢，如编码乙酰辅酶 A 氧化酶（ACOX3）、乙酰辅酶 A 酰基转移酶（FADA）和长链酰基辅酶 A 合成酶（FADD）的基因，分别下调 37%、33.3% 和 45.4%。此外下调的基因还参与：①甘油脂质代谢，如编码甘油二激酶（GLXK）的基因、甘油激酶（GLPK）和三酰基甘油脂肪酶（TGL3）的基因，分别下调 52.6%、58.8% 和 66.7%；②甘油磷脂代谢，如基因编码线粒体柠檬酸转运蛋白 1（CTP1）、酪蛋白激酶-1（CKI1）、乙醇胺磷酸转移酶（EPT1）、二酰甘油胆碱酯酶（CPT1）、CDP 二酰甘油-丝氨酸-O-磷脂酰转移酶（PSSA）、甘油-3-磷酸脱氢酶（GLPA）和心磷脂合酶（CRD1）的基因，分别下调 25.6%、29.4%、33.3%、33.3%、34.4%、52.6% 和 55.5%；③鞘脂类代谢，如编码唾液酸酶 1（NEU1）和植物神经酰胺酶（YPC1）的基因，分别下调 45.4%

和47.7%；④肌醇磷酸代谢，如编码肌醇 3-磷酸合成酶（INO1）、衣康酸转运蛋白（ITP1）、肌醇-1（或4）-单磷酸二酯酶（IMPA）和磷脂酰肌醇 3-激酶（PIK3）的基因，分别下调了 15.9%、45.4%、29.4% 和 62.5% 倍。此外，还有一组上调的基因参加固醇合成，如编码羊毛固醇 14α-去甲基化酶（EG11）、甲基固醇单加氧酶（ERG25）、固醇甲基转移酶（ERG6）、Δ8-Δ7-固醇异构酶（EGR2）、C-5 固醇去饱和酶（EGR3）、C-22 固醇去饱和酶（EGR5）和 C-24 固醇还原酶（EGR4）的基因［图 6-60（2）］。无论在 pH6 和 pH2 时，这些基因在突变株 Cgmed15BΔ 中均过量表达，在固醇生物合成（从乙酰辅酶 A 到麦角固醇）中起着重要作用。上述途径变化说明 MED15B 通过影响膜类脂组成来响应外界酸胁迫，具体包括自由脂肪酸合成、磷脂和肌醇代谢、麦角固醇合成代谢等。

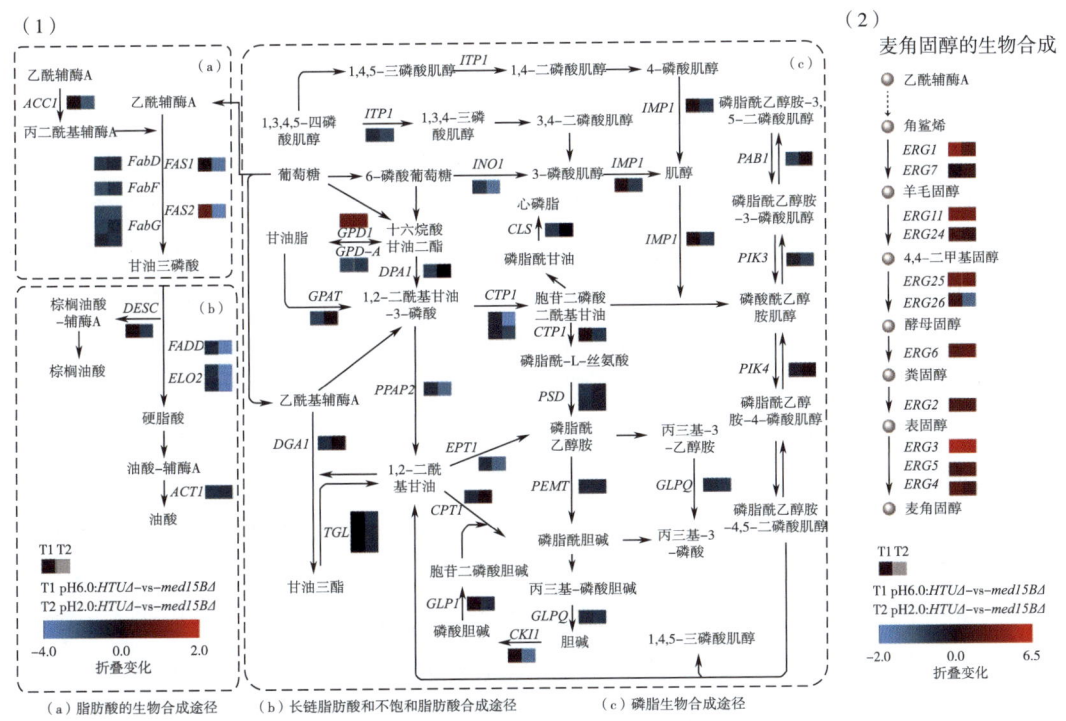

图 6-60 低 pH 条件下 MED15B 基因敲除菌株对膜类脂的影响

## 2. 中介体亚基 CgMED15B 对光滑球拟酵母的酸胁迫作用机制

鉴于 ERG 基因在突变株 Cgmed15BΔ 中上调表达，进一步分析回补菌株 HTUΔ/Cg-MED15B 和对照菌株中 ERG 基因的表达。如图 6-61 所示，在回补菌株 HTUΔ/CgMED15B 中，当 pH 6.0 时 MED15B 和 ERG 基因显著下调，而当在 pH 2 时 MED15B 和 ERG 基因显著上调。这些结果表明参与固醇生物合成的基因表达高度依赖于 MED15B。

在 pH 2.0 和 6.0 时对出发菌株 HTUΔ、突变菌株 Cgmed15BΔ、回补菌株 HTUΔ/Cg-MED15B 的膜成分进行分析。如图 6-62 所示，当 pH 6.0 时，突变菌株 Cgmed15BΔ 中脂肪酸成分 C16：0 比出发菌株高 45.2%，C18：0 比出发菌株低 14.9%，不饱和脂肪酸

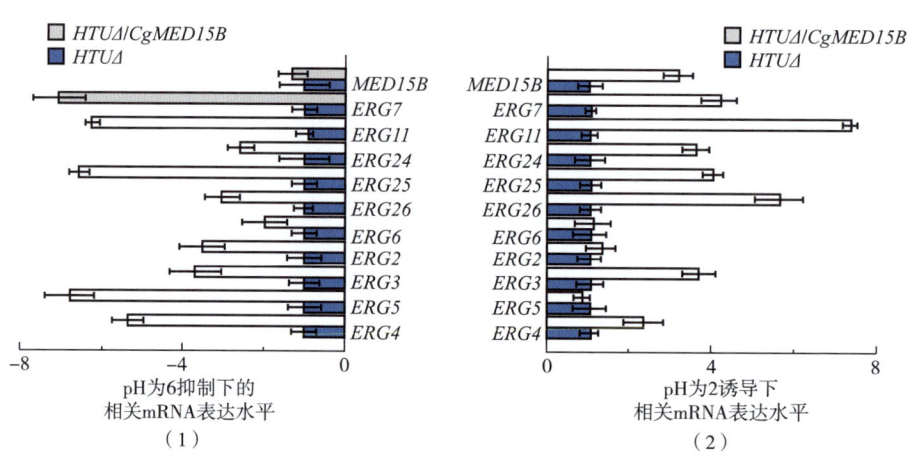

图 6-61 低 pH 条件下过量表达 *MED15B* 对固醇合成的影响

C16∶1 和 C18∶1 不变；回补菌株 *HTU*Δ/*CgMED15B* 中 C16∶0 比出发菌株低 37.2%，而 C18∶0、C16∶1 和 C18∶1 均高于出发菌株 7.4%、12.1% 和 21.6%。当 pH 2.0 时，C16∶0、C18∶0 和 C16∶1 分别高于出发菌株 56.3%、9.7% 和 14.5%，突变菌株 *Cgmed15B*Δ 的 C18∶1 比出发菌株少 11.6%。而对于回补菌株，C16∶0 和 C16∶1 比出发菌株低 17.4% 和 14.3%，C18∶0 和 C18∶1 比出发菌株高 6.5% 和 18.6%。从上述数据可见，当 pH 6.0 时，饱和脂肪酸与不饱和脂肪酸比例（UFA/SFA）在突变菌株中降低了 24.5%，而在回补菌株中增加了 8.1%。当 pH 2.0 时，突变菌株的 UFA/SFA 下降了 27.4%，回补菌株中增加了 18.7%。

突变菌株 *Cgmed15B*Δ 不能催化酵母固醇转化为粪固醇和麦角固醇，引起酵母固醇的积累。在 pH 6 和 pH 2 时，它的浓度为 1285.8 和 2866.1μg/g 细胞（干重）。在 pH 6 时，总固醇的量在 *Cgmed15B*Δ 菌株作用下下降了 43.5%，而酵母固醇浓度增加了 2.1 倍；在回补菌株中，总固醇、酵母固醇和麦角固醇的含量分别增加了 65.1%、206.3% 和 15.7%，而粪固醇下降了 70.4%［图 6-62（4）］。在 pH 2 时，*MED15B* 基因缺失导致总固醇为出发株的 91.4%，而酵母固醇是出发株的 60.3 倍；*MDE15B* 过度表达提高了总固醇、酵母固醇、粪固醇、麦角固醇的生物合成，分别增加了 60.8%、971.5%、16.6% 和 94.5%。回补菌株 *HTU*Δ/*CgMED15B* 中，麦角固醇前体，如角鲨烯、羊毛固醇和 4，4-二甲基固醇，在对环境变化响应中起着重要的作用，在 pH 6 和 pH 2 时，分别比出发菌株高出 1.1 倍和 40.2%。综上所述，*MED15B* 蛋白是固醇生物合成的关键酶，麦角固醇对调节细胞膜固醇的类型和含量具有重要意义。

当 pH 从 6 降到 2 时，磷脂总含量增加了 43%（出发菌株）和 143.5%（回补菌株 *HTU*Δ/*CgMED15B*），而在 *Cgmed15B*Δ 菌株中下降了 16.2%（图 6-63）。当 pH 为 6 时，*Cgmed15B*Δ 菌株的磷脂酸（PA）、磷脂酰乙醇胺（PE）和磷脂酰丝氨酸（PS）分别增加 33.3%、19.3% 和 102%，而磷脂酰肌醇（PI）的含量则比对照组降低了 30.8%。磷脂酰

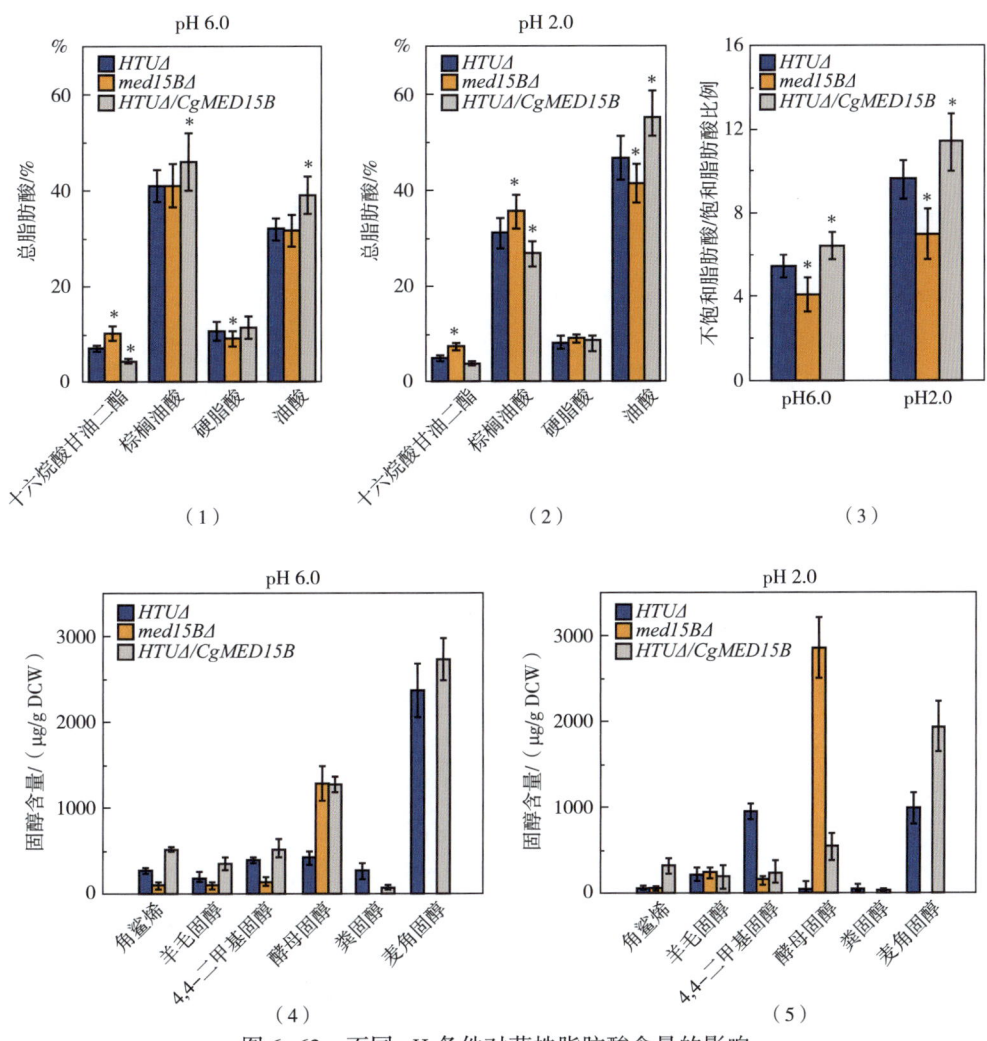

图 6-62 不同 pH 条件对菌株脂肪酸含量的影响

(1) pH 6.0 时原始菌株 *HTU*Δ 和 *Cgmed3AB*Δ 的脂肪酸含量；
(2) 原始菌株 *HTU*Δ 和 *Cgmed3AB*Δ 菌株在 pH 2.0 时脂肪酸含量；
(3) 原始菌株 HTUΔ 和 *Cgmed3AB*Δ 菌株在 pH2.0 和 pH6.0 不饱和脂肪酸/饱和脂肪酸比例；
(4) pH6.0 时原始菌株 *HTU*Δ 和 *Cgmed3AB*Δ 的固醇含量；
(5) pH2.0 时原始菌株 *HTU*Δ 和 *Cgmed3AB*Δ 的固醇含量；
\* 表示显著差异 $P$ 值 $\leq 0.05$

胆碱（PC）和磷脂酰甘油（PG）的含量不变。在回补菌株中，PA、PS、PG 和 PI 含量增加了 205.3%、23.5%、17% 和 165.2%，PC 含量下降了 31.5%，PE 含量不变。当 pH 2.0 时，*Cgmed15B*Δ 菌株总磷脂、PA、PC、PE 和 PI 含量分别下降了 37.6%、52.5%、34.3%、55% 和 26.5%；PS 和 PG 含量提高了 55.5% 和 14.5%。回补菌株中，总磷脂、PA、PS、PG 和 PI 含量分别增加了 1.4、14.6、1.4、1.2 倍；而 PC 和 PE 含量与亲本没有显著差异。在低 pH 下，*MED15B* 似乎有助于 PA 产生，从而可能增强其他磷脂的生物合成。

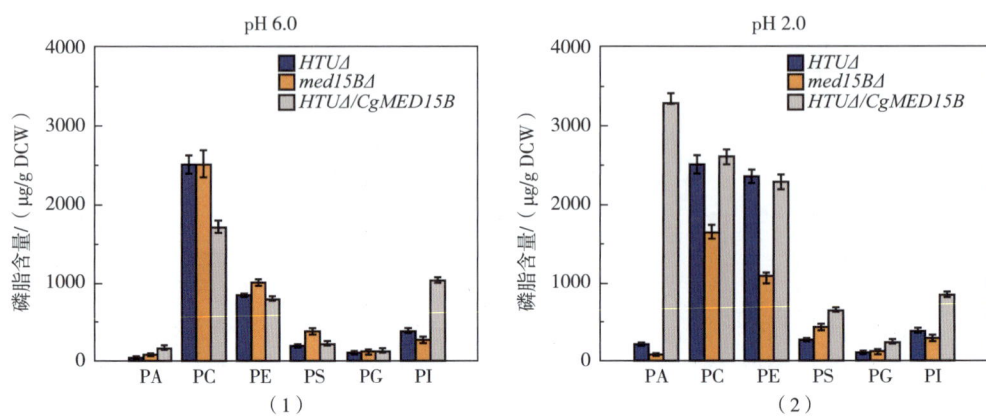

图 6-63 不同 pH 条件对菌株磷脂含量的影响

为了进一步研究 CgMED15B 基因对细胞膜功能的影响，通过荧光各向异性检测细胞膜完整性和流动性（图 6-64），发现在 pH 6.0 条件下，碘化丙啶染色细胞百分率无显著差异。在 pH 2.0 时，碘化丙啶阳性染色的百分率，在 Cgmed15BΔ 突变菌株中显著增加了 69.2%，在回补菌株 HTUΔ/CgMED15B 中下降了 30.2%。在膜流动性方面，发现在 pH 6.0 时，Cgmed15BΔ 突变菌株的膜流动性下降了 8.8%，回补菌株中增加了 7.2%。在 pH 2.0 的酸性条件下，Cgmed15BΔ 突变菌株的膜流动性下降了 11.6%，回补菌株中增加了 6.9%。在 pH 6.0 时，$H^+$-ATPase 酶活性在 Cgmed15BΔ 菌株中降低了 7.2%，而回补菌株中增加了 21.8%。而在 pH 2.0 时，MED15B 基因敲除使 $H^+$-ATPase 酶活性降低了 29.5%，回补菌株 MED15B 基因活性增强 51.8%，总之，MED15B 对于维持低 pH 胁迫下的膜功能必不可少。总体而言，细胞缺乏 MED15B 基因，特别是在酸性条件下，膜的完整性和流动性以及细胞 $H^+$-ATPase 酶活性均存在缺陷。

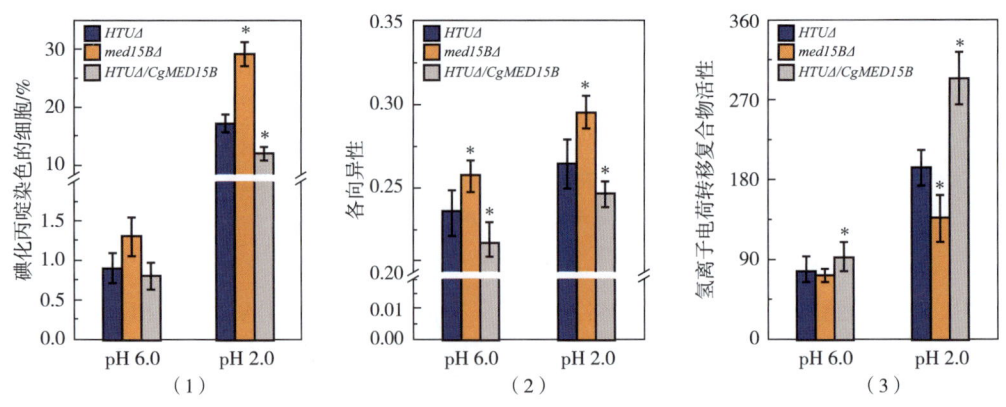

图 6-64 MED15B 影响膜完整性、流动性和 $H^+$-ATPase 酶活性

(1) 膜完整性评价；(2) 膜流动性评价；(3) $H^+$-ATPase 酶活性评价

*表示显著差异 $p$ 值≤0.05

# 参考文献

[1] 刘立明. 光滑球拟酵母中糖酵解效率与丙酮酸合成的调控研究［D］. 无锡：江南大学，2006.

[2] 周景文. 光滑球拟酵母中 ATP 的生理功能与作用机制［D］. 无锡：江南大学，2009.

[3] 秦义. 光滑球拟酵母发酵生产丙酮酸中 NADH 的生理功能解析［D］. 无锡：江南大学，2011.

[4] 徐沙. 光滑球拟酵母耐受高渗透压胁迫的生理机制研究［D］. 无锡：江南大学，2011.

[5] 李树波. 系统代谢工程改造光滑球拟酵母生产 3-羟基丁酮［D］. 无锡：江南大学，2014.

[6] 俞晓霞. 高盐胁迫诱导光滑球拟酵母细胞凋亡的生理机制及内外源调控策略［D］. 无锡：江南大学，2015.

[7] 闫冬妮. 转录因子 *Crz1p* 调控光滑球拟酵母应答酸胁迫的生理机制［D］. 无锡：江南大学，2016.

[8] 林小宝. 中介体亚基 CgMED3 调控光滑球拟酵母适应酸环境的生理机制［D］. 无锡：江南大学，2016.

[9] 陈修来. 系统代谢工程改造光滑球拟酵母生产富马酸［D］. 无锡：江南大学，2015.

[10] 徐楠. 光滑球拟酵母基因组规模生物模型的构建与应用［D］. 无锡：江南大学，2017.

[11] Yanli Qi, Hui Liu, Jiayin Yu, et al. *MED15B* regulates acid stress response and tolerance in *Candida glabrata* by altering membrane lipid composition［J］. Appl Environ Microbiol, 2017, 83：e01128-17.

# 第七章 系统生物学在益生菌 *Lactobacillus casei* Zhang 发酵中的应用

益生菌是指当摄入足够数量时，可对宿主健康带来一种或多种好处的微生物。乳酸菌可以作为常见的益生菌，包括大部分乳杆菌和双歧杆菌，能够促进机体调节肠道正常微生态平衡、抑制体内腐败菌和病原菌的滋生；此外，乳酸菌还具有抗肿瘤、抗衰老、降低胆固醇、提高机体免疫力的作用。从功能上看，乳酸菌需要对酸和胆汁有较高的耐受性，以便黏附在上皮细胞上且能够定植于胃肠道中，发挥其免疫调节功能，同时对于其他致病菌具有拮抗作用。益生菌通常来源于健康人体的胃肠道，且菌株无致病历史，不编码任何可转移的耐药相关基因；同时其体外发酵需要具备生长快、代谢能力强的优势，而且在加工和贮藏过程中稳定性好、存活率高，最好能够对噬菌体具有一定抗性。益生菌 *L. casei* Zhang 是从我国内蒙古地区和新疆地区以及蒙古国牧民家庭分别以传统自然发酵方法制得的 5 份、21 份、28 份马乳样品中，分离鉴定出的 240 株乳杆菌中筛选而来的。*L. casei* Zhang 在豆乳和牛乳中均有良好生长状态，能够在 pH 为 3.0 的人体胃液酸性环境下生存，同时对胆盐具有极强的耐受性。*L. casei* Zhang 的益生特性目前还体现在其能够去除一定量的胆固醇、对致病菌和癌症细胞具有一定抗性。基因组测序技术和后基因组学的发展，为全面、整体地研究 *L. casei* Zhang 的生理代谢功能及相关分子机制提供了系统生物学手段，有助于理解和开发 *L. casei* Zhang 的益生生理特性。

## 第一节 益生菌 *L. casei* Zhang 的基因组学研究

### 一、*L. casei* Zhang 基因组的基本特征

随着 2001 年第一株乳酸菌即乳酸乳球菌乳酸亚种 (*L. lactis* subsp. *lactis*) IL1403 全基因组测序完成，揭开了乳酸菌基因组学研究的新篇章。测序技术的更新和成本的锐减，实现了大批量、大规模测定乳酸菌基因组，同时可以对同一属中不同菌种或同一菌种中不同菌株之间进行比较基因组学研究。至 2014 年 8 月，NCBI 基因组数据库中已完成全基因组测序的乳酸菌菌种超过 300 个。我国第一株 *L. casei* Zhang 乳酸菌基因组的测定工作在 2008 年由内蒙古农业大学完成，其采用经典的全基因组鸟枪法测定了该菌的全基因组序列。*L. casei* Zhang 染色体基因组为环状分子，染色体长度为 2861848bp，平均 GC 含量为 46.1%，如图 7-1 所示。染色体基因组共预测得到 2804 个蛋白质编码区（CDSs），CDSs 区域总长占染色体基因组的 85%。通过序列比对和结构域鉴定，2572 个 CDSs 有生物学功

# 第七章
## 系统生物学在益生菌 *Lactobacillus casei* Zhang 发酵中的应用

能，其余 232 个 CDSs 是未知功能蛋白。*L. casei* Zhang 基因组含有 5 个 rRNA 操纵子，每个操纵子均由单一拷贝的 5S、16S、23S 组成。*L. casei* Zhang 基因组含有 59 个 tRNA 基因，平均长度为 109 bp，它们分布在 20 个不同的位点，每个位点由 1~10 个 tRNA 基因组成。此外，*L. casei* Zhang 基因组编码 41 个插入序列，与 *L. casei* ATCC334 相比数量较少，可以推测 *L. casei* Zhang 遗传信息由插入序列介导的水平基因转移事件发生概率较低。

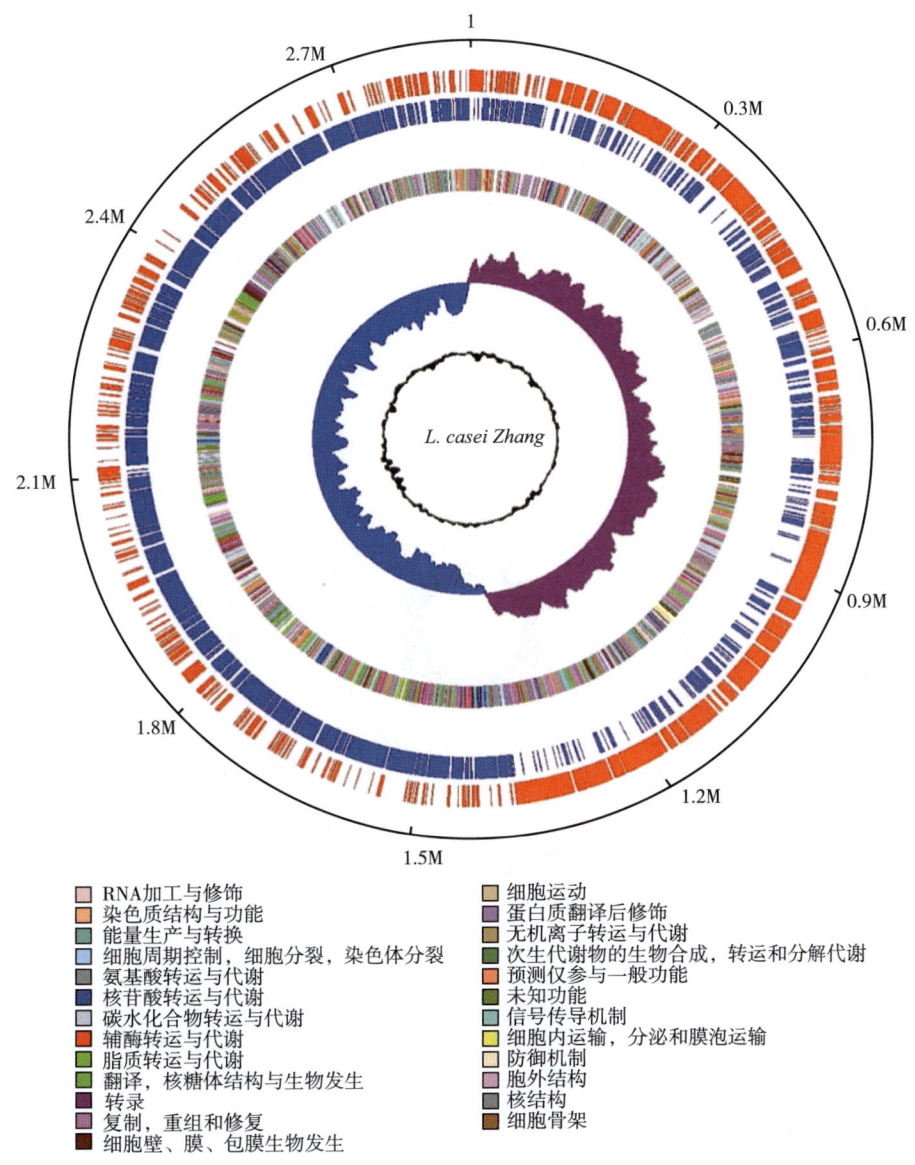

图 7-1 *L. casei* Zhang 基因组的一般特性

第一圈是以 kb 为单位的刻度标识；第二圈红色标识为前导链上编码的基因；第三圈蓝色标识为后随链上编码的基因；第四圈为 COG 功能分类；第五圈分别表示 GC 偏好和 G+C 含量。

*L. casei* Zhang 质粒基因组为环状分子,如图 7-2 所示,大小为 36487bp,GC 含量为 40.1%,预测得到 44 个潜在编码区(>110bp),占序列总长的 85%,平均长度为 704 bp。其中,23 个基因通过同源搜索和结构域的鉴定具有潜在的生物学功能,其余有 17 个基因被注释为保守的假定蛋白,4 个基因是假定蛋白。乳酸菌许多重要的生理功能都直接或间接地与它携带的质粒有关,正是由于这些质粒的存在才赋予它们寄主一些额外的特性。在蛋白直系同源分类(COG)数据库搜索 34 个已发表的乳杆菌质粒编码区蛋白序列,对其重新进行分类(表 7-1)。在它们编码的 576 个蛋白中,有 250 个蛋白为假想蛋白。在有潜在的生物学功能的蛋白中,以碳水化合物和氨基酸转运和代谢相关的蛋白居多。乳杆菌菌株并不具备合成所有常见氨基酸的能力,这是长期适应于营养丰富环境的过程中形成的,因此,乳杆菌往往通过增加氨基酸的转运能力作为补偿。此外,在嗜酸乳杆菌、干酪乳杆菌、唾液乳杆菌、发酵乳杆菌和米酒乳杆菌中还鉴定出 7 个与细胞-防御功能相关的蛋白,这些基因编码的蛋白都将助于提高宿主在极端环境中的生存能力。

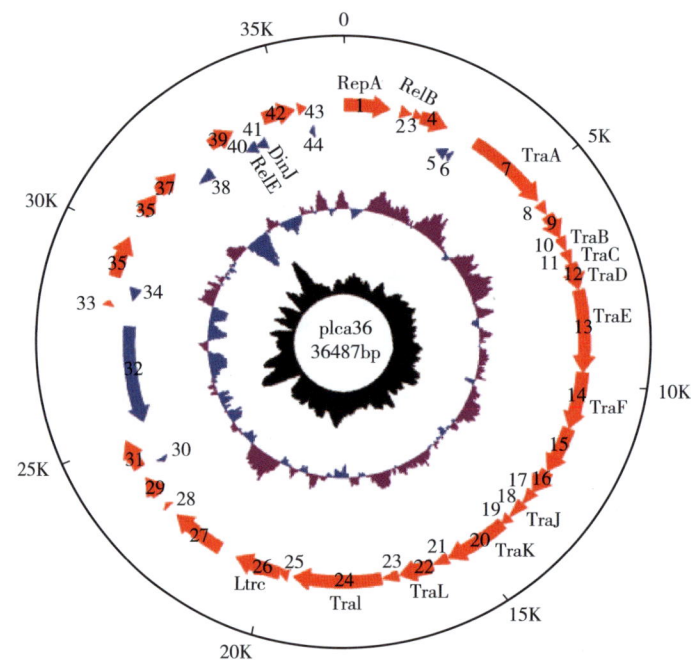

图 7-2 质粒 plca36 的一般的特性

第一圈是以 kb 为单位的刻度标识;第二圈红色标识为前导链上编码的基因;第三圈蓝色标识为后随链上编码的基因;第四圈、第五圈分别表示 GC 偏好和 G+C 含量。

表 7-1 乳杆菌菌属质粒编码蛋白的功能分类

| 功能 | 数量 |
| --- | --- |
| **细胞过程和信号传导** | 11 |
| 翻译后修饰、蛋白质转换、伴侣蛋白 | 4 |
| 防御机理 | 7 |

续表

| 功能 | 数量 |
|---|---|
| 信息的存储和处理 | 4 |
| 　　复制、重组和修复 | 2 |
| 　　翻译、核糖体结构和生物起源 | 2 |
| 代谢 | 27 |
| 　　无机离子的转运和代谢 | 4 |
| 　　辅酶运输和代谢 | 1 |
| 　　氨基酸的运输和代谢 | 7 |
| 　　能源生产与转换 | 7 |
| 　　碳水化合物转化为运动和新陈代谢 | 8 |
| 差的特点 | 2 |
| 　　一般功能预测 | 1 |
| 　　未知功能 | 1 |

*L. casei* Zhang 的质粒 plca36 编码 10 个接合转移相关蛋白，分别是 TraA-F，TraJ-L 和 TraI，它们的转录方向相同（图 7-3）。大多数接合转移蛋白与已知蛋白的同源基因序列相似性很高，从 83% 到 98% 不等。但是，TraL（orf22）和与它具有良好匹配度的同源基因乳酸乳球菌编码的 *TraL* 基因，两者相似度仅为 37%。质粒 plca36 的 Tra 区域（orf4~orf26）与植物乳杆菌质粒 pWCFS103 具有很高的相似性。pWCFS103 中的 Tra 区域位于两个转座酶的侧翼，与乳酸乳球菌质粒 pMRC01 的接合转移基因簇有较高相似性。orf5~orf26 与 pMRC01 相比，无论是基因组成还是基因顺序也都有较高的相似性。除 orf26（LtrC，374 aa）之外，这个区域的其他基因与它们的同源基因的长度几乎都是相同的。

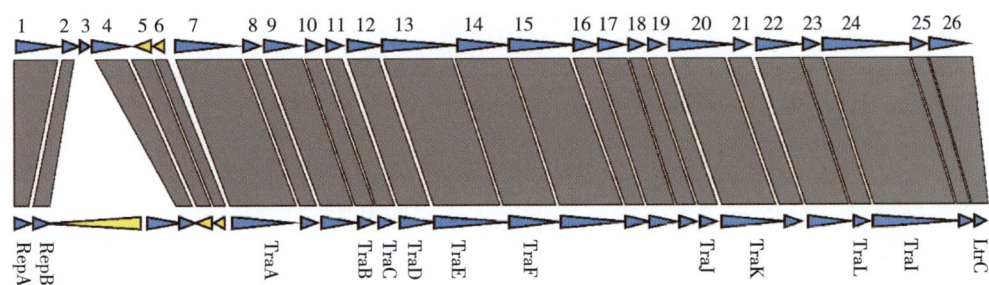

图 7-3　质粒 plca36 编码相关蛋白

质粒 plca36 和质粒 pWCFS103Tra 区域的比较分析，顶端线条表示质粒 plca36Tra 区域的结构组成，底部线条表示 pWCFS103Tra 区域的结构组成。

## 二、*L. casei* Zhang 代谢功能基因分析

*L. casei* Zhang 具有较广泛的碳源谱，如核糖、葡萄糖、甘露糖、甘露醇、果糖、半乳

糖、蔗糖、麦芽糖、蕈糖、山梨醇、肌醇、七叶苷、水杨苷等。根据乳酸菌碳水化合物代谢发酵途径的不同，可以分为同型乳酸发酵和异型乳酸发酵。同型乳酸发酵指的是葡萄糖经过糖酵解途径（EMP）发酵，只生成乳酸这一种代谢产物，1mol 葡萄糖可以在 100% 理论转化率下生成 2mol 乳酸。而微生物实际发酵中存在其他生理活动，通常认为乳酸的转化率达到 80% 以上即可以算作同型乳酸发酵。异型乳酸发酵是指葡萄糖通过己糖磷酸途径（HMP）、磷酸戊糖解酮酶途径（PK）或者磷酸己糖解酮酶途径（HK）发酵后，主要产物为乳酸外，还产生乙醇、乙酸和二氧化碳等多种产物。通过 6-磷酸葡萄糖酸异型乳酸发酵途径，1 分子葡萄糖最终可转化为 1 分子乳酸和 1 分子乙醇，从而得出乳酸对糖的理论转化率为 50%。*L. casei* Zhang 属于兼性异养型发酵乳杆菌家族，通过糖酵解途径利用糖类生成丙酮酸，之后再由乳酸脱氢酶还原为乳酸。*L. casei* Zhang 具有编码所有糖酵解途径的基因，其中乳酸脱氢酶有 8 个编码拷贝的冗余现象。此外，*L. casei* Zhang 基因组有大量依赖磷酸烯醇式丙酮酸-糖类磷酸转移酶系统和糖类利用关联的基因簇，从遗传学基础角度印证了 *L. casei* Zhang 代谢糖类的多样性。具体来看，*L. casei* Zhang 基因组中大约有 96 个与糖类相关的 PTS 型转运蛋白（表 7-2），共编码 31 个完整的具有潜在功能的 PTS 基因复合体。根据转运蛋白数据库，这些 PTS 型转运蛋白可归属为 7 个 PTS 家族。每个 PTS 基因复合体均由 EIIA、EIIB、EIIC 组成，其中甘露糖家族还包括 EIID 组分。通常，葡萄糖、果糖、甘露糖、乳糖这几个家族成员常以多拷贝的形式出现，而半乳糖醇、抗坏血酸盐、葡萄糖醇家族成员则是以单拷贝形式出现的。不同 *L. casei* 菌株之间也存在较大差异，菌株 *L. casei* Zhang 编码的 PTS 基因复合体组分约为菌株 *L. casei* ATCC334 的两倍之多。*L. casei* Zhang 染色体编码有大量冗余的 PTS，与该菌株细胞能够在各种培养条件都具有较快的生长速度相关。PTS 组分在进化过程中发生获得和丢失事件的频率较高，这也是糖代谢多样化的主要形成机制。

表 7-2　　　　　　　　　　　　*L. casei* Zhang PTS 型转运蛋白

| ORF ID | 转运数据库家族分类 | 描述 |
| --- | --- | --- |
| LCAZH_0123 | 4. A. 1. 2. 11 | $\beta$-葡糖苷特异性 PTS$^{EIIABC}$ 组分 |
| LCAZH_0192 | 4. A. 7. 1. 1 | 抗坏血酸特异性 PTS$^{IIC}$ 组分 |
| LCAZH_0295 | 4. A. 3. 2. 1 | 纤维二糖特异性 PTS$^{IIC}$ 组分 |
| LCAZH_0319 | 4. A. 6. 1. 2 | PTS$^{IIB}$ 组分，Man 家族 |
| LCAZH_0320 | 4. A. 6. 1. 4 | PTS$^{IIC}$ 组分，Man 家族 |
| LCAZH_0321 | 4. A. 6. 1. 1 | PTS$^{IID}$ 组分，Man 家族 |
| LCAZH_0322 | 4. A. 6. 1. 6 | PTS$^{IIA}$ 组分，Man 家族 |
| LCAZH_0325 | 4. A. 5. 1. 1 | 半乳糖醇-特异性 PTS$^{IIC}$ 组分 |
| LCAZH_0326 | 4. A. 5. 1. 1 | 半乳糖醇-特异性 PTS$^{IIA}$ 组分 |

# 第七章
系统生物学在益生菌 Lactobacillus casei Zhang 发酵中的应用

续表

| ORF ID | 转运数据库家族分类 | 描述 |
| --- | --- | --- |
| LCAZH_0327 | 4.A.5.1.1 | 半乳糖醇-特异性 PTS$^{IIB}$ 组分 |
| LCAZH_0332 | 4.A.3.2.3 | PTS$^{IIC}$ 组分，Lac 家族 |
| LCAZH_0333 | 4.A.3.2.3 | PTS$^{IIB}$ 组分，Lac 家族 |
| LCAZH_0334 | 4.A.3.2.1 | PTS$^{IIA}$ 组分，Lac 家族 |
| LCAZH_0377 | 4.A.7.1.1 | 转录抗终止因子，PTS$^{IIA}$ 组分 |
| LCAZH_0378 | 4.A.7.1.1 | PTS$^{IIB}$ 组分 |
| LCAZH_0379 | 4.A.7.1.1 | IIC 抗坏血酸特异性 PTS$^{IIC}$ |
| LCAZH_0393 | 4.A.2.1.3 | 果糖-特异性 PTS$^{IIABC}$ 组分 |
| LCAZH_0402 | 4.A.6.1.2 | 甘露糖/果糖/N-乙酰半乳糖胺特异性 PTS$^{IIA}$ 组分 |
| LCAZH_0403 | 4.A.6.1.2 | 甘露糖/果糖/N-乙酰半乳糖胺特异性 PTS$^{IIB}$ 组分 |
| LCAZH_0404 | 4.A.6.1.2 | 甘露糖/果糖/N-乙酰半乳糖胺特异性 PTS$^{IIC}$ 组分 |
| LCAZH_0405 | 4.A.6.1.2 | 甘露糖/果糖/N-乙酰半乳糖胺特异性 PTS$^{IID}$ 组分 |
| LC AZH_0414 | 4.A.2.1.2 | 甘露醇特异性 PTS$^{IIABC}$ 组分 |
| LCAZH_0435 | 4.A.6.1.2 | 甘露糖/果糖/N-乙酰半乳糖胺特异性 PTS$^{IIB}$ 组分 |
| LCAZH_0436 | 4.A.6.1.2 | 甘露糖/果糖/N-乙酰半乳糖胺特异性 PTS$^{IIC}$ 组分 |
| LCAZH_0437 | 4.A.6.1.2 | 甘露糖/果糖/N-乙酰半乳糖胺特异性 PTS$^{IID}$ 组分 |
| LCAZH_0439 | 4.A.6.1.2 | 甘露糖/果糖/N-乙酰半乳糖胺特异性 PTS$^{IIA}$ 组分 |
| LCAZH_0479 | 4.A.3.2.2 | 纤维二糖特异性 PTS$^{IIA}$ 组分 |
| LCAZH_0480 | 4.A.3.2.2 | 纤维二糖特异性 PTS$^{IIC}$ 组分 |
| LCAZH_0481 | 4.A.3.2.2 | 纤维二糖特异性 PTS$^{IIB}$ 组分 |
| LCAZH_0482 | 4.A.2.1.3 | 转录抗终止因子 PTS$^{IIA}$ 组分 |
| LCAZH_0551 | 4.A.1.2.2 | β-葡糖苷特异性 PTS$^{EIIABC}$ 组分 |
| LCAZH_0603 | 4.A.2.1.2 | 半乳糖醇特异性 PTS$^{IIA}$ 组分 |
| LCAZH_0604 | 4.A.2.1.1 | 半乳糖醇特异性 PTS$^{IIB}$ 组分 |
| LCAZH_0605 | 4.A.5.1.1 | 半乳糖醇特异性 PTS$^{IIC}$ 组分 |
| LCAZH_0851 | 4.A.4.1.1 | 葡萄糖醇/山梨醇 PTS$^{EIIA}$，Gut 家族 |
| LCAZH_1056 | 4.A.3.2.2 | 纤维二糖特异性 PTS$^{IIA}$ 组分 |
| LCAZH_1084 | 4.A.1.2.11 | β-葡糖苷特异性 PTS$^{EIIBCA}$ 组分 |
| LCAZH_1335 | 4.A.2.1.7 | 甘露醇/果糖特异性 PTS$^{EIIABC}$ |

续表

| ORF ID | 转运数据库家族分类 | 描述 |
|---|---|---|
| LCAZH_1750 | 8.A.7.1.1 | 磷酸烯醇式丙酮酸-蛋白激酶 PTS$^{EI}$ 组分 |
| LCAZH_1751 | 8.A.8.1.1 | PTS 系统，HPr 相关蛋白 |
| LCAZH_1769 | 4.A.3.2.3 | 乳糖/纤维二糖 PTS$^{IIC}$ 组分 |
| LCAZH_1771 | 4.A.3.2.2 | 纤维二糖特异性 PTS$^{IIA}$ 组分 |
| LCAZH_1772 | 4.A.3.2.2 | 纤维二糖特异性 PTS$^{IIB}$ 组分 |
| LCAZH_2035 | 4.A.3.2.2 | 纤维二糖特异性 PTS$^{IIA}$ 组分 |
| LCAZH_2040 | 4.A.3.2.2 | 纤维二糖特异性 PTS$^{IIC}$ 组分 |
| LCAZH_2061 | 4.A.1.2.6 | 蔗糖 PTS$^{EIIBCA}$ |
| LCAZH_2152 | 4.A.1.2.11 | $\beta$-葡萄糖苷 PTS$^{EIIBCA}$ |
| LCAZH_2216 | 4.A.3.2.2 | 纤维二糖特异性 PTS$^{IIB}$ 组分 |
| LCAZH_2561 | 4.A.5.1.1 | 半乳糖醇特异性 PTS$^{IIA}$ 结构域（Ntr-型） |
| LCAZH_2624 | 4.A.2.1.8 | 果糖特异性 PTS$^{IIB}$ 组分 |
| LCAZH_2632 | 4.A.5.1.1 | 半乳糖醇特异性 PTS$^{IIC}$ 组分 |
| LCAZH_2633 | 4.A.5.1.1 | 半乳糖醇特异性 PTS$^{IIB}$ 组分 |
| LCAZH_2634 | 4.A.5.1.1 | 半乳糖醇特异性 PTS$^{IIA}$ 组分 |
| LCAZH_2637 | 4.A.3.2.2 | 纤维二糖特异性 PTS$^{IIA}$ 组分 |
| LCAZH_2638 | 4.A.3.2.2 | 纤维二糖特异性 PTS$^{IIB}$ 组分 |
| LCAZH_2643 | 4.A.3.2.2 | 纤维二糖特异性 PTS$^{IIC}$ 组分 |
| LCAZH_2647 | 4.A.5.1.1 | 半乳糖醇 PTS$^{EIIC}$ |
| LCAZH_2648 | 4.A.5.1.1 | 半乳糖醇 PTS$^{EIIB}$ |
| LCAZH_2649 | 4.A.5.1.1 | 半乳糖醇 PTS$^{EIIA}$ |
| LCAZH_2662 | 4.A.6.1.7 | 甘露糖/果糖特异性 PTS$^{EIIA}$ |
| LCAZH_2663 | 4.A.6.1.5 | 甘露糖/果糖特异性 PTS$^{EIID}$ |
| LCAZH_2664 | 4.A.6.1.4 | 甘露糖/果糖特异性 PTS$^{EIIC}$ |
| LCAZH_2665 | 4.A.6.1.4 | 甘露糖/果糖特异性 PTS$^{EIIB}$ |
| LCAZH_2683 | 4.A.1.1.3 | PTS$^{IIBC}$ 组分，Glc 家族 |
| LCAZH_2693 | 4.A.1.1.11 | PTS$^{IIA}$ 组分，Glc 家族 |
| LCAZH_2699 | 4.A.5.1.1 | 半乳糖醇特异性 PTS$^{IIB}$ 组分 |
| LCAZH_2700 | 4.A.5.1.1 | 半乳糖醇特异性 PTS$^{IIC}$ 组分 |

续表

| ORF ID | 转运数据库家族分类 | 描述 |
|---|---|---|
| LCAZH_2701 | 4.A.5.1.1 | 半乳糖醇特异性 PTS$^{\text{IIA}}$ 组分 |
| LCAZH_2710 | 4.A.7.1.1 | 甘露醇/果糖特异性 PTS$^{\text{IIA}}$ 组分 |
| LCAZH_2711 | 4.A.7.1.1 | 甘露醇/果糖特异性 PTS$^{\text{IIB}}$ 组分 |
| LCAZH_2712 | 4.A.7.1.1 | 甘露醇/果糖特异性 PTS$^{\text{IIC}}$ 组分 |
| LCAZH_2715 | 4.A.7.1.1 | 转录抗终止因子 PTS$^{\text{IIAB}}$ 组分 |
| LCAZH_2727 | 4.A.4.1.1 | 山梨醇 PTS$^{\text{EIIA}}$ |
| LCAZH_2728 | 4.A.4.1.1 | 山梨醇 PTS$^{\text{EIIB}}$ |
| LCAZH_2729 | 4.A.4.1.1 | 山梨醇 PTS$^{\text{EIIC}}$ |
| LCAZH_2738 | 4.A.7.1.1 | 抗坏血酸特异性 PTS$^{\text{IIB}}$ 组分 |
| LCAZH_2739 | 4.A.7.1.1 | 抗坏血酸特异性 PTS$^{\text{IIC}}$ 组分 |
| LCAZH_2740 | 4.A.7.1.1 | 抗坏血酸特异性 PTS$^{\text{IIA}}$ 组分 |
| LCAZH_2742 | 4.A.2.1.1 | 果糖特异性 PTS$^{\text{IIC}}$ 组分 |
| LCAZH_2743 | 4.A.2.1.3 | 果糖特异性 PTS$^{\text{IIB}}$ 组分 |
| LCAZH_2744 | 4.A.2.1.7 | 果糖特异性 PTS$^{\text{IIA}}$ 组分 |
| LCAZH_2747 | 4.A.2.1.5 | PTS$^{\text{EIIB}}$ 组分 |
| LCAZH_2764 | 4.A.6.1.2 | 甘露糖特异性 PTS$^{\text{IIB}}$ 组分 |
| LCAZH_2765 | 4.A.6.1.2 | 甘露糖特异性 PTS$^{\text{IIA}}$ 组分 |
| LCAZH_2766 | 4.A.6.1.2 | 甘露糖特异性 PTS$^{\text{IICD}}$ 组分 |
| LCAZH_2787 | 4.A.6.1.3 | 甘露糖/果糖/N-乙酰半乳糖胺特异性 PTS$^{\text{IIB}}$ 系统 |
| LCAZH_2788 | 4.A.6.1.3 | 甘露糖/果糖/N-乙酰半乳糖胺特异性 PTS$^{\text{IID}}$ 系统 |
| LCAZH_2789 | 4.A.6.1.3 | 甘露糖/果糖/N-乙酰半乳糖胺特异性 PTS$^{\text{IIC}}$ 系统 |
| LCAZH_2828 | 4.A.3.2.3 | 纤维二糖特异性 PTS$^{\text{IIC}}$ 组分 |
| LCAZH_2830 | 4.A.3.2.2 | 纤维二糖特异性 PTS$^{\text{IIB}}$ 组分 |
| LCAZH_2831 | 4.A.3.2.2 | 纤维二糖特异性 PTS$^{\text{IIA}}$ 组分 |
| LCAZH_2841 | 4.A.6.1.6 | 甘露糖特异性 PTS$^{\text{IID}}$ 组分 |
| LCAZH_2842 | 4.A.6.1.6 | 甘露糖特异性 PTS$^{\text{IIC}}$ 组分 |
| LCAZH_2843 | 4.A.6.1.6 | 甘露糖特异性 PTS$^{\text{IIAB}}$ 组分 |
| LCAZH_2893 | 4.A.2.1.5 | 甘露醇/果糖特异性 PTS$^{\text{IIA}}$ 组分 |
| LCAZH_2895 | 4.A.2.1.2 | 甘露醇/果糖特异性 PTS$^{\text{IIBC}}$ 组分 |

肌醇是自然界中广泛存在的肌醇异构体之一，在植物相关的生境中较为常见，乳酸菌一般不具有代谢这类物质的能力。但是，L. casei Zhang 在发酵的过程中可以利用肌醇作为唯一碳源生长繁殖。与 L. casei ATCC334 基因组相比，L. casei Zhang 基因组中编码一个完整的控制肌醇代谢能力的基因簇如图 7-4 所示，片段大小为 13kb，编码 11 个基因（LCAZH_0250-LCAZH_0260）。该基因簇介于基因组的 yvgN 和葡萄糖酸盐操纵子之间，并且侧翼区域基因组成相同。组成肌醇代谢的操纵子的基因只有在含肌醇的环境中才会表达，转录水平受到 IolR（LCAZH_0250）和 CcpA（LCAZH_0754）的调控。

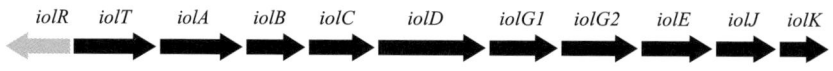

图 7-4　L. casei Zhang 中 iol 基因簇基因组成

注：箭头代表潜在的读框，基因的名称标于箭头上方。

为了进一步了解肌醇代谢在 L. casei 菌株基因组中的多样性，我们针对该区域设计了 10 对不同的扩增引物，以来自中国境内 6 个不同地区、不同乳制品样品中 34 株 L. casei 分离株的基因组为模板进行扩增，结果发现只有 5 株干酪乳杆菌，即 L. casei 34306、L. casei 15304、L. casei XM7-1、L. casei ZL3-1 和 L. casei AG9-5 中编码有肌醇代谢的基因簇。与它们在实验过程中的生理生化表型特征并不完全相符，菌株 L. casei 34306、L. casei XM7-1、L. casei 15304 和 L. casei AG9-5 细胞在发酵的过程中均不能利用肌醇产酸。这可能是因为这些菌株染色体中，肌醇代谢途径的个别关键酶在进化的过程中由于突变的积累成为假基因而失去了转录活性，也有可能是插入事件等造成阴性结果。肌醇代谢在 L. casei 不同个体中并不是一个普遍现象。因为肌醇在植物源的生存环境中含量更丰富，肌醇代谢能力的获得是为了适应特别的生存环境。

L. casei Zhang 虽然源自营养丰富的酸马乳，却拥有编码相对完整的氨基酸生物合成途径，除亮氨酸、异亮氨酸、缬氨酸三种支链氨基酸之外，可自身合成几乎所有的蛋白质氨基酸。L. casei Zhang 可以适应各种复杂生活环境，包括缺乏游离氨基酸的环境，L. casei Zhang 编码的大量肽酶，可以水解环境中游离的多肽和蛋白质，为其摄取支链氨基酸等提供便利。蛋白水解系统通常是由三部分组成：位于细胞壁上的蛋白酶、细胞膜中的肽类转运子和细胞内蛋白酶。L. casei Zhang 拥有完善的蛋白水解系统，其中三个编码基因与蛋白水解酶相关，分属两种不同类型的细胞壁蛋白酶：PrtR（LCAZH_0497 和 LCAZH_0498）和 PrtP（LCAZH_2241）。对于乳蛋白，水解为寡肽以后，细胞膜上的肽类转运子 Opp 和 Opt，将寡肽或是二肽、三肽等由细胞外转运到细胞内，再由细胞内蛋白酶将多肽类最终水解为氨基酸，为乳酸菌生长发育提供必需的营养因素。L. casei Zhang 编码两个同源的 Opp 转运系统操纵子：一个具有与 Opp 操纵子 oppABCDF（LCAZH_2022-LCAZH_2026）相同的基因组成；另一个具有类似于 Opp 操纵子的基因组成（LCAZH_1881-LCAZH_1886）。此外，L. casei Zhang 编码 Opt 转运蛋白（LCAZH_1804），该蛋白可以转运二肽、三肽、四肽，包括一些支链疏水性氨基酸。与此同时，L. casei Zhang 中有 26 个编码基因与肽酶相关（表7-3），多于此前报道的 L. plantarum WCSF1 中的 19 个、L. acidophilus NCFM 中的 20 个、L. helveticus DPC4571 中的 24 个、L. delbrueckii 中的 24 个。

表 7-3　　　　　　　　　　　　　　　　肽酶相关信息

| 定位标签 | 基因 | 描述 | 酶号 |
| --- | --- | --- | --- |
| LCAZH_0042 | pepD | 二肽酶 | EC 3.4.13.- |
| LCAZH_0230 | — | 吡咯烷酮羧酸肽酶 | EC 3.4.19.3 |
| LCAZH_0270 | pepF1 | 寡肽酶 F | EC 3.4.24.- |
| LCAZH_0331 | — | 假定的肽酶 | EC 3.4.11.9 |
| LCAZH_0338 | pepT-2 | 肽酶 T | EC 3.4.11.14 |
| LCAZH_0499 | pepN | 氨基肽酶 N | EC 3.4.11.2 |
| LCAZH_0688 | — | 寡肽酶 F | EC 3.4.24.- |
| LCAZH_0693 | pepR1 | 脯氨酰氨基肽酶 | EC 3.4.11.5 |
| LCAZH_0758 | pepV | 二肽酶 | EC 3.4.13.3 |
| LCAZH_0860 | — | 预测的锌依赖型肽酶 | — |
| LCAZH_0975 | — | 假定的寡肽酶 F | EC 3.4.24.- |
| LCAZH_0975 | pepC2 | 氨基肽酶 C | EC 3.4.22.40 |
| LCAZH_1044 | — | 中性肽链内切酶 | EC 3.4.24.- |
| LCAZH_1062 | ampS | 亮氨酸氨基肽酶 | EC 3.4.11.- |
| LCAZH_1068 | pepM | 甲硫氨酸氨基肽酶 | EC 3.4.11.18 |
| LCAZH_1130 | pepD2 | 二肽酶 | EC 3.4.-.- |
| LCAZH_1462 | pepO | 中性肽链内切酶 | EC 3.4.24.- |
| LCAZH_1633 | pepQ | 氨基肽酶 P | EC 3.4.11.9 |
| LCAZH_1641 | pepX | X-脯氨酰二肽氨基肽酶 | EC 3.4.14.11 |
| LCAZH_1801 | yuxL | 二肽氨基肽酶/酰基肽水解酶 | EC 3.4.21.- |
| LCAZH_1917 | pepD3 | 二肽酶 | EC 3.4.-.- |
| LCAZH_1922 | pepR1 | 脯氨酰氨基肽酶 | EC 3.4.11.5 |
| LCAZH_2146 | pepD | 二肽酶 | EC 3.4.-.- |
| LCAZH_2302 | pepC1 | 氨基肽酶 C | EC 3.4.22.40 |
| LCAZH_2569 | pepI | 脯氨酰氨基肽酶 | EC 3.4.11.5 |
| LCAZH_2750 | — | 二肽酶 | — |

胞外多糖（EPS）是一种长链、高分子质量聚合物，可由许多细菌产生。在乳品业应用较广泛的菌种，如 *L. acidophilus*、*L. delbrueckii*、*L. helveticus*、*L. lactis* 和 *S. thermophilus* 等都具有合成胞外多糖的能力。胞外多糖可以作为脂多糖抗原吸附在细菌表面，作为荚膜多糖在细胞周围形成生物膜屏障，也可作为胞外多糖分泌到胞外。大部分乳酸菌基因组中都有与胞外多糖合成相关的基因簇，被称为 EPS 基因簇。有的乳酸菌 EPS 基因簇位于大小不一的各种质粒上，有的基因簇位于染色体上。*L. casei* Zhang 在发酵的过程中能够分泌多糖，并将这些黏性物质分泌到乳介质中。在 *L. casei* Zhang 染色体基因组上有两个 EPS 基因簇由以下 4 部分组成：基因区域上游的调控因子、负责链长控制的蛋白、与多糖重复单元合成和聚合相关的糖基转移酶以及将多糖输出至胞外的转运蛋白，具体见图 7-5 和表 7-4。这两个基因簇分别位于一个长约 26.7kb 和 18.6kb 的片段中。前者编码 20 个基因，大部分有跨膜结构，其中，有 7 个基因具有 5 个以上潜在的跨膜螺旋结构，这 20 个基因除 LCAZH_1935 和 LCAZH_1948 外，其余基因具有相同的转录方向。另外一个 EPS 基因簇编码 17 个基因，只有一个由 428 个氨基酸编码的假定蛋白（LCAZH_2004）和一个由 476 个氨基酸编码的多糖转运蛋白（LCAZH_2005）含有较多的跨膜螺旋结构，包括糖基转移酶在内的 7 个基因与其他基因在不同的方向上转录。这两个 EPS 基因簇都有转座元件，第一个区域有一个转座元件但并不完整；大部分基因的 GC 含量与 *L. casei* Zhang 染色体的平均 GC 含量接近，均在 46.1% 左右。而第二个区域的侧翼，Wel E 基因的上游有 4 个插入序列，其中一个插入元件是由两个插入序列组合构成的，这一区域的核心功能基因的平均 17 含量仅为 38.4%。同时该区域有四个基因（LCAZH_2007-LCAZH_2011）的中心区与 *S. pneumoniae* 有良好的线性关系，整个结构与 *S. pneumoniae* 中负责 EPS 合成的基因簇非常相似。由这些证据可见这两个区域可能是 *L. casei* Zhang 基因组进化过程中由水平基因转移而来，并且是在两个不同的时期获得的。

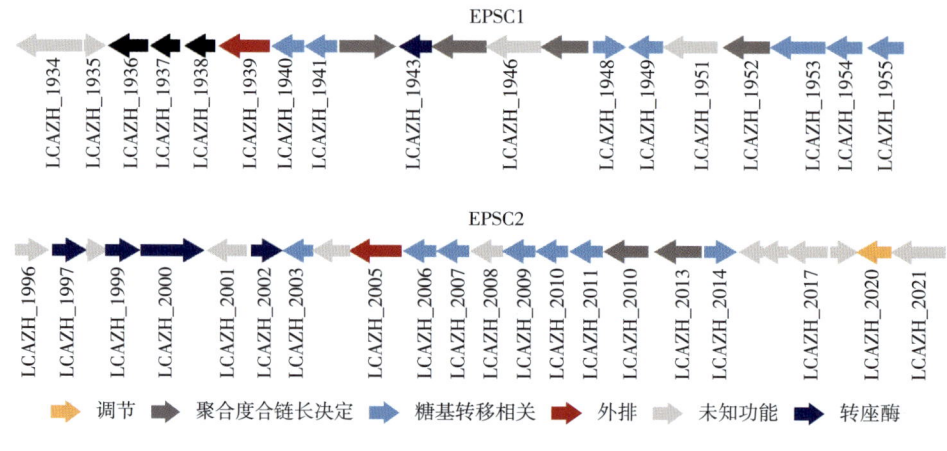

图 7-5 *L. casei* Zhang 中 EPS 基因簇的基因组成结构

表 7-4　　　　　　　　　　　　　　　EPS 基因簇相关信息

| 基因 | 长度 [氨基酸 (aa) /个] | (G+C) /% | 结构域 | TM Helix | 功能描述 |
|---|---|---|---|---|---|
| **EPS 基因簇 I** | | | | | |
| LCAZH_1934 | 774 | 40 | PF00884 | 6 | 多糖磷酸甘油转移酶 |
| LCAZH_1935 | 39 | 30 | — | 0 | 假定蛋白 |
| LCAZH_1936 | 349 | 42 | — | 8 | 多糖聚合酶 |
| LCAZH_1937 | 211 | 47 | SSF52540 | 0 | 链长调节蛋白 |
| LCAZH_1938 | 230 | 41 | PF02706 | 2 | 链长调节蛋白 |
| LCAZH_1939 | 479 | 43 | PF01943 | 10 | 翻转酶类似蛋白 |
| LCAZH_1940 | 396 | 41 | PF00534 | 0 | 糖基转移酶 |
| LCAZH_1941 | 321 | 41 | PF00535 | 0 | 糖基转移酶 |
| LCAZH_1942 | 557 | 40 | — | 12 | 假定蛋白 |
| LCAZH_1943 | 117 | 50 | PF01610 | 0 | 转座酶 |
| LCAZH_1945 | 579 | 42 | — | 12 | 保守膜蛋白 |
| LCAZH_1946 | 693 | 45 | PF01183 | 1 | 溶菌酶 M1 |
| LCAZH_1947 | 495 | 39 | — | 10 | 假定蛋白 |
| LCAZH_1948 | 346 | 41 | PF01757 | 9 | 酰基转移酶 |
| LCAZH_1949 | 272 | 42 | PF00535 | 2 | 假定糖基转移酶 |
| LCAZH_1951 | 380 | 44 | PF02350 | 0 | UDP-$N$-乙酰氨基葡萄糖 2-差向异构酶 |
| LCAZH_1952 | 288 | 47 | PS51257 | 0 | 假定脂蛋白前体 |
| LCAZH_1953 | 466 | 40 | PF02397 | 5 | 糖基转移酶 |
| LCAZH_1954 | 246 | 42 | PF04488 | 0 | 糖基转移酶 |
| LCAZH_1955 | 251 | 43 | PF00535 | 0 | 糖基转移酶 |
| **EPS 基因簇 II** | | | | | |
| LCAZH_1996 | 325 | 34 | — | 0 | 类似 *Lactobacillus casei* LB 23 Eps30 |
| LCAZH_1997 | 398 | 50 | PF01610 | 0 | 转座酶 |
| LCAZH_1998 | 65 | 47 | — | 0 | 保守的假定蛋白 |
| LCAZH_1999 | 117 | 47 | PF05717 | 0 | 转座酶 |
| LCAZH_2000 | 500 | 50 | PF03050 | 0 | 转座酶 |
| LCAZH_2001 | 222 | 41 | PF02397 | 1 | 糖基转移酶 |
| LCAZH_2002 | 306 | 47 | PF00665 | 0 | 转座酶 PrcB |
| LCAZH_2003 | 313 | 38 | PF00535 | 0 | 糖基转移酶家族 2 |
| LCAZH_2004 | 428 | 37 | — | 11 | 假定蛋白 |
| LCAZH_2005 | 476 | 36 | PF01943 | 12 | 多糖转运蛋白 |

续表

| 基因 | 长度［氨基酸（aa）/个］ | （G+C）/% | 结构域 | TM Helix | 功能描述 |
|---|---|---|---|---|---|
| LCAZH_2007 | 287 | 35 | PF00535 | 0 | 糖基转移酶 |
| LCAZH_2008 | 271 | 37 | PF04991 | 0 | 假定磷酸转移酶 |
| LCAZH_2009 | 232 | 41 | PF00132 | 0 | 假定乙酰转移酶 |
| LCAZH_2010 | 323 | 36 | PF05704 | 0 | 假定糖基转移酶 |
| LCAZH_2011 | 388 | 37 | PF09314 | 0 | 假定鼠李糖转移酶 |
| LCAZH_2012 | 249 | 42 | SSF52540 | 0 | 链长调节蛋白 |
| LCAZH_2013 | 304 | 39 | PF02706 | 2 | 链长调节蛋白 |

### 三、*L. casei* Zhang 与环境的相互作用

乳酸菌在工业化生产过程中会面临各种环境胁迫，例如，加工过程中有机酸的积累、贮运过程中的低温操作等，快速适应这些应激胁迫环境是乳酸菌生存下来必须具备的能力。已经证实菌株 *L. casei* Zhang 细胞对酸和胆盐都有良好的耐受性，根据基因组分析的结果来看，与酸和胆盐胁迫相关的酶类及代谢途径在 *L. casei* Zhang 基因组均有注释。$F_1F_0$-ATPase 操纵子（LCAZH_1149-LCAZH_1156），通过消耗 ATP 将胞内质子泵出胞外，将胞内 pH 维持在一定的范围内。在不同酸度条件下 *L. casei* Zhang 中 $H^+$-ATPase 基因表达水平随着 $H^+$ 浓度的增加呈上升趋势，表明该酶有利于 *L. casei* Zhang 在酸性条件下的生长。其他基因如 RecA（LCAZH_2619 和 LCAZH_2619）及一部分分子伴侣蛋白 DnaK（LCAZH_1552）、GroEL（LCAZH_2207）、HSP20（LCAZH_2811）编码的蛋白主要参与 DNA 或者大分子蛋白质的修复，这些蛋白与耐热和耐酸均有关系。耐热相关的分子伴侣蛋白 Dnak 和 GroEL 在胆盐胁迫的环境中可被诱导表达，暗示了 *L. casei* Zhang 在适应不同胁迫环境时可能存在一种交错保护作用。

双组分调节系统是细菌中广泛存在的应答感应系统，能够感应到外界环境的刺激，在细菌生长过程中有非常重要的作用。乳酸菌可以利用双组分调节系统应对外界环境胁迫，通过级联反应调节其他基因的表达使其适应外界环境的改变。双组分调节系统是由感受信号输入的组氨酸蛋白激酶（HK）和负责信号输出的响应调节蛋白（RR）组成的信号转导系统；更复杂的双组分调节系统在组氨酸激酶中还有一个磷酸转移结构域，形成杂合型组氨酸激酶，与响应调节蛋白一起构成三组分调节系统。基因组分析显示，*L. casei* Zhang 中鉴定得到 17 个典型的双组分调节系统，数量多于其他已完成测序分析工作的乳杆菌和乳球菌。与 *L. casei* ATCC 334 相比，双组分调节系统基因组合 LCAZH_2350 和 LCAZH_2351 是 *L. casei* Zhang 特有的。在 *L. casei* Zhang 基因组中编码细菌素（LCAZH_2341、LCAZH_2316、LCAZH_2347）和一个编码免疫蛋白的基因（LCAZH_2362）位于这个双组分调节系统的上游，这与 *L. plantarum* NC8 中细菌素合成的基因簇结构类似。*L. plantarum* NC8 中双组分

# 第七章
## 系统生物学在益生菌 *Lactobacillus casei* Zhang 发酵中的应用

调节系统位于植物细菌素合成相关基因的下游，暗示该双组分调节系统和细菌素合成有关。总而言之，*L. casei* Zhang 基因组中拥有丰富的双组分调节系统编码蛋白，有利于宿主本身提高基因调控效率，可以使宿主在复杂生境中取得些许竞争优势。

乳酸菌要发挥其益生菌功效，特别是免疫调节作用和降胆固醇能力的前提是在宿主肠道内定植。肠道内上皮细胞表面含有大量的糖基化蛋白和糖脂，细胞分泌黏附素与肠黏膜细胞结合，因而在肠道内定植而形成生物屏障。关于乳酸菌黏附肠道上皮细胞的机理，与不同菌属乳酸菌的细胞表面结构中的蛋白分子有关。已报道 *L. casei* Zhang 细胞可以黏附于肠道上皮细胞上，在肠道中定植。基因组分析显示 *L. casei* Zhang 染色体基因组中仅有 5 个 CDSs 与其细胞黏附肠道上皮细胞的能力相关（表 7-5），包括两个胶原黏附蛋白（PF05738、PF05737；LCAZH_2478、LCAZH_2398）、两个黏液素结合蛋白（PF00746、PF06458；LCAZH_2292、LCAZH_0407）和一个纤连蛋白（PF05833；LCAZH_1427）。除纤连蛋白（PF05833，LCAZH_1427）外，这些编码基因都含有信号肽区域，含有一个或者两个跨膜螺旋结构。

表 7-5　　*L. casei* Zhang 中的黏附相关蛋白

| 基因 | 长度 [氨基酸（aa）/个] | 切割位点 | TMHelices | 跨膜区 | Pfam | 功能描述 |
| --- | --- | --- | --- | --- | --- | --- |
| LCAZH_0407 | 1216 | 40~41 | 1 | o1190-1209i | PF06458 | 果聚糖水解酶 |
| LCAZH_2292 | 423 | 41~42 | 2 | i19-41o396-418i | PF00746<br>PF06458 | 保守假定蛋白 |
| LCAZH_2478 | 2728 | 38~39 | 2 | i12-31o2703-2722i | PF05738<br>PF05737 | 外膜蛋白 |
| LCAZH_2398 | 503 | 40~41 | 1 | i13-32o | PF05738<br>PF05737 | 外膜蛋白 |
| LCAZH_1427 | 567 | no | no | no | PF05833 | 纤连蛋白结合蛋白 |

注：no 表示不存在；切割位点指的是限制性内酶在 DNA 序列的某个特定碱基处进行切割。

黏附蛋白不仅与乳酸菌在肠道中定植相关，而且通过黏附素在肠道中形成生物屏障，以有效抑制致病菌的生长、繁殖、黏附。乳酸菌在代谢过程中产生一类具有抑菌生物活性的蛋白质或多肽或前体多肽，具有无毒性、易被人体中的蛋白酶消化降解以及较强的热稳定性，被称为乳酸菌素。乳酸菌素可用于抑制一些食源性的病原菌，例如，单核细胞增多李斯特菌、肉毒梭菌、金黄色葡萄球菌等。乳酸菌素种类繁多，根据分子质量、热稳定性和是否修饰性氨基酸，可将其大致分为以下四类：①羊毛硫细菌素，以稀有氨基酸如羊毛硫氨酸（ALA-S-ABA）等为特征；②小分子不经过修饰的热稳定肽类细菌素（SHSP）；③大分子热不稳定肽类细菌素（LHLP）；④复合型细菌素，由能够与其他大分子形成大复合物的细菌素组成。

负责编码产生细菌素的基因通常与免疫基因在染色体紧密排列成一个完整的操纵

子。L. casei Zhang 染色体上有一个典型的与第二类细菌素分泌合成相关的基因簇，该区域由 8 个基因组成（表 7-6）。LCAZH_2341 和 LCAZH_2342 编码两个不同的结构基因，其产物可能构成这一细菌素的两个不同的多肽。这两个基因的编码蛋白与 L. rhamnosus 中的同源基因的相似性为 48%，与其他物种中该类细菌素基因簇的结构类似。L. casei Zhang 只编码一种免疫蛋白（LCAZH_2343），这个基因位于结构基因的下游，它们可以使宿主对所产生的细菌素具有免疫力。LCAZH_2347 编码负责细菌素装配的蛋白，已被证实为细菌素合成过程中必需的。LCAZH_2348 编码 ATP 结合超家族转运蛋白，它负责将合成的多肽转运到胞外。

表 7-6　　　　L. casei Zhang 中细菌素合成基因簇的基本信息

| 基因 | 长度 [氨基酸（aa）/个] | 结构域 | 功能描述 |
| --- | --- | --- | --- |
| LCAZH_2341 | 92 | PF 08957 | Prebacteriocin |
| LCAZH_2342 | 94 | PF 08957 | Prebacteriocin |
| LCAZH_2343 | 98 | — | Xre 类似区域 |
| LCAZH_2344 | 451 | PF 06738 | 保守假定蛋白 |
| LCAZH_2345 | 103 | — | 保守假定蛋白 |
| LCAZH_2346 | 116 | — | 保守假定蛋白 |
| LCAZH_2347 | 459 | — | 乳球菌素 A ABC 转运通透蛋白 |
| LCAZH_2348 | 730 | PS50893 | ABC 转运蛋白 |

## 第二节　L. casei Zhang 比较转录组学研究

牛乳通常被看作益生乳酸菌良好的载体，以牛乳作为培养基生产益生菌发酵乳制品得到了普遍认可。此外，一些益生乳酸菌在以豆乳为发酵基料时，可获得比牛乳中更高的活菌数量，或许用豆乳作为基料生产益生菌发酵制品较牛乳更为合适。L. casei Zhang 在豆乳中的生长速度要快于牛乳，至发酵终点（pH 4.5）所需时间为 14.5h，比在牛乳中到达发酵终点提前 3.5h。此外发酵结束后，豆乳中活菌数可达 $10^{9.1\pm0.08}$ CFU/mL，显著高于牛乳中活菌数 $10^{8.24\pm0.09}$ CFU/mL。这些结果表明 L. casei Zhang 在豆乳中的生长好于牛乳中，然而菌体在两种培养基上表型差异的遗传机制并不清晰，基因芯片技术为从转录组学全面了解益生菌的代谢机理提供了方便。

### 一、L. casei Zhang 在牛乳发酵过程中的不同基因表达谱

在 L. casei Zhang 全基因组序列基础上，采用 Agilent 公司批量设计探针软件平台，根据探针筛选原则优先选取每个基因的特异性序列作为唯一探针，对于基因组内序列相似性极高的基因保留一个共同探针。依据 L. casei Zhang 编码的 2906 个基因序列，共设计了

# 第七章
## 系统生物学在益生菌 Lactobacillus casei Zhang 发酵中的应用

6208 个寡核苷酸探针。根据 L. casei Zhang 在牛乳和豆乳中的生长曲线，于迟滞期、对数期和稳定期分别取发酵牛乳和豆乳样品用来提取 RNA。对益生菌 L. casei Zhang 发酵牛乳对数生长晚期（14h，pH 5.2）和稳定期（18h，pH 4.5）的转录谱进行分析发现，与对数生长期相比，稳定期共有 87 个基因表达显著，见表 7-7，其中 61 个基因表达显著上调（大于 5 倍，$P<0.05$），26 个基因表达显著下调（$P<0.05$）。

表 7-7　益生菌 L. casei Zhang 发酵牛乳稳定期与对数期相比基因表达列表

| 功能/ORF | 描述 | 表达比率 |
| --- | --- | --- |
| | 上调基因 | |
| 碳水化合物运输和代谢 | | |
| LCAZH_0200 | 磷酸转酮酶 | 7.75 |
| LCAZH_0391 | 蔗糖磷酸化酶相关蛋白 | 8.62 |
| LCAZH_0392 | 甘油酸激酶 | 11.2 |
| LCAZH_0393 | 果糖特异性 PTS$^{ⅡABC}$ 组分 | 6.73 |
| LCAZH_0438 | α-葡萄糖苷酶，糖水解酶家族 31 | 5.21 |
| LCAZH_0440 | 6-磷酸海藻糖水解酶 | 5.01 |
| LCAZH_0453 | 二羟基丙酮激酶 | 5.92 |
| LCAZH_0454 | 二羟基丙酮激酶 | 10.36 |
| LCAZH_2893 | 甘露醇/果糖特异性磷酸转移酶Ⅱ A 结构域 | 5.52 |
| 氨基酸的运输和代谢 | | |
| LCAZH_0107 | 四氢吡啶-$N$-琥珀酰转移酶 | 7.18 |
| LCAZH_2717 | 硒代半胱氨酸合成酶 | 5.42 |
| LCAZH_2851 | ABC 型极性氨基酸转运系统，ATPase 组分 | 5.89 |
| 能量生产与转换 | | |
| LCAZH_0221 | 乳酸脱氢酶相关的酶 | 7.06 |
| LCAZH_1299 | 乙偶姻脱氢酶复合物，E1 组分，α 亚基 | 6.41 |
| LCAZH_1300 | 乙偶姻脱氢酶复合物，E1 组分，β 亚基 | 7.95 |
| LCAZH_1301 | 乙偶姻/丙酮酸脱氢酶复合物，E2 组分，二氢硫辛酰胺转琥珀酰酶 | 8.46 |
| LCAZH_1302 | 乙偶姻/丙酮酸脱氢酶复合物，E3 组分，二氢硫辛酰胺转琥珀酰酶 | 7.06 |
| LCAZH_2627 | 甘油激酶 | 5.75 |
| 无机离子的转运和代谢 | | |
| LCAZH_0131 | 阳离子转运 ATPase | 45.31 |
| LCAZH_0578 | 假定的 $Mg^{2+}$ 转运蛋白-C 家族 | 9.44 |

续表

| 功能/ORF | 描述 | 表达比率 |
|---|---|---|
| LCAZH_0645 | 阳离子转运 ATPase | 7.77 |
| LCAZH_0132 | 预测的转运调节子 | 11.9 |
| LCAZH_0451 | 转录调节蛋白 | 8.19 |
| LCAZH_0476 | 预测的转录调节蛋白 | 7.92 |
| LCAZH_2574 | $NAD^+$-依赖型蛋白脱乙酰酶，SIR2 家族 | 6.29 |
| LCAZH_2847 | xre 家族转录调节蛋白 | 7.03 |
| 细胞壁/膜生物合成 | | |
| LCAZH_0835 | 糖基转移酶 | 6.02 |
| LCAZH_2398 | 预测外膜蛋白 | 5.18 |
| 翻译后修饰，蛋白质转换，分子伴侣 | | |
| LCAZH_0619 | 分子伴侣 | 7.54 |
| LCAZH_1190 | 肽甲硫氨酸亚砜还原酶 | 5.93 |
| LCAZH_1457 | 谷氨酰还原酶相关蛋白 | 5.22 |
| LCAZH_1988 | Clp 蛋白酶 ATP 结合亚基，DnaK/DnaJ 伴侣蛋白 | 13.5 |
| LCAZH_2811 | 分子伴侣 | 7.33 |
| 复制、重组和修复 | | |
| LCAZH_2178 | 3-甲基腺嘌呤 DNA 糖基化酶 | 11.5 |
| LCAZH_2258 | 核糖核苷酸还原酶，$\alpha$ 亚基 | 7.35 |
| 脂质运输与代谢 | | |
| LCAZH_2141 | 乙偶姻还原酶 | 6.24 |
| LCAZH_2677 | 膜相关磷脂磷酸酶 | 7.59 |
| 未知功能 | | |
| LCAZH_0232 | 预测的谷氨酰胺转移酶 | 7.18 |
| LCAZH_0305 | 未表征 $NAD^+$-依赖型脱氢酶 | 8.64 |
| LCAZH_0384 | 保守的假定蛋白 | 6.81 |
| LCAZH_0389 | 果聚糖水解酶 | 19.8 |
| LCAZH_0394 | 假定蛋白 | 6.18 |
| LCAZH_0452 | 保守的假定蛋白 | 5.82 |
| LCAZH_0616 | 保守的假定蛋白 | 8.7 |
| LCAZH_0678 | 保守的假定蛋白 | 6.4 |
| LCAZH_1157 | 预测的膜蛋白 | 14.5 |

## 第七章 系统生物学在益生菌 Lactobacillus casei Zhang 发酵中的应用

续表

| 功能/ORF | 描述 | 表达比率 |
| --- | --- | --- |
| LCAZH_1545 | 保守的假定蛋白 | 5.06 |
| LCAZH_1639 | 保守的假定蛋白 | 6.84 |
| LCAZH_2034 | 保守的假定蛋白 | 8.54 |
| LCAZH_2088 | 保守的假定蛋白 | 6.32 |
| LCAZH_2098 | 预测的透性酶 | 5.34 |
| LCAZH_2141 | 乙偶姻还原酶 | 6.24 |
| LCAZH_2256 | 预测的膜蛋白 | 9.13 |
| LCAZH_2257 | 保守的假定蛋白 | 7.15 |
| LCAZH_2532 | 保守的假定蛋白 | 6.65 |
| LCAZH_2583 | 外切聚磷酸酶 | 5.18 |
| LCAZH_2675 | 保守的假定蛋白 | 6.09 |
| LCAZH_2677 | 膜相关磷脂磷酸酶 | 7.59 |
| LCAZH_2812 | 保守的假定蛋白 | 6.1 |
| LCAZH_2904 | 黏附蛋白 | 6.12 |
| LCAZH_2913 | tRNA 修饰 GTPase、TrmE | 5 |
| 下调基因 | | |
| 碳水化合物运输和代谢 | | |
| LCAZH_1854 | 柠檬酸裂解酶亚基 | 0.17 |
| LCAZH_2248 | 主要促进因子超家族的渗透酶 | 0.09 |
| 核苷酸运输和代谢 | | |
| LCAZH_1737 | 磷酸核糖胺-甘氨酸连接酶 | 0.03 |
| LCAZH_1738 | AICAR 转甲酰酶/IMP 水解酶 PurH | 0.03 |
| LCAZH_1739 | 叶酸依赖的磷酸核糖基甘氨酸酰胺甲酰转移酶 | 0.03 |
| LCAZH_1740 | 磷酸核糖酰氨基咪唑合酶 | 0.02 |
| LCAZH_1741 | 谷氨酰胺磷酸核糖基焦磷酸氨基转移酶 | 0.02 |
| LCAZH_1742 | 磷酸核糖甲酰甘氨脒合酶 | 0.05 |
| LCAZH_1743 | 磷酸核糖甲酰甘氨脒合酶，谷氨酰胺酰胺基转移酶 | 0.05 |
| LCAZH_1745 | 磷酸核糖基氨基咪唑琥珀酰胺合酶 | 0.09 |
| LCAZH_1746 | 磷酸核糖酰氨基咪唑羧化酶 | 0.06 |
| 无机离子的转运和代谢 | | |
| LCAZH_2412 | ABC 型磷酸/磷酸酯运输系统，周质复合物 | 0.05 |

续表

| 功能/ORF | 描述 | 表达比率 |
| --- | --- | --- |
| LCAZH_2413 | ABC 型磷酸/磷酸酯运输系统，ATPase 组分 | 0.05 |
| LCAZH_2414 | ABC 型磷酸/磷酸酯运输系统，透性酶组分 | 0.08 |
| LCAZH_2415 | ABC 型磷酸/磷酸酯运输系统，透性酶组分 | 0.08 |
| 能量生产与转换 | | |
| LCAZH_1855 | 柠檬酸裂解酶，$\gamma$ 亚基 | 0.16 |
| LCAZH_1856 | 柠檬酸裂解酶合成酶 | 0.13 |
| LCAZH_1858 | 甲基丙二酰 1-辅酶 A/草酰乙酸脱羧酶，$\beta$ 亚基 | 0.16 |
| LCAZH_1861 | $H^+$/柠檬酸同向转运蛋白 | 0.11 |
| 防卫机制 | | |
| LCAZH_2348 | ABC 转运子 | 0.17 |
| 未知功能 | | |
| LCAZH_0020 | 预测的金属依赖型膜蛋白酶 | 0.06 |
| LCAZH_0036 | 保守的假定蛋白 | 0.18 |
| LCAZH_0061 | 保守的假定蛋白 | 0.16 |
| LCAZH_1860 | 保守的假定蛋白 | 0.16 |
| LCAZH_1860 | 细胞壁相关水解酶 | 0.16 |
| LCAZH_2370 | 保守的假定蛋白 | 0.16 |

将不同表达基因进行功能分类，稳定生长期显著表达的 87 个不同基因中 57 个具有生物学功能，其中 40.5% 的表达上调基因与碳水化合物和能量代谢相关，45% 的表达下调基因与核苷酸的转运和代谢有关。上调基因多参与碳水化合物代谢和能量产生，包括磷酸酮醇酶（LCAZH_0200）、蔗糖磷酸化酶关联蛋白（LCAZH_0391）、甘油酸激酶（LCAZH_0392）、PTS 特异性果糖转运系统（LCAZH_0393）、$\alpha$-葡萄糖苷酶、糖基水解酶系（LCAZH_0438）、海藻糖-6-磷酸盐水解酶（LCAZH_0440）、二羟丙酮激酶（LCAZH_0453 和 LCAZH_0454）、甘露醇/果糖特异磷酸转移酶系（LCAZH_2893）、乳酸脱氢酶（LCAZH_0221）、甘油激酶（LCAZH_2627）和 pdhABCD 操纵子。此外，转录基因密码、无机离子代谢、分子伴侣和多数编码未知功能蛋白的基因也被发现上调。综合结果表明，在 L. casei Zhang 发酵牛乳过程中，大量与碳水化合物和能量代谢相关的基因高度表达。

## 二、L. casei Zhang 在豆乳发酵过程中的不同基因表达谱

依靠益生菌 L. casei Zhang 全基因组芯片，对发酵豆乳样品在 37℃恒温发酵期间于迟滞期（2h，pH 6.4）、对数生长期（9h，pH 5.2）和稳定期（14.5h，pH 4.5）三个时期的

转录谱进行分析研究,结果见表7-8和表7-9。通过比较发现,与迟滞期相比,在对数生长期有162个基因表达显著不同(>3倍)。将不同表达基因进行功能分类,对数生长期的162个显著表达基因中120个有生物学功能注释,其中48.6%的上调基因与氨基酸的转运和代谢有关,而13.0%下调基因与碳水化合物转运和代谢有关。在对数生长期,细胞壁蛋白水解酶PtrP（LCAZH_2241）被高度诱导表达,此外,蛋白酶PtrM的表达也呈现上调;细胞膜上的寡肽酶Opp操纵子中的4个基因上调表达,它们是LCAZH_2026（OppA,编码底物结合蛋白）、LCAZH_2025和LCAZH_2023（OppB和OppC,编码膜蛋白）和LCAZH_2022（OppF,编码ATP结合蛋白）;而且,细胞内的五种肽酶显著上调,其中包括四种氨肽酶（pepC1,LCAZH_2302;pepC2,LCAZH_2303;pepN,LCAZH_0499;pepX,LCAZH_1641）和一种三肽酶蛋白质（pepT-2,LCAZH_0338）。

表7-8 益生菌 L. casei Zhang 发酵豆乳对数生长期与迟滞期相比基因表达列表

| 功能/ORF | 基因 | 描述 | 表达比率 |
|---|---|---|---|
| 上调基因 | | | |
| 碳水化合物运输和代谢 | | | |
| LCAZH_0404 | levC | LevC 蛋白 | 3.11 |
| LCAZH_0435 | levE | 磷酸转移酶系统,甘露糖/果糖/N-乙酰半乳糖特异性成分ⅡB | 3.18 |
| LCAZH_0436 | levF | 磷酸转移酶系统,甘露糖/果糖/N-乙酰半乳糖特异性成分ⅡC | 3.12 |
| LCAZH_0596 | galF | 半乳糖激酶 | 6.72 |
| LCAZH_2842 | manM | 甘露糖专用PTS系统组分ⅡC | 3.86 |
| LCAZH_2843 | manL | 磷酸转移酶系统,甘露糖/果糖特异性成分ⅡA | 3.75 |
| 氨基酸的运输和代谢 | | | |
| LCAZH_0201 | oppA | ABC型寡肽转运系统,周质组分 | 17.44 |
| LCAZH_0289 | livA | ABC型支链氨基酸转运系统,周质组分 | 3.79 |
| LCAZH_0290 | livB | 支链氨基酸ABC转运系统,透性酶组分 | 4.48 |
| LCAZH_0291 | livC | 预测的氨基酸ABC转运系统,透性酶组分 | 3.59 |
| LCAZH_0338 | pepT-2 | 肽酶T | 21.05 |
| LCAZH_0339 | oppA | ABC型寡肽转运系统,周质组分 | 28.19 |
| LCAZH_0499 | pepN | 氨基肽酶N | 3.21 |
| LCAZH_0519 | brnQ | 支链氨基酸渗透酶 | 46.76 |
| LCAZH_0537 | metF | 5,10-亚甲基四氢叶酸还原酶 | 5.31 |
| LCAZH_0538 | metE | 甲硫氨酸合成酶2（钴胺素依赖型） | 5.46 |
| LCAZH_0552 | sstT | $Na^+/H^+$-二羧酸同向转运蛋白 | 3.19 |

续表

| 功能/ORF | 基因 | 描述 | 表达比率 |
|---|---|---|---|
| LCAZH_1414 | hisC | 组氨酸磷酸/芳香氨基转移酶和钴酸脱羧酶 | 8.35 |
| LCAZH_1415 | hisE | 磷酸核糖-ATP 焦磷酸水解酶 | 8.52 |
| LCAZH_1416 | hisI | 磷酸核糖-ATP 焦磷酸水解酶 | 6.63 |
| LCAZH_1417 | hisF | 咪唑甘油磷酸酯合酶 | 8.4 |
| LCAZH_1418 | hisA | 磷酸核糖亚胺甲基-5-氨基咪唑羧酰胺核苷酸异构酶 | 8.24 |
| LCAZH_1419 | hisH | 谷氨酰胺酰胺基转移酶 | 10.36 |
| LCAZH_1420 | hisB | 咪唑甘油磷酸酯脱氢酶 | 10.76 |
| LCAZH_1421 | hisD | 组氨醇脱氢酶 | 11.13 |
| LCAZH_1422 | hisG | ATP 磷酸核糖转移酶 | 9.41 |
| LCAZH_1423 | hisX | 组氨酸生物合成中 ATP 磷酸核糖转移酶 | 11.42 |
| LCAZH_1641 | pepX | X-脯氨酰二肽氨基肽酶 | 4.61 |
| LCAZH_1957 | glnP | BC 型氨基酸转运系统，渗透酶成分 | 3.55 |
| LCAZH_1958 | glnM | ABC 型氨基酸转运系统，渗透酶成分 | 3.73 |
| LCAZH_1959 | glnH1 | ABC 型氨基酸转运/信号转导系统，周质组分 | 3.43 |
| LCAZH_1960 | glnQ | ABC 型极性氨基酸转运系统，ATPase 组分 | 3.3 |
| LCAZH_1980 | ilvE | 分支氨基酸转氨酶/4-氨基-4-脱氧分支酸裂解酶 | 7.3 |
| LCAZH_2022 | oppF | ABC 型寡肽转运系统，ATP 酶成分 | 5 |
| LCAZH_2023 | oppD | ABC 型二肽/寡肽/镍转运系统，ATP 酶组成 | 4.96 |
| LCAZH_2025 | oppB | ABC 型二肽/寡肽/镍转运系统，渗透酶组分 | 6.49 |
| LCAZH_2026 | oppA | ABC 型寡肽转运系统，周质组分 | 3.06 |
| LCAZH_2302 | pepC1 | 氨肽酶 C | 5.76 |
| LCAZH_2303 | pepC2 | 氨肽酶 C | 3.17 |
| LCAZH_2518 | gltD | 依赖 NADPH 的谷氨酸合成酶-链相关氧化还原酶 | 21.32 |
| LCAZH_2519 | gltB | 谷氨酸合成酶结构域 3 | 19.44 |
| 脂质运输与代谢 | | | |
| LCAZH_2068 | accA | 乙酰辅酶 α 羧化酶亚基 | 3.8 |
| LCAZH_2069 | accD | 乙酰辅酶 β 羧化酶亚基 | 5.73 |
| LCAZH_2070 | accC2 | 生物素羧化酶 | 7.84 |
| LCAZH_2071 | fabA | 3-羟基肉豆蔻酯/3-羟基癸酰-（酰基载体蛋白）脱水酶 | 14.09 |
| LCAZH_2072 | accB | 生物素羧基载体蛋白 | 13.41 |

# 第七章
## 系统生物学在益生菌 Lactobacillus casei Zhang 发酵中的应用

续表

| 功能/ORF | 基因 | 描述 | 表达比率 |
|---|---|---|---|
| LCAZH_2073 | fabF | 3-氧酰基-酰基载体蛋白合酶 | 17.14 |
| LCAZH_2074 | fabG | 3-氧酰基-酰基载体蛋白还原酶 | 19.31 |
| LCAZH_2075 | fabD | （酰基载体蛋白质）-S-丙二酰转移酶 | 19.67 |
| LCAZH_2076 | fabK | 双加氧酶 | 9.01 |
| LCAZH_2077 | acpP | 酰基载体蛋白质 | 10.8 |
| LCAZH_2078 | fabH | 3-氧酰基-酰基载体蛋白质合成酶Ⅲ | 6.71 |
| LCAZH_2079 | marR | 转录调控蛋白 | 6.51 |
| LCAZH_2080 | fabZ1 | 3-羟基肉豆蔻酰/3-羟基癸酰-（酰基载体蛋白）脱水酶 | 9.09 |
| 能源生产与转换 | | | |
| LCAZH_0682 | mleS | 乳酸酶 | 3.67 |
| LCAZH_0683 | mleP2 | 苹果酸通透酶 | 4.47 |
| LCAZH_1303 | ldh | 苹果酸/乳酸脱氢酶 | 3.13 |
| LCAZH_1413 | ydgI | 硝基还原酶 | 3.09 |
| LCAZH_2031 | yrjC | 铁结合氧化酶亚基 | 3.28 |
| LCAZH_2905 | ypjH | 甘油脱氢酶 | 19.97 |
| 翻译后修饰，蛋白质转换，分子伴侣 | | | |
| LCAZH_1048 | hflC | 膜蛋白酶亚基，气孔抑制蛋白/禁止蛋白家族 | 6.61 |
| LCAZH_2241 | PrtP | 类枯草菌素蛋白酶-丝氨酸蛋白酶 | 23.02 |
| LCAZH_2242 | PrtM | 类细蛋白肽酰脯氨酰异构酶 | 3 |
| 防卫机制 | | | |
| LCAZH_0466 | pbpE | $\beta$-内酰胺酶 C 类相关青霉素结合蛋白 | 7.66 |
| LCAZH_1216 | yvfR | ABC 型多药转运系统，ATPase 成分 | 5.72 |
| LCAZH_1217 | yvfR | ABC 型多药转运系统，ATPase 成分 | 7.63 |
| LCAZH_2155 | cydC | ABC 型多药转运系统，ATP 酶和渗透酶成分 | 3.23 |
| 细胞壁/膜合成 | | | |
| LCAZH_0467 | ykfB | 烯醇化酶超家族的 L-丙氨酸-D，L-谷氨酸异丙酯酶相关酶 | 8.27 |
| LCAZH_0597 | galE4 | UDP-葡萄糖-4-差向异构酶 | 5.03 |
| 复制、重组和修复 | | | |
| LCAZH_2542 | mulT | NUDIX 家族水解酶 | 4.94 |

续表

| 功能/ORF | 基因 | 描述 | 表达比率 |
|---|---|---|---|
| 转录 | | | |
| LCAZH_0599 | *galR* | β-半乳糖苷酶转录调节蛋白 | 3.18 |
| LCAZH_1273 | *cspC* | 冷激蛋白 | 3.48 |
| LCAZH_2079 | *marR* | 转录调节蛋白 | 6.51 |
| LCAZH_2847 | — | xre 家族转录调节蛋白 | 3.34 |
| LCAZH_2848 | — | 转录调节蛋白 | 4.36 |
| 信号转导机制 | | | |
| LCAZH_1214 | *rrp6* | DNA 结合反应调节剂，CitB 家族（Rec-wHTH 域） | 3.02 |
| LCAZH_1215 | *hpk6* | 组氨酸激酶信号转导 | 4.44 |
| 未知功能 | | | |
| LCAZH_0229 | — | 预测的膜蛋白 | 3.49 |
| LCAZH_0417 | — | NAD/NADP 章鱼碱/胭脂氨酸脱氢酶 | 3.66 |
| LCAZH_0525 | — | 保守的假定蛋白 | 9.09 |
| LCAZH_0534 | — | 预测的膜蛋白 | 3.56 |
| LCAZH_0536 | — | 保守的假定蛋白 | 3.81 |
| LCAZH_0588 | — | 假定的蛋白 | 5.89 |
| LCAZH_0947 | — | ABC 型非特征性转运系统，ATP 酶组分 | 4.1 |
| LCAZH_1024 | *pheB* | ACT 域包含蛋白 | 3.26 |
| LCAZH_1049 | — | 保守的假定蛋白 | 4.92 |
| LCAZH_1213 | — | 保守的假定蛋白 | 17.04 |
| LCAZH_1304 | — | 保守的假定蛋白 | 3.42 |
| LCAZH_1376 | *hly* | 预测的膜蛋白、溶血素Ⅲ相关蛋白 | 4.31 |
| LCAZH_1721 | — | 保守的假定蛋白 | 7.97 |
| LCAZH_1722 | — | 保守的假定蛋白 | 7.88 |
| LCAZH_2081 | — | 保守的假定蛋白 | 7.92 |
| LCAZH_2547 | — | 预测的膜蛋白 | 112.94 |
| 下调基因 | | | |
| 碳水化合物运输和代谢 | | | |
| LCAZH_0334 | — | PTS 系统ⅡA 组分 | 0.29 |
| LCAZH_0357 | *rbsC* | 核糖/木糖/阿拉伯糖/半乳糖 ABC 型转运系统，渗透酶成分 | 0.32 |

续表

| 功能/ORF | 基因 | 描述 | 表达比率 |
|---|---|---|---|
| LCAZH_0503 | — | 糖磷酸异构酶/差向异构酶 | 0.28 |
| LCAZH_0550 | treA | α-磷酸海藻糖酶 | 0.16 |
| LCAZH_0551 | pts4ABC | β-葡萄糖苷特异性 PTS 系统 ⅡABC 组分 | 0.2 |
| LCAZH_1109 | — | 假定的葡萄糖吸收透性酶 | 0.31 |
| LCAZH_1335 | fruA | 甘露醇/果糖特异性磷酸转移酶系统 ⅡA、ⅡB 和 ⅡC 组分的融合 | 0.24 |
| LCAZH_1336 | fruK | 塔格糖-6-磷酸激酶 | 0.17 |
| LCAZH_2777 | ugpA | ABC 型糖转运系统，透性酶组分 | 0.33 |
| **氨基酸的运输和代谢** | | | |
| LCAZH_0500 | — | 氨基酸转运蛋白 | 0.04 |
| LCAZH_0511 | cysK1 | 半胱氨酸合酶 | 0.3 |
| LCAZH_1642 | glnA | 谷氨酰胺合成酶 | 0.18 |
| LCAZH_2223 | asnA1 | L-天冬酰胺酶 | 0.05 |
| LCAZH_2873 | ansB | 天冬氨酸裂氨酶 | 0.1 |
| **复制、重组和修复** | | | |
| LCAZH_0114 | — | ADP-核糖焦磷酸水解酶 | 0.26 |
| LCAZH_0463 | tagI | 3-甲基腺嘌呤 DNA 糖苷酶 | 0.22 |
| LCAZH_0899 | uvrB | DNA 切割修复解旋酶亚基复合物 | 0.24 |
| LCAZH_0900 | uvrA1 | 核酶 ATPase 亚基 | 0.18 |
| LCAZH_1027 | — | 用于 DNA 修复的核苷酸转移酶/DNA 聚合酶 | 0.22 |
| LCAZH_2258 | — | 核糖核苷酸还原酶，α 亚基 | 0.2 |
| LCAZH_2619 | recA | RecA/RadA 重组酶 | 0.33 |
| **防卫机制** | | | |
| LCAZH_1890 | msbA | ABC 型转运系统，ATP 酶组成 | 0.33 |
| LCAZH_1891 | — | 保守的假定蛋白 | 0.27 |
| LCAZH_2433 | — | ABC 型抗菌肽转运系统，渗透酶成分 | 0.15 |
| LCAZH_2434 | — | ABC 型抗菌肽转运系统，ATP 酶组成 | 0.21 |
| **核苷酸运输和代谢** | | | |
| LCAZH_0853 | guaC | IMP 脱氢酶/GMP 还原酶 | 0.33 |
| LCAZH_1193 | dukA | 脱氧核糖核苷激酶 | 0.11 |
| LCAZH_1458 | nrdE | 核糖核苷酸还原酶，α 亚基 | 0.22 |
| LCAZH_1459 | nrdF | 核糖核苷酸还原酶，β 亚基 | 0.24 |

续表

| 功能/ORF | 基因 | 描述 | 表达比率 |
|---|---|---|---|
| 无机离子的转运和代谢 | | | |
| LCAZH_0576 | amtb | 氨透性酶 | 0.1 |
| LCAZH_0645 | pacL3 | 阳离子运输 ATPase | 0.18 |
| LCAZH_1274 | pstF | ABC 型磷酸盐转运系统，周质组分 | 0.08 |
| LCAZH_2388 | mtsB | ABC 型 $Mn^{2+}/Zn^{2+}$ 转运系统，透性酶组分 | 0.23 |
| 翻译后修饰，蛋白质转换，分子伴侣 | | | |
| LCAZH_1457 | nrdH | 谷氧还蛋白相关蛋白 | 0.17 |
| LCAZH_1512 | msrA3 | 保守的常与肽甲硫氨酸亚砜还原酶相关的结构域 | 0.18 |
| LCAZH_2811 | hsp3 | 分子伴侣（小热休克蛋白） | 0.19 |
| 转录 | | | |
| LCAZH_0549 | treR | 转录调节蛋白 | 0.32 |
| LCAZH_1195 | — | 转录调节蛋白 | 0.33 |
| LCAZH_1337 | — | 乳糖运输调节蛋白 | 0.15 |
| 信号转导机制 | | | |
| LCAZH_2879 | — | 组氨酸激酶调节柠檬酸/苹果酸代谢的信号转导 | 0.31 |
| 能量生产与转换 | | | |
| LCAZH_2390 | aldA | $NAD^+$-依赖型醛脱氢酶 | 0.31 |
| 辅酶运输和代谢 | | | |
| LCAZH_1192 | — | 烟酰胺单核苷酸运输蛋白 | 0.08 |
| 细胞壁/膜合成 | | | |
| LCAZH_0973 | glmS | 氨基葡萄糖-6-磷酸合成酶/酰胺转移酶和磷酸异构酶结构域 | 0.23 |
| 未知功能 | | | |
| LCAZH_0224 | — | 保守的假定蛋白 | 0.2 |
| LCAZH_0225 | — | 保守的假定蛋白 | 0.14 |
| LCAZH_0226 | — | 保守的假定蛋白 | 0.15 |
| LCAZH_0521 | — | 保守的假定蛋白 | 0.27 |
| LCAZH_0523 | — | 保守的假定蛋白 | 0.24 |
| LCAZH_0524 | — | 保守的假定蛋白 | 0.26 |
| LCAZH_0626 | — | 保守的假定蛋白 | 0.33 |

# 第七章
系统生物学在益生菌 Lactobacillus casei Zhang 发酵中的应用

续表

| 功能/ORF | 基因 | 描述 | 表达比率 |
|---|---|---|---|
| LCAZH_0685 | — | 保守的假定蛋白 | 0.28 |
| LCAZH_0886 | — | 保守的假定蛋白 | 0.31 |
| LCAZH_0959 | — | 保守的假定蛋白 | 0.31 |
| LCAZH_1023 | — | 保守的假定蛋白 | 0.31 |
| LCAZH_1511 | — | 保守的假定蛋白 | 0.3 |
| LCAZH_1621 | — | 保守的假定蛋白 | 0.2 |
| LCAZH_1848 | — | 可能来源于噬菌体的假定蛋白质 | 0.33 |
| LCAZH_1891 | — | 保守的假定蛋白 | 0.27 |
| LCAZH_1894 | — | 保守的假定蛋白 | 0.29 |
| LCAZH_2038 | — | 保守的假定蛋白 | 0.25 |
| LCAZH_2039 | — | 保守的假定蛋白 | 0.29 |
| LCAZH_2257 | — | 保守的假定蛋白 | 0.2 |
| LCAZH_2332 | — | 保守的假定蛋白 | 0.29 |
| LCAZH_2435 | — | 保守的假定蛋白 | 0.23 |
| LCAZH_2687 | — | 保守的假定蛋白 | 0.33 |
| LCAZH_2688 | — | 保守的假定蛋白 | 0.31 |
| LCAZH_2689 | — | 保守的假定蛋白 | 0.22 |
| LCAZH_2812 | — | 保守的假定蛋白 | 0.12 |
| LCAZH_2898 | — | 保守的假定蛋白 | 0.2 |

与对数生长期相比，稳定期有 63 个基因表达显著不同（>3 倍或<1/3），见表 7-9，其中 48.8%的差异表达基因与氨基酸转运和代谢相关。综合结果表明，在发酵豆乳过程中，大量与氨基酸转运和代谢相关的基因高度表达。支链氨基酸代谢相关基因呈现出不同表达模式，其中 brnQ（LCAZH_0519）、livC（LCAZH_0291）、livB（LCAZH_0290）和 livA（LCAZH_0289）在对数生长后期高度表达，而进入稳定期后 livC（LCAZH_0291）和 livB（LCAZH_0290）表达下调。同时，一个谷氨酸转运操纵子（glnQHMP，LCAZH_1957-LCAZH_1960）和与谷氨酸生物合成有关的两个基因（gltD，LCAZH_2518；gltB，LCAZH_2519）的表达显著上调。此外，组氨酸和赖氨酸的生物合成途径在对数生长后期和稳定期被大量诱导；与谷氨酸的生物合成途径相关的基因 gltB（LCAZH_2519）和 gltD（LCAZH_2518），与甲硫氨酸相关的基因 metE（LCAZH_0538）和 metF 的表达也相应增加，在稳定期，还发现另外一个与甲硫氨酸生物合成有关的基因（metC，LCAZH_

0514）也呈现表达上调趋势。

表7-9　益生菌 *L. casei* Zhang 发酵豆乳稳定生长期与对数生长期相比基因表达列表

| 功能/ORF | 基因 | 描述 | 表达比率 |
|---|---|---|---|
| 上调基因 | | | |
| **碳水化合物运输和代谢** | | | |
| LCAZH_1336 | *fruK* | 塔格糖-6-磷酸激酶 | 3.12 |
| LCAZH_2382 | — | 主要促进因子超家族的渗透酶 | 4.25 |
| **氨基酸的运输和代谢** | | | |
| LCAZH_0104 | *dapB* | 二氢甲基吡啶酸还原酶 | 9.24 |
| LCAZH_0105 | *dapA* | 二氢甲基吡啶酸合酶/N-乙酰神经氨酸裂解酶 | 9.28 |
| LCAZH_0106 | *dapE* | 金属离子依赖型酰胺酶/氨酰基转移酶/羧肽酶 | 10.06 |
| LCAZH_0107 | *dapD* | 四氢吡啶-N-琥珀酰转移酶 | 5.08 |
| LCAZH_0108 | *lysA* | 二氨基庚酸脱羧酶 | 8.16 |
| LCAZH_0418 | *glnQ* | 假定的氨基酸 ABC 转运蛋白，ATP 结合蛋白 | 5.64 |
| LCAZH_0419 | *atmA* | 假定的氨基酸 ABC 转运蛋白，周质氨基酸结合蛋白 | 5.58 |
| LCAZH_0420 | — | 假定的氨基酸 ABC 转运蛋白，透性酶 | 5.25 |
| LCAZH_0421 | *tcyL* | 假定的氨基酸 ABC 转运蛋白，透性酶 | 5.23 |
| LCAZH_0514 | *metC* | 胱硫醚 $\beta$-裂解酶/胱硫醚 $\gamma$ 合酶 | 5.76 |
| LCAZH_0515 | — | ABC 氨基酸转运系统/信号传导系统 | 6.26 |
| LCAZH_0516 | — | ABC 型氨基酸转运系统，渗透酶成分 | 6.25 |
| LCAZH_0537 | *metF* | 5,10-亚甲基四氢叶酸还原酶 | 5.01 |
| LCAZH_0538 | *metE* | 甲硫氨酸合成酶Ⅱ（钴胺非依赖性） | 4.92 |
| LCAZH_0708 | — | 甲硫氨酸合成酶Ⅱ（钴胺非依赖性） | 4.5 |
| LCAZH_0803 | — | 假定的 L-天冬氨酸转运蛋白 | 3.23 |
| LCAZH_2850 | — | ABC 型氨基酸转运/信号转导系统，周质组分 | 6.98 |
| LCAZH_2851 | — | ABC 型极性氨基酸转运系统，ATP 酶组成 | 7.21 |
| **无机离子的转运和代谢** | | | |
| LCAZH_0131 | *cadA* | 阳离子转运 ATPase | 6.89 |
| LCAZH_0577 | — | 预测的铁依赖过氧化物酶 | 3.43 |
| LCAZH_1165 | — | ABC 型金属离子转运系统，周质组分/表面抗原 | 3.83 |
| LCAZH_2378 | *mntH2* | NRAMP 家族 $Mn^{2+}$ 和 $Fe^{3+}$ 转运蛋白 | 3.62 |

## 第七章 系统生物学在益生菌 Lactobacillus casei Zhang 发酵中的应用

续表

| 功能/ORF | 基因 | 描述 | 表达比率 |
|---|---|---|---|
| LCAZH_2810 | *cadA* | 阳离子转运 ATPase | 8.91 |
| **翻译后修饰，蛋白质转换，伴侣** | | | |
| LCAZH_0619 | — | 分子伴侣（小热休克蛋白） | 3.48 |
| LCAZH_2473 | *ahpC* | 过氧化物酶 | 4.53 |
| **转录** | | | |
| LCAZH_1337 | — | 乳糖转运调控蛋白 | 3.67 |
| LCAZH_2386 | — | 预测的转录调控蛋白 | 3.08 |
| **次级代谢产物生物合成、运输和分解代谢** | | | |
| LCAZH_2383 | *sufI* | 假定的多铜氧化酶 | 4.11 |
| **信号转导机制** | | | |
| LCAZH_0709 | *luxs* | 自动诱导剂 AI2 合成 luxs 样蛋白 | 3.41 |
| **辅酶运输和代谢** | | | |
| LCAZH_0535 | *pdxK* | 吡哆醛、吡哆醇、吡哆胺激酶 | 3.6 |
| **未知功能** | | | |
| LCAZH_0389 | — | 果聚糖水解酶 | 3.31 |
| LCAZH_0417 | — | NAD/NADP 章鱼碱/胭脂碱脱氢酶 | 5.28 |
| LCAZH_0431 | — | 未表征 NAD（FAD）-依赖型脱氢酶 | 6.27 |
| LCAZH_0536 | — | 保守假定蛋白 | 3.85 |
| LCAZH_0616 | — | 保守假定蛋白 | 7.43 |
| LCAZH_1862 | — | 保守假定蛋白 | 3.21 |
| LCAZH_2030 | — | 保守假定蛋白 | 3.21 |
| LCAZH_2034 | — | 保守假定蛋白 | 3.65 |
| LCAZH_2376 | — | 保守假定蛋白 | 4.77 |
| LCAZH_2381 | — | 保守假定蛋白 | 8.27 |
| LCAZH_2384 | — | 假定蛋白 | 9.32 |
| LCAZH_2385 | — | 膜完整蛋白 | 8.07 |
| LCAZH_2553 | — | ABC 型非特征性转运系统，ATPase 组件 | 3.33 |
| LCAZH_2554 | — | ABC 型非特征性转运系统，渗透酶组分 | 3.35 |

续表

| 功能/ORF | 基因 | 描述 | 表达比率 |
|---|---|---|---|
| 下调基因 | | | |
| 氨基酸的运输和代谢 | | | |
| LCAZH_0290 | livB | 支链氨基酸 ABC 型转运系统，透性酶组分 | 0.29 |
| LCAZH_0291 | livC | 预测的氨基酸 ABC 型转运系统，透性酶组分 | 0.3 |
| LCAZH_0293 | livF | ABC 型支链氨基酸转运系统，ATPase 组分 | 0.3 |
| LCAZH_0552 | sstF | $Na^+/H^+$-二羧酸同向转运蛋白 | 0.24 |
| 翻译后修饰，蛋白质转换，分子伴侣 | | | |
| LCAZH_1048 | — | 膜蛋白酶亚基，膜蛋白/抑制素家族 | 0.33 |
| LCAZH_2241 | PrtP | 类枯草菌素丝氨酸蛋白酶 | 0.17 |
| 防卫机制 | | | |
| LCAZH_1927 | — | ABC 型抗菌肽转运系统，透性酶组分 | 0.25 |
| LCAZH_1928 | — | ABC 型抗菌肽转运系统，ATPase 组分 | 0.31 |
| LCAZH_2155 | — | ABC 型多药转运系统，ATP 酶和渗透酶组分 | 0.32 |
| 能量生产与转换 | | | |
| LCAZH_0682 | mles | 乳酸酶 | 0.17 |
| LCAZH_0683 | MleP2 | 苹果酸透性酶 | 0.18 |
| 无机离子的转运和代谢 | | | |
| LCAZH_2415 | phnE | ABC 型磷酸转运系统，透性酶组分 | 0.26 |
| 次级代谢产物生物合成、运输和分解代谢 | | | |
| LCAZH_0737 | ditA | D-丙氨酸激活酶 | 0.2 |
| 未知功能 | | | |
| LCAZH_0372 | — | 保守的假定蛋白 | 0.28 |
| LCAZH_0373 | — | 保守的假定蛋白 | 0.24 |
| LCAZH_1452 | — | 预测氧化还原酶 | 0.31 |
| LCAZH_1530 | — | 保守的假定蛋白 | 0.28 |

# 第三节 益生菌 L. casei Zhang 比较蛋白质组学研究益生菌

## 一、蛋白质组学分析 L. casei Zhang 在牛乳和豆乳中的生长差异

L. casei Zhang 可以在牛乳和豆乳中生长，其中牛乳样品在迟滞期（pH 6.4）、对数生长期（pH 5.2）、稳定期（pH 4.5）分别检测到 948±21、1048±36、991±18 个蛋白点，豆乳样品在迟滞期、对数期、稳定期分别检测到 978±23、1054±31、998±20 个蛋白点。双向凝胶电泳显示，不同生长时期在牛乳和豆乳中，共有 144 个显著差异表达蛋白点，通过 MALDI-TOF/MS 和 MALDI-TOF/TOF 鉴定出 104 个蛋白点。

与牛乳相比，在豆乳中三个不同生长时期分别有 34、64 和 46 个蛋白差异表达：①在迟滞生长期，表达上调 2 倍的蛋白点 24 个，表达下调 2 倍的蛋白点 5 个。此外，2 个蛋白点只有在牛乳中可以检测到，2 个蛋白点只有在豆乳中检测到。②在对数生长期，表达上调 2 倍的蛋白点 34 个，表达下调 2 倍的蛋白点 10 个。12 个蛋白点只有在牛乳中检测到，8 个蛋白点只有在豆乳中检测到。③在稳定生长期，表达上调 2 倍的蛋白点 33 个，表达下调 2 倍的蛋白点 4 个。3 个蛋白点只有在牛乳中检测到，6 个蛋白点只有在豆乳中检测到。

与牛乳相比，在豆乳中的培养不同程度地诱导了与氨基酸代谢，特别是与甲硫氨酸、赖氨酸和谷氨酸代谢相关的 16 种酶的表达。在豆乳中生长的对数期，NAD-类醛脱氢酶（LCAZH_2249）表达上调。在豆乳中生长稳定期，合成甲硫氨酸氨基酰 tRNA 所需的 methyonyl-tRNA 合成酶（LCAZH_2568）及甲硫氨酸氨基酰 tRNA 蛋白点的表达量提高；谷氨酰胺合成酶（GlnA，LCAZH_1642）和葡萄糖胺-6-磷酸酰胺转移酶区域（GlmS，LCAZH_0973）的表达上调；三肽酶蛋白点（PepT，LCAZH_0338）、二肽酶（PepD3，LCAZH_1917）和氨肽酶（PepN，LCAZH_0499）达到更高水平表达。在豆乳中生长后期，与赖氨酸的合成有关的二氢吡啶二羧酸还原酶（DapB，LCAZH_0104）、二氢吡啶二羧酸合酶（LCAZH_0105）和二氨基庚二酸表异构酶（DapF，LCAZH_0110）的表达上调。

蛋白质组学分析了在三个不同生长时期核苷酸代谢系统的特征性蛋白点，其中 12 个在豆乳生长过程中上调控，3 个在牛乳生长过程中上调控，说明其与豆乳和牛乳中的生长有重要的关系。在迟滞期，9 个表达变化的核苷酸酶中，只有 1 个在牛乳中表达水平高于豆乳，其余 8 个在豆乳中表达水平高于牛乳。在牛乳中只有参与嘧啶代谢的二氢乳清酸脱氢酶（LCAZH_1742）表达上调。在豆乳中高表达的酶分别是，与嘌呤代谢有关的磷酸核糖甲酰甘氨脒合酶（PurS，LCAZH_1742）、磷酸核糖氨基咪唑琥珀酰胺合酶（PurC，LCAZH_1745）和 IMP 脱氢酶（GuaB，LCAZH_0241）。与嘧啶代谢有关的是天冬氨酸氨甲酰基转移酶（PyrB，LCAZH_1444）、胞嘧啶核苷三磷酸合酶（PyrG，LCAZH_2536）、二氢乳清酸酶（PyrC，LCAZH_1443）和嘧啶操纵子衰减蛋白质（LCAZH_1446）；而谷氨酰胺磷酸核糖焦磷酸氨基转移酶（PurF，LCAZH_1741）对应的蛋白点仅在豆乳中

发现。在对数期和稳定期，在牛乳中，与5′-核苷酸酶/2′,3′-环状磷酸二酯酶有关的酯酶（LCAZH_1347）和NCAIR合成酶（LCAZH_1099）表达增加。豆乳中核苷2′-脱氧核糖基转移酶（LCAZH_2259）、二氢乳清酸酶（LCAZH_1443）和嘧啶操纵子衰减蛋白质（LCAZH_1446）表达上调；此外，甲酰四氢叶酸合成酶（LCAZH_1499）仅在豆乳的对数期被发现。

*L. casei* Zhang 的糖酵解代谢途径的关键酶6-磷酸果糖酶（PfK，LCAZH_1351），在豆乳发酵的迟滞期过程中的活性是牛乳中的2倍。L-乳酸脱氢酶（LDH，LCAZH_2572）和3-磷酸甘油酸酯激酶（LCAZH_0911），在豆乳发酵过程的对数期和稳定期的活性较牛乳中均有提高。这些结果表明，为了获取能量，*L. casei* Zhang 在豆乳中的糖酵解能力强于牛乳中。在丙酮酸代谢系统，丙酮酸脱氢酶PDHE3（LCAZH_1302）和丙酮酸脱氢酶复合物E1-β-亚基（LCAZH_1300）在豆乳发酵的迟滞期和对数期中表达增强；生物素羧化酶（AccC2，LCAZH_2070）和3-氧酰基-（酰载体蛋白）合酶（FabF，LCAZH_2073）在豆乳发酵过程中迟滞期和稳定期中表达上调。苹果酸酶（LCAZH_0682）和乙醛脱氢酶（LCAZH_0718）在豆乳发酵过程中对数期和稳定期表达上调。在戊糖磷酸途径中，在豆乳发酵过程的迟滞期和稳定期，磷酸酮醇酶（LCAZH_0200）和3-羧基黏康酸环化酶的表达上调。

## 二、不同酸性环境对 *L. casei* Zhang 蛋白质组表达谱的影响

*L. casei* Zhang 在初始pH为6.4的MRS培养基条件下于3h进入对数生长期（pH 6.27，$OD_{600}$为0.122），6h进入对数生长中期（pH 5.6，$OD_{600}$为0.7），8h时进入平台期（pH 4.3，$OD_{600}$为1.8）。经过24h的培养，*L. casei* Zhang 活菌数可以达到$9.61 \times 10^8$ CFU/mL，随着L-乳酸的不断积累，培养基pH由初始6.4降到3.7。*L. casei* Zhang 不同生长阶段实际上也是菌体对培养基酸性环境的响应过程。为了准确获得蛋白质表达信息，利用双向电泳（2-DE）对 *L. casei* Zhang 在对数生长期和稳定期的蛋白质进行分离，并分别构建了双向凝胶电泳图谱。在对数生长期的2-DE图谱可获得487±21个蛋白点，稳定期为494±13个蛋白点。利用MALDI-TOF/MS质谱技术对高丰度蛋白点及不同时期表达的差异蛋白质进行了鉴定，并利用串联质谱MALDI-TOF/TOF建立了部分蛋白质的二级质谱。在选取的146个蛋白点中（包括差异蛋白点及高丰度蛋白点）共鉴定出110种蛋白质。

根据COG分类，如图7-6所示，糖代谢相关蛋白所占比例最高为25%，说明这类蛋白质在菌体生长中起到重要作用。其次为能量代谢相关蛋白、翻译和核糖体蛋白及分子伴侣蛋白等，约占总鉴定蛋白的10%。利用PSORT Version 2.0对蛋白质在细胞中的定位做了预测。在鉴定的蛋白质中，98种蛋白质位于细胞质内，8种蛋白质定位于细胞膜，其中6种鉴定为ABC型转运蛋白，25种蛋白质未确定定位。密码子适应指数可用于推测细胞内蛋白质表达丰度。CAI值（Codon Adaptation Index，密码子适应性指数）的范围为0~1，CAI值越低则表示该基因完全随机使用密码子，即采用不适密码子的概率越大，CAI值为1.0表示使用密码子的最大偏好性。*L. casei* Zhang 表达蛋白质CAI值均在0.5以上，说明

# 第七章
## 系统生物学在益生菌 *Lactobacillus casei* Zhang 发酵中的应用

所鉴定的蛋白质都是比较高表达的基因，其中甘油醛-3-磷酸脱氢酶（GAPDH）的 CAI 值最高。

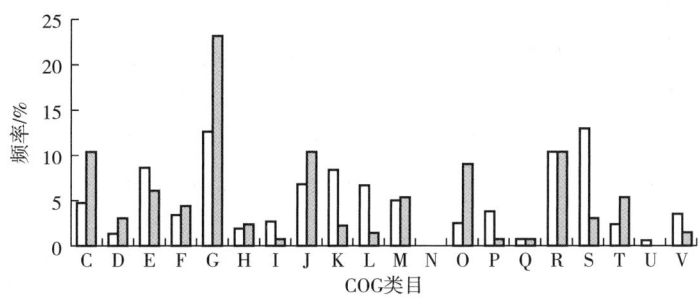

图 7-6　*L. casei* Zhang 蛋白质功能分类

□ 理论全蛋白；■ 二维电泳（pI 4-7）鉴定的蛋白

C—能量生产与转换；D—细胞周期调控、细胞分裂、染色体分裂；E—氨基酸转运与代谢；
F—核苷酸转运与代谢；G—碳水化合物转运与代谢；H—辅酶转运与代谢；
I—脂质转运与代谢；J—翻译、核糖体结构；K—转录；L—复制，重组，修复；
M—细胞壁/膜/包膜生物发生；N—细胞运动；O—翻译后修饰、蛋白质转换、伴侣蛋白；
P—无机离子转运与代谢；Q—次生代谢产物生物合成、运输和分解代谢；S—功能未知；
T—信号转导机制；U—胞内转运、分泌和膜泡运输；R——般功能预测；V—防御机制

由于表达量减弱蛋白质的鉴定率较低，结合 COG 功能分类分析，重点分析表达量增强在 2.5 倍以上且有确定功能的蛋白质在稳定期耐受性增强中所起的作用。经过图谱分析，以表达量增强（或者下降）在 2.5 倍为标准，发现有 47 种蛋白质在 *L. casei* Zhang 的对数生长阶段和稳定期的表达发生明显变化（表 7-10）。有 33 种蛋白质在稳定期表达强度至少增长 2.5 倍，包括 Hsp20、Dnak、GroEL、UspA、LuxS、PK、GalU、EstC 等 19 种蛋白质表达量增强在 3 倍以上，只有 6 种蛋白质的表达量在稳定期下降 2/5 以上，分别是 spot77、spot133、spot134、spot132、spot136、spot120。此外，2 种蛋白质（spot135 和 spot144）只在对数生长期表达，8 种蛋白质只在稳定期表达（spot9、spot55、spot67、spot93、spot130、spot131、spot137、spot138），唯一可以鉴定出的蛋白点（spot93）是 ABC-type 糖转运蛋白。

表 7-10　*L. casei* Zhang 对数生长期和稳定期表达差异蛋白质

| 点 | 蛋白 | 生物过程 | 理论相对分子质量/pI | 类型 | GiinNCBI |
|---|---|---|---|---|---|
| 44 | 丙酮酸激酶 | 糖酵解 | 62824/5.20 | 1 | gi\|116494851 |
| 45 | 丙酮酸激酶 | — | 62824/5.20 | 1 | gi\|116494851 |
| 85 | 塔格糖-1,6-二磷酸醛缩酶 | 碳水化合物代谢 | 36401/5.25 | 1 | |
| 86 | 塔格糖-1,6-二磷酸醛缩酶 | — | 36401/5.25 | 1 | gi\|116496026 |
| 54 | UDP-葡萄糖焦磷酸化酶 | — | 33798/6.11 | 1 | gi\|116494594 |

续表

| 点 | 蛋白 | 生物过程 | 理论相对分子质量/pI | 类型 | GiinNCBI |
|---|---|---|---|---|---|
| 12 | 半乳糖变性酶相关酶 | — | 32392/5.04 | 1 | gi\|116496027 |
| 14 | 丙酮酸脱氢酶复合体 E1 组分，β 亚基 L-乳酸脱氢酶 | 丙酮酸代谢 | 35333/5.19 | 1 | gi\|116494795 |
| 82 | FMN-依赖型 α-羟基酸脱氢酶 | 能量代谢 | 39206/5.25 | 1 | gi\|116495791 |
| 128 | 天冬氨酸消旋酶 | 氨基酸代谢 | 28416/5.10 | 1 | gi\|116493795 |
| 6 | 参与自诱导物 AI2 合成的 LuxS 蛋白 | — | 17427/5.93 | 1 | gi\|116494309 |
| 35 | 磷酸葡萄糖胺异构酶 | 氨基糖代谢 | 25808/5.69 | 1 | gi\|116496305 |
| 73 | N-乙酰葡萄糖胺-6-磷酸脱乙酰酶 | — | 42444/5.14 | 1 | gi\|116495286 |
| 66 | 甲硫氨酸腺苷转移酶 | — | 43032/4.75 | 1 | gi\|116494386 |
| 72 | 氨基肽酶 C | 肽酶 | 50626/5.09 | 1 | gi\|116495781 |
| 19 | 氨基肽酶 P | — | 39064/5.49 | 1 | gi\|116495125 |
| 93 | ABC 型糖转运系统/ATPase 组分 | ABC 转运系统 | 38339/5.94 | 4 | gi\|116494495 |
| 113 | ABC 型药物运输系统/ATPase 组分 | — | 28924/4.97 | 1 | gi\|116494170 |
| S | 氨基转移酶 | 转录调节子 | 44075/5.61 | 1 | gi\|116496075 |
| 69 | 延长因子 Tu | 翻译 | 43546/4.87 | 1 | gi\|116494821 |
| 1 | 分子伴侣（小热激蛋白） | 压力蛋白 | 17805/4.98 | 1 | gi\|116494235 |
| 3 | 分子伴侣（小热激蛋白） | — | 16495/5.00 | 1 | gi\|116496222 |
| 13 | 通用应激蛋白 UspA 相关核苷酸结合蛋白 | — | 18031/6.13 | 1 | gi\|116494686 |
| 20 | GroEL | — | 57365/4.89 | 1 | gi\|50403848 |
| 41 | 分子伴侣 DnaK | — | 67523/4.77 | 1 | gi\|116495047 |
| 16 | 30S 核糖体蛋白 S2 | 核糖体蛋白 | 29528/5.30 | 1 | gi\|116495068 |
| 145 | 磷酸核糖基氨基咪唑琥珀酰胺合酶 | 嘧啶/嘌呤代谢 | 27019/5.98 | 1 | gi\|116495234 |
| 50 | 酯酶/脂肪酶 | 脂代谢 | 29974/5.09 | 1 | gi\|116495317 |
| 10 | 酯酶 C | — | 29107/5.98 | 1 | gi\|22087374 |
| 31 | 金属依赖型水解酶/β-内酰胺酶超家族Ⅲ | — | 26844/5.69 | 1 | gi\|116495216 |
| 75 | 醛酮还原酶相关蛋白 | — | 30756/5.84 | 1 | gi\|116494302 |
| 129 | 糖精脱氢酶相关蛋白 | — | 23276/6.30 | 1 | gi\|116495872 |
| 80 | 未知功能 | 保守假定蛋白 LCAZH_0632 | 38957/5.02 | 1 | gi\|116494244 |

续表

| 点 | 蛋白 | 生物过程 | 理论相对分子质量/pI | 类型 | GiinNCBI |
|---|---|---|---|---|---|
| 未定义 | | | | | |
| 110（2.51），131（3.95），125（4.15） | — | — | — | 1 | — |
| 77（5.43），133（6.30），134（4.58），132（2.72），136（3.61），120（2.46）， | — | — | — | 2 | — |
| 135，144 | — | — | — | 3 | — |
| 9，55，130，131，137，138， | — | — | — | 4 | — |

L. casei Zhang 在稳定期时 pH 下降非常迅速，可以降低到 pH 4.0 以下，推测这些差异蛋白质可能受酸胁迫诱导而表达增强，也有可能是与 L. casei Zhang 自身生长相关，或者与二者都有关系。稳定期较低的 pH 诱导可能造成蛋白质差异表达，用于增强 L. casei Zhang 对外界环境的抵御能力。将表 7-10 中鉴定的 31 种表达增强蛋白质进行功能注释，其中应激蛋白及糖代谢和能量代谢相关蛋白约占 40%，它们可能对稳定期的 L. casei Zhang 具有较强耐受性发挥重要作用。5 个应激蛋白包括低分子质量热激蛋白 [sHsp，spot1（蛋白质点数）、3]，通用应激蛋白（spot13）、热激蛋白（GroEL，spot20 和 DnaK，spot41）；8 个与糖代谢和能量代谢相关蛋白，即丙酮酸激酶（PK，spot44、45）、塔格糖-1,6-二磷酸醛缩酶（spot85、86）、UDP-普通糖焦磷酸化酶（GalU，spot54）、半乳糖变旋酶（spot12）、L-乳酸脱氢酶（spot82）、丙酮酸脱氢酶 E1（spot14）、6-磷酸葡萄糖胺异构酶（spot35）、N-乙酰氨基葡萄糖-6-磷酸脱醛酶（NagA，spot73）等。其他表达增强差异蛋白质包括氨基酸代谢相关的天冬氨酸消旋酶（spot128）和核糖同型半胱氨酸酶（LuxS，spot6、34、125）蛋白；肽酶 C（spot72）和肽酶 P（spot113）；30S 核糖体蛋白 S2（spot16）；脂酶（spot50）和脂酶 C（spot10）；转录因子（spot8）、EF-Tu 延伸因子（EF-Tu，spot69）；嘧啶、嘌呤代谢 SAICAR 合成酶（spot145）；以及 3 种一般功能蛋白（spot31、75、129）和一个未知蛋白（spot80）。未知蛋白在生长过程及胁迫中可能起到特殊作用，在 L. casei Zhang 代谢中的具体功能有待进一步研究。

### 三、胆盐胁迫蛋白质组研究

作为益生菌，在定植肠道前，必然会经历人体消化道的各种极端环境，如胃酸、胆汁及肠液等。胆盐的主要作用是帮助消化脂肪，同时胆盐对细菌细胞膜中磷脂、脂肪酸和膜蛋白具有一定的破坏作用，从而改变了细菌细胞膜的渗透性，对细菌造成伤害。有关细菌耐受胆盐的研究，已经不再局限于益生菌的筛选，随着分子生物学的发展，提供了先进的研究方法和技术，而且相关技术和方法日益成熟，使得益生菌耐受胆盐的机理研究成为可能。其中，双向凝胶电泳技术是在蛋白质组水平上，通过揭示由胆盐诱导益生菌蛋白质发生差异变化，从而成为探讨益生菌耐受胆盐的分子机制的有效途径之一。

益生菌 L. casei Zhang 在耐胆盐筛选试验中，表现出较强的耐胆盐特性。研究利用双向电泳技术，比较了 L. casei Zhang 在胆盐环境中生长时蛋白质的表达变化，并利用 MALDI-TOF/MS 对可能与 L. casei Zhang 耐胆盐特性相关的差异表达蛋白质进行鉴定，为 L. casei Zhang 耐胆盐研究提供了依据。L. casei Zhang 在正常生长条件下蛋白质组 2-DE 图谱中总蛋白点数为 456±12，在含有 1.5%胆酸盐条件下 2-DE 图谱中总蛋白点数为 458±8。经图像分析软件进行差异比较发现，共 26 种蛋白质表达量变化在 2.5 倍以上。利用质谱技术，可以鉴定出 88% 的蛋白质，见表 7-11。这些蛋白点中，19 种蛋白质在 1.5% 胆酸盐中上调表达，其中包括热应激蛋白（DnaK，spot1 和 GroEL，spot2）、未知蛋白（LCAZH_0885，spot3）、N-乙酰氨基葡萄糖-6-磷酸脱醛酶（NagA，spot7）、EF-Tu 延伸因子（EF-Tu，spot8）、腺苷酸激酶（spot9）、葡萄糖焦磷酸化酶（GalU，spot10）、核糖体蛋白（spot13）、半胱氨酸激酶（CysK，spot14、21）、磷酸甘油酸变位酶（PMG，spot15）、NADH-核黄素还原酶（spot16）、酵母氨酸还原相关酶（spot17）、乙酰转移酶（spot18）、通用应激蛋白（UspA，spot19）、磷酸果糖激酶（PfK，spot22）、核糖同型半胱氨酸酶（LuxS，spot24）、肽酶（ClpYQ，spot26）以及 1 个未鉴定出的蛋白质（spot11）。

表 7-11　　　　　　　　　　　L. casei Zhang 由胆盐诱导的差异蛋白质

| 点 | 蛋白 | 变化率 | 理论相对分子质量/pI | 覆盖率/% | 功能 | 类型 | 基因 | GiinNCBI |
| --- | --- | --- | --- | --- | --- | --- | --- | --- |
| 1 | 分子伴侣 Dnak | 4.65 | 67523/4.77 | 40/198 | 压力蛋白 | 1 | dnaK | gi\|116495047 |
| 2 | GroEL | 2.50 | 57393/4.89 | 35/133 | 压力蛋白 | 1 | groEL | gi\|116495691 |
| 3 | 保守假定蛋白 LCAZH_0385 | 5.28 | 53562/4.99 | 43/156 | 未知功能 | 1 | — | gi\|116494449 |
| 4 | D-丙氨酸激活酶 | 3.71 | 56166/5.13 | 36/157 | 氨基酸代谢 | 2 | gatB | gi\|116494338 |
| 6 | NAD（FAD）-依赖型脱氢酶 | 2.72 | 49247/4.95 | 18/71 | 一般功能 | 2 | | gi\|116493853 |
| 7 | N-乙酰葡萄糖胺-6-磷酸脱乙酰酶 | 3.05 | 42444/5.14 | 36/134 | 碳水化合物代谢 | 1 | nagA | gi\|116495286 |
| 8 | 延长因子 Tu | 3.89 | 43546/4.87 | 44/202 | 翻译 | 1 | tuf | gi\|116494821 |
| 9 | 腺苷酸激酶 | 3.03 | 19827/6.31 | 51/105 | 嘌呤代谢 | 1 | | gi\|116495926 |
| 10 | UDP-葡萄糖焦磷酸化酶 | 9.41 | 33798/6.11 | 76/221 | 碳水化合物代谢 | 1 | galU | gi\|116494594 |
| 12 | 双加氧酶 | 5.55 | 34260/5.49 | 20/94 | 脂肪酸合成 | 2 | pyrD | gi\|116495575 |

续表

| 点 | 蛋白 | 变化率 | 理论相对分子质量/pI | 覆盖率/% | 功能 | 类型 | 基因 | GiinNCBI |
|---|---|---|---|---|---|---|---|---|
| 13 | 30S 核糖体蛋白 S2 | 2.78 | 29528/5.30 | 73/210 | 核糖体蛋白 | 1 | — | gi\|11649506 |
| 14 | 半胱氨酸合酶 | 4.29 | 32698/5.35 | 70/218 | 氨基酸代谢 | 1 | cysK | gi\|116494039 |
| 15 | 磷酸甘油酸酯变位酶 1 | 3.33 | 25964/5.43 | 77/143 | 糖酵解 | 1 | pmg | gi\|116495592 |
| 16 | 假定的 NADH 黄素还原酶 | 4.41 | 23283/5.78 | 59/158 | 一般功能 | 1 | — | gi\|116495300 |
| 17 | 糖精脱氢酶相关蛋白 | 2.62 | 23276/6.30 | 72/189 | 一般功能 | 1 | — | gi\|116495872 |
| 18 | 乙酰转移酶/GNAT 家族 | 10.45 | 19191/5.62 | 83/191 | 一般功能 | 1 | — | gi\|116494296 |
| 19 | 核苷酸结合蛋白 | 3.96 | 18031/6.13 | 51/127 | 压力蛋白 | 1 | nspA | gi\|116494686 |
| 21 | 半胱氨酸合成酶 | 3.03 | 32698/5.35 | 62/175 | 氨基酸代谢 | 1 | cysK | gi\|116494039 |
| 22 | 6-磷酸果糖激酶 | 2.69 | 34209/5.74 | 56/224 | 糖酵解 | 1 | Rfk | gi\|116494850 |
| 23 | 脯氨酸肽酶 | 2.59 | 40550/4.82 | 29/97 | 肽酶 | 2 | pepQ | gi\|116494352 |
| 24 | S-核糖基高半胱氨酸酶 | 8.01 | 17427/5.93 | 37/86 | 氨基酸代谢 | 1 | LuxS | gi\|116494309 |
| 25 | 肽酶 C | 2.64 | 50626/5.09 | 26/131 | 肽酶 | 2 | pepC | gi\|116495781 |
| 26 | ATP 依赖型蛋白酶 HsIVU | 2.55 | 18732/5.01 | 26/80 | 肽酶 | 1 | clpYQ | gi\|116494890 |
| 未定义 | | | | | | | | |
| 11 | | 5.71 | — | — | — | 1 | | |
| 5 | | 3.00 | — | — | — | 2 | | |
| 20 | | — | — | — | — | 3 | | |

根据 COG 功能分类，在表达增强的蛋白质中有 4 个参与糖代谢和能量代谢的酶类、2 个参与氨基酸代谢的蛋白质、1 个翻译因子、3 个应激蛋白质、1 个参与核苷酸代谢的蛋白质、1 个核糖体蛋白和 5 个未知功能的蛋白质。在 1.5% 胆盐生长时表达量下调的蛋白质共有 6 种，它们是参与氨基酸代谢的蛋白质 D-丙氨酸激活酶（spot4）、脯氨酸二肽酶（spot23）、肽酶 C（spot25），参与脂肪代谢的双加氧酶（spot12）和 NAD（FAD）脱氢酶（spot6），以及 1 个未知蛋白质（spot 5）。此外，蛋白点 spot20 只在 1.5% 胆盐生长的 2-DE 双向凝胶电泳图谱上检测到。在这些差异蛋白质中，DnaK、GroEL、NagA、EF-Tu、GalU、PK、30S 核糖体蛋白 S2、UspA、LuxS 等在 *L. casei* Zhang 稳定期时表达量也有增强，暗示它们在胆盐和酸这两种胁迫中都起到重要作用，而其他差异蛋白质可能只与胆盐耐受相关。

# 第四节 益生菌 *L. casei* Zhang 连续传代中的基因组稳定性研究

## 一、微生物遗传稳定性研究

生物进化是生命形态发生、发展、演变的过程，在这个适者生存的过程中遗传性的变异是绝对的，而稳定性却是相对的。在变异过程中，退化性的变异是大量的，而进化性的变异却又是个别的。对于在自然条件下筛选的微生物菌种，这种个别的适应性变异在不断地自然选择下得以保存和发展，最后成为进化的方向。而在人为条件下，如果不进行人工选择，可能发生大量的自发突变，最后导致菌种的衰退，在生产上就会带来菌种持续的低产、不稳定等一系列问题。对微生物进化过程中遗传稳定性的分析包括表型、细胞学、生化性质及分子生物学方面的监测。此前由于缺乏试验方法，进化过程的研究很大程度上仅限于假设研究，导致大多数抽象理论在一段时间内较难得到实验的验证。近年来，高通量测序技术和基因操作技术系统的进展，使实验室进化研究可以直接表示出进化的分子和遗传基础。由于微生物较短的传代周期、可重复性和便于维持较大的种群水平，且能够为后续研究长期保存种群，因而主要以微生物为研究对象，对于大肠杆菌的研究已完成在葡萄糖限制性培养基中连续传代培养，实验室进化也在后续其他细菌和酵母菌中开展研究。利用实验室进化微生物进行遗传稳定性的评价有几点共性：首先，基因组测序能够检测显性变异体的完整突变，同时可以确定突变之间的关系。第二，适应性突变一般与调节机制有关。第三，适应性进化过程中出现遗传变化遵循系统优化原则，且多为代谢工程优化。第四，具有改良适应性的亚种群突变体常常出现在连续培养的种群中，但是它们在种群中的动力学是复杂的，这是因为诸如自然选择、克隆干扰、移码和随机选择等影响因素的影响。

乳酸菌全基因组的获得为人们提供了研究细菌群落的进化、研究乳酸菌在复杂的发酵进程中对环境改变适应机制的便利。以从我国少数民族地区自然发酵酸马乳中分离、筛选得到的益生乳酸菌 *L. casei* Zhang 为研究对象，以普通培养基和碳源限制性培养基作为连续培养的基质，以合适接种量每传代一次，检测每个传代周期菌株生长代谢，分析其在长期连续传代过程中的表型特征、益生特性及基因组水平的变化，对该菌的稳定性做出系统评价。在连续培养 2000 代期间，*L. casei* Zhang 的细胞和菌落形态没有变化，且连续培养并不会改变培养周期内总生物量和周期末活菌数；其对各种碳水化合物的代谢能力也没有改变，且菌种活力保持良好。益生菌 *L. casei* Zhang 在两种培养基中连续培养 2000 代期间生长情况持续较好，具有非常稳定的表型特征，没有发现衰退现象。对益生菌 *L. casei* Zhang 的基本益生性能的跟踪分析表明，其对 pH2.5 人工胃液以及 pH8.0 的人工肠液、胆盐的耐受能力无变化，反映益生菌黏附性的自凝集率也没有受连续培养代数及 MRS 培养基种类的影响而发生变化，益生菌 *L. casei* Zhang 的这些益生特性在连续培养 2000 代期间均较稳定。

虽然对益生菌 *L. casei* Zhang 的遗传稳定性已经有了广泛的认识，而这种生理生化水平的观察和检测存在一定局限性，不能对于表型变异的来源和其复杂的形成机制进行深入解析。由于染色体在生物的传代和保存过程中能够保持一定的稳定性和连续性，因此结合表型特性和基因组重测序可以有效地对益生乳酸菌遗传稳定性进行深入研究，从而真正从分子水平对益生乳酸菌的遗传稳定性进行系统评价和解析，以期为益生菌的进一步开发研究以及产业化提供理论基础。

## 二、L. casei Zhang 传代期间的基因组稳定性

L. casei Zhang 在普通培养基和碳源限制性培养基中连续培养 2000 代过程中的表型特征以及益生特性基本稳定。为了深入了解传代过程中菌株的变化，从基因组水平探索其突变的机制，选取在两种培养基中连续培养至 1000 代和 2000 代的培养物以及 0 代菌株进行基因组重测序分析。通过 Miseq 高通量测序平台，大规模测序得到平均长度为 $2\times150bp$ 的 Paired-End 序列片段。以 5bp 为单位依次计算每一个单位的平均质量值大于 20 的标准，获得有效的测序数据。表 7-12 中为不同代菌株的测序量以及覆盖量。

表 7-12　　　　　　　　　L. casei Zhang 不同代菌株测序量及覆盖量

| 描述 | 配对 | 原始读取 | 原始数据/bp | 覆盖范围 |
| --- | --- | --- | --- | --- |
| L. casei Zhang-0 | 4862358 | 9724716 | 1458707400 | 503 |
|  | 4377061 | 8754122 | 1313118300 | 453 |
| L. casei Zhang-1000- | 2568339 | 5136678 | 770501700 | 265 |
|  | 2389629 | 4779258 | 716888700 | 247 |
| L. casei Zhang-1000+ | 3252277 | 6504554 | 975683100 | 336 |
|  | 2600786 | 5201572 | 780235800 | 269 |
| L. casei Zhang-2000- | 954501 | 1909002 | 286350300 | 98 |
|  | 882956 | 1765912 | 264886800 | 91 |
| L. casei Zhang-2000+ | 1286134 | 2572268 | 385840200 | 133 |
|  | 1203987 | 2407974 | 361196100 | 124 |

L. casei Zhang 基因组（染色体 CP001084 和质粒 CP000935）共计 2898335bp。将获得的有效序列比对到 L. casei Zhang 基因组上，建立与基因组序列的比对结果，识别单核苷酸多态性（SNP）位点。以 0 代 L. casei Zhang 菌株 MiSeq 的结果为参照，在普通 MRS 培养基和碳源限制性 MRS 培养基中连续培养 1000 代、2000 代不同菌株中共发现 44 个 SNP 位点，结果如表 7-13 所示。从 L. casei Zhang-1-1000-、L. casei Zhang-1-1000+、L. casei Zhang-1-2000-和 L. casei Zhang-1-2000+分别发现了 11、9、18 和 22 个单核苷酸多态性位点。其中，L. casei Zhang 碳源限制性 MRS 培养基中 1000 代菌株出现 11 个 SNP 位点，4 个 SNP 位于非编码区，1 个同义突变和 6 个非同义突变。L. casei Zhang 碳源限制性 MRS 培养基中 2000 代菌株有 18 个位点，5 个 SNP 位于非编码区，1 个同义突变，12 个非同义突变。L. casei Zhang 普通 MRS 培养基 1000 代菌株有 9 个 SNP 位点，非编码区发现 2 个位点，1 个同义突变和 6 个非同义突变。L. casei Zhang 普通 MRS 培养基 2000 代菌株有 22 个位点，

表 7-13　益生菌 *L. casei* Zhang 连续培养至 1000 代和 2000 代时的基因组 SNP 分布

| 基因组位置 | 覆盖范围[①] | | | | 碱基改变 | 特征[②] | 描述 | 氨基酸改变[③] |
|---|---|---|---|---|---|---|---|---|
| | *L. casei* Zhang–1000– | *L. casei* Zhang–1000+ | *L. casei* Zhang–2000– | *L. casei* Zhang–2000+ | | | | |
| 10969 | — | — | 6/134 | — | C>T | LCAZH_0008 | DNA 促旋酶亚基 A | I744T |
| 12937 | 5/260 | — | 1/86 | — | G>A | 非编码区 | LCAZH_0011 和 LCAZH_0012 之间 | — |
| 78960 | — | — | — | 104/29 | A>G | LCAZH_0087 | 吲哚-3-甘油磷酸合酶 | A78V |
| 349677 | — | — | — | 84/33 | T>C | LCAZH_0354 | 核糖操纵子阻遏蛋白 | P50S |
| 472083 | — | — | 117/42 | 112/64 | T>C | LCAZH_0471 | 金属离子依赖型水解酶 | P83L |
| 482716 | — | — | — | — | A>C | LCAZH_0482 | 转录终止子 | A241D |
| 531972 | 7/202 | — | — | 102/43 | T>C | LCAZH_0519 | 支链氨基酸渗透酶 | V217V |
| 564042 | — | — | 2/97 | — | T>C | LCAZH_0550 | α, α-磷酸海藻糖酶 | Y36Y |
| 597418 | — | 30/33 | — | — | G>T | 非编码区 | LCAZH_0580 和 LCAZH_0581 之间 | — |
| 620563 | — | — | 46/34 | — | T>C | LCAZH_0601 | 加速蛋白 LCAZH_0601 | A170V |
| 673028 | 2/221 | — | 0/91 | — | T>G | 非编码区 | LCAZH_0660 和 LCAZH_0661 之间 | — |
| 835833 | — | — | 44/46 | — | C>A | LCAZH_0854 | Mg$^{2+}$/Co$^{2+}$ 转运蛋白 | F258C |
| 836073 | 145/56 | — | — | — | T>C | LCAZH_0854 | Mg$^{2+}$/Co$^{2+}$ 转运蛋白 | G178D |
| 938948 | — | — | — | 65/25 | T>C | LCAZH_0948 | Na$^+$ 泵透性酶 | I321I |
| 1688747 | — | 138/27 | — | 62/25 | A>G | LCAZH_1730 | 抗菌肽 ABC 转运体渗透酶 | T307I |
| 1688750 | — | 47/114 | 43/50 | 49/37 | A>G | LCAZH_1730 | 抗菌肽 ABC 转运体渗透酶 | T306K |
| 1688762 | — | 132/15 | — | 61/20 | A>G | LCAZH_1730 | 抗菌肽 ABC 转运体渗透酶 | S302L |
| 1727057 | — | — | 64/74 | — | T>C | LCAZH_1767 | 转录调控蛋白 | V2Ⅲ |
| 1729966 | — | — | 43/50 | — | A>G | LCAZH_1769 | PTS 系统乳糖/纤维二糖特异性亚基ⅡC | P241L |
| 1816805 | — | — | 60/48 | — | A>G | 非编码区 | LCAZH_1861 和 LCAZH_1862 之间 | — |
| 1959040 | — | — | — | 2/65 | C>T | LCAZH_2000 | 转座酶 | H128H |
| 1972607 | — | — | — | 48/34 | A>G | LCAZH_2012 | Wze | S63F |
| 2013495 | — | — | 54/25 | 54/25 | G>A | LCAZH_2054 | 假定蛋白 LCAZH_2054 | K13E |
| 2013500 | — | — | 58/22 | 58/22 | T>C | LCAZH_2054 | 假定蛋白 LCAZH_2054 | G15G |

# 第七章 系统生物学在益生菌 Lactobacillus casei Zhang 发酵中的应用

续表

| 基因组位置 | 覆盖范围[1] L. casei Zhang-1000- | L. casei Zhang-1000+ | L. casei Zhang-2000- | L. casei Zhang-2000+ | 碱基改变 | 特征[2] | 描述 | 氨基酸改变[3] |
|---|---|---|---|---|---|---|---|---|
| 2013503 | — | — | — | 56/22 | A>G | LCAZH_2054 | 假定蛋白 LCAZH_2054 | G16G |
| 2019691 | — | — | — | 95/24 | C>T | LCAZH_2056 | 假定蛋白 LCAZH_2056 | G224G |
| 2019694 | — | — | — | 92/27 | G>A | LCAZH_2056 | 假定蛋白 LCAZH_2056 | G223G |
| 2019699 | — | — | — | 91/30 | T>C | LCAZH_2056 | 假定蛋白 LCAZH_2056 | E221K |
| 2188678 | 2/180 | — | 1/78 | — | A>G | 非编码区 | LCAZH_2222 和 LCAZH_2223 之间 | — |
| 2188742 | 5/201 | — | 1/89 | — | C>A | 非编码区 | LCAZH_2222 和 LCAZH_2223 之间 | — |
| 2222957 | — | 107/87 | — | 70/48 | G>A | 非编码区 | LCAZH_2222 和 LCAZH_2223 之间 | — |
| 2278984 | — | — | 69/22 | — | T>G | LCAZH_2311 | 含 CBS 结构域蛋白 | L168I |
| 2352804 | — | — | 43/17 | — | A>C | LCAZH_2398 | 假定蛋白 LCAZH_2398 | A121D |
| 2386372 | — | — | 51/19 | — | T>G | LCAZH_2434 | 抗菌肽 ABC 转运蛋白 ATPase | K176N |
| 2423047 | — | 4/196 | — | 3/104 | G>C | LCAZH_2480 | DNA-定向 RNA 聚合酶亚基 $\beta\backslash\gamma$ | L1130F |
| 2424009 | — | 175/42 | — | 67/50 | A>C | LCAZH_2480 | DNA-定向 RNA 聚合酶亚基 $\beta\backslash\gamma$ | D809Y |
| 2424443 | 220/77 | — | — | — | G>T | LCAZH_2480 | DNA-定向 RNA 聚合酶亚基 $\beta\backslash\gamma$ | N665S |
| 2424444 | 222/78 | — | — | — | A>T | LCAZH_2480 | DNA-定向 RNA 聚合酶亚基 $\beta\backslash\gamma$ | N665S |
| 2424575 | 1/333 | — | 2/113 | — | T>G | LCAZH_2480 | DNA-定向 RNA 聚合酶亚基 $\beta\backslash\gamma$ | S621Y |
| 2424576 | 131/204 | — | 0/114 | — | G>A | LCAZH_2480 | DNA-定向 RNA 聚合酶亚基 $\beta\backslash\gamma$ | S620P |
| 2425484 | — | 77/147 | — | 79/41 | C>T | LCAZH_2480 | DNA-定向 RNA 聚合酶亚基 $\beta\backslash\gamma$ | H318R |
| 2478932 | — | — | — | 96/35 | A>G | LCAZH_2535 | UDP-N-乙酰葡萄糖胺烯醇式丙酮酸转移酶 | P338L |
| 2637320 | 1/257 | — | 0/96 | — | T>C | LCAZH_2691 | 转录抗终止子 | A49V |
| 2743186 | 6/252 | — | — | 0/129 | T>G | LCAZH_2807 | 乙酰鸟氨酸脱乙酰酶 | I180I |

[1] 表明在哪个菌株中检测到突变和覆盖率;
[2] 在 SNP 区域确定的开放阅读框架;
[3] 点突变引起的氨基酸变化与野生型菌株相比。如果没有变化,则说明突变被发现在上游的预测开放阅读框中。

1个位于非编码区，有8个同义突变和13个非同义突变。位点突变频率以及详细位置见表7-13。

从在碳源限制性培养基中传代的菌株上发现的突变位点平均数量少，但多数为高频率突变，一旦建立，将稳定遗传。培养到1000代时，平均可检出的SNP频率为75%，表明 L. casei Zhang 在碳源限制性MRS培养基中连续传代培养经历了显著的选择压力，使其发生了受选择压力而产生的特定进化，使得群体有效种群数量偏低。L. casei Zhang 在碳源限制性MRS培养基中连续传代培养2000代和1000代相比，高频率SNP突变位点增加2个，其余SNP突变位点均保留下来了，表明在碳源限制性MRS培养基中培养到2000代时选择压力已经下降，并且伴随着出现了较多低频率（20%~60%）的SNP突变点，开始出现种群分化，群体有效种群数量升高。在受到某一选择压力时，传代菌株的突变均使得全局调控基因 rpoS 发生较多的突变，以期改变菌株在不同环境压力下的适应性。在碳源限制性MRS培养基中传代培养1000代和2000代的菌株中，基因 rpoS 的另一个组分 rpoC 产生了高频突变。该现象可能因环境压力应急产生，起到全局调控作用。

从 L. casei Zhang 在普通MRS培养基连续传代培养的菌株中发现的突变频率相对较低，并且高频率出现的速度也极低。同时 L. casei Zhang 在普通培养基培养至1000代和2000代时发现有多个突变位点的频率先增加后减少（表7-13）。说明种群内部的选择压力主要是由于亚结构（就是进化上的不同分支）的变化，而不是整个群体的改变，从而指示出该菌株已经适应在这一类似的环境中长期存在。通过对突变位点的统计，L. casei Zhang 在普通MRS培养基中连续传代培养至1000代时菌株中有一个分支占多数，但培养到2000代时该分支数量减少，伴随着其他分支比率的提高。这一现象类似于"突变频率发生较慢的菌株"最终战胜了短期优势的"快速出现突变的菌株"。表明突变频率慢细菌长期适应性更强，有更多有益的突变克服了短期进化过程中的不利。在普通MRS培养基连续传代培养的 L. casei Zhang 菌株中也发现在基因 rpoC 中出现了高频率突变，因此我们推测在不同培养条件下发生着一种趋同进化，可能代表了细菌在"适应环境"与"高速生长"之间的一种选择，也就是说在培养基环境中，外界选择压力不大，高速生长的细菌有竞争优势。

以 L. casei Zhang 基因组序列为参考，对 MiSeq 产生的有效序列进行处理，以0代 L. casei Zhang 菌株的比对结果为参照，L. casei Zhang 在普通MRS培养基和碳源限制性MRS培养基中连续培养1000代、2000代不同菌株中共发现23个InDel突变位点，结果如表7-14所示。菌株 L. casei Zhang-1-1000-、L. casei Zhang-1-1000+、L. casei Zhang-1-2000-和 L. casei Zhang-1-2000+重测序发现了7、11、5和1个碱基插入缺失位点。具体变化位点见表7-14。L. casei Zhang 在碳源限制性MRS培养基中连续培养至1000代菌株的质粒基因组上发现一个碱基缺失，处于一个假定蛋白 LCAZH_p036 上。在染色体基因组上发生了2个位于2个非编码区的碱基缺失。假定蛋白 LCAZH_0032 发现有1个碱基的插入，假定蛋白 LCAZH_1287 基因发现2个插入位点，各插入1个碱基。L. casei Zhang 在碳源限制性MRS培养基中2000代菌株有5个InDel突变位点，非编码区有3个缺失位点，在乙

# 第七章 系统生物学在益生菌 Lactobacillus casei Zhang 发酵中的应用

表 7-14　益生菌 Lactobacillus casei Zhang 连续培养至 1000 代和 2000 代时的基因组 Indel 分布

| 基因组位置 | 覆盖范围[2] | | | | 特征[3] | 突变类型 | 突变 | 碱基 | 相对于起始密码子的位置 | 特征序列的碱基数 | 描述 |
|---|---|---|---|---|---|---|---|---|---|---|---|
| | L. casei Zhang -1000- | L. casei Zhang 1000+ | L. casei Zhang 2000- | L. casei Zhang 2000+ | | | | | | | |
| 30667[1] | 5 | — | — | — | LCAZH_0032 | 删除 | A | — | 1101 | 2150 | 假定蛋白 LCAZH_0032 |
| 249582 | — | 16 | — | — | LCAZH_0257 | 删除 | G | — | 153 | 1052 | 肌醇脱氢酶 |
| 532903 | — | 7 | — | — | 非编码区 | 插入 | T | TC | — | 458 | LCAZH_0520 和 LCAZH_0521 之间 |
| 705214 | — | 15 | — | — | LCAZH_0698 | 插入 | A | AT | 327 | — | 转录调节子 |
| 972488 | — | 12 | — | — | LCAZH_0987 | 删除 | T | — | 588 | 1388 | γ-氨基丁酸透性酶 |
| 972544 | — | 14 | — | — | LCAZH_0987 | 删除 | T | — | 644 | 1388 | γ-氨基丁酸透性酶 |
| 972966 | — | 7 | — | — | LCAZH_0987 | 删除 | T | — | 1066 | 1388 | γ-氨基丁酸透性酶 |
| 1058634 | 5 | — | — | — | LCAZH_1082 | 插入 | C | CA | 1580 | 1592 | 假定蛋白 LCAZH_1082 |
| 1132633 | — | — | 5 | — | 非编码区 | 插入 | A | AGT | — | — | LCAZH_1166 和 LCAZH_1167 之间 |
| 1132636 | — | — | 5 | — | 非编码区 | 删除 | C | — | — | — | LCAZH_1166 和 LCAZH_1167 之间 |
| 1132637 | — | — | 5 | — | 非编码区 | 删除 | T | — | — | — | LCAZH_1166 和 LCAZH_1167 之间 |
| 1132638 | — | — | 5 | — | 非编码区 | 删除 | A | — | — | — | LCAZH_1166 和 LCAZH_1167 之间 |
| 1171173 | — | — | 48 | — | LCAZH_1210 | 删除 | T | — | 1171173 | 894 | 乙酰转移酶 |
| 1244349 | — | 5 | — | — | LCAZH_1287 | 删除 | T | — | 131 | 260 | 假定蛋白 LCAZH_1287 |
| 1244471 | 7 | — | — | — | LCAZH_1287 | 插入 | C | CT | 253 | 260 | 假定蛋白 LCAZH_1287 |
| 1244473 | 7 | — | — | — | LCAZH_1287 | 插入 | G | GT | 255 | 260 | 假定蛋白 LCAZH_1287 |
| 1381909 | — | 6 | — | — | 非编码区 | 插入 | G | GA | — | — | LCAZH_1413 和 LCAZH_1414 之间 |
| 1551668 | 5 | — | — | — | 非编码区 | 删除 | A | — | — | — | LCAZH_1584 和 LCAZH_1585 之间 |
| 2047165 | 6 | — | — | — | 非编码区 | 删除 | T | — | — | — | LCAZH_2081 和 LCAZH_2082 之间 |
| 2149418 | — | 5 | — | — | 非编码区 | 删除 | A | — | — | — | LCAZH_2179 和 LCAZH_2180 之间 |
| 2279415 | 12 | — | — | — | LCAZH_2311 | 插入 | C | CCTGTCATCG | 73 | 623 | 含 CBS 结构域蛋白 |
| 2434668 | — | 7 | — | — | 非编码区 | 插入 | A | AG | — | — | LCAZH_2483 和 LCAZH_2484 之间 |
| 2459331 | — | 24 | — | 32 | LCAZH_2513 | 删除 | A | — | 657 | 1370 | 假定蛋白 LCAZH_2513 |

[1] L. casei Zhang 的 plca 36 质粒的基因组位置。
[2] 显示在哪个菌株中检测到突变和覆盖率。
[3] 在插入和删除区域确定的开放阅读框架。

酰基转移酶（LCAZH_1210）的编码区的基因发生一碱基的缺失，导致提前出现终止子，可能导致该蛋白失去生物学功能。另发现2个碱基的插入位点位于非编码区。

在普通MRS培养基中连续培养至1000代时菌株出现了11个InDel突变位点，其中非编码区发现4个突变位点，分别插入3个碱基和1个缺失突变位点（缺失1个碱基）。编码肌醇脱氢酶（LCAZH_0257）基因发现1个缺失位点（缺失1个碱基），编码转录调节因子LCAZH_0698发现插入1个碱基的插入突变位点，通过预测仍具有原编码基因的生物学功能。假定蛋白LCAZH_1287和LCAZH_2513分别出现1个碱基的缺失突变。编码γ-氨酪酸透酶LCAZH_0987的基因发现3个碱基缺失位点（分别缺失1个碱基），即有3个突变区域，通过预测均出现终止子，预测该原编码基因已失去相应的生物学功能。在普通MRS培养基中连续培养至2000代的 L. casei Zhang菌株中共发现1个缺失突变位点，位于假定蛋白LCAZH_2513上。

由以上对SNP和Indel突变位点的分析可以看出，突变除基因 ropC 外，都属于非直系同源基因，这些基因是基因组进化可溯性的重要来源。种群的遗传多样性更多地来源于遗传异质性，是指同一种群的基因组中具有不同的等位基因而造成的多样性。同时，不同菌株中含有的非等位基因以及独特的应急基因等通过基因水平转移来实现菌株基因组的可塑性，吸收适于环境的外源基因，丢弃不适于环境的古老基因，使之更有利于适应环境，L. casei Zhang在普通MRS培养基和碳源限制性MRS培养基中连续培养过程中发生的突变也与这一现象吻合。

# 参考文献

[1] 丁佳. 基于转录组学技术研究益生菌 Lactobacillus casei Zhang 对人体肠道菌群的影响 [D]. 内蒙古农业大学，2017.

[2] 张和平，于洁. 乳酸菌基因组学研究新进展 [J]. 中国食品学报，2016，16（02）：1-8.

[3] 乌日娜，岳喜庆，张和平. 益生菌 Lactobacillus casei Zhang 在酸胁迫下的蛋白质组学研究 [J]. 食品与发酵工业，2012，38（07）：17-20.

[4] 白梅. 益生菌 Lactobacillus casei Zhang 长期连续传代过程中遗传稳定性研究 [D]. 呼和浩特：内蒙古农业大学，2012.

[5] 张文羿. 益生菌 Lactobacillus casei Zhang 全基因组序列的测定及比较分析 [D]. 呼和浩特：内蒙古农业大学，2010.

# 第八章 系统生物学在白酒酿造中的应用

中国白酒历史悠久，是我国传统特色饮料酒，其独特的生产工艺和风味特征使得其在国际上也享有较高声誉，成为世界蒸馏酒的典型代表。白酒中乙醇和水占98%以上，其余不到2%的成分均为微量成分。白酒中的微量成分是决定白酒的香气、口感和风格的关键因素。白酒的生产酿造以大曲、小曲或大小曲联用作为糖化发酵剂的固态发酵工艺。该工艺是一个复杂的微生物混合协同作用过程，尤其在制曲和发酵环节，大曲、小曲等糖化发酵剂中的微生物，利用自身酶系代谢和与原料作用代谢产生香气物质并进入白酒中，形成复杂而协调的酒体风味。除了白酒主体香味外，白酒酿造过程中可能产生一些令人不悦的异杂味。

白酒的生产与微生物的繁殖和代谢密不可分，从20世纪80年代开始，白酒微生物的研究进入高峰。在起始阶段，以依赖于培养的微生物研究方法为主。从白酒不同生产阶段采集样品，通过专门的细菌、酵母和霉菌培养基分离获得纯菌种，根据菌落形态及培养特征、生理生化反应进行鉴定，已分析了酱香型、浓香型、清香型、芝麻香型等白酒基本香型中大曲、酒醅和窖泥等三大类微生物组成和一些典型代谢风味物质。而自然界中仅有1%的微生物可在实验条件下实现培养，需要借助宏基因组学的研究才能反映出实际系统中微生物的组成、微生物与环境之间、微生物之间的相互关系。针对中国白酒酿造中微生物多样性、固态发酵工艺的复杂性和风味化合物的丰富性等特点，可以采用系统生物学的研究方法，主要包括基因组学、功能基因组学、代谢组学和宏基因组学，对白酒发酵体系中代谢活跃的微生物类群、微生物合成和分解代谢、微生物分泌的化合物的性质及其对系统功能的贡献进行系统、全面分析。在了解酿酒微生物细胞内代谢途径的基础上揭示风味物质的产生机制，对发酵过程进行动态监测和控制，改善白酒酿造的稳定性和酒体风味质量。

## 第一节 白酒酿造中的微生物群落及其结构演变规律

### 一、中国白酒微生物菌群结构的分子生态学分析方法的建立

白酒微生物是指白酒生产过程以及生产环境中微生物的总称，既包括从原料、空气、水、工具等自然接入的天然微生物，也包括人工接种的经过人工选育、强化的纯种、有益微生物。随着分子生物学技术如聚合酶链式反应-变性梯度凝胶电泳、克隆文库、PCR-单链构象多态性、焦磷酸测序、磷脂脂肪酸、实时荧光定量PCR等被运用于白酒酿造体系

中微生物载体（大曲、酒醅、窖泥）的研究，由过去运用传统的培养方法研究白酒微生物转向应用未培养方法研究白酒微生物。分子生物学技术发展而来的分子生态学方法，克服了微生物培养技术的限制，从基因组的水平上分析复杂体系中微生物的种类、丰度、分布和功能。主要方法包括基于 PCR 的微生物群落分析方法，如 PCR-DGGE 温度梯度凝胶电泳、末端限制性片段长度多态性分析、随机扩增多态性 DNA 等；基于杂交的方法，如荧光原位杂交技术、定量 FISH、基因芯片等。此外，多种"宏组学"技术的发展，按照基因表达的流程，分别对环境体系中 DNA、RNA、蛋白质、产物四类重要物质的总和进行提取、分析，揭示了白酒酿造复杂体系中微生物群落的组成和功能。

**1. 中国白酒中细菌群落结构分析方法的建立**

细菌是白酒生产中重要的一大类微生物。细菌能分泌多种有机酸，调节发酵体系；合成淀粉酶、蛋白酶等酶蛋白，分解原料中大分子物质，为微生物的生长提供营养物质；还能与酵母通过微生物相互作用合成多种风味物质，影响白酒品质。乳酸菌（LAB）被认为是白酒酿造中含量很高的菌群，但由于 LAB 大多是兼性厌氧菌或绝对厌氧菌，培养条件较为苛刻而研究很少。选用 PCR-DGGE 技术，可以更加全面理解白酒酿造体系的特性，实现快速、简便、不需培养、原位定性分析白酒中细菌结构的目标。

常用 16S rRNA 编码基因作为靶基因来检测细菌结构及其多样性，鉴于各种属细菌的 16S rRNA 基因序列中可变区（V 区）的碱基序列差异很大，被广泛应用的细菌 16S rRNA 通用引物对主要包括 P2/P3（V3 区）、357f/907r（V3～V5 区）和 968f/1401r（V6～V8 区）。变性梯度凝胶电泳（DGGE）对长度小于 500bp 的 DNA 片段分离效果较好，这里 P2/P3 引物对更适合 DGGE 要求。为了得到理想的 DNA 条带分离效果，对电泳条件和变性剂浓度梯度进行优化，条件为电泳电压 100V、电泳时间 3h、变性剂浓度梯度范围为 20%～50%。从全国各地酒厂采集了浓香型、清香型、酱香型等白酒生产所用大曲，验证此方法分析大曲中细菌结构。从 DGGE 图谱中共分离到 22 个条带（图 8-1），显示出不同工艺大曲中丰富的细菌种类和菌群结构差异。将 DGGE 图谱中 DNA 条带进行切胶、测序、GenBank 数据库比对。DGGE 不仅检测到传统培养方法发现的 LAB、*Bacillus* 等细菌，而且检测到了传统方法未检测到的假单胞菌（*Pseudomonas*）、*Thermoactinomyces sanguinis*、木糖葡萄球菌（*Staphylococcus xylosus*）等多个细菌种属。

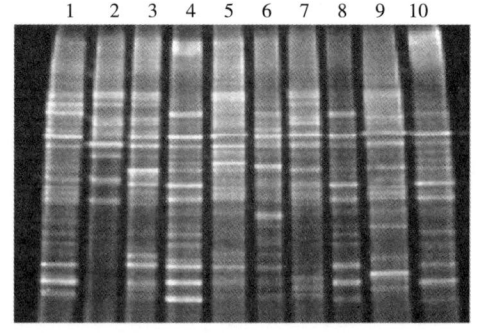

图 8-1 不同大曲 16S rRNA V3DGGE 电泳分析

泳道 1—老白干低温曲；2—汾酒清茬曲；
3—汾酒后火曲；4—汾酒红心曲；
5—今世缘中温曲；6—汤沟中高温曲；
7—口子窖中温曲；8—口子窖高温曲；
9—剑南春中高温曲；10—郎酒高温曲

## 2. 中国白酒发酵中真菌组成分析方法的建立

酵母和霉菌是中国白酒发酵中主要的真核微生物，对于白酒酿造中大分子物质的分解、酒精发酵、风味物质的合成等起着重要的作用。基于已知的白酒中真菌种属信息，设计特异性引物，建立适用于中国白酒酿造环境中真菌菌群结构的 PCR-DGGE 定性分析方法，有助于深入解析酵母和霉菌对白酒品质的作用。

根据酵母 26S rRNA D1/D2 区，设计相应 PCR 引物（LS2 和 NL1-GC），PCR 产物片段长度约为 250bp，无明显非特异性扩增。利用大曲和酒醅，优化 PCR-DGGE 条件：电泳电压为 100V、电泳时间为 3.5h、变性剂浓度梯度范围为 25%～50%。多次电泳可获得一致的电泳图谱（图 8-2），具有较好的重现性。先运用此方法分析白酒酒醅中酵母组成，酒醅中检测到的酵母种类明显少于细菌。DNA 条带亮度的变化，间接体现出发酵中酵母的增殖和衰亡。发酵结束时，DNA 条带亮度为上层>中层>下层，与酒醅中酵母含量基本相符。此方法所得结果能较好地反映酒醅发酵过程中酵母组成的变化规律。

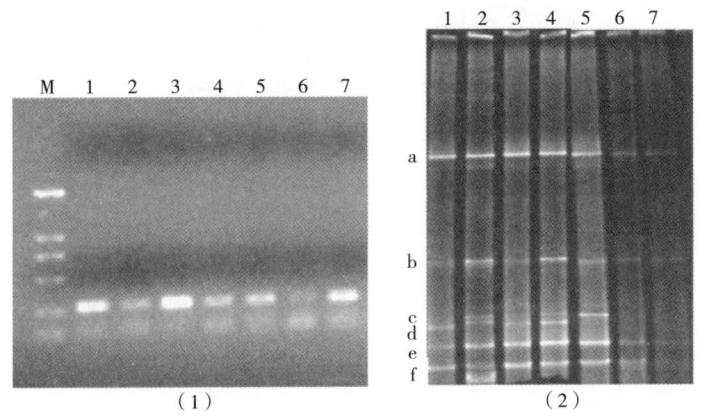

图 8-2 PCR 产物琼脂糖电泳图（1）及酒醅中酵母组成的 DGGE 分析（2）

1—发酵 0d；2—发酵 3d 上层；3—发酵 3d 中层；4—发酵 3d 下层；
5—发酵 30d 上层；6—发酵 30d 中层；7—发酵 30d 下层

条带 a—纤维状酵母菌同源序列（JX645719.1）100%；条带 b—异头毕赤酵母同源序列（U74592.1）100%；
条带 c—粟酒裂殖酵母同源序列（HE963295.1）99%；条带 d—白氏酵母菌同源序列（JX458121.1）99%；
条带 e—黏红酵母同源序列（EU075187.1）99%；条带 f—酿酒酵母同源序列（EU272044.1）100%

对 DGGE 凝胶中主要的 DNA 条带进行切胶、测序、比对，酒醅中酵母主要为复膜孢酵母（*Saccharomycopsis*）、毕赤酵母（*Pichia*）、裂殖酵母（*Schizosaccharomyces*）、结合酵母（*Zygosaccharomyces*）、红酵母（*Rhodotorula*）、酵母菌（*Saccharomyces*）六个属。同时从酒醅样品中仅分离得到 4 种酵母，比较结果表明，用 PCR-DGGE 技术不仅鉴定出所有分离获得的酵母属，而且还检测到培养中未获得的非啤酒酵母（non-*Saccharomyces*）。

霉菌缺乏特异性靶基因而选择真菌鉴定常用的基因，即转录间隔区（ITS）和 18S rRNA 分别设计引物，进行 PCR 扩增反应，但 PCR 扩增特异性很低，改以 18S rRNA 为靶基因，设计引物 NS1/GC-Fung，PCR 产物长度约为 370bp。优化 PCR-DGGE 条件，电泳电压为 100V、电泳时间为 3.5h、变性剂浓度梯度范围为 15%~30%，得到不同大曲 18S rRNA 扩增片段的 DGGE 胶图（图 8-3）。白酒发酵是在近似密闭的容器中进行，微生物的繁殖消耗氧气，导致发酵过程中含氧量很低。霉菌是好氧微生物，所以霉菌主要存在于大曲和发酵初期。大曲具有较高的真菌多样性，不同工艺大曲含有不同的真菌群落结构。用引物 NS1/GC-Fung 扩增后检测到布氏犁头霉（*Absidia blakesleeana*）、米曲霉（*Aspergillus oryzae*）、土曲霉（*A. terreus*）、米黑根毛霉（*Rhizomucor miehei*）等霉菌，其中前两种霉菌在不同工艺大曲中都是优势霉菌。

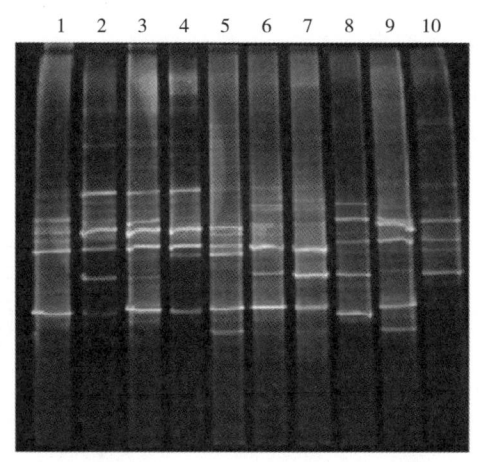

图 8-3　不同大曲 18S rRNA 扩增片段的 DGGE 胶图
1—老白干低温曲；2—汾酒清茬曲；3—汾酒后火曲；4—汾酒红心曲；5—今世缘中温曲；
6—汤沟中高温曲；7—口子窖中温曲；8—口子窖高温曲；
9—剑南春中高温曲；10—郎酒高温曲

### 3. 白酒酿造中主要酵母菌种定量方法的建立

对于复杂体系中微生物群落结构的分析，不仅需要确定微生物种属组成，而且需进一步分析微生物的相对比例和各菌种的绝对含量。qPCR 技术成为定量检测的主要手段，其秉承及发展了普通 PCR 的快速、灵敏度高、特异性高、能同时测定多个样品等优点，同时克服了普通 PCR 不能准确定量等缺点，也可设计多对引物在同一反应体系中同时对多个靶基因进行扩增，实现实时定量检测。建立适用于白酒中主要酵母菌种的 qPCR 方法，以定量测定发酵过程中重要酵母菌的演变规律。

*S. cerevisiae* 是白酒中主要的酒精发酵酵母，普遍存在于白酒酿造环境中。异常毕赤酵母（*P. anomala*）、东方伊萨酵母（*I. orientalis*）和拜耳接合酵母（*Z. bailii*）是白酒中常见的 non-*Saccharomyces*。针对白酒生产体系中存在的这四种主要酵母菌种，建立相应的 qPCR 方法，以定量测定发酵过程中重要酵母的动力学变化。由于酵母的 18S rRNA ITS 区和 26S rRNA D1/D2 区具有高度的种间变异性，所以被广泛用作酵母菌种鉴定的靶区域。

比对白酒中主要酵母的 18S rRNA 和 26S rRNA 基因序列，发现在 *P. anomala* 和 *Z. bailii* 26S rRNA 基因的 350~520 位序列内有保守且特异的碱基位点，而 *S. cerevisiae* 18S rRNA 基因的 170~630 位序列和 *I. orientalis* 18S rRNA 基因的 270~360 位序列内有保守且特异的碱基位点。针对这些序列，设计 qPCR 引物（表 8-1）。用 qPCR 的熔解曲线再次验证扩增产物的特异性。如果熔解曲线仅有一个峰，说明扩增产物具有较高的特异性；如果熔解曲线显示两个或两个以上的峰，表明 qPCR 反应中可能产生非特异性扩增产物。如图 8-4 所示，四种酵母 qPCR 的熔解曲线峰形都是呈现单峰，表明 qPCR 扩增中只有单一产物，没有非特异性扩增。进一步优化了 qPCR 反应的退火温度分别为：*Z. bailii* 60.0℃，*S. cerevisia* 58.5℃，*I. orientalis* 55.0℃，*P. anomala* 60.0℃。*S. cerevisiae* 的检测限 ≥ 10CFU/mL，*Z. bailii*、*I. orientalis*、*P. anomala* 的检测限 ≥ 100CFU/mL。

表 8-1　　　　　　　　　　　酵母定量 qPCR 的引物信息

| 酵母种属 | 引物 | 引物序列 | 熔解温度 $T_m$/℃ | 靶基因 | PCR 产物/bp |
| --- | --- | --- | --- | --- | --- |
| *P. anomala* | Pa-F | TACGATTATCTTCTCTTCTTGAG | 56.0 | 26S | 131 |
|  | Pa-R | AGGCAATATCAGCAGAAGCT | 60.5 |  |  |
| *S. cerevisiae* | Sc-F | GTGCTTTTGTTATAGGACAATT | 56.4 | 18S | 451 |
|  | Sc-R | AGAGAAACCTCTCTTTGGA | 55.4 |  |  |
| *I. orientalis* | Io-F | GTTTGAGCGTCGTTTCCATC | 64.5 | 18S | 78 |
|  | Io-R | AGCTCCGACGCTCTTTACAC | 63.4 |  |  |
| *Z. bailli* | Zb-F | CATGGTGTTTTGCGCC | 62.5 | 26S | 122 |
|  | Zb-R | CGTCCGCCACGAAGTGGTAGA | 71.5 |  |  |

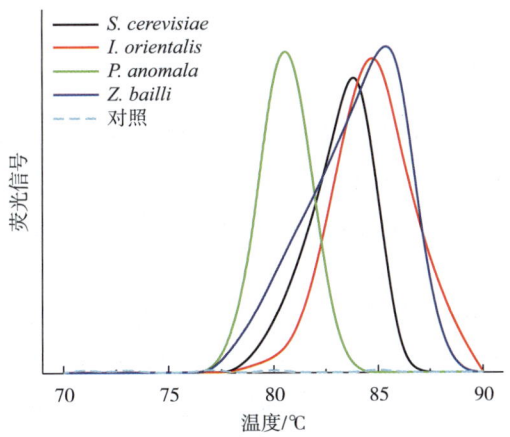

图 8-4　四种酵母 qPCR 的熔解曲线

## 二、浓香型白酒微酒醅中微生物群落的研究

**1. 不同质量窖泥中微生物群落结构及多样性变化规律**

浓香型白酒风格特征体现在其窖香浓郁、绵柔甘洌、入口甜、香味协调、落口绵及尾净余长等风格方面。具有菠萝及香蕉样香气且香气阈值很低（约 $5\mu g/kg$）的己酸乙酯被确定为浓香型白酒中的主体香气物质，其在浓香型白酒中含量一般为 $1.5 \sim 3.0 g/L$。从浓香型白酒的生产环节来看，酿造微生物来源广泛，包括大曲、窖泥、车间空气、生产器械、生产用水及物料混配的场地等，其中大曲和窖泥是浓香型白酒酿造微生物的主要来源。相比于其他微生物来源，窖泥微生物菌群在很大程度上影响着浓香型白酒品质及重要风味物质形成。

窖泥原核微生物群落复杂性由表8-2可知，退化窖泥样品中微生物多样性指数（OTU数量、Chao1 及 Shannon 指数）均最低，而优质窖泥样品微生物多样性指数最高，但与正常窖泥样品中的微生物多样性指数没有明显差异（$P<0.05$）。尽管窖泥中很多微生物物种来源于土壤，但其群落结构与土壤的差异很大。

表8-2　　　　　　退化、正常及优质窖泥样品中微生物群落多样性指数
（平均值±标准偏差，$n$ 样本重复数=4）

| 多样性指数 | 窖泥质量 | | |
| --- | --- | --- | --- |
| | 退化 | 正常 | 优质 |
| 有效序列 | 14498.75±110.45[①] | 13974.75±315.21[②] | 14051±196.83[②] |
| 覆盖率 | 96.18±0.15[①] | 95.104±0.45[②] | 94.83±0.41[②] |
| OTU 数量 | 858.13±75.87[①] | 1206.70±164.85[②] | 1219.15±132.25[②] |
| Chao1 指数 | 1711.35±60.98[①] | 2127.55±237.72[②] | 2227.46±114.96[②] |
| Shannon 指数 | 3.54±0.40[①] | 6.051±0.61[②] | 6.45±0.57[②] |

注：每行不同数字（①和②）表示不同质量窖泥多样性指标有显著性差异（$P<0.05$）。每个窖泥样品微生物 OTU 数量、Chao1 指数及 Shannon 指数是在测序深度为12799条序列时的统计结果。

窖泥中的优势微生物主要集中在厚壁菌门（Firmicutes）、拟杆菌门（Bacteroidetes）及广古菌门（Euryarchaeota）中的厌氧微生物；而土壤中优势菌群主要为好氧的酸杆菌门（Acidobacteria）和放线菌门（Actinobacteria）及兼性或专性厌氧的变形菌门（Protecobacteria）和奇古菌门（Thaumarchaeota），这也表明窖泥微生物在发酵过程中经过窖泥理化因素的选择与淘汰形成了独特的群落结构，以适应窖泥微生态环境。

对不同质量窖泥样品中微生物群落进行主坐标轴分析（PcoA），结果见图8-5。PcoA分析结果表明窖泥微生物群落与窖泥质量呈现明显的相关性。不同质量的窖泥能很好地聚成三类，即退化窖泥（degraded）、正常（normal）及优质窖泥（high quality），侧面显示利用微生物指标判定和预测窖泥的质量是可行的。在门水平，所有窖泥共检测到33个门，包括31个细菌门及2个古菌门。其中厚壁菌门（58%）、广古菌门（19%）、拟杆菌门

（11%）、变形菌门（2.8%）、WWE1（1.9%）及放线菌门（1.6%）为窖泥中的优势（>1%）微生物。其中 20 个门为所有样品共有，其含量占每个窖泥样品微生物含量的 89.21%~98.34%，表明这些共有的门能反映绝大部分窖泥微生物信息，其含量组成可能决定着窖泥质量。根据门水平优势微生物组成不同，上述窖泥样品可以分为三类：①以厚壁菌门（91.29%）为主的退化窖泥；②以厚壁菌门（52.31%）及广古菌门（29.15%）为优势菌的正常窖泥；③以厚壁菌门（31.16%）、广古菌门（27.57%）和拟杆菌门（27.51%）为优势菌的优质窖泥。

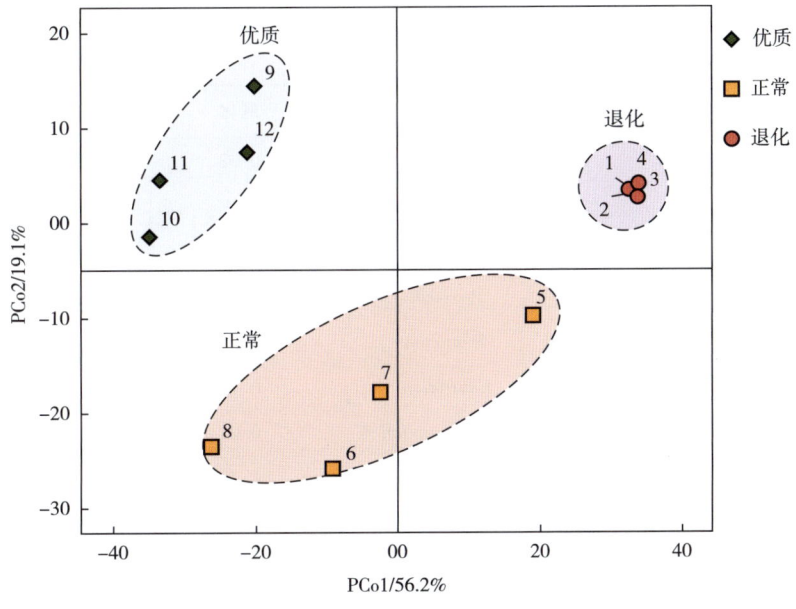

图 8-5　主成分分析

所有窖泥样品中共检测到原核微生物中 145 个目。退化的窖泥样品中微生物主要为乳杆菌目（Lactobacillales），占整个原核生物的 83.01%~90.9%，而正常窖泥样品中的优势菌主要为梭菌目（Clostridiales）和甲烷微菌目（Methanomicrobiales）两个目，其含量占整个原核微生物的 57.19%~82.89%。优质窖泥样品中优势微生物为梭菌目、甲烷微菌目、拟杆菌目（Bacteroidales）及甲烷八叠球菌目（Methanosarcinales）四个目，其含量占每个样品中原核微生物含量的 61.19%~86.61%。根据不同质量窖泥样品中原核微生物含量组成结果，初步推测高含量的乳杆菌目能引起或加速窖泥退化过程；而梭菌目、甲烷微菌目、拟杆菌目及甲烷八叠球菌目成为优势菌是正常窖泥质量的基础。

在属水平，三类窖泥样品中共检测到 225 属。通过对每个窖泥中样品含量前 10 的属（共 31 个属来自所有窖泥样品）进行分析。退化窖泥中的 Bacilli 纲中的乳杆菌（*Lactobacillus*）、乳球菌（*Lactococcus*）及链球菌（*Streptococcus*），α-及 γ-Protecobacteria 纲中的 *Kaistobacter* 及 *Pseudomonas* 含量高于优质窖泥中的含量，而 Bacteroidia、Clostridia、Methanobacteria、Methanomicrobia、互营养菌纲（Synergistia）及热原体纲（Thermoplasmata）中

属的含量低于优质窖泥的含量。正常窖泥中的 *Lactococcus* 及 *Streptococcus* 含量高于优质窖泥中这两个属的含量，而其 Blvii28 及 Prevotella 含量低于优质窖泥。对每类窖泥样品中核心属（含量大于1%）进行分析，共发现17个核心属分别属于7个纲，见表8-3。退化窖泥样品中优势微生物只有 *Lactobacillus* 和瘤胃球菌（*Ruminococcus*）两个属。随着窖泥质量的提高，窖泥中的核心属数量在增加，且主要集中在 Clostridia、Bacteroidia、Methanobacteria 及 Methanomicrobia 四个纲。正常窖泥与优质窖泥相比，*Ruminococcus* 含量明显减少，而 *Methanobrevibacter* 和 *Methanosarcina* 明显增加。

表 8-3 不同质量窖泥样品中核心属微生物占每个样品中已鉴定属微生物的含量    单位：%

| 域 | 纲 | 核心属 | 窖泥质量 | | |
|---|---|---|---|---|---|
| | | | 退化 | 正常 | 优质 |
| 细菌 | Anacrolineae | *T78* | 0.02 | 0.86 | 1.26 |
| | Bacilli | *Lactobacillus* | 91.46 | 7.05 | 6.45 |
| | Bacteroidia | *Blvii28* | 0.02 | 0.28 | 1.48 |
| | Bacteroidia | *Prevotella* | 0.08 | 0.17 | 2.58 |
| | Clostridia | *Caloramator* | 0.31 | 7.35 | 2.74 |
| | Clostridia | *Clostridium* | 0.73 | 1.74 | 2.23 |
| | Clostridia | *Pelotomaculum* | 0.01 | 0.03 | 1.11 |
| | Clostridia | *Ruminococcus* | 1.71 | 41.51 | 9.97 |
| | Clostridia | *Sedimentibacter* | 0.41 | 1.47 | 4.00 |
| | Clostridia | *Sporanaerobacter* | 0.15 | 1.44 | 0.94 |
| | Clostridia | *Syntrophomonas* | 0.16 | 1.04 | 6.73 |
| 古细菌 | Methanobacteria | *Methanobacterium* | 0.30 | 7.04 | 2.33 |
| | Methanobacteria | *Methanobrevibacter* | 0.39 | 13.61 | 25.68 |
| | Methanomicrobia | *Methanoculleus* | 0.05 | 1.04 | 1.24 |
| | Methanomicrobia | *Methanosaeta* | 0.01 | 0.35 | 2.55 |
| | Methanomicrobia | *Methanosarcina* | 0.19 | 2.54 | 19.89 |
| | Thaumarchacota | *Nitrososphaera* | 0.06 | 2.43 | 0.06 |
| | 核心属总数/个 | | 2 | 12 | 15 |

通过查阅文献发现，这17个核心属中微生物包括糖化、发酵、氨氧化及硫还原微生物、营养协同菌及甲烷菌。*Lactobacillus* 属能利用发酵性碳源产生乳酸。7个属属于梭菌纲微生物，包括 *Clostridium*、*Ruminococcus*、*Sedimentibacter*、*Syntrophomonas*、*Pelotomaculum*、*Sporanaerobacter* 及 *Caloramator*，它们有广泛的底物谱（如简单及复杂的碳源、蛋白质及硫代硫酸盐等），并能合成多种代谢物。甲烷菌主要存在于厌氧环境中参与厌氧消化过程的第二个阶段，即产甲烷阶段，从而促进自然界中的碳循环。古细菌 *Nitrososphaera* 能氧化

氨，进而有利于环境中的硝化作用。此外，还检测到氢营养型甲烷菌（*Methanobacterium*、*Methanoculleus* 及 *Methanobrevibacter*）和乙酸营养型甲烷菌（*Methanosaeta*），能利用氢气、乙酸、甲醇及甲胺的甲烷菌 *Methanosarcina*。综上所述，拟杆菌纲、梭菌纲及甲烷杆菌纲中的一些属是优质窖泥菌群的重要组成部分。退化窖泥优势属种类单一且主要集中在芽孢杆菌纲中的 *Lactobacillus* 及 *Lactococcus* 等属上。正常窖泥的优势种属主要集中在梭菌纲及甲烷杆菌纲。相比正常窖泥，优质窖泥样品中的 *Methanobrevibacter* 和 *Methanosarcina* 属含量明显增加。

**2. 浓香型白酒发酵过程中细菌结构的分析**

浓香型白酒窖池发酵周期约60d。根据生产一线工人的经验，发酵过程中前期微生物繁殖、衰亡较快，后期微生物组成较为稳定，所以设计了发酵前期采样点密集、后期采样点宽松的取样方案。选择了两个不同窖池，在窖池中心部分连续采集5个发酵时间点的酒醅样品。两个窖池发酵过程酒醅细菌结构的DGGE指纹图谱如图8-6所示，随着发酵时间的延长，酒醅中细菌多样性呈下降趋势。在最初的采样时间点，条带较多，说明酒醅中细菌种类丰富；各条带亮度相近，无明显亮带，此时发酵体系中没有明显优势的细菌种属。入池发酵约20d后，出现了一条明显的亮带，其他条带逐渐减少直至消失，说明大多数细菌死亡，某种细菌成为优势菌。这是由于发酵时环境条件发生了改变，发酵中后期窖池中形成了厌氧、高pH、高酒精度的特殊环境，无法适应的细菌被抑制、逐渐死亡，适应性强的细菌将继续增殖，直至成为主要的甚至优势的种群。根据聚类分析结果（图8-7），10个酒醅样品的细菌组成被分成两类，发酵前期与发酵后期的样品中细菌群落结构差异明显，表明酒醅中细菌组成与发酵进程之间存在明显的相关性。PCR-DGGE结果能直观地反映出体系中微生物组成的变化以及不同条件下微生物菌群结构的差异。

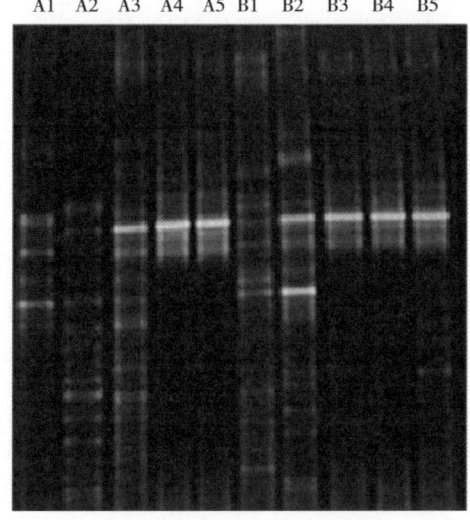

图8-6 浓香型白酒两个窖池发酵过程酒醅细菌结构的DGGE指纹图谱
A—2217号窖池；B—2216号窖池；
1~5—发酵6d、12d、22d、42d、60d

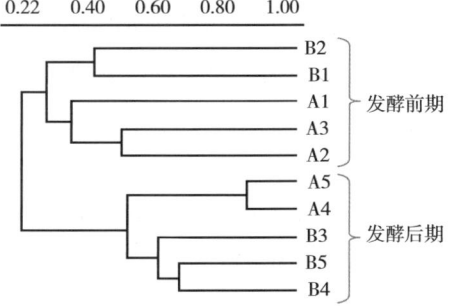

图8-7 DGGE图谱聚类分析
A—2217号窖池；B—2216号窖池；
1~5—发酵6d、12d、22d、42d、60d

DGGE 图谱的 PCA 分析如图 8-8 所示，主成分因子 1（PC1）的贡献率为 53.91%，主成分 2（PC2）的贡献率为 21.5%，在 PC1 方向上，两个窖池的样品向正方向进行迁移，PC1 主要表征了时间对酒醅中细菌群落结构的影响。在 PC2 方上，两组窖池样品存在一定的差异，可以区分开来。这两个窖池在入池发酵时所用的原料是相同的，是由同一个班组负责的。这些差异可能是由窖池内部的微环境、窖泥性质等因素所引起，最终可能会影响该窖池酿造所得白酒的品质。

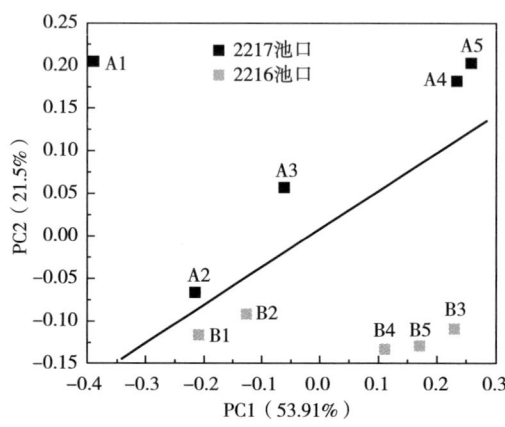

图 8-8　浓香型酒醅 DGGE 图谱的 PCA 分析

1~5—发酵 6d、12d、22d、42d、60d

## 三、清香型白酒微生物群落结构演变规律的研究

清香型是中国白酒基本香型之一，以汾酒为代表。清香型白酒的风格特征是清香纯正、醇甜柔和、自然谐调、余味爽净。该风格特征是与酿造环境中特殊的微生物菌群密切相关。清香型白酒酿造混合使用三种大曲（清茬曲、后火曲、红心曲）作为糖化发酵剂；此外，清香型白酒工艺还有一个特殊之处，以低温曲为糖化发酵剂，其最高制曲温度（顶火品温）低于 50℃。较低的制曲温度导致低温曲中微生物多样性高于中温曲和高温曲。

**1. 清香型白酒制曲期微生物区系**

曲坯放置在曲房后，空气、接触到的生产用具上的微生物开始在大曲表面生长，曲房环境和大曲的理化性质调节着微生物的消长。如图 8-9 所示，随着制备的进行大曲中细菌、酵母、霉菌呈现出不同的变化规律。利用传统平板计数方法，在曲坯中已能检测到 $(9.29\pm0.45)\times10^5$ CFU/g 细菌、$(1.69\pm0.098)\times10^3$ CFU/g 霉菌和几十个酵母。上霉和晾霉是大曲中酵母和霉菌迅速繁殖的阶段，三种大曲（清茬曲、后火曲、红心曲）中酵母和霉菌不仅变化趋势相似，而且含量也相近，无显著性差异（$P<0.05$）。对于细菌，其生长温度范围很广，整个制曲过程中细菌总数始终呈上升趋势；上霉至后火期间，三种大曲中细菌含量有显著性差异（$P<0.05$）。三种成品曲中均检测到 $10^9$ CFU/g 数量级的细菌和霉菌、$10^6$ CFU/g 数量级的酵母。

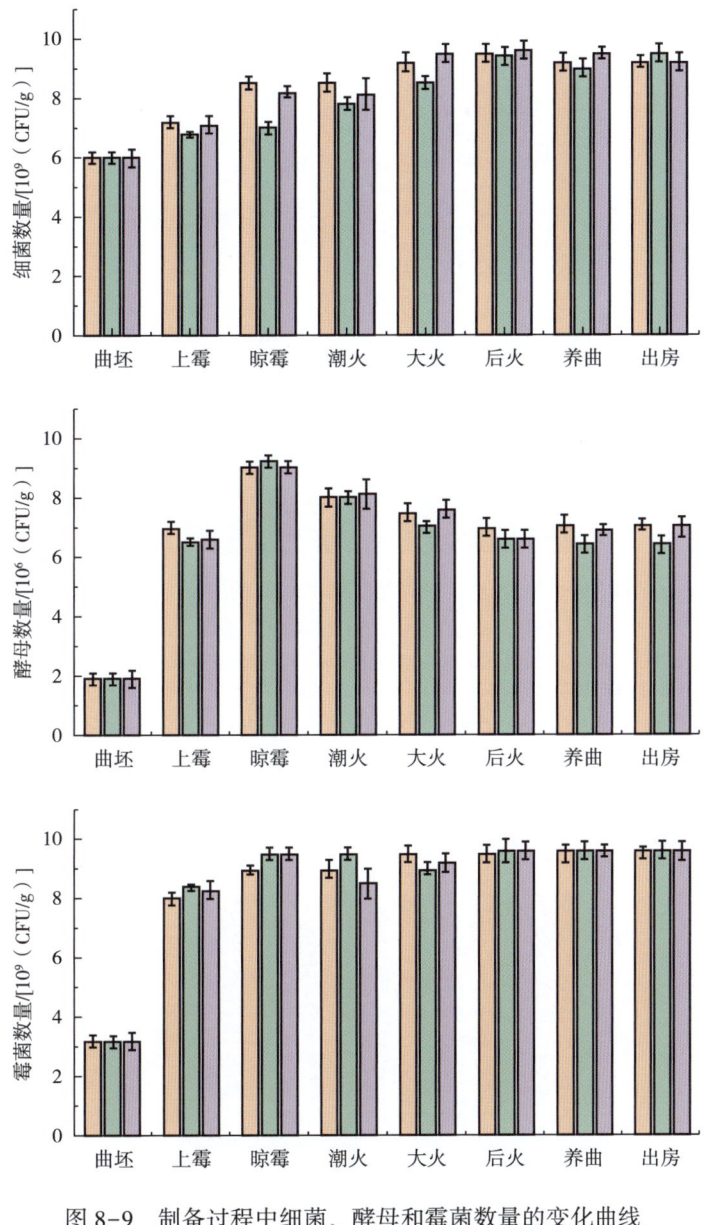

图 8-9 制备过程中细菌、酵母和霉菌数量的变化曲线
■ 清茬曲； ■ 红心曲； ■ 后火曲

如图 8-10、图 8-11、图 8-12 所示，DGGE 图谱中检测到较多 DNA 条带（>20 条），显示出三种大曲（清茬曲、红心曲和后火曲）中较高的细菌多样性。清茬曲、红心曲和后火曲中主要的细菌种类相同，这是由于大曲表面接种的是曲房区域空气中的微生物。制曲温度对大曲中细菌菌群的影响主要是改变了细菌的衰亡速率，从而调整了细菌组成。出房时，三种大曲中的主要细菌种类相同，仅仅是含量较少的细菌种类上有差异。储存阶段，大曲中已有的微生物会在室温条件下继续缓慢生长，新的微生物又会从空气中接种到大曲表面。大曲中细菌组成发生调整，主要是细菌种类相对比例的改变，为进一步了解三种大

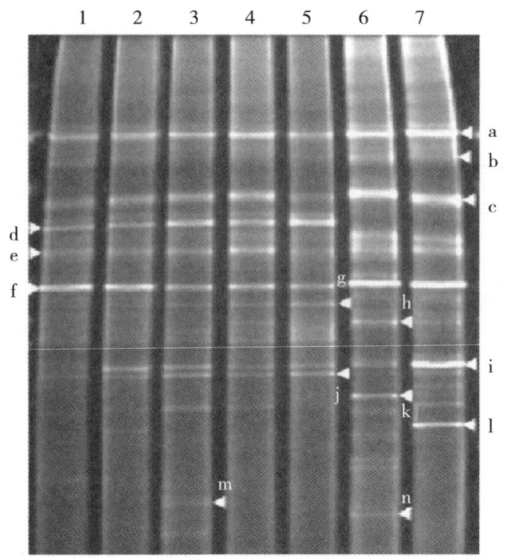

图 8-10　制曲过程中清茬曲细菌组成的 DGGE 分析图谱

1~7—上霉、晾霉、潮火、大火、后火、养曲、出房阶段

a—*Weissella cibaria*（西巴里亚魏氏菌）相似度 100％；b—*Lactobacillus fermentum*（发酵乳杆菌）相似度 98％；c—*Staphylococcus xylosus*（木糖葡萄球菌）相似度 97％；d—*Lactobacillus brevis*（短乳杆菌）相似度 100％；e—*Lactobacillus pontis*（庞氏乳杆菌）相似度 98％；f—*Lactobacillus panis*（帕尼斯乳杆菌）相似度 100％；g—*Lactobacillus crustorum*（甲壳乳杆菌）相似度 100％；h—*Virgibacillus* sp.（弗吉尼亚芽孢杆菌）相似度 99％；i—*Pseudomonas* sp.（假单胞菌）相似度 98％；j—*Oceanobacillus* sp.（海洋杆菌）相似度 96％；k—*Thermoactinomyces sanguinis*（血热放线菌）相似度 99％；l—*Stenotrophomonas maltophilia*（嗜麦芽寡养单胞菌）相似度 100％；m—*Arsenicicoccus bolidensis*（玻利维亚砷杆菌）相似度 98％；n—*Bacillus* sp.（芽孢杆菌）相似度 100％

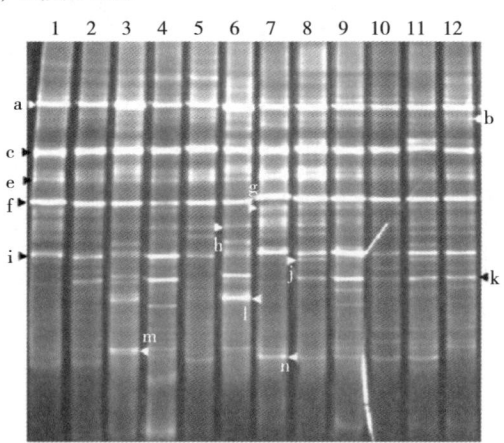

图 8-11　制曲过程中红心曲和后火曲细菌组成的 DGGE 图谱

1~6/7~12—分别是红心曲、后火曲的晾霉、潮火、大火、后火、养曲、出房阶段

a—*Weissella cibaria*（西巴里亚魏氏菌）相似度 100％；b—*Lactobacillus fermentum*（发酵乳杆菌）相似度 98％；c—*Staphylococcus xylosus*（木糖葡萄球菌）相似度 97％；e—*Lactobacillus pontis*（庞氏乳杆菌）相似度 98％；f—*Lactobacillus panis*（帕尼斯乳杆菌）相似度 100％；g—*Lactobacillus crustorum*（甲壳乳杆菌）相似度 100％；h—*Virgibacillus* sp.（弗吉尼亚芽孢杆菌）相似度 99％；i—*Pseudomonas* sp.（假单胞菌）相似度 98％；j—*Oceanobacillus* sp.（海洋杆菌）相似度 96％；k—*Thermoactinomyces sanguinis*（血热放线菌）相似度 99％；l—*Stenotrophomonas maltophilia*（嗜麦芽寡养单胞菌）相似度 100％；m—*Arsenicicoccus bolidensis*（玻利维亚砷杆菌）相似度 98％；n—*Bacillus* sp.（芽孢杆菌）相似度 100％

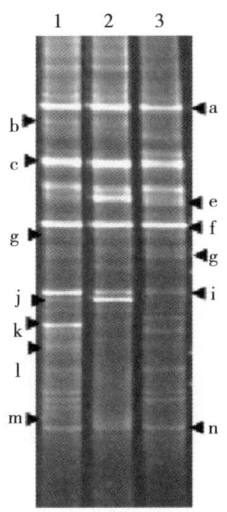

图 8-12 储存后三种大曲中细菌组成的 DGGE 图谱
1—红心曲；2—后火曲；3—清茬曲

a—*Weissella cibaria*（西巴里亚魏氏菌）相似度 100%；b—*Lactobacillus fermentum*（发酵乳杆菌）相似度 98%；c—*Staphylococcus xylosus*（木糖葡萄球菌）相似度 97%；e—*Lactobacillus pontis*（庞氏乳杆菌）相似度 98%；f—*Lactobacillus panis*（帕尼斯乳杆菌）相似度 100%；g—*Lactobacillus crustorum*（甲壳乳杆菌）相似度 100%；i—*Pseudomonas* sp.（假单胞菌）相似度 98%；j—*Oceanobacillus* sp.（海洋杆菌）相似度 96%；k—*Thermoactinomyces sanguinis*（血热放线菌）相似度 99%；l—*Stenotrophomonas maltophilia*（嗜麦芽寡养单胞菌）相似度 100%；m—*Arsenicicoccus bolidensis*（玻利维亚砷杆菌）相似度 98%；n—*Bacillus* sp.（芽孢杆菌）相似度 100%

曲中细菌群落组成，选取 DGGE 图谱中优势条带进行切胶和测序。测序结果经 GenBank 数据库比对，相似率均大于 96%。三种大曲中含有 LAB、*Staphylococcus*、*Pseudomonas*、*Thermoactinomyces*、*Bacillus* 等多个细菌种属。在 14 条切胶测序的 DNA 条带中，共检测到 6 种 LAB，5 种是 *Lactobacillus* 属，说明 LAB 是大曲中优势细菌类群。根据 DGGE 图中 LAB 相应 DNA 条带的亮度变化，可观察到制曲过程中 LAB 的繁殖趋势。此结果与用焦磷酸测序技术分析储存 6 个月后陈曲中细菌组成所得结果有差异，主要是检测到的 LAB 菌种及其比例不同。这可能是由于分析方法的差异或储存中微生物再度繁殖。在出房的三种大曲中，*W. cibaria*（条带 a）、*Sh. xylosus*（条带 c）、*Lb. panis*（条带 f）是主要细菌菌种。*Thermoactinomyces*（条带 k）的最适生长温度为 50~55℃。红心曲和后火曲中 *Th. sanguinis* 的相对含量较高。*Sn. maltophilia*（条带 l）的最适培养温度大约为 30℃。

如图 8-13、图 8-14 和图 8-15 所示，三种大曲酵母组成的 DGGE 图谱中检测到近 15 条 DNA 条带，说明大曲中酵母多样性低于细菌。制曲过程中，可观察到 DNA 条带亮度先增加、后减弱的变化趋势，表明酵母经历了先繁殖、后消亡的历程。出房时酵母种类多样性是红心曲>后火曲>清茬曲。储存后，大曲中酵母种类基本未变。为进一步明确三种大曲中酵母群落组成，挑取了 DGGE 图谱中优势条带进行切胶回收和测序。测序结果经 GenBank 数据库比对后，相似率均大于 98%。三种大曲中含有 *Sp. fibuligera*、*S. cerevisiae*、

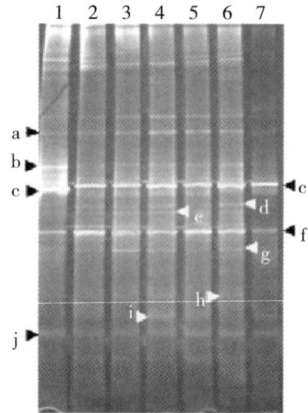

图 8-13 制曲过程中清茬曲酵母组成的 DGGE 图谱

1~7—上霉、晾霉、潮火、大火、后火、养曲、出房阶段

a—*Candida silvae*（念珠菌）相似度 98%；b—*Saccharomycopsis fibuligera*（纤维酵母菌）相似度 100%；c—*Saccharomycopsis fibuligera*（纤维酵母菌）相似度 100%；d—*Candida tropicalis*（热带假丝酵母）相似度 99%；e—*Hanseniaspora guilliermondii*（季也蒙有孢汉逊酵母）相似度 99%；f—*Pichia anomala*（异常毕赤酵母）相似度 100%；g—*Debaryomyces hansenii*（汉森氏德巴里氏菌）相似度 100%；h—*Issatchenkia orientalis*（东方伊萨酵母）相似度 98%；i—*Trichosporon asahii*（阿萨希丝孢酵母）相似度 99%；j—*Saccharomyces cerevisiae*（酿酒酵母）相似度 100%

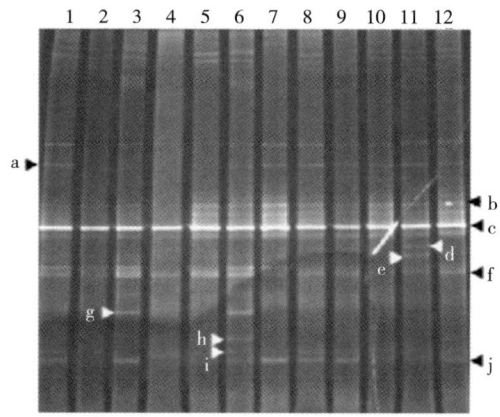

图 8-14 制曲过程中红心曲和后火曲酵母组成的 DGGE 图谱

1~6/7~12—分别是红心曲、后火曲的晾霉、潮火、大火、后火、养曲、出房阶段

a—*Candida silvae*（念珠菌）相似度 98%；b—*Saccharomycopsis fibuligera*（纤维酵母菌）相似度 100%；c—*Saccharomycopsis fibuligera*（纤维酵母菌）相似度 100%；d—*Candida tropicalis*（热带假丝酵母）相似度 99%；e—*Hanseniaspora guilliermondii*（季也蒙有孢汉逊酵母）相似度 99%；f—*Pichia anomala*（异常毕赤酵母）相似度 100%；g—*Debaryomyces hansenii*（汉森氏德巴里氏菌）相似度 100%；h—*Issatchenkia orientalis*（东方伊萨酵母）相似度 98%；i—*Trichosporon asahii*（阿萨希丝孢酵母）相似度 99%；j—*Saccharomyces cerevisiae*（酿酒酵母）相似度 100%

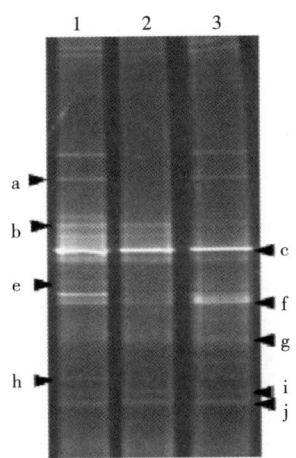

图 8-15 储存后三种大曲中酵母组成的 DGGE 图谱
1—红心曲；2—后火曲；3—清茬曲

a—*Candida silvae*（念珠菌）相似度 98%；b—*Saccharomycopsis fibuligera*（纤维酵母菌）相似度 100%；c—*Saccharomycopsis fibuligera*（纤维酵母菌）相似度 100%；e—*Hanseniaspora guilliermondii*（季也蒙有孢汉逊酵母）相似度 99%；f—*Pichia anomala*（异常毕赤酵母）相似度 100%；g—*Debaryomyces hansenii*（汉森氏德巴里氏菌）相似度 100%；h—*Issatchenkia orientalis*（东方伊萨酵母）相似度 98%；i—*Trichosporon asahii*（阿萨希丝孢酵母）相似度 99%；j—*Saccharomyces cerevisiae*（酿酒酵母）相似度 100%

*P. anomala*、*D. hansenii*、*T. asahii*、*I. orientalis*、*H. guilliermondii*、*C. tropicalis* 等多个种属的酵母。*Sp. fibuligera*（条带 b/c）和 *P. anomala*（条带 f）在制曲过程中始终是主要菌种，其他酵母菌种被较高的制曲温度抑制、杀灭，部分菌种在制曲中后期温度降到约 30℃ 时再度繁殖。DGGE 方法还检测到了 *D. hansenii*、*H. guilliermondii* 等酿酒工业中重要的 *non-Saccharomyces*。

如图 8-16、图 8-17 和图 8-18 所示，三种大曲酵母组成的 DGGE 图谱显示大曲中真菌多样性低于细菌。清茬曲中，检测到多种真菌，这些真菌相应的 DNA 条带亮度相近，而且在制曲过程中基本维持不变。在红心曲和后火曲中，检测到五种优势真菌，其中有些条带随着制曲时间逐渐变弱，与清茬曲的现象差异较大。经过敞开环境的长期储存后，大曲中真菌种类多样性更低。为进一步解析三种大曲中真菌群落组成，选取 DGGE 图谱中优势条带进行切胶回收和测序。测序结果经 GenBank 数据库比对后，相似率均大于 97%。用 NS1/GC-Fung 引物对，检测到了 *Rhizopus*、*Aspergillus*、*Absidia*、*Mucor* 等霉菌种属，与传统微生物方法分析所得的清香型白酒大曲中功能霉菌组成相一致。此外，还检测到了传统培养方法研究中未报道的米黑根毛霉（*R. miehei*）。

**2. 清香型白酒发酵环节微生物结构更替**

由于霉菌在平板上生长时会形成繁茂的菌丝体，计数结果不准确，所以仅用可培养方法测定发酵过程中主要细菌［芽孢杆菌、乳酸菌（LAB）］和酵母的含量，并在数据库中鉴定了分离菌株的种属信息，结果见表 8-4。发酵阶段芽孢杆菌、LAB 和酵母三类微生物

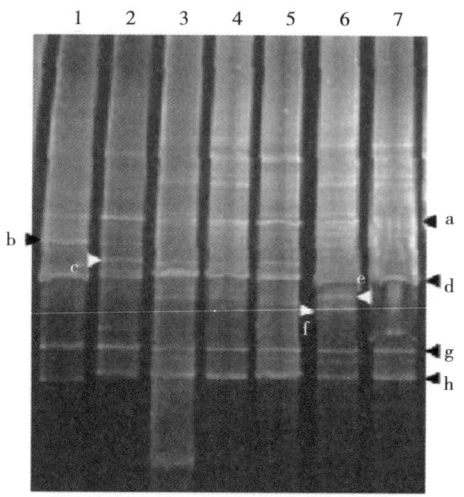

图 8-16 制曲过程中清茬曲真菌组成的 DGGE 图谱
1~7—上霉、晾霉、潮火、大火、后火、养曲、出房阶段

a—*Saccharomyces bulderi*（博伊丁酵母）相似度 98%；b—*Candida tropicalis*（热带假丝酵母）相似度 99%；c—*Rhizopus oryzae*（米根霉）相似度 100%；d—*Amylomyces rouxii*（鲁氏淀粉霉）相似度 99%；e—*Aspergillus oryzae*（米曲霉）相似度 100%；f—*Aspergillus terreus*（土曲霉）相似度 100%；g—*Absidia blakesleeana*（布氏犁头霉）相似度 97%；h—*Rhizomucor miehei*（米黑根毛霉）相似度 98%

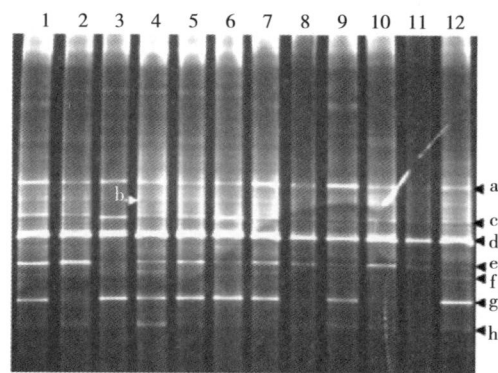

图 8-17 制曲过程中红心曲和后火曲真菌组成的 DGGE 图谱
1~6/7~12—分别是红心曲、后火曲的晾霉、潮火、大火、后火、养曲、出房阶段

a—*Saccharomyces bulderi*（博伊丁酵母）相似度 98%；b—*Candida tropicalis*（热带假丝酵母）相似度 99%；c—*Rhizopus oryzae*（米根霉）相似度 100%；d—*Amylomyces rouxii*（鲁氏淀粉霉）相似度 99%；e—*Aspergillus oryzae*（米曲霉）相似度 100%；f—*Aspergillus terreus*（土曲霉）相似度 100%；g—*Absidia blakesleeana*（布氏犁头霉）相似度 97%；h—*Rhizomucor miehei*（米黑根毛霉）相似度 98%

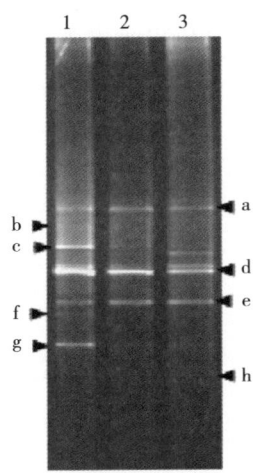

图 8-18 储存后三种大曲中真菌组成的 DGGE 图谱

1—红心曲；2—后火曲；3—清茬曲

a—*Saccharomyces bulderi* （博伊丁酵母）相似度 98%；b—*Candida tropicalis*（热带假丝酵母）相似度 99%；c—*Rhizopus oryzae*（米根霉）相似度 100%；d—*Amylomyces rouxii*（鲁氏淀粉霉）相似度 99%；e—*Aspergillus oryzae*（米曲霉）相似度 100%；f—*Aspergillus terreus*（土曲霉）相似度 100%；g—*Absidia blakesleeana*（布氏犁头霉）相似度 97%；h—*Rhizomucor miehei*（米黑根毛霉）相似度 98%

含量的测定结果见图 8-19。发酵起始，酒醅中检测到酵母 $8.71×10^7$ CFU/g，芽孢杆菌 $4.24×10^6$ CFU/g，LAB $3.90×10^6$ CFU/g。发酵前 10d，酵母和芽孢杆菌的数量有所减少；然后稍有上升，在 15d 时达到峰值；此后两类微生物含量继续减少；发酵的最后 10d，酵母和芽孢杆菌的数量都较为稳定。然而，LAB 的含量在整个发酵周期中都呈上升趋势，LAB 丰度的增加与酒醅酸度的升高、酵母和芽孢杆菌含量的降低时间段基本一致。清香型白酒发酵中 LAB 可能对酵母和芽孢杆菌具有拮抗作用，发酵早期 LAB 抑制了酵母和芽孢杆菌的生长。

表 8-4　　酒醅中分离所得酵母和细菌的鉴定结果

| 微生物类群 | 分离菌数的数量 | GenBank 数据库中的同源序列 | 序列相似性/% |
| --- | --- | --- | --- |
| 细菌 | 3 | *B. subtilis* | 100 |
| | 15 | *Bacillus licheniformis* | 100 |
| | 2 | *Bacillus circulans* | 98 |
| | 4 | *Bacillus amyloliquefaciens* | 99 |
| | 2 | *S. xylosus* | 100 |
| | 2 | *T. sanguinis* | 99 |
| LAB | 10 | *Lactobacillus fuchuensis* | 100 |
| | 5 | *Lactobacillus buchneri* | 100 |
| | 11 | *L. plantarum* | 99 |

续表

| 微生物类群 | 分离菌数的数量 | GenBank 数据库中的同源序列 | 序列相似性/% |
|---|---|---|---|
| 酵母 | 6 | *Pichia anomala* | 100 |
| | 2 | *Saccharomycopsis fibuligera* | 99 |
| | 9 | *S. cerevisiae* | 100 |
| | 5 | *Issatchenkia orientalis* | 99 |
| | 1 | *Pichia fermentans* | 98 |
| | 1 | *Pichia membranifaciens* | 99 |
| | 1 | *Hanseniaspora osmophila* | 98 |

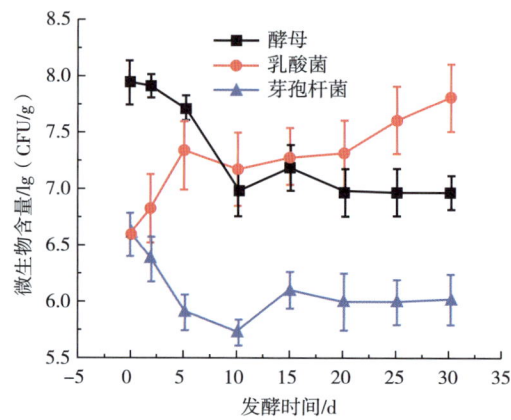

图 8-19 发酵过程中不同菌株数量的变化

利用 PCR-DGGE 电泳分析不同发酵时间酒醅样品中细菌组成。如图 8-20 所示，在发酵起始（0d），酒醅中细菌多样性较高，细菌种类很多，无特别突出的优势菌种。根据 DGGE 图谱的聚类分析结果，酒醅中细菌组成可以分成三类，分别对应于发酵前期、中期和后期，显示出发酵时间与细菌菌群更替之间的紧密联系。将 DGGE 图谱中主要 DNA 条带进行切胶、回收、测序，测序结果在 GenBank 中 blast 比对、鉴定其微生物种属，序列相似性均大于 97%。通过 16 个 DNA 条带的测序分析，共鉴定出 7 个属。其中，有 8 条条带和 4 条条带分别是 LAB 和 *Bacillus*，所以 LAB 和 *Bacillus* 是发酵中主要的细菌类群。大曲中含有大量的 *Bacillus*，进入发酵阶段后继续繁殖，成为酒醅中的优势细菌。分离所得的芽孢杆菌菌种有枯草芽孢杆菌（*B. subtilis*）、地衣芽孢杆菌（*B. licheniformis*）和解淀粉芽孢杆菌（*B. amyloliquefaciens*），其中 *B. licheniformis* 是最主要的芽孢杆菌。分离得到的 LAB 都属于 *Lactobacillus* 属，包括岩藻乳杆菌（*Lb. fuchuensis*）、布氏乳杆菌（*Lb. buchneri*）、植物乳杆菌（*Lb. plantarum*）。根据 DGGE 图谱进行自发酵 15d 后，LAB 的相对含量超过细菌总量的 50%。而 LAB 酸耐受性、在低氧条件下生长等对环境的适应能力一般优于其他细菌，更能适应酒醅中微环境，因而成为发酵后半程的优势细菌。

先以 26S rRNA 为靶基因，单独分析酒醅中酵母群落结构的演变规律。根据 DGGE

# 第八章
## 系统生物学在白酒酿造中的应用

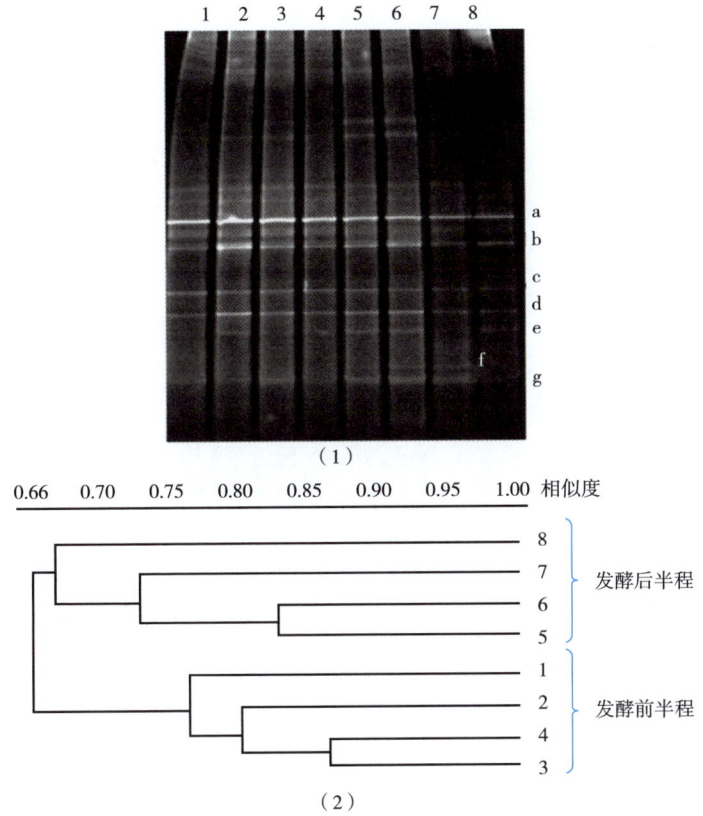

图 8-20 （1）清香型酒醅中细菌组成分析的 DGGE 电泳图谱；（2）聚类分析

1~8：发酵时间分别为 0d、2d、5d、10d、15d、20d、25d、30d

a—*Saccharomycopsis fibuligera*；b—*Saccharomycopsis fibuligera*；c—*Pichia farinosa*；
d—*Pichia anomala*；e—*Torulaspora delbrueckii*；f—*Issatchenkia orientalis*；
g—*Saccharomyces cerevisiae*

图谱 [图 8-21（1）]，所能观察到的 DNA 条带数量较少，说明酒醅中酵母多样性较低。对 DGGE 图谱进行聚类分析 [图 8-21（2）]，也能根据发酵进程，将酒醅中酵母组成分成两类，即发酵前期和发酵后期，与细菌组成变化规律相似。从 DGGE 图谱中选取主要的 7 个条带进行切胶、回收、测序，测序结果在 GenBank 中比对，序列相似性均大于 98%。鉴定出的酵母共有 5 个属 7 个种，其中异常毕赤酵母（*P. anomala*）和东方伊萨酵母（*I. orientalis*）是主要的 non-*Saccharomyces*。其中扣囊复膜酵母菌（*Sp. fibuligera*）、*P. anomala*、*I. orientalis*、*S. cerevisiae* 与传统培养方法所得结果一致，未检测到传统培养方法中获得的有孢汉逊酵母（*H. osmophila*）、膜醭毕赤酵母（*P. membranifaciens*）两个菌种，而新检测出粉霜霉（*P. farinosa*）、德氏乳杆菌（*To. delbrueckii*）这两种传统方法没有分离到的菌种。因此，依赖于培养的方法和不需要培养的方法相结合，更加全面地揭示了白酒酿造体系中的微生物组成。

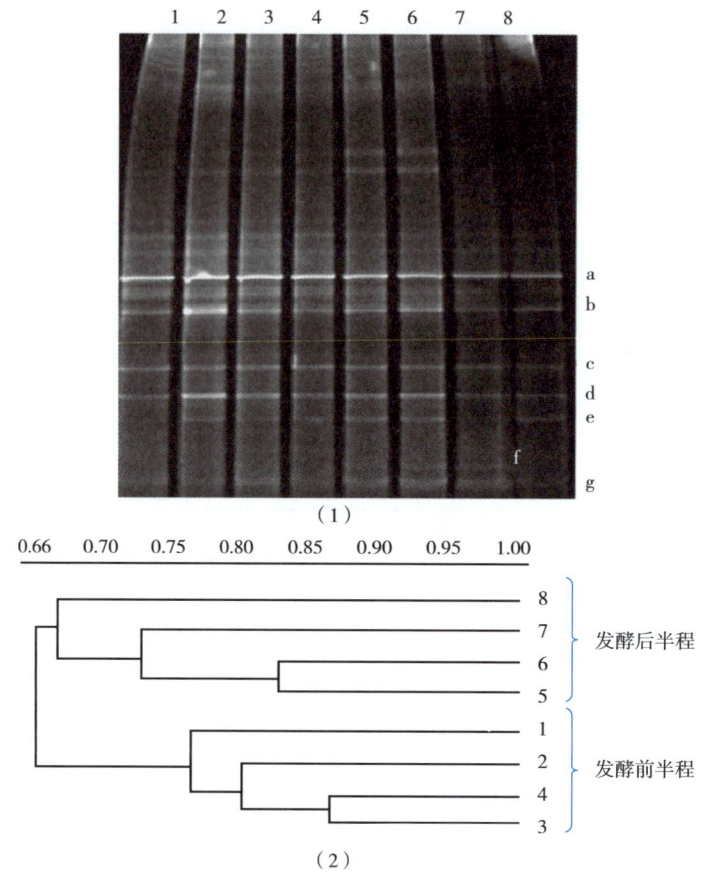

图8-21 (1) 清香型白酒酒醅中酵母组成分析的DGGE电泳图谱;(2) 聚类分析

1~8:发酵时间分别为0、2、5、10、15、20、25、30d

a、b—*Sp. fibuligera*,c—*Pichia farinosa*,d—*P. anomala*,e—*Torulaspora delbrueckii*,

f—*I. orientalis*,g—*S. cerevisiae*

采用建立的qPCR方法测定清香型白酒发酵过程中 *S. cerevisiae*、*P. anomala*、*I. orientalis*、*Z. bailii* 四种酵母的含量。其中,酒香型酒醅中 *Z. bailii* 浓度低于检测限。根据图8-22,发酵起始,大曲带入微生物菌种,使得发酵起始已存在一定数量的酵母。此时,*P. anomala* 的含量最高,达到 $4.92×10^8$ 个细胞/g 酒醅;*S. cerevisiae* 的数量最低,仅为 $2.17×10^5$ 个细胞/g 酒醅。经过 5d 发酵,*S. cerevisiae* 大量繁殖,而 *P. anomala* 和 *I. orientalis* 却不断死亡,导致 *S. cerevisiae* 数量已超过两种 non-*Saccharomyces*。在发酵第5~10d,三种酵母数量都相对稳定;此后,低氧含量、酸性等胁迫环境的协同作用导致酵母数量持续降低,直至发酵结束。

以18S rRNA基因为靶基因,对酒醅中真菌(酵母和霉菌)组成在发酵过程中的变化进行分析。如图8-23所示,受到发酵环境中胁迫因素的影响,酒醅中真菌表现出明显的衰亡过程。发酵起始,酒醅中检测到的真菌种类较多;但在发酵中期时,部分真菌相应的DNA条带亮度减弱,直至消失;发酵结束时,能检测到的真菌种类最少。所以通过对

# 第八章
## 系统生物学在白酒酿造中的应用

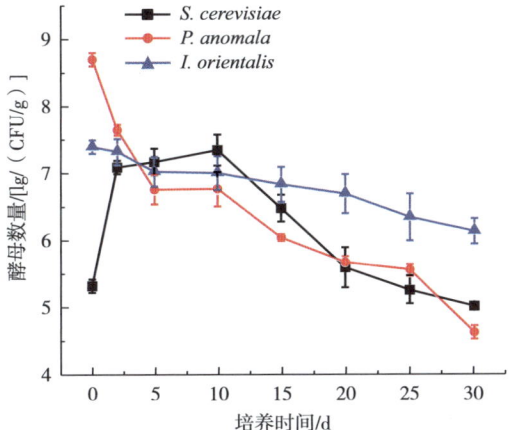

图 8-22 发酵过程中三种主要酵母含量的变化

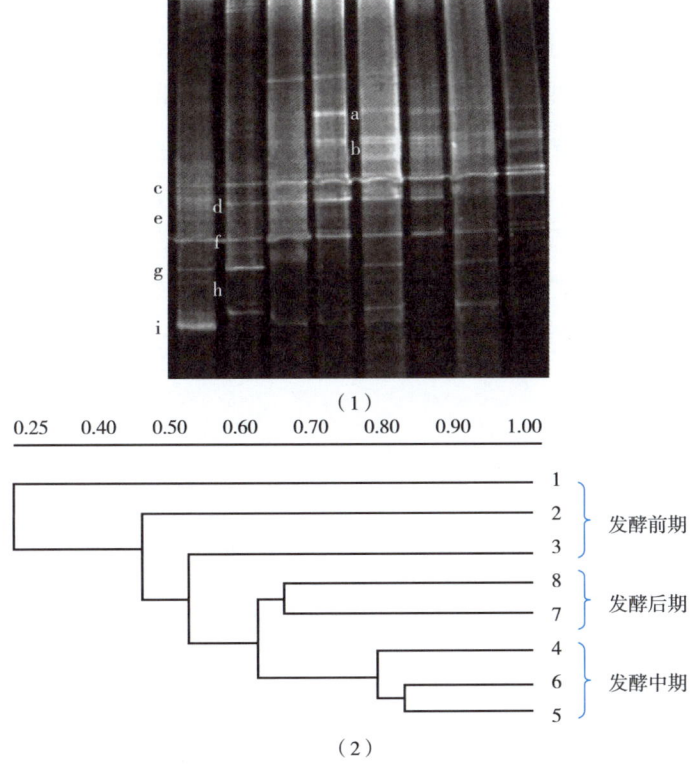

图 8-23 （1）清香型酒醅中真菌组成分析的 DGGE 电泳图谱；（2）聚类分析

1~8：发酵时间 0、2、5、10、15、20、25、30d

a—*Saccharomyces bulderi*；b—*Candida tropicalis*；c—*Rhizopus oryzae*；
d—*Saccharomycopsis fibuligera*；e—*Amylomyces rouxii*；f—*Candida allociferrii*；
g—*Aspergillus oryzae*；h—*Aspergillus terreus*；i—*Absidia blakesleeana*

DGGE 图谱的聚类分析，同样可以将酒醅中的真菌组成分成三大类，发酵前期、中期与后期的样品中真菌群落结构差异明显，表明发酵时间与真菌菌群更替之间的紧密联系。为进一步了解发酵过程中酵母和霉菌对白酒风味形成的贡献。选取了 DGGE 图谱中优势的条带进行了切胶回收和测序分析。测序结果经 GenBank 数据库比对，相似率均大于 96%。酒醅中优势霉菌是米根霉（*Rs. oryzae*）、淀粉霉（*Am. rouxi*）、米曲霉（*As. oryzae*）、布氏犁头霉（*Ab. blakesleeana*），优势酵母是扣囊复膜酵母（*Sp. fibuligera*）、拜耳接合酵母（*Z. bailii*）、异常毕赤酵母（*P. anomala*）、酿酒酵母（*S. cerevisiae*）。

### 四、酱香型白酒发酵中微生物群落结构的研究

#### 1. 酱香型白酒发酵中酵母群落结构

细菌特别是芽孢杆菌对不良环境的抗逆性强，一直活跃在整个酱香型白酒酿造过程中。芽孢杆菌能够产生蛋白酶与淀粉酶分解酿造原料中的蛋白质及淀粉，生成丰富的前体物质，有利于风味物质的形成，成为某些酱香型白酒的骨架物质成分。对于酿造过程中细菌群落结构变化的研究有利于揭示细菌在酱香型白酒酿造中的作用。从酱香型白酒酿造二至七轮次的环境、大曲以及酒醅中共分离得到 34 种不同菌落形态的细菌，通过细菌 16S rDNA 序列分析，共鉴定得到 21 个细菌种属，如表 8-5 所示。

表 8-5　　　　　　　　　　　细菌菌株的来源及种属鉴定

| 编号 | 菌株名称 | 空气 | 窖泥 | 大曲 | 堆积酒醅 | 窖池酒醅 |
|---|---|---|---|---|---|---|
| B1 | *B. licheniformis* | √ | √ | √ | √ | √ |
| B2 | *B. amyloliquefaciens* | √ | √ | √ | √ | √ |
| B3 | *B. subtilis* | √ | √ | √ | √ | √ |
| B4 | *Bacillus lentus* | √ | √ | √ | √ | √ |
| B5 | *Paenibacillus lactis* | √ | √ | √ | √ | √ |
| B6 | *Paenibacillus* sp. | √ | √ | √ | √ | √ |
| B7 | *Staphylococcus lentus* | √ | √ | √ | √ | √ |
| B8 | *Staphnylococcus saprophyticus* | √ | √ | √ | √ | √ |
| B9 | *Bacillus cereus* | √ | √ | √ | √ | |
| B10 | *Kocuria rosea* | √ | | | | |
| B11 | *Aneurinibacillus migulanus* | √ | √ | | √ | √ |
| B12 | *Lysimibacillus fusiformis* | √ | √ | | √ | |
| B13 | *Brevibacillus borstelensis* | √ | | √ | | |
| B14 | *Arthrobacter* sp. | √ | | √ | | |
| B15 | *Paenibacillus cineris* | √ | | | √ | √ |

续表

| 编号 | 菌株名称 | 空气 | 窖泥 | 大曲 | 堆积酒醅 | 窖池酒醅 |
|---|---|---|---|---|---|---|
| B16 | *Bacillus tequilensis* | √ | | | | |
| B17 | *Micrococcus lylae* | √ | | | | √ |
| B18 | *Serratia marcescens* | | √ | | | |
| B19 | *Bacillus pumilus* | | √ | | √ | √ |
| B20 | *Bacillus methylotrophicus* | | √ | √ | √ | √ |
| B21 | *Oceanobacillus profundus* | | | √ | | |

注:"√"表示在环境中可检出。

酱香型高温大曲制曲最高温度可达62℃以上,一些芽孢杆菌对高温环境具有良好的耐受性,细菌的生长、代谢等生命活动贯穿整个制曲发酵过程,成品大曲中能检测到大量细菌。细菌是高温大曲中最主要的微生物,因此高温大曲又称"细菌大曲"。对不同轮次所使用高温大曲粉中细菌的分析结果如表8-6所示,高温大曲中存在大量的芽孢杆菌。堆积酒醅中最主要的细菌种属为解淀粉芽孢杆菌(*B. amyloliquefaciens*)、地衣芽孢杆菌(*B. licheniformis*),而这2种细菌在不同轮次所使用的大曲粉中都大量存在,因此高温大曲是酱香型白酒酒醅中细菌的主要来源。

表8-6　　　　　　　　　　不同轮次高温大曲中细菌的含量　　　　　　　单位:×10$^5$CFU/g

| 轮次 | 细菌编号 | | | | | | | | | | | 总数 |
|---|---|---|---|---|---|---|---|---|---|---|---|---|
| | B1 | B2 | B3 | B4 | B5 | B7 | B8 | B9 | B13 | B14 | B20 | |
| 二 | 11.0 | 10.0 | 21.0 | 8.0 | — | — | 3.0 | — | — | — | — | 53.0 |
| 三 | 14.0 | 11.2 | 0.4 | — | — | — | — | — | 1.0 | — | — | 26.6 |
| 四 | 71.0 | 99.0 | — | 14.0 | — | 91.0 | 10.0 | — | — | — | — | 285.0 |
| 五 | 88.0 | 76.0 | — | 12.0 | — | 16.0 | — | — | — | 6.0 | — | 198.0 |
| 六 | 440.0 | 400.0 | 20.0 | — | 20.0 | — | — | — | — | — | 40.0 | 920.0 |
| 七 | 240.0 | 260.0 | — | 60.0 | — | — | 20.0 | — | — | — | — | 580.0 |

不同轮次堆积酒醅中细菌总数的变化如图8-24所示。堆积过程酒醅中的细菌呈现出增长趋势,增殖倍数在1.3~5.5倍。细菌主要的增长位点在供氧较充足的中层外侧及上层中点,堆积中心酒醅中细菌总数较为稳定。堆积酒醅中细菌主要来源于高温大曲,高温大曲出库后含水量低且需经过一定时间的陈放才能用于制酒生产。长期的干燥环境会使得高温大曲中的细菌生物活性受到一定的抑制。堆积过程中,酒醅含水量丰富,能够活化从高温大曲接入酒醅中的细菌,有利于细菌发挥作用。

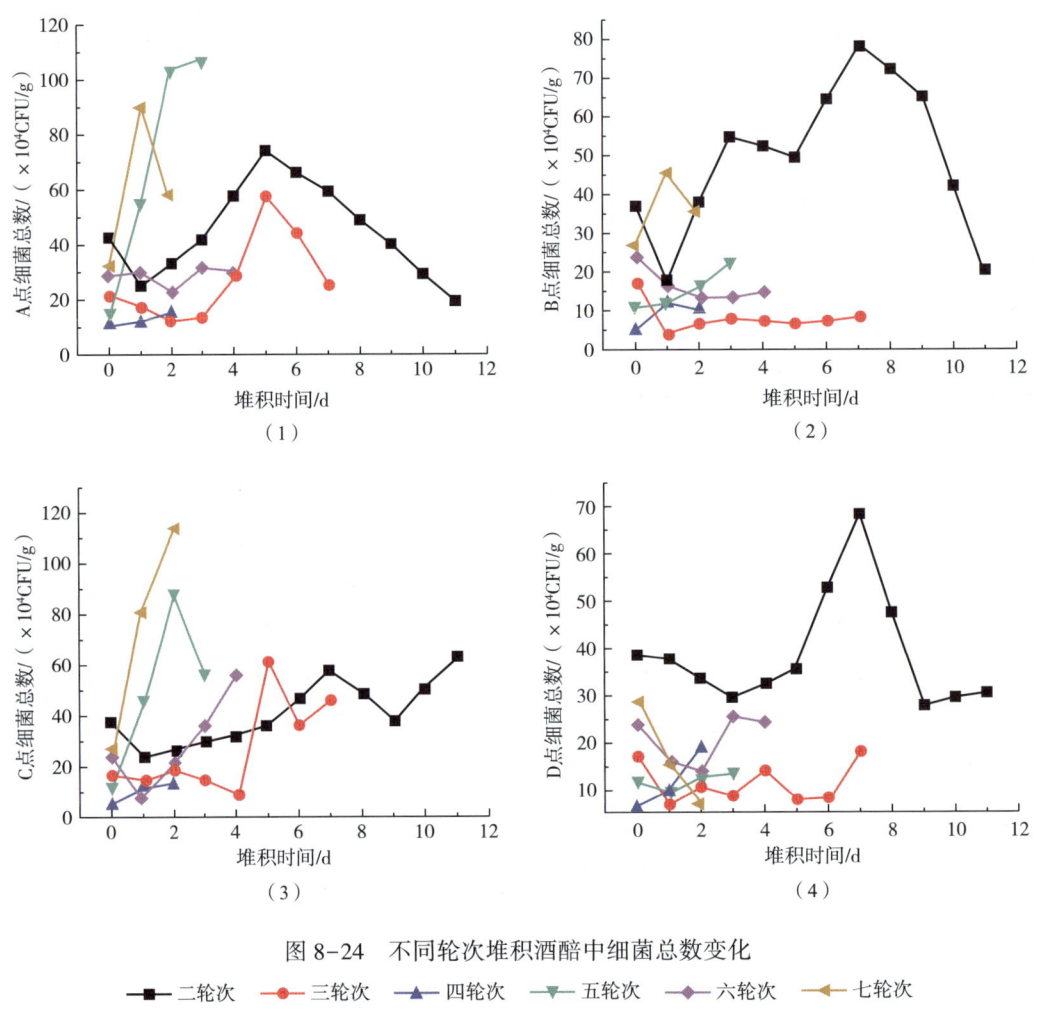

图 8-24 不同轮次堆积酒醅中细菌总数变化

■ 二轮次　● 三轮次　▲ 四轮次　▼ 五轮次　◆ 六轮次　◀ 七轮次

不同轮次窖池发酵酒醅中细菌总数的变化如图 8-25 所示，不同轮次中、下层酒醅中细菌总数的变化规律相似，入窖后细菌的生长受到氧气的制约，细菌总数快速下降，5d 后含量维持相对稳定。上层酒醅中由于氧气含量高于中、下层酒醅，细菌总数在整个发酵过程都明显高于中、下层酒醅。不同轮次上层酒醅中细菌的变化趋势差异较大，可能受到不同轮次酒醅理化差异的影响。

## 2. 酱香型白酒发酵中酵母群落结构

酵母在酱香型白酒酒精生成以及微量香气成分形成等方面都起着至关重要的作用。从酱香型白酒酿造二至七轮次的环境、大曲以及酒醅中共分离得到 21 种菌落形态各异的酵母，通过酵母 26S rDNA D1/D2 区域序列分析，共鉴定得到 16 个酵母种属。从表 8-7 可以看到，5 种酵母同时存在于酿造环境、大曲以及酒醅中，表明这 5 个种属酵母可能具有较强的生存能力，能够在不同的环境下存活。3 种酵母只在酒醅中发现，可能说明其对营养要求较高，在干燥的大曲以及营养相对贫瘠的封窖泥中难以存活。*C. apicola* 只在堆积酒醅

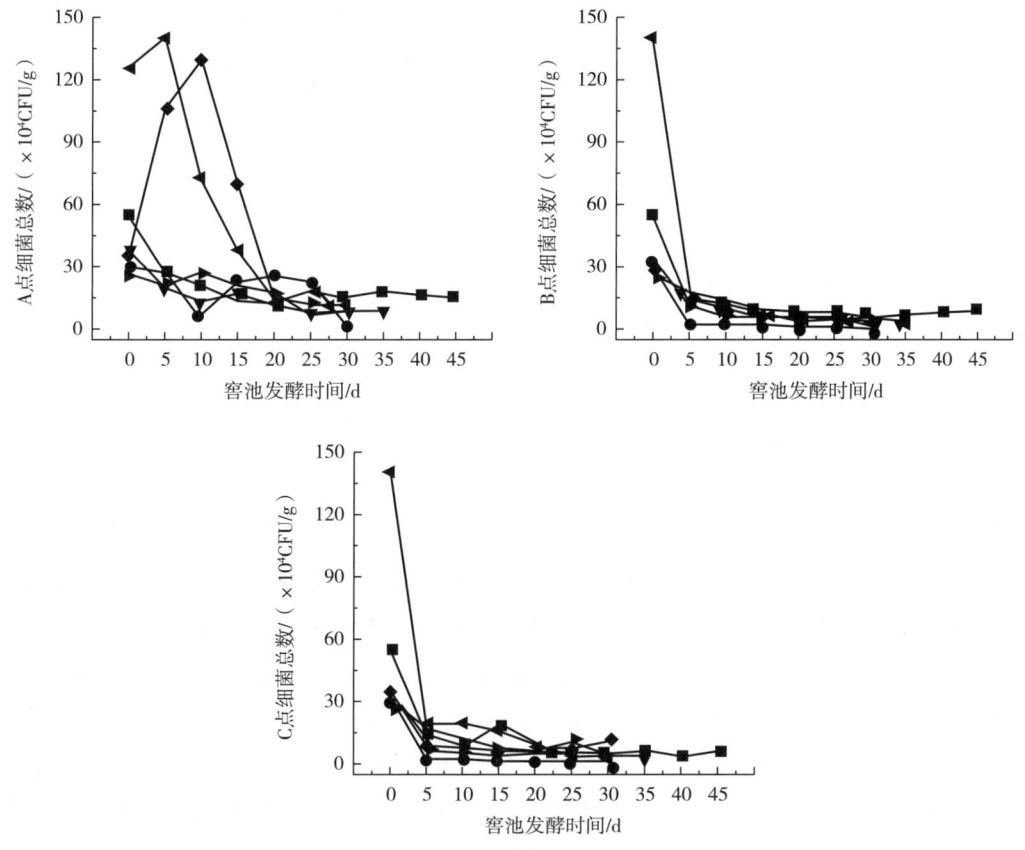

图 8-25 不同轮次窖池发酵酒醅中细菌总数变化

■ 二轮次　● 三轮次　▼ 四轮次　◆ 五轮次　◄ 六轮次　► 七轮次

中检测出，可能表明该菌不仅对营养要求较高，同时在低氧条件下竞争力较弱。空气中存在的酵母种属与大曲中的酵母种属基本一致，表明空气中的酵母主要是由于大曲粉飞扬所致。

表 8-7　　酵母种属鉴定及菌株来源

| 编号 | 种属名称 | 空气 | 封窖泥 | 大曲 | 堆积酒醅 | 窖池酒醅 |
| --- | --- | --- | --- | --- | --- | --- |
| Y1 | *Pichia galeiformis* | √ | √ | √ | √ | √ |
| Y2 | *Z. bailii* | √ | √ | √ | √ | √ |
| Y3 | *S. cerevisiae* | √ | √ | √ | √ | √ |
| Y4 | *Pichia fabianii* | √ | √ | √ | √ | |
| Y5 | *Geotrichum candidum* | √ | √ | √ | √ | √ |
| Y6 | *Stephanoascus ciferrii* | √ | √ | √ | √ | |
| Y7 | *Pichia meyerae* | √ | | √ | √ | √ |
| Y8 | *Cryptococcus neoformans* | √ | | | | |

续表

| 编号 | 种属名称 | 空气 | 封窖泥 | 大曲 | 堆积酒醅 | 窖池酒醅 |
|---|---|---|---|---|---|---|
| Y9 | *P. kudriavzevii* | √ | | | | |
| Y10 | *Trichosporon jirovecii* | | √ | √ | | |
| Y11 | *Trichosporon asahii* | | √ | | | |
| Y12 | *Brettanomyces custersianus* | | √ | | | |
| Y13 | *Debaryomyces. hansenii* | | | √ | | |
| Y14 | *P. membranifaciens* | | | | √ | √ |
| Y15 | *S. pombe* | | | | √ | √ |
| Y16 | *Candida apicola* | | | | √ | |

在大曲酒的酿造过程中，大曲作为糖化发酵剂，是白酒生产中微生物的主要来源。酱香型白酒以高温大曲为糖化发酵剂，其制曲最高温度可达62℃以上，而酵母温度耐受能力一般在40~45℃，因此成品大曲中酵母含量很少。对不同轮次所使用高温大曲粉中酵母的分析结果如表8-8所示。高温大曲中酵母含量很低。*S. ciferrii* 与 *G. candidum* 是高温大曲中较为常见的2种酵母。分析发现堆积酒醅中存在大量的 *Z. bailii* 及 *S. cerevisiae*，但这2种酵母除 *Z. bailii* 在二轮次大曲粉中有少量检出外，其余各轮次大曲粉中均未检测到，因此高温大曲并非酱香型白酒酒醅中酵母的主要来源。

表8-8　　　　　　　　不同轮次高温大曲中酵母的含量　　　　　　单位：CFU/皿

| 轮次 | 酵母编号 | | | | | | | 总数 |
|---|---|---|---|---|---|---|---|---|
| | Y2 | Y5 | Y6 | Y7 | Y8 | Y10 | Y13 | |
| 二 | 0.5 | 0.9 | — | 0.6 | — | 0.5 | | 2.5 |
| 三 | — | — | 2.8 | — | — | — | | 2.8 |
| 四 | — | 8.0 | 8.0 | — | 6.0 | — | | 22.0 |
| 五 | — | — | 12.0 | | | | | 12.0 |
| 六 | — | 4.0 | — | — | — | 2.0 | | 6.0 |
| 七 | — | 16.0 | 6.0 | | | | | 22.0 |

除高温大曲外，酒醅还与空气、晾堂地面等环境因素有着广泛接触。不同轮次堆积时空气中酵母的分析结果如表8-9所示。由于酵母菌体较大，制酒车间相对封闭，气流较小，不利于酵母长时间悬浮于空气中，故车间空气中酵母含量少。不同轮次空气中的酵母种属差别较大，其中 *G. candidum* 是空气中常见的酵母种属，极少检测到 *Z. bailii* 及 *S. cerevisiae*，因此可以确定空气并非酱香型白酒酒醅中酵母的主要来源。

# 第八章 系统生物学在白酒酿造中的应用

表 8-9　　不同轮次堆积时空气中酵母的含量　　单位：CFU/皿

| 轮次 | Y1 | Y2 | Y3 | Y4 | Y5 | Y8 | Y9 | 总数 |
|---|---|---|---|---|---|---|---|---|
| 二 | — | — | — | — | — | 1.0 | — | 1.0 |
| 三 | — | — | — | — | — | 3.0 | 1.0 | 4.0 |
| 四 | 3.0 | — | — | — | — | 2.5 | — | 5.5 |
| 五 | — | 4.0 | 1.0 | 1.0 | 0.5 | 0.5 | — | 7.5 |
| 六 | — | 1.0 | — | — | 0.5 | 1.0 | — | 2.5 |
| 七 | — | — | — | — | — | — | 4.0 | 4.0 |

从表 8-10、表 8-11 可以看到，无论是否清洗，在摊晾过程中，出甑酒醅都能从地面富集到大量酵母，包括堆积酒醅中大量存在的 *Z. bailii* 及 *S. cerevisiae*。经过摊晾过程，加曲前酒醅中的酵母含量与种类即能与加曲后酒醅相当，因此摊晾地面的酵母是酱香型白酒酒醅中酵母的主要来源。同时，摊晾地面经过清洗后，酒醅从地面富集到的酵母含量约为未清洗地面的 1/10。

表 8-10　　地面未清洗时酒醅中酵母的变化　　单位：$\times 10^4$ CFU/g

| 样品 | Y2 | Y3 | Y4 | Y16 | 总数 |
|---|---|---|---|---|---|
| 出甑酒醅 | — | — | — | — | 0 |
| 摊晾酒醅（加曲前） | 18.0 | 21.0 | 6.0 | 16.0 | 61.0 |
| 摊晾酒醅（加曲后） | 22.0 | 24.0 | 2.0 | 28.0 | 76.0 |

表 8-11　　地面清洗后酒醅中酵母的变化　　单位：$\times 10^3$ CFU/g

| 样品 | Y1 | Y2 | Y3 | Y4 | Y5 | Y10 | Y16 | 总数 |
|---|---|---|---|---|---|---|---|---|
| 出甑酒醅 | — | — | — | — | — | — | — | 0 |
| 摊晾酒醅（加曲前） | — | 18.0 | 9.0 | — | 1.0 | 28.0 | 2.0 | 58.0 |
| 摊晾酒醅（加曲后） | 4.0 | 22.0 | 12.0 | 4.0 | — | 34.0 | 8.0 | 84.0 |

高温堆积是酱香型白酒独特而关键的生产工艺，有"二次制曲"的说法，堆积的优劣直接关系到酒的质量与产量。堆积的目的是使酵母菌生长繁殖，积累酱香物质及酱香前体物质，因此对堆积酒醅中酵母群落结构变化规律的研究是对堆积过程微生物研究的重点。图 8-26 显示的是不同轮次堆积过程酒醅中酵母总数的变化。由于不同轮次室温存在差异，

堆积所需要的时间也有所不同。从图中可以看到，虽然不同轮次经过堆积后均是处于堆子外侧的上层中点［图8-26（1）］与中层外侧［图8-26（3）］的增殖倍数较堆子中心位置中层中点［图8-26（2）］、下层中点［图8-26（4）］高，但是不同轮次各取样点酵母的增殖速度有所不同。二、三轮次堆子中心位置的起始增殖速度要远大于外侧，四轮次开始时外侧无论是起始增殖速度还是增殖倍数都高于堆子中心位置。不同轮次堆积起始时酵母的含量在（$2.3 \times 10^3 \sim 1.04 \times 10^6$）CFU/g，差别达452倍。但堆积结束亦即入窖时酵母的含量却稳定维持在（$10^6 \sim 10^7$）CFU/g范围内，酵母在堆积过程的增殖倍数在0.6~1435倍。因此，堆积过程能够调控酒醅中酵母的含量，显著减少由于大曲品质、环境温度、环境酵母的不同所造成的酵母含量差异，使不同轮次入窖酒醅中酵母的含量处于相对稳定的范围。

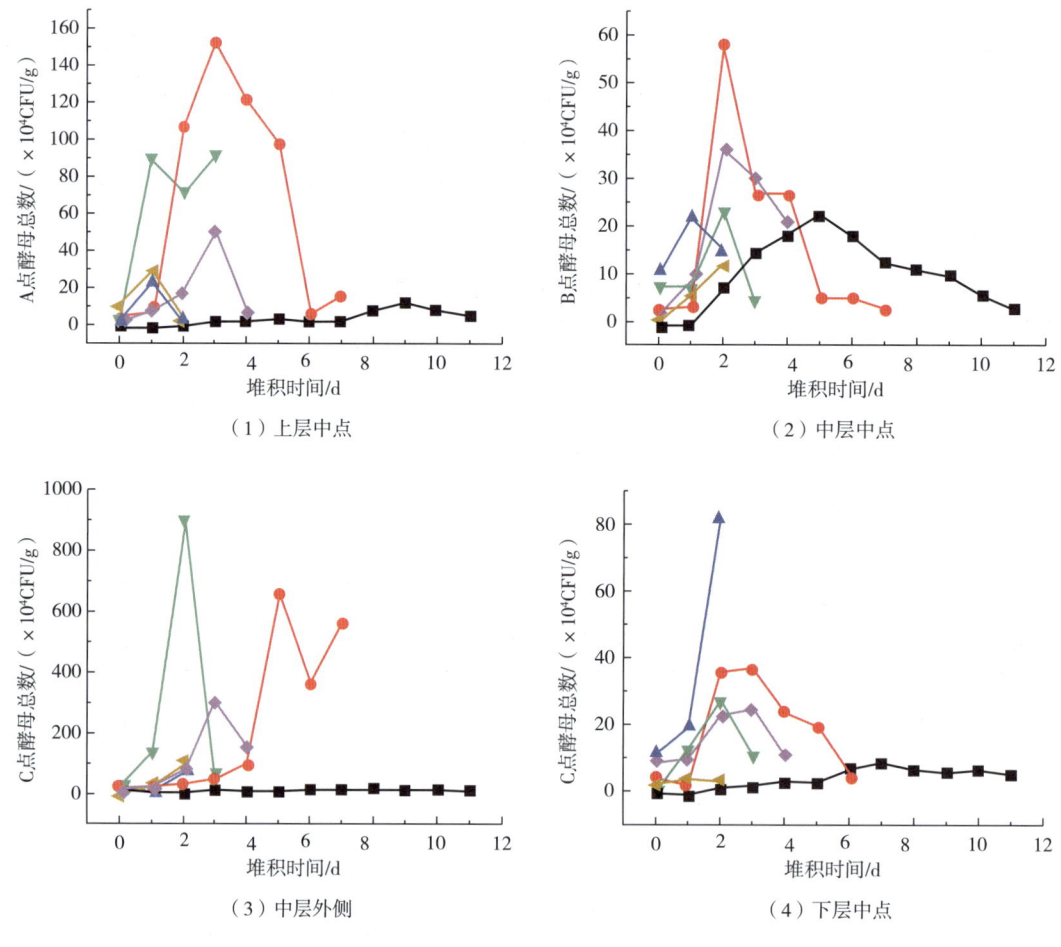

图8-26 不同轮次堆积酒醅中酵母总数变化

（1）堆子外侧的上层中点酵母总数；（2）堆子中心位置中层中点酵母总数；
（3）堆子中层外侧酵母总数；（4）堆子下层中点酵母总数

■ 二轮次； ● 三轮次； ▲ 四轮次； ▼ 五轮次； ◆ 六轮次； ◀ 七轮次

窖池发酵过程是白酒酿造过程微生物发酵的最后阶段，是产酒产香的核心阶段，制曲、堆积都是为了将微生物及物料状态调整到更有利于窖池发酵。酱香型白酒酿造三、四、五轮次产酒统称为大回酒，是七个取酒轮次中酒质最好的三个轮次。不同轮次窖池发酵酒醅中酵母总数的变化如图8-27所示。从图中可以看出，不同轮次窖池发酵中、下层酒醅中酵母总数的变化趋势基本一致，酵母总数受低氧因素的影响，均在入窖后含量急剧下降，发酵第5天含量即低于入窖0d的1%。此后，酵母含量持续缓慢下降，发酵后期基本无法检测到酵母。上层酒醅可通过封窖泥中的微小空隙与外界空气进行一定程度的交换，因此其氧气含量高于中、下层酒醅，使得酒醅中酵母数量亦数倍于中、下层酒醅。不同轮次上层酒醅中酵母的变化趋势存在明显差异。二、三轮次上层酒醅中酵母入窖后快速下降，发酵5d时含量约为0d的16.7%，此后下降速度变缓，发酵结束时含量高于0d的5%。四、五轮次前期维持在较高含量，发酵15d酵母含量仍高于0d的50%，但是发酵后期酵母下降速度远大于二、三轮次，四轮次结束时酵母含量约为入窖时的0.05%，五轮次发酵结束时为0.2%。六、七轮次酵母含量入窖后一直处于快速下降状态。

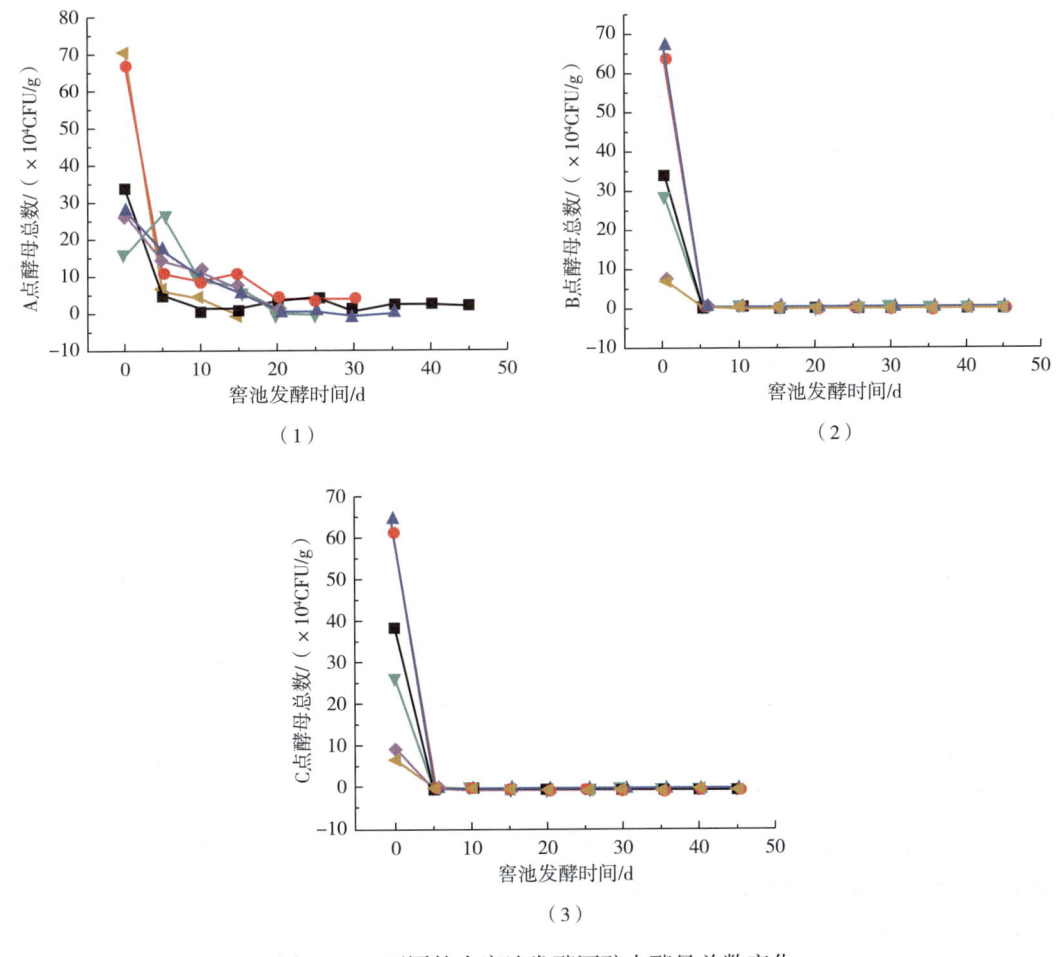

图8-27 不同轮次窖池发酵酒醅中酵母总数变化

■ 二轮次　● 三轮次　▲ 四轮次　▼ 五轮次　◆ 六轮次　◀ 七轮次

### 3. 酱香型白酒发酵过程中霉菌群落结构

霉菌作为酱香型白酒酿造过程中重要的微生物，在制曲和发酵过程中为酿造体系提供了多种的酶，降解淀粉、蛋白质等大分子物质，与发酵过程中酵母和细菌的生长和代谢直接相关，同时霉菌的一些代谢产物都影响着酱香型白酒的风味。根据霉菌在培养基上的不同形态特征，在整个发酵过程中总共分离到 221 株霉菌。通过区域测序和比对鉴定，所有得到的菌株可以被划分为 8 个种属。如表 8-12 所示，在整个白酒发酵过程中霉菌群落的变化非常大。在成熟的大曲中总共有 7 株霉菌被检测到，其数量能够达到 $3.98\times10^5$ CFU/g。其中，*P. variotii* 的数量能够达到 $3.1\times10^5$ CFU/g，占霉菌总数的 85%。与此同时，*A. oryzae* 的数量只有 $3.0\times10^3$ CFU/g。在堆积发酵过程中，霉菌总数从 $3.4\times10^3$ CFU/g 增长，第 3 天达到最高值 $1.28\times10^4$ CFU/g，然后开始减少，在堆积结束的时候霉菌的总数是 $5.8\times10^3$ CFU/g。在堆积发酵期间，只有 *P. variotii*、*A. oryzae*、*A. terreus* 和 *R. microsporus*，其中 *P. variotii* 依然是优势霉菌，它的比例超过霉菌总数的 90%。不同霉菌的数量以及总数在堆积开始时大幅度下降，可能是由于酿造工艺中大曲与 9 倍质量的蒸煮过的高粱混合，使得霉菌数量被稀释，导致了涂布平板计数方法低估了霉菌的数量。

表 8-12　　　　　　　酱香型白酒酿造过程中霉菌的多样性

| 种属鉴定 | GenBank 相近序列 | 相似度/% |
|---|---|---|
| *A. oryzae* | AB000533.1a | 99 |
| *Paecilomyces variotii* | JX231004.1 | 99 |
| *A. terreus* | JN990581.1 | 98 |
| *Rhizopus microsporus* | GQ502283.1 | 99 |
| *Monascus purpureus* | AF458472.1 | 98 |
| *Microascus cirrosus* | JQ906771.1 | 100 |
| *Penicillium chrysogenum* | DQ336710.1 | 99 |
| *Penicillium namyslowskii* | AF033463.1 | 98 |

以酱香型白酒的成品大曲和酒醅提取的总基因组为模板，利用 18S rDNA 区域的 NS1 和 GC-Fung 为引物进行 PCR 扩增，然后将 PCR 产物进行 DGGE 分析（图 8-28）。为了得到合适的 DGGE 图谱。条带 1、2 从大曲中进入堆积阶段，条带 3、4 和 5 从堆积开始出现直至发酵结束。不同位置的条带代表不同的真菌种属，条带的亮度代表着不同种属的相对含量多少。对亮度较高的条带进行切胶回收测序鉴定，测序结果与 GenBank 数据库中的进行比对，相似度>98%。PCR-DGGE 方法总共检测到 10 种不同的真菌（表 8-13），包括 3 种不同酵母 *S. cerevisiae*（条带 3）、*Z. bailii*（条带 4）和 *T. delbrueckii*（条带 5）。*P. variotii* 和 *A. oryzae* 是优势霉菌，它们的相对丰度分别达到 27.1%和 38.2%。其他霉菌如 *M. ruber*、*A. terreus*、*P. decumbens* 和 *G. argillacea* 等也能被检测到，但是它们的丰度都小于 2.9%。在

堆积发酵过程中最主要的霉菌是 *P. variotii* 和 *A. oryzae*，其中 *P. variotii* 的相对丰度增加了 2 倍，*A. oryzae* 的相对丰度也由 8.4% 增加到 16.5%。在进入窖池发酵后，霉菌种类和每种的相对含量持续减少至发酵结束。窖池发酵是一个厌氧过程，同时有机酸和乙醇在窖池中不断增加，因此霉菌在窖池发酵过程中不断失去它们的生物学活性或者死亡。

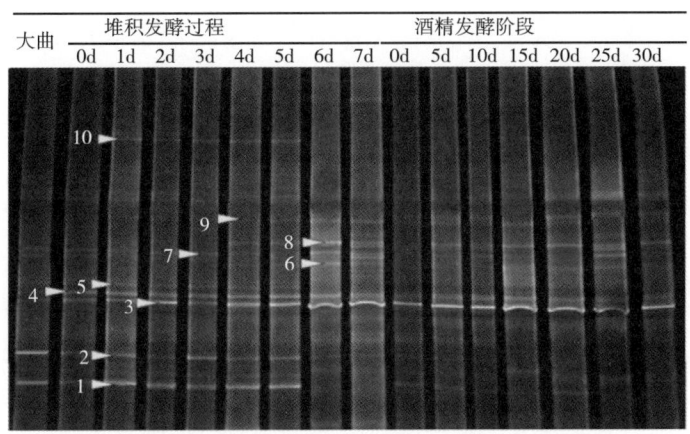

图 8-28 酱香型白酒发酵过程中真菌群落结构的变化

1—变种拟青霉（*Paecilomyces variotii*）；2—米曲霉（*Aspergillus oryzae*）；3—酿酒酵母（*S. cerevisiae*）；4—白利酵母（*Zygosaccharomyces bailii*）；5—戴尔有孢圆酵母（*Torulaspora delbrueckii*）；6—棒状青霉（*Penicilliosis clavariiformis*）；7—丝状真菌斜卧青霉（*Penicillium decumbens*）；8—*Geosmithia argillacea*；9—红色红曲霉（*Monascus ruber*）；10—土曲霉（*Aspergillus terreus*）

表 8-13    发酵过程真菌群落结构图谱中切胶条带的序列比对结果

| 条带编号 | 种属名（GenBank 登录号） | 相似度/% |
| --- | --- | --- |
| 1 | *Paecilomyces variotii*（JN93029.1） | 100 |
| 2 | *Aspergillus oryzae*（HM536621.1） | 99 |
| 3 | *S. cerevisiae*（D64119） | 100 |
| 4 | *Zygosaccharomyces bailii*（X91083.1） | 100 |
| 5 | *T. delbrueckii*（HE616749.1） | 100 |
| 6 | *Penicilliopsis clavariiformis*（AB003945.1） | 98 |
| 7 | *Penicillium decumbens*（EU273880.1） | 98 |
| 8 | *Geosmithia argillacea*（AB032111.2） | 98 |
| 9 | *Monascus ruber*（JN940475.1） | 99 |
| 10 | *Aspergillus terreus*（GU573850.1） | 99 |

与传统的可培养方法相比，PCR-DGGE 法在整个发酵过程中检测到了 *M. ruber*、*P. decumbens* 和 *G. argillacea*，这可能是由于某些微生物难以被可培养方法培养。直接从固态基质提取基因组比直接从液态基质中提取困难得多，这可能导致 DGGE 分析没有足够的

基因组模板，这导致了一些霉菌种属不能够被检测到。尽管可培养和DGGE方法分析发酵过程得到的结果有差异，但是两种方法都检测到了 *P. variotii*、*A. oryzae* 和 *A. terreus*，且 *P. variotii* 和 *A. oryzae* 是发酵过程中的优势霉菌。另外，两种方法都显示了霉菌群落在堆积过程中有一个增长的趋势和一个在窖池发酵过程中持续下降的趋势。

# 第二节 基于代谢组学的白酒风味物质研究

## 一、风味物质研究的技术方法体系

白酒的风味成分以及相关的微量成分决定着产品的风味与品质。白酒微量成分众多，性质各异，其研究始于20世纪50年代，到目前为止，已经在我国白酒中检测到近千种成分，这些成分包括了从极性的醇、脂肪酸到非极性的酯，从易挥发的乙醛到不易挥发的二元酸二乙酯；从含量"克/升"级的己酸乙酯、乙酸乙酯和乳酸乙酯，到含量仅几个"微克/升"级的土味素。不同香型白酒间差异的本质正是在于其微量成分的差异，白酒风味成分的含量和量比关系是形成各香型白酒风格特点的决定性因素。

对白酒中风味化合物的初步研究始于20世纪60年代，GC-O技术是一种发现样品中可能存在的香气化合物的技术，它将传统的人工闻香与GC技术结合，在GC检测器前、色谱柱末端增加一个三通，将原来直接进入检测器的气流分一路出来，进行人工闻香。GC-O技术通常与气相色谱-质谱（GC-MS）技术联用，进行化合物鉴定的研究。GC-O常用的方法有香气萃取稀释分析法（AEDA）、Osme技术、Charm分析等。

20世纪60年代初研究人员开始对白酒风味成分进行剖析，历经纸层析、柱色谱、气相色谱与质谱联用到多维气相色谱-质谱（MDGC-MS）等现代科学仪器的使用，从定性逐步发展到定量。白酒中常用的定量方法如下。直接进样的GC-FID技术是白酒常用定量技术，主要用于定量白酒中"克/升"级或几百个"毫克/升"级的化合物，这些化合物通常包括乙酸乙酯、丁酸乙酯、戊酸乙酯、己酸乙酯、乳酸乙酯、1-丙醇、2-甲基丙醇、1-丁醇、3-甲基丁醇等。液液微萃取（LLME）技术可用于检测白酒中一些浓度相对较高（mg/L级）但极性较强的化合物，比如有机酸类化合物。固相微萃取（SPME）可以用于白酒、酒醅、大曲、窖泥等的检测，或用于检测一些特定的目标化合物，如异嗅化合物、萜烯类、吡嗪类、含硫化合物等。

## 二、不同香型白酒风味活性物质

**1. 酱香类型白酒中的风味活性物质**

将GC-O、GC-MS技术结合OSME、AEDA的风味分析进行酱香型白酒中的风味活性物质研究，检测到茅台酒中300余种具有贡献的风味物质，对其风味特征和贡献力进行了全面研究，其中，126种对茅台酒香味形成影响较大，产生重要作用的有65种。如含有较高浓度的吡嗪类化合物，其检测到26种吡嗪类化合物，其中2,3,5,6-四甲基吡嗪含量最高，达 1600~2000μg/L，其次是 2，3，5-三甲基嗪。将茅台为代表的酱香型白酒与其他香型白酒的风味成分含量进行比较，结果见表 8-14。酱香型白酒中酸类和醇类物质的含量高居各香型白酒之首；酯类物质的含量低于浓香型和清香型白酒，因为浓香型和清香型的主体香分别为己酸乙酯和乙酸乙酯；醛酮类物质的含量比浓香型和清香型高，但低于凤香型；含氮化合物的含量是其他香型的几十倍且羟基化合物的含量也是其他香型的两倍以上；糠醛等呋喃类化合物与苯甲醛等芳香族化合物的含量比其他香型高。

表 8-14　　　　　　　　　不同香型白酒风味物质含量比较　　　　　　　　单位：mg/L

| 项目 | 茅台酒（酱香型） | 五粮液（浓香型） | 汾酒（清香型） | 西凤酒（凤香型） | 三花酒（米香型） |
|---|---|---|---|---|---|
| 总酸 | 2945 | 1913 | 1286 | 598 | 1203 |
| 总醇 | 1988 | 1066 | 1142 | 1502 | 1692 |
| 总酯 | 3840 | 5449 | 5755 | 3142 | 1204 |
| 己酸乙酯 | 112.2 | 483.9 | 6.33 | — | — |
| 乙酸乙酯 | 14700 | 12640 | 30590 | 12200 | 4210 |
| 乳酸乙酯 | 13780 | 13540 | 26160 | 4250 | 4620 |
| 丁酸乙酯 | 2610 | 2050 | — | 390 | 60 |
| 醛酮 | 4311 | 2512 | 1612 | 15108 | 38 |
| 含氮化合物 | 64.3 | 1.3 | 0.3 | — | — |
| 羟基化合物 | 4860 | 2235 | 1779 | 1696 | 150 |
| 四甲基吡嗪 | 53.0 | 0.2 | 0.1 | — | — |
| 糠醛 | 294 | 35 | 4 | 4 | — |
| 氨基酸 | 189 | 153 | 21 | — | — |
| 苯甲酸 | 21.0 | 2.1 | — | — | — |
| 亚油酸 | 10.8 | 7.3 | 4.4 | — | — |
| 亚油酸乙酯 | 18.3 | 31 | 17 | — | — |

酱香型白酒中吡嗪类物质的种类和含量最高，其中四甲基吡嗪作为酱香型白酒的特征性成分，不但赋予酱香型白酒特殊风味，还是酱香型白酒中独有的功能成分，对人体健康有积极作用；酱香型白酒中的亚油酸是人体不能合成的高级脂肪酸，亚油酸乙酯进入人体后也可以分解成亚油酸，有降低胆固醇的功能；酱香型白酒中的氨基酸含量高，其中必需氨基酸的种类和含量也很多，可以补充人体所需要的必需氨基酸。

**2. 浓香型白酒中的风味活性物质**

取不同窖龄的浓香型白酒共 6 个样，从 6 组酒样中共检测出 51 种挥发性化合物（表 8-15），这些挥发性成分主要分为酯类、醇类、羧酸类、醛酮类、酚类以及其他化合物。1#酒样挥发性成分占总峰面积的 94%（乙醇不纳入统计），2#酒样挥发性成分占总峰面积的 94.5%，3#酒样挥发性成分占总峰面积的 94.66%，4#酒样挥发性成分占总峰面积的95.59%，5#酒样挥发性组分占总峰面积的97.09%，6#酒样挥发性成分占总峰面积的98.28%。结果表明随着窖龄时间的增长，挥发性成分的相对含量也逐渐在增加。

表 8-15　六组酒样中的挥发性化合物

| 挥发性化合物 | 保留时间/min | 相对含量/% | | | | | |
|---|---|---|---|---|---|---|---|
| | | 1# | 2# | 3# | 4# | 5# | 6# |
| 甲酸乙酯 | 3.21 | 1.26 | 0.28 | — | — | — | — |
| 乙酸乙酯 | 3.34 | 3.56 | 4.44 | 4.85 | 5.21 | 4.55 | 4.85 |
| 己酸乙酯 | 8.67 | 35.25 | 36.75 | 40.26 | 42.21 | 43.44 | 44.12 |
| 乙酸异戊酯 | 10.62 | 1.42 | 1.85 | 1.77 | 1.74 | 1.64 | 1.7 |
| 肉豆蔻酸乙酯 | 19.36 | 2.24 | 3.22 | 3.45 | 3.31 | 3.57 | 3.88 |
| 油酸乙酯 | 17.24 | — | 0.44 | 0.64 | 0.89 | 1.22 | 1.44 |
| 戊酸乙酯 | 9.62 | 2.58 | 3.64 | 3.25 | 3.89 | 3.99 | 3.75 |
| 丁酸乙酯 | 4.98 | 3.58 | 4.64 | 4.25 | 4.89 | 4.99 | 4.75 |
| 乳酸乙酯 | 13.67 | — | — | 0.25 | 0.51 | 0.42 | 0.36 |
| 2-辛烯酸乙酯 | 13.54 | 3.25 | 3.85 | 3.99 | 3.75 | 3.24 | 3.88 |
| 甲醇 | 2.48 | 2.31 | 1.87 | 1.22 | 0.86 | — | — |
| 2-十六醇 | 19.47 | 0.24 | 0.33 | 0.21 | 0.11 | 0.05 | — |
| 3-甲基丁醇 | 10.89 | 4.12 | 4.85 | 4.42 | 3.65 | 3.55 | 3.21 |
| 正丙醇 | 6.98 | 0.78 | 0.64 | 0.52 | 0.54 | 0.33 | 0.21 |
| 正丁醇 | 8.84 | 0.43 | 0.45 | 0.55 | 0.31 | 0.42 | 0.36 |
| 苯甲醇 | 17.24 | 0.17 | 0.19 | 0.11 | — | — | — |
| $\beta$-苯乙醇 | 19.69 | 0.51 | 0.88 | 0.64 | 0.44 | 0.43 | 0.25 |
| 2-甲基丙醇 | 9.65 | 2.54 | 1.88 | 1.31 | 0.95 | 0.54 | 0.22 |
| 己酸 | 18.94 | 8.39 | 7.46 | 6.31 | 5.16 | 4.24 | 4.10 |
| 乙酸 | 9.24 | 4.94 | 4.22 | 3.46 | 3.47 | 3.44 | 4.24 |
| 乳酸 | 24.78 | 0.45 | 0.65 | 0.52 | 0.31 | 0.28 | 0.17 |
| 苯甲酸 | 18.04 | 0.28 | 0.37 | 0.44 | 0.51 | 0.64 | 0.64 |
| 苯乙酸 | 20.22 | 0.25 | 0.33 | 0.35 | 0.31 | 0.32 | 0.29 |
| 肉豆蔻酸 | 24.66 | 1.85 | 2.22 | 2.09 | 1.99 | 2.42 | 2.55 |
| 棕榈酸 | 25.78 | 0.25 | 0.66 | 0.31 | 0.38 | 0.44 | 0.46 |

续表

| 挥发性化合物 | 保留时间/min | 相对含量/% | | | | | |
| --- | --- | --- | --- | --- | --- | --- | --- |
| | | 1# | 2# | 3# | 4# | 5# | 6# |
| 十七酸 | 27.21 | 0.26 | 0.24 | 0.18 | 0.24 | 0.14 | — |
| 丁酸 | 21.47 | 1.47 | 1.54 | 1.69 | 1.74 | 1.88 | 1.92 |
| 2-甲基-2-己酸 | 25.44 | 2.01 | 2.11 | 2.26 | 2.18 | 2.33 | 2.24 |
| 5,8,11,14-二十四酸 | 38.44 | 0.26 | 0.55 | 0.57 | 0.88 | 0.86 | 0.97 |
| 月桂酸 | 27.64 | — | — | 0.25 | 0.28 | 0.33 | 0.24 |
| 1,1-二乙氧基-2-丙酮 | 6.75 | 1.24 | 0.99 | 0.23 | — | — | — |
| 糠醛 | 24.77 | 1.34 | 0.57 | — | — | — | — |
| 苯甲酸 | 15.64 | 0.64 | 0.65 | 0.33 | 0.31 | 0.22 | 0.19 |
| 2-辛烯酸 | 13.84 | 0.84 | 0.75 | 0.64 | 0.58 | 0.66 | 0.48 |
| 2,5-二甲基苯甲醛 | 20.14 | 0.75 | 0.72 | 0.55 | 0.62 | 0.51 | 0.5 |
| 月桂醛 | 17.30 | 0.57 | 0.46 | 0.33 | 0.15 | — | — |
| 2-戊酮 | 4.94 | 0.97 | 0.54 | — | — | — | — |
| 香叶基丙酮 | 24.67 | 0.57 | 0.46 | 0.34 | 0.28 | 0.20 | 0.11 |
| 苯酚 | 21.57 | 1.64 | 1.22 | 1.13 | 1.10 | 1.07 | 0.94 |
| 对甲基苯酚 | 24.45 | 0.77 | 0.67 | 0.51 | 0.42 | 0.35 | 0.33 |
| 邻二甲苯 | 10.92 | — | — | — | 0.82 | 1.26 | 1.49 |
| 苯乙烯 | 11.24 | — | — | — | — | 0.22 | 0.57 |
| 2-乙氧基甲烷 | 26.74 | 0.10 | 0.17 | 0.18 | 0.22 | 0.34 | 0.33 |
| 2-乙氧基-2-甲基丁烷 | 27.87 | — | — | — | 0.08 | — | 0.44 |
| 乙氧基-1-异戊氧基乙烷 | 28.17 | — | — | — | — | 0.28 | 0.54 |
| 噻唑 | 33.42 | — | — | 0.14 | 0.25 | 0.32 | 0.42 |
| 吡嗪 | 29.84 | — | — | — | — | 0.17 | 0.89 |
| 2-甲基吡嗪 | 32.33 | — | — | — | 0.12 | 0.54 | 1.22 |
| 三甲基吡嗪 | 33.45 | — | — | — | 0.55 | 0.97 | 1.58 |
| 吡啶 | 34.87 | 0.11 | 0.14 | 0.27 | 0.66 | 0.97 | |
| 3-异丁基吡啶 | 36.75 | — | — | — | 0.16 | 0.24 | 0.54 |

注：1#~6#为不同窖龄酒样，窖龄依次从0~15年增加。

不同窖龄酒样风味物质的比例及种类的差异分别见图8-29及表8-16。可以看出，随着窖龄（0~15年）的增加，挥发性物质中醇类、酚类、酸类以及醛酮类化合物的相对含量均逐渐减少，醇类的相对含量从12.04%降至4.03%；醛酮类化合物的相对含量也由

7.25%下降至1.28%;酚类和酸类化合物的相对含量变化幅度不大,分别从1.94%和19.47%降至1.27%和17.82%;相对含量有明显提高的是酯类化合物,从53.44%上升至69.39%左右;其他化合物从5.68%上升至6.21%。酯类是风味物质的主导成分,其次是酸类物质、醇类、醛酮类,最后是酚类及其他化合物,在窖龄5年以上的酒样中,各类化合物的相对含量变化幅度都不是很大。由表8-16可知,窖龄较长的白酒其他类化合物种类逐渐增加,醛酮类化合物含量却逐渐减少,醇类、酯类、羧酸类以及酚类等变化都不是很大。各种酒龄的风味物质总和都大概相同,只是各类化合物的数量有所差异。

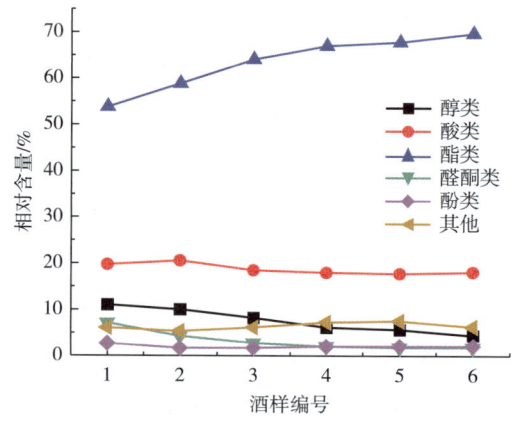

图8-29 不同窖龄的酒样中各类挥发性物质的比例

表8-16 不同窖龄的酒样中各类挥发性物质的种类

| 组分 | 1# | 2# | 3# | 4# | 5# | 6# |
| --- | --- | --- | --- | --- | --- | --- |
| 酯类 | 8 | 9 | 9 | 9 | 9 | 9 |
| 醇类 | 8 | 8 | 8 | 6 | 6 | 6 |
| 醛酮类 | 9 | 9 | 7 | 5 | 4 | 4 |
| 酚类 | 2 | 2 | 2 | 2 | 2 | 2 |
| 羧酸类 | 11 | 11 | 12 | 12 | 12 | 11 |
| 其他 | 3 | 3 | 4 | 7 | 9 | 9 |
| 总和 | 41 | 42 | 42 | 41 | 42 | 41 |

注:1#~6#为不同窖龄酒样,窖龄依次从0~15年增加。

浓香型白酒的6个酒样中的醇类化合物均含有正丙醇、正丁醇、3-苯乙醇、2-甲基丙醇以及3-甲基丁醇,其中3-甲基丁醇在醇类化合物中的含量最高(占醇类物质的37%~75%)。6个酒样中的酯类化合物中均含有乙酸乙酯、己酸乙酯、乙酸异戊酯、肉豆蔻酸乙酯、戊酸乙酯、丁酸乙酯以及2-辛烯酸乙酯,其中己酸乙酯在酯类化合物中的含量最高,占所有酯类物质的69%~89%,己酸乙酯是浓香型白酒的主体香;其次是丁酸乙酯和丁酸乙酯,占酯类物质的8%和6%左右。6个酒样中的羧酸类化合物中均含有己酸、乙酸、乳酸、苯甲酸、苯乙酸、肉豆蔻酸、棕榈酸、丁酸、2-甲基-2-己酸以及5, 8, 11, 14-二十四酸, 其中己酸和乙酸的含量相对较高, 占酸类物质的30%和15%左右。6个酒样中的醛酮类化合物中均含有苯甲醛、2-辛烯醛、2, 5-二甲基苯甲醛以及香叶基丙酮, 这几类化合物占所有醛酮类物质的50%左右, 且其相对含量差别不是很大。6个酒样中的酚类化合物均含有苯酚和对甲基苯酚; 而在6个酒样中的其他类化合物中均有的化合物为2-乙氧基甲烷和吡啶, 检出相对含量较少, 仅占风味物质的0.8%左右。

**3. 清香类型白酒中的风味活性物质**

应用GC-O中的OSME（Olfactometry Sniffing Method of Extracts, 嗅觉测定提取物法）和（Aroma Extract Dilution Analysis, 香气提取物稀释分析）AEDA技术, 从汾酒中共检测到香气组分100个, 包括醇类16种、酯类23种、酸类13种、醛类2种、芳香族化合物14种、酚类7种、萜烯类1种、呋喃类3种、吡嗪类2种、缩醛类2种、硫化物2种、内酯类化合物2种、其他化合物1种、不能鉴定的化合物12种。比较重要的风味化合物有辛酸乙酯、4-乙基愈创木酚、1-(2, 6, 6-三甲基-1, 3-环戊-1-烯)-2-丁烯-1-酮、四甲基吡嗪、1, 1, 3-三乙氧基丙烷等30多种成分及其他10多种未知物。从清香型汾酒中共检测到8个香气强度（OAV）大的化合物, 从高到低依次为: 辛酸乙酯、$\beta$-DMST、己酸乙酯、乙缩醛、乙酸乙酯、2-甲基丁酸乙酯、3-苯丙酸乙酯、乙酸-3-甲基丁酯。

应用液-液萃取后再用GC-O结合GC-MS技术, 从牛栏山二锅头中检测到101种香味化合物, 其中包括35种酯类、13种酸类、15种醇类、5种醛类、1种酮类、15种芳香族及酚类、5种呋喃类、2种吡嗪类、3种缩醛类、1种硫化物、6种其他类化合物。应用OAV技术确定牛栏山二锅头的关键风味化合物8个, 分别为辛酸乙酯、DSM等。

从老白干香型白酒中共检测到107种香气成分, 其中, 醇类14种、酯类20种、酸类14种、呋喃类9种、酚类6种、吡嗪类5种、硫化物1种、内酯类3种、芳香族化合物14种、缩醛类化合物2种、其他化合物2种、未知化合物17种。应用GC-O技术确定比较重要的风味化合物有4-乙基愈创木酚、乙酸-2-苯乙酯、丁酸、3-甲基丁醇（异戊醇）、$\beta$-苯乙醇、2-乙酰基-5-甲基呋喃、$\gamma$-壬内酯、香兰素、1, 1-二乙氧基-3-甲基丁烷和（2, 2-二乙氧基乙基）苯等13种物质。应用OAV确定的重要风味化合物有2-甲基丁酸乙酯、3-甲基丁酸乙酯、辛酸乙酯、$\beta$-DMST等。

清香型白酒的研究结果表明, 同一香型的白酒具有相类似的关键风味化合物; 同一香型白酒的细微区别在于微量成分的多少及其量比关系; 清香型白酒特有的重要香气成分辛酸乙酯、特有香气成分DMST的量比关系基本上是不变的。在此基础上进一步通过香气重组、缺失实验对清香型白酒中的关键香气物质的香气作用进行了验证, 发现萜烯类化合物对形成清香型白酒的风格十分重要。

### 三、生物活性新物质的发现

**1. 吡嗪类化合物**

在中国白酒中, 通过大量研究发现存在多种类别的化合物具有功能活性, 如酱香型白酒中特别是吡嗪类化合物的种类和含量是所有白酒中最丰富、含量最高的，是其特征风味成分和生物活性物质。吡嗪类化合物具有极低的风味阈值，对白酒风味有重要贡献。研究结果表明，酱香型白酒中吡嗪类化合物在 3000~6000μg/L。浓香型次之，其含量范围在 500~1500μg/L；清香型白酒含吡嗪类化合物最少。酱香型白酒中已经检测到 26 种吡嗪类化合物，含量最高的是 2，3，5，6-四甲基吡嗪。四甲基吡嗪具有烘烤、花生、榛子和可可的香气，是一类重要的香味化合物；同时它也是一种健康营养活性物质，它作为中药材川芎根茎的主要活性生物碱成分，能够扩张小动脉，改善微循环和脑血流；能够抗血小板聚集和解聚已聚集的血小板。因此，它具有治疗心脑血管疾病的药理作用；另外，它对顺铂诱导的氧化应激、细胞凋亡和肾毒性均具有预防作用。四甲基吡嗪还能够防止由无水乙醇引起的胃黏膜损伤、由无水乙醇引起的肾中毒、由硫代乙酰胺引起的急性肝中毒，和降低脑萎缩的伤害。最近，国外有研究表明，四甲基吡嗪对中枢神经有一定影响，能改善学习障碍。

**2. 萜烯类化合物**

采用液-液微萃取（LLE）、顶空固相微萃取（HSSPME）、正相色谱技术串联气相色谱-质谱（GC-MS）等多种方法耦联对中国白酒中的生物活性功能成分萜烯类化合物进行研究分析。在白酒中已经检测到大量的萜烯类化合物。在清香型与酱香型白酒中共检测到 69 种萜烯类化合物，包括萜烯醚、萜烯醇、萜烯酮、萜烯醛和萜烯酯。在浓香型白酒中检测到 30 种萜烯类化合物，在药香型白酒中检测到的萜烯类化合物最多，达 52 种，并定量了 41 种。药香型董酒中萜烯总量为 1.9~4.5mg/L，其中碳氢类 1.4~3.0mg/L，萜烯氧化物 0.5~1.6mg/L。萜烯类化合物在白酒中具有重要风味贡献，如清香型白酒中的 $\beta$-大马酮、石竹烯等，药香型白酒中的 $\beta$-大马酮、(−)-龙脑和小茴香醇。从董酒中分析检测出 52 种萜烯类化合物，含量较高的是茴香脑（295~2200μg/L）、$p$-茴香醛（269~880μg/L）、白菖油萜（17~1762μg/L）、$\alpha$-雪松烯（7~377μg/L）、$\beta$-桉叶油醇（32~291μg/L）等，这些化合物具有抗癌症、抗病毒以及抗炎症等活性功效。董酒成品酒中的萜烯类物质总量在 3400~3600μg/L，其中萜烯烃含量在 1400~1500μg/L，约占总量的 44%；萜烯氧化物含量在 1900~2200μg/L，约占总量的 55%，主要包括萜烯、萜烯氧化物、萜烯醇、萜烯酮、萜烯醛和萜烯酯类化合物。在酒体中，这些萜烯类化合物不但具有生物活性，而且还具有呈香或呈味的作用，推测其主要来源于制曲过程中添加的中草药及其发酵产物。

**3. 白酒中的非挥发性脂肽物质**

采用 SPE-LC-MS 与 NMR 等多谱学结合的方法对白酒中的不挥发性物质展开了系统研究，从中分离鉴定了一种芽孢杆菌非核糖体合成多肽地衣素。从香型各异的中国传统白酒中选取 15 个典型代表酒样检测其中的地衣素含量。采用液质联用多反应检测方法（MRM）对不同白酒中地衣素的含量进行定量分析，结果见表 8-17。不同白酒中地衣素含量差异很大，在 0.01~111.74μg/L。浓香、清香、老白干、凤香、兼香、芝麻香、豉香以及部分酱香型白酒中的地衣素含量均低于1μg/L，而部分酱香型白酒以及董香型董酒中的地衣素含量都较高，其中董酒中地衣素含量远远高于其他酒，达到111.74μg/L。

表8-17　中国传统白酒主要香型成品酒中地衣素的含量（$n$（样品重复数）=3）单位：μg/L

| 香型 | 酒精度/%vol | 含量 |
| --- | --- | --- |
| 酱香型 | 52~53 | 0.24~29.23 |
| 浓香型 | 42.8~72 | 0.01~0.84 |
| 清香型 | 63 | 1.89 |
| 老白干香型 | 67 | 0.01 |
| 凤香型 | 53 | 0.05 |
| 兼香型 | 53 | 0.26 |
| 豉香型 | 29.5 | 0.04 |
| 芝麻香型 | 65 | 0.07 |
| 董香型 | 54 | 111.74 |

对白酒中主要脂肽类物质——地衣素在白酒中的风味作用研究发现，地衣素能够显著影响白酒中其他挥发性香气化合物的挥发性。其对白酒中异味物质如酚类化合物的挥发性产生明显的抑制作用。研究发现，酒体中地衣素浓度达到160μg/L时，对白酒中苯酚、4-乙基愈创木酚挥发性的抑制率分别达到30%和28%。地衣素具有双亲活性，能够同时与极性和非极性白酒风味组分发生相互作用，因此推测白酒中非挥发性组分地衣素可能对白酒的风格特征产生了影响，推测的作用模式为：①潜在的呈味物质，构成了白酒口感的丰富性和复杂性；②与挥发性物质产生相互作用，调节挥发性物质的挥发性能，改变并协调白酒的香气结构，如对放香强度与香气持久性产生调节作用；③独特和重要的生物活性功能和效果。

# 第三节　基于基因组学的特征风味强化及不良风味消除技术

## 一、不同香型白酒特征风味活性物质的产生

**1. 酱香型白酒特征风味物质的产生及调控**

四甲基吡嗪又称川芎嗪，具有烘烤香气、甜香，是酱香型白酒的特征性成分。四甲基吡嗪作为中国白酒中健康的风味成分，其来源得到了极大的关注。食品烘焙过程中羰基化合物（还原糖类）和氨基化合物（氨基酸和蛋白质）会发生非酶促的美拉德反应，$\alpha$-氨

基酸与 α-二羰基化合物经 Strecker 降解反应会产生吡嗪类化合物，因此，长期以来一直认为，中国白酒中的四甲基吡嗪主要由美拉德反应产生。通过现代风味化学、微生物学与代谢工程等科学理论和先进技术手段，首次证实了中国白酒中四甲基吡嗪并非美拉德途径所产生。通过对中国白酒中高产四甲基吡嗪前体乙偶姻功能菌株的筛选与功能菌株代谢机制的分析，确定了中国白酒中四甲基吡嗪的产生机制为：功能菌株糖降解产生丙酮酸，两分子的丙酮酸缩合生成 α-乙酰乳酸，α-乙酰乳酸脱羧产生乙偶姻，发酵体系中的乙偶姻和主要由氨基酸转化而来的氨经过非酶促反应生成四甲基吡嗪。

江南大学研究人员应用内源性前体乙偶姻筛选策略，首次从酱香型白酒高温大曲中筛选获得了高产乙偶姻及四甲基吡嗪的芽孢杆菌，并建立了产四甲基吡嗪功能芽孢杆菌库。其中的 1 株高产菌，根据菌落和细胞形态特征，结合生理生化特性以及 16S rRNA 基因序列比对分析，确定该菌为枯草芽孢杆菌。从该菌的发酵产物谱中检测到一定浓度的乙偶姻、两个异构体（2，3-丁二酮和 2，3-丁二醇）、三种吡嗪类化合物（三甲基吡嗪、四甲基吡嗪、2，3，5-三甲基-6-乙基吡嗪）、乙醇和乙酸乙酯等挥发性物质以及乳酸和乙酸等有机酸。通过对这些物质合成过程的跟踪以及同位素示踪等代谢工程技术的应用，确定了四甲基吡嗪前体物乙偶姻的生物合成途径如图 8-30 所示：糖酵解产生丙酮酸，两分子丙酮酸缩合形成一分子 α-乙酰乳酸，α-乙酰乳酸在 α-乙酰乳酸脱羧酶的作用下脱羧形成乙偶姻，乙偶姻可与 2，3-丁二醇、2，3-丁二酮等物质进行相互转化。

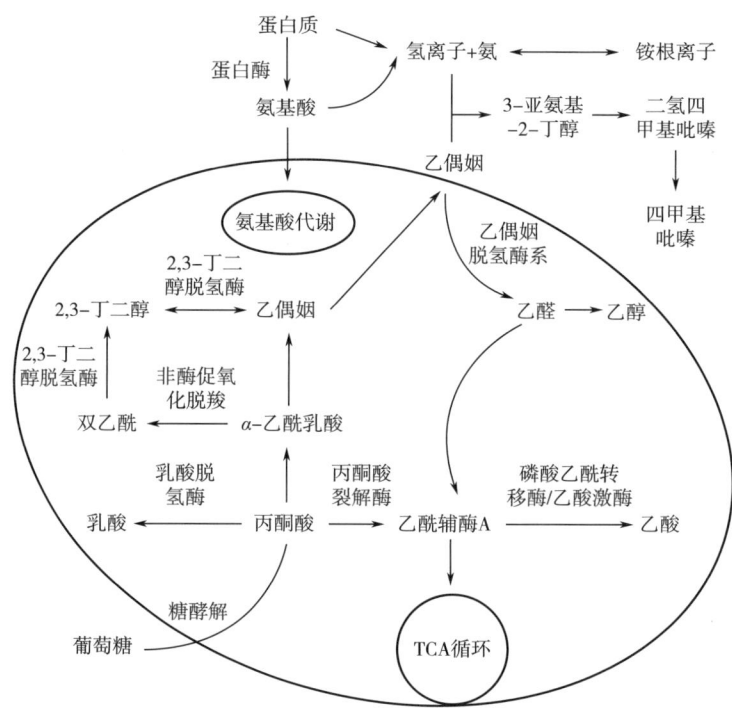

图 8-30　枯草芽孢杆菌代谢产生乙偶姻以及四甲基吡嗪的机制

以高产四甲基吡嗪的功能枯草芽孢杆菌为研究对象，在四甲基吡嗪的发酵过程中提高乙偶姻的合成能力以及添加铵盐都能够显著提高产物四甲基吡嗪的含量。除了优化发酵培养基成分、添加前体物质、调控发酵条件等，研究人员对四甲基吡嗪的发酵合成过程进行了系统的分析，根据功能菌株在不同培养条件下的发酵动力学分析，建立了以下有效的调控策略：①两阶段 pH 控制策略：控制培养前期的发酵液为弱酸性，保证细胞的增殖和前体物质乙偶姻的大量积累，培养后期调节发酵液为中性，促进乙偶姻转化生成 TTMP；②多阶段搅拌转速耦联温度控制的发酵策略；③葡萄糖和氨的补加策略。通过以上发酵调控策略的应用，无论是在液态还是固态发酵中，四甲基吡嗪的生产能力均达到了国际领先水平。已将该功能菌株在一些酿酒企业进行了应用，明显提高了白酒中四甲基吡嗪的含量。

**2. 浓香型白酒特征物质产生途径**

己酸乙酯是中国浓香型白酒中的特征香气成分，其含量的高低直接决定浓香型白酒的酒质，我国浓香型白酒分级规定（GB/T 10781.1—2021），一级浓香型白酒中的己酸乙酯含量应在 0.6~2.5g/L，优级浓香型白酒中的含量应在 1.2~2.8g/L。产己酸乙酯的微生物可分为两类：一类是胞内酯化生产己酸乙酯分泌到胞外的微生物，据现有报道包括有酵母菌和己酸菌；另一类则是通过微生物自身产酯酶分泌到胞外酯化己酸与乙醇形成的己酸乙酯，包括酵母菌（产酯酵母、生香酵母）、霉菌（红曲霉、根霉）及细菌（芽孢杆菌、伯克霍尔德菌）。

白酒酿造过程中，微生物合成己酸乙酯主要有三种代谢途径。途径一：首先是乙酸乙酯和乙醇合成丁酸乙酯，丁酸乙酯和乙醇再合成己酸乙酯。途径二：己酸、乙醇在酵母或己酸产生菌的酰基辅酶 A 的催化下合成己酸乙酯。酿酒酵母的三成员基因家族（*YBR177c/EHT1*、*YPL095c/EEB1* 和 *YMR210w*）的两成员（*EHT1* 和 *EEB1*）被证明编码醇酰基转移酶，是酵母中链脂肪酸酯合成的关键基因，催化中链酰基辅酶 A 和乙醇合成中链脂肪酸酯。在葡萄酒酵母中过量表达 *EHT1* 基因可提高己酸乙酯、辛酸乙酯、癸酸乙酯等酯类的产量。途径三：己酸、乙醇在酯酶的催化下合成己酸乙酯。从浓香型大曲中筛选出一株产酯酶的紫色红曲霉 FBKL3.0018，运用该菌株制得的粗酶制剂应用于浓香型白酒中的生产，大大减少了用曲量，提高了原酒的产量与质量。

**3. 清香型白酒特征物质产生途径**

DMST（2,3-丁二醇）是清香型白酒中的重要风味物质，属于 C13 萜烯类芳香化合物，具有水果香、蜂蜜香、苹果味等香气特征，对清香型白酒具有重要的香气贡献。通过研究明确了生产过程 DMST 产生的环节及 DMST 产生的来源。首次从清香型白酒酿造过程中筛选获得 2 类高产 DMST 功能酵母，并对其产生 DMST 的机制进行了深入探讨，发现其产生的降解酶能够促进 DMST 的释放产生（图 8-31），并明确了该酶的性质。将该菌株应用于清香型白酒酿造，能有效调控 DMST 含量，对促进清香型白酒品质的提升及其行业规模的进一步扩大具有重要的意义。

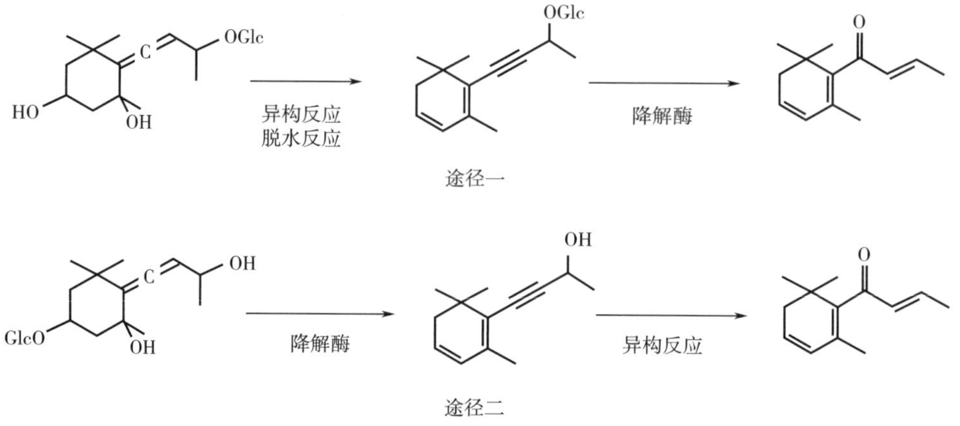

图 8-31 DMST 产生途径

## 二、基于基因组学的白酒微生物发酵风味调控

**1. 典型白酒微生物的基因组学研究**

华根霉 *Rhizopus chinensis* CCTCCM201021 是一株从中国传统优势浓香型白酒大曲中筛选获得的丝状真菌。通过 Illumina 平台对华根霉进行从头测序，获得大小为 45666236bp 的 Scaffolds 拼接数据，经覆盖率分析初步确定基因组大小为 45.74Mb 左右，GC 含量为 36.99%。软件预测获得编码基因 17676 个，成功注释基因 13243 个，其中尚有约 50% 的基因功能未知。通过 COGs 和 KEGG 进行基因分类与代谢途径注释，表明华根霉具有较为复杂的代谢特性，并解释了华根霉适合于传统酿造的部分特点。CAZy 数据库的糖酶分析进一步表明，华根霉中可能存在较多的糖苷水解酶，适合在传统白酒酿造中作为重要的糖化菌。针对华根霉脂肪酶疏水性及细胞定位问题，可溶脂肪酶与膜结合脂肪酶在预测的疏水跨膜区有所不同，而脂肪酶基因所处的环境可能较大程度影响了脂肪酶的性质和定位。膜结合脂肪酶均位于蛋白质异戊二烯化功能基因簇中，同一基因簇中膜结合蛋白的表达也可能促进脂肪酶与膜的结合。

对产酱香地衣芽孢杆菌 *B. licheniformis* CGMCC3963 基因组进行研究分析，结果表明，该菌株基因组约为 4.525Mb，比模式菌地衣芽孢杆菌 ATCC14580 多 302kb。已预测出的基因数目为 4448 个（大于 120bp），基因的平均长度为 848bp。该样本有 2149 个基因映射到 20 个 COG 分类中。对预测基因进行了 KEGG 注释，注释到 686 个不同的酶，映射到 172 个代谢途径，其中注释上最多基因的 5 个图及途径分别为 ABC 转运（ko02010）；双组分系统（ko02020）；嘌呤代谢（ko00230）；核糖体（ko03010）；嘧啶代谢（ko00240）。上述途径对该细菌耐受环境压力以及产生特定产物的代谢途径具有重要的调控作用。

**2. 白酒微生物功能组合发酵**

早期对白酒风味代谢微生物的研究多集中于对单一微生物风味代谢特征的研究上。中国白酒酿造属于多菌种混合发酵方式，众多微生物代谢活动产生种类复杂的风味代谢产物，最终形成了中国白酒独具一格的风味特征。参与共同发酵的微生物分为风味型微生物和协调型微生物，风味型微生物主要代谢形成大量风味化合物，协调型微生物虽然对风味贡献不大，但是发酵过程不可缺少。以清香型白酒为例，固态组合发酵发现不同种类酵母在酿造过程表现出复杂的生物学相互作用关系，如菌种间的相互抑制、协同促进等。不同菌种间相互作用的生物学过程最终也显著影响着酿造体系中重要风味物质的代谢。对白酒酿造体系中产风味核心微生物菌群的结构特征及功能进行解析，了解白酒酿造微生物间的相互作用关系，对于指导构建产酒微生物与产风味核心微生物组合发酵体系具有重要意义。

### 三、基于分子生物学的不良风味消除技术

#### 1. 土霉异味

白酒中除了香气成分以外，还存在着许多令人不悦的异味物质，土霉味是中国白酒中常见的异味。白酒酿造行业内一般认为土霉味来源于糠壳，由于糠壳发霉或蒸煮不彻底以致使土霉味进入白酒中。土霉味的化学本质是土味素，该物质并非产自糠壳，而是来源于大曲，通过发酵进而进入酒醅，通过蒸馏过程进入原酒中。土味素是链霉菌的共性代谢物，是通过大曲中微生物（表8-18）的新陈代谢而产生的，且土味素的产量与菌体的生物量和生长速率是呈正相关的关系。

表 8-18　　　　　　　　　　产土味素的链霉菌

| 菌株编号 | 拉丁文菌名 | 序列编号 | 相似度 | 菌株来源 |
| --- | --- | --- | --- | --- |
| FXJ | *Streptomyces albus* sub sp. *albus* | DQ026669.1 | 99% | 衡水老白干清茬大曲 |
| HX | *Streptomyces fradiae* | HQ267533.1 | 98% | 汾酒红心大曲 |
| QC-1 | *Streptomyces radiopugnans* | HQ202876.1 | 99% | 汾酒清茬大曲 |
| QC-2 | *Streptomyces sampsonii* | HQ610448.1 | 99% | 汾酒清茬大曲 |
| QC-3 | *Streptomyces albus* sub sp. *albus* | HQ026669.1 | 99% | 汾酒清茬大曲 |

进一步系统地研究了酿造环境因素，如温度、水分、乙醇含量、pH等对产土味素链霉菌生长及代谢的影响规律，以期望获得抑制链霉菌生长和土味素产生的合适条件。发现两个限制性因素会影响土味素产生：乙醇体积分数高于10%的酿造环境中，产土味素链霉菌菌体生长会受到完全抑制；在酸性（pH3~5）环境中，产土味素链霉菌菌体生长受到抑制，并进而减少土味素的产生。具体来看，以不含乙醇的培养基为对照，分别考察含有5%、10%、15%、20%乙醇的固态琼脂培养基中产土味素的4株链霉菌的生长情况。由图8-32可知，与对照组相比较，在含5%乙醇的培养基中，4株链霉菌的生长受到了一定的抑制。在含10%以上乙醇的培养基中，这些微生物的生长被完全抑制（含15%、20%乙醇的情况未列出）。这表明产酒率较高的酿造环境有利于抑制链霉菌的生长。

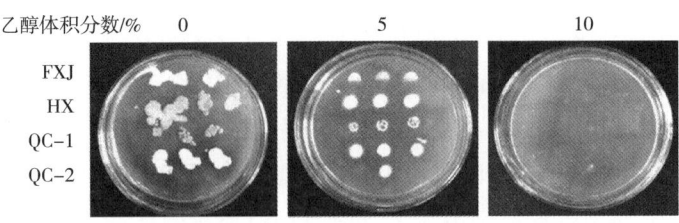

图 8-32 乙醇体积分数对产土味素链霉菌生长的抑制情况

环境 pH 与微生物的生长代谢有着密切的关系，为研究不同产土味素菌株生长繁殖最适的 pH 条件，分别考察了用缓冲溶液确定不同初始 pH（pH 3、4、5、6、7、8、9）下菌体的生长情况。由图 8-33 可知，在酸性条件下，这些菌株生长较慢或不生长繁殖。在 pH 为 7 和 8 条件下，各菌株生长普遍较好。

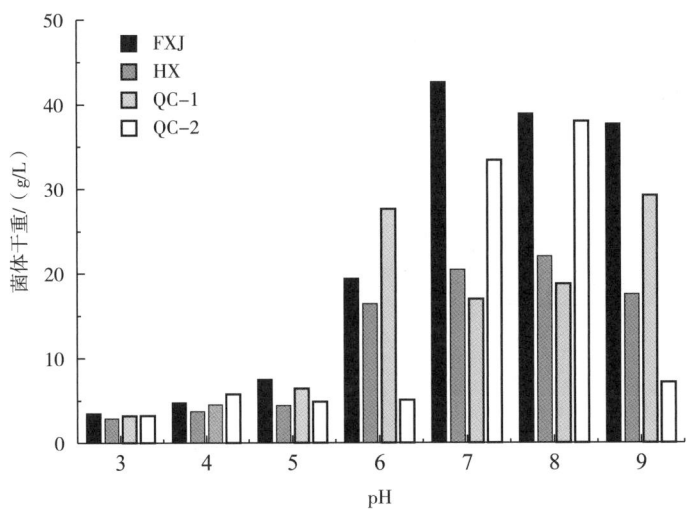

图 8-33 不同初始 pH 下菌体生长情况

由图 8-34 可知，4 株产土味素的菌株在液态培养基和固态培养基中，不同 pH 下产生土味素的浓度情况较为一致。除 QC-1 在 pH 为 6 的条件下产明显的土味素外，其他 3 株菌均在中碱性环境中产生较为明显含量的土味素。在 pH 为 3、4、5 的情况下，实验各批次几乎都没有土味素产生，pH 较低的酿造环境有利于降低土味素的产生。

**2. 窖泥臭**

窖池作为酒醪发酵容器，提供厌氧环境，其中的窖泥提供了大量酿造用菌，产生许多对酒体有贡献的风味物质。由窖泥引起的不良风味以及异味影响到了酒体品质，一些不好的风味如窖泥臭味物质也随之产生进入酒体。应用现代分离与风味研究技术，确认产生窖泥臭的化合物是 4-甲基苯酚（$p$-cresol），感官描述为窖泥臭、皮革臭、焦皮臭、动物臭。根据工艺流程判断，4-甲基苯酚主要可能来源于糖化料、大曲、窖泥。糖化料中添加的小

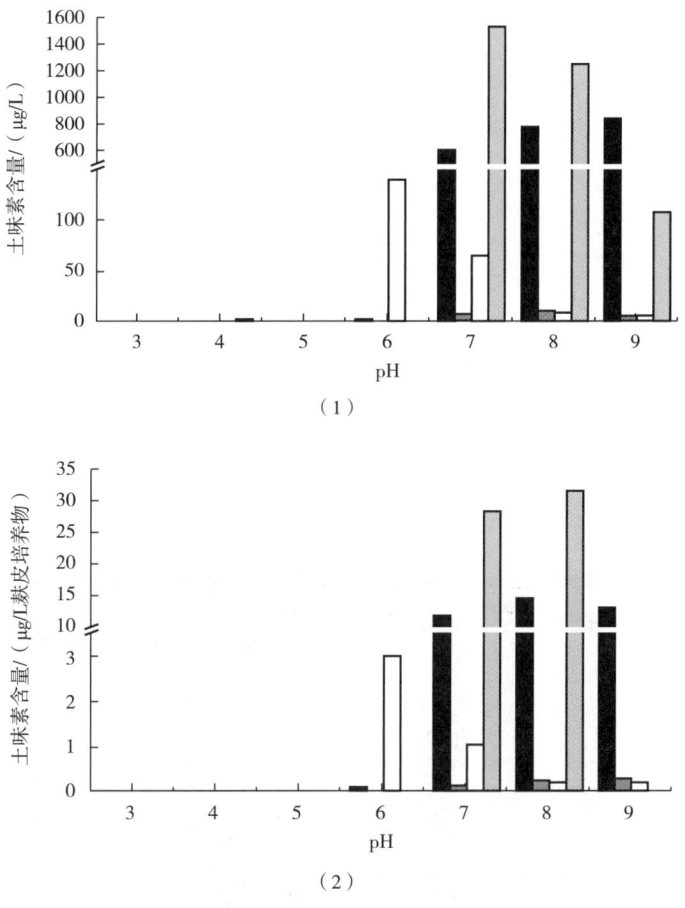

图 8-34 固/液态培养 4 种菌株的土味素含量比较
(1) 液态；(2) 固态
■ FXJ；▨ HX；□ QC-1；▧ QC-2

曲为纯种根霉。大曲中细菌主要是嗜热芽孢杆菌，包括枯草芽孢杆菌和地衣芽孢杆菌。根据图 8-35，糖化料和大曲中的微生物不会产生 4-甲基苯酚。窖泥中的细菌主要包括 6 个门，其中厚壁菌门为绝对优势细菌类群，占到总量的 86.1%。厚壁菌门中的梭菌纲为绝对的优势种群，主要包括产氢产酸细菌种属，如互营共养单胞菌属（Syntrophomonas）、喜热菌属（Caloramator）、梭菌属（Clostridium），常与产甲烷菌共生。酒醅发酵是一个菌群及其代谢物质相互影响、转化的动态过程，推测窖泥中微生物代谢产生 4-甲基苯酚并随之进入酒体。

运用高通量测序技术测定窖池窖壁上部（U）、窖壁中部（M）、窖池底部（D）窖泥中细菌菌群结构，纲结构组成如图 8-36 所示。检测的窖泥中主要包括 8 个已知纲，拟杆菌纲（Bacteroidia）、梭菌纲（Clostridia）、甲烷菌纲（Methanomicrobia）、杆菌纲（Bacilli）、甲烷杆菌（Methanobacteria）、互营养菌纲（Synergistia）、Cloacamonae 和红蜡菌纲（Coriobacteriia）。8 个已知纲在窖池上中底部的含量并不尽相同，其中 Clostridia 和 Methanomicrobia 随窖池深度增加含量逐渐升高，而 Methanobacteria 含量有降低趋势，Bacteroidia

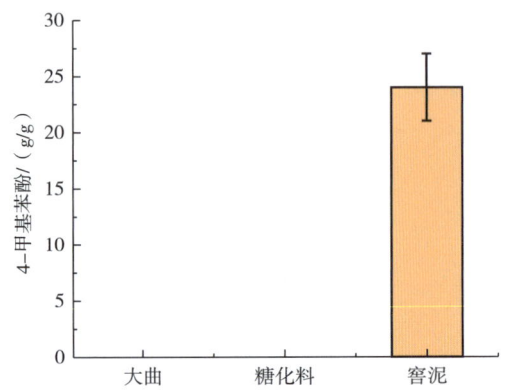

图 8-35 大曲、糖化料和窖泥中 4-甲基苯酚的检测

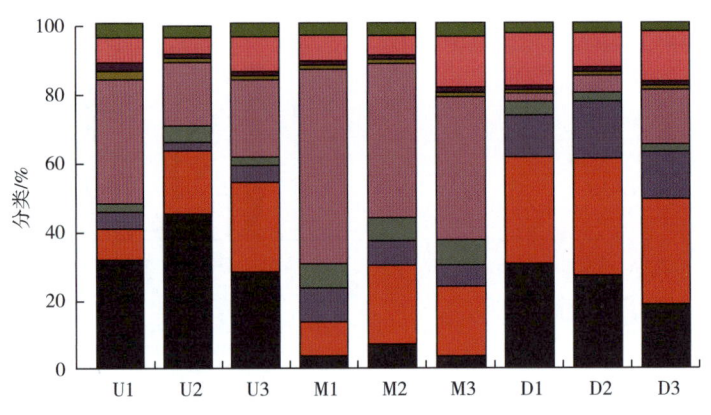

图 8-36 窖泥细菌菌群纲结构组成图
■互营养菌纲；■Cloacamonae；■红蜡菌纲；■未分类；■其他；
■拟杆菌纲；■梭菌纲；■甲烷杆菌；■杆菌纲；■甲烷菌纲

在窖池中部含量最低。相关性分析显示，Clostridia 和 Methanomicrobia 与 4-甲基苯酚的相关系数分别为 0.90 及 0.99，相关性较高，因此推断 Clostridia 和 Methanomicrobia 可能产生 4-甲基苯酚。

运用 Hungate 滚管法对窖泥中产 4-甲基苯酚的菌进行分离，通过初步菌落形态鉴别共分离到 20 株细菌，测定 16S rRNA 基因序列后与 GenBank 数据库比对确定种属，结果如表 8-19 所示，从窖泥分离得到的微生物共属于 8 个种。JG-C1、JG-C2、JG-C3、JG-C4 和 JG-C5 发酵液经 GC-MS 检测，未检测到 4-甲基苯酚。JG-C1、JG-C2 和 JG-C3 可产生 4-甲基苯酚，且都属于梭菌属。其中，JG-C3 和 JG-C1 可产生少量 4-甲基苯酚，产量分别为 0.01 和 0.06mg/L；JG-C2 产量最高，达到 0.45mg/L。窖泥样品高通量测序结果显示，JG-C1、JG-C2 和 JG-C3 在窖泥中的相对含量都高于 0.2%。上述 3 株菌在窖泥中含量较高，并且可产生 4-甲基苯酚，极可能是 4-甲基苯酚的重要微生物来源。JG-C5 也属于梭菌属，但代谢物中并未检测到 4-甲基苯酚。因此，并非所有梭菌都产 4-甲基苯酚。JG-C2 与模式菌株的特异性只有 91%，其为新种的可能性较大。

表 8-19　　　　　　　　　　窖泥中产 4-甲基苯酚的菌株的筛选

| 菌株 | 相似菌株登录号 | 相似度/% | 窖泥中比例/% | 4-甲基苯酚/（mg/L） |
| --- | --- | --- | --- | --- |
| JG-1 | CP002652.1 | 99 | 未比对 | 未检出 |
| JG-2 | NR_074793.1 | 99 | 未比对 | 未检出 |
| JG-3 | NR_117028.1 | 99 | 未比对 | 未检出 |
| JG-4 | NR_041521.1 | 99 | 未比对 | 未检出 |
| JG-5 | NR_026490.1 | 99 | 未比对 | 未检出 |
| JG-C1 | NR_026531.1 | 95 | 0.29±0.10 | 0.06±0.02 |
| JG-C2 | NR_117121.1 | 91 | 0.23±0.08 | 0.45±0.11 |
| JG-C3 | NR_113199.1 | 99 | 0.44±0.28 | 0.01±0.01 |

通过厌氧可培养技术筛选得到 3 株产 4-甲基苯酚的菌，3 株菌都属于 *Clostridium*。研究者发现酪氨酸酶梭菌（*Clostridium ultunense*）、嘌呤梭菌（*Clostridium purinilyticum*）、氨基戊酸梭菌（*Clostridium aminovalericum*）可利用乙酸、氨基酸产生氢气、甲烷等，但尚未发现可产生 4-甲基苯酚。窖泥中部分梭菌并不产 4-甲基苯酚，如沙塔霍莫梭菌（*Clostridium sartagoforme*）。将可培养技术得到的产 4-甲基苯酚的单菌种与高通量测序结果进行比对，发现 3 个菌种含量都在 0.20% 以上。*Clostridium* 在窖池底部窖泥中的含量达到了 4.89%，3 个产 4-甲基苯酚的菌种在窖泥中总含量也达到 1%，有足够的数量基础产生 4-甲基苯酚。综上可明确 *Clostridium* 是窖泥中 4-甲基苯酚的主要微生物来源。

**3. 非辅料糠嗅味**

糠嗅味是中国白酒中常见的异味，长期以来都认为糠嗅味来源于糠壳，通过气相色谱-嗅觉测量法（GC-O）结合 GC-MS 技术确定了中国白酒中糠嗅味物质的化学本质为土臭素（TDMTDL），并且建立了采用顶空固相微萃取-气质联用方法定量检测中国白酒中糠嗅味物质的方法。通过对蒸前及蒸后糠壳中的风味物质进行检测，均未检测到 TDMTDL，说明糠嗅味物质并非来自糠壳。进而通过追踪白酒酿造过程中此种物质的出现规律，发现糠嗅味物质的真正来源是大曲。TDMTDL 是由大曲中微生物的新陈代谢产生的，通过发酵进入酒醅，进而由蒸馏过程进入原酒中。从清香型大曲中获得 5 株不同特征的产 TDMTDL 菌种，被鉴定为链霉菌（*Streptomyces* sp.），通过系统生物学方法解析了其形成途径和机制，具体如图 8-37 所示。进一步，在分子水平上证明了编码 TDMTDL 合成关键酶的基因，根据不同链霉菌中编码 TDMTDL 合成酶的基因序列，运用荧光定量对 TDMTDL 进行快速检测。以风味为导向，同时建立可培养与未培养准确、快速的筛选技术方法，不仅建立了清香型白酒酿造糠味形成机理的理论，而且形成了生产过程有效调控 TDMTDL 的工艺措施，对全面提高清香型白酒的品质、提高生产效率提供了重要理论指导和应用实践。

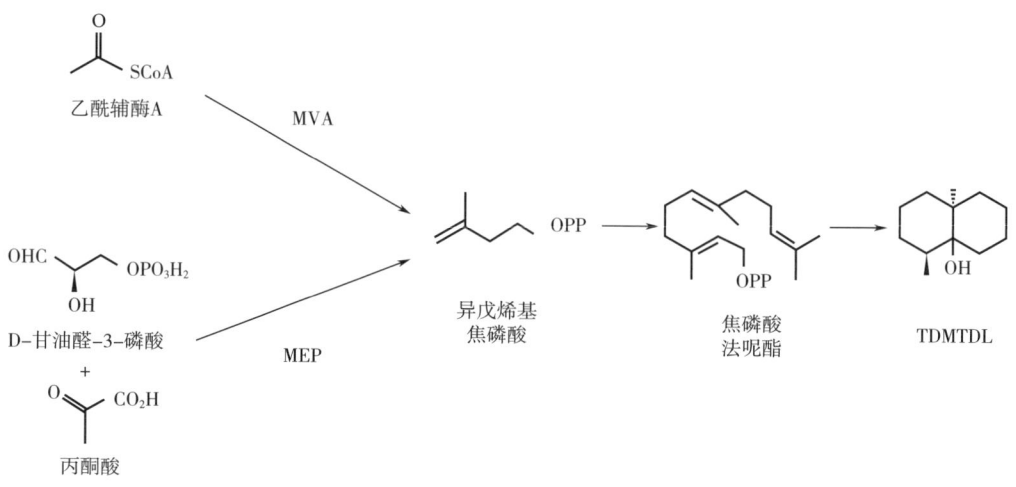

图 8-37　TDMTDL 产生菌株及其产生途径

# 参考文献

［1］王鹏. 地衣芽孢杆菌强化对浓香型白酒酿造微生物群落结构和代谢的影响［D］. 无锡：江南大学，2017.

［2］李芳莉. 浓香型白酒窖泥微生物群落结构分析及其对原酒风味物质的影响［D］. 郑州：郑州轻工业学院，2017.

［3］高传强，阳飞，张华山. 芝麻香型白酒微生物菌群及风味物质研究进展［J］. 微生物学通报，2017，44（04）：940-948.

［4］刘博，杜海，王雪山，等. 基于高通量测序技术解析浓香型白酒中窖泥臭味物质 4-甲基苯酚的来源［J］. 微生物学通报，2017，44（01）：108-117.

［5］胡晓龙. 浓香型白酒窖泥中梭菌群落多样性与窖泥质量关联性研究［D］. 无锡：江南大学，2015.

［6］李俊刚，郭文宇，罗英，等. 利用 GC-MS 法对不同窖龄下浓香型白酒风味物质的研究［J］. 中国酿造，2015，34（09）：141-144.

［7］周庆云. 芝麻香型白酒风味物质研究［D］. 无锡：江南大学，2015.

［8］邓杰. 基于高通量测序的浓香型白酒窖泥微生物群落结构研究［D］. 自贡：四川理工学院，2015.

［9］徐岩. 基于风味导向技术的中国白酒微生物及其代谢调控研究［J］. 酿酒科技，2015（02）：1-11+16.

［10］王海燕. PCR-DGGE 技术对清香型汾酒微生物群落结构演变规律的研究［D］. 无锡：江南大学，2014.

[11] 范文来,徐岩.白酒风味物质研究方法的回顾与展望[J].食品安全质量检测学报,2014,5(10):3073-3078.

[12] 陈笔.酱香型白酒酿造过程中霉菌群落结构以及霉菌与酵母相互作用的研究[D].无锡:江南大学,2014.

[13] 邵明凯,王海燕,徐岩,等.酱香型白酒发酵中酵母群落结构及其对风味组分的影响[J].微生物学通报,2014,41(12):2466-2473.

[14] 吴徐建.酱香型白酒固态发酵过程中酵母与细菌群落结构变化规律的研究[D].无锡:江南大学,2013.

[15] 杜海.产土味素菌群对白酒酿造的影响机制及监测控制[D].无锡:江南大学,2013.

[16] 范文来,徐岩.白酒中重要的功能化合物萜烯综述[J].酿酒,2013,40(06):11-16.

[17] 吴荣.华根霉全基因组序列分析及其初步应用[D].无锡:江南大学,2013.

[18] 康文怀,徐岩.中国白酒风味分析及其影响机制的研究[J].北京工商大学学报(自然科学版),2012,30(03):53-58.

[19] 徐岩,吴群,范文来,等.中国白酒中四甲基吡嗪的微生物产生途径的发现与证实[J].酿酒科技,2011(07):37-40.

# 第九章　系统生物学在毕赤酵母生产外源蛋白中的应用

巴斯德毕赤酵母（*Pichia pastoris*）是高效的外源蛋白表达系统，其异源蛋白表达历史可追溯至 1987 年。相比大肠杆菌和枯草芽孢杆菌等原核表达体系，毕赤酵母具备如下显著优势：①蛋白表达量高。毕赤酵母的甲醇代谢启动子 AOX1 是已知效果最强的启动子之一，在甲醇充分诱导下，AOX1 转录产物占整个细胞转录产物的 30% 以上，相当多的外源蛋白的表达量达到"g/L"级别（表 9-1）。②分泌效率高。与在原核表达系统中易形成难复性、难纯化、活性低的包涵体不同，外源蛋白在毕赤酵母中通常能够得到较好的分泌。③较为完备的后加工处理能力。作为真核表达系统，毕赤酵母能够为外源蛋白的折叠、糖基化及其他后加工过程提供较为适宜的环境和条件。④稳定性高。外源蛋白的基因通常以同源重组的方式整合在毕赤酵母基因组中，不需要外界抗生素等筛选压力的维持即能自行保持稳定。

表 9-1　　在毕赤酵母中表达量超过 1g/L 的外源蛋白

| 外源蛋白 | 表达量/（g/L） | 发表时间 |
| --- | --- | --- |
| A33 单链 Fv 抗体 | 4.8 | 2004 |
| 人血清白蛋白 | 11 | 2005 |
| β-葡聚糖酶 | 9 | 2010 |
| 人血清白蛋白串联人生长因子 | 3~4 | 2014 |
| 溶栓酶 | 4 | 2015 |
| 半乳糖苷酶 | 5 | 2015 |
| 人纤溶酶原 | 1 | 2015 |
| 木葡聚糖内转糖苷酶 | 5 | 2017 |
| 漆酶 | 1.2 | 2017 |
| 水仙凝集素 | 1.2 | 2017 |
| 蝎毒阵痛活性肽 | 1.2 | 2017 |

毕赤酵母作为新型的外源蛋白表达宿主，已经实现多种药用蛋白及工业酶的产业化（表 9-2），其虽商业化多年，但是关于其作用机制的研究相对较少，尤其是基因调控原理、诱导机制等方面的研究相对薄弱。因此，为了加快揭示毕赤酵母表达外源蛋白的分子机理，需要对巴斯德毕赤酵母的生理特性进行全面系统的分析。

表 9-2　已在毕赤酵母中实现产业化的药用蛋白及工业酶类

| 蛋白类药物/酶 | 专利授权公司 | 产业化应用 |
| --- | --- | --- |
| 艾卡拉肽 | Dyax，USA | 治疗血管神经性水肿 |
| 重组人奥克纤溶酶 | Thrombo Genics，Belgium | 治疗玻璃体黄斑黏连 |
| 重组人胰岛素 | Bincon，Indian | 治疗低血糖 |
| 重组人弹性蛋白酶抑制剂 | Ablynx，Belgium | 治疗囊性纤维化 |
| 菌丝霉素抗菌肽 | Novozymes，Denmark | 治疗细菌感染 |
| 重组人血管增生抑制素 | Sigma Aldrich，USA | 治疗肿瘤血管增生 |
| 重组人血清白蛋白串扰干扰素 α | GenScript，USA | 治疗病毒感染 |
| 肌醇六磷酸酶 | Phytex，USA | 动物饲料添加剂 |
| 胰蛋白酶 | Roche，Germany | 蛋白质谱分析 |
| 硝酸还原酶 | Nitrate Elimination，USA | 污水测试处理 |
| 磷脂酶 C | Verenium，Netherlands | 植物油脱胶 |
| 胶原蛋白 | Fibrogen，USA | 皮肤填充剂 |

# 第一节　巴斯德毕赤酵母基因组学研究

## 一、巴斯德毕赤酵母的全基因组测序

巴斯德毕赤酵母 GS115（NRRL-Y 11430 突变株）全基因组的测序工作主要依赖于第二代测序技术，同时脉冲场凝胶电泳、Sanger 测序技术对进一步补充完善全基因组序列起到很重要的作用。基本策略为：第一，高质量基因组 DNA 的获得；第二，ssDNA 文库与双末端 DNA 文库的构建；第三，利用 454/Roche 测序法对两基因文库进行测序覆盖深度为 20 倍的测序反应；第四，对鸟枪法 DNA 文库及双末端 DNA 文库测序结果进行计算机分析，进行序列拼接；利用 automatic assembly pipeline 软件对测序产生的结果从头重新分析，获得 897197 个高质量的平均长度为 243bp 的 shotgun reads 片段和 70500 个高质量的 20bp 双末端标签为基础的 DNA 片段。利用 assembler MIRA 分析，得到 1154 个连锁群；第五，基因在染色体上的确定及缺口填补。利用已知的 13 个连锁群在染色体上的位置，以此为标记，根据连锁群末端的同源性，在连锁群数据库中通过核酸序列相似性比对（BLASTN）对 500~1000bp 的连锁群末端序列进行搜索，将 $P$ 值小于 $e^{-20}$ 的设定为染色体上连锁。将潜在的有关联的连锁群又整合为 10 个超级连锁群，其中 6 个连锁群和 2 个超级连锁群由于不包含已知 13 个连锁群的部分序列而不能快速确定其染色体位置，相反利用 Southern blot 对其同时进行脉冲场凝胶电泳分析，通过 PCR 反应及 Sanger 测序反应确定其准确的连锁顺序，完成了基因在染色体上的定位并将 1154 个连锁群进行排序，拼接成 203 个连锁群，并且进行缺口填补；第六，基因序列的准确校正。由于 454/Roche 测序技术在焦磷酸测序方面存在内在的误差，针对测序结果与 GeneBank 收录的 GS115 的 39 种编码序列进行比对，产生 84 个不同序列。就此应用 PCR 及 Sanger 测序反应获得的准确序列，进一步确证了 GS115 全基因组序列。四条染色体，大小分别为 2.9、2.6、2.3、1.9Mbp，还有 0.23Mbp 的 rRNA 重复序列，全长 9.43Mbp。

## 二、巴斯德毕赤酵母的基因组注释

编码蛋白质基因的预测主要通过基因预测平台 EuGene 完成，利用 108 种人工确定的 GS115 基因序列以及 P. stipitis、S. cerevisiae 已知的基因序列构建毕赤酵母同源性基因模型，结合隐马尔可夫模型算法，通过 NetAspGene 分析得出剪切位点，同时在 Uniprot 和 RefSeq 蛋白数据库中进行 BLASTX[1]；最后对所预测的 5313 个基因编码序列进行进一步的验证，通过 BLASTP 在酵母蛋白数据库、Uniprot 和 RefSeq 蛋白数据库中比对分析，有 3997 个基因有较高的同源性，占全基因组 80% 的基因长度。与 FUNYBASE 数据库比对发现有 246 个单拷贝基因与数据库中 21 种真菌同源；在 KEGG 数据库中比对分析得出 1258 个基因是编码毕赤酵母代谢途径的基因。最终根据 Gene Ontology 数据库以及 InterPro 数据库和 Pfam 数据库中所包含的各种基因序列及蛋白序列，对其中 2320 个编码基因进行了注释，其中包含 2320 个截然不同的蛋白质家族。此外，与现已存在的 5 种酵母蛋白数据库序列比对发现，其中 32 个基因的 32 个结构域是毕赤酵母 GS115 所特有的结构。

对非编码区的注释主要包括各类重复序列、基因表达的调控序列以及信号肽序列等。对于 GS115 而言，rDNA 重复序列大小为 7450bp，由 16 个拷贝构成，总计约 119kb，包括 18S rRNA、5.8S rRNA、26S rRNA、5S rRNA。与酿酒酵母不同的是，5S rRNA 的 20 个拷贝不是集中在 rDNA 重复区，相反遍布在所有染色体的整个部分。此外，通过与酿酒酵母基因组序列的比对分析得出，与酿酒酵母含有 274 个 tRNA 基因不同，GS115 含有 123 个 tRNA 基因，而且含有 3 个特有的 tRNA 家族 tR（UCG）、tL（CAG）和 tP（CGG），缺少 tL（GAG）家族。由此，毕赤酵母与酿酒酵母虽然同属酵母属，但是在密码子的使用上依然遵循密码子偏好性原则。

毕赤酵母作为基因工程宿主反应器，其代谢途径主要包括：甲醇利用途径和蛋白质分泌途径。在完成 GS115 全基因组测序工作的同时，对编码和参与其代谢途径的各种酶类基因给予注释。其中参与甲醇代谢途径的包括 AOX、FLD、FBA 等 10 种基因，参与蛋白质分泌代谢的有编码 O-糖基化、N-糖基化以及信号肽酶、各种前体合成、蛋白酶等 12 个过程中的 90 多个基因。这些基因注释功能工作的完成，对于彻底理解毕赤酵母代谢过程、甲醇利用机理、分泌蛋白的糖基化、后期加工折叠有深远意义。

---

1）BLASTX：一种生物信息学软件工具，它是基本局部比对搜索工具（Basic Local Alignment Search Tool）的一部分。

# 第二节　巴斯德毕赤酵母的全基因组规模代谢模型

## 一、毕赤酵母模型 *i*RY1243 的构建和基本特征

酿酒酵母的基因分泌型代谢途径模型（Genetic Secretory Metabolic Model，GSMM）的构建是一个不断迭代的过程，构建过程中需要不断整合最新的基因注释信息。毕赤酵母的 GSMMs 已经有 5 个，基于毕赤酵母的代谢网络模型 *i*P668 结合最新的基因注释信息，将模型进行升级。升级主要基于 KEGG、IMG、UniProtKB 等三个数据库的基因注释信息进行添加新的 GPRs。将这三个数据库对比，注释信息不同的基因，并在数据库中重新进行确认。由图 9-1 可知，IMG 数据库关于毕赤酵母的基因注释信息最为全面，有 EC 编号的基因最多。UniProtKB 数据库包含毕赤酵母的注释信息最少，有 EC 编号和明确 EC 编号的基因数也最少。通过对比各个数据库，将对比结果进行整合，形成初步的基因-蛋白-反应（GPRs），再将最新注释的基因对应的 GPRs 添加到模型中，形成代谢网络模型草图。

结合其他一些数据库和工具箱进一步将模型进行精炼：①反应方向的确定。反应的方向参考已发表的模型 *i*P668、PpaMBEL1254、*i*LC915 和 *i*MT1026。此外，酿酒酵母的基因组代谢网络模型经历了几次升级，模型相对较为精确，对于方向不确定的反应主要参考 GSMM。②辅因子的确定。一般一种酶只使用一种辅因子，而有些可以使用两种甚至多种。这需要通过查阅文献、数据库和已发表的毕赤酵母 GSMM 进行确认，删除不合理的冗余反应，消除模型可能存在的循环。例如，进行 Gaps 的填补、反应的质量电荷平衡

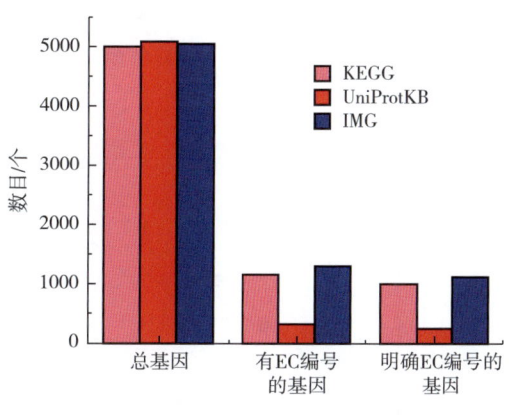

图 9-1　毕赤酵母在各个数据库中注释信息对比

的校正等，使其能够正确模拟菌体的宏观生长代谢。③反应分区信息的加入。对于真核生物来说，其细胞的反应分区较多，本模型中一共有 8 个反应部位，分别为胞外、细胞质、线粒体、内质网、高尔基体、过氧化酶体、细胞核、线粒体膜内周质空间。④大分子反应的处理。代谢网络模型中有许多大分子（如蛋白质、淀粉、DNA、RNA 等）参与的反应，在模型中将这类反应全部进行删除，添加相应的合成反应，如 DNA 的合成反应为：$0.953\text{dAMP}\,[c] + 0.665\text{dCMP}\,[c] + 0.665\text{dGMP}\,[c] + 0.953\text{dTMP}\,[c] \longrightarrow \text{DNA}\,[c]$。⑤转运反应和交换反应的加入。转运反应和交换反应是用来界定细胞与外界环境的物质交换及营养物质在胞内的运输过程。首先，通过实验和文献数据确定基本的物质交换，如毕赤酵母实际可利用的碳源、氮源、磷硫及能够分泌的各种产物、副产物等。其次，通过比较和其他毕赤酵母模型中的交换反应来添加反应。本模型中一共加入 153 个交换反应和 468 个

需要转运的代谢物。⑥反应平衡性的校正。反应的平衡性包括质量平衡和电荷平衡。要确定反应的平衡性，首先要确定代谢物的分子式和电荷，本模型 $i$RY1243 中代谢物的分子和电荷是通过 BiGG、KEGG 等数据库信息获得的，其中主要依据 BiGG 数据库。当代谢物的信息进行注释后，利用 COBRA 中函数检查质荷平衡的功能，检查出质量电荷不平衡的反应进行校正。⑦Gaps 的处理。处理 Gaps 主要从以下几个方面进行：第一，对于存在 Gap 的反应，确认其反应分区的正确性；第二，对于 rootgaps，可查阅文献及其他模型确定此代谢物能否被利用，可被利用即可添加交换反应来消除 Gaps，还可以通过查阅 KEGG 代谢途径图，观察代谢物能否被其他反应所生成，是否存在自发反应生成此代谢物等方面进行考虑；第三，对于 downstream Gaps，考虑能否添加反应将其消耗；第四，考虑能否通过添加运输反应将两个反应分区的 Gaps 进行消除。本模型采用了 Pathway Tools 软件自动化填补 Gaps。⑧模型计算与修正。利用毕赤酵母的一组宏观生长数据（葡萄糖的比消耗速率、氧气的比消耗速率、$CO_2$ 的比生成速率等）模拟酵母的比生长速率，模拟的结果与实验测定的真实值可能有较大的差别。模型中存在一些循环，且存在一些不合理的 NADH/NADPH 的生成反应，进行修正和限制，最终模拟得到的比生长速率与真实测定的细胞比生长速率较为接近。如图 9-2 所示，$i$RY1243 能够很好地预测毕赤酵母的比生长速率、氧气比消耗速率和二氧化碳比生成速率，表明模型有很好的预测性能。

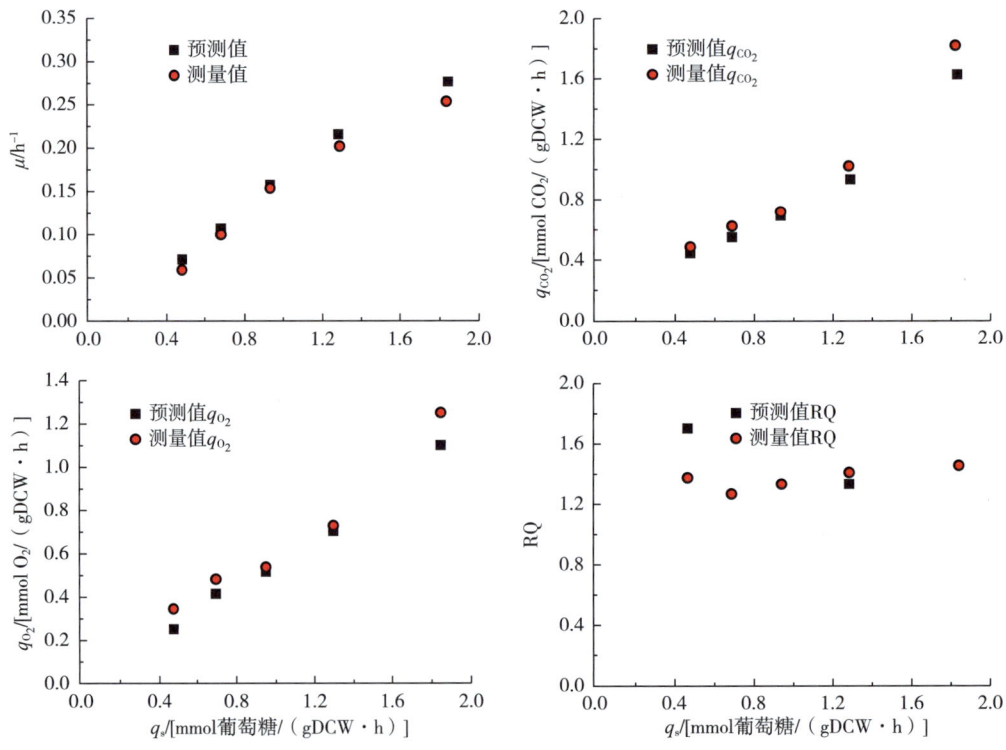

图 9-2　恒化培养时 $\mu$、$q_{CO_2}$、$q_{O_2}$ 和 RQ 与模拟的预测值进行比较

黑色—预测值；红色—测量值

$\mu$—比生长速率；$q_{CO_2}$—$CO_2$ 释放速率；$q_{O_2}$—氧气吸收速率；RQ—呼吸熵

# 第九章
## 系统生物学在毕赤酵母生产外源蛋白中的应用

模型 $iRY1243$ 一共含有 1243 个基因、2407 个代谢反应和 1740 个代谢物。这 2407 个反应分别分布于细胞质、线粒体、胞外、过氧化物酶体、内质网、高尔基体、细胞核和线粒体内腔 8 个反应分区,其中模型中有 540 个运输反应。对模型进行统计发现,细胞质内的反应最多,为 1316 个反应,其次为线粒体,线粒体内共有 313 个反应,其中 TCA 循环、脂肪酸的合成途径、叶酸的生物合成和一些氨基酸的合成在线粒体中进行。脂肪酸的分解和甲醇的代谢在过氧化物酶体中进行。和 $iPP668$ 相比,新模型 $iYR1243$ 的代谢功能明显更完善。总反应数由 1354 个升级到 2407 个,独特的代谢物(不区分反应区间)由 1177 个升级到 1740 个,基因数由 668 个升级到 1243 个(表 9-3)。

表 9-3　　毕赤酵母的 GSMMs 之间的比较

| 模型内容 | ipp668 | PpaMBEL1254 | iLC915 | iMT1026 | iRY1243 |
| --- | --- | --- | --- | --- | --- |
| 基因 | 668 | 540 | 915 | 1026 | 1243 |
| 代谢物 | 1177 | 1058 | 1302 | 1689 | 1740 |
| 反应 | 1354 | 1254 | 1423 | 2035 | 2407 |
| 胞质 | 623 | 604 | 790 | 1059 | 1316 |
| 线粒体 | 163 | 155 | 205 | 268 | 313 |
| 过氧化物酶体 | 66 | 66 | 64 | 102 | 102 |
| 胞外 | 12 | 11 | 0 | 16 | 5 |
| 内质网 | 15 | 7 | 34 | 41 | 43 |
| 高尔基体 | 4 | 8 | 4 | 13 | 14 |
| 液泡 | 3 | 6 | 12 | 9 | 10 |
| 原子核 | 16 | 17 | 0 | 17 | 17 |
| 转运 | 452 | 328 | 314 | 510 | 540 |

应用转录组学数据对模型 $iRY1243$ 进行验证,结果表明在实验培养基及培养条件下毕赤酵母共有 2393 个基因表达(图 9-3)。模型 $iRY1243$ 共包含 1243 个基因,葡萄糖作为唯一碳源,在合成培养基上进行恒化培养时,代谢网络模型的总基因中有 895 个基因表达,占总的基因数的 73.4%。除去交换反应后,模型中仍然有 1773 个反应,其中有 254 个反应没有基因表达,占有基因注释的反应总数的 14.3%。除去交换反应和没有注释基因的反应后,模型 $iRY1243$ 中分别有 1042 个单基因注释的反应和 471 个多基因的反应。基于转录组学数据分析结果表明,79.4% 的单基因反应有基因的表达,91.93% 的多基因注释的反应有基因的表达。说明 $iRY1243$ 中大多数反应基因注释都比较精确,也为模型的进一步验证奠定基础。

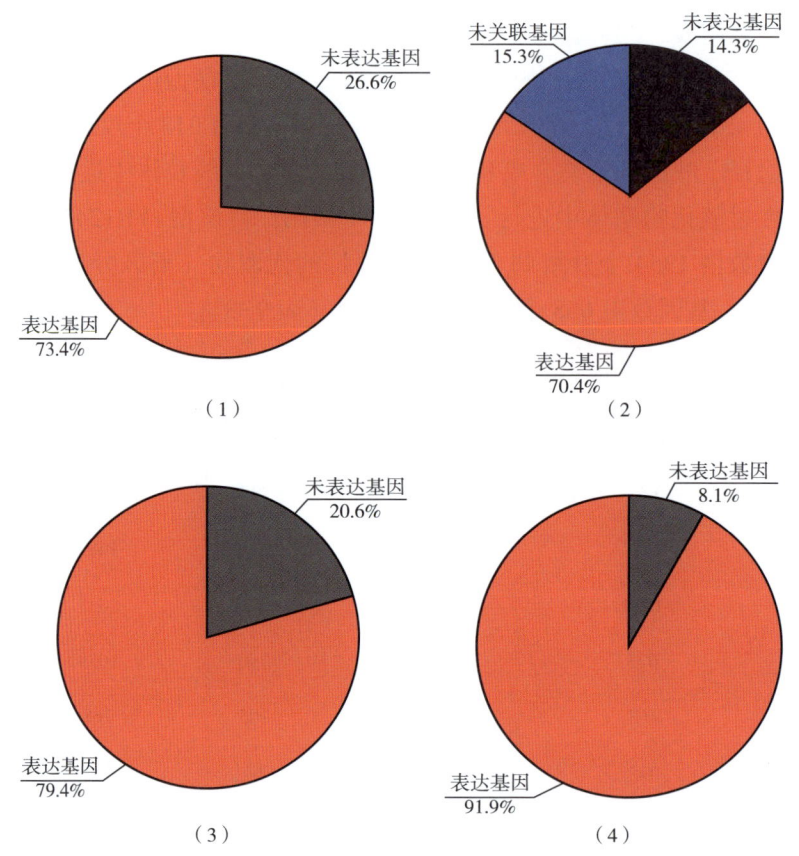

图 9-3 模型 $iRY1243$ 中表达和未表达的基因占总基因数的百分比

(1) 模型 $iRY1243$ 中表达和未表达的基因占总基因数的百分比;(2) 基因表达的反应和未表达基因的反应占总反应的百分比(除去交换反应);(3) 单基因反应的基因表达情况;(4) 多基因反应中基因的表达情况

## 二、毕赤酵母代谢网络模型的验证和应用

评估毕赤酵母可利用碳源、氮源的能力,可以通过 COBRA 模拟毕赤酵母可否利用特定碳源、氮源来进行。本研究收集了一些文献中毕赤酵母利用碳源氮源的数据同时利用实验数据进行验证。能够支持毕赤酵母生长的 30 种碳源和 21 种氮源如表 9-4 和表 9-5 所示。利用模型 $iRY1243$ 在 Cobra Toolbox 中来模拟毕赤酵母利用碳源氮源的能力。如表 9-4 所示,利用 $iRY1243$ 模拟发现,毕赤酵母可以在 30 种含有不同碳源的培养基上生长。如表 9-5 所示,利用 $iRY1243$ 模拟发现,毕赤酵母可以在 21 种含有不同氮源的培养基上生长。相比较其他模型,$iRY1243$ 预测能力更高,模型的完整性更好。与最新公开发表的模型 $iMT1026$ 相比,新模型 $iRY1243$ 能够利用阿拉伯糖、半乳糖,而 $iMT1026$ 不能利用阿拉伯糖、半乳糖,文献中阿拉伯糖和半乳糖都可以被毕赤酵母所利用,表明模型 $iMT1026$ 还有较大升级的空间。

# 第九章
## 系统生物学在毕赤酵母生产外源蛋白中的应用

表9-4　毕赤酵母对不同碳源的利用能力的预测

| 碳源 | 实验 | 模型 | 碳源 | 实验 | 模型 | 碳源 | 实验 | 模型 |
|---|---|---|---|---|---|---|---|---|
| 色氨酸 | + | + | 麦芽糖 | + | + | 天冬氨酸 | + | + |
| 木糖 | + | + | 甘油 | + | + | 半乳糖 | + | + |
| 葡萄糖 | + | + | 甲醇 | + | + | 阿拉伯糖 | + | + |
| 谷氨酸 | + | + | 果糖 | + | + | 鼠李糖 | + | + |
| 富马酸 | + | + | 麦芽三糖 | + | + | 苯丙氨酸 | + | + |
| 淀粉 | + | + | 海藻糖 | + | + | 丙酮酸 | + | + |
| 甘露糖 | + | + | 乙醇 | + | + | 核糖 | + | + |
| 柠檬酸 | + | + | 丙氨酸 | + | + | 琥珀酸 | + | + |
| D-木糖 | + | + | 甘露醇 | + | + | 山梨醇 | + | + |
| 乙酸 | + | + | α-酮戊二酸 | + | + | 木糖醇 | + | + |

注：+表示能够生长，-表示不能生长。

表9-5　毕赤酵母对不同氮源的利用能力的预测

| 氮源 | 实际实验 | 模型预测 | 氮源 | 实际实验 | 模型预测 |
|---|---|---|---|---|---|
| 丙氨酸 | + | + | 精氨酸 | + | + |
| 氨水 | + | + | 天冬氨酸 | + | + |
| L-苯丙氨酸 | + | + | 谷氨酸 | + | + |
| D-苯丙氨酸 | + | + | 天冬酰胺 | + | + |
| 瓜氨酸 | + | + | 4-氨基丁酸 | + | + |
| 谷氨酸 | + | + | 鸟氨酸 | + | + |
| 甘氨酸 | + | + | 脯氨酸 | + | + |
| 丝氨酸 | + | + | 苏氨酸 | + | + |
| 色氨酸 | + | + | 尿素 | + | + |
| 黄嘌呤 | + | + | 腐胺 | + | + |
| 酪氨酸 | + | + | | | |

注：+表示能够生长，-表示不能生长。

为进一步评估 $iRY1243$ 的预测能力，将通过 FBA 模拟计算的代谢流通量与通过 $^{13}C$ 标记实验所计算的代谢流通量进行比较。对比结果表明，通过 GSMM 模拟计算的代谢流分布与通过 $^{13}C$ 标记实验计算的代谢流分布有着较好的线性关系（$R^2=0.88$，图9-4）。利用 $^{13}C$ 标记实验测定中心碳代谢流量过程中的宏观实验参数，分别为菌体的比生长速率、二氧化碳的比生成速率、葡萄糖的比消耗速率、氧气的比消耗速率等。通过模型 $iRY1243$ 模拟得到的代谢流通量数据与通过 $^{13}C$ 标记实验计算的代谢流分布进行了详细对比（图9-5）。通过模拟得到的代谢流分布与 $^{13}C$ 代谢流分布对比发现，模型有很好的预测功能，PPP 途径、

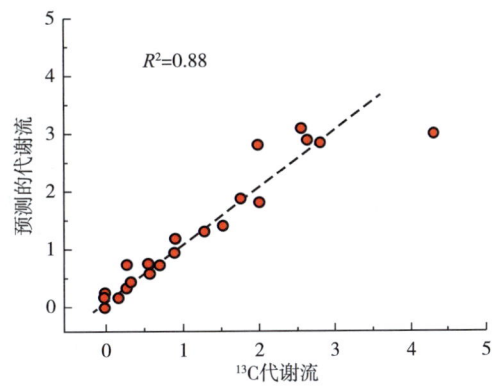

图9-4　预测的代谢流与 $^{13}C$ 代谢流进行比较

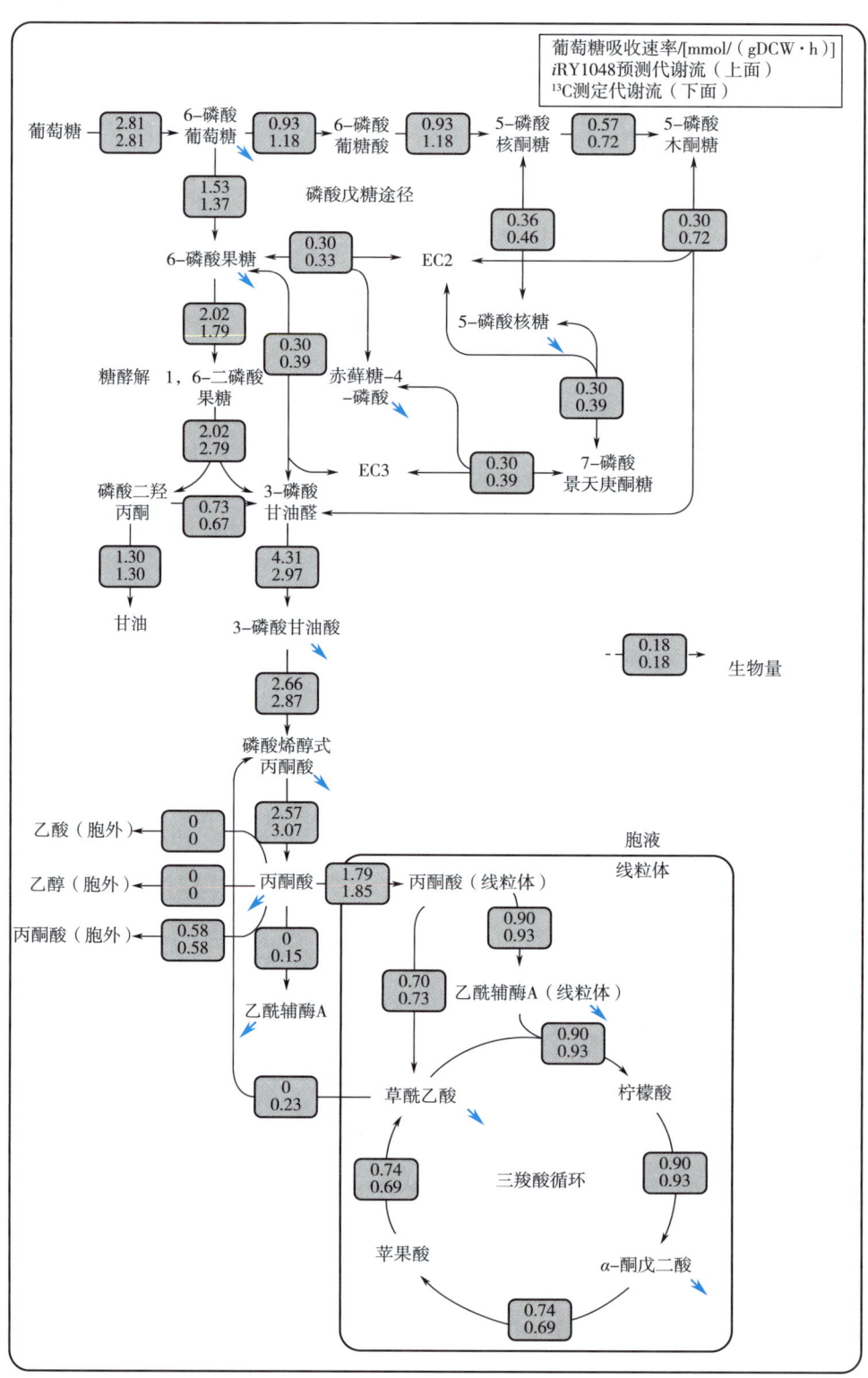

图 9-5 预测的中心代谢流与 $^{13}$C 代谢流进行比较

EMP 途径、TCA 循环通量与通过 $^{13}$C 计算的代谢流分布具有一致性。相比而言，通过 $^{13}$C 标记实验计算的代谢流通量分布中，糖酵解途径和磷酸戊糖途径的代谢流通量稍大，这可能与模型的大小有关，在基因组代谢网络模型中葡萄糖可以通过其他途径以最有效的利用方式来生成菌体或产生能量。整体而言，模型 iRY1243 能够预测毕赤酵母实际的代谢流分布。

利用 CobraToolbox V2.0 中的 singleGeneDeletion 功能，可以在葡萄糖为碳源的合成培养基进行必需基因、部分必需基因和非必需基因预测，获得了 123 个必需基因，这些基因与能量代谢、TCA 循环、氨基酸代谢等相关，如图 9-6 所示。同时，在以葡萄糖为碳源的合成培养基进行基因重要性的模拟，获得 169 个重要基因。

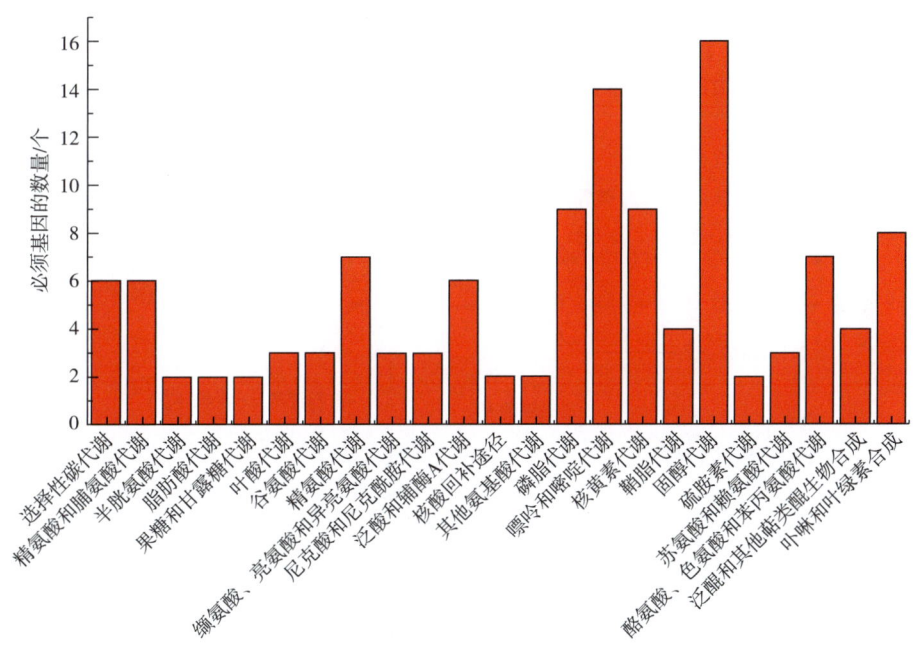

图 9-6 通过 GSMM 预测的必需基因在子代谢途径中的分布

通过 $^{13}$C 标记实验比较了高产菌和低产菌之间的代谢流差异初步发现，高产菌的磷酸戊糖途径（pentose phosphate pathway, PPP）代谢通量增加，推导出高外源蛋白表达需要更多 NADPH。基于此，利用 iRY1243 来模拟 PPP 通量改变对毕赤酵母产 β-半乳糖苷酶的影响，考察 PPP 途径第一个反应（G6P + NADP$^+$ ⟶ 6PGL + H$^+$ + NADPH）的基因 PAS_chr2-l_0308 过表达的效果。模拟结果表明，此基因过表达时 PPP 途径通量显著增加，菌体的比生长速率略微下降，β-半乳糖苷酶的得率增加。测定的宏观数据表明，毕赤酵母培养过程中有大量副产物生成。通过模型 iRY1243 模拟敲除副产物乙酸、乙醇和甘油生成途径，发现副产物显著减少，β-半乳糖苷酶的产量有所提高。对中心碳代谢途径中其他反应进行敲除或过表达，发现反应 MAL + NAD$^+$ ⇌ H$^+$ + NADH + OAA 过表达，可提高 β-半乳糖苷酶产量。对中心碳代谢靶点的预测详见图 9-7。

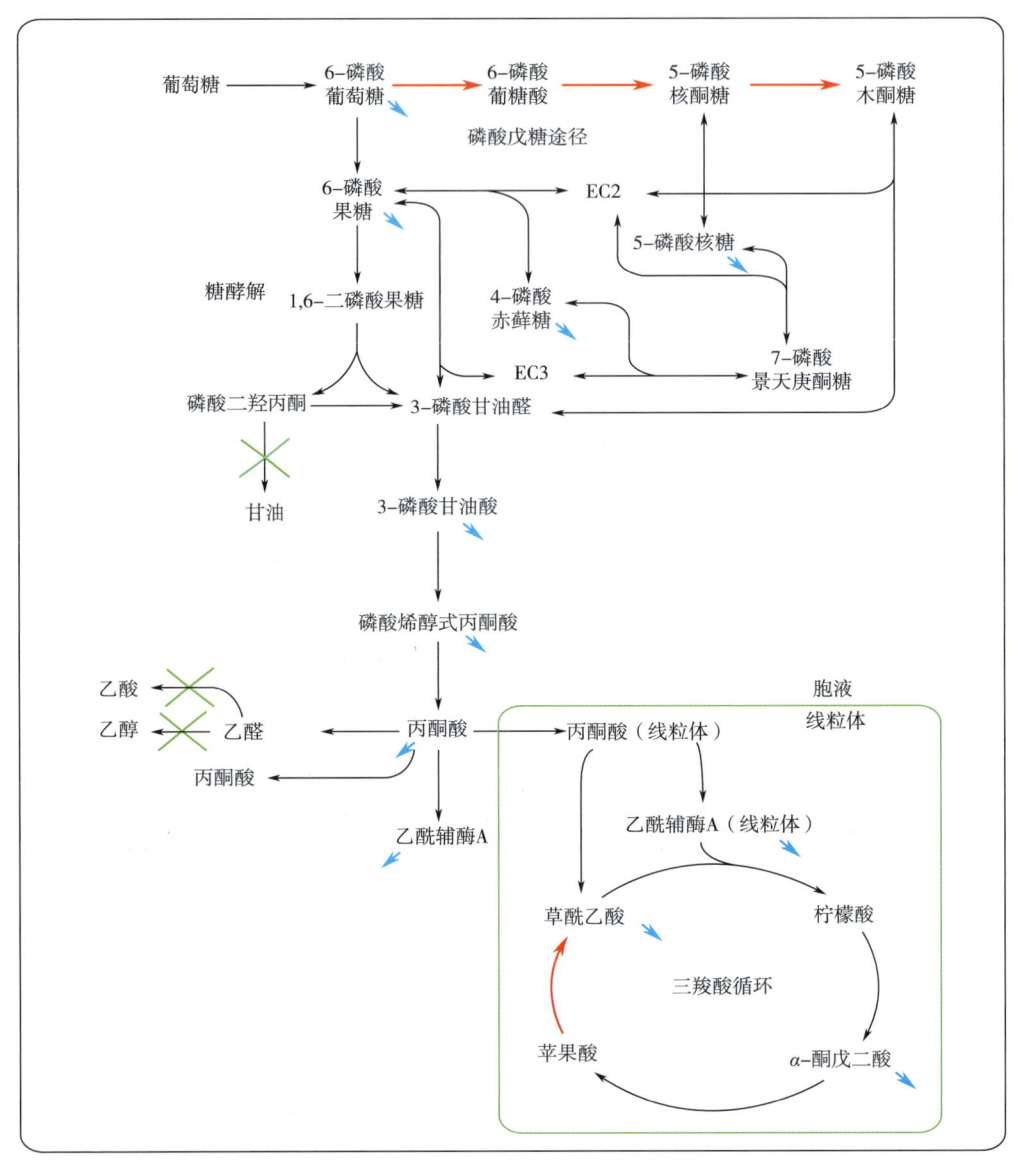

图 9-7 预测中心碳代谢途径中可提高 β-半乳糖苷酶产量的靶点
过表达反应用红色的粗线表示；绿色的叉号表示敲除的反应

为进一步评估 $iRY1243$ 在菌株设计方面的潜能，收集关于毕赤酵母基因改造菌的数据和一些文献数据（毕赤酵母的比生长速率和产物 $S$-腺苷甲硫氨酸的比生产速率）。利用 $iRY1243$ 模拟相关基因的过表达和敲除的影响。实验得到的结果和用 $iRY1243$ 进行模拟的结果具有一致性（表 9-6），表明 $iRY1243$ 可以用于毕赤酵母产外源蛋白或其他产物的基因改造靶点的预测。

表 9-6 特定基因操作毕赤酵母的比生长速率或 S-腺苷甲硫氨酸的比生产速率比较

| 菌株 | 基因 | 基因操作 | 细胞生长 | | 产物合成 | |
| --- | --- | --- | --- | --- | --- | --- |
| | | | 实验测定 | 模拟预测 | 实验测定 | 模拟预测 |
| G12′ | vgh | 插入 | — | — | ↑ | ↑ |
| G12′ | spe2 | 敲除 | — | — | ↑ | ↑ |
| G12′ | gdh2 | 过表达 | — | — | ↑ | — |
| G12′ | zwf1 | 过表达 | — | ↓ | ↑ | ↑ |
| G12′ | sol3 | 过表达 | — | — | ↑ | — |
| G12′ | mdh1 | 过表达 | — | ↓ | — | — |
| G12′ | gdh3 | 过表达 | — | — | — | — |
| GS115 | aox1 | 敲除 | — | ↓ | ↑ | ↑ |
| GS115 | cys4 | 敲除 | — | — | ↑ | ↑ |
| Gsam | cys4 | 敲除 | — | — | ↑ | ↑ |
| GS115 | sam2 | 过表达 | ↓ | ↓ | ↑ | ↑ |

注：↑表示增加；↓表示减少。

## 第三节 毕赤酵母转录组学优化

### 一、基于 RNA-Seq 对毕赤酵母转录结构的分析

对甲醇条件下 4 个 RNA 样品通过 RNA-Seq 测序得到的 reads 进行统计分析共得到 152711406 个 reads，reads 长度总和高达毕赤酵母 GS115 基因组长度（9.43Mb）的 1200 倍。如此高的测序深度为全基因组转录分析和毕赤酵母转录结构鉴定提供了丰富的可靠的基础数据。RNA-Seq 测序得到的所有 reads 中，总共有 94.21% 的 reads（143855558 个）能够匹配到毕赤酵母基因组的单一位置上。其中，79.75% 的 reads 匹配到毕赤酵母已知的外显子区域，而 14.46% 的 reads 匹配到内含子区域及基因间隔区。RNA-Seq 采用双头测序策略有效地将匹配到基因组区域的 reads 数目降至 0.16%。剩余 5.64% 的 reads 测序质量较低，在后续的分析中需要将其剔除。

根据 reads 在基因组及基因上的匹配，图 9-8 描述了毕赤酵母基因组转录表达的概况，"Expression" 表示毕赤酵母基因组上一段碱基序列的平均 reads 覆盖次数（取以 2 为底的对数）；"Coverage" 表示毕赤酵母基因组上一段碱基序列的 reads 覆盖百分比；"Gene" 表示毕赤酵母基因组上一段碱基序列包含的基因的数目。毕赤酵母基因组共 9.43Mb，含有 5313 个蛋白组编码基因。在所有注释的基因中，超过 93.5% 的基因的测序覆盖率大于 90%。研究得到的 152711406 个 reads 显然能够更精确地解析毕赤酵母基因的转录信息及转录结构。通过计算 RPKM（Reads Per Kilobose of Transcript Per Million Mapped Reads）值可以对毕赤酵母各基因的表达进行定量，4970 个基因的 RPKM 值超过 1。对样品 CKM 的转录数据进一步分析以考察毕赤酵母在甲醇条件下的表达模式。表达量排在前 25% 的基因（PRKM>114.29）主要集中在蛋白组生产系统（核糖体结构，蛋白酶体和翻译延伸等）及

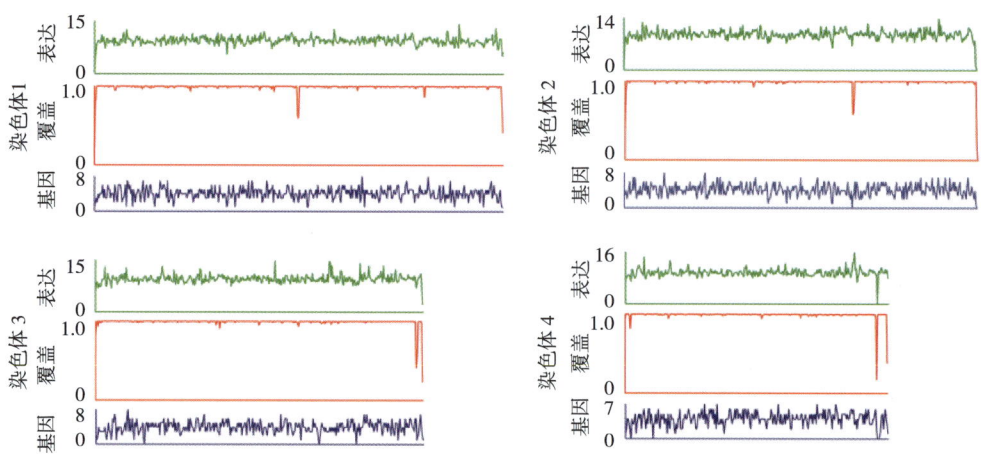

图 9-8　毕赤酵母全基因组水平的转录图谱

能量代谢系统（ATP 合成，糖酵解和线粒体功能）。而表达量排在最后 25% 的基因则主要参与核酸代谢以及遗传信息传递。

匹配在基因间隔区和内含子区域的 reads 可能是尚未发现的新转录本和非编码 RNA，也可能是已知基因内含子区域尚未发现的新外显子。对这些 reads 进行深入分析，我们得到 27 个新转录本。图 9-9 是新转录本的一个示例，新转录本的长度分布如图 9-10 所示。此外，本研究还在 4 个已知基因的内含子中预测到新的外显子。图 9-11 是新外显子的示例。随后本研究通过 RT-PCR 对 2 个新转录本和 1 个新外显子进行了验证实验。选取的新转录本和新外显子均能获得目的大小的条带，从而对 RNA-Seq 的结果进行了实验验证。

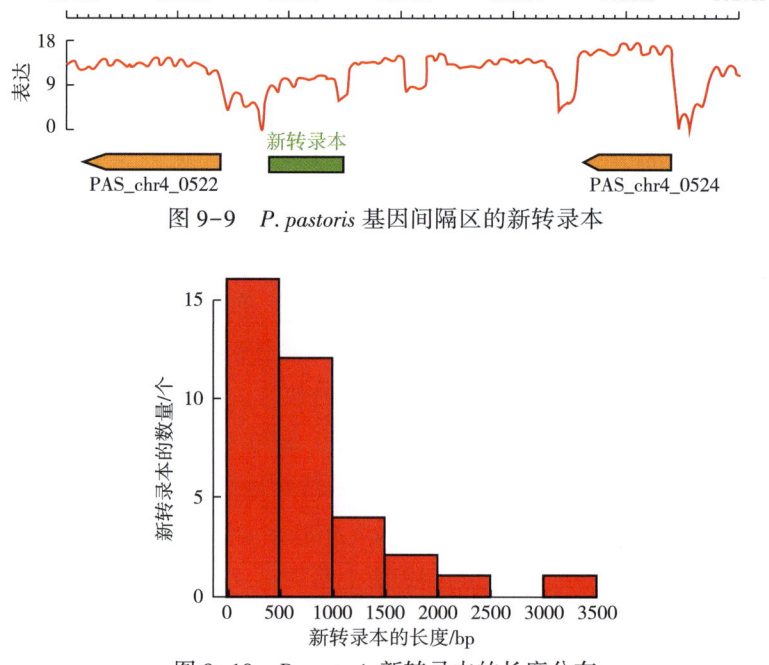

图 9-9　P. pastoris 基因间隔区的新转录本

图 9-10　P. pastoris 新转录本的长度分布

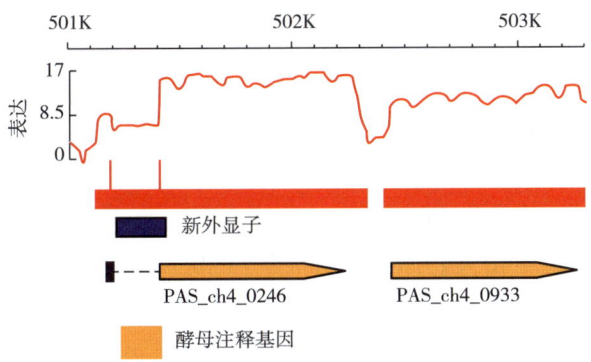

图 9-11　*P. pastoris* 基因内含子区域的新外显子

对 RNA-Seq 数据进行分析，发现毕赤酵母基因中只检测到 4 个可变剪接事件（RI、A5SS、A3SS 和 SE）。11.91% 的毕赤酵母基因含有内含子，其中 254 个基因发生可变剪接形成 270 个可变剪接形式的转录本。表 9-7 对预测的可变剪接事件的种类和数量做了统计。在毕赤酵母中，具有可变剪接的基因占基因总数的 4.78%，图 9-12 举例说明了毕赤酵母中存在的可变剪接事件。鉴定到的可变剪接事件中，RI 占了全部可变剪接事件的 97.04%。因此，推测毕赤酵母主要通过 ID 机制识别剪接位点，进行 mRNA 的可变剪接。

表 9-7　　　　　　　　　　*P. pastoris* 中可变剪接事件的种类和数量

| 类型 | RI | A5SS | A3SS | SE | MXE | AFE | ALE |
|---|---|---|---|---|---|---|---|
| 数目 | 262 | 4 | 2 | 2 | — | — | — |
| 百分比/% | 97.04 | 1.48 | 0.74 | 0.74 | — | — | — |

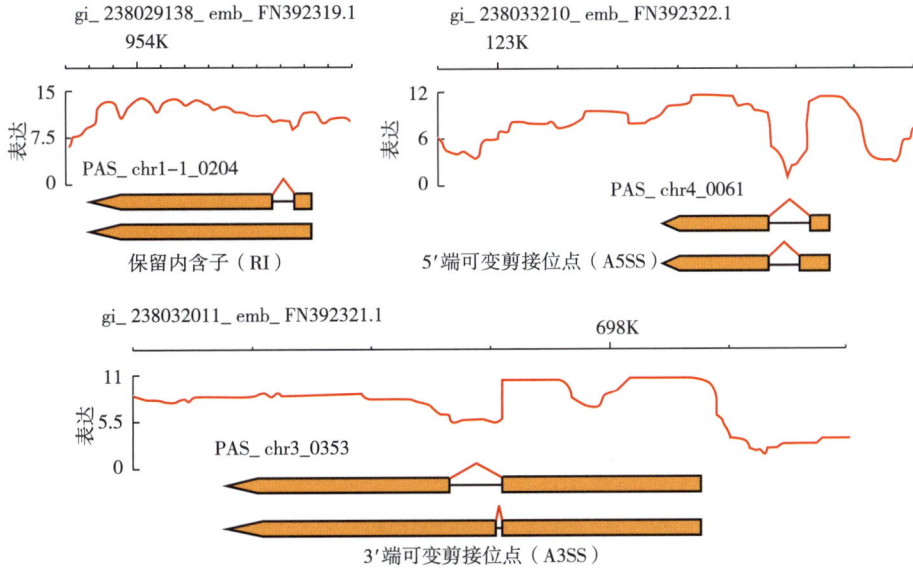

图 9-12　*P. pastoris* 中可变剪接事件主要类型

## 二、毕赤酵母不同碳源诱导下基因差异表达分析

通过比较加入甘油和甲醇条件下毕赤酵母各基因的 RPKM 值对其表达谱进行差异表达分析（表 9-8）。与甘油条件相比，甲醇条件下共 1885 个基因的表达量具有显著性差异（$P<0.01$），其中 940 个基因表达量上调，945 个基因表达量下调。GO 分析和 KEGG 代谢途径分析表明，上调基因主要与蛋白酶体、自体吞噬、N-糖基化合成、甲烷代谢、内质网中蛋白质加工及蛋白转运相关，而不饱和脂肪酸和 TCA 循环相关基因表达下调。上述结果揭示了碳源由甘油转换成甲醇后重组毕赤酵母的代谢特征。碳源从甘油转换成甲醇是毕赤酵母表达外源的一个关键过程，直接影响着外源蛋白的表达量。甲醇条件下，甲醇代谢途径相关基因显著上调以代谢甲醇，与汉逊酵母在甲醇条件下的表达情况相似。催化甲醇代谢第一步的乙醇氧化酶将甲醇转化成甲醛和过氧化氢。编码该酶的基因 *AOX1* 和 *AOX2* 分别上调 39.8 和 11.3 倍。过氧化氢酶（CAT）、甲醛脱氢酶（FLD）和 S-腺苷谷胱甘肽水解酶（FGH）等其他甲醇代谢相关基因的表达也被显著诱导。至于甘油代谢，编码甘油转运通道蛋白和甘油转运蛋白的基因（*YFL054C* 和 *STL1*）表达量显著下调。由于培养基中不含有甘油，胞内甘油激酶的表达量急剧下降。

表 9-8　　　　　　　　　　　甘油和甲醇代谢途径相关基因的差异表达

| 代谢路径 | | 基因名称 | 比例（log2） |
|---|---|---|---|
| 甲醇利用 | chr4_0152 | AOX2 | 3.5 |
| | chr4_0821 | AOX1 | 5.32 |
| | chr3_1028 | FLD | 2.87 |
| | chr3_0867 | FGH | 3.46 |
| | chr3_0932 | FDH | 3.33 |
| | chr2_2_0131 | CAT | 1.88 |
| | chr3_0832 | DAS | 6.68 |
| | chr3_0834 | DAS | 7.18 |
| | chr3_0841 | DAK | 2.79 |
| | chr3_0868 | FBP | 1.81 |
| 甘油代谢 | chr4_0783 | GUT1 | -3.8 |
| | chr3_0579 | GUT2 | -2.74 |
| | chr1-1_0028 | STL1 | -0.99 |
| | chr4_0784 | YFL054C | -2.99 |

维生素代谢相关基因也显著上调。作为重要的维生素，硫胺素能够通过焦磷酸羟甲基嘧啶和磷酸羟甲基嘧啶在 TMP 合酶的催化下合成。毕赤酵母中所有调控的基因均上调，与之前的研究结果一致（表 9-9）。

表 9-9　硫胺素相关基因的差异表达

| 代谢路径 | 基因名称 | | 比例（log2） |
|---|---|---|---|
| 硫胺素调节 | chr3_0842 | Thhi20 | 1.94 |
| | chr3_0037 | NFS1 | — |
| | chr3_0843 | THI6 | 1.87 |
| | chr3_0052 | THI80 | 1.63 |
| | chr3_0648 | THI4 | 2.71 |
| | chr4_0065 | THI13 | 3.34 |
| | chr1-1_0284 | THI73 | 3.3 |
| | chr1-4_0141 | THI22 | 1.93 |
| | chr3_0649 | THI72 | 1.7 |

以甲醇作为唯一碳源时，毕赤酵母需要更多的过氧化物酶体来解除甲醇代谢中间产物甲醛所产生的细胞毒性。如表 9-10 所示，大多数与过氧化物酶体发生和功能相关的基因表达量上调。过氧化物酶体蛋白是由核基因编码、在细胞质中合成，最后运输进入过氧化物酶体的。PTS1 和 PTS2 是分选过氧化物酶体蛋白的重要信号序列，而 PEX5 和 PEX7 分别编码 PTS1 和 PTS2 的受体蛋白。

表 9-10　过氧化物酶体及脂肪酸 $\beta$ 氧化相关基因的差异表达

| 代谢路径 | 基因名称 | | 比例（log2） |
|---|---|---|---|
| 过氧化物酶体生物合成 | chr3_1045 | PEX1 | 1.15 |
| | chr3_0043 | PEX2 | 2.63 |
| | chr3_1073 | PEX3 | 1.4 |
| | chr3_0496 | PEX4 | 0.63 |
| | chr2-2_0186 | PEX5 | 2.88 |
| | chr1-4_0133 | PEX6 | 2.15 |
| | chr1-4_0433 | PEX7 | — |
| | chr1-4_0349 | PEX8 | 1.64 |
| | chr2-1_0504 | PEX11 | 3.58 |
| | chr4_0759 | PEX12 | 2.19 |
| | chr2-2_0207 | PEX13 | 2.54 |
| | chr4_0794 | PEX14 | 1.51 |
| | chr2-1_0715 | PEX19 | 0.86 |
| | chr3_0189 | PEX25 | 0.93 |
| | chr3_0874 | PEX28 | — |
| | chr2-1_0514 | PEX29 | — |
| | chr1-4_0413 | PEX30 | — |

续表

| 代谢路径 | 基因名称 | | 比例（log2） |
|---|---|---|---|
| 脂肪酸β氧化 | *chr1-4_0538* | POX1 | -1.69 |
| | *chr2-1_0776* | POX2 | -0.9 |
| | *chr2-2_0267* | POT1 | -1.4 |
| | *chr3_0975* | SPS19 | -0.71 |
| | *chr4_0352* | FAA2 | -2.57 |
| | *chr2-2_0272* | PXA2 | -0.72 |
| | *Chr1-4_0074* | YAT1 | -0.92 |
| | *Chr3_0069* | CAT2 | -1.19 |

*PEX5* 基因的表达量明显高于 *PEX7*，这是由于多数过氧化物酶体蛋白含有 PTS1 序列。*PEX1* 和 *PEX6* 参与基质蛋白运输的最后步骤以及受体蛋白的回收过程，它们的表达量上调说明运输基质蛋白至过氧化物酶体的需求很强。上调最显著的过氧化物酶体基因是调控过氧化物酶体增殖的 *PEX11*，达到 11.96 倍。清酒酵母和汉逊酵母在过氧化物酶体诱导碳源中培养时，*PEX11* 的表达亦上调。通常认为，*PEX11* 也参与脂肪酸的 β 氧化过程。从葡萄糖转化成甲醇时，汉逊酵母 *PEX11* 和脂肪酸的 β 氧化相关基因的表达得到诱导。而在限氧条件下，毕赤酵母的上述基因下调。奇怪的是，本研究中 RNA-Seq 显示 *PEX11* 表达上调的同时脂肪酸β氧化相关基因的表达下调。造成上述差异的原因尚不明确，需要对其进行深入的研究。

### 三、提高目的基因转录水平增加人胰岛素前体产量

**1. 多拷贝重组毕赤酵母的构建与筛选**

增加目的基因拷贝数，主要目的是为了在一定程度上增加目的基因的转录水平，从而增加目的蛋白的表达量；增加目的基因拷贝数，还可以提高小分子多肽的稳定性。对于毕赤酵母，通常采用三种方法增加目的基因拷贝数：①表达载体一次性电转化毕赤酵母宿主菌后，利用抗性平板直接筛选获得多拷贝重组毕赤酵母；②体外定向构建多拷贝表达载体后利用抗性平板筛选获得多拷贝重组毕赤酵母；③通过抗性筛选和重复电转相结合的方法，筛选与制备高拷贝重组毕赤酵母。

含人胰岛素前体基因 IP 的质粒 pUC57-IP，经 *Xho*I 和 *Not*I 双酶切与 pPICZα 连接，转化 DH5α，在 25μg/mL 博来霉素的低盐 LB 平板筛选克隆，以 5′AOX1 和 3′AOX1 为引物，进行菌落 PCR 鉴定。结果阳性克隆扩增出 800bp 片段，而以空载体 pPICZα 作为对照扩增出 588bp 片段（图 9-13）。

以 *Sac*I 线性化的表达载体 pPICZα-IP 电转化 X-33 毕赤酵母，涂布于 100μg/mL 博来霉素的 YPD 抗性平板上，共长出 16 个菌株。将其重新划线于此浓度抗性平板上，结果剩有 14 株菌生长，其中 S1、S3、S5、S6、B3、B4、B6、B7 长势较好（图 9-14），为进一

步验证其酵母基因组中是否整合了表达载体，以上述14株菌的基因组为模板，5'AOX1 和 3'AOX1 为引物进行 PCR 验证。S3、S5、S6 和 B4、B6、B7 菌株扩增出 2.2kb（基因组上的醇氧化酶基因）和 800bp（表达载体上的目的片段），而对照（整合了空载体 pPICZα 的重组毕赤酵母）扩增出 2.2kb 和 588bp（空载体上的目的片段），表明此 6 株菌成功地整合了表达载体。

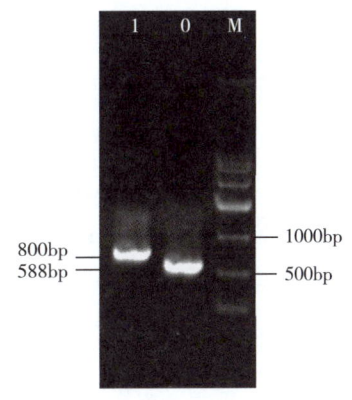

图 9-13 表达载体菌落 PCR 验证

对上述筛选到的 6 株重组毕赤酵母，经摇瓶诱导培养 96h 后，将含等量总蛋白浓度的上清液进行 Tricine-SDS-PAGE 蛋白电泳，结果在 7ku 附近均出现目标条带，与预测相符，初步认为人胰岛素前体基因 IP 获得表达。然后基于蛋白凝胶分离目标条带先进行一级质谱，选取其中信号强度较好的 2601.571 和 3442.072 两个肽段进行二级质谱，分析结果表明目标条带是人胰岛素前体，表明目的基因 IP 获得了诱导表达。

以 100μg/mL 博来霉素抗性平板上筛选获得的目的蛋白表达量较高的 B4 和 S6 作为出发菌，以 SacI 线性化的表达载体 pPICZα-IP 对其进行重复电转化，涂布到终浓度为 1000μg/mL 博来霉素的 YPDS 平板上，筛选获得 11 株菌。将其重新划线于 1000μg/mL 博来霉素抗性平板上，结果（图 9-15）除 2S1 和 2S2 外，其他 9 菌株长势均较好，初步认为是多拷贝的重组毕赤酵母。

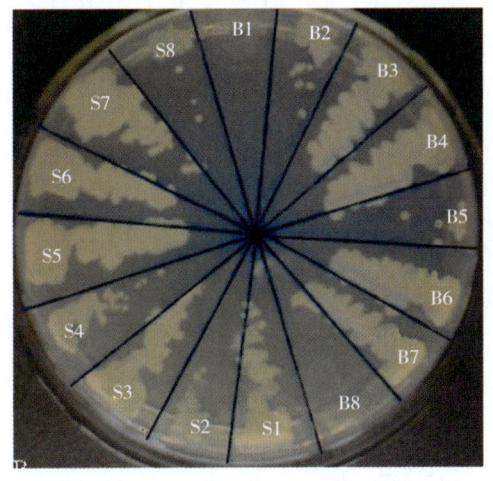

图 9-14 重组毕赤酵母抗性平板筛选

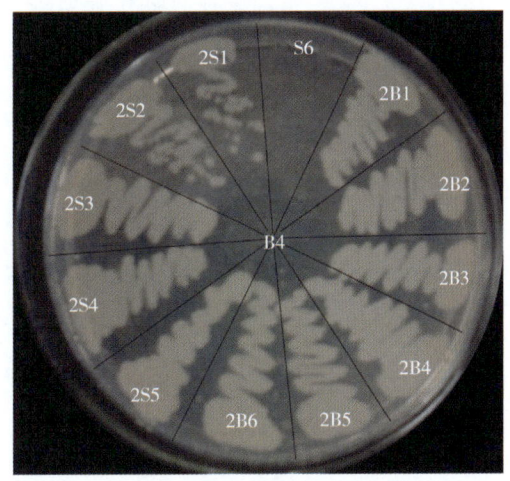

图 9-15 1000μg/mL 博来霉素 YPDS 平板筛选结果

### 2. 基因拷贝数对人胰岛素前体产量的影响

采用绝对定量的方法，对含终浓度为 100μg/mL 和 1000μg/mL 博来霉素的 YPDS 平板上筛选出的 16 株菌进行目的基因拷贝数的测定，结果见表 9-11。可以看出，在含

100μg/mL 博来霉素的 YPD 平板上筛选出表达量较高的 B4 和 S6 较其他重组毕赤酵母的目的基因拷贝数要高,表明目的基因表达量高,其目的基因拷贝数也较高。然后以 B4 和 S6 为出发菌进行重复电转化,在高浓度抗性平板上获得的重组毕赤酵母,目的基因拷贝数都获得了有效的增加。

表 9-11　　　　　　　不同浓度博来霉素平板上菌株目的基因拷贝数汇总

| 100μg/mL 博来霉素 | | 1000μg/mL 博来霉素 | | | |
| --- | --- | --- | --- | --- | --- |
| 菌株 | 拷贝数 | 菌株 | 拷贝数 | 菌株 | 拷贝数 |
| B4 | 3.2 | 2B1 | 5.8 | 2S1 | 4.4 |
| B6 | 1.6 | 2B2 | 6.1 | 2S2 | 4.2 |
| B7 | 1.4 | 2B3 | 5.7 | 2S3 | 6.1 |
| S3 | 2.1 | 2B4 | 7.2 | 2S4 | 5.3 |
| S5 | 2.3 | 2B5 | 5.5 | 2S5 | 6.4 |
| S6 | 3.6 | | | | |

选取重组毕赤酵母 B7(基因拷贝数 1.4)和 2B4(基因拷贝数 7.2)在 5L 发酵罐上进行培养,先以甘油为碳源进行分批补料发酵,24h 甘油耗尽,继续流加甘油 6h,4h 后溶氧陡然升高再饥饿菌体 2h 后,流加甲醇开始诱导培养,并维持培养液中甲醇浓度为 2g/L,共诱导 120h(总发酵时间为 156h),结果如图 9-16 所示,相关发酵参数计算并总结于表 9-12 中。结果表明:①在甘油生长阶段(0~36h),菌株 B7 和 2B4 表现出相同的细胞生长速度和菌体浓度;②进入甲醇诱导阶段后,菌株 2B4 适应甲醇较慢,表现为细胞生长较慢,但 24h 后细胞生长加速,当诱导 96h(发酵 132h)时,与菌株 B7 的菌体浓度相当;

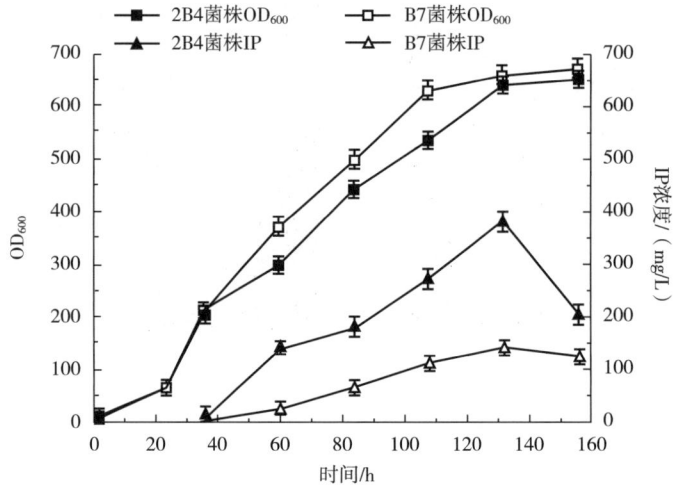

图 9-16　不同拷贝重组毕赤酵母的高密度发酵

③菌株 2B4 的人源胰岛素前体（IP）产量是菌株 B7 的 2.7 倍，IP 生产强度较菌株 B7 提高了 171.35%，IP 对甲醇产率比菌株 B7 提高了 57.56%，而菌体量对甲醇的得率比菌株 B7 降低了 44.85%。上述结果表明，高拷贝的 2B4 与低拷贝的 B7 相比，甲醇消耗增加的部分是用来合成更多的 IP，而不是细胞的生长。而从整个发酵过程看，细胞的生长情况并未受到基因拷贝数的影响，说明提高重组毕赤酵母目的基因的拷贝数，能有效地改善诱导阶段重组酵母利用甲醇生产目的蛋白的能力。

表 9-12　甲醇诱导阶段 B7 与 2B4 重组毕赤酵母细胞生长和 IP 的合成情况

| 参数 | 菌株 B7（A） | 菌株 2B4（B） | 变化/% [（B/A）-1]×100 |
| --- | --- | --- | --- |
| 初始菌株/（g/L） | 42 | 46.8 | 11.43 |
| 平均甲醇浓度/（g/L） | 2 | 2 | — |
| 最终 DCW/（g/L） | 130.8 | 128.2 | -1.99 |
| 最大胰岛素前体浓度/（mg/L） | 14 | 380 | 2614.29 |
| 总消耗甲醇/（g/L） | 203.4 | 350.7 | 72.42 |
| 单位菌体甲醇得率/（g/g） | 0.437 | 0.2411 | -44.85 |
| 单位胰岛素前体甲醇得率/（mg/g） | 0.688 | 1.084 | 57.56 |
| 胰岛素前体生产强度/[mg/（L·h）] | 0.897 | 2.436 | 171.57 |
| 培养时间/h | 156 | 156 | — |

**3. 重组毕赤酵母目的基因转录水平的测定**

选取菌株 B7（低拷贝）、2B4（高拷贝）作为转录水平的分析对象，研究 GAP 和 ACT 两备选内参基因（文献中常选用的内参基因）的稳定性。先将两菌株不同时间点提取的总 RNA 量进行归一化，通过比较两备选内参基因 Ct 值的波动性来判断其稳定性。ACT（Ct range = 4.02）较 GAP（Ct range = 5.21）基因更加稳定，其中 Ct range 代表每个基因测得 Ct 的最大值（基因低转录水平）与 Ct 的最小值（基因高转录水平）差值，此值越小代表基因转录水平越稳定，故 ACT 较 GAP 基因稳定，在以 $2^{-\Delta\Delta Ct}$ 法分析时，将以 ACT 作为内参基因进行分析。

为准确定量，本实验共同使用 $2^{\Delta Ct}$（归一各菌株总 RNA 的量）和 $2^{-\Delta\Delta Ct}$（选择 ACT 作为内参基因）两方法进行综合定量分析。以各菌株不同时间点等量总 RNA 得到的 cDNA 为模板，分别以 ACT-F 与 ACT-R 和 IP-F 与 IP-R 为引物进行 qPCR 分析。B7 与 2B4 两菌株目的基因转录水平的横向分析：分别以低拷贝 B7 菌株各时间点（诱导 60、72、96h）转录水平作为对照，测定高拷贝 2B4 菌株的对应时间点的转录水平；同一菌株不同时间点的纵向分析：以同一菌株 72h 的转录水平作为对照，分析同一菌株 48、96h 的转录水平，结果如图 9-17 所示。可以看出 2B4 菌株在选取的三个时间点的转录水平均是 B7 的 2 倍，与高密度发酵中 2B4 的最高产量是 B7 的 2.7 倍相对应，表明增加目的基因拷贝数实现了其转录水平的增加；另外从纵向分析，诱导 96h 的转录水平最高，与 5L 发酵罐上目的蛋白产量达到最大值的时间点相对应,证实了转录水平的提高、对应产量的增加,综上分析,可以得出结论:增加目的基因拷贝数能提高基因转录水平,进而提高目的蛋白的产量。

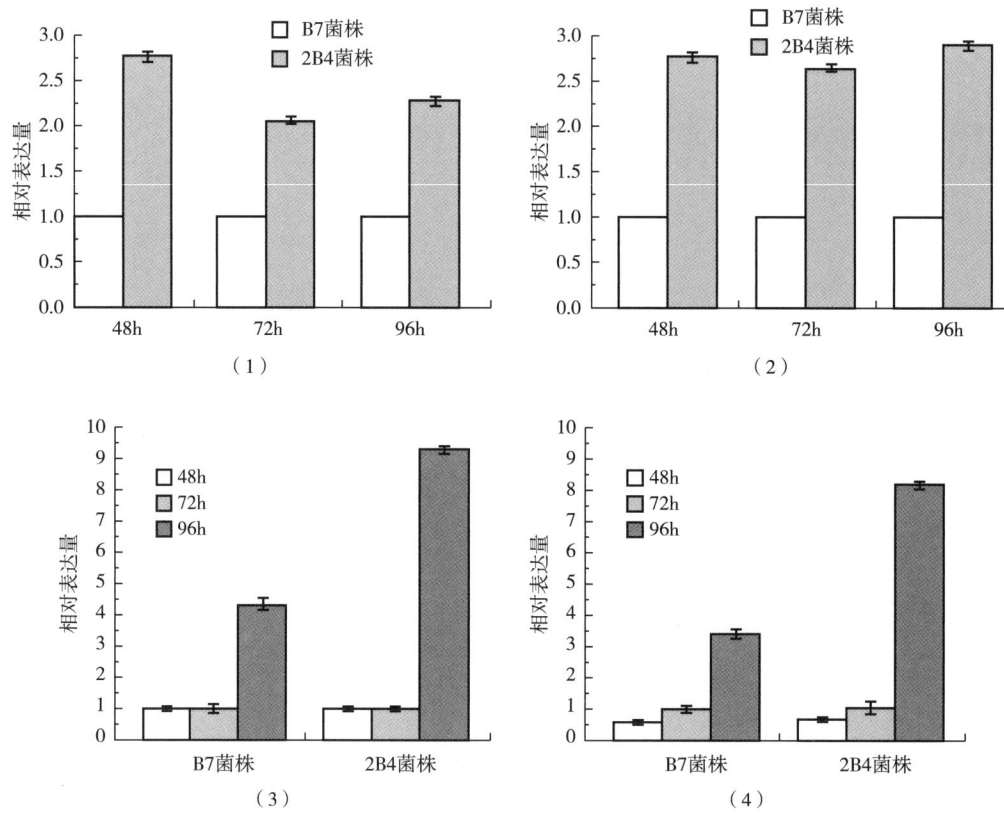

图 9-17 菌株 2B4 与 B7 横向与纵向转录水平分析

(1)和(2)分别用 $2^{-\Delta\Delta Ct}$ 和 $2^{\Delta Ct}$ 法对 2B4 和 B7 菌株基因表达量进行横向分析;

(3)和(4)分别用 $2^{-\Delta\Delta Ct}$ 和 $2^{\Delta Ct}$ 法对 2B4 和 B7 菌株基因表达量进行纵向分析

# 第四节 高表达外源蛋白的毕赤酵母细胞的蛋白表达分析

## 一、基于 iTRAQ 技术的毕赤酵母蛋白质组学

选取了四株典型菌株作为蛋白质组学研究对象,分别是含空载质粒的对照菌株 G0、含单拷贝木聚糖酶基因的菌株 G1(低表达菌株)、含四拷贝木聚糖酶基因的菌株 G4(高表达菌株)和四拷贝木聚糖酶基因菌株中过表达 HAC1 的菌株 G4-H(过表达 HAC1 菌株)。将菌株在摇瓶中进行发酵培养,甲醇诱导 96h 后,菌株的生长和产酶曲线如图 9-18(1)(2)所示。从菌株的生长曲线可以看出,G4 和 G1 菌株生长没有明显的差异,而过

表达 HAC1 的菌株 G4-H 的生长则出现了一定的抑制。在酿酒酵母中过量表达 HAC1 也出现了对生长抑制的现象，但在甘油培养基 BMGY 中，四株菌株的生长正常，不会出现这种抑制现象。三株菌株产木聚糖酶的能力有明显的差异，在甲醇诱导 96h 时，G4 菌株的木聚糖酶酶活性是 G4 菌株的 3 倍，过量表达 HAC1 菌株 G4-H 比 G4 提高了 1.4 倍。

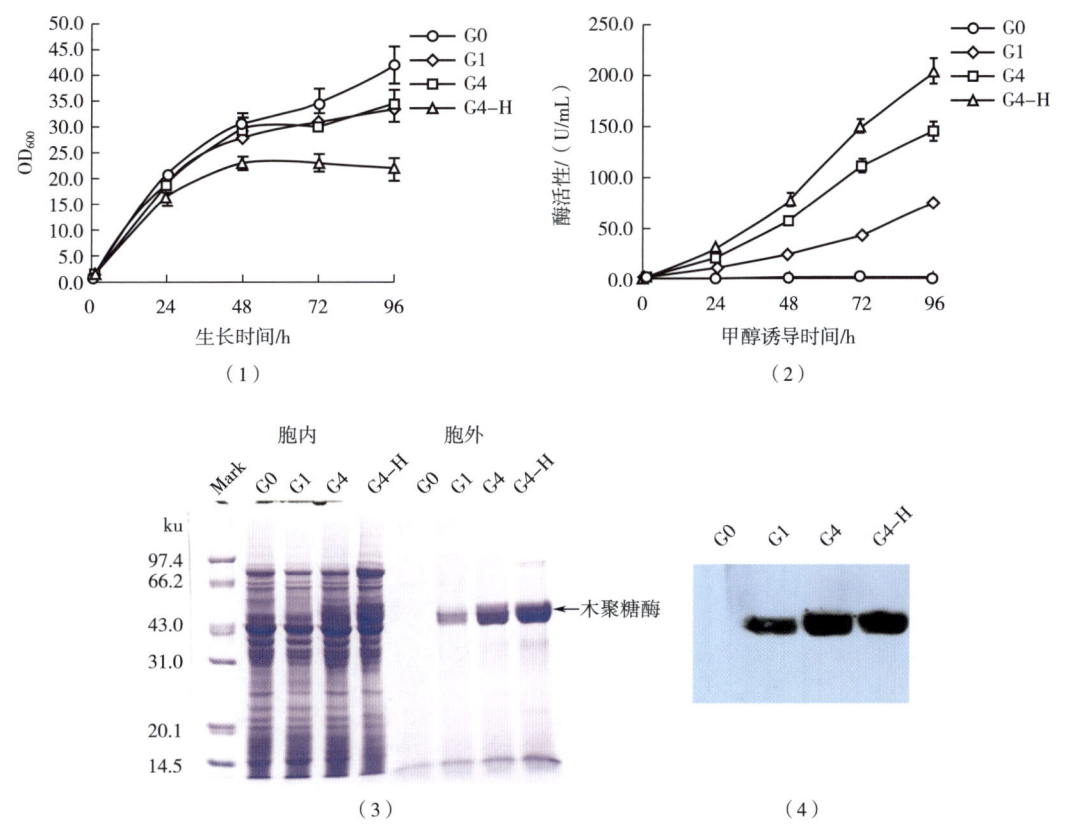

图 9-18　过表达 HAC1 对 xyn10 的发酵影响及蛋白分析

(1) 四株菌株的菌体的生长曲线；(2) 四株菌株甲醇诱导产酶曲线；(3) SDS-PAGE 分析在甲醇诱导 96h 时胞内和胞外总蛋白，上样量为 10μL；(4) Western blot 分析胞外目的蛋白 xyn10

采用细胞裂解法提取了四株菌株胞内总蛋白，利用 SDS-PAGE 分析了胞内和胞外总蛋白，同时用 Western blot（免疫印迹法）分析了上清中的目的蛋白，如图 9-18 (3) (4) 所示。菌株 G4 和 G4-H 的胞内蛋白在 45ku 处有一条与目的蛋白一致的带，对这两个菌株胞内蛋白进行酶活性的测定，也能检测到木聚糖酶酶活性，而菌株 G1 和 G0 中则没有检测到酶活性，结果也说明了在 G4 和 G4-H 菌株胞内出现了残留的木聚糖酶，可能是由于表达量过高，超出了蛋白分泌和运输能力，因而在胞内累积。对发酵上清液中的蛋白进行分析，SDS-PAGE 结果也表明了三株菌株的产木聚糖酶能力存在明显的差异，G4-H 菌株中蛋白表达量最高。经 Western blot 检测后发现，重组酵母的上清中都能检测到单一的 xyn10 条带，说明该基因实现了在毕赤酵母中的高效表达。

在甲醇条件下 4 个蛋白样品通过 iTRAQ 标记后，将 Triple TOF 5600 质谱仪得到的一级质谱和二级质谱进行统计学分析，总共得到 227112 张二级质谱图，其中匹配到的谱图数为 15716 张，匹配的特有肽段的谱图数为 15225 张，鉴定得到的肽段数为 4672 个，鉴定得到的特有肽段序列数为 4613 个，总共鉴定得到 1167 个蛋白质，占毕赤酵母总基因表达蛋白质（5313 个蛋白）的 22%比例。四个样品经两次重复后，总共鉴定得到了 1167 个蛋白，对这 1167 个蛋白整体数据的分析结果如图 9-19 所示。图 9-19（1）显示的是鉴定蛋白的质量分布图，从图中可以看出，通过 iTRAQ 技术能鉴定不同大小的蛋白，特别是一些低分子质量蛋白 20ku 以下的都能检测到，大部分蛋白分子质量在 30~70ku，也鉴定到了超过 20%超过 100ku 的蛋白。图 9-9（2）显示的是不同覆盖度的蛋白比例，结果表明超过 64%的鉴定蛋白具有超过 5%的肽段序列覆盖度，有超过 44%的鉴定蛋白的肽段覆盖度在 10%以上。图 9-9（3）显示鉴定到的蛋白所含肽段的数量分布情况，结果表明大部分被鉴定到的蛋白，其所含的肽段数量在 10 个以内，且蛋白数量随着匹配肽段数量的增加而减少。两次重复分别鉴定到的蛋白总数是 1148 和 11140 个蛋白，蛋白的重复度达到 97%以上。

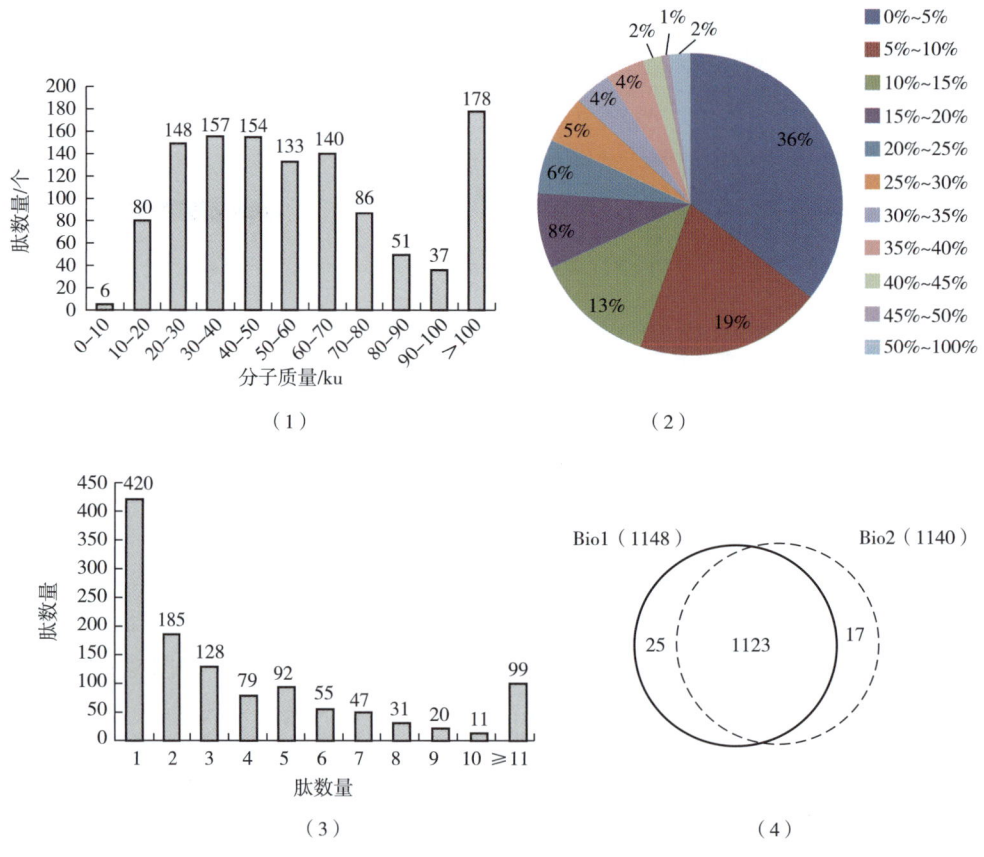

图 9-19　iTRAQ 鉴定到的蛋白的总概图

（1）鉴定蛋白的质量分布图；（2）肽段序列覆盖度，不同颜色代表不同的序列覆盖度范围，饼状图百分比显示了处于不同覆盖度范围的蛋白数量占总蛋白数量的比例；（3）显示鉴定到的蛋白所含肽段的数量分布情况，横坐标为覆盖蛋白的肽段数量范围，纵坐标为蛋白数量；（4）维恩图显示两次重复鉴定到的蛋白总数

# 第九章
## 系统生物学在毕赤酵母生产外源蛋白中的应用

在鉴定到的蛋白中，有14.65%的蛋白归类到预测到功能的蛋白，在毕赤酵母基因组中被注释的蛋白只有3000多个蛋白，还有40%左右的蛋白没有对其功能进行注释。因此，本研究中也鉴定了较多未注释功能的蛋白。其中，有12.97%的蛋白功能属于翻译、组成核糖体结构和生物合成类，9.86%的蛋白功能归类于氨基酸运输和代谢相关，9.59%的蛋白功能是关于蛋白的翻译修饰、蛋白质的转化和作为分子伴侣蛋白，8.53%的蛋白是关于能量生产和转换的蛋白。还有6.75%属于与转录相关的蛋白，以及与碳水化合物的运输代谢相关、与细胞内运输、分泌、膜泡运输等跟外源蛋白表达和分泌相关的蛋白。

依据蛋白丰度水平，当差异倍数达到1.2倍以上或小于83.3%，且经统计检验其$P<0.05$时，视为差异蛋白。其中≥1.2倍的视为上调的蛋白，≤0.8333的视为下调的蛋白。样品间两两比较，统计得到的差异蛋白数量如图9-20所示，显示了两次重复后分别得到上调和下调的蛋白，将两次重复数据合并后得到的才视为最终的差异蛋白。对G1-vs-G0得到的上调蛋白为78个，下调蛋白49个，表明在表达外源蛋白时，有很多蛋白的表达出现了差异，上调的蛋白较多；G4-vs-G1得到的上调蛋白有75个，下调蛋白82个，表明在高表达的菌株中，下调的蛋白较多；G4-H-vs-G4得到的上调蛋白有103个，下调蛋白有79个。

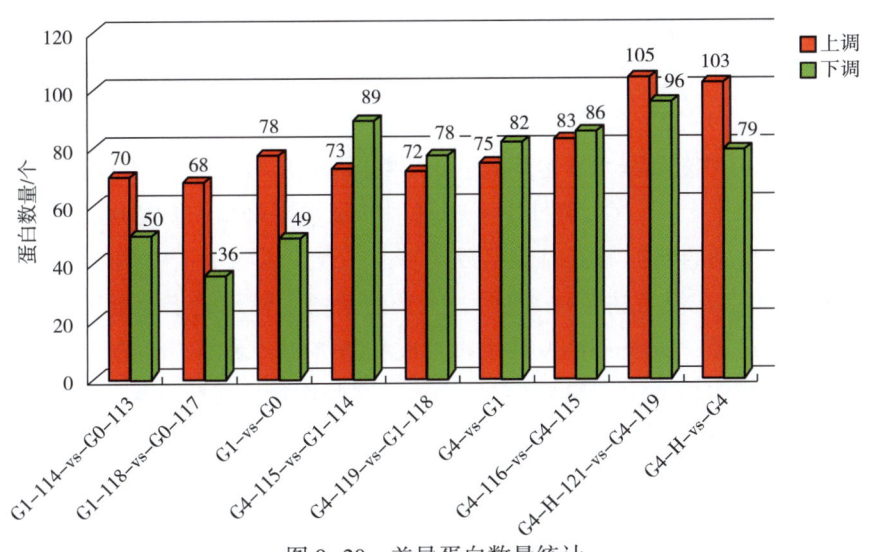

图9-20 差异蛋白数量统计

对甲醇诱导条件下的三个菌株进行比较：低表达（G1-vs-G0）、高表达（G4-vs-G1）和过表达HAC1（G4-H-vs-G4）中得到的差异蛋白分析数据如图9-21的维恩图所示，总共获得了352个差异蛋白。不同蛋白表达状态下得到上调或下调的蛋白具有明显的差异。在三个状态中同时上调的蛋白有2个，在低表达和高表达中同时上调和下调的蛋白都是2个；低表达和过量表达HAC1同时上调的蛋白有17个，同时下调的蛋白有7个；高表达和过量表达HAC1同时上调的蛋白有9个，同时下调的蛋白有8个。

为了验证iTRAQ蛋白质组中得到的数据的可靠性，利用RT-PCR的方法对其中15个表达具有明显差异的蛋白进行转录水平的验证，包括了10个参与内质网蛋白折叠的基因和5个参与核糖体生物合成的基因。从图9-22（1）可以看出，与内质网蛋白折叠相关的

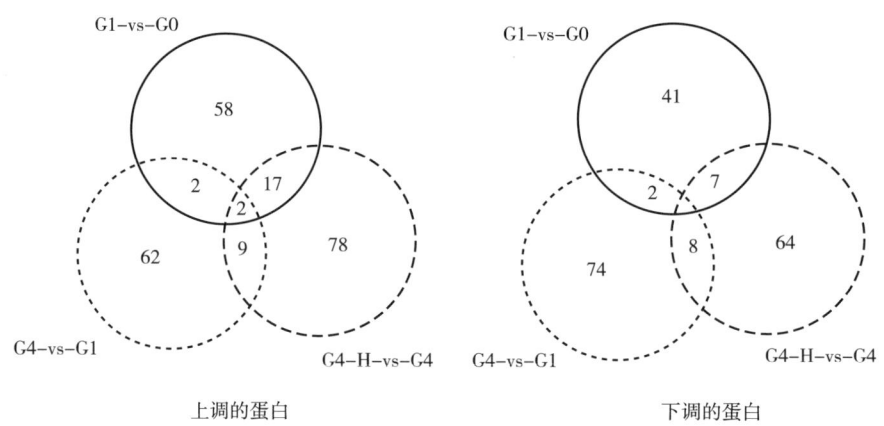

图 9-21 维恩图显示在三个过表达菌株中差异蛋白的分布

10 个基因（*SAR1*，*SEC61*，*CNE1*，*PDI1*，*SEC53*，*LHS1*，*SSS1*，*SWP1*，*WBP1*，*chr1-1_0459*）在过表达 HAC1 的 G4-H 菌株中转录水平都明显提高，其中 CNE1 基因的转录水平上调了 8.1 倍，蛋白组数据显示该蛋白表达提高了 3.948 倍。在 G4 菌株中，有七个基因（*SAR1*，*SEC61*，*PDI1*，*LHS1*，*SSS1*，*SWP1*，*WBP1*）的转录水平上调，说明外源蛋白的表达确实对内质网蛋白折叠产生了压力，而 G1 菌株中转录水平则没有明显的变化。参与核糖体蛋白合成的［图 9-22（2）］5 个基因（*RPl13A*，*RPS19A*，*RPL28*，*RPL32* 和 *RPL34A*）在过量表达菌株 G4-H 中的转录水平也降低了，结果与蛋白质数据一致。在高表达菌株 G4 中，这 5 个基因的转录水平上调，G1 菌株中 4 个基因转录水平降低，*RPL34A* 基因的转录提高了。RT-PCR 验证得到的数据与蛋白质组数据基本一致，说明了蛋白质组数据的可靠性。

如图 9-23 所示，在低表达菌株 G1 中，上调的蛋白主要是关于能量和物质代谢、氨基酸代谢、蛋白合成途径中氨酰-tRNA 的生物合成和基本的转录因子等的。下调的蛋白主要是跟核糖体和蛋白酶体相关的，如图 9-24 所示。这些途径为外源蛋白的表达提供必要的

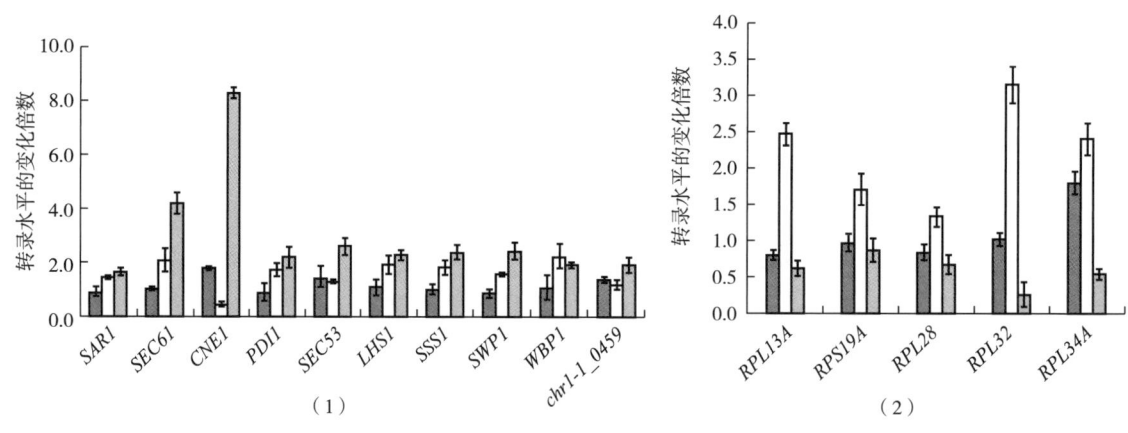

图 9-22 蛋白转录水平验证
（1）参与内质网蛋白折叠相关的 10 个基因转录水平的变化；（2）参与核糖体生物合成的 5 个基因转录水平的变化
■ G1-VS-G0　□ G4-VS-G1　▨ G4-H-VS-G4

# 第九章
系统生物学在毕赤酵母生产外源蛋白中的应用

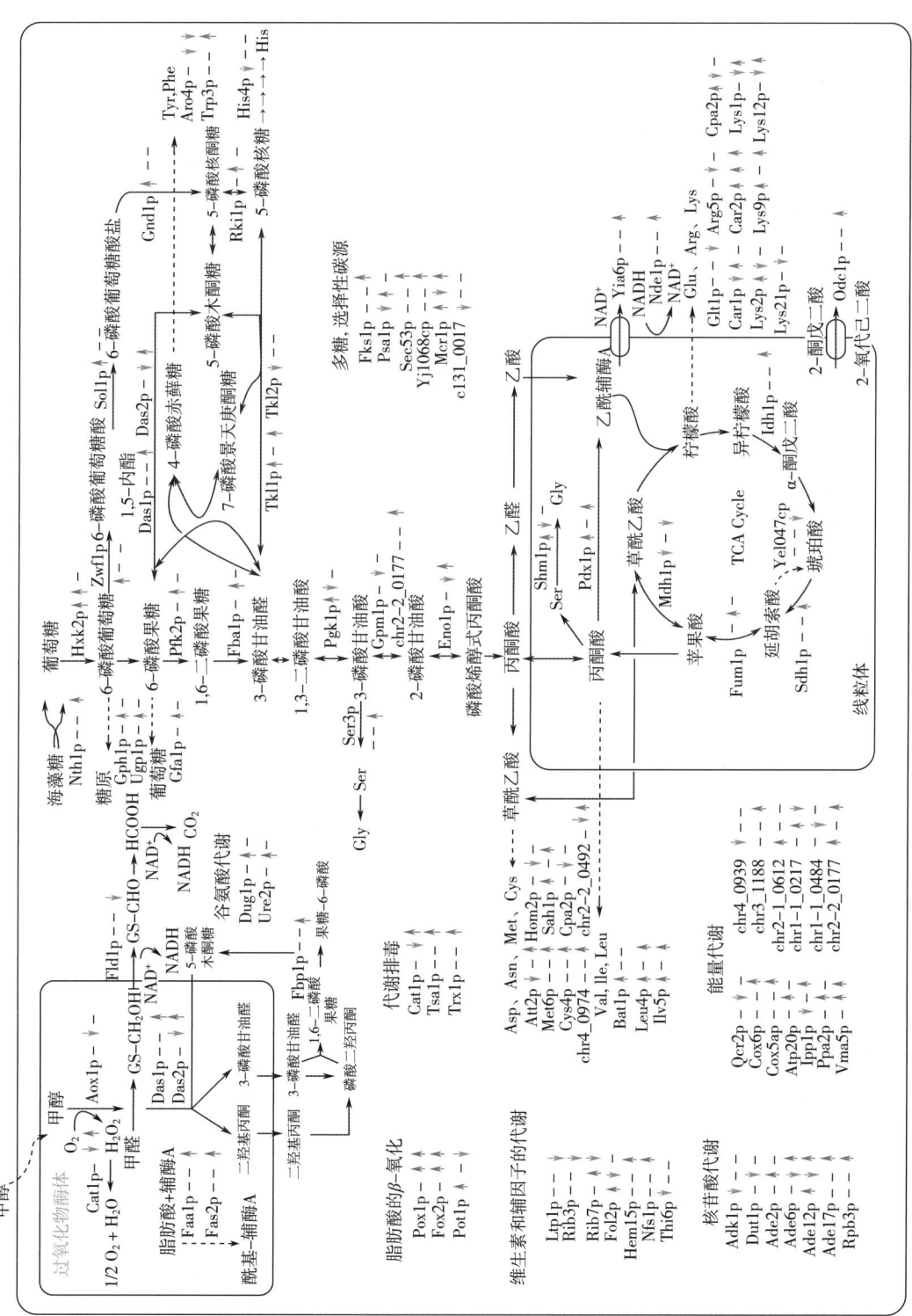

图9-23 差异蛋白参与碳水化合物、能源及氨基酸代谢变化的示意图

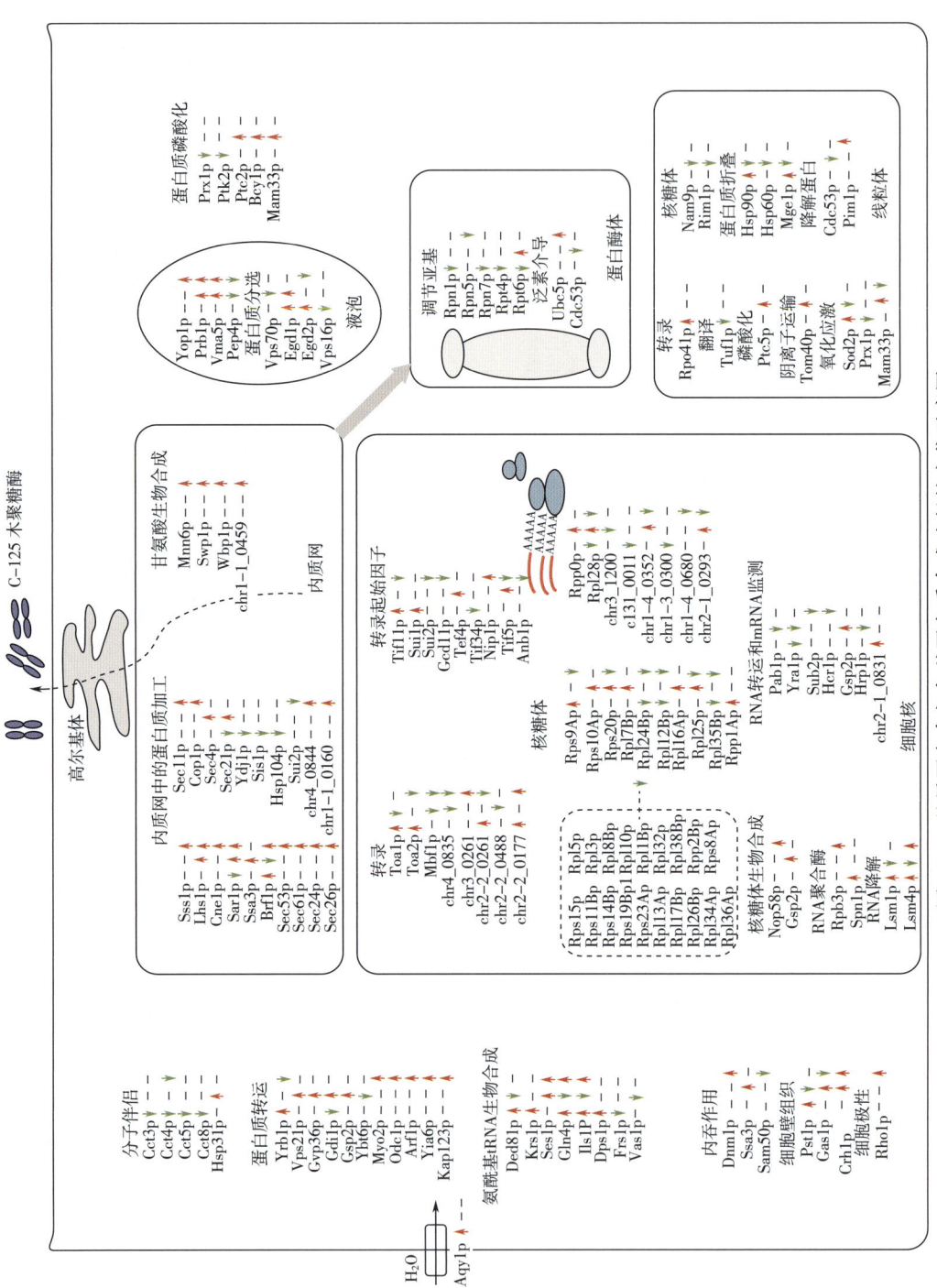

图9-24 差异蛋白参与各种蛋白质合成途径的变化示意图

红色箭头表示上调蛋白；绿色箭头表示下调蛋白；黑色表示没有明显差异的蛋白，从左到右分别表示的是：低表达（G1-vs-G0），高表达（G4-vs-G1）和过表达HAC1（G4-H-vs-G4）

# 第九章
## 系统生物学在毕赤酵母生产外源蛋白中的应用

能量和物质供给。在高表达的菌株 G4 中，上调的代谢途径主要有物质代谢和能量代谢、核糖体生物合成、内吞作用及内质网中蛋白的加工和蛋白转运途径。其中，氨基酸代谢和甲醇代谢途径相关蛋白表达则下调。结果表明，在高表达的菌株中对内质网蛋白折叠产生折叠压力，同时对甲醇的利用和氨基酸代谢产生了一定的抑制作用，增加拷贝数可以促进外源蛋白表达时，不能缓解细胞中产生的蛋白折叠和代谢压力，因此成为蛋白表达增加的限制因素。

在高表达菌株中过量表达剪切后的 HAC1 菌株 G4-H 中，*HAC1* 基因能激活 UPR 机制，UPR 机制调控的靶基因在蛋白水平发生了明显变化。一方面，通过上调参与内质网蛋白折叠的分子伴侣和折叠酶表达，提高内质网的蛋白折叠能力，同时，与分泌途径相关的蛋白表达也上调，增加蛋白的分泌。另一方面，通过控制上游蛋白的翻译合成速率，减少进入内质网中的未折叠蛋白，表现出与核糖体蛋白合成相关的蛋白表达下调，从而减轻内质网中的蛋白压力。其次，物质代谢和能量代谢、氨基酸代谢途径表达也上调。

## 二、不同碳源下毕赤酵母蛋白表达分析

利用 LC-ESI-MS/MS 方法分析了不同碳源的四种培养基中毕赤酵母 GS115 的胞内和胞外蛋白种类，利用 Griffin 等的计算方法计算各个蛋白的含量。GS115 胞内酶的种类随着培养基种类的不同有着明显差异。3-磷酸甘油脱氢酶同工酶 3 和线粒体苹果酸脱氢酶，无论使用何种培养基其在胞内含量都较高。YPG、SCD 和 SCG 培养条件下胞内均有较高含量的巯基特异性过氧化物酶，此酶用以减少过氧化氢类物质对细胞的损伤，由此可见 YPD 较其他三种培养基更适合培养 GS115 酵母。在 YPD、YPG 中与细胞有氧呼吸和三羧酸循环相关的酶含量较高，如烯醇化酶、细胞色素 C 氧化酶的亚基、磷酸丙糖异构酶等；而在 SCD、SCG 中含量较高的是与核糖体大小亚基或与 rRNA 处理相关的蛋白组分。由此可见 YPD、YPG 相对于合成培养基对于 GS115 酵母的增殖培养更为合适。YPG、SCG 相对于以葡萄糖为碳源的培养基含有较多类似葡萄糖聚酶的细胞壁蛋白，由此可推测，以葡萄糖作为碳源更有利于维持酵母细胞的稳定性。

胞内蛋白也因培养基的不同含有各自特殊的一些酶类，如 YPD 中含量较高的一种双功能酶同时具有乙醇脱氢酶功能和依赖谷胱甘肽的甲醛脱氢酶功能、丙酮酸脱羧酶、翻译延伸因子 EF-1α、Obg 蛋白家族的 GTP 酶和四聚体磷酸甘油酸变位酶；YPG 中含量较高的 60S 酸性核糖体蛋白 P2-A、ATP 酶的亚基蛋白组分以及细胞质肽基辅氨酸顺反异构酶；而 SCD 中含量较高的为 NAC 复合物亚基组分及核糖体大亚基 60S 中与 N 端乙酰化相关的核糖体蛋白 L37；SCG 与 SCD 有相似之处如含有类似的 NAC 复合物的亚基组分，也有不同之处，其含有较高含量的细胞质硫氧还蛋白同工酶。

四种培养基中共同含有的胞外蛋白主要是与细胞壁组装及维持细胞壁稳定有关的酶类，且在 YPD 胞外上清液中有些含量超过总蛋白含量的 50%。比较四种培养基的胞外上清蛋白种类，YPG、SCD 的胞外上清液中含有细胞膜定位蛋白用于保护细胞过度失水，且仅在 YPD 胞内检测到翻译延伸因子 EF-1α，而 YPD、SCG 的前 20 种上清蛋白中未检测

到；同时发现仅在 SCG 胞内检测到细胞质硫氧还蛋白同工酶，在 SCG 的胞外上清液中未检测到。而其他三种培养基 YPD、YPG 和 SCD 的胞外上清液中均有检测到，含量分别为 1.4%、9.5%和 9.3%；有些本属于胞内蛋白的烯醇化酶在 YPG 的胞外大量检测到，而在 SCD 中也有 1.9%的含量，可能是这些蛋白与酵母自身的分泌蛋白被包装到分泌小泡中，一起被分泌到细胞外所致，类似的在 YPD 胞外上清液中检测到胞内酶蛋白二硫异构酶；有些蛋白仅存在于某一种培养基的上清液中，如 YPD 培养基中检测到与 DNA 复制相关的 SUN 家族蛋白、甲壳素糖苷转移酶和 $O$-糖基化蛋白等，在 YPG 培养基中检测到 3-磷酸甘油酸激酶、二氢-4-萘酚还原酶。SCD 和 SCG 的胞外上清液中检测的蛋白种类类似于胞内，含量较高的蛋白大多数是与核糖体大小亚基相关的蛋白组分。此外还有一些含量较高的功能未知有待进一步研究的蛋白，一些蛋白在 YPD 中含量高达 6.0%，在 YPG 中占 4.0%，在 SCD 中占 9.2%，在 SCG 中占 2.9%。

四种培养基中无论胞外还是胞内均具有较高含量的 3-磷酸甘油醛脱氢酶，同工酶 3 其在胞内 YPD 培养基中含量最高，胞外 SCD 培养基中含量最高，因此我们可以根据所需要表达蛋白的位置选择合适的碳源培养以 GAP 作为启动子的酵母宿主菌。其他检测到的蛋白大致可分为以下几类：①酵母维持自身基本生存以及适应外界环境所需要的酶。如与 TCA 循环相关的线粒体苹果酸脱氢酶、丙糖磷酸异构酶和丙酮酸脱羧酶；与维持细胞供能进行有氧呼吸作用有关的线粒体 ATP 合酶的各亚基蛋白组分以及细胞色素 C 氧化酶的各亚基组分；参与微生物糖酵解过程的线粒体乙醇脱氢酶；以及一些防止过氧化氢类物质对细胞氧化损伤的酶，如巯基特异性过氧化物酶。②主要存在于胞外上清液中，与细胞壁的生成、组装及维持其稳定性相关的蛋白，如类似葡聚糖酶的细胞壁蛋白在四种培养基的胞外上清中含量都较高，在 YPD 和 SCG 培养基中含量分别高达 51.6%和 29.6%。③大小核糖体亚基的蛋白组分。④有关蛋白质翻译以及辅助蛋白折叠的一些分子伴侣。如翻译起始因子 eIF-5A、翻译延伸因子 EF-1α、细胞质肽基辅氨酸顺反异构酶。⑤一些功能未知的蛋白（假定蛋白）。

### 三、降低目的蛋白降解

外源蛋白的降解是影响产量提升的重要因素之一。发酵后期，由于菌株的裂解，加之分泌途径中释放的蛋白酶，都会致使目的蛋白降解，尤其在高密度发酵中，目的蛋白的降解更为严重。减缓目的蛋白降解的策略有：①对目的蛋白进行融合表达，在高密度发酵时，目的蛋白很容易发生降解，尤其小蛋白容易被蛋白酶识别降解，使得表达率降低。对此，一般可以将目的蛋白与高表达序列（如人血清白蛋白序列）进行融合表达，以增加外源蛋白的大小，提高小蛋白的稳定性，同时也能为目的蛋白提供良好的表达信号。②优化目的蛋白本身的序列，目的蛋白本身序列中，若包括 PEST 序列则容易被降解，因为这样的序列包括结构区 XFXRQ 和 QRXFX，会在溶酶体中发生降解，所以应避免。③优化发酵条件，改变发酵过程中的 pH：一般降低 pH，可以减缓重组蛋白的降解；改变培养基成分或调整诱导时间：随着培养时间的延长，细胞活性降低，导致蛋白酶增加，一般可以通过释放旧培养基并补加新鲜培养基的恒化培养方法加以解决，使得细胞重新进入生产期，阻断胞外蛋白酶的积累；可以向培养基中加入蛋白酶竞争剂，如蛋白胨、酪蛋白水解物、特定的氨基酸或氨基酸盐；使用蛋白酶缺失菌株，对宿主进行改造，使其缺失一些蛋白酶基因。需要注意的是，在使用蛋白酶缺失菌株后，也需要优化发酵培养条件，因为蛋白酶缺失菌株不可能缺失所有蛋白酶，且蛋白酶缺失菌株一般生长活性差。

较优菌株 2B4 在罐上高密度发酵诱导 96h（对应总发酵时间为 132h），产量达到最高，随着发酵的继续进行，目的蛋白的产量急速下降（图 9-25）。取诱导 96 和 120h 的发酵液和上清液，向其中加入蛋白酶混合抑制剂，25°C 恒温处理，定时取样后立即送 RP-HPLC 检测目的蛋白含量，结果见表 9-13。发现：①诱导 96 和 120h 的上清液中，在添加蛋白酶混合抑制剂后，能有效减缓目的蛋白的减少；②诱导 96h 的发酵液中，在添加蛋白酶混合抑制剂后，目的蛋白的降解并没有缓解；③诱导 96 和 120h 的样品，在未加入蛋白酶抑制剂作用时，已出现较目的条带小的弥散条带，且弥散条带数目随目的条带的减少而增加，再结合 2B4 的 RP-HPLC 结果可以得出结论：①目的蛋白的减少是由蛋白酶降解造成的，且推测胰岛素前体降解成两条肽段，所以在 RP-HPLC 检测时，发现随目标峰峰面积的减少，另外两个峰的峰面积增加；②样品的上清液中含有蛋白酶，推测其是通过分泌过程残

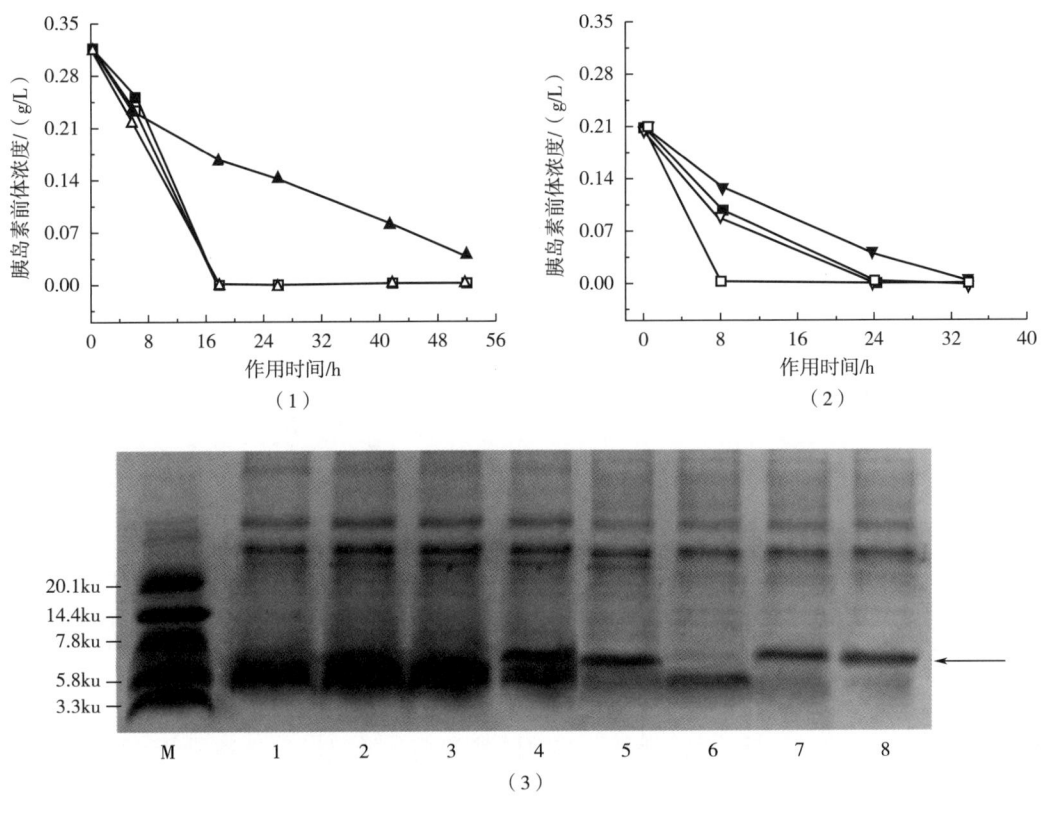

图 9-25 2B4 菌株目的蛋白降解情况检测
─■─发酵（+）；─▲─上清（+）；─□─发酵-；─△─上清（-）

留在上清液中；此外，细胞释放的蛋白酶较上清液残留的多，将对目的蛋白的积累产生更加严重的影响，表现在发酵液和上清液中分别加入蛋白酶抑制剂后，只有上清液中的目的蛋白降解情况得到缓解，而发酵液中目的蛋白的降解情况没有得到缓解。

表 9-13　蛋白酶混合抑制剂对 2B4 菌株发酵液和上清液的作用结果

|  | 作用时间/h | 发酵液/(g/L) | | 上清液/(g/L) | |
| --- | --- | --- | --- | --- | --- |
|  |  | 添加 | 未添加 | 添加 | 未添加 |
| 诱导 96h 样本 | 0 | 0.316 | 0.316 | 0.316 | 0.316 |
|  | 6 | 0.25 | 0.23 | 0.235 | 0.218 |
|  | 18 | 0 | 0 | 0.164 | 0 |
|  | 26 | 0 | 0 | 0.14 | 0 |
|  | 42 | 0 | 0 | 0.079 | 0 |
|  | 52 | 0 | 0 | 0.038 | 0 |
| 诱导 120h 样本 | 0 | 0.207 | 0.207 | 0.207 | 0.207 |
|  | 8 | 0.09 | 0 | 0.129 | 0.087 |
|  | 24 | 0 | 0 | 0.14 | 0 |
|  | 34 | 0 | 0 | 0.04 | 0 |

为探究哪类蛋白酶是造成目的蛋白降解的主要原因，分别选用四种蛋白酶抑制剂对诱导 96h 的发酵液，25℃ 恒温处理 27min，并以未加入蛋白酶抑制剂的发酵液作为对照，结果发现只有蛋白酶 A 对 96h 发酵液中目的蛋白的降解有减缓作用，说明蛋白酶 A 是导致诱导 96h 发酵液中目的蛋白降解的主要原因（图 9-26）。综合可得，可以看出：①诱导 96h 细胞裂解，释放出胞内蛋白酶；②与上清液中蛋白酶的降解作用相比，细胞所释放的蛋白酶是目的蛋白降解的主要原因；③胞内与胞外同时释放蛋白酶，致使分泌表达的目的蛋白快速降解，无法积累，表现在诱导 120h 后目的蛋白产量的陡然下降；④发酵液中造成目的蛋白降解的主要原因是存在来自胞内的蛋白酶 A。

蛋白酶 A 是酸性蛋白酶的一种，由 PEP4 基因编码，是酵母液泡中存在的一种天冬氨酸类蛋白酶，常用的缺失液泡蛋白酶 A 的突变株有 SMD1168 和 SMD1168H。选用 SMD1168 作为新的宿主细胞，通过重新构建重组毕赤酵母，将其命名为 HR9。对两株较优菌株 2B4（宿主为 X-33）和 HR9（宿主为 SMD1168），进行 5L 发酵罐培养，先以甘油为碳源进行分批补料发酵，24h 甘油耗尽，溶氧陡然升高，继续流加甘油 6h 后停止，待溶氧陡然升高后再饥饿菌体 2h，开始流加甲醇进行诱导培养，并维持培养液中甲醇浓度为 2g/L，共诱导 120h（总发酵时间为 156h）。结果如图 9-27 所示，相关发酵参数总结于表 9-14 中。结果表明：①在甘油生长阶段（0~36h），菌株 2B4 和 HR9 表现出相同的细胞生长速度和菌体浓度；②进入甲醇诱导阶段，菌株 HR9 的生长速度明显较 2B4 要慢，

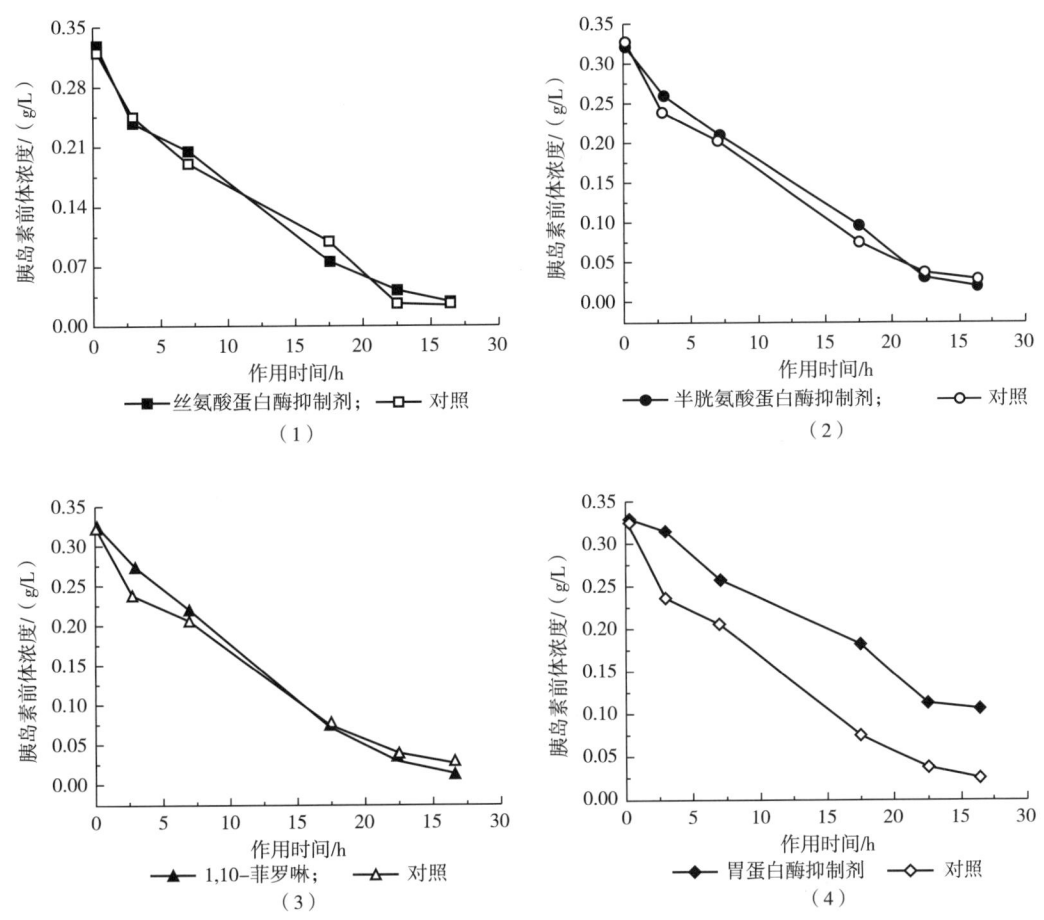

图 9-26 四种蛋白酶抑制剂对 2B4 菌株诱导 96h 发酵液的作用情况

发酵结束时其菌体浓度仅为 2B4 的一半；③菌株 2B4 的最高人胰岛素前体（IP）产量是菌株 HR9 的 1.4 倍，IP 生产强度较菌株 HR9 提高了 44.56%，IP 对甲醇产率与菌株 HR9 相同，而菌体量对甲醇的得率比菌株 B7 提高了 144.55%；④2B4 菌株在诱导 96h（发酵时间为 132h）到 120h（发酵时间为 156h）时间段，2B4 菌株 IP 的降解率为 45.04%，HR9 菌株为 9.3%，目的蛋白虽然仍有降解，但其降解率明显下降，表明通过改用蛋白酶 A 缺陷型宿主 SMD1168，可以有效缓解目的蛋白的降解。上述结果表明，HR9 菌株利用甲醇生产 IP 的能力与 2B4 菌株相当，2B4 菌株较 HR9 多利用的甲醇是用于菌体的合成，而不是用于合成 IP，HR9 菌株 IP 产量较 2B4 低 30.8%，是因为菌体浓度低 50.8%。由此得出结论：以蛋白酶缺陷型 SMD1168 为宿主的 HR9 菌株和以野生型 X-33 为宿主的 2B4 菌株相比，虽然 HR9 菌株利用甲醇生产胰岛素前体 IP 的能力与 2B4 菌株相当，且减少了对 IP 的降解，但由于细胞生长速度慢，发酵菌浓度低，导致产量未能得到有效的提高。

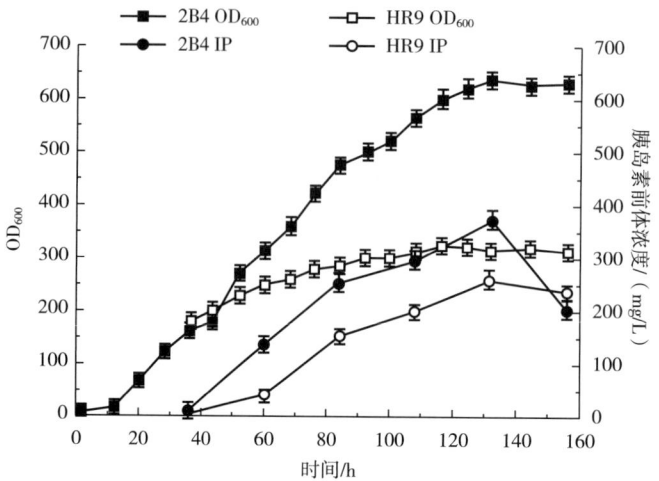

图 9-27　菌株 2B4 与 HR9 的高密度发酵培养

表 9-14　甲醇诱导阶段重组毕赤酵母细胞生长和胰岛素前体的合成情况

| 参数 | 菌株 | | 变化/% |
| --- | --- | --- | --- |
| | HR9（A） | 2B4（B） | （B/A-1）×100 |
| 初始细胞干重/（g/L） | 35.6 | 33.1 | -7.02 |
| 平均甲醇浓度/（g/L） | 2 | 2 | — |
| 最终细胞干重/（g/L） | 62 | 126 | 103.22 |
| 最大胰岛素前体浓度/（mg/L） | 258 | 373 | 44.57 |
| 总消耗甲醇/（g/L） | 239.4 | 344.8 | 44.03 |
| 单位菌体甲醇得率/（g/g） | 0.11 | 0.269 | 144.55 |
| 单位胰岛素前体甲醇得率/（mg/g） | 1.078 | 1.082 | 0.37 |
| 胰岛素前体生产强度/[mg/（L·h）] | 1.654 | 2.391 | 44.56 |
| 培养时间/h | 156 | 156 | — |

# 参考文献

[1] 朱文, 胡又佳, 谢丽萍. 毕赤酵母高效表达外源蛋白的相关策略及研究进展 [J]. 中国医药工业杂志, 2018, 49（04）: 417-425.

[2] 叶瑞. 毕赤酵母全基因组代谢网络模型构建及其应用 [D]. 上海: 华东理工大学, 2017.

[3] 孔萌萌, 孙江华. 巴斯德毕赤酵母外源蛋白表达研究 [J]. 轻工科技, 2015, 31（12）: 10-11.

［4］林小琼. 基于 iTRAQ 技术的高效表达木聚糖酶重组毕赤酵母细胞的蛋白组学研究［D］. 广州：华南理工大学，2013.

［5］梁书利. 基于 RNA-Seq 技术的毕赤酵母转录组学研究及其表达元件的挖掘［D］. 广州：华南理工大学，2012.

［6］田小梅，任建洪，房聪. 不同碳源下毕赤酵母 GS115 蛋白组学分析［J］. 中国生物工程杂志，2012，32（01）：21-29.

［7］王永刚，马雪青，王倩，等. 巴斯德毕赤酵母 GS115 基因组研究进展［J］. 食品工业科技，2010，31（11）：379-385.

［8］吴丽娟，蒋建新，朱佩芳，等. 巴斯德毕赤酵母基因组外源基因整合数的高通量定量分析［J］. 第三军医大学学报，2006（07）：640-643.

［9］Bevan Ks Chung, Suresh Selvarasu, Camattari Andrea, et al. Genome-scale metabolic reconstruction and in silico analysis of methylotrophic yeast Pichia pastoris for strain improvement［J］. Microb Cell Fact. 2010, 9, 50.